U0840002

“一带一路”煤炭资源专题图书

海外煤炭资源开发前景研究

上　册

张智明　苏新旭 等　编著

煤炭工业出版社

·北　京·

图书在版编目（CIP）数据

海外煤炭资源开发前景研究：全2册/张智明等编著. --北京：煤炭工业出版社，2017

ISBN 978-7-5020-5786-2

Ⅰ.①海… Ⅱ.①张… Ⅲ.①国外—煤炭资源—资源开发—研究—中国 Ⅳ.①F426.21

中国版本图书馆 CIP 数据核字(2017)第 077469 号

海外煤炭资源开发前景研究（上、下册）

编　　著 张智明　苏新旭 等
责任编辑 牟金锁　刘永兴　武鸿儒　尹燕华
编　　辑 杜　秋　杨晓艳
责任校对 邢蕾严　李新荣　孔青青　尤　爽
封面设计 王　滨

出版发行 煤炭工业出版社（北京市朝阳区芍药居 35 号　100029）
电　　话 010-84657898（总编室）
010-64018321（发行部）　010-84657880（读者服务部）
电子信箱 cciph612@126.com
网　　址 www.cciph.com.cn
印　　刷 北京建宏印刷有限公司
经　　销 全国新华书店

开　　本 880mm×1230mm 1/16　**印张** 82 1/2　**字数** 2695 千字
版　　次 2017 年 7 月第 1 版　2017 年 7 月第 1 次印刷
社内编号 8649　**定价** 680.00 元（上、下册）

版权所有　违者必究

本书如有缺页、倒页、脱页等质量问题，本社负责调换，电话：010-84657880

编审委员会

主　　任　凌　文

副 主 任　张智明　邵俊杰

委　　员　陆　兵　唐旭天　周铁军　马宝清　贾文发　李夏权
苏新旭

主　　编　张智明

副 主 编　苏新旭

编　　写　苏新旭　朱　锁　刘科明　舒晓霞　梁富康　董大啸
陆伯炎　彭北桦　宁　静　杨建国　高树华　岳　洋
冯学智　吴　超　王雁刚　雷　洁　王　阳　沈　政
苏　洁　郑祥身　白云来　黄　曼　罗红玲　李　千
周　密　张　贺　邢力仁　孙相灿　刘　玮　张　帅
沈施伟　黄鑫磊

编制单位　神华集团有限责任公司
中国神华海外开发投资有限公司

序

煤炭是人类最早发现和使用的化石能源，是现代工业文明发展的重要支撑。据 BP 预测，非化石燃料将在未来 20 年内占据能源供应增量的一半，但石油、天然气和煤炭仍占能源供应总量的 75% 以上，还将是世界经济发展的主要动力。同时 BP 预测，到 2035 年，煤炭仍将占全球一次能源消费比重的 27% 左右。我国是世界上最大的煤炭生产和消费国。近年来，受经济结构调整、能源结构优化，生态环境约束强化等因素的影响，煤炭需求增速放缓，煤炭在我国一次能源结构中的比重逐渐下降，但从未来 20—30 年的中长期发展看，煤炭在我国一次能源结构中的比重还将保持在 50% 以上，我国“煤为基础、多元发展”的能源发展方针和以煤炭为主体的能源格局不会改变。因此，如何作好煤炭这篇文章对维护国家能源安全至关重要，特别是如何充分利用两个资源、面向两个市场是亟待研究的重大课题。

在这样的大背景下，2011 年，神华集团站在建设具有国际竞争力的世界一流能源企业的高度，设立了“海外主要富煤国家煤炭资源及开发前景研究”项目，力图通过对海外煤炭资源的广泛调查与深入研究，回答“去哪里开发，怎样开发，以及开发何种煤炭资源”等一系列企业关心的问题，为我国企业海外投资和开发煤炭资源提供参考。

通过近 3 年的艰辛努力，凌文院士团队于 2014 年 12 月顺利完成课题研究工作。该项目以海外煤炭资源开发投资优选靶区为目标，从资源条件分析、投资环境分析、信息系统建设和评价系统建设等 4 个方面开展全面、深入研究，对 13 个煤炭富集国家约 100 个项目的 26.7 万条信息资料进行了分类建档，研究人员参阅了 1000 余份中文文献和 2200 余份英文文献，翻译整理了 1350 份外文文献，收集了 1138 幅图件，编写文字报告 600 万字，编制图件 133 张，精简版 255 万字。项目研究以资源条件分析为重点，以含煤盆地为调查单元，从基础设施、煤层赋存条件、资源量、煤质和开采条件等方面优选靶区，梳理了 13 个煤炭富集国家 150 余个主要含煤区域，筛选出 40 个煤资源富集区，最后从中又优选出 9 个投资开发建议靶区；在投资环境分析方面，从政治经济环境、法律环境、税制条件、环评体系和基础设施条件等 5 个方面优选投资环境好的国家或地区，有针对性地提出了构建风险应对体系、科学投资决策的思路和建议。

2015 年，该项目研究成果获得中国煤炭工业协会科技进步一等奖。项目获奖后，行业内许多读者建议公开出版。神华集团为了回报国内外同行的支持和帮助，方便煤炭企业、矿业公司以及广大读者使用，决定将“海外主要富煤国家煤炭资源及开发前景研究”科研项目精简版优化出版，出版题目为《海外煤炭资源开发前景研究》。

《海外煤炭资源开发前景研究》是凌文院士团队多年潜心研究的成果，是煤炭行业充分利用“两个市场、两种资源”的具体行动，为煤炭行业实施“一带一路”战略提供了重要的基础和参考，研究成果具有前瞻性、预见性和可操作性，对促进我国煤炭企业“走出去”具有十分重要的意义。该书出版为煤炭企业、煤炭科研人员更多了解世界主要产煤国家的资源、政策、法律、社会等提供帮助和借鉴。衷心希望在此基础上，深入研究“一带一路”煤炭工业的发展战略与重点任务，充分发挥中国煤炭工业技术优势、人才优势、管理优势，加强同“一带一路”沿线国家资源开发、利用、投资等多方面的合作，提升我国煤炭工业的国际影响力和竞争力，为实现中华民族伟大复兴的中国梦做出新的更大的贡献！

王显政

中国煤炭工业协会　会长

2017 年 4 月 26 日

前　　言

扩大对外开放、加强国际合作是我国一项长期的任务。习近平总书记指出：国有企业要成为实施“走出去”战略、“一带一路”建设等重大战略的重要力量。神华集团有限责任公司作为中央重要骨干企业和世界最大煤炭供应商，贯彻落实中央决策部署，重任在肩，使命光荣。

近年来，神华集团顺应世界能源发展大势，适应经济发展新常态，紧密结合企业自身特点，制定了清洁能源发展战略，提出了创建世界一流清洁能源供应商的奋斗目标，把提高国际化能力作为一项重要工作来抓，不仅开展了与近20个国家和地区的务实合作，不断加快国际化步伐，而且进行了海外投资有关政策理论的课题研究，有力指导国际化实践。

“海外主要富煤国家煤炭资源调查及未来开发前景研究”项目就是其中一个重大课题，经过3年的艰苦努力，于2014年底顺利通过评审验收，并于2015年荣获中国煤炭工业协会授予的“科技进步一等奖”，该项研究成果得到国内外同行的高度评价和广泛认同。应同行的建议，我们将该项目研究成果精编出版，希望能够为我国企业“走出去”了解投资环境、指出投资方向、提供决策依据；为政府部门、科研院所进行海外煤炭资源战略研究提供基础性资料和投资开发靶区优选方法；为广大读者提供海外投资环境、煤炭资源概况等基本情况。

本书收集了俄罗斯、蒙古国、澳大利亚、印度尼西亚、美国、加拿大、哈萨克斯坦、哥伦比亚、印度、南非、莫桑比克、博茨瓦纳和纳米比亚等13个海外主要富煤国家的煤炭资源信息，以及政治经济、法律规定、财税政策、环境评价、基础设施等投资环境信息。在课题研究中，课题组以国家煤炭相关规范和国际通用行业标准为指导，以地质研究为基础、以筛选优质煤炭资源靶区和综合开发条件优越的项目为中心、以煤炭资源评价和经济效益评价为重点，以室内收集资料和现场调查为手段，在全面收集分析主要富煤国家煤炭资源的基础上，综合投资地区开发利用条件等各类信息，建立数据库，进行综合评价。课题组采取的评价方法是国内外通行、也是比较科学的评价技术，对煤炭资源的阐述和研究，主要以煤盆地为单元进行论述，个别国家或地区采用含煤区或煤田来论述，在13个富煤国家中确定了33个优质煤炭资源富集区，通过比选提出了投资开发建议靶区9个，为我国企业在海外进行煤炭资源投资开发提供重要的决策依据。

在13个海外主要富煤国家中，蒙古国、俄罗斯、哈萨克斯坦、澳大利亚、印度尼西亚和印度等，是位于“一带一路”的资源大国。课题组重点对这些国家的煤炭资源概况、煤炭工业现状和对外投资环境等进行了系统深入的分析，为国内企业在“一带一路”国家实施资源开发项目提供了较为详尽的资讯，尤其对投资环境涉及的诸多方面进行了深入分析，提出了行之有效的项目筛选方法，对我国企业与“一带一路”国家开展合作交流、投资发展有着重要的参考价值。

当然，不同国家情况千差万别，课题组的研究也有一定局限，很难概括性地描述一国的投资环境状况。因为投资环境既是该国历史文化的长期积淀，又是现实社会的直接体现；既由政府制定的政策决定，又受政治经济等因素的影响；既有其形成和发展的客观规律，又有其调整和变化的内在要求。我们的研究已过去两年多，情况发生了许多新变化，大家在参考借鉴时，只有不断地把当地政治、经济、法律、税务、环保等因素综合起来深入分析，才能对一国的投资环境有一个比较全面准确的认识和把握。

总的来看，发达国家投资环境较为完善，但对资源开发的限制条款较多；新兴市场国家有经济高速发展的优势，但也存在相应的投资弊端；发展中国家渴望通过大型矿业项目的开发带动自身发展，来自国家层面的支持力度较大，但具体实施时往往发现遇到的困难远超预期。可以说，没有哪个国家的投资环境是完美的，在任何国家投资都需要首先把该国的投资环境研究深、分析透，避免投资的随意性和盲目性，尽最大努力规避和防范海外投资风险。

本书的研究成果仅是一家之言，缺点和错误在所难免，请读者朋友们指正。

在本书出版之际，衷心感谢中国煤炭工业协会王显政会长、中国工程院彭苏萍院士的指导和帮助。

中国工程院　院　士
神华集团有限责任公司　总经理
2017年5月19日

全书目录

上册

下册

研究结论与投资建议

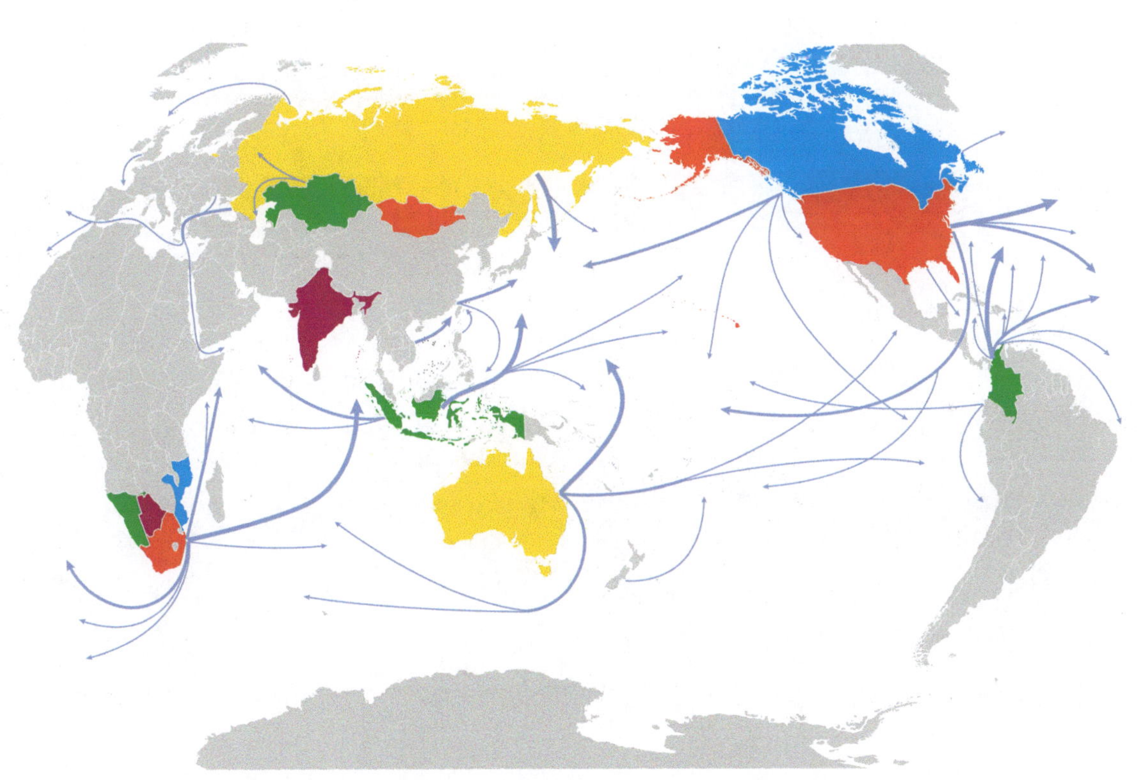

主　编　张智明

副主编　苏新旭　陆伯炎

编　写　张智明　苏新旭　陆伯炎　郑祥身

研究结论与投资建议

目　　录

第一章 投 资 环 境

第一节 政 治 环 境

从海外投资的角度看，政治环境的负面因素包括了目标国的政局变动、政策调整、地缘政治冲突、民族与宗教矛盾，以及恐怖主义等，这些因素一般被认为是直接决定企业能否顺利进入目标国，长期稳定运行并产生相应效益的关键因素。然而，近年来中国企业在“走出去”的战略规划中，对海外投资中的政治环境关注较少，研究较为薄弱，导致对海外布局产生消极影响。在本书中，我们将在海外投资中影响政治环境的负面因素归纳为以下五个方面。

一、目标国的政治局势变动

目标国的政治局势变动首先体现在政权更迭，包括通过和平或非和平的方式致使全国或地方政治局势出现变动的情况。通常，引起一国政局变动最为极端的是非和平方式，包括军事政变、地方武装叛乱、革命战争、暴动与骚乱，以及局部战争和全面内战等。此类极端事件可能直接造成目标地的海外投资项目推迟、中断乃至取消，业已投资的企业还将遭受财产损失或人员伤亡等。

政权更迭之后，新政府的内外政策将发生重大变化，不排除新政府拒绝承认或不履行旧政府的投资协定。这种变化对于投资资金大、运行周期长的能源和矿业投资尤为致命。例如，2011 年爆发的利比亚战争不仅引发了国际原油价格大幅上涨，还造成在利投资的中资企业大撤离，仅中资企业就有 50 个大型在建项目在战争中蒙受重大损失，涉及合同金额高达 188 亿美元。利比亚新政府上台后对前政府与中资企业达成的投资协定采取区别对待政策，给战后重返利比亚的中资企业设置了障碍。

此外，地缘政治因素也是海外投资所面对的主要风险之一。复杂的地缘政治因素会对一国的投资环境产生重要影响。例如拥有丰富矿产的蒙古国缺少出海口，又处于俄罗斯与中国两个大国之间，地缘位置使其推行“多支点外交”，在吸引外资时保持各方平衡，外国企业的投资行为随时可能被贴上政治标签而陷入大国博弈，致使其步履维艰。

与此同时，目标国和平的选举活动和议会活动对该国的海外投资的影响在近些年也越来越大。涉及外国投资的议题在一些国家选举和议会活动时成为政治集团互相攻击的“筹码”。同时，矿业集团、工会和相关利益集团的博弈也会对政局产生影响，进而左右海外投资的政治环境。这种情况在澳大利亚、美国和加拿大等议会活动频繁的国家表现尤为突出。例如中海油并购尤尼科石油公司以及华为在美并购项目均遭议员们出于政治利益反对而失败。澳大利亚前总理陆克文也因议会原因而提出“矿产资源租赁税”等严重影响矿业投资环境的政策。

研究中我们发现，多数国家政局总体稳定，不存在非和平政局变动风险。美国、加拿大和澳大利亚的稳定性最好，但议会政治对海外投资影响和干预较多。在俄罗斯和蒙古国，地缘因素和对外政策决定了政府对外资的态度。哈萨克斯坦历来实行强人政治，所以未来政府权力能否顺利交接是最值得关注的问题。哥伦比亚近十年来对反政府武装和游击队的打击已初见成效，政局稳定性极大增强。印度虽然政府更迭一直较为平稳，但不稳定的民主结构导致其政治凝聚力较弱。印度尼西亚每到选举年就会出现一定程度的政治矛盾激化和社会动荡。在莫桑比克、博茨瓦纳、南非和纳米比亚四国中，政府和执政党力量较强，对政局掌控力度较大，是非洲政局最稳定的区域之一，但在政治上过度强调黑人的权利也会导致新的社会矛盾形成。

二、目标国的政策与法律变动

由于能源和矿业方面的海外投资往往直接影响目标国的政治、经济以及国家发展战略，所以目标国政府对此格外关注。作为政府意志的具体体现，目标国的政策与法律变动甚至会出现政治问题法律化和法律问题政治化，或者在法律层面上没有问题，却因政治原因而变成法律问题。

对海外投资威胁最大的政策变动之一就是通过国有化将外商企业及收益收归国有，这方面以二战后独立的非洲和拉丁美洲国家尤为明显。此外，蚕食式征收（即目标国当局通过阻止、不合理干预、剥夺或不合理延迟等对投资者所享有的权利予以限制）对海外投资威胁也较大。例如 2007 年底，厄瓜多尔突然颁布总统令，征收高额暴利税，拟将外国石油公司额外收入中的 99% 收归国有；尽管厄政府后来下调了暴利税，但这一政策还是使中石油和中石化 14.2 亿美元的投资蒙受巨大损失。

对海外投资产生影响的另一点是，目标国可通过制定具体法律政策达到鼓励本国资本，限制外来资本进入特定领域的目的。如南非等国通过制定“黑人经济振兴法案”或类似政策来实现国有化或者本地化，对其他资本进入某些特定领域实行区别对待，影响区域投资环境。在部分发达国家，政府对矿产能源业通过采取相关税费政策变化来实现这一目的。如澳大利亚前政府颁布“矿产资源租赁税”和“碳税”，虽然该政策并未使海外投资的所有权发生变化，但对投资的预期收益产生较大影响。

此外，部分目标国对外资进入实行投资审批等制度，相关政策的变动不仅会影响项目谈判与执行，使正在进行中的投资活动形成意外波动，甚至可能在关键时刻直接决定海外投资的成败。如中铝公司放弃对蒙古南戈壁资源有限公司要约收购，缘由便是蒙古国议会 2012 年 5 月做出的关于外资投资该国战略部门企业法律规定的调整，强化对外国投资者在蒙矿业投资管理的相关规定。

在研究中我们发现，一般外资吸引大国的政策总体稳定。综合分析认为，美国、加拿大和澳大利亚等传统外资吸引大国，得益于稳定的政治体制和严格的法律修订程序，其法律法规稳定性较强，但值得注意的是其外资审查机制较为严格。莫桑比克作为近年来开始发展的国家，主要政策法规处于搭建时期，在部分领域仍存有空白。博茨瓦纳与南非历来有矿业传统，而纳米比亚则是继承了南非完整的法规体系并运行良好，但近年来南非在提升黑人权益方面的强烈意愿导致该国政策波动较大。印度和俄罗斯等国，其联邦体制使各地区的法律法规较为复杂，各地对外资的态度和政策不一，潜在的隐性风险较多。蒙古的突出特点是相关法规和审批政策常伴随大选和政府更迭产生变化，稳定性一般。哈萨克斯坦的强人政治使其政策具有较强的稳定性，但具体法律法规的透明度仍存在一定问题。

三、目标国的行政架构与官僚体系

投资目标国较为重要的政治因素便是其行政机构与官僚体系，其中应重点关注目标国行政机构在国家政治中的地位和作用。若目标国的行政权力相对集中，则可以促成相关决策的高效执行，但过度集中的行政力量发展成能够干预司法和其他权力时，政策的副作用也会随着行政力量难以得到监督而被放大。例如哈萨克斯坦经常以总统令、内阁规定和地方行政指令等来调整和规范外商及外国投资在哈萨克斯坦的活动，这也影响了其市场竞争秩序的公平性。而在俄罗斯，甚至会出现行政权力的干预导致即使外国企业胜诉，判决结果仍难以执行等情况。这都大大增加了外国企业经营成本。俄罗斯实行联邦制，其政府行政权力的分散与权责不清也造成政府政令上情下达滞后与执行不畅，再加上相关规定的模糊地带较多等，都使得其潜在的制度风险较高。

官僚体系中的寻租行为和行政管理水平低下也是影响海外投资的重要风险因素。行政办事效率低，寻租严重等会加大海外投资的额外成本和后期经营风险。作为全球寻租行为最为严重的国家，印尼的权利寻租已成为国家和社会的顽疾，极大影响了其投资环境。此外，俄罗斯各级政府部门尤其是与涉外经济活动相关的部门，如海关、质量检验检疫和交通运输等部门都存在严重的寻租现象，其中能源矿产业因其投资涉及金额大，审批环节多，需要打交道的政府部门多，成为腐败和权力寻租的重灾区。

综合分析认为，美国、加拿大、澳大利亚、博茨瓦纳、纳米比亚、印度和南非等传统英美法系国家多实行三权分立体系，从中央到地方分权制衡较强，行政权力受到较强制约，出现行政干预司法的情况较少。俄罗斯、哈萨克斯坦、蒙古、印度尼西亚等国的行政权力优先其他权力，在国家政治生活中发挥较强作用，但由于行政政策推出时在议会中讨论的议程相对英美法系国家较短，其潜在负面影响比较明显，隐性风险较多。

四、民族、宗教与社会文化冲突

由于海外投资涉及与当地社会民众及各类团体的交流与沟通，在民族和文化领域存在彼此认知差异问题。海外投资的目标国内民族、宗教和社会文化问题等会在多个层面影响海外投资，主要体现在两个方面。一是目标国本身存在民族矛盾，如南非历史上的种族隔离问题使得黑人和白人间存在较深的矛盾，政府在推行政策时会更加侧重黑人发展。尽管政府推行和解政策，但长期历史问题仍是其国内诸多社会问题的根源。二是部分国家一些民众强烈的民族主义与本国资源结合后易演变为激进的“资源民族主义”，极端反对外来资本以任何形式参与本国资源的投资与开发。

在宗教和社会文化冲突方面，跨国经营和投资时面对的主要问题之一便是目标国国内或跨境民族对社会的影响。例如，在民族和宗教问题复杂的印度，贫富悬殊、种姓制度和宗教信仰差异等原因导致社会、民族以及宗教冲突等问题已成为外资进入该国的最大制约因素之一。

“9·11”事件后，国际恐怖主义和宗教极端主义对各国海外投资的威胁日益明显。由民族、宗教等因素引发的局部冲突、恐怖主义袭击与暴力活动使部分国家和地区投资环境恶化。近年来，中国企业也在部分国家遭到反政府武装、犯罪团伙和恐怖分子袭击等，企业和人员生命财产安全受到严重威胁。

在研究中我们发现，尽管主要国家在宗教和民族问题上总体表现良好，但部分国家在一些敏感领域仍存在一定问题。综合分析认为，美国、加拿大、澳大利亚、博茨瓦纳、纳米比亚等国家宗教和社会问题较小。俄罗斯和印度民族众多，宗教复杂，近年部分地区如俄罗斯南高加索地区和印度西北与东南地区暴力活动与恐怖势力等引起地区局势不稳。印度尼西亚近年民族整合取得一定进展，但仍存在地区发展差异和部分地区分离势力。蒙古国受历史和地缘等多种因素影响，在近来民族和民粹主义抬头的大背景下，其排外情绪明显增强。哈萨克斯坦民族政策较为良好，但周边国家如乌兹别克斯坦等伊斯兰极端势力和阿富汗塔利班不断向中亚地区渗透，外来威胁仍然是哈萨克斯坦政府重点防范的对象。

五、利益集团与相关团体的活动

在海外投资中不仅要面对目标国政府、民众和社会，还要面对不同利益集团与当地或跨境团体的活动。目标国政府多从发展经济和改善民生等角度，鼓励外资参与本国矿产能源的开发。然而，考虑到多数国家社会化活动较强，存在相当数量的利益集团与非政府组织等对矿业开发持反对的态度，这些集团和组织通常包括当地居民、原住民、环保和工会组织等。他们利用宣传和游说等方式对政府的相关决策造成影响，进而对项目运行造成限制和阻碍。例如哥伦比亚是工会组织最强大的国家之一，当地矿业项目常出现以保护环境为名的游行和罢工等，使得部分项目被迫暂停甚至取消，2013 年下半年因罢工和环保禁令而停产的该国第二大煤矿至今尚未恢复生产。

在中亚地区，吉尔吉斯斯坦已发生多起矿产地居民攻击外国公司矿区阻挠正常生产事件，中国在吉从事“资源换项目”合作模式下矿产资源开发的企业也未能幸免。根据有关协议，中国公司出资为吉方修复公路，而吉方则提供相应的矿权许可证。当时公路修复项目接近尾声，但中国公司刚刚建成投产的选矿厂却无法正常运转。矿区当地村民和一些组织以选矿厂严重危害周边环境为由拦截中国公司过往车辆，阻挠生产物资运输，并涌入矿区，阻止中国企业正常生产，使得企业面临无法回收投资的巨大风险。

在研究中我们发现，社会化活动较为强烈的国家多集中于西方发达国家和部分新兴市场国家。综合分析认为，美国、加拿大、澳大利亚、南非和哥伦比亚的利益集团和社会化组织在当地能源矿产开发中作用较强。俄罗斯、印度、印度尼西亚、哈萨克斯坦、纳米比亚、博茨瓦纳和莫桑比克等国社会化组织尚处在发展阶段，一般不会对投资产生较强影响。

第二节　海外投资的经济风险

投资海外除关注政治环境外，还应考虑系统性经济风险。在全球经济一体化进程加快的大背景下，资本的使用效率大幅提高，同时全球经济周期性波动也在增强，彼此的相互依赖越发深化。因此，海外投资目标国的宏观经济状况和能源矿产行业的微观发展是海外投资能否取得预期回报的重要条件。

一、经济周期波动风险

周期波动是经济发展的常见现象，其表现为经济周而复始地从扩张到紧缩的长期循环运动，而金融危机和经济过热都是经济波动的极端状况。矿产能源行业与经济发展关系十分密切，而经济周期的波动风险极易对矿产能源行业产生一定影响。通常来说，在经济扩张期，能源和矿产品的需求上升促使产量和投资增长，企业利润增加。而在经济衰退期，受需求降低影响，相应产量和投资缩减，进而企业效益明显下降。中国经济在过去十年中的高速发展使得中国和主要煤炭出口国家的煤炭行业都经历了“黄金十年”，煤炭价格的大幅上升也带动了煤炭资产估值的大幅提升，但对海外投资来说也意味着风险的增加，一旦繁荣的泡沫破灭，就会给对周期判读失误的企业带来沉重打击。

二、目标国的宏观经济风险

在海外投资中，目标国的宏观经济状况是投资考虑的重要因素之一。由于能源产业与目标国宏观经济的关联性较高，所以宏观经济的任何波动都可能通过多种渠道将风险传递到能源产业中。宏观经济的各项指标也很大程度上体现一国当前经济状况与未来经济发展中的风险。如一国的经济增速能够直接反映其国内的能源需求状况，而通货膨胀率对企业经营成本波动有重大影响。一国的产业结构很大程度上决定了一国抵御外部冲击的能力，而国际贸易与财政收支等情况会对未来经济政策的制定产生重大影响。同样，外国投资的流入和流出情况是对目标国投资环境变化的最直观说明，也是一国投资环境变动的“晴雨表”。

三、目标国汇率波动风险

汇率风险是由投资方与目标国货币间因汇率变动而对企业的赢利能力、净现金流和市场价值未来变化可能性的一种风险。汇率风险为企业海外投资带来了不确定性。通过研究分析认为，影响汇率变动的因素有很多，如国际收支、相对通货膨胀率、利率、外汇储备等。汇率的频繁变动的风险贯穿企业投资、经营和利润汇回等整个过程。如果投资时点选择不当，对未来汇率变化趋势判断不准，就会导致交易和折算等相关的汇率风险。如兖矿在澳洲的投资就因为汇率变动等因素在2013年的第二季度出现了32.6亿元的汇率损失，直接导致了其上市公司的亏损。

经过研究，我们将在13个富煤国家投资时的经济风险分为低、中、高三个类别。

第一类投资时经济风险低的国家：以美国、加拿大和澳大利亚为首的发达国家和以印度尼西亚及哥伦比亚为代表的新兴经济体国家可以被认为是海外投资经济风险较低的国家。其中美国经济复苏的步伐稳健，澳大利亚则持续受益于亚洲的经济发展，加拿大一直保持了发达国家中最快的经济增速，所以对于投资而言，发达经济体具有经济风险低，可预期回报稳定的特点。而印度尼西亚和哥伦比亚分别是东南亚和南美地区发展的领头羊，除了快速增长经济其本身就对于风险有一定的抵御和消化能力外，投资这类国家的潜在收益要远高于可能存在的经济风险。

第二类投资时经济风险为中等的国家：俄罗斯、哈萨克斯坦、蒙古、南非以及博茨瓦纳。其中三个亚洲国家面对的问题比较类似，都是经济结构失衡，面临经济转型的风险。而南部非洲地区曾经的领头羊南非，经济发展严重受制于其城乡和黑白二元经济的失衡，博茨瓦纳依靠钻石业打造了良好的经济基础，但进一步发展还取决于其经济多元化的发展战略能否实现。

第三类投资时经济风险较高的国家：印度、莫桑比克和纳米比亚。两个非洲国家的风险都表现在经济基础薄弱，体量小，结构单一，经济发展面对的困难较多。印度虽然发展潜力巨大，但改革不力和经济低迷的状态在一定时间内很难得到有效的缓解。

第三节 法 律 环 境

伴随着越来越频繁的跨国矿业投资，投资者被保护的要求催生了更加友好的东道国立法，同时主要矿业国家基于本国利益的保护视角也加强了矿业投资的监管，发展中国家形成了矿业立法及相应的监管模式。较为成熟的矿业国家重视立法的稳定以及法律执行的透明度，其矿业投资监管与外国投资监管一道组成了政府管制机制。

法律环境部分结合了各个国家的独特属性对其相应矿业投资法律进行梳理，并联系既往投资经验以及各国管制的实际要求，对其中的主要要素（法系、历史传统、司法体制、矿业法的主要内容、外国投资法的主要要求、国家安全审查、反垄断审查、劳动保护、本地市场义务）进行分析，形成了一个基本涵盖该国对外国矿业投资者进行监管的主要的法律体系的总结。此外，也对部分领域所遭遇的审查、监管以及投资中的实际需求进行了分析，提出了相应方案。本节内容对主要矿业国家中各方面因素的考察分析主要从法系及法律传统、国内市场义务、劳动力保护、国有化以及对特殊群体的保护、外国投资审查四方面入手。

一般而言，采用英美法系的国家更重视判例的价值，但是在矿业领域，在以美国、加拿大等为代表的英美法系国家，其矿业监管中虽然也存在着成文立法，监管职权的行使是以立法中的授权为基础，成文立法中对大量行为进行了原则性的规定，但是监管机构的职责行使则是采取了个案审查的方式，具有极大的灵活性。在大陆法系的国家中，成文法覆盖了主要的社会领域，矿业法领域也有十分明确的规则。在混合法系的国家，既有成文的法典，又重视既往判例对未来审判的约束。遵守大陆法系与英美法系以及混合法系传统的国家，在矿业立法以及外国投资监管方面更加趋于一致。

外国投资审查的严格程度可分为三类：一是不进行行业的区分，对外商进入该国投资设置统一的审查规范，如美国、澳大利亚；二是既设置一般的外资监管制度，同时又针对部分关键行业设置专门的外资准入机制，如俄罗斯；三是除一般性的外资监管制度外，在矿业法中也设置了严格的管制措施，对外资进入矿业投资进行严格限制，如印度尼西亚、哈萨克斯坦。

13 个富煤国家法律环境分析结论见表 0 – 1 – 1。

第四节 海外投资的环境成本

矿产资源开发和环境保护之间存在天然的矛盾，如今无论是发达国家还是发展中国家都在不断强调绿色发展和可持续发展，在追求经济发展的同时不能以牺牲环境为代价，这是时代进步的体现，这为矿产资源的开发提出了更高要求。目前各国从中央政府到地方，从官员到民间环保组织都在密切关注着国内甚至周边地区矿业开发对环境的影响，从项目的勘探到开发，从运营到闭坑和复垦，每个环节都涉及环境问题，任一环节处理不当都会给矿业投资带来重大甚至是毁灭性影响。在澳大利亚、美国、加拿大，甚至哥伦比亚，因为环境问题而延期甚至暂时停产的例子不胜枚举，因此在进行海外矿业投资时，对目标国涉及环保的相关要求和对环保成本的考量非常必要。

经研究发现，发达国家如美国、加拿大、澳大利亚在环境方面属于高成本国家，这些国家环境保护工作起步相对较早，环保法律法规体系都非常完善，管理机构也非常健全，各项要求都很严格，更加注重公众的参与和矿产开发后的生态恢复。尤其是澳大利亚，投资的时间、资金成本是 13 个国家中最高的。另外，发达国家是联邦制国家，大型项目往往经过州政府初审后还要提交联邦政府审核，增加了时间成本和投资风险。

俄罗斯、南非和哥伦比亚的环境成本属于中等水平。其中俄罗斯和南非属于金砖国家，近年来经济发展较快，尽管由于这些国家的主要工作重点是经济发展，由此导致环境保护的工作起步相对较晚，但是环境管理也日益受到重视，环境保护法律法规已经比较健全，各项工作要求也较高。哥伦比亚是另一个环境成本为中等成本的国家。由于哥伦比亚具有全球最丰富的生物多样性，国家对自然和生态保护非

表 0-1-1 13个富煤国家法律环境分析结论

国家	法系	法律完善程度	法律变动性	国内市场义务	劳动力限制	国有化	特殊群体保护	外国投资审查	其他
澳大利亚	英美法系	高	稳定	有	严格保护本国劳动者	无	无	有，效率较高，过程较友好	各地区的矿业法规存在一定差异
博茨瓦纳	混合法域	较高	较稳定	有	优先使用本国劳动者	无	无	无特殊审查	鼓励外资进入
俄罗斯	大陆法系	较高	较不稳定	有	优先使用本国劳动者	有	无	有，效率较低，过程不透明	经济特区制度。 部分行业涉及国家安全审查以及反垄断审查
哥伦比亚	大陆法系	较高	较稳定	有，要求较严	优先使用本国劳动者	无	少数民族特殊保护	无特殊审查	鼓励外资进入
哈萨克斯坦	大陆法系	较低	较稳定	有，要求较严	严格保护本国劳动者	有	无	无特殊审查	国有公司制度
加拿大	英美法系	高	稳定	有	优先使用本国劳动者	无	无	有，效率较高，过程较友好	各省的矿业法规存在一定差异
美国	英美法系	高	稳定	无	优先使用本国劳动者	无	印第安土地权利金返还制度	有，效率较高，但是公正性有待考察	存在国家安全审查和反垄断审查
蒙古	大陆法系	低	极不稳定	有	优先使用本国劳动者	不能确定	无	有，且具有极大任意性	部分矿区，国家将持有主要股权
莫桑比克	大陆法系	较高	较稳定	无	严格保护本国劳动者	无	无	无特殊审查	工业自由区制度。 矿业法在修改中
纳米比亚	英美法系	较高	较稳定	无	严格保护本国劳动者	无大规模国有化	无	无特殊审查	外国投资优惠。 法律体系继承了南非体制
南非	混合法域	较高	较稳定	有，要求较严	严格保护本国劳动者	加速国有化	黑人保护	无特殊审查	反垄断法较为发达，黑人保护问题值得重点关注
印度	混合法域	高	稳定	无	严格保护本国劳动者	无	无	无特殊审查	矿业法修订草案已完成
印度尼西亚	大陆法系	较高	较不稳定	有，要求较严	严格保护本国劳动者	加速国有化	无	无特殊审查	计划出台对煤炭出口的限制，但仍未正式公布

常注重，所以较其他发展中国家，哥伦比亚环境保护方面的法律相对严格，对开发矿业项目获取环境许可证的要求相对较高。

印度、蒙古国、哈萨克斯坦、印度尼西亚均属于亚洲的发展中国家，投资环境成本普遍较低。位于非洲南部的博兹瓦纳、莫桑比克和纳米比亚，其经济发展相对落后，环境法律法规还需要进一步健全完善，环保审批流程都较为简单，时限一般都在 3 个月以内，投资环境成本同样均属低成本国家。

第五节　海外投资的税收成本

整体而言，发展中国家税收负担低于发达国家，但发达国家税收遵从成本低于发展中国家，因此跨国投资更应该关注拟投资国家的整体税收环境，而非简单的税负高低水平。

依据税赋水平和遵从成本的高低，可以把 13 个富煤国家分为四类。

第一类是税赋水平低且遵从成本也低的国家，以加拿大、南非和博兹瓦纳为代表，其中以加拿大为最佳，尤其是其矿业税费制度总体上具有较强的国际竞争力。

第二类是税赋水平较低但遵从成本高的国家，以印度尼西亚、蒙古国、哈萨克斯坦、莫桑比克和纳米比亚为代表，这类国家一般都属于发展中国家，经济发展水平导致了其税赋一般较轻，但也正是由于整体税务系统的不稳定和不成熟，使得税收的征管环境较差，甚至出现纳税系统的腐败现象，纳税的遵从成本较高。

第三类是税赋水平较高但遵从成本低的国家，这类国家的代表包括美国、澳大利亚、俄罗斯，特征是典型的高福利、高税收国家，但征税环境好，纳税的遵从成本低，从税务的角度对国际资本具有较好的吸引力。

第四类是税赋水平较高同时纳税的遵从成本也高的国家，以印度和哥伦比亚为代表，较差的税务环境也成为这些国家吸引外国投资者的限制因素。

第六节　中国企业面对的其他风险

以上是我们对最普遍意义上的宏观投资环境风险与成本分析，然而对于中国企业走出去来说，还有一些特殊困难及风险。近年我国企业特别是国有大型企业表现出的海外资源投资热情和频繁出手，不仅引起各国关注，更引起了一些紧张情绪。一些问题的处理不当，导致部分东道国政府与民众出现对中国企业海外投资动机的怀疑与误读，对中国国有企业身份的疑虑。还有部分中国企业对防范相关风险的意识较弱，在当地经营活动中缺乏社会责任感等问题也频频发生。对此我们也分析了其原因并给出对策及建议。

一、对中国企业海外投资动机的怀疑与误读

由于意识形态和社会制度差异，长期以来一些国家尤其是发达国家的政府、非政府组织和媒体不能正确看待中国的快速发展，视中国为威胁和潜在的竞争对手。中国经济崛起以及中国企业海外投资的大量增加，让一些国家感到不安、震惊甚至恐慌。一些西方国家故意丑化中国形象，把中国正当的海外投资说成新殖民主义，引起很多发展中国家对中国的疑虑和不信任，使得许多国家的政府和民众往往戴着有色眼镜看待中国海外投资。特别是近年在所谓“中国威胁论”的影响下，面对中国企业的大量海外并购，一些国家的政府和社会人士担心其资源被中国企业控制，先进技术被中国企业掌握，担心中国的大量并购将会对其经济活动产生重大影响，因此，出于国家利益考虑想方设法遏制中国企业在其国内的投资活动。加之，随着中国国际影响力扩大和参与国际经济活动增多，出于政治利益和经济利益考量，以美国为代表的西方国家和以印度、俄罗斯等为代表的新兴市场化国家，将中国企业正常的海外投资行为作政治化解读，经常以“国家安全”为由干预中国企业正常海外投资行为。

二、对中国国有企业身份的疑虑

从投资规模看，多年来国有企业是中国对外投资的主力，尤其是随着中国经济的快速发展，中石油、中海油、中石化、首钢、五矿等大型中央企业纷纷“走出去”，加大了海外投资的力度和规模。国有企业的海外投资行为，本来是企业自身行为，但由于政治体制和文化差异，在一些东道国政府和民众看来，中国国有企业就是政府完全控制的社会组织，是政府的附属物，国企投资行为不仅是企业的市场行为，更多的是政府行为，其投资意愿更多地体现了政府的意愿，其投资背后有政府的大力支持。他们甚至错误认为中国国企大量的海外并购是中国政府在经济领域的对外扩张，会导致中国政府对其企业施加更大影响，并据此对中国海外投资产生抵触情绪。近年来，美、日、俄等国有意干扰中国资源型企业的海外并购活动就充分说明了这一点。石油、天然气、铁矿石等资源是一国国民经济发展必不可少的生产要素，直接关系到一国经济兴衰。因此，即便是中国国有企业在国际资源市场上为自身发展需要而进行正常的海外并购，也容易使人联想到其背后的国家政治意图，从而遭到一些东道国政府的政治干预，最终导致跨国资源并购夭折。

三、部分中国企业忽视对东道国政治环境的分析

随着“走出去”战略深入实施和国内竞争日趋激烈，相当一部分民营企业和中小企业也纷纷走向海外。这些企业海外投资经营经验很少，在海外投资中缺乏对投资项目国的政治背景研究，对可能发生的相关风险认识不足，企业内部也缺乏切实可行的风险监控、预警和管理机制。加之国内有关部门和行业协会没有建立有效的政治信息服务机制，导致投资遭受损失。

四、部分海外投资企业缺乏社会责任感

提高东道国人民福利水平尤其是就业水平，实现互利共赢，已成为西方大型跨国公司海外投资中不可或缺的内容。然而，部分中国企业尤其是国有资源型企业由于国内经营环境的优越，缺乏应有的社会责任感，缺乏与东道国相关方及当地民众和谐相处、共同开发等经营理念，常常只顾自身利益，忽略当地民众利益，没有造福当地民众，忽视对当地污染的治理。这样做虽然降低了成本，但使得企业与当地居民利益冲突更为加剧。在当地人看来，他们非但没有得到资源红利，增加就业机会，反而付出了资源，污染了环境，心态难以平衡，因此会时常与中国资源型企业发生冲突。

第七节　投资环境冷热分析

目前国际上流行的矿业投资环境评价体系包括了杰姆·奥托的评价指标体系、弗雷兹研究所调查报告以及都贝尔评价系统。杰姆·奥托法只是一套理论指标体系，并没有考虑数据的可得性，也没有建立可操作的具体的评价标准；弗雷兹所使用的调查问卷法，难以回避抽样调查法中的主观性和随意性，其问卷调查的对象主要是勘查公司的经理，难免带有片面性，且调查结果不可避免地带有西方人的价值观和视角；都贝尔评价的主要是政治风险，就矿业投资环境而言，不够全面，其评价基于的原始信息和评价过程均不为外人所知，属“黑箱”操作过程。世界银行发布的《全球竞争力报告》和《营商环境报告》，分别关注宏观和企业经营的微观环境，但对矿业开发的指导意义不大。

有关投资环境的报告，中国国内主要有商务部发布的《对外投资合作国别指南》、中国出口信用保险公司的《国别风险分析报告》、中非基金的《非洲国别投资报告》等。《对外投资合作国别指南》大而全，是国别资料的百科全书，针对性稍差；《国别风险分析报告》以外贸服务需求为导向，且不涉及具体行业；中非基金《非洲国别投资报告》只关注非洲地区的投资环境。

在矿业投资环境的研究方法中，有冷热图表法、等级尺度法、多因素和关键因素关联评估法等。冷热图表法由美国经济学家伊尔·A. 利特法克和彼得·班廷于1968年提出，通过七种因素对各国投资环境的影响进行综合分析后提出了投资环境冷热比较分析法。基本原理是：将投资环境要素整合为政治稳定性、市场机会、经济增长及成就、文化一体化、法律阻碍、实质阻碍和地理及文化差距七个综合因

素，并根据其实际状态确定冷热度，然后综合各综合因素的冷热度进行环境优劣的判断。冷热法虽然在因素的选择及其评判上有点笼统和粗糙，但它却为评估投资环境提供了可利用的框架，为以后投资环境评估方法的形成和完善奠定了基础。该方法比较侧重对宏观因素的考察，缺乏对一些微观因素如基础设施、资金、劳动力技术水平的稳定性、价格等因素的分析。

等级尺度法是1969年由美国学者罗伯特·斯托伯在《如何分析国外投资气候》一文中提出。该方法的基本思路是：围绕着东道国政府对外国直接投资者的限制和鼓励政策，确定影响投资环境的八大因素——资本收回限制、外商股权比例、对外商的管制程度、货币稳定性、政治稳定性、给予关税保护的意愿、当地资本可供程度、近五年通货膨胀率。根据每个因素对整体投资环境的重要性，确定评分区间。同时，根据每个因素的完备程度分成若干层次，在各因素的评分区间内，确定各层次的分值。进行投资环境评价时，根据受评国的情况分别评出各因素的分值，然后将各因素的分值加总，即可得出投资环境评价总分。该方法所选取的因素都是对投资环境有直接影响的、为投资决策者最关切的因素，同时又都具有较为具体的内容，评价时所需的资料易于取得又易于比较；在对具体环境的评价上，采用了简单累加记分的方法，使定性分析具有了一定的数量化内容，同时又不需要高深的数理知识，简单易行，一般的投资者都可以采用。在各项因素的分值确定方面，采取了区别对待的原则，在一定程度上体现出了不同因素对投资环境作用的差异，反映了投资者对投资环境的一般看法。多因素分析法由于具有定量分析和对不同因素的详细分析等优点，深为投资决策者和学术研究界所欢迎，是运用较普遍的一种投资环境评价方法。

多因素和关键因素关联评估法是香港中文大学闵建蜀教授1987年在等级尺度法的基础上提出的一种投资环境评价方法，它包括多因素评估法和关键因素法。其基本原理是，用多因素评估法和关键因素法分别进行投资环境的一般性评价和专用性评价，然后将二者评价结果相结合，综合考虑投资环境的优劣。多因素评估法将投资环境要素整合为政治环境、经济环境、财务环境、市场环境、基础设施、技术条件、辅导工业、法律制度与法制、行政机构效率、文化环境和竞争环境11个因素，将各类因素分解为若干个子因素，并按照权重来加总各类环境因素的优劣百分比，用总分值的高低来判断投资环境的好坏，以此作为投资环境的一般性评价。关键因素评价法从影响投资环境的一般因素中找出影响具体投资

表0-1-2 各国投资环境冷热分析法汇总

国家	政治稳定性	市场	经济增长与发展	汇率稳定性	税务环境	基础设施	地理及文化	法令阻碍	环境保护成本
澳大利亚	🔴	🔴	🔴	🔴	🔴	🔴	🔴	🟢	🔵
印度尼西亚	🟢	🔴	🔴	🔵	🔵	🟢	🟢	🔵	🔴
俄罗斯	🔴	🔴	🟢	🔵	🔴	🟢	🔴	🔵	🟢
蒙古国	🔵	🔴	🟢	🔵	🟢	🔵	🔵	🔵	🔴
哈萨克斯坦	🟢	🔴	🟢	🔵	🟢	🔵	🔴	🔵	🔴
印度	🟢	🔴	🔴	🔵	🔵	🟢	🔵	🔵	🔴
美国	🔴	🔴	🔴	🔴	🟢	🟢	🔴	🟢	🔵
加拿大	🔴	🔴	🔴	🔴	🔴	🔴	🔴	🔴	🔵
哥伦比亚	🔴	🔴	🔴	🟢	🔵	🟢	🟢	🟢	🟢
南非	🟢	🔴	🔴	🔵	🔴	🟢	🟢	🟢	🟢
莫桑比克	🟢	🟢	🟢	🔵	🟢	🔵	🟢	🔵	🔴
纳米比亚	🔴	🔵	🔵	🔵	🟢	🟢	🟢	🟢	🔴
博茨瓦纳	🔴	🔴	🟢	🔵	🟢	🔵	🟢	🔴	🔴

注：🔴——热；🟢——中；🔵——冷。

项目的关键因素，并对这些关键因素作出综合评价，然后按与多因素评价法相同的方法和步骤对投资环境进行评价打分，取值范围为 11～55 分，分值越高，说明投资环境越佳。多因素分析法与关键因素评价法互为补充，运用此评价法既可以得到对投资环境的整体性评估结论，又能得到具体投资项目的专门评估评论，从而实现了一般与特殊的有机结合。

上述几种方法各有各的特点，既有定性分析方法，也有定量分析方法，几种方法存在着普遍性强、忽视特殊性、对于决策的群体差异考虑较少等不足，尤其是对于煤炭资源投资开发的参考有所欠缺。煤炭资源投资开发具有时间长、金额大、涉及的方面多等特点。所以，投资环境分析既要全面还要深入，既要分析现在还要了解过去和预测未来。本书依据对各国政治、经济、法律、财税、环评以及基础设施的研究结论，结合上述流行的评价体系的思路与特点，创新性地采用冷热研究分析法的基本框架，形成了一套融合专家和专业研究成果，基于各国可观察到的数据、事实、政策法规，以客观为主、主观为辅，并符合煤炭行业特点的投资环境评价体系。去掉冷热图表法“文化一体化”和“实质阻碍”，增加汇率稳定性、税务环境、环境保护成本和基础设施条件 4 个因素，使冷热法更具针对性。

通过对各国政治经济状况、法律体系、矿业财税制度、环境标准和基础设施等的综合分析，选取政治稳定性、市场、经济增长与发展、汇率稳定性、税务环境、基础设施、地理及文化、法令阻碍、环境保护成本等 9 个因素，采取冷热分析法，对各国的投资环境做出了定性判断，得出具有指导意义的研究结论（表 0－1－2）。

第二章　开发靶区优选及开发建议

本书选取美国、俄罗斯、澳大利亚、印度、哈萨克斯坦、南非、哥伦比亚、加拿大、印度尼西亚、美国、博茨瓦纳、莫桑比克和纳米比亚共13个富煤国家，分别详细阐述了这些国家煤炭资源的地质分布特点，解剖分析了重点含煤盆地的煤炭富集规律，并以此为基础，圈定了具有开发潜力的优质煤炭富集区。同时，通过对投资环境所进行的全面评估，提出对这些国家煤炭资源投资开发的初步建议。所取得的大量资料和研究成果证明，上述13个国家在煤炭资源量、煤炭工业现状、煤炭赋存地质条件和煤炭开发具体条件上均存在着较大差异。为了优选出最适合开发的优质煤炭资源靶区，有必要在各个国家之间进行对比研究，尤其在各个国家已选出的优质煤炭富集区之间进行对比研究。

第一节　各国资源开发条件综述

一、煤炭资源量、产量和进出口量

截至2015年底，世界煤储量为8915.31亿t，其中无烟煤和烟煤为4031.99亿t，次烟煤和褐煤为4883.32亿t。我国煤炭资源位列世界第3，储量1145亿t，占世界总储量的12.8%。尽管我国煤资源丰富，但巨大的人口基数使我国人均煤资源占有量仅大致相当于中等煤资源丰度国家。从煤储（量）产（量）比比值表示的煤资源静态保证年限来看，2015年世界平均煤静态保证年限为114年，而同期我国仅为31年（俄罗斯422年、哈萨克斯坦316年、美国292年、澳大利亚158年、南非120年、印度89年、加拿大108年、哥伦比亚79年、印尼71年）。海外煤资源丰富，但分布并不均衡，如本书所选的13个国家中，美国、俄罗斯、澳大利亚、印度、哈萨克斯坦、蒙古、南非、哥伦比亚、加拿大和印度尼西亚10个国家的煤储量总计7534.26亿t，占世界总储量的84.51%（BP，世界能源统计，2016）。此外，根据其他资料，博茨瓦纳的煤资源（122亿t）也较为丰富（表0-2-1）。

表0-2-1　13个富煤国家煤资源量、产量和进出口量对比

国　家	储　　量				2015年产量/亿t	2015年出口量/亿t
	无烟煤和烟煤/亿t	次烟煤和褐煤/亿t	总计/亿t	占世界总量的百分比/%		
美国	1085.01	1287.94	2372.95	26.6	8.128	0.659
俄罗斯	490.88	1079.22	1570.10	17.6	3.733	1.305
中国	622.00	523.00	1145.00	12.8	37.47	0.05
澳大利亚	371.00	393.00	764.00	8.6	4.845	3.901
印度	561.00	45.00	606.00	6.8	6.775	0
哈萨克斯坦	215.00	121.00	336.00	3.8	1.065	0.063
南非	301.56	—	301.56	3.4	2.521	0.764
印度尼西亚	—	280.17	280.17	3.1	3.920	3.391
哥伦比亚	67.46	—	67.46	0.8	0.855	0.838
加拿大	34.74	31.08	65.82	0.7	0.607	0.280
蒙古	11.7	13.5	25.2	0.3	0.245	0.106(洗精煤)

表0-2-1（续）

国 家	储量				2015年产量/亿t	2015年出口量/亿t
	无烟煤和烟煤/亿t	次烟煤和褐煤/亿t	总计/亿t	占世界总量的百分比/%		
博茨瓦纳	—	—	0.4	—	0.015	0
莫桑比克	—	—	17.92	—	0.608	0.042
纳米比亚	—	—	—	—	—	0
全世界	4031.99	4883.32	8915.31	100	78.611	11.62

注：煤储量、煤产量数据主要来自世界能源统计（BP，2016），博茨瓦纳、莫桑比克和纳米比亚煤储量、煤产量数据来自美国能源信息署（EIA）网；出口量数据来自伍德麦肯兹2016年数据。

2015年，世界煤产量为78.611亿t，其中，我国煤产量为367.47亿t，占世界总产量的46.3%。所研究13个富煤国家中美国、印度、澳大利亚、印尼、俄罗斯、南非、哈萨克斯坦、哥伦比亚、加拿大、蒙古10个主要产煤国产量为33.06亿t，占世界总产量的41.9%（BP，世界能源统计，2016）。

2015年，全球出口煤炭共计11.62亿t，其中13个富煤国家共出口11.40亿t，占全球煤炭出口量的98.11%。2015年印度煤炭进口量为2.05亿t，已经超越中国（1.88亿t）和日本（1.91亿t）成为世界第一大煤炭进口国。

二、煤炭资源赋存条件

煤炭资源赋存状况受成煤地质条件控制。本书在各篇中详细论述了各富煤国家煤炭资源赋存和分布地质条件以及各含煤盆地地质特征，概略总结如下：

美国、俄罗斯、澳大利亚、南非、博茨瓦纳等国主要含煤盆地大多位于克拉通内，盆地区域前寒武纪以来构造稳定，成煤和保煤的条件都比较好，因此含煤盆地一般面积大、含煤层系厚，煤炭资源量大。

印度含煤盆地也属于克拉通内盆地，但其多为裂谷盆地，位于克拉通地块间拼合带内，散布在前寒武基底之上。煤系地层局限于前寒武地层断裂控制，因此煤盆地分散、含煤面积有限，含煤层系厚度和煤炭资源量变化大。

蒙古国大地构造属中亚褶皱带，早—中石炭世北蒙形成广阔大陆，南蒙和蒙古外贝加尔系则发生拗陷作用，形成众多面积不等的盆地，接受了石炭系、二叠系、侏罗系和白垩系的煤系地层沉积。

加拿大煤炭资源主要赋存在阿巴拉契亚褶皱带、科迪勒拉褶皱带和因努伊特褶皱带内山间盆地中，因此煤田地质构造比较复杂。

哈萨克斯坦地处中亚造山带，在石炭纪—二叠纪活动陆缘上发育了陆相盆地型沉积。煤炭资源主要集中在中哈萨克斯坦，那里煤盆地构造多为开阔的背斜和向斜，赋存有高质量的焦煤和动力煤。

印度尼西亚煤炭资源主要赋存于第三纪地层中。印尼是群岛国家，位于欧亚大陆、印度—澳大利亚、太平洋—菲律宾海三大主要板块交界处，新生代以来的板块碰撞使印尼形成多个沉积中心，因此煤炭沉积分散，但煤层埋藏较浅。

哥伦比亚煤炭绝大部分富集在山间盆地之内。新生代安第斯运动使科迪勒拉山隆升，导致形成一系列破碎的前陆盆地（山间盆地），因此除北部的瓜希拉半岛外，其他各个分散的含煤盆地地质构造较复杂，煤炭资源量有限。

第二节　各国煤炭资源富集区筛选

在本书各篇富煤国家研究中，分别以煤炭资源地质特点和重点含煤盆地煤炭富集规律为基础，圈定了该国优质煤炭富集区。从13个国家150多个煤盆地中共圈定了具有开发潜力的优质煤炭富集区40个。为了对煤炭富集区加以对比、分类，对这些富集区的资源量、煤种和煤质、开采方式、主采煤层和基础设施等情况进行了汇总和归纳（表0-2-2）。

表0-2-2 主要富煤国家优质煤炭资源富集区汇总

国家	富集区	煤种	资源量/储量	开采方式	煤层条件	基础设施
澳大利亚	博文盆地西北部	焦煤为主，动力煤少量	201.38 亿 t（70%焦煤）	露采为主	Collinsville 煤系开采 9 个连续煤层；Blair Athol 煤系上部 4 个主煤层，最厚一层 29 m；German Creek 煤系含有总厚 20 m 的 4～5 层煤；Rangal 煤系含 6～9 层煤	完善的铁路、公路运输系统，靠近主要煤炭口岸
	冈尼达盆地	动力煤为主，喷吹煤、焦煤少量	38 亿 t	露采为主	Black Jack 组中 2 个主要煤层，最厚 10 m	区内完善，距口岸较远
	悉尼盆地南煤田	主要为硬焦煤	>36 亿 t	露采+井工	里拉瓦拉煤系可采煤层 4 个，总厚 12～28.5 m	完善的铁路、公路运输系统，靠近肯布拉港
	坎宁盆地	动力煤	5 亿 t（推测 110 亿 t）	露采+井工	Lightjack 组 2 层煤，平均厚 2.2 m 和 6.8 m	交通便利，海运距离较短
蒙古	塔温陶勒盖煤田	配焦煤为主，主焦煤和动力煤少量	80 亿 t（70% 冶金煤）	露采为主	17 个煤层，平均累厚 195.46 m；煤层倾角 5°～30°；向斜和背斜	铁路外运，交通便利
	那林苏海特煤田	配焦煤为主，动力煤少量	10 亿 t	露采为主		铁路、公路外运
	东戈壁煤盆地	动力煤	预测 235 亿 t	露采为主		集二铁路外运
加拿大	Peace River 煤田南部	主焦煤为主	100 亿 t	露采+井工	4～5 煤层，单层 5～10 m，总厚度约 46 m，地质条件较复杂	公路、铁路、港口
	East Kootenay 的 Elk Valley 煤田和 Crowsnest 煤田	冶金煤，半焦煤和动力煤	440 亿 t	露采+井工	煤层 4～30 个，总厚达 70 m 以上；构造较复杂	公路、铁路、温哥华港
	Klappan－Groundhog 煤田	半无烟煤至高碳化无烟煤	预测 370 亿 t	勘探程度低，未开发	25 个煤层，单层最厚 7 m，累厚 53 m；构造较复杂	2 级铁路，运力不足
俄罗斯	南滨海	焦煤、肥煤、瘦煤	8.6 亿 t	井工开采	上三叠统含 20 个煤层，0～30 m 厚	铁路、公路至海港
	格尔比坎—奥格贾地区	动力煤为主，焦煤、无烟煤等少量	>70 亿 t	露采+井工	奥格贾 11 个煤层，总厚 20～33.6 m	铁路、公路
	扎舒兰—奇科伊	优质动力煤	7 亿 t	露天开采	2 层主采煤层平均厚 15 m 左右	基础设施较好

表 0-2-2（续）

国家	富集区	煤种	资源量/储量	开采方式	煤层条件	基础设施
俄罗斯	库兹涅茨克煤田	焦煤、动力煤	1800 m 以浅预测资源量 7334 亿 t（炼焦煤探明储量 324.8 亿 t）	露采 + 井工	下二叠统地层含煤 20 余层，总厚 78 m；上二叠统上部含煤 40 余层，总厚 75 m，层厚 1 ~ 3 m，个别 8 ~ 10 m；早侏罗世含煤 5 ~ 14 层，厚 0.5 ~ 7 m，透镜状	基础设施完备
哈萨克斯坦	埃基巴斯图兹盆地	动力煤	70 亿 t	露采为主	可采 3 层，其中 3 号总厚 92 m，2 号总厚 31 ~ 40 m，1 号总厚 19 ~ 23 m	交通条件优越，煤炭陆路外运
	卡拉干达盆地	焦煤、动力煤	246 亿 t（焦煤 118 亿 t）	露采 + 井工	可采煤层 30 多个，总厚 40 m，平均厚 2.5 m	公路、铁路
	图尔盖盆地	动力煤	196 亿 t	露采 + 井工	最连续的两个煤层分别厚 10 ~ 60 m 和 5 ~ 35 m	多条公路和铁路，交通便利
哥伦比亚	塞雷洪	动力煤	59.3 亿 t	露天开采	Cerrejon 组下段 8 ~ 10 层煤，厚 0.15 ~ 2.1 m；中段 14 ~ 19 层煤，厚 0.39 ~ 6.0 m；上段 5 层煤，厚 1.4 ~ 10 m	公路、铁路连接港口
	拉洛马	动力煤	44.6 亿 t	露天开采	洛斯奎沃斯组中段 20 个可采煤层累计厚 46 m	公路、铁路连接港口
	切古阿—兰瓜撒切	冶金煤、动力煤	7 亿 t	井工开采	古阿杜阿斯组 20 煤层，一般煤层 > 0.5 m，其中 10 个煤层厚 > 0.6 m	地形较陡，交通较便利，公路、铁路
	索卡莫索—杰里科	焦煤、动力煤	9.9 亿 t	井工开采	古阿杜阿斯组 3 ~ 9 层，厚 0.7 ~ 3.5 m，最厚 4 m	公路、铁路外运
	苏里亚—齐纳高达	动力煤、焦煤	2.67 亿 t（55.6% 冶金煤）	井工开采	劳斯古埃尔沃斯组 3 ~ 6 层煤，单层厚 0.6 ~ 2.0 m；卡尔沃内拉组中最多 6 个煤层，厚 0.7 ~ 1.5 m	公路、铁路外运
印度	Jharia 煤田	焦煤、动力煤	192 亿 t	露采 + 井工	Barakar 组 17 层煤可采，厚度 < 1 ~ 33 m；Raniganj 组 22 层煤，厚度 < 1 ~ 4.7 m，中焦煤	公路或铁路相连，交通便利
	Bokaro 煤田	焦煤、动力煤	130 亿 t	露采 + 井工	Barakar 组 26 层煤，厚度 < 1 ~ 63.9 m，其中 Kargali 煤层分布广，最厚 31 m，中焦煤；Raniganj 组 10 层，厚度 < 1 ~ 2.0 m	公路或铁路相连，交通便利
	Karanpura 煤田	动力煤、焦煤	245.3 亿 t	露采 + 井工	5 个可采煤层，厚度 < 1 ~ 35.2 m，累厚 20 ~ 70 m	公路或铁路相连，交通便利

表0-2-2（续）

国家	富集区	煤种	资源量/储量	开采方式	煤层条件	基础设施
印度	Raniganj 煤田	动力煤	261 亿 t	露采 + 井工	Raniganj 组 18 个煤层，厚度<1 ~ 17 m；Barakar 组 15 个煤层，厚度<1 ~ 62 m	公路或铁路相连，交通便利
南非	Witbank 煤田	焦煤、动力煤	101.4 亿 t	露采 + 井工	5 层煤，平均厚 2.5 m，累积最厚 > 25 m	交通便利，基础设施完善
	Highveld 煤田	动力煤	142.5 亿 t	井工、露采	5 层煤，可采 3 层，累积最厚 > 15 m	交通较便利，基础设施完善
	Vryheid 煤田	焦煤和无烟煤	2.22 亿 t	井工为主	9 层煤，开采煤层总厚 1.7 ~ 5.7 m	交通较便利，基础设施完善
莫桑比克	下赞比泽盆地	动力煤为主，焦煤少量	96 亿 t		6 层煤，总厚 112 m	基础设施较差
博茨瓦纳	莫鲁普莱	动力煤	73 亿 t		莫鲁普莱主煤层厚 6.5 ~ 9.5 m	基础设施较差
	姆马马布拉	动力煤	57 亿 t		3 层煤，分别厚 2.83 m、5.39 m、2.07 m	基础设施较差
	杜奎地区	动力煤	20 亿 t			基础设施较差
纳米比亚	阿拉诺斯煤田	高灰动力煤	3.72 亿 t		主煤层组包括多个单独煤层，各层平均厚 1 m	基础设施较差
美国	粉河盆地	动力煤	预测资源量 9700 亿 t	露采	4 个可采煤层累计最厚 > 190 m，平均累厚 25.9 m，其中主采的 Smith 煤层最大厚度 81.1 m，平均厚度 9.8 m	公路、铁路交通便利
	阿巴拉契亚盆地	焦煤、动力煤	598.7 亿 t	露采	5 个主力煤层	铁路、公路、水运
	圣胡安盆地	动力煤	预测资源量 2100 亿 t	露采 + 井工		公路、铁路交通便利
印度尼西亚	三马林达	动力煤	（东加里曼丹省）379 亿 t/59 亿 t	露采	可采煤层 22 层，单层厚度为 0.2 ~ 3.5 m，总厚大于 30 m	基础设施完善，海运出口
	博努阿拉瓦斯	动力煤	（南加里曼丹省）122.7 亿 t/36 亿 t	露采		基础设施完善，海运出口
	拉哈特	动力煤	（南苏门答腊省）471 亿 t/95.4 亿 t	露采	共发育 12 个煤层，可采煤层 5 个，厚度为 20.5 ~ 54.7 m	基础设施完善，海运出口

一、资源量和煤种

资源量和煤种是决定煤炭富集区是否具有开发价值的重要标准。已圈出的40个煤炭富集区煤炭资源与煤种特征（表0－2－2）如下：

（1）炼焦煤，资源量一般在数十亿吨以上的煤田富集区：俄罗斯库兹涅茨克煤田富集区、美国阿巴拉契亚盆地富集区、加拿大Peace River煤田南部富集区、澳大利亚博文盆地富集区、蒙古塔温陶勒盖煤田富集区、南非的Witbank煤田富集区和俄罗斯阿穆尔地区的格尔比坎—奥格贾富集区、哈萨克斯坦的卡拉干达盆地富集区、印度的Jharia富集区和Bokaro富集区均是焦煤产地，资源量一般在数十亿吨以上；其他蕴藏焦煤但资源量较少的富集区，还有澳大利亚的冈尼达煤田、悉尼盆地南煤田，蒙古的那林苏海特煤田，加拿大的East Kootenay的Elk Valley煤田和Crowsnest煤田，哥伦比亚的切古阿—兰瓜撒切富集区和索卡莫索—杰里科富集区，南非的Vryheid煤田。

（2）加拿大Klappan－Groundhog煤田富集区的煤炭主要是半无烟煤至无烟煤，资源量370亿t。

（3）炼焦煤和优质动力煤资源均较丰富的煤田富集区，如俄罗斯库兹涅茨克煤田、美国阿巴拉契亚盆地、澳大利亚博文盆地、蒙古塔温陶勒盖煤田区、印度的Jharia煤田和Bokaro煤田、南非的Witbank煤田和哈萨克斯坦的卡拉干达盆地等。

（4）动力煤，煤质好、资源量大的煤田富集区，美国有粉河盆地和圣胡安盆地，在南美有哥伦比亚的塞雷洪和拉洛马富集区，南非有Highveld煤田，哈萨克斯坦有埃基巴斯图兹盆地和图尔盖盆地等。

（5）印度尼西亚拥有丰富的第三纪煤炭资源，虽然煤种主要是褐煤，但收到基发热量高，灰分低，适合生产动力煤，而且其距离亚洲市场近的地利之便，使其成为世界重要的动力煤供应商。蒙古东戈壁煤盆地的褐煤资源十分丰富，而且临近中国，有望成为一个新的动力煤的供应基地。

二、开采条件和基础设施

煤田的地质和地理条件好坏决定煤炭开采的难易程度，而交通运输、电力供应等基础设施的优劣直接影响开采成本。本书所选40个富集区的开采条件和基础设施情况不尽相同（表0－2－2）。

（1）绝大多数富集区的煤层埋藏较浅，储量多依据小于600 m的浅部煤层计算获得，适合露天开采；部分深部煤层需要井工开采。哥伦比亚的焦煤资源多位于山区，地质条件复杂而且埋藏较深，仅适于井工开采。

（2）多数富集区，特别是已建有生产矿山的地区，道路交通及其他基础设施一般比较完善。澳大利亚、加拿大、印尼、南非、哥伦比亚等国的富集区多邻近海港；内陆国家中，蒙古有公路和铁路与我国相连；哈萨克斯坦和俄罗斯虽然富集区内交通运输便利，但除俄远东地区格尔比坎—奥格贾富集区与我国运距较短外，其他富集区煤炭陆路运距长，出口成本较高。

此外，非洲南部的博茨瓦纳、莫桑比克和纳米比亚的开发条件最差，不仅国内或富集区内道路交通运输落后，而且水资源匮乏。

三、选取优质煤种

1. 主焦煤

近年来我国煤炭生产量持续大幅提升，年产量已经接近37亿t。在进出口方面，2009年我国首次由煤炭净出口国转为净进口国，并在2011年超过日本成为全球最大煤炭进口国，总的进口量也从2009年的1.26亿t一路攀升至2013年的3.3亿t。仅从数字分析，看似我国煤炭年产量和进口量已经充分满足对煤炭的消费需求，但实际上，我国的煤炭行业却面临着总量相对宽松，结构性过剩和优质煤种不足等问题，从根本上说这是由我国煤资源禀赋所决定的。

总体上看，我国从褐煤到无烟煤煤炭品种齐全，但各煤种分配非常不均衡，具体表现为优质动力煤资源丰富，但优质无烟煤和炼焦用煤比较稀缺。据国土资源部2013年全国矿产资源储量通报，我国查明煤资源储量为14842.86亿t，其中炼焦用煤为2968.21亿t，占总资源储量的比例为20%，主焦煤的资源储量为522.71亿t，仅占总资源储量的3.5%（表0－2－3）。

表0-2-3 我国主焦煤的查明资源储量及分布

	基础储量/亿t	资源量/亿t	查明资源储量/亿t		基础储量/亿t	资源量/亿t	查明资源储量/亿t
全国	189.92	332.79	522.71	安徽	3.73	19.01	22.74
山西	112.22	123.07	235.29	河北	5.77	19	24.77
云南	11.22	44.43	55.65	新疆	3.65	10.12	13.77
贵州	7.09	35.96	43.05	8省区合计	177.07	294.17	471.24
黑龙江	17.35	22.39	39.74	8省区占全国的比例/%	93.2	88.4	90.2
河南	16.04	20.19	36.23				

数据来源：2013年全国矿产资源储量通报，国土资源部

无烟煤在化工、喷吹、建材等行业都有着广泛的用途。我国的无烟煤主要分布在山西（阳泉、晋城）、贵州（黔西）、河南永（城）夏（邑）、四川川南等，但矿区规模一般不大，储量也较为有限，因此，我国的优质无烟煤资源并不富裕。

我国炼焦用煤（包括主焦煤、气煤、肥煤和瘦煤）仅占煤炭查明资源储量的20%，不仅比重低，而且煤种也不均衡。其中主焦煤、肥煤和瘦煤3个炼焦基础煤种，分别仅占炼焦煤总量的23.5%、18%和15.8%。另一方面，我国炼焦煤资源煤质状况一般，原煤灰分一般在20%以上，多属中灰煤，且硫分偏高，约有20%以上的炼焦用煤硫分超过2%，而低硫高灰者，可选性一般较差。因此炼焦用煤，特别是可以单独炼焦的主焦煤在我国属于极为稀缺的战略性资源。

随着我国经济持续高速发展，特别是焦化行业形成了以多配焦煤和肥煤为主的配煤原则，使得优质焦煤资源的供应更加紧张，供需缺口不断加大。因此，把目光投向海外，从国外进口炼焦用煤是解决这一问题的有效途径。2002年以前，我国的炼焦煤进口量在20万t和50万t之间，2013年，我国的炼焦煤进口量已达到7500万t，十年的时间进口量增长超过百倍。我国炼焦煤来源国排名前五的依次是：澳大利亚、蒙古、加拿大、俄罗斯和美国，进口量依次为3015万t、1544万t、1108万t、844万t和607万t（中国煤炭资源网，2013）。从这5个国家进口的炼焦煤占我国炼焦煤进口总量的90%以上，可以说这5国支撑了我国炼焦煤的海外供应。然而，即使是在这些煤资源丰富国家，主焦煤等优质炼焦煤资源也是可遇而不可求。以蒙古国最大的焦煤矿区塔本陶勒盖为例，在其总资源量中，主焦煤所占资源量比例不足30%，大部分资源主要是1/3焦煤和优质动力煤。加拿大的新兴焦煤产区和平河（Peace River）煤田以炼焦配煤和喷吹煤为主，主焦煤储量也不多。在莫桑比克，曾宣称拥有大量主焦煤资源的莫阿蒂泽煤矿也面临资源量大幅缩水以及煤质指标不如预期乐观情况。而美国的炼焦煤生产主要基地阿巴拉契亚炼焦煤资源接近枯竭，俄罗斯的煤炭运输以及加拿大的成本问题，都可能使全球优质主焦煤供应受到限制。另外，各大跨国能源公司也加大了对优质焦煤资源的控制。全球五大炼焦煤供应商必和必拓、力拓、英美能源、斯特拉塔以及泰克已经占据了超过60%的市场份额，这些公司对全球焦煤市场的把持趋势甚至已不亚于对铁矿石的控制，这也进一步加深了优质焦煤资源的稀缺。

目前，我国是世界最大的钢铁生产和消费国、最大的炼焦煤生产和消费国，同时也是炼焦煤第一进口国。纯粹通过增加进口方式只能在短时间内缓解供需矛盾，面对我国煤资源分布不均衡，动力煤资源丰富，而炼焦煤特别是优质主焦煤稀缺，供需存在结构性矛盾的现实情况，我们认为，将目光移至资源行业上游，在深入调查、挖掘和仔细研究的基础上，抢占海外优质主焦煤资源才能从根本上解决问题，打破我国优质炼焦煤资源供应偏紧且受制于其他国家和跨国公司的局面，在实现企业发展的同时保障国家能源安全。

2. 优质动力煤

在动力煤方面，我国侏罗系的长焰煤、不粘煤以及弱粘煤资源丰富，特点是低灰低硫发热量高，例如山西大同、陕西神府、内蒙古东胜矿区是我国优质动力煤的代表，我国动力煤一直都保持着较为充足的供应。据海关总署最新数据，2009—2013年，我国动力煤进口量逐年增长，年均增长率为29%，但增速在逐年下滑。2009年，为避免国际大宗商品市场价格波动影响，国内将动力煤进口关税税率调整为3%，2009—2011年动力煤进口量在1亿~2亿t的范围内稳步较快上升。2012年至2013年国内动力

煤需求减弱，动力煤进口量增速下降，动力煤进口关税调整为零，2012 年动力煤进口量达到 2. 36 亿 t，同比增长 29. 7%，增速较 2011 年回落 23. 4 个百分点。2013 年，国家对进口动力煤的煤质和贸易商做了准入限制，鼓励优质煤炭进口，禁止进口高灰、高硫劣质煤。2013 年进口 2. 52 亿 t，同比小幅增长 6. 8%。2013 年我国动力煤出口 624 万 t，全年净进口 2. 46 亿 t。2015 年全年进口动力煤 8321 万 t，同比下降 38. 17%，此外，2015 年中国出口动力煤 133 万 t，同比下降 49%。

我国煤资源特点是总量丰富（14842. 86 亿 t，据国土资源部 2013 年全国矿产资源储量通报）但分布不均衡，煤资源主要分布在新疆、内蒙古、山西、陕西、贵州、宁夏等中西部地区或北方地区，南方查明的资源储量为 1460. 76 亿 t，占全国的 9. 84%，南方 2013 年原煤产量为 7. 36 亿 t，仅占全国煤产量的 19. 8%。据《2013 年中国能源统计年鉴》，2012 年南方的煤炭消费总量为 17. 3 亿 t，占当年全国消费量的 39. 6%。近年我国南方每年大约要从西北部地区运入煤炭约 8 亿 t，从海外进口约 2 亿 t。此外，东北三省除黑龙江煤炭勉强自给外（但资源耗竭速度在加快），辽宁、吉林为缺煤省份，每年需从外部调入煤炭 1 亿 ~1. 6 亿 t。

根据煤炭工业协会 2011—2013 年煤炭生产和消费处于高峰期的统计数据，我国铁路和公路煤炭运输大约各占 50%，运量各 18 亿 ~19 亿 t。2013 年，运煤专线中大秦线年运量 4. 45 亿 t，神朔线年运量 2. 47 亿 t，年运量居世界前列。无论铁路还是公路运力均基本饱和，公路交通拥堵严重。我国北煤南运、西煤东运局面在没有其他能源替代煤炭的前提下，将会一直持续下去。因此，尽管我国北方绝大多数煤坑口价不高，但长距离陆路运输、转运推高物流成本，综合成本甚至高过进口煤炭，所以相对廉价的进口煤在我国南方具有竞争优势。

我国动力煤进口省份主要集中在华东、华南地区。华东主要是山东、江苏、浙江、福建等，华南地区主要是广东和广西。受广东、福建和广西沿海工业加速发展以及这三省沿海区位优势，煤炭进口连创新高。2013 年，广东动力煤进口量达到 5732 万 t，占动力煤总进口量的 22. 8%；广西动力煤进口量为 2825 万 t，占动力煤总进口量的 11. 2%；福建动力煤进口量为 3851 万 t，占动力煤总进口量的 15. 3%；浙江动力煤进口量 2346 万 t，占动力煤总进口量的 9. 3%；山东动力煤进口量 2142 万 t，占动力煤总进口量的 8. 5%；江苏动力煤进口量为 2426 万 t，占动力煤总进口量的 9. 6%；其他省份动力煤进口占动力煤总进口量的 17. 5%。

改革开放以来我国经济发展举世瞩目，但产能严重过剩，碳排放造成环境污染严重，京津冀、长三角等经济发达地区的雾霾十分严重。我国政府已经开始限制环境污染严重的地区使用煤炭，尤其是劣质煤炭。未来我国对于煤炭质量的要求会越来越高，所以优质动力煤因有害组分低将会受到未来我国煤炭市场欢迎，在国际煤炭市场也会有竞争力。

综上所述，我们在关注优质炼焦煤的同时，也要注意寻找低成本的优质动力煤。

第三节　各国煤炭资源富集区简介及开发靶区比选结果

一、各国煤炭资源富集区简介

1. 澳大利亚

澳大利亚煤炭资源总量世界排名第四（BP，2015）。至 2015 年底无烟煤和烟煤资源量为 371 亿 t，次烟煤和褐煤资源量为 393 亿 t，总计 764 亿 t，占世界煤炭总资源量的 8. 6%，可开采 177 年。据 Australian Geoscience 2013 的数据，黑煤的经济资源量（EDR）为 418. 5 亿 t，占全世界的 6. 20%，其中 41% 为 JORC 储量；褐煤 EDR 资源量为 392. 5 亿 t，占全世界 20. 09%。

澳洲大陆上分布着数十个大型含煤盆地，优质煤炭资源主要集中在东海岸。通过研究比较，选择了以下 3 个优质煤炭资源勘探开发靶区（图 0 – 2 – 1）。

博文盆地是澳大利亚最重要的煤盆地，它地面出露面积为 75000 km^2。2011 年 12 月澳大利亚黑煤可采的经济探明资源量（EDR）总计为 57538 Mt，而博文盆地占全澳洲的 35%，即 20138 Mt。该盆地拥有在产煤矿 45 个，在建煤矿 3 个，开发项目 31 个，生产了大部分澳洲出口煤炭。煤产品品质好，以

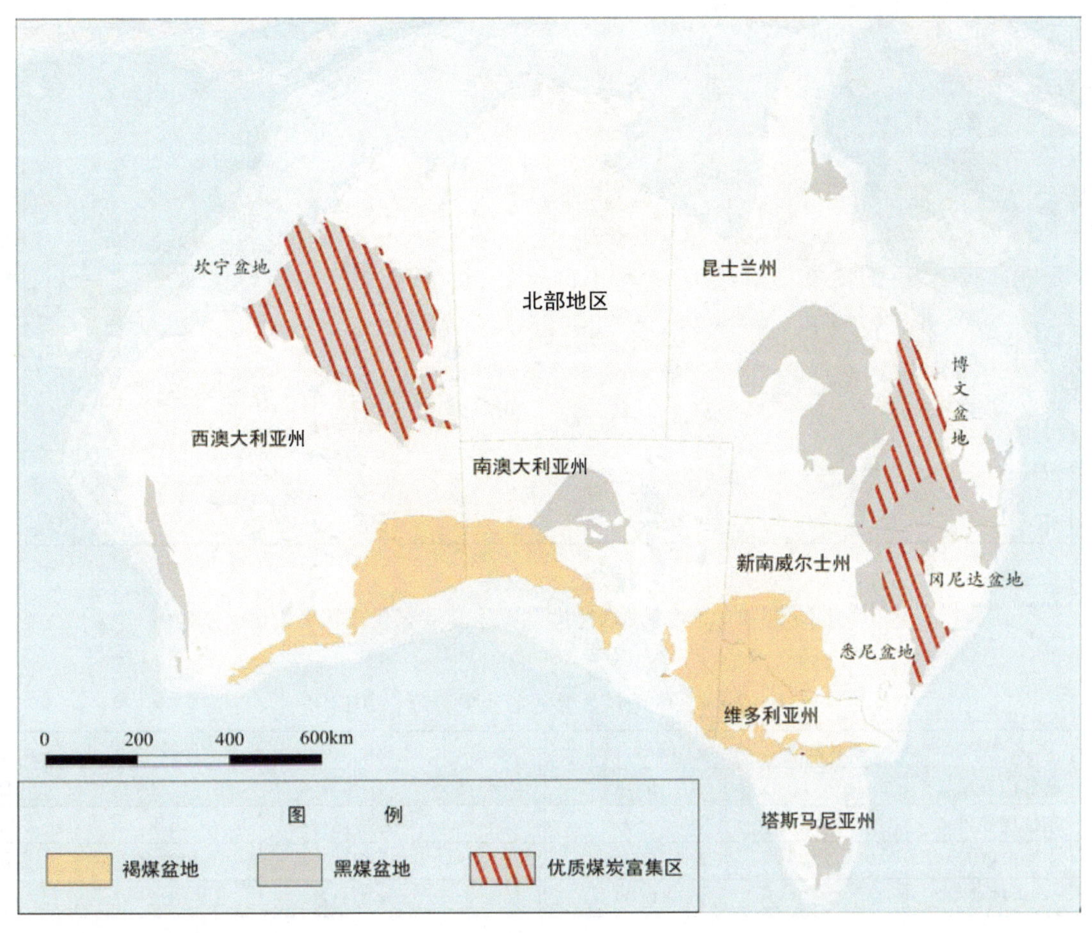

图0-2-1　澳大利亚主要含煤盆地、煤炭资源分布及优质煤炭资源富集区

高品质冶金煤为主。博文盆地中西部作为优质煤炭资源勘探开发靶区，煤质好（焦煤为主，还有高品质动力煤），储量大（230 亿 t 以上），适合露天和/或井工开采，基础设施条件好，交通运输方便。

悉尼盆地的陆上面积近 44000 km^2，资源量为 23015 Mt，是澳大利亚煤炭的主产地，其储量最大，煤层埋藏浅，靠近港口便利海运。悉尼盆地包含亨特煤田、纽卡斯尔煤田、中煤田、西煤田和南煤田。在产矿较多，冶金煤和动力煤均有出产。悉尼盆地南煤田作为优质煤炭资源勘探开发靶区，煤质好（焦煤为主，有动力煤），储量较大，适合露天和/或井工开采，交通条件较方便，现有煤矿少。

冈尼达盆地面积超过 15000 km^2，其潜在的可采原煤资源量为 2800 Mt。所产的商品煤包括软焦煤、动力煤，主要供出口。冈尼达盆地作为优质煤炭资源勘探开发靶区，煤质好（焦煤和动力煤），储量大（280 亿 t），适合露天和/或井工开采，交通条件较方便。

2. 印度尼西亚

BP（2015）的数据显示印尼煤炭的储量为 280. 17 亿 t，占世界总储量 3. 1%，煤质总体较差，储量中全部为次烟煤和褐煤。印尼煤炭资源主要分布在 6 个省份（图 0－2－2），据印尼地质调查局 2012 年数据，6 个省份的资源量和储量的比例分别占到全国的 97. 7% 和 99. 8%（表 0－2－4）。优质煤炭主要分布在东加里曼丹和南加里曼丹。印尼大部分的煤形成于第三纪，大部分煤层埋藏较浅。

印尼最重要的含煤盆地中，库台盆地陆上面积约 110000 km^2。构造形迹以北东—南西向为主。含煤地层共 4 组，均属于新生代地层，有泥炭、褐煤、次烟煤和烟煤。其中 Balikpapan 组中含有丰富的煤炭资源，具有煤层多、埋藏浅、夹矸少、发热量大、稳定性好、开采条件好等特点。

巴里托盆地通过断裂活动沉降作用形成，陆上面积约为 70000 km^2，含煤时代为古近纪和新近纪，勘探开发程度高，该盆地的商品煤为次烟煤。

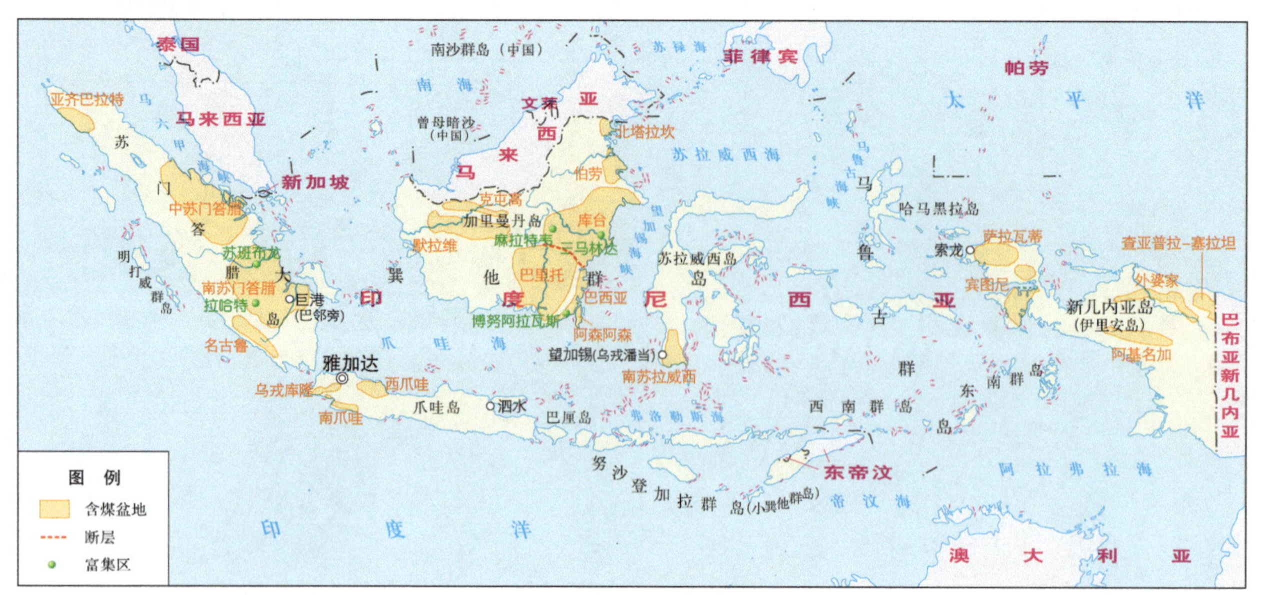

图 0-2-2 印度尼西亚含煤盆地及优质煤炭资源富集区

表 0-2-4 印尼煤炭资源的主要分布（2012 年）

排名	省 份	资源量/亿 t	储量/亿 t	排名	省 份	资源量/亿 t	储量/亿 t
1	南苏门答腊省	471	95.4	5	廖内省	17.1	19.4
2	东加里曼丹省	379	59	6	中加里曼丹省	16.4	0.74
3	南加里曼丹省	122.7	36		合计	1027.4	210.63
4	占碑省	21.2	0.09		全国总量	1052	211

南苏门答腊盆地属于印度洋板块向欧亚板块俯冲造成的弧后盆地，含煤地层位于盆地西缘，东部被第四系覆盖。南部的在产煤矿出产褐煤、次烟煤和少量烟煤。

综合资源量、储量、煤质、开采方式、开发程度、基础设施等综合因素，确定加里曼丹岛巴西亚煤盆地的博努阿拉瓦斯矿床，库台煤盆地的三马林达、麻拉特韦矿床、苏门答腊岛南苏门答腊煤盆地的拉哈特以及苏班布龙矿床为优质煤炭资源富集区（图 0-2-2）。

印度尼西亚电力供应与其经济增长极不匹配，当地丰富的煤资源对电力行业发展而言具有很大空间。鉴于印度尼西亚经济发展与结构调整的现实要求以及相对比较好的矿业环境，重点关注东加里曼丹和南苏门答腊的优质煤炭资源，为高速发展中的印度尼西亚及中国东南沿海提供清洁的煤炭资源，也可以考虑在当地进行煤电一体化开发等方面投资。建议优先开发东加里曼丹省三马林达、南加里曼丹省博努阿拉瓦斯、南苏门答腊省拉哈特等 3 个煤资源富集区，开展煤电联营业务，同时关注煤炭加工利用、煤化工等下游产业。

3. 俄罗斯

俄罗斯煤总储量居世界第二位。根据 BP 资料，到 2015 年底，俄罗斯煤炭探明储量为 1570.1 亿 t，其中包括无烟煤和烟煤 490.9 亿 t，亚烟煤和褐煤 1079.2 亿 t。超过 70% 的煤炭资源分布在库兹涅茨克矿区、坎斯克—阿钦斯克矿区和通古斯克矿区。超过 90% 的焦煤集中在库兹巴斯、南雅库特矿区、伯朝拉矿区，还有 9.5% 位于图瓦共和国。靠近中国东北的主要为褐煤资源（图 0-2-3）。

南雅库特煤田位于萨哈共和国的南部，东西长 750 km，南北宽 60 ~ 150 km，总面积 25000 km^2。整个煤田的储量为 382.88 亿 t，焦煤居多，为 291.83 亿 t（占 76%），其中 35.84 亿 t 适于平巷开采。煤类从气煤到瘦煤都有。

萨哈林岛的煤炭储量为 24.89 亿 t，其中约 55% 为褐煤，烟煤中焦煤储量为 8500 万 t。适于露采的储量 2.04 亿 t，几乎全部为褐煤。

图 0-2-3　俄罗斯含煤盆地及煤炭资源富集区分布

阿穆尔周边地区：阿穆尔州储量为 38.2 亿 t，其中褐煤 36.37 亿 t。烟煤集中分布在戈尔比干那—奥格贾含煤区。几乎所有储量资源都适于露天开采。哈巴罗夫斯克边疆区储量 23.51 亿 t，多数为烟煤（20.25 亿 t），分布在布列茵矿区；褐煤赋存于下阿穆尔河沿岸地区和鄂霍次克地区。

滨海边疆区的煤炭储量 39.5 亿 t，适于露采的储量为 17.05 亿 t，其中褐煤 16.92 亿 t。游击队城矿区有少量著名的肥煤产品，储量为 740 万 t。

图瓦共和国有乌鲁格—河姆斯矿区和一系列独立的烟煤、焦煤和动力煤矿区，储量为 10.62 亿 t，而乌鲁格—河姆斯矿区有 10.56 亿 t，近乎囊括了全部储量。该共和国焦煤工业储量 9.37 亿 t，乌鲁格—河姆斯矿区也占了绝大多数（9.35 亿 t）。

赤塔州大部分煤矿区的资源研究程度都相当高。该州煤储量为 32.78 亿 t，储量以褐煤为主（20.43 亿 t），大多数储量（28.93 亿 t，占 93%）适于露采。

库兹涅茨克矿区煤炭储量的半数以上为焦煤（289.1 亿 t），其中 107.52 亿 t（占 19%）适于露采。该矿区开发程度高，主要生产冶金煤。

伊尔库茨克州探明煤炭储量为 139.54 亿 t，工业储量为 73.94 亿 t。工业储量中伊尔库茨克矿区所占份额最大，为 73.89 亿 t。探明储量中，以烟煤为主（55.98 亿吨，其中焦煤 6.63 亿 t）。适于露采的储量为 76.37 亿 t（占 97%）。

优质煤炭资源富集区为：滨海边疆区南部（蒙古改和亚当斯矿床）、阿穆尔州及其周边地区的格尔比坎—奥格贾地区、布列亚硬质煤矿区、赤塔州的扎舒兰—红奇科伊矿区，以及克麦洛沃洲的库兹涅茨克煤田（图 0-2-3）。

在目前煤炭价格较低的形势下，俄罗斯大多数煤田的开发不能取得理想的经济效益。在密切关注煤炭市场变化趋势的同时，首先要高度关注阿穆尔奥格贾煤田、赤塔州红奇科伊和扎舒兰煤田，其次注意南滨海肥煤、焦煤和瘦煤资源靶区。库兹涅茨克煤田在俄罗斯煤炭市场占有十分重要的地位，对欧洲和中亚市场尤其如此，是俄罗斯煤炭市场不可忽视的重要地区。奥格贾优质动力煤煤田距离中国边境线仅 450 公里，该煤田到哈尔滨的直线距离与漠河到哈尔滨的直线距离相当。我国东北吉林、辽宁两省均是缺煤省份，目前均从中国的内蒙古、山西从陆路、海陆调入大量煤炭资源；随着黑龙江煤田的日益枯竭，煤炭调入量会逐渐增加。因此开发奥格贾煤田可以缓解东北缺煤势态。我们也应高度关注俄罗斯规划的奥格贾—黑河的铁路和布市—黑河铁路公路大桥及换装站的进展，以便选择合适时机投资开发奥格贾煤田。

4. 蒙古国

蒙古国总资源量预计1500亿t，预计储量为223亿t（HARDYGORA M，PASZKOWSKA G，SIKORA M. Mine Planning and Equipment Selection 2004［C］. Florida：CRC Press，2004）。据2015年BP统计数据，蒙古国煤炭储量25.2亿t，占世界储量0.3%，其中无烟煤和烟煤储量11.7亿t，次烟煤和褐煤13.5亿t。蒙古国烟煤主要分布在西部和南部地区，次烟煤和褐煤主要分布在中北部和东部地区，其中中北部以次烟煤为主，东部以褐煤为主。

蒙古国可以划分出13个含煤盆地、2个含煤区，其中10个又组合成为2个含煤省份聚集区——东含煤省份聚集区和西含煤省份聚集区（表0-2-5，图0-2-4）。

表0-2-5 蒙古国含煤盆地、含煤区的划分

代　号	名　称	分　类	其　他
TAA	阿尔泰	含煤区	西部含煤省份聚集区
BUA	阿尔泰岑德	含煤区	
KHB	哈尔黑拉	含煤盆地	
MAB	蒙古阿尔泰	含煤盆地	
SGB	南戈壁	含煤盆地	未归类
IBB	伊赫包格德	含煤盆地	
ORB	昂根高勒	含煤盆地	
UHB	前杭爱	含煤盆地	
OSA	鄂尔浑—色楞格	含煤区	
CGB	中戈壁	含煤盆地	东部含煤省份聚集区
CHB	乔巴山	含煤盆地	
CNB	乔依尔—奈勒噶	含煤盆地	
EGB	东戈壁	含煤盆地	
SHB	苏赫巴托	含煤盆地	
TAB	塔木察格	含煤盆地	

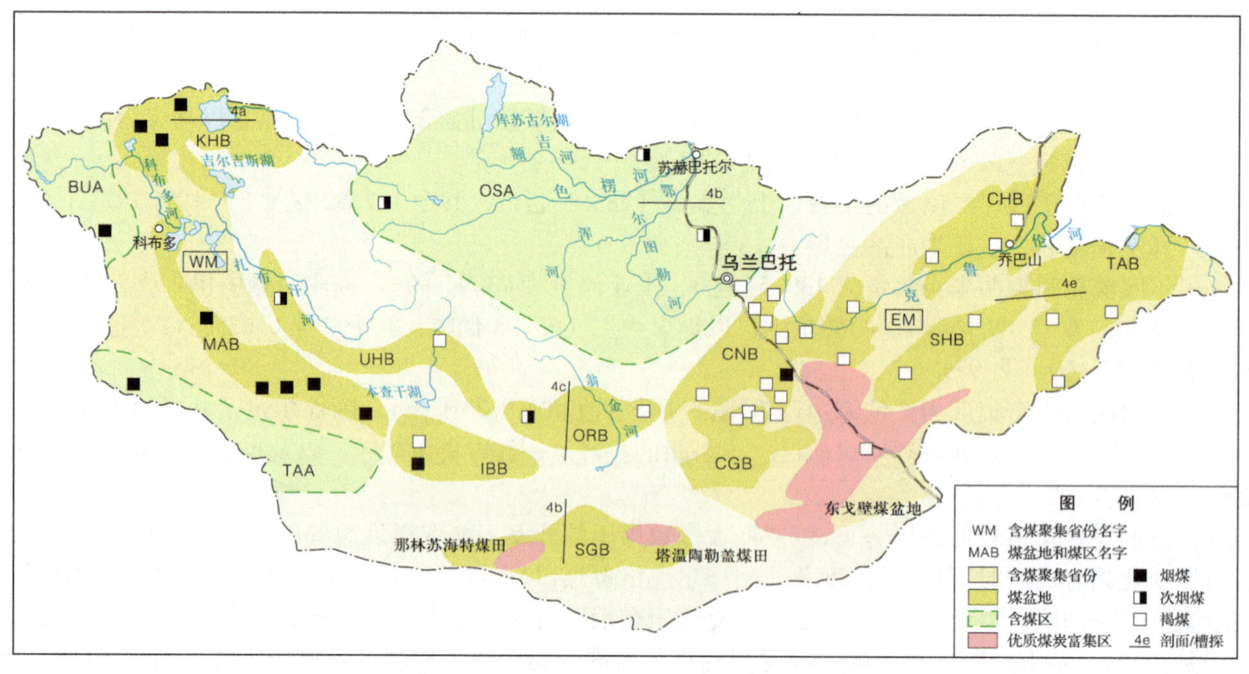

图0-2-4 蒙古国含煤盆地分布及优质煤炭资源富集区选择

最重要的南戈壁盆地包含6个煤田，其中那林苏海特煤田和塔温陶乐盖煤田勘探开发程度最高，煤质最好，累计年产冶金煤约2000万t。

东戈壁煤盆地与我国二连盆地地理位置相近，含煤地层相近，属于同一类型。煤类以褐煤为主，局部有长焰煤。东戈壁煤盆地预测资源量为 235 亿 t，煤类主要为褐煤。目前有一个在产动力煤煤矿。

南戈壁煤盆地的那林苏海特和塔温陶勒盖煤田属于优质煤炭资源富集区，东戈壁煤盆地应归属于潜在的优质煤炭资源富集区（图 0－2－4）。

蒙古国优质冶金煤主要分布在南部的那林苏海特煤田和塔本陶勒盖煤田。现阶段蒙古国主要有 4 个对华煤炭出口口岸，其中约 95% 的出口量来自于南部的甘其毛道和策克口岸，分别对应于那林苏海特煤田和塔温陶勒盖煤田。这两个煤田配套基础设施完善，出口通道顺畅。甘泉铁路是拟与蒙古国合作开发南戈壁省塔温陶勒盖煤田的基础配套工程，该条线路将与包神铁路、神朔铁路、朔黄铁路、黄骅港、天津港形成路港联网联运的矿产资源运输大通道，是塔本陶勒盖煤田最便捷的出海通道。甘其毛道口岸至塔本陶勒盖煤田铁路也在积极洽谈中。策克口岸中国方向主要有临策铁路，运输效率进一步拓展的潜力巨大。策克口岸至那林苏海特煤田仅有约 80 km，柏油公路早已投入使用。在当前煤炭市场低迷、蒙古国经济紧张的有利条件下，应紧密跟踪塔温陶勒盖项目及周边项目的动态，利用神华集团强大的销售能力和运输渠道，获得谈判的主动地位，寻求双方共赢的投资方式。

5. 哈萨克斯坦

哈萨克斯坦预测煤炭储量达 1620 亿 t。根据 BP（2015）资料，到 2015 年底，总探明可采储量为 336 亿 t，占世界总储量的 3.8%，位列全球第八，其中烟煤和无烟煤探明可采储量为 215 亿 t，次烟煤和褐煤 121 亿 t。主要煤盆地包括：中部和北部的卡拉干达、埃基巴斯图、图尔盖、Teniz－Korzhunkolsky、日兰什克、迈库边和舒巴尔科里矿床，西部的乌拉尔—里海褐煤盆地，南部的伊犁、Chu 和 Nizhneili 盆地。大部分煤田分布在哈萨克斯坦中部的卡拉干达州和北部的巴甫洛达尔州，主要的煤田为卡拉干达、埃斯基巴斯图兹、舒巴尔科里煤田和图尔盖煤田（表 0－2－6，图 0－2－5）。

表 0－2－6　哈萨克斯坦的主要煤盆地　　亿 t

煤盆地	预测储量	主要煤种	主要煤层位	煤盆地	预测储量	主要煤种	主要煤层位
卡拉干达	465.4	烟煤和褐煤	石炭系和侏罗系	伊犁	150.6	褐煤	侏罗系
图尔盖	561.5	褐煤	侏罗系	日兰什克	116.1	褐煤	渐新世
埃基巴斯图兹	91.6	烟煤	石炭系	乌拉尔	13.6	褐煤	侏罗系
迈库边	51.7	褐煤	侏罗系				

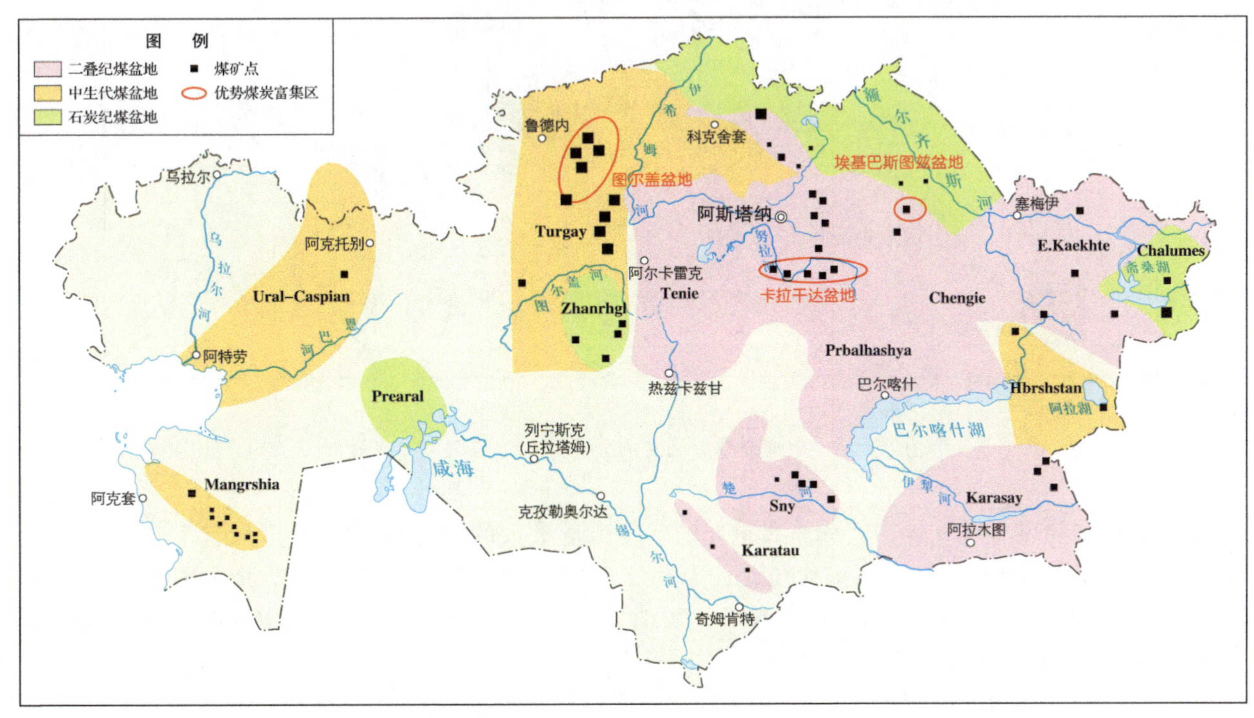

图 0－2－5　哈萨克斯坦盆地分布及优质煤炭资源富集区选择

选定卡拉干达煤盆地、图尔盖盆地北部、埃基巴斯图兹盆地为优质煤炭资源富集区。

哈萨克斯坦石油和天然气资源丰富，但在未来相当长的一段时间内，煤炭仍然是哈萨克斯坦解决电力供应问题的必然选择。基于哈萨克斯坦电力和煤炭供应不均衡的现状，在哈萨克斯坦进行煤电一体化的投资是具备一定前景的，重点应关注的地区为哈萨克斯坦的西部和南部地区。

6. 印度

印度资源总量居世界第五。至 2015 年底，无烟煤和烟煤资源量为 561 亿 t，次烟煤和褐煤资源量为 45 亿 t，总计 606 亿 t，占世界总资源量的 6.8%（BP，2015）；按目前生产能力，可开采 100 年。印度的黑煤中，晚石炭世—二叠纪的冈瓦纳煤资源量占统治地位，主要分布在半岛中东部的冈瓦纳盆地内 27 个主要的煤田里。古近纪和新近纪煤量极少，分布在东北部。褐煤的勘探程度较低，主要分布在印度半岛东海岸的泰米尔纳德。

印度含煤的冈瓦纳盆地多属于克拉通内的裂谷盆地，严格受到所处构造位置的控制。根据煤炭资源的富集程度和煤炭开采的具体条件，划定了大量煤田。最主要的冈瓦纳盆地在印度半岛中东部的河谷，基本沿着以下 4 个主要地带分布：①ENE – WSW 向的 Narmada – Son – Damodar 谷（NSD）盆地带；②NNW – SSE 向的 Pranhita – Godavari 谷（PG）盆地带；③NW – SE 延伸的 Mahanadi 谷盆地带；④NNW – SSE 延伸的 Purnea – Rajmahal – Galsi 盆地（图 0 – 2 – 6）。

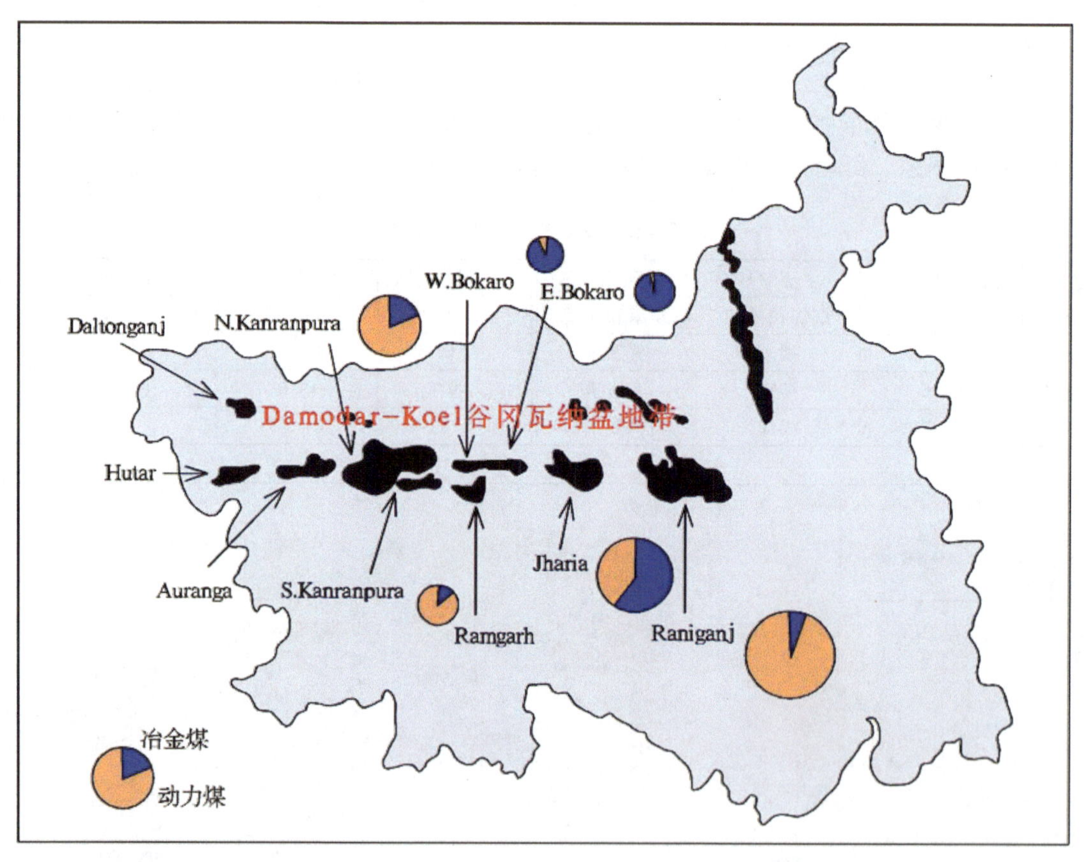

图 0 – 2 – 6　印度含煤盆地分布及优质煤炭资源富集区选择

在数量众多的煤盆地（煤田）中，最重要的、资源量最大的煤盆地（煤田）只有十几个。按照资源量排序（Bhattacharya，2013），前十位是：Tacher、Raniganj、Mand – Raigarh、Ib – River、Godavari、Jharia、Naranpura、Rajmahal、Singrauli、Korba 盆地。而 Jharia、东 Bokaro、西 Bokaro、北 Karanpura、Sohagpur 煤田是印度最主要的焦煤产地。

确定印度中北部的 Damodar – Koel 谷为优质煤炭资源聚集区，进一步划定 4 个富集区：①Jharia；②Karanpura；③Bokaro；④Ranigan（图 0 – 2 – 6）。

印度是"一带一路"上重要的南亚国家。近年来，印度经济快速发展，国内电力供应长期短缺的紧张状态急需得到改善，因此增加煤炭的供给更为迫切。为了改善印度现有的煤炭工业不能完全满足国家对能源不断提高的需求，印度在加大从国外进口煤炭，特别是冶金所需的优质煤的同时，必然加快国内煤炭资源的开发。为此，印度不仅需要引进资金以扩大煤炭生产规模，引进先进的开采设备和技术以提高劳动生产率，同时也需要引进竞争机制以推动煤炭工业的高速发展。2014 年莫迪总理执政以来，开始放宽了外国资金投资矿业的政策，近期又积极参与亚洲基础设施投资银行的事务，这些无疑为我国进入印度煤炭生产市场提供了可能。在这种形势下，我国在推进"一带一路"战略时，应该密切关注印度煤炭资源的开发，对印度中东部 Damodar - Koel Valley 的优质煤炭资源聚集带给予特别关注，可以考虑介入焦煤资源潜力较大的 Jharia 富集区、Bokaro 富集区和 Karanpura 富集区，以及蕴藏优质动力煤的西孟加拉邦 Raniganj 富集区。同时，针对印度电力生产能力不足，而印度煤的煤质普遍灰分含量高、发热量低的特点，可以考虑进行煤电一体化建设的投资，利用我国先进的技术和设备，在提高煤矿企业生产率的同时，提高煤炭利用率，缓解印度电力产能不足。

7. 美国

根据 BP（2015），美国已证实的资源量为 2372.95 亿 t（无烟煤和烟煤 1085.01 亿 t，次烟煤和褐煤 1287.04 亿 t），占世界总资源量的 26.6%，位列全球第一。按照目前生产能力，可以开采 230 年。

美国划分出五个含煤区，它们的年产量占全美煤炭年产量的 90% 以上。其中，阿巴拉契亚含煤区，煤种为中—高挥发性烟煤与低挥发性烟煤；伊利诺斯含煤区，为中、高挥发性烟煤，含煤区东部及西南部产焦煤；洛矶山和北大平原含煤区煤种为次烟煤和褐煤；科罗拉多高原含煤区煤种为中—高挥发烟煤和次烟煤；海岸平原含煤区煤种为褐煤。

科罗拉多高原含煤区主要包括 9 个含煤盆地：圣胡安盆地、亨利山盆地、凯普罗维特高原、南皮斯安斯盆地、南瓦萨其高原、戴斯拉多含煤区、丹福斯山煤区、扬帕煤区、黑山盆地。北洛矶山和大平原含煤区分为 4 个煤盆地：粉河盆地、威利斯顿盆地、大绿河盆地及汉纳—卡本盆地（图 0 - 2 - 7）。

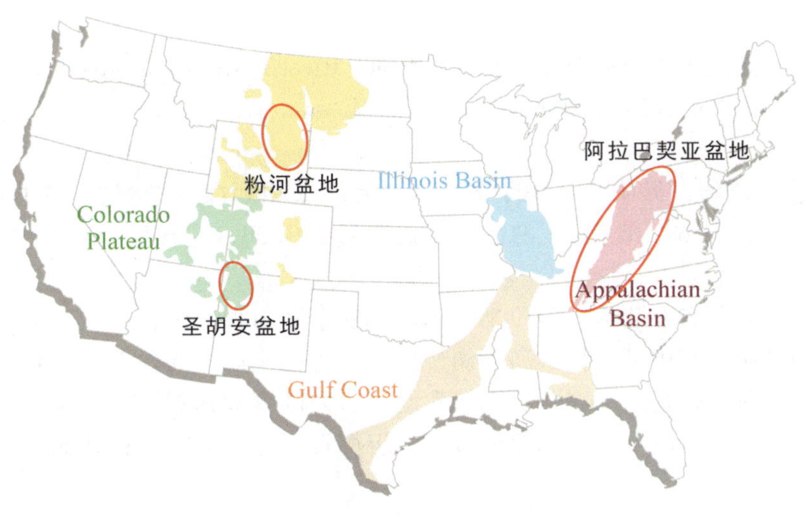

图 0 - 2 - 7　美国含煤区分布及优质煤炭资源富集区圈定

确定粉河盆地、圣胡安盆地和阿巴拉契亚含煤区中部为优质煤炭资源富集区（图 0 - 2 - 7）。

8. 加拿大

至 2015 年底，加拿大的煤炭可采储量共计 65.82 亿 t，占世界总储量的 0.7%，位列全球第十一位（BP，2015）。

加拿大的主要含煤盆地有15个，其中资源最丰富的西加拿大煤盆地面积最大，横跨不列颠哥伦比亚省、艾伯塔省和萨斯喀彻温省，目前主要的在产煤矿均位于该煤盆地中。煤盆地中又划分了若干个煤田（图0-2-8）。

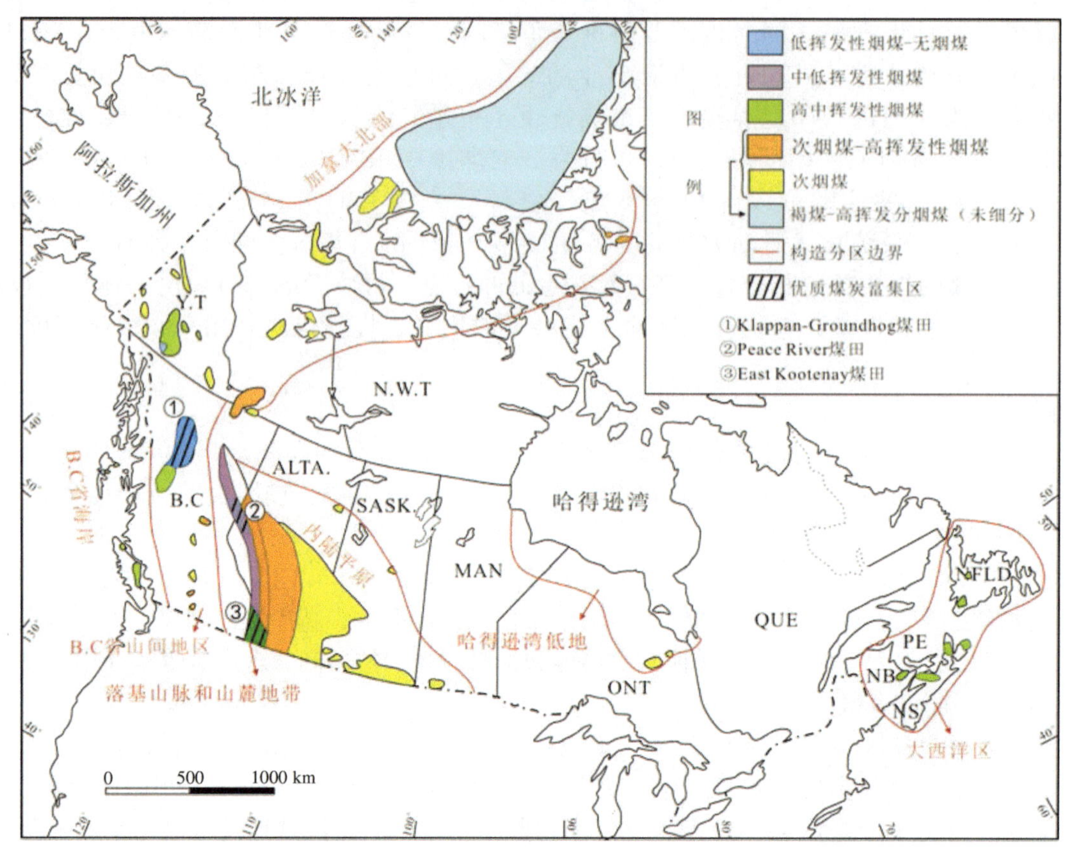

图0-2-8　加拿大含煤盆地分布及优质煤炭资源富集区

在西加拿大煤盆地圈定了2个冶金煤富集区（Peace River煤田和East Kootenay煤田）、1个无烟煤富集区（Klappan-Groundhog煤田）（图0-2-8）。

9. 哥伦比亚

哥伦比亚资源总量位居世界第十（BP，2015），无烟煤和烟煤资源量为63.66亿t，次烟煤和褐煤资源量为3.80亿t，总计67.46亿t，占世界总资源量的0.80%，按照目前生产能力，可以开采79年。

丰富的煤炭资源主要分布在北部瓜希拉半岛和西部安第斯山脚地区；靠近海岸的瓜希拉省和塞萨尔煤盆地是最有潜力的区域，其中瓜希拉半岛的储量最大。哥伦比亚主要含煤区：北部—西北部含煤区是瓜希拉省、塞萨尔省、科尔多瓦省—安蒂奥基亚省北部；内陆含煤区是安蒂奥基亚省—原卡尔达斯省、考卡山谷省—考卡省、昆迪纳马卡省、博亚卡省、桑坦德省、北桑坦德省；其他含煤区是平原边缘、亚马孙平原（图0-2-9）。

圈定五个煤炭资源富集区：① 塞雷洪动力煤富集区；② 拉洛马动力煤富集区；③ 切古阿—兰瓜撒切焦煤富集区；④ 索卡莫索—杰里科焦煤富集区；⑤ 苏里亚—齐纳高达焦煤富集区（图0-2-9）。

10. 南非

南非资源量位居世界第九：其中无烟煤和烟煤资源量为302亿t，占世界总资源量的3.4%；按照目前生产能力，可以开采120年（BP，2015）。2015年产量为2.52亿t。

煤炭资源分布在林波波省、普马兰加省、自由州、夸祖鲁—纳塔尔省和东开普省，共划定了19个煤田，大多数煤矿和70%煤炭可采储量赋存在Highveld、Waterberg和Witbank煤田内。

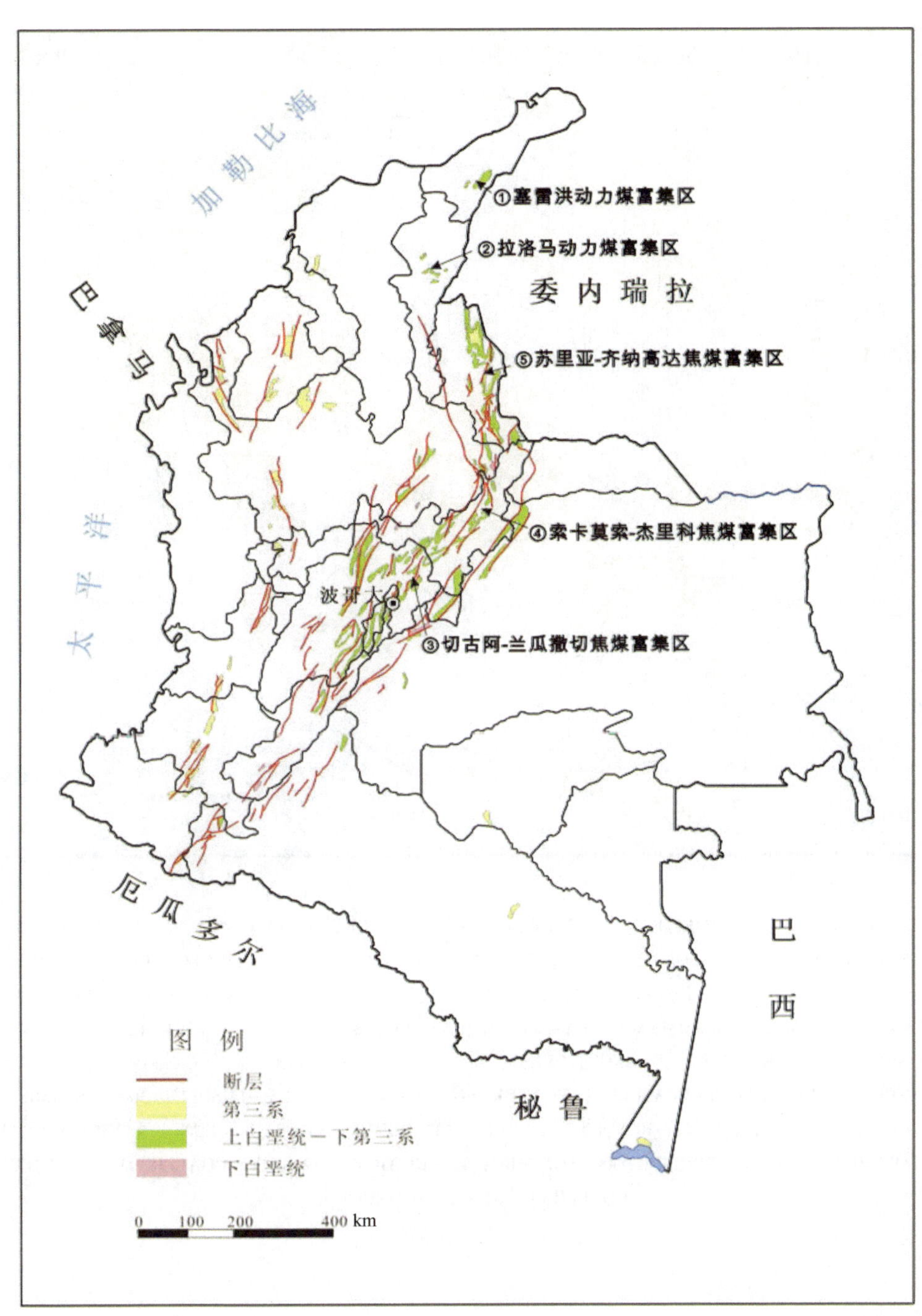

图0-2-9　哥伦比亚含煤区及优质煤炭富集区分布图

11. 莫桑比克

莫桑比克的主要含煤盆地为下赞比泽盆地、尼亚萨盆地群和鄂斯普嘎本拉盆地。煤炭资源主要集中在下赞比泽盆地东部，总储量达95亿t，占全国总储量的95%。下赞比泽盆地受到火山活动影响，有冶金煤出产。尼亚萨盆地群未发现火山活动影响，但有低焦煤性质。

12. 纳米比亚

纳米比亚煤炭勘查程度极低，煤炭资源量难以确定。阿拉诺斯煤田是该国唯一的一个勘探程度较高的煤田。其特点是煤层薄，煤质差，多为动力煤，品级低、中低热值（12～18 MJ/kg，高位）、中高灰分（35.2%～56%）、中—中高硫（0.96%～2.75%）。

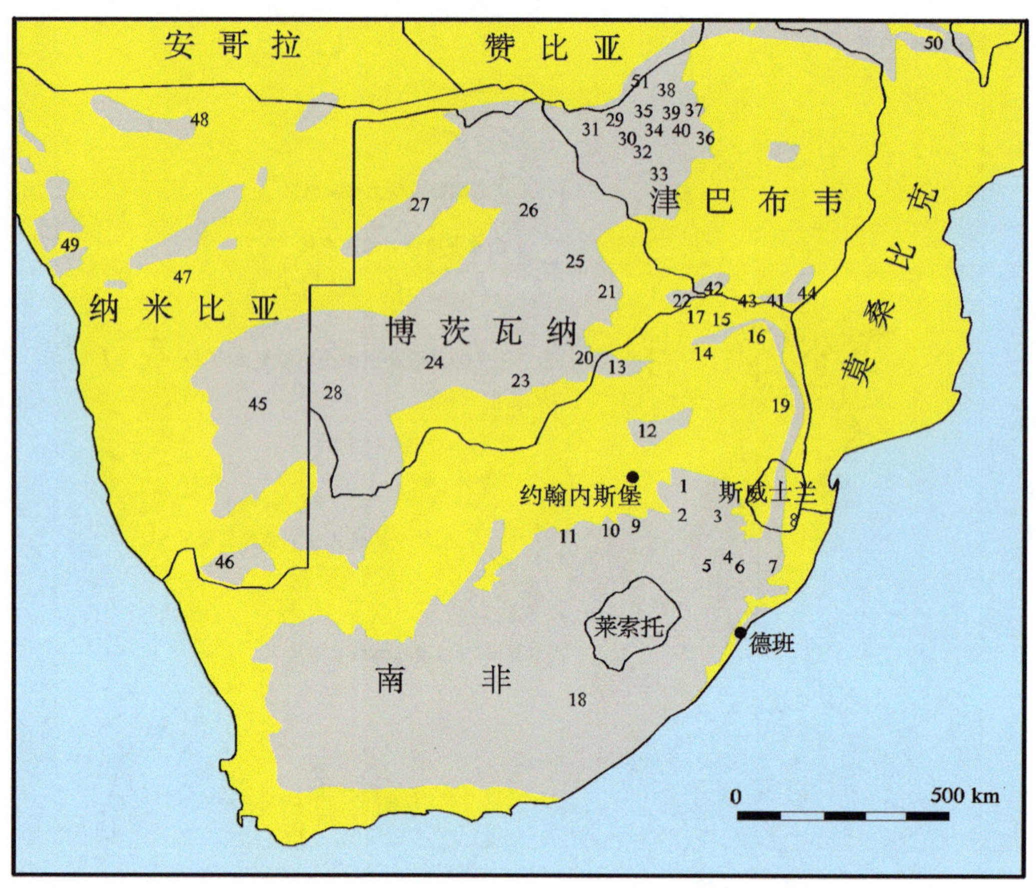

1—WITBANK；2—HIGHVELD；3—ERMELO；4—UTRECHT；5—KLIP RIVER；6—VRYHEID；7—NONGOMA；8—KANGWANE，SOMKHELE；9—SOUTH RAND；10—SASOLBURG - VEREENIGING；11—FREE STATE - VIERFONTEIN；12—SPRINGBOK FLATS；13—WATERBERG；14—MOPANE；15—TSHIPISE；16—PAFURI；17—TULI；18—MOLTENO；19—KRUGER/LEBOMBO Not Invesigated BOTSWANA COALFIELDS；20—MMAMABULA；21—MORUPULE；22—TULI；23—KWENENG；24—WEST CENTRAL；25—NORTHERN BELT；26—NORTHEAST；27—NORTHWEST；28—SOUTHWEST ZIMBABWE COALFIELDS；29—WANKI；30—ENTUBA；31—WESTERN AREA；32—SINAMATELLA；33—LUKOSI；34—LUBIMBI；35—LUSULU；36—SESSAMI；37—KAONGO；38—SENGWE；39—NEBIRI；40—BARI；41—BENDIZI；42—TULI；43—BUBYE；44—SABI - LUNDI NAMIBIAN COALFIELDS；45—ARANOS；46—KARASBURG；47—WATERBERG；48—OWAMBO；49—UGAB MOZAMBIQUE COALFIELD；50—MOATIZE ZAMBIAN COALFIELD；51—SIANKONDOBBO

图 0-2-10　非洲南部煤田分布图

13. 博茨瓦纳

博茨瓦纳煤炭勘探程度低，开发程度低，全国年产 100 万 t 以下。煤炭资源量约 500 亿 t，推测资源量超过 2000 亿 t（爱森哲，2011），其中探明储量约 200 亿 t，具有开采经济价值的约为 50 亿 t。主要含煤盆地是卡拉哈里卡鲁盆地。煤类为中高灰分的动力煤。

二、开发靶区比选结果

比较各个富煤国家资源开发基本条件，根据各个煤炭富集区具体情况的对比结果，选择以下煤资源富集区作为神华集团今后海外煤炭开发的靶区（表 0-2-7）。其中 Ⅰ 类靶区是投资开发建议区，该靶区内的项目只要能够满足神华的经济要求，建议积极参与；Ⅱ 类靶区是重点研究区，及时了解该区有关煤炭方面的最新信息，深入调查研究区内的项目；Ⅲ 类靶区是长期关注区，进一步收集资料进行认真研究。

表0-2-7 煤炭资源开发靶区

靶区分类	焦煤资源靶区	动力煤资源靶区
Ⅰ类—投资开发建议区	蒙古塔温陶勒盖富集区，澳大利亚博文盆地富集区，加拿大 Peace River 煤田南部富集区	蒙古塔温陶勒盖富集区，澳大利亚博文盆地富集区，俄罗斯格尔比坎—奥格贾富集区，印度尼西亚三马林达富集区、博努阿拉瓦斯富集区、拉哈特富集区
Ⅱ类—重点研究区	澳大利亚悉尼盆地南煤田，蒙古那林苏海特煤田，加拿大东库特奈（east kootenay）煤田，美国阿巴拉契亚盆地富集区	南非海威尔德（Highveld）煤田，澳大利亚冈尼达煤田，美国粉河盆地和圣胡安盆地
Ⅲ类—长期关注区	俄罗斯库兹涅茨克煤田富集区，加拿大鲍泽盆地（bowser basin）Klappan-Groundhog 煤田，印度 Jharia 富集区、Bokaro 富集区	哥伦比亚塞雷洪煤田，博茨瓦纳莫鲁普莱富集区，印度 Karanpura 煤田和 Raniganj 煤田，莫桑比克下赞比泽盆地

第三章　投　资　建　议

海外投资所面对的政治和经济风险已成为中国企业不可回避的事实，在中国的能源矿产企业海外投资蓬勃发展的同时，面对各类风险尤其是中国企业特有的政治和经济风险，如何更有效应对就显得愈发重要。除购买针对海外投资的政治风险保险外，中国企业还可以采取更加积极主动的方法规避海外投资风险。我们认为，可以从政府和企业的角度分别建议如下。

第一节　对政府的建议

一、加强对外宣传，为海外投资正名

由于中国媒体对外宣传力度不够，加之西方媒体的歪曲宣传，很多国家将中国正常的海外投资视为对当地资源的掠夺和新殖民主义，东道国社会公众也对中国正常的海外投资产生猜忌和抵制。鉴于此，中国政府应加强对外宣传，阐明中国和平崛起的思想，表明海外投资是中国经济发展的现实需要，对投资双方是一种互利共赢行为——海外投资是一种正常的商业行为，而非政治行为。同时，涉事企业也应拿出部分资金开展公共外交活动，主动增加媒体曝光度，针对反对意见做出正面回应，积极游说有关政府部门和社会团体，增进他们对企业和相关投资项目的全面了解。

二、完善风险服务体系，及时提供相关信息

针对企业走出去所面对的各种风险，商务部和有政府背景的中信保公司每年出版的《国别投资指南》和《国别风险分析报告》向中国企业介绍了国外基础情况，但对于企业真正掌握海外经营的主要风险来说还远远不够。下一步，政府应借助中国驻外使领馆、驻外商务机构、境外企业、海外分支机构等方面力量，对重点国家和地区的政治经济形势、民族宗教矛盾等政治信息进行收集、整理、评估和发布，为中国企业开展海外投资提供及时、准确、权威的政治信息。此外，政府还应设立专门的政治风险评估机构，为企业提供不同国家的政治风险分析报告，并对企业海外投资行为进行政治风险评估和预测，为企业进行政治风险识别、评估提供科学依据，指导相关企业建立起合理的海外投资安全风险管理体系，真正制定出既符合全球跨国投资规律，又适应我国企业“走出去”需要的综合性政策支撑体系。

三、签订双边投资协定，增强对海外投资的保护

双边投资保护协定是资本输出国和东道国之间签订的，用以保护和促进两国间投资活动的条约，是国家间投资保护的主要形式。双边投资保护协定签订后，中国企业海外投资若遭遇政治风险，可以与东道国友好协商解决，向所在国家或地区法院提起诉讼，或选择将该争端提交专设的仲裁庭，争取自己的合法权益。目前，中国对外直接投资已遍布 170 多个国家和地区，但与外国政府签订的双边投资保护协定却只有 130 多个，尚有 40 多个国家没有与其签署协定，使在这些国家投资的中国企业面临很大的政治风险。因此，中国政府应积极主动与这些国家签署双边投资保护协定，增加对东道国的责任追究，减少投资企业的政治风险，更好地保障中国企业海外投资安全。

第二节 对企业的建议

一、评估投资环境，建立预警系统

企业在进行海外投资立项的过程中，就应当对东道国的政治、经济、法律等环境进行系统的考察和评估。许多发达国家都设有对外国政治风险进行评估的专业机构，此外如标准普尔和穆迪等国际评级机构发布的各国主权债务评级以及各国市场的风险溢价等指标也是评价风险的重要参考。另外，企业也可以与我国政府驻外机构、使领馆、经参机构、驻外商务机构、海外分支机构特别是在东道国已经设立投资项目的中资企业加强联系与沟通，充分利用这些资源来详细了解东道国的宏观政治经济情况以及潜在风险点，做到知己知彼，对存在的各种风险做到心中有数，提前做好预警准备。另外，还应进行深入调研，建立健全海外投资各方面人才的专家或顾问团队，从而在准确判断并承担风险的基础上，对风险进行评估，找到有效降低风险的方法，并对投资风险进行科学管理。

二、采取灵活的投资方式，实行低调的投资策略

由于资源能源领域是中国企业海外投资遭遇投资风险的高发区域，而该领域的投资主体是国有企业，因此，在对东道国的资源能源等敏感行业进行投资时，国有企业尽可能选择与东道国企业、全球性跨国企业合资或合作，应避免采用独资形式。这样可以淡化国企的政府色彩，有助于将东道国企业利益与中国企业紧密联系在一起，使东道国政府不会轻易采取不利于外企的措施。

此外，在进行海外投资过程中应尽量保持低调。近年来，往往一项海外并购交易还未最后敲定，国内的网络、报纸、期刊等媒体便大肆宣传报道，言辞间充满民族自豪感，结果，原本很正常的商业交易由于媒体的高调和过分渲染，导致东道国政府和民众产生戒备而最终夭折。鉴于中国企业以往华丽登场而最后惨淡收场的教训，今后海外投资企业应低调行事，对一些比较敏感的投资项目，在宣布投资之前应做好充分准备工作，不宜轻易发布消息，淡化国企色彩，使其更容易为东道国政府和民众接受。

三、加强与东道国的利益联系，实现利益共享风险共担

海外投资所面临的风险往往与东道国政府对问题的处理方式有直接的因果关系，因此中国企业如能与东道国建立积极的利益联系，增加与各方的融洽度，则即使在风险发生时，东道国政府也会对中国企业给予一定程度的照顾，尽量减少因政治或经济风险造成的损失。具体而言，可以通过与当地企业或组织的合作将东道国企业的利益与中国企业紧密联系在一起，利益共享、风险共担，使东道国政府在采取不利于外资企业措施时能有所顾虑。还可以考虑适当提高当地职员在公司持有股份的比例。这样，一方面可以提高公司当地员工的归属感，强化公司利益为第一的观念，从而反对不利于公司发展的本国政府行为；另一方面，东道国政府采取相关行为的时候会考虑到本国民众的利益而有所顾忌，从而有让步的可能。在资金融通上可以适当考虑东道国的金融机构。这样不仅可以降低融通资金的成本，提高资金融通的效率和便利程度，更可以加强与当地金融界的联系，形成战略联盟，东道国政府采取不利措施的难度就会增加。总之，各种形式的利益联系可以使得东道国政府在采取不利行动的时候会有所保留，尽可能地减小中国企业可能遭受的损失。

四、切实履行社会责任，积极回馈当地民众

实践证明，海外投资企业若只注重自身发展，忽略社会责任，只会引发东道国民众的不满，有酿成政治和经济风险的危险。因此，中国企业在自身发展的基础上，应积极承担社会责任，在社会慈善、用工制度、保护当地环境等社会责任领域以较高的标准要求自己。如积极帮助东道国建设基础设施，注重培养熟悉现代先进管理经验的本地专业人才和管理人才，较多雇用当地人以增加当地就业。积极参与当地的各种社会公益事业，在生产中最大限度地减少环境污染，重视环境保护，积极融入当地社会文化之中，实现与当地社会的和谐共处。这样有助于获得当地社会和民众的广泛认同与支持，有助于减少来自

非政府群体的干扰，化解与缓和民族主义和排外情绪。

五、明确开发方向

对于优选出的开发靶区，我们建议首先应根据其资源、开采条件以及周边基础设施和目标市场等因素明确其未来开发方向。对于炼焦煤而言，中国、澳大利亚、美国、俄罗斯、印尼、加拿大、蒙古以及乌克兰是世界上最主要的炼焦煤生产国，产量占世界总产量的94.5%，而在消费量方面，中国、日本、俄罗斯、印度、乌克兰、德国、韩国以及美国是炼焦煤的主要消耗国。由此可以看出澳大利亚、印尼、加拿大、蒙古和美国的炼焦煤除了满足本国需要外，主要用于出口以满足国际市场对炼焦煤的需求。所以在这些国家的相关靶区，如澳大利亚博文盆地富集区、加拿大的 Peace River 煤田南部富集区和蒙古的塔温陶勒盖富集区，进行投资开发时除了对资源本身的关注外，更应结合其铁路、港口以及运距等相关情况一并考虑。在出口方面，尽管未来一些新兴市场国家也会增加对焦煤的需求量，但从长远来看，国际上对炼焦煤的需求还是会主要集中在亚太市场，特别是中国和印度，因此应重点关注这些国家未来可能出现的炼焦煤供应缺口等情况，把握好投资开发的节点和时机。

从资源的稀缺性等角度来看，动力煤的价值不如炼焦煤，出口需求与价格受经济周期和市场波动等影响较大，但随着经济发展和用电量提升，各国国内对动力煤的需求一般都呈稳定增长趋势，这给在海外进行煤电一体化开发带来投资机会。目前，例如印尼、南非和哥伦比亚等一系列新兴市场国家都在经历着经济高速发展所引起的电力短缺，为解决电力问题，这些国家的政府都出台了各种鼓励和激励电力投资政策和措施，结合其丰富的动力煤资源，我们认为在这类国家应重点考虑煤电一体化开发，这样不仅能够解决煤炭产品销路问题，避免繁重的前期基础设施投资，也能够通过签订电力购买协议等为企业带来长期而稳定的回报，降低投资风险，更能够通过升级改造等方式进一步分享这些高速增长国家的发展成果。在本书研究中，我们也列举了如印度尼西亚三马林达富集区、博努阿拉瓦斯富集区、拉哈特富集区，以及南非 Highveld 煤田等动力煤靶区作为未来关注的重点方向。

六、把握低成本原则

矿业是周期性非常明显的行业，在经济处于繁荣时整个行业的产能会迅速扩大，在产项目会纷纷扩产，一批新项目上马，这时人们对未来的预期也会偏向乐观甚至盲目，而到了经济的下行周期，由于有效需求不足，供应过剩会迅速反映到价格上，而此时受到冲击最大的就是高成本运行的企业，短期亏损尚可承受，但如果是经济持续低迷，那么这部分产能就会被淘汰。所以成本是矿业项目的生命线，高成本意味着低利润和在需求回落时产量被挤出甚至企业被淘汰，而低成本则意味着高收益、低风险以及在经济萧条时更强大的存活能力。

一些西方大的跨国矿业公司很早就意识到了这个问题，如力拓在选择全球的铁矿项目时通常会把握“四分之一原则”，即项目的成本要位于全球或者该地区成本曲线上前四分之一的位置，这个位置代表了有四分之三的项目成本要高于此项目，所以无论周期怎样变化，身处这一位置的项目都能够较为安全的持续产生利润，并有潜力获得超额的回报。按照这一原则力拓选择开发的西澳皮尔巴拉铁矿目前已经成为其最优质的资产和核心业务。

对于富煤项目优选出的开发靶区，我们也建议参照这一原则，在资源富集区内寻找成本领先的项目，降低投资风险的同时也为项目在未来同区域甚至全球的竞争中占据了有利的位置。

七、积极参与国际煤炭贸易竞争

煤资源在全球的分布不均，各区域经济发展速度的差异以及对能源需求量不同是全球煤炭贸易的基础。根据全球煤炭贸易流向，可以把全球煤炭贸易分为欧洲市场和亚洲市场，其中欧洲是传统的煤炭市场，率先完成工业革命的英国、德国等国家一直以来都保持着对动力煤和炼焦煤的强劲需求，北欧三个重要煤炭港口的价格一直以来也是世界煤炭价格的晴雨表。在供应来源方面，美国、哥伦比亚、俄罗斯和南非等国家是欧洲煤炭的主要供应国家。尽管近年来欧洲经济发展步伐放缓，对碳排放标准等问题有了越来越严格的限制，但煤炭依旧在其一次能源的消费中占有较大比例，可以预见欧洲对煤炭贸易的需求在中短期内不会发生根本性的变化。而亚洲作为近 20 年来新兴的煤炭贸易市场，在全球煤炭贸易中占据的版图也日益扩大。中国、日本、韩国以及印度等国家对煤炭的强劲需求直接带动了澳大利亚、印尼、蒙古等国家煤炭工业的发展和繁荣。从长期来看，大部分的煤炭出口国家都会逐渐将未来煤炭出口重心转移至亚洲市场。可以说，只要全球经济发展的总体趋势不变，即使经历一些周期性的波折，在全球范围内的煤炭贸易仍将保持其优势地位。

具体到靶区的开发上，海外直接投资是获取资源的最高级同时也最复杂的形式，除了对资本、技术等因素有较高的要求外，对于当地各方面的实际情况、煤炭的出口市场等环节也需要有非常清楚的了解与认识，而目前走出去的中国企业往往还没有在这方面积累足够的经验就仓促出海，导致了后续一系列问题的发生。因此，根据我们初步研究和筛选出的潜在靶区和对全球煤炭贸易趋势的了解与认识，我们建议对于资源靶区的开发可以先不急于直接投资，而是从贸易入手，由小至大，循序渐进，在充分掌握当地的一手资料并积累了贸易实践的经验后再考虑投资开发，做到脚踏实地和有的放矢。

八、进一步做好煤炭资源投资开发靶区的研究工作

本书从几乎涵盖全球的煤资源国家中优选出 13 个主要富煤国家，从这些富煤国家中筛选出煤炭资源富集区 40 个，再从中优选、划分出 3 个类别靶区。其中，Ⅰ类靶区（投资开发建议区）9 个：焦煤区 3 个，动力煤区 6 个；Ⅱ类靶区（重点研究区）10 个：焦煤区 5 个，动力煤区 5 个；Ⅲ类靶区（长期关注区）9 个：焦煤区 4 个，动力煤区 5 个。我们认为在Ⅰ类靶区（投资开发建议区）还应该进一步深入了解这些靶区内的矿权设置情况、各个公司的背景、煤盆地的翔实地质资料、项目的可研报告、项目开发现状、项目的销售情况、运输条件、项目的综合成本等技术经济信息，只有这样才能从中优选出优质项目。在投资环境研究方面，尽管对各个国家的宏观经济形式进行了深入分析，也对投资各个国家的风险有充分认识，但是具体到投资区域仍缺乏具体深入的剖析，对于如何规避风险论述较少，这些都是具体投资过程中必须面对和不能回避的问题。所有这些问题和矛盾的解决，还需要进一步做好煤资源投资开发靶区的研究工作，建议将“海外主要富煤国家煤炭资源和开发前景研究”项目常态化，将这项工作做得更加扎实，为海外煤资源开发投资规避风险，为企业海外的决策提供有力依据。

九、对各国投资环境变化进行持续追踪

投资环境是一个动态概念，会随着一国的经济发展、社会进步和政策调整而不断变化。在研究过程中，我们发现即使投资环境最为稳定和安全的国家也有其潜在的矛盾和风险点，而一旦这些问题因为某些变动而出现，就会在很大程度上对该国的投资环境造成重大的负面影响。同时，一个投资环境评价较差的国家也可能由于对外资的更加重视而不断改进其投资环境，或者一国的整体投资环境不佳但个别地区因为某些原因具备远超该国其他地区的友好环境。也正因为如此，如果我们的投资环境研究不能持续的进行，那么对于一些当前投资环境较好的国家，未来的判断可能会过于乐观，进而忽视其隐藏的问题，或者被其出乎意料的变化弄得措手不及。同时，对一些当前投资环境不佳的国家我们可能又因为总是拿过去的不良印象来审视其现在的发展，造成投资机会的错失。为了避免上述情况的发生，也为了使已经完成的投资环境研究工作发挥更大的作用，我们建议对各国投资环境变化进行持续的追踪和研究。

十、建立数据库及信息管理的长效维护机制

目前我们已经对 13 个富煤国家约 100 个项目的 267128 条信息资料全部进行了系统分类和建档，为将来煤资源调查研究和项目评估积累了丰富的信息资源。另外，建立了全球 13 个国家近 3000 个煤矿的数据库，8 个主要煤炭生产国（1163 个主要在产煤矿）煤炭成本数据库。这些信息资源需要建立长效机制以进行维护，建议成立专门的海外信息中心，长期积累，有效利用，方便用户使用。

第一篇

澳大利亚联邦

Commonwealth of Australia

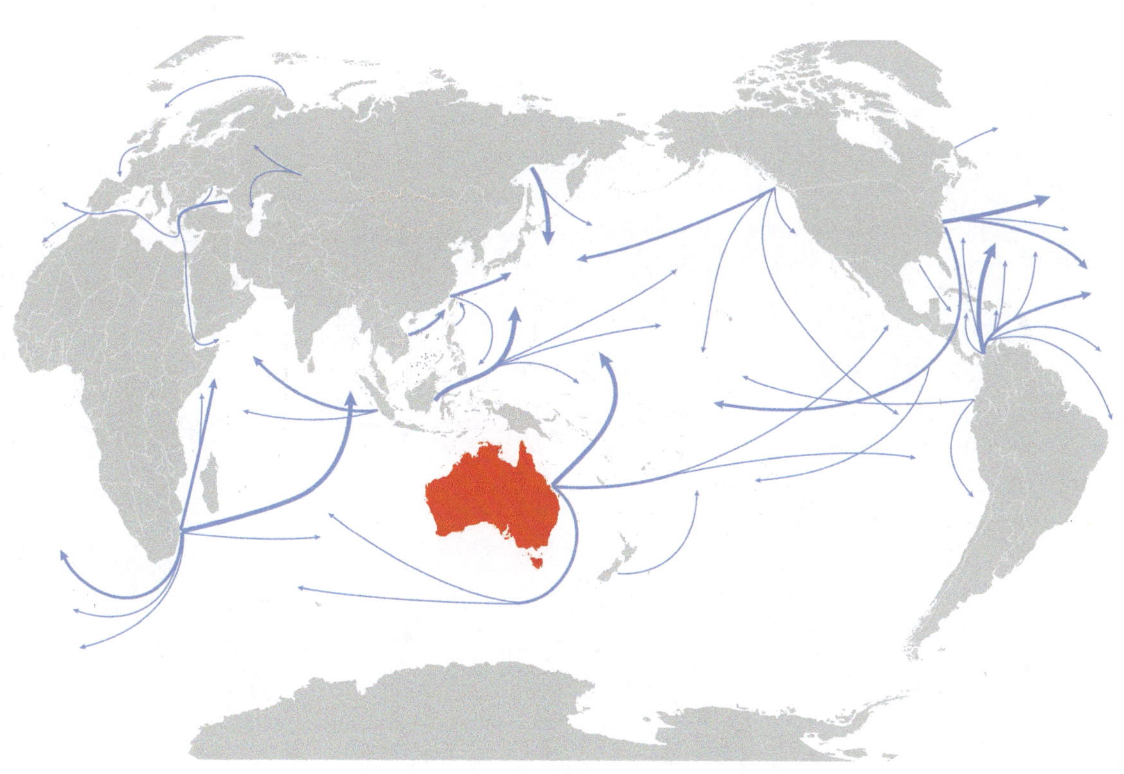

主　编　张智明

副主编　苏新旭　陆伯炎　董大啸　刘科明　舒晓霞

编　写　苏新旭　郑祥身　陆伯炎　刘科明　舒晓霞　杨建国
　　　　岳　洋　彭北桦　宁　静　冯学智　吴　超　高树华
　　　　沈施伟　黄鑫磊

第一篇 澳大利亚联邦

目 录

第一章 投资环境分析

第一节 概 述

澳大利亚联邦简称澳大利亚。澳大利亚位于南太平洋和印度洋之间，由澳大利亚大陆和塔斯马尼亚岛等岛屿以及海外领土组成。澳大利亚四面环海，是世界上唯一一个独占一个大陆的国家，它南北长约3700 km，东西宽约4000 km，国土面积7686850 km^2。

澳大利亚行政区划包括6个州和2个自治领地：新南威尔士州（New South Wales，简称新州）、维多利亚州（Victoria，简称维州）、昆士兰州（Queensland，简称昆州）、南澳大利亚州（South Australia，简称南澳）、西澳大利亚州（Western Australia，简称西澳）、塔斯马尼亚州（Tasmania，简称塔州或塔岛），堪培拉所在的首都特区（Capital Territory）和北领地（Northern Territory）（图1-1-1）。此外，澳大利亚还管理着7个外岛地区，包括诺福克岛（Norfolk Island）、无人居住的珊瑚海岛区（Coral Seas Islands）、科克斯（基灵）群岛［Cocos（Keeling）Islands］、圣诞岛（Christmas Island）、无人居住的亚西摩尔岛及卡迪亚群岛区（Ashmore and Cartier Islands）、位于南极圈附近的赫德岛（Heard Island）及麦当劳群岛区（McDonald Islands）。在上述行政区中，除北领地之外，其他州均有煤炭资源分布。

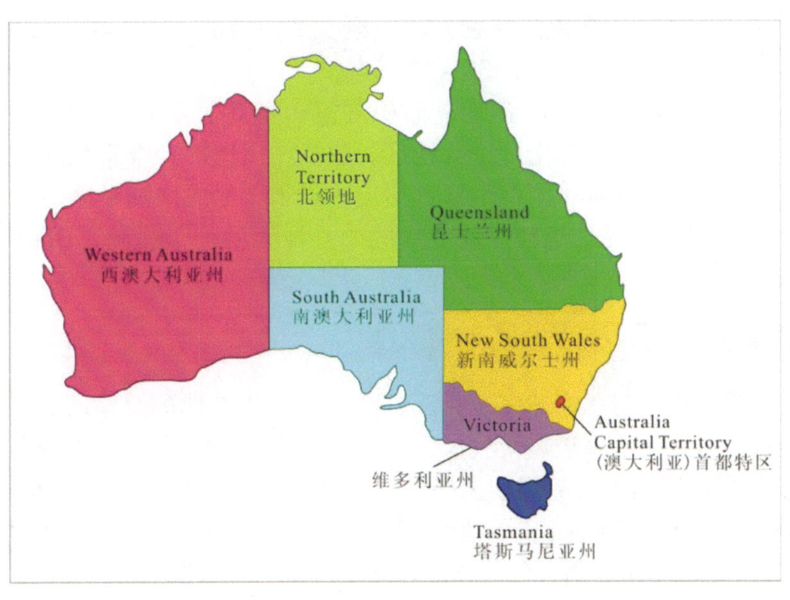

图1-1-1 澳大利亚行政区划

截至2016年10月22日，澳大利亚人口为24249758人，但人口密度仅为2.8人/km^2。澳大利亚是一个移民国家，奉行多元文化，大约1/4的居民出生在澳大利亚以外。全国2400多万人口中，74%为英国及爱尔兰后裔；5%为亚裔，其中华裔约67万人，占3.4%；土著居民约45.5万人，占2.7%；18.8%为其他民族。

澳大利亚是一个高度发达的资本主义国家。20世纪80年代以来，澳大利亚经济连续22年持续快速增长，国内生产总值（GDP）年平均增长率达到3.25%。2015年，澳大利亚GDP全球排名第13（14500亿美元），人均生产总值56328美元，排名世界第10。澳大利亚农牧业发达，自然资源丰富，有

“骑在羊背上的国家”“坐在矿车上的国家” 和 “手持麦穗的国家” 之称。澳大利亚盛产羊、牛、小麦和蔗糖，同时也是世界重要的矿产资源生产国和出口国。澳大利亚长期以农产品和矿产品出口作为主要收入来源。

一、自然地理

澳大利亚四面环海，沙漠和半沙漠占到全国面积的 35%。全国大致可以分为西部高原、中部平原和东部山地 3 个地区。澳大利亚的西部和中部为崎岖的多石地带、浩瀚的沙漠和葱郁的平顶山峦，东部有连绵的高原，其中全国最高峰科修斯科山（Mount Kosciusko）海拔 2230 m，靠海处是狭窄的海滩缓坡，向西较为平缓，逐渐过渡到平原地貌。沿海到处是宽阔的沙滩和葱翠的草木，那里的地形千姿百态：在新州首府悉尼市（Sydney）的西面有蓝山山脉的悬崖峭壁，在昆州首府布里斯班（Brisbane）北面有葛拉思豪斯山脉（Glass House Mountains）高大、优美而历经侵蚀的火山颈，而在南澳首府阿德莱德市（Adelaide）西面的南海岸则是一片平坦的原野。东部沿海有全世界最大的珊瑚礁——大堡礁。

澳大利亚约 70% 的国土属于干旱或半干旱地带，中部大部分地区不适合居住。澳大利亚共有 11 个大沙漠，它们约占整个大陆面积的 20%。由于降雨量很小，大陆 1/3 以上的面积被沙漠覆盖。澳大利亚是世界上最平坦、最干燥的大陆，中部洼地及西部高原均为气候干燥的沙漠，中部的艾尔湖（Eyre Lake）是澳大利亚的最低点，湖面低于海平面 15 m。沿海地带，特别是东南沿海地带，适于居住与耕种。适合畜牧及耕种的土地只有 26×10^4 km^2。这里丘陵起伏，水源丰富，土地肥沃。除南海岸外，整个沿海地带形成一条环绕大陆的“绿带”，正是这条绿带养育了这个国家。

长约 3490 km 的墨累河（Murray River）是澳大利亚最长、流域面积最大的河流，它发源于新州东南部，流至南澳的摩根后在距海 77 km 处汇入亚历山德里娜湖，最后在阿德莱德附近注入南印度洋的因康特（Encounter）湾。墨累河干流全长 2589 km，流域面积为 30×10^4 km^2，多年平均流量为 190 m^3/s，径流量为 59.5×10^9 m^3。如以最长支流达令河计算，全长 3750 km，全流域总面积为 107.3×10^4 km^2，径流总量为 227×10^9 m^3，可开发径流量为 130×10^9 m^3。

墨累河和达令河水系构成墨累－达令盆地，面积为 100 多万平方千米，相当于澳洲大陆总面积的 14%。墨累河－达令河水系流贯大陆东南部中央地区，包括昆州南部、维州北部和新州大部地区。它发源于湿润多雨的东部山地，流向西部半湿润地区，然后再经半干旱的内陆平原南部，奔流入海，有效集水面积只有 40×10^4 km^2。艾尔湖是靠近澳大利亚大陆中心最大的一个盐湖，面积超过 9000 km^2，但长期呈干涸状态。

二、气候特征

澳大利亚地处南半球，季节与北半球完全相反，北半球经历炎热的夏季时，正值澳大利亚的冬季。澳大利亚大陆跨 2 个气候带，北部属于热带气候，每年 4—11 月是雨季，11 月到第二年的 4 月是旱季，由于靠近赤道，1—2 月是台风期；南部属于温带气候，四季分明。澳洲内陆是荒无人烟的沙漠，干旱少雨，气温高，温差大；但在沿海地区，雨量充沛，气候湿润，呈明显的海洋性。年平均气温北部 27 ℃，南部 14 ℃；内陆地区干旱少雨，年降水量不足 200 mm，东部山区年降水量为 500 ~ 1200 mm。

澳大利亚的年均最高气温 45 ℃，最低气温 －5 ℃，日平均最高气温 28.5 ℃（1998 年 12 月），日平均最低气温 10.1 ℃（1999 年 3 月）。最高温（49.5 ℃）出现在 1972 年 12 月 24 日（Birdsville），最低温（10.6 ℃）出现在 Stanthorpe（1961 年 6 月 23 日）。日照最多 8.6 h（1998 年 12 月），最少 6.4 h（1999 年 6 月）。风力超过 63 km/h 仅在 1998 年 9 月和 1999 年 3 月各出现一天。

位于太平洋西岸的昆州、新州和维州气候条件最为优越。昆州的北部为热带气候，南部为亚热带气候，内陆为大陆性气候。东部狭长的沿海地区温暖潮湿，西边常年干旱，特别在天气炎热时降雨量减少。新州属温带型气候，一年四季分明，风和日丽，气候温和，无严寒酷暑，仅西北部因受内陆热风影响，一些地方曾有 51 ℃以上的高温纪录。维州地处温带，夏热冬凉，雨量适中。中央高地及其以南地区较凉爽多雨，北部及西部地区较炎热干旱。位于印度洋东岸的西澳的气候类型多样，变化大。北部地区是热带、亚热带季风气候，夏季湿热，冬季凉爽；中部内陆是干旱、半干旱气候，降雨少且无规律；

南部是亚热带气候，仅分旱季和雨季；西部属于地中海气候；西南四季分明，中部沙漠干旱少雨。南澳的东南部地区属地中海气候类型，夏季昼热夜凉，冬季温暖湿润。而广阔的内陆地区属干旱气候，年平均降水量不足 250 mm。该州的平均年降水量为 528 mm，但是该州超过 80% 的地区年降水量不到 250 mm，是澳大利亚最干燥的一个州。塔州四面临海，气候温和宜人，四季分明。

澳大利亚是全球最干燥的大陆，饮用水主要靠自然降水，并依赖大坝蓄水供水。政府严禁使用地下水，因为地下水资源一旦开采，很难恢复。2006 年起，厄尔尼诺现象的影响逐年扩大，导致降雨大幅减少，各大城市普遍缺水，纷纷颁布多项限制用水的法令，以节水渡过干旱。

第二节 政治经济环境

一、政治状况

（一）政治沿革

约 4 万年前，土著居民就居住在澳洲。1770 年 4 月 29 日，英国航海家詹姆斯·库克船长登陆植物湾，宣布整个澳洲大陆东部为英王所属。1788 年 1 月 26 日，首任总督亚瑟·菲利普抵达悉尼湾，后来此天被定位澳大利亚的国庆日。1901 年 1 月 1 日，经全民公决，英属澳大利亚 6 个殖民区统一成为澳大利亚联邦，颁布第一部宪法，成为英国的自治领地。1927 年，澳大利亚首都迁往堪培拉，开始政治独立的步伐。1931 年，英国议会通过《威斯敏斯特法案》，澳大利亚获得了内政外交独立自主权，成为英联邦中的一个独立国家。

澳大利亚目前为君主立宪制国家，以英国女王为国家元首，由女王任命的澳大利亚总督代表女王。澳大利亚实行联邦制议会制和三权分立制，国会众议院多数党领袖担任总理并组成政府。各州和领地的行政首长均由地方选举产生。

（二）地缘政治与外交政策

澳大利亚位于东南亚与非洲，印度洋与太平洋的交通要冲，地理位置十分重要，在区域内的政治、经济和安全问题上有较大话语权。澳大利亚政府注重发挥地缘优势，加强对南太平洋岛国的影响和控制，积极参与亚太地区安全事务与经济合作。同时，由于其历史上为英国殖民地，与英国联系紧密且为英联邦成员，继续加强同欧洲特别是英国的特殊关系是其外交政策中的重要一环，在政治制度、经济思想以及文化价值观等同欧洲保持一致。澳大利亚奉行独立自主的外交政策，重视同亚太地区各国的关系，并加强同澳大利亚有重要联系的发达国家的关系。外交政策宗旨是捍卫国家主权和独立，推进澳大利亚的经济和战略利益。将与美国、日本、中国、印尼的关系作为澳最重要的四大双边关系。同时通过积极参与全球和地区热点问题提升国际影响力，着力推进“积极的有创造力的中等大国外交”。

（三）双边关系

1. 澳大利亚同美国的关系

澳美两国于 1940 年 3 月 6 日建交。1951 年，澳大利亚、新西兰、美国三国签订《澳新美安全条约》后，澳美结成军事同盟关系。“9·11”事件后，澳大利亚启动《澳新美安全条约》，派兵参加美国对阿富汗和伊拉克的战争。近年来澳大利亚总理、外交部部长、国防部部长多次访美。2005 年 7 月，澳美签署澳大利亚参与美国导弹防御计划谅解备忘录，澳大利亚同意美国在澳大利亚北部建立联合军事训练中心。同年 11 月，两国签署《澳美联合军事训练中心备忘录》。2011 年 3 月，吉拉德总理访美；11 月奥巴马总统访澳大利亚，期间双方共同宣布一项军事协定，规定从 2012 年起美国海军陆战队将陆续入住澳大利亚。2017 年，美国在澳大利亚驻军规模将达到 2500 人。

澳美两国经济关系密切，2003 年 3 月，澳美正式启动双边自由贸易协定（FTA）谈判，10 月美国总统布什访澳。2004 年 5 月，澳美正式签署 FTA。2010—2011 年度，双边贸易额为 350 亿澳元。美国是澳大利亚第三大贸易伙伴。澳大利亚总理特恩布尔于 2016 年与美国副总统拜登在悉尼会晤，澳大利亚一开始就是美国“亚太再平衡”中的重要一环，美国也意欲巩固与澳大利亚的关系。

2. 澳大利亚同日本的关系

对日关系也是澳大利亚外交的重点，澳日之间有着“特别战略伙伴关系”。自 1996 年起澳日开始年度首脑会晤并建立“政治、军事”年度磋商机制。2003 年 7 月，两国签订双边贸易与经济框架协定。澳积极寻求同日本达成双边自由贸易安排。2006 年，日外相麻生太郎访澳期间，两国宣布建立“全面战略关系”。2006 年 11 月，澳大利亚总理霍华德与日本首相安倍就 2007 年启动双边自贸谈判达成一致。目前，日本是澳大利亚第二大贸易伙伴，仅次于中国。2010 年，澳大利亚政府与日本政府持续进行关于自由贸易和双边互信等一系列亲密合作伙伴的谈判，并且签订了多个双边自由贸易协议。2012—2013 财年，澳日双边贸易额约为700 亿澳元（约合655 亿美元）。2014 年，日本首相安倍晋三访澳，两国签署了《经济伙伴协定》，即两国之间的自由贸易协定。随着协议的签署，澳大利亚成为第一个打破日本较高贸易壁垒的主要农产品出口国。日本和澳大利亚将在 10 年内削减 95% 的双边贸易关税。2016 年 2 月 15 日，澳大利亚外交部部长毕晓普在东京会见了日本外务大臣岸田文雄、防卫大臣中谷元等日方官员，并与日本商界领袖讨论加强双边商贸投资关系。

3. 澳大利亚与印尼等国家的关系

2002 年 10 月，印尼巴厘岛爆炸事件后，澳大利亚与印尼加强反恐合作，两国签订了双边反恐合作协定。2005 年印度洋海啸灾难后，澳大利亚向印尼提供了大量援助。2005 年 4 月，印尼总统苏西洛访澳，与澳大利亚签署全面发展两国伙伴关系框架协议。2006 年 11 月，双方签署了《澳大利亚—印尼安全合作框架协定》。印尼是澳大利亚第十一大贸易伙伴，最大的发展援助接受国。2012 年 7 月，印尼总统苏希洛访澳。2013 年 7 月，陆克文再次当选澳大利亚总理后，首访国家即是印尼。

作为南太平洋地区的地区性大国，澳大利亚在外交上积极推动南太地区的政治、经济以及安全合作。对于澳大利亚来说，援助太平洋岛国有两个长期的目标：发展和繁荣是核心，其次是战略和安全问题。1983 年 3 月，澳大利亚新加坡签订《进一步密切经济关系贸易协定》。1990 年建立澳新自由贸易区。2004 年 2 月，澳大利亚与瑙鲁签订谅解备忘录，协助瑙鲁摆脱危机。2004 年，澳大利亚联合新西兰推出旨在实现地区和平、和谐、安全与繁荣的“太平洋计划”。2012 年 3 月，澳大利亚总督布赖斯访问汤加、萨摩亚、图瓦卢、基里巴斯等 8 个太平洋岛国。4 月，澳大利亚外长卡尔赴斐济出席太平洋岛国论坛斐济问题部长级联络组会议。8 月，澳总理吉拉德出席第 43 届太平洋岛国论坛首脑会议并宣布，澳将在 10 年内拨款 3. 2 亿澳元帮助太平洋岛国促进男女平等。目前澳大利亚接近 1/4 的援助是在巴新和太平洋，2012—2013 年澳大利亚援助的总预算为 51 亿澳元，其中 11. 7 亿澳元投入到太平洋地区，澳大利亚迄今仍然是该地区最大的捐助国。占流入该地区捐助资金的 50% 以上。

4. 中国与澳大利亚的关系

中澳两国长期以来以民间交往为主。1972 年 12 月 21 日中澳两国建交以来，双边关系发展顺利。建交后，两国领导人保持经常接触和互访，两国先后签署了多个科技和文化领域的合作协定，并在贸易领域相互给予最惠国待遇。

2009 年 10 月，李克强副总理访澳期间，中澳两国发表了《中澳联合声明》；2010 年 6 月，澳大利亚总督昆廷布莱斯出席上海世博会澳大利亚国家馆开馆仪式并访问中国；2010 年，时任国家副主席习近平访问澳大利亚期间，两国政府举办了中澳经贸合作论坛和首次中澳 CEO 圆桌会议，还签署了 10 项近 100 亿澳元的经贸合作协议。2011 年 4 月时任总理吉拉德访华，两国签订开采清洁能源的协议，确保澳大利亚作为中国长期可靠的能源及天然气资源供应国。2013 年 4 月，吉拉德总理访问中国并出席博鳌亚洲论坛。此次访问，中澳两国建立了全面战略合作伙伴关系和两国领导人定期会晤机制，签署了人民币与澳元直接兑换协议。2012 年 3 月，中澳自贸区第 18 轮谈判在堪培拉举行，双方就农业、货物、服务贸易、投资等有关议题开展了密集磋商，取得积极成果。2013 年 4 月 7 日，国家主席习近平在海南省博鳌会见澳大利亚总理吉拉德，双方一致同意构建相互信任、互利共赢的战略伙伴关系，并建立两国总理年度定期会晤机制。2013 年 4 月 9 日，国务院总理李克强同澳大利亚总理吉拉德举行会谈，双方正式启动两国总理年度定期会晤机制，确定建立外交与战略对话、战略经济对话等机制。在经贸领域，加强双边金融货币合作，开展人民币与澳元直接交易。2014 年 4 月 8 日至 11 日，澳大利亚总理托尼·阿博特于“澳大利亚周·中国”（AWIC）召开之际访问中国。此次访华，阿博特总理携带了由 600

多名政府部长、企业和行业高层代表组成的澳大利亚代表团，规模堪称史上最大，将积极推动中澳双方在贸易、投资、教育和旅游等领域的合作伙伴关系。

（四）政治环境分析

1. 国内政治状况良好，鼓励外资政策坚定

澳大利亚国内政治稳定，不存在严重的社会分歧。作为发达的资本主义国家，澳大利亚在法制建设、投资管理、企业运作等各方面保持国际领先。澳政府历来欢迎和鼓励外国企业对其矿业进行投资，并在政策连贯性上有所保障，宏观投资政策基本不会随着政府的更迭而发生过于明显的变化。近年来越来越多的中国企业开始参与澳大利亚的矿业市场。

2. 矿业代表核心利益，极端政策难以持续

澳大利亚议会选举和议员的提案对政府政策的制定有重要影响。在长期政治发展过程中，澳大利亚形成了以矿业团体为核心的矿业利益集团、以工会为核心的工会利益集团以及环保主义者等社会团体共同对政局产生影响的局面。

澳大利亚矿产资源丰富，大型跨国矿业公司在国家经济发展中占有重要地位。任何与矿业集团、工会集团相关的利益和环境问题都能成为左右澳大利亚政局的关键因素；作为该国的经济支柱，矿业集团和工会及环境组织的利益分歧也确保了澳大利亚的矿业政策不会持续出现极端情况，总体会保持稳定。

3. 新政府上台矿业利好，进一步政策仍需观察

在2013年9月联邦大选，自由党与国家党联盟领袖阿博特成为新一届政府总理。该联盟政府表示将废除饱受工矿业批评的碳税和资源租赁税，引发国际矿业产业瞩目。然而，虽然执政联盟在此次大选中赢得胜利，但党派之间及各自党内的分歧可能使其竞选承诺的兑现遇到困难。此外，在有关中国人购买澳大利亚农场、劳工制度改革、海外投资等问题上，该联盟内部摩擦也在增大。澳洲当前的议题之一，是在资源荣景没落之际，该国将能够通过提振农业领域来加以弥补，即经济增长重心实现从“矿业到农业”的转变。

4. 中澳利益日益紧密，长期投资保障较多

澳大利亚是中国铁矿和煤炭进口的重要来源地。中国众多企业同澳大利亚进行矿产开发合作，预计在未来一段时间内，中澳两国在矿产开发领域的合作将继续发展和扩大。

澳大利亚前总理吉拉德2013年4月访华后，双方同意构建相互信任、互利共赢的战略伙伴关系，并建立两国总理年度定期会晤机制，为双方的投资合作提供更好的保障。联盟党政府在保持与英国和美国的良好关系的同时，将澳大利亚与亚洲的关系放在第一位，相信中澳双方之间的良性互动将在新政府手中得到延续。2014年11月，习近平主席应邀对澳大利亚进行国事访问。习近平主席访澳的一个重要成果是，中澳宣布实质性结束自由贸易协定谈判。半年之后，两国正式签署《中华人民共和国政府和澳大利亚政府自由贸易协定》，2015年底，中澳自贸协定正式生效。2015年第一季度，澳大利亚矿业勘探支出为3.81亿美元，创近十年来的最低水平。另外，知名会计师事务所安永（EY）称，澳大利亚矿业交易不乐观，一季度并购交易量降至17单，交易总额为1.25亿美元，比上季度分别下滑26%、50%。资源热潮阶段的投资决议造成铁矿石供应失衡，间接对铁矿石商品价格造成重大影响。澳洲矿业在国内投资惨淡的情况之下，急需外资注入。中国投资也因此大受欢迎。在2005—2015年，澳大利亚是中国对外投资的第二大目的国，对澳大利亚总投资为787亿美元，仅次于美国。2016年1—6月，澳大利亚货物贸易继续下降，据澳大利亚统计局统计，货物贸易进出口1764.0亿美元，比上年同期（下同）下降9.8%。矿产品一直是澳大利亚对中国出口的主力产品，2016年1—6月出口额为182.1亿美元，下降6.9%，占澳大利亚对中国出口总额的64.6%。贵金属及制品是澳大利亚对中国出口的第二大类商品，出口额26.5亿美元，下降10.8%，占澳大利亚对中国出口总额的9.4%。纺织品及原料是澳大利亚对中国出口的第三大类商品，出口额9.6亿美元，下降10.8%，占澳大利亚对中国出口总额的3.4%。由于矿产品在对中国出口中的份额超过六成，因此，矿产品对中国出口的表现基本决定了澳大利亚对中国出口的整体表现，目前澳大利亚对中国矿产品出口大幅下降趋势已有所缓解，澳大利亚对中国总体出口降幅也有所收窄。

二、经济运行情况

澳大利亚地处南太平洋和印度洋之间，是联系西方市场和亚太地区的重要桥梁；澳大利亚矿产资源丰富，易于开采，是世界十大矿产国之一，主要供应对矿产品需求旺盛的亚洲市场。

（一）产业结构

澳大利亚经济发达，产业结构具有发达经济体的典型特征，农业占经济总量比重较小，并呈现逐年缓慢下降趋势；工业占经济总量比重不到三成，比重较为稳定；服务业占经济总量比重一般接近七成，产值逐年攀升。

1. 农业

澳大利亚农牧业发达，是重要的农产品生产和出口国。澳大利亚60%的农产品用于出口，是世界上最大的羊毛和牛肉出口国。主要农作物有小麦、大麦、油菜籽、棉花、蔗糖和水果。

澳大利亚农业具有区域化和专业化特点，外向型农业模式明显，农业信息化程度高，劳动者素质高，农业科技发达，主要以大农场模式经营。

2. 工业

澳大利亚是一个后起的工业化国家，以矿业、制造业和建筑业为支柱。2015年澳大利亚工业产值占国内生产总值的比重为27%。

澳大利亚是世界五大矿场之一，矿业发展具有先天优势，采矿业技术水平高，生产工艺先进。居于高位的矿产资源价格以及较佳的投资环境，使矿业成为吸收外资最多的行业，约占吸收外资总额的60%。矿产品出口长期占据商品出口的主导地位，矿业税收更是政府财政收入的主要来源，被称为“坐在矿车上”的发达资本主义国家。

澳大利亚制造业具有小而全、效率低、成本高的特点。其产品主要面向国内市场。近年来，澳大利亚制造业面临着国际上全球竞争激化，国内需求萎缩、本币汇率高、用工成本高和行业合规成本高的压力，发展缓慢，总产量、就业人数及利润等各项指数都呈现下降趋势。

澳大利亚的电力供应总体上可以满足其需求，超过70%的电力供应来自燃煤电厂，但近年来由于设备老化、环境污染、税费加重以及新能源补贴等因素，澳大利亚燃煤发电量占总发电量的比例逐年下降。

3. 服务业

服务业是澳经济最重要和发展最快的部门，已成为澳大利亚国民经济的支柱产业，吸纳的就业人数超过900万，在国内生产总值中所占比重接近或超过70%。银行及相关金融服务、房地产、商业服务是服务业中产值最高的三大行业。其中，澳大利亚金融市场是亚太地区最大最发达的市场之一，金融服务对国内生产总值的贡献在10%左右。2013—2014年澳洲服务贸易出口增长了7%，各类别出口持续增加。2013—2014年，澳洲教育出口额增长了8%，达160亿澳元，这一数字也说明了国际教育对澳洲经济发展的重要性。旅游业目前为澳洲五大国家重点投资行业之一。业内预计，到2020年，澳洲还需要新建2万间房间（约等于16家酒店）以满足日益增长的游客需求。

澳大利亚旅游资源丰富，是全球十大旅游目的地之一，著名的旅游城市和景点有悉尼、墨尔本、布里斯班、阿德莱德、珀斯、大堡礁、黄金海岸和达尔文等。

（二）宏观经济现状

20世纪80年代以来，澳大利亚通过一系列有效的经济结构调整和改革，经济持续稳定增长，创下了连续20年增长的记录。据国际货币基金组织数据，2011—2015年，澳大利亚国内生产总值年均增长率在2.4%以上，在发达国家中处于领先地位（表1-1-1）。世界经济论坛《2016—2017年全球竞争力报告》显示，澳大利亚在全球138个国家中排名第22位，较上年度下降1个位次。世界银行《2016全球营商环境报告》显示，澳大利亚在189个国家中排名第13位，比上年度下降了3位。

1. 高速经济增长势头因全球金融危机放缓

2008年全球金融危机后，受全球货币供应紧缩、国际石油和原材料价格暴涨、资本流动风险上升、出口需求下降的影响，澳大利亚经济出现一定程度的下滑。近年来，澳大利亚人均GDP稳定增长，经济发展势头良好（图1-1-2）。

表 1-1-1　2011—2015 年澳大利亚主要经济指标

年　份	2011	2012	2013	2014	2015
总人口	2.23×10^{7}	2.27×10^{7}	2.31×10^{7}	2.34×10^{7}	2.37×10^{7}
人口年增长率/%	1.2	1.6	1.6	1.4	1.3
城市人口百分比/%	60.0	60.1	59.6	59.3	58.9
国内生产总值（GDP)/美元	1.39×10^{12}	1.54×10^{12}	1.56×10^{12}	1.45×10^{12}	1.45×10^{12}
人均国内生产总值/美元	62216.5	67646.1	67652.7	61995.8	56327.7
国内生产总值实际增长率/%	2.4	3.4	2.4	2.4	2.5
通货膨胀率/%	3.4	1.8	2.4	2.4	1.5
失业人口比例/%	5.1	5.2	5.9	6	—
总储备（现价美元）	4.67×10^{10}	4.91×10^{10}	5.2×10^{10}	5.3×10^{10}	4.9×10^{10}
总储备可支付进口月份	1.4	1.4	1.5	1.6	1.7
商业服务出口额（现价美元）	5.13×10^{10}	5.30×10^{10}	5.26×10^{10}	5.33×10^{10}	4.89×10^{10}
商业服务进口额（现价美元）	5.98×10^{10}	6.57×10^{10}	6.69×10^{10}	6.24×10^{10}	5.69×10^{10}
官方汇率（兑换 1 美元需本币）	1.0	1.0	1.0	1.1	1.3
银行资本对资产的比率/%	1.9	1.8	1.4	1.0	1.0
银行不良贷款与贷款率/%	2.0	1.9			
存款利率/%	4.3	3.9	3.3	3.0	3.0
贷款利率/%	7.7	7.0	6.2	6.0	5.6
上市公司市值占 GDP 百分比/%	86.6	84.6	87.3	88.6	88.6

数据来源：世界银行数据库

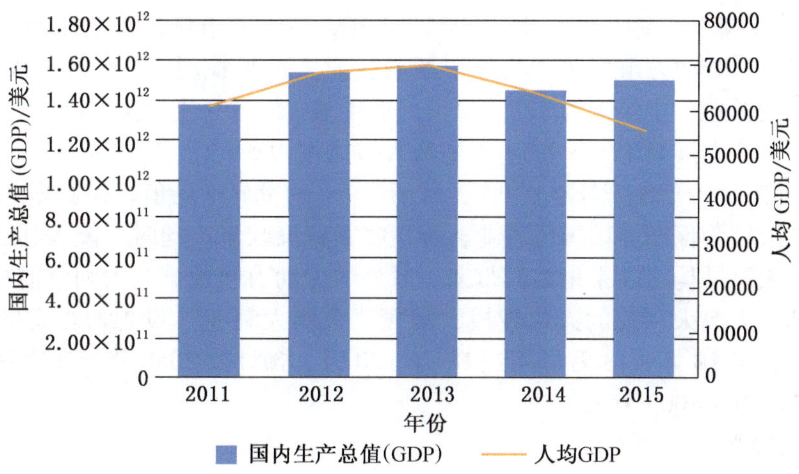

图 1-1-2　2011—2015 年澳大利亚国民生产总值（GDP）与人均 GDP
（世界银行数据库）

2. 2010 年经济开始复苏

为应对金融危机的冲击，2009 年 2 月，澳大利亚政府颁布了一系列旨在刺激经济、增加就业机会的政策，保留和创造了约 9 万个就业机会。随着政府经济刺激政策的推出和全球经济复苏推动矿产品出口快速增长，澳大利亚国内消费和投资信心逐步回升，私人消费支出明显提高，企业固定资产投资扩大，澳大利亚实际国内生产总值增长率从 2009 年的 1.6% 回升至 2.1% 。随着经济形势的好转，澳大利亚央行不断提高基准利率。经过多次调整，至 2010 年底，基准利率已回调至 4.75% 。

3. 2011 年经济再次面临压力

2011 年初，澳洲东部受到特大洪水的影响，农业、矿业和和旅游业遭受不同程度冲击，导致一季度经济陷入20年来最大跌幅。私人消费的增长势头受高利率政策环境及特大洪水影响而明显减缓。同时，政府消费因控制支出对经济增长的贡献从上年的0.6%降至0.3%。2011年澳大利亚实际国内生产总值增长率仅为2.4%，同比上升0.3个百分点。

4. 2012年至今经济再次回暖

2012年以来，澳大利亚国内经济形势渐好，迎来了一波增长小高潮。在资源项目资本支出上升的推动下，2012年澳大利亚实际国内生产总值增长率达到3.4%，为2009年以来的最高水平。至今澳大利亚经济仍在不断增长，经济发展势头良好。澳大利亚统计局数据显示，2016年第二季度该国经季节调整后的GDP年增速为3.3%，是近四年来最快的。自1991年以来，澳大利亚已连续100个季度经济扩张，接近荷兰创下的发达经济体连续103个季度的增长纪录。

5. 通胀水平增长缓慢

澳大利亚通货膨胀水平近年来总体上呈现一个较为温和的态势，基本与其经济增长呈正相关关系。2008年在经济增长放缓时，受能源和食品价格上升推动，通货膨胀率达到4.4%，成为近年高点。通货膨胀率于2010年回落至2.8%。2011年，受燃料价格上升和特大洪水影响，通货膨胀持续升高至3.4%。2012年以来，外部经济环境再次走弱，食品和燃料成本下降，通货膨胀水平趋于温和。总体看，虽然近年来澳大利亚通货膨胀率基本上处于可控的温和范围，但较之其他发达国家，仍处于相对较高的水平。2016年澳大利亚第二季度消费者物价指数（CPI）较上年同期仅上升1.0%，都远低于澳大利亚联储的目标区间2%~3%。2016年第二季度澳大利亚消费价格增长缓慢，是自1999年以来的最低年率，同时核心通货膨胀仍保持纪录低点，这使澳大利亚联储（RBA）不得不降息。

6. 劳动力市场弹性较强

澳大利亚就业市场充满弹性，即在经济低迷时期，企业通过实行缩减工时、将员工从全职转为兼职等措施，在削减劳动力成本的同时保留了员工的工作岗位。2008年，澳大利亚的失业率仅为4.2%；2009年仅攀升至5.6%，甚至在劳动力市场最低迷的2009年8月，澳大利亚月度失业率也只达到5.8%。2010年，澳大利亚失业率下降至5.2%。2011年，劳动力市场需求趋于稳定，全年平均失业率为5.1%。2012年以来，劳动力市场表现良好，新增就业人数平稳增加，5月份失业率稳定在5.1%。但制造业和服务业持续低迷，全年失业率为5.2%。近年来，随着工业机器的广泛应用，农业生产机械化程度高，澳大利亚失业率逐渐增大，2014年失业人口比例为6%。

2011年，澳大利亚人口年增长率为1.7%，高于1.1%的世界平均值，但新增人口中约60%来自海外移民，而澳大利亚近年为保证本国国民就业，有所收紧移民政策。同时，澳大利亚人口老龄化问题较为严重，不够合理的人口结构将在未来为其带来一系列的劳动力问题。澳大利亚前总理陆克文政府设想通过移民政策，快速扩大澳大利亚的人口规模，实现“大澳大利亚”设想而拟定的初步人口计划。该计划通过将目前每年移民10万~13万提高到18万~20万，预计到2050年，澳大利亚人口规模由目前的2200万人增至3500万~4000万人。

7. 市场辐射能力较强

澳大利亚积极发展对外经贸关系，以增强市场辐射能力。澳大利亚不仅是世贸组织成员国，还与新西兰建立了澳新自由贸易区。同时，与美国和东盟等国家及地区组织发展了密切良好的经贸关系。澳大利亚已建立起关税最低的开放型经济，通过自由贸易协议、贸易和经济协议，以及亚太经济合作组织、太平洋岛国论坛等地区组织，进一步加强了与其他国家的经济关系。

8. 中澳经贸成为增长动力

中国和澳大利亚不断深化的经贸合作为澳大利亚应对全球经济颓势和保持强劲增长做出了重要的贡献。目前，中国已是澳大利亚第一大贸易伙伴、第一大进口来源地和第一大出口市场，连续两年成为澳大利亚最大的服务贸易出口市场和澳大利亚第一大留学生来源国。澳大利亚与中国在经济上的战略合作态势已经形成。

（三）外国投资概况

1. 外国直接投资状况

在全球金融动荡的形势下，澳大利亚金融体系仍保持稳健，经济持续增长，因此外国对澳大利亚的投资热情呈逐步升高趋势。2010 年，澳大利亚吸收外国直接投资从 2009 年的 272.5 亿美元升至 305.8 亿美元，增长 12.2%。2011 年，亚洲市场对矿产品需求强劲，推动外国直接投资持续大幅增长，流入的外国直接投资额达 346.4 亿美元，同比增长 13.3%（表 1－1－2）。2010—2011 财年，澳大利亚利用外国投资存量 4734 亿澳元。澳大利亚吸收的外国直接投资主要集中在矿产开发、服务业和房地产业，分别占其外国直接投资总额的 31%、27% 和 23%。联合国贸易发展会议（UNCTAD）发布的《2015 年世界投资报告》显示，2012—2014 年的 3 年间，澳大利亚吸引的外商直接投资总额达 1620 亿美元，比之前 3 年的 1250 亿美元增长近 30%。2014 年在前 20 位吸引外商直接投资规模最大的经济体中，一半来自发展中国家及转型经济体，其中中国吸引外商直接投资总额达到 1285 亿美元，同比增长 3.7%，占全球利用外资总额的 10.5%，跃居全球第一。

表 1－1－2　2011—2015 年澳大利亚外国直接投资统计

年　份	2011	2012	2013	2014	2015
外国直接投资净额（现价美元）	-5.73×10^{10}	-5.24×10^{10}	5.53×10^{10}	4.01×10^{10}	4.09×10^{10}
外国直接投资净流入（现价美元）	6.60×10^{10}	5.76×10^{10}	5.45×10^{10}	4.59×10^{10}	3.68×10^{10}
外国直接投资净流入占 GDP 比例/%	4.80	3.75	3.49	3.16	2.75

数据来源：世界银行数据库

澳大利亚政府欢迎外国投资，任何支持澳大利亚行业可持续增长和发展的生产型外商投资都受到政府鼓励，包括为澳大利亚提供货物和服务、发展出口市场、引进和开发新技术或管理技术以及对商业的经营和管理有促进作用的投资。2015 年 6 月澳大利亚财政部长发布了澳大利亚外国投资审批政策，以鼓励外国投资。政府基于每个案例的具体情况，以国家利益为准则，审查外国投资提议。澳大利亚政府关于投资的基本政策和规定是，对在银行、民用航空、机场、船舶运输、媒体、广播和通信等领域的投资实施一定限制，但对此限制领域以外的一切行业和领域包括矿业均广泛欢迎外国投资。

为促进重大外资项目的引进，澳大利亚政府的鼓励政策包括提供简化审批手续等便利服务、提供技术人才支持和资助其开展项目可行性研究等。此外，澳大利亚政府还对在澳建立地区总部和营运中心的外商投资提供优惠政策。而这些重大外资项目的认定通常较为严格。

对澳大利亚的直接投资主要来自欧美和亚洲国家。根据澳大利亚中央统计局的统计资料显示，澳大利亚外商投资前十大来源国分别为美国、英国、中国、日本、荷兰、瑞士、德国、法国、加拿大和新加坡。

2. 中国对澳大利亚的直接投资

近年来，中国对澳大利亚的投资增长迅猛（表 1－1－3），成为继美国、英国之后位居第三位的投资国。中国在澳大利亚的主要投资领域是矿业开发、运输、贸易、农业、制造业和服务业等，特别是在矿产的投资名列第一位，也是房地产第二大外资来源国。

2015 年中国对澳大利亚投资额为 150 亿澳元。2015 年中国对澳大利亚直接投资较上一年上涨 32.9%，远远高于 14.7% 的中国全球海外投资增速。上涨主要源于大型交易，去年有 7 笔超过 5 亿澳元（约合 3.7 亿美元）的交易达成，其中中国国家电力投资集团收购可再生能源企业太平洋水电最受关注。从投资领域看，中国对澳投资从传统的矿业转向其他产业，比如对健康医疗领域的投资。此外，中国对澳大利亚农业的投资也有所增长。数据显示，2015 年中国对澳大利亚房地产的投资延续了 2014 年以来的强劲势头，总计 68.5 亿澳元（约合 51.6 亿美元），占对澳大利亚直接投资总额的 45%；其次是可再生能源行业（20%）和健康医疗（17%）。从投资地域看，新南威尔士州以 74.4 亿澳元（约合 56.1 亿美元）居首，主要集中在房地产领域。紧随其后的维多利亚州是吸引中国投资增长最快的地区，从 2014 年的 7 亿澳元（约合 5 亿美元）激增至 2015 年的 51 亿澳元（约合 39 亿美元）。中国对该州投资主要集中在可再生能源、医疗保健、房地产和农业综合企业领域。

3. FIRB 审批问题

澳大利亚对海外直接投资，尤其是来自中国的投资存在一定的不信任感。中国国有企业背后的中国

表 1-1-3 2011—2015 年中国对澳大利亚直接投资统计 万美元

年 份	2011	2012	2013	2014	2015
中国对澳大利亚的投资流量	316529	217298	345798	404911	1011119
中国对澳大利亚的投资存量	1104125	1387305	1477968	2388226	4790520

数据来源：2015 年度中国对外直接投资统计公报

政府是否会试图控制澳大利亚资源？这是澳大利亚国内始终担心的问题。所以中国企业在澳大利亚进行投资需首先面对澳大利亚外国投资审查委员会（FIRB）的审查。

FIRB 审查的核心原则是“投资是否符合澳大利亚的国家利益”，然而关于什么是澳大利亚的国家利益却并没有一个清晰的定义，这种不确定性使得海外投资者承受着很大的风险。具体到中国国有企业投资澳大利亚在审批时则会面临两个主要问题，一是与国外私人投资者在收购价值超过 2.48 亿澳元的澳大利亚企业才需要向政府通报不同，所有外国政府投资者，无论其投资金额多少，在做出直接投资之前必须通报澳大利亚政府并获得预先批准；二是澳大利亚外国投资审查委员会希望海外投资者将它们计划收购的澳大利亚大型资源类公司的股份比例限制在不超过 15%；在新项目上的投资最高不超过 50%。这两个问题中的前者使得带有国有背景的中国企业无论如何都无法绕过澳大利亚的投资审查，后者很大程度上限制了中国企业在外投资资源类项目希望获得控股权的初衷。

三、政治经济总结

澳大利亚是南太平洋地区大国和重要的发达国家，在亚太区域经济一体化进程中扮演着重要角色。澳大利亚是重要的矿业国家，国民经济常年保持良好的增长势头，拥有较好的矿业投资环境，常年被一些国际机构列为最具矿业投资吸引力的国家之一。

政治方面，澳大利亚继承英国政治体系，政治制度成熟完善，法律体系健全，地区安全环境较为优越，是世界上政治局势和法律制度最稳定的国家之一。在外交方面，澳大利亚强调与亚太新兴市场国家加强联系，为发展经济创造良好的周边环境。值得注意的是，澳大利亚议会选举和议员的提案对政府政策的制定有重要影响，现已形成了以矿业团体为核心的矿业利益集团、以工会为核心的工会利益集团以及环保主义者等社会团体共同对政局产生影响的局面。而正因为矿业在现有澳大利亚的政治话语体系中扮演着重要角色，所以任何涉及本国矿业的经济活动都会引起澳大利亚政府与政治团体的关注。

经济方面，澳大利亚是典型的发达经济体，经济基础良好，产业部门齐全，金融体系完备，拥有现代化的矿业投资、管理与开发体系，工矿业是其国民经济支柱，为传统矿业大国，也是世界上矿业管理最好的国家之一。同时，澳大利亚宏观经济运行稳定，实际国内生产总值增长率仍高于美欧发达国家。尽管近两年受全球经济不确定性的影响，但亚洲市场对大宗矿产商品的持续需求仍是推动澳大利亚经济发展的动力。

澳大利亚在各种机构的投资环境调查中始终是矿业投资的首选之地。其主要优势在于稳定的政治制度和完善的投资保障。值得注意的是，虽然澳大利亚总体矿业环境较好，但较好的矿业资源早已被大型矿业集团瓜分完毕，剩余项目均在一定程度上存在开发难度较大或未来经济收益处于可行性边缘的问题。尽管新上台的阿博特政府正致力于消除此前制约矿业发展的不利政策，但在澳大利亚矿业经历过了 10 年高度繁荣且国际矿业处于下行周期的大背景下，我们建议现阶段对澳大利亚的相关投资应持谨慎态度。

第三节 法 律 环 境

一、矿产资源开发相关法律制度

（一）主要监管机构

澳大利亚是联邦制国家，在联邦、州和地方三级政府中，地方政府基本上没有矿业管理的职能。因此，澳大利亚实施的是联邦政府宏观控制与州政府微观管理相结合的两级矿业管理体制。

1. 澳大利亚矿产资源的勘查管理

联邦的矿业管理机构为澳大利亚地质调查局，归初级产业与能源部管辖，其主要任务是：①进行综合的地质、地球物理、地球化学、水文地质与大地构造调查和研究，给联邦政府工业部门和公众提供有关石油、矿产、地下水资源方面的信息，以满足石油和矿产业的需要；②帮助建立有关资源利用、土地使用、环境保护方面的地学知识；③开展与联邦政府、州政府有关部门，资源公司，大学等单位的多学科研究；④开展资源的分析研究，为政府的战略决策、政策制定提供咨询服务。

州政府的地质矿产资源勘查管理机构主要是州矿产能源部。其主要任务是：①负责本州内的地质勘查和采矿活动管理；②负责基础性地质调查和研究，提供有关矿产、能源、地下水资源方面的咨询和服务；③负责勘探和采矿租地的登记、发证、监督矿业开发活动；④制定本州的矿业法规和有关条例；⑤负责征收本州的矿产资源税。

澳大利亚的基础地质调查工作由联邦政府和各州政府投资，但他们没有自己的地质勘查队伍，不从事任何矿产勘查活动，勘查活动由矿业公司进行，政府只进行基础地质调查和研究。

2. 澳大利亚矿产资源的开发管理

联邦政府对矿业开发的管理，由联邦政府的初级工业部资源科学局负责。在税收方面，通过减征矿业公司的所得税，体现对矿产开发产业的鼓励支持政策。为保证国内战略矿产的计划生产，掌控领海经济区矿产国际合作开发的主动权，由联邦政府初级工业部资源科学局授予石油、天然气、放射性矿产等战略矿产和3海里以外200海里以内海域矿产的矿业权。在矿产品出口方面，通过签发矿产品出口许可证来控制矿产的合理开发和有计划、有组织的出口。在澳大利亚，矿业公司在申请矿产品出口许可证时，同时要上报采矿计划书执行情况，对于不合理开发利用矿产资源的矿业公司，不允许矿产品出口。

澳大利亚矿产开发管理的具体工作主要由各州政府的矿产能源部来做，他们主要抓四件事：①制定本州矿业法规；②具体抓基础地质工作；③矿业权的授予和许可证的具体颁发管理；④矿产开发的监督管理工作。[①]

（二）矿产权证的获得

澳大利亚矿产资源属国家所有。州政府是矿产资源国家所有权的代表。在澳大利亚从事矿产资源勘探和开发活动必须向政府申请许可。

澳大利亚州级政府承担矿产资源与矿业管理的主要责任，联邦政府仅承担矿产资源与矿业管理的有限责任或次要责任。在联邦层次上，依据联邦《海上矿产法1994》，其非油气矿产的矿权设置有以下5种类型：勘探许可证（Exploration License）、保留许可证（Retention License）、采矿许可证（Mining License）、工程许可证（Works License）和特殊目的许可（Special Purpose Consent），主要是针对联邦政府有管辖权的海上固体矿产（海基线3英里以外海域）。对于陆地上矿产，因管辖权不在联邦政府身上，因而陆上非油气矿产的矿权设置主要是由各州和北方领地政府决定。虽然各州和北领地都有各自的矿产管理法规，但这些法规的内容和管理都非常相似。本书将概括介绍各州或领地的矿产权证设置安排，并以此为视角对各州或领地进行比较。

1. 西澳州

西澳州《矿业法1978》是一部规范在西澳州开展非油气矿业活动的基础性法律，西澳州矿权（Mining Tenement）只是法律上对若干矿业相关权利的统称，而非具体的权利。该法律称谓包含了准备期权证和矿权证两大类，其中前者包括采矿资格证（Miner's Rights）和私有土地进入权证（Permit）；后者包括普查许可证（Prospecting License）、勘探许可证（Exploration License）、保留许可证（Retention License）、采矿租约（Mining Lease）、通用目的租约（General Purpose Lease）和杂项许可证（Miscellaneous License）。并非所有的采矿项目都必须备齐上述7个权证。但采矿资格证、普查许可证、勘探许可证、采矿租约是必备的，因为法律规定：只有在拥有采矿资格后方可对相关土地上的矿产资源进行初步普查、进一步勘探并最终进行开采。

2. 昆士兰州

①本部分所说的矿权设置仅指非油气矿产的矿权设置，未包括石油和天然气矿产资源的矿权设置。

在昆士兰，勘探权颁发给对任何矿物有勘探目的的勘探权申请，适用于有矿权申请的任何土地。所有勘探许可证都在1989年《矿产资源法》规定下由南部地区矿山能源部（the Southern Region of the Department of Mines and Energy）进行管理。

昆士兰州《矿产资源法1989》的立法目的是：鼓励和促进矿物普查、勘探和开采；增强对州矿床资源的认识；减少普查、勘探和开采与土地使用的冲突；鼓励普查、勘探和开采时的环保责任；确保州政府从采矿中得到一定的资金回报；为加快和规范矿物普查、勘探和开采提供管理框架；鼓励在普查、勘探和开采中负责对土地护理管理等。一个勘探权的授予需要考虑是否符合这些目标，以鼓励和确保工作导向。

该法案规定了矿业活动的5种矿权形式，即：普查许可证（Prospecting Permit）、采矿请求权（Mining Claim）、勘探许可证（Exploration Permit）、矿产开发许可证（Mineral Development License）和采矿租约（Mining Lease）。

3. 新南威尔士州

新南威尔士《矿业法1992》，规定了5种形式的矿权。它们是：勘探许可证（Exploration License）、评估租约（Assessment License）、采矿租约（Mining License）、矿产请求权（Mineral Claim）和蛋白石普查许可证（Opal Prospecting License）。

4. 维多利亚州

维多利亚州《矿产资源可持续开发法1990》规定了5种矿权形式。它们是：勘探许可证（Exploration License）、采矿许可证（Mining License）、矿工权证（Miner's Right）、旅游者踏勘授权书（Tourist Fossicking Authority）、旅游者矿山授权书（Tourist Mine Authority）。

5. 南澳州

南澳州《矿业法1971》规定了5种矿权形式，即：矿工权证（Miner's Right）、勘探许可证（Exploration License）、采矿租约（Mining Lease）、保留租约（Retention Lease）和其他目的许可证（Miscellaneous Purposes License）。

6. 塔斯马尼亚州

塔斯马尼亚州《矿产资源开发法1995》规定了5种矿权形式：勘探许可证（Exploration License）、特别勘探许可证（Special Exploration License）、保留许可证（Retention License）、采矿租约（Mining Lease）和普查许可证（Prospecting License）。

7. 北方地区

北方地区《矿业法》规定了8种形式的矿业权，包括：①矿工权证（Miner's Right）；②勘探许可证（Exploration License）；③勘探保留许可证（Exploration Retention License）；④矿产租约（Mineral Lease）；⑤矿产请求权（Mineral Claim）；⑥可提取矿产租约（Extractive Mineral Lease）；⑦可提取矿产许可证（Extractive Mineral Permit）；⑧淘金者许可证（Fossicker's Permit）等。其中，矿工权证是获得其他各种矿权的先决条件，可看作是基本矿权。

8. 分析与比较

在上述澳大利亚7个州/地区的矿权设置中，没有两个州/地区领地是完全相同的，各州矿权设置各有特色。新南威尔士州设有专门的蛋白石普查许可证，维多利亚州设有旅游者踏勘授权书和旅游者矿山授权书，昆士兰州普查许可证分为地区普查许可证和块普查许可证两种，而塔斯马尼亚则设有特别勘探许可证等。

尽管澳大利亚各州或北方地区矿权设置各不相同，矿权名称也不尽一致，但主要矿权类型或形式是大体相同的。基本都设有普查许可证、勘探许可证、保留许可证和采矿租约等，只是叫法上有所差异而已。

除维多利亚州外，其余各州均设有保留许可证或保留租约。新南威尔士州的评估租约大体相当于保留租约；昆士兰州的矿产开发许可证也大体类似于保留许可证性质。保留许可证的作用与特点是，对于已发现的但目前经济上不具开发可行性的矿床，该许可证持有者可保留相关权利，以进一步开展工作或等待开发时机。保留许可证是澳大利亚矿权设置的一大特点。申请保留权许可证，必须包括工作计划以及提供存在有潜力的经济矿藏的证据。

在昆士兰州、新南威尔士州、南澳州和北方地区的矿业法中，都规定了矿产要求权或矿产请求权证（Mineral Claims），但对于这一矿权，四州/领地规定又有所不同。南澳州对这一矿权有效期规定时间较短，仅为1年，而昆士兰州、北方地区等则规定时间较长，最长可达10年。对该种矿权，有的州规定可以转让，如北方地区、昆士兰州等；而有的州规定不能转让，如南澳州等，不一而足。该矿权一般要进行注册才能发挥排他性作用，且有以下特点：①必须说明具体权利要求的矿产；②必须在地图上标示出要求权利的地区；③可进行一定量开采或与采矿运作有关的活动，如建简易住房等；④与其他矿权相比，许可面积一般较小；⑤与采矿租约相比，其有效期较短等。可进行小规模采矿似乎是该种矿权的最主要特点。该矿权另一特点是，对某些特殊矿产，不能申请或授予该种矿权，如昆士兰州和新南威尔士州均规定，不能对煤炭授予矿产请求权证等。

对于矿工权证，在南澳州和维多利亚州的矿业法中规定，其作用相当于普查许可证，有期限限制。在北方地区，矿工权证既相当于普查许可证，又是获得其他矿权的基础，因此，其有效期是永久的。

对于采矿运作中的辅助设施，如道路建设、选厂建设、尾矿坝、排水系统、废物处理等，有的州设立有其他目的许可证，如南澳州、西澳州等，而有的州如维多利亚州、塔斯马尼亚州等，则包含在采矿租约①中，即规定采矿租约持有者有建设与采矿活动有关的设施的权利，包括道路、选厂、尾矿坝、水库、管线等。在南澳州和西澳州，尽管其在矿权中都设有其他目的许可证或租约，但又有差别：南澳州的其他目的许可证既包含有与采矿运作直接有关的选厂、尾矿坝等建设，也包含与采矿间接有关的设施建设，如道路、排水系统等；而西澳州则将两者分开，分别设有其他目的租约和杂项许可证。

在矿权交易上，除普查许可证外，多数州/地区矿业法都规定，矿业权可以转让，但也有州对若干类型的矿业权规定不能转让，如南澳州规定，矿产请求权不能转让。对普查许可证，有的州规定可以转让，如西澳州等；也有的州规定不能转让，如昆士兰州等。

西澳州、新南威尔士州和南澳州均规定，采矿租约最长期限为21年，维多利亚州规定采矿租约最长期限为20年，这4个州矿法同时也规定采矿租约可续期。而昆士兰州、塔斯马尼亚州和北方地区矿业法则规定，采矿租约期限由部长决定。昆士兰州矿业法则明确说明，采矿租约可续期，也可能不被续期。

勘探许可证除北方地区规定为6年外，其余多规定为5年，可续期。勘探许可证一般都有最大面积限制，常有2年后面积不断减少的相关法律规定。对保留许可证的最大期限，一般均规定为5年，并可续期，可转让。其允许最大面积一般也高于勘探许可证等。

从申请程序角度讲，在多数州和北领地，申请勘探许可必须包括一份工作计划并陈述详细的勘探方案及预计开支。这份工作必须经审批许可的部长同意，并且可能添加特别所有权条款。在所有的管辖区都要求发布申请公告，公告通常刊登在政府公报或当地报纸上。在昆州，如果根据原住民（或土著）土地权快速程序办理勘探许可证，才要求发布公告。在5个辖区（不包括新州和昆州）都对授予勘探许可前征求公众反馈有相应规定。在西澳和塔斯马尼亚州，由区法庭举行听证会以听取公众意见，然后由区法庭向部长提交建议书。但是在塔斯马尼亚州，反对者必须在相应地带有不动产或利益关系。在塔斯马尼亚州，只有从技术角度上提出对勘探许可的反对意见才可以被采纳，而因其他方面因素提出的反对意见只供管理部门参考。在其他3个管辖区（北领地、南澳、维多利亚），部长审批申请时，参考这些意见。昆州和新州，没有关于审批申请时听取民众意见的条款。

在维多利亚、昆州以及塔斯马尼亚洲，可以直接从勘探许可证转换到采矿租约。在大部分管辖区申请保留权许可证的程序类似于申请勘探许可证的程序，要求通知公众、土地主人以及土地占有者。在西澳大利亚以及塔斯马尼亚洲，提出异议的人必须是相关土地上有地产或者利害关系的人。

在大多数管辖区内，任何人都可以提出申请采矿租约，但勘探或者保留权许可证的持有者具有优先权利。在昆州，申请者必须是适当的、优先条件所有权的持有者。申请人必须提供矿产开采计划的概况或者细节。在2个管辖区（西澳洲及昆州），可以随后提供详细情况，但是必须在开采矿产之前。

---

① 采矿租约等同于采矿许可证，只是不同州命名方式有所差异。

矿产所有权的审批是基于“先来先给”的原则。给定区域的勘探权利将分配给第一个申请者，通过投票来解决同时收到多个申请的问题。申请者必须提交其使用的技术和财务资源说明，以达到取得许可证的每年最小支出的承诺。

其他矿产权利许可证的申请审批手续也基本如下：

（1）正确划出所要申请的土地（用于勘探许可证以及采矿租约）。

（2）向相关矿产登记办公室提交申请表格以及支付规定的费用。

（3）在报纸上刊登申请副本，以及如果涉及私有土地，向有关土地居住者或者所有者，以及市政当局和抵押权人提交申请的副本。

在西澳可用协议法案推进大项目开发。协议法案为申请人和该州之间正在进行的项目提供了操作框架。申请人通过该法案可以清楚了解有关各方权利和义务；获得有利于项目推进而不受其他州法律限制的规定；通过方案机制，使项目在特定时间内获得政府清楚定义和许可，以及加速其他法律要求的相关许可；在建设或运行期间，保护申请人免受州或者当地政府做出的“球门柱”式规定的困扰，例如重新占用、对项目不利的分区修订，或者矿区使用费审查；有能力顺利进行项目的各个阶段；以工业和资源部作为项目促进人、协调人以及协议管理人，公司与西澳政府通过与州开发部部长共同协作，确保项目高效率运行。这类协议是非强制性的，在双方认为有必要拟定一项协议时可以使用。从州的角度来讲，从项目开始到建设，需要项目申请人及其财务担保人做出承诺。

（三）许可证的转让

探矿权、采矿权可以合法转让。矿业权作为一种有价的无形资产，其转让应由双方当事人协商议定，政府一般不进行干预。矿业权转让有以下 3 种情况：①矿业权人可以将矿业权转让给出价最高的人，比如一个探矿权人发现了一处有经济价值的矿体，不想开采又想收回勘探投入，或大矿业公司认为发现的矿体规模小，不想开采，又或小矿业公司发现了矿体，不具备开采条件，没有开采能力等；②勘查许可证持有人可以寻找合资伙伴来分担勘探风险，通过建立联合股份公司，将权利转让给该公司；③投资人可以矿山企业的资产及其产品作为担保进行筹资，但其基本条件是，他应有权抵押以致最终转让矿业权的权益。

（四）与矿产权利相关的土地制度

澳大利亚的土地分为国有土地（也称为皇室土地）和私有土地两类。国有土地主要包括政府机关用地、交通运输用地、公益机构用地和农业用地。目前，澳大利亚国有的农业用地基本上都已授权给私人使用。总体上来讲，澳大利亚实行矿产资源所有权同地表所有权相分离的制度，对土地的所有权并不代表对地下资源的拥有。

除了塔州以外，全部管辖区内都要求公告开采申请，通常在政府公报上刊登公告或者在当地发行的报纸上刊登。一旦提出开采申请，申请者必须通知公众，包括土地所有者以及占有者。在新州、西澳州、昆州、塔州，以及北部领地，规定在公众反对发放开采租约时举行听证会。但是在塔州，提出异议的人必须在相关的土地上有地产或者利益关系。在大多数管辖区，对于距离居民和其他私人土地设施 100 ~ 200 m（在南澳州为 400 m）的范围内从事开采活动，必须首先取得私有土地的所有者或者居住者同意，如新州规定在持有许可证者开始勘探前需要先与土地所有人达成准入协议，如果需要则安排仲裁或由区长确定准入协议。此外，持有人通常也需要对开采活动给予补偿，补偿主要涉及地上物品的损坏费用和其他因土地契约终止、通行权限制及合理控制损害的费用，这是一笔与矿产价值无关的费用。在西澳州、维多利亚州、南澳州和新州，同时还需要对土地侵占、收入减少和对社会造成的危害进行赔偿。在昆州、维多利亚州、塔州和北领地，要求提供押金或私人财产抵押以确保申请人很好履行其对因勘探活动中造成的损坏进行赔偿的义务。当双方对补偿无法达成一致时，补偿额度通常由区法庭确定（在昆士兰州是土地和资源法院）。在昆州以及塔州，补偿协议必须在授予采矿租约前提出。当计划在地表进行开采时，通常的做法（除了在北领地）是开采人出钱买矿井所在地的地产，但补偿的范围和类型通常是由土地所有者以及领到许可证的人双方协商的结果。

在昆州，涉及勘探权的土地征用制度尤为完善，其他各州土地制度的规定与之大同小异。昆州《矿产法》中明确规定该法案是为了矿产资源的评估、发展以及利用能与经济和土地使用管理相一致提供了最大程度的参与性，减少普查、勘探和开采与土地使用的冲突。昆州接近95%的土地是可以用于勘探和采矿的。法律禁止在国家公园、列入世界遗产的地区以及一些限制区域进行勘探和采矿（如在2003年矿产资源条例中定义的）。在其他一些区域，如保护区、国家森林、原住民居留土地和河流等区域，对勘探有限制。通常，必须经业主同意才能进入。进入权限同样也适用于采矿请求权和矿产开发许可证或申请中的土地。申请人须事先在MERIN数据库内查询所要勘探的土地，在确定所申请土地在可申请之列后方可填写申请表提交申请。矿权注册处也会对土地是否可用进行评估以确定申请的土地是否可提供。若该申请为该土地上存在的唯一一份申请，申请将被提交给适当地区进行“土著所有权评估”，以核实所申请的土地是否归原住民所有。经过评估后，若申请符合各项法律规定，申请人将收到授权意向信：若意向信要求申请人接受信件中的条款和条件并支付保证金，则表明所申请的土地中有90%或者更多的范围里不存在土著民土地，那么矿产能源部门将在不进行土著土地处理（Native Title Processes）的情况下授予申请，但在未进行土著土地处理程序之前，持有人不得进入土著区域进行勘探；若信件要求审查广告草案并支付广告费，则土著土地评估表明申请土地中有10%以上范围可能存在土著民，那么部门在没有开展土著土地处理时不能授予勘探权；若授权意向信中要求申请人阅读附件中土著土地使用协议（Indigenous Land Use Agreement）① 并签字寄回，则部门认为所申请土地存在土著所有权，并在注册的土地使用协议范围内，则申请人有义务使申请符合土著土地使用协议的条件，且只有在规定时间内收到申请人接受这些协议条款条件并签字的书面通知后，部长将授予申请人勘探权。

土著土地处理是针对土著土地勘探申请的处理程序，其目的在于将排除在勘探许可证外的土著土地添加进来。形式包括两类：快速程序（Expedited Procedures）和协商程序（the full Right to Negotiate process）。快速程序采用刊登广告的方式对勘探土著土地的申请进行公告，适用于该土地上并不存在重要文化遗址，且/或申请人并无计划在土著土地上进行槽探或挖坑，若在刊登之日起的4个月内没有收到来自土著土地所有权人的反对意见或是反对意见被撤回，则申请人取得相关土地内的勘探权利，反之则申请被拒，相关部门不得在4个月期满前向申请人颁发勘探许可证；协商程序是指申请人须在州与土地所有人签订的土著土地使用协议上签字，并接受协议条款，承担相应义务责任以便获得勘探权，此种处理适用于土著土地上存在重要文化遗产，且/或申请人将在该土地上进行槽探或挖坑。除了上述两种方式之外，另有一种替代性土著土地处理措施，即是在意思自治的原则下，申请人通过与原住民进行独立协商并签订协议的方式，在承担相应义务和责任的前提下取得相应土著土地的勘探权利。为了更好地保护土著土地及土著所有人的权益，授权意向信中附有的土著所有权保护条件（the Native Title Protection Conditions）将适用于勘探许可范围内的所有土著土地。

为了进入土地，勘探证持有人必须向土地持有人出示勘探权，并在第一次进入之前发出书面通知。通知必须在打算进入矿区之前的5个工作日出具。若授予的勘探权土地包含土著土地且存在土著土地使用协议、土著所有权保护条件等，则持有人必须遵守其中的规定，并对土地所有人进行必要的赔偿，否则将面临许可证的撤销或其他惩罚措施。如果勘探权证涉及限制土地（Restricted Land），并且相关条款已经在勘探权证中加以规定，则持有人必须在进入该土地前通知土地所有人。作为土地使用者有义务采取一切可行措施以保证该土地上进行的活动无损于土著或托雷斯海峡岛民的文化遗产。

二、跨国矿业投资相关法律制度

（一）劳工制度

澳大利亚劳工法律体系完善，有关劳工制度的基本法是《澳大利亚劳工法》，该法涉及雇员最低工资标准、工资扣除、工作时间、有薪假期及解雇等情况的规定。

同时，为缓解国内劳动力不足状况，澳大利亚每年都引进一定数量的外籍劳工。澳大利亚政府引进外籍劳务的基本政策是：在保证国内人口充分就业的前提下，引进海外具有高级管理才能和专业技术的人才来澳洲就业。澳大利亚负责外籍劳务事务的政府部门是澳大利亚就业和劳资关系部（Department of Employment Workplace Relations）和澳大利亚移民、多元文化和土著事务部（Department of Immigration

① 土著土地使用协议是州与土著土地所有人之间对允许将该土地授权勘探申请人之间的协议。

and Multicultural & Indigenous Affairs)。就业和劳资关系部的经济和市场分析司专门负责对就业、失业、职业劳动力市场、农村劳动力市场进行跟踪和预测，出有大量关于澳大利亚劳动力市场定量和定性的分析报告。其中每年公布一次的澳大利亚技术人员短缺职业榜和每半年公布一次的澳大利亚信息通信业技术人员短缺职业榜，为澳大利亚政府制定移民和外籍劳务政策，为移民部签发外籍劳务签证提供必要的参考依据。移民、多元文化和土著事务部的职能是制订和执行澳大利亚移民、多元文化和土著事务的政策和规划，促进多元文化的发展，负责向外国人签发各种签证、吸收移民和移民转公民等事务，并根据就业和劳资关系部对劳动力市场技术人员短缺的预测，对外籍劳务人员进行审核和监管。澳大利亚移民部规定：如果澳大利亚公司或海外公司在澳国内劳工市场无法招聘到所需劳动力，该公司可以为外籍劳工提供担保，并为外籍劳工申请长期临时商务签证，即457签证，该签证有效期为3个月至4年，办理时须履行3项手续：用人公司担保、用人公司提名及被提名人办理签证。

（二）国内市场义务

矿产权证的持有者在进行其权证下的经营活动和在设施购买、建造和安装时，应在符合安全、效率和经济原则的情况下最大限度地优先购买在澳大利亚当地制造的材料、产品及服务。矿产权证持有者应在其进行矿产活动阶段，在符合安全、效率和经济原则的情况下最大限度地优先雇佣澳大利亚公民，以促进当地就业。

（三）外资并购政策

1. 外资并购政策体系

澳大利亚的外资审查法律制度是由议会单独制定法律，政府部门颁布法规和相关审查政策，审查机构按照法定程序进行审查和监管。审查机构对外国投资采取个案审查的方式，重点考察投资是否符合澳大利亚的国家利益。澳大利亚没有独立的国家安全审查制度立法，依据已有的法律形成了外资政策、外资并购法及实施细则协同运作的国家安全审查体系。《1975年外国收购与接管法案》（Foreign Acquisitions and Takeover Act 1975）（以下简称《外资并购法（1975）》）是澳大利亚外资审查的基础法律，规定了审查机构、审查对象、何谓取得目标企业控制权、豁免和法律责任等核心问题。《1975年外国收购与接管条例》（Foreign Acquisitions and Takeover Regulations 1975）（以下简称《外资并购条例（1975）》）是澳大利亚审查机关审查外国投资的具体指导法规，详细解释了法案的重点概念，并列举了豁免审查的条件。但是，随着金融危机的不断蔓延，特别是集中在矿产资源领域的来自他国的国有投资使得澳大利亚的战略利益受到威胁，与此同时，金融创新带动了结构化金融衍生产品的发展，具有控制权隐蔽性特征的投资工具也危及到了澳大利亚的安全利益，因此，澳大利亚外资并购法在2008—2012年间进行了修订，并出台了相关的投资政策以应对上述症结。澳大利亚国家安全审查法律体制的最显著特征是财政部每年发布外资政策，此政策也是指引外国投资活动、政府进行投资管理的重要依据。

法案规定，外国投资委员会（Foreign Investment Review Board）负责向财长提供政府外资政策和执行的咨询。财长享有外国投资政策制定及外国投资项目的审批权。财政部外国投资和贸易政策处向财长提供对外国投资事务管理建议，并作为外国投资委员会的秘书处开展日常工作。

在勘探方面，外国投资商无须寻求澳大利亚企业或个人参与其矿产或石油勘探活动。外国公司获得一项新的矿产或石油勘探权后，无须再经过外商投资政策的批准。此外，申请收购现有开采权（通过开采合资协议中的租入或租出商定或权益的重新商定）可免于按照《外资并购法（1975）》的规定进行审查。

2. 澳大利亚国家安全审查制度概览

在外资并购国家安全审查制度中，“国家安全”利益的内涵不仅决定着国家安全审查制度的范围，更作为审查标准的一部分，为国家安全审查提供了一种宏观的、抽象的参考标准。《外资并购法（1975）》和《外资并购条例（1975）》规定了国家安全审查的量化标准，这种“国家安全”的抽象标准和量化标准的结合，使澳大利亚国家安全审查制度具有了鲜明特色。

一般而言，控制规模和部门清单是国家安全审查制度通行的两个识别标准。澳大利亚除了按照政策中澄清的“国家安全”利益的考察因素审核之外，更为具体的标准是按照《外资并购法（1975）》规定的“重大商业利益标准”来决定投资计划是否会带来国家安全威胁，此标准要考虑并购所在领域是否是敏感和权益的规模大小。在敏感领域方面，除了美国－澳大利亚自由贸易协定外，澳大利亚一直没有列出禁止、限制的清单作为审查的参考，直到2012年颁行的外国投资政策才列出了敏感领域的范围。在权益规模大小方面，澳大利亚采用控股所占比例和数额价值双重标准，具体的规模计算方法依据《外资并购法（1975）》第一部分13A和13B的要求进行，除了按照“重大商业利益标准”以一定的比例为限度，同时数额大小还要参考年度发布的货币限额。①

澳大利益外资并购审查采取强制申报和自愿申报相结合的制度。《外资并购法（1975）》第26节规定了向财长强制申报的事项，但在第13A节对某些公司和商业活动做出了豁免安排，即某些事项不适用强制申报，这些被豁免的事项所具有共同点是并购的目标价值低于某一货币限额。

《外资并购条例（1975）》的重要规则（Principal Regulations）部分对豁免的分类做了一般性规定，第13条列出了以年度为基础的货币限额指数逐年增加的计算公式。这个公式是在前一年GDP的物价折算指数基础上的适量增加额。②

《澳大利亚外资并购法》对并购规模的控制不仅考虑控制力度的大小，即并购后所占总权益的比例，还同时考察用货币折算后的价值大小，以双重标准严格控制外资的并购。

3. 国家利益内涵

法律赋予财长禁止他认为可能“与国家利益相悖”（Contrary to the national interest）的外资并购。在《外资并购法（1975）》与《外资并购条例（1975）》中没有明确界定国家利益以及与其相悖的具体含义。《外资并购法》授权财长基于个案来决定并购是否会违反国家利益。《外资并购法（1975）》在2011年外资政策颁行前，财长对一项并购申请进行“国家利益”的裁量主要考虑3个方面：①是否符合当前全部政府的政策和法律，特别是涉及国家利益的重要领域、行业和方面，重点审查通信、传媒、航空、环境和竞争政策等方面；②是否符合国家安全利益；③是否有利于国家经济发展。

2011年2月澳大利亚政府颁布的外资政策通过“国家利益的测评”进一步明确了“国家利益”审查的考虑因素，丰富了“国家利益”的内涵：

第一，国家安全。在评估某一投资是否会带来国家安全威胁时，澳大利亚政府要听取有关国家安全机构的建议。此前澳大利亚对外资审查是以外国投资委员会单一部门的意见为依据的，此次修订后，则要求必须重视国家安全机构从整个国家宏观战略的高度对具有重大影响的投资做出的评估意见。

第二，竞争。除澳大利亚竞争和消费者委员会进行审查之外，外国投资委员会也对外国投资进入的行业、领域所有权的集中度考察，确保外资所有权的多样性和分散性，促进健康竞争。澳大利亚在公平竞争方面的考虑不断加强，2012年颁行的外资政策特别提出“不论国内还是外国投资者，也不论投资价值的大小都必须遵守法律，其中重要的一个例子就是要求所有的投资者遵守澳大利亚的竞争政策，竞争与消费保护委员会要严格评估所有会产生竞争因素的申请，包括潜在的竞争性影响。”

第三，澳大利亚政府的其他政策。主要包括对澳大利亚税收和环境目标的影响，这是为解决由于吸引外资而以当地的环境资源牺牲为代价的问题，例如，如何使这种经济的外部性转化为企业的成本。

第四，投资对整个经济的影响。从经济整体运行的角度考虑：①企业收购后重组带来的经济影响；②收购资金来源的性质，并购后当地企业的参与程度；③雇员、债权人和其他关系人在社会福祉方面的利益；④投资者开发的项目确保澳大利亚人民取得公平回报的程度，能否使澳大利亚在此领域继续保持可靠供应国。

第五，外国投资者的特征。澳大利亚政府不但会考虑投资者的商业运作透明度能否接受业务透明化的监管，而且还会考虑外国投资者的公司治理状况。若投资者为基金管理公司（包括主权财富基金），就会考虑基金的投资政策，以及基金提案是如何在并购后的企业中行使表决权的。

4. 安全审查权益范围的扩展

---

①2012年1月公布的澳大利亚外国投资政策中对预审的货币限额由2011年的2.31亿澳元上升为2.44亿澳元，美国由10.04亿澳元上升为10.62亿澳元。参见 Australia Foreign Investment Policy. 2012［2013－03－19］. http://www.firb.gov.au/content/default.Asp.

②限额在每年的1月1日按照指定的数额调整。在2011年对第13条的两款修订，针对超过5000万限额的相关调整方发布修正案，具体参见 Authority of the deputy prime minister and treasurer: Explanatory Statement of Select Legislative Instrument2011 No. 275. 2011［2013－03－25］. http://www.comlaw.gov.au/Details/F2011L02620/Explanatory%20Statement/Text.

2011 年对《外资并购法（1975）》的修订通过增加一组概念，将近来新出现的由结构化衍生产品构成的扩展型权益也纳入外资并购法中，这些扩展型权益在并购审查阶段接受统一监管。政府及相关实体的投资往往集中在一国战略性领域，澳大利亚外资并购国家安全审查对这些领域的权益控制是通过对投资主体审查的强化来实现的。此二者也是此次立法修订的重点，也是对外资并购审查标准进一步的完善。

1）“潜在表决权”“未来权益”和“股份权益”

在《外资并购法（1975）》中增加“潜在表决权”（potential voting power）和“未来权益”（future interest）两个术语。通过这两个概念，将未来可能对权益控制产生影响的各种证券化金融工具纳入审查阶段并购份额的计算之中，防止此种潜在的、具有隐蔽性的权益在建立运营阶段转换成现实的控制权，而在审查时规避监管。伴随“潜在表决权”出现的“股份权益”（shareholding power）也是2010 年4 月对《外资并购法（1975）》修订新增加的术语，将扩展性权益都纳入并购法。

《外资并购法（1975）》第一部分全新增加第 14 节，这一节分两个部分对这些术语做出了界定。“股份权益”是指一个公司在股东全体大会上能够投出的最大数额的表决权；“潜在表决权”是指公司的股份权益，在股东全体大会上投出的以下权益：①因为实施此权利（不论此权利是现在实施，还是将来实施，也不论是否是在符合条件的情况下完全履行），在将来可能会存在的权利；②如果实现，这项权利可以用于在公司的全体大会上投票。在对“潜在的表决权”定义后，接下来的一款界定了“潜在表决权”的数额如何确定，在认定一个特定时间处于公司控制地位的人拥有多少“潜在的表决权”的时候考虑以下因素：①这项存在的权利如果实施，能使处于控制地位的这个人控制公司更多的潜在权利，即比这项权利不存在时处于控制地位的人多；②如果不能在那个时间点确认（不论从那项权利本身还是那个时候的条件来看）是否实施这项权利会导致如此的结果，都要假定那项权利在那个时候是存在的。

《外资并购法（1975）》对潜在表决权的认定有别于通用的定义。在会计标准中通行的“潜在的表决权”定义是指当期可转换的可转换公司债、当期可执行的认股权证等，不包括在将来某一日期或将来发生某一事项才能转换的公司债券或者才能执行的认股权证等，也不包括诸如行权价格的设定，使得在任何情况下都不可能转换的实际表决权的其他债务工具或权益工具。《外资并购法（1975）》与会计统计标准中的定义相比，对潜在表决权的外延扩大，将未来可能发生的，以及不论是否是在全部履行条件得到满足时产生的证券权益都包括在审查的范围之内。

相应地，第 20 节（3）(a)“已经拥有”（has had）、“将会拥有”（will have）也是扩大权益范围的新修订。同时，新增加第 18(aa）节“对潜在表决权控制的地位”都指向未来权益。在第 11 节“权益份额”的定义中新增加（2a）节，“为了避免疑虑，第 11 节（2)(a）或（c）的权利包括按照说明、协议或者安排，不论这项安排是现在还是未来可实施的，也不管是按照条件能否全部履行”，“在确定这个人拥有的这项份额权益时，这一权益是否与特定的份额有关并不重要”，第 11 节（2)(b）和（c）的权利分别是指“不论这项安排是现在还是未来可实施，也不管是按照条件能否全部实现，此人根据信托拥有一项份额权益，按照他或她的指令可以转变为他自己的权益。”“依据期权有权取得一项权益或股权，而不论这项安排是现在还是未来可实施，也不管是按照条件能否全部履行。”除此以外，第 11 节(2)(a)新增修订将当事方意思自治的合同、安排也予以法律保护，纳入可能对公司控制权产生影响的范围内。

这些新增加的概念，也将会普遍适用于其他章节，即相关章节也进行了相应的修订，这样通过从时间期限的角度将“潜在表决权”“未来权益”提前计算，当事人意思自治达成的合同安排也予以法律确认的立法修订，扩大投资审查范围，使复杂交易工具适用统一法律，其结果是将潜在威胁国家安全的权益置于准入审查范围之内。

2）“重大权益”和“累积重大权益”

“重大权益”（substantial interests）和“累计重大权益”（accumulated substantial interests）是《外资并购法（1975）》外资并购审查的基础概念和核心标准。以这两术语为核心的“重大商业利益标准”是澳大利亚独有的标准，也是较“国家利益”更为具体的量化审查标准。

“重大权益”指当外国投资者（和任何投资合伙人）拥有 15% 所有权或数个外国投资者（或投资合伙人）合计拥有 40% 及以上公司、商业或信托的所有权，其中居民或非居民的获取不动产、信托资产均属于重大权益，必须强制申报接受审查。《外资并购法（1975）》中的澳大利亚城市土地（Australia urban land）指非农业用地。城市土地用地是借助农业用地来定义的，第5节定义部分对农业用地定义，澳大利亚农业用地（Australian rural land）是指位于澳大利亚完全并且排他性地用来从事初级作物生产活动的土地。与农业用地相对应的城市土地是在1989年《外资并购法（1975）》修正案中作为单独的一整节“第12节澳大利亚城市土地权益”纳入投资法律规制之中的，建立在城市土地基础上的概念还有“澳大利亚城市土地公司”“澳大利亚城市土地信托不动产”，与城市土地相关权益成为近来澳大利亚安全审查关注的重点，历次修订都更新货币限额作为强制申报的起点。以下土地权益不论交易额的大小都属于强制申报的事项：所有空置的非住宅用地；所有住宅地产（某些豁免权适用）；澳大利亚城市土地公司或信托地产的所有股份或单位；外国政府或其代理机构进行的所有直接投资。以下是数额规模之上的强制申报：开发金额在500万澳元及以上、列入遗迹目录的非住宅商业房地产；开发金额在5300万澳元及以上、未列入遗迹目录的非住宅商业房地产。

在《外资并购法（1975）》的一些章节也通过“重大权益标准”的运用，将更多更广泛的权益纳入重大利益累计的范围内。例如，第26节（2）中的拟获取澳大利亚公司的股份“shareholding”修改为重大权益“substantial interest”，修订后重大权益就不仅限于股份权益，还包括比如对一项商业安排能够施加影响的能力，这种能力构成的权益并非以股权方式表示，也不限于用比例份额来衡量。此外还有其他的立法修订，如第25节（4）将此人拥有的“期权”（an option）修订为“一项权利（包括依据期权拥有的一项权利）”（a right，including a right under an option），把当前日益增加的各种复杂的结构衍生金融工具，以及新型的融资方式包括在“权利”的范围内。

3）其他审查范围

审查范围还包括其他符合申报起点的并购。申报起点具体规定：外资并购澳大利亚公司的全部资产，或投资意向额（包括并购成本、公司发展等）超过1亿澳元；总投资1000万澳元及以上新建投资项目；在传媒5%及以上非直接投资，以及无论金额大小的直接投资；涉及澳大利亚子公司或其全部资产超过2亿澳元且占全球资产少于50%的海外并购；外国政府和其机构的直接投资，无论数额大小。

综上，不论是从时间角度将权益扩展到未来时刻，还是从权益影响的实质重大性角度将按比例衡量扩展到“重大权益”和“累计重大权益”，又从“股份份额表决权”转向“权益表决权”，这些法律修订都是在细化申报制度的审查标准，使《外资并购法（1975）》第26节的强制申报制度趋于完善。

5. 外国政府投资规定的完善

1）外国政府及其相关实体投资的界定

《外资并购法（1975）》将外国政府投资者明确规定为投资主体之一，为当前形势下进行特殊规制奠定了基础。

《外资并购法（1975）》将审查对象分为两类：外国人（普通常住非居民，外国公司或合伙投资者，外国政府投资者）以及在澳大利亚的商业活动。在《外资并购法（1975）》第17节对外国政府投资者定义如下：一个实体是外国政府投资者，如果（1）这个实体是（ⅰ）外国国家政治实体；（ⅱ）构成外国国家某部分的政治实体；（ⅲ）以上两者中实体的一部分；（2）被以上（1）提到的实体所控制的实体；（3）满足了《外资并购条例（1975）》规定条件的并被（ⅰ）拥有控制的实体。因外国政府投资者的影响力和运作方式不同于非政府投资者，所以《外资并购法（1975）》将这类主体独立于一般私人投资者列为专项进行了规定。

事实上，这类主体不是《外资并购法（1975）》在1975年首次立法时就规定的，而是在2004年修订时增加的第17F节“外国政府投资者”中规定的。起初外国政府投资者仍然是属于豁免的主体之一，2008年澳大利亚发布的外资政策不仅将这种豁免取消，还要求所有的外国政府及其相关实体的投资都要向外国投资委员会强制申报。

2）针对政府投资者的六大考察因素

《外资并购法（1975）》虽然规定外国投资者，但是对这类主体的审查标准仍然是模糊的。2009年2月澳大利亚颁行对外投资政策附录A《外国政府在澳大利亚投资的指导原则》，专门针对外国政府及其实体的投资制定了基于国家安全的考察标准。澳大利亚对外国政府及其相关机构的并购依然是以个案为基础进行考察，除了考虑股权规模标准和投资领域外，将以下6种考虑因素作为重点：①外国投资者的经营是否独立于相关的政府；②投资者是否符合法律，并遵从一般性商业行为准则；③是否可能妨害竞争或导致相关行业和领域不适当的集中或控制；④是否可能妨害澳大利亚政府的税收和其他政策；⑤是否可能妨害国家安全；⑥是否可能妨害澳大利亚商业运营和发展及其在经济社会中的作用。

此6项考查因素付诸实施后的影响是深远的，最直接的影响是来自其他国家的政府实体投资将被予以更高标准的审核。由于国有投资与一般私人投资相比具有的非透明化运作和非商业性的特征，所以澳大利益政府更关注并购计划商业性目标和公司治理，对市场竞争和社会、经济带来的公共利益的影响。从两年之后的2011年2月发布的外资政策“国家利益评测”来看，“国家利益评测”考察的5个方面，几乎与此处6点考查因素如出一辙，差异只在2011年“国家利益评测”将此处6点考查因素中第④项和第⑥项合并为“澳大利亚政府会考虑投资对整个经济的影响”。当前“国家利益评测”已经成为外国投资委员会审查外来投资的惯常考虑因素，不仅是针对外国政府及相关实体投资，而是“国家利益评测”的一般标准，从这一发展来看，澳大利亚从整体上提高了国家安全的审查标准。

3）对外国政府投资的缓和措施

对外国政府及其相关实体的投资，在六大考察因素之外澳大利亚政府又提出了一些灵活的考虑因素，当一项提请申报并购计划由于某些方面不能通过，有违澳大利亚国家利益的政治或者战略目标时，财长可以不做全盘否定，而是附条件地审核通过并购计划，这些所附条件就是缓和措施。

2011年2月修订的外资政策附录A对缓和措施做出了规定，这些因素可以为澳大利亚政府确定外国政府及其相关实体的投资是否损害到国家利益时提供更灵活的考虑，包括①投资所涉及的、现有的外部合伙人或股东；②非关联性所有权益的比例；③治理结构安排；④非商业交易中保护澳大利亚权益的现行安排；⑤目标企业是否在澳大利亚证券交易所或其他承认的证券交易所上市或保持上市。

缓和措施最初是外国投资委员会在对中国矿业并购审查时使用的，对中国矿业并购给予附加一定条件的审核。这样做的目的是澳大利亚政府希望建立和保持外国投资者的合作关系，在避免不适当地干预投资企业的公司治理结构的同时，能够使投资者承担一些社会责任。

从兖州煤业对FelixResource的投资获得附条件批准的实践①中可以看出这些缓和因素是在实践基础上的立法抽象，通过以市场为导向的商业运作机制来维护澳大利亚的“国家利益”，即决策服从股东的决定，投资及权益流动均取决于市场力量，而不是外界的政治战略等非商业因素。

6. 审查期限

无论何种审查《外资并购法》规定，对于外资投资项目，有30天法定时间决定期限。期限自收到完整的申报通知开始起算。《外资并购法》规定政府通过发布“临时命令”，可将法定审查时限延迟到90天。在这段时间，申请者提供补充信息，并解决项目存在的问题，以便于通过外资审查。财长授权委员会执行成员或其他高级职员对符合政策的外国投资项目和不涉及特别敏感的事项做出决定。94%的投资项目是通过这种授权方式决定的。

（四）争端解决机制

在澳大利亚各州或领地，若土地占有人或所有人与持有人对有关土地的赔偿协议发生争议，可将纠纷提交当地土地法院（Land Court）处理，法院秉承平衡双方利益、判决结果对双方均有效力且不会因所有权或占有人发生变化而有所改变的原则，解决有关赔偿数额等纠纷。

若矿产投资者或许可证持有人在矿产权利方面产生争议并协议提交仲裁的，应由争议双方共同指定的独任仲裁员根据国际投资争端解决中心（the International Centre for the Settlement of Investment Disputes）的规则或当事人选定的规则或程序进行仲裁。

如果当事人无法就独任仲裁员人选达成一致意见，则每方各选一名仲裁员，再由选出的仲裁员选出

---

①兖州煤业对FelixResource的投资，2009年10月获得附条件批准：（1）兖州通过一家澳大利亚公司经营其澳大利亚煤矿，总部及其管理团队要设在澳大利亚，首席执行官与首席财务需常驻澳大利亚；（2）并购后的公司至少有两名董事常驻澳大利亚，且其中一位为独立董事。这样有利于确保当地对矿产资源利益的控制。对于目标企业是否上市的情形，兖州煤矿对Felix Resource的投资于2009年10月获得附条件批准，即兖州煤矿的澳大利亚经营公司必须在2012年年底之前在澳大利亚证券交易所上市，届时兖州煤矿的持股比例降至70%，上市公司运营将遵守严格的信息披露以及透明度方面的要求，为控制外国政府及其相关实体在非商业性运作方面提供了监督机制。

一名仲裁员。

三、法律环境总结

从矿业境外投资而论，澳大利亚外向型的法律体系比较完善。澳大利亚原来只是英国一个流放罪犯的殖民地监狱，后来兴起了金矿产业和其他矿业。它十分重视与世界上其他国家在矿业的合作交流与资源互补。在第二次世界大战以前，它充分利用英联邦成员国的地位，迅速提升了自己的经济实力。大战以后，尤其是20世纪70年代以后，则更为积极主动与世界特别是亚洲太平洋地区的经济合作，并逐步确立和完善了这方面的法律体系。

比如，在投资法律方面，澳大利亚充分利用自己和英国的传统历史联系、所处亚太地区中心的地理位置、不断增强的经济实力、先进的服务行业、完善的金融市场、低廉的管理成本、比较集中的华侨资源、高质量的生活环境等特色，实施了一系列比较开放的、鼓励型的外资法律措施，如对能给澳大利亚带来重大经济利益的外资项目，澳大利亚外国投资委员会将协助提供资金扶持、税收减让和基础设施服务等法律帮助，以推动外资的进入；对进入澳大利亚的外资项目，法律规定财政部必须在30天之内做出是否批准的决定，如在此时间内申请人没有获得关于批准与否的通知，就视为该投资项目已经获得批准；为了引导外资进入矿业，澳大利亚对外资进入规定了特别的法律，如《1975年外国收购与接管法案》《1975年外国收购与接管条例》等，其中重点放宽了对无政府背景的外国直接投资的限制。

在澳大利亚的法制建设经验中，非常注重和平，关心社会福利，重视环境保护。澳大利亚人民崇尚民主，热爱和平，大战后积极参加了对日本战争罪犯的审判和一系列国际和平条约的签订工作。在宪法的第51条和第114条中，阐述了为了维护国际和平，将军事力量的使用严格限制在宪法控制范围内的宗旨。同时，澳大利亚是一个社会福利比较好的国家，在社会保障法律制度方面也创造了不少好的经验，形成了一个对各类需要社会救济的人员都有覆盖，而尤以经济上有困难的人群为重点对象的社会保障法律体系网。在环境保护法律方面，澳大利亚更是走在了全世界前列，并在法律中规定对破坏环境的勘探开采行为予以严惩。

在矿业方面，澳大利亚实行联邦和州/领地的分级管制，并将主要的管辖权力赋予各州/领地，各州或领地虽然对矿业权利的取得、矿业权利的分类以及环境保护方面具有细微的差别，但各州或领地的法律功效基本相似，并无过大区分，且都自成体系，比较完善，为外国投资者矿产权利的取得和行使提供了便利。

但是，矿业境外投资仍然面临着一定的风险：

（1）土地管理风险。境外基建项目进行土地征用困难，征地价格上涨，导致项目成本增加，使境外投资收益受损。澳大利亚没有强制征地的相关法律和政策，土地私人持有者索要征地价格较高，采矿前期及后续征地进度不能满足未来生产。

（2）诉讼风险。公司由于合同纠纷或者合作方起诉导致的诉讼赔偿及商业信誉受损的可能性。尤其在项目前期的尽职调查阶段，如果不能合理评估与项目有关的正在进行的或可能涉及的法律诉讼风险，很可能在项目推进过程中被卷入诉讼。

（3）税务风险。由于未能按照税法规定制定各项涉税业务会计事务的处理流程，或者由于完整地准备和保存涉税业务相关资料，导致企业税务事项的会计处理不符合税法规定。公司税务筹划能力较低，对税务筹划的主观重视程度不够，境外业务的纳税评估缺乏完备计划，同时缺乏税收筹划的境外管理风险，缺乏有效手段来合理减税，影响业务正常运行。

（4）合同管理风险。公司内部合同事务管理没有遵循内部有关制度或处理不当，导致公司利益损失的风险。境外业务合同条款未明确，引起合同纠纷，导致公司利益受损。对仲裁地及适用法律未作明确定义或存在歧义，发生合同纠纷时选择了不利的法律进行裁决，导致公司败诉并承担经济损失。

（5）政策和法律风险。因国家宏观经济政策和法律法规发生变化，而对企业生产经营产生重大影响的风险。境外业务所在国的政策法律出台及调整，影响境外业务正常运营及盈利，使境外业务成本增加，境外业务所在国环境保护法规和劳工政策会使境外业务受限，导致公司利益受损。

（6）来自东道国政府的审批风险。能源矿业产业涉及澳大利亚核心利益与国家安全，中国企业的大规模收购必然引起澳大利亚政府的警惕与担忧，促使其出台相应的限制性政策。2009年2月，澳大利亚政府要求外商投资必须“符合澳大利亚利益”，要求“投资透明，无政治背景”，这一模糊的政策为投资准入审批提供了极大的裁量自由度。同时，2009 年 2 月 17 日，澳政府又宣布外国政府及其代理人（包括国企）对澳大利亚投资，必须通过澳大利亚“外商投资委员会”（FIRB）的审核，并明确规定外资持股不得超过 15%。

相比之下，此类风险更应该得到我国投资者的重视，因为它是一切主要风险的根源。为了不给他国留下“政府过分介入”的话柄，东道国政府可以将这种风险转化为单纯的竞争风险。通过支持本国有实力的企业参与竞争，来达到制约外国投资者的目的，然而在这类有东道国政府幕后支持的投资竞争中，我国企业是很难取胜的。

（7）境外基建项目采购风险。由于境外基建项目采购渠道受限、物流运输难度大等因素，导致采购质量和及时性无法满足施工要求，使公司利益受损的风险。

（8）环境保护风险。由于环境污染原因导致企业承担的经济损失、赔偿责任或不良社会影响，进而影响企业信誉。

综上所述，虽然澳大利亚矿产投资法律体系健全，但同样规定了大量以振兴本国经济、保护国家经济安全为目的的限制性条款，故外国投资者在进行矿产投资时仍然要考虑到实际存在的风险，而这些风险也是部分外资企业转让或退出澳大利亚矿业投资项目的主要原因。

第四节　税　制　研　究

一、税制总论

（一）税收体制简介

澳大利亚的行政管理分联邦、州、地方三级政府。澳大利亚的税法属于联邦法，由联邦政府财政部负责执行，澳大利亚税务局（ATO）为征税机构。澳大利亚是一个实行分税制的国家，分为联邦税收和地方税收。联邦政府主要征收的税包括：个人所得税、公司所得税、商品与服务税、附加福利税、石油资源租赁费、销售税、福利保险税、关税、消费税等；州政府主要征收的税目有：工资税、印花税、金融机构税、土地税以及某些商业买卖的交易税等。

（二）整体税收环境

作为全球公认的高福利国家之一，澳大利亚毫无疑问地被划归高税负国家之列。据普华永道 2016 年全球 189 个主要经济体总体税负情况排名，澳大利亚税收负担排名第 53 位，整体税负为 47.6%，整个税务环境质量排名第 42 位。而据 2004 年的一项调查①，澳大利亚的税法冗长程度在全世界最发达的 20 个经济体中被评为第 3，仅次于美国和欧盟，其主要税种的税率如下（表 1－1－4）。

表 1－1－4　澳大利亚主要税种的税率表（税率更新至 2015 年 12 月 31 日）

税　种	税率/%	税　种	税率/%
企业所得税	30	专利、专有技术的特许权使用费	30
资本利得税	30		
分支机构税	30	分支机构汇出所得税	0
预提所得税		个人所得税	累进税率，最高 45
股息		商品及服务税	10
完税税股息	0	关税	按海关目录规定，大部分商品 5
未完税股息	30	工资税（PT）	4.75～6.85
利息	10	附加福利税（FBT）	49

① 数据来源：JCPPA2004 年报告。

截至2015年年底，澳大利亚已经与全世界40多个国家和地区签订了避免双重征税税收协定，并于1988年就与中国签署避免双重征税协议，并于1991年1月1日开始执行。根据澳大利亚与中国签订的税收双边协定，目前澳大利亚与中国大陆的股息预提所得税税率为15%，利息和特许权使用费预提所得税税率均为10%。但香港特别行政区至今未与澳大利亚政府签署避免双重征税协议。因此澳大利亚向香港居民企业征收的利息预提所得税税率为10%，股息和特许权使用费的预提所得税税率为30%（已完税股息的预提所得税税率为0）。

二、与煤炭开采行业相关的其他税费政策

与煤炭开采行业相关的其他税费政策主要有特许权使用费。

1. 特许权使用费简介

在澳大利亚开展采矿活动，需要向联邦政府、州政府缴纳一定的权利金，在税法上的专有名称为特许权使用费（Royalty）。目前其主要的特许权费主要有如下几种：

（1）固定费率的许可征税制度，按单位重量征税。

（2）从价费率的许可征税制度，按产值的一定比例征税。

（3）与利润挂钩的许可征税制度，也称资源税租金。

（4）混合许可征税制度，按固定从价制与利润挂钩制相结合的办法征税。

2. 煤炭特许权使用费的征税基数

特许权使用费的计税基数通常为反映某一征税期间所开采矿产的公允经济价值，通常变现为某一征税期间实现的销售收入扣除一定的可抵扣项目的金额。

特许权使用费的税基计算公式为

$$V = AR - AD$$

其中：

AR 通常为销售发票所标明的收入金额，但是对于未开具发票的存货价值则应该以反映该存货处理的现货价格，即期末存货的可变现净值计价。

对于出口煤炭，通常以FOB价格作为税基，即销售收入中的海外运保费可以被扣除，且装船与收款之间的时间差异实现的外汇损益也应该作为计税收入基数。

国内销售煤炭，包括正常销售收入以及其他任何从购货方取得的收入补偿或补贴。

AD 为允许扣除的所有费用，主要包括：

选矿成本（Beneficiation），对于全流程的选矿成本给予3.5澳元/t的扣除标准，如果只是进行破碎和筛选环节处理，则扣除标准为0.5澳元/t，如果只是单纯简单洗选，则扣除标准为2澳元/t。

相关税费（Levies），包括煤炭研究费（Coal Research Levy）、煤矿沉陷费（Mine Subsidence Levy）、矿业救援基金费（Mines Rescue Levy）、联邦长期服务休假费（Commonwealth Levy for Long Service Leave）。

保险费（Insurance），对于出口业务，若相关销售收入中包含了出口信用保险、国外保险费用和国际运输费用，则相关支出能够从收入中进行抵扣。

其他，包括销售回款过程中发生的坏账，以及开具银行信用证过程中发生的银行手续费佣金。

3. 煤炭行业特许权使用费的税率

1）澳大利亚煤炭的特许权使用费的基本税率

（1）2.5% ~7.5%的从价税。

（2）最高为18%的利润税。

（3）固定税率0.04 ~2.34澳元/t。

2）部分煤炭资源丰富的地区特许权使用费税率

昆州自2012年10月1日开始实施的特许权使用费税率见表1－1－5。

表1－1－5 昆州的特许权使用费税率

煤炭售价（AUD）	税率/%	速算扣除数
0 ~ 100	7	0
100 ~ 150	12.50	5.5
150以上	15	9.25

新州的特许权使用费税率自2009年以来未发生变化：

（1）露天开采煤炭的税率为 8.2%。

（2）地下开采煤矿的税率为 7.2%。

（3）地下深开采煤矿的税率为 6.2%。

三、税制总结

澳大利亚税负较高，但征税环境较好，是一个典型的高福利、高税收国家。据普华永道和世界银行共同合作最新发布的 2016 年全球 189 个主要经济体总体税负情况排名报告（以下简称世行排名报告），税负从高到低澳大利亚排名第 53 位，整体税负为 47.6%，在本次富煤国家中按税负排名第 3 高。但由于政府法规清晰且时常更新和公开解释、税收腐败较少，征税环境较好，因此纳税人的税收遵从成本较低，在上述世行排名报告里涉及本报告 13 个国家中排名第 1 位。也正因为如此，各国际会计事务所均认为澳大利亚整体税务环境较优，澳大利亚也因此对国际资本具有较好的吸引力。

第五节 环 评 体 系

澳大利亚是世界上最早出台环境保护法律的国家之一，目前已经建立了十分完善的生态环境保护和建设的法律法规体系。澳大利亚环保法律法规的突出特点是重视预防，因此在澳大利亚开展矿业项目，首先要进行环境影响评价。

澳大利亚主管环境保护的部门是环境与水资源部，负责环境保护和生物多样性保护，空气质量、水资源管理，可再生能源项目及能源效益管理，自然和建造遗产保护等。澳大利亚在联邦层面的环境保护立法有 50 多个，其中于 2000 年 7 月生效的《环境保护和生物多样性保护法案（1999）》是澳大利亚政府最核心的环保法律。

由于澳大利亚是联邦制国家，各州的环境保护主管部门的机构设置和职能不同，特别是澳洲矿业资源开发与管理主要由州政府负责，因此澳大利亚不同州和地区对其区域内矿产开发的环境许可证审批流程及相关法律有所不同。本节将主要介绍澳大利亚煤炭资源十分丰富的昆州和新州的有关环境影响评价体系。

一、昆州环境影响评价体系

（一）矿业项目开发的环境监管机构及相关法律

1. 环境监管机构

昆州的环境监管机构包括：①昆士兰政府环境与遗产保护部；②澳大利亚可持续发展、环境、水、人口及社区部（SEWPaC）；③昆士兰矿山能源部；④昆士兰环境保护局；⑤昆州环境资源管理部。

2. 环境相关法律及法规

昆州执行的与环境保护相关的法律及法规有：《采矿法》《环境与生物多样性保护法案 1999》《土著文化遗产保护法 2003》《昆州矿产资源法案 1989》《昆州环境保护法案 1994》《环境保护法规 2008》《自然保护法 1992》《昆州战略性耕地法案 2011》，以及其他有关法律，包括：《昆州开发及公共工程组织法案 1971》《煤矿安全与健康法案 1999》《煤矿安全与健康法规 2001》《矿产资源法规 2003》《昆州合并及矿产资源法案 1989》等。

（二）环境许可证审批

1. 环境许可证审批流程

昆州矿业开采项目环境许可证审批包括以下的主要步骤（图 1－1－3）：

（1）项目方向昆州总协调员（Queensland Coordinator of General）提交初步建议声明（Initial Advice Statement），内容包括提供建议的规模，潜在的影响等内容；审核需要 1～2 个月完成。

（2）总协调员根据相关法律确定该项目是否被定义为昆州“重大项目”，是否需要做环境影响评价工作；审核需要 1 个月左右完成；（如果需要，昆州政府向澳大利亚政府相关部门提交项目初步建议声明，等待联邦政府审查该初步建议声明）。

（3）若矿业项目被定级为第一级项目（Level1）则只需要做环境管理计划（EMP）不需要做环境

影响评价（EIS）的相关工作。

（4）若项目被定级为昆州重大项目即第二级项目（Level2），则需要根据《环境与生物多样性保护法案 1999》确认项目是否被确定为控制行为。

（5）职权范围初稿由总协调员提出并提交。

（6）若涉及公众意见，则需准备职权范围最终稿。

（7）项目方按照职权范围的要求进行环境影响评价的相关工作，以及准备环境影响评价报告（9～15 个月）。

（8）项目方提交环境影响评价报告并进行公示，进入政府和公共评审期；评审期多为 1～3 个月。

（9）根据评审期提交的意见书，矿业企业需准备环境影响评价报告的补充材料（2～4 个月）。

（10）总协调员（CoG）将会评审此项目不确定的因素及遗漏，同时准备对该环境影响评价报告的评估报告；审核需要 2～3 个月完成。

（11）澳洲政府和昆士兰州政府的最后审批审核，需要 2～3 个月完成。

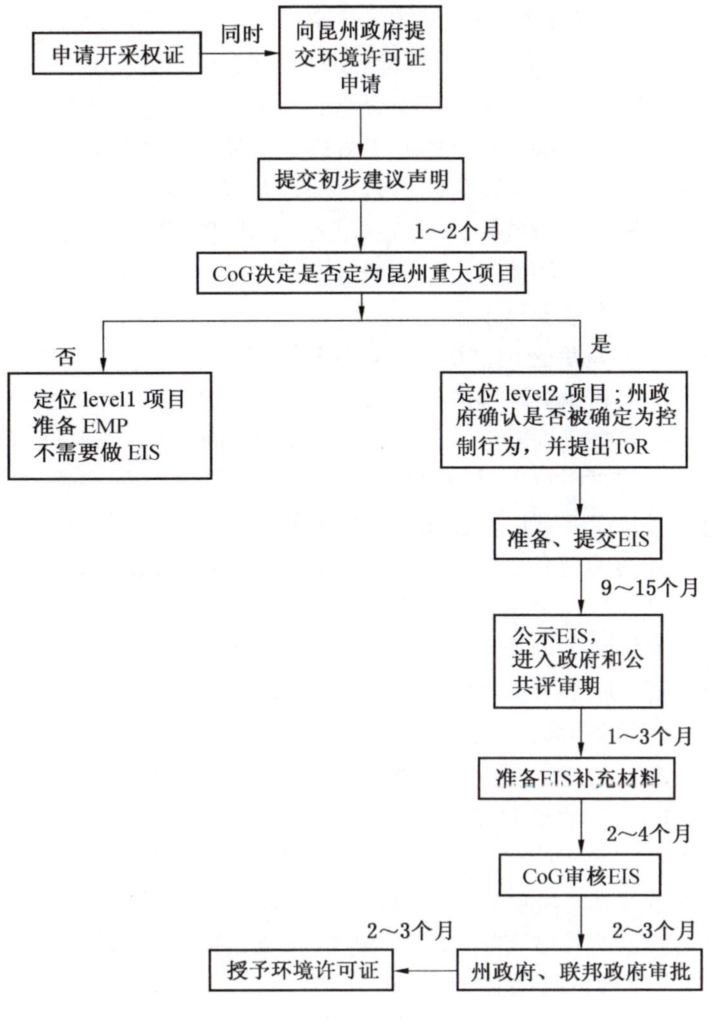

图 1－1－3 昆州环境许可证审批流程图

2. Level 1 环境管理计划（EMP）

环境管理计划作为 Level1 矿业开采项目环境许可证的申请条件，需要与开采权证申请同时提交。该环境管理计划的主要依据是《昆州环境保护法规 2008》及《昆州环境保护法案 1994》，主要目的是指出区域内的矿业开采活动对其区域内环境所造成的负面影响，同时阐述企业将通过怎样的管理及行动措施将此影响降到最低，并采取相应的监控和补救措施。在申请评估阶段，该环境管理计划将被相关政府部门进行评估，若该计划被审批通过，政府将颁布相应的环境许可证；若计划存在问题，企业需要进行补充及修改，重新提交，进入第二次审批流程，直至合格后授予环境许可证。在审核通过前，企业不得在区域内进行任何开采及其他相关矿业活动。

3. Level 2 环境影响评价（EIS）

若项目被政府认定为 level2 矿业开采项目，并认定为昆州重点项目，环境影响评价报告则成为申请开采权证及环境许可证的必要条件和主要依据。环境影响评价编写的主要依据包括：《昆州环境保护法案 1994》《环境保护法规 2008》《环境与生物多样性保护法案 1999》及《土著文化遗产保护法 2003》。环境影响评价的主要目的是确定开发区域环境价值，以及区域内的勘探及开采活动可能对周围环境造成的负面影响。同时，尽可能提出计划方案，采取必要的监控和补救措施来将不利影响降到最低。环境影响评价需要确定区域内的潜在危害活动及危害程度，确定控制因子、环境保护目的、方法及标准。根据相关法律要求，一份合格的环境影响评价需要包括环境、经济、安全、社会影响分析，以及复垦、空气、噪声、地下水污染、土壤污染及相应的矿山生态治理与恢复措施。另外，矿业企业均要依法编制矿山环境保护和关闭规划，将环境保护和生态恢复放在重要位置。

4. 年度项目运营计划报告

根据昆州相关法律规定，矿业企业在环境管理方面必须遵守以下 7 项原则：①对于所有开展的活动承担环境责任；②与社区的保持密切的关系；③将环境管理综合到工作方式中；④最大限度地减少各种活动的环境影响；⑤鼓励对产品开展有责任的生产和使用；⑥继续改善环境工作；⑦就环境工作进行交流。同时，法律规定了矿业企业的一项基本义务是编写年度项目经营计划报告，在该报告中进行年度工作的回顾，并根据规范的原则对进展情况进行评价。同时要有一名审计员对调查结果进行核实。该报告需要包括本年度内矿区的运营情况，开采活动，对环境（包括空气、水、噪声、震动、废物、土地管理、光污染）、经济、安全、社会、土著遗产等各方面的影响，以及做出的相应管理措施，还要包括环境保偿金缴纳的情况，环境修复计划，以及下一年度的工作、财务计划等内容。具体要求会在颁布的环境许可证附录上显示。

5. 闭坑后土地复垦及环境修复要求

澳大利亚对环境的保护力度很大，从办理许可阶段直至采矿活动终结矿山闭坑，均有严格的法律限制。矿业企业均要依法编制矿山环境保护和关闭规划，将环境保护和生态恢复放在重要位置。因此在闭坑前，需要撰写详尽的“闭坑计划”，并在该计划中详细说明矿业企业将要采用什么样的生态恢复措施、将其恢复到何种程度、闭坑后的监测阶段使用的技术手段及要达到的标准等级等。澳大利亚还设立了“矿山关闭基金”，资金主要来源于矿山企业的上缴，用于矿山关闭后的生态恢复、设施拆除、产业转型等目的。澳大利亚政府对于矿区生态环境治理验收的基本标准有 3 条：复绿后地形地貌整体的科学性；生物的数量和生物的多样性；废石堆场形态和自然景观接近，坡度应有弯曲接近自然。对私有土地的复垦，应基本达到农场主原有协议的要求。

（三）环境影响评价

澳大利亚矿业项目环境影响评价报告主要包括以下内容。

1. 非技术性总结

非技术性总结是对项目整体情况以及相关信息的简要总结，目的是使所有读者迅速而深入地了解申请项目及其环境影响。其综述应包括拟议中的矿产活动的目标、现有的或拟议的设施及活动、全部矿业开发活动的具体实施方案、环境评估确定的问题和结论等。

2. 申请项目的描述

该描述应包括该项目建设的历史背景和现状以及任何初步规划或前期的工作。同时需要包括关于矿区关闭以后的活动描述。描述还应包括：①目的、地点、时间和强度，该活动需要的能源及公共设施；②所提出的活动可能造成的环境影响；③申请的新项目与以前的一些项目的相关关系，或未来能预测到的情况。

对于以上内容的描述，需要提出以下细节：①描述活动的位置和地理区域（包括访问路线和任何地图指示）；②施工要求（如技术、类型和来源的材料包括水、交通、燃料储存）；③运输的要求（例如，车辆的类型和数量）；④安装相关的土方工程，包括布局、面积、体积、重量或其他适当的措施；⑤施工阶段的输入（如能源、交通、人员和住宿）和输出（例如排放、废物和噪声）；⑥运行阶段的输入（例如能源、运输和人员）和输出（例如排放、废物和噪声）；⑦活动的时间（包括日历日期范围、总的持续时间以及周期的季节活动的操作）；⑧处置产生的废物计划；⑨任何未来的矿产项目占地的发展或设施、活动进一步扩大的计划。

3. 环境现状描述

描述拟将进行的项目开始前的状态。可以采用图、表、照片和其他视觉媒体来反映。描述应包括：①物理特性（如地形、地质、地貌、土壤、水文、气象和冰条件），生物特性（如植物和动物物种种群和群落、繁殖存在的其他重要特征）。此外描述任何依赖这里生存的相关群体（如鸟筑巢区、饲养区等）。②现有环境过程（例如海冰循环、生态系统动力学、浮游植物生产和分解）。同时需要描述重要的时空特征。③现有和拟议的土地使用、配套设施、工程服务以及资源使用的约束性。④特殊科学、美学、文化、历史、娱乐或其他价值的地区。⑤预测如果拟议中的活动不存在这个区域未来环境的状态。

4. 预测环境影响用到的数据和方法

用于评估过程中的方法、策略、技术和程序，以及数据或信息的类型（如：定性、定量、经验或传闻）需要充分披露。这样的披露促使评估过程更加严谨和客观，将为今后可能有必要的任何重新评估提供依据。

应确定已被纳入评估过程的任何明确的不完整或不确定性的存在。定量模型的使用，明确基于的假设以及信息的存在。通过专家经验判断实际情况与不确定性存在的差距。使用这样的判断和经验，必须明确在评估文件披露。应该引用环境评价过程中依据的信息来源。

5. 预测环境影响分析

在地方和区域层面预期该申请矿产项目的环境和社会经济影响的性质及其程度、持续时间、强度和概率。

对环境的影响应考虑工程的建设和运营阶段，应包括：气候情况概述、土地、水环境、大气环境、自然保护、噪声与振动、文化遗产、交通运输、废弃物、社会、经济、健康与安全、危险物与风险影响评价以及叠加影响评价等。

对环境的影响分析应包括直接效应、间接效应和累积效应的活性和任何相关的设施。分析应使用最先进的方法，并采用从以往的研究结果与监测总结出的相应的专业知识、经验、经验证据。在评估过程中发现的合理的预期矿产活动将导致的不可避免的环境影响，必须在环境文件中指出。

6. 替代方案

提出申请的矿产活动的替代方案，并阐述活动的影响分析，供决策者比较所有的替代品，包括建议的活动。替代方案选择包括不同位置使用，使用不同的技术，利用现有的设施和活动，不同的时间等。

7. 削减措施

相应的措施应考虑尽可能减少或减轻对环境的不利影响（例如，调整了活动时间避开受影响的生物种群的生态过程，敏感时期实施的侵蚀和/或污染控制措施，矿区的康复计划；发展和污染如燃料或流出的物质意外溢漏应急计划）。这些措施的有效性应通过适当的监控程序验证，并遵守有关法规和标准。

8. 监测影响

对主要的环境影响进行监测、评估和验证评估的相应活动。检测程序的设计应定期记录可核实的活动影响。此外，监测活动应当设计以下内容，以便能够履行下列决策的需求：①提供基点数据；②协助任何缓解措施的有效性进行评估；③促进预警活动的不利影响；④在适当情况下，就需要提供信息的活动中止、取消或修改。

监测活动应计划有关预期影响活动的持续时间和强度。监测应该是科学合理的，包括质量控制和质量保证的测量。评估文件应说明，如果监测到不可预见的环境退化，则立刻采取修改行动。

9. 应急反应措施

10. 结论

结论应包括所有相关评估文件内包含或引用的全部信息的评价。应明确披露识别的环境问题。评估应包括在不同的环境受影响的组件和科学计划的影响和比较。特别是对自然环境的重大负面影响的可接受性，应评估其有利影响，如直接的科学目标或科学支持活动。可构建图表，展示前面的章节描述的评估优势和影响的各种元素。

11. 联系名称和地址

12. 外部咨询提出的意见和建议及应答

参考文献

二、新州环境影响评价体系

（一）矿业项目开发的环境监管机构及相关环境法律

1. 环境监管机构

新州的环境监管机构有：澳大利亚环境与遗产部（Department of Environmental and Heritage Protection）、澳大利亚可持续发展、环境、水、人口及社区部［Australian Government Department of Sustainability, Environment, Water, Population and Communities（SEWPaC）］、新州规划与基础设施部［NSW Department of Planning and Infrastructure（DP&I）］。

2. 与环境相关的法律及法规

新州执行的与环境相关法律及法规包括：《采矿法》《环境与生物多样性保护法案 1999》《矿业法 1992》《环境规划与评价法案 1979》《环境运营保护法案 1997》《环境信托法 1998》《环境规划和评价修订草案 2008》《影响环境有害化学品法 1985》《道路法 1993》《水管理法案 2000》《水资源法案 1912》《水管理（常规）法规 2011》《水坝安全法案 1978》《煤炭开采健康与安全法案》《濒临灭绝物种保护法案 1995》《国家公园及野生动物法案 1974》《遗产法案 1977》《工作健康与安全法规 2011》《新州环境计划政策》，以及有关战略农用地的相关政策与法规，包括：①战略区域用地计划；②蓄水层干扰政策；③Namoi 集水区行动计划；④Namoi CMA 采掘垦殖工业政策 2012；⑤Namoi CMA 生物多样性补偿政策 2011。

（二）环境许可证审批流程

新州的环境许可证审批流程与昆州基本一致，最主要的区别是评审机构有所不同（图 1－1－4）。

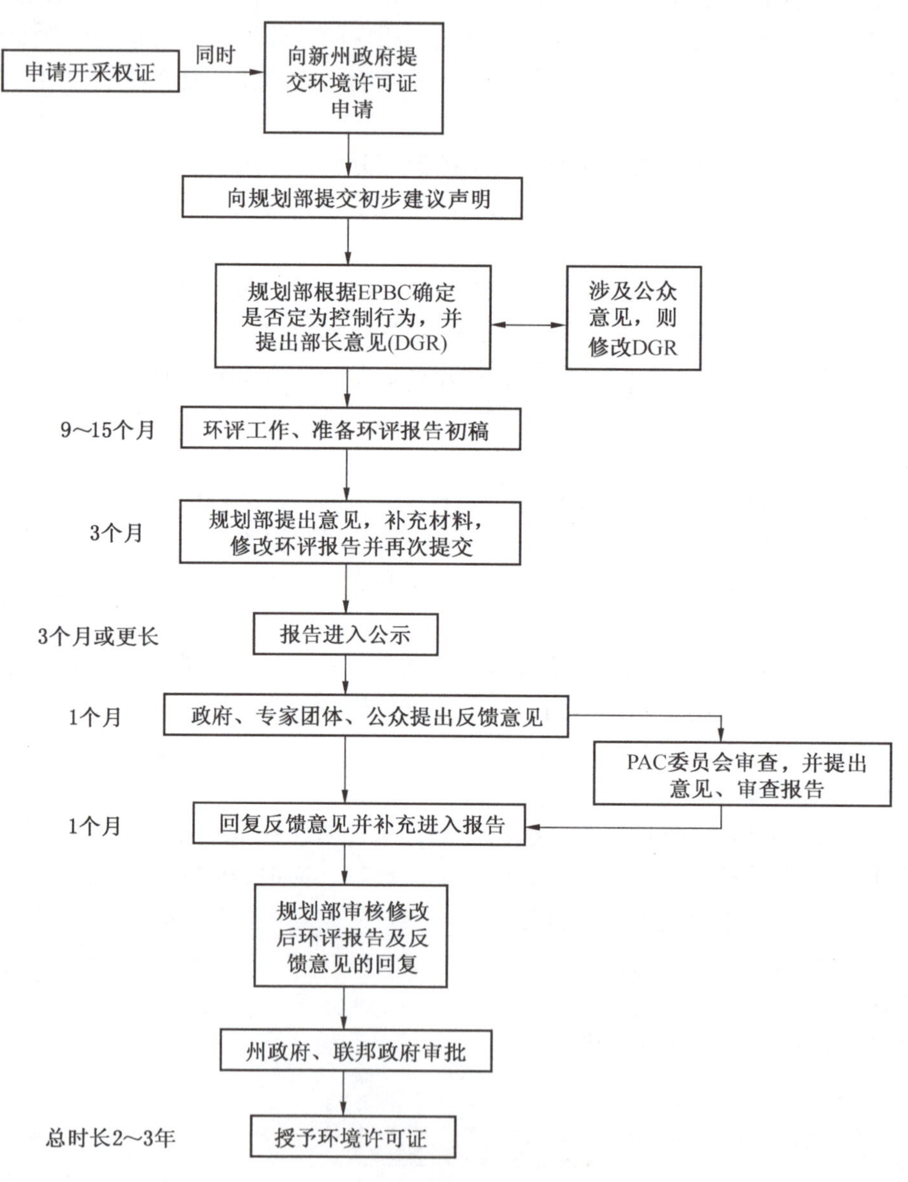

图 1－1－4 新州环境许可证审批流程图

（1）项目方向新州规划与基础设施部（DP&I））提交初步建议声明（Initial Advice Statement），内容包括提供建议的规模，潜在的影响等内容。

（2）如果需要，新州政府向澳大利亚政府相关部门提交项目初步建议声明。

（3）根据 EPBC 确认项目是否被确定为控制行为。

（4）规划部将提出 EIS 的指导原则，即部长要求［Director General Request（DGR）］。

（5）若涉及公众意见，则需准备 DGR 最终稿。

（6）项目方按照职权范围的要求进行环境影响评价的相关工作，以及准备环境影响评价报告；工作时间为 9～15 个月。

（7）项目方提交环境影响评价报告初稿；规划部提出规定及意见；审核期约为 3 个月。

（8）项目方根据规划部意见补充材料，并再次提交环评报告；审核期约为 1 个月。

（9）规划部确认后，环评开始公示，进入政府和公共评审期；公示期约为 3 个月或更长。

（10）评审期结束后，政府、专家团体及公众提出反馈意见（EIS Submission）；提交反馈意见时间约为 1 个月。

（11）若需要，规划部可组成 PAC 专家组，将项目移交 PAC 审查，进行公开审查，PAC 委员会将提出审查报告；项目方须回复报告中的反馈意见。

（12）项目方准备针对反馈意见回复建议（Response of Submissions）；回复时间约为 1 个月。

（13）若有其他遗留问题，则由规划部统一提出，项目方也须回复这些遗留问题。

（14）项目方准备环境影响评价报告的补充材料，回复全部反馈意见直至公众满意为止，若就某些问题无法与公众、政府、专家团体达成共识，则需要由环境法庭介入协调解决。

（15）若规划部认为有必要，则有可能进行第二次 PAC 审查会。

（16）规划部将会评审此项目不确定的因素及遗漏，同时准备对该环境影响评价报告的评估报告。

（17）若规划部认为有必要，则需要门槛委员会（Gateway Panel Advice）审查并提出意见。

（18）规划部审核委员会评审意见，并起草环境许可批复文件（有可能包括约束条件）。

（19）新南威尔士政府给出审批结果，送到澳大利亚政府 SEWPaC 进行最后审查，若批准，则将由 SEWPaC 颁发有条件的环境许可证。

环境许可证总申请时长大约 2～3 年。

（三）环境影响评价报告

新州环境影响评价报告的撰写规则主要依据：《环境规划与评价法案 1979》《环境信托法 1998》《环境与生物多样性保护法案 1999》《环境规划和评价修订草案 2008》《影响环境有害化学品法 1985》及《环境运营保护法案 1997》。其他撰写要求与昆州相同。

环境影响评价报告内容详见环评体系总结部分。

三、环评体系总结

澳大利亚作为发达国家，政治体制成熟，宏观经济运行稳定，财政收支保持良好。同时，该国法律体系健全，金融体系完备，政府欢迎并鼓励外国投资，对国外投资者具有很大吸引力，市场环境良好。澳大利亚矿产资源丰富，品位高且易于开采，是世界十大矿产国之一。其煤炭资源储量丰富、煤质好，在开发上具有先天优势。澳大利亚的环境保护工作一直处于国际领先水平，对环境要求也非常严格。澳大利亚环境影响评价体系的特点包括：①政局稳定度高，管理审批部门众多，各区域、省级审批后，需要递交联邦部门再次审批；②环境相关法律法规完善程度高，法律体系相对复杂，包含省级和联邦多项法律；③环评审批全过程要求公众参与，公众参与度极高；④环境许可审批严格、时间跨度长，总时长需要 2～3 年；⑤环境恢复保证金缴纳额度高；⑥矿区恢复后的生态环境恢复验收标准较高。

在澳大利亚投资矿业由联邦政府和州政府共同管理，因此主要的监管法律也包括联邦法律和相关州级环保法律两部分。联邦法律主要包括：环境与生物多样性保护法案 1999、土著文化遗产保护法 2003、自然保护法 1992、环境运营保护法案 1997、环境规划和评价修订草案 2008 等。各州环境法律法规均有所区别，如昆州环境法律主要包括昆州矿产资源法案 1989、昆州环境保护法案 1994，而新州的主要约束法律则是战略区域用地计划、环境规划与评价法案 1979 等。

澳大利亚环境许可证审批程序由各州主要负责，大致流程相似，略有不同。主要程序包括：提交项目申请；环境部门确定初步建议声明；部长提出职权范围或要求；开始进行环境影响评价工作并准备环评报告；报告提交后经过环境部门确认后进入公示期；公示期间由包括专家、政府、媒体及公众共同审查环评报告，并提出反馈意见；项目方针对反馈意见进行环评报告材料补充；补充后再次提交州环保部门；最后送到联邦政府SEWPaC进行最终审查。需要注意的是，环评审批全过程要求公众参与，公众有权对他们认为不合适或反对的任何活动提出质疑和疑问，项目方均需要反馈，并使公众得到满意的答复。若无法得到公众认可，则需要环境法庭介入。另外，审批过程中，若州政府认为需要进行额外的专家委员会，如：PAC、门槛委员会等进行审查和公开听证会，审批时间有可能会被延长。

环境影响评价报告的内容各州要求大致相同，主要包括以下内容：非技术性总结、申请项目的描述、环境现状描述、预测环境影响用到的数据和方法、预测环境影响分析、替代方案、削减措施、监测影响、应急反应措施、结论。该报告需要联邦政府和地方政府的共同审批，联邦政府方面主要审批部门包括环境与遗产部，可持续发展、环境、水、人口及社区部。地方政府略有不同，以昆州为例，主管部门是环境保护局、环境资源管理部和矿山能源部。澳大利亚的矿业环境影响评价约束法律法规较为全面和系统，联邦层面主要是《环境和生物多样性保护法（1999）》，昆州主要是《环境保护法案》和《环境保护法规2008》。

近些年来，由于公众对于开展矿业项目的反对，以及澳大利亚政局的变化，澳大利亚矿业大省新州和昆州对在该区域开展矿业活动的环保要求日益严格。新增绿地项目及扩建棕地项目的环境许可证审批流程时间长、环境影响评价报告要求高、公示期的延长，都体现了澳大利亚政府对于环境的重视程度与日俱增。针对矿业与农业的可持续性共同发展问题，2011年，昆州政府于制定了《2011年昆州战略性耕地法案》，此后煤炭或煤层气开发项目一般很难获得政府对其在保护区域内开发的核准。新州也出台了一系列有关禁止在战略农用地开展矿业活动的法律法规。

总体来说，澳大利亚作为资源大国、发达国家，政府和民众对矿山环境的保护工作非常重视，环境保护工作起步相对较早，环保法律法规体系都非常完善，管理机构也非常健全，各项要求都很严格，更加注重公众的参与和矿产开发后的生态恢复。

四、环境保护成本分析

矿业投资环境是指在矿业领域开发投资中面对的各种周围情况和条件的总和，一般是按照影响的要素分类分析。主要因素包括：目标国自然资源、政治环境、经济环境、法律体系、财税体系、环境保护成本等。本研究主要探讨环境保护成本因素对境外投资矿业尤其是煤炭业的主要影响。

在本研究中，主要通过5个方面对目标国家的环境保护成本进行定性分析。分析后给出“高、中、低”3种评估结论，以环境许可证审批一般办理时限为例，“高”表示目标国家环境许可证审批一般办理时限相对于其他国家较长，反之则判定为“低”，当目标国家环境许可证审批一般办理时限介于“高”和“低”之间，结论偏中性，无法给出“高”或“低”的单方面结论时，则评估结果为“中”。

评估目标国家环境保护成本的5个因素依次为目标国家环境法律体系完善程度、环境许可证审批程序复杂程度、环境许可证审批一般办理时限、公众参与程度及环境保护敏感度、矿区复垦及环境保护保证金收取要求。

1. 环境法律体系完善程度

作为南太平洋地区的发达国家，澳大利亚拥有极为丰富的自然、矿产资源，其能源和矿产品不仅能满足澳大利亚国内市场需求，更大量出口亚太市场。澳大利亚完整继承了西方司法体系，法制健全，完善程度高。具体在环境保护领域，澳大利亚的环境保护工作起步很早，其环境法律体系非常完善，除联邦政府制定联邦法律对各州环境保护进行统一管理外，各州，尤其是资源丰富的州都制定了配套的、自成体系的环境法律规范各州的环境保护工作。

近些年，由于澳大利亚农业与能源行业的冲突越发明显，该国公众尤其是农民对开产矿业项目持反对态度；与此同时，矿业开发也遭到环保组织、反煤组织的强烈抗议，澳大利亚针对农业与能源行业的可持续性发展问题，先后出台了多项环境法律制约矿业发展，包括碳税、战略性耕地法案等，使澳大利亚的环境法律更加严格。

综上所述，对澳大利亚环境法律体系完善程度评定为“高”。

2. 环境许可证审批程序复杂程度

由于澳大利亚政府长久以来一直对自然资源非常重视，对环境保护的重视程度也属于世界前列水平。澳大利亚属联邦制国家，对于环境许可证审批程序由各州主要负责，大致流程相似，经各州政府审批通过后，再交由联邦政府进行第二次审批。相对于其他国家，澳大利亚的环境许可证审批程序相对复杂，除提交申请、项目分级、编写职权范围、开展环境影响评价工作、撰写并提交环评报告、环评报告进行初审、修改、公示、补充材料、再次审查等常规审批流程，澳大利亚还要求由独立环境专家成立审查委员会，如：PAC 委员会、门槛委员会等对环评报告进行独立的审查，此类审查结果也会直接影响政府是否批准环境许可证。

综上所述，对澳大利亚环境许可证审批程序复杂程度评定为“高”。

3. 环境许可证审批一般办理时限

由于澳大利亚属联邦制国家，对于环境许可证审批程序由各州主要负责，经各州政府审批通过后，再交由联邦政府进行第二次审批，因此造成澳大利亚环境许可证审批一般办理时限相对较长。同时，澳大利亚的环境许可证审批程序也相对复杂，其中的一些审批环节时间难以掌控，如：专家委员会的组建和独立评审、环评公示环节、公开听证会、公开收集对环评报告的意见等，这些因素都会导致环境许可证审批时间变长。一般情况下，环境许可证审批办理时限长达 2 ~ 3 年，近几年有延长的趋势。

综上所述，对澳大利亚环境许可证审批一般办理时限评定为“高”。

4. 公众参与程度及环境保护敏感度

澳大利亚政府要求矿业企业需在公司网站或通过其他媒体途径向公众公开其在环境许可证审批中的一切行为、工作内容及工作报告。同时，在环境许可证审批流程中，也对环评报告公示期做出了具体、明确的要求，一般约在 3 个月或以上。在此期间，任何人包括：普通公民、环境专家、环保组织、环评机构、政府机构等，均可对环评报告提出质疑或者疑问，并通过书面的形式提交给政府相关管理部门，并由此部门转交给矿业企业。环境法规定矿业企业需要对所有提交的疑问或质疑做出令提出者满意的答复，否则无法通过环境许可证的相关审批。

由于澳大利亚是传统农业大国,环境与自然条件的好坏直接影响着农业的发展和人民的切身利益,因此公众对环境保护工作极为重视,环境保护敏感度高。近几年存在不少因环保问题遭到公众反对,最终导致矿业项目环境许可证审批时间延长、环境保护时间、金钱成本增加，甚至流产或被政府叫停的案例。

综上所述，对澳大利亚公众参与程度及环境保护敏感度评定为“高”。

5. 矿区复垦及环境保护保证金收取要求

在澳大利亚环境法中，对闭坑后，矿区的生态环境需要恢复到何种程度有明确具体的规定，也对环境恢复保证金缴纳有明文规定。在项目开发前期，即环境影响评价工作时，矿业企业需在环评报告中描述闭坑后的相关环境保护工作，并在申请环境许可证时向政府缴纳环境恢复保证金。相对于其他国家，澳大利亚矿区恢复后的生态环境恢复验收标准较高、环境恢复保证金缴纳额度高。

综上所述，对澳大利亚矿区复垦及环境保护保证金收取要求评定为“高”。

6. 综合评定

上述定性分析结果显示，评估澳大利亚环境保护成本的 5 个因素：国家环境法律体系完善程度、环境许可证审批程序复杂程度、环境许可证审批一般办理时限、公众参与程度及环境保护敏感度、矿区复垦及环境保护保证金收取要求均评定为“高”。因此，可以将澳大利亚评定为环境保护高成本国家。

第六节　基　础　设　施

一、交通运输

澳大利亚的交通运输十分发达，有力地支持着国民经济的发展。在澳大利亚，公路运输的头等重要地位始终不可动摇，先进的铁路网连接着乡村到主要大城市的中心，而矿区铁路能将产品运送到港口以便出口。全澳洲有数百个机场通往世界和国内各地。

（一）机场和航空运输

维基网站（Wikipedia）2016 年 6 月 19 日的资料显示，全澳洲共有 648 个拥有执照的、各种类型和不同规模的机场，其中昆州 213 个、新州 80 个、维多利亚州 44 个、西澳 125 个、南澳 57 个、塔州 14 个、北领地 84 个，其他还有海外领地 5 个（包括南极 1 个）、皇家空军 16 个、陆军航空兵 7 个、海军航空兵 3 个。而据 CIA World Factbook 2015 的资料，2013 年全澳大利亚 480 条飞机跑道的大多数为铺设硬面的跑道（表 1－1－6）。

表 1－1－6 澳洲机场及跑道

跑道长度		硬跑道	软跑道	跑道长度		硬跑道	软跑道
m	ft			m	ft		
>3047	>10000	11	—	914～1523	3000～5000	155	101
2438～3047	8000～10000	14	—	<914	<3000	14	14
1524～2437	5000～8000	155	16	合计		349	131

澳大利亚主要航空公司有：Qantas、Jetstar、Virgin Australia、Tiger Airways Australia。

澳大利亚业务量最大的 11 个机场依次为：悉尼（Sydney）机场、墨尔本（Melbourne）机场、布里斯班（Brisbane）机场、珀斯（Perth）机场、阿德莱德（Adelaide）机场、黄金海岸（Gold Coast）机场、凯恩斯（Cairns）机场、堪培拉（Canberra）国际机场、霍巴特（Hobart）国际机场、北领地的达尔文（Darwin）国际机场、昆州北部的汤斯维尔（Townsville）国际机场。

2014—2015 财年，澳大利亚航空业的产值为 80.73 亿澳元，比 2013—2014 财年（63.47 亿澳元）增长了 27%（澳大利亚统计局，2016 年 7 月）。

（二）铁路

2014 年，澳大利亚铁路网总长 36967.5 km，其中 3727 km 为轨距 1.600 m 的宽轨铁路（372 km 电力驱动）；18727 km 是轨距 1.435 m 的标准铁路（650 km 电力驱动），14513.5 km 的轨距为 1.067 m 的窄轨铁路（2075.5 km 电力驱动）。电力驱动采用国际通用标准 25kV 交流电。2014—2015 财年，澳大利亚铁路运输的产值为 64.93 亿澳元，比 2013—2014 财年（62.45 亿澳元）增长了 3.97%（澳大利亚统计局，2016 年 7 月）。

除了很少数量的私有铁路，澳大利亚铁路系统的基础设施为政府所有，包括联邦政府和州政府，而多数铁路的运营由州政府掌握。20 世纪 90 年代澳大利亚铁路进行了私有化之后，澳洲铁路主要由私人公司经营。澳大利亚联邦政府负责制定国家政策并为国家项目提供资助。

在铁路运输网基础设施建设上，政府的资金主要投向国家路网，包括连接各个首府城市的线路，如悉尼—墨尔本线、悉尼—布里斯班线、悉尼—阿德莱德线、阿德莱德—达尔文线、墨尔本—阿德莱德线、阿德莱德—珀斯、悉尼—珀斯线等。

1. 主要铁路线路

澳大利亚铁路网在全国分布极不平衡，东部、东南部和西南沿海地区铁路比较稠密；北部、西北部和中部在相当长一段时间里没有铁路。现有铁路主要是从沿海大城市向内地辐射，联结农业区、采矿工业区和沿海其他港埠（表 1－1－7）。

表 1－1－7 澳大利亚主要铁路线路

线路	起—始点	里程/km
悉尼—Broken Hill	悉尼—Broken Hill	1125
The Indian Pacific	悉尼—阿德莱德—珀斯	4352
The Sunlander	布里斯班—Cairns	1681
The Spirit of the Outback	布里斯班—Longreach	1326
The Westlander	布里斯班—Cunnamulla－Quilpie	998
The Ghan	阿德莱德—Alice Springs－达尔文	2979

表 1-1-7（续）

线　路	起—始点	里程/km
The Ghan	阿德莱德—Alice Springs	1555
The Inlander	Townsville—Mount Isa	977
XPT	悉尼—布里斯班	987
The Overland	阿德莱德—墨尔本	828
XPT	悉尼—墨尔本	961
Explorer	悉尼—堪培拉	326
Tilt Train	布里斯班—Cairns	1681
Tilt Train	布里斯班—Rockhampton	796

2. 专用铁路

1）煤炭运输铁路

国有昆士兰铁路公司（QR National）是澳大利亚最大的铁路货运公司。它拥有并管理着昆士兰中部近 2600 km 的煤炭运输网，包括 228 km 长的 Moura 铁路系统、985 km 长的 Blackwater 铁路系统、190 km 长的 Newlands 铁路系统、924 km 长的 Goonyella 铁路系统以及 214 km 长的苏拉特盆地铁路。这些铁路将沿线的煤矿与 Gladstone 港的 RG Tanna 煤炭口岸和 Barney Point 煤炭口岸、Hay Point 煤炭口岸和 Dalrymple 湾煤炭口岸，以及 Abbot Point 煤炭口岸连接到一起。

服务于新州煤炭出口的铁路网总长超过 1050 km，连接了煤矿和港口。目前新州最大的煤炭运输铁路网是亨利谷煤田运输链，那里每天发运 61 列重载火车，大约每 23 min 一班（2014 NSW Coal Industry Profile - Volume 1）。

2）西澳洲的铁矿石运输铁路

西澳大利亚州西北部的皮尔巴拉（Pilbara）铁矿专线共有 4 条重载铁路连接矿区和港口，全部由矿业公司所有和经营。Hamersley & Robe River 线（Rio Tinto 公司所有）从 Tom Price 矿山到 King 湾的 Dampier 港，全长 1300 km；Mount Newman 线（BHP 公司）长 426 km，从 Newman 到 Hedland 港；Goldsworthy 线（BHP 公司）长 208 km，连接 Yarrie 矿和 Finucane 岛，到达 Hedland 港；Fortescue 线（FMG 公司）从 Cloud Break 到 Hedland 港，长 280 km。

3）糖厂铁路

昆州的 15 个糖厂通有窄轨铁路，连接糖厂和甘蔗产地、港口。

（三）公路

澳洲的公路运输水平居世界第二，人均公路里程是欧洲国家的 3~4 倍，亚洲国家的 7~9 倍，人均燃油消费为世界第三。澳洲的汽车（包括卡车）运输距离世界最长，超过了美国和加拿大。珀斯、阿德莱德、布里斯班是世界上最依赖于汽车的城市，而悉尼和墨尔本紧随其后。2016 年 1 月 31 日全澳洲登记注册机动车已超过 1840 万辆，其中 21% 为柴油车（澳大利亚统计局，2016 年 7 月）。

澳洲公路分为 3 类：联邦高速、州高速和地方公路。公路总长 913000 km，包括：353331 km 硬化路面道路（含 3132 km 高速路）和 559669 km 未硬化路面道路。2013 年 11 月至 2014 年 10 月，澳大利亚公路网共运输货物 21.32 亿 t，1956.19 亿 t · km。2014—2015 财年，澳大利亚公路运输的产值为 244.59 亿澳元，比 2013—2014 财年（233.62 亿澳元）增长了 4.70%（澳大利亚统计局，2016 年 7 月）。

目前，澳洲全国公路总里程约为 910000 km，其中 46% 是封闭型道路。从分类情况来看，城市交通干线 8000 km，联系各州首府的国家级公路 18700 km，农村干线 97000 km，地方公路 680000 km，其余是林中小道和其他小路。

澳大利亚的 1 号公路是世界上最长的公路，它环绕澳洲大陆边缘一圈，约 14000 km。1980 年建成通车的纵贯大陆腹地、阿德莱德向北直达北领地的达尔文市的公路，改变了北澳地区长期封闭的状况，促进了南北的物资交流。

在全国公路系统中，新南威尔士州、维多利亚州、昆士兰州和西澳大利亚州拥有的公路里程最多，4个州的公路总长度占全澳公路总量的83%，其中以新南威尔士州的公路最长，约占全国总长度25%，昆士兰州和维多利亚州各占20%左右。这4个州中，前三者位于澳洲东部，是澳洲经济最发达、人口最稠密的州，西澳则是澳洲矿产品的主要产地，运输业随之发达。

（四）港口

澳大利亚东濒太平洋的珊瑚海和塔斯曼海，西、北、南三面临印度洋及其边缘海。约36700 km漫长的海岸线使澳大利亚拥有得天独厚的海洋资源，为它提供了海上贸易的优越条件。在澳洲大陆沿岸及岛屿上，有许多大小海港，其中能够承担国际海运业务的就有数十个。澳大利亚是世界第五大海运国。澳大利亚的国际进出口中超过99%经过海运。

澳洲煤炭出口主要通过昆州和新州的9个煤炭口岸。新州的Newcastle港、Waratah煤炭服务部的Carrington口岸和Kooragang口岸是世界最大、效率最高的煤炭专用口岸。在昆州，4个主要的海港共有6个煤炭口岸：布里斯班港的Fishman Island、格莱斯顿港的RG Tanna和Barney Point、Abbot Point港的Abbot Point、Hay Point港的Dalrymple Bay和Hay Point。这些口岸在2013/2014财年共计出口煤炭近378 Mt（表1－1－8）。

表1－1－8 2013/2014年度澳大利亚港口出口煤炭统计

州	港口/公司	出口量/t
昆州	Hay Point（NQBP）	108307702
	格莱斯顿（格莱斯顿 Ports）	69622499
	Abbot Point（NQBP）	22895551
	布里斯班港口公司	8105765
	小 计	208931517
新州	纽卡斯尔港口公司	155510898
	Kembla 港口公司	13321000
	小 计	168831898
西澳	弗雷曼特尔港	44516
	Bunbury Port Authority	31776
	小 计	76292
塔州	Bell Bay（Tas Ports）	12942
总计		377852649

数据来源：Ports Australia 网站，2016年7月

铁矿石出口主要经由西澳的Dampier港、Port Hedland港、Geraldton港、Oakajee港和Esperance港，以及南澳的Port Lincoln港。此外，昆州的Weipa港主要出口铝土矿，Townsville出口镍矿石、锌、铅，Cape Flattery港出口石英砂，Karumba港出口锌等。

（五）管道运输

澳洲有数个主要的管线系统，截至2013年，澳洲拥有液化气管道637 km、天然气管道30054 km、液化石油气管道240 km、原油管道3609 km、油/气/水共用管道110 km，以及精炼产品管道72 km（CIA World Factbook 2015）。

澳洲重要的输水管线有：珀斯—Kalgoorlie—金矿区供水系统、Morgan（Murray河上）—阿德莱德、Morgan—Whyalla、Morgan—Lincoln港、Morgan—Colbinabbin附近的Waranga西隧道—Bendigo和Ballar—at—金矿区供水线等。

二、电站和电网

（一）电力生产

澳大利亚主要利用不可再生能源发电，包括煤、燃油、天然气、核能、油页岩，同时大力发展可再生能源发电，如水力（常规水电站、蓄能电站、run－of－the－river、潮汐）、风能（陆地、海上）、太阳能光伏发电、太阳热能、波浪、生物能、地热等。

根据CIA World Factbook 2015的资料，澳大利亚生产的电力能够满足国内电力的消费（表1－1－9）。

表1－1－9 2012年澳洲电力工业基本情况

电 力	数 量	世界排位	电 力	数 量	世界排位
生产/kW·h	2352×10^9	20	核电/%	0	44
消费/kW·h	2226×10^9	18	水电/%	12.7	108
已有产能/GW	63.25	16	其他可再生能源/%	7.6	49
火电/%	78.5	95			

数据来源：CIA Factbook 2015 Australia

1. 燃煤火力发电站

燃煤火力发电站在澳洲电力生产中占有重要的地位。根据基维网截止到 2016 年 7 月更新的网页，澳洲有 28 个燃煤发电站（表 1 – 1 – 10），其中新州的 Bunnerong 发电站（2640 MW）、Eraring 发电站（2640M W）、Liddell 发电站（2640 MW）是规模巨大的以黑煤为燃料的发电站，维州的 Loy Yang 发电站（3150MW）以褐煤为燃料。

表 1 – 1 – 10　澳洲发电站分布

类　型		新州	昆州	南澳	塔州	维州	西澳	总计
燃煤		8	9	2	0	4	5	28
燃气	涡轮（turbine）	5	15	11	2	7	24	64
	热力（thermal）	0	0	2	1	1	4	8
	往复（reciprocating）	16	15	3	3	12	19	68
水能		24	7	1	27	22	2	83
风能		0	2	0	4	0	6	12
生物能		6	26	0	0	1	1	28
太阳能		3	0	0	0	0	1	1
多阶段（cogeneration）		6	0	0	0	0	0	6
燃煤改建（decommissioned）		0	0	0	0	16	0	16

2. 燃油和燃气的火力发电站

澳洲的以石油为燃料的火力发电站中，昆士兰州的 Mount Atuart 发电站和 Oakey 发电站功率最大，但正被逐步改造为燃气型发电站。

澳洲燃气发电站很多，所用气体包括天然气、煤层甲烷等。根据基维网截止到 2016 年 7 月更新的网页，澳洲共有 140 个燃气发电站（表 1 – 1 – 10）。

3. 核电

澳洲拥有世界 23% 的铀矿资源并且是位于哈萨克斯坦之后的世界第二大的铀生产国，但至今没有核电站。长期使用低廉的煤和天然气资源进行发电，也是反对发展核能的有利因素。

4. 可再生能源发电

可再生能源包括风力、太阳光伏发电和太阳热能、水力发电、垃圾填埋气体（沼气）和地热等。

澳洲的风力资源丰富。澳洲风场的平均利用率可达 30% ~35%，使风能成为极具吸引力的清洁能源。2010 年 10 月，澳洲全国风力发电接近 5 TWh，足以满足 70 万以上家庭用电。而澳洲全年用电量为 251 TWh，风力发电占比将近 2%。

澳洲在塔斯马尼亚岛和东南沿海的新州和维州建有许多水力发电站。生物燃料发电站以昆州最多，利用糖厂废渣作为发电的原料（表 1 – 1 – 10）。

（二）电力市场与电力输送

1. 电力供应

澳大利亚的电力主要通过 2 个成熟的电力市场（国家电力市场（NEM）和西澳电力市场（WAEM））和 2 个小些的生产供应联合体（北领地（NT）和水平电力（Horizon Power franchise））提供。NEM 占据澳洲电力市场的 89%，WAEM 近 10%，而水平和 NT 只占全澳的 1%（表 1 – 1 – 11）。

表 1 – 1 – 11　澳大利亚电力供应市场

名　称	用　户	供电量/GW·h	最大容量/MW	线路长度/km
NEM	8940282	149688	29905	754462
WAEM	973516	14500	3420	85182
NT	74097	1795	未统计	7311
水平电力	37508	未统计	未统计	7747

2. 电力输送

澳大利亚电网组织（Grid Australia）在国家电力市场（NEM）拥有100亿澳币的资产，其成员包括南澳的ElectraNet有限公司、昆士兰的Powerlink公司、维州的SP AusNet、塔岛的Transend Networks公司、新州的TransGrid和西澳的Western Power公司。该组织的高压输电线超过47000 km，投资超过22亿澳元（表1－1－12）。前5家电力公司的输电网络相互连通，构成了澳大利亚电力市场的“脊骨”，他们共拥有和管理着澳大利亚东部超过40000 km的高压输电线路，电网资产超过100亿澳元，每年为电网投资约12亿澳元（表1－1－12）。

表1－1－12 澳大利亚主要输送电公司

公 司	州	资产/亿澳元	输电线路	其 他
Powerlink	昆州	39	1700 km高压输电线 102个高压站12100 km环形线	并为南澳电网输入41%电力
TransGrid	新州	39	12500 km高压输电线，84个高压站	与昆州和维州电网相连组成东部国家电网系统
SP AusNet	维州	22	6500 km高压输电线	与南澳、新洲和塔岛相连
Transend Networks	塔州	10	3650 km环形线，47个高压站，9个变电站	只负责岛内，电网与东部电网相连
ElectraNet	南澳	15	5600 km环形线	私有公司
Western Power	西澳	44	90000 km输电线 7500 km配电线 724500个配电站 44700线塔和213000个街道电线杆	西南电网系统（SWIS）从北部的Kalbarri到东部的Kalgoorlie和南部的Albany

西澳的电力市场以西南电网系统（SWIS）为基础，它独立于国内其他任何电网。水平电力（表1－1－11）是西澳的另外一个较小的电网，西北电网系统（NWIS）的主体，主要供应西澳北部矿区用电。北领地的电力市场相对独立，因市场太小及其特殊性，很难与澳洲电网相连，所以政府所属的电水共同体（Power and Water Corporation）成为北领地电力市场的主体，负责电力生产、传输和配送、系统运行和销售。

三、基础设施总结

澳大利亚历来十分重视基础设施的建设，经过长期的努力，在国内建设了完善的交通运输网络和电力生产、供应系统，有力地保证了人们生活和工农业生产的需要。

2014年，澳洲铁路运营网总长36967.5 km，其中包括3100 km的电气化铁路。澳洲铁路网在全国分布极不平衡，东部、东南部和西南沿海地区铁路比较稠密；北部、西北部和中部在相当长一段时间里没有铁路。现有铁路不仅连接着沿海大城市和大陆内部，而且基本满足了沿海经济发达地区、内陆农牧业区、沿海工业区和其他港埠。特别是在昆州和新州建有多条将煤矿和港口连为一体的煤炭专用线，在西澳建有为铁矿石出口的铁矿专用线，满足矿业开发的需要。

澳洲公路总长913000 km，而且道路质量高，46%是封闭型道路，近40%为硬化路面道路。这些道路联系各州首府和城市，也连接着农村和矿山。在全国公路系统中，经济最发达、人口最稠密和矿产品最丰富的新州、维州、昆州和西澳拥有的公路总长度占全澳公路总量的83%。公路的货运量、客运量均已超过铁路。

澳大利亚的国际进出口中超过99%经过海运，是世界第五大海运国。澳洲煤炭出口主要通过昆州和新州的9个煤炭口岸。这些口岸的总装载能力超过350 Mt，这些口岸在2013—2014财年共计出口煤炭近378 Mt。其中新州的Newcastle港、Waratah煤炭服务部的Carrington口岸和Kooragang口岸是世界最大、效率最高的煤炭专用口岸。而西澳北海岸的Dampier港是石油、天然气、铁矿石国际贸易的关键港口，是皮尔巴拉铁矿区供应链的重要一环。

澳洲有数个主要的输油管线系统，截至2013年，澳洲拥有液化气管道637 km、天然气管道30054 km、液化石油气管道240 km、原油管道3609 km、油/气/水共有管道110 km，以及精炼产品管道72 km（CIA，2016）。

澳大利亚电力生产能够满足国内电力的消费。2012年，电力的产能为63.25 MkW，生产了2352×10^9 kWh电，而国内消费2226×10^9 kWh。在电力生产中79%依靠化石燃料，其余为水电和其他可再生能源发电。澳大利亚的电力主要通过国家电力市场（NEM）和西澳电力市场（WAEM）），以及北领地和水平电力（Horizon Power franchise）提供。

总之，澳大利亚基础设施完备，铁路、公路运输条件优越，港口设施齐全，国内电力供应充足，能够满足煤炭矿床开发的基本需求。当然，具体到矿山，依地理条件和开发程度的不同，在基础设施建设上的投入也会有所不同。

本章参考文献

[1] 洪柳．金融危机下中国企业投资澳大利亚矿企对策分析［J］．现代商贸工业，2009，(20)：90－91.

[2] 沈永兴，张秋生，高国荣．列国志：澳大利亚［M］．北京：社会科学文献出版社，2003.

[3] 涂雪芝．我国海外投资中存在的问题与对策．商业现代化［M］．2006，(1)：162－163.

[4] 中国出口信用保险公司．国家风险投资报告：澳大利亚［R］．中国出口信用保险公司出版，2015.

[5] 中华人民共和国商务部．对外投资合作国别（地区）指南：澳大利亚（2015年版）[R]．北京：商务部对外投资和经济合作司，2015.

[6] 中华人民共和国商务部、中华人民共和国国家审计局、国家外汇管理局．2015年度中国对外直接投资统计公报［R］．北京：中国统计出版社，2015.

[7] 中华人民共和国外交部．澳大利亚国家概况［EB/OL］.(2015)[2015－12］［EB/OL］http：//www.fmprc.gov.cn/web/gjhdq_676201/gj_676203/dyz_681240/1206_681242/1206x0_681244/.

[8] 中华人民共和国驻澳大利亚大使馆．国家概况［EB/OL］.(2015)[2015－01］http：//au.china－embassy.org.

[9] 澳大利亚国际商会．投资海外［EB/OL］.(2012)[2012－05－30］http：//www.aita.com.cn/index－china.html.

[10] 澳大利亚驻华使馆．澳中关系［EB/OL］.(1995)[2012－06－10］http：//www.china.embassy.gov.au/bjngchinese/relations.html.

[11] Australian Bureau of Statistics (31 October 2012). "Australia". 2011 Census QuickStats [M]. Retrieved 21 June 2012.

[12] Department of the Environment and Water Resources. State of the Environment 2006 [M]. Retrieved 19 May 2007.

[13] Department of the Environment, Water, Heritage and the Arts. National Strategy for the Conservation of Australia's Biological Diversity [M]. 21 January 2010. Archived from the original on 2011－03－12. Retrieved 14 June 2010.

[14] Klaus Schwab. The Global Competitiveness Report 2016－2017. World Economic Forum [R].

[15] The World Bank. Doing Business 2015 (12th edition). International Finance Corporation [R].

[16] 何勤华．澳大利亚法律发达史［M］．北京：法律出版社，2004.

[17] 黄源深，等．从孤立走向世界：澳大利亚文化简论［M］．浙江：浙江人民出版社，1993.

[18] 顾敏康，王天．从澳大利亚法律改革看香港普通法的发展方向［J］．法学，2003（1）.

[19] Tom Campbell and Bates Campbell. Laws and Legal System in Australia [J]．丁相顺，译．法学家，1998（2）.

[20] 夏荣．澳大利亚何时可以修正普通法：澳大利亚联邦最高法院"玛伯"案判决析论［J］．比较法研究，1998（4）.

[21] 陈建福．比较法在澳大利亚法庭上的运用［M］//许章润、徐平．法律：理性与历史：澳大利亚的理念、制度与实践．北京：中国法制出版社，2000.

[22] 徐阳．浅析澳大利亚矿业法律制度［J］．法学论丛，2010（11）.

[23] 金愉中，黄焕良．澳大利亚矿业权管理体制简介［J］．中国矿业，1996（3）.

[24] 侯振才．澳大利亚矿业权管理制度［J］．矿产保护与利用，1995（3）.

[25] 张薇．澳大利亚外资审查法律制度及应对建议［J］．国际经济合作，2011（2）.

[26] 丁旭，郭恩颖．中国企业澳大利亚上市实务［J］．管理与财富，2008（5）.

[27] 洪柳．金融危机下中国企业投资澳大利亚矿企对策分析［J］．现代商贸工业，2009（20）.

[28] 涂雪芝. 我国海外投资中存在的问题与对策 [J]. 商业现代化, 2006 (1).
[29] 中国出口信用保险公司. 国家风险投资报告: 澳大利亚 [R]. 中国出口信用保险公司出版, 2012.
[30] Grareth Evans and Bruce Grant. Australia Foreign Relations: In the World of the 1990 [M]. Melbourne: Melbourne University Publishing, 1995.
[31] TILBURY, MICHAEL. Melbourne University Law Review. Volume 67 [M]. Australia Melbourne: Melbourne University Press. 1987.
[32] 中国矿业网, 国别指南, 澳大利亚. 澳大利亚矿业法律体系介绍 [EB/OL]. (2012) [2012-08-10] http://app.chinamining.com.cn/focus/GoAbroad/2012-04-16/1334556869d58244.html.
[33] 中华人民共和国司法部. 司法部重点科研课题. 中外司法行政体制比较研究. 澳大利亚司法行政体制分析及理论探讨 [EB/OL]. (2003) [2012-07-16] http://www.legalinfo.gov.cn/moj/yjs/2003-03/25/content_20875.htm.
[34] 中国海外应收账款管理. 澳大利亚、新西兰律师制度简介 [EB/OL]. (2012) [2012-12-17] http://www.cn-linked.com/view.php? id=216.
[35] 中华人民共和国国土资源部. 澳大利亚州级层次上的矿权设置之比较研究 [EB/OL]. (2010) [2012-09-25] http://www.mlr.gov.cn/kqsc/sczx/jyjl/201006/t20100619_152266.htm.
[36] 中国矿用产品门户. 澳大利亚矿产开发投资指南 [EB/OL]. (2011) [2012-11-20] http://www.chinakycp.com/news/14154777-3.html.
[37] 中华人民共和国外交部. 澳大利亚国家概况 [EB/OL]. (2013) [2013-04-15] http://www.fmprc.gov.cn/mfa_chn/gjhdq_603914/gj_603916/dyz_608952/1206_608954/.
[38] 中华人民共和国驻澳大利亚大使馆. 国家概况 [EB/OL]. (2013) [2013-01-06] http://au.china-embassy.org.
[39] 澳大利亚国际商会. 投资海外 [EB/OL]. (2012) [2012-05-30] http://www.aita.com.cn/index-china.html.
[40] 澳大利亚驻华使馆. 澳中关系 [EB/OL]. (1995) [2012-06-10] http://www.china.embassy.gov.au/bjngchinese/relations.html.
[41] 中华人民共和国商务部. 对外投资合作国别 (地区) 指南: 澳大利亚 (2012 年版). 北京: 商务部对外投资和经济合作司 [EB/OL]. (2012) [2013-04-15] http://ishare.iask.sina.com.cn/download/explain.php? fileid=36588706.
[42] Minter Ellison Law Firm. 澳交所及〈澳交所上市规则〉涉及收购澳公司相关内容简介 [EB/OL]. (2010) [2013-04-27] http://www.docin.com/p-289280512.html.
[43] 中国国土资源经济研究院. Exploring Minerals and Coal in Queensland, a question and answer guide to exploration tenure processes [EB/OL]. (2010) [2013-03-11] http://wenku.baidu.com/view/0f24961ec281e53a5802ff7c.
[44] Foreign Investment Review Board. Australia's Foreign Investment Policy. Annex 1 [EB/OL]. (2012) [2013-03-19] http://www.firb.gov.au/content/policy.asp.
[45] Authority of the deputy prime minister and treasurer: Explanatory Statement of Select Legislative Instrument2011 No. 275 [EB/OL]. (2011) [2013-03-25] http://www.comlaw.gov.au/Details/F2011L02620/Explanatory% 20Statement/Text.
[46] Minter Ellison Law Firm. Introduction to Australian Takeovers [EB/OL]. (2010) [2013-04-28] http://www.minterellison.cn/files/Uploads/Documents/China_MiniSite/RG_2010_IntroAusTakeovers_China_[MEL100008].pdf.
[47] 安永会计师事务所. Worldwide Corporate Tax Guide 2016 [G].
[48] 安永会计师事务所. Worldwide Personal Tax Guide 2016 [G].
[49] 安永会计师事务所. Worldwide VAT, GST and Sales Tax Guide 2016 [G].
[50] 安永会计师事务所. QLD Budget 2015-16.
[51] 普华永道会计师事务所. A Comparison of Tax System in 189 Economies Worldwide 2016 [G].
[52] 毕马威会计师事务所. 国际税务资料 (2013 年版, 内部发行) [G].
[53] 澳大利亚税务局网站 [OL] http://www.ato.gov.au.
[54] 中华人民共和国商务部网站 [OL] http://www.mofcom.gov.cn.
[55] 中华人民共和国商务部. 对外投资合作国别 (地区) 指南 (2015 年版) [G].
[56] 中国出口信用保险公司. 国家风险投资报告—澳大利亚 [R].
[57] The Australian Treasury. The 2015 Australian Fderal Budget [EB/OL]. http://www.budget.gov.au/2015-16/.
[58] 国务院发展研究中心澳大利亚矿业管理考察团, 周宏春. 澳大利亚的矿业管理及其启示 [J]. 国土资源导刊,

2009（4）：40－43.

[59] 林家彬，周宏春，苏杨．澳大利亚的矿业管理及其启示［J］．中国金属通报，2010（4）：36－39.

[60] 谭文兵．澳大利亚矿产资源开发管理及其对我国的启示［J］．矿山机械，2008，23（6）：14－16.

[61] 王永生，黄洁，李虹．澳大利亚矿山环境治理管理、规范与启示［J］．中国国土资源经济，2006（11）：36－42.

[62] 徐曙光，何金祥，孙春强．澳大利亚矿山环境保护和治理新动向：保护生物多样性［J］．资源导刊，2011（7）：42－43.

[63] 郑娟尔，余振国，冯春涛．澳大利亚矿产资源开发的环境代价及矿山环境管理制度研究［J］．中国矿业，2010，19（11）：66－84.

[64] Australian Bureau of Statistics Australia's Environment Issues and Trends 2003.

[65] Australian Bureau of Statistics. Australia's Environment Issues and Trends 2007.

[66] Australian Bureau of Statistics. Year book Australia 2007.

[67] Environmental Impact Statement（EIS）－Report under the Environmental Protection Act 1994－Arrow Energy 苏拉特 Gas Project－Proposed by Arrow Energy Pty Ltd 2013［2013－10－31］.

[68] Manins，AllanP，BeerR，FraserT，HolperP，SuppiahP，WalshR，AtmosphereK，2001. Australia State of the Environmental Report（2001）.

[69] Queensland Government，Code of environmental compliance for environmental authorities for high hazard dams containing hazardous waste－EM1698，2013.

[70] Queensland Government，Code of environmental compliance for exploration and mineral development projects－EM586，2013［2013－03－31］.

[71] Queensland Government，Code of environmental compliance for mining claims and prospecting permits－EM587，2013.

[72] Queensland Government，Code of environmental compliance for mining lease projects－EM588，2013.

[73] Queensland Government，Department of Energy and Water Supply，2011－2012 Annual Report 2012.

[74] Queensland Government，Department of environmental and heritage government.

[75] Queensland Government，Department of environmental and heritage government，Application requirements for activities with noise impacts—EM962，2013.

[76] Queensland Government，Department of environmental and heritage government，Environmental licences and permits［EB/OL］.［2013－12－19］http：//www. ehp. qld. gov. au/licences－permits/index. html.

[77] Queensland Government，Department of environmental and heritage government，Generic terms of reference for environmental impact statements 2013.

[78] Queensland Government，Department of environmental and heritage government，Guideline environmental protection act 1994，Application requirements for activities with impacts to air.

[79] Queensland Government，Department of environmental and heritage government，Triggers for environmental impact statements under the Environmental Protection Act 1994 for mining，petroleum and gas activities.

[80] Queensland Government，Department of Natural Resources and Mines，Amendments to the rental regime for mineral development licences Consultation Regulatory Impact Statement，2013.

[81] Queensland Government，Draft Terms of Reference for the Future Gas Supply Area Project Environmental Impact Statement（EIS）2012［2012－06－21］.

[82] Queensland Government，Strategic Cropping Land Act，2013. ACT NO. 47 of 2011.

[83] Queensland legislation：Environmental Protection（Air）Act 2008［2012－11－09］.

[84] Queensland legislation：Environmental Protection（Noise）Act 2008［2009－11－12］.

[85] Queensland legislation：Environmental Protection（Waste Management）Regulation 2000［2009－11－12］.

[86] Queensland legislation：Environmental Protection（Waste Management）Regulation 2000［2009－11－12］.

[87] Queensland legislation：Environmental Protection Act 2009［2013－12－06］.

[88] http：//www. ehp. qld. gov. au/licences－permits/guidelines. html.

[89] Australia Bureau of Statistics. Population clock［EB/OL］.（2016－10－22）［2016－10－22］http：//www. abs. gov. au/ausstats/abs% 40. nsf/94713ad445ff1425ca25682000192af2/1647509ef7e25faaca2568a900154b63？OpenDocument.

[90] Wikipedia. List of airports in Australia［EB/OL］.（2016－06－19）［2016－07－27］https：//en. wikipedia. org/wiki/List_of_airports_in_Australia.

[91] CIA. The World Factbook 2015 Australia［R/OL］.（2016－06－30）［2016－07－27］https：//www. cia. gov/library/

publications/the – world – factbook/geos/as. html.

[92] Australia Bureau of Statistics. Tourism and Transport [EB/OL]. (2016 – 07 – 01) [2016 – 07 – 27] http: //www. abs. gov. au/Tourism – and – Transport.

[93] Wikipedia. Transport in Australia [EB/OL]. (2016 – 07 – 02) [2016 – 07 – 28] https: //en. wikipedia. org/wiki/Transport_in_Australia 2016.

[94] Trade & Investment, Resources & Energy, NSW Government. 2014 New South Walls Coal Industry Profile Volume 1 [R]. Sydney: Trade & Investment, Resources & Energy, NSW Government, 2016.

[95] Australia Bureau of Statistics. Road Freight Movements Australia, 12 months ended 31 October 2014 [EB/OL]. (2016 – 07 – 16) [2016 – 07 – 29] http: //www. abs. gov. au/Tourism – and – Transport.

[96] Wikipedia . List of ports in Australia [EB/OL]. (2016 – 07 – 28) [2016 – 07 – 30] https: //en. wikipedia. org/wiki/List_of_ports_in_Australia.

[97] Ports Australia. Trade statistics for 2013/2014 [EB/OL]. (2016 – 07 – 30) [2016 – 07 – 31] http: //www. portsaustralia. com. au/aus – ports – industry/trade – statistics/.

[98] Wikipedia List of power stations in Australia [EB/OL]. (2016 – 07 – 25) [2016 – 07 – 31] https: //en. wikipedia. org/wiki/List_of_power_stations_in_Australia.

[99] Australia Bureau of Statistics. Energy Use, Electricity Generation and Environmental Management Australia, 2014 – 15 [R/OL]. (2016 – 06 – 30) [2016 – 07 – 31] http: //www. abs. gov. au/Energy.

[100] Australia Bureau of Statistics. Australian Industry 2014 – 15 [R/OL]. (2016 – 06 – 30) [2016 – 08 – 01] http: //www. abs. gov. au/ausstats/abs@ . nsf/0/48791677FF5B2814CA256A1D0001FECD? Opendocument.

[101] Western Australia Economic Regulation Authority. Electricity Licensing Areas [R]. Perth: Western Australia Economic Regulation Authority, 2011.

[102] Western Australia Economic Regulation Authority. 2010. Electricity Infrastructure [R]. Perth: Western Australia Economic Regulation Authority, 2010.

[103] Australasian Legal Information Institute. Mineral Resources Act 1989 [EB/OL]. (2012) [2012 – 10 – 28] http: //www. austlii. edu. au/au/legis/qld/consol_act/mra1989200/.

[104] Australasial Legal Information Institute. Mining Act (1992) [EB/OL]. (2012) [2012 – 11 – 27] http: //www. austlii. edu. au/au/legis/nsw/consol_act/ma199281/.

[105] 中华人民共和国国土资源部．澳大利亚州级层次上的矿权设置之比较研究 [EB/OL]. (2010) [2012 – 12 – 17] http: //www. mlr. gov. cn/kqsc/sczx/jyjl/201006/t20100619_152266. htm; 以及 Tasmanian Legislation. Tasmania's consolidated legislation online. Mineral Resources Development Act 1995 [EB/OL]. (2012) [2012 – 12 – 28] http: //www. thelaw. tas. gov. au/tocview/in dex. w3p; cond = ALL; doc_id = 116% 2B% 2B1995% 2BA% 40EN% 2B20131204210000; his ton = ; prompt = ; rec = ; term = geothermal.

[106] Foreign Investment Revivw Board. Australia's Foreign Investment Policy. Annex 1 [EB/OL]. (2012) [2013 – 03 – 19] http: //www. firb. gov. au/content/policy. asp.

[107] 张庆麟，刘艳．澳大利亚外资并购国家安全审查制度的新发展 [J]．法学评论，2012 (4).

[108] Australian Government ComLaw. Foreign Acquisitions and Takeovers Amendment Regulations [EB/OL]. (2011) 2013 [2013 – 04 – 06] http: //www. comlaw. gov. au/Details/s/F2011L02620.

[109] Australian Government ComLaw. Foreign Acquisitions and Takeovers Regulations 1989 [EB/OL]. (2013) [2013 – 04 – 10] http: //www. comlaw. gov. au/Dutails/F2011C00961.

[110] Australian Government ComLaw. Foreign Acquisitions and Takeovers Act 1975 [EB/OL]. (2013) [2013 – 04 – 14] http: //www. comlaw. gov. au/Details/C2013C00089.

[111] Australian Government ComLaw. Foreign Acquisitions and Takeovers Amendment Regulations 2011 [EB/OL]. (2013) [2013 – 04 – 19] http: //www. comlaw. gov. au/Details/F2011L02620.

第二章 煤炭资源分析

第一节 资 源 概 览

一、地质概况

（一）构造演化简史

澳大利亚是印度—澳大利亚大型板块上的一个大陆体（图1-2-1），它包括了澳大利亚大陆及其周边的海洋并向西北延伸直至印度亚大陆和其邻近的水体。澳大利亚大陆板块的地质演化史极其漫长，从太古代开始它就一直是所有主要超大陆的组成单元，而且在演化过程中一直表现为一个完整的陆块（Veevers，2004；Cawood，2005）。澳大利亚大陆和非洲板块及南极洲板块曾经都是冈瓦纳（Gondwana）古陆最重要的组成部分（图1-2-1）。它从早寒武世（544 Ma）开始就存在于冈瓦纳大陆内，并一直延续到全新世（Veevers，2004）。

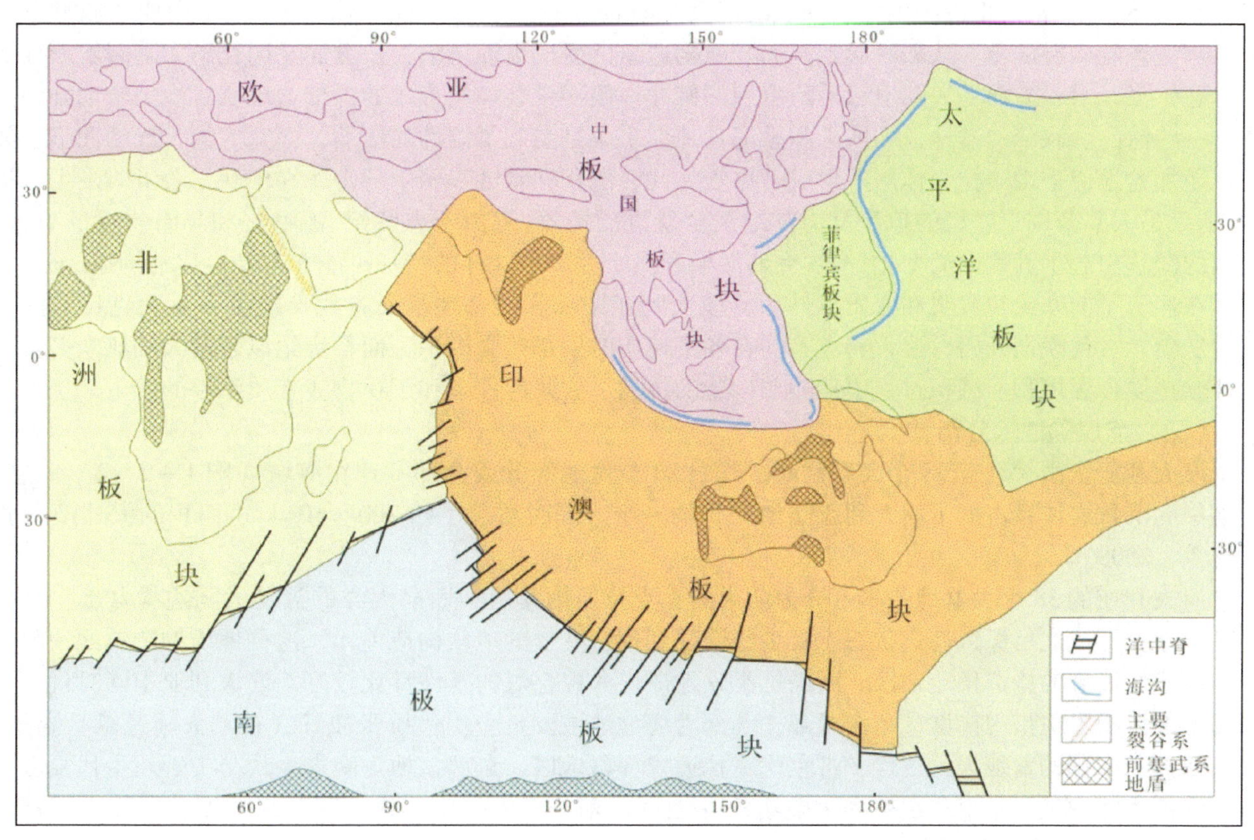

图1-2-1 亚太地区板块构造图（童晓光和关增淼，2001）

澳大利亚的大陆演化大体经历了5个明显的地质时期，分别为3800～2100 Ma、2100～1300 Ma、1300～600 Ma、600～160 Ma和160 Ma至今。第一期构造演化涉及陆核的增长，那时克拉通的元素增长到其上部，而其他4个阶段分别涉及努那（Nuna）、罗迪尼亚和泛古陆—冈瓦纳大陆的合并及裂解。

澳大利亚大陆的形成归因于显生宙3个主要地体的构造作用，分别为边缘盆地、塔斯曼褶皱带体系和其上部的地台盖层盆地，以及北西向的中部走廊盆地和抬升体。这些显生宙的构造作用很可能源自前寒武地体的基底。在晚元古代，冈瓦纳大陆内的澳大利亚地块为构造宁静期，其构造背景有些像现在的非洲。中部走廊沉降位于北部克拉通和中部澳大利亚造山带交接点之上。该交接点先前有一期压缩，使得两个构造带衔接的地方发生了改造。但是总体来讲，晚元古代在澳大利亚似乎没有俯冲作用发生。

中部走廊内的盆地在晚元古代时可能为完整的裂谷。其他裂谷的分支可能在寒武纪开始时被新生的洋壳所取代。新生的洋壳在大陆东部的洋底扩张中心缓慢形成。阿德莱德向斜的历史、性质和位置支持洋底扩张假说。塔斯曼褶皱带体系的西部边缘伸入到中部走廊内。

寒武纪开始时，被动大陆边缘在东部演化出了一条俯冲带，洋底扩张中心退却到远离大陆的位置。陆造盆地内的平缓高地几乎和中部走廊在 Petermann Ranges 造山事件中同时间受到压缩。在邻近的地区发生伸展以至玄武岩侵入。中部走廊内克拉通的碰撞可能受到抑制然后变为俯冲，但是同期的伸展导致软流圈的流动。这是一次克拉通内短期的构造作用的释放。

在志留纪，抬升作用致使有些地区发生了大范围的沉积间断。在中部走廊地带，奥陶纪开始的丘状隆升（Doming）达到了顶点最高，而志留纪的沉积间断引起了阿马迪厄斯盆地内 Rodingan 运动。丘状隆升的西部和南部似乎在随后冈瓦纳大陆裂解部位的附近出现。

菲茨罗伊和 Petrel 地槽内完全同期的大型拉张裂谷以及 Alice Springs 造山事件中阿德莱德体系凹陷的压缩封闭等活动发生在泥盆纪和石炭纪的 Tabberabberan – Kanimblan 时期，该时期塔斯曼褶皱带体系内的典型事件被解释为俯冲和澳大利亚大陆向东的移动。这些现象仅局限于中部走廊，说明总体上受北部克拉通和中部造山带边界的控制。

Alice Springs 造山事件中南北向的压缩以及 Tabberabberan 和 Kanimblan 造山事件中向西的俯冲重复了早寒武世的构造演化。从那时起，澳大利亚构造事件变得更加清晰，一方面是冈瓦纳大陆裂解所导致的海底扩张，另一方面是大陆边缘不断出现的俯冲。俯冲带叠加而形成的内部盆地从石炭纪末期开始形成。一些深的、狭窄的盆地，如博文和悉尼盆地似乎正是受到了俯冲的压缩，而宽广的、浅的凹陷，如伊罗曼加盆地似乎由于拉张作用所形成。尽管如此，沉积和剥蚀表明中部走廊在中晚二叠世时发生了抬升，随后是大陆范围三叠纪的抬升及侏罗纪至全新世的垮塌，类似于志留纪、泥盆纪和早石炭世的事件。大陆的漂移引起了其侧面的变化，像埃克斯茅斯和昆士兰高原这样的特征可能含有新生代的构造组分。

在经历了前寒武纪岩浆和变质事件后，澳大利亚中部和西部在晚元古代形成了一系列克拉通内盆地。从新元古代晚期开始，澳大利亚大陆在各个地质时期都接受沉积，而石炭纪以来澳大利亚众多盆地内开始接受含煤沉积。沉积过程中伴随着构造的扰动、岩浆的侵入和沉积物浅变质事件的发生。

（二）含煤盆地的分布

澳大利亚全国大约有 38 个大型盆地，其中 20 个盆地部分或全部发育在海域（图 1 – 2 – 2）。这些盆地中的沉积岩体系占据了澳大利亚陆地面积的一半，同时覆盖了约 200×10^4 km^2 面积的大陆架（张建球等，2008）。

澳大利亚的 38 个大盆地基本可分为两大类：克拉通内盆地和面向大洋的被动大陆边缘盆地。克拉通是指地壳形成之后保持稳定状态、极少经受强烈构造变形的地质构造单元，这种地质构造单元一般是指前寒武纪以来的构造稳定地区。所以这类盆地成煤和保存煤的条件都比较好。澳大利亚不同时代、不同类型的沉积盆地呈规律性分布：西部、北部沿海盆地主要是中生代拉张裂谷（被动大陆边缘）盆地，大陆西部和中部的盆地为元古代—古生代克拉通内部盆地区，东部盆地为晚古生代与中、新生代复合盆地，南部为晚中生代—第三纪被动大陆边缘盆地区，东北部为晚中生代—第三纪的被动大陆边缘盆地（李国玉，1997；李国玉，金之钧等，2005）。

在澳大利亚数十个盆地中，有大小 20 多个盆地已经发现了巨大商业储量的煤炭资源，在其中多个盆地中还发现了煤层气。这些含煤盆地主要分布于澳大利亚东部的昆州和新州。根据区域构造和含煤盆地的沉积时代及其类型，可划分为：①东部沿海的含煤盆地有悉尼（Sydney）盆地、冈尼达（Gunnedah）盆地、Gloucester 盆地、Clarence – Moreton 盆地、塔隆（Tarong）盆地、Mulgidie 盆地、Ipswich 盆地、加利德（Gallide）盆地、Styx 盆地；②东部内陆的含煤盆地有博文（Bowen）盆地、加利利（Galilee）盆地、苏拉特（Surat）盆地；③中部稳定区的 Arckaringa 盆地是南澳大利亚州最大的含煤盆地；

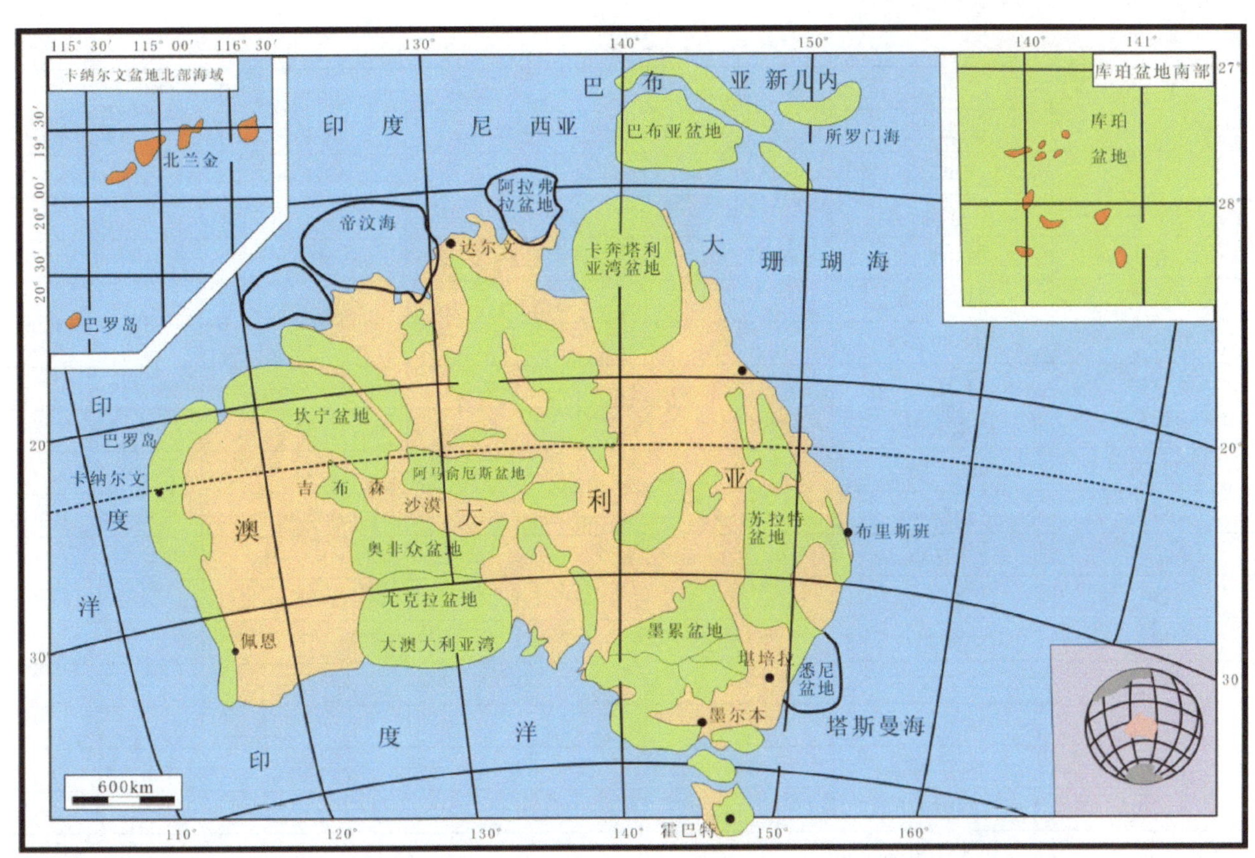

图1-2-2 澳大利亚沉积盆地分布（据李国玉，金之钧等，2005修改）

④西北区的坎宁（Canning）盆地含有黑煤资源；⑤西海岸区的珀斯（Perth）盆地是西澳重要的煤产区。此外，南部海岸区褐煤具有巨大的商业资源，主要蕴藏在Collie盆地、Bremer盆地、Leigh Creek盆地、Murray盆地、Oaklands盆地、奥特维（Otway）盆地，以及著名的吉普斯兰德（Gippsland）盆地（图1-2-2）。

二、矿业资源

澳大利亚不仅国土辽阔，而且物产丰富，是南半球经济最发达的国家，是全球第四大农产品出口国，也是多种矿产出口量居全球第一的国家。

澳大利亚的矿产资源十分丰富，主要矿产资源超过70余种。化石燃料中，黑煤和褐煤的总资源量位居世界第四；原油储量超过2400×10^9 L，天然气储量超过13600×10^9 m^3，液化石油气储量超过1740×10^9 L，还有位居世界第二位的页岩油储量；金属和非金属矿产资源中，铝土矿储量居世界首位，占世界总储量的35%，钛铁矿、金红石、锆石、镍、钽、铀、锌、铅、银等储量也位居世界第一。

澳大利亚是世界上最大的铝土矿、氧化铝、钻石、铅、钽生产国，黄金、铁矿石、煤、锂、锰矿石、镍、银、铀、锌等的产量也居世界前列。同时，澳大利亚还是世界上最大的烟煤、铝土、铅、钻石、锌精矿出口国，第二大氧化铝、铁矿石、铀矿出口国，第三大铝和黄金出口国（表1-2-1）。

表1-2-1 澳大利亚主要矿产资源

矿产	资源总量			年产	
	资源总量	比例/%	世界排名	比例/%	世界排名
铝矾土	10.2 Gt	35	1		
铜	65.4 Mt	10	13	10	4
钻石	137.4Mc*	16	3		

表 1-2-1（续）

矿产	资源总量			年产	
	资源总量	比例/%	世界排名	比例/%	世界排名
金	9507 t	11.8	3	11.5	3
铁矿石	13 Gt	9	4	17	
锂	171000 t	5	2	20	2
菱镁矿	1431.46 Mt	5			
锰矿	514.40 Mt	7	4	11	5
钛铁矿	252.60 Mt	32	1	23	1
金红石	3562.50 Mt	47	1	54	1
锆石	48.45 Mt	41	1	44	1
镍	43.00 Mt	36.3	1	15.6	2
磷矿石	<170 Mt	<1			
钽	39983 t	90	1	75	1
铀	1391000 t	44	1		
钒	26.7 万 t	—	—		
锌	8245 Mt	18	1		2
铅	5070 Mt	28	1		1
银	87300t	14	1		3

注：＊包括宝石级 67.4 Mc，工业级 70 Mc。

数据来源：中华人民共和国商务部网站 2004 年资料整理

三、煤炭资源

（一）澳大利亚关于矿物储量和资源量的定义

1. 经济探明资源量（EDR）

澳大利亚的已探明矿产资源量（Identified Mineral Resources）是从长期考虑的有可能供开采的资源量。最高级别的国家资源量是经济探明资源量（Economic Demonstrated Resources（EDR）和次级经济探明资源量（SDR）。EDR 包含了按照矿石储量联合委员会（JORC）分类的矿石储量（Mineral Reserve）和探明资源量（Measured Resources）及控制资源量（Measured and Indicated Resources）的大部。

2. JORC 法规和 JORC 标准

澳大利亚“勘查结果、矿产资源和矿石储量报告法规”（以下简称 JORC 法规）对于在澳大利亚公布勘查结果、矿产资源和矿石储量规定了最低的标准、建议和指南。该法规由澳大利亚采矿与冶金学会、澳大利亚地质科学家协会和澳大利亚矿产理事会组成的矿石储量联合委员会（Joint Ore Reserves Committee）起草。

矿石储量联合委员会成立于 1971 年，由澳大利亚采矿和冶金学会、澳大利亚地学家学会和澳大利亚矿产理事会共同组建，曾发表过一系列有关矿石储量分类和矿石储量公布方面的建议报告。该委员会经过长期研究，于 1989 年出台了第一个 JORC 矿产资源/储量分类标准。该法规曾分别于 1992、1996 和 1999 年重新修订出版发行，现行的 2004 年版为最新版，取代前面所有版本。

JORC 标准即澳大利亚矿产储量联合委员会标准。目前，JORC 标准已经成为国际范围内被广为认可的矿产资源量和矿石储量分类标准。世界上绝大多数矿业公司都使用 JORC 的 3-2 分类法，即：三类资源量（测定的、指示的、推断的），两类储量（探明的、推定的）。

可采储量包括探明（证实）储量（Proved Reserves）及推定（概略）储量（Probable Reserves），即按照 JORC 标准测定的两类储量之和，其中 Proved Reserves 为探明（证实）储量，Probable Reserves 为推定（概略）储量。

总资源量（Total Resources）是指按照JORC标准测定的3类资源量之和，即：探明资源量+控制资源量+推断资源量。

资源量和可采储量之间的关系如下：

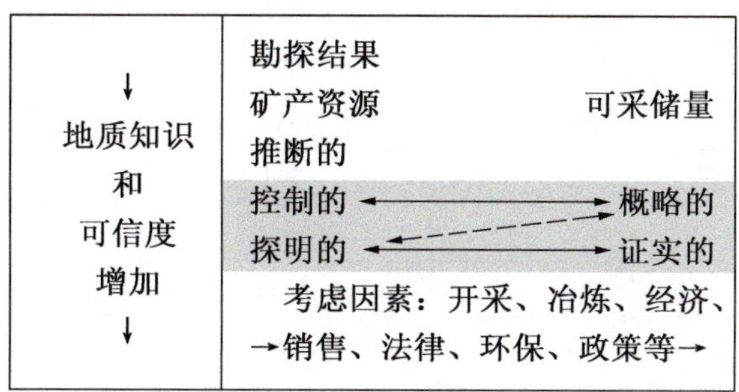

（二）煤炭资源总量

根据英国石油最新的BP世界能源统计年鉴（BP，2016），到2015年底，澳大利亚探明储量（Proved resource）为：无烟煤和烟煤371亿t，次烟煤和褐煤393亿t，总计764亿t，位居世界第四，占世界总资源量的8.6%；按照目前生产能力，可以开采158年（表1-2-2）。

表1-2-2　世界主要富煤国家2015年末探明储量

国　家	无烟煤和烟煤/Mt	次烟煤和褐煤/Mt	总计/Mt	占世界总量的比例/%	R/P
美国	108501	128794	237295	26.6	292
俄罗斯	49088	107922	157010	17.6	422
中国	62200	52300	114500	12.8	31
澳大利亚	37100	39300	76400	8.6	158
印度	56100	4500	60600	6.8	89
德国	48	40500	40548	4.5	220
乌克兰	15351	18522	33873	3.8	*
哈萨克斯坦	21500	12100	33600	3.8	316
南非	30156	—	30156	3.4	120
印度尼西亚	—	28017	28017	3.1	71
哥伦比亚	6746	—	6746	0.8	79
加拿大	3474	3108	6582	0.7	108
波兰	4178	1287	5465	0.6	40
全球	403199	488332	891531	100.0	114

注：R/P比：现有资源量/当年产量，该比值为可开采年限。

数据来源：BP，2016

根据澳大利亚地球科学（Australian Geoscience）的“2012年澳大利亚探明的矿物资源量（Australia's Identified Mineral Resources 2012）”数据，黑煤经济资源量（EDR）为418.5亿t，占世界经济资源量的6.20%，其中41%为经联合矿产储量委员会批准的JORC资源量；褐煤EDR资源量为392.5亿t，占世界经济资源量的20.09%。

2016年，澳大利亚地球科学（Australian Geoscience，2016）公布了最新的统计数据（OZMIN Mineral Commodities Database Outputs），2015年底，黑煤的经济资源量（EDR）为633.13亿t，推断资源量为760.99亿t，总计1394.12亿t；褐煤的经济资源量（EDR）为671.30亿t，推断资源量为995.84亿t，总计1667.14亿t（表1-2-3）。按照2014年澳大利亚煤矿生产规模，现有资源至少可以开采112年（黑煤）和1022年（褐煤）。

表1-2-3 2015年澳大利亚探明的资源量及分布

州	盆地	经济储量EDR/Mt	推断资源量/Mt	小计/Mt	占世界总量的比例/%
			黑煤		
昆州	Bowen	20550	14258	34808	32.46
	Surat	7752	10983	18735	12.24
	Galilee	5340	23843	29184	8.43
	Clarence - Moreton	2258	211	2469	3.57
	Tarong	1437	348	1785	2.27
	Eromanga	565	4781	5346	0.89
	Callide	439	70	509	0.69
	Mulgidie	65	233	298	0.10
	Maryborough	16	222	238	0.03
	Laura	5	54	58	0.01
	Saint Vincent	0	560	560	0.00
	Ashford	0	8	8	0.00
	合计	**38427**	**55571**	**93998**	**60.69**
新州	Sydney	19432	7782	27214	30.69
	Gunnedah	1909	552	2462	3.02
	Oaklands	1395	603	1998	2.20
	Gloucester	232	124	357	0.37
	合计	**22968**	**9061**	**32031**	**36.28**
南澳	Arckaringa	623	9292	9915	0.98
	Leigh Creek	135	317	452	0.21
	合计	**758**	**9609**	**10367**	**1.20**
西澳	Collie	304	233	537	0.48
	Canning	180	325	505	0.28
	Perth	156	1006	1162	0.25
	合计	**640**	**1564**	**2204**	**1.01**
塔州	Tasmania	520	294	814	0.82
总计		**63313**	**76099**	**139412**	**100.00**
			褐煤		
南澳	Eucla	513	1746	2259	0.76
维州	Gippsland	66284	75570	141854	98.74
	Otway	333	8745	9077	0.50
	Murray	0	13523	13523	0.00
	合计	**66617**	**97838**	**164454**	**99.24**
总计		**67130**	**99584**	**166714**	**100.00**

数据来源：Australia Geosciences，2016

（三）煤炭资源的分布

澳大利亚国内通常将煤炭划分为黑煤（Black coal）和褐煤（Brown coal）两类。澳大利亚各州（北领地除外）都有煤炭蕴藏，但黑煤主要分布在东部沿海200 km的陆内，其中昆州和新州无论探明的资源量还是生产量均居整个澳大利亚之首；褐煤主要赋存在澳洲大陆的南海岸，基本在维州（图1-2-3）。

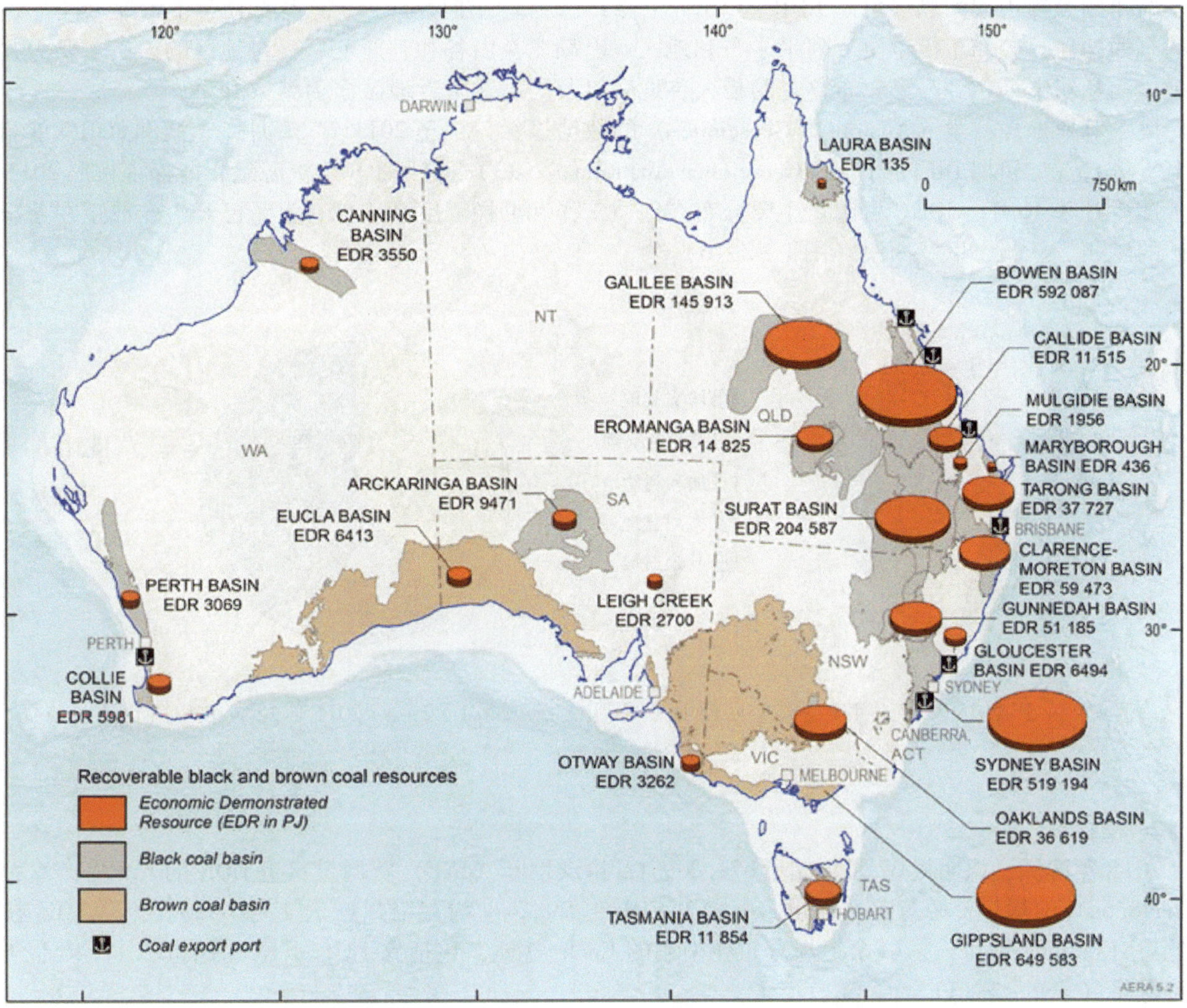

图 1-2-3　澳大利亚煤炭资源分布图（Geoscience Australia，2016）（图中 EDR 数值的单位为 PJ）

1. 黑煤

2016 年澳洲黑煤的总资源量近 1400 亿 t，其中可采经济资源量（EDR）633 亿 t，其中昆州（60.69%）和新州（36.28%）的资源量达到全澳洲的 96.97%（表 1-2-3、图 1-2-4）。

昆州的博文盆地（32.46%）、苏拉特盆地（12.24%）和加利利盆地（8.43%），以及新州的悉尼盆地（30.69%），这 4 个煤盆地的资源量占到全澳洲可采 EDR 的 83.83%（表 1-2-3、图 1-2-5）。

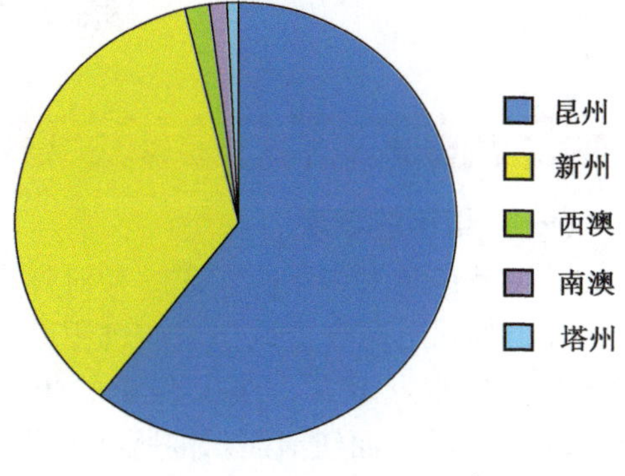

图 1-2-4　2015 年 12 月澳大利亚黑煤 EDR 分布情况

昆州的黑煤可采 EDR 占全澳洲的 60.69%（表 1-2-3、图 1-2-4），一半分布在博文盆地（30.69%），自北向南由科林斯维尔一直沿伸到布莱克沃特和毛拉，南北绵延 1000 多千米，探明 EDR 达 205 亿 t，推断资源量为 142 亿 t，总资源量 348 亿 t。纽兰兹、布莱尔阿瑟尔和布里斯班附近的储量也很丰富。最新的资源数据表明，博文盆地以南的苏拉特盆地和以西的加利利盆地也拥有丰富的动力煤资源，虽然目前探明 EDR 储量共约 130 亿 t，但煤藏前景看好，总资源量超过博文盆地（表1－2－3）。昆州的煤矿以露天开采为主。

新州的黑煤占澳洲黑煤可采EDR的36%（表1－2－3、图1－2－4），主要分布于悉尼－冈尼达盆地的东西两侧。分布于伍伦贡－阿平－布利地区、巴勒戈兰山谷和利斯戈－马奇地区的煤矿主要为井工开采，而从纽卡斯尔到马瑟尔布鲁克的猎人谷地区以及冈尼达附近地区多为露天开采。

澳大利亚地球科学（Australian Geoscience）的数据显示，截至2011年12月，全澳洲JORC总储量为192亿t，占当时EDR的38%（Geoscience Australia，2013）。这些JORC资源量，能保证按照2011年的生产率开采40年。JORC资源量主要分布在地质工作和勘探程度高、拥有大量已经生产或正在建设的煤矿的昆州、新州，以及西澳（图1－2－6）。

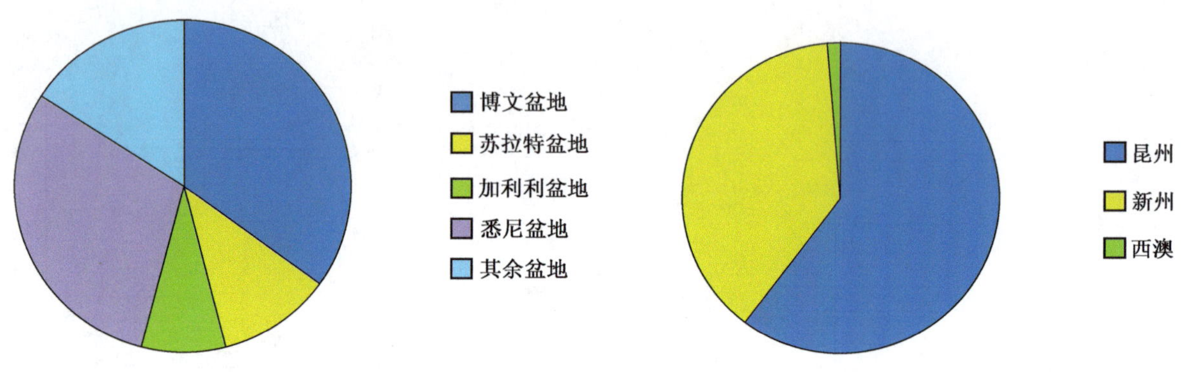

图1－2－5 2015年12月主要含煤盆地EDR分布　　图1－2－6 2011年12月JORC资源量分布

2. 褐煤

2015年澳洲已探明褐煤EDR储量671.3亿t，褐煤推断（INF）资源量接近EDR的1.5倍。澳大利亚近98.64%的褐煤资源蕴藏在维州，而褐煤EDR的99.24%均在维州（表1－2－3），其中90%在拉托比谷（Latrobe Valley）。其余褐煤分布在南澳的Eucla盆地，包括5.13亿t EDR储量和17.46亿t推断资源量（表1－2－3）。

维州的吉普斯兰德盆地拥有厚达330 m的世界级的稳定褐煤层。当前，在维州的Anglesea、Loy Yang，Yallourn和Hazelwood等露天矿开采的褐煤，全部供给公司的发电站。在Maddingley矿开采的褐煤被用于生产土壤调节剂和肥料。维多利亚所产褐煤还被制成工业和家用煤砖，以及低灰和低硫的炭灰产品。

总之，澳大利亚拥有丰富的煤炭资源，但分布表现了明显的区域性。

第二节 煤 炭 工 业

一、煤炭工业发展简史

（一）煤炭的发现

煤炭是在澳大利亚所发现的和对外出口的第一种矿物。新南威尔士州是最早发现煤炭的地方。1791年3月，英国殖民者士兵在追捕逃犯时在新州纽卡斯尔的亨特河入海口处发现了煤炭。煤炭开采始于1798年。1799年8月，澳大利亚的煤炭首次用帆船出口到了印度。到1908年，南海岸地区生产了1929236 t煤炭，而纽卡斯尔港所在的北部生产了6511002t。

随后，各个州陆续发现了煤炭。1825年在维洲的Cape Patterson发现了煤炭资源，但到1889年只生产了25000 t。昆州在1827年发现了煤炭，1870年起在Wide湾地区开始生产品质优良的煤炭。西澳于1846年在Murray River发现了煤炭，但现今主要在Collie河的煤矿进行生产。塔州的煤最早发现于1850年，产在Don河与Mersey河之间。南澳到1889年才在Kuntha山和Leigh Creek发现了优质褐煤。

（二）煤炭开采历程

澳大利亚煤矿早期以手工开采为主，主要采用平硐或斜井开拓巷道，从煤层露头开始掘进，并尽可能沿煤层掘进。煤炭运输十分原始，巷道坡度较小时利用马匹运输，坡度较大或立井使用辘轳提升。

1890 年，新南威尔士的 Greta 煤矿安装使用了第一台以压缩空气为动力的 Stanley 型煤巷掘进机。1898 年，Co－operative 煤矿采用了第一台电机泵，标志着电开始进入澳大利亚煤炭工业。

20 世纪 20 年代以来，新州煤矿机械采煤工作面逐步出现，开始使用盘式采煤机或截煤机掏槽，打眼爆破落煤的方法开采。畜力运输被带式输送机、蓄电池或柴油机车所替代。但许多煤矿，特别是小型煤矿仍以人工开采为主。

1933 年，昆州通过了《煤炭生产管理法》并成立了中央煤炭局（Central Coal Board）和地方煤炭局（District Coal Board），颁发煤矿开采许可证，规定了不同地区不同煤矿的生产定额和销售地区，限定最低煤炭售价。这些措施对该州煤炭工业起到了一定的保护作用。1948 年，昆州通过了目前仍在采用的《煤炭工业管理法》，撤销了中央煤炭局和地方煤炭局，组建了昆士兰煤炭局。

第二次世界大战期间（1939—1945 年），新州煤炭需求量剧增，导致出现煤炭供应严重短缺。1946 年 3 月 13 日，联邦政府和新州政府分别通过了《煤炭工业法》，并成立了联合煤炭局（Joint Coal Board）和煤炭仲裁法庭，促进了该州煤炭工业的正常发展。

由于液体燃料的竞争导致国内对煤炭的需求降低，加之煤的生产成本较高，20 世纪 50 年代，澳大利亚的煤炭开采进入低谷，煤炭工业发展几乎停滞。到 1959 年，煤炭产量增速大幅下降，平均每年仅约 20 Mt。1952—1959 年，新州的矿井数从 140 个减少到 102 个，雇员相应地从 2.01 万人减少至 1.33 万人。为了增加产量降低成本，提高煤炭在燃料市场上的竞争力，各个煤炭公司大力发展采煤机械化。1950 年澳大利亚引进了第一台 Joy 型连续采煤机。1954 年连续采煤机得到了广泛的推广和应用。1953—1961 年，新设备和矿山现代化建设的投资超过 5000 万澳元。到 1959 年，新州 102 个矿井中已有 67 个采用了机械装载，其中 48 个矿井装备有完全现代化的井下运输设备。

20 世纪 60 年代，澳大利亚紧紧抓住日本经济腾飞，对煤炭需求量剧增的机遇，加快了采煤设备的升级，采用先进的生产技术，迅速扩大生产规模，同时大力发展外向型煤炭工业。

1963 年 2 月，澳大利亚 Coal Cliff 煤矿（该矿已于 1991 年闭坑）第一个引进长壁综采设备，带动了其他煤矿开采设备的更新。

进入 21 世纪，澳大利亚煤炭工业不仅技术装备水平达到了国际领先，而且劳动生产率也处于世界主要产煤国的前列。与世界第二大产煤国和具有较高煤炭生产效率与技术的美国相比，2010 年，美国煤炭行业有工人 86195 名，生产各类煤炭（包括褐煤）9.76 亿 t，人均年生产煤炭 1.057 万 t。而同年澳大利亚煤炭行业有工人约 40000 名，生产各类煤炭（包括褐煤）4.02 亿 t，人均生产煤炭 1.005 万 t/年。2014 年时，澳洲的煤炭生产效率又有所提高。如根据 2014 年新州煤炭工业简介（2014 NSW Coal Industry Profile－volum 1），2013—2014 年度，该州 49 个煤矿 22262 名雇员共生产 261.00 Mt 原煤，其中商品煤 196.63 Mt，平均每个雇员生产原煤 11724 t，商品煤 8832 t。

此外，多年来澳大利亚一直是世界上煤炭安全生产最好的国家之一。如 2006 年，澳大利亚煤炭行业每百万工作小时的死亡人数不到 0.5 人，是世界上煤炭生产死亡率最低的国家之一，仅是同期美国死亡率的 1/3。又如 2013—2014 财年，新州的煤炭生产中共发生了 3 次事故，导致 4 名矿工重伤，这已是 1996—1997 年 6 名矿工死亡事故以来最严重的事故（2014 NSW Coal Industry Profile－volum 1）。

二、澳大利亚煤炭工业现状

先进的设备条件和高效的服务部门有力地支撑着澳大利亚煤炭工业的快速发展。澳大利亚不仅在矿山设计、建设和运营方面具有国际水准的专业技术和知识，而且建有国际一流的运输系统和装载设施。除此以外，澳大利亚还拥有人员培训、技术支持和项目管理方面的专业力量。因此，目前澳大利亚已经成为继中国、美国和印度之后的世界第四的产煤国和世界第一的煤炭出口国。同时，澳大利亚煤炭工业最大限度地满足了国内能源的需求，煤炭为全国电力生产约 80% 提供了能源。

（一）在产煤矿及在建项目

2014年底澳大利亚全国在产煤矿共计121个，各州分布情况如下：新州60个，昆州49个，南澳1个，西澳3个，塔州3个，上述116个煤矿均开采黑煤；维州5个矿开采褐煤（表1-2-4）。

表1-2-4 澳大利亚2014年的在产煤矿

煤矿	州	经度	纬度	煤类
Appin	NSW	150.7918	-34.2078	黑煤
Abel	NSW	151.6211	-32.8184	黑煤
Airly	NSW	150.0148	-33.0978	黑煤
Angus Place	NSW	150.199	-33.3492	黑煤
Ashton	NSW	151.0667	-32.4667	黑煤
Austar	NSW	151.3046	-32.8669	黑煤
Awaba	NSW	151.5492	-33.0264	黑煤
Baal Bone	NSW	150.05	-33.2669	黑煤
Bengalla	NSW	150.846	-32.2715	黑煤
Berrima	NSW	150.2657	-34.4652	黑煤
Bloomfield	NSW	151.567	-32.7922	黑煤
Boggabri	NSW	150.1633	-30.5904	黑煤
Bulga	NSW	151.11	-32.6868	黑煤
Chain Valley	NSW	151.55	-33.1631	黑煤
Charbon	NSW	149.9777	-32.8964	黑煤
Charbon（U）	NSW	149.9777	-32.8964	黑煤
Clarence	NSW	150.2439	-33.4565	黑煤
Cullen Valley	NSW	150.0162	-33.2693	黑煤
Dendrobium	NSW	150.76	-34.3769	黑煤
Donaldson	NSW	151.5765	-32.793	黑煤
Drayton	NSW	150.9113	-32.3473	黑煤
Duralie	NSW	151.9491	-32.2914	黑煤
Hunter Valley Operations	NSW	150.992	-32.5104	黑煤
Integra/Camberwell	NSW	151.135	-32.4838	黑煤
Integra/Glennies Creek	NSW	151.135	-32.4688	黑煤
Invincible	NSW	150.03	-33.3269	黑煤
Ivanhoe North	NSW	150.01	-33.3569	黑煤
Liddell	NSW	150.9999	-32.3916	黑煤
Mandalong	NSW	151.45	-33.1268	黑煤
Mangoola	NSW	150.67	-32.2968	黑煤
Mannering	NSW	151.5342	-33.2078	黑煤
Metropolitan	NSW	150.9966	-34.1849	黑煤
Moolarben	NSW	149.785	-32.2900	黑煤
Mount Arthur	NSW	150.851	-32.37	黑煤
Mount Thorley	NSW	151.106	-32.74	黑煤
MountOwen/Glendell	NSW	151.1	-32.68	黑煤
Muswellbrook No2	NSW	150.944	-32.25	黑煤
Myuna	NSW	151.5687	-33.0601	黑煤
Narrabri	NSW	149.85	-30.52	黑煤

表1-2-4（续）

煤 矿	州	经 度	纬 度	煤 类
Newstan Lochiel	NSW	151.5636	-33.0302	黑煤
Pine Dale	NSW	150.065	-33.297	黑煤
Ravensworth Narama	NSW	151.04	-33.58	黑煤
Ravensworth UG	NSW	151.035	-32.66	黑煤
Rixs Creek	NSW	151.13	-32.68	黑煤
Rocglen	NSW	150.19	-30.72	黑煤
Russell Vale	NSW			黑煤
Springvale	NSW	150.1056	-33.4006	黑煤
Stratford	NSW	151.9747	-32.1161	黑煤
Sunnyside	NSW	150.09	-30.99	黑煤
Tahmoor	NSW	150.5795	-34.2508	黑煤
Tarrawonga	NSW	150.163	-30.638	黑煤
Tasman	NSW	151.54	-32.8868	黑煤
Ulan	NSW	149.75	-32.2469	黑煤
Wambo	NSW	150.991	-32.82	黑煤
Werris Creek	NSW	150.6395	-31.407	黑煤
West Cliff	NSW	150.8244	-34.2175	黑煤
West Wallsend	NSW	151.6048	-32.9479	黑煤
Westside	NSW	151.57	-32.9468	黑煤
Wilpinjong	NSW	149.885	-32.332	黑煤
Wongawilli	NSW	150.7357	-34.4749	黑煤
Baralaba	QLD	149.8032	-24.1649	黑煤
Blackwater	QLD	148.8074	-23.6856	黑煤
Boundary Hill	QLD	150.4941	-24.1994	黑煤
Broadmeadow	QLD	147.97077	-21.743	黑煤
Burton	QLD	148.1726	-21.5886	黑煤
Callide	QLD	150.6222	-24.3109	黑煤
Cameby Downs	QLD	150.2872	-26.5786	黑煤
Carborough Downs	QLD	148.2094	-21.9502	黑煤
Caval Ridge	QLD			黑煤
Clermont	QLD	147.6308	-22.6892	黑煤
Collinsville	QLD	147.7686	-20.5676	黑煤
Commodore	QLD	151.2791	-27.9303	黑煤
Cook	QLD	148.9147	-23.7092	黑煤
Coppabella	QLD	148.4272	-21.8446	黑煤
Crinum*	QLD	148.371	-23.2101	黑煤
Curragh	QLD	149.8541	-23.4663	黑煤
Daunia	QLD			黑煤
Dawson（原 Moura）	QLD	150.0592	-24.6168	黑煤
Ensham	QLD	148.4975	-23.4545	黑煤
Foxleigh	QLD	148.8039	-22.9978	黑煤
German Creek - Grasstree	QLD	148.551	-22.9026	黑煤

表 1-2-4（续）

煤 矿	州	经 度	纬 度	煤 类
German Creek - Lake Lindsay	QLD	148.551	-22.9026	黑煤
German Creek - Open - cut	QLD	148.6501	-22.918	黑煤
Goonyella Riverside	QLD	147.962	-21.7923	黑煤
Grosvenor	QLD			黑煤
Hail Creek	QLD	148.4068	-21.5054	黑煤
Isaac Plains	QLD	148.108	-21.992	黑煤
Jeebropilly	QLD	152.6594	-27.623	黑煤
Jellinbah East	QLD	148.9506	-23.4069	黑煤
Kestrel	QLD	148.3703	-23.242	黑煤
Kogan Creek	QLD	150.7726	-26.8957	黑煤
Lake Vermont	QLD	148.4385	-22.399	黑煤
Meandu	QLD	151.9115	-26.8135	黑煤
Middlemount	QLD	148.6316	-22.8481	黑煤
Millennium	QLD	148.213	-22.025	黑煤
Minerva	QLD	148.0471	-23.9214	黑煤
Moorvale	QLD	148.3536	-21.9955	黑煤
Moranbah North	QLD	147.9567	-21.8713	黑煤
New Acland	QLD	151.7078	-27.2696	黑煤
Newlands	QLD	147.901	-21.2544	黑煤
North Goonyella，Eaglefield	QLD	147.9766	-21.6476	黑煤
Oaky Creek	QLD	147.9766	-21.6476	黑煤
Peak Downs	QLD	148.1731	-22.2199	黑煤
Poitrel	QLD	148.2344	-22.0412	黑煤
Rolleston	QLD	148.4106	-24.4441	黑煤
Saraji	QLD	148.2911	-22.3694	黑煤
Sonoma	QLD	147.86	-20.62	黑煤
South Walker Creek	QLD	148.4427	-21.7709	黑煤
Yarrabee	QLD	149.0264	-23.3177	黑煤
Leigh Creek	SA	138.4166	-30.4804	黑煤
Cullenswood	TAS	148.1523	-41.6178	黑煤
Duncan	TAS	148.1105	-41.5552	黑煤
Kimbolton	TAS	146.8103	-42.5341	黑煤
Ewington	WA	116.25	-33.3624	黑煤
Muja	WA	116.3095	-33.4205	黑煤
Premier	WA	116.2865	-33.3917	黑煤
Anglesea	VIC	144.17	-38.3918	褐煤
Hazelwood	VIC	146.391	-38.2690	褐煤
Loy Yang	VIC	146.564	-38.2347	褐煤
Maddingley	VIC	144.4402	-37.7043	褐煤
Yallourn	VIC	146.3604	-38.1951	褐煤

注：数据引自各州政府报告。

2014 年，昆州有在建煤矿 2 个，煤炭开发项目 21 个，新州有煤炭开发项目 24 个。

（二）煤炭的生产、消费和出口

1. 煤炭生产

根据 BP（英国石油）2016 年发布的世界能源统计（Statistical Review of World Energy 2016），2015 年澳大利亚的煤炭产量为 484. 5 Mt，占世界总产量（7861. 1）的 7. 18% 。2011 年，澳大利亚最主要的煤产区昆州因受到当年 1 月特大洪灾的影响，大批矿井停产，全州煤炭产量减少 6% 以上，导致全国煤炭产量比 2010 年减少了 2. 2% 。而 2012 年以后，澳洲煤炭生产迅速恢复，至 2014 年产量达到历史最高的 503. 2 Mt，比 2010 年增长了 19. 6% 。2015 年，澳大利亚和世界多数国家一样，煤炭生产因世界经济不景气而减产，降到 484. 5 Mt，比前一年减少 4. 27% 。尽管如此，澳大利亚的煤炭产量仍然稳居世界第四位（表 1 –2 –5、图 1 –2 –8）。

表 1 –2 –5　1996—2015 年世界主要产煤国产量　　Mt

年份	中国	美国	印度	澳大利亚	印度尼西亚	俄罗斯	南非	哥伦比亚	波兰	哈萨克斯坦	乌克兰	全球
1996	1396. 7	965. 1	311. 0	257. 0	50. 4	262. 1	206. 4	29. 6	201. 7	76. 8	71. 5	4713. 5
1997	1387. 5	988. 8	319. 4	281. 0	54. 8	250. 6	220. 1	32. 7	200. 9	72. 6	77. 7	4758. 8
1998	1332. 0	1013. 8	320. 9	290. 7	62. 2	235. 4	223. 0	33. 6	178. 6	69. 8	77. 9	4664. 1
1999	1364. 0	998. 3	314. 4	305. 8	73. 7	255. 1	223. 5	32. 8	172. 7	58. 4	82. 4	4671. 8
2000	1384. 2	974. 0	334. 8	313. 9	77. 0	262. 1	224. 2	38. 2	162. 8	74. 9	81. 5	4725. 6
2001	1471. 5	1023. 0	341. 9	335. 5	92. 5	274. 0	223. 6	43. 9	163. 5	79. 1	84. 3	4941. 9
2002	1550. 4	992. 7	358. 1	343. 2	103. 3	258. 9	220. 2	39. 5	161. 9	73. 7	83. 2	4984. 4
2003	1834. 9	972. 3	375. 4	351. 1	114. 3	278. 7	238. 8	50. 0	163. 8	84. 9	80. 9	5339. 4
2004	2122. 6	1008. 9	408. 0	363. 2	132. 4	284. 4	242. 8	53. 9	161. 3	86. 9	82. 0	5748. 7
2005	2365. 1	1026. 5	429. 0	378. 8	152. 7	300. 0	245. 0	59. 7	159. 5	86. 6	79. 6	6103. 4
2006	2569. 7	1054. 8	449. 7	386. 7	193. 8	311. 4	244. 8	66. 2	156. 1	96. 2	80. 8	6436. 6
2007	2759. 9	1040. 2	479. 1	396. 4	216. 9	315. 6	247. 7	69. 9	145. 9	97. 8	77. 2	6687. 9
2008	2903. 4	1063. 0	515. 4	408. 4	240. 2	330. 2	252. 2	73. 5	144. 0	111. 1	79. 9	6951. 1
2009	3115. 4	975. 2	556. 8	421. 0	256. 2	302. 4	247. 8	72. 8	135. 2	100. 9	74. 4	7071. 8
2010	3428. 4	983. 7	572. 3	433. 4	275. 2	322. 9	254. 5	74. 4	133. 2	110. 9	77. 3	7484. 4
2011	3764. 4	993. 9	563. 8	420. 8	353. 3	337. 4	252. 8	85. 8	139. 3	116. 4	85. 2	7977. 5
2012	3945. 1	922. 1	605. 6	444. 9	385. 9	358. 3	258. 6	89. 2	144. 1	120. 5	87. 3	8204. 7
2013	3974. 3	893. 4	608. 5	470. 8	449. 1	355. 2	256. 6	85. 5	142. 9	119. 6	84. 8	8254. 9
2014	3873. 9	907. 2	648. 1	503. 2	458. 1	357. 4	261. 5	88. 6	137. 1	114. 0	64. 0	8206. 0
2015	3747. 0	812. 8	677. 5	484. 5	392. 0	373. 3	252. 1	85. 5	135. 5	106. 5	38. 5	7861. 1
2014 ±	−2. 00	−10. 41	4. 73	−4. 27	−14. 43	4. 46	−3. 60	−3. 42	−0. 58	−6. 29	−36. 67	−3. 98
全球%	47. 70	11. 88	7. 41	7. 18	6. 29	4. 82	3. 73	1. 45	1. 40	1. 20	0. 43	100. 00
A	177. 36	−6. 00	108. 41	95. 79	809. 82	36. 38	26. 73	199. 61	−32. 01	48. 36	−10. 47	74. 10
B	9. 33	−0. 32	5. 71	5. 04	42. 62	1. 91	1. 41	10. 51	−1. 68	2. 55	−0. 55	3. 90

注：A—1996—2014 年产量增长百分比，% 。
B—1996—2014 年 19 年平均增长百分比，% 。

从全球来看，2015 年世界煤炭产量比 2014 年减少了 3. 98% ，主要煤炭生产国的煤炭产量均有不同幅度的减少，如：中国 3747. 0 Mt，占世界总产量的 47. 70% ，比 2014 年减产 2. 0% ；美国 812. 8 Mt，占世界总产量的 11. 88% ，比 2014 年剧减了 10. 41% 。只有印度和俄罗斯的煤炭产量不降反升，印度 677. 5 Mt，占世界总产量的 7. 41% ，比 2014 年增产 4. 73% 。

1981 年以来，澳大利亚煤炭产量长期保持稳定增长。自 1996—2014 年的 19 年间，澳大利亚煤炭产量增长了95.79%，年均增长率为5.04%，高于全球产量的增长速度（图1－2－7）。而在这19年中，世界煤炭产量年均增长3.90%，其中印度尼西亚增长最快（年均42.62%），哥伦比亚次之（10.51%），中国位居第三（9.33%），印度第四（5.71%），澳大利亚第五。此外，南非（1.41%）、俄罗斯（1.91%）和哈萨克斯坦（0.20%）保持小幅稳定增长；而波兰（－1.68%）、乌克兰（－0.55%）和美国（－0.32%）则是负增长（表1－2－5）。

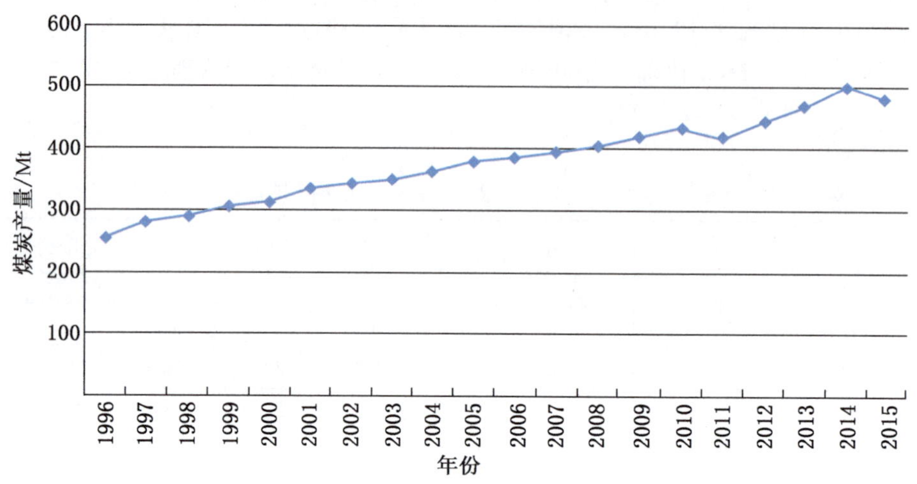

图1－2－7 澳大利亚1996—2015年煤炭产量
（BP，2016）

2. 煤炭消费

煤炭在澳大利亚能源消费结构中占有重要的地位，尤其煤炭要满足国内电力工业70%以上的燃料需求。

从历年煤炭消费情况来看，1996—2006年澳大利亚的煤炭消费逐年增长，年均增长率为3.01%，2006年的消费量达到最高（56.6 Mt）。2007年开始，其煤炭消费量不断降低，2014年（44.7 Mt）仅相当于1997年的水平（44.6 Mt）。虽然2015年的消费量有所上升，增加到46.6 Mt，但也仅占全球煤炭消费总量的1.21%（表1－2－6、图1－2－8）。

表1－2－6 澳大利亚1996—2015年煤炭消费

年度	1996	1997	1998	1999	2000
Mt	42.5	44.6	46.8	47.4	47.7
年度	2001	2002	2003	2004	2005
Mt	48.9	51.5	49.2	50.7	53.9
年度	2006	2007	2008	2009	2010
Mt	56.6	54.9	55.4	53.4	50.6
年度	2011	2012	2013	2014	2015
Mt	50.2	47.3	45.0	44.7	46.6

数据来源：BP，2016

从终端消费部门来看，澳大利亚历年主要的煤炭消费部门为发电行业，澳大利亚电力的75%左右产自煤电。国内消耗的黑煤中的85%左右均用于发电，其次为钢铁工业和其他消费部门。褐煤全部用于发电。

煤炭和石油在今后相当长的时间内还将继续成为澳大利亚主要的一次能源，不过在能源构成中的比

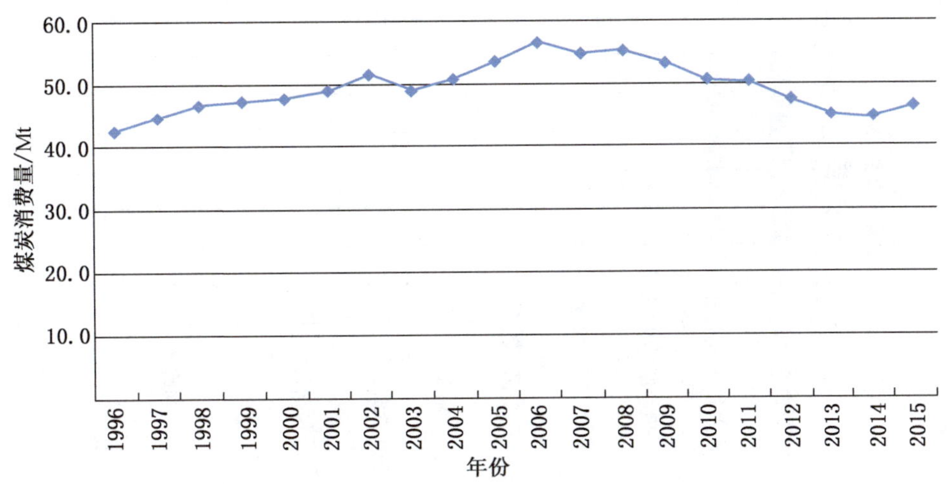

图 1-2-8 1996—2015 年煤炭消费情况

例将有所下降。2007—2008 年时，煤炭约占澳大利亚一次能源消费构成中的 37%，石油占 36%，天然气占 22%。预计到 2030 年，煤炭所占比例将降至 23%，石油将维持 36% 不变，而天然气将增长至 33%。

3. 煤炭出口

澳大利亚一直是世界重要的煤炭出口国，而且其煤炭出口量保持长期快速增长。1983—1984 年度，澳大利亚煤炭出口量首次超过美国，成为世界最大的煤炭出口国之一。炼焦煤是其主要的出口产品，占全世界炼焦煤出口总量的一半以上；动力煤的出口所占比例也接近 20%（IEA，2009）。1996—2015 年的 20 年中，澳大利亚煤炭生产发展快速，国内煤炭消费总体保持平稳小幅增长的态势，而煤炭出口则持续稳定增长（图 1-2-9）。

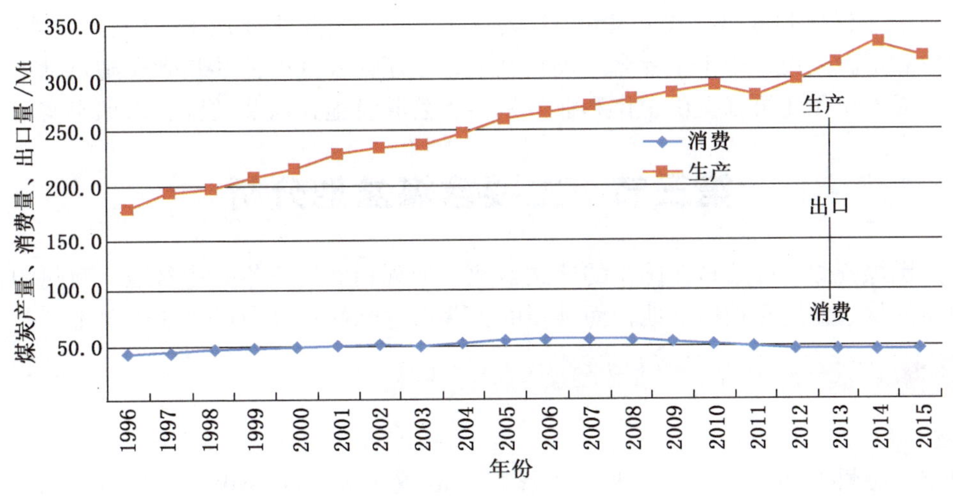

图 1-2-9 1996—2015 年澳大利亚煤炭产量、消费量、出口量（BP，2016）

根据国际能源署的统计（IEA，2016），2014 年全球净出口煤炭（包括动力煤、焦煤、褐煤，以及回收的煤炭）共计 1255 Mt，其中 10 个主要的煤炭出口国共出口 1237 Mt：印度尼西亚出口量最多（409 Mt），澳大利亚居次（375 Mt），以下依次为俄罗斯（130 Mt）、哥伦比亚（80 Mt）、美国（78 Mt）、南非（75 Mt）、哈萨克斯坦（29 Mt）、加拿大（27 Mt）、蒙古（19 Mt）、朝鲜（15 Mt），其他煤炭出口国仅出口了 18 Mt（图 1-2-10）。

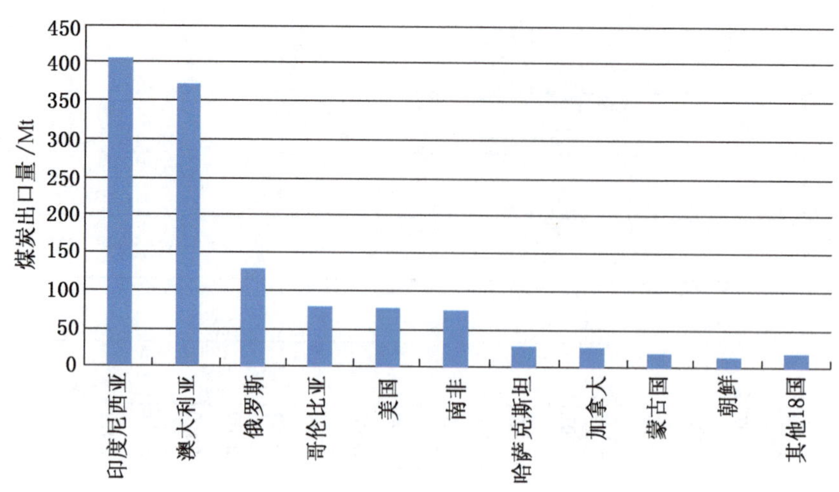

图1-2-10 2014年世界主要国家煤炭出口情况（IEA，2016）

三、煤炭工业对澳大利亚经济社会的贡献

煤炭工业在澳大利亚的经济发展、能源安全和社会生活中扮演着重要的角色。煤炭是澳大利亚最主要的出口商品，仅2008—2009年煤炭出口创造的价值就达到550亿澳元，而且为澳大利亚各地大约14万澳大利亚人提供了工作岗位，其中直接从事煤炭生产的有近4万人，其他与煤炭有关或为煤炭工业服务的约10万人。全国超过54%的电能由黑煤生产，从而保证了安全、可靠和比较便宜的电的供应。

在全球经济大萧条的2009年中，澳大利亚是世界33个发达经济体中唯一一个保持增长的国家。一个基本原因在于持续不断增长的煤炭出口。煤炭对经济的重要性还体现在它在GDP中所占的比例。2006—2007年度，煤炭工业仅占1.7%，而2008—2009年度几乎翻了一番，达到3.5%。

每年，煤炭工业向联邦政府和州政府上缴数十亿澳元的公司税、自然资源开发税和运费。如2008—2009年度，上缴昆州政府煤炭开发税31亿澳元，新南威尔士州政府13亿。这些钱被政府用于资助医院、学校和道路建设，用于全社会。煤炭企业每年还为社区的公共基础设施贡献上千万澳元。此外，煤炭工业每天的运作还可以提供工作和业务机会、公共设施，以及教育、培训和实习。

第三节 主要含煤盆地分析

澳大利亚的黑煤资源主要蕴藏在昆州的博文盆地、加利利盆地、苏拉特盆地，新州的悉尼盆地和冈尼达盆地，西澳的坎宁盆地和珀斯盆地，而维州的吉普斯兰德盆地是最重要的褐煤生产基地。

一、博文盆地

（一）概述

博文盆地位于昆州中部，是一个大型三角形状的区域，从Collinsville到Theodore，长600 km，宽250 km，地面出露面积75000 km^2。向南，博文盆地延伸到苏拉特盆地的中生代矿床下方的深部沉积层，毗邻新州内的冈尼达盆地和悉尼盆地（图1-2-11）(Brakel，1995；Mallet等，1995)。

博文盆地是澳洲最重要的二叠纪煤炭的产地，它不仅拥有澳大利亚最多的煤炭资源量，而且拥有世界最大的烟煤矿床，特别是它拥有澳大利亚几乎全部可开采的二叠纪焦煤资源。

（二）地质构造

博文盆地是一个克拉通盆地，可以划分为4个主要的构造单元（Dickens和Malone，1973）：Taroom断陷、Collinsville-Comet高地、Denison断陷与Springsure地盾。在后来的研究中，Hammond（1990）分析了Collinsville陆架和Comet山脊之间的区别，并增加了一个褶皱带和Nebo复向斜层，因此确定为7

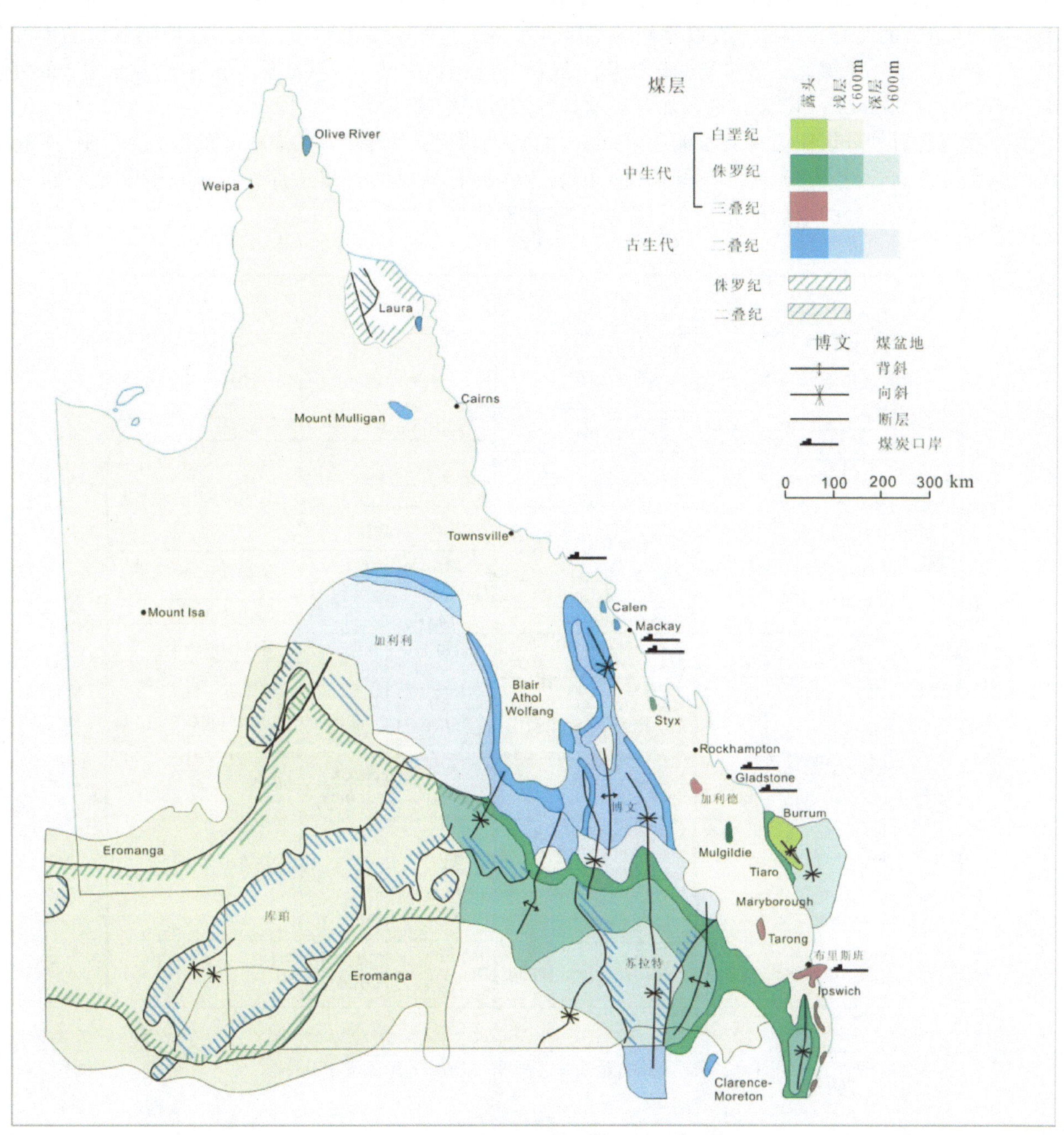

图 1-2-11 昆州的煤盆地及煤系地层分布

种构造单元。Murray（1990）详细地重新评估了博文—冈尼达—悉尼盆地的构造演化过程，并提出博文盆地是一个极其复杂的盆地，经历多相沉降和构造演化过程，其形成过程至少包括 3 个阶段：早二叠世的岩浆断裂阶段、二叠纪中期凹陷阶段和最后的晚二叠纪—早三叠世的前陆盆地阶段。

Mallet 等（1995）将博文盆地描述为第一期 NNW-SSE 向陆台或陆架的组成部分，被沉积槽所隔开。他们认为博文盆地的形成仅经过两个阶段：早期地壳拉伸，从而形成线状的半地堑结构，成为区域地壳凹陷的中心，随后过渡到前陆盆地，并在东缘的岩浆活动的同时主要在 Taroom 断陷中接受沉积。

（三）煤系地层

博文盆地中的煤层无论是在等级还是在质量上都存在巨大差异，越靠近盆地中东部的 Dawson 构造区，煤的等级越高（King & Goscombe，1968；Beeston，1981）。在盆地中东部 Dawson 构造带附近，煤等级从半—无烟煤到低挥发性烟煤，而矿床往往呈现出相对复杂的结构。在盆地中部的 Comet 脊和 Collinsville 陆架的煤为中等—高挥发性煤，其中包含品质最佳的焦煤。这些矿床中构造变形一般相对较轻。在 Dawson 构造带的北部和南部，具有相似的等级分布特性与构造变形程度。继续延伸到盆地的南部和西部，煤炭品级低于焦煤区，最重要的矿床属于低灰含量的非焦煤，这些矿床一般不受主要构造的复合影响。向西穿过 Springsure 陆架并进入加利利盆地，煤等级继续下降。

博文盆地没有划分煤田。博文盆地在 Denison 断陷（西南）含有厚达 2300 m 的沉积岩，在 Denison 断陷的东北部含有厚达 3000 m 的沉积岩和火山岩，并拥有最厚的含煤层序。Rewan 组（最年轻）和 Rangal 煤是 2 个最年轻的地层单元，它们存在于整个区域中（图 1－2－12）。

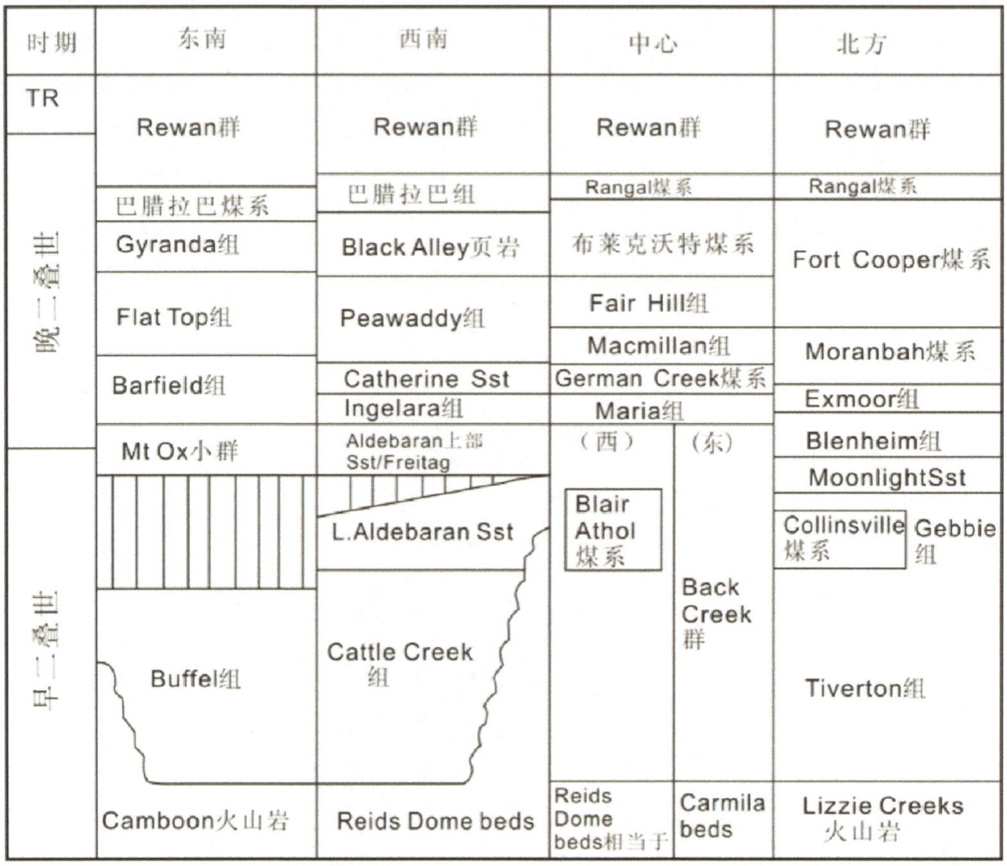

时期	东南	西南	中心	北方
TR	Rewan群	Rewan群	Rewan群	Rewan群
晚二叠世	巴腊拉巴煤系	巴腊拉巴组	Rangal煤系	Rangal煤系
	Gyranda组	Black Alley页岩	布莱克沃特煤系	Fort Cooper煤系
	Flat Top组	Peawaddy组	Fair Hill组	
			Macmillan组	Moranbah煤系
	Barfield组	Catherine Sst	German Creek煤系	Exmoor组
		Ingelara组	Maria组	
	Mt Ox小群	Aldebaran上部 Sst/Freitag	（西） （东）	Blenheim组
早二叠世				MoonlightSst
		L.Aldebaran Sst	Blair Athol煤系 （西）；Back Creek群 （东）	Collinsville煤系；Gebbie组
	Buffel组	Cattle Creek组		Tiverton组
	Camboon火山岩	Reids Dome beds	Reids Dome beds相当于 （西）；Carmila beds （东）	Lizzie Creeks火山岩

图 1－2－12 博文盆地地层对比（Draper et al.，1990）

Mallet 等（1995）总结了博文盆地的地层学，确定了 4 个煤组（coal group）。

第Ⅰ煤组，年龄最大的煤组，在初始拉伸裂谷阶段沉积，产在地堑填充的 Reids 穹窿层，沿盆地西部一直向北延伸。Reids 穹窿层的厚度和岩性变化很大。在 Denison 断陷的南部，Reids 穹窿层的煤层组厚度达到 30 m，不过埋藏相当深。继续向北，煤层厚度减薄，但更接近地表；在 Capella 区存在优质焦煤与非焦煤浅层煤炭储量。在 Denison 断陷内，一个厚的海相层序覆盖在 Reids 穹窿层之上。在 Collinsville 北部，Crush Creek 层中的煤层夹有火山岩夹层（图 1－2－13）。

第Ⅱ煤组包括一些不相连的沉积物，分布在盆地的北部和西部，其中包括在最北端的 Collinsville 煤系（Webb 和 Crapp，1960）。Collinsville 煤系被 Glendoo 砂岩组分为顶部和底部煤系，这个煤系于海侵时沉积而成。Collinsville 煤系内正在开采的 9 个连续煤层，因沉积环境不同而呈现不同的性质、连续性和均匀性（图 1－2－13、图 1－2－14）。

其他煤层在 Clermont 北北东的 Rugby 被发现；在 Clermont 地区有些矿床，包括 Blair Athol 和 Wolfang 盆地，该盆地是博文盆地的构造外围。在盆地中西部和西南部的 Denison 断陷的 Freitag 组和 Aldebaran 砂岩组有同样年龄的煤层，但多未达到具有经济开采价值的足够厚度。靠近 Mackay 北部海岸的

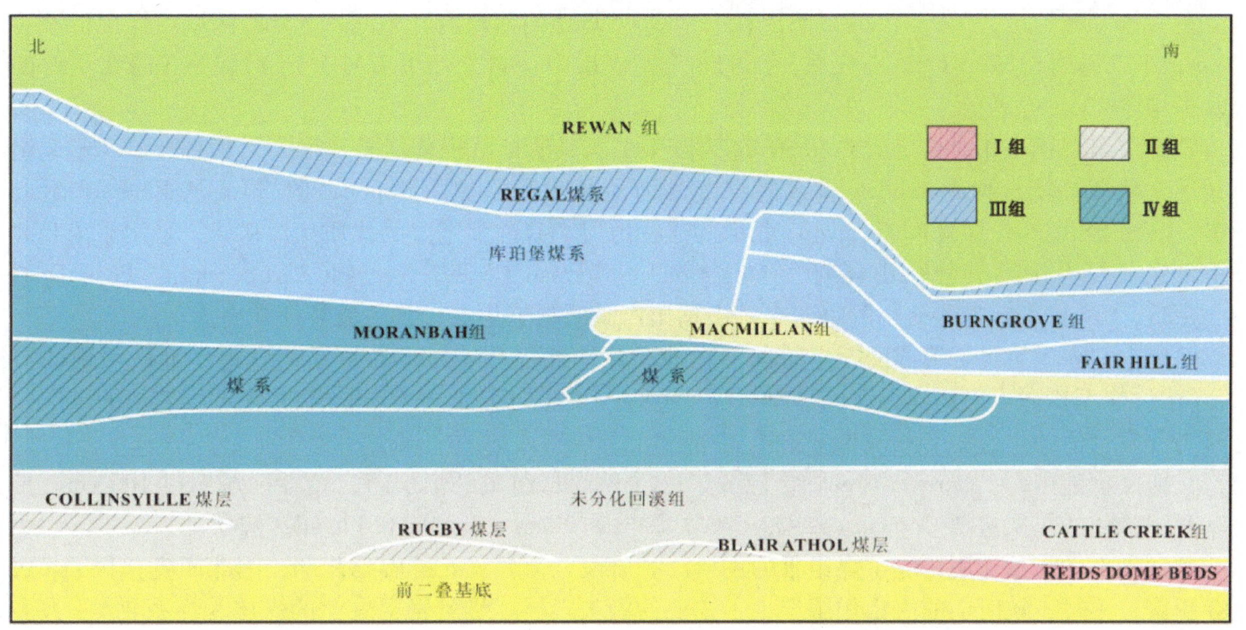

图 1-2-13　博文盆地煤系地层对比示意图

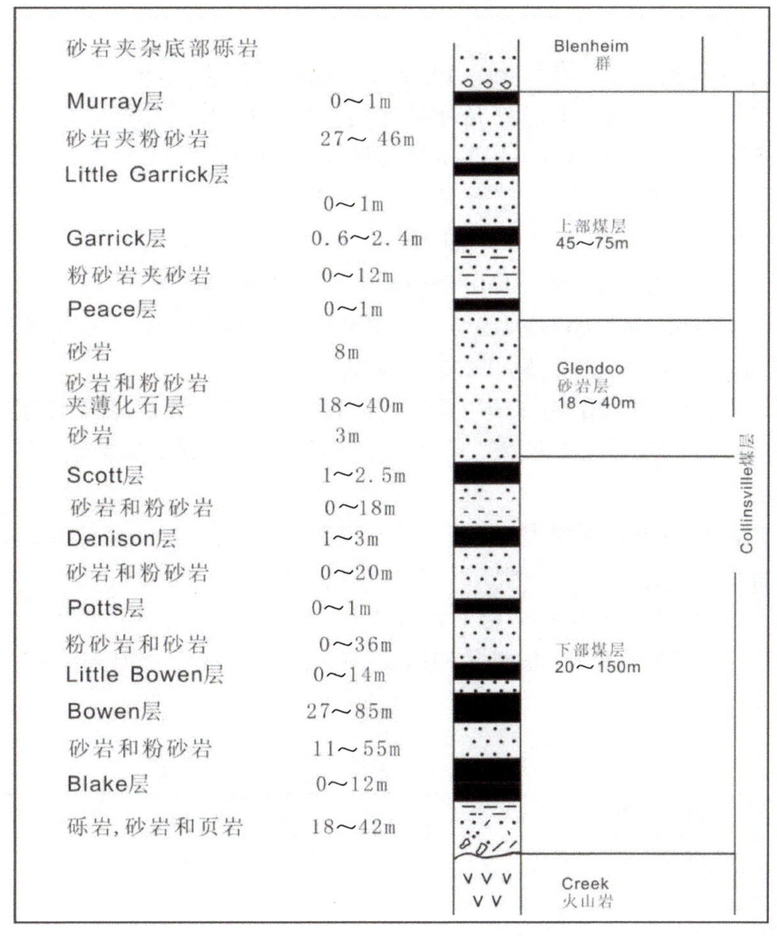

图 1-2-14　Collinsville 煤系柱状图

Calen 煤系具有相似的年龄（Day 等，1983）。

在 Clermont 地区，Blair Athol 煤系产在一个 $8\times6\ km^2$ 的盆地内，中间 $4.5\ km^2$ 区域内煤层最厚可达 250 m，下部砾岩层厚 150 m。在煤系上部的 4 个主煤层中（自上而下编号 1 到 4），第 3 号煤层厚度最大，平均厚 29 m。

第Ⅲ煤组沉积在相对稳定的 Collinsville 大陆架上，其所处沉积环境差异很大，从 German Creek 组的海相远三角洲环境，到 Moranbah 煤系内主要为河流相洪积平原（Koppe，1978）。从 Emerald 附近的 Gordonstone 到 Mackay 腹地的 Goonyella 北部的这些地层中有许多重要的优质焦煤矿床，采用露采和井工开采。在该煤系中的其他矿山还有：Oaky Creek、German Creek、Norwich Park、Saraji、Peak Downs、Goonyella、Riverside。这些矿山的每一个矿山均出产高质量炼焦煤，其主要特征是高流动性。

已确定 Group Ⅲ煤层形成的 5 个阶段。在博文盆地北部，Moranbah 煤系与盆地中部所发现的 German Creek 煤系横向可以对比，西侧总厚 20 m 的 4～5 层煤向东部分叉，形成 20 个厚度较薄的煤层。具有经济开发价值的煤层为 Goonyella 底部、中部和上部煤层，前两个煤层厚度分别为 7～9 m 和 7～19 m。

在博文盆地中部，German Creek 组上部有 11 个薄煤层组成的煤层组，覆盖区域超过 100 km。具有经济开采价值的煤层包括 German Creek、Corvus 1 与 2、Fieri、Aquila 和 Pleiades 煤层。

盆地南部的海侵作用终止了煤组Ⅲ的主要沉积阶段，但并没有扩展到北部，因此环境有利于煤层的继续积聚。不过，该时期的火山作用产生了主要的凝灰岩层。凝灰岩层之上的煤层为煤系ⅢA。大多数煤层灰分含量高，如 Fair Hill 组和 Fort 库伯煤系，这类煤层尽管厚度较高，但仍然无经济开采价值。第Ⅲ煤系的厚度可达 30 m，但该煤层将近 80% 都是碎屑物质和凝灰质物质。

博文盆地煤炭形成的最后阶段即第Ⅳ煤组，包括 Rangal 煤系及相应的煤系、Elphinstone 煤系、Baralaba 煤系及 Bandanna 组。该煤系煤质变化大，在盆地内的分布范围最广。第Ⅳ煤组形成于河流、湖泊和沼泽环境。

在 Collinsville 大陆架第Ⅳ煤组厚约 50 m，到 Taroom 断陷增厚至约 300 m。

博文盆地北部，煤层分布受到 Nebo 复向斜内的断裂和褶皱的作用影响。沿 Collinsville 大陆架边缘，Rangal 煤系的厚度为 25～112 m。Vermont 和 Leichhardt 是 Mackenzie River 与 Middlemount 之间带以北煤系的两个主要厚煤层，向东南延伸时，煤层分叉。

在博文盆地中部，Yarrabee 构造带有 Rangal 煤系。因为煤层分叉，因此煤层的连续性以及名称均不太明确。已发现两个主煤层，上煤层可与 Curragh Colliery 的 Vermont 煤层对比。在 Blackwater 地区，数个煤层一起构成 Mackenzie 煤层组（Pisces、Orion、Pollux 煤层组）、Mammoth 煤层组（Aries 与 Castor 煤层组）以及一个薄的 Cancer 煤层组（Mallet 等，1995）。

在博文盆地南部，Rangal 煤系沿 Mimosa 向斜东缘出露。但盆地的中部煤层的界定较为困难。例如，在 Moura Colliery，厚 200 m 的煤系有 6 层煤，但在北面和南面，变成了 9 层煤。Theodore 地区煤系的厚度达 350 m。

虽然第Ⅳ煤组的质量和品级差别很大，但均具有反应物质含量相对较低以及含硫量低的共同特征。作为炼焦和非炼焦两种煤炭的来源，这些煤层具有重要的经济开采意义。

将博文盆地煤组的特点、各煤组煤系地层对比及煤矿分布进行汇总，可以看到，区内广泛分布的晚二叠纪的第Ⅲ和第Ⅳ煤组主要为高品质动力煤和冶金煤（焦煤），汇集了昆州的大多数的煤矿（表 1－2－7）。

表 1－2－7 博文盆地煤组对比及煤矿分布表

煤组	时代	描 述	煤 系	煤 矿
Ⅳ	晚二叠纪	这是一个依据煤质区分的最特殊的组，广泛分布在盆地内。尽管煤级和煤质变化很大，但原煤中缺少镜质体和低硫。它们可以作为冶金和动力用煤，自 20 世纪 60 年代开始被大规模开采	Rangal 煤系（Baralaba 煤系和 Bandanna 组相当）	Baralaba, Blackwater, Burton, Broadlea North, Carborough Downs, Cook, Coppabella, Curragh and Curragh, North Dawson, Ensham, Foxleigh, Hail Creek, Isaac Plains, Jellinbah East, Lake Lindsay German Creek East and Oak Park, Millennium, Moorvale, Poitrel, Newlands Eastern Creek, Rolleston, South Walker Creek, and Suttor Creek, Yarrabee

表 1-2-7（续）

煤组	时代	描　述	煤　系	煤　矿
Ⅲ	晚二叠纪	包括主要的高品质的焦煤矿床，既有露天开采也有井工开采，从 Collinsville 南的 Sonoma 一直到 Kestrel，邻近 Creek-Aquila 南部，矿床靠近 Emerald	Moranbah 煤系Ⅰ German Creek 组	Goonyella Riverside，North Goonyella - Eaglefield，Moranbah North，Norwich Park，Peak Downs，Saraji，Sonoma，German Creek - Aquila and Bundoora and Grasstree，Gregory - Crinum，Kestrel，Oaky Creek
Ⅱ	早二叠纪	在博文盆地西北，不同矿床为不同的煤系：Collinsville 煤系，Rugby 附近的煤系和 Clermont 附近一些矿床，包括 Blair Athol 和 Wolfang 盆地	Blair Athol 煤系及相当的层位 Collinsville 煤系	Blair Athol Collinsville
Ⅰ	早二叠纪	以 Reids Dome beds 为代表，厚度和岩性变化很大。仅分布在博文盆地的西南部，Maraboon 湖南侧。在南 Denison Trough 煤层厚可达 30 m，但埋藏深（大于 1200 m）	Reids Dome beds	Minerva

（四）资源量

2016 年，澳大利亚地球科学（Australian Geoscience，2016）所公布的最新的数据显示（表 1-2-3），2015 年底，澳大利亚黑煤的经济资源量（EDR）为 633.13 亿 t，推断资源量为 760.99 亿 t，总计 1394.12 亿 t，昆州全州黑煤的经济资源量（EDR）为 384.27 亿 t，推断资源量为 555.71 亿 t，总计 939.98 亿 t，为全澳洲的 60.69%。其中仅博文盆地就占到全澳洲的 32.46%，即 348.08 亿 t，包括经济资源量（EDR）205.5 亿 t。

（五）在产矿、新建矿和开发项目

博文盆地蕴藏着昆州大部分煤炭资源，特别是该州所有的焦煤储量，因此也汇聚了大量的煤矿。根据昆州政府自然资源和矿山部（Department of Natural Resources and Mines，Queensland Government）于 2016 年 7 月发布的资料，博文盆地现有在产煤矿 43 个（表 1-2-4、表 1-2-8、图 1-2-15），是整个昆州在产煤矿（50 个）的 86%，其中露采矿 26 个，井工矿 9 个，露采和井工矿 2 个；昆州 2 个在建矿全部在博文盆地（表 1-2-9；图 1-2-15）；昆州 21 项已经拿到或正在申请采矿证的出口煤矿项目中有 16 个在博文盆地（表 1-2-10；图 1-2-15），占比达 76.2%。博文盆地的这些项目主要是新建矿，只有 2 个是在产矿扩产或改建；其中大多数是露天矿，只有 3 个井工矿，2 个露采加井工矿。上述煤矿和项目基本开采焦煤、喷吹煤和高质量的动力煤。2014—2015 年度，在产煤矿的产量为 220.17 Mt。

表 1-2-8　博文盆地在产煤矿及 2014—2015 年煤炭销售

煤　矿	经度	纬度	开采方式	商品煤/Mt	煤　种	公　司
Baralaba	149.8032	-24.1649	露采	774219	喷吹/动力	Cockatoo Coal Pty Ltd
Blackwater	148.8074	-23.6856	露采	13387290	焦煤/动力*	BHP Billiton Mitsui Coal Pty Ltd
Broadmeadow	147.97077	-21.743	井工	0	焦煤	BHP Billiton Mitsui Coal Pty Ltd
Burton	148.1726	-21.5886	露采	1198373	焦煤/动力	Peabody Energy Australia Pty Ltd
Carborough Downs	148.2094	-21.9502	井工	2820349	焦煤/动力	Vale Australia Pty Ltd
Caval Ridge				6292387	焦煤	BHP Billiton Mitsui Coal Pty Ltd
Clermont	147.6308	-22.6892	露采	12251401	动力	Glencore plc
Collinsville	147.7686	-20.5676	露采	3444439	焦煤/动力	Glencore plc
Cook	148.9147	-23.7092	井工	577999	焦煤/动力	Caledon Coal Pty Ltd
Coppabella	148.4272	-21.8446	露采	4085742	喷吹/动力	Peabody Energy Australia Pty Ltd
Crinum*	148.371	-23.2101	井工	6586063	焦煤	BHP Billiton Mitsui Coal Pty Ltd

表1-2-8（续）

煤　矿	经度	纬度	开采方式	商品煤/Mt	煤　种	公　　司
Curragh	149.8541	-23.4663	露采	12244395	焦煤/喷吹/动力	Wesfarmers Resources Limited
Daunia				4755875	焦煤/喷吹/动力	BHP Billiton Mitsui Coal Pty Ltd
Dawson（原 Moura）	150.0592	-24.6168	露采	8148072	焦煤/动力	Anglo American
Ensham	148.4975	-23.4545	露采/井工	3733425	动力	Ensham Resources Pty Ltd
Foxleigh **	148.8039	-22.9978	露采	3097926	喷吹/动力	Anglo American
German Creek - Grasstree	148.551	-22.9026	井工	6281913	焦煤	Anglo American
German Creek - Lake Lindsay	148.551	-22.9026	井工/露采	4801460	焦煤/喷吹/动力	Anglo American
German Creek - Open - cut	148.6501	-22.918	露采	264082	焦煤/喷吹/动力	Anglo American
Goonyella Riverside	147.962	-21.7923	露采	16905895	焦煤	BHP Billiton Mitsui Coal Pty Ltd
Grosvenor				121818	焦煤	Anglo American
Hail Creek	148.4068	-21.5054	露采	9502986	焦煤	Rio Tinto Coal Australia Pty Limited
Isaac Plains ***	148.108	-21.992	露采	1196746	焦煤/动力	Stanmore Coal Limited
Jellinbah East	148.9506	-23.4069	露采	4 532 332	焦煤/喷吹/动力	
Kestrel	148.3703	-23.242	井工	3379838	焦煤	Rio Tinto Coal Australia Pty Limited
Kogan Creek	150.7726	-26.8957	150.7726	2660646	动力	CS Energy Ltd
Lake Vermont	148.4385	-22.399	露采	8388484	焦煤/喷吹/动力	Jellinbah Group
Meandu	151.9115	-26.8135	151.9115	3429513	动力	Stanwell Corporation Limited
Middlemount	148.6316	-22.8481	露采	3998865	喷吹/动力	Peabody Energy Australia Pty Ltd
Millennium	148.213	-22.025	露采	3736759	焦煤/喷吹/动力	Peabody Energy Australia Pty Ltd
Minerva	148.0471	-23.9214	露采	2437431	动力	Sojitz Corporation
Moorvale	148.3536	-21.9955	露采	3057330	喷吹/动力	Peabody Energy Australia Pty Ltd
Moranbah North	147.9567	-21.8713	井工	5418688	焦煤	Anglo American
Newlands	147.901	-21.2544	露采	6657776	焦煤/喷吹/动力	Glencore plc
North Goonyella, Eaglefield	147.9766	-21.6476	井工	2599445	焦煤	Peabody Energy Australia Pty Ltd
Oaky Creek	147.9766	-21.6476	井工	6489484	焦煤	Glencore plc
Peak Downs	148.1731	-22.2199	露采	10057840	焦煤	BHP Billiton Mitsui Coal Pty Ltd
Poitrel	148.2344	-22.0412	露采	3465230	焦煤/喷吹/动力	BHP Billiton Mitsui Coal Pty Ltd
Rolleston	148.4106	-24.4441	露采	10517938	动力	Glencore plc
Saraji	148.2911	-22.3694	露采	9010721	焦煤	BHP Billiton Mitsui Coal Pty Ltd
Sonoma	147.86	-20.62	露采	4157503	焦煤/动力	QCoal Pty Ltd
South Walker Creek	148.4427	-21.7709	露采	5180097	喷吹/动力	BHP Billiton Mitsui Coal Pty Ltd
Yarrabee	149.0264	-23.3177	露采	3058317	喷吹/动力	Yancoal Australia Ltd

注：*2012 年 10 月 Gregory 矿停产，2015 年 7 月 BHP Billition 宣布 2016 年 1 季度 Crinum 停产。

**2016 年 4 月 Anglo American plc 宣布了该煤矿 70% 的股份卖给 Taurus Fund Management 的一个财团。

***2015 年 1 月因经济原因停产，卖给 Stanmore Coal Limited（2015 年 7 月 30 日宣布），2015 年第四季度完成。2016 年 4 月新主人开始商业生产，产量减至商品煤 1.1 Mt/a。

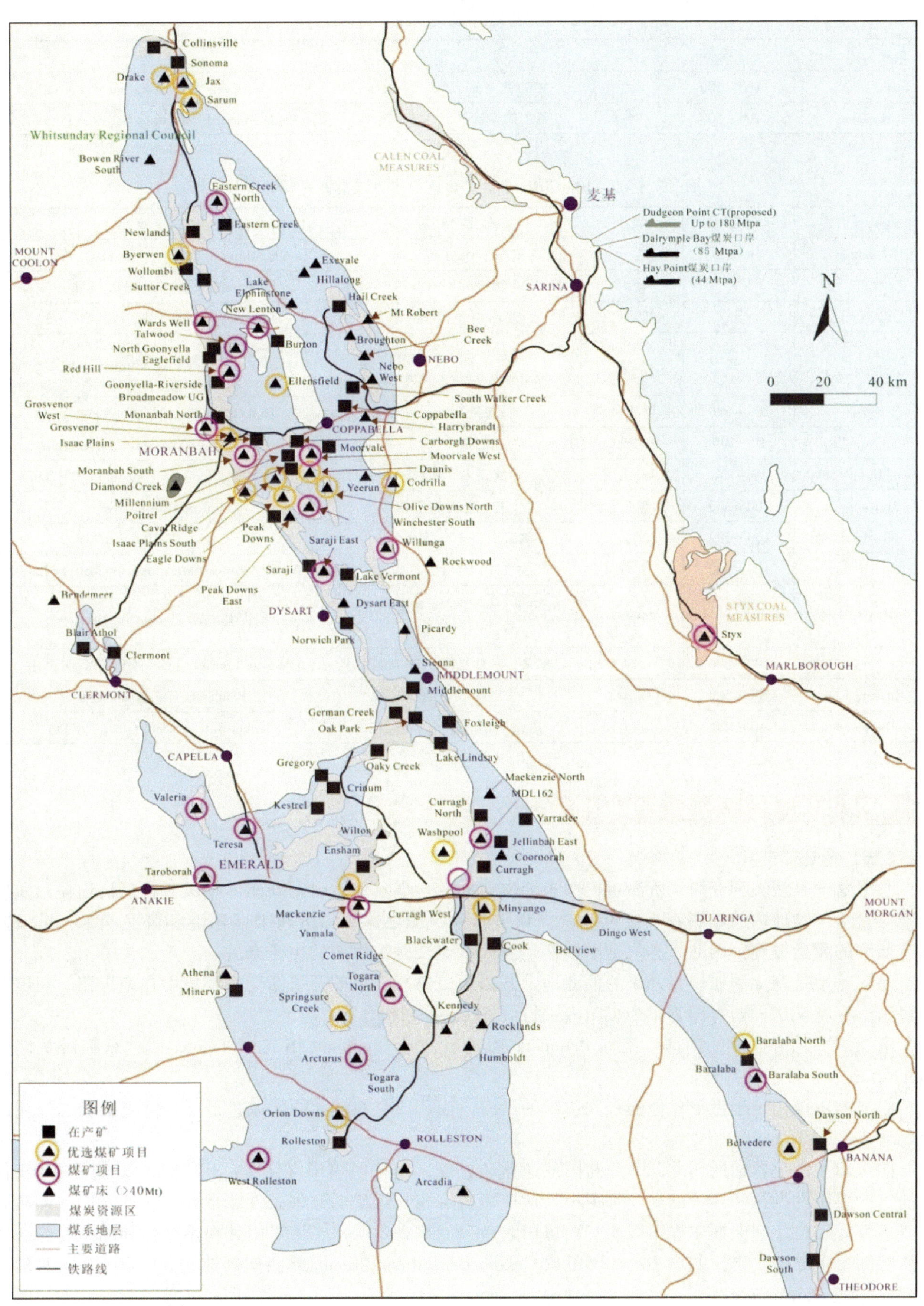

图 1－2－15　2012 年 3 月博文盆地煤矿和项目分布
（据昆州就业、经济发展和创新局，2012 修改；资料截止日期：2012 年 3 月）

表1-2-9 2015年博文盆地在建的煤矿

名 称	资源量/Mt	煤种	基本情况	公 司
Eagle Downs	100~500	焦煤	井工矿，设计产能7 Mt/a	Eagle Downs Coal Management Pty Ltd
Grosvenor	100~500	焦煤	井工矿设计产能4.5 Mt/a	Anglo American Metallurgical Coal Pty Ltd

表1-2-10 2015年博文盆地的出口煤炭开发项目

名 称	资源量/Mt	煤种	基本情况	公 司
Broughton	10~100	喷吹、动力	露采2 Mt/a商品煤	U&D Mining Industry (Australia) Pty Ltd
Bluff	>10	动力	露采1.4 Mt/a	Carabella Resources Pty Ltd
Byerwen	>500	焦煤动力	露采/井工10 Mt/a	Byerwen Coal Pty Ltd/QCoal Pty Ltd
Comet Ridge	<20	焦煤	露采0.2 Mt商品煤 (~1.6 Mt/a原煤)	Acacia Coal Limited
Drake	100~500	焦煤/动力*	露采6 Mt/a	Drake Coal Pty Ltd/QCoal Pty Ltd
Lenton/New Lenton	10~100	焦煤动力	露采/井工	New Hope Corporation Limited
Meteor Downs South	10~100	动力	露采1.5 Mt/a	U&D Mining Industry (Australia) Pty Ltd
Minyang o	100~500	焦煤/动力	井工7 Mt/a商品煤	Caledon Resources
Moorlands	100~500	动力	露采1.7 Mt/a商品煤	Cuesta Coal Limited
Moranbah South	100~500	焦煤	井工14 Mt/a商品煤	Anglo American Metallurgical Coal Pty Ltd
Red Hill		焦煤	Broadmeadow矿扩为长壁巷道， 或建个新井工矿	BHP Billiton Mitsubishi Alliance
Rolleston矿扩建	100~500	动力	露采，扩建至15~20 Mt/a	Glencore Coal Pty Limited (Glencore plc)
Springsure Creek	100~500	动力	井工多长壁5.5 Mt/a原煤	Bandanna Energy Limited
Taroborah	10~100	动力	露采初期2.5 Mt/a原煤	Shenhuo International Group Pty Ltd

二、悉尼盆地

（一）概述

悉尼盆地是澳大利亚煤炭资源量仅次于博文盆地的含煤盆地，也是新州储量最大且经济地位最重要的含煤盆地。盆地内的煤层露头接近地表，利于开采，加之这里靠近纽卡斯尔港和卧龙岗 Kembla 港，拥有便利的海运设施，因此，悉尼盆地始终是澳大利亚二叠纪煤炭的主要产地。

悉尼盆地是澳大利亚煤炭开采的发源地，开采历史悠久，目前开采活动主要集中在南煤田、纽卡斯尔煤田、亨特煤田、西煤田等4个煤田内进行（图1-2-16）。

南煤田在悉尼盆地的南部，南到 Batemans 海湾、西接 Campbell 镇与 Mittagong 镇、东临卧龙岗和 Helensburg（图1-2-16）。

纽卡斯尔煤田位于悉尼盆地的东北边缘的沿海，面积30~60 km的区域，是开采历史最长的煤炭产地（图1-2-16）。

西煤田在悉尼盆地的西北部，北与冈尼达盆地相连，南接南煤田（图1-2-16）。20世纪70年代之前，西煤田的勘探和开采的规模都很小。这里覆盖层薄，煤矿的开采条件非常好。

亨特煤田位于纽卡斯尔煤田以西、西煤田之东，面积2100 km^2。该煤田处在悉尼盆地的东北缘，居于亨特河盆地之中（图1-2-16）。煤田从 Cessnock 到 Muswellbrook 北西向延伸约50 km，并向北延伸120 km 到达 Murrurundi。

2016年，澳大利亚地球科学（Australian Geoscience，2016）所公布的最新的数据显示（表1-2-3），2015年底，澳大利亚黑煤的经济资源量（EDR）为633.13亿t，推断资源量为760.99亿t，总计1394.12亿t，新州全州黑煤的经济资源量（EDR）为229.68亿t，推断资源量为90.61亿t，总计

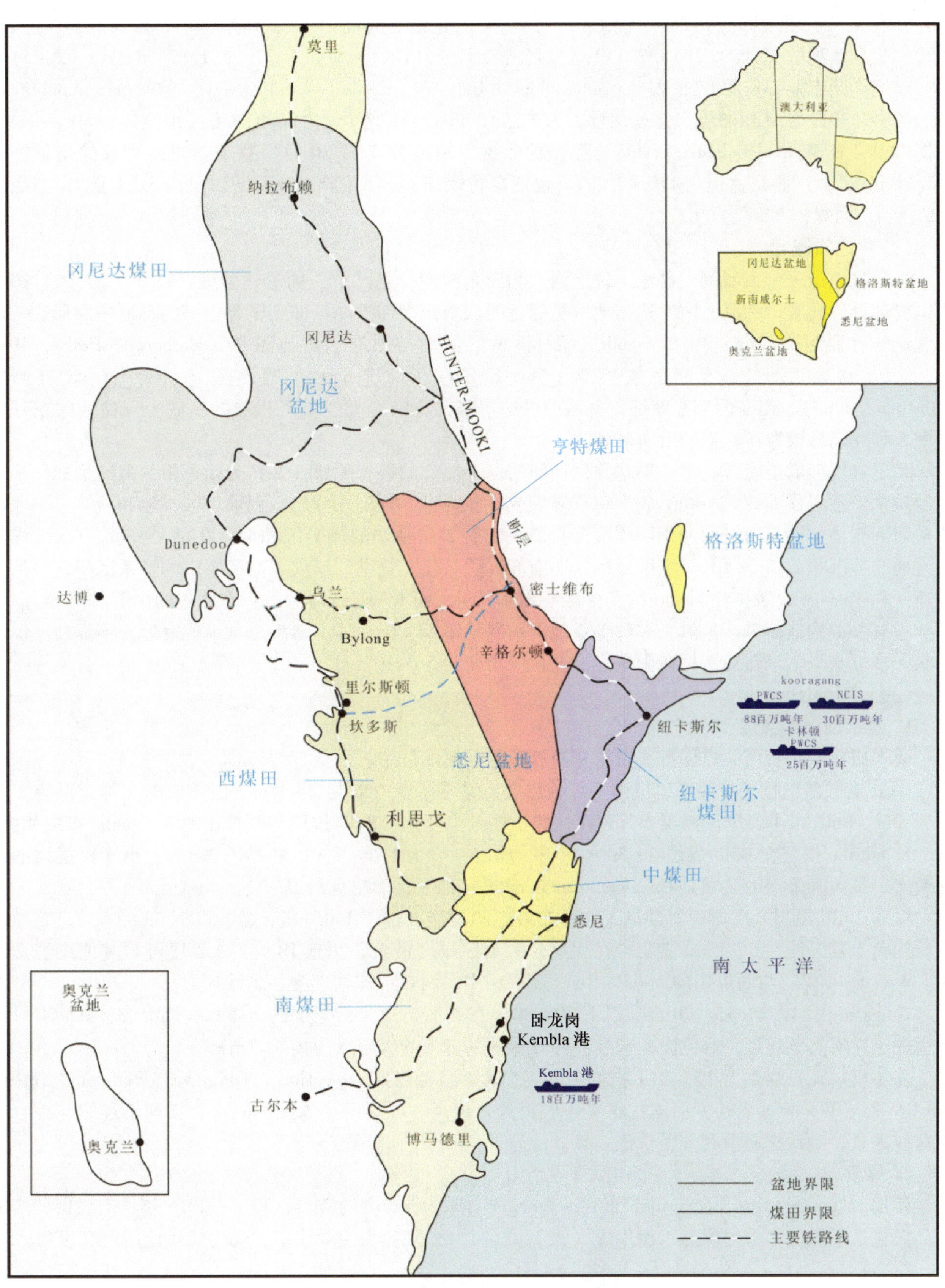

图1-2-16 新南威尔士州的煤田分布及主要煤炭运输港口
（据2014 NSW Coal Industry Profile Ⅰ）

320.31 亿 t，为全澳洲的 36.28%（图 1 -2 -5）。悉尼盆地是澳洲第二、新州第一的含煤盆地，其煤炭资源量占到全澳洲的 30.69%，即 272.148 亿 t，经济资源量（EDR）为 205.5 亿 t（表 1 -2 -3、图 1 -2 -6）。

根据新州工业部资源和能源局（Department of Industry，Resources and Energy，NSW Government）网站的资料，2012 年新州的煤炭保有储量为 153 亿 t，包括 115 亿 t 动力煤和 38 亿 t 冶金煤（MET coal）。根据“2014 NSW Coal Industry Profile”提供的数据，2014 年 7 月 30 日，整个新州的可采储量估算为 153.11 亿 t，其中悉尼盆地为 110.47 亿 t，包括亨特煤田 66.88 亿 t，纽卡斯尔煤田 5.24 亿 t，南煤田 5.57 亿 t，西煤田 32.78 亿 t。

（二）地质概况

悉尼盆地是一个大型沉积盆地，位于澳大利亚东海岸，是悉尼—冈尼达盆地（图 1 -2 -16）的主要组成部分，同时，悉尼—冈尼达盆地也是邻近的从新州南部沿海延伸到昆州中部的悉尼—冈尼达—博文盆地的重要组成部分。Mt Corricudgy 背斜将悉尼盆地与冈尼达盆地隔开（Herbert 与 Helby，1980 年）。悉尼盆地北部与新英格兰褶皱带（New England Fold Zoon）的边界是 Hunler - Mooki 冲断层（Blayden，2003），但在西部和南部，盆地的层序覆盖在花岗岩类变质沉积岩的基底上。盆地向东延伸到澳大利亚陆缘被海洋覆盖的近海区域。

悉尼盆地形成于晚石炭世—早二叠世期间的一个短暂的裂谷阶段，并作为新英格兰褶皱带的一个外地槽演化。悉尼盆地的沉积物形成于晚石炭世或早二叠世，直到三叠纪，剥蚀、蚀谷地和沿海岸平原带的早期沉淀物才被第四纪的冲积层所覆盖。二叠纪有 2 次主要的煤炭沉积期。在早二叠世，Greta 煤系在盆地北部沉积，Clyde River 煤系层在盆地南部沉积。晚二叠世，形成了范围更广的煤系沉积，包括纽卡斯尔和 Tomago 煤系，Singleton 超群在盆地北部沉积，而 Illawarra 煤系沉积在盆地的南部和西部。

悉尼盆地构造简单，虽然大多数煤系地层被断层错断，但总体上看悉尼盆地的变形并不强烈。煤层产状大多近水平，只在局部构造影响的地方，倾角变为 5°~10°。

（三）南煤田

1. 煤系地层和煤层

南煤田有开采价值的煤层都在里拉瓦拉煤系的悉尼亚群中。

Buili 煤层是里拉瓦拉煤系地层内顶部的煤层，煤层厚度一般为 2~3 m，但煤田的北部煤层厚度达到为 5 m。Bulli 煤主要用作焦煤，其焦化性能由弱到强变化。Bulli 煤层与西煤田的 Katoomba 煤层相关。

Balgownie 煤层在 Bulli 煤层 5~30 m 以下，厚度一般为 1.5~2 m，最厚达 3.5 m。由于该层煤的灰含量大，最大开采潜力区域是 Camden - Campbelltown 地区，那里煤层厚。

Wongawilli 煤层是南煤田厚度最大、分布最广的煤层，位于 Balgownie 煤层以下 30~60 m。完整的地质剖面上其厚度在 6~15 m 变化，在坎贝尔敦地区厚度最大，达到 18 m。该煤层可与其他煤混合炼焦。Wongawill 煤层与西煤田的 Middle River 煤层相当，两者地球物理测井属性相似。

Tongarra 煤层在 Wongawilli 煤层以下 70~80 m 的位置，通常由互层的暗煤和亮煤组成，其间有一或两个黏土夹层。该煤层是卧龙岗南部唯一的具有开采价值的煤层（厚度约 3 m）。

除了里拉瓦拉煤系上半部的可采煤层外，悉尼亚群还包括 Cape Horn、Hargrave、Woronora、American Creek 与 Woonona 煤层。但这些煤层一般灰分含量高、煤层薄、煤层间隔小、横向不连续，综合考虑这些因素，确认它们没有开采价值。

2. 煤质

根据“Quality of Coal Deposits，in New South Welse”所提供的资料，2014—2015 年，南煤田所产的商品煤包括硬焦煤、动力煤和水泥用煤（表 1 -2 -11），硬焦煤主要出口，动力煤供应国内和出口。

表 1 -2 -11 南煤田所产商品煤煤质指标

煤质指标		出口/国内硬焦煤	出口动力煤	水泥工业
含水量/%	空气干燥	1	1.1	1.1
	收到基	7.9	6.4	6.4
灰分/%	空气干燥	9.3	19.5	19.5

表 1-2-11（续）

煤质指标		出口/国内硬焦煤	出口动力煤	水泥工业
挥发分/%	空气干燥	22.9	20.8	20.8
全硫/%	空气干燥	0.4	0.45	0.45
发热量	kcal/kg	7570	6750	6750
	MJ/kg	31.8	28.2	28.2
坩埚膨胀系数（CSN）		6.5	1.5	1.5
灰流动温度/℃	变形	1560	1460	1460
哈氏可磨性系数（HGI）		68	64	64
葛金类型（Gray-King）		G3	—	—
最大流动度（Max Fluid）		1800	—	—
磷/%	空气干燥	0.061	0.03	0.03

3. 资源量

根据 2014 年新州煤炭工业简介（2014 NSW Coal Industry Profile - volum Ⅰ），2014 年 6 月底南煤田可采煤炭估算储量为 556.60 Mt，其中 8 个在产煤矿拥有的煤炭储量为 399.6 Mt（2014 NSW Coal Industry Profile - volum Ⅱ）（表 1-2-12）。

4. 在产煤矿

南煤田是新州最早开发的煤田，2014 年底在产煤矿共有 8 个，包括 4 个露采矿、4 个井工矿，2014 年共产原煤 15.27 Mt（商品煤 11.69 Mt）（表 1-2-4、表 1-2-12、图 1-2-17）。此外，2014 年底该煤田有 2 个的煤矿项目（Hume 和 Tahmoor South），共拥有资源量 157 Mt（表 1-2-12、图 1-2-17）。

表 1-2-12　纽卡斯尔煤田在产煤矿及 2013—2014 年煤炭产量

煤矿	经度	纬度	开采	原煤产量/Mt	商品煤/Mt	储量（2014 年 6 月）/Mt
Appin	150.7918	-34.2078	井工	3.26	2.44	157
Berrima	150.2657	-34.4652	井工	0.09	0.09	0
Dendrobium	150.76	-34.3769	井工	3.82	3.09	45
Metropolitan	150.9966	-34.1849	露采	2.03	1.74	42.6
Russell Vale			露采	0.24	0.24	92
Tahmoor	150.5795	-34.2508	露采	2.53	1.71	23.8
West Cliff	150.8244	-34.2175	井工	2.8	1.88	5.8
Wongawilli	150.7357	-34.4749	露采	0.5	0.5	33.4
总计				15.27	11.69	399.6

（四）纽卡斯尔煤田

纽卡斯尔煤田分为 4 个煤产区：接近塞斯诺克的西产区、接近 Maitland 的北产区、接近 Teralba 的中产区和接近 Wyong 的南产区，其中南产区和中产区为主产区。中产区生产用于出口的低灰、中等流动性的软焦煤，同时生产用于出口和国内使用的中灰动力煤。南产区生产用于国内热电站的中低灰分动力煤，以及一些出口煤。

1. 煤系地层和煤层

纽卡斯尔煤田中的二叠纪煤层地层包含 3 个煤系。底部煤系是早二叠世的 Greta 煤系，该煤系被晚二叠世 Tomago 煤系覆盖，最上面的是形成于晚二叠世的纽卡斯尔煤系。盖在煤系地层上面的是三叠纪的非含煤地层 Narrabeen 群。煤系在煤田北部出露。这 3 个煤系均由多层煤和层间砾岩、砂岩和细粒沉积岩组成。

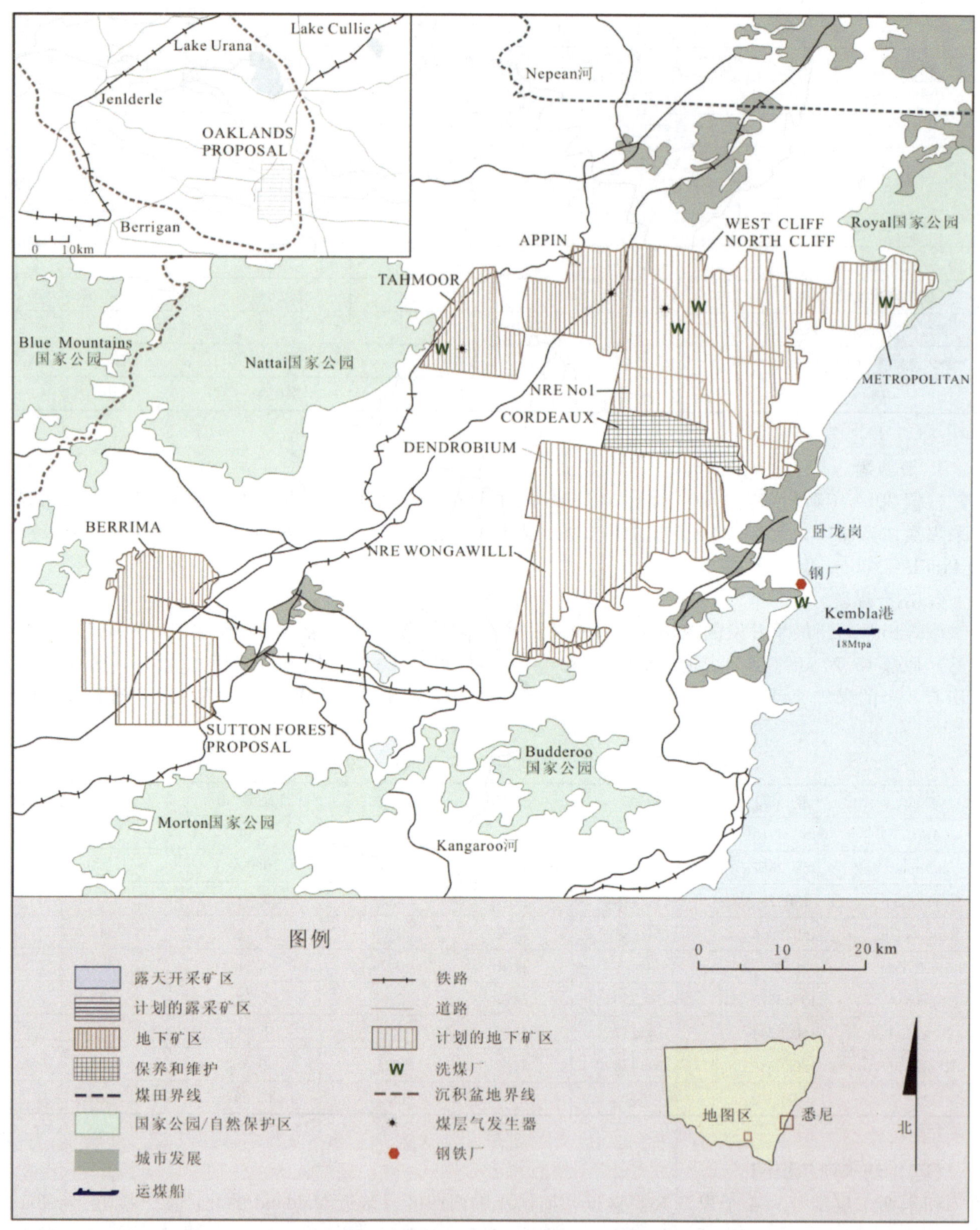

图 1－2－17 悉尼盆地南煤田煤矿分布图

（据 2014 NSW Coal Industry Profile－Volume Ⅱ修改）

纽卡斯尔煤系一般在煤田东部最厚，但向西延伸时煤层厚度变薄，同时出现煤层合并的现象。该煤系地层主要由河流冲刷作用形成，最大厚度 450 m。其最顶部可采煤层是 Wallarah 煤层组，最底部可采煤层为 Borehole 煤层组，两个煤层组共包括 14 个主煤层和数个薄煤层。煤层的厚度、物理性质和煤质可能不同，但一般规律是顶部煤层为动力煤，底部煤层是高挥发性焦煤。

纽卡斯尔煤系以 Waratah 砂岩为基底，上面的含煤地层依次为：Lambton 组（最早）、Adamstown 组、Boolaroo 组与 Moon Island 组，4 组被 3 组凝灰质成分的地层所分开：Nobbys 凝灰岩（最早）、Warners Bay 凝灰岩和 Awaba 凝灰岩。

纽卡斯尔煤系最下面是晚二叠世的 Tomago 煤系，覆盖在海相的 Maitland 群（1200 m 厚）之上。Tomago 煤系的厚度从西部（在 Maitland 处出露）的大约 600 m 增加到东部的 1200 m。Tomago 煤系被分为 3 个亚群：Wallis Creek、Four Mile Creek 和 Hexham 亚群。Wallis 亚群内有不整合面存在（Blayden，1971）。

Greta 煤系是纽卡斯尔煤田的基本煤系，位于纽卡斯尔区内，深度超过 1000 m。

Wallarah 煤层是纽卡斯尔煤系顶部的煤层，是纽卡斯尔地区动力煤的最重要来源之一。开采部分的煤层厚度从 2 ~2. 5 m 不等，一般没有黏土岩夹层。

Great Northern 煤层在 Wallarah 煤层之下，也是该区域动力煤的主要来源。在已探明有煤层存在的广大区域内，煤层的直接顶板均是砾岩。区域煤层的厚度在 1. 5 ~3. 5 m 之间。

Fassifern 煤层产在 Great Northern 煤层的下方，二者之间是一套不足 5 m 厚到超过 20 m 厚的泥岩、砂岩和砾岩层。Fassifern 煤层的厚度为 6 ~7 m。

维多利亚 Tunnel 煤层出露在煤田的北部，在 Macquarie 湖东已经进行了广泛的开采和勘探，且一般被认为是纽卡斯尔煤系最顶部的焦煤层。该煤层为带状，厚度在 2. 0 ~3. 5 m 间变化。

Nobbys 煤层位于维多利亚 Tunnel 煤层以下 10 ~15 m，煤层厚度一般为 1 m，在纽卡斯尔城市区已开始小规模开采。

Dudley 煤层位于 Nobbys 煤层的下方。该煤层与上部的 Nobbys 煤层、下面的 Yard 煤层和 Borehole 煤层一起构成不同的煤层组合。当该煤层与下部 Yard 煤层合并时，其组合部分的厚度从 3. 0 ~3. 7 m 之间不等。

Young Wallsend 煤层是 Dudley 煤层与 Nobbys 煤层的组合，厚度大约 2. 3 m。

西 Borehole 煤层为 Young Wallsend/Yard 与下部 Borehole 煤层的组合，向西厚度逐渐递减，从汇合处的 6 m 厚向西逐渐降至 3. 5 m。

Yard 煤层位于 Dudley 煤层的下方。它是纽卡斯尔市地下开采的第一个煤层，但从未作为一个单独的实体开采。该煤层为低灰炼焦煤，但本身储量有限，只有与上覆的 Dudley 煤层和 Nobbys 煤层，及底层的 Borehole 煤层合并计算才能获得丰富的储量。该煤层是低灰炼焦煤的重要来源。今后开采应主要集中在该煤层与 Dudley 或 Young Wallsend 煤层汇合的区域。

Borehole 煤层的厚度在 1. 5 ~2. 4 m 间变化，向西厚度变薄。该煤层已成为当地冶金焦煤或用于出口的低灰炼焦配煤的基本来源。

2. 煤质

根据“Quality of Coal Deposits，in New South Welse”所提供的资料，2014—2015 年，纽卡斯尔煤田所产的商品煤包括出口和国内使用的发热量高的动力煤（表 1 -2 -13）。

表 1 -2 -13　纽卡斯尔煤田商品煤的煤质指标

煤　质　指　标		出口动力煤	国内动力煤
含水量/%	空气干燥	2. 3	2. 3
	收到基	8. 5	7. 5
灰分/%	空气干燥	15. 1	22
挥发分/%	空气干燥	30. 6	26. 7
全硫/%	空气干燥	0. 6	0. 4
发热量	kcal/kg	6760	6010
	MJ/kg	28. 3	25
坩埚膨胀系数（CSN）		2	1. 5

表 1-2-13（续）

煤质指标		出口动力煤	国内动力煤
灰流动温度/℃	变形	1380	1480
哈氏可磨性系数（HGI）		52	52
葛金类型（Gray-King）		—	—
最大流动度（Max Fluid）		—	—
磷/%	空气干燥	0.032	0.024

3. 资源量

根据 2014 年新州煤炭工业简介（2014 NSW Coal Industry Profile - volum Ⅰ），2014 年 6 月底纽卡斯尔煤田可采煤炭估算储量为 523.80 Mt，其中 7 个在产煤矿拥有的煤炭储量为 380.8 Mt（2014 NSW Coal Industry Profile - volum Ⅱ）（表 1-2-14）。

4. 在产煤矿

纽卡斯尔煤田是新州重要的煤田之一，2014 年底在产煤矿共有 13 个，包括 3 个露采矿、10 个井工矿，2014 年共产原煤 17.40 Mt（商品煤 15.33 Mt）（表 1-2-4、表 1-2-14、图 1-2-18）。此外，2014 年底该煤田的煤矿项目只有 1 个（Wallarah 2），拥有资源量 143 Mt（表 1-2-14、图 1-2-18）。

表 1-2-14 纽卡斯尔煤田在产煤矿及 2013—2014 年煤炭产量

煤矿	经度	纬度	开采	原煤产量/Mt	商品煤/Mt	储量（2014 年 6 月）/Mt
Abel	151.6211	-32.8184	井工	2.45	1.99	138.3
Austar	151.3046	-32.8669	井工	1.64	1.41	47.7
Awaba	151.5492	-33.0264	井工	—	—	—
Bloomfield	151.567	-32.7922	露采	1.08	0.63	17.8
Chain Valley	151.55	-33.1631	井工	1.1	1.1	27.8
Donaldson	151.5765	-32.793	露采	—	—	—
Mandalong	151.45	-33.1268	井工	4.99	4.91	97.8
Mannering	151.5342	-33.2078	井工	—	—	—
Myuna	151.5687	-33.0601	井工	1.73	1.73	34.6
Newstan Lochiel	151.5636	-33.0302	井工	0.69	0.55	—
Tasman	151.54	-32.8868	井工	0.03	0.02	—
West Wallsend	151.6048	-32.9479	井工	3.69	3.09	16.8
Westside	151.57	-32.9468	露采	—	—	—
总计				17.40	15.33	380.8

（五）亨特煤田

1. 煤系地层及煤层

亨特煤田的地层从年龄最小到年龄最大可以分为：Singleton 超群，包含 Wollombi 煤系和 Wittingham 煤系；Maitland 群，包含 Mulbring 粉砂岩和 Branxton 组；Greta 煤系与 Dalwood 群包含 Farley 组、Rutherford 组、Allandale 组和 Lochinvar 组。历史上，Muswellbrook 附近的底部煤层或 Greta 煤系自 19 世纪中叶已经开采，而 Upper 煤系（现称 Singleton 超群）自 21 世纪初在 Singleton 煤系附近开始开采。

Greta 煤系位于厚达 1300 m 的海相 Maitland 群之上，多出现在超过 600 m 的深部，仅在靠近主要背斜表面的个别地方出露的煤层才具有重要的商业价值。Greta 煤系厚度超过 200 m，但在 Lochinvar 背斜附近的南部区域，厚度变薄到大约 60 m。

Wittingham 煤系一般分为两部分：上部的 Jerrys Plains 亚群具有经济价值，位于上亨特谷的西部和

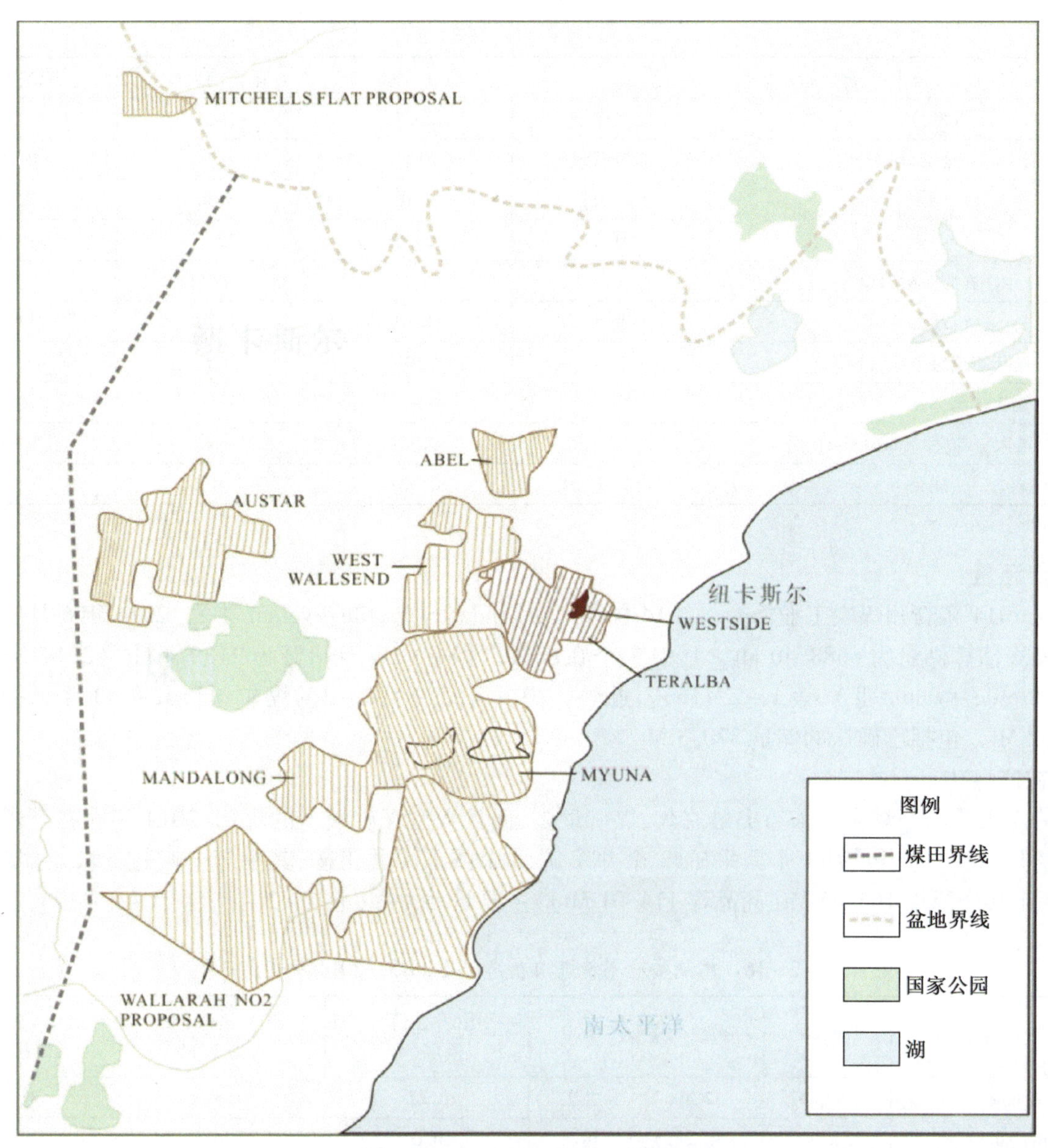

图 1－2－18　悉尼盆地纽卡斯尔煤田煤矿分布图
（据 2014 NSW Coal Industry Profile－Volume Ⅱ修改）

南部；另一部分为 Vane 亚群，包括 Foybrook 组，位于东部和北部。Foybrook 组的煤层组在传统矿区 Muswellbrook 背斜西侧和 Liddell－Singleton 矿区东侧的名称不同。

Wollombi 煤系是指 Singleton 超群中的上部含煤岩系，分为 4 个亚群：Apple Tree Flat（最早）、Horseshow Creek、Doyles Creek 及 Glen Gallic，煤层位于这 4 个亚群中。2000 年，新南威尔士州煤田地质理事会决定将 Wollombi 煤系名称改为“纽卡斯尔煤系”，其底板是 Watts 砂岩的顶部。

2. 煤质

根据“Quality of Coal Deposits in New South Welse”所提供的资料，2014—2015 年，亨特煤田所产的商品煤包括动力煤和软焦煤，发热量高的动力煤和软焦煤供应国际市场（表 1－2－15）。

表 1－2－15　亨特煤田所产商品煤的煤质指标

煤质指标		出口动力煤	国内动力煤	出口软焦煤
含水量/%	空气干燥	2.7	3.9	2.7
	收到基	9.1	9.5	9.9
灰分/%	空气干燥	13.5	25.9	8.9

表 1-2-15（续）

煤质指标		出口动力煤	国内动力煤	出口软焦煤
挥发分/%	空气干燥	32.7	30.4	34.7
全硫/%	空气干燥	0.6	0.9	0.55
发热量	kcal/kg	6810	5430	7250
	MJ/kg	28.5	22.7	30.4
坩埚膨胀系数（CSN）		1.5	2	5
灰流动温度/℃	变形	1270	1330	1380
哈氏可磨性系数（HGI）		50	49	51
葛金类型（Gray-King）		—	—	G2
最大流动度（Max Fluid）		100	—	130
磷/%	空气干燥	0.027	0.031	0.025

3. 资源量

根据2014年新州煤炭工业简介（2014 NSW Coal Industry Profile-volum Ⅰ），2014年6月底亨特煤田可采煤炭估算储量为6688.40 Mt，其中7个在产煤矿拥有的煤炭储量为2138.4 Mt（2014 NSW Coal Industry Profile-volum Ⅱ）（表1-2-16）。此外，2014年底亨特煤田的煤矿项目共有11个，拥有资源量3501.2 Mt，包括已确认的储量370.3 Mt。

4. 在产煤矿

亨特煤田是新州煤炭开采历史最悠久、煤矿最多，而且大型煤矿最多的煤田，2014年底在产煤矿共有17个(表1-2-16)，包括11个露采矿、3个井工矿、3个露采+井工矿，其中年产超过5 Mt的煤矿有11个，2014年共产原煤163.65 Mt(商品煤114.01 Mt)，主要是动力煤(表1-2-16、图1-2-19)。

表 1-2-16 悉尼盆地亨特煤田在产矿及2013—2014年煤炭产量

煤矿	经度	纬度	开采	2013—2014年原煤/Mt	2013—2014年商品煤/Mt	2014年6月储量/Mt
Ashton	151.0667	-32.4667	井工	3.27	1.57	41.4
Bengalla	150.846	-32.2715	露采	10.69	8.62	161
Bulga	151.11	-32.6868	井+露	17.47	11.36	360
Drayton	150.9113	-32.3473	露采	5.21	3.78	6.8
Hunter Valley Operations	150.992	-32.5104	露采	17.65	13.36	381
Integra/Camberwell	151.135	-32.4838	井工	2.2	1.17	—
Integra/Glennies Creek	151.135	-32.4688	露采	2.97	1.21	—
Liddell	150.9999	-32.3916	露采	6.93	4.57	52.4
Mangoola	150.67	-32.2968	露采	11.26	8.8	134.5
Mount Thorley	151.106	-32.74	露采	18.76	12.41	390
Mount Arthur	150.851	-32.37	露采	25.14	19.88	1049.0
MountOwen/Glendell	151.1	-32.68	井+露	15.06	8.73	143.1
Muswellbrook No2	150.944	-32.25	露采	1.39	1.18	10.7
Ravensworth Narama	151.04	-33.58	露采	9.87	6.52	259.3
Ravensworth UG	151.035	-32.66	井工	2.97	1.89	—
Rixs Creek	151.13	-32.68	露采	2.9	1.57	45
Wambo	150.991	-32.82	井+露	9.91	7.39	153
总计				163.65	114.01	2138.2

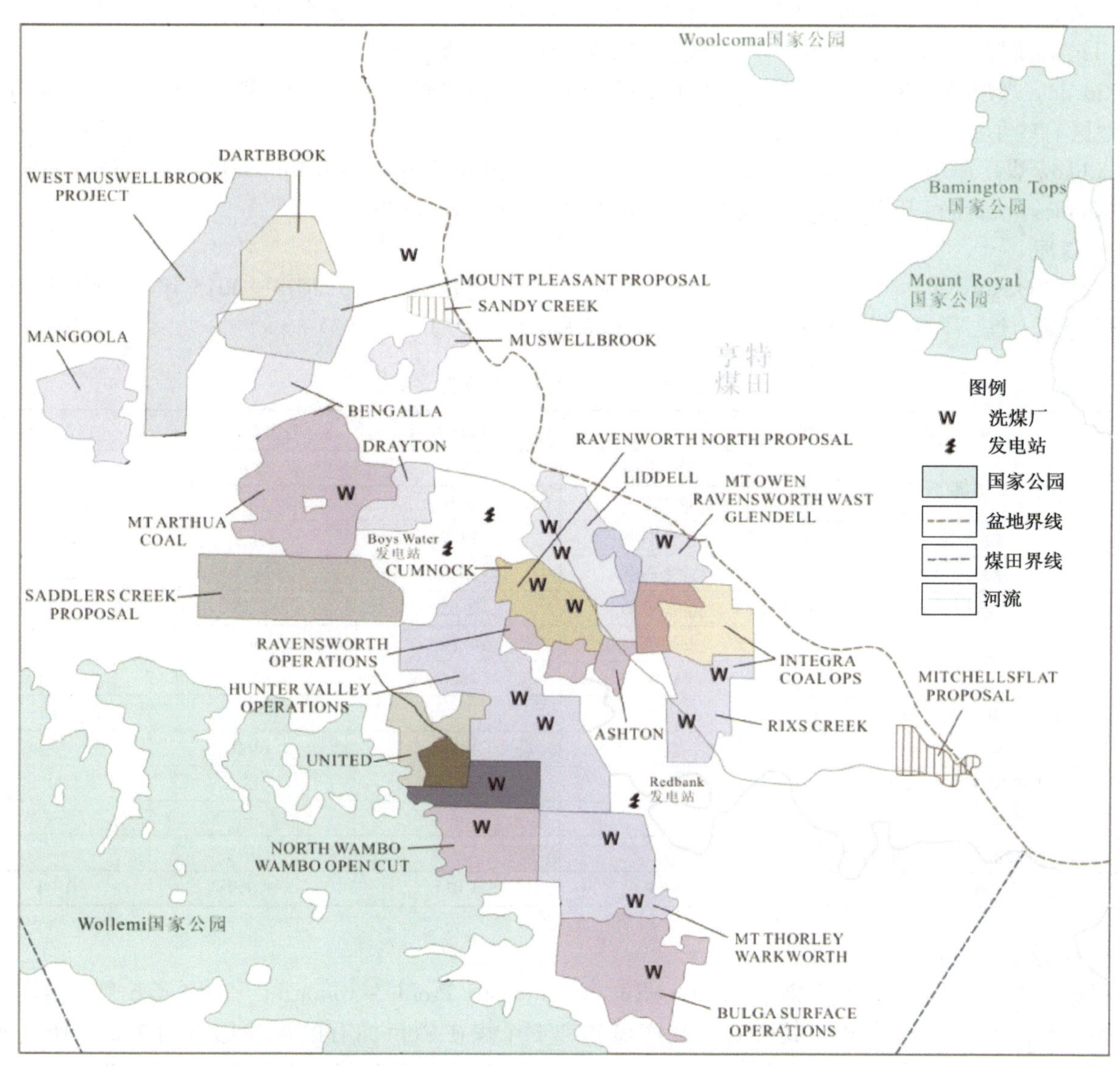

图 1-2-19　悉尼盆地亨特煤田煤矿分布图
（据 2014 NSW Coal Industry Profile - Volume Ⅱ修改）

（六）西煤田

1824 年在西煤田（图 1-2-16）首次发现煤炭，连续生产始于 1868 年。20 世纪 70 年代之前，勘探和开采的规模都很小。由于覆盖层薄，煤矿的开采条件非常好。近年来，开采逐渐远离露头，覆盖层变厚，已遭遇到了一些顶板不稳定的问题。在煤田东缘，盖层厚度逐步增加到 300 m 以上，而在西部边界 Wollemi 国家公园附近，盖层迅速增加到 500 m 以上。

1. 煤系地层和煤层

西煤田的含煤岩系为 Illawarra 煤系，盖在受海水影响的 Shoalhaven 群之上；煤系的上方被 Narrabeen 群的石英岩系所覆盖。Illawarra 煤系的厚度在煤田西部边缘为 57 m，最厚超过 220 m，其中有 6 层煤。

Katoomba 煤层的厚度在 0 ~ 15 cm 之间，存在于煤田的南部和东部。该煤层与南煤田的 Bulli 煤层相当。

Middle River 煤层产在总厚 15 ~ 25 m 的 Farmers Creek 组里，厚度达到 4.0 m。Middle River 煤层与南煤田的 Wongawilli 煤层相当。

Moolarben 煤层是一个较薄但稳定的煤层，无明显经济开采潜力。其厚度一般小于 1 m，但在 Ulan 地区厚度超过 3 m。

Irondale 煤层相当于 Wolgan 地区的 Wolgan 煤层。Wolgan 煤层可采厚度超过 2 m，而 Irondale 煤层的

厚度一般在 1 m 左右。Irondale 煤层的煤质好，是西煤田中唯一具有焦煤性质和高流动性的煤层。

Ulan 煤层厚 14 m，被 0.3 m 厚的凝灰质黏土岩分成上下两部分。

Lidsdale 煤层被认为是底部 Lithgow 煤层的分叉层，与后者性质相似。该煤层厚度约 2 m，在 Lidsdale 地区有些小型露天矿进行开采。

Lithgow 煤层厚 1 ~7 m，但底部 2 ~4 m 开采。该煤层在 Lithgow—Ben Bullen 区域为最佳开采区，不过在 Kandos 北部也可开采。西煤田北端的 Ulan 煤层与 Lithgow 煤层相当。

2. 煤质

根据 "Quality of Coal Deposits in New South Welse" 所提供的资料，2014—2015 年，西煤田所产的商品煤为动力煤，其中高发热量动力煤供应国际国内市场（表 1 –2 –17）。

表 1 –2 –17　西煤田商品煤的煤质指标

煤 质 指 标		出口动力煤	国内动力煤	水泥工业
含水量/%	空气干燥	2.5	2.6	3.2
	收到基	8.9	8	—
灰分/%	空气干燥	13.7	20.4	24.5
挥发分/%	空气干燥	30.5	28.7	25.3
全硫/%	空气干燥	0.65	0.55	0.4
发热量	kcal/kg	6890	6600	5460
	MJ/kg	28.8	27.6	24.5
坩埚膨胀系数（CSN）		1	1	—
灰流动温度/℃	变形	1420	1460	—
哈氏可磨性系数（HGI）		49	45	49
葛金类型（Gray – King）		—	—	—
最大流动度（Max Fluid）		—	—	—
磷/%	空气干燥	0.011	0.009	0.01

3. 资源量

根据 2014 年新州煤炭工业简介（2014 NSW Coal Industry Profile – volum I），2014 年 6 月底西煤田可采煤炭估算储量为 3278.2 Mt，其中 8 个在产煤矿和 1 个煤矿项目拥有的煤炭储量为 752.6 Mt（2014 NSW Coal Industry Profile – volum Ⅱ）（表 1 –2 –18）。另有 5 个煤矿项目公布的资源量为 2382.8 Mt。

4. 在产煤矿

西煤田在产煤矿共有 14 个（表 1 –2 –4），包括 6 个露采矿、6 个井工矿，2 个露采 + 井工矿，2014 年底仍在产的 10 个煤矿共产原煤 37.52 Mt（商品煤 31.45 Mt）（表 1 –2 –18、图 1 –2 –20）。

表 1 –2 –18　西煤田在产煤矿及 2013—2014 年煤炭产量

煤 矿	经度	纬度	开采	原煤产量/Mt	商品煤/Mt	储量（2014 年 6 月）/Mt
Airly	150.0148	–33.0978	井工	0.14	0.14	32.8
Angus Place	150.199	–33.3492	井工	3.26	3.26	57.6
Baal Bone	150.05	–33.2669	井工			
Charbon	149.9777	–32.8964	露采	0.76	0.62	1.7
Charbon（U）	149.9777	–32.8964	井工	0.58	0.43	
Clarence	150.2439	–33.4565	井工	2.39	2.21	50.7
Cullen Valley	150.0162	–33.2693	露采			
Invincible	150.03	–33.3269	露采			
Ivanhoe North	150.01	–33.3569	井工 + 露采			
Moolarben	149.785	–32.2900	露采	8.53	6.51	317.5
Pine Dale	150.065	33.297	井工	0.17	0.17	
Springvale	150.1056	–33.4006	露采	3.5	3.1	47.5

表 1-2-18（续） Mt

煤　矿	经度	纬度	开采	原煤产量/Mt	商品煤/Mt	储量（2014 年 6 月）/Mt
Ulan	149.75	-32.2469	井工+露采	7.99	7.05	182
Wilpinjong	149.885	-32.332	露采	17.33	14.62	197.7
总　计				37.52	31.45	744.7

说明：Airly 井工矿在 2012 年 11 月停产，2014 年 3 月重新开工；Baal Bone 在 2011 年 9 月、Cullen Valley 在 2013 年 1 月、Invincible 在 2013 年 5 月、Pine Dale 在 2014 年 2 月闭坑。

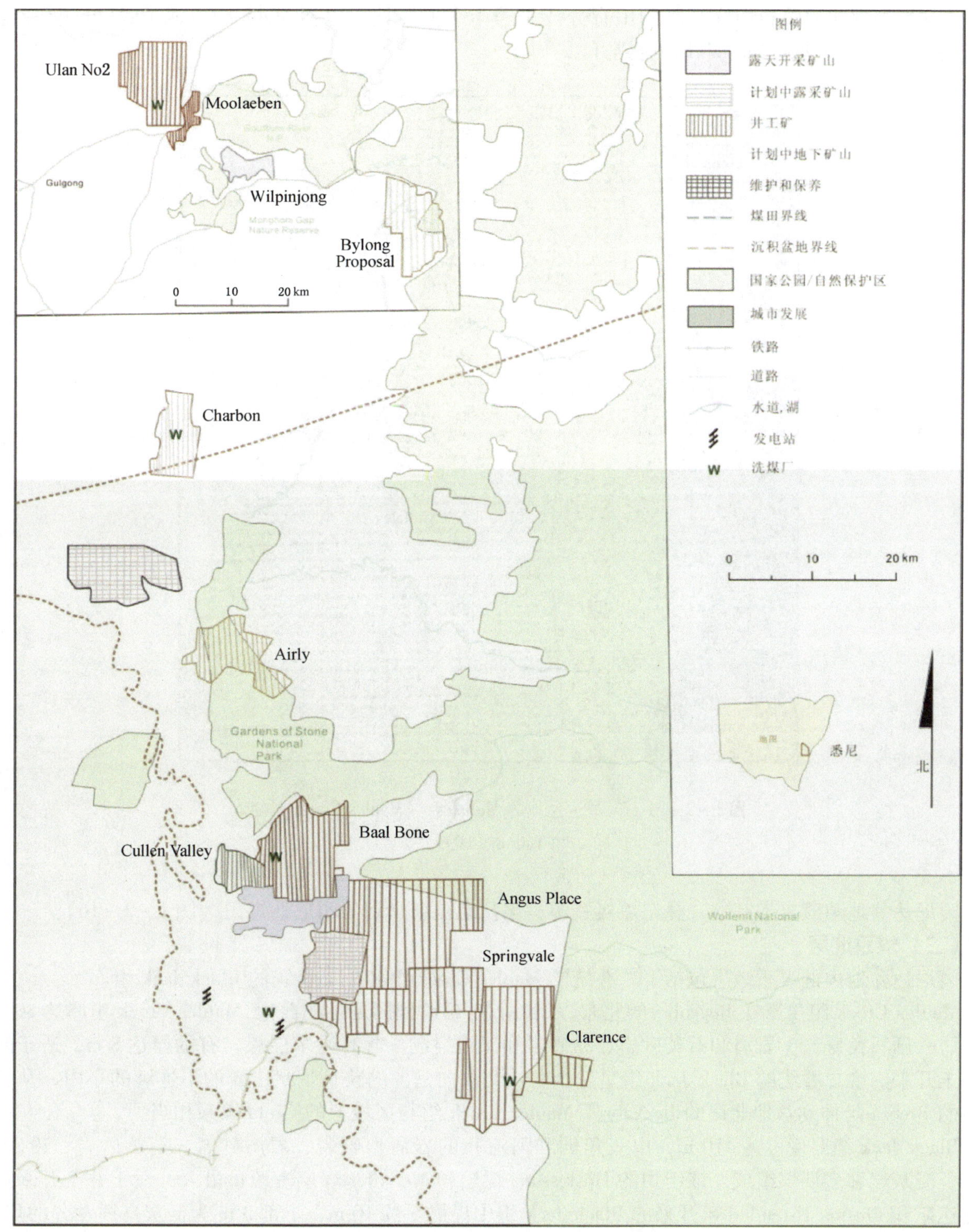

图 1-2-20　悉尼盆地西煤田煤矿分布图
（据 2014 NSW Coal Industry Profile－Volume Ⅱ修改）

2014 年底该煤田有 5 个的煤矿项目，分别是 Bylong（资源量 423 Mt）、Cobbora（资源量 1477 Mt）、Inglenook（资源量 252. 8 Mt）、Neubeck（储量 7. 9 Mt）和 Running Stream（资源量 230 Mt）。

三、冈尼达盆地

（一）概述

冈尼达盆地在悉尼盆地的西北，处于悉尼—冈尼达—博文盆地系统的中部。冈尼达盆地沿着澳大利亚东缘延伸，从南部马鲁兰迪(Murrurundi)附近的利物浦山脉延伸到北部的 Moree，面积超过 15000 km^2。冈尼达盆地被南北向的和切穿基底的山脊分成了若干个亚盆地，包括 Maules Creek 和 Mullaley 亚盆地（图 1 - 2 - 21），两者被 Boggabri 山脊隔开。

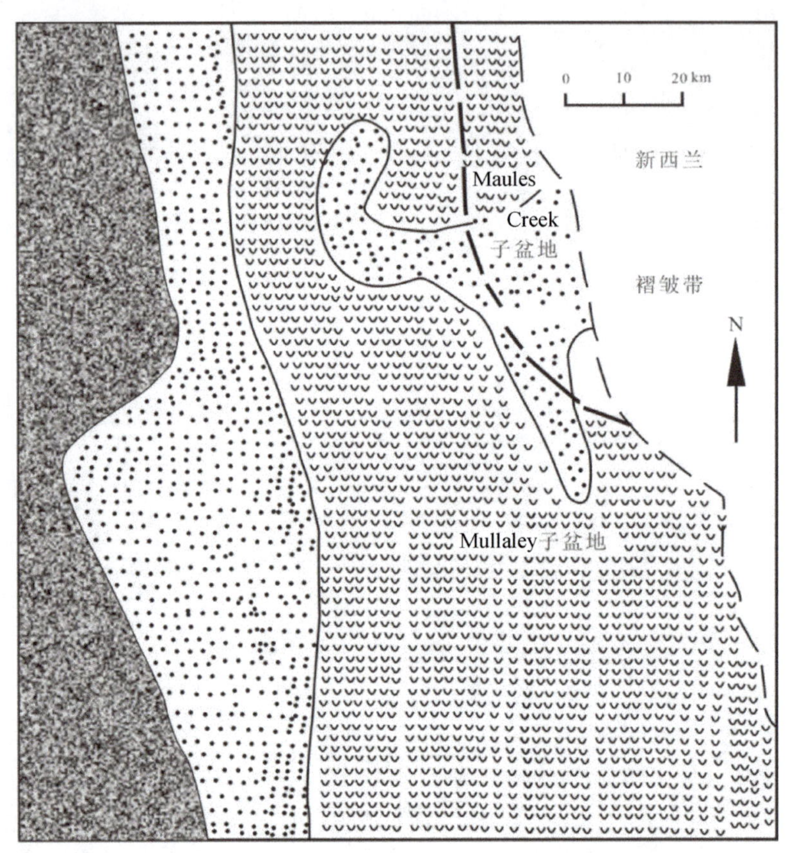

图 1 - 2 - 21 冈尼达盆地的 Mullaley 和 Maules Creek 亚盆地
（Tadros，1999）

冈尼达盆地蕴藏有丰富的二叠纪煤炭资源，该盆地被新州划为冈尼达煤田（图 1 - 2 - 16）。

（二）煤系地层

冈尼达盆地内的煤系地层包括下二叠统的 Maules Creek 组和上二叠统的 Black Jack 组。

Maules Creek 组出露在 Boggabri 的北东、东和南东，延续到冈尼达的西南。Maules Creek 组厚达 800 m，由岩屑—砾石角砾岩、岩屑和石英砂岩、粉砂岩和泥岩组成。含有许多层煤，有的厚达 8 m，适于露天或井工开采。晚二叠统的 Black Jack 组呈一个北—北西向延伸的狭长带状出露的不连续的小山，从盆地西南的 Breeza 延伸到盆地北面的 Boggabri。Maules Creek 组与区域上的 Greta 煤系相当。

Black Jack 组厚度可达 470 m，由三角洲和河流相的岩屑角砾岩、岩屑砂岩、石英砂岩、粉砂岩、泥岩、凝灰岩和多层煤组成。该组中的 Hoskissons 煤层和 Melvilles 煤层资源量最大，适于井工开采。在冈尼达矿和 Preston Extended 矿开采的 Black Jack 组中煤层厚约 10 m，下部 3 m 为低灰高挥发分的焦煤，上部是硬的、黯淡的煤层。Black Jack 组被许多玄武岩系侵入，在没有岩浆侵入作用影响的地方煤层开采率较高。

（三）煤质

根据“Quality of Coal Deposits in NSW”所提供的资料，冈尼达煤田所产的商品煤包括软焦煤、动力煤，动力煤供应国际市场（表 1－2－19）。

表 1－2－19 冈尼达盆地、Gloucester 盆地和 Oaklands 盆地商品煤煤质指标

盆地		冈尼达		Gloucester		Oaklands	
煤质指标		软焦煤	出口动力煤	出口软焦煤	出口动力煤	焦煤	国内动力煤
含水量/%	空气干燥	2.3	4	4	1.5	1.5	—
	收到基	8.1	—	—	9	9	28
灰分/%	空气干燥	8.1	10	6.5	17.5	10	12
挥发分/%	空气干燥	36.3	37	37.9	26.8	29.3	22
全硫/%	空气干燥	0.9	0.45	0.45	0.65	0.65	0.2
发热量	kcal/kg	7480	7050	7400	6800	—	4180
	MJ/kg	31.4	29.1	—	28.9	—	17.5
坩埚膨胀系数（CSN）		6	—	5	—	—	—
灰流动温度/℃	变形	1290	1400	—	1530	1530	1390
哈氏可磨性系数（HGI）		49	45	45	65	65	100
葛金类型（Gray－King）		G6	—	20	—	G8	—
最大流动度（Max Fluid）		7420	—	200	—	5000＋	—
磷/%	空气干燥	0.045	0.006	0.005	—	0.06	0.002

（四）资源量

2016 年，澳大利亚地球科学（Australian Geoscience，2016）公布了最新的统计数据（OZMIN Mineral Commodities Database Outputs），2015 年底，黑煤的经济资源量（EDR）为 633.13 亿 t，推断资源量为 760.99 亿 t，总计 1394.12 亿 t。冈尼达盆地黑煤的经济资源量（EDR）为 19.09 亿 t，推断资源量为 5.52 亿 t，总计 24.62 亿 t，占整个澳洲黑煤 EDR 的 3.02%（表 1－2－3）。

根据 2014 NSW Coal Industry Profile－volum Ⅰ，2014 年 6 月底冈尼达煤田可采煤炭估算储量为 1967.1 Mt，其中 5 个在产煤矿的煤炭储量为 448.8 Mt（2014 NSW Coal Industry Profile－volum Ⅱ）（表 1－2－18），另有 2 个煤矿项目公布的资源量为 1518.3 Mt。

（五）在产煤矿

冈尼达盆地在产煤矿共有 6 个（表 1－2－4），除 1 个露采矿外，其他 5 个是井工矿。2012 年 11 月 Sunnyside 露采矿关闭。2013—2014 年 5 个煤矿共生产原煤 16.87 Mt（商品煤 16.18 Mt）（表 1－2－20、图 1－2－22）。

2014 年底该盆地有 4 个项目：Caroona、Maules Creek（资源量 382.0 Mt）、Vickery（资源量 204.0 Mt）、Watermark（资源量 932.3 Mt）。

表 1－2－20 冈尼达盆地在产煤矿及 2013—2014 年煤炭产量

煤矿	经度	纬度	开采	原煤产量/Mt	商品煤/Mt	储量（2014 年 6 月）/Mt
Boggabri	150.1633	－30.5904	露采	5.3	5.3	147
Narrabri	149.85	－30.52	井工	5.66	5.51	234
Rocglen	150.19	－30.72	井工	1.32	1.01	5.8
Sunnyside	150.09	－30.99	井工	—	—	
Tarrawonga	150.163	－30.638	井工	2.2	1.98	44
Werris Creek	150.6395	－31.407	井工	2.4	2.38	18
总计				16.87	16.18	448.8

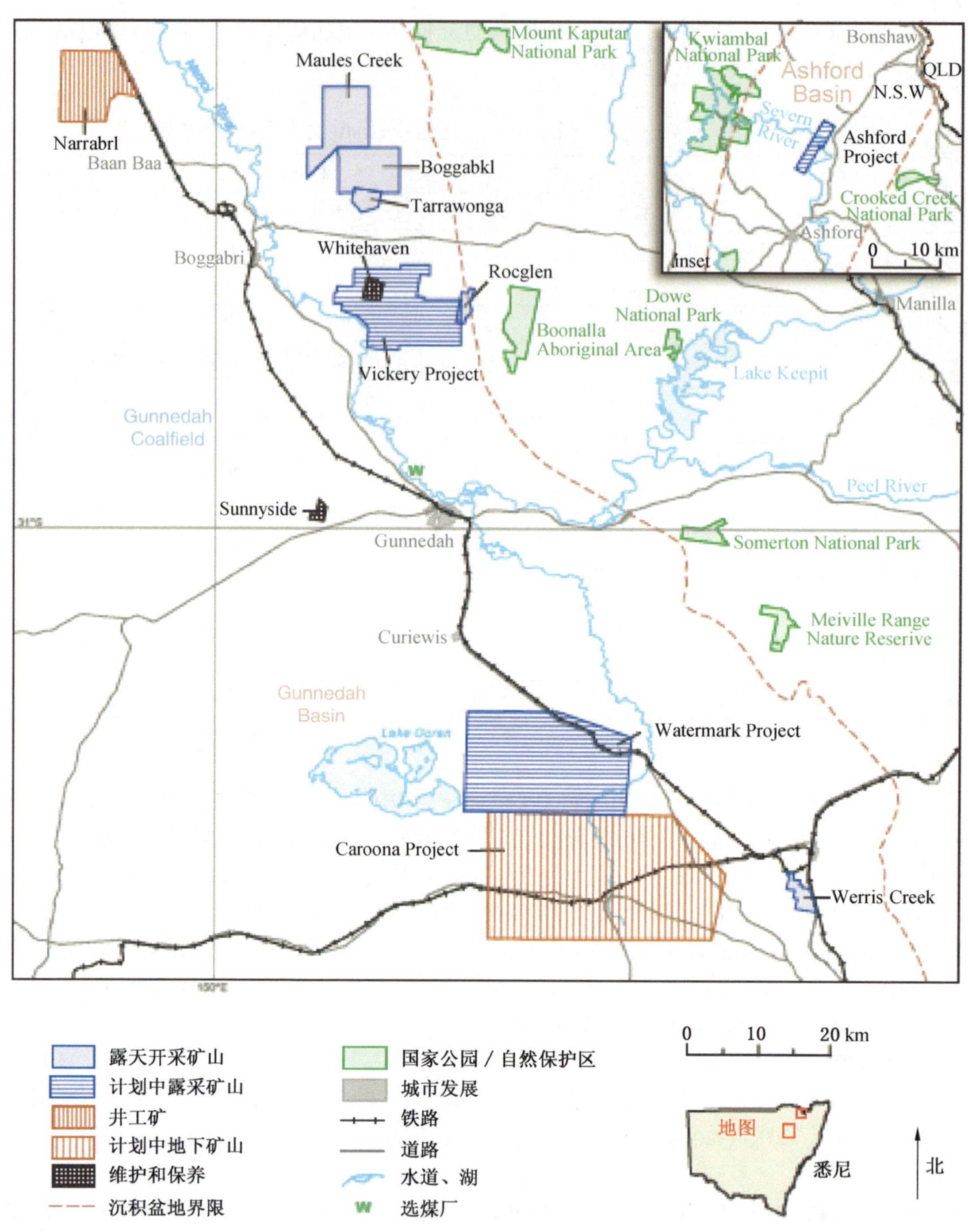

图1-2-22　冈尼达煤田在产煤矿及项目分布图
（据2014 NSW Coal Industry Profile - Volume Ⅱ修改）

四、加利利盆地

加利利盆地是澳大利亚黑煤EDR储量位居第四（表1-2-3）的一个二叠纪克拉通盆地。该盆地位于昆州中部，Nebine山脊将其与博文盆地分开。盆地北至Hughenden，南达Charleville，西部是Winton和Middleton，面积约247000 km^2（图1-2-11）。由于盆地处在昆州的内部，地理位置相对遥远，加之煤的质量较差，主要是低氢非炼焦煤，因此开发一直比较缓慢。不过，因其蕴藏着丰富的动力煤资源而被认为是澳大利亚一个新的煤炭开发区。

（一）煤系地层与煤层

加利利盆地的地质构造与博文盆地和库伯盆地相似。在 Bandanna 组、Colinlea 砂岩组和 Betts Creek Beds 均发现有煤炭资源（Wells，1984；Scott 等，1995）（图 1－2－23）。

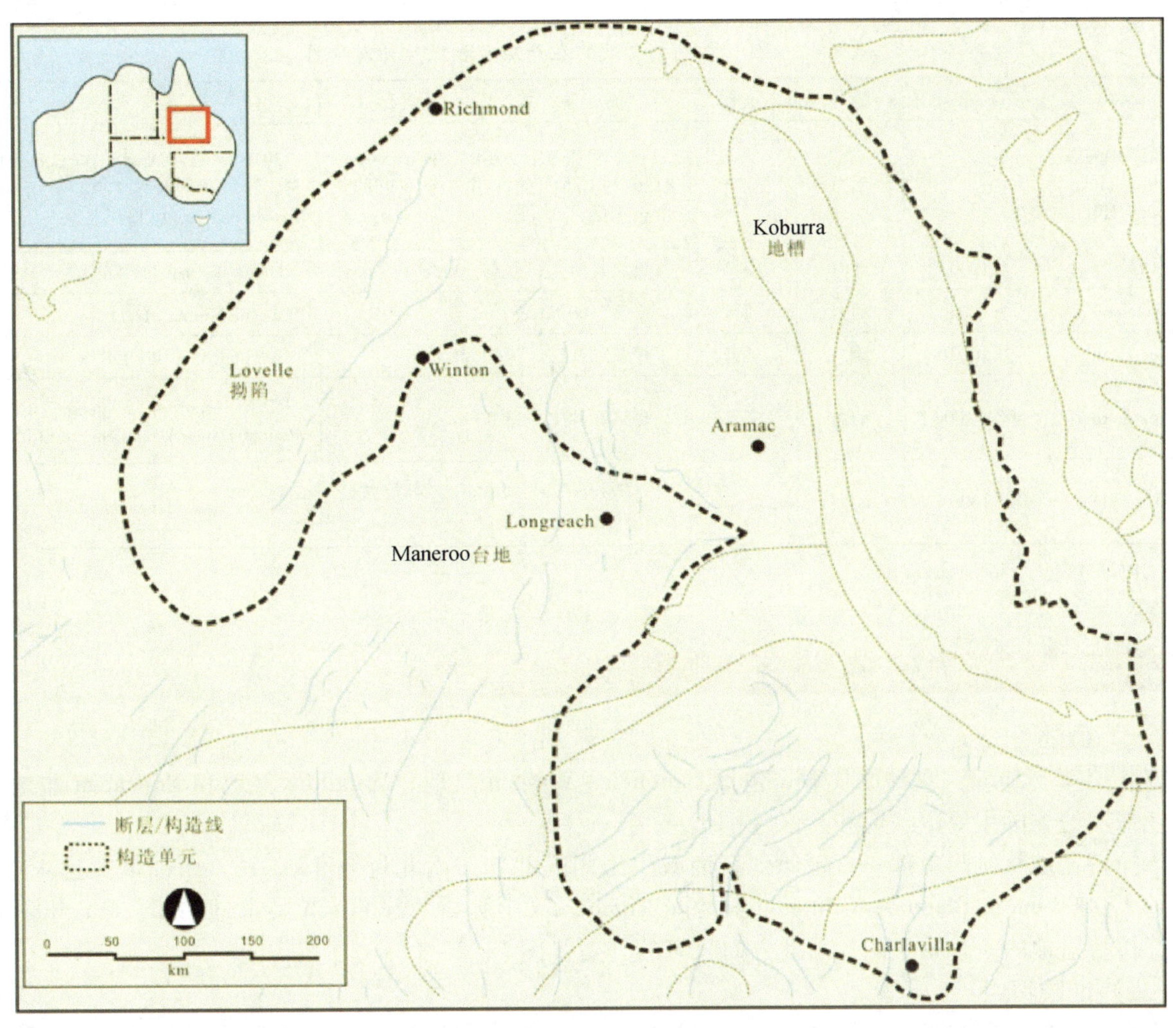

图 1－2－23　加利利盆地构造分区

加利利盆地蕴藏着晚石炭世到中三叠世含煤沉积，其中二叠系层序早期和晚期都有煤。

早二叠世的煤产在 Joe Joe 组中，Aramac 煤系仅限在加利利盆地北部。Joe Joe 组主要由细砂岩、粉砂岩、岩屑石英砂岩和炭质页岩组成，含有煤层，局部有石灰岩，层序厚约 270 m，其中约有 25 m 的煤层。晚二叠世煤系分布广泛，产于 Colinlea 砂岩、Bandanna 组以及相应层位。这套岩系主要是达 49% 的砂岩、页岩和粉砂岩，其中含有煤层。该层序的煤层向东变厚，在盆地东部总体厚度一致。晚二叠世 Bandanna 组煤系约倾斜 3°～5°W，不存在大的断层。

时代更新的煤存在于三叠系 Moolayember 组、上侏罗统 Westborne 和 Birkhead 组，以及 Eromanga 盆地里 Wallumbilla 和 Winton 组白垩系煤。

（二）资源量

2016 年，澳大利亚地球科学（Australian Geoscience，2016）公布了最新的统计数据（OZMIN Mineral Commodities Database Outputs），2015 年底，黑煤的经济资源量（EDR）为 633.13 亿 t，推断资源量为 760.99 亿 t，总计 1394.12 亿 t（表 1－2－3）。Galilee 的 EDR 为 53.40 亿 t，推断资源量为 238.43 亿 t，总计 291.84 亿 t，占澳洲黑煤总 EDR 的 8.43%。

（三）主要煤矿和开发项目

根据昆州政府自然资源和矿山部（Department of Natural Resources and Mines，Queensland Government）于2016年7月发布的资料，加利利盆地2014—2015财年只有一个在产煤矿和5个已经拿到或正申请采矿证的出口煤炭开发项目。这些项目集中在盆地的东部，将开采加利利盆地丰富的动力煤资源，其中“China First”项目（南加利利项目）是我国控股的项目（表1－2－21）。

表1－2－21 加利利盆地的在产煤矿和煤炭开发项目

名 称	资源量/Mt	煤种	状态	基 本 情 况	公 司
Callide Mine (Callide and Boundary Hill)		动力	在产矿	一个露采矿，2014—2015年生产8129429 t动力煤，销售给临近的2个火电站	2016年1月Anglo American plc宣布，该煤矿的股票100%卖给Batchfire Resources Pty Ltd
Alpha	>1000	动力	项目	露采及井工，长壁30 Mt/a	Hancock Coal Pty Ltd
Carmichael	>1000	动力	项目	露采，60 Mt/a	Adani Mining Pty Ltd
Galilee Coal *	>1000	动力	项目	露采和井工，~40 Mt/a	Waratah Coal Pty Ltd
Kevin's Corner	500~1000	动力	项目	露采和井工长壁30 Mt/a	GVK Resources (Singapore) PTE Ltd through Hancock Galilee Pty Ltd
South Galilee	>1000	动力	项目	露采和井工，15 Mt/a；可行性研究	Alpha Coal Management Pty Ltd

注：＊有时称“China First”项目。

五、蕴藏侏罗纪煤的盆地

（一）概述

以苏拉特（Surat）盆地为代表，包括Clarence－Moreton盆地、Mulgildie盆地和Eromanga盆地是澳大利亚侏罗纪煤的主要蕴藏区和产区（图1－2－3）。

苏拉特盆地从昆州南部一直延伸到新南威尔士州的北部，南北近800 km长，西部最宽达450 km，面积约270000 km^2。Clarence－Moreton盆地隔Kumbarilla山脉与西部的苏拉特盆地相邻。Mulgildie盆地则是苏拉特盆地的一个狭长的、东北方向入海的分支（图1－2－11）。

（二）地质特点

澳大利亚的侏罗纪煤产在瓦隆（Waloon）煤系及其相当的地层之内，各个盆地虽然有不同的地层名称，但时代一致，可以相互进行对比（表1－2－22）。

表1－2－22 不同盆地内侏罗纪煤系的对比

盆 地	煤 系	盆 地	煤 系
Clarence－Moreton	Waloon	Eromanga	Birkhead组
苏拉特	Juandah，Taroom	Laura（东部）	Dalrymple Sandstone
Mulgildie	Mulgildie		

以瓦隆煤系为代表的侏罗纪煤系地层最主要的特点是同一煤系中有许多层煤。煤层产在厚的、层状岩层中，多个厚薄不等的煤层被不同厚度的豆荚状的炭质页岩、泥岩、粉砂岩和砂岩层所分隔；而同一煤层又因夹层的出现或消失而分叉或合并（图1－2－24）。

（三）煤质

苏拉特盆地及Moreton盆地等的瓦隆煤系中的煤是一种高挥发分的烟煤、低品质和非焦化煤。它以非常高的挥发分为特点，燃烧率一般在0.9~1.1。煤的气体和沥青产率高，低—中等灰分含量。有机组分主要是镜煤的煤素质（macerals of the Vitrinite）(70%~80%)和壳质组(稳定组，Liptinite)(10%~>20%)。惰性组（Inertinite）组分<1%（煤体积%），最高约15%（% volume）。如此多的煤素质是不

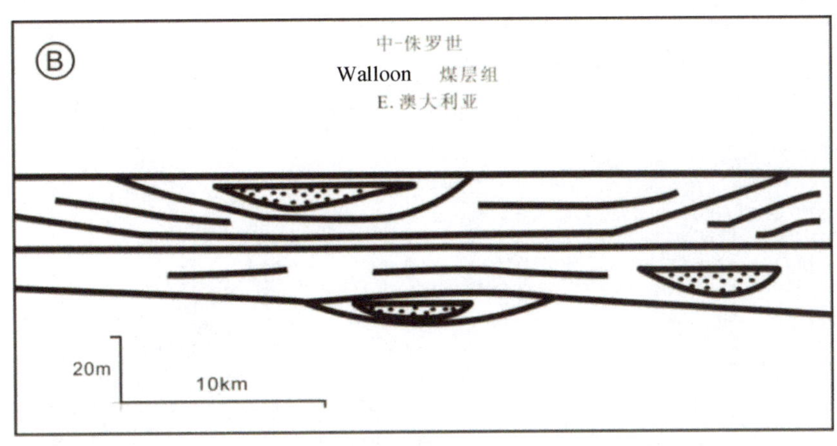

图 1－2－24　Wallon 煤系赋存状态示意图（Fielding，1987）

同比例的残余的镜煤—木栓质体的丝状集合体。因此煤是暗淡或无光泽的，并且煤比较硬——哈氏可磨指数（HGI）较低，其值范围为 30～40。

（四）资源量

2016 年，澳大利亚地球科学（Australian Geoscience，2016）公布了最新的统计数据（OZMIN Mineral Commodities Database Outputs），2015 年底，黑煤的经济资源量（EDR）为 633.13 亿 t，推断资源量为 760.99 亿 t，总计 1394.12 亿 t。Surat 盆地的资源量（187.35 亿 t）占全澳洲的 12.24%，EDR 为 77.52 亿 t；Clarence－Moreton 盆地的 EDR 为 22.58 亿 t，Eromanga 盆地的 EDR 为 5.65 亿 t，Mulgidie 和 Laura 盆地的总资源量分别为 2.98 亿 t 和 0.58 亿 t。所有这些资源埋藏浅，适合露天开采。而且已有资源量所计算的深度较浅，因此有望进一步扩大资源量。

（五）主要煤矿和开发项目

根据昆士兰自然资源和矿山部 2016 年 7 月发布的统计资料（表 1－2－4），苏拉特盆地现有在产煤矿 2 个，Clarence－Moreton 盆地现有在产煤矿 3 个，全部为露采矿（表 1－2－23）。只有 Clarence－Moreton 盆地 New Acland Mine 煤矿的扩产项目还在继续，将使该矿的产能从 4.8 Mt/a 提高到 7.5 Mt/a。

表 1－2－23　昆州侏罗纪煤在产煤矿及 2014 年煤炭产量

煤　矿	经度	纬度	盆地	开采方式	2014 产量/t	煤种
Commodore	151.2791	－27.9303	CM	露采	3527723	动力
Jeebropilly	152.6594	－27.623	CM	露采	664217	动力
New Acland	151.7078	－27.2696	CM	露采	5123453	动力
Cameby Downs	150.2872	－26.5786	苏拉特	露采	1525083	动力
Kogan Creek	150.7726	－26.8957	苏拉特	露采	2660646	动力

注：CM－Clarence－Moreton 盆地。

六、坎宁盆地

（一）概述

坎宁盆地是澳洲西部最大的含煤盆地，位于西澳东北沿海（图 1－2－3、图 1－2－25），总面积约 506000 km^2，陆上面积约 430000 km^2。

根据澳大利亚地球科学所公布的最新数据（Australian Geoscience，2016），2015 年底，整个澳大利亚黑煤的经济资源量（EDR）为 633.13 亿 t，推断资源量为 760.99 亿 t，总计 1394.12 亿 t（表 1－

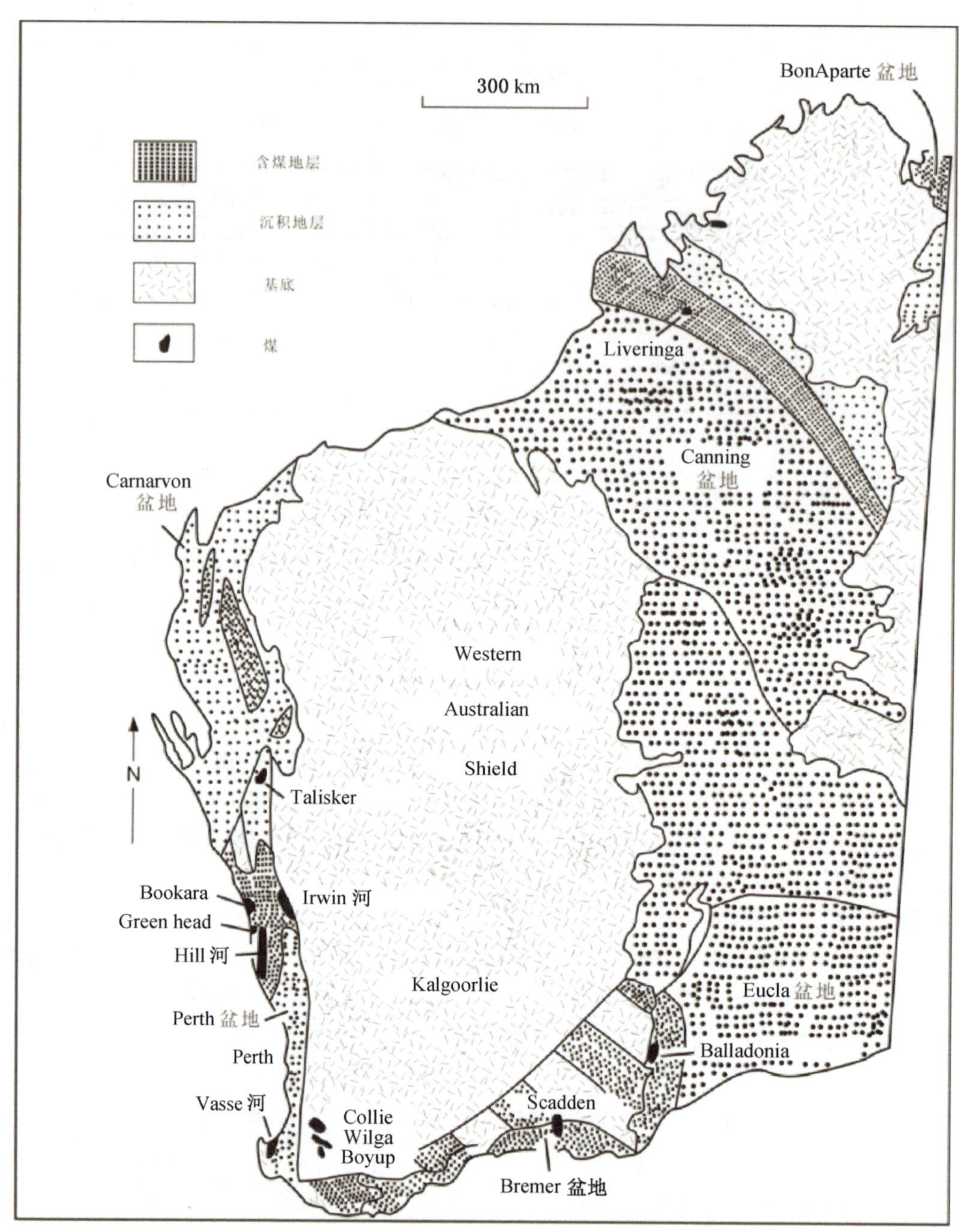

图 1-2-25 西澳含煤盆地及煤田分布

2-3）。西澳的煤炭资源并不丰富，仅为澳洲的 1.01%，其中坎宁盆地的 EDR 为 1.80 亿 t，总资源量超过 5 亿 t。

和博文盆地以及悉尼盆地相比，坎宁盆地煤炭勘探资料很少。盆地内主要的地堑都进行过石油和矿产勘探，而西澳矿产和能源部公开的 1966—1982 年有关煤炭调查的文件共有 31 件，这些勘探和调查为认识和揭示 Fitzroy 地堑的煤炭资源提供了关键的信息。因此，本文通过瑞伊资源公司在 Fitzroy 地堑内的杜切斯 · 帕拉戴斯项目揭示坎宁盆地的煤炭资源潜力。

（二）地质背景

坎宁盆地是一个早奥陶世至早白垩世的克拉通边缘盆地，晚白垩世和第三纪沉积限于盆地的滨海部分并向陆上尖灭。盆地最大沉积厚度超过 15 km，出现在盆地内 2 个北西走向的沉积中心。北部是 Fitzroy 断陷—Gregory 次盆地杂岩，而南部是 Willara 次盆地—Kidson 次盆地杂岩。

坎宁盆地可以划分为 10 个构造单元，Broome 穹窿将 Fitzroy 地堑（ – Gregory 次盆地）和南部的 Willara 次盆地、Kidson 次盆地等分隔开来（图 1 –2 –26）。Fitzroy 地堑位于坎宁盆地的北部，地堑中被 100 km 宽的沉积岩所覆盖，最深达到 15 km。Fitzroy 地堑的构造比 Willara 次盆地和 Kidson 次盆地要复杂，但一般来讲 Fitzroy 地堑中的岩层倾角非常平缓，适于煤炭开采。

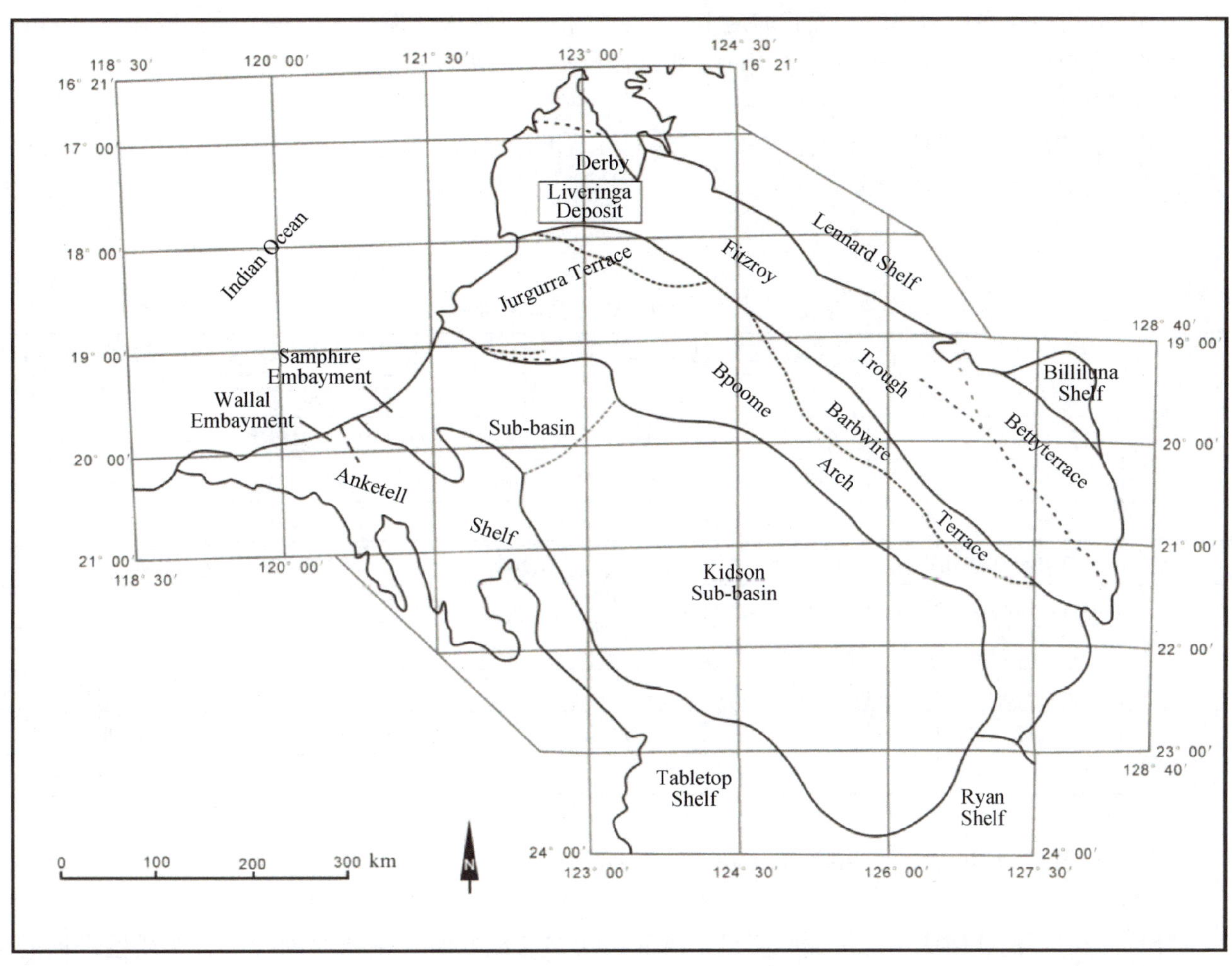

图 1 –2 –26 坎宁盆地构造分区

（三）煤系地层

Fitzroy 地堑的含煤地层主要是下—上二叠统的 Lightjack 组，煤层位于该组的中—上部(表 1 –2 –24)。

表 1 –2 –24 Fitzroy 地堑的沉积地层

统	群	组	岩性
下三叠统		Blina 片岩	灰或褐色粉砂岩、砂质页岩
上二叠统	Liveringa 群	Hardeman 组	泥岩、细砂岩，交错层，夹有煤
		Condren 组	中—粗粒砂岩，交错层，分选差，微量煤
下—上二叠统		Lightjack 组	下部页岩和砂岩，中部和上部具交错层理的细砂岩，煤层位于中—上部
下二叠统		Nookanbah	互层状泥岩、页岩、细粒砂岩，少量煤交错层
下二叠统		砂岩	含云母粉砂质砂岩，交错层理，波纹，少量煤交错层
上石炭—下二叠统	Grant 群		分选差的粉砂质和角砾砂岩，砂岩，少量煤交错层

Lightjack 组中存在 2 层煤（P1 和 P2），2 层煤之间被厚达 15 m 的粉砂质砂岩所分隔，但有些地方又合并为 1 层。在剥蚀区，煤层埋深仅为地下 5 ~ 10 m，沿倾向埋深可超过 300 m。煤层倾角在 Duchess 地区小于 10°，在 Paradise 东为 2° ~ 5°。在 Duchess 地区煤层向西延伸倾向南，在 Paradise 则向东倾。Duchess 地区 P1 煤层平均厚 2. 2 m（0. 2 ~ 3. 2 m）；P2 煤层在 Duchess 地区平均厚 6. 8 m，但向北变薄，在 Paradise 地区平均厚 2. 3 m。

Lightjack 组不仅在地表出露，而且向地下延伸。钻孔井下物探结果显示，整个勘探区地下 Lightjack 段均存在含煤单元，而且底部埋深从西南向东北延伸至 600 m 以下。

（四）煤质

根据瑞伊能源公司 2009 年对钻孔所采原煤的分析结果，Fitzroy 地堑二叠系 Lightjack 组煤层 P1 的品质明显优于煤层 P2，属于灰分含量中等、硫含量和热能值低的次烟煤。但经过洗选，可以明显提高煤质（表 1 - 2 - 25）。

表 1 - 2 - 25 原煤及洗选煤工业分析结果

原煤		含水量/%	挥发分/%	灰分/%	总硫/%	发热量/(kcal · kg^{-1})	相对密度/(g · cm^{-3})
P1 煤层	平均	10. 6	28. 5	24. 8	1. 51	4750	1. 5
	范围	7. 1 ~ 17. 5	24 ~ 32	15. 4 ~ 39. 6	0. 7 ~ 3. 1	3784 ~ 5446	1. 4 ~ 1. 68
P2 煤层	平均	11. 1	17. 9	52. 5	1. 44	2206	1. 86
	范围	6. 7 ~ 16. 8	12. 0 ~ 24. 6	26. 5 ~ 63. 2	0. 62 ~ 3. 69	1156 ~ 3650	1. 62 ~ 2. 00
洗选煤	漂浮密度	产出率/%	含水量/%	挥发分/%	灰分/%	总硫/%	发热量/(kcal · kg^{-1})
P1 煤层	F = 1. 4	57	10	36. 7	8	1. 1	6029
	F = 1. 5	62	11	34. 0	18	1. 0	5229
	F = 1. 6	76	7. 6	32. 1	25	1. 1	4956
P2 煤层	F = 1. 5	19	11	33	15	1. 6	4970
	F = 1. 6	41	9. 3	26	26	1. 7	4509

（五）杜切斯 · 帕拉戴斯（Duchess Paradise）项目

1. 概况

瑞伊资源公司的杜切斯 · 帕拉戴斯项目是目前在坎宁盆地 Fitzroy 地堑内的唯一有实质性进展的煤炭项目，是该公司努力开拓向亚洲出口动力煤战略发展的一个重要组成部分。公司目前主要集中在勘探和项目其他进展方面。瑞伊能源公司规划最初 10 年达到年产 2. 5 Mt 的规模。

杜切斯 · 帕拉戴斯项目位于西澳东北部坎宁盆地 Fitzroy 地堑内，在德拜（Derby）港东南 175 km，从卡穆巴林（Camballin）、鲁马（Looma）到最近的大北高速公路约 60 km（图 1 - 2 - 27）。

瑞伊公司所拥有的 9 个勘探权（E04/1519、E04/1770、1753、1385、1386、1768、1518、1865 和 1943）组成了杜切斯 · 帕拉戴斯项目。项目目前主要研究 E04/1519、E04/1770、E04/1753 3 个勘探权，面积共 161 km^2。

2. 地质

杜切斯 · 帕拉戴斯项目区位于 Fitzroy 地堑之中。杜切斯 · 帕拉戴斯项目区内最主要的煤层（P1）属于 Liveringa 群 Lightjack 组的一部分，时代为晚二叠纪。Liveringa 群包含 3 个沉积序列：自下而上分别为 Lightjack 组、Condren 砂岩和 Hardman 组，主要由细粒—中粒砂岩和部分粉砂岩，以及很少量的页岩和钙质层组成。

项目区地质构造基本受到 Mt Wynne 背斜的影响，该背斜北东—南西向延伸，背斜轴在项目区的北部界线附近通过。背斜的主轴插向东北。在项目区，背斜的一个分叉朝向南东—北西，缓缓插向南东，在杜切斯向南倾，倾角为 7° ~ 10°，在帕拉戴斯地区为 2° ~ 5°。

3. P1 煤层的煤质

该项目主要以 Liveringa 群 Lightjack 组中最具开发潜力的 P1 煤层进行设计。2011 年 3 月 2 日 Mylec

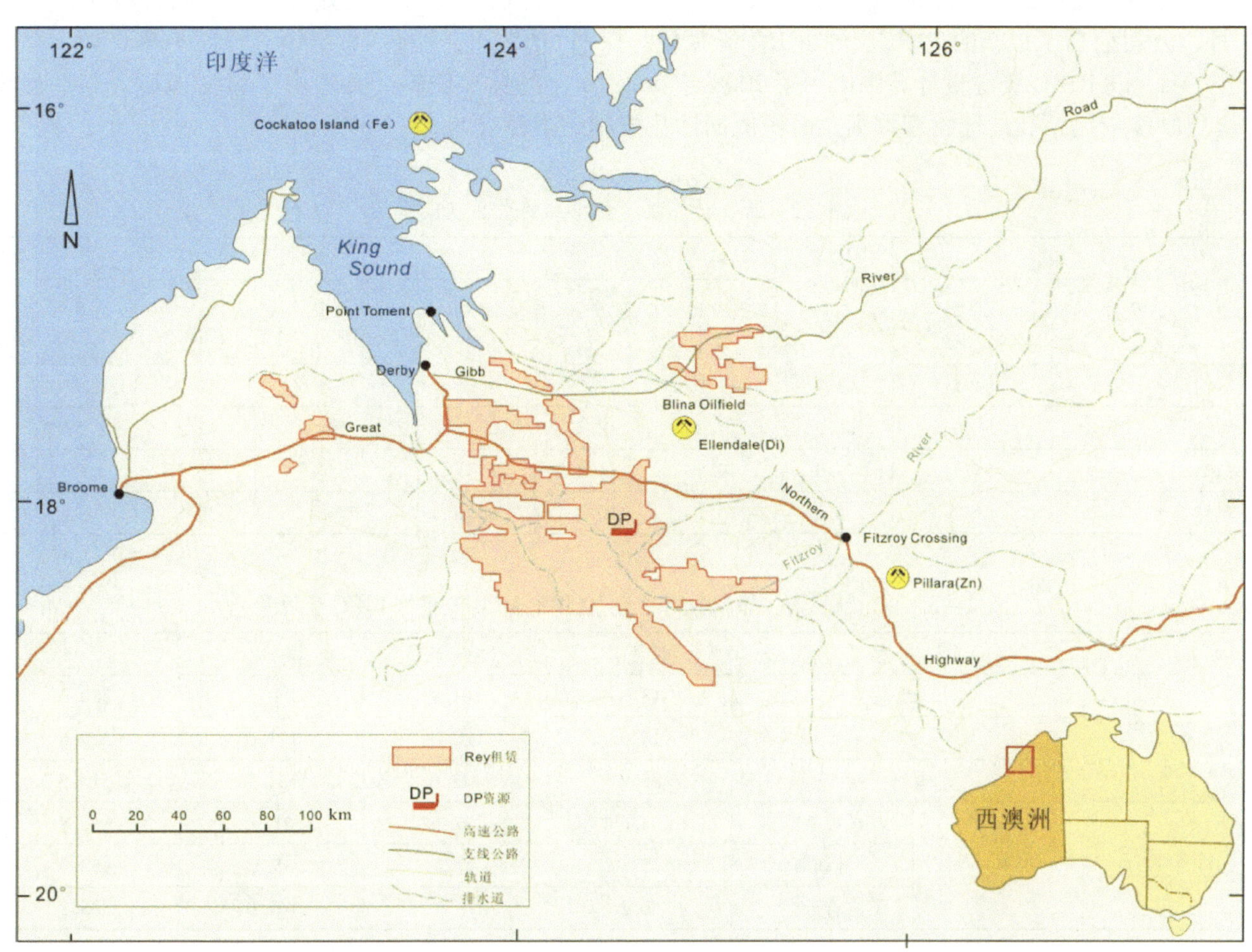

图 1-2-27　杜切斯·帕拉戴斯项目范围及交通位置图

提交的煤质报告中，以 48 个钻孔岩心样本的煤质分析资料为依据，P1 煤层的原煤总体看为中灰、中硫、中发热量的动力煤。在计算储量时，不同级别的煤质变化不大（表 1-2-26），但根据 60 个实验室分析结果以及另外 8 个钻孔资料，上述 P1 煤层的原煤煤质在 Paradise 和 Duchess 地区略有差异，Paradise 地区的原煤比 Duchess 地区的原煤灰分低，热值高。

表 1-2-26　P1 煤层原煤煤质

原煤		灰分/%	含水量/%	挥发分/%	总硫/%	发热量/(kcal·kg^{-1})	原位密度/(g·cm^{-3})
探明	平均	21.4	12.47	29.06	1.45	4.959	1.455
	范围	16.5~35.9	8.1~17.7	25.5~32.1	0.69~2.62	4248~5320	1.410~1.599
控制	平均	24.47	11.10	27.81	1.69	4780	1.492
	范围	15.1~36.5	7.7~17.0	25.5~31.9	0.65~2.56	4136~5318	1.390~1.605
推断		~21.87	~11.41	~28.8	~1.63	~4991	~1.489

按照选煤流程的设计，同时考虑到剔除开采时混入煤中的其他物质，通过计算机模拟得到了成品煤的煤质（表 1-2-27）。如果在生产中能够达到如此理想的结果，则可以生产出特高热能值（>7700 kcal/kg）的优质煤炭。

4. P1 煤层的 JORC 资源量计算

杜切斯·帕拉戴斯项目的设立基于 2009 年提交的 P1 和 P2 煤层的 JORC 资源量，该项目首次在坎宁盆地获得了超过5亿t的JORC资源量（表1－2－28），使坎宁盆地煤炭开发进入新的阶段。2011年11月，公司公布了最新的P1煤层的JORC资源量：探明60.2 Mt，控制78.5 Mt，推断167.0 Mt，总计305.7 Mt。该JORC资源量计算中使用了2008年和2010年的钻探资料，并考虑了区域地质资料。计算中煤层厚度依据钻孔地球物理数据，面积依据钻孔控制的半径（表1－2－28）。

表1－2－27　计算机模拟得到的成品煤煤质

项目	原煤		产率/% ad	成品煤					
	灰分/% ad	热能值/(kcal·kg⁻¹)		含水量/%	灰分/% ad	全硫/% ad	热能值/(kcal·kg⁻¹)	挥发分/% daf	固定碳/% daf
平均	30.6	5495	63.9	17.3	12.2	0.88	7795	42.7	57.4
中值	29.8	5500	66.5	17.2	12.3	0.82	7794	42.3	57.7
最高	46.9	5573	77.0	19.5	14.8	1.63	7840	46.5	60.2
最低	24.0	5157	26.0	16.1	10.4	0.62	7766	39.8	53.5

表1－2－28　杜切斯·帕拉戴斯项目2009年和2011年的JORC资源量　　Mt

	煤层		探明	控制	推断	总计
2009年	P1		18.3	101.9	160.5	280.8
	P2		16.9	41.7	171.0	229.6
	总计		35.2	143.6	331.5	510.5
2011年11月	P1	帕拉戴斯	34.6	30.3	81.9	146.8
		杜切斯	25.6	48.2	85.1	159.0
		合计	60.2	78.5	167.0	305.8

七、珀斯盆地

珀斯盆地是西澳大利亚州的主要含煤盆地，位于澳大利亚大陆西南端，从Murchison河到南部海岸，绵延数千公里，总面积约450000 km²，陆上面积约172300 km²，水下部分向西延伸到大陆架的边缘，距海岸远达15000 m，面积与陆上面积相当（图1－2－3）。

（一）地质背景

珀斯盆地形成于二叠纪到早白垩世时期澳洲大陆与印度大陆分离的过程中，是一个结构复杂的盆地，其基本构造框架的形成受控于二叠纪、晚三叠世到早侏罗世、中侏罗世到早白垩世时期的构造作用，在此过程中形成了4个主要呈近南北走向的次级盆地，即Abrolhos次盆地、Vlaming次盆地、Houtman次盆地和Zeewyck次盆地（图1－2－28）。

（二）煤系地层

珀斯盆地中最厚的沉积地层达到15000 m。在二叠纪至早三叠世时期盆地的北部沉积了一套河流相和海相硅质碎屑岩为主的岩层，其中夹杂着煤层（Irwin河煤系），而在盆地的南部却以河流相硅质碎屑岩和煤（Sue煤系）为主。在晚三叠世到早侏罗世，全区经历广泛的河流和三角洲沉积，在早侏罗世形成了厚度比较大的硅质碎屑岩和Cattamarra煤层。上侏罗统Yarragadee组地层中也有煤层形成（Marshall，et al.，1989；Mory and Iasky，1996）。

（三）主要煤田及煤产地

珀斯盆地是西澳重要的含煤盆地和主要的煤产区。根据澳大利亚地球科学所公布的最新数据（Australian Geoscience，2016），2015年底，整个澳大利亚黑煤的经济资源量（EDR）为633.13亿t，推断资源量为760.99亿t，总计1394.12亿t（表1－2－3）。西澳的煤炭资源并不丰富，仅为澳洲的1.01%，其中珀斯盆地的EDR为1.56亿t，总资源量超过11.6亿t。

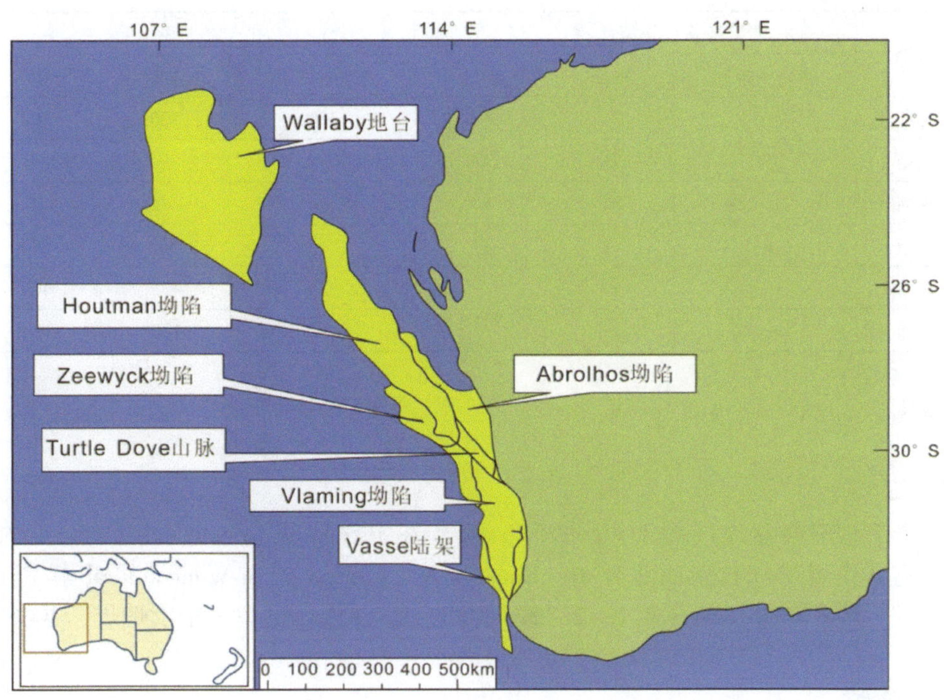

图 1-2-28 珀斯盆地构造分区（Marshall, et al., 1989）

位于珀斯盆地之内的 Vasse 河煤田和 Hill 河煤田是西澳 5 个主要煤田中的 2 个；此外，Irwin 河、Green Head、Bookara 和 Talisker 等地也是煤产区（图 1-2-25）。

1. Vasse 河煤田

Vasse 河煤田（图 1-2-25）的二叠纪 Sue 河煤系厚达 1800 m，不整合在结晶基底之上，并被 100 ~ 200 m 厚的白垩系沉积层所覆盖。Sue 河煤系共有 10 个煤层组（表 1-2-29）。最底部煤层埋深在地下 250 m 之上。在地下 180 ~ 450 m 的深处的一条煤层长达 17 km。其中，最厚的煤层称 Osmington 煤层，其厚度至少为 4 ~ 5.5 m，其余几个煤层厚度约 2 m。钻井资料揭示出，煤层的中心地带约 2 km 范围内，煤层厚超过 1.3 m。

Vasse 煤田生产低灰低硫的烟煤，灰分含量在 7% ~ 15% 之间，含硫量 < 1%，发热量约为 28 ~ 31 MJ/kg。

表 1-2-29 珀斯盆地各煤田及煤产地的煤层特点

煤 田	盆地	煤层数	最大煤层总厚/m	最大煤层厚度/m	煤层深度范围/m	煤类	时 代
Vasse 河	珀斯	10	11	5.5	180 ~ 5000	烟煤	二叠纪
Hill 河	珀斯	6	16	9	0 ~ 1500	次烟煤	侏罗纪
Irwin 河	珀斯	9	14	7	0 ~ 2000	次烟煤	二叠纪
Green Head	珀斯	20	10	1.6	450 ~ 800	烟煤	二叠纪
Bookara	珀斯	5	11	4	100 ~ 900	次烟煤	侏罗纪
Talisker	珀斯	2	2.3	2.3	0 ~ 120	烟煤	二叠纪

数据来源：西澳地质调查局，1990. Coal - West Australia

Vasse 河煤田仅适合井工开采，其地下 350 m 以上深度内的探明 + 控制资源量为 2 亿 t，推断资源量为 5 亿 t（表 1-2-30）。

表 1-2-30 珀斯盆地各煤田及煤产地的资源量 Mt

煤田	盆地	露天开采（剥采比＜10：1）			井工开采			总计
		探明＋控制	推断	合计	探明＋控制	推断	合计	
Vasse 河	珀斯	—	—	—	300	500	800	800
Hill 河	珀斯	400	200	600	—	—	—	600
Irwin 河	珀斯	—	80	80	—	1100	1100	1180
Green Head	珀斯	—	—	—	—	240	240	240
Bookara	珀斯	—	—	—	—	400	400	400
Talisker	珀斯	—	—	—	—	130	130	130

注：计算到地下 350 m 深度。
数据来源：西澳地质调查局，1990. Coal－West Australia

2. Hill 河煤田

Hill 河煤田位于北珀斯盆地（图 1－2－25），煤产在下侏罗统 Cockleshell Gully 组内的 Cattamarra 段。煤田范围内有 3 个煤矿床自南而北分布：Eneabba 矿、Jurien 矿和 Wongonddrah 矿。一般可见 6 层煤，单层最厚 9 m，总厚可达 16 m（表 1－2－29、表 1－2－30）。煤类属于次烟煤，灰分含量中等，发热量 20 MJ/kg。

3. 其他的煤产地

Irwin 次盆地的早二叠世 Irwin 河煤系，是在上三角洲的推进作用下堆积而形成的海洋和近海产物。该煤系最厚可达 120 m，可与 Vasse 河煤田和下面将要论述的科尔列煤田的早二叠煤系地层对比。已探明煤层的厚度向南递增，延伸至少 40 km。煤层往往呈透镜状，在 50 m 的地层剖面中见到 9 个煤层，厚度从 0.5 m 到 3 m，煤层聚集处厚度可达 10 m（表 1－2－29，表 1－2－30）。煤的灰分含量较高（15% ~ 23%），而发热量低（14 ~ 18 MJ/kg）。据推断，资源多达 1180 Mt（西澳地质调查局，1990）。

在 Green Head 地区的 Irwin 河煤系赋存在地下 400 m 以内，煤层厚 1.6 m。煤质不稳定，发热量最高达到 31 MJ/kg，有些煤层具有良好的焦煤性质。

北珀斯盆地的 Talisker 煤矿床的煤系地层相当于 Irwin 河煤系，产烟煤。尽管埋藏较浅，但 2 个煤层组厚度只有 2.3 m（表 1－2－29），资源量少（表 1－2－30），而且煤质差，灰分含量中等，硫含量高。

在 Geraldton 南靠近 Bookara 地区，煤产在侏罗系 Cattamarra 段中。Bookara 煤矿床煤层总厚度 11 m，埋深 100 ~ 900 m，煤质为次烟煤（表 1－2－29），推断资源量 400 Mt（表 1－2－30）。

八、吉普斯兰德盆地

（一）概述

澳洲大陆南海岸的维州蕴藏着澳大利亚近 97% 的褐煤探明资源量，而澳大利亚褐煤 EDR 的 99% 蕴藏在维州（表 1－2－4），其中 90% 在吉普斯兰德盆地的拉托比谷（Latrobe Valley）。

位于澳洲东南沿海的吉普斯兰德盆地（图 1－2－3）面积 6.64×10^4 km^2，其中陆上部分 1.60×10^4 km^2，约占 25%；海上部分 5.04×10^4 km^2，约占 75%。陆上部分的沉积中心在吉普斯兰德盆地西部的拉托比谷，最大沉积厚度达 6000 m；海上部分的沉积厚度达 1000 m。

（二）地质特征

吉普斯兰德盆地（Bolger 等，1992）位于澳洲南部的维多利亚州和巴斯海峡，是一个不对称的地堑，形成于早白垩世澳洲板块与南极洲板块分离的时期。该盆地的基底为塔斯曼褶皱期的古生代变质岩。吉普斯兰德盆地可分为北吉普斯兰台地、南吉普斯兰台地和中央坳陷 3 部分。盆地西侧是奥特维盆地。

吉普斯兰德盆地的演化经历了早期裂谷阶段（157.1 ~ 97 Ma，晚侏罗世—早白垩世）和晚期裂谷阶段（97 ~ 80 Ma，晚白垩世）。吉普斯兰德盆地的沉积开始于早白垩世（约 146 Ma），沿澳大利亚的南部边缘形成裂前坳陷；晚期裂谷阶段的沉积发生在发育良好的、东西走向的、宽 75 km 的山谷中。最后发育的是坳陷和裂谷阶段。坳陷早期阶段发生在晚白垩世—始新世（80 ~ 38 Ma），裂谷阶段作用在整个晚白垩世至古新世；挤压和坳陷晚期阶段发生在始新世—第四纪（38 Ma 至今）。

拉托比谷亚群的沉积物相对较少，包括厚层的褐煤，沉积在渐新世和中新世。拉托比谷亚群可再细分为哈泽尔伍德组、莫尔韦尔组和亚鲁恩组。其褐煤主要存在于莫尔韦尔组和亚鲁恩组中，且煤层厚度较大，稳定性好。

（三）拉托比谷煤田

拉托比谷煤田是吉普斯兰德盆地最主要的褐煤资源区和开采区。

1. 煤系地层

拉托比谷的第三纪沉积物分为 3 套主要地层，每套地层都包含巨厚的褐煤资源。

始新世到早渐新世的塔拉贡组是最老的含煤地层，其中的煤层厚度达 80 m，夹杂着砾石、砂和黏土。塔拉贡组一般比拉托比谷组中煤的含水量低，将近 50%。这些煤层主要出现在 Baragawanath 背斜最接近地表的层位，位于拉托比谷东南端，呈现出一个大型背斜或圆顶状结构。

塔拉贡组上部是渐新世到早中新世的莫尔韦尔组和亚鲁恩组，为煤、黏土和砂岩互层。莫尔韦尔组和亚鲁恩组的煤系地层包含多个煤层。最年轻的煤层是亚鲁恩组内的亚鲁恩煤层，厚度为 97 m（第一产业部，2007 年）。莫尔韦尔组有 3 层煤，它们在有些地区合并。在莫尔韦尔附近出露的莫尔韦尔组厚度为 150 ~ 180 m，但在 Gormandaie 地区增加到 210 m。莫尔韦尔附近有 2 个煤层，莫尔韦尔 1A 和莫尔韦尔 1B 煤层，但在 2 煤层交汇处的其他位置，该煤层被称为拉托比煤层。在莫尔韦尔出露区域，莫尔韦尔 1B 和莫尔韦尔 1A 煤层汇合，形成莫尔韦尔 1 煤层（图 1 -2 -29）。

莫尔韦尔组和亚鲁恩组所含褐煤含水量高于塔拉贡组中的褐煤，其含水量在 55% 和 65% 之间。

2. 煤质

拉托比谷煤田的煤矿床分别开采塔拉贡组、莫尔韦尔和亚鲁恩组的褐煤。所产的褐煤含水量高、灰分低、发热量低，主要用于发电（表 1 -2 -31）。

表 1 -2 -31　拉托比谷煤田 3 组含煤地层的储量及煤质分析

地层组	储量/Mt	含水量/%	灰分*/%	挥发分*/%	发热量/(MJ·kg^{-1})	硫含量/%	氯含量/%
亚鲁恩	11065	63.4	3.2	52.1	7.1	0.31	0.16
莫尔韦尔	18862	60	2.7	50.6	8.3	0.34	0.13
塔拉贡	5828	56.2	2.6	50.9	9.7	1.51	0.12

注：* 干燥基（The Brown Coal Geology of Gippsland Basin）。

在维州环境、国土、水、计划部（Department of Environment，Land，Water and Planning，State Government Victoria）官网上公布的吉普斯兰德盆地褐煤的主要经济技术指标如下：原煤发热量为 5.8 ~ 11.5 MJ/kg，干燥基煤的发热量为 25 ~ 29 MJ/kg，含水量为 48% ~70%，碳含量为 65% ~70%，灰分含量<4%，S 含量<1%，O 含量为 25% ~30%，H 含量为 4% ~5.5%，N 含量<1%；煤层的埋藏深度为 10 ~ 20 m，采剥比（煤/覆盖）仅为 0.5 ~ 5：1。

3. 储量

2016 年，澳大利亚地球科学（Australian Geoscience，2016）所公布的最新统计数据（OZMIN Mineral Commodities Database Outputs）中，2015 年底，褐煤的经济资源量（EDR）为 671.30 亿 t，推断资源量为 995.84 亿 t，总计 1667.14 亿 t（表 1 -2 -3）。维州的褐煤资源占全澳洲的 99.24%，基本蕴藏在吉普斯兰德盆地。该盆地的 EDR 为 662.84 亿 t，推断资源量为 755.70 亿 t，总计 1418.54 亿 t，占比达 98.74%（表 1 -2 -3）。按照 2014 年澳大利亚煤矿生产规模，现有资源至少可以开采 112 年（黑煤）和 1022 年（褐煤）。

4. 在产煤矿

维州 2013—2014 年的在产煤矿有 5 个（表 1 -2 -4），全部集中在吉普斯兰德盆地的拉托比谷。Hazelwood 发电公司、Loy Yang 电力有限公司和 Yallourn 能源股份有限公司的煤矿，以及 Alcoa Australia 有限公司在 Angleses 的煤矿都是年产百万吨以上的大矿，Maddingley 褐煤公司只在 Bacchus Marsh 矿生

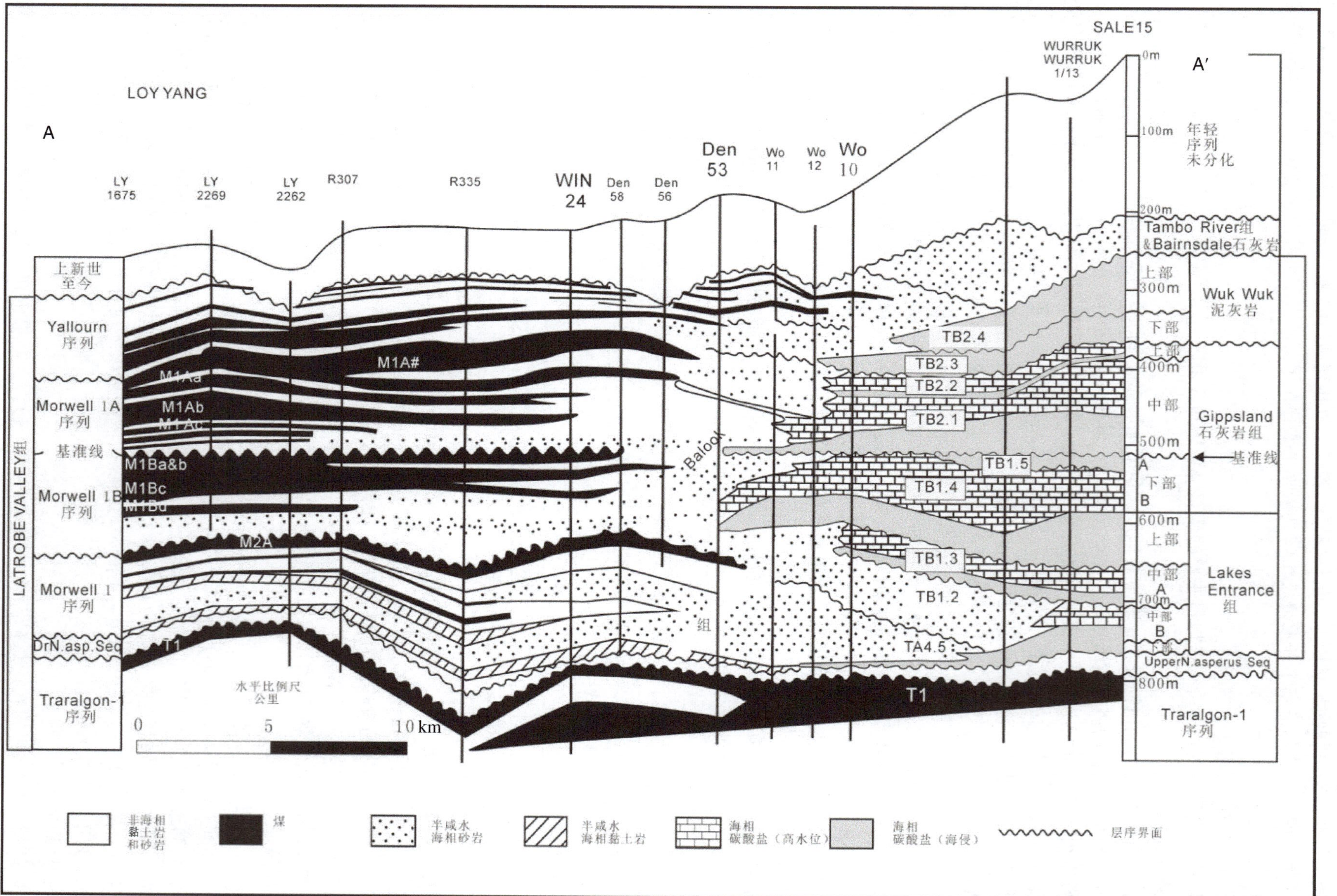

图1-2-29 拉托比谷煤田剖面图

产很少量的褐煤。2013—2014 年维州的褐煤产量减少了 3.1% （表 1-2-32）。

表 1-2-32 维州主要褐煤煤矿及产量 kt

公 司	Maddingley 褐煤	Alcoa Australia	Loy Yang	Yallourn	Hazelwood	总 计
产地	Bacchus Marsh	Angleses	Loy Yang	Yallourn	Hazelwood	
2008—2009	14.00	966.00	29007.00	18229.00	20036.00	68252.00
2009—2010	11.00	1077.00	30446.00	17685.00	19531.00	68750.00
2010—2011	16.00	1070.00	29895.00	17705.00	18047.00	66773.00
2011—2012	21.00	1022.00	30237.00	17404.00	20440.00	69124.00
2012—2013	18.00	913.00	28921.00	12885.00	17118.00	59854.00
2013—2014	18.77	1034.30	26966.65	13494.25	16486.94	58000.91
年增	4.3%	13.29%	-6.76%	4.73%	-3.69%	-3.10%

第四节 优质煤炭资源富集区

一、澳大利亚优质煤炭资源的分布特点

澳大利亚大陆上煤炭资源的分布并不平衡，特别是优质煤炭资源的赋存和分布表现出明显的时代特点和地域特点。这些特点是圈定优质煤炭资源富集区时重要的参考条件之一。

（一）时代特点

综合对澳大利亚各个含煤盆地地质特点和煤系地层的分析，可以明显看出：澳洲东部黑煤的煤种煤质变化与时代具有密切的关系。总体上看，二叠纪的煤质最好，其中早二叠世的煤以动力煤为主，晚二叠世的煤主要是焦煤和高品质动力煤；三叠纪和早白垩世的煤则基本是动力煤（表 1-2-33）。

表 1-2-33 澳大利亚东部含煤盆地煤系地层的时代与煤种

地层时代	煤 系 地 层	盆 地	主要煤种
晚白垩世	Winton 组	Erommiga	褐煤
早白垩世	Styx 煤系	Styx	动力煤
	Burrum 煤系	Maryborough	动力煤
中侏罗世	瓦隆亚群	Clarence - Moreton	动力煤
	瓦隆亚群（Juandah，Taroom）	苏拉特	动力煤
	Mulgildie 煤系	Mulgildie	动力煤
	Birkhead 组	Eromanga	动力煤
	Dalrymple 砂岩组	Laura	动力煤/焦煤
	Tiaro 煤系	Maryborough	动力煤
晚三叠世	Ipswich 煤系	Ipswich	动力煤
	塔隆 Beds	塔隆	动力煤
	Gallide 煤系	加利德	动力煤
晚二叠世	Rangal 煤系，Baralaba 煤系，Bandanna 组，Moranbah 煤系，German Creek 组	博文	焦煤/动力煤
	Tomago 煤系，纽卡斯尔煤系	悉尼	焦煤/动力煤
	Black Jack 组	冈尼达	焦煤/动力煤
	Bandanna 组，Betts Creek Beds，	加利利	动力煤
	Toolachee 组	库珀	动力煤

表 1-2-33（续）

地层时代	煤 系 地 层	盆 地	主要煤种
早二叠世	Greta 煤系，Illawarra 煤系	悉尼	动力煤/焦煤
	Maules Creek 组	冈尼达	动力煤/焦煤
	Collinsville 煤系，Blair Athol 煤系，Reids Dome beds	博文	动力煤/焦煤
	Aramac 煤系	加利利	动力煤
	Patchawarra 组	库珀	动力煤

（二）地域特点

总体看，澳洲煤炭资源的分布呈现东部富集黑煤，特别是优质煤炭资源，西部和北部缺少煤炭资源，南部富集褐煤的地域特点（图 1-2-3）。

而在澳洲东部，由东向西不同含煤盆地煤的品质随着含煤地层时代的变化而呈现出地域性的差异。在东部沿海的博文盆地、悉尼盆地和冈尼达盆地，主要出产二叠纪的焦煤和动力煤；而地理位置偏西部的盆地，如苏拉特盆地、加利德盆地和 Eromanga 盆地所产的二叠纪煤，主要产动力煤，几乎没有焦煤；博文盆地以西的加利利盆地的煤主要赋存在早二叠系地层之中，煤质为动力煤。

含煤盆地及煤系地层的分布决定了优质煤炭的地域分布，这在博文盆地中表现得更为典型，那里的煤无论是在等级还是在质量上都存在巨大差异。在盆地中东部 Dawson 构造带附近，煤等级从半—无烟煤到低挥发性烟煤，在盆地中部的 Comet 脊和 Collinsville 陆架的煤为中等—高挥发性煤，其中包含品质最佳的焦煤。这些矿床中构造变形一般相对较轻。在 Dawson 构造带的北部和南部，具有相似的等级分布特性与构造变形程度。继续延伸到盆地的南部和西部，煤炭品级低于焦煤区，最重要的矿床属于低灰含量的非焦煤，这些矿床一般不受主要构造的复合影响。向西穿过 Springsure 陆架并进入加利利盆地，煤等级继续下降。

二、澳大利亚优质煤炭资源富集区的圈定

遵循“质优、量大、易采、经济”的原则，兼顾国内外煤炭资源需求和国际能源发展趋势，通过分析各个含煤盆地的地质特点、资源富集程度、开采条件以及基础设施状况，选择并圈定优质煤炭资源富集区。

（一）含煤盆地产能比较

1. 昆州

2012 年时昆州的 54 个在产煤矿共销售商品煤 210.72 Mt，其中 128.52 Mt 为冶金煤，占总销量的 60.99%。从各个销售商品煤盆地的情况看，博文盆地面积并不是最大的，但却拥有生产矿 46 个，占全州的 85.19%，所生产的商品煤达 190.42 Mt，占全州的 90.37%，而且昆州所有商品冶金煤均产自博文盆地，表明博文盆地的煤不仅产量高，而且煤质好。此外，根据现有资料，博文盆地的煤炭总资源量为 34808 Mt，EDR 资源量为 20550 Mt，远远高出其他各个盆地的资源量（表 1-2-34）。

表 1-2-34 昆州主要含煤盆地及 2012 年商品煤生产对比

盆 地	博 文	Clarence-Moreton	苏拉特	塔 隆	总 计
出露面积/km^2	75000	43000	270000	750	
EDR 资源量*/Mt	20550	2258	7752	1437	
煤系时代	二叠	侏罗纪	侏罗纪	晚三叠	
目前在产煤矿/个	46	4	3	1	54
比例/%	85.19	7.41	5.56	1.85	100
商品煤产量/Mt	190.42	8.8	6.7	4.8	210.72
比例/%	90.37	4.18	3.18	2.28	100

表 1-2-34（续）

盆　地	博　文	Clarence - Moreton	苏拉特	塔　隆	总　计
外销动力煤/Mt	49.02	4.85	3.9		57.77
内销动力煤/Mt	12.81	3.95	2.8	4.8	24.36
商品动力煤/Mt	61.83	8.8	6.7	4.8	82.13
比例/%	75.28	10.71	8.16	5.84	100
外销冶金煤/Mt	128.52	0	0	0	128.52
内销冶金煤/Mt	0	0	0	0	0
商品冶金煤/Mt	128.52	0	0	0	128.52
比例/%	100	0	0	0	100

注：* 探明经济资源量 EDR，据 Australian Geoscience，2016。

2. 新州

2012 年时新州共有在产煤矿 63 个，共销售商品煤 188.98 Mt，但其中只有 49.43 Mt 为冶金煤，仅占总销量的 1/4。新州生产商品煤的盆地主要是悉尼盆地和冈尼达盆地，Gloucester 盆地也有少量煤销售（表 1-2-35）。在悉尼盆地的 4 个煤田中，亨特煤田无论总销量还是冶金煤销量依然位居新州首位；南煤田和纽卡斯尔煤田的销量相当，但冶金煤销量远远高于后者，而且这里是新州唯一生产硬焦煤的产地。值得注意的是，冈尼达盆地的冈尼达煤田，其生产矿只有 7 个，而且开采历史较短，所生产的商品煤达 16.1 Mt，占全州的 8.52%，超过西煤田和纽卡斯尔煤田。其中所销售的冶金煤占到全州的 9.43%，成为继亨特煤田和南煤田之后的主要冶金煤供应地。此外，2008—2009 年冈尼达煤田仅生产了 4.8 Mt，2012 年产量猛增近 3 倍。这表明冈尼达盆地是发展最快，而且具有更大发展潜力的地区。冈尼达盆地可采煤炭 EDR 资源量为 1909 Mt（Australian Geoscience，2016），而且主要是动力煤和焦煤。

表 1-2-35　新州主要含煤盆地及 2012 年商品煤生产对比

盆　地	悉　尼　盆　地				冈尼达	GL 盆地	总　计
出露面积/km^2	44000				15000		
EDR 资源量*/Mt	19432				1909	232	21573
煤系时代	二叠纪				二叠纪	二叠纪	
煤田	西	南	纽卡斯尔	亨特	冈尼达		
在产煤矿/个	13	8	12	21	7	2	63
比例/%	20.63	12.70	19.05	33.33	11.11	3.17	100
商品煤产量/Mt	29.5	15.39	15.47	109.92	16.1	2.6	188.98
比例/%	15.61	8.14	8.19	58.16	8.52	1.38	100
外销动力煤/Mt	14.8	0.65	7.84	85.62	12.67	1.43	123.01
内销动力煤/Mt	14.7	0.26	5.3	9.35	0	0	29.61
商品动力煤/Mt	29.5	0.91	13.14	94.97	12.67	1.43	152.62
比例/%	19.33	0.60	8.61	62.23	8.30	0.94	100
外销冶金煤/Mt	0	11	2.33	14.95	3.43	1.17	32.88
内销冶金煤/Mt	0	3.48	0	0	0	0	3.48
商品冶金煤/Mt	0	14.48	2.33	14.95	3.43	1.17	36.36
比例/%	0	39.82	6.41	41.12	9.43	3.22	

注：* GL 盆地 即 Gloucester - Moreton 盆地。

数据来源：Australian Geoscience（2016）

（二）昆州博文盆地优质煤炭资源富集区

从地质条件和目前的生产状况分析，昆州的博文盆地无疑是澳大利亚最大和最重要的焦煤和高品质动力煤生产、出口基地，因此将其列为澳大利亚首选的优质煤炭资源富集区。

1. 博文盆地富集区的优势和不足

作为首选的优质煤炭资源富集区，博文盆地存在着如下的优势：

（1）煤质好。博文盆地生产的煤是以焦煤为主和高品质动力煤。2012 年博文盆地被列入统计的46 个煤矿共销售商品煤 190.42 Mt，其中冶金煤为 128.59 Mt，占总销售量的 67.50%，而且内销仅有0.07 Mt，出口 128.52 Mt，占商品冶金煤的 99.95%；所销售的 61.83 Mt 动力煤中，79.28%（49.02 Mt）也是优质的出口动力煤（表 1－2－34、表 1－2－36）。

表 1－2－36 博文盆地 2012 年销售煤炭煤种统计分析

煤矿数		销售总量	动力煤		冶金煤	
			出口/Mt	内销/Mt	出口/Mt	内销/Mt
井工/个	12	36.33	7.22	0.3	28.81	0
比例/%	26.09	19.08	14.73	0.34	22.42	0
露采/个	34	154.09	41.8	12.51	99.71	0.07
比例/%	73.91	80.92	85.27	99.66	77.58	100.00
合计/个	46	190.42	49.02	12.81	128.52	0
比例/%	100	100	25.74	6.73	67.50	0.04

（2）储量大。博文盆地面积仅有 75000 km^2，而现有煤炭可采 EDR 资源量高达 205.50 亿 t 以上，特别是澳大利亚 70% 的焦煤富集在这里。

（3）适合露天和/或井工开采。博文盆地煤炭资源不仅丰富，而且开采条件非常好。在所统计的2012 年销售商品煤的 46 个煤矿中，34 个煤矿主要是露天开采，占到全部煤矿的 73.91%，它们的销售量达到 154.09 Mt，占总销售量的 80.92%。特别是出口冶金煤中 77.58% 产自露天矿（表 1－2－36）。2015 年，博文盆地 43 个在产煤矿（表 1－2－8，表 1－2－9）、2 个在建煤矿和 16 个煤矿项目中，露天矿或露采加井工矿共有 43 个，占全部煤矿和项目数的 70% 以上。

（4）交通条件方便、基础设施完善。博文盆地为昆州最主要的煤炭出口基地，政府对基础设施建设进行了大量投资，加上各个煤炭开发企业的投入，这里不仅拥有完善的铁路、公路运输系统，而且盆地距离东部沿海的几个主要煤炭口岸交通十分方便。

（5）盆地开发程度高。博文盆地近年来煤炭产业发展迅速，这首先得益于州政府将煤炭出口作为州经济发展支柱产业地位的决策，更是政府多年来加大对该盆地内地质调查和勘探投资的结果。这里的数十个在产煤矿和开发项目拥有大量地质资料和数据，政府将盆地的各种资料和数据汇总，建设了完备的数据库，这是今后开发、建设不可或缺的坚实的理论基础。

（6）现有煤矿和项目集中，独立发展空间受限。丰富而优质的煤炭资源吸引了众多煤炭和能源公司在博文盆地的投资，但现有煤矿和项目高度集中，使得独立发展空间受限。特别是一些国际知名企业在这里不仅拥有多个煤矿，而且占据了优质资源和地质条件有利地区（表 1－2－37）。

表 1－2－37 2015 年博文盆地各个公司与煤矿/项目的关系

煤矿	新建/项目	公司
Blackwater，Broadmeadow，Caval Ridge，Crinum，Daunia，Goonyella Riverside，Peak Downs，Poitrel，Saraji，South Walker Creek	Red Hill	BHP Billiton Mitsui Coal Pty Ltd（10＋1）*
Dawson（原 Moura），Foxleigh，German Creek－Grasstree，German Creek－Lake Lindsay，German Creek－Open－cut，Grosvenor*，Moranbah North	Rosvenor，Moranbah South	Anglo American（7＋2）

表 1－2－37（续）

煤　　矿	新建/项目	公　　司
Burton，Coppabella，Middlemount，Millennium，Moorvale，North Goonyella，Eaglefield		Peabody Energy Australia Pty Ltd（6）
Clermont，Collinsville，Newlands，Oaky Creek，Rolleston	Rolleston 矿扩建	Glencore pl（5＋1）
Hail Creek，Kestrel		Rio Tinto Coal Australia Pty Ltd（2）
Lake Vermont，Jellinbah East		Jellinbah Group（2）
Sonoma	Drake，Byerwen	QCoal Pty Ltd（1＋2）
Cook	Minyang	Caledon Coal Pty Ltd（1＋1）
Baralaba		Cockatoo Coal Pty Ltd（1＋0）
Kogan Creek		CS Energy Ltd（1＋0）
Ensham		Ensham Resources Pty Ltd（1＋0）
Minerva		Sojitz Corporation（1＋0）
Isaac Plains		Stanmore Coal Ltd（1＋0）
Meandu		Stanwell Cop Ltd（1＋0）
Carborough Downs		Vale Australia Pty Ltd（1＋0）
Curragh		Wesfarmers Resources Ltd（1＋0）
Yarrabee		Yancoal Australia Ltd（1＋0）
	Broughton，Meteor Downs South	U&D Mining Industry (Australia) Pty Ltd（0＋2）
	Springsure Creek	Bandanna Energy Ltd（0＋1）
	Bluff	Carabella R. Pty Ltd（0＋1）
	Moorlands	Cuesta Coal Ltd（0＋1）
	Eagle Downs	Eagle Downs Coal Management Pty Ltd（0＋1）
	Lenton/New Lenton	New Hope Corp. Ltd（0＋1）
	Taroborah	Shenhuo Int. Group Pty Ltd（0＋1）

注：＊表示 10 个在产矿和 1 个在建矿/项目，下同。

2. 优质煤炭资源富集区的圈定

根据对盆地内现有煤矿和开发项目所产煤质、产量的分析，结合盆地内二叠纪煤系地层的分布特点、各个煤矿的开采状况，以及区域交通运输条件，确定博文盆地的富集区主要在盆地中部（图 1－2－30、图 1－2－31），具体范围根据现有煤矿所处位置进行圈定（表 1－2－38、图 1－2－31、图 1－2－32）。

表 1－2－38　博文盆地优质煤炭资源富集区各圈定点的地理坐标

点　　位	煤　　矿	经　　度	纬　　度
A	Newlands	147.901	－21.2544
B	Blair Athol	147.527	－22.6905
C	Rolleston	148.4106	－24.4441
D	Baralaba	149.8032	－24.1649
E	Foxleigh	148.8039	－22.9978
F	Hail Creek	148.4068	－21.5054
G	Eastern Creek	148.01717	－21.20058

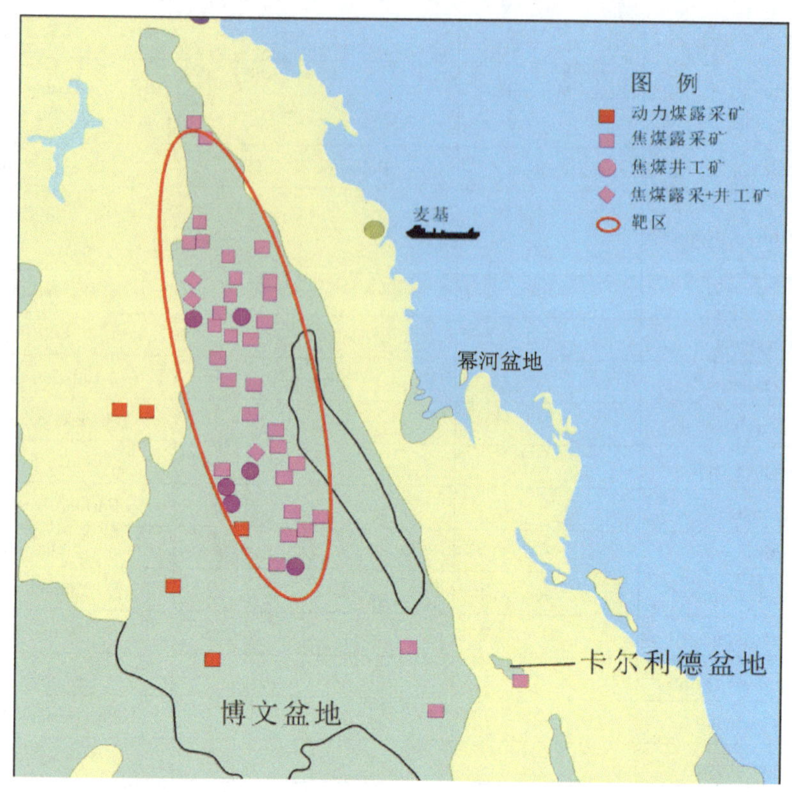

图 1-2-30　博文盆地优质煤炭资源富集区位置示意图

（三）新州冈尼达盆地优质煤炭资源富集区

冈尼达盆地是澳大利亚一个刚刚被开发的出口焦煤和动力煤生产基地，也是本研究选定的又一个优质煤炭资源富集区。

1. 冈尼达盆地富集区的优势和不足

1）煤质好

冈尼达盆地生产的煤包括焦煤和优质动力煤。2012 年冈尼达盆地被列入统计的煤矿只有冈尼达煤田的 7 个，这些矿开采历史较短，所生产的商品煤达 16.1 Mt，占全州销售量的 8.52%，其中所销售的冶金煤却占到全州的 9.43%，显示出该盆地赋存优质煤炭的特点（表 1-2-24）。2014 年，冈尼达盆地在产煤矿共有 6 个（表 1-2-4），2013—2014 年 5 个煤矿共生产原煤 16.87 Mt（商品煤 16.18 Mt）。

2）储量丰富

冈尼达盆地面积 15000 km^2，2015 年底，冈尼达盆地黑煤的经济资源量（EDR）为 19.09 亿 t，推断资源量为 5.52 亿 t，总计 24.62 亿 t，占整个澳洲黑煤 EDR 的 3.02%（表 1-2-3）。据 2014 年新州煤炭工业简介（2014 NSW Coal Industry Profile - volum Ⅰ），2014 年 6 月底，冈尼达煤田可采煤炭估算储量为 1967.1 Mt，其中 5 个在产煤矿的煤炭储量为 448.8 Mt，另有 3 个煤矿项目公布的资源量为 1518.3 Mt。这些资源主要是动力煤和焦煤。

3）地质条件适合井工开采

冈尼达盆地的主要含煤岩系为二叠纪的 Black Jack 组，岩层向西倾，倾角约 5°。该组含有若干横向分布范围很大的煤层，其中 Hoskisson 煤层和 Melville 煤层开采潜力最大。Hoskisson 煤层的灰分含量低—中等，挥发分高，含硫量低，其厚度最大超过 12 m。Melville 煤层的厚度一般在东部为 2.5～3.5 m，越往西越厚。Melville 煤层的品质好，灰分含量为低—中，含硫量为 0.6%～1.2%。

在所统计的 2014 年销售商品煤的 6 个煤矿中，多是采用长壁法开采的井工矿。这表明，冈尼达盆地的地质条件适合井工开采。

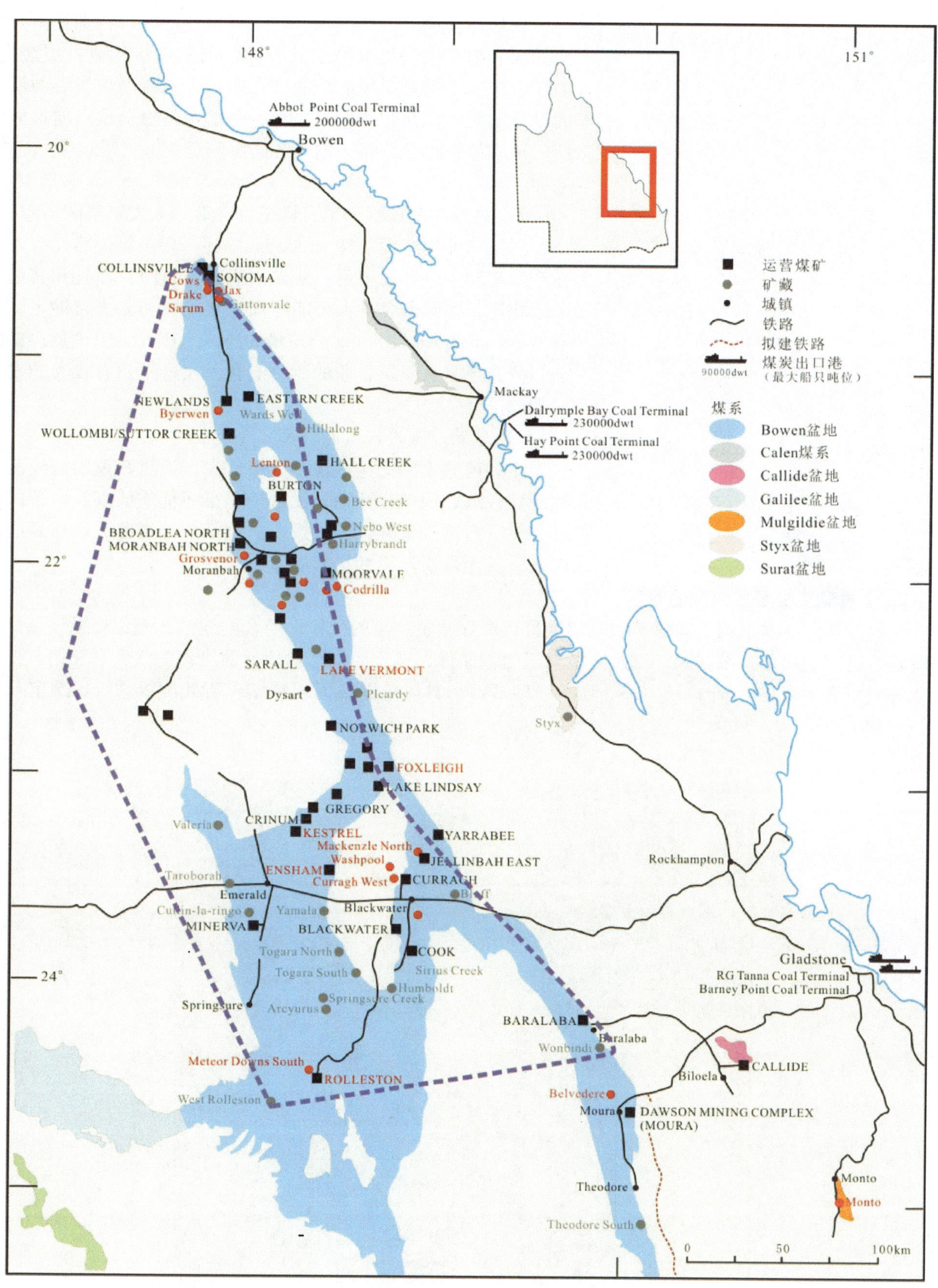

图1-2-31　博文盆地优质煤炭资源富集区位置图

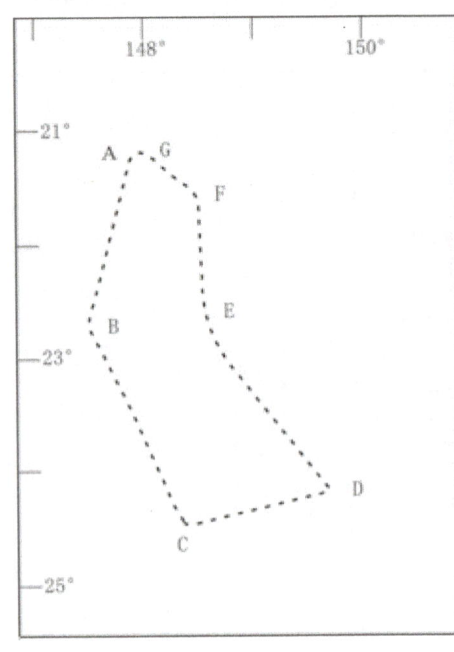

图 1-2-32 博文盆地优质煤炭资源富集区各圈定点的地理分布

4）交通条件比较方便、基础设施完善

冈尼达盆地由于其距离沿海经济发达地区，特别是新州主要的煤炭出口港—纽卡斯尔港较远，因此煤炭工业发展缓慢。但随着国际市场对煤炭需求的持续增长，原有老煤炭资源潜力的日渐消耗，现在州政府和煤炭企业已经将投资重点向该区倾斜。现有的铁路、公路运输系统必将随着煤炭产业的发展而更加完善。

5）盆地开发较晚，现有煤矿少，有较大发展空间

冈尼达盆地总面积达 15000 km^2，但 2014 年仍然仅有 6 个在产煤矿和 4 个开发项目，所占面积十分有限，而且和其他煤盆地相比，国际著名的大型能源和煤炭公司尚未直接涉足，只有 Whitehaven Coal Mining 公司最先进入。因此，无论从煤矿的空间分布还是从煤炭企业的竞争上看，在这里都有较大的发展空间。

6）基础设施投入可能较高

正如前述，冈尼达盆地现有煤矿少，而且距离沿海经济发达地区较远，因此在开始开发这里丰富而优质的煤炭资源的同时必然进行基础设施建设的投入，包括矿区道路、铁路运能的扩大，甚至煤炭口岸的扩容等。

2. 优质煤炭资源富集区的圈定

根据对冈尼达盆地内现有煤矿和开发项目所产煤质、产量的分析，结合盆地内二叠纪煤系地层的分布特点、已有煤矿的开采状况，以及区域交通运输条件，选定冈尼达盆地的西缘作为澳大利亚第二位的优质煤炭资源富集区（图 1-2-33、图 1-2-34），具体范围根据现有煤矿所处位置进行了圈定（表 1-2-39、图 1-2-34）。

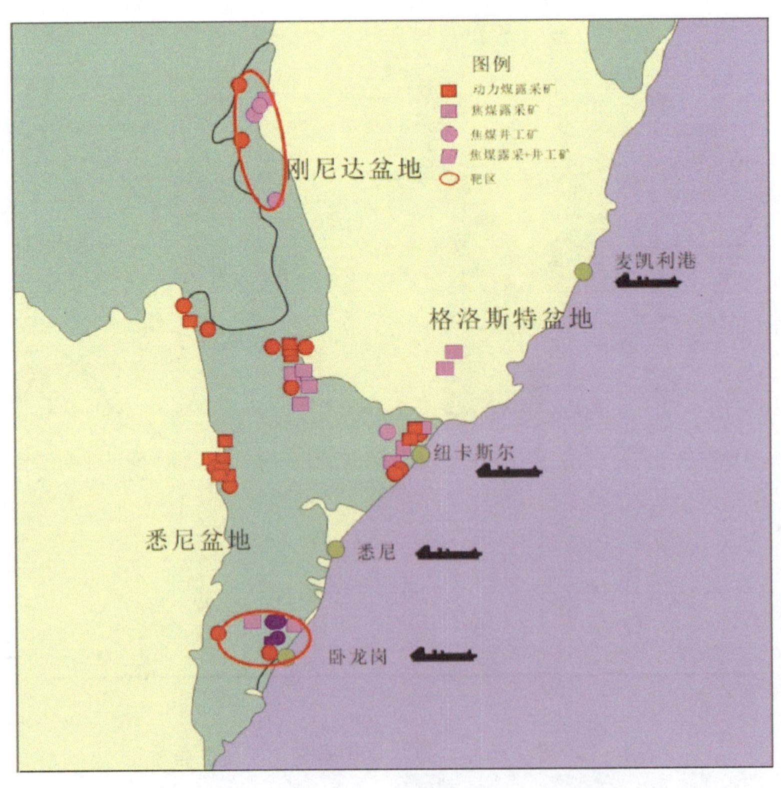

图 1-2-33 冈尼达盆地和悉尼盆地优质煤炭资源富集区示意图

表1-2-39 冈尼达盆地优质煤炭资源富集区各圈定点的地理坐标

点　　位	煤矿/位置	经　　度	纬　　度
A	Narrabri Project	149.500	-30.30
B		150.00	-30.30
C		150.00	-31.407
D	Werris Creek	150.6395	-31.407

（四）新州悉尼盆地南煤田优质煤炭资源富集区

新州的悉尼盆地是澳大利亚煤炭开采历史最悠久的含煤盆地。盆地南部的南煤田是悉尼盆地内唯一生产硬焦煤的地方，因此被选定为另一个优质煤炭资源富集区。

1. 悉尼盆地南煤田富集区的优势和不足

1）煤质好

根据“2012 NSW Coal Industry Profile”的资料，南煤田所产的商品煤包括硬焦煤、动力煤和水泥用煤，硬焦煤主要出口，动力煤供应国内和出口。2012年南煤田被列入统计的煤矿有8个，2011—2012年度共销售15.39 Mt煤炭，其中主要是冶金煤14.48 Mt，占总销量的94.01%，占全新州销售冶金煤总量（36.36 Mt）的39.82%；并且其中76%（11.00 Mt）是出口冶金煤。这表明该煤田赋存优质煤炭的特点（表1-2-39）。

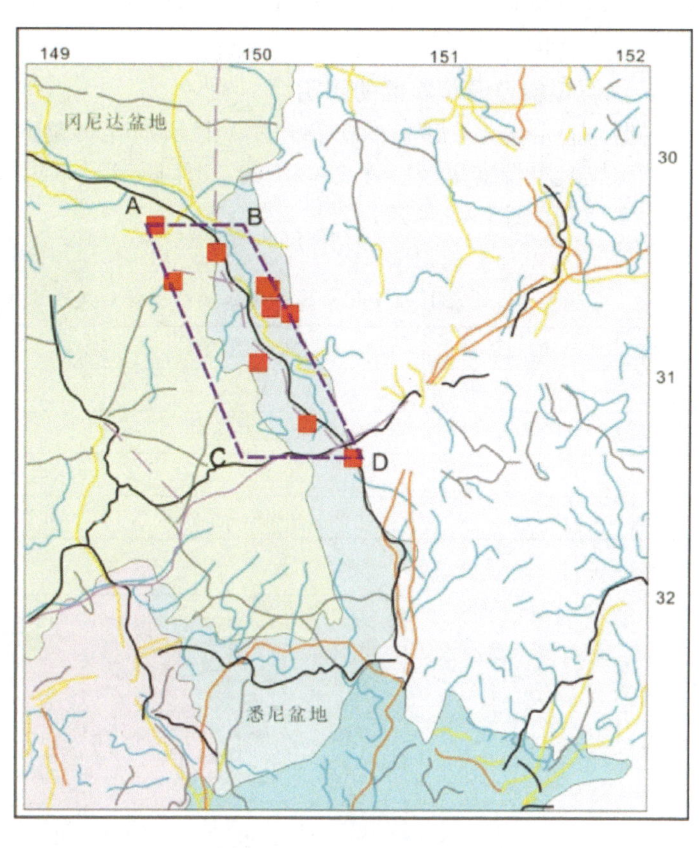

图1-2-34 新州冈尼达盆地优质煤炭资源富集区位置图

2）储量比较丰富

南煤田位于悉尼盆地南部，2014年6月底南煤田可采煤炭估算储量为556.60 Mt（2014 NSW Coal Industry Profile - volum Ⅰ），其中8个在产煤矿拥有的煤炭储量为399.6 Mt（2014 NSW Coal Industry Profile - volum Ⅱ）。

3）地质条件适合露天和/或井工开采

南煤田区域结构是一个开阔向斜，构成悉尼盆地南部的闭合带。煤层的倾角一般小于2°，最大不超过5°。二叠纪里拉瓦拉煤系地层内的Buili煤层在南煤田的南缘（富集区内）出露地表。煤层厚度一般为2~3 m，最厚可达5 m。南煤田现有煤储量基本依据此层煤计算得出。煤的含灰量中等、挥发分含量中等、含硫量低，主要用作焦煤。Buili煤层下部的Wongawilli煤层是南煤田厚度最大（6~15 m）、分布最广的煤层，在坎贝尔敦地区厚度达到18 m，特别在煤田南部形成有开采价值的煤层区。

在南煤田现在的8个煤矿中，井工矿和露采矿均有，浅层煤炭资源进行露天开采，深部煤层主要采用长壁法开采。

4）交通条件比较方便、基础设施完善

南煤田东临塔斯曼海，新州的第三大城市卧龙岗位于沿海，是钢铁工业集中的地区，这里的肯布拉港是澳大利亚第五大煤炭出口港，也是新州主要的煤炭出口港。现有的铁路、公路运输系统连接了煤田的各个矿山与港口。随着国际市场对煤炭需求的持续增长，原有老煤炭资源潜力日渐消耗，现在州政府和煤炭企业已经将投资重点向该区倾斜。基础设施必将随着煤炭产业的发展而更加完善。

5）盆地现有煤矿少，有较大发展空间

和新州悉尼盆地其他煤田相比，南煤田目前只有8个在产煤矿和2个开发项目，而且煤矿规模普遍较小，由不同的煤炭公司掌管，国际著名的大型能源和煤炭公司没有介入。因此，无论从煤矿的空间分布还是从煤炭企业的竞争上看，在这里都有较大的发展空间。

6）基础设施投入可能较高

虽然南煤田位于沿海经济发达地区而且临近煤炭口岸，但Kembla港现有的总装载量仅为1800万t，煤炭吞吐能力有限，这可能是造成南煤田煤矿少，煤矿规模小的重要原因之一。因此在进一步开发这里优质的煤炭资源时，可能需要考虑同时进行基础设施建设的投入，包括矿区道路、铁路运能的扩大，甚至煤炭口岸的扩容等。

2. 优质煤炭资源富集区的圈定

根据对悉尼盆地内现有煤矿和开发项目所产煤炭煤质、产量的分析，选定南煤田作为澳大利亚第三位的优质煤炭资源富集区（图1－2－34、图1－2－35），具体范围根据现有煤矿所处位置进行了圈定（表1－2－40、图1－2－35）。

表1－2－40 悉尼盆地南煤田优质煤炭资源富集区各圈定点的地理坐标

点 位	煤矿/位置	经 度	纬 度
A	A	150. 30	－34. 1849
B	Metropolitan	150. 9966	－34. 1849
C	D	150. 80	－34. 50
D	Berrima	150. 2657	－34. 4652

图1－2－35 悉尼盆地南煤田优质煤炭资源富集区位置图

本章参考文献

[1] VEEVERS J J. Gondwanaland from 650－500Ma Assembly through 320Ma Merger in Pangea to 185－100Ma Breakup: Supercontinental Tectonics via Stratigraphy and Radiometric Dating [J]. Earth Science Reviews, 2004, 68: 1－132.

[2] CAWOOD P A. 'Terra Australis Orogen: Rodinia Breakup and Development of the Pacific and Iapetus Margins of Gondwana During the Neoproterozoic and Paleozoic [J]. Earth－Science Reviews, 2005, 69: 249－279.

[3] 童晓光，关增淼．世界石油勘探开发图集（亚洲太平洋地区分册）[M]．北京：石油工业出版社，2001.

[4] 张建球，钱桂华，郭念发．澳大利亚大型沉积盆地与油气成藏 [M]．北京：石油工业出版社，2008.

[5] 李国玉．世界油区考察报告集 [M]．北京：石油工业出版社，1997：1－438.

[6] 李国玉，李金之钧，等．新编世界含油气盆地图集 [M]．北京：石油工业出版社，2005.

[7] BP. Statistical Review of World Energy 2016 [R]. BP, 2016.

[8] Australian Geoscience. Australia's Identified Mineral Resources 2012 [R]. Canberra: Australian Geoscience, 2013.

[9] Australian Geoscience. OZMIN Mineral Commodities Database Outputs [R]. Canberra: Australian Geoscience, 2016.

[10] Department of Industry, Resources and Energy, NSW Government. 2016. 2014 NSW Coal Industry Profile－Volume Ⅰ [R]. Sydney: Department of Industry, Resources and Energy, NSW Government, 2016.

[11] Department of Industry, Resources and Energy, NSW Government. 2016. 2014 NSW Coal Industry Profile－Volume Ⅱ [R]. Sydney: Department of Industry, Resources and Energy, NSW Government, 2016.

[12] Department of Natural Resources and Mines, Queensland Government. 2016. Queensland coal－Mines and advanced projects (July 2016) [R]. Department of Natural Resources and Mines, Queensland Government. Brisbane: Department of Natural Resources and Mines, Queensland Government, 2016.

[13] Department of Environment, Land, Water and Planning. State Government Victoria. Energy and Earth Resources: Earth Resources－Lignite/ Brown Coal [EB/OL]. (2016－08－03)[2016－08－10] http://www.energyandresources.vic.gov.au/.

[14] Department of Infrastructure, Energy and Resources, Mineral Resources Tasmania. Mineral Resources Tasmania: Annual Review 2009/2010 [R]. Hobart: Department of Infrastructure, Energy and Resources, Mineral Resources Tasmania, 2011.

[15] Department of Infrastructure, Energy and Resources, Mineral Resources Tasmania. Tasmania: A World Class Mineral Province [R]. Hobart: Department of Infrastructure, Energy and Resources, Mineral Resources Tasmania, 2011.

[16] Department of Mines and Petroleum, The Government of Western Australia. 2011 WA Mineral and Petroleum Statistics Digest [R]. Perth: Department of Mines and Petroleum, The Government of Western Australia, 2012.

[17] Department for Manufacturing, Innovation, Trade, Resources and Energy, Government of South Australia. South Australia's Major Operating Mines and Mineral Development Projects, Resource Estimates and Production Statistics 2012 [R]. Adelaide: Department for Manufacturing, Innovation, Trade, Resources and Energy, Government of South Australia, 2012.

[18] IEA. Key World Energy Statistics 2015 [R]. IEA, 2016.

[19] BRAKEL A T. Caien Basin, Queensiand [G] // Ward C R, Harrington H J, Mallet C W and Beeston J W eds. Geology of Australian Coal Basins, 1995, 435－438 (Geological Society of Australia Coal Geology Group, Special Publication 1).

[20] MALLET C W, PATTISON C, MCLENNAN T, BALFE P AND SULLIVAN D. Bowen Basin [G] // Ward C R, Harrington H J, Mallet C W and Beeston J W eds. Geology of Australian Coal Basins, 1995, 299－339 (Geological Society of Australia, Coal Geology Group, Special Publication 1).

[21] DICKENS J M and MALONE E J. Geology of the Bowen Basin [M]. Brisbane: Bureau of Mineral Resources, Geology and Geophysics, 130 , 1973.

[22] HAMMOND S. Relationships between lava types, seafloor morphology, and the occurrence of hydrothermal venting in the ASHES vent field of Axial volcano [J]. Journal of Geophysical Research. 1990, 95: 12875－12893.

[23] MURRAY C G, Tectonic evolution and metallogeny of the Bowen basin [G] //Bowen Basin Symposium 1990 (Geological Society of Australia, QLD Div. Proc.), 1990, 201－212.

[24] KING D and GOSCOMBE P W, Coal geology of the Huwen basin, Queensland [J]. QLD Gov. Min. J. , 1968, 69: 493－499.

[25] BEESTON J W. Coal Rank Variation in the Bowen Basin [R]. Brisbane: Records Geological Survey Queensland, 48 (Unpublished), 1981.

[26] DRAPER J J, PALMIERI V, PRICE P L, BRIGGS D J C AND PARFREY S M, A Biostratigraphic framework for the Bowen basin [G] // Compiler J W Beeston. Proceedings Bowen Basin Symposium Mackay, QLD, September, 1990, 26－36.

[27] WEBB EA and CRAPP C. The Geology of the Collinsville Coal Measuresp [R]. Roc. Australas. Inst. Min. Metall. No. 198－23－88, 1960.

[28] DAY R W, WHITAKER W G, MURRAY C G, WILSON, I HAND GRIMES KG. Queensland Geology – Acompanion Volume. The 1：250000 Scale Geological Map (1975) [M]. Brisbane：Geological Survey of Queensland, 1983.

[29] KOPPE W H. Review of the stratigraphy of the upper part of the Permian succession in the northern Bowen basin, Queensland [J]. QLD Gov. Min. J., 1978, 79：35 –45.

[30] Department of Natural Resources and Mines, Queensland Government. Queensland coal – Mines and Advanced Projects (July 2016) [EB/OL]. (2016 – 08 – 06)[2016 – 08 – 10] https：//www. dnrm. qld. gov. au/__data/assets/pdf. _file/0011/238079/coal – mines – advanced – projects. pdf.

[31] Department of Employment, Economic Development and Innovation, Geological Survey of Queensland Government. Queensland's Coal – Mines and Advanced Projects. July 2012 [R]. Brisbane：Department of Employment, Economic Development and Innovation, Geological Survey of Queensland Government, 2012.

[32] Department of Industry, Resources and Energy, NSW Government. Coal in NSW [EB/OL]. (2016 – 07 – 31)[2016 – 08 – 12] http：//www. resourcesandenergy. nsw. gov. au/2016.

[33] HERBERT C, HELBY R. A Guide to the Sydney Basin [M]. Sydney：Geological Survey of New South Wales, 1980, Bulletin 26.

[34] BLAYDEN I. The Barrington Allochthon [G] // Proceedings 35th Sydney Basin Symposium：Advances in the Study of the Sydney Basin, 29 –30 September 2003. Wollongong：University of Wollongong, 2003, 37 –46.

[35] Department of Industry, Resources and Energy, NSW Government. Quality of Coal Deposits in NSW [EB/OL]. (2016 – 07 –31)[2016 –08 –15] http：//www. resourcesandenergy. nsw. gov. au/2016.

[36] BLAYDEN I. On the Structural Evolution of the Macquarie Syncline (PhD Thesis) [D]. Newcastle：University of Newcastle, 1971.

[37] TADROS N Z. Permian stratigraphy of the Gannedah basin [J]. Coalfield Geology Council of New South Wales Bulletin, 1999, 1：40 –93.

[38] Wells A T. Coal in Australia [G] // Bureau of Mineral Resources. BMR Earth Sciences Atlas of Australia, Canberra, 1984.

[39] SCOTT S G, BEESTON J, WAND CARR, A F. Galilee Basin [G] // Ward C R, Harrington H J, Mallet C W and Beeston J W. Geology of Australian Coal Basins, Geological Society of Australia Coal Geology Group (Special Publication 1), 1995, 341 –352.

[40] FIELDING C R. Coal depositional models for Deltaic and Alluvial Plain sequences [J]. Geology, 1987, 15 (7)：661 –664.

[41] Marshall J F, Lee C S, Ramsey D C et al. Tectonic controls on sedimentation and maturation in the offshore north Perth Basin [J]. The Australian Petroleum Production & Exploration Association (APEA) Journal, 1989, 29 (1), 450 –465.

[42] Mory A J, Iasky R P. Stratigraphy and Structure of the Onshore Northern Perth Basin [R]. Western Australia Geological Survey, Report 46, 1996.

[43] Department of Mines, Geological Survey, The Government of Western Australia. Coal West Australia [R]. Perth：Geological Survey of Western Australia, 1990.

[44] Bolger P F, Holdgate G R, Thompson B R, et al. The brown coal geology of Gippsland basin [C] //Energy, Economics and Environment of Gippsland Basin Symposium, Melbourne, June, 1992.

[45] Department of Environment, Land, Water and Planning. State Government Victoria. Energy and Earth Resources：Earth Resources – Lignite/ Brown Coal [EB/OL]. (2016 –08 –06)[2016 –08 –17] http：//www. energyandresources. vic. gov. au/.

[46] State Government Victoria. Earth Resources Regulation – 2013 –2014 Statistics Report [R]. Melbourne：State Government Victoria.

第三章　煤炭资源开发投资建议

第一节　国别投资环境分析

一、对外资的吸引力

澳大利亚是一个后起的发达资本主义国家，拥有完善的法律法规，长期以来政治和社会环境十分稳定；和大多数英联邦国家一样，澳大利亚建立有完整而规范的金融体系；澳大利亚地大物博、矿产资源极为丰富；澳大利亚位于印度洋和太平洋之间，北与东亚和东南亚国家相邻，优越的地理位置使之成为联系亚太和西方市场的重要桥梁。这些都是吸引外资的优势。

澳大利亚政府对外国投资一直持欢迎的态度，并采取了一系列鼓励政策吸引外资。2010/2011 财年，在亚洲市场对矿产品需求强劲反弹的形势下，外国在澳大利亚的直接投资大幅增长，流入的外国直接投资额达 346.4 亿美元，使澳大利亚利用外国投资存量达到 4734 亿澳元。2012 年中国对澳大利亚非金融类直接投资额为 21.73 亿美元，使中国对澳大利亚非金融类直接投资存量达到 138.73 亿美元。中国在澳大利亚的主要投资领域是矿产资源业开发、运输、贸易、农业、制造业和服务业等。以国家来统计，2014 年澳大利亚成为中国投资者青睐的新目标市场，流入资本超过 30 亿美元。2015 年中国对澳大利亚直接投资较上一年上涨 32.9%，远远高于 14.7% 的中国全球海外投资增速。从投资领域看，中国对澳大利亚投资从传统的矿业转向其他产业，比如对健康医疗领域的投资。此外，中国对澳大利亚农业的投资也有所增长。近年来，澳大利亚和中国的贸易往来增多，各领域投资状况都较好，吸引中国投资也呈现增长趋势，综合投资趋势呈上升态势，总体投资环境和投资情况良好。

二、投资环境排名

评价一国投资环境，首先需要关注的是该国的整体竞争力水平，国家的基本制度、基础设施条件、宏观经济状况、市场效率以及商业成熟度是首先要关注的问题。世界经济论坛《2016—2017 年全球竞争力报告》显示，澳大利亚在全球 148 个国家中排名第 22 位，较上年度上升 1 个位次。

表 1-3-1　澳大利亚全球竞争力在 148 个国家和地区中的排名

项　目	2016—2017 年排名	2015—2016 年排名	项　目	2016—2017 年排名	2015—2016 年排名
总体排名	22	23	商品市场效率	27	24
基本条件（37.8%）	15	20	劳动力市场效率	28	40
制度	19	21	金融市场发展	6	47
基础设施	17	15	技术装备	24	24
宏观经济环境	23	45	市场规模	18	42
健康与初等教育	10	19	政府促进创新（12.2%）	26	14
市场效率（50%）	13	24	商业成熟度	30	8
高等教育和培训	9	16	创新	22	17

数据来源：The Global Competitiveness Report 2016—2017

从微观角度分析，企业在具体商业经营活动中更需关注可能遇到的困难与阻碍，并依此来评估该国微观商业经营环境。世界银行发布的《2017 年营商环境报告：理解中小企业规管》所调查的全球 189

个经济体中，澳大利亚位列第15位（表1-3-2）。

表1-3-2 2016年澳大利亚营商环境在189个国家和地区中的排名

主 题	2016年	2015年	排名变化	主 题	2016年	2015年	排名变化
总体营商环境	13	7	-6	投资者保护	62	71	+9
开办企业	8	19	+11	缴纳税款	27	42	+15
申请建筑许可	2	19	+17	跨境贸易	90	49	-41
获得电力供应	40	55	+15	合同执行	3	12	+9
注册财产	47	53	+6	办理破产	20	14	-6
获得信贷	5	4	-1				

数据来源：世界银行营商环境报告2016，2015

在国际著名咨询公司多贝尔的评价体系中，主要根据对国家政治体系、国家经济体系、社会问题影响矿业的程度、因官僚或其他拖沓因素导致的在获得许可证上的延误、腐败程度、货币稳定性和税制7项主要因素对矿业投资的影响，对各国进行评分，参加评议的国家能够得到的最高分值是70分。澳大利亚2014年的多贝尔分数为60.3分，显示了其在矿业国家中的优势地位。

三、投资环境的冷热分析

国别冷热比较法由美国经济学家伊西阿·利特法克和彼得·班廷在20世纪60年代后半期提出。该分析法是通过对各国投资环境中的8种因素进行综合和统一尺度的比较分析，是投资环境定性分析的代表性方法之一。

通过对近年来中国企业海外矿业投资的成功经验与失败教训的归纳和总结，我们将汇率、税收、环境要求和基础设施条件一并纳入了冷热分析中，形成了更加针对矿业投资特点与需求的9个评价因素，即：政治稳定性、市场、经济增长与发展、汇率稳定性、法令障碍、税务环境、环境保护成本、基础设施条件、地理及文化。

判断结果以该因素是否有利于在东道国进行矿业投资为标准，给出了“热、中、冷”3种评价结论；东道国的投资环境因素越热（即越好），外国投资者在该国投资就越有利。

通过对各个评价因素的具体分析，得到澳大利亚的投资环境为“热”（表1-3-3）。

表1-3-3 澳大利亚投资环境冷热分析结果

评价因素	内 容	结 果
政治稳定性	安全环境较为优越，政治体制成熟，政府运行平稳有序，政局总体稳定；中澳双边关系发展顺利	热
市场	包括中国在内的亚太市场对能源矿产需求强劲	热
经济增长与发展	经济持续稳定增长，财政收支良好，通货膨胀趋于温和，失业率水平较低，宏观经济运行稳定	热
汇率稳定性	金融货币体系较为完善，汇率的波动保持在一定范围	热
法令阻碍	完整的西方司法体系，法制健全；鼓励外资；对中国国企背景的能源企业格外关注	中
税务环境	税负较高，但征税环境较好	热
环境保护成本	环境法律体系完善，环境许可证审批程序复杂，审批时限长，公众参与程度及环境保护敏感度、矿区复垦及环境保护保证金收取要求高	冷
基础设施条件	基础设施完备，铁路、公路运输条件优越，港口设施齐全，国内电力供应充足	热
地理及文化	地理环境优越，多元化文化对外包容性较强	热

从以上9个评价因素对澳大利亚的投资环境进行冷热评估分析，除了在法令阻碍得到“中”的评定外，在政治稳定性、市场、经济增长与发展、汇率稳定性、税务环境、基础设施条件、地理及文化等7个方面均得到了“热”的评价，表明澳大利亚总体上投资环境良好，前景广阔，但在该国投资需要更多地关注政策与法律等方面有可能出现的风险，特别是在环境保护评估中要密切注意民众的反应，要严格按照当地政府的申报程序，耐心而认真地做好环评申请。

第二节　国别煤炭资源开发投资建议

一、投资环境展望

澳大利亚在各种机构的投资环境调查中始终是矿业投资的首选之地。其主要优势在于稳定的政治制度和完善的投资保障。

2014年4月11日，习近平主席在会见澳大利亚总理阿博特时表示，双方要保持密切高层交往和各级别沟通对话，增进政治互信，加快双边自由贸易协定谈判，希望澳方为中国企业在澳投资经营提供良好条件。在此之前，李克强总理9日同澳大利亚总理阿博特举行了年度定期会晤。李克强强调，早日签订中澳自贸协定是双方的重要共识，希望双方本着互利、务实、互让的精神推进相关谈判，争取达成更加平衡、高水平的协定。期待澳方继续为中国企业赴澳投资经营提供公平环境。阿博特则表示，澳方欢迎中方扩大对澳投资。2014年4月，阿博特总理出席博鳌亚洲论坛年会并访华。2014年11月，习近平主席成功对澳大利亚进行国事访问。访问成果丰硕，中澳两国领导人同意将中澳关系提升为全面战略伙伴关系，并宣布实质性结束双边自由贸易协定谈判。此外，两国领导人还见证了签署27项涵盖政治、经济、文化、教育、气候变化等诸多领域的双边合作协议。2014年，双边贸易额为1369亿美元，中国连续6年成为澳大利亚第一贸易伙伴。2015年6月17日，中澳两国政府正式签署《中华人民共和国政府和澳大利亚政府自由贸易协定》。这在政府层面上提供了在澳投资的有利条件。

澳大利亚是世界上重要的矿产品出口国家，其国民经济的发展一定程度受到国际矿产品市场价格波动的影响。2008年全球金融危机以来，国际矿产品市场低迷，铁矿石和煤炭价格大幅下跌，逐渐影响到澳大利亚国内矿业的发展，甚至出现了控制产能压缩开支的现象。如2014年5月初，国际铁矿石价格降到每吨105.4美元的新低，导致矿业公司的股价暴跌。尽管这将对在澳经营的必和必拓、力拓和FMG三大铁矿石集团的利润产生影响，也会对澳联邦财政和西澳洲政府的财政带来影响。但三大铁矿石集团仍对澳洲矿业的发展和来自亚洲的需求充满信心。他们通过调整业务扩展计划，提高现有项目的产能，而不再投资新的项目。他们相信中国城市化进程将继续推动相关基础设施的建设，预计这将至少持续到2020年。

澳大利亚是发达的资本主义国家，政治环境稳定，经济基础良好，尽管近几年受到全球经济不确定性和国际矿产品市场不景气的影响，但逐渐复苏的国际市场对大宗矿产商品的持续需求仍是推动澳大利亚经济发展的动力。值得注意的是，澳大利亚较好的矿业资源早已被大型矿业集团瓜分完毕，剩余项目均在一定程度上存在开发难度较大或未来经济收益处于可行性边缘的问题。尽管新上台的阿博特政府正致力于消除此前制约矿业发展的不利政策，但在澳洲矿业经历10年高度繁荣且国际矿业处于下行周期的大背景下，我们建议现阶段对澳大利亚的相关投资，一方面要抓住矿业发展放缓的机遇积极参与，另一方面要根据矿业资源多被大型矿业集团控制的特点采取稳妥的方法。

二、煤炭工业发展趋势

（一）煤炭工业发展的有利条件

澳大利亚煤炭资源丰富、煤质好，而且占有邻近经济发展迅猛的亚洲市场的地利之便，因此成为世界上最主要的煤炭生产和出口大国。尽管近期世界经济衰落导致矿业市场疲软，进而影响到澳大利亚的煤炭生产和煤炭企业发展，但从长远来看，煤炭需求还将在相当长的时间内保持在较高水平。

“BP世界能源展望2016年版”预测，未来20年，全球经济的持续增长和繁荣，更高的活动水平和生活标准，将需要更多的能源支持。随着全球电气化进程的发展，能源主要用于发电的趋势不会改变，用于发电的能源的比重将从当前的42%提高到2035年的45%。其中，由于发电用能源组合更加均衡化和多样化，煤炭的比重将从2014年的43%降到2035年的33%左右，而非化石能源比重将增加到接近45%。2035年，煤炭在全球一次能源中的占比将不到25%，是自工业革命以来最低的占比。

另一方面，未来20年中国的能源结构将继续演变，煤炭的主导地位从2014年的66%降至2035年的47%。煤炭需求在2027年达到峰值，随后从2028年到2035年将以年均0.3%的速度下降。与此同时，印度的煤炭需求则将有所增长，因此全球煤炭消费净增长主要来自中国和印度。在这种形势下，澳大利亚优质煤炭的生产和出口也将在较高水平上保持相当长的时间。

（二）存在的不利条件

1. 煤炭行业持续不景气

BMI（Business Monitor International，2014）在亚洲大洋洲矿业展望（Asia Pacific Mining Insight）中分析了澳大利亚今后一段时期煤炭的发展前景。BMI认为，今后25年中澳大利亚的煤炭行业仍将继续不景气。已有证据表明，澳洲近半的动力煤煤矿和约45%的焦煤项目在当前的价格水平上已是无利可图。因此，近几个月减产、闭坑和裁员的消息不断传出。在昆州，Glencore Xstrata公司2014年3月终止了Ravensworth矿的开采，2015年底关闭了Newlands井工矿。而Vale和Rio Tinto公司为了摆脱焦煤和动力煤的价格泥沼，前者将新州的Integra煤矿项目暂停，后者在昆州中部的Hail Creek煤矿进行了裁员。又如Gregory矿2012年10月停产；BHP Billition的Crinum矿2016年1季度停产；2016年4月，Anglo American plc将Foxleigh煤矿70%的股份出售给Taurus Fund Management财团；Isaac Plains矿2015年1月停产后卖给Stanmore Coal Ltd，2016年4月开始商业生产，但产量减至商品煤1.1 Mt/a；等等。在新州，据“2016 NSW Coal Industry Profile－Volume I”介绍，新州在2012/13年度至2013/2014年期间新增了6个煤矿（2个露采矿和4个井工矿），却关闭了14个煤矿（7个露采矿和7个井工矿）。

2. 近期煤炭产量下降

1）煤炭价格保持低位

与2011年相比，矿产品价格整体下降幅度超过50%，其中动力煤价格下降了近2/3。而且从目前全球经济发展形势来看，未来若干年，全球经济难以明显复苏，矿业产能过剩局面仍然存在，而煤炭、铁矿、锰矿、铝土矿、建材矿产等大宗商品价格下降主要原因是产能绝对过剩，是供应严重大于需求。这样的形势对澳大利亚的煤炭生产同样造成了严重的影响。2014年澳大利亚的煤炭产量曾逆势冲高到503.2 Mt，但2015年因世界经济不景气、煤炭价格低而降到484.5 Mt，比前一年减少4.27%。

2）环境压力不断增长

环境问题是澳大利亚采矿业的又一个障碍。最明显的例子是，基于环境活动增加的压力，银行大鳄HSBC和Deutsche银行已拒绝向Adani集团扩建澳大利亚Abbot Point煤炭终端项目提供贷款。原因在于，尽管位于大堡礁（Great Barrier Reef）附近的Abbot Point港的扩建，将使港口成为世界最大的煤炭终端。然而，扩建工程将向周围的海洋公园内倾倒数百万吨疏浚废物，而环境保护者对此极力反对。这同样是投资澳大利亚煤炭资源开发所必须面对的问题。

3. 澳大利亚煤炭大国地位受到挑战

在这种形势下，澳大利亚世界第四大煤炭生产国的地位开始受到挑战。澳大利亚的煤炭产量在2014年达到历史最高的503.2 Mt。但在2015年，和世界多数国家一样，澳大利亚煤炭生产因世界经济不景气而减产，降到484.5 Mt，比前一年减少4.27%。而同年印度增长了4.73%，达到677.5 Mt；俄罗斯增长了4.46%，为373.3 Mt。由于印度、俄罗斯等国大力发展新的和不断扩大采矿项目，它们将在未来对世界第四大煤炭生产国澳大利亚在长期煤炭市场上的优势发起挑战，预期澳大利亚煤炭生产在全球所占份额将不断减少。

三、开发投资建议

在澳大利亚良好的投资环境下，结合澳大利亚煤炭工业发展的具体形势，需要考虑利用煤炭价格处于低位，煤炭工业发展乏力，减产裁员消减项目的机会，加大对澳大利亚的投资。根据本研究所选优质煤炭资源富集区的具体条件，提出以下开发建议。

（1）以富集焦煤资源的博文盆地和悉尼盆地南矿区为关注重点，选择有发展潜力的矿，尽快购买矿权。

（2）对冈尼达盆地的投资需要加大力度，在取得矿权的地区加强勘探，同时扩大调查范围，以保证增加资源量。

（3）在昆州和新州发现和介入新项目的同时，可以考虑将西澳作为一个新的投资增长点。充分考虑坎宁盆地距离我国和出口周边国家交通便利的优势，以及那里目前仍是煤炭开采空白区的特点，加强调研，争取在那里取得煤炭和煤层气开采的突破，为今后长期发展打基础。同时，以此为出发点，瞄准西澳丰富的铁、铀等资源，开展投资研究。

本章参考文献

[1] Australia Bureau of Statistics. Balance of Payments and International Investment Position Australia, Mar 2016 [EB/OL]. (2016 - 03 - 31)[2016 - 08 - 17] http: //www. abs. gov. au/International - Trade 2016.

[2] United Nations Conference on Trade and Development. World Investment Report 2014 [R]. United Nations Conference on Trade and Development, 2014.

[3] United Nations Conference on Trade and Development. World Investment Report 2015 [R]. United Nations Conference on Trade and Development, 2015.

[4] United Nations Conference on Trade and Development. World Investment Report 2016 [R]. United Nations Conference on Trade and Development, 2016.

[5] 中华人民共和国商务部，国家统计局，国家外汇管理局 . 2014 年度中国对外直接投资统计公报 [R]. 北京：中华人民共和国商务部，2016.

[6] 中华人民共和国商务部 . 对外投资合作国别（地区）指南 – 澳大利亚 2015 [R]. 北京：中华人民共和国商务部，2016.

[7] World Ecomonic Forum. Global Competitiveness Report 2013 – 2014 [R]. World Ecomonic Forum, 2014.

[8] World Ecomonic Forum. Global Competitiveness Report 2014 – 2015 [R]. World Ecomonic Forum, 2015.

[9] World Ecomonic Forum. Global Competitiveness Report 2015 – 2016 [R]. World Ecomonic Forum, 2016.

[10] World Bank. Doing Business 2016 [R]. World Bank , 2016.

[11] BP. BP 世界能源展望 2016 年版 [R]. BP, 2016.

[12] Business Monitor International. Asia Pacific Mining Insight [EB/OL]. (2014 - 07 - 20)[2014 - 08 - 15] http: //store. bmiresearch. com/asia – pacific – mining – insight. html.

[13] Department of Industry, Resources and Energy, NSW Government. 2016. 2014 NSW Coal Industry Profile – Volume I [R]. Sydney: Department of Industry, Resources and Energy, NSW Government, 2016.

[14] BP. Statistical Review of World Energy 2016 [R]. BP, 2016.

第二篇

印度尼西亚共和国

The Republic of Indonesia

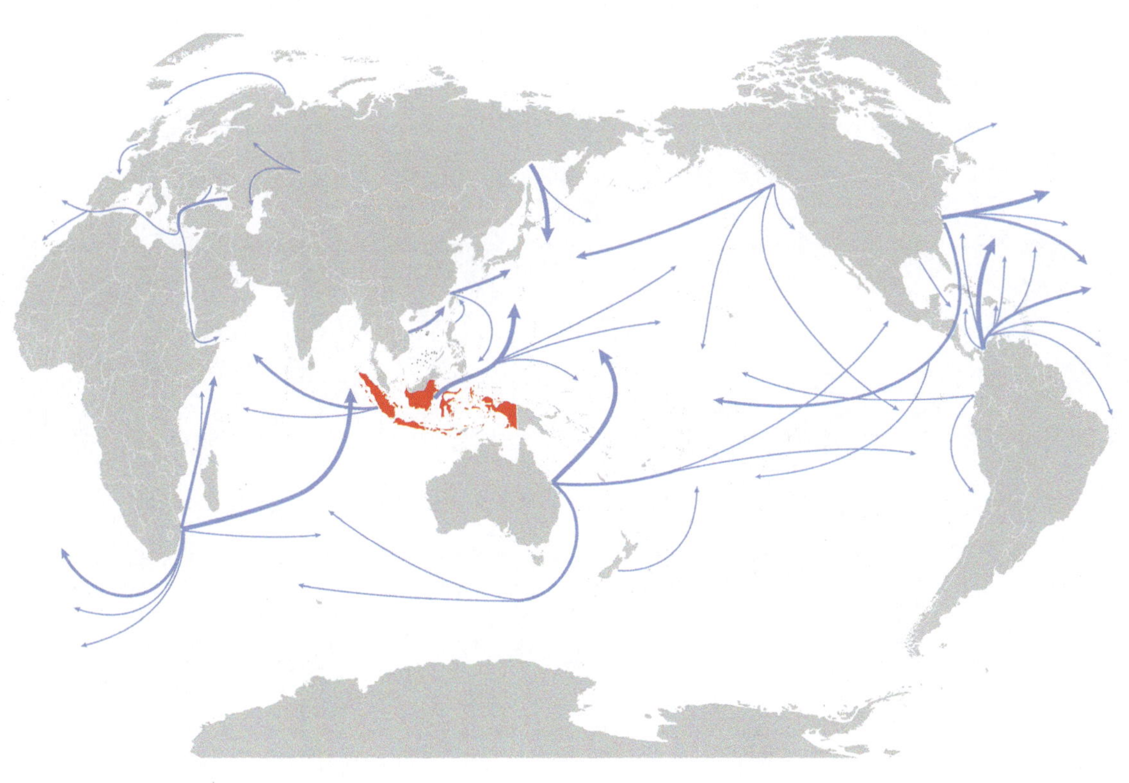

主　编　张智明

副主编　梁富康　苏新旭　彭北桦　宁　静　杨建国

编　写　梁富康　苏新旭　彭北桦　宁　静　杨建国　陆伯炎
　　　　高树华　岳　洋　冯学智　吴　超　王雁刚　雷　洁
　　　　苏　洁　张　贺　邢力仁　孙相灿

第二篇 印度尼西亚共和国

目　　录

第一章 投资环境分析

第一节 概 述

一、基本国情

印度尼西亚的全称为印度尼西亚共和国（Republic of Indonesia），位于亚洲东南部，地跨赤道（南纬 12°~北纬 7°），其 70% 以上面积位于南半球，是亚洲唯一一个南半球国家。经度处于东经 96°~140°，东西横跨距离大于 5500 km，是除中国之外领土最广阔的亚洲国家。印度尼西亚国土与巴布亚新几内亚、东帝汶、马来西亚接壤；与泰国、新加坡、菲律宾、澳大利亚等国隔海相望。

印度尼西亚是世界上最大的群岛国家，由太平洋和印度洋之间 17504 个岛屿组成，其中约 6000 个有人居住。海岸线长达 54716 km。印度尼西亚的陆地面积为 190.4 万 km^2，海洋面积为 316.6 万 km^2（不包括专属经济区，2005 年统计结果）（中华人民共和国外交部，2012）。

印度尼西亚共有一级行政区（省级）33 个，包括雅加达、日惹、亚齐 3 个地方特区和 30 个省，即北苏门答腊、西苏门答腊、廖内、占碑、明古鲁、南苏门答腊、楠榜、邦加－勿里洞、西爪哇、中爪哇、东爪哇、万丹、巴厘、西努沙登加拉、东努沙登加拉、北马鲁古、南马鲁古、巴布亚、北苏拉威西、中苏拉威西、东南苏拉威西、南苏拉威西、哥伦打洛、东加里曼丹 、中加里曼丹、南加里曼丹、西加里曼丹等。另外，还有二级行政区（县、市级）共 497 个。

印度尼西亚的人口为 2.4 亿，世界第四人口大国。有 300 多个民族，其中爪哇族人口占 45%，巽他族占 14%，马都拉族占 7.5%，马来族占 7.5%，其他民族占 26%。民族语言共有 200 多种，官方语言为印尼语。约 87% 的人口信奉伊斯兰教，是世界上穆斯林人口最多的国家。6.1% 的人口信奉基督教，3.6% 的人口信奉天主教，其余信奉印度教、佛教和原始拜物教等。首都为雅加达（Jakarta），人口 958.8 万（2010 年统计结果）。

二、自然地理和气候特征

印度尼西亚的岛屿较为分散，主要有加里曼丹岛、苏门答腊岛、伊里安岛、苏拉威西岛和爪哇岛。各岛内部多崎岖山地和丘陵，仅沿海有狭窄平原，并有浅海和珊瑚环绕。

加里曼丹岛，山地从中部向西面伸展，沿海平原广阔，南部多沼泽。

苏门答腊岛，山脉自西北向东南斜贯，山脉东北侧为丘陵和较宽的沿海冲积平原，平原东部多沼泽。

苏拉威西岛，大多为山地，仅沿海有狭窄平原。

爪哇岛，北部是平原，南部是熔岩高原和山地，山间多宽广的盆地。

伊里安岛，又称新几内亚岛，西部高山横亘，有全国最高峰查亚峰，海拔 5030 m；南部平原较宽广。

印度尼西亚处于亚欧大陆和太平洋板块的接触带，火山活跃，地震频繁。境内有火山 400 多座，其中活火山 77 座。印尼处在环太平洋地震带中，是一个多地震的国家。其中，爪哇岛火山最多，地震最为频繁。

印度尼西亚的山区分布在苏门答腊、西爪哇、加里曼丹、苏拉威西和巴布亚西部。

印度尼西亚的岛屿之间构成许多海峡与内海，主要有巽他海峡、马六甲海峡、龙目海峡及爪哇海、苏拉威西海、佛罗勒斯海、阿拉佛拉海、班达海等。内海中，除爪哇海、阿拉弗拉海为浅海外，其余均为深海，其中班达海最深达 7000 多米。领海中珊瑚礁分布甚广，总面积达 20000 km^2。主要群岛有大巽达群岛、努沙登加拉群岛（又称巽达群岛）、马鲁古群岛和伊里安查雅群岛。

印度尼西亚为典型的热带雨林气候，年平均温度25～27 ℃，雅加达日均温度介于26～30 ℃，年温差小，无四季分别。平均年降雨量介于1780～3175 mm，山区最多可达6100 mm，北部受北半球季风影响而分为干、湿两季，7—9月降水量丰富，南部受南半球季风影响，每年12月至第二年2月降水量丰富。湿度一般而言相当高，平均约80%。

第二节 政治经济环境

一、政治状况

（一）政治沿革

历史上，印度尼西亚（以下简称“印尼”）各岛屿各自为政，长期未形成一个统一的国家。16世纪后，西欧殖民者到达印尼群岛，荷兰通过设立荷兰东印度公司对这一地区实行殖民统治。1799年荷兰政府解散东印度公司，直接管理此地，称荷属东印度。第二次世界大战，日本占领荷属印度尼西亚。日本战败投降后，印尼独立运动领袖苏加诺于1945年6月发表了《建国五项原则声明》和印尼独立宣言，脱离荷属东印度独立。1947—1950年，印尼先后武装抵抗英国、荷兰的入侵，其间曾被迫改为印度尼西亚联邦共和国并加入荷印联邦，后在联合国斡旋下，荷兰承认印度尼西亚独立。1954年8月印尼正式脱离荷印联邦，建立印度尼西亚共和国，苏加诺成为印尼第一任总统。

建国后，苏加诺一直实施独裁统治，借由平衡军方反对势力及印度尼西亚共产党维持其权力。1965年9月30日印尼发生了“九三〇”事件，苏哈托镇压叛军后组织部队进行反共清洗，“清共”持续了3年之久，50万名“左翼分子”被杀，60万人未经任何审判就被关进牢里。在事件中当地华侨、华人也深受波及，大量华人华侨遇害。从此以后，印尼华人被禁止使用中文，不得取中国名字，不准开办华人学校，不得进入政府部门工作。1967年2月，苏加诺被解除总统头衔，苏哈托出任代理总统。1968年军队司令苏哈托正式担任总统。

1997年，印尼在亚洲金融风暴中经济遭受重创，引发大规模动乱并爆发大规模排华骚乱，苏哈托被迫于1998年5月下台，结束了32年的独裁统治。自1998年苏哈托下台后，印尼政治及政府结构历经大幅变革。人民协商会议于1999—2002年间先后进行了4次宪法修正，调整了行政、立法、司法机构结构，削弱总统权力，改革议会，进一步确认印度尼西亚是行政、立法、司法三权分立的民主共和的总统制国家，总统是国家元首、行政首脑和武装部队总司令，将政治权力集中于中央政府，同时强调不得将意识形态强加于政府之上。

近年来，印尼的民主化进程加快，2004年进行了首次总统直选。2009年印尼完成了政治民主化改革以来的第二次正副总统直选，苏西洛成功连任，而且没有发生因选举产生的社会动荡和暴力事件，民主化进程稳定推进。2014年印尼迎来第二次总统选举。总统候选人组合佐科·维—卡拉以53%得票率当选为新一届总统和副总统。印尼各政党力量合纵连横，形成了以斗争民主党和大印尼行动党为首的两大阵营。

（二）双边关系

在双边关系上，印尼主张大国平衡，重视与美、中、日、澳以及欧盟的关系。积极参与国际事务，重视不结盟运动和南南合作。

1. 印尼同美国的关系

印尼同美国的关系始于1949年，但苏加诺奉行反西方政策，两国关系较差。1966年，苏哈托成为印尼政府首脑，放弃前任政府反西方立场，和美国关系趋好。人权问题始终是两国关系中的重要问题。1991年，美国指责印尼军队在一些偏远省份侵犯人权，两国关系交恶。1993年美国禁止约旦向印尼出售4架美产F5E战斗机，称因为印尼军队侵犯人权。1999年，东帝汶在独立前夕陷入各派冲突，局势失控，美国再次指责印尼军队侵犯人权，完全中止了与印尼的军事合作。两国关系一度陷入低谷。2001年9月，时任印尼总统梅加瓦蒂在“9·11”恐怖袭击后访问美国，表示对美反恐战略的支持，两国关系开始好转。2003 年 10 月，布什访问印尼，会见梅加瓦蒂。2005 年 5 月苏西洛访问美国，美国恢复向印尼出售不具杀伤性的军用设备。2010 年 11 月，美国总统奥巴马访问印尼。2015 年，印尼总统访美，两国发表联合声明，就关键战略问题达成一致意见。

2. 印尼同东南亚国家的关系

苏哈托上台后，印尼在外交上积极推动东南亚国家的一体化进程。1967 年 8 月参与发起建立东南亚国家联盟，视之为“贯彻对外关系的基石之一”，务实参与地区合作，积极推动一体化进程。与邻国马来西亚在 1963 年因领土问题断交后于 1967 年复交。苏西洛政府执政以来，执行以东盟为依托的独立自由外交政策。2011 年担任东盟轮值主席国，积极参加东盟区域合作的各项事务，举办了两届东盟峰会。苏西洛总统在两次东盟峰会上强调：“一是要确保继续推动和促进东盟一体化进程；二是确保东盟在地区性架构中的稳定和发展；三是切实落实 2015 年东盟共同体愿景，并将东盟合作提升至全球级别，突出东盟在全球化共同体中的角色和作用”。2012 年，印尼一如既往地注重加强与东盟的区域合作，致力于东盟共同体建设。印尼的出色外交表现提高了东盟在地区和国际舞台上的影响力。然而，针对一些热点争端问题，如南海问题，东盟国家内部并未能达成一致意见。

3. 印尼同日本的关系

印尼 2006 年同日本建立战略伙伴关系。2007 年时任日本首相安倍晋三访印尼后签署《印尼—日本经济伙伴关系联合声明》以及价值 39.8 亿美元的 4 项能源与电力合作协议。日本首相安倍晋三上台以来，日本同印尼在能源、地区安全和反恐方面已开展了更多的合作。2015 年，佐科将前往日本参加七国集团伊势志摩峰会扩大会议，印尼表示将加强基础建设方面的合作。

4. 印尼同澳大利亚的关系

对澳大利亚关系也是印尼外交重点之一，2002 年 10 月，印尼巴厘岛爆炸事件后，澳与印尼加强反恐合作，两国签订了双边反恐合作协定。2005 年苏西洛总统访问澳大利亚，两国建立全面伙伴关系，在人权领域也有较多合作。但在双边关系中，印尼始终不满澳大利亚插手东帝汶独立，澳大利亚也对印尼非法移民偷渡入澳大利亚保持警惕。2006 年，双方签署《安全合作框架协定》，共同应对地区恐怖主义势力和安全危胁。目前印尼是澳大利亚主要的发展援助接受国之一。2011 年，印尼与澳大利亚关系积极深化，双方在包括商业、工业、科技投资、农业、政府机构合作、医疗保健、教育与培训、社会保障、运输和移民的 12 项领域达成合作。2012 年 1 月，印尼正式加入东盟—澳大利亚—新西兰自由贸易协定，澳大利亚、新西兰与印尼之间约 90% 的商品关税为零，双方的经济联系更加紧密。

2013 年，由于监听事件持续发酵，印尼和澳大利亚关系降至冰点，印尼中断与澳大利亚多个领域的合作。另外，双方在领海问题上也存在尚未解决的争端。

5. 中国与印度尼西亚的关系

早在西汉时期，印尼作为海上丝绸之路的一部分便同中国有了来往。在唐宋之后，海上丝绸之路更加繁盛，中国同印尼的关系更加密切。明朝郑和下西洋后，大量来自广东和福建沿海的中国人（华人）下南洋到达印尼定居。此时印尼已成为荷兰殖民地，加之当时的殖民政策偏爱华人，将华人地位列为第二等，高于地方原住民。这种制度使得华人在这一地区逐步建立了经济上的主导地位，但导致华人很难与当地原住民融合，双方对立情绪逐渐累积，为后来的印尼排华埋下了火种。1959 年 5 月开始，印尼出现大规模反华排华活动，中国对此表示抗议，印尼政府也进行政策调整控制排华事件，但排华问题不断出现。1965 年印尼发生“九三〇”事件，大量华人遇害，中国驻印尼使领馆遭到攻击，两国关系迅速恶化，同年 10 月 30 日两国中断正式外交关系。

20 世纪 80 年代，随着中国恢复在联合国合法席位和中美建交的国际形势变化，两国冰封的关系开始松动。1989 年钱其琛外长在日本出席裕仁天皇葬礼时，分别与印尼总统苏哈托和国务部长穆迪约诺举行会晤，就复交问题达成“三点意见”。同年 11 月，双方开始讨论两国复交的技术性问题，并签署会谈纪要。1990 年 7 月印尼外长阿拉塔斯应邀访华，两国发表《关于恢复两国外交关系的公报》。1990 年 8 月 8 日，李鹏总理访问印尼期间，两国外长分别代表本国政府签署《关于恢复外交关系的谅解备忘录》，宣布自当日起正式恢复两国外交关系。随后陆续签订《投资保护协定》《海运协定》和《避免双重征税协定》等双边协定，并就农业、林业、渔业、矿业、交通、财政和金融等领域的合作签署了谅解备忘录。

进入21世纪以来，双方于2001年底将农业、能源和资源开发以及基础设施建设确定为经贸合作重点领域。2001年，印尼正式成为中国公民自费出境旅游目的地国。2005年，两国相互免除持外交与公务护照人员签证，印尼政府宣布给予中国公民落地签证待遇。2005年4月胡锦涛主席访问印尼，与苏希洛总统宣布将两国提升为战略伙伴关系。2011年4月，温家宝总理对印尼进行正式访问，双方发表《中华人民共和国政府和印度尼西亚共和国政府关于进一步加强战略伙伴关系的联合公报》，进一步加强两国关系。中国宣布提供10亿美元优惠出口买方信贷和80亿美元融资额度，用于支持印尼基础设施建设和重点产业发展。双方确定到2015年双边贸易额达到800亿美元的新目标。

印尼与中国两国高层互访频繁。2013年10月2日，国家主席习近平对印尼进行了国事访问，并出席在印尼举办的亚太经合组织峰会。两国关系提升为“全面战略伙伴关系”。访问期间，习近平主席与印尼总统苏西洛举行会谈，双方共同决定把两国关系提升为全面战略伙伴关系，全方位推进各领域合作，在更高水平、更宽领域、更大舞台上开展交流合作。双方领导人在会谈中表示，将加强基础设施建设、制造业、农业和投融资等领域合作，创造新增长点。支持中国企业积极参与印尼“六大经济走廊”和互联互通建设。加强油气和新能源等领域合作，建立长期可靠的能源合作伙伴关系。印尼现任总统佐科・维多多2014年10月就职后5个月内两次访华。2015年，习近平主席访问印尼，在印尼国会发表重要演讲。2016年，习近平在杭州会见参加二十国集团峰会的印尼总统。双方表示愿意不断增进政治互信，扩大务实合作，推动两国全面战略伙伴关系不断向前发展。双方要继续加强高层沟通，积极对接21世纪海上丝绸之路倡议和“全球海洋支点”构想。目前，中国已是印尼第二大贸易伙伴、第一大进口来源地和第二大出口市场。

（三）政治环境分析

印尼是多民族国家，各地区在漫长的历史中形成了极具地方特色的民族群体，宗教在政治生活和社会文化中扮演了重要角色，这些因素使得印尼的向心力在建国初期较弱，也成为印尼国内政治生活长期要解决的问题之一。

建国后，长期的个人独裁以及民主法治的缺失造成印尼贪污腐败问题十分严重，几任总统都因贪污腐败而被迫下台。20世纪90年代后期，随着政治局势的变化，印尼开放党禁，但通过立法严禁任何政党和政治团体宣传政治思潮，政治观点也是较为敏感的话题。

21世纪以来，印尼开始民主化进程，但长期形成的政治资源分散、地方力量上升、行政效率低下以及司法不公都使得政策到达地方后的执行状况不佳。现阶段的印尼仍处于国家和社会的转型期间，法律法规和行政体系仍处于完善的过程中，政治的基本面会基本保持稳定，但细微的政策调整预期依然存在。

1. 政治局势总体稳定，民主转型仍在进行

自建国以来，印尼长期处于个人独裁和政府未经宪法程序发生变更的状态中。1997年爆发的亚洲金融危机对印尼造成全面冲击，引起局势动荡。1998年5月，执政长达32年的苏哈托总统辞职，结束独裁统治。1999年10月至2002年8月，印尼先后通过4个宪法修正案。根据宪法，印尼为单一的共和制国家，“信仰神道、人道主义、民族主义、民主和社会公正”是建国五项基本原则（简称“潘查希拉”）。在宪法的框架下，印尼于2004年7月举行历史上首次总统直选。实现民主化以来第一次直选总统。2009年7月，印尼再次举行总统大选，苏希洛顺利当选新一任总统。至此，印尼结束了政府非正常更迭状况，顺利实现了政权两度和平交接。这之后，印尼国内保持了长期基本稳定的政治局势和社会秩序。2014年，印尼总统大选出现一些波折，但最终印尼实现权力的平稳交接。

当前印尼仍处于转型期间，政府的贪污、社会底层民众的不满、自然灾害及恐怖主义在减慢着印尼民主化的推进速度。加上国内不同的种族与宗教在历史上长期的纠葛，虽然目前保持大致和谐状态，但严重的教派斗争与暴力事件在一些地区仍时有发生，国内经济与政治情况稍有变化，都会引发地区性的连锁反应，造成一定的社会动荡。

2. 政府贪污腐败严重，各级政府效率较低

在结束了独裁统治后，印尼中央政府对中央与地方的财政收入分配进行了重新调整，使地区可享有

更大比例的全国税收收入。特别是这一时期实施地方分权改革，扩大了各省控制本地财富的权力，赋予各省在农业、能源、工业、商贸、交通政策、投资审批等方面更多的自主权。然而在地方政府权力增加的同时，却没有随之形成有效的监督和管理机制，中央法令与地方法令出现冲突。同时，伴随着金融危机后期印尼经济的恶化，地方税收和财政匮乏，使得地方官员开始设置名目繁多的规则收取贿赂，这些都加剧了印尼本已十分严重的贪污腐化问题。据世界银行估计，印尼大约每年有 7 亿 ~ 21 亿美元的基础设施采购资金被贪污，而小范围的索贿受贿和在企业经营活动中的贪污数额更为庞大。

监管制度不完善以及政府贪污腐败造成了印尼大多数政府机关办事效率较低、服务意识薄弱，缺乏为外商投资提供服务的意识和便利措施。同时，印尼地方政府受地方族群、地方利益集团影响较大，在进行投资时不仅要注意加强同地方利益集团的合作，还要注意平衡照顾各方利益，避免卷入地方权力斗争当中。虽然印尼拥有较为完整的法律体系，但很多法律规定模糊，可操作性差，部分法律彼此存在矛盾和冲突，这都使得印尼的法律环境复杂。尽管 2007 年印尼政府修订了《投资法》和《公司法》，并完善了相关的配套措施，推行“一站式”审批服务以促进和吸引外国投资，但执行效果仍不理想，行政低效的弊端依然严重。2010 年 7 月 14 日，印尼政府向国会提交自治区总体规划，进一步规范中央和地方的关系以及地方自治问题，但财政的划分问题依然是地方自治面临的主要问题。

3. 地区分离主义活动不断，国内矛盾仍需和解

印尼岛屿众多，长期各自为政，直到荷兰殖民时代才逐步成为一个较为完整的政治体。在荷兰殖民贸易和殖民当局与各岛屿政治力量的合作进程中，印尼逐步完成了内部力量的整合，建立起较为有效的管理。在二战后期民族独立与解放时期的洗礼中逐步确立了印尼人的身份共识。根据 1962 年的《纽约协定》及 1969 年《自由选择法》，荷属新几内亚并入印度尼西亚，最终形成了今天的版图。为适应这种历史上形成的特殊情况，印尼实行联邦制，各地区的自治权力较多，各地行政首长均由各地选举产生。

由于各地区发展的不平衡以及历史上的纠葛，印尼地区分离主义的情况始终存在，其中以“亚齐独立运动”最为显著。“亚齐独立运动”始自 1949 年，当时印尼脱离荷兰殖民独立，并以武力占领亚齐。然而在 20 世纪初之前，亚齐从未被荷兰正式统治过。因此，亚齐分离主义者认为亚齐应有权决定自己是否加入印尼。经过长时期的暴力斗争与武装冲突，2006 年 7 月 11 日，印尼国会通过了《亚齐自治法》，赋予亚齐省地方政府更大的自治权。但由于多年的战乱以及 2004 年海啸的重创，亚齐地区的经济状况始终处于较差水平，而贫困在亚齐省的严重性仍然高于印尼的其他地区，许多亚齐人现在仍然易受到来自其他种族的攻击，对当局的不满和敌意依然较强，不稳定因素上升。目前，当局正加强对该地区的重建工作，逐步实现地区和解，巩固国家统一。

4. 应对极端宗教恐怖势力，地区反恐形势严峻

印尼是伊斯兰教人口最多的国家。由于国内贫富差距、政府贪污腐败、司法公正和透明度较差等一系列社会原因，使得一部分处于社会底层的穆斯林转化为极端伊斯兰组织成员。而伊斯兰教的极端性正是对安全的重大威胁，特别是这些宗教极端势力与地区分离组织结合后，其对国内政治稳定和社会安全局势的影响显现得非常迅速。近年来，印尼先后发生巴厘岛、雅加达万豪酒店、澳大利亚驻印尼使馆和第二次巴厘岛等恐怖爆炸案，造成重大人员伤亡，引发国外投资商对印尼安全局势的担忧。2016 年 1 月，开斋节前夕，印尼发生恐怖袭击，造成 7 人死亡。近年来，伊斯兰国恐怖组织发展迅速，其曾多次扬言将袭击印度尼西亚。

为应对这些情况，印尼政府也加大了反恐力度，加强同澳大利亚、美国等国在反恐领域的合作。经过强有力的打击，一部分恐怖分子相继落网，恐怖活动受到一定程度遏制。但少数地区恐怖袭击事件和种族宗教冲突事件仍时有发生，地区反恐形势依然严峻，特别是处于离中央地区较为偏远、交通不便的山区，游击队和地区分离组织、恐怖组织依然活动较多。

5. 2014 年大选结束，基本实现权力顺利交接

2014 年印尼举行了新一届总统及议会选举。根据 2009 年总统选举法，任何政党至少需获得 20% 的议席或 25% 的议会选票才有资格任命总统候选人。执政以来不断出现的腐败问题对以反腐为口号上台的民主党造成了重大打击，其公众信任度严重下滑，支持度一度跌落在其他政党之下。虽然选举进行过程中，印尼国内局势发生动荡，但最终总统候选人组合佐科维－卡拉以53%得票率当选为新一届总统和副总统。印尼各政党力量合纵连横，形成了以斗争民主党和大印尼行动党为首的两大阵营。

6. 族群对立情绪存在，华人地位依然敏感

印尼人对国家的认同感体现在强烈的地区身份上。印尼国内约有300多个民族及742种语言及方言。爪哇族为最大族群，占印尼人口的47%，在政治及文化上皆居优势地位，巽他族、马都拉族及马来族为最大的非爪哇族群。印尼华人则是具有影响力的少数族群，虽然仅占约3%～4%的人口，但国家大多数商业及财富都由印尼华人掌控，但此情况也造成许多负面观感，并发生排华运动。

印尼华人问题不仅是印尼国内族群之间的问题，也曾长期成为中国与印尼双边关系中的敏感问题，虽然在50年代通过双边条约进行了调整，但随后发生的“九三〇”事件和排华事件使得两国关系跌入谷底并断交。这几次大规模的排华骚乱事件不仅给当地华人华侨造成巨大的生命财产损失，加剧了国内族群对立情绪，更引发了联合国、美国、新加坡等国际组织和国家的干预与谴责。

经过长期的努力与族群和解，2006年7月和2008年10月，印尼国会通过新《国籍法》和《消除种族歧视法》，华人从法律上获得了与其他民族平等的权利，但华人在印尼长期所留下的印象使得这种不理解情绪依然存在，华人地位依然敏感。在同印尼华人打交道时应始终尊重其政治立场。在与当地工人和管理人员相处时应避免在企业内部形成族群对立情绪。

7. 双边关系稳步推进，战略互信不断增强

中国与印尼在1950年4月建立外交关系，在50年代处于“蜜月期”。60年代发生的排华事件和一系列外交事件使得两国关系迅速恶化，以致断交。80年代后期两国关系松动，1990年两国恢复外交关系。随后，为提升双边经贸往来，两国政府于1994年签署《促进和保护投资协定》。90年代后期，特别是进入21世纪以来，在地区一体化进程加快的大背景下，印尼加快了同东盟各国的合作，中国也参与到中国—东盟自贸区的建立当中。中国与印尼的关系也迅速提升。经过多年的努力，双边关系持续稳步提升，逐步形成了在中国—东盟合作框架下的战略伙伴关系。两国在电站、桥梁、公路等基础设施建设领域的合作初见成效，中国企业对印尼投资迅速增长。现阶段，两国政府和民间接连不断的交往活动标志着中国印尼关系正处在历史上最好的时期。

2013年10月，国家主席习近平对印尼进行了国事访问，并在印尼国会发表演说，阐述新时期中国与印尼的双边关系。在同印尼总统苏西洛会谈时，双方共同决定把中国印尼关系提升为全面战略伙伴关系，并在地区安全、中国—东盟自由贸易区以及双边投资、能源合作等方面展开深入合作与交流。

印尼现任总统佐科·维多多2014年10月就职后5个月内两次访华。2015年，习近平主席访问印尼，在印尼国会发表重要演讲。2016年，习近平在杭州会见参加二十国集团峰会的印尼总统。印尼已经成为中国周边外交中的重点之一，在未来一段时间，中国与印尼双边关系将进一步提升。

二、经济运行状况

印尼是东南亚国家联盟中最大的经济体，是代表全球新兴潜力市场的“灵猫六国”之一。近年来印尼的宏观形势稳定，金融系统不断完善，法律法规不断健全，消费、投资和出口逐渐成为经济增长的重要引擎，贫困人口和失业率有所下降，2008—2015年GDP增长率（以本币计）基本稳定保持在6%左右，经济基本呈现出“高增长、低通胀、低失业”的良好态势，抵抗外部金融和经济环境变化的能力不断增强。

世界经济论坛《2016—2017年全球竞争力报告》显示，印度尼西亚在全球138个国家中排名第41位，较上年度下降4个位次。世界银行《2016全球营商环境报告》显示，印度尼西亚在189个国家中排名第109位，比上年度上升了5位。

（一）产业结构

印尼国民经济总体基础较好，各产业部门完整齐全。农业、制造业与矿业是传统的三大产业。矿产能源收入是印尼国民收入的重要组成部分。近年来受旅游业发展的推动，服务业发展迅速，其产值在国内生产总值的比重一直处于上升趋势。旅游业是印尼非油气领域中第二大创汇行业。2015年在印尼国内生产总值中，农业占13%，工业占43%，服务业占44%。

1. 农业

印尼是一个农业大国，自然条件得天独厚，气候湿热多雨，日照充足，适合作物生长。印尼是世界上种植面积仅次于巴西的第二大热带作物生产国，是全球第三大稻米生产国，胡椒、圭宁（金鸡纳霜）和木棉的产量居世界首位，天然橡胶和椰子产量居世界第二，棕榈油、咖啡和香料等产量居世界前列。随着经济的发展特别是工业化的推进，农业比重逐年降低。尽管农业产值在产业结构中占比最低，但由于人口众多，农业依然是国民经济中的重要环节。

2. 工业

印尼工业是对其经济发展非常重要的产业。2015 年，工业产值占国内生产总值比重为 43%。其中，工业制造业和采矿业是工业中的重要组成部分，吸收的资本和劳动力比例较大。同时，矿产能源收入是印尼国民总收入的重要组成部分，2011 年印尼从矿产与能源领域得到的国家收入高达 352 兆印尼盾，占国民收入的 29.4%，其中油气领域收入 272 兆印尼盾。自 2012 年起，全球需求呈现放缓趋势，但印尼潜在的巨大市场和旺盛的消费能力使得印尼工业部对国内制造业、采矿业、煤炭生产与加工等行业充满了信心。但自 2012 年以来，印尼的煤炭租金呈现下滑趋势，煤炭生产行业利润空间变窄。印尼工业发展的长期愿景是到 2020 年印尼将成为一个新兴的发达工业国家。

印尼是东南亚的缺电大国，全国有 2.57 亿人口，而用电普及率仅为 65%，仍有 35% 的人口没用上电，预计电力需求年均增长 10% ~15%。即使首都雅加达也经常会因缺电实施轮流停电。为满足印尼快速增长的用电需求，政府制定了电力发展长期规划，其中重点是增加燃煤电站比例，降低发电成本。2010 年以来，燃煤发电量占比不断增加，已经超过总发电量的一半。2008—2013 年印尼年发电量、耗电量以及煤炭发电量的比例如图 2 -1 -1 所示。

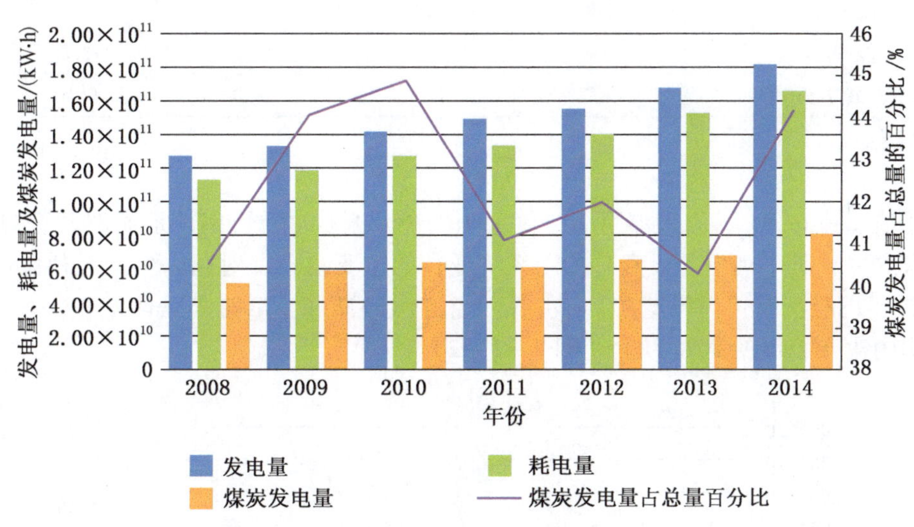

图 2 -1 -1　2008—2013 年印尼年发电量、耗电量以及煤炭发电量的比例
（世界银行数据库）

3. 服务业

印尼的服务业主要以热带旅游业为主。目前，该产业已经成长为印尼非油气行业中的第二大创汇行业，政府长期重视开发旅游景点、兴建饭店、培训人员和简化入境手续。主要景点有巴厘岛、婆罗浮屠佛塔、"美丽的印尼" 微缩公园、日惹苏丹王宫和多巴湖等。

（二）主要经济指标统计

2011—2015 年印尼主要经济指标见表 2 -1 -1。

1. 印尼是亚洲经济增速最快的国家之一

印度尼西亚是东南亚国家联盟中最大的经济体。尽管遭受 2008 年国际金融危机较大影响，但得益于印尼政府各项良好的应对措施，印尼经济在金融危机的几年中仍然保持了较高的增长速度。2012 年

表 2-1-1 2011—2015 年印尼主要经济指标

项 目	2011 年	2012 年	2013 年	2014 年	2015 年
总人口	2.45×10^8	2.48×10^8	2.51×10^8	2.54×10^8	2.58×10^8
人口年增长率/%	1.3	1.3	1.3	1.3	1.2
城市人口百分比/%	50.7	51.5	52.3	53.0	53.7
国内生产总值（GDP）	8.93×10^{11}	9.18×10^{11}	9.13×10^{11}	8.90×10^{11}	8.62×10^{11}
人均国内生产总值	3647.6	3700.5	3631.7	3499.6	3346.5
实际国内生产总值增长率/%	18.3	2.8	-0.6	-2.4	-3.2
通货膨胀率/%	5.4	4.3	6.4	6.4	6.4
失业人口比例/%	6.6	6.1	6.3	6.2	
中央政府债务总额（现价本币）	1.95×10^{15}	2.16×10^{15}			
中央政府债务总额占 GDP 比/%	26.2	25.0			
总储备（现价美元）	1.10×10^{11}	1.13×10^{11}	9.94×10^{10}	1.12×10^{11}	1.06×10^{11}
总储备可支付进口月份	6.1	5.6	5.0	5.7	
商业服务出口额（现价美元）	2.13×10^{10}	2.31×10^{10}	2.23×10^{10}	2.29×10^{10}	
商业服务进口额（现价美元）	3.12×10^{10}	3.36×10^{10}	3.44×10^{10}	3.31×10^{10}	
官方汇率（兑换 1 美元需本币）	8770.4	9386.6	10461.2	11865.2	13389.4
银行资本对资产的比率/%	11.0	12.2	12.5	12.8	13.6
银行不良贷款与贷款率/%	2.1	1.8	1.7	2.1	2.4
存款利率/%	6.9	5.9	6.3	8.8	8.3
贷款利率/%	12.4	11.8	11.7	12.6	12.7
上市公司市值占 GDP 百分比/%	43.7	46.7	38.0	47.4	41.0

数据来源：世界银行数据库

实现国民生产总值增速 6.3%，居世界第二，仅次于中国 7.8% 的增长率，是亚洲乃至世界各国中经济增速最快的国家之一，其中消费和投资是推动经济增长的主要动力，对国内生产总值贡献度超过 50%。2012—2015 年，印尼经济增长仍稳定在 7% 左右，经济形势良好。爪哇岛是印尼经济发展的主要引擎，其产值占全国国内生产总值的 50% 以上（图 2-1-2）。

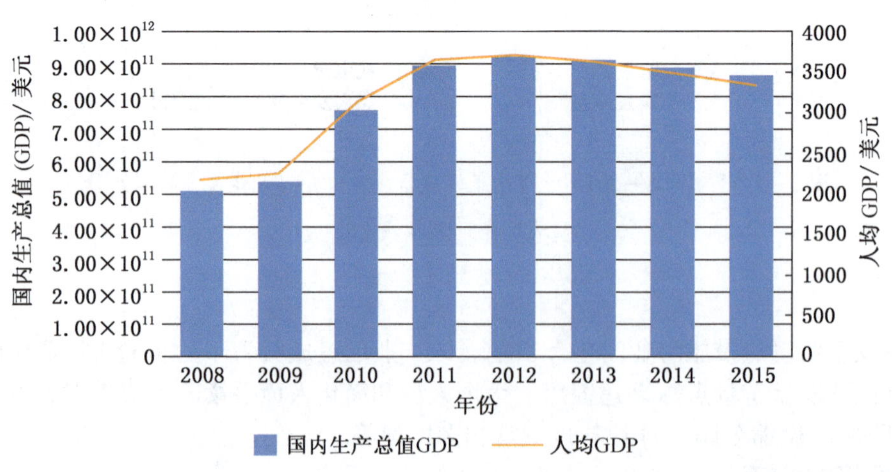

图 2-1-2 2005—2015 年印尼国民生产总值 GDP 与人均 GDP（世界银行数据库）

2. 近年来印尼货币持续贬值

自 2011 年以来，由于美元走强、印尼自身经济结构等多方面原因，印尼货币持续贬值，虽然政府已经采取外汇干预手段影响汇率走向，但收效甚微。印尼货币的持续贬值导致以美元计算的 GDP 增速为负。此轮贬值对印尼经济影响深远。印尼盾贬值对原材料和中间产品主要依靠进口的印尼制造业产生影响较大，进口成本升高，而国际大宗商品价格依旧疲软，印尼出口业绩短期无法大幅提升，可能加重贸易平衡压力，对居高不下的经常账户赤字产生不利影响，也加重印尼外债负担，削弱产品以内销为主企业偿还外债能力。同时，印尼盾贬值带来的输入性通胀将助推已经高启的印尼通胀水平。

3. 通货膨胀率开始回升

自 1998 年以来，印尼政府和印尼央行将控制通货膨胀率作为重要的工作。2009 年伴随全球经济衰退，通货膨胀压力显著下降，年度通货膨胀率降至 4.8%，是 2000 年以来最低水平。随着全球经济的复苏，印尼通货膨胀率有所上升，2011 年全年通胀率呈现前高后低的态势。2012 年，印尼物价基本稳定，通货膨胀压力趋缓，全年通胀率为 4.3%。2013 年，印尼通货膨胀水平回归 6.4% 的高位，为印尼经济增长带来更多不稳定性。

4. 失业率下降，但劳动力雇佣制度存在问题

近些年来，伴随经济增长，就业机会不断增多，印尼的失业率大幅下降，失业人口的比例由 2008 年的 8.4% 降低至 2014 年的 6.2%。但由于大量的失业工人未被统计在失业人数当中，官方统计数据有低估失业程度的可能。此外，印尼失业率在一段时期内处于较高水平的原因并非经济增长不足或劳动力过剩，而在于僵化的劳工法规条例妨碍了新工作岗位的形成。世界银行的研究表明，在印尼解雇工人的成本要高于中国，甚至是印度的两倍，很多印尼的小企业宁愿倒闭，也不愿承担解雇工人的高成本。另外，由于地方政府有权制定最低工资增长率，而强制性的工资增长幅度通常很高，使得印尼雇佣关系的形成比亚洲其他地区困难得多。2005—2015 年印尼 GDP 增长、通货膨胀率及失业人口比例统计如图 2-1-3 所示。

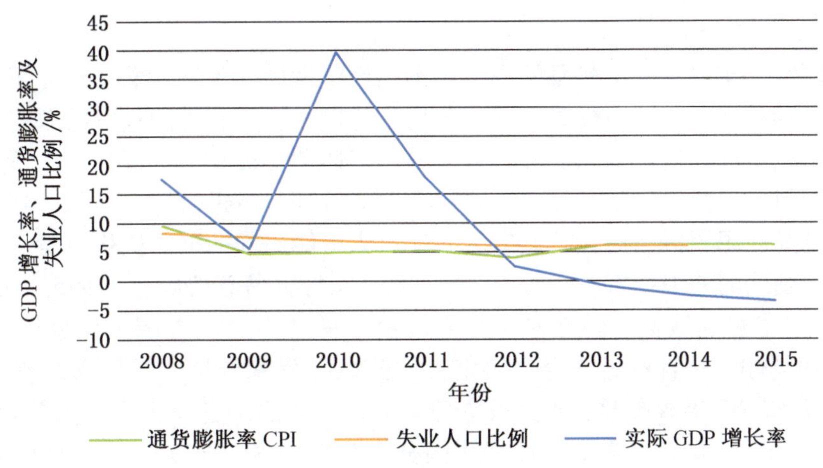

图 2-1-3　2005—2015 年印尼 GDP 增长、通货膨胀率及失业人口比例统计
（世界银行数据库）

印尼的国民经济 15 年中期建设规划（2011—2025 年）对未来 15 年印尼的经济发展列出了如下指标：大力招商引资，为中期建设规划募集巨额资金，其中 2011—2014 年投资总额高达 4000 万亿印尼盾（约 4700 亿美元）；重点发展农业、加工业、矿业、海洋渔业、旅游业、电信业和能源产业，拓展国家战略地区 8 个领域的 18 项主要产业，其中包括钢铁、纺织和成衣、造船、镍矿、铜矿、铝矾土、棕榈油、橡胶、渔业、旅游、电信、煤炭和石油天然气等行业产业，以及雅加达和周边市镇的大都市经济圈，构建六大经济走廊，加快巽他海峡大桥及周边经济枢纽建设等，以及未来 15 年的年均经济增长率达 7% ~8% 等。

成立特别经济区，鼓励地区经济发展。2009 年印尼通过了经济特区新法律。根据该法，印尼在 2010 年成立特别经济区。在特别经济区开展业务的公司，可以享受包括增值税、销售税及进口税在内的税收优惠等以及土地使用等方面的优惠政策。政府将简化投资人申请设立公司或申办其他事项的手续。

创办六大经济走廊，推动国家多方面发展。根据印尼海岛国家的特点，印尼政府将设立苏门答腊经济走廊、爪哇经济走廊、加里曼丹经济走廊、苏拉威西—北马鲁古经济走廊、巴厘—努沙登加拉经济走廊和巴布亚—马鲁古经济走廊六大经济走廊，主抓八大行业 18 类项目，设置相关的经济发展中心，带动区域经济的快速扩张，以实现规划中制定的目标。

印尼六大经济走廊的定位分别为：苏门答腊经济走廊是国家农产品生产加工中心和能源基地，爪哇经济走廊是国家工业和服务业的引擎，加里曼丹经济走廊是国家矿产生产和提炼中心，也是国家能源基地，苏拉威西—北马鲁古经济走廊是国家农业、种植业、渔业生产和加工中心，巴厘—努沙登加拉经济走廊是国家旅游门户和副食品基地，巴布亚—马鲁古经济走廊是自然资源加工业基地和人力资源培训基地。

（三）外国直接投资情况

2011—2015 年印尼外国投资统计结果见表 2－1－2。

表 2－1－2　2011—2015 年印尼外国投资统计

项　　目	2011 年	2012 年	2013 年	2014 年	2015 年
外国直接投资净额（现价美元）	1.15×10^{10}	-1.37×10^{10}	-1.22×10^{10}	-1.59×10^{10}	
外国直接投资净流入（现价美元）	2.06×10^{10}	2.12×10^{10}	2.33×10^{10}	2.63×10^{10}	1.55×10^{10}
外国直接投资净流入占 GDP 比/%	2.3	2.3	2.6	3.0	1.8
外国直接投资的利润汇出/美元	1.80×10^{10}	1.82×10^{10}	1.74×10^{10}	1.94×10^{10}	

数据来源：世界银行数据库

作为新兴市场国家，印尼十分重视海外投资对本国经济发展的重要意义。建立了相应的吸引外资的管理，颁布了多项鼓励和规范投资的法律法规。印尼主管国内投资和外国投资的政府部门分别是投资协调委员会、财政部和能矿部。他们的职责分工是印尼投资协调委员会负责促进外商投资，管理工业及服务部门的投资活动，但不包括金融服务部门。财政部负责管理包括银行和保险部门在内的金融服务投资活动。能矿部负责批准能源项目，而与矿业有关的项目则由能矿部的下属机构负责。

印尼政府积极鼓励外商前来投资，1950 年加入《关税与贸易总协定》，1995 年成为世界贸易组织（WTO）的正式成员。参加区域贸易协定如《东盟自由贸易区协定》《中国—东盟自由贸易区协定》《共同有效优惠关税》和《印尼—日本经济合作协定》等扩大外资来源地。近年来，印尼政府致力于改善投资环境以吸引外资。2007 年颁布旨在改善投资环境的投资新法，进一步稳定了外国直接投资的流入。2014 年印尼吸引外资 263 亿美元。主要投资来源国分别为新加坡、日本、韩国和马来西亚，主要投资领域为交通运输、通信、化工、药品和电子行业等。2015 年底，东盟经济体建设完成，作为东盟最大的经济体，印尼对于外商投资的吸引力很强。长期看来，印尼汽车、机电产品发展前景广阔，日本将把印尼打造成制造业生产中心。韩国韩泰轮胎在印尼开设工厂，将印尼作为出口集散地，未来 2 年内，中国台湾玛吉斯和肯达轮胎制造商也将在印尼开设工厂。2016 年，印尼亚齐省拟设立洛司马威经济特区。

印尼的法律环境复杂。印尼的法律体系是 3 种不同的法律体系融合后的产物。这 3 种不同体系分别是惯例法、荷兰殖民法和国家法。这 3 种法律体系共存于现今的印尼。同时，政府的法律环境不透明，规定模糊，不同法律之间存在矛盾和冲突，且执行手续烦琐复杂。法律体系并不完善，例如，中央政府实行地方自治，却缺乏有关地方自治的法律法规。违反法律程序操作的事宜时有发生，在对印尼投资过程中应时刻注意法律政策的调整，防范合作伙伴利用法律漏洞造成损失。

2009 年初，新的《矿产和煤炭法》颁布实行，根据该法，外国公司不再被禁止申请和持有矿业许可权，是印尼矿业领域利用外资政策的重大突破。但新法规定，已在印尼获得矿产经营准字（IUP）和矿产经营协议（PUP）并已生产的企业，需建设矿产冶炼加工场，而按照原有工作合同生产的企业，最迟在新法实施后 5 年内建立上述冶炼厂。按照新法规定，企业将面临采矿期被缩短，采矿面积也被缩小的局面。

在企业缴纳正常的所得税和矿产税之外，新法还增加了一项税率为10%的附加税，中央和地方政府分别得到4%和6%。印尼能矿部颁布的相关实施细则规定，对优先使用本土公司提供的矿业服务和外资公司应向当地政府或企业转让股权等问题做出具体规定。

新法中的另一重大变化是重新划分各级政府的权限，其结果是地方政府权力明显扩大。依据1967的矿业法，印尼矿业管理以中央为主、地方为辅。新矿法重新划分了中央和地方政府之间的矿产资源管理权限。

新矿法对中央政府的矿政管理权限做出了明确限制，中央政府负责制定国家矿业政策，制定法律条例、国家标准及指南和矿产开发许可证颁发的相关规则，颁发普通矿业许可证（IUP）、特别矿业许可证（IUPK），划定矿产潜力区，指导和帮助解决社区矛盾，对跨省和离海岸12英里以外的矿业活动进行监督管理，制定生产、销售、利用及环保的政策，制定提高社区参与和合作能力的政策，制定针对矿产及煤炭生产征收国家非税收入的政策，监督和指导地方政府的矿业管理工作和地方政府地方矿业条例的制定工作，收集和管理包括矿产资源储量、相关地质条件、开发情况以及矿权区和国家矿产储备区的相关信息，对开采后的土地复垦活动进行指导，合理安排全国的矿产资源开发，编制全国矿产煤炭资源平衡表，使各地区均衡发展，发展与提高矿产经营活动的附加值，提高中央及地方各级政府经营管理矿产活动的能力。2009年以来，印尼的外资政策调整还体现在2009年通过的新电力法规定，印尼向私营企业开放电力投资领域。

印尼实行土地私有，外国人或外国公司在印尼都不能拥有土地，但在印尼承租或购买土地较为容易。不过也由于土地私有制所带来的征地补偿不合理等原因，印尼政府很难从私人征取基建用地，这严重制约了该国基础设施建设和投资环境的改善。

2015年印尼公布新一轮经济刺激计划，主要涉及有关减免税务与免税期优惠后续程序、取消征收船坞、火车、飞机及其零配件增值税、设立保税物流中心和减免存款利息税，特别是对已向印尼央行汇报出口收汇的出口商。这些政策对于印尼进一步吸引外资、增强物流港口地位以及维持汇率稳定方面都会产生影响。

（四）中国对该国的直接投资

2010—2014年中国对印尼直接投资统计见表2-1-3。

表2-1-3　2010—2014年中国对印尼直接投资统计　　万美元

项　　目	2010年	2011年	2012年	2013年	2014年
中国对印尼的投资流量	20131	59219	136129	156338	127198
中国对印尼的投资存量	115044	168791	309804	465665	679350

数据来源：2014年度中国对外直接投资统计公报

2008—2013年中国对印尼的投资持续快速增加，2014年中国对印尼的投资流量相对2013年有所下滑。截至2014年底，中国对印尼的直接投资存量为67.94亿美元。

中国对印尼的投资主要集中在基础设施、资源、电信、制造业和制药业领域。主要投资项目为发电站、水坝、桥梁、煤炭铁道工程和炼油厂等基础设施。

三、政治经济总结

印度尼西亚位于连接印度洋和太平洋的东南亚地区，地理位置十分重要，总人口为2.47亿，为世界第四人口大国，约87%的人口信奉伊斯兰教，是世界上穆斯林人口最多的国家。2000年开始民主化转型，在改革过程中逐步实现政治稳定和经济的快速发展，成为经济增速仅次于中国的新兴经济体，在地区一体化和亚太区域经济中扮演重要角色。在转型过程中，印尼不断整合国家资源，完善相关法律法规体系建设。但印尼社会长期存在的贪污腐败、行政效率低下、地方投资政策变动以及汇率大幅波动等问题成为印尼投资环境中的主要不利因素。

政治方面，印度尼西亚独立后长期处于独裁统治，2000 年开始加快民主化进程，逐步确立了三权分立的体制。苏西洛总统上台以来，将维护国家安全、发展经济以及反腐倡廉确立为施政重点，致力于解决地方分离主义问题，加强国际反恐合作，大力吸引外资推动经济增长。作为地处东南亚交通要道和该地区面积最大、人口最多的国家，印尼对区域政治、经济和安全形势具有较强影响，特别是东盟成立以来，印尼逐步发挥其领头羊作用，积极推动东盟一体化进程，以东南亚为基础开展多边外交，与各大国保持稳定良好关系。得益于此，印尼的外部环境较为良好。但地方势力、民族和宗教问题仍是印尼国内的不安定因素，印尼社会也进入了较为波动的时期。

经济方面，印度尼西亚是东南亚联盟最大的经济体，是 20 国集团成员和重要的新兴市场国家。独立以来，印尼形成了良好的经济基础和较为完整的产业部门，农业、制造业和矿业是其经济三大支柱。近年来该国经济快速增长，政府提出国民经济 15 年中期建设规划，成立经济特区和创办六大经济走廊等政策，推动国家的全方位发展，并力争到 2020 年将印尼打造为新兴发达工业化国家。近年来，随着国内外煤炭需求的迅速增长，印尼的煤炭产量和出口量也逐年增加，煤出口量已超过澳大利亚成为全球最大煤出口国。

在富煤国家中，印度尼西亚的优势在于其沟通两大洋的优越地理位置，航运发达。该国自然资源丰富、人口众多，对能源需求的不断增长使其未来的市场机会十分可观。近年来稳健高速的经济增长和政府对煤炭等能源产业的鼓励政策出台，不仅使其矿业发展空间增强，还为外商投资奠定了良好的基础。政府提出构建新的经济走廊与东盟地区一体化初期目标的完成将为海外投资开拓更加广阔的前景。但印尼法律体系复杂且尚不完善，行政效率低下，腐败问题严重，是世界上腐败程度较高的国家之一。

综合考虑，我们认为印度尼西亚具备煤炭及相关产业投资所要求的基本政治、经济与产业条件。印尼发电量与其经济增长不相匹配，电力供应常年无法满足需求，然而当地丰富的煤炭资源使得电力行业具有很大的发展空间。考虑到印度尼西亚经济发展与结构调整的现实要求以及相对比较好的矿业环境，我们认为可以考虑在当地进行煤电一体化开发等方面的投资。随着中国对印尼煤炭进口量的不断增长，煤炭生产和出口投资机会也是应关注的方向。同时，基于印尼政府对于煤炭深加工的提倡与扶持，我们认为也可以适当关注煤化工等产业。

第三节 法 律 环 境

一、矿产资源开发相关法律制度

（一）主要监管机构

能源和矿产资源部是印度尼西亚矿业的政府主管部门。其中主要职能是代表国家制定矿产资源和地矿产业政策，颁布和执行矿业法规，并通过政策导向、矿业执法进行全国矿业的监督和管理；进行全国基础地质调查、广义环境地质调查和研究、矿产资源总量调查和评价研究，为引导矿业投资提供信息和咨询服务。该部下设的地质与矿产资源局、石油与天然气管理局分别管理全国的固体矿产和油气资源的有关工作。

根据 1967 年的矿业法，印尼的矿业管理是中央为主，地方为辅。矿产开发分类管理，法律将矿产资源分为 A、B、C 三大类。A 类为战略矿产，包括石油、天然气、煤、铀等放射性矿产、镍、钴、锡。这 7 类矿产只能由国家经营。外国公司作为政府机构或国营公司的承包人，经国会批准后也可按合同规定参与战略性矿产的勘查和开发活动。B 类为重要矿产，包括铁、锰、铝土矿、铜、金、银等 34 种矿产。这些矿产可以由国营公司、本土公司、合资公司和个体投资者进行勘查和开发。A、B 类矿产开发权的授予由中央主管部门负责。C 类主要是非金属矿产，主要由省政府管理。

1999 年通过的 22 号法，上述矿业管理框架发生重大变化。中央政府的权力大量下放。地方政府在矿业活动管理中拥有较大的权力。

（二）矿产权证的获得

1. 矿业权分类

矿业权分3种：普通矿业许可证（IUP）、民间矿业许可证（IPR）和特别矿业许可证（IUPK）。

1）普通矿业许可证（IUP）

普通矿业许可证又分为两个阶段（或两部分）：勘探许可证和采矿许可证。勘探许可证的权限包括普查、勘探和可行性研究。采矿许可证的权限包括矿山基本建设、矿产开采、加工运输和销售。

勘探许可证根据不同矿种确定不同的最长期限和面积（表2-1-4）。

表2-1-4　勘探权证的类型

编号	勘探权证种类	最小勘探区域/hm^2	最大勘探区域/hm^2	条　　款
1	金属矿勘探权证	5000	5000	最长为8年，包括了1年期的总体调查活动（general survey Activities）；3年期的勘探活动，可以延长2次，每次最长1年；1年期的可行性研究，可以延长1次，最长延期1年
2	非金属矿勘探权证	500	25000	最长3年，包括1年总体调查活动，1年勘探活动和1年的可行性研究
3	特定种类的非金属矿勘探权证	500	25000	最长为7年，包括1年的整体调查活动；3年期的勘探活动，可以延长1次，最长延期1年；1年期的可行性研究，可以延长1次，最长延期1年
4	岩石勘探权证	5	5000	最长为3年，包括1年总体调查活动，1年勘探活动和1年的可行性研究
5	煤炭勘探权证	5000	50000	最长为7年，包括1年的总体调查活动和2年的勘探活动，可以拓展2次，每次1年，还包括2年的可行性研究

采矿许可证也根据不同矿种确定不同的最长期限和面积（表2-1-5）。

表2-1-5　采矿许可证的种类

编号	产　　品	最小面积/hm^2	条　　款
1	金属矿产生产	25000	最长期限20年，包括2年建设期，生产期限可以延长2次，每次最长延期10年
2	非金属矿产生产	5000	最长期限10年，可以延期2次，每次最长延期10年
3	特定种类的非金属矿产生产	5000	最长期限20年，包括2年建设期，可以延期2次，每次最长延期10年
4	岩石生产	1000	最长期限5年，可以延期2次，每次最长延期5年
5	煤炭生产	15000	最长期限20年，包括两年建设期，可以延期2次，每次最长期限10年

2）民间矿业许可证（IPR）

主要是用于小规模矿产开发，由当地县/市长负责发证，优先颁发给当地的个人、社会团体、合作社。许可证初始期限最长5年，此后可以延长。个人最大许可面积为1 hm^2，社会团体最大面积5 hm^2，合作社最大面积10 hm^2。

3）特别矿业许可证（IUPK）

特别矿业许可证由部长负责颁发，主要是针对特别许可开采区而颁发的。一个特别许可证的权限区内只授予1个品种金属或煤矿的特别开采权。许可证持有者对矿权区内发现的新矿种拥有优先权。特别矿业许可证包括勘探和生产运营两个阶段。不同矿产各阶段在面积和期限上亦有不同的规定。

2. 普通矿业权证的授予

1）勘探许可证的授予

（1）如果该 IUP 仅仅处在一个地区内，则由地区的行政长官（市长）授予勘探许可证。

（2）如果一个 IUP 的区域处于两个地区之间，且该两个区域处于同一省内，应当由省长授予，省长应当听取地区长官的建议。

（3）如果一个 IUP 的区域处于两个省之间，那么由能源和矿产资源部长授予，部长应当听取省长的建议。

2）采矿许可证的授予

（1）如果相关生产活动仅仅在一个地区内，由该区域行政长官（市长）授予。

（2）如果相关生产活动处于两个地区之间，且该两个区域处于同一省内，应当由省长授予，省长应当听取地区长官的建议。

（3）如果相关生产活动处于两个省之间，那么由能源和矿产资源部长授予，部长应当听取省长的建议。

3. 普通矿业许可权证的获得程序

为了获取一个矿业经营权证，当事人应当首先获取一块矿业经营许可区域（WIUP）。金属矿和煤炭的矿业经营许可区域通过招标取得，拍卖的获胜方将可以直接获得勘探权证。一个非金属矿和岩石的矿业经营许可区域（WIUP）通过申请取得。

一个有意愿进行矿产和煤炭开发的经营主体、合伙、个人只可以拥有一个 WIUP，但是一个公众上市公司可以获得多个 WIUP。

为获取金属矿和煤炭 WIUP 的招标程序如下所示：

（1）相关政府机构将会：①在不晚于招标日前 3 个月宣布一个 WIUP 将对外招标；②组成一个招标委员会，并由其组织并实施整个招标活动。

（2）在招标前：①MoEMR 应当首先获得省长和地方行政长官的建议；②省长应当获得地方行政长官的建议。

（3）招标包括如下步骤：①资格预审；②购买资格预审文件；③提交资格预审文件；④评估资格预审文件；⑤澄清并确认资格预审文件中的信息；⑥确定资格预审结果；⑦公告资格预审结果；⑧邀请通过资格预审者；⑨购买招标文件；⑩招标解释；⑪提交报价；⑫开标（cover opening）；⑬确定中标人顺序；⑭根据价格以及技术因素宣布招标的获胜者；⑮异议期。

采矿许可权证（IUP）的持有人，无须经过任何招标程序，只需要勘探权证持有人进行申请，并满足相应的行政、技术和资金的要求。

采矿许可权证（IUP）的内容有：建设、开采、加工和提炼、运输和销售。如果一个生产权证的持有人不打算自行承担运输和销售工作，或者不打算进行加工和提炼工作，那么上述工作可以由其他方完成，该方应当满足下列条件：

（1）拥有具有运输/销售授权的特别生产权证。

（2）拥有具有加工/提炼授权的特别生产权证。

（3）拥有生产权证。具有运输和销售授权的特别生产权证由下列机关颁发：若该运输或销售活动仅处于一个地区内，由该地区行政长官颁发；若该运输或销售活动位于省内的多个地区，由省长颁发；若该运输或销售活动在多省之间进行，由 MoEMR 颁发。

4. 权证持有人的权利和义务

1）权证持有人权利

权证持有人可以全部或部分地从事指定的矿业经营活动，无论是勘探行为还是生产行为；权证持有人可以在不违反相关法律法规的情况下，为矿业活动目的利用公共设施（如道路、桥梁、铁路等）；权证持有人有权拥有从其授权区域内开采的产品，除非在矿产权证上、有管辖权的法律中另有规定。放射性产品不包括在内。

若权证持有人发现，在其授权区域内还有权证上尚未记载的其他矿产，权证持有人享有以下权利：

（1）在获取了相应权证的情况下优先对其进行利用。

（2）若权证持有人是公众上市公司，权证持有人的控制权转让只有在其勘探阶段权证记载区域内发现了至少两个预期的 mining site 才能实现。上述任何转让都必须通知相关政府机构，并且也需要遵守有关管辖权的法律和法规。

2）权证持有义务

（1）一个 IUP 持有人应当做到：

① 遵循合理开采技术原则（good technical mining principles）。

② 根据印尼会计准则，管理内部财务。

③ 提高矿产品和煤炭的附加值（add value to its mineral resources）。

④ 协助社区发展。

⑤ 保护环境。

（2）根据合理开采技术原则，权证持有人应当保证：

① 工人的健康和安全。

② 总体矿业活动安全。

③ 适当的开采环境管理和监督，包括复垦。

④ 矿产资源和煤炭的保护。

⑤ 采矿废弃物的合理管理，无论该废弃物是固态、气态或是液态。在丢弃废弃物时，也应当遵守环保规则。

（3）一个权证所有人应当保证实施全部可适用的环保质量标准。

（4）权证持有人应当依法保护当地水资源的可使用性和质量。

（5）权证持有人应当在申请生产权证时准备并提交一份复垦和采矿后方案。

（6）复垦和采矿后工作应当根据权证持有人和土地所有者间的土地利用协议实施。

（7）权证持有人应当提供复垦和采矿后工作保证基金，相关政府应当指定一个第三方负责复垦和采矿后工作保证基金的使用。该基金仅在权证持有人不承担必要的复垦和采矿后工作时才使用。

（8）权证持有人应当在印尼进行矿产的加工和提炼，权证持有人也应当在印尼加工和提炼其他权证持有人生产的矿产。

（9）在进行加工和提炼过程中，生产权证持有人可以与一个持有加工/提炼 IUP 的经营主体或者持有 IUP 的合伙、个人进行合作。

（10）一个希望进行矿产销售但是不想从事其他矿业行为的经营主体，应当申请具有销售授权的特别生产权证。

（11）特别许可权证由相关政府为单独目的颁发。

（12）矿产产品销售时要缴纳特别产品费。

（13）持有特别许可的经营主体应当向相关政府机构提交一份关于矿产销售收益的报告。

（14）权证持有人应当优先雇佣本地劳动者，优先使用本地产品和服务。

（15）为实施生产活动，持有 IUP 的经营主体应当允许本地企业依法参与生产活动。

（16）权证持有人应当准备一份社区发展、营造计划，这一计划应当与当地政府机构、社区进行沟通。

（17）权证持有人应当向相关政府机构提交其勘探获取的全部信息。

（18）权证持有人应当向相关政府机构提交一份定期的书面报告，报告内容为工作计划和矿业工作的执行方案。

（19）生产 5 年后，权证持有人应当将其部分外资持股转让给政府、地方政府、BUMN、BUMD、BUMS National，实现本地人持股不少于 20% 的注册资本。

（20）权证持有人应当依照其净利润向国家或地方政府纳税。

生产权证持有人开采金属矿和煤炭过程中，应当缴纳净利润的 4% 给中央政府，净利润的 6% 交给地方政府：

① 权证持有人只有在他意图进行后续利用或销售相同类型的矿产产品时，需要缴纳生产金（production fee）。

② 权证持有人应当缴纳的非税费用总额此后将依照法律和相关规范计算出总额。

5. 权证的转让

1）印尼标准工作合同制下矿业权的转让

在新矿业法实施前，印尼通过国家政策的方式要求在印尼进行矿业投资的外资公司在持有矿业权一定时期后，必须将公司的部分股权转让给印尼政府、印尼公民或印尼企业（对印尼本土投资主体持有的矿业权并无此要求）。这实际上直接导致了矿业权也必须转让的结果。因此，《印度尼西亚矿产标准工作合同》第二十四条规定：从经营期开始之日起第 5 年开始，到经营期开始之日起第 15 年之前必须转让；出售给印尼主体的股份总量应占公司发行的股份总数的 51% 以上，若公司股份中有 20% 是在印尼境内股票交易所上市的，则印尼主体应持有 45% 以上。股份转让价格以上一年年末的市价为依据。第二十九条规定：外国投资者在标准工作合同项下的股份（采矿权）的转让必须事先取得印尼能源和矿产部部长的书面同意，且在未取得书面同意前，外资股东亦不得在公司内部转让股份（采矿权）；对《标准工作合同》第二十四条规定的强制转让矿业权和股权的情况，不需要获得书面同意。《标准工作合同》还对股份的定价做了详细的要求，不同情况下的定价各不相同，印尼政府也可以参与其中。

总结印尼政府的合同规定，在外资投入大量的勘探和开发资金后，满 5 年经营时间就必须强制减持外资股东的股份，直至最后被“驱逐”，矿山的后期利润全部留给了印尼本土。矿业权转让和定价是一种对外资股东的补偿方式。当然，印尼的合同中也有许多限制股价的规定，那属于印尼维护自身利益的表现。

2）印尼新矿业法下的矿业权转让

印尼新矿业法规定：探矿权和采矿权持有者不能转移其开采证；只有在进行某阶段勘探后，才可在印尼股市转让其所有权；转让须通知部长、省长或县市长；不能与法律法规相抵触。

不能转让矿业权成为印尼矿业权管理的一般原则，同时为矿业权转让限定了一个转让场所——股市，只能通过股市转让股权达到变更矿业权主体的目的。这就为那些前期进行勘探投资、后期上市牟取溢价的投资者创造了条件。

新法规定对面临强制减持的外资股东来说，股市转让退出取得了该国立法的确认和保护。在对矿山开采经营一定时期后通过股市取得高溢价退出无疑将加大矿业权在资本市场的带动作用。

6. 普通矿业许可权证的失效和终止

一个普通矿业许可权证（IUP）可能在下列情况下失效：

（1）权证持有人将权证交还给政府。

（2）政府撤回权证。

（3）在生产权证时，没有及时更新权证也会导致其失效。

在发生下列情况后，相关政府可以主动撤回权证：

（1）权证持有人没有完成权证上或其他方式（法律、法规等）规定的义务。

（2）权证持有人违反了新矿产法上面规定的刑事规则。

（3）权证持有人被宣告破产。

（三）土地使用制度

1. 新土地法生效

新的土地法已经于 2011 年 12 月 16 日颁布，2012 年 1 月 14 日生效。该法律规定了在政府为公共利益获取土地时的义务以及补偿金额。涵盖了政府项目，但是也考虑到了政府与国有企业和私人企业合作的情况。

该法律列举了 18 项公共利益的范围，主要包括：

（1）公路、高速公路、隧道、铁路线、火车站、铁路设施。

（2）水库、水坝、灌溉设施、饮用水供应系统、排水和消毒系统。

（3）港口、机场。

（4）石油、天然气、地热利用的基础设施。

（5）发电厂、电力传输装置、中继站、电网。

（6）电信设施、政府的信息网络建设装置。

（7）废物处理和回收中心。

（8）公共安全设施。

（9）自然和人文保护区。

矿业活动没有包含在上述列举式的描述中，为了获得土地，一个开发者可以为了发展基础设施而获取土地，而发展基础设施被包括在上述活动中，并且也可以使矿业开发更容易获得银行支持。

给土地所有者的补偿应当在各方之间达成一致意见，包括现金、土地补偿、股权补偿、重新安置等。土地价格评估师由国家土地管理局任命，补偿金额将以土地在项目开始时的价格为基础。各方有30个工作日的时间考虑补偿金额，如果不能达成共识，土地所有人可以书面向当地法庭提出请求，并且可以向最高法院上诉。法院应当在收到请求后30个工作日内做出决定，如果当事人上诉，那么最高法院也应当在30个工作日内做出决定。

印尼实行土地私有，外国或外国公司在印尼都不能拥有土地，但外商直接投资企业可以拥有以下3种受限制的权利：建筑权，允许在土地上建筑并拥有建筑物30年，并可再延期20年；使用权，允许为特定目的使用土地25年，可以再延期20年；开发权，允许为多种目的开发土地，如农业、渔业和畜牧业等，使用期35年，可再延长25年。

2. 矿业活动中的土地使用

普通矿业许可证、民间矿业许可证和特别矿业许可证的权利不包括对其表面土地的权利；在法律规定禁止进行矿产活动的地点不能进行矿产经营活动，除非得到根据法律规定的相关中央政府部门的批准。矿业许可证持有者需经土地所有者同意后才能开展其勘探活动。

矿业许可证持有者在矿产开采前先根据相关法律与土地所有者解决土地使用问题，可根据需求分阶段进行。在解决了土地方面的问题后可以依法颁发相应的土地权证。

二、跨国矿业投资相关法律制度

（一）劳工制度

印尼国会于2003年2月25日通过第13/2003号《劳工法》，对劳工提供相当完善的保护，但因部分规定过于偏袒劳工方，大幅提高了劳工成本，影响了印尼产品的竞争力，2006年，印尼政府决定修订该法，但因劳方强烈示威抗议，《劳工法》修订工作无果而终。

印尼劳工总政策旨在保护印尼本国的劳动力，解决本国就业问题。根据这一总政策，目前，印尼只允许引进外籍专业人员，不允许引进外国普通劳务。在保证优先录用本国专业人员的前提下，允许外籍专业人员依法获得工作许可进入印尼。受聘人员可以申请居留签证和工作准证。

印尼负责外国人工作许可管理的是移民局，外国人必须向印尼大使馆申请工作签证，通过雇主办理劳工部工作准证，并在抵达印尼后规定时间内办理临时居留等手续。

手续：受聘的外籍专业人员到达印尼前必须履行下列手续：印尼公司聘用的外籍专业人员向印尼政府主管技术部门提出申请；取得劳工部批准；到移民厅申请签证。

申请：外国合资公司聘用的外籍人员须向印尼投资协调委员会提出申请，内容为：①雇主的姓名和在印尼的地址；②聘用人员的姓名和地址；③简述拟聘用人员就任的职位、聘用期限、工资及其他福利待遇；④雇主拟议或执行中的培训印尼人未来胜任该职位的计划；⑤有关部门的介绍信。

凡在印尼工作的外籍人士每月需缴100美元作为职业训练基金。外企的外籍人员仅限于管理人员和当地不能提供的技术人员，要求外企必须雇佣一定数量的当地人员并对当地雇员进行培训，为此，外企须按外籍人员数量，每一位每个月交纳100美元作为当地人员培训费。

（二）国内市场义务

新矿业法区分了3种矿业经营角色，分别是矿物和煤炭开发实体（Mining Entity）、国内使用者（Domestic User）及矿物和煤炭销售实体（Trader）。

1. 矿物和煤炭开发实体

一个开发实体是一个进行矿业开发的经营主体，其根据KK，PKP2B和生产权证、特种矿业生产许可证进行矿物和煤炭开发。

为保证其矿物产品优先满足印尼国内市场需求，一个开发实体在将其矿物或煤炭产品出口前，有义务满足每年向国内矿物或煤炭使用者的最小销售比例，最小销售比例义务只有开发实体承担，国内使用者和销售商不需要承担该责任。

根据印尼政府的相关文件，2010 年只有 52 家煤炭企业承担该项义务，上述企业在 2011 年大约有 24% 的销售是为满足上述义务的。

2. 国内使用者

2009 年第 34 号规则将国内使用者区分为两种类型，分别是国内矿物使用者和国内煤炭使用者。国内煤炭使用者是利用煤炭作为加工材料或者燃料的实体和个人。该规则着重强调，利用煤炭作为加工材料的国内煤炭使用者从事以下一些工作：煤块的生产、金属加工、煤炭液化、煤炭气化、煤炭升级（upgrading）。

国内使用者禁止将其从煤炭生产企业获得的矿石或者刚开采的煤炭直接出口，这一禁令的目的在于保证国内使用者真正地从事加工或提炼工作。

3. 矿物和煤炭销售实体

一个销售者是一个在印尼从事矿物和煤炭销售和购买业务的经营实体。一个销售者只能出口加工过和/或提炼过的矿物和煤炭。

将产品销售给国内销售者不属于满足国内市场销售义务的方式，除非满足下列全部条件：

（1）销售给国内销售者的时间在 6 月和 11 月之间。

（2）国内销售者持有有效地矿物/煤炭销售证书。

（3）矿物公司和国内销售者之间相应的销售和购买协议应当作为开发实体年度财务报告的附件。

根据能源和矿产资源部 2009 年第 34 号规则，国内市场需求需要由能源和矿产资源部制定的方案确定。

新矿产资源法同时规定了国内市场义务信用的销售（Credits Trade），这是指使其他没有满足该义务的开发实体可以满足其国内市场义务的方式。

该规则应当按照如下方式进行：

（1）如果一个开发实体在相关的年度内已经完成了它的国内市场义务的承诺。

（2）另一个开发实体可能无法完成其在相关年度内应当完成的国内市场义务承诺。

（3）第一个开发实体可以将其超额完成的承诺出售并转让给第二个实体，购买价格由双方的合意确定，最高价格相当于可供参考的/最低的当月相关产品的销售价格。

（三）投资协定

中国与印尼达成的与投资有关的双边或多边文件主要包括：

《中华人民共和国政府和印度尼西亚共和国政府关于促进和保护投资协定》，规定中国和印尼政府给予另一方投资者在本国投资的保护措施，包括对征收的限制和补偿，保证投资者资本和收益的汇回等。

《中华人民共和国政府和印度尼西亚共和国政府关于对所得避免双重征税和防止偷漏税的协定》，规定中国和印尼政府如何避免对中国或印尼居民在对方国家的所得避免双重征税和防止偷漏税的措施，包括居民的认定标准，协定适用的税种范围等。

《中华人民共和国政府和印度尼西亚共和国政府关于加强基础设施建设和自然资源开发领域合作谅解备忘录》，规定两国在印尼开展如能源、交通、电力等基础设施领域以及自然资源领域如石油天然气开发的合作，支持两国企业在印尼开展基础设施建设合作，在中国与印尼经贸技术联委会框架下成立两国基础设施建设和自然资源开发合作工作组，负责推动两国企业在基础设施和自然资源领域的合作等。

《中华人民共和国政府与东南亚国家联盟成员国政府全面经济合作框架协议投资协议》，规定各缔约国对其他缔约国投资者在本缔约国的投资提供的保护措施，包括给予另一方投资者的投资公平和公正待遇，提供全面保护和安全，对征收的限制和补偿，允许投资者资本和收益的汇回等。

（四）外国公司购买 IUP 公司股份的新程序

为对比鲜明，先介绍一下旧程序：

（1）IUP 的持有人需要从颁发 IUP 的机关（如地方政府）获得一封推荐信来确认其股东控股没有客观变更。

（2）IUP 的持有人需要提交地区首长（Bupati）的推荐信，从而向印尼资本投资协调局申请外国投资许可。

新程序变动如下：

（1）只对 IUP 公司控股变成有效，而对夹层控股公司无效。

（2）印尼资本投资协调局仅会对已经取得能源和矿产资源部推荐信的申请者做考虑，即便该申请者已经获得地区首长的推荐信。

（3）能源与矿产资源部在申请 IUP 方面并无正式流程，但能源与矿产资源部表明 IUP 申请书应遵循 COW 方面的如下程序，直到新的安排颁布：①出示更新的固定租金的证明；②过去两年的审计财务报告。

（4）要求提供涉及拟议股票交易的股份转让的草案、股东同意转让股份的意向书、供给引入股东的公司简介材料，同时 IUP 持有者更能出现在独立明确榜单（clean and clear）上。

此外，在仅对外国公司获得/出售 IUP 持有人股份时应注意：

（1）IUP 股权持有的变动。需考虑在境外投资者和 IUP 公司之间放入一个居间控股公司分层作为获得 MoEMR 推荐信的要求。

（2）财务报表。即使当前无任何交易，IUP 公司也应该保证财务报表经过审计。

（3）独立明确榜单。确保续包含在独立明确榜单上，避免进一步获取印尼能源与矿产资源部推荐信的潜在拖延。

（五）争端解决机制

印尼司法体系存在较为严重的腐败现象，有法不依、执法不严，通过司法救济方式化解外商投资经营过程中遇到的风险或者纠纷的可能性很小，遇到纠纷即使诉诸法律也很难得到及时公正的裁决，而且耗费时间、精力与财力。

因此，如果在印尼投资项目相关的争议在印尼法院通过诉讼解决，考虑到印尼的上述司法环境，以及印尼法院采用三审终审制，诉讼将耗费大量时间和费用，而且在诉讼过程中，印尼法院审判受到的干扰因素很多，印尼公司由于其本地优势，印尼法院更可能做出倾向于印尼公司的判决；如果在印尼仲裁，尽管中方在仲裁人员的人选上具有一定的自主性，但根据印尼相关司法体制，仲裁仍须接受印尼法院的监督，印尼法院有权撤销其认为不当的仲裁裁决，同时仲裁裁决的执行须通过印尼法院，印尼法院也可能在执行环节干预有利于中方的仲裁裁决的执行。

三、法律环境总结

从资源禀赋的角度来看，中国、印尼两国合作有利于优势互补。印尼矿藏资源比较丰富，富含石油、天然气以及煤、锡、铝矾土、镍、铜、金、银等矿产。我国经济发展过程中资源日益紧缺，两国的合作将有利于资源互补。中国、印尼两国在贸易上也存在较大的互补性。我国优势集中于技术密集型产业，其中机电、机械和交通等制造业产品是印尼所急需；印尼优势集中于劳动密集型产业，石油、天然气、煤炭等初级产品为我国所急需。加强两国的经贸合作将有利于发挥各自的优势，促进各自经济发展。

从法律和政策层面看，印尼政府对外国投资始终持欢迎态度，实行对外开放，制订了许多涉及外国投资的法律。2007 年 3 月 29 日通过的新《投资法》，该法规定，外国投资者可享受与印尼国内投资者一样的“国民待遇”；外资可以进入印尼绝大部分行业；外国投资者在印尼申请商用土地的使用权最长期限增至 95 年。新法还规定，应通过协商解决政府与投资者的争端；如协商不成，外国投资者一旦与印尼政府产生纠纷，可诉诸国际法仲裁。尽管印尼吸引外资方面取得了很大的成就，但还是存在一些问题，对外资的有效引进不足，还不能充分发挥外资政策的应有作用。综合起来主要存在问题是法律体系不健全、强大的地方政府和粗劣的基础设施。

同时，近几年来，矿业立法的频繁更改将严重破坏法律的稳定性，而且印尼当地逐步扩张的国有化政策也将使外国投资者的利益受到很大威胁，新矿业法中有关撤资时刻表等规定就充分说明了这一问题。此外，印尼偏向保护当地劳动力，这无疑也将增加外国投资者的成本。

加拿大 Fraser 研究所发布的 2005/2006 年度全球矿业公司调查结果中，印度尼西亚矿业投资环境总体偏差，在调查的15项要素的排序中，有8项排在50位后，只有3项在40位之前（调查了64个国家或地区，排位越靠前对矿业投资越有利）。特别是政策潜力指数排名第59位，在亚洲地区落后于蒙古、中国、印度、哈萨克斯坦和俄罗斯（由于俄罗斯大部分领土位于亚洲，因此放在这里进行比较），排在菲律宾前面。现行法规和土地限制条件下的矿产潜力指标排名第42位，好于中国和印度，但落后于蒙古、哈萨克斯坦、俄罗斯和菲律宾；但如果不考虑土地使用限制和政策影响，其矿产潜力指标较好，与俄罗斯等10个国家或地区并列第一。

总体上讲，虽然印度尼西亚矿业相关法律法规已趋于完善、软件环境不断提升，电力、通信、交通等硬件基础设施建设也在不断加强，但整体上来看，印尼的投资环境仍然存在一些法律风险，进行投资决策仍需审慎。

第四节 税 制 研 究

一、税制总论

（一）税收体制简介

印尼实行中央和地方两级课税制度，现行主要税种有：公司所得税（企业所得税）、个人所得税、增值税、奢侈品销售税、土地和建筑物税、离境税、印花税、娱乐税、电台与电视税、道路税、机动车税、自行车税、广告税、外国人税和发展税等。

印度尼西亚政府近年来通过降低税负、提高纳税人服务等措施鼓励投资，税收环境整体有所提高。据世界银行2012年发布的《Doing business in Indonesia 2012》统计，印度尼西亚的整体税率从2006年的37.3%下降至2011年的34.5%，通过网络化的实施使得每年的纳税申报耗时下降近一半以上，从2006年的560 h下降至266 h。

（二）整体税收环境

2015年东盟将实行经济一体化，但与其他东盟国家相比，目前印尼综合竞争力仍处于劣势，印尼工业部的调查结果显示，包括物流能力较差、税赋偏高、融资成本过高、科技水平落后、劳工生产效率低等五大因素影响印尼综合竞争力。据普华永道最新发布的2016年全球189个主要经济体总体税赋情况排名，印尼税收负担排名第143位，整体税赋为29.7%，整个税务环境质量排名第148位。与其他东盟国家相比，印尼税赋更高，导致国内投资成本上升，影响印尼对外资的吸引力，也是印尼国内工业发展的负担。在东盟国家里，印尼的企业所得税也高于新加坡、柬埔寨和文莱。

截至2015年底，印尼已经与全世界60多个国家和地区签订了避免双重征税税收协定。根据印尼与中国签订的双边税收协定，目前印尼与中国大陆的股息预提所得税率为10%，利息预提所得税率为10%，购买印尼政府债券则可以免税，特许权使用费预提所得税率为10%。印尼与中国香港的投资组合的股息预提所得税率为10%，持有股票的预提所得税率为5%，利息预提所得税率为10%，特许权使用费预提所得税率为5%。

印尼主要税种的税率见表2-1-6。

表2-1-6 印尼主要税种的税率表

税　种	税　率	税　种	税　率
公司所得税/%	25	预提所得税	
分公司所得税/%	20	股息/%	10/15/20
个人所得税/%	累进税率，最高30	利息/%	15/20
增值税/%	10	特许权使用费/%	15/20
关税/%	0～150	分支机构汇出所得税/%	20
印花税/印尼盾	3000/6000	财产转让税/%	5

注：上述税率更新至2015年12月31日。

二、与煤炭开采行业相关其他税费政策

（一）特许权使用费

印尼煤炭开采的特许权使用费为从量与从价复合计征，税率会因为矿山规模、产量及煤炭售价不同而有所不同，从价计征方面，露天矿的基础税率为3% ~7%（煤炭热值在5100大卡以下的为3%，煤炭热值在5100大卡至6100大卡之间的为5%，煤炭热值在6100大卡以上的为7%），井工矿的基础税率为2% ~6%，计税基础为煤炭销售收入，从量计征方面，税费为每吨2500印尼盾。按照印尼税法规定，特许权使用费可在企业所得税前扣除。

（二）其他

根据印尼《矿产和煤炭矿业法》规定：开采许可证和特殊开采许可证等矿业许可证持有者有义务缴纳属于国家和地方收入的各种税费，包括税收和非税收费。税收包括：根据税法规定的进口关税及消费税。非税收费包括：固定租金费、勘探费、权利金、生产费用及信息补偿费。

此外，矿业企业投入生产之后，生产金属和煤炭的矿业权人在缴纳正常的所得税和权利金外，新矿法还增加了一项附加税，税额为生产企业净利润的10%，即开采许可证和特殊开采许可证等矿业许可证持有者需要将其4%的净利润交付印度尼西亚中央政府,6%的净利润交付地方政府。法律要求采矿许可证持有人有责任推动社区发展,必须缴纳矿区土地复垦保证金。更具体的细则由中央政府另作规定[①]。

三、税制总结

印度尼西亚是税负较低，但税法执行环境较差的国家。据普华永道和世界银行共同合作最新发布的2016年全球189个主要经济体总体税赋情况排名报告中显示，印尼税收负担排名第143位，整体税赋为29.7%，属于税赋较轻的国家序列。但该国税收执法环境较差，腐败现象较严重。因此整体税务环境质量排名较差，根据上述世行报告，印尼在本次富煤国家中税务环境整体排名倒数第2。不过，印尼政府近年正在通过降低税负、提高纳税人服务等措施鼓励投资。

第五节 环 评 体 系

本节是针对在印度尼西亚开展矿业项目所涉及的环境监管机构、相关法律法规、获得环境许可证的具体申请审批流程以及环境影响评价体系的概要分析。

一、矿业项目开发的环境监管机构及相关环境法律

（一）环境监管机构

印度尼西亚矿业项目开发过程中主要涉及如下的部门：

（1）印度尼西亚环境部。

（2）印度尼西亚环境影响管理局。

（3）印度尼西亚能源与矿产资源部。

（4）环境影响评价技术与考核委员会。

（二）环境相关法律及法规

涉及的国家级法律法规如下所列：

（1）印度尼西亚宪法。

（2）环境管理法。

（3）环境法（1997）。

（4）环境保护和管理法（2009）。

（5）环境影响分析法（1999）。

---

①资料来源：国土资源部网站。

（6）环境部环境规例（2006）。
（7）海洋污染和破坏控制（1999）。
（8）大气污染控制（1999）。
（9）庭外环境纠纷解决。
（10）与森林和陆地火灾相关的环境损害和/或污染控制（2001）。
（11）有毒有害物质（2001）。
（12）水质管理和水污染控制（2001）。
（13）矿业法。
（14）环境部部长法令。
（15）标准作业程序。

二、环境审批

印度尼西亚环境部要求矿业企业在申请矿业项目时需要遵守印尼的环境质量标准，并对可能影响环境的活动编制环境影响评价报告。在印度尼西亚，国家环保部把对企业进行监督和管理的责任授权给各地方政府，由地方局的环境和技术审查部门对开发矿产资源的企业和项目进行监管。

按照规定，在印度尼西亚启动工程项目，进行环境影响评价（AMDAL）是作为项目前期最主要的先决条件。因此，政府需要负责初始项目风险和遵从性评估。环境影响评价在印度尼西亚的历史可以追溯到20年前。2009年批准的《环境保护和管理法》取代了1997年的《环境法》。2006年的“08号环境部规定”为环境影响评价提供了最新的指导。

首先印度尼西亚政府根据环境部部长法令会判定申请的项目类型、规模和位置，是否列于2006年的环境部制定的允许列表上，若符合该列表的标准，则该项目需要做环境影响评价；未列出的项目则必须按照2009年批准的《环境保护和管理法》，编制环境管理或UPAYA Pengelolaan Lingkungan（UKL）文件和环境监测或UPAYA Pemantauan Lingkungan（UPL）文件。

需要做环境影响评价的项目类型，覆盖以下领域：①国防；②农业；③渔业；④林业；⑤运输；⑥卫星技术；⑦工业；⑧公共工程；⑨能源和矿产资源；⑩旅游；⑪核工业；⑫危险废物处理；⑬基因工程。另外，在边境或受保护的区域内，无论是何种项目类型，均需要环境影响评价，此环境影响评价需要伴随一个项目完整的过程。

在矿业方面，达到下列条件的活动需要进行环境影响评价：①采矿权面积为大于200 hm^2；②露天采矿活动的区域大于50 hm^2/a；③开采放射性矿石；④海洋采矿或海洋的尾矿处置；⑤矿石处理使用氰化物或化合物。

在印度尼西亚，环境影响评价过程是一个综合的、全面的过程。需要从生物、地球物理化学、社会、经济、文化和公共健康等方面综合考虑。环境影响评价的过程，旨在评估项目的环境可行性和手段，环保部门将根据此报告，决定是否授予该项目许可证或直接终止项目。

首先，在环境影响评价工作开始前，项目申请者须向环境影响管理机构提交项目申请。根据项目的类型，规模和位置，项目环境影响评价的批准将被归类：中央一级由环境部（KLH）负责，省一级由省环境影响管理机构（Provincial Bapedalda）负责，或者由县一级的环境影响管理机构（Regency Bapedalda）管理。被归类之后，相关负责部门会提出该项目环境影响评价工作的职权范围，该职权范围需要进行30天的公示期，随后进行为期75天的政府审查。

环境影响评价过程的第一步是编制报告，内容主要包括：①项目的区域；②可能会导致环境影响的活动项目；③可能受项目影响的环境参数；④收集数据的方法和分析；⑤潜在的和重要的影响识别；⑥影响预测和评价的方法（环境规例2006年第08号）。同时，政府1999年第27号规定确定了环境影响评价需要公众的参与。二次审核期一般75天，政府将在这75天内之内做出决定。

环境影响评价报告由环境影响评价技术与考核委员会进行评审和批准，其中须有全部利益相关者全程参与。环境影响评价报告的评审过程被分为两个部分。在第一个部分中，文件审查由技术环境影响评价委员会完成（很少有文件在没有要求修改或补充信息的前提下通过），然后再修改重新提交审批机关。如果通过，则进入第二个阶段。文件审查将由环境影响评价考核委员会进行。如果当局认定该矿产项目造成的恶劣的环境影响，无法用现有的技术解决，或者成本太高超过了项目本身带来的效益的话，该项目申请将会被否决。

评价委员会分为中央一级部长和地方一级管理者。评价委员会负责确定环评的审核范围和参考标准、环境影响评价、环境管理计划以及环境监测计划。环境影响评价考核委员会包括了政府机构人员、大学或其他专家、非政府组织人员，以及正式和非正式的领导人。如果审查结果显示环境影响评价的过程令人满意，有关政府机构（环境部或 Bapedalda）将颁发一个“项目进行的批准”。如果研究表明环境负面影响不能通过目前可用的技术得到缓解，政府可能会决定拒绝拟议的项目。环境影响评价批准后，相关的项目就可以开始施工。若拟建项目在环境影响评价批准签发 3 年内没有执行（政府 1999 年 27 号规定），则环境影响评价失效，需要重新进行。

环境管理计划（RKL）和环境监测计划（RPL）是重要的业务文件，伴随整个项目生命周期。该文件包含项目负责人的承诺，以防止、控制、减轻和监控项目在各个阶段对环境的影响。环境管理计划还涉及社区发展及企业社会责任的承诺。

环境管理计划和环境监测计划文件中的所有承诺是具有法律约束力的。所有承诺的实施在审计过程中由环境部及相关部门，环境影响管理机构（Bapedalda），或其他第三方部门单位的审计师意见作为参考。审批机关也有权检查一致性的承诺和执行适用的相关法律和法规。

环境影响评价过程是一个集成的、全面的综合评估，针对一个项目或活动可能导致的主要和显著的影响。环境影响评价过程可以充分而全面地进行环境影响评价，以符合国际标准，但是环境影响评价某些方面仍然需要进一步的研究或编制独立的文件，以符合国际组织或金融机构设置的指导方针，特别是“赤道原则”（The Equator Principles）、国际金融公司 IFC 标准。

在印尼，所有项目的环境影响评估报告需要政府批准。与其他环境问题一样，环境影响评价报告的批准还将取决于提议的社会发展计划，通常包括：建立学校、提供免费医疗保健、修建路桥及其他当地的基础设施、提供免息贷款以支持当地企业，以及从周围村庄中雇佣大部分矿工等。具体审批流程如图 2－1－4 所示。

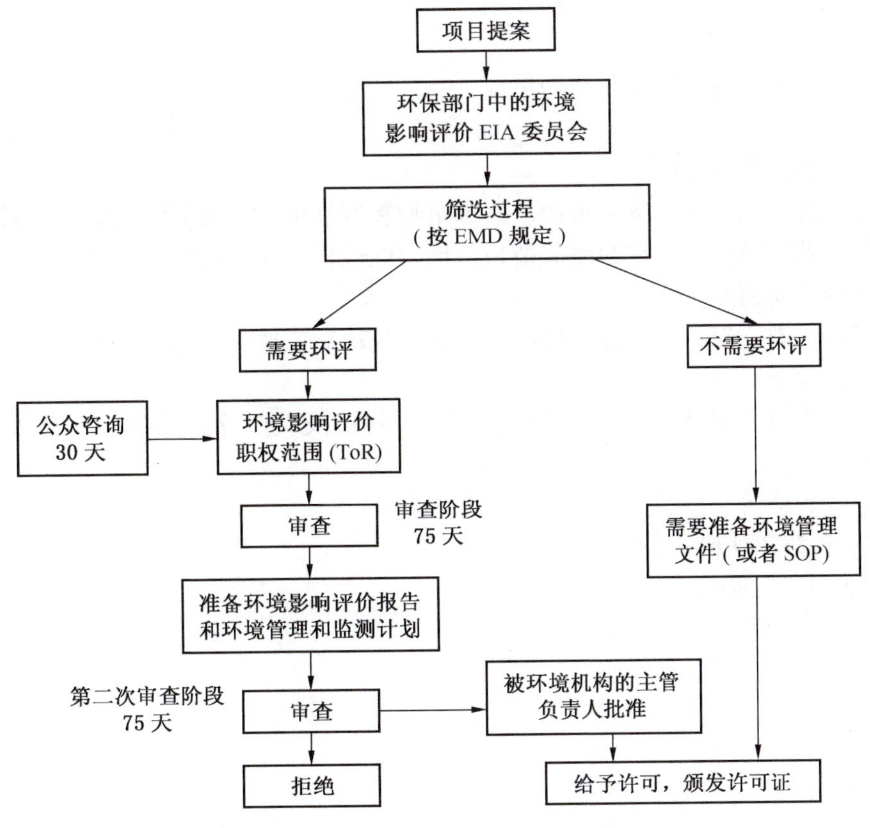

图 2－1－4　印度尼西亚环境许可证审批流程图

三、环境影响评价

在印度尼西亚开展矿业项目，完整的环境影响评价报告一般包括如下部分：

1 导言

导言包括公司简介、项目建设理由、项目规划、项目选址特点、本报告的目的、环境影响评价的工作范围及实现方法。

2 项目介绍

说明项目的详细构成、生产过程、运输、能源和电力供应及其他必要需求以及如何才能满足这些需求。

3 环境概况

3.1 大气环境

项目研究区域周边空气质量监测站分布状况、周边气象站状况、气象基础数据，包括风向、风速、降水等。

3.2 当前大气质量

项目研究区域内大气监测位置、分析方法介绍、基本数据（包括PM10，PM2.5，SO_2，NO_x）等。

3.3 水环境

项目研究区域内水样位置、分析方法、地表水质量、地下水质量，一般监测指标包括：混浊度、pH、悬浮物、总硬度及氮磷等污染物数据。

3.4 地下水水文状况

项目研究区域内水文地质状况、水位图状况、地下水资源估计。

3.5 噪声环境

3.6 土地环境

项目研究区域内的土地利用及覆盖特征。

3.7 土壤环境

项目研究区域土壤情况概况、研究方法介绍。

3.8 陆地生物多样性状况

项目研究区域和研究期内的陆地动植物组成。

3.9 地形

3.10 项目区域的植物多样性

项目研究区域内乔木、灌木、草本植物、攀缘植物和缠绕植物的种属情况介绍；耕作植物状况，园艺应用和果树种植、药用植物、稀有和濒危植物、地方性植物、森林的状态和分类。

3.11 项目区域的动物多样性

项目研究区域内鸟类、蝶类、哺乳动物、稀有和濒危动物、地方性动物的种属情况介绍。

3.12 社会经济学环境

项目研究区域内人口性别及从业情况等结构组成，村庄及城镇分布及状况（例如5 km范围内的，5~10 km范围内的等）。

3.13 社会经济的总结

4 环境影响的预测和评价

4.1 影响识别和环境影响

4.2 土地环境

4.3 大气环境

4.4 水环境

4.5 废水处理

4.6 土壤环境

4.7 噪声环境

4.8　有毒的固体废弃物

4.9　有毒废气

4.10　运输系统

5　环境监测方案

包括了项目研究区域周边大气质量监测、噪声监测、水和废水的水质监测等方面。

6　风险评价和损害控制

需要说明风险评价的目的、情景分析、结果分析、健康和安全监测计划等方面。同时涵盖消防风险、污水和有毒气体的控制等方面。

7　灾害管理计划

项目研究区域内涉及的灾害管理计划及目标、灾害管理组织计划、应急控制中心、安全及个人防护等方面。

8　项目效益

9　环境管理计划

包括项目研究区域内大气环境、水环境、噪声环境等方面的具体管理计划，绿化带建设，同时进行相应环保措施，例如：消防系统、污水处理设施、化学实验设备、绿化带和路渠建设等费用分析。

10　结论

11　咨询结果公示

12　监督审核

项目正式开始以后，强制定期提交政府当局关于环境管理和环境监测计划实施情况报告，对于这些报告的审核结果以及报告本身的副本，至少两年一次提交环境部。

四、环评体系总结

印度尼西亚作为发展中国家，近几年经济发展迅速，政治经济环境较为稳定，处于历史最好时期。印度尼西亚自然资源丰富，矿业、林业、农业、渔业均有巨大的开发潜力，优势明显。尤其在煤炭资源方面，印尼煤资源位居世界前列，为煤炭出口和国内电厂发展提供了坚实基础。然而，由于其发展中国家的现状，国家工作重点放在经济发展上，因此对环境保护工作的重视程度相比发达国家而言较差，环境保护工作起步较晚。在印度尼西亚的矿业项目开发所需环境影响评价总体来说相对较为简便，涉及的法律法规和监管部门较少，但由于需要二次审查，所以总体时间较长。在环境影响评价报告的撰写上要求也相对简单，例如：对替代方案、项目可行性分析、环境保证金、闭坑后环境修复等方面的内容无相关正式的书面规定。

印度尼西亚的矿业活动根据环境部部长法令主要包括两大类，需要进行详细的环境影响评价报告和不需要详细的环境影响评价报告。不需要进行环境影响评价报告的需要准备环境管理文件；需要进行环评的主要委托给具有相关资质的环评委员会开展环境影响评价工作。环境影响评价审核和监督管理工作主要是由环境部、环境影响管理局和能源与矿产资源部负责。根据项目的类型、规模和位置，分为由中央一级环境部、省级环境管理机构或摄政水平的环境机构分别管理。环境影响评价主要涉及的法律有《环境管理法》《环境法》《环境影响分析法》等法规。环境影响评价报告主要包括：项目简介、环境基准状态分析、环境影响预测、环境管理计划和环境监测方案、风险评价和灾害管理等相关内容。

印度尼西亚的法律法规还在逐步完善，对环评报告书的编制要求相对发达国家也较为简单，但环保报告需要二次审查，环评审批总体时限在半年左右。对闭坑后的环境修复工作所要达到的标准以及矿产开发所需环境保证金方面并未做明确规定。

五、环境保护成本分析

矿业投资环境是指在矿业领域开发投资中面对的各种周围情况和条件的总和，一般按照影响的要素分类分析。这些主要因素包括：自然资源、政治环境、经济环境、法律体系、财税体系、环境保护成本等。本报告主要探讨环境保护成本因素对境外投资矿业尤其是煤炭业的主要影响。

在本次研究中，主要通过 5 个方面对目标国家的环境保护成本进行定性分析。分析后给出“高、中、低”3 种评估结论，以环境审批一般办理时限为例，“高”表示目标国家环境审批办理时限相对于其他国家较长，反之则判定为“低”，当目标国家环境审批办理时限介于“高”和“低”之间，结论偏中性，无法给出“高”或“低”的单方面结论时，则评估结果为“中”。

评估目标国家环境保护成本的 5 个因素依次为目标国环境法律体系完善程度、环境审批程序复杂程度、环境审批一般办理时限、公众参与程度及环境保护敏感度、矿区复垦及环境保护保证金收取要求。

1. 环境法律体系完善程度

印度尼西亚为发展中国家，近几年处于政治民主、社会开明与经济改革的新阶段，政治经济体系稳定，经济发展迅速，有望成为下一个金砖国家。印尼国内的环境保护工作较其他发达国家起步较晚，在国家大力发展经济的同时，不可避免地对环境与自然资源带来过度开发和利用，造成在该国开展矿业项目的环境保护工作重视程度不够，法律体系尚有规范完善空间。印尼现行约束矿业开发项目所需环境影响评价的主要法律包括 1997 年颁布的《环境管理法》、1999 年颁布的《环境影响分析法》，以及分别在 2006 年和 2009 年颁布的《环境部环境规例》《环境保护和管理法》。由于法律的颁布时间跨度较长，且先后修改过数次，因此印尼的环境法律体系存在一定的不确定因素，包括：法律环境不透明，在不同法律之间也存在法规条文不一致，不同法律间存在矛盾和冲突等实际情况，尚在进一步改进和完善中。另外，在执行手续上也存在烦琐复杂的实际问题。

综上所述，对印度尼西亚环境法律体系完善程度评定为“低”。

2. 环境审批程序复杂程度

由于印度尼西亚的环境法律体系尚须进一步完善修改，缺乏对环境审批更为合理、具体的规范规定。因此在印尼开展矿业项目所需环境审批较发达国家相对简单。与其他发展中国家相比，印尼环境审批程序略有不同。在提交初步范围的环节需要进行 75 天的审查，随后再对环境影响评价报告进行为期 75 天的二次审查，审批合格，方可通过。然而在审批程序的全部过程中，对公众参与的要求度不高，也不涉及公众或独立专家委员会单独审查环境影响评价报告的环节。

综上所述，对印度尼西亚环境审批程序复杂程度评定为“低”。

3. 环境审批一般办理时限

虽然印度尼西亚的环境审批程序较为简单，但相较于其他发展中国家，印度尼西亚环境审批一般办理时限相对较长，一般情况下在自项目提交申请之后起的 6 个月之内完成审批工作。不同于其他发展中国家，印尼的环境审批流程涉及两次审查环节，每次为期 75 天，第一次是针对矿业企业提交环评职权范围的审查，第二次则是针对环评报告。也正是因为这样的二次审查，造成了时间上的延长，但相较于澳大利亚等联邦制发达国家，印尼的环境审批办理时限还是相对较短的。

综上所述，对印度尼西亚环境审批一般办理时限评定为“中”。

4. 公众参与程度及环境保护敏感度

印度尼西亚环境法律规定，在环境审批程序中，提交环境影响评价范围后，需要将该环评范围通过网络、媒体等形式进行公示，一般情况下约为 30 天。在此公示期间，公众可以提出对环评职权范围的意见和建议。此环节体现了印尼环境审批中涉及公众参与的环节，然而，印尼环境法律中并没有明文规定，矿业企业需要针对公众的意见和建议做出如何的反应；也没有明确将矿业企业是否需要根据反馈意见修改环评职权范围写入相关环境法律。这也体现了相较于更为重视公众参与环境保护的国家而言，印尼的公众参与工作略显形式主义。另外，与高度重视环境保护的澳大利亚公民相比，印尼公众对环境保护的敏感度相对较低，并不会出现类似澳大利亚的环评公示期结束后，收到成百上千封民众反馈意见信的情况。另外，在印尼矿业开发历史上，也未曾出现过因公众反对或环保组织的抗议迫使矿业项目申请延期或项目停滞的先例。总体来说，印尼公众对环境保护的敏感度不高，环评审批涉及公众参与程度较低。

综上所述，对印度尼西亚公众参与程度及环境保护敏感度评定为“低”。

5. 矿区复垦及环境保护保证金收取要求

由于印度尼西亚环境保护工作起步较晚，在国家大力发展经济的同时，对环境保护的重视程度略显不足。与此同时，印尼环境法律体系尚在修改和完善的过程中，因此就目前情况而言，在印尼现行的环境法律中，对矿区关闭后的环境修复计划、环境修复工作所要达到的标准、是否需要在闭坑时进行环境部门的审核通过，以及收取矿产开发环境保证金方面均未做明确规定。在矿业企业撰写环境影响评价报告时，也并没有涉及闭坑计划的章节设置。

综上所述，对印度尼西亚矿区复垦及环境保护保证金收取要求评定为“低”。

经定性分析结果显示，评估印度尼西亚环境保护成本的5个因素中：国家环境法律体系完善程度、环境审批程序复杂程度、公众参与程度及环境保护敏感度以及矿区复垦及环境保护保证金收取要求均评定为“低”级别。环境审批一般办理时限评定为“中”级别。总体而言，印度尼西亚被定级为环境保护低成本国家。

第六节 基 础 设 施

一、现状

印尼经济发展最大的障碍就是基础设施落后。印尼修建的公路、港口和发电站没有匹配上经济的增长。印尼的公路和港口现状极差，以至于商品在国内的运输成本要高于直接进口。因此，中国的橙子、泰国的大蒜以及澳大利亚的牛肉都比本土产品便宜。印尼遥远岛屿上的最东部省份巴布亚的水泥售价是爪哇的10倍。作为全球最大能源矿产国之一，至少5000万人没有用上电力，在雅加达近千万人口中，一半人没有用上自来水。

交通运输费在煤炭开发成本中占重要比例，是客户形成购买决策的关键因素。印尼煤炭生产商依靠货车、传送带、驳船和其他运输工具进入市场。在南苏门答腊省，一些企业利用铁路运送煤炭。

在内陆运输方式中，铁路基础设施可将大量煤炭从煤矿运输到港口，是最具成本优势的一种方式。在这个系统中，煤炭通过港口设备装卸到船上。因此，港口的作用和船队的运载能力同样至关重要。此外，煤炭码头可以向众多用户提供装卸服务。

由于征地困难，印尼的基础设施建设在过去10年中大大放缓。然而，2011年12月，众议院通过了让人期待已久的土地收购法案，来加快发展铁路和港口等公共基础设施，以解决国内经济发展的主要阻碍。

二、铁路

铁路运输与其他运输方式相比，在国家运输网络中所占比例较小。铁路的所有权归国家，由印尼公共公司管理，承担大规模运输任务。

印尼轨距主要是1067 mm（窄轨）。印尼新政府已把铁路建设作为今后5年基础设施发展的重点。截至目前，印尼全国铁路里程仅有5434 km，争取在2019年达到8692 km，5年内将新建铁路里程3258 km（驻印度尼西亚经商参处，2014）。

目前，爪哇有3条主要的铁路线路，苏门答腊有3条完全独立的二级铁路网络。

印尼的大部分铁路线位于爪哇岛。爪哇岛分布着两大铁路干线以及其他的一些铁路支线。这些铁路线承担着客运及货运服务，比如在雅加达大都市区（被称为KRL Jabotabek）和泗水承担着铁路通勤服务。2008年，Kereta Api公司和安卡萨帕拉政府计划兴建从苏加诺－哈达机场到首都雅加达的铁路，但该计划已经停滞。在雅加达，单轨铁路集中运输系统曾经蓬勃开展，但在1998年的亚洲金融危机后陷于停滞，而且目前没有迹象表明其会在短期内重新启动。在雅加达的道路中间，竖立着一些破旧的钢筋混凝柱，成为难产的铁路发展计划的见证。

另外一个有铁路分布的地方是苏门答腊岛，铁路分布在该岛棉兰北部、西苏门答腊的帕里亚曼到巴东地区，以及南苏门答腊的Lubuk Linggau到榜楠的Bandar Lampung。除了2013年7月启用的、从棉兰到新Kuala Nam国际机场的新建铁路，苏门答腊没有其他的新建铁路。这条铁路非常重要，通过该铁路可以45 min抵达机场，弥补了没有快速收费公路的缺陷。

未来，印尼政府将在苏门答腊岛通过改善现有的基础设施体系和建立新的基础设施网络，扩大该地区的铁路网络，使其能够为各地区提供服务。政府将更多参与到铁路基础设施发展中（特别在南苏门答腊的产煤地区规划煤炭运输专线），同时进一步刺激地方政府及私有部门的投资。PTKAI 经营着南苏门答腊省铁路网，主要向西爪哇的 Suralaya 发电厂供应煤炭。煤炭以 Tanjung Enim 为起点运输到楠榜省 Tarahan 的装载码头，距离为 410 km，并由轮船运往 Suralaya 发电厂附近的卸货场。第二条路线是从 Tanjung Enim 的煤矿起点向北运输到巨港附近的 Kertapati，然后船运出口。2011 年，大约有 934 万 t 的煤炭被运到 Tarahan，211 万 t 运到 Kertapati。

2011 年，PTKAI 利用现有的 Tanjung Enirn – Kertapati 铁路线为 PT Bara Alam Utama 运输煤炭。该铁路运营商已和其新客户签订了煤炭运输协议，这些用户包括 PT Bara Multi Sugih Sentosa，PT Bumi Merapi Energi，PT Golden Great Borneo 及 PT PLN Batubara。

根据印尼国家发展计划部制定的 2015—2019 年中期发展计划，从西部亚齐特区联通东南部楠榜省的环苏门答腊铁路全长 2168 km，预计于 2025 年完工，总投资 51.7 亿美元，铁路沿线将连接苏门答腊岛内主要城市、海港和机场，建成后将极大缓解岛内交通压力，减少物流成本。环苏拉威西岛铁路将于明年 1 月启动望加锡市到巴里巴里市段建设，全长 150 km，另外万鸦老市到比通的长 340 km 路段将于 2018 年开工（驻印度尼西亚经商参处，2014）。

目前，印尼政府已在加里曼丹的东部有铁路规划，主要用于内陆的煤炭外运。规划中的加里曼丹铁路一期将连接丹戎（Tanjung）和马辰（Banjarmsin），计划在 2018 年动工建设，预计造价约 3 亿美元。

中国国家发展改革委新闻发言人 2015 年 10 月 16 日在北京表示，由中国铁路总公司牵头的中国企业联合体与印尼国有建设公司（WIKA）牵头的印尼国有企业联合体，当日在印尼首都雅加达签署了雅万高铁合资协议。根据该协议，雅万高铁项目将由中国和印尼合作建设。

雅万高铁将连接印尼首都雅加达和第四大城市万隆，根据目前中国、印尼双方联合编制的可研报告，线路总长约 150 km，将采用中国技术、中国标准和中国装备，设计时速为每小时 250 ~ 300 km。建成通车后，从雅加达至万隆的时间将缩短为约 40 min。

三、公路

公路运输是印尼国内货物运输及城市间人员陆上往来的主要方式，在连接国内社区及市场方面发挥了至关重要的作用。印尼的公路网络在 1989—1993 年已经形成，陆路交通运输较为发达的地区为爪哇、苏门答腊、苏拉威西、巴厘岛等。印尼的公路普遍路况较差，高速公路建设则停滞不前。印尼国家公路网络划分为初级公路网络和次级公路网络体系。按功能划分为国家主干公路、省级公路及地方公路。按行政管理划分为，国家级公路、省级公路、地区级公路、市级公路及收费公路。2004 年，印尼国内公路总长度 31.3 万 km（印尼基础设施建设承包商会，2007），相应状况见表 2 – 1 – 7。绝大部分的公路等级为省级公路和地区级公路，分别占到总里程的 10.3% 和 77%，但这两级公路面临着不同程度的损坏。国家级公路只有 17800 km，占总里程的 5.7%，但整体路况较好。

表 2 – 1 – 7　印尼公路网络状况一览表

公路等级	长度/km	较好/%	中等/%	轻度损坏/%	严重损坏/%
国家级	17800	84	4.3	7.3	4.4
省级	32250	52.5	14.2	16.9	16.9
地区级	240690	19	32	28.5	18.5
市级	21862	9	87	4	0

数据来源：公共工程部，2004

到了 2009 年底，全国公路总里程 43.78 万 km，其中高速公路约 1000 km，铺面道路约 25.87 万 km。连接泗水及马都拉岛的苏腊马都大桥为印度尼西亚最长的桥梁。公路运输担负着国内近 90% 的客运和 50% 的货运。2007 年底，全国共有轿车 886.5 万辆、摩托车 4193.5 万辆、货车 4846 万辆、公交车 210

万辆。

综合印尼《国际日报》等媒体1月9日报道，印尼公共工程与民居部日前公布了2015—2025年高速公路建设规划，将在10年间建设3733 km高速公路，使印尼高速公路总长度达6115 km，该建设规划约需投入723万亿印尼盾。

拟建高速公路主要分布在几大岛屿，其中苏门答腊岛建设路段最长。上述规划完成后，苏门答腊岛高速公路总长将达2865 km，主要为贯通该岛的2840 km高速公路，包括纵向连接班达亚齐、棉兰、北干巴鲁、巨港和巴果亥尼之间长度分别为417 km、575 km、667 km和335 km的高速公路及横向连接丁宜—实武牙、北干巴鲁—巴东、巨港—明古鲁长度分别为200 km、240 km和352 km的高速公路。此外，爪哇岛高速公路将达2815 km，主要包括贯通全岛的1187 km和雅加达及其周边530 km高速公路等。

印尼公共工程部统计数据显示，2004—2014的10年间，印尼新建公路5190 km，其中各类等级公路4770 km，高速公路420 km，平均每年新建各类公路约500 km。

有关专家认为，交通基础设施相对滞后，是羁绊印尼经济发展的主要瓶颈之一，虽说10年来政府每年都强调加强包括公路建设在内的基础设施建设，但因国家财政拮据，公路等基础设施建设资金难以落实。作为发展中的人口大国和新兴经济体，年均仅500 km的公路建设数据显然难以满足国民经济建设的需要。

如今，作为世界经济的先锋集团，东亚各经济体的发展日新月异，另外东盟经济共同体成立在即，倘若印尼国民经济建设要想在未来搭上快速发展的东亚便车，那么广开渠道筹措资金，解决国内交通基础设施的滞后现状，无疑是印尼新政府所面临的严峻挑战之一。除资金外，印尼基础设施建设需要尽快解决的问题还包括管理不善及劳动生产率低下等。

四、水运

印尼的海岸线漫长，距离亚洲煤炭进口国（日本、韩国、中国等）较近，区位优势明显。煤炭的运输可以充分发挥海运低成本的优势。

印尼全国水运航道21579 km，共有各类港口670个，主要港口25个。河运、海运船只6600艘左右。2008年全国港口共完成国际货运量1.9亿t，国内货运量4.1亿t。

水路交通（如内河、岛际及远洋运输等）在印尼的交通地位相当重要。内陆水运中，交通的主要方式包括水上大巴、拖船、长拖船、货船、快艇、摩托艇、木筏、驳船和水上卡车等。目前，印尼现有的渡口共计66个，其中53个渡口位于印尼东部地区。印尼国有企业PT ASDP负责渡口的运营。在过去的10年里，政府对于运营渡口的补贴一直在持续增长。

海运的主要港口包括丹戎不碌（雅加达）、丹戎佩拉（泗水）、三宝珑、马辰、巨港、望加锡、潘姜（楠榜）等。雅加达丹戎不碌港是全国最大的国际港，年吞吐量约250万个标准箱；泗水的丹戎佩拉港为第二大港，年吞吐量为50万个标准箱。

根据sourcewatch.org在2012年的统计，印尼全国共有36个煤码头，总运力超过2亿t（表2-1-8）。主要的煤码头分布在加里曼丹东岸，其次为苏门答腊和爪哇。

表2-1-8　印尼的煤码头统计表

序号	煤码头名字	所在省	运营商	年吞吐量/10^6 t	状态	类型
1	Samarinda anchorage	东加里曼丹		6	已建成	出口港
2	Muara Pantai Coal Terminal	东加里曼丹		6.5	已建成	出口港
3	Banjarmasin anchorage	东加里曼丹		6	已建成	出口港
4	Bontang Coal Terminal	东加里曼丹		18.5	已建成	出口港
5	Balikpapan Coal Terminal	东加里曼丹	PT Bayan Resources	15	已建成	出口港
6	Tarakan Coal Terminal	东加里曼丹		3	已建成	出口港

表2-1-8（续）

序号	煤 码 头 名 字	所在省	运 营 商	年吞吐量/10^6 t	状态	类型
7	Tanjung Batu - Tarakan	东加里曼丹		3	已建成	出口港
8	Bengkulu Port	东加里曼丹		3	已建成	出口港
9	Adang Bay Port	东加里曼丹		3	已建成	出口港
10	Apar Bay anchorage	东加里曼丹			已建成	出口港
11	Muara Berau/Muara Jawa Coal Terminal	东加里曼丹			已建成	出口港
12	Tanah Merah Coal terminal	东加里曼丹			已建成	出口港
13	Taboneo anchorage	东加里曼丹			已建成	出口港
14	Separi barge loading facility	东加里曼丹		20	已建成	出口港
15	Tanjung Bara Coal Terminal	东加里曼丹		27	已建成	出口港
16	Sebuku anchorage	南加里曼丹		6	已建成	出口港
17	North Pulau Laut Coal Terminal	南加里曼丹	Arutmin	13.2	已建成	出口港
18	Tanjung Pemancingan anchorage	南加里曼丹		3	已建成	出口港
19	Jorong Port	南加里曼丹		6	已建成	出口港
20	Satui anchorage	南加里曼丹		3	已建成	出口港
21	Indonesian Bulk Terminal - South Pulau Laut	南加里曼丹			已建成	出口港
22	Muara Satui Barge Port	南加里曼丹			已建成	出口港
23	Pulau Laut Coal Terminal	南加里曼丹			已建成	出口港
24	Tarahan Coal Port	苏门答腊		10	已建成	出口港
25	Port of Teluk Bayur	苏门答腊		0.44	已建成	出口港
26	Tembilahan，Sungai Bankong	苏门答腊		3	已建成	出口港
27	Kertapati Coal Port	苏门答腊		2	已建成	出口港
28	Muara Banyu Asin anchorage，Palembang	苏门答腊		3	已建成	出口港
29	Jambi，Muara Sabak Coal Terminal	苏门答腊		3	已建成	出口港
30	Pulau Baai Coal Terminal	苏门答腊		3	已建成	出口港
31	Padang，Teluk Bayur	苏门答腊		4	已建成	出口港
32	Suralaya Coal Terminal	西爪哇		11	已建成	出口港
33	Cigading anchorage	西爪哇		3	已建成	出口港
34	Tanjung Jati Coal Terminal	中爪哇		14	已建成	出口港
35	Tuban Coal Terminal	中爪哇		2	已建成	出口港
36	Paiton Coal Terminal	东爪哇			已建成	出口港

印尼的煤炭港口众多，主要位于加里曼丹东岸（图2-1-5），运能从5000~210000 t/d不等。除此以外，南苏门答腊只有零星几个港口分布（IEA，2008）。

由于自然地理条件的限制，印尼的煤炭生产商无法找到合适的地点建立深水港口，因此面临着煤炭出口受限的挑战。由此促进了倒驳设施的发展，其可以有效处理煤炭行业中海上舰对舰的操作。目前，倒驳设施上也安装了混煤设施，客户可以按照所需比例将煤均匀混合，而不需要额外支付驳船运输和处理费用。2012年初，每年倒驳转运的吞吐能力达到2.94亿t。

五、电力

印尼的用电普及率不到60%，仍有超过40%的人口没有用上电，电力的需求年均增长10%~15%。即使在首都雅加达，偶尔也会因缺电实施限电。由于目前印尼个人和企业用电比例为7∶3，企业对电力的需求更为迫切。为满足国内日益增长的电力需求，印尼政府决定从2006—2015年，投资

图 2-1-5　印尼的煤炭港口和运力（t/d）

413.7 亿美元进行电站和电网建设。

在印尼电力发展方面，电力装机的增长速度一直相对滞后其经济发展速度。从 1969 年到 1997 年 28 年间，印尼的电力装机容量从 50 万 kW 增加到 1950 万 kW，但是自 1997 年亚洲经济金融危机后直到 2005 年，印尼全国的电力装机能力基本没有增加，全国只有 60% 的地方有电力供应，并且经常发生停电情况。在现有的电力装机设备中，燃油发电比例占了 35%，导致整体电价水平偏高，不得不实行政府补贴电价。由于电力供应远远不能适应经济发展和人口增长的需要，已经成为印尼的政治问题，抗议缺电的示威游行时有发生，因此受到印尼政府和议会的高度关注。按照印尼国家电力公司（以下简称 PLN）所做的电力发展规划，到 2018 年，印尼全国总装机容量需要增加 6000 万 kW 以上，即使这样，对于届时人口数量将达到 2.5 亿的大国来说，其装机总容量还不如我国一个沿海省份的装机容量。

目前印尼全国总装机容量为 3735 万 kW，其中，PLN（印尼国有电力公司）为 2785 万 kW，IPP（独立发电商）为 633 万 kW，PPU 为 113 万 kW。由于印尼是一个群岛国家，加上印尼电网建设相对落后，目前尚未建立统一的电网。目前印尼全国供电仅达到已有装机容量的 66%。另一方面，自 2002 年以来，印尼政局稳定，宏观经济保持年均 5% 以上的增速，对电力需求持续激增，国民经济发展对电力的需求更加迫切，预计到 2019 年，电力年均需求增长率为 9%。因此，印尼的电力市场发展空间和市场潜力巨大。

目前，印尼的人均电力消费水平为 595 kW · h，远低于世界平均水平（2215 kW · h）及其邻国马来西亚（2887 kW · h）。突出的电力供需矛盾和未来巨大的电力潜在需求，已经引起了印尼政府的高度重视，在努力开发国内电力投资能力的同时，印尼政府积极拓宽融资渠道，引入外资，在继续保证燃煤电厂主体地位的原则下，努力优化电源结构，并力求在短期内扭转电力供需失衡的局面，使电力建设走上良性发展道路。

自 2005 年 4 月，印尼政府高层开始策划加快建设发电项目的计划，以解决电力供应问题。2006 年 7 月总统签发了第 71/2006 号条例，印尼政府正式启动了总装机容量约 1000 万 kW 的燃煤电站快速通道项目，拟建造 40 座燃煤电站，包括 10 座爪哇－巴厘岛燃煤电站项目（单机容量在 30 万 kW 以上），和

30 座爪哇 - 巴厘岛之外的燃煤电站项目（单机容量在 20 万 kW 以下）。

六、基础设施总结

印度尼西亚煤出口量居世界第一，煤矿几乎都是露天开采，并广泛使用分包公司来承包采掘、拖拉和运输。印尼国内河流众多，水系发达，正在开采的煤炭，大部分位于内陆水系地区、沿海地区或者其周边，方便装运。开采出的煤矿一般经由专用的托运路线从矿区运向堆场、内河码头，然后再经驳船装载转运到装煤码头或者锚地，由大船装载运往销售目的地。

印尼目前在加里曼丹岛（Kalimantan）拥有六大深水港口，可容纳 6 万 ~18 万 t 的船舶。苏门答腊也有不错的煤炭运输能力，有许多为小型船舶设计的离岸装卸设施。

此外，全国有 10 多个运煤码头，年运载能力有 0.8 亿 ~1 亿 t。印尼近年来加快了其煤炭运输系统的建设，在加里曼丹岛和苏门答腊岛南部这两大产煤区，建立了煤矿开采地和运输终端的运输渠道，使得运力有所提升。

巨大的装载能力意味着更强劲的出口机会。目前，印尼国内已经建立了一套内陆河流与海岸港口相连接的交通运输系统。长期看，印尼的出口持续增长还依赖于远离海岸的一些诸如铁路之类的交通基础设施的进一步改善。目前在主要的产煤区，如加里曼丹和苏门答腊的铁路规划，有望改善交通运输这一瓶颈问题。

除了煤炭出口，煤电联营也是投资印尼煤炭工业的渠道之一。印尼经济近年来持续发展，但是国内严重缺电，受到印尼政府和议会的高度关注，印尼政府也大力鼓励外资投资电力工业。由于印尼大部分的煤为中低发热量，因此煤电联营能较好地就地消化这些劣质煤，通过统一规划、同步建设煤矿和发电厂，使两类企业联合经营，并取得最大综合效益。

本章参考文献

[1] 中华人民共和国商务部．对外投资合作国别（地区）指南—印度尼西亚（2015 年版）[R]．北京：商务部对外投资和经济合作司，2015.

[2] 中华人民共和国商务部，中华人民共和国国家审计局，国家外汇管理局．2015 年度中国对外直接投资统计公报 [R]．北京：中国统计出版社，2015.

[3] 中国出口信用保险公司．国家风险投资报告—印度尼西亚 [R]．中国出口信用保险公司出版，2015.

[4] 王受业．列国志：印度尼西亚 [M]．北京：社会科学文献出版社，2006.

[5] 杨晓强，陈程．政治稳定、经济增长居东盟之首—印度尼西亚 2011 年、2012 年回顾与展望 [M]．东南亚纵横，2012（4）.

[6] 肖荣臣．印尼投资法为外国投资者提供新机遇 [J]．中华人民共和国驻印尼使馆经商参处，2008.

[7] 段媚媚．中国企业在印度尼西亚的投资机遇探讨 [J]．经济研究导论，2009（1）.

[8] 中华人民共和国外交部．印度尼西亚国家概况 [EB/OL]．2015 [2015 - 07] http：//www. fmprc. gov. cn/web/gjhdq_676201/gj_676203/yz_676205/1206_677244/1206x0_677246/.

[9] 中华人民共和国驻印度尼西亚大使馆．国家概况 [EB/OL]．2015 [2015 - 04] http：//id. china - embassy. org/chn/.

[10] 温北炎，郑一省．后苏哈托时代的印度尼西亚 [M]．北京：世界知识出版社，2006.

[11] Klaus Schwab，The Global Competitiveness Report 2016 - 2017 [R]．World Economic Forum.

[12] Doing Business 2015 [R]．12th edition. The World Bank，International Finance Corporation.

[13] 王受业．列国志：印度尼西亚 [M]．北京：社会科学文献出版社，2006.

[14] 杨眉，李卫．印度尼西亚共和国经济贸易法律指南 [M]．北京：中国法制出版社，2006.

[15] 中国出口信用保险公司．国家风险投资报告—印度尼西亚 [R]．中国出口信用保险公司出版，2012.

[16] 中华人民共和国商务部．对外投资合作国别（地区）指南：印度尼西亚（2012 年版）[M]．北京：商务部对外投资和经济合作司，2012.

[17] 段媚媚．中国企业在印度尼西亚的投资机遇探讨 [J]．经济研究导论，2009（1）.

[18] 宋国明．2009—2010 年印度尼西亚矿业管理动态及投资环境影响 [J]．国土资源情报，2011（1）.

[19] 宋国明．解读印度尼西亚新矿法［J］．国土资源情报，2010（6）.

[20] 杨晓强，陈程．政治稳定、经济增长居东盟之首：印度尼西亚（2011）［J］．2012 年回顾与展望．东南亚纵横，2012（4）.

[21] 袁华江．中国与印尼矿业权转让制度比较：对矿业权产权式交易的可行性演绎［J］．产权导刊，2009（12）.

[22] 肖荣臣．印尼投资法为外国投资者提供新机遇［M］．中华人民共和国驻印尼使馆经商参处，2008.

[23] William A. Sullivan. Mining Law & Regulatory Practice in Indonesia：A Primary Reference Source. New York：Wiley，2013.

[24] Tony Sitathan. Holes in Indonesia's mining law. Asia Times Southeast Asia. 2009［2012－08－27］http：//www. atimes. com/atimes/Southeast_Asia/KD09Ae02. html.

[25] 中华人民共和国外交部．印度尼西亚国家概况［EB/OL］．（2012）［2012－08－17］http：//www. fmprc. gov. cn/mfa_chn/gjhdq_603914/gj_603916/yz_603918/1206_604954/.

[26] 中华人民共和国驻印度尼西亚大使馆．国家概况［EB/OL］．（2009）［2012－09－06］http：//id. china－embassy. org/chn/.

[27] 中华人民共和国驻印度尼西亚共和国大使馆经济商务参赞处．印度尼西亚政治体制［EB/OL］．（2010）［2012－09－11］http：//id. mofcom. gov. cn/article/jmjg/zwjrjg/201005/20100506903108. shtml.

[28] 中国驻印度尼西亚共和国大使馆经济商务参赞处．印尼 2009 年第 4 号法律：《矿产和煤炭法》（摘译）［EB/OL］.（2010)［2012－09－08］http：//id. mofcom. gov. cn/aarticle/yinhang/sbmy/201007/20100707032932. html.

[29] 中华人民共和国驻印度尼西亚共和国大使馆经济商务参赞处．印尼《投资法》为外国投资者提供新机遇［EB/OL］.（2008)［2012－10－29］http：//id. mofcom. gov. cn/aarticle/ddgk/zwrenkou/200801/20080105357854. html.

[30] 中华人民共和国驻印度尼西亚共和国大使馆经济商务参赞处．在印度尼西亚投资程序［EB/OL］.（2003)［2012－08－30］http：//id. mofcom. gov. cn/aarticle/ztdy/ddqy/200306/20030600096609. html.

[31] 安永会计师事务所．Worldwide Corporate Tax Guide 2016［G］．伦敦：安永会计师事务所，2016.

[32] 安永会计师事务所．Worldwide Personal Tax Guide 2016［G］．伦敦：安永会计师事务所，2016.

[33] 安永会计师事务所．Worldwide VAT，GST and Sales Tax Guide 2016［G］．伦敦：安永会计师事务所，2016.

[34] 中华人民共和国商务部网站［EB/OL］．http：//www. mofcom. gov. cn.

[35] 中华人民共和国商务部．对外投资合作国别（地区）指南（2015 年版）［G］．北京：商务部对外投资和经济合作司，2015.

[36] 普华永道会计师事务所．A Comparison of Tax System in 189 Economies Worldwide 2016［G］．伦敦：普华永道会计师事务所，2016.

[37] 大成律师事务所．东盟法律［OL］http：//www. aseanlaw. com. cn/.

[38] 世界银行．Doing Business in Indonesia 2015［G］．华盛顿：世界银行，2015.

[39] 普华永道．Indonesia Pocket Tax Book 2015［G］．伦敦：普华永道，2015.

[40] 德勤会计师事务所．Indonesia Tax Guide 2015［G］．纽约：德勤会计师事务所，2015.

[41] 环境影响管理局（BAPEDAL）．印度尼西亚的清洁生产［J］．产业与环境，1995，17（04）：62.

[42] 浅析印度尼西亚《环境管理法》及其借鉴意义［J］．沈阳工程学院学报．2013，9（01）：56－62.

[43] 巴尼（S・Pane）．印度尼西亚史［M］．吴世璜，译．北京：商务印书馆，1972.

[44] RossHughes，Environmental impact assessment and stakeholder involvement［J］．Environmental Planning Issues，1998（11）.

[45] Margaret A Young，The Primacy of Development：Environmental Impact Assessment In Indonesia and Australia［J］．Australian Journal of Asian Law 1999，1（2）.

[46] DadangPurnama. Reform of the EIA process in Indonesia：improving the role of public involvement［J］．Environmental Impact Assessment Review，23：415－439.

[47] Dr. Karlheinz Spitz，Dr. YahyaHusin. The AMDAL Process and the Equator Principles Common themes and apparent differences［J］．Mining Indonesia 2009 Conference：Unlocking Mineral Potential，2009（10）：14－16.

[48] Asian Development Bank website，Tangguh Environmental Impact Assessment 2005.［2005－06］http：//www. bp. com/sectiongenericarticle. do? categoryId = 9004750&contentId = 7008790.

[49] The Environmental Impact Assessment report ofKarama block 2010.［2010－10］http：//www. statoil. com/no/About/Worldwide/Indonesia/Downloads/Impact% 20Assessment% 20Karama% 20Block. pdf.

[50] Environmental Compliance and Enforcement in Indonesia Rapid Assessment 2008.［2008－11］http：//www. aecen. org/sites/default/files/ID_Assessment. pdf.

[51] UNEP EIA training manual, developing country - India EIA - public participation 公众参与 p75 - 83. http://www.unep.ch/etu/publications/15% 2075% 20to% 2083.pdf.

[52] Digital Library, D Purnam, public involvement in the Indonesian EIA process: process, perceptions, and alternatives [EB/OL]. (2003) [2003 - 10] http://digital.library.adelaide.edu.au/dspace/bitstream/2440/22089/1/09php9858.pdf.

[53] PWC Indonesia, Indonesia mining investment and tax guidelines, the fourth version [EB/OL]. (2002) [2002 - 04] http://www.pwc.com/id.

[54] Indonesian insights—legal and business development, 2011 Indonesian Law Review: Environmental Protection & Management [EB/OL]. (2012) [2012 - 01 - 26] http://blog.ssek.com/index.php/2012/01/2011 - indonesian - law - review - environmental - protection - management/.

[55] International institute for environment and development, environmental planning question No. 8. 11, 1998 Ross Huges, environmental impact assessment and stakeholders participation, first published in the catalog of impact assessment guideline 1998. http://www.iied.org.

[56] Indonesia mining law, Implementation of Mineral and Coal Mining Services Business [EB/OL]. (2013) [2013 - 05 - 30] http://www.indonesiamininglaw.com/.

[57] Rodyk & Davidson LLP, Mark Lin, Amendments to Indonesian mining regulations [EB/OL]. (2013) [2013 - 09 - 06] http://www.lexology.com/library/detail.aspx? g = f10b9886 - 3852 - 4594 - ace8 - 2ca5ba03427a.

[58] Gibson Dunn & Crutcher LLP, Emad H. Khalil and Charlie Grover, New Indonesian mining law [EB/OL]. (2010) [2010 - 07 - 02] http://www.lexology.com/library/detail.aspx? g = f0689406 - a85c - 4472 - ba7f - 8ad6f8ae754e.

[59] access initiative websites, Indonesia Center for Environmental Law (ICEL) [EB/OL]. (2011) [2011 - 07 - 19] http://www.accessinitiative.org/partner/icel.

[60] The Implementation of the environmental impact assessment (EIA) and initial environmental examination (IEE), Environmental impact analysis under the Indonesian Law Concerning Environmental Management [EB/OL]. (2003) [2003 - 10 - 30] http://www.unescap.org/drpad/vc/orientation/legal/2D_std_ido.htm.

[61] The ministry of energy and mineral resources of the republic of Indonesia, Directorate general of mineral and coal. TheIndonesiaperspective: recent development in mining policy and regulation [J]. Jakarta, April 15 - 17, 2013 (Indonesia - Australia Mining Workshop).

[62] 黄盛初. 中国煤炭企业“走出去”经验和建议 [J]. 中国煤炭, 2011 (5): 5 - 9.

[63] 姚华舟, 朱章显, 韦延光, 等. 巽他群岛—新几内亚岛地区地质与矿产 [G]. 北京: 地质出版社, 2010.

[64] 中华人民共和国外交部. 印度尼西亚国家概况 [EB/OL], http://www.fmprc.gov.cn. 2012.

[65] IEA. Energy Policy Review of Indonesia [G]. Paris, France. 2008.

[66] Mulyono, J. Indonesian coal industry outlook [EB/OL]. Tokyo, Indonesian - Japan Coal Policy Dialogue and Coal Seminar. 2009.

[67] Petromindo. Indonesian coal book (2012/2013) [G]. 2012. Jakarta, Indonesia, Petromindo.com.

[68] WILLIAM A SULLIVAN. Mining Law & Regulatory Practice in Indonesia: A Primary Reference Source [M]. New York: Wiley, 2013.

[69] 优娟娟. 中国企业在印度尼西亚的投资机遇探讨 [J]. 经济研究导论, 2009 (1).

[70] 宋国明. 2009—2010 年印度尼西亚矿业管理动态及投资环境影响 [J]. 国土资源情报, 2011 (1).

[71] 中国驻印尼大使馆经商参处. 印尼 2009 年第 4 号法律:《矿产和煤炭法》(摘译) [EB/OL]. (2010) [2012 - 09 - 08] http://id.mofcom.gov.cn/aarticle/yinhang/sbmy/201007/20100707032932.html.

[72] 袁华江. 中国与印尼矿业权转让制度比较: 对矿业权产权式交易的可行性演绎 [J]. 产权导刊, 2009 (12).

[73] PWC Indonesia. Mining in Indonesia Investment and Taxation Guide. 4th Edition [EB/OL]. (2012) [2012 - 11 - 19] http://www.pwc.com/id/en/publications/assets/Mining - Investment - and - Taxation - Guide - 2012.pdf.

[74] 杨晓强, 陈程. 政治稳定、经济增长居东盟之首: 印度尼西亚 2011—2012 年回顾与展望 [J]. 东南亚纵横, 2012 (4).

[75] 中国出口信用保险公司. 国家风险投资报告: 印度尼西亚 [M]. 北京: 中国出口信用保险公司出版, 2012.

第二章 煤炭资源分析

第一节 资源概览

一、地质概况

印度尼西亚位于欧亚大陆的东南边缘，地质背景复杂。其位于构造活跃地区，由于板块俯冲作用，地震和火山活动频繁。西印尼主要是由大陆地壳支撑，而在东印尼地区，主要由弧形地壳和蛇绿岩层和一些年轻海洋盆地组成。3 亿年前，冈瓦纳大陆超大陆块与欧亚俯冲边缘相撞，裂开的地层片段重组形成了印尼群岛。现代印尼地质明显是新生代期间在此边缘俯冲与碰撞的结果。

（一）现代大地构造背景

印尼是由超过 18000 个岛屿组成的巨大群岛，位于北纬 6°～南纬 11°，东经 95°～141°，赤道从中穿过，延伸超过 5000 km。印尼位于欧亚大陆、印度—澳大利亚和太平洋—菲律宾海三大板块的交界处。在印尼西部，位于欧亚和印度板块结合部的是巽他海沟（Sunda Trench）。位于苏门答腊岛并与此海沟平行的是右行走滑的苏门答腊断层，在海沟及其平行处的进一步向北运动，将板块挤压并形成了此断层。苏门答腊岛的大部分变形位于巽他海沟和苏门答腊断层之间。与此相反，爪哇岛东部，变形发生于宽度可达 2000 km 的复杂缝合带中，包括一些小板块和多重俯冲地带；板块边界为一些海沟和主要走滑带，左行的索龙（Sorong）断层从新几内亚延伸到苏拉威西岛。全球定位系统测量显示印尼板块间有较大的移动速度，每年一般大于数厘米。

1. 火山与地震活动

通过地震带和火山带的分布大体上可很好地界定俯冲地带，地震带深可达 600 km。公元 1500 年至今，印尼至少有 95 座火山爆发过，大部分位于俯冲的岩石圈板块之上 100～120 km。火山爆发指数（VEI－Volcanic Explosivity Index）超过 4 的巨大爆发次数记录有 32 次；其中 19 次是过去 200 年间爆发的，包括 1815 年的 Tambora 火山爆发（VEI＝7）和 1883 年的 Krakatau 火山爆发（VEI＝6）。位于松巴哇岛（Sumbawa）的 Tambora 火山，因其对全球气候的影响而广为人知，其 1815 年的爆发造成了北半球的“无夏之年”，致使庄稼歉收，导致饥荒和人口流动。74000 年前苏门答腊岛的 Toba 火山爆发甚至更剧烈（估计 VEI 为 8），是地球过去 200 万年内最大的一次火山爆发。

印度尼西亚地理和周围地带，显示现代构造边界和火山活动。印尼陆地区域以绿色标出，周边国家为灰白色。水体等深度线为 200 m、1000 m、3000 m、5000 m 和 6000 m。印尼三大著名火山爆发地点以红字标出。箭头指的是板块汇聚体，有印度板块和菲律宾海板块与欧亚板块汇聚，以及澳大利亚板块与太平洋板块汇聚。在帝汶岛几乎没有挤压构造活动。斯兰岛槽和弗洛勒斯岛—韦塔岛峰是活跃的挤压构造带。

2. 巽他大陆

在印尼内部，尤其是爪哇海、巽他陆架和周围突出但内部低洼区、苏门答腊岛和加里曼丹（印尼婆罗洲）区域，大都没有地震和火山活动。此构造稳定地区组成了此地区的大陆中心，即巽他大陆。

巽他大陆向北延伸至泰国—马来半岛，在更新世露出水面。大多数巽他陆架比较浅，水深显著小于 200 m，缺少地形起伏，使人误认为这是块稳定区域。巽他大陆通常被描述为一个地理屏障或是稳定地层，但是地质勘查、热流、地震断层图像显示并非如此。新生代时期，沉积盆地的深处地层和局部广泛分布的成山提升作用，发生过显著变形。不像广为人知的地理屏障或稳定地层（如波罗的海和加拿大），巽他大陆下没有形成于前寒武纪的地温厚层岩石支撑。其内部有高地表热流值，一般高于

80 MW/m^2。在印尼边缘，高热流值反映的是与俯冲作用相关的岩浆作用，但巽他大陆高热可能是内部造成的。上地壳高热流是由放射性花岗岩及其侵蚀作用的产物、沉积物的隔热作用，还有高地幔热流造成。P 波和 S 波地震断层图像显示，巽他大陆地区的岩石圈和下伏软流圈移动速度较小，与此对照，印度和澳大利亚大陆西北部和东南部的岩石圈更冷更厚。如此低的地幔速度通常解释为高温的原因，这与地区高热流一致，但也部分反映了不同的组成物质或更高的挥发物含量。

滇缅泰马和东马来亚—印度支那陆块在三叠纪时碰撞。后期的大陆板块碰撞使增生的地壳覆盖到巽他大陆的中心。现代活跃变形地带以黄色标出。此复杂板块边界地区内以灰色标出的地区，其下是新生代的海洋地壳。

3. 长时间俯冲作用的影响

上地幔移动速度和热流观察显示，此地区由薄而不稳固的岩石层支撑。作为对比，在印尼之下的下地幔，移动速度异常快，显示岩层的持续俯冲。

这些特点是印尼边缘长时间俯冲作用的结果。活动边缘是岩浆作用、加热和冷却的结果，且软岩层从火山区延伸数百千米。此岩层的性质，连同构造活跃区发生于俯冲作用边缘的反复碰撞一起，对印尼的形成有重大影响。

（二）前新生代地质史

印尼西部，尤其是苏门答腊岛和婆罗洲，发育着印尼最古老的岩石。

1. 苏门答腊——基底

苏门答腊体现了马来半岛在地质上的延伸，大范围分布着古生代和中生代的露头。地表最古老岩石是石炭纪的沉积岩，但在马六甲海峡的石油钻井中，发现了疑似的泥盆纪岩石，苏门答腊中心地区的钻孔发现志留纪花岗岩。岩脉中的捕虏岩、沉积物中的花岗岩碎屑和苏门答腊各地区的高级别变质岩，显示为前石炭纪的结晶基底，与马来半岛之下深层的古生界类似。

2. 苏门答腊——华夏系和冈瓦纳陆块

苏门答腊西部古生代沉积年代范围为石炭纪—三叠纪，二叠纪火山岩与华夏系关联，这些沉积岩层组成了印度支那—东马来半岛陆块的一部分，由冈瓦纳大陆在泥盆纪时分离出来的，在石炭纪时，位于温暖的低纬度热带地区，形成了独特的植物群落。

与之相比，苏门答腊东部发育有含砾泥岩的石炭纪沉积是形成于冰川时期的混积岩，这表明与温度较低的冈瓦纳大陆有关。石炭纪的岩石和相关的二叠纪和三叠纪的沉积物属于滇缅泰马陆块。滇缅泰马陆块在石炭纪处于高南纬度，在二叠纪与冈瓦纳大陆分离，并与印度支那—东马来半岛陆块碰撞，在三叠纪时已与华北华南陆块合并。

3. 苏门答腊——三叠纪碰撞

滇缅泰马陆块和印度支那—东马来半岛陆块的碰撞是印尼地质演进的第一步。泰国—马来西亚广泛分布花岗岩并一直延伸到印尼西部，为俯冲作用和碰撞后岩浆作用的产物。

4. 苏门答腊——中生代

中生代的沉积记录有限，但仍显示巽他大陆大部，包括印尼大部分地区是突出地貌。在中生代，苏门答腊地块重组，很可能是由于活跃地带的走滑作用。同位素测年显示发生过数次花岗岩作用，推测发生于侏罗纪和白垩纪类似安第斯山脉的岩浆作用。海洋沉积岩沉积在洋内弧；在中白垩世，洋内弧与苏门答腊地区发生过碰撞，使苏门答腊南端形成了岩浆岩和蛇绿岩。

5. 婆罗洲——中生代碰撞

印尼西南部的婆罗洲可能是三叠纪巽他大陆的东部，或者它可能是于白垩纪早期加入的大陆块，处于纳土纳群岛向南延伸的缝隙上。古生代的主要代表是石炭纪到二叠纪的变质岩，尽管在加里曼丹东部发现了泥盆纪灰岩形成的河道砾岩。白垩纪的类花岗岩深成岩体与火山岩有关，侵入了婆罗洲西南部的 Schwaner 山脉的变质岩层。在北边，加里曼丹的西北部，或称古晋地区，含有富含化石的石炭纪灰岩、二叠纪—三叠纪的花岗岩、三叠纪的海相页岩、含菊石的侏罗纪沉积岩和白垩纪混成岩。在沙捞越，三叠纪的植物群落显示华夏系与印度支那相关。古晋地区可能标志着俯冲地带从东亚一直往南，在此蛇绿岩、岛弧和微大陆地壳片段在中生代时互相碰撞和变形。

6. 苏门答腊、爪哇、加里曼丹、苏拉威西岛——白垩纪活跃地缘

该地区是白垩纪时期的活跃地缘，该地区从苏门答腊延伸到爪哇岛西部，然后继续向东北穿过婆罗洲东南部进入苏拉威西岛西部。在爪哇岛中部，加里曼丹东南部的 Meratus 山脉和苏拉威西岛西部，分布着白垩纪的俯冲作用形成的高压低温变质岩，是活动远源的证据。苏拉威西岛西部和爪哇岛东部之下的一部分是太古代地壳，地化和锆石定年显示此地壳来自于澳大利亚西缘。该陆块与巽他大陆碰撞，到白垩纪晚期俯冲作用停止。

7. 巽他大陆——白垩纪的花岗岩

白垩纪花岗岩广泛分布于 Schwaner 山脉、沙捞越西部、巽他陆架和泰国—马来西亚半岛。一般认为是活跃地缘类安第斯山岩浆作用的产物，但分布区域很大，而不太可能是俯冲地带。这些花岗岩很可能是白垩纪时在婆罗洲、爪哇东部和苏拉威西岛侵入的大陆片段，经碰撞后的岩浆作用形成。

（三）新生代地质史

印尼大部分地区覆盖着新生界。这些岩石位于巽他大陆及其周围的沉积盆地中。这里有俯冲地缘处火山活动的产物，有蛇绿岩、岛弧岩浆岩及碰撞期侵入的澳大利亚地壳层。

从苏门答腊到苏拉威西岛，巽他大陆南部可能是白垩纪晚期和新生代早期最为广泛分布的地层，侵蚀作用广泛分布;最古老的新生代岩层一般不整合于白垩纪或更老的岩层之上。俯冲作用的迹象很少,尽管在苏门答腊和苏拉威西岛有零星的火山活动。自新生代以来,印尼周围大部分地区都是不活动地缘。

1. 始新世俯冲作用开始

在白垩纪时期，印度板块向北移动，并在新生代早期与亚洲碰撞，后转到苏门答腊西部。大约在4500万年前的始新世，澳大利亚开始迅速向北移动。此时，印尼下伏地层向北的俯冲作用重新开始，在活跃地缘产生了广泛分布的火山岩。巽他陆弧从苏门答腊延伸，穿过爪哇岛和苏拉威西岛北海湾，一直到太平洋西部。从始新世到中新世早期，太平洋西部、澳大利亚北部远端的哈马黑拉岛弧形成于北倾俯冲作用区上。

同样在始新世时，在巽他大陆的北端，原中国南海的向南俯冲作用开始。从婆罗洲西南部带来的沉积物向北堆积在此活跃地缘的深海地层中。新生代早期，加里曼丹的火山活动的时期和特点尚不明确，但可能与此俯冲作用有关。

2. 始新世断裂作用

在巽他大陆内部，广泛的断裂作用始于俯冲作用时期，并导致了很多沉积盆地的形成。有些沉积盆地的深度超过了 10 km，并充填了新生代沉积物，且富含碳氢化合物。最大的沉积盆地位于苏门答腊、爪哇岛的近海地区以及加里曼丹东部。在巽他大陆东南部，始新世断裂作用导致婆罗洲和苏拉威西岛西部的分离，从而形成了望加锡海峡。到渐新世，加里曼丹东部大部和海峡形成了广大的深水地区。在苏拉威西岛西部，浅海沉积持续，在南部海湾有大量的台地相灰岩。海峡的南部相对狭窄（大约 1 km），底下是大陆地壳。海峡北部与西里伯斯海相连，但尚不清楚其下层是海洋地壳还是延伸的大陆地壳，因为在 2.5 km 深的海床之下有深达 14 km 的沉积层。现今望加锡海峡是太平洋至印度洋水流和暖流的主要通道，在生物地理学上有重要影响。标志着亚洲和大洋洲动物群重要边界的华莱士线，就是随着望加锡海峡向南延伸，并从巴厘岛和龙目岛之间穿过。

3. 中新世——大陆碰撞

在中新世早期，碰撞形成的蛇绿岩位于澳大利亚大陆和巽他大陆板块之间的苏拉威西岛，还有更远的太平洋东部的澳大利亚大陆板块和哈马黑拉岛弧之间。苏拉威西岛的蛇绿岩层是巽他大陆和澳大利亚板块之间弧前和大洋地壳的残留物，而摩鹿加群岛北部的蛇绿岩是菲律宾板块弧的片段。中新世早期末，北婆罗洲和南中国广大的被动大陆边缘相碰撞，在苏拉威西岛东部和婆罗洲形成山脉。最早的澳大利亚大陆地壳在印尼东部侵入，但随着澳大利亚向北移动，印尼东部发生延伸变化，微型大陆断块沿着平移断层移动带来的小型碰撞使得地质更加复杂。在巽他弧，爪哇岛的火山活动减弱数百万年，随后到中新世后期，苏门答腊到班达弧的火山活动又趋增强。

4. 新第三纪——爪哇岛—苏门答腊岛

中新世早中期，尽管北向俯冲作用在继续，巽他弧的爪哇岛—苏拉威西岛区域火山活动已大大减弱。岩浆作用的减弱是由于印尼东部与澳大利亚大陆的碰撞引起婆罗洲和爪哇岛的旋转。俯冲带向北运动，阻止了上地幔源的补充，直到中新世中期末旋转停止为止。1000万年以前，从爪哇岛沿着巽他弧向东，火山活动又开始大量活跃。中新世后期以来，苏门答腊和爪哇岛发生了逆冲和挤压变形，此变形与海沟上浮，或者上冲板块和下沉板块之间的增强耦合作用有关。过去的数百万年间，两个群岛都被提升至海平面以上。

5. 新第三纪——婆罗洲

婆罗洲山脉的升起，增加了环婆罗洲地区沉积盆地的沉积物来源。在加里曼丹东部，从中新世到最近的厚沉积层，遍布始新世断裂作用形成的可容空间。大部分源自婆罗洲高原地带的侵蚀与西部、北部盆地边缘。沉积作用始于中新世早期，在马哈坎三角洲和望加锡海峡近海深水区，直到今天沉积仍在继续。

在加里曼丹中心的部分地区，分布着和中新世岩浆作用有关的金矿体，但碰撞后加里曼丹的大部分火山活动停止。在婆罗洲较小的上新世和更新世玄武岩岩浆作用可能反映了深层次原因，如中新世碰撞岩石层增厚之后的分层作用。

6. 新第三纪——苏拉威西岛

苏拉威西岛的地质历史复杂。在苏拉威西岛东部，碰撞初期导致蛇绿岩层和澳大利亚陆地岩层的逆冲。然而，挤压变形之后是中新世中期构造活动的再次延伸。苏拉威西岛北部发生了中新世复杂变质作用，苏拉威西岛南部发生了伸展岩浆作用，在苏拉威西岛的海湾之间形成了哥伦打洛海湾和Bone湾盆地。

上新世时挤压变形的原因之一，是受到苏拉威西岛东部的Banggai－Sula微大陆块的碰撞导致收缩和隆升。地质勘查、古地磁调查和GPS观测显示，新第三纪时期苏拉威西岛发生了包括伸展作用、陆块旋转和平移断层在内的复杂地层变形。在Palu－Koro平移断层附近，有被迅速抬升出露的上地幔下部地壳岩层和年轻的花岗岩石。上新世时期，山脉升起的同时，苏拉威西岛大部进行着粗碎屑沉积。苏拉威西岛西部的褶皱冲断层带向西延伸到望加锡海峡。现今，在苏拉威西岛北部海湾之下有苏拉威西海的向南俯冲作用，印尼马鲁古海北部海湾东边有西向的俯冲作用。

7. 新第三纪——班达

班达弧呈马蹄形，从弗洛勒斯岛延伸至布鲁岛，包含了帝汶岛和斯兰岛，岛屿形成了外部无火山弧形带和内部火山弧形带。年轻的伸展地区偶见于澳大利亚—巽他大陆碰撞地带以及在向北移动的澳大利亚板块内的海湾俯冲带内。

中新世中期，班达湾的侏罗纪海洋岩石圈开始向爪哇海沟俯冲。俯冲轴很快向南东方向折返，使得地壳上层伸展。苏拉威西岛伸展作用始于中新世中期。俯冲轴折返到班达海湾，形成了新第三纪班达火山弧形，并形成北班达海、佛洛瑞斯海和后来的南班达海。300万～400万年前，帝汶岛火山弧地带和澳大利亚地缘碰撞形成逆冲作用。在帝汶岛推覆体的最上层和其他班达岛屿发现了亚洲边缘和早第三纪的巽他弧残部。

碰撞之后，帝汶岛地区的聚敛作用和火山活动停止了，尽管其西边和东边火山活动仍在继续。在介于弗洛勒斯岛和韦塔岛之间弧的北部，在俯冲极性倒转作用的影响下，形成了新的板块边界。班达地区现正在收缩。在过去的300万年中，班达地区明显收缩，并可能对斯兰岛海沟南部多贝拉伊微大陆的南缘产生陆内俯冲作用。

8. 新第三纪——北摩鹿加群岛

在印尼东部，哈马黑拉岛和桑义赫弧是目前地球上唯一正在发生碰撞的弧。这两个活跃的火山弧形成于新第三纪期间。桑义赫弧位于始新世海洋地壳之上，最初形成于新生代早期巽他大陆缘。现今哈马黑拉岛弧基于更早期的弧上，其中最古老的是太平洋内形成的中生代内海洋弧。中新世早期弧与澳大利亚陆块的碰撞，终止了北向俯冲作用，澳大利亚板块北界在新几内亚变成了主要为左行走滑的地带。火山活动停止，广泛分布着浅海灰岩矿。在索龙断裂带内，弧形岩层被向西移动。在断层系统的西端，桑义赫弧之下有俯冲作用，从新几内亚剥离的大陆碎片苏拉威西岛内有碰撞作用。

哈马黑拉岛向东俯冲作用的起因，可能是其在苏拉威西岛西端的索龙左旋断层带的活动。现今的印尼马鲁古海双俯冲系统始于中新世中期，哈马黑拉岛弧的火山活动开始于约1100万年前，随后印尼马鲁古海的东边和西边被俯冲作用削减。这两个弧形地带大概在300万年前首次接触，此后哈马黑拉岛的前弧和后弧对活跃火山弧形反复逆冲、碰撞形成了印尼马鲁古海中部的岩楔，包括从桑义赫弧基岩剥下的蛇绿岩，是索龙断层造成的大陆地壳碎片。

9. 新第三纪——新几内亚

在新几内亚，三叠纪晚期的断裂作用形成了中生代时澳大利亚大陆北部的不活跃边缘，新生代时期广泛分布着碳酸盐沉积物。在此不活跃边缘北部有若干海洋盆地和弧形地带，形成于俯冲地带之上；此地区可能和现今的太平洋西部同样复杂。在中新世初期，弧形地带和澳大利亚大陆的碰撞将弧形和蛇绿岩层侵位，然后在复杂走滑带内向西移动。哈马黑拉岛弧是其中之一。现今，新几内亚北部的下伏地层就是这些弧形和蛇绿岩层，并由于断层作用变成了碎块。在上新世，俯冲作用可能开始于新几内亚海沟，因为可能有一个深达 150 km 的南向俯冲作用，并分布孤立的岩浆体。此岩浆作用与包括格铜金矿和艾斯伯格复合矿在内的世界级铜矿和金矿的形成有关。新几内亚的主山脉加速隆升并达到现今的海拔高度，山峰超过了 5000 m，并被冰川覆盖。

二、矿产资源

印尼矿产资源丰富，主要蕴藏石油、天然气、煤、铝土、镍、铁、铜、锡、金、银、石灰石和花岗石等；另外，锌、汞、锰、铅、白垩、安山岩、石英砂、长石、白云石、高岭土、膨润土、沸石、磷酸盐、石膏等也有一定的储量。由于印尼地质勘查技术落后，统计工作薄弱，资源开发利用能力差，政府对本国的矿产资源状况掌握较差（姚华舟和朱章显等，2010）。

印尼的金、锡、铜、镍、煤的产量进入了世界前列，其中，锡（次于中国）、镍（次于菲律宾）均居世界第 2 位（《美国矿产品摘要》，2014），煤产量为世界第 5 位（3.92 亿 t，BP，2015 年数据）。其他主要矿产品包括石油、天然气、铝土、铬、铁、石膏、金刚石等。

印尼铝土矿资源量为 19 亿 t，储量为 2400 万 t，主要分布在邦加岛和勿里洞岛、西加里曼丹省和廖内省。目前主要由印尼国营矿业公司 PT. Aneka Tambang TBK 进行铝土矿的开采工作，开采地点主要在廖内省宾淡岛和西加里曼丹省。印尼国内对铝土矿的需求量很少，虽然印尼有铝业公司如 PT. Inalum，但其通常直接从国外（如澳大利亚）进口铝材。

印尼镍储量 390 万 t，居世界第 6 位，主要分布在马露古群岛、南苏拉威西省、东加里曼丹省和巴布亚岛。2013 年镍产量约 44 万 t。目前，主要由印尼国营矿业公司 PT Aneka Tambang Tbk 和加拿大的 PT International Nickel Indonesia（INCO）公司经营。与铝土矿一样，由于冶炼技术和设备的缺乏，印尼国内对镍矿需求很少，对镍产品的需求则从国外进口，如中国、日本和美国。

印尼铁矿主要分布在爪哇岛南部沿海，西苏门答腊、南加里曼丹和南苏拉威西岛，资源量为 21 亿 t，但开发利用较少。目前，从事铁矿生产的主要有印尼国营矿业公司和印尼铁矿砂公司，年产量仅几万吨。印尼铁矿不出口，主要满足国内需求。

印尼铜矿主要分布在巴布亚岛的 Grassberg、Inter – Mediate ore Zone 和 Big Gossan 地区、北苏拉威西岛的哥伦达洛省，资源量约 6600 万 t，储量为 2800 万 t，居世界第 8 位。印尼铜矿开采基本上被外国公司或合资企业所控制。美资占 80% 的 PT Freeport Indonesia Company 是印尼最大的铜业公司，其矿区在巴布亚岛。其次是美、日和印尼各占 45%、35% 和 20% 股份的 PT Newmont Nusa Tenggara 公司，矿区在西努沙登加拉岛。

印尼锡矿主要分布在西部的邦加勿里洞、井里汶岛以及苏门答腊岛的东海岸地区，资源量 146 万 t，储量约 80 万 t。2013 年锡产量 4.0 万 t。成品锡 6% 在国内销售，其余 94% 出口，其中出口美国和欧洲各 19%，出口亚洲地区 56%。目前，经营锡矿开采和加工的企业主要有印尼锡业有限公司和 PT Koba Tin 两家公司。

印尼金储量 2800 t，居世界第 8 位。主要分布在苏门答腊岛、苏拉威西、加里曼丹和巴布亚岛。主要经营公司有印尼国营矿业公司，PT Newmont Nusa Tenggara、PT Freeport Indonesia Company、PT. Aneka Tambang、PT. Newmont Minahasa 等 5 家公司。

印尼银资源量约 3.6 万 t，储量约 1.1 万 t，主要分布在邦加勿里洞群岛、苏门答腊岛西南的朋古鲁省、加里曼丹岛中西部和西爪哇岛。主要经营的有印尼国营矿业公司、PT Newmont Nusa Tenggara、PT

Freeport Indonesia Company、PT. Aneka Tambang、PT. kelian Equatorial Mining 等 5 家公司。

印尼石灰石资源储量约 340 亿 t，探明储量约 280 亿 t，主要分布在西爪哇岛南部、东爪哇、东部的巴布亚省、巴厘岛和苏门答腊岛的南北两端。

花岗石在印尼苏门答腊岛、巴布亚岛、苏拉威西岛等许多地方都有分布，储量估计超过 160 亿 t。印尼经营花岗石的主要公司是一家港资的私人企业 PT. Karimun Granite 和一些地方公司。

石油和天然气主产于南苏门答腊盆地，内部被蒂加普卢隆起分隔，东南部以楠榜隆起为界，南苏门答腊盆地面积为 7.8×10^4 km^2。油气一般产于渐新统至上新统的海侵砂岩和上部海退砂岩，个别为台地碳酸盐岩储层。含油砂层多达 52 个，孔隙率为 20% ~30%，渗透率为 250×10^{-3} μm^2，生油层主要是中新统页岩，盆地内有油田 70 个，成群分布在复背斜带上，大部分属于背斜圈闭油田。

除以上主要矿产外，印尼还有其他相当规模储量的矿产（表 2-2-1）。

表 2-2-1　印尼矿产资源储量统计表

序号	矿产	储量	序号	矿产	储量
1	锌	570 万 t	8	长石	56 亿 t
2	汞	525 万 t	9	白云石	17 亿 t
3	锰	295 万 t	10	高岭土	5.8 亿 t
4	铅	144 万 t	11	膨润土	4.9 亿 t
5	白垩	1994 亿 t	12	沸石	2.1 亿 t
6	安山岩	643 亿 t	13	磷酸盐	2000 万 t
7	石英砂	162 亿 t	14	石膏	700 万 t

三、煤炭资源

印尼大部分的煤来自于古近系和新近系，大部分煤层埋藏比较浅。在印尼的煤炭储量中，褐煤和次烟煤总共占 85.26%，其中烟煤占 14.38%，大部分煤层埋藏比较浅（次烟煤，是一种变质程度介于烟煤与褐煤之间的煤炭，主要用作电煤。次烟煤的发热量为 4614 ~6393 kcal/kg（1 kcal = 4.1868×10^3 J，下同），内部含水量一般为 15% ~30%，没有结焦性）。印尼煤炭几乎都是露天开采，91% 产自东加里曼丹和南加里曼丹，9% 则来自南苏门答腊岛南部。

根据 BP 世界能源统计年鉴，截至 2015 年底，印尼的煤炭储量总计为 280.17 亿 t，全部为次烟煤和褐煤，印尼的煤炭储量占全世界的 3.1%，储产比为 71。

根据印尼煤炭工业协会 2012 年的统计资料，印尼煤资源量为 1052 亿 t，储量为 211 亿 t（表 2-2-2）。

表 2-2-2　印尼的煤炭资源量及储量　　百万吨

位置	资源量					储量		
	预测	推断	控制	探明	总计	概略	证实	总计
苏门答腊	—	—	—	—	—	—	—	—
亚齐特别自治区	0.00	346.35	13.40	90.40	450.15	0.00	0.00	0.00
北苏门答腊省	0.00	7.00	0.00	19.97	26.97	0.00	0.00	0.00
廖内省	12.79	467.89	6.04	1280.82	1767.54	1354.76	585.61	1940.37
西苏门答腊省	24.95	475.94	42.72	188.55	732.16	0.68	36.07	36.75
占碑省	190.84	1508.66	243.00	173.20	2115.70	0.00	9.00	9.00
明古鲁省	15.15	113.09	8.11	62.30	198.65	0.00	21.12	21.12
南苏门答腊省	19909.99	10970.04	10321.10	5883.94	47085.07	9289.01	253.00	9542.01

表2-2-2（续）

百万吨

位置	资源量					储量		
	预测	推断	控制	探明	总计	概略	证实	总计
楠榜省	0.00	106.95	0.00	0.00	106.95	0.00	0.00	0.00
合计	20153.72	13995.92	10634.37	7699.18	52483.19	10644.45	904.80	11549.25
爪哇	—	—	—	—	—	—	—	—
万丹省	5.47	5.75	0.00	2.09	13.31	0.00	0.00	0.00
中爪哇	0.00	0.82	0.00	0.00	0.82	0.00	0.00	0.00
东爪哇	0.00	0.08	0.00	0.00	0.08	0.00	0.00	0.00
合计	5.47	6.65	0.00	2.09	14.21	0.00	0.00	0.00
加里曼丹	—	—	—	—	—	—	—	—
西加里曼丹	42.12	468.95	3.39	2.58	517.04	0.00	0.00	0.00
中加里曼丹	197.58	951.86	17.33	471.89	1638.66	10.14	64.14	74.28
南加里曼丹	0.00	5.525.16	362.59	6377.81	12265.56	1806.56	1797.80	3604.36
东加里曼丹	14396.27	11068.56	4755.42	7684.72	37904.97	3141.20	2762.63	5903.83
合计	14635.97	18014.53	5138.73	14537.00	52326.23	4957.90	4624.57	9582.47
印尼东部	—	—	—	—	—	—	—	—
南苏拉威西	0.00	144.94	33.09	53.09	231.12	0.06	0.06	0.12
中苏拉威西	0.00	1.98	0.00	0.00	1.98	0.00	0.00	0.00
马鲁古	2.13	0.00	0.00	0.00	2.13	0.00	0.00	0.00
西巴布亚	93.59	32.82	0.00	0.00	126.41	0.00	0.00	0.00
巴布亚	0.00	2.16	0.00	0.00	2.16	0.00	0.00	0.00
合计	95.72	181.90	33.09	53.09	363.80	0.06	0.06	0.12
全国合计	34890.88	32199.00	15806.19	22291.36	105187.43	15602.41	5529.43	21131.84

数据来源：印尼煤炭开采协会，2012

印尼的含煤省主要有6个，分别为南苏门答腊省、东加里曼丹省、南加里曼丹省、占碑省、廖内省、中加里曼丹省。这6个省的资源量和储量分别占全国总量的97.7%和99.8%（表2-2-3）。

表2-2-3　印尼主要富煤省的资源量和储量

资源量排名	省份	涉及的盆地	资源量/亿t	储量/亿t
1	南苏门答腊省	南苏门答腊	471	95.4
2	东加里曼丹省	库台、伯劳、北塔拉坎	379	59
3	南加里曼丹省	巴里托、巴西亚	122.7	36
4	占碑省	南苏门答腊	21.2	0.09
5	廖内省	中苏门答腊	17.1	19.4
6	中加里曼丹省	巴里托、库台、默拉维	16.4	0.74
合计			1028	210.63
全国总量			1052	211
占总量百分比/%			97.70	99.80

数据来源：印尼煤炭开采协会，2012

印尼的主要含煤盆地分布在苏门答腊岛的中部和南部，以及加里曼丹岛的东部和南部。这些主要含煤盆地分别为南苏门答腊盆地、中苏门答腊盆地、库台盆地、巴里托盆地和巴西亚盆地（图2－2－1）。

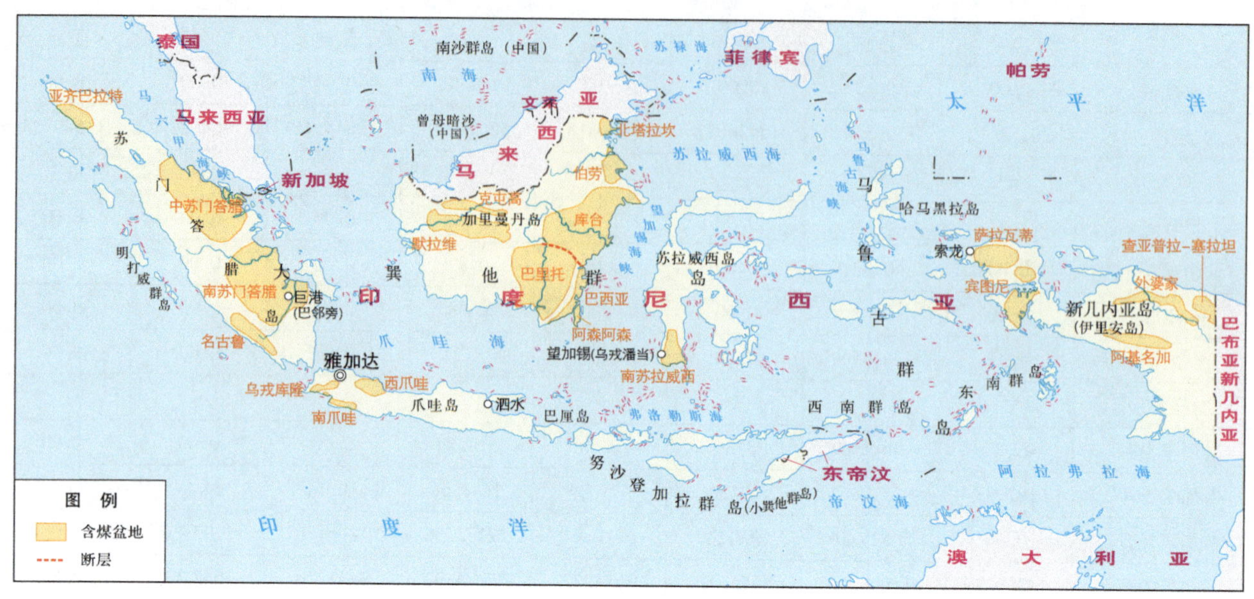

图2－2－1　印尼的含煤盆地分布图

从煤种来看，印尼的无烟煤占总储量的0.36%；烟煤占14.38%；次烟煤占26.63%；褐煤占58.63%。一般来说，印尼煤炭具有高水分、低灰分、低硫分、高挥发等特性。印尼煤炭的变质级别为中低级别，低灰（通常＜10%），低硫（通常＜1%）。某些盆地中（如南苏门答腊盆地南部），构造和火山活动导致煤的级别明显增高（Belkin和Tewalt，2007；Belkin和Tewalt等，2009）。印尼煤的有害空气污染物（HAPs－Hazardous Air Pollutants）较低。

次烟煤热值为5700～7217 kcal/kg，挥发分为37%～42.15%，硫分为0.1%～0.85%；褐煤热值为4345～5830 kcal/kg，挥发分为24.1%～48.8%，硫分为0.1%～0.75%。

印尼的煤炭主要用作动力煤，按照其发热量，可将煤炭的类型分为极高质量、高质量、中等质量和低质量等4个等级的品级。印尼的煤炭以中等级别和低等级别为主，分别占比例为62%和24%。发热量大于6100 kcal/kg的煤炭只占14%。

（一）加里曼丹岛

1. 东加里曼丹省

东加里曼丹省的资源量为379亿t，储量为59亿t。资源量排名居全国总量第二。

煤炭资源主要分布在Pasir、Kutai Kartanegara、Kutai Timur、Berau、Bulungan、Nunukan、Malinau、Kutai Barat和Samatinda地区（图2－2－2）。煤层主要位于Kutai和Tarakan盆地，夹杂黏土岩、粉砂岩和砂岩。

在东加里曼丹开发煤矿的公司共139个，其中，PKP2B矿权27个，IUP矿权112个，根据项目的进展，在产项目74个，建设项目19个，勘探项目46个。

2. 南加里曼丹省

南加里曼丹省的资源量为122.7亿t，储量为36亿t。资源量排名居印尼总量第三。煤炭资源主要分布在Barito盆地和Asem－Asem次盆地（图2－2－3）。

该省是印尼国内最大的产煤省之一。

在南加里曼丹省开发煤矿的公司共69个，其中，PKP2B矿权28个，IUP矿权41个。根据项目的开发进度，在产项目45个，建设项目16个，可研项目4个，勘探项目4个。

3. 中加里曼丹省

中加里曼丹省的资源量为16.4亿t（排名居印尼总量第6），储量为0.74亿t。煤层分布在该省东

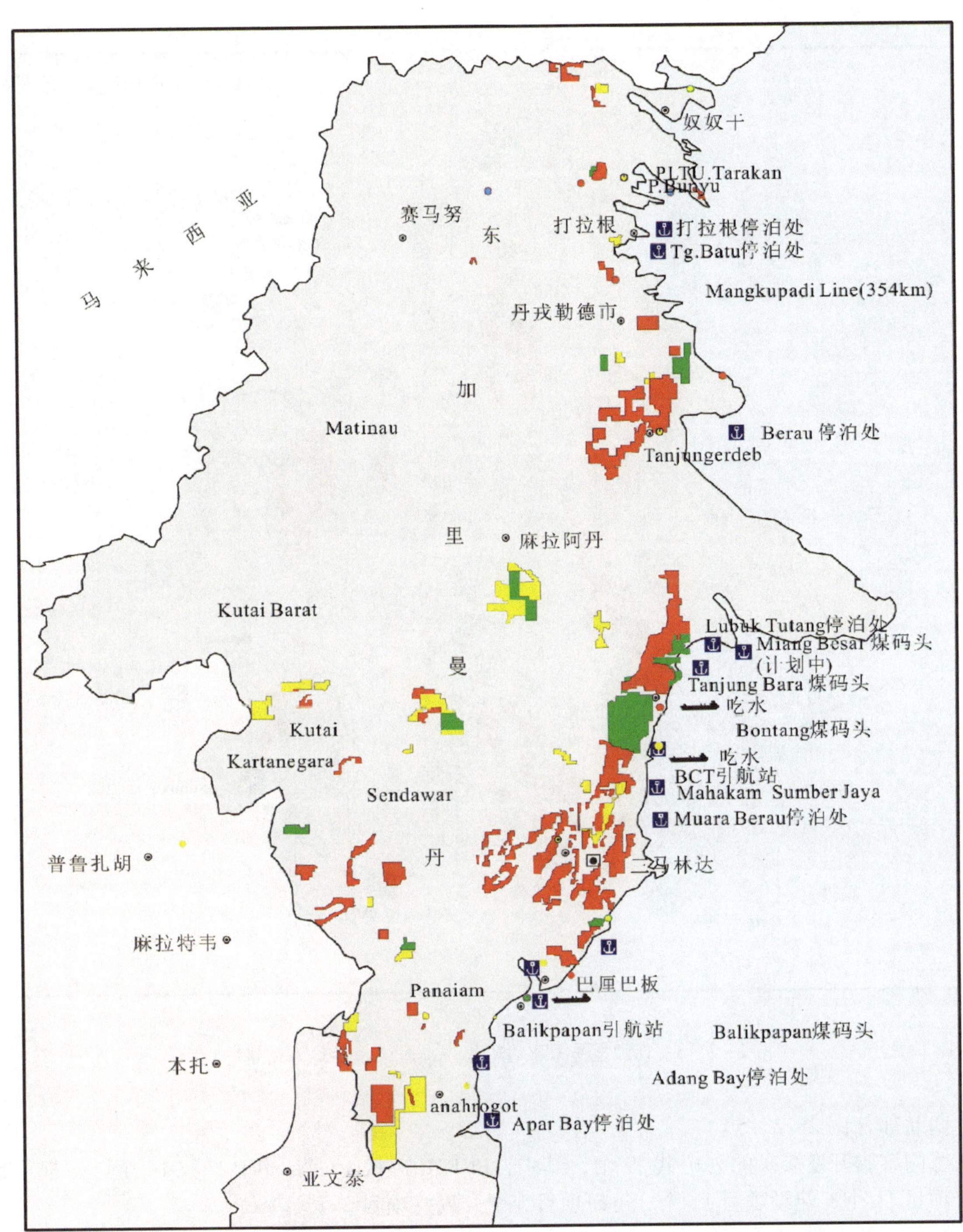

图2－2－2　东加里曼丹的矿权分布图（铁路均为规划中）

北部的 Barito 盆地（图2－2－4）。含煤地层为 Tanjung、Purukcahu、Batuayau、Warukin 和 Dahor 组，夹杂黏土岩、粉砂岩和石英砂岩。

在中加里曼丹省开发煤矿的公司仅48个，其中，PKP2B 矿权15个，IUP 矿权33个。根据项目的进展，在产项目13个，建设项目10个，可研项目8个，勘探项目17个。由于交通不便，基础设施落后，开发的难度极大。

（二）苏门答腊岛

1. 南苏门答腊省

南苏门答腊省的煤炭资源量为471亿t，储量为95.4亿t，资源量和储量排名居印尼总量第一。南苏门答腊煤盆地的分布范围几乎遍布全省。含煤地层为新近系的 Muara Enim 组，煤炭矿权分布于该省

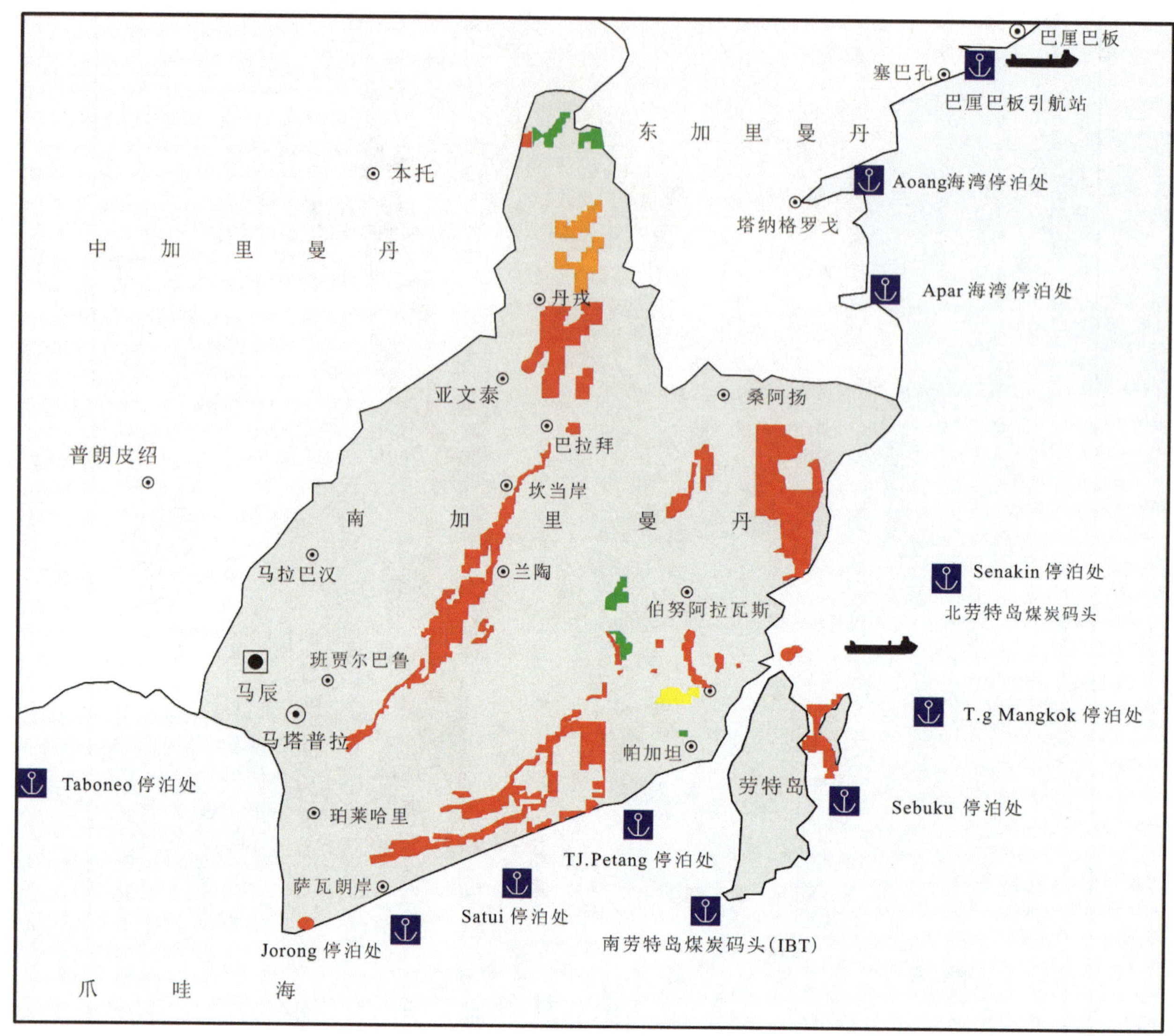

图 2-2-3 南加里曼丹省的矿权分布图（铁路均为规划中）

的南部和西北部（图 2-2-5）。

在南苏门答腊开发煤矿的公司共 29 个，其中，PKP2B 矿权 15 个，IUP 矿权 14 个。根据项目的进展，在产项目 11 个，建设项目 11 个，可研项目 5 个，勘探项目 2 个。

南苏门答腊的总体煤质特征为：发热量为 3398 ~ 7000 kcal/kg，全硫为 0.1% ~2.28%，灰分为 0.8% ~26.81%，全水为 14% ~59.65%。

2. 占碑省

占碑省位于南苏门答腊省的西北部。煤层分布在该省的东部，特别是毗邻南苏门答腊省的地区。占碑省的资源量共 21.2 亿 t，排名居印尼总量第四，储量 900 万 t。煤层发育在南苏门答腊盆地内，含煤地层为新近系的 Air Benakat 和 Muara Enim 组，煤炭矿权分布于该省的南部（图 2-2-6）。

在占碑省开发煤矿的公司共 22 个，其中，PKP2B 矿权 3 个，IUP 矿权 19 个。根据项目的进展，在产项目 16 个，建设项目 1 个，可研项目 2 个，勘探项目 3 个。

3. 廖内省

廖内省位于苏门答腊岛的中部，资源量为 17.1 亿 t（排名居印尼总量第五），储量为 19.4 亿 t。煤层分布在北苏门答腊盆地内，部分位于 Sibolga 盆地。含煤地层为新近系的 Sihapas 组，煤炭矿权分布于廖内省的南部（图 2-2-7）。

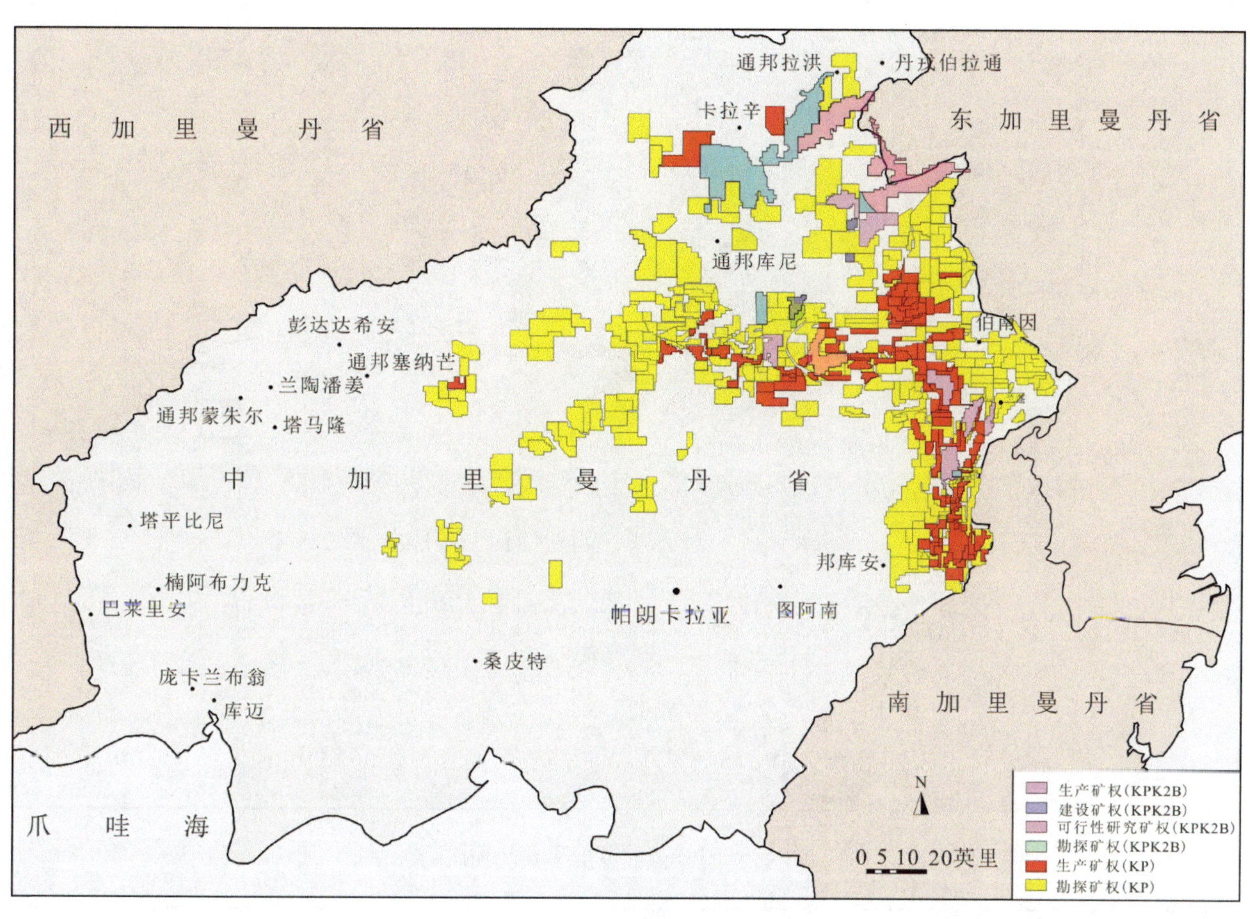

图2-2-4　中加里曼丹省的矿权分布图

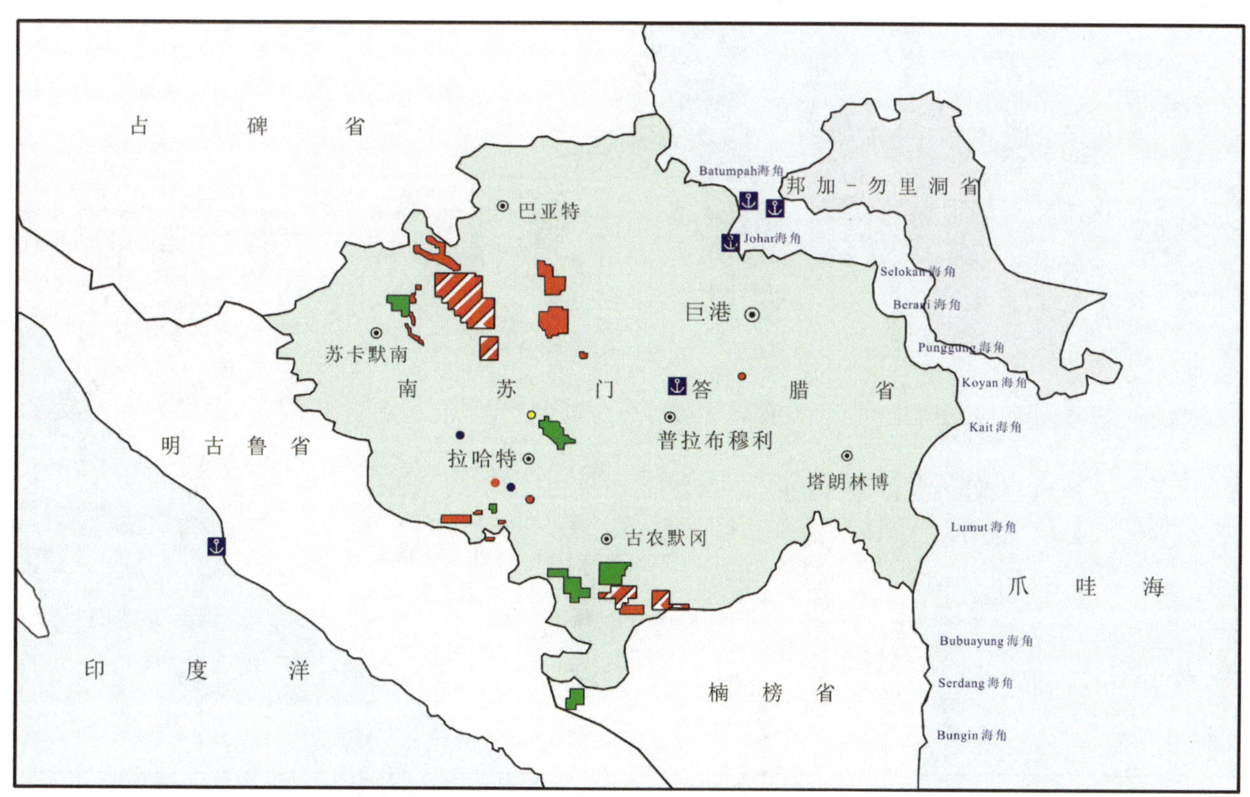

图2-2-5　南苏门答腊矿权分布图

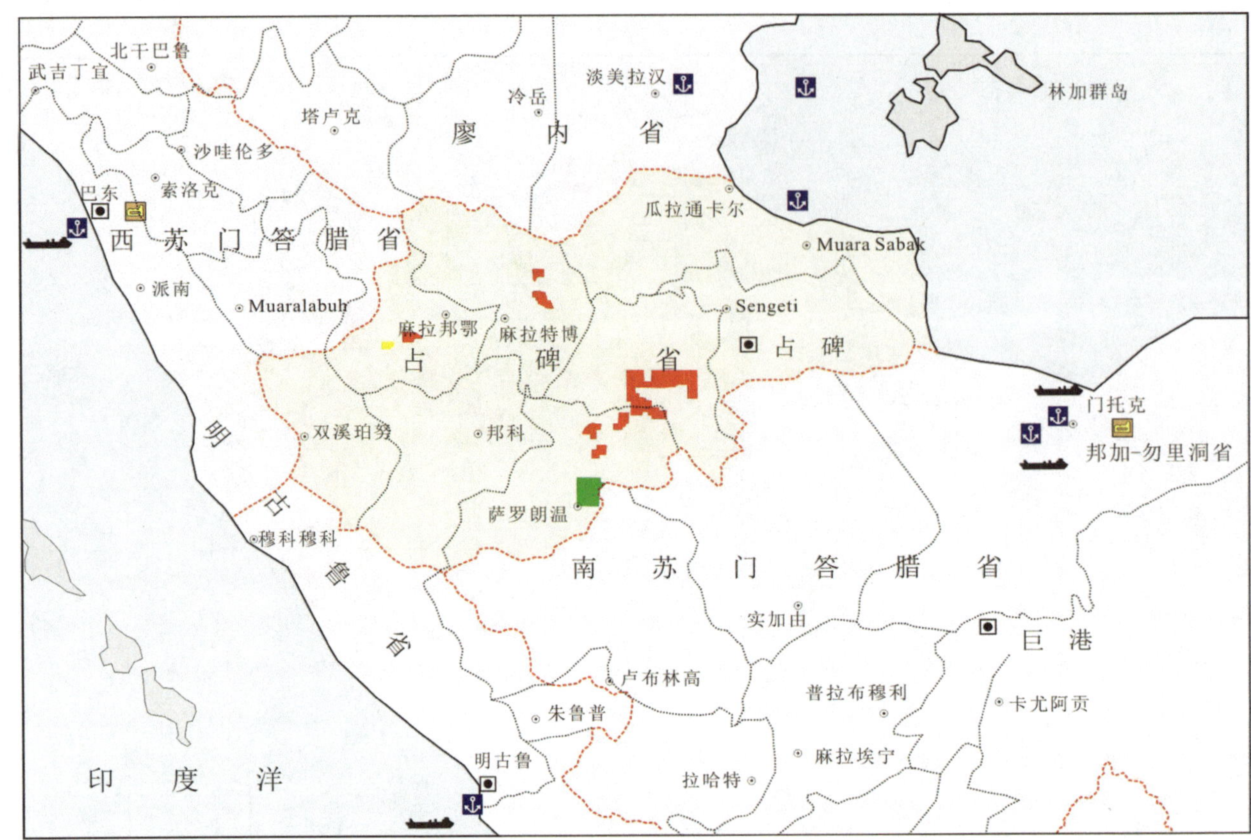

图2-2-6 占碑省的矿权分布图

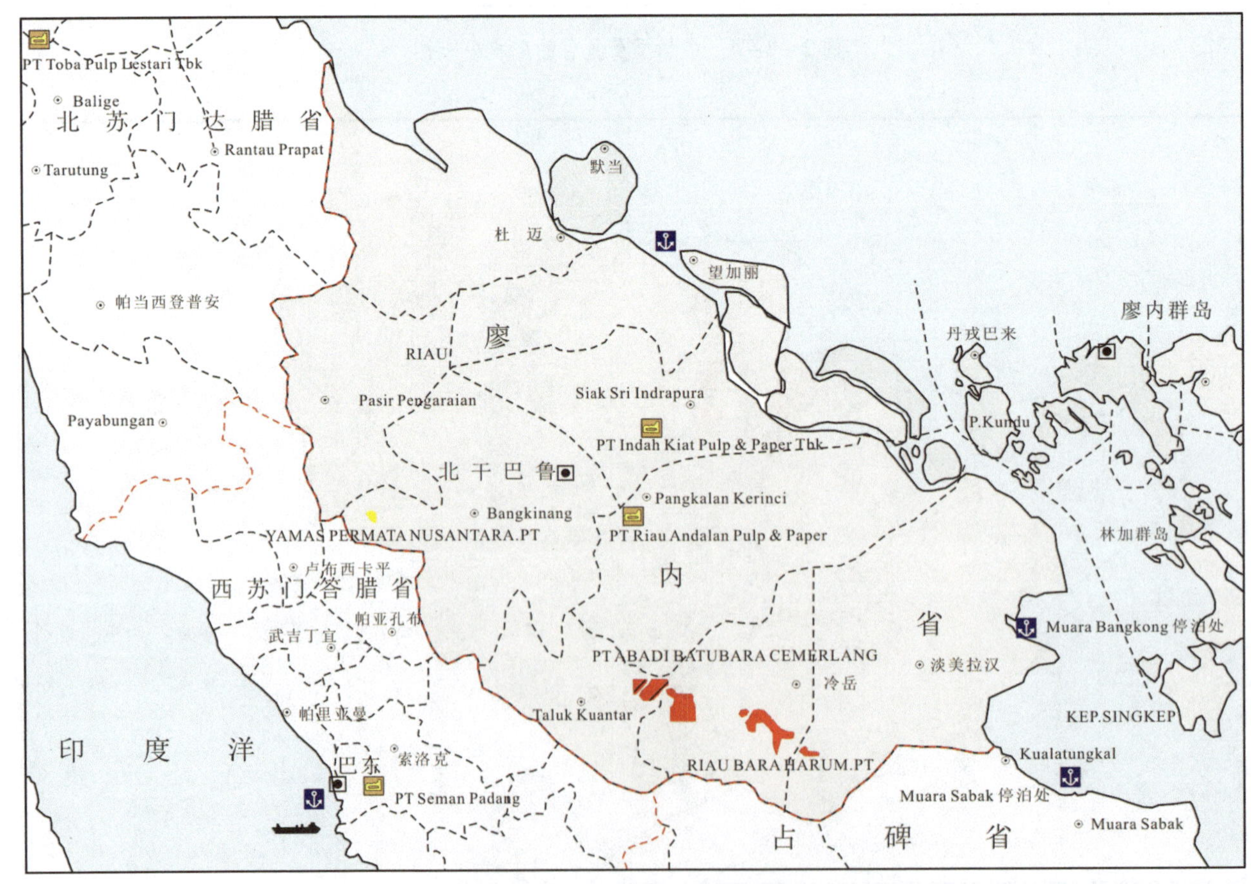

图2-2-7 廖内省的矿权分布图

在廖内省开发煤矿的公司仅 3 个，其中，PKP2B 矿权 2 个，IUP 矿权 1 个。根据项目的进展，在产项目 1 个，可研项目 1 个，勘探项目 1 个。

第二节 煤 炭 工 业

伴随着出口和国内不断增长的需求，印尼的煤炭行业保持持续快速增长。印尼已成为世界上最大的动力煤出口国，提供了约 1/3 的海运煤。

2011 年，印尼采矿业贡献了约 774000 亿卢比（约合 91 亿美元）的政府收入，其中约 77 亿美元是由煤炭行业产生的。快速增长的采矿业约占印尼国内生产总值的 11% 。

印尼比其竞争对手拥有地理上的优势，因为它非常靠近中国、印度、日本和亚洲其他主要煤炭进口国，能够以较低的运输成本向这些市场供应煤炭，除了从南非到印度的运输外，比那些澳大利亚和南非的煤炭生产商交付的运费要少。

由于印尼煤炭的低硫、低灰分煤质特点，被作为中国理想的配煤。在印度，在建的及规划的许多燃煤发电厂计划利用印尼煤炭作为燃料。据印度尼西亚贸易部的数据，2011 年，中国和印度分别从印尼进口了约 1.03 亿 t 和 0.70 亿 t 的动力煤。能源部煤炭部门主任阿迪 · 维博沃称，除中国、印度之外，印尼的煤炭出口潜在市场还包括菲律宾、巴基斯坦、马来西亚。2015 年 1—11 月，印尼出口煤炭 2.53 亿 t，同比下滑 27.71% ；同期，印尼生产煤炭 3.35 亿 t，同比下滑 20% 。

据中国海关数据显示，2014 年印尼为中国煤炭最大进口国，2014 年印尼累计向中国出口煤炭 10636 万 t，同比下降 15.39% ，占中国煤炭进口总量的 36.48% 。

在印尼国内市场，根据快车道计划，发电部门的需求将继续成为煤炭供应增加的主要动力，印尼的国有电力公司 PT Perusahan Listrik Negara（PLN）在整个群岛已经建成了 37 个燃煤电厂，总装机容量达 10000 MW。此外，到 2025 年，预计煤炭将占全国能源总构成的 33% 。

据印尼能矿部统计，为了确保每年 7% 的经济增长目标，印尼每年的电力增长需达到 8.7% 以上。而印尼计划在未来 5 年内新建 3500 万 kW 发电站，其中约一半项目是燃煤电站（21 世纪经济报道，2015）。

根据 2007 年的数据，印尼最大的 3 个煤炭生产商为 PT Kaltim Prima Coal、PT Adaro Indonesia 和 PT Kideco Jaya Agung，3 家企业的煤炭产量共计 9520 万 t（表 2-2-4），占当年全国总产量的 46.1% 。

表 2-2-4 印尼的主要煤炭生产商的产量统计表

百万吨

公 司	位 置	2004 年	2005 年	2006 年	2007 年
PT Kaltim Prima Coal	East Kalimantan	21.3	28.2	35.3	38.7
PT Adaro Indonesia	South Kalimantan	24.3	26.7	34.4	36.0
PT Kideco Jaya Agung	East Kalimantan	16.9	18.1	18.9	20.5
PT Arutmin Indonesia	West Sumatra	15.0	16.8	16.2	15.4
PT Berau Coal	East Kalimantan	9.1	9.2	10.5	11.8
PT Indominco Mandiri	East Kalimantan	7.1	7.5	10.3	11.5
PT Bukit Asam（state - owned）	South Sumatra	9.6	9.2	9.3	8.5
Other CCoWs	—	19.4	27.5	36.8	37.5
Local co Operatives	—	9.6	11.0	21.8	26.4
合 计	—	132.4	154.1	193.5	206.4

一、生产

印尼煤炭产量的增长在很大程度上归因于规模化的开采，这一趋势将继续保持。未来煤炭产量的增长中，将有越来越多的份额来自于中小规模煤矿。加里曼丹岛和苏门答腊岛是印尼的两个主要的煤炭产区（图 2-2-8）。

图 2-2-8　印尼中部地区主要煤矿分布图（CCoW 矿权类型）

印尼的煤炭生产始于 20 世纪 80 年代，并在近几年显著增加。据能源和矿产资源部（MEMR）称，2011 年印度尼西亚生产了约 3.71 亿 t 煤炭，这一数字约是 2005 年的两倍多。根据印尼煤炭工业协会的统计，2011 年的煤炭产量为 3.53 亿 t，其中的 2.73 亿 t 用于出口，占产量的 77.2%（Petromindo，2012）。2015 年，印尼的煤炭产量为 3.92 亿 t，居世界第五位（位于中国、美国、印度、澳大利亚之后，随后是俄罗斯和南非）。

2011 年，印尼的煤炭产量约为 3 亿 t（硬煤产量，即烟煤 + 无烟煤，不包括褐煤），比 2010 年增长了 18.1%（表 2-2-5），占全球产量的 5.1%。同年，煤炭消费量为 6600 万 t，比 2010 年增长了 6.7%，占全球消费量的 1.2%（图 2-2-9）（BP 公司，2012）。

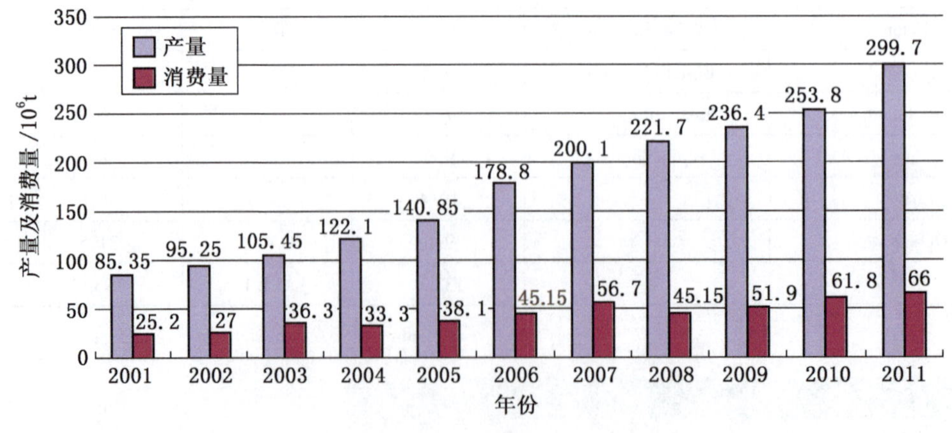

图 2-2-9　印尼历年煤炭产量及消费量（BP 公司，2012）

表 2-2-5　印尼历年煤炭产量及消费量

项　目	2001 年	2002 年	2003 年	2004 年	2005 年	2006 年	2007 年	2008 年	2009 年	2010 年	2011 年	2010—2011 年的变化/%	占全球比例/%
产量/10^6 t	85.35	95.25	105.45	122.1	140.85	178.8	200.1	221.7	236.4	253.8	299.7	18.1	5.1
消费量/10^6 t	25.2	27	36.3	33.3	38.1	45.15	56.7	45.15	51.9	61.8	66	6.7	1.2

数据来源：BP，2012

印尼有 164 家煤矿企业，其中 34 家拥有煤炭开采权，129 家拥有煤矿开采权人授权开采委托书（Mulyono，2009）。目前，印尼的前十大煤炭生产商中，产量为 710 万～5300 万 t 不等。最大的 Adaro 公司的 2012 年（财年度）的产量为 5300 万 t（表 2-2-6）。前十大煤炭生产商的 2011 年总产量为 2.15 亿 t，占全国产量的 61%。

表 2-2-6　印尼的主要煤炭生产商　　10^6 t

序号	公　司	位　置	产　量		
			2010 年	2011 年	2012 年
1	Adaro Indonesia，PT	南加里曼丹	42.2	47.7	53.0
2	Kaltim Prima Coal，PT	东加里曼丹	39.3	41.0	45.0
3	Kideco Jaya Agung，PT	东加里曼丹	29.1	31.5	34.0
4	Arutmin Indonesia，PT	南加里曼丹	20.8	24.7	30.0
5	Berau Coal，PT	东加里曼丹	17.4	19.4	23.0
6	Indominco Mandiri，PT	东加里曼丹	14.3	14.8	15.0
7	Bukit Asam，PT	南苏门答腊	11.9	12.4	15.3
8	Jembayan Muarabara，PT	东加里曼丹	9.3	8.5	9.0
9	Mahakam Sumber Jaya	东加里曼丹	4.6	8.0	10.0
10	Trubaindo Coal Mining	东加里曼丹	5.6	7.1	7.1
合　计			194.5	215.1	241.4

在印度尼西亚，拥有 PKP2B 矿权及国有矿权的煤炭生产商共 43 家（表 2-2-7），其 2011 年的产量为 2.58 亿 t，占全国的 73%。较大的生产商有国营 PT. Tambang Batubara Bukit Asam、澳大利亚与荷兰控股的 PT. Adaro Indonesia、PT. Kaltim Prima Coal、韩国投资的 PT. kideco Jaya Agung 等。主要的产煤省份有 8 个，分别为东加里曼丹、南加里曼丹、中加里曼丹、廖内、西苏门答腊、名古鲁、占碑、南苏门答腊。

表 2-2-7　煤炭产量及销售量　　10^6 t

编号	公司（省份）	产　量		国内销量		出口量	
		2010 年	2011 年	2010 年	2011 年	2010 年	2011 年
	PKP2B 矿权及国有矿权						
1	Adaro Indonesia，PT	42.20	47.67	10.36	10.66	32.08	36.56
2	Antang Gunung Meratus，PT	0.75	1.40	0.75	1.18	0.00	0.11
3	Arutmin Indonesia，PT	20.43	22.83	3.30	4.13	17.14	18.64
4	Asmin Koalindo Tuhup，PT	1.74	2.86	0.00	0.01	1.44	1.52
5	Bahari Cakrawala Sebuku，PT	1.10	1.51	0.01	0.00	1.08	1.68

表2-2-7（续） 10^6 t

编号	公司（省份）	产量		国内销量		出口量	
		2010 年	2011 年	2010 年	2011 年	2010 年	2011 年
6	Bangun Banua Persada Kalimantan，PT	0.61	0.94	0.75	0.85	0.00	0.00
7	Baramarta，PD	2.53	4.43	2.53	4.43	0.00	0.00
8	Batu Alam Selaras，PT	0.05	0.04	0.04	0.04	0.00	0.00
9	Baturona Adimulya，PT	0.28	0.53	4.42	0.36	0.05	0.24
10	Berau Coal，PT	17.38	19.44	4.42	2.47	12.65	17.35
11	BorneoIndobara，PT	1.12	2.75	0.07	0.29	0.76	2.22
12	Firman Ketaun Perkasa，PT	0.49	1.27	0.00	0.00	0.47	1.27
13	Gunung Bayan Pratamacoal，PT	4.05	3.46	3.00	2.01	1.04	1.30
14	Indominco Mandiri，PT	14.25	14.76	0.87	1.55	13.63	13.31
15	Insani Baraperkasa，PT	2.25	4.22	0.13	0.35	2.11	3.79
16	Interex Sacra Raya，PT	0.09	0.00	0.08	0.00	0.00	0.00
17	Jorong Barutama Greston，PT	0.90	1.43	0.27	0.44	0.76	0.98
18	Kadya Caraka Mulia，PT	0.04	0.23	0.05	0.20	0.00	0.00
19	Kalimantan Energi Lestari，PT	0.00	0.00	0.00	0.00	0.00	0.00
20	Kaltim Prima Coal，PT	39.95	40.45	3.95	5.48	36.06	34.98
21	Kartika Selabumi Mining，PT	0.26	0.29	0.08	0.04	0.16	0.23
22	Kideco Jaya Agung，PT	29.05	31.39	6.60	7.43	22.42	24.36
23	Lanna Harita Indonesia，PT	1.98	2.24	0.01	0.04	2.10	2.14
24	Mahakam Sumber Jaya，PT	5.30	7.98	0.61	0.42	4.58	7.54
25	Mandiri Intiperkasa，PT	2.98	3.07	0.01	0.06	2.98	3.00
26	Marunda Grahamineral，PT	1.34	0.96	0.00	0.01	1.44	0.85
27	Multi Harapan Utama，PT	1.83	1.31	0.00	0.00	1.91	1.12
28	Multi Tambangiaya Utama，PT	0.64	0.45	0.08	0.06	0.56	0.43
29	Nusantara Termal Coal，PT	1.45	1.12	0.14	0.82	0.00	0.00
30	Pendopo Energi Batubara	0.00	0.01	0.00	0.01	0.00	0.00
31	Perkasa Inakakerta，PT	2.69	3.13	0.00	0.00	2.63	3.06
32	Pesona Khatulistiwa Nusantara，PT	0.71	1.30	0.28	0.71	0.38	0.62
33	Riau Bara Harum，PT	2.22	1.55	0.00	0.18	2.41	1.47
34	Santan Batubara，PT	1.99	1.72	0.14	0.00	1.92	1.66
35	Senamas Energindo Mulia，PT	0.05	0.00	0.05	0.00	0.00	0.00
36	Singlurus Pratama，PT	1.10	1.75	0.00	0.00	1.22	1.71
37	Sumber Kurnia Buana，PT	0.72	0.91	0.79	0.75	0.00	0.02
38	Tambang Batubara Bukit Asam，PT	11.92	12.39	8.31	8.80	4.66	4.71
39	Tanito Harum，PT	3.51	2.47	1.15	0.76	2.34	1.63
40	Tanjung Alam Jaya，PT	0.96	0.81	0.99	0.78	0.24	0.00
41	Teguh Sinar Abadi，PT	1.09	1.29	0.00	0.00	1.37	0.97
42	Trubaindo Coal Mining，PT	5.55	7.02	2.55	2.66	2.98	4.16
43	Wahana Baratama Mining，PT	2.57	4.23	0.00	0.00	2.42	4.18
	小 计	230.11	257.63	56.78	58.01	177.99	197.79

表2-2-7（续） 10^6 t

编号	公司（省份）	产量		国内销量		出口量	
		2010 年	2011 年	2010 年	2011 年	2010 年	2011 年
44	东加里曼丹	22.52	46.33	5.83	9.40	9.88	33.09
45	南加里曼丹	17.02	29.14	5.47	8.63	0.00	28.72
46	中加里曼丹	0.79	2.86	0.31	0.00	0.08	0.71
47	廖内省	0.78	0.02	0.23	0.00	0.08	0.01
48	西苏门答腊省	0.79	2.78	0.16	0.68	0.11	0.00
49	明古鲁省	0.45	5.96	0.05	1.19	0.08	2.39
50	占碑省	1.05	0.00	0.39	0.00	0.09	4.17
51	南苏门答腊省	1.65	8.56	0.91	1.65	0.07	5.77
小计		45.05	95.64	13.35	21.55	10.38	74.88
总计		275.16	353.27	70.13	79.56	188.37	272.67

数据来源：DirectorateGeneral of Mineraland Coal of ESDM，2012

为满足激增的需求，主要的矿业公司已计划增加新矿址的勘探，并提高现有煤矿的生产效率。作为扩展计划的一部分，该公司将在 Tutupan 矿建立一个露天矿破碎及传送系统（OPCC）。OPCC 系统将包括两个 7000 t/h 的破碎站和一个 12000 t/h、7.7 km 长的输送系统，该输送系统由一个 2.4 km 的运输传送带（transportable conveyor）和移动堆垛（mobile stacking）及传送带（spreading conveyor）组成。该项目在 2013 年初开始启动。2015 年，阿达罗能源累计生产煤炭 5146 万 t，同比下降 8%，略低于该公司 5200 万～5400 万 t 的生产目标。

PT Bumi Resources Tbk 是 KPC 和 Arutmin 的母公司，该公司曾计划到 2014 年将其两家子公司的年度煤炭总产量扩大到 1 亿 t，其中 KPC 预计将生产约 6500 万 t，Arutmin 将生产 3500 万 t。Bumi 的扩张计划包括在 KPC 经营的各种矿山中，采购更多的采矿及采矿辅助设备和机械，建设从 Melawan 和 Bendili 山煤矿到 Sangatta 加工区的煤炭运输链，扩大从 Sangatta 加工区到丹戎不碌煤炭码头（Tanjung Bara Coal terminal）的运输量，升级 Bengalon 矿山的煤炭装载和运输设施，建造更多的设施来提高 Arutmin 在萨图伊（Satui）、穆利雅史纳（Mulia）和阿萨姆（Asam Asam）的煤炭产业链，以及在 Arutmin 经营的矿山中开展与采矿承包商和其他第三方在矿山勘探和开采活动方面的合作。

PTBA 正在开发煤炭运输项目，使其能够增加从 Tanjung Enim 矿山的煤炭运输量。2011 年 12 月，PTBA 和现有的铁路运营商——国有企业 PT Kereta Api Indonesia（PTKAI），签署了煤炭运输协议（CTA），目的是使现有的运输能力从目前的约 1360 万 t 到 2014 年的 2270 万 t。PTBA 还分别与武吉阿萨姆泛太平洋铁路（Bukit Asam Transpacific Railway）和阿达尼（Adani）签署了两项协议，以建立两条新的煤炭运输的铁路通道，出发地都是 Tanjung Enim 矿山，目的地一个是位于楠榜省 Tarahan 附近的新港口（约 307 km），另一个是位于南苏门答腊省巨港（Palembang）附近 Tanjung Api－Api 地区的新港口（约 270 km），其运输能力分别是 2500 万 t 和 3500 万 t。

因迪卡能源公司（Indika Energy）曾计划到 2014 年将其 Kideco 矿山的煤炭输出量提高 5000 万 t。到 2010 年底之前，Kideco 每年有 4000 万 t 的产能。因此，Kideco 当时制定的到 2013 年将产量增至 3700 万 t 的计划并不需要大量的资本支出，因为必要的基础设施建设已经提前完成。

Berau Coal 计划将年度煤炭总产量从 2011 年的 1940 万 t 增加到 2014 年的 3300 万 t，通过在 2012 年现有煤矿的新区块包括 Binungan Blocks 1～2 和 Binungan Block 7 West 启动商业运营，升级其现有的煤炭加工设施（如拉提港的第二驳船装载输送机）以及附属的基础设施建设，包括到 Suaran 港口的约 40 km 的陆路传送带及连接 Binungan Block 8 和 Binungan 煤炭加工厂的相关电厂，这些措施将在 2012 年和 2015 年之间开展。

尽管焦煤资源量相对较小，印尼还将生产焦煤并且正在进行一些项目开拓，以使其在未来 5—10 年内成为重要的焦煤供应商。印尼的焦煤资源大部分分布在加里曼丹岛。PT Marunda Grahamineral (MGM) 公司的23.5%股份由日本伊藤忠商事株式会社控制，其于2004年4月开始在中加里曼丹进行焦煤生产，标志着印尼焦煤生产出口市场的开始。2010（2011）年，MGM生产了134万t左右的优质半软焦煤和高热值的动力煤。此外，在加里曼丹岛的内陆区，由上市公司PT Borneo Lumbung Energi & Metal控制的PT Asmin Koalindo Tuhup（AKT）在2011年生产了330万t的优质硬焦煤。该公司曾计划到2013年将产能提高到680万t。

与此同时，全球能源公司必和必拓（BHP Billiton）与其新合作伙伴PT阿达罗能源Tbk公司（PT Adaro Energy Tbk）目前正在确定发展方案，涉及7份PKP2B合同，称为IndoMet煤矿项目，在该项目中未开发的冶金和动力煤资源量估计为7.74亿t。该合资公司最近已授予PT Thiess Contractors Indonesia一份4400万美元的合同，目的是在PT Lahai Coal授权地开发Muara Tuhup港口和基础运输设施。

此外，在中加里曼丹，PT Suprabari Mapanindo（SMM）目前正在开发位于MGM以南100 km处的煤矿，未来将与MGM形成共同开采的局面。伊藤忠商事株式会社同样持有SMM 23.5%的股份。SMM曾计划在2013年开始生产半硬焦煤和高热值的动力煤。该公司曾计划在运营的前三年，每年产生100万t煤炭，在第4个和第5个年头将产量提升到200万~300万t/a，从第6年以后达到500万t/a（Petromindo，2012）。

二、出口

印尼位于东南亚，地理优势显著，因此其煤炭产品主要用于出口。2008年，其出口煤炭共计1.6亿吨，出口量占全国产量的68.6%（图2-2-10）。2015年以来，印尼的煤炭产量和出口量都出现了大幅的下降，上半年印尼煤炭产量2.03亿t，同比下降17.4%，煤炭出口1.64亿t，同比下降17%。

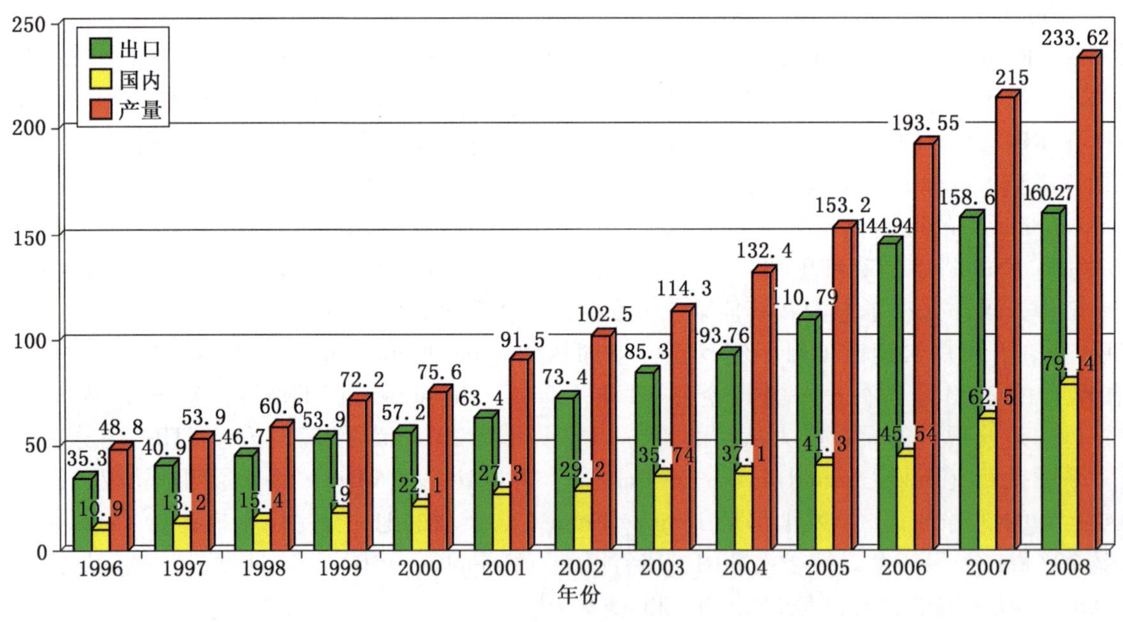

图2-2-10 印尼历年商品煤流向统计表（Mulyono，2009）

印尼主要的煤炭生产商均是主要的煤炭出口商。根据2006年的数据，印尼最大的3个煤炭出口商为PT Kaltim Prima Coal、PT Adaro Indonesia和Arutmin（IEA，2008），3家企业的煤炭出口量共计7187万t（表2-2-8），占当年全国出口总量的50%。推断这些煤炭出口商的资产，应属于煤质较好的优质资产。

根据2000—2007年的统计数据，主要的煤炭出口市场为亚洲国家或地区，如日本、韩国以及中国台湾地区（表2-2-9）。

表2-2-8 印尼的主要煤炭出口商

序号	公　司	2004 年出口量/kt	2005 年出口量/kt	2006 年出口量/kt	变化/%
1	Kaltim Prima Coal	22404	26622	34153	28.30
2	Adaro Indonesia	15099	17317	24440	41.10
3	Arutmin	13796	12517	13277	6.10
4	Kideco Jaya Agung	10966	11831	13455	13.70
5	Indominco Mandiri	6584	8902	10260	15.30
6	Berau Coal	6160	5763	6758	17.30
7	PTBA	2713	2492	2848	14.30
8	Other	16037	25346	38442	51.70
合　计		93759	110790	143633	29.60

表2-2-9 印尼的煤炭出口目的地

kt

国家及地区	2000 年	2001 年	2002 年	2003 年	2004 年	2005 年	2006 年	2007 年
日本	13177	15216	16530	17992	19013	24237	23128	24409
中国台湾地区	13520	11507	13100	14144	16678	14524	17070	17909
韩国	4779	5552	5633	6966	9690	9964	10925	13707
中国香港地区	2914	4662	5564	9178	8230	8970	9373	10811
印度	3151	3130	4586	6700	5465	8740	10846	13927
泰国	2654	2318	3155	4075	2217	4256	4298	5693
马来西亚	2761	2098	6239	3823	4315	4028	5293	6000
其他	15504	20798	18729	22802	28151	36071	62700	64352
合计	58460	65281	73536	85680	93759	110790	143633	156808

目前，印尼是世界最大的动力煤出口国。2011 年，在中国和印度持续强烈的需求下，该国出口了约 2.73 亿 t 的煤炭。由于其地理位置和它对动力煤需求快速增长的响应能力，印尼已成为亚洲国家的重要煤炭产地。据中国海关数据显示，2014 年印尼为中国煤炭最大进口国，2014 年印尼累计向中国出口煤炭 10636 万 t，同比下降 15.39%，占中国煤炭进口总量的 36.48%。

印尼煤炭能源矿业协会数据指出，2014 年，中国是印尼的第一大煤炭出口市场，印尼对中国出口煤炭 4154 万 t；印度排位第二，印尼对印度出口煤炭 3758 万 t。

2015 年 1—11 月，印尼对中国煤炭出口量同比下滑 30%。印尼能源部煤炭部门主任 AdhiWibowo 表示，印度煤炭需求并未下滑，而且，印度对印尼提供的动力煤仍然高度依赖。

印尼煤炭矿业协会（IndonesianCoalMiningAssociation）执行董事 HendraSinadia 指出，考虑到目前状况，印尼煤炭出口不能再依赖中国市场。印尼煤炭工业应转向国内市场，尤其是转向那些即将投产的本国新建燃煤电厂。

AdhiWibowo 表示，除印度外，菲律宾、巴基斯坦和马来西亚也是印尼煤炭出口的目标市场。

三、消费

在过去的 5 年中，印尼国内煤炭需求从 2007 年的 4547 万 t 增长到 2011 年的 7956 万 t（表 2-2-10）。国内煤炭的消费者可以分为发电厂、水泥厂、冶金企业和其他工业用户 4 类。

据印尼安塔拉通讯社 4 月 16 日报道，印尼国家电力公司当日在雅加达发布新闻公告称，印尼能源矿产资源部 0074. K/21/MEM/2015 号部长条令制订了 2015—2024 年国家电力发展规划，包括 2015—2019 年将建设 109 座发电量为 3658.5 万 kW 电站规划，其中 74 座 2590.4 万 kW 电站采用独立电商（IPP）方式招标兴建，另外 35 座 1068.1 万 kW 电站由印尼国家电力公司通过国家预算资金和融资等方式筹建。

表 2-2-10 印尼煤炭消费统计表

10^6 t

消费者	2007 年	2008 年	2009 年	2010 年	2011 年
发电厂	30.92	32.48	33.18	34.41	41.90
水泥厂	5.25	6.84	5.58	4.98	6.20
冶金公司	0.57	0.95	1.10	6.31	8.86
工业用户	8.73	13.20	16.44	24.43	22.60
总计	45.47	53.47	56.30	70.13	79.56

按区域电站建设电力分布，爪哇至巴厘将建 1869.7 万 kW，苏门答腊 1009 万 kW，苏拉威西岛 347 万 kW，加里曼丹 263.5 万 kW，努沙登加拉 67 万 kW、马鲁古 27.2 万 kW，巴布亚 22 万 kW，其他岛屿和边境地区 53.1 万 kW。上述电站及配套电力基础设施建设所需资金 1127 万亿盾（约合 980 亿美元），其中电商企业出资 615 万亿盾，全部用于电站建设；印尼国家电力公司出资 512 万亿盾，其中 199 万亿盾用于建发电站，其余 313 万亿盾用于建设升压站和输电线路等设施。

公告称，上述电站项目建设计划是假设 5 年年均经济增长率在 6% ~7% 前提下，为满足年增 700 万 kW 电力需求而制订的。目前，印尼全国电力装机总容量约 5000 万 kW，2015—2019 年新增装机容量实现后，印尼的电气化率将从目前的 84% 增至 97%。

据《雅加达邮报》网站报道，印尼政府建设 3500 万 kW 电站项目将刺激印尼国内的煤炭消费。印尼能矿部部长苏蒂尔曼在接受安塔拉通讯社采访时表示，印尼现在煤炭年产量为 4 亿 t，一旦政府 3500 万 kW 电站建设完成，印尼国内的煤炭需求将达到 2 亿 t（目前印尼每年的消费量为 9000 万 t）。同时，苏蒂尔曼强调，印尼政府今后将采取措施对煤炭生产进行管理，既要满足国内煤炭需求，也要注重保护自然环境。

印尼煤炭协会数据显示，印尼计划在最近 4 年当中新建发电厂，提升 46% 发电量，其中一半是燃煤电厂。如果是这样，煤炭消耗量可以增加 3 倍，相当于 2014 年煤炭出口量的 76%，同时可以推动价格提升 50%。

水泥工业将煤炭作为生产水泥熟料的燃料。一般来说，使用干法工艺生产 1 吨水泥需要大约 100 kg 煤，使用湿法工艺则需要 350 kg 煤。据印尼水泥协会估计，该行业在 2011 年消耗了约 620 万 t 煤。根据 PT Semen Gresik Tbk 的说法，2011 年印尼经济的快速增长带动水泥的需求增长了 17.7%，而且这种需求有望在未来几年继续增加。

纸浆和造纸、纺织工业需要以煤作为循环流化床（CFB）锅炉的主要燃料。2011 年该行业共消耗约 200 万 t 的煤。超过 50% 的纺织工业者都分布在西爪哇，而纸浆和造纸工厂分散在苏门答腊、爪哇和加里曼丹。

印尼冶金工业对煤的利用目前仅限于作冶炼厂内烘干燃烧系统的燃料。不过，也有一些升级国内钢铁生产及其下游工业的计划，以减少对进口原料的依赖。PT Krakatau Steel 与浦项制铁（POSCO）合作，计划开办一个年产能 600 万 t 的综合钢铁厂。当时预计该钢厂在 2013 年开始商业化生产，初期产能为 300 万 t/a。可以预期，随着国内钢铁工业的发展，对焦煤的需求也将持续增长。

第三节 主要含煤盆地分析

一、加里曼丹岛

加里曼丹处于西太平洋岛弧带中部，北面有南中国海，东面有苏禄海和西里伯斯海，东南侧为望加锡海峡，西部为巽他陆块，南邻苏门答腊—爪哇岛弧。始于中始新世的印度板块与亚洲板块的碰撞，使得加里曼丹形成了一些分隔的盆地。其中库台盆地是最大的第三纪沉积盆地（图 2-2-11）。

加里曼丹岛由古近纪及更老的地层组成，褶皱、断裂发育，主体构造为一轴面、呈弧形、略向南东

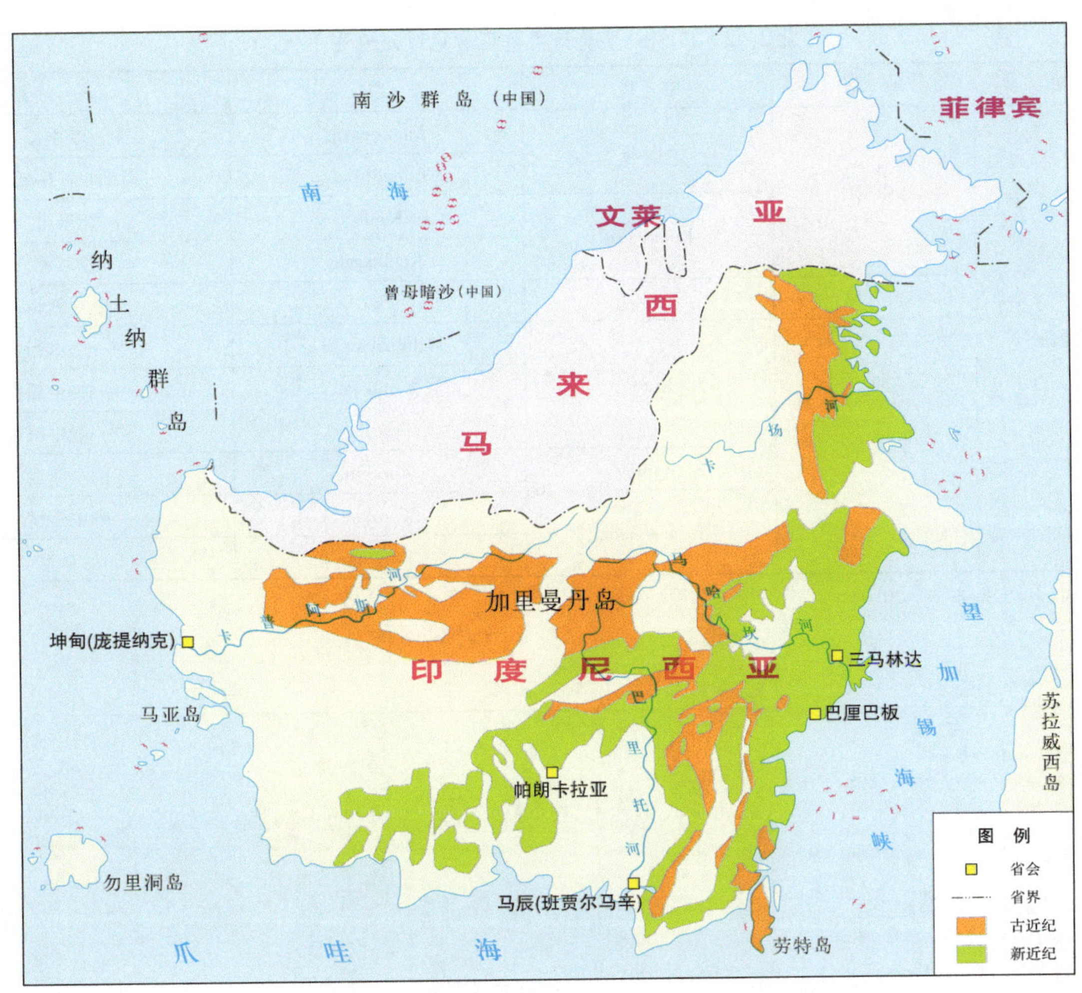

图 2-2-11 加里曼丹地质图

凸的复背斜构造。背斜以古生界、中生界为核，向斜则以新生界为核，为巽他陆核的组成部分（McClay 和 Ferguson）。岛的西南及中部有一条宽 150 km 的白垩纪—始新世蛇绿混杂岩带（古晋带）。

加里曼丹岛中部古晋带新生代岩浆活动可分为 3 幕：早期的始新世酸性火山岩浆活动；中期是晚渐新世—早中新世安山质—流纹质钙碱性火山岩浆活动；晚期是上新世—更新世玄武岩浆活动。其中，以中期岩浆活动规模和强度最大。

加里曼丹共发育 8 个较为重要的盆地，分别是库台（Kutai）盆地、巴里托（Barito）盆地、打拉根（Tarakan）盆地、巴西亚（Pasir）盆地、阿森阿森（Asem－Asem）盆地、克屯高（Ketungau）盆地、默拉维（Melawi）盆地和伯劳（Berau）盆地。其中库台盆地、巴里托盆地、巴西亚盆地是印尼较为重要的含煤盆地。

加里曼丹的含煤盆地均为新生代盆地，含煤地层主要为中新统，其次为始新统。在主要的含煤盆地中，库台盆地形成于中—晚中新世，巴里托盆地形成于中中新世，阿森阿森盆地有两套含煤组，分别形成于始新世和中新世（表 2-2-11）。

（一）库台盆地

1. 地质概况

1）盆地分布

库台盆地位于加里曼丹岛的东部（图 2-2-12），包括望加锡海峡之下的滨外地区，面积约 27×10^4 km²，第三系沉积物厚达 14 km。盆地包括陆上和海上两部分，其中陆上面积约 11×10^4 km²，海上面积约 16×10^4 km²，水深小于 500 m 的海域面积约 9.3×10^4 km²，水深大于 500 m 的海域面积约 6.7×10^4 km²。

表 2-2-11　加里曼丹主要煤盆地所处地质年代

岛　屿	地　区	盆　地	含　煤　组	年　　代
加里曼丹	中部	Sunda	Air Benakat	中—晚中新世
			Talang Akar	渐新世—中新世
		Ketunggau	Kantu	始新世
			Ketunggau	始新世
	东北部	Tarakan	Lati	晚中新世
	东南部	Kutei	Balikpapan 群	中—晚中新世
			Kamboja	中—晚中新世
			Prangat	中—晚中新世
		Barito	Warukin	中中新世
		Asem - Asem	Warukin	中中新世
			Tanjung	始新世

数据来源：Singh 和 Singh 等，2010

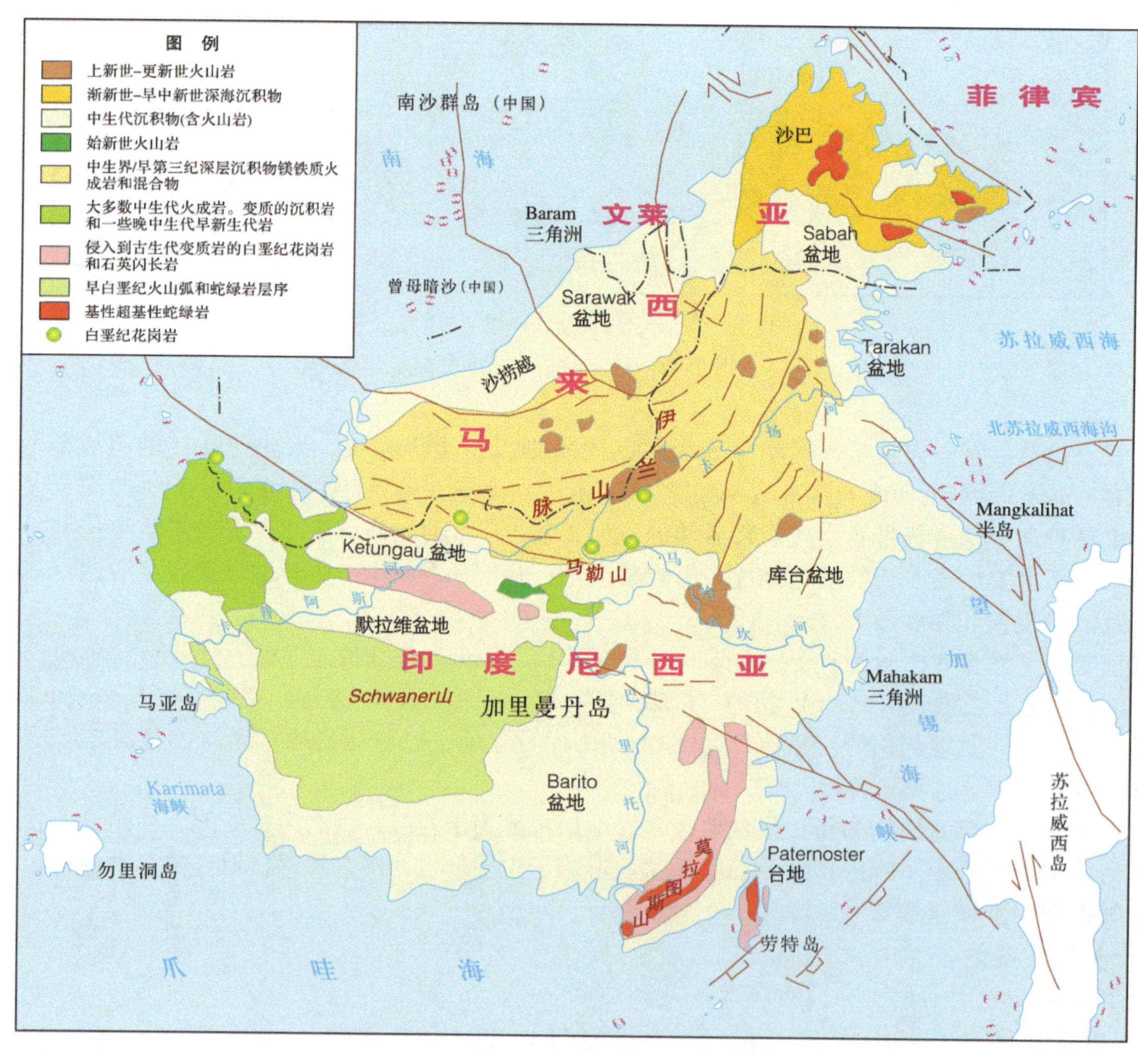

图 2-2-12　库台盆地地理位置图（Widodo 和 Bechtel 等，2009）

盆地北部以芒卡利哈（Mankalihat）山为界，将其与打拉根（Tarakan）盆地相隔；向东延伸至望加锡海峡深水区；南由阿当（Adang）断层将其与默拉图斯（Meratus）山、巴里托（Barito）盆地和 Paternoster 台地分开；西北以 Kuching 凸起为界；在西面和西南面，中加里曼丹将其与默拉维（Melawi）盆地和 Schwaner 凸起隔开（图 2－2－13）。

图 2－2－13 库台盆地构造位置图

盆地中部被默腊土斯断层穿过，该断层长度 1330 km，走向 NNE，倾向 NWW。沿默腊土斯山西侧向北延伸，经隆吉兰至塞萨亚普为基纳巴卢山断裂截切。默腊土斯断层为燕山晚期的俯冲带，沿断裂带有大规模的基性、超基性侵入岩产出。该断裂活动始于中生代，新生代再次活动。中生代属岩石圈断裂，新生代属基底断裂。主要活动期为白垩纪晚期、古新世末和始新世初期（张文佑和吴根耀，1986）。

2）基底和岩浆岩

加里曼丹东部中生代结晶基底见于沙巴蛇绿混杂岩带，由基性—中性岩浆岩和变质岩组成。条带状变质基性岩为基底的重要组成部分，称为 Silumpat 片麻岩（Hutchison，1989）。Silumpat 片麻岩中辉长岩层的角闪石 K－Ar 定年为（101 ±15）Ma 和（140 ±12）Ma（早白垩世）。结晶基底岩石被晚白垩世至始新世的燧石—细碧岩组所覆盖，其特征是蛇绿岩套中的枕状细碧岩在许多地方与红色燧石层、泥岩和泥质灰岩共生。基纳巴卢断层系统（NNW 走向）的活动与蛇绿岩套的上升有关。许多超铁镁质体以断层为界，并遭受强烈剪切。许多断层带受剪切作用影响，同时被蛇纹石混杂岩所充填。

库台盆地的岩浆岩不是很发育，主要出露在上库台盆地与穆勒（Muller）山脉之间，为二叠纪—三叠纪的花岗岩侵入体。库台盆地南部与施瓦纳（Schwaner）山脉之间为晚侏罗世至早中白垩世侵入的大量花岗闪长岩和花岗岩岩株。一些大型煤炭和石油公司对库台盆地的矿产资源做过详细的勘察，认为整个库台盆地蕴藏有丰富的石油、天然气和煤炭资源，是整个印尼石油、天然气、煤炭的主产地。

3）煤层发育

库台盆地煤层大部分产于第三纪地层中，始新世和中新世地层中主要煤种为烟煤和次烟煤，而上新世地层中主要煤种为褐煤。煤层的沉积环境为三角洲（图 2－2－14）。

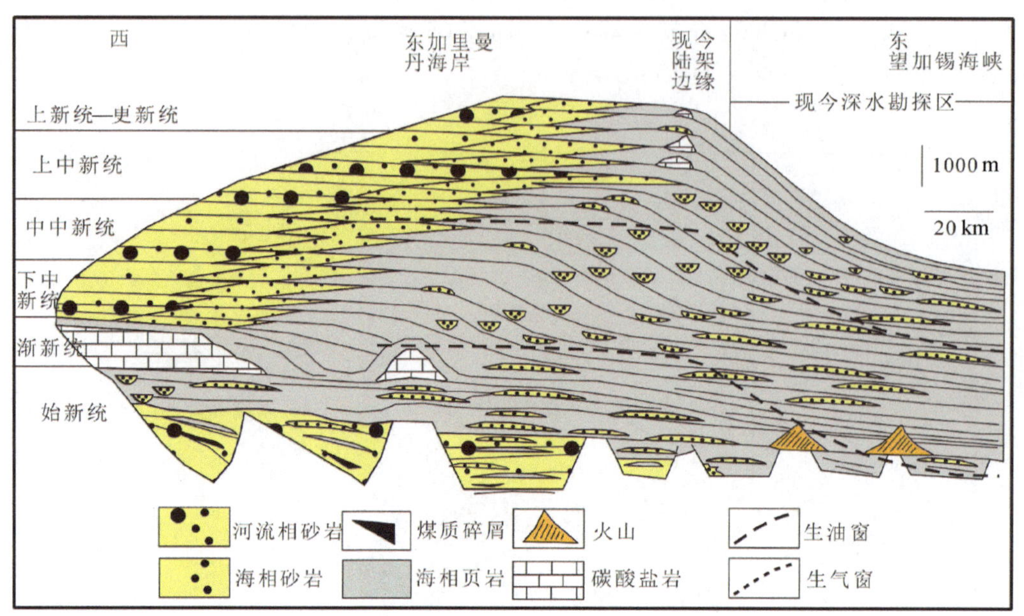

图 2-2-14 库台盆地地层剖面

2. 主要煤矿

三马林达（Samarinda）位于东加里曼丹省的东部、马哈坎河注入望家锡海峡的河口处，该处发育典型的扇三角洲。三马林达含煤区是加里曼丹岛重要的产煤地，区内包括若干互不相连的煤产地或煤层露头，含煤地层分属于第三纪始新世、中新世和上新世。煤层主要是由镜煤、亮煤所组成的光亮型煤。煤岩成分以镜煤和亮煤为主，夹有少量的丝炭。煤中矿物质有黏土、方解石、硫铁矿等。内生裂隙发育，上部为块状，中下部呈粉状，有时可见黄铁矿晶体或结核。断口呈贝壳状及阶梯状，硬度小，性脆，易破碎。视相对密度平均为 1.3 t/m^3（成功和高泽润，2012）。

三马林达发育的复背斜可分成 3 个带（图 2-2-15）：上库台盆地（Upper Kutai Basin）、三马林达

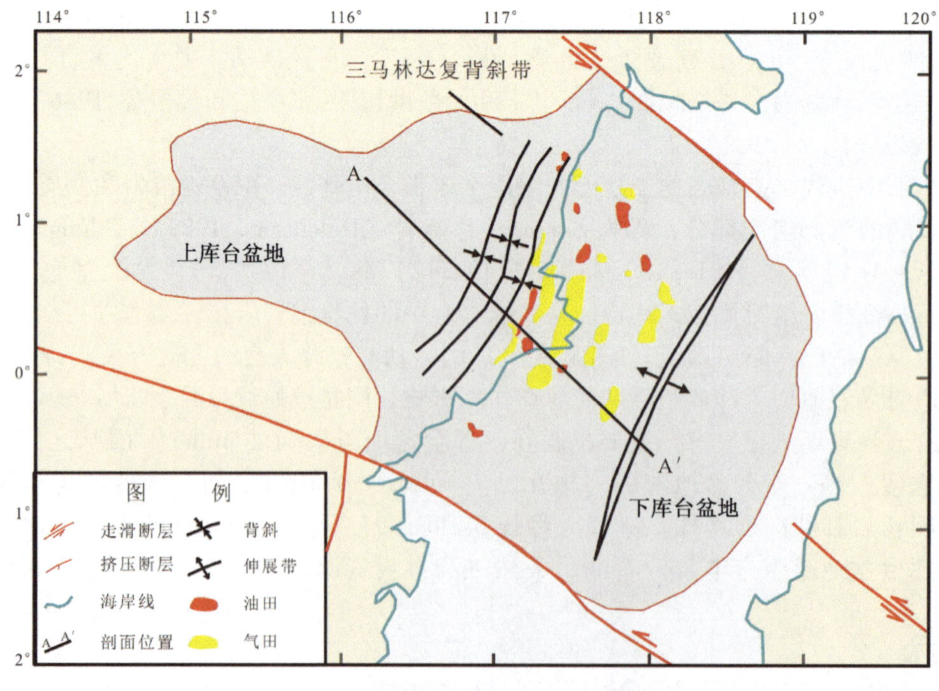

图 2-2-15 三马林达复背斜带位置图

复背斜带和下库台盆地（Lower Kutai Basin）。

三马林达含煤区的构造较简单，主要为宽缓的褶皱，褶皱轴向为 NNE 向。新第三纪早期沉积地层，如 Tomp 组、Tmpb 组和 Tmbp 组地层，褶皱比较强烈，其倾角可达 40°～75°，新第三纪晚期沉积地层，如 Tpkb 组，褶皱比较轻微，地层倾角相对较小。研究区内断裂构造不发育，仅有少量中小规模的逆断层、正断层和平移断层，其中平移断层较为发育。逆断层大多形成于中新世晚期，而后被晚期的平移断层错断，正断层大多形成于上新世。

含煤区出露的地层自老到新有第三系中新统 Tomp 组、Tmpb 组、Tmbp 组、上新世 Tpkb 组和第四系表土层 Qa，其中中新统 Tmpb 组、Tmbp 组和 Tomp 组地层中含有丰富的煤炭资源，这些地层中的煤层具有煤层多、埋藏浅、夹矸少、发热量大、稳定性好、开采条件好等特点（表 2－2－12）。

表 2－2－12　三马林达地区煤层发育情况

地层	煤层总数/层	可开采煤层数/层	煤层厚度/m	煤层总厚度/m	可开采厚度/m	煤层的稳定性
Tmbp	13	10	0.3～3.5	15.8	14.8	稳定
Tmpb	13	11	0.3～2.5	13.8	12.2	较稳定
Tomp	>2	>1	0.2～1.3	>1.5	>1.3	稳定

数据来源：成功和高泽润，2012

Tpkb 组主要由石英砂岩组成，夹有黏土岩、粉砂岩和褐煤层。石英砂岩为白色，局部为红色或黄色，层理不发育，部分地段含薄层氧化铁或结核。褐煤或泥煤层厚度约为 1～5 cm，该地层厚度约为 250～800 m，为河流与陆地交替的沉积环境，呈不整合覆盖在 Tmbp 组、Tmpb 组地层之上。

Tmbp 组中石英砂岩和黏土岩呈互层状，夹有粉砂岩、泥岩、石灰岩和薄煤层。石英砂岩为白色至黄色，岩层单层厚度为 1～3 m；粉砂岩中夹杂有厚度为 30 cm 的灰岩透镜体。该组地层厚度约为 1800 m，为三角洲与浅海相的沉积环境，与 Tpkb 组地层呈不整合接触状态。

Tmpb 组中杂砂岩和石英砂岩交错分布并混有石灰岩、黏土岩、煤层和英安质凝灰岩。杂砂岩为绿灰色，层厚为 0.5～1 m；石英砂岩为红灰色，部分为凝灰质和石灰质的，层厚为 15～60 cm；在黏土岩与页岩中夹有厚度为 20～150 cm 的煤层。该组地层厚度约为 2500 m，为陆相与浅海相沉积环境，地层整合于 Tomp 组地层之上。

Tomp 组中石英砂岩夹有黏土岩、页岩、泥灰岩、粉砂岩、凝灰岩和煤层。石英砂岩层理分布清晰，呈深灰色至褐色，是岩层的主要成分；黏土岩与砂岩呈互层状。地层上部可见薄煤层与深灰色粉砂岩呈互层状，煤层厚度约为 50～500 cm，粉砂岩中夹有厚度约为 1～5 cm 的灰岩透镜体。该地层厚度约为 2500 m，为浅海相沉积环境，与上下地层呈整合关系。

在库台盆地三马林达地区内，Centra Busang、Sebulu 与 Embalut 煤矿是正在开采的 3 个露天煤矿（Widodo 和 Bechtel 等，2009，图 2－2－16），Centra Busang 煤矿与 Sebulu 煤矿中的煤层发育于中中新世的 Pulau Balang 组，Embalut 煤矿的煤层发育于晚中新世的 Pulau Balang 组和上第三系的 Balikpapan 组（图 2－2－17）。

通过显微镜观察与地球化学研究，得出 Sebulu 和 Centra Busang 煤矿煤层中硫与黄铁矿的含量比 Embalut 煤矿的高，Embalut 煤矿中煤层含硫量在 1% 以下，黄铁矿含量也很少。Sebulu 和 Centra Busang 煤矿中煤层灰分、矿物、全硫、铁与黄铁矿的含量都较高。

煤中矿物主要有硫化物、黏土、碳酸盐与石英。近海盆地煤层中黄铁矿的含量高于湖盆煤层中的含量。库台盆地（尤其是 Sebulu 和 Centra Busang 煤矿）煤层高含量的灰分、矿物、硫与黄铁矿都与新近纪的火山（Nyaan 火山）活动有关，加里曼丹岛中部早新近纪深海相沉积与铁镁质火山岩为煤层提供了矿物来源。

（二）巴里托盆地

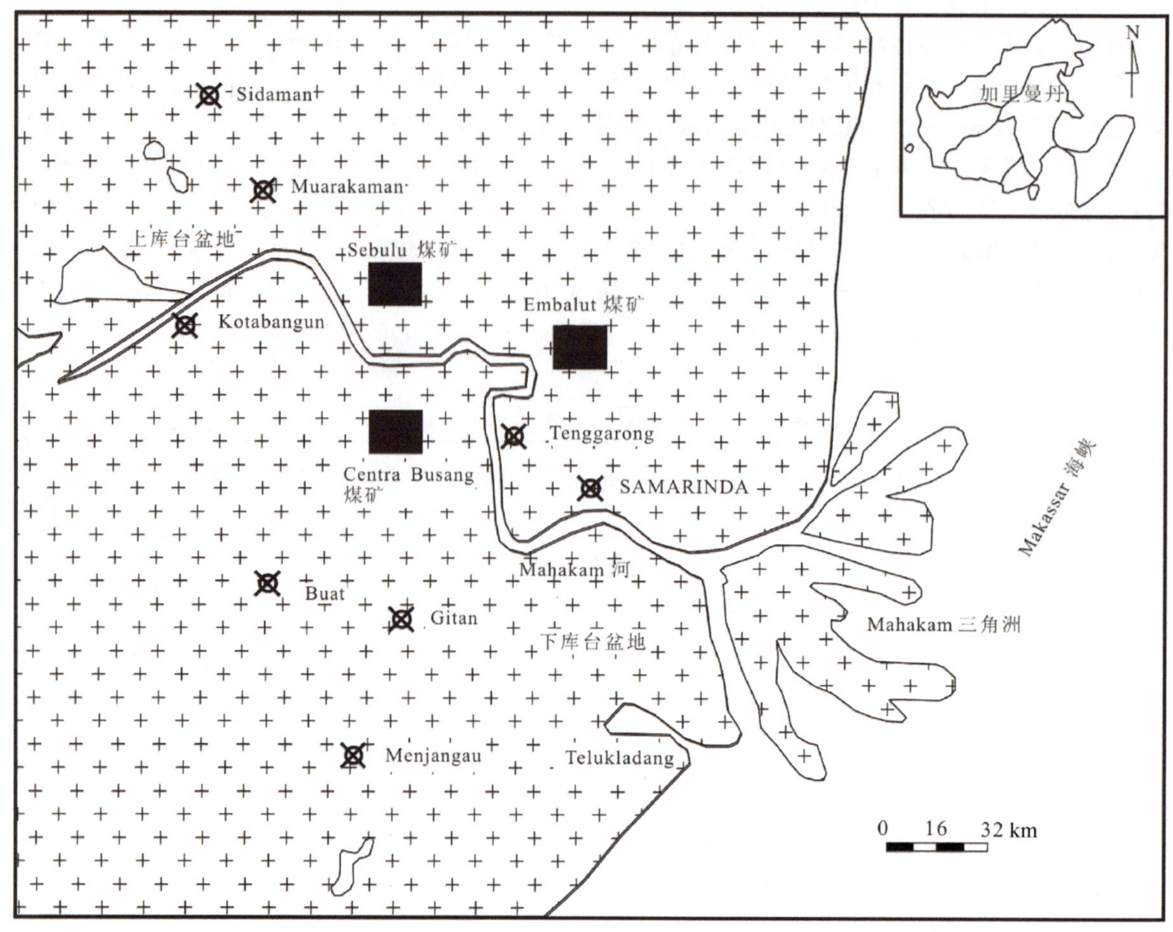

图 2-2-16 三马林达地区煤矿位置图（Widodo 和 Bechtel 等，2009）

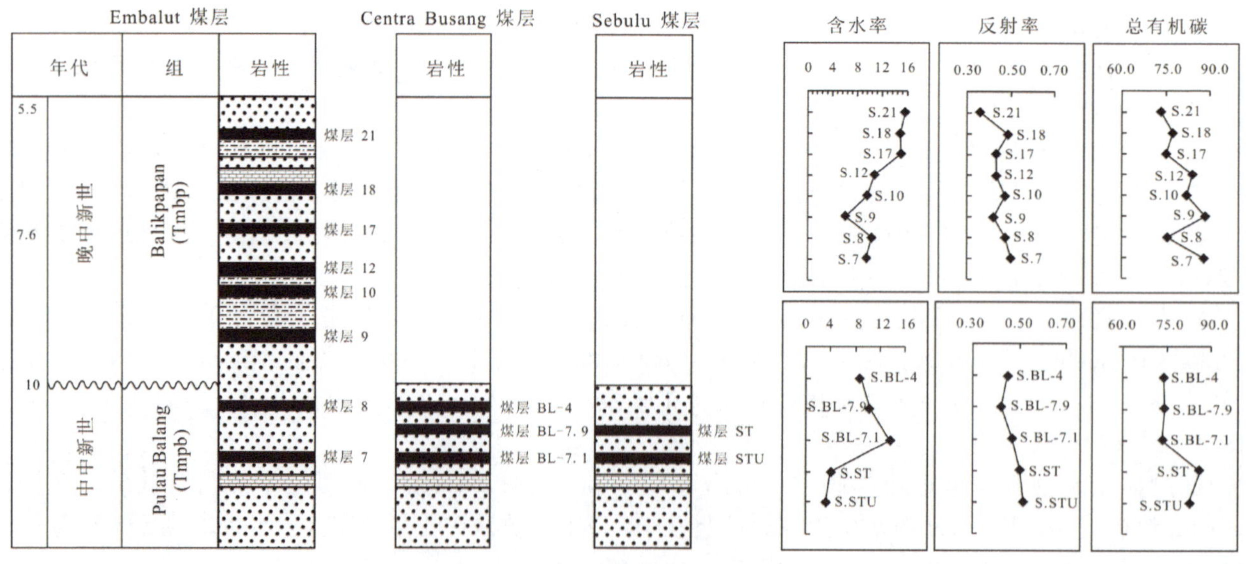

图 2-2-17 库台盆地 3 个煤矿的煤层及煤质（Widodo 和 Bechtel 等，2009）

1. 地质概况

巴里托盆地是位于加里曼丹东南部的沉积盆地，分布范围包括中加里曼丹省东南部和南加里曼丹省西部，自中始新世至早中新世，通过断裂活动沉降作用形成。盆地面积约为 70000 km^2，且大部分位于陆上（图2-2-18）。Meratus山脉将该盆地与面积较小的Asem-Asem盆地分隔在东西两侧，两个盆地都发育一套较厚且连续的沉积岩，分布于Meratus山脉的两侧。

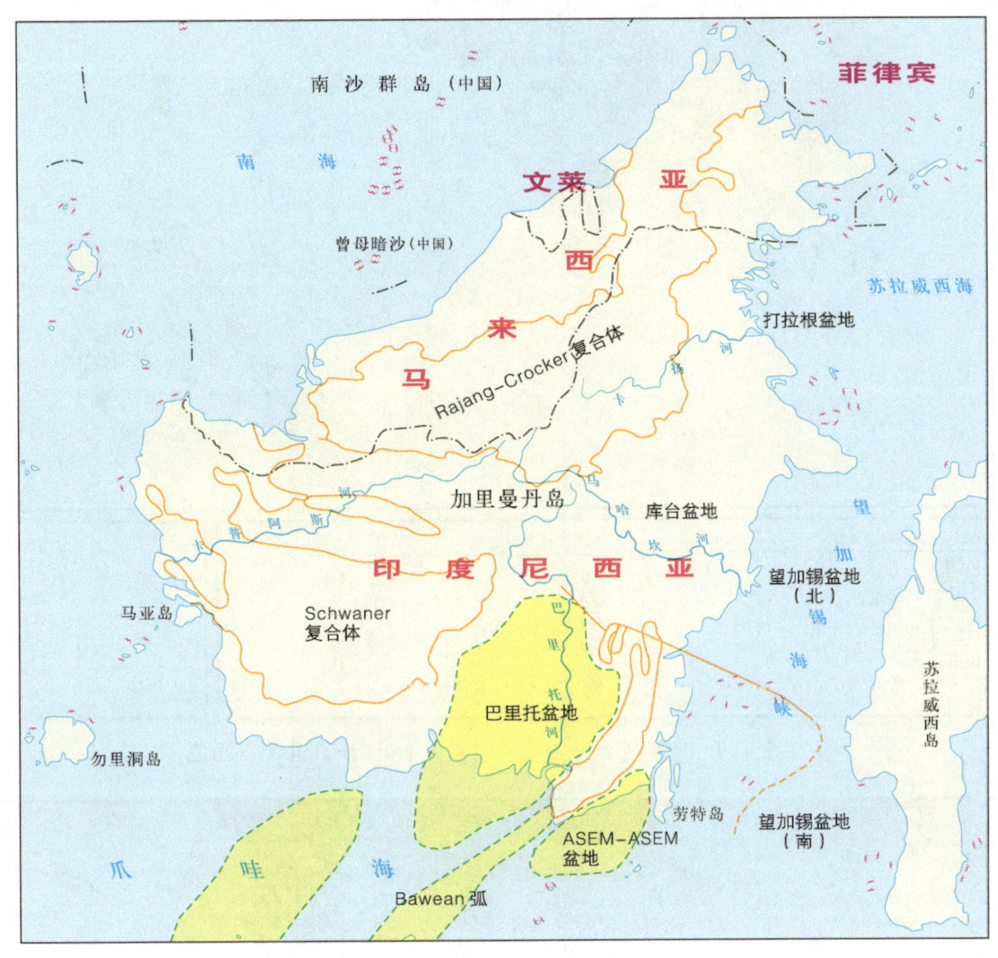

图2-2-18 巴里托盆地的地理位置（Witts和Hall等，2012）

巴里托盆地位于巽他大陆的东部，处于两个不同的地质构造之间（图2-2-19），西北方向是Schwaner杂岩体，由区域和接触变质岩、花岗质深成岩体与火山岩所组成；东部是Meratus杂岩体，发育两条沿巽他大陆东部边界分布的岩性带（抬升的蛇绿岩套、俯冲的变质岩与弧形岩）。

白垩纪以来，加里曼丹岛中部有多期次的岩浆侵入和火山喷发活动，广泛分布中酸性岩浆岩和喷发岩，形成一条向南突出的白垩纪至古近纪和新近纪陆缘火山岛弧带—古晋岩浆岩带。

古晋岩浆岩带超基性—基性岩分布在加里曼丹岛古晋带博扬混杂岩和西布带卢帕缝合线中。古晋岩浆岩带的博扬混杂岩为晚白垩世火山岩，是一套超基性—基性岩，主要由玄武岩、细碧岩、辉绿岩、细粒到粗粒辉长岩及其轻微变质物组成。同时发育大量新近纪酸性、中性、部分基性岩株、岩席、岩脉及岩床（赵财胜和孙丰月等，2003）。

据加里曼丹岛中南部Tewah（1：25万）区测资料，花岗岩基成分为花岗闪长岩、正长岩、英云闪长岩和闪长岩。锆石和磷灰石裂径年龄为（76±8.7）Ma（晚白垩世）。中加里曼丹岩浆弧主要是晚渐新世到早中新世安山质—粗面安山岩风化剥蚀的残留物，多与相关的金矿床和矿点有关。

加里曼丹岛基底变质岩为千枚岩、片岩、石英岩和片麻岩，推测为三叠纪。其中，石英岩为白—黄灰色等粒状，致密，局部含云母，在西部的Ketapang区与砂质页岩共生（相当于晚三叠世复理石）。

巴里托盆地的新生界出露在盆地的北部、东部和西部（图2-2-20）。前新生代基岩出露在盆地的东侧，构成了地势较高的Meratus杂岩，并分隔了巴里托盆地和阿森阿森盆地。

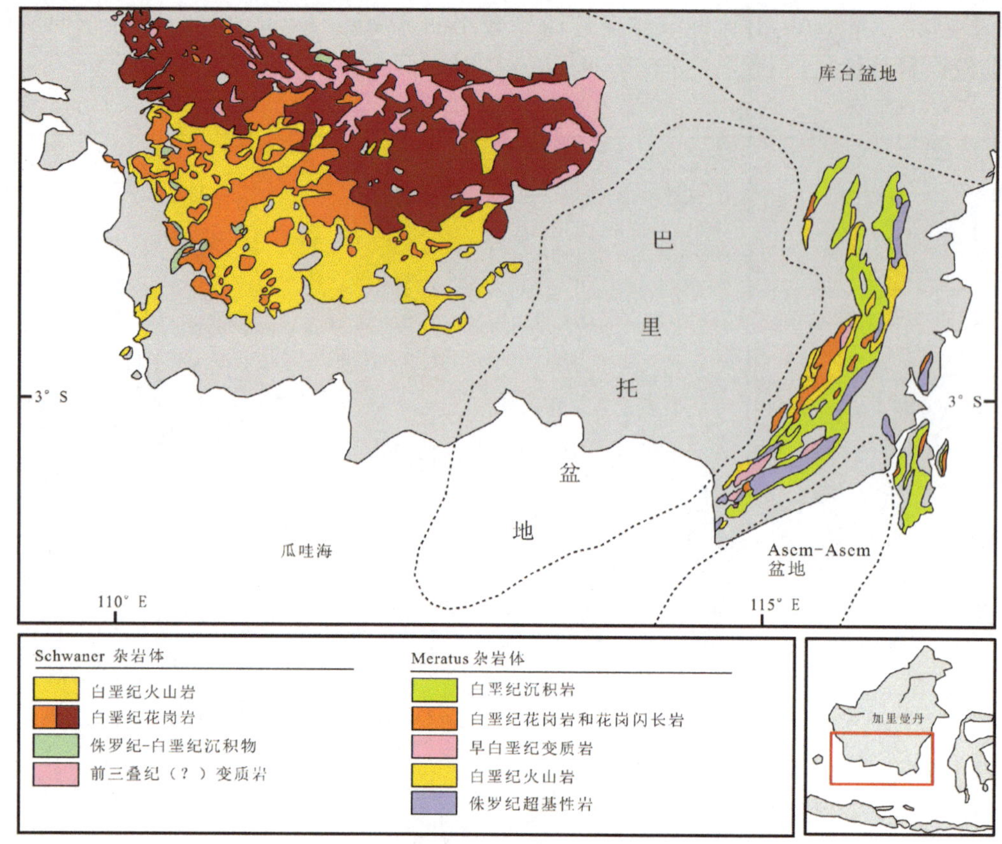

图 2-2-19 巴里托盆地的构造位置（Witts 和 Hall 等，2012）

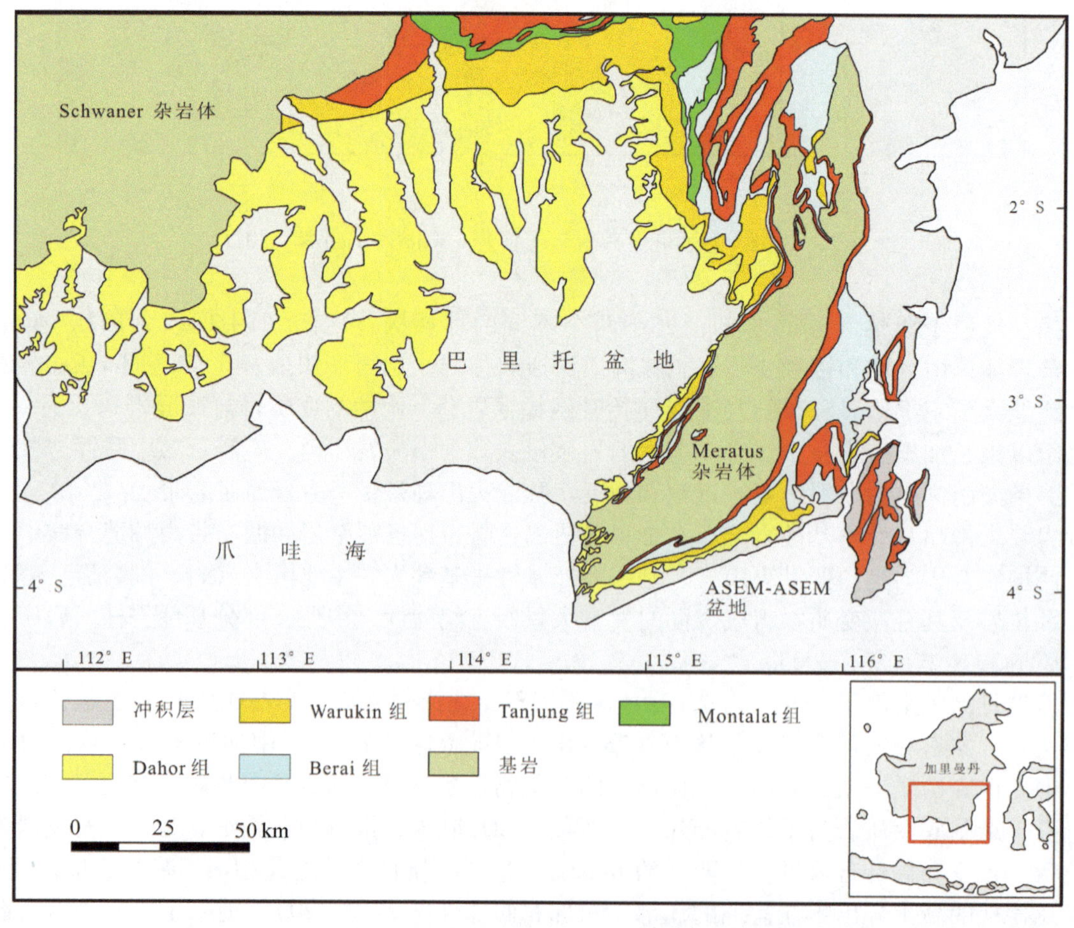

图 2-2-20 巴里托盆地新生界地质图（Witts 和 Hall 等，2012）

在巴里托盆地，新生界不整合上覆于白垩纪及更老的基岩之上。巴里托盆地的沉积地层依次为：中始新世—早渐新世的Tanjung组、晚渐新世—早中新世的Berai组和Montalat组、中中新世—晚中新世的Warukin组、晚中新世—更新世的Dahor组（图2-2-21）。Tanjung组是巴里托盆地的主要含煤岩系，其次为Warukin组。

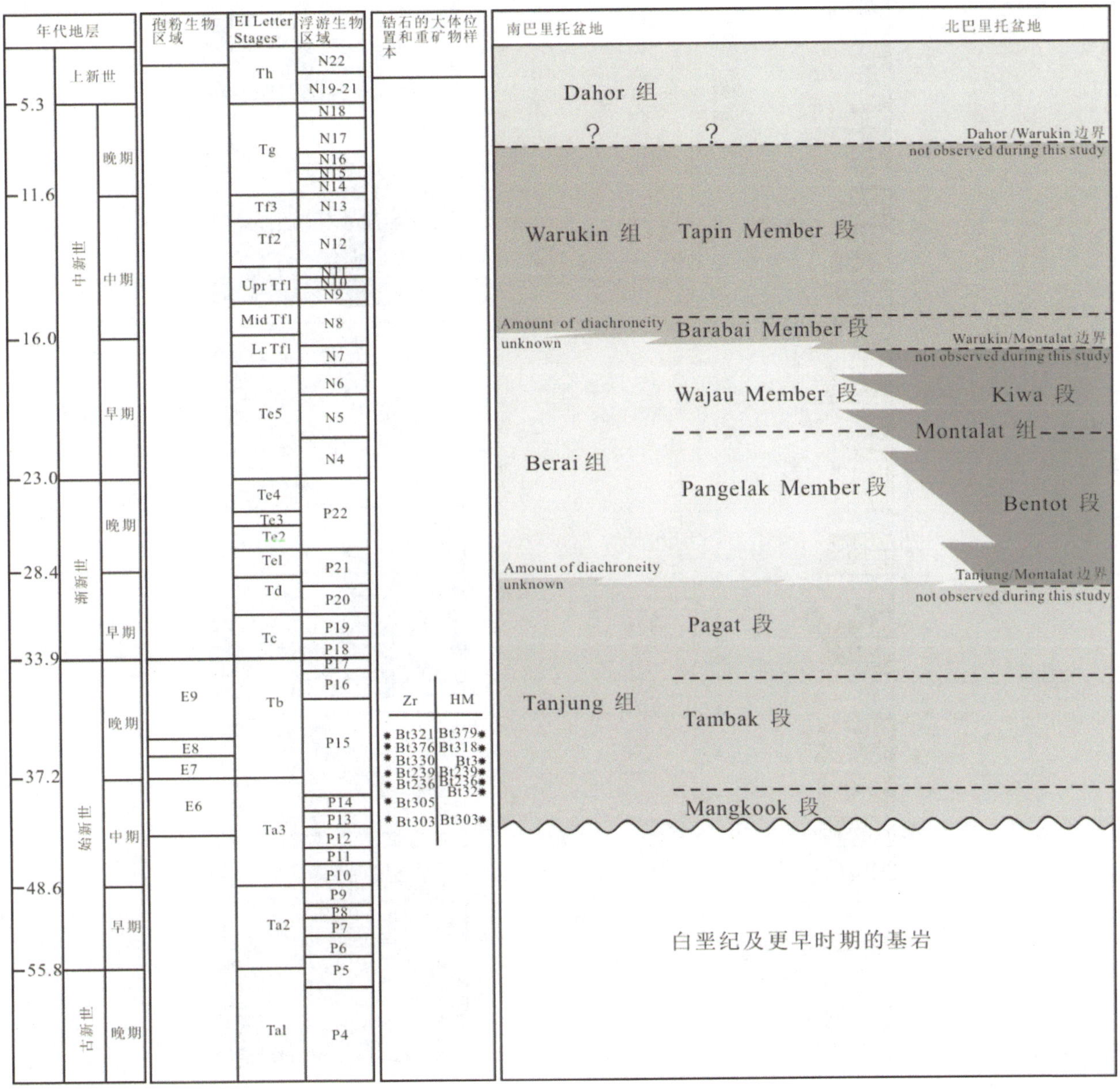

图2-2-21　巴里托盆地新生代地层的柱状图（Witts和Hall等，2012）

Tanjung组是巴里托盆地最老的岩层，可以分为3段：Mangkook段、Tambak段和Pagat段，分布在巴里托盆地的北部和东部。Tanjung组是烟煤的重要产层，也是油气的主要储层；其厚度向北增厚，向西减薄。

研究表明，Tanjung组Mangkook段发育冲积和河流沉积物，记录了中始新世晚期河流在不规则原始地形的侵蚀与局部沉积现象；Tambak段约占Tanjung组的80%，记录了晚始新世—早渐新世，在普遍的海侵下，从局部沉积到广泛潮汐流和河口沉积的变化；Pagat段是发育于浅海沉积岩中的薄层，记录了早渐新世末期，盆地在浅海环境中沉降之前，Tanjung组最后阶段的发育情况。

Tanjung组中共可识别出20种岩相，划分为4个相序组合（TFA1～TFA4），岩相的变化反映出海侵趋势，总体上是从陆相沉积过渡到浅海沉积（图 2－2－22）。

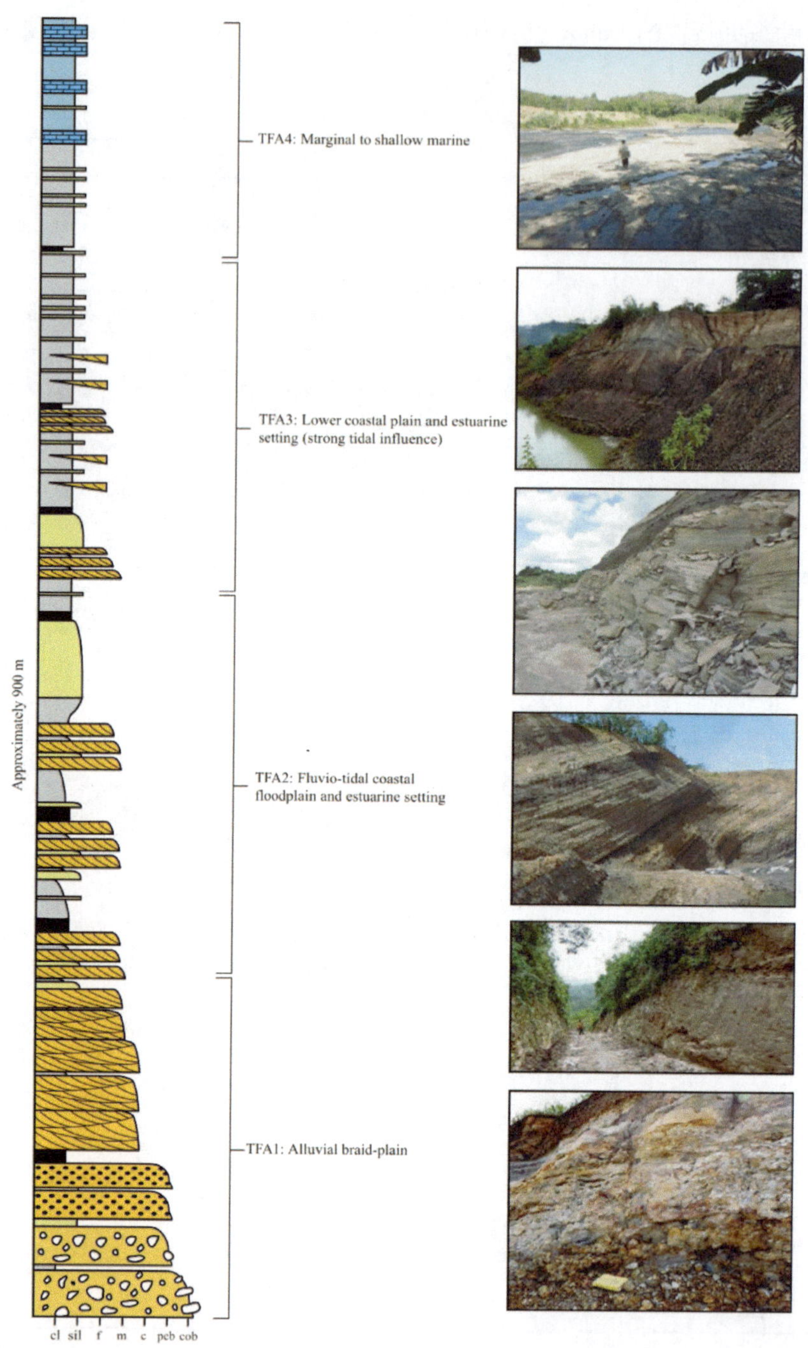

图 2－2－22 Tanjung 组 TFA1～TFA4 相组合岩性柱状图与野外照片（Witts 和 Hall 等，2012）

2. 主要煤矿

1）图图潘矿

图图潘矿位于印度尼西亚南加里曼丹省 Tanjung（图 2－2－23），包括图图潘矿（Tutupan）、帕林金矿（Paringin）和瓦拉矿（Wara）3 个矿，隶属于 Adaro 公司的子公司 Adaro Indonesia。矿权有效期至 2022 年。2010—2012 年原煤产量分别为 4220 万 t、4770 万 t 和 4720 万 t。该煤矿的产品煤为次烟煤，销往 17 个国家、49 个客户。

图图潘矿的产品煤为中等发热量次烟煤。截至 2012 年底，资源量为 46.63 亿 t，储量为 9.22 亿 t（表 2－2－13）。

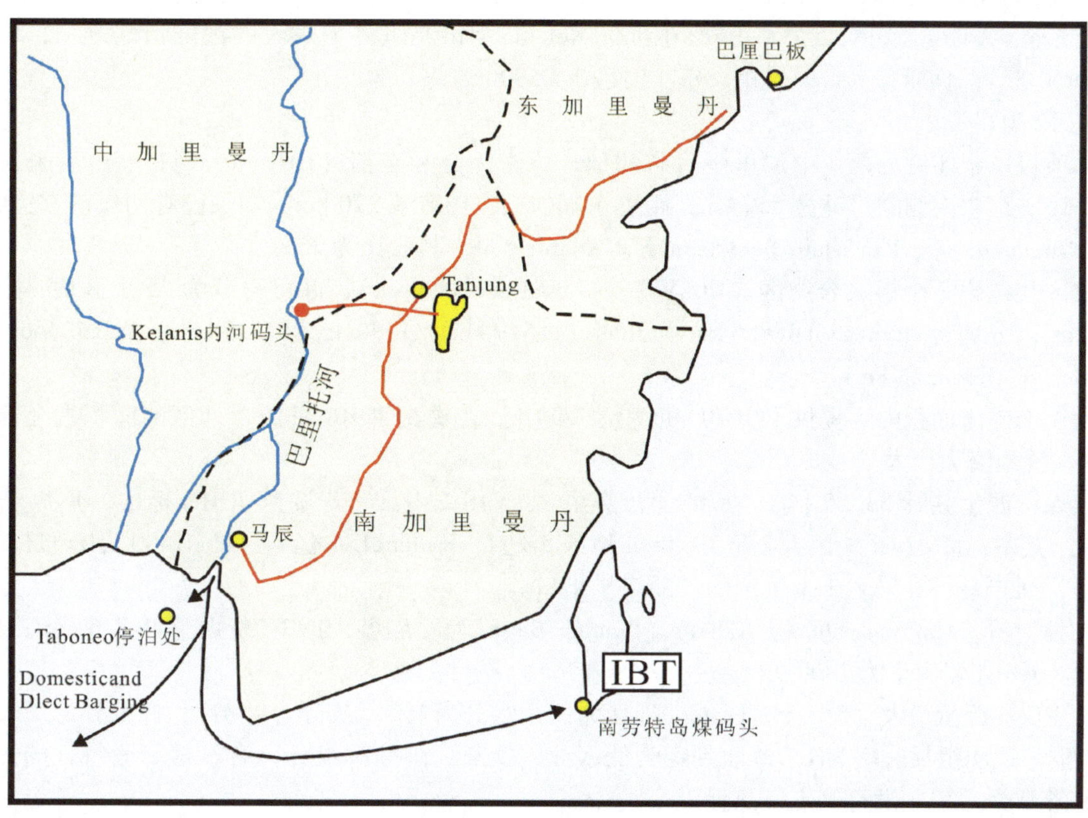

图 2-2-23 图图潘矿的位置

表 2-2-13 图图潘矿的资源量和储量

亿 t

项 目	资源量	储 量	项 目	资源量	储 量
图图潘矿（Tutupan）	25.21	4.93	瓦拉矿（Wara）	16.41	3.92
帕林金矿（Paringin）	5.02	0.37	总计	46.63	9.22

图图潘矿发育多套煤层，其主要煤层的厚度达到 50 m。矿区内发育多条逆冲断层，断层的产状与煤层一致，倾角约 45°（图 2-2-24）。

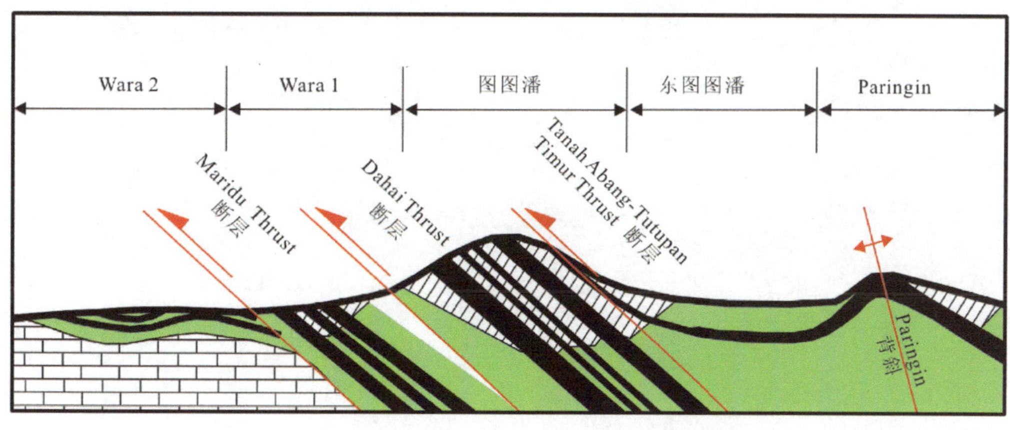

图 2-2-24 图图潘矿煤层剖面图

图图潘矿的西侧为 Kelanis 河，两地间的有运煤公路，总里程为 80 km。运力为 8000 万 t/a，共有 320 辆运煤车，Adaro 公司对该公路 100% 控股。Kelanis 河港是世界上最大的内陆河港之一，堆煤场最大容量为 60 万 t，且拥有 7 台碎煤机，每小时破碎 7500 t 原煤。

2）三林项目

三林项目位于印度尼西亚中加里曼丹省北部，原来为必和必拓（BHP）公司持有，后来被印尼政府收回。该矿距离南侧的爪哇海 550 km，距离东侧的望家锡海峡 270 km。周围已有的煤矿有：Cup、PT Marunda Grahamineral、PT Asmin Bara Jaan 等。Adaro 公司占其股比为 25%。

矿权区共包含 7 个煤炭合约区（CCoW – coal contracts of work），并可再分为 25 个区块，全部面积共 3305 km^2，分别为 Maruwai（488.6 km^2）、Juloi（955.9 km^2）、Kalteng（452.5 km^2）、Lahai（466.2 km^2）、Sumber Barito、Ratah 和 Pari。

在前 4 个矿区面积内，提供了 JORC 资源量 7.74 亿 t。提交 JORC 资源量地区的面积占全部合约区的 3.3%，资源潜力巨大。

全区煤资源量共计 33.25 亿 t，其中含焦煤资源量 18.2 亿 t。若按照 JORC 标准，焦煤资源量为 7.74 亿 t。其中，Maruwai 地区 1.2 亿 t，Juloi 地区 5 亿 t，Kalteng1.4 亿 t，Lahai1400 万 t。目前状况为绿地项目，尚未进行开采。未来生产的产品煤供出口。

从煤种上看，Maruwai、Juloi、Kalteng、Sumber Barito 为硬焦煤，JORC 资源量共 7.6 亿 t；Lahai 为半软焦煤，JORC 资源量为 1400 万 t。

以 JORC 资源量最大（5 亿 t）的 Juloi 地区为例：水分为 1%，灰分为 4.3%，挥发分为 27.7%，硫分为 0.6%，镜质组反射率为 1.2%。判定为低水分、低灰、中等挥发分，有较好膨胀特性的焦煤。由于缺乏足够数据，因此没有测定发热量。

从煤层上看，JORC 资源量（5 亿 t）最大的 Juloi 地区共发育 8 个煤层，编号为 A ~ H。煤层倾角为 3° ~ 5°，在东北地区出露，基本不发育断层。A、B、C 为露天开采的主力煤层。A 煤层位于底部，平均厚度为 1.52 m；B 煤层厚 4 m，中间有 0.8 m 的夹层；C 煤层的平均厚度为 1.2 m。C 煤层以上 40 ~ 60 m 处发育煤层 D ~ H。D、E 煤层分别厚 1 m，F 煤层厚 2 ~ 3 m。未提供 G 煤层的厚度。

由于矿区地处腹地，基础设施落后。煤炭的运出主要依靠两条内河：东线的马哈坎河（距离外海 270 km），以及南线的巴里托河（距离外海 550 km）。必和必拓公司曾经认为其是“世界上最有吸引力的绿地焦煤项目”。

（三）北打拉根盆地

北打拉根盆地位于东加里曼丹省的东北部（图 2 – 2 – 25），是该省面积最小的含煤盆地（约 70 × 70 km^2）。该盆地的煤矿较少（5 个），不属于煤炭开发的热点地区，资料也较为有限。

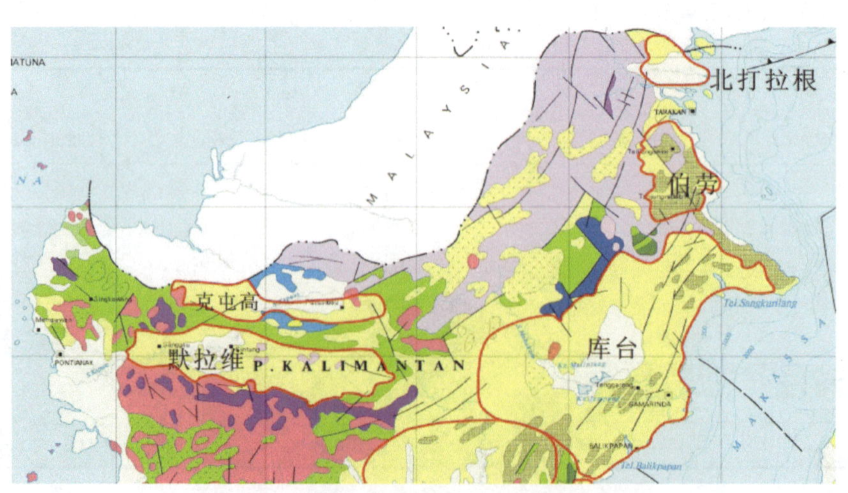

图 2 – 2 – 25 北打拉根盆地的位置

北打拉根盆地位于加里曼丹东北部，与库台盆地以 Mangkalihat 高地相隔（图 2－2－26）。含煤地层晚中新世的 Lati 组，地层沉积开始于中始新世，同时伴随着望加锡海峡的断裂作用。Danau 基岩之下为 Sembakung 组浅海相页岩。始新世地层发生抬升时，海侵过程中断，沉积分选较差的 Sujau 碎屑物。

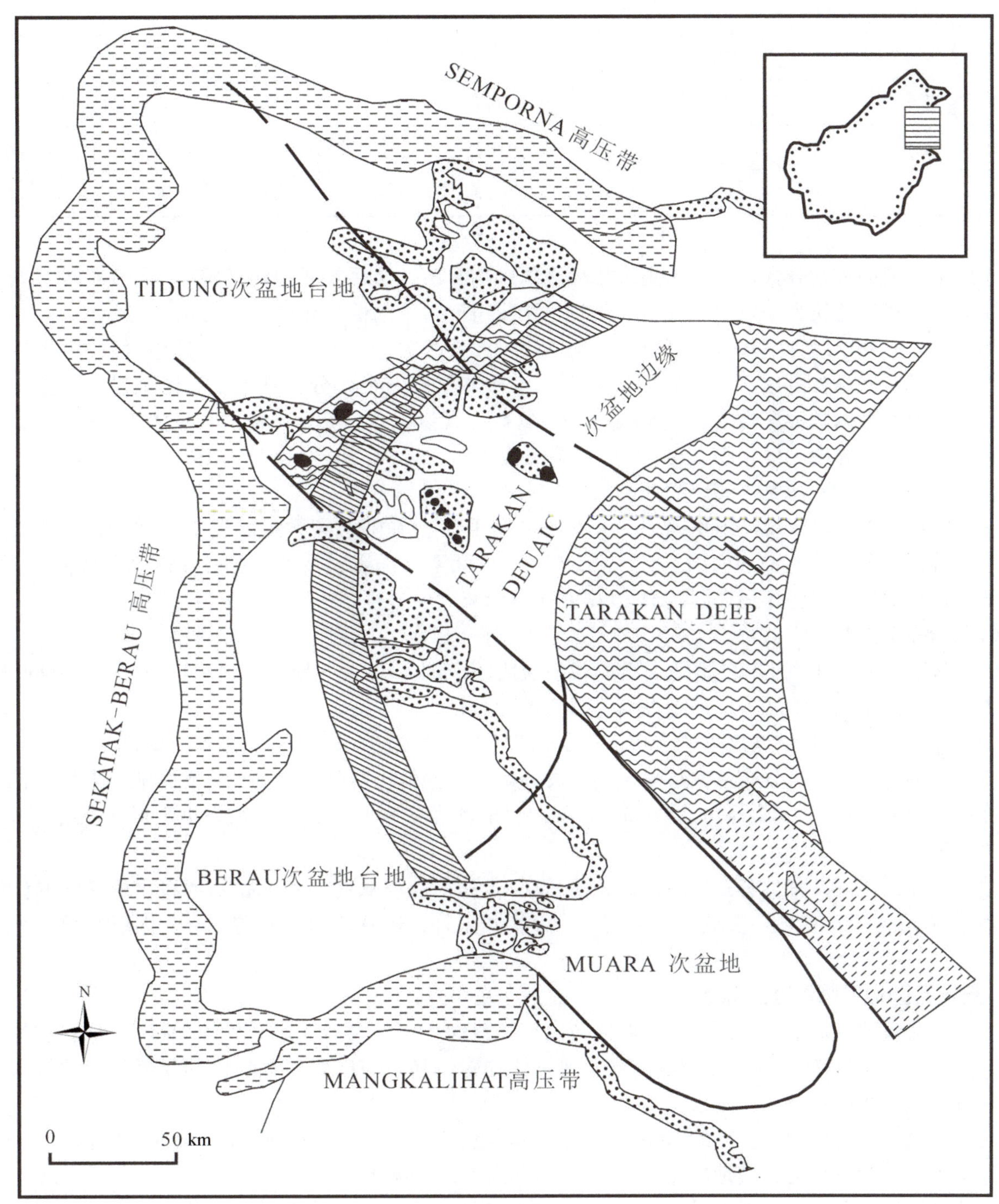

图 2－2－26　北打拉根盆地的构造位置（Singh 和 Singh 等，2010）

加里曼丹岛东北部发育新生代侵入岩，出露的岩石主要为酸性—中性岩、超基性—基性岩（蛇绿岩套）、埃达克岩及火山岩。

煤层具有较高的含水量（13.5%～19.1%），挥发分含量（52.1%～57.6%）也较高。样品分析显示煤层碳含量较低而硫含量较高，氢含量为 6.13%～7.26%。另外，H、C 元素比为 1.02～1.36，O、

C 元素比为 0.15 ~ 0.26（表 2 - 2 - 14）。

表 2 - 2 - 14　北打拉根盆地煤样元素分析结果（Singh 和 Singh 等，2010）

样品号	Ash/%	VM(daf)/%	FC(daf)/%	C(daf)/%	H(daf)/%	N(daf)/%	O(daf)/%	St(d)/%	H/C	O/C
A - 7	1.6	66.4	33.6	73.9	6.3	1.2	16.5	2.1	1.02	0.20
A - 4	4.4	69.6	30.4	68.1	6.5	1.4	23.1	0.9	1.14	0.26
T - 0	3.6	74.4	25.6	73.3	6.7	1.8	14.4	3.8	1.09	0.15
T - 2	3.2	67.8	32.2	71.7	6.1	1.2	20.6	0.4	1.03	0.21
S - 8	15.7	79	21	64.2	7.3	0.7	22.4	5.4	1.36	0.26

煤层中较高的挥发分含量是由于受海相环境的影响，硫、氢、氮元素含量较高，使得挥发分含量高于预期值。当煤岩镜质组中氢含量发生变化时，镜质组反射率的值也相应发生变化。

印尼煤岩中壳质组含量较低，打拉根盆地中煤岩壳质组含量为 1% ~5%，惰质组含量为 2% ~7%，而镜质组含量非常高，可达 91% ~98%，其中，木质体仅占一小部分，细胞腔有时被黏土填充。总体上，显微煤岩类型以微镜煤为主，占 86% ~99%，矿物含量很少，黏土矿物的含量为 3% ~22%，基本填充于细胞腔与裂隙中。硫化物（<2%）和碳酸盐类（<1%）的含量较小。黄铁矿微球粒单独生长或呈丛生状态，而碳酸盐类主要以菱铁矿的形式出现。

北打拉根盆地的煤岩镜质组反射率为 0.38% ~0.45%，并随着碳含量的增加而增大，镜质组最大反射率随着挥发分含量的增加而减小。H、C 与 O、C 元素比随着镜质组反射率的增大而呈减小趋势，反映出打拉根盆地的煤化作用过程是 H 和 O 元素逐渐减少的过程。

（四）伯劳盆地

伯劳盆地位于加里曼丹东北部，北部为打拉根盆地，南部毗邻库台盆地。其面积较小，约为 10000 km^2，却是生产煤炭的主要盆地之一，而石油与天然气的产量较少。

中新世 Latih 组的煤层厚度可达 150 m，约占该组岩层厚度的 6% ~9%。另外，始新世的 Sujau 组也分布有薄层的煤岩。煤级分布从次烟煤至高挥发分烟煤。盆地构造简单，很少发育褶皱与断层。伯劳盆地南部面积约为 780 km^2，煤厚可达 30 m，镜质组反射率为 0.45%，瓦斯含量为 4.5 m^3/t 左右，灰分和 CO_2 含量较少。

伯劳盆地的南部发育伯劳三角洲，面积为 800 km^2；伯劳河从此汇入苏拉威西海。伯劳河的流域面积约为 10000 km^2。该区域主要的商业活动除了煤炭开采外，还有伐木、旅游观光、渔业与海产品养殖业。

（五）巴西亚及阿森阿森盆地

巴西亚盆地位于加里曼丹东南部，西边与巴里托盆地相邻，两盆地之间受到 Meratus 杂岩带的分隔（图 2 - 2 - 27）。阿森阿森盆地位于巴西亚盆地东侧的劳特岛，与巴西亚盆地之间相隔狭窄的海峡，两盆地具有相似的成因。

巴西亚盆地的地层为新生界的 Tanjung 组、Berai 组、Warukin 组、Dahor 组及第四纪冲积层（图 2 - 2 - 20）。阿森阿森盆地的出露地层仅为 Tanjung 组及第四纪冲积层。

盆地内泥炭的形成年代处于早—中始新世和中中新世，所处构造环境为始新世海侵和同裂谷期沉积环境。主要的含煤地层与库台盆地类似，为始新世的 Tanjung 组和中中新世的 Warukin 组。

目前，这两个盆地的在产煤矿主要位于其南部。主要的煤炭公司有 Arutmin、Bahari Cakrawala Sebuku 等。

（六）克屯高及默拉维盆地

克屯高（Ketungau）盆地和默拉维（Melawi）盆地位于加里曼丹岛西北部、西加里曼丹的北部，毗邻马来西亚，呈东西向分布。两盆地的沉积地层为第三系，并受到中生界沉积地层的分隔。

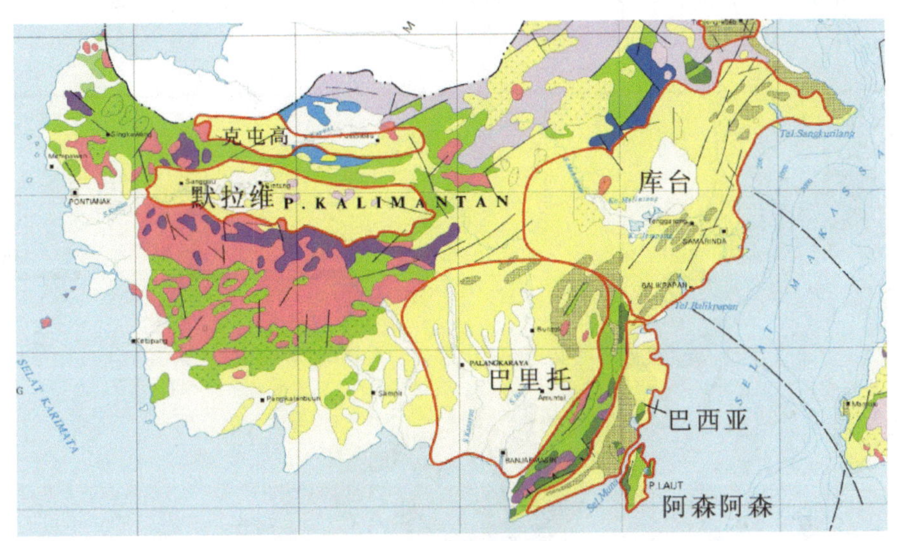

图 2-2-27　巴西亚及阿森阿森盆地的位置

克屯高盆地的含煤地层为始新统的 Kantu 组和 Ketunggau 组，煤种主要为次烟煤或中—高挥发分烟煤。

目前，在这两个盆地内，大部分的煤炭矿权区处于勘探阶段，只有克屯高盆地的数个煤矿进入了实际的生产阶段（图 2-2-28）。

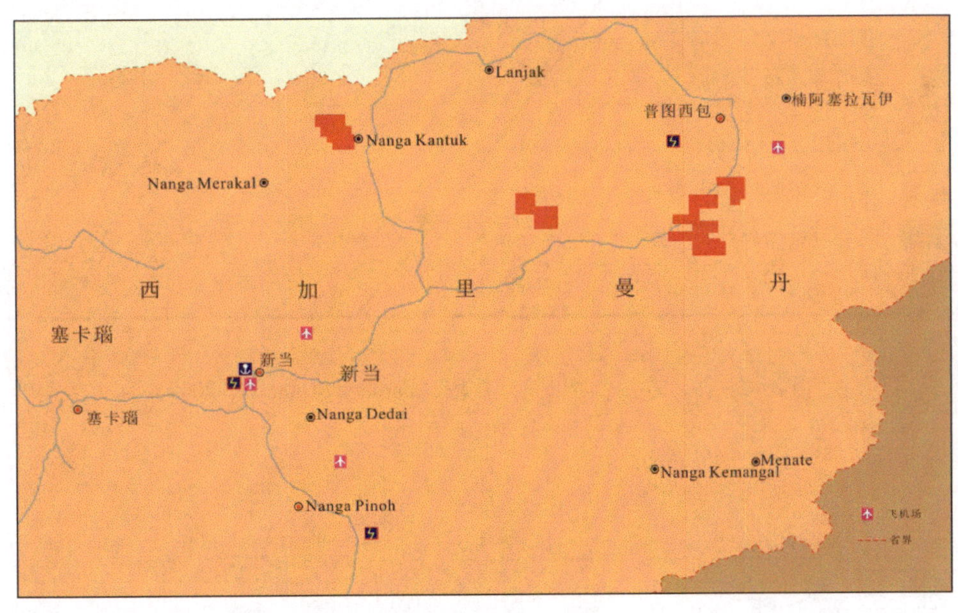

图 2-2-28　克屯高及默拉维盆地的矿权区分布

二、苏门答腊岛

（一）南苏门答腊盆地

1. 地质概况

苏门答腊岛的煤炭资源由该地区的弧后构造环境、北东向的巴里桑山脉和活动火山岛弧所限制，分别形成了 3 个大型的沉积盆地，即北苏门答腊盆地、中苏门答腊盆地和南部苏门答腊盆地。因此，从大地构造背景来看，南苏门答腊属于印度洋板块向欧亚板块俯冲造成的弧后盆地（图2-2-29～图2-2-31）。

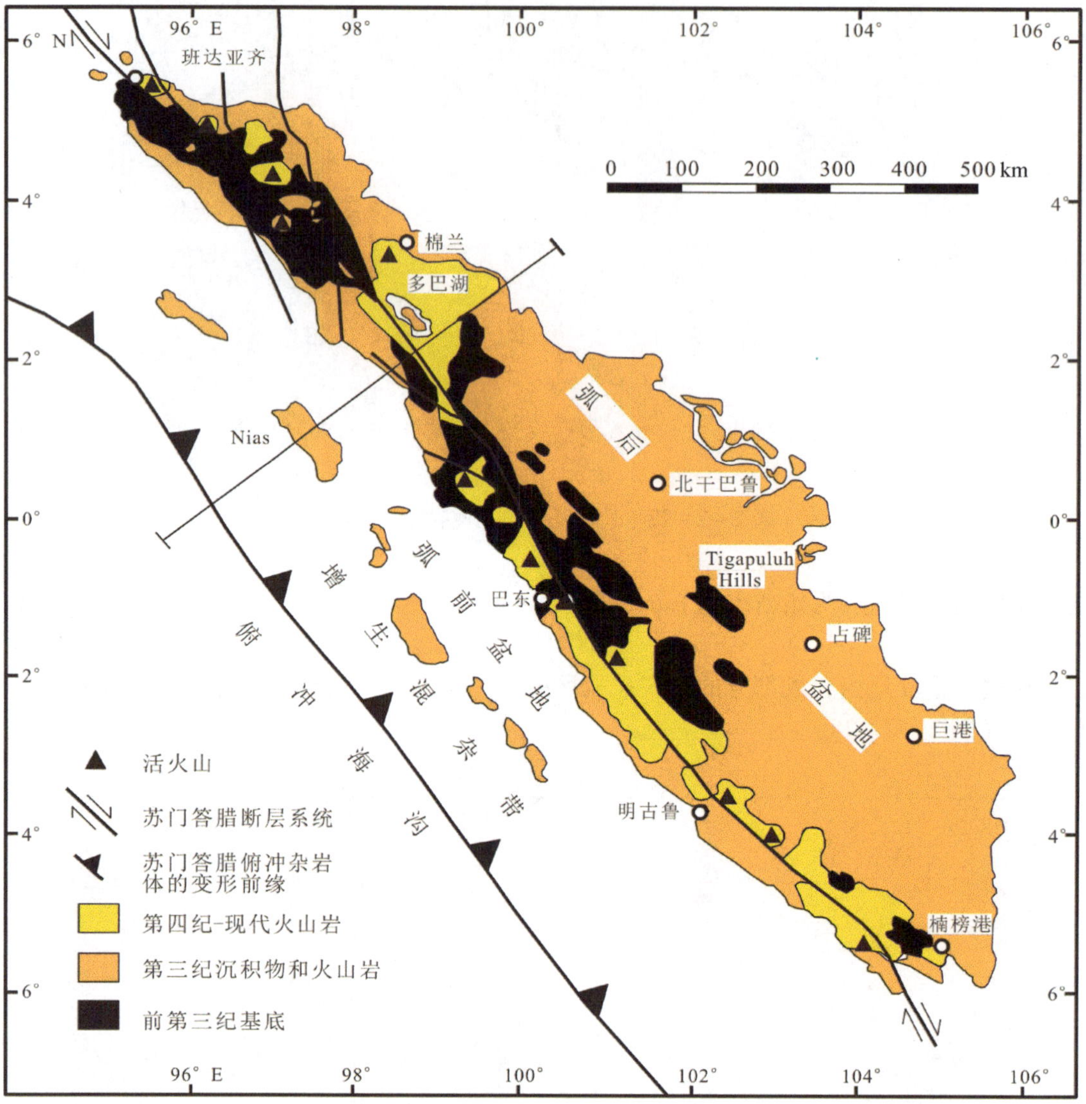

图2-2-29　苏门答腊简明地质图（Barber和Crow等，2005）

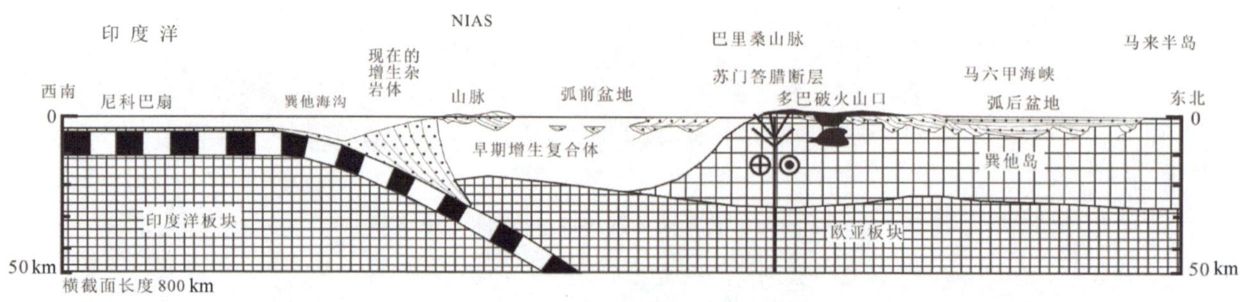

图2-2-30　苏门答腊俯冲系统剖面图（Barber和Crow等，2005）

在俯冲作用下，苏门答腊形成大量火山岩带和断裂构造。构造迹线以北西-南东向为主，中部的局部地区（Tigapuluh山北部）则发育近南北向的构造（图2-2-32）。

受到构造作用的控制，苏门答腊地区的出露地层也以北西—南东走向为主（图2-2-33）。

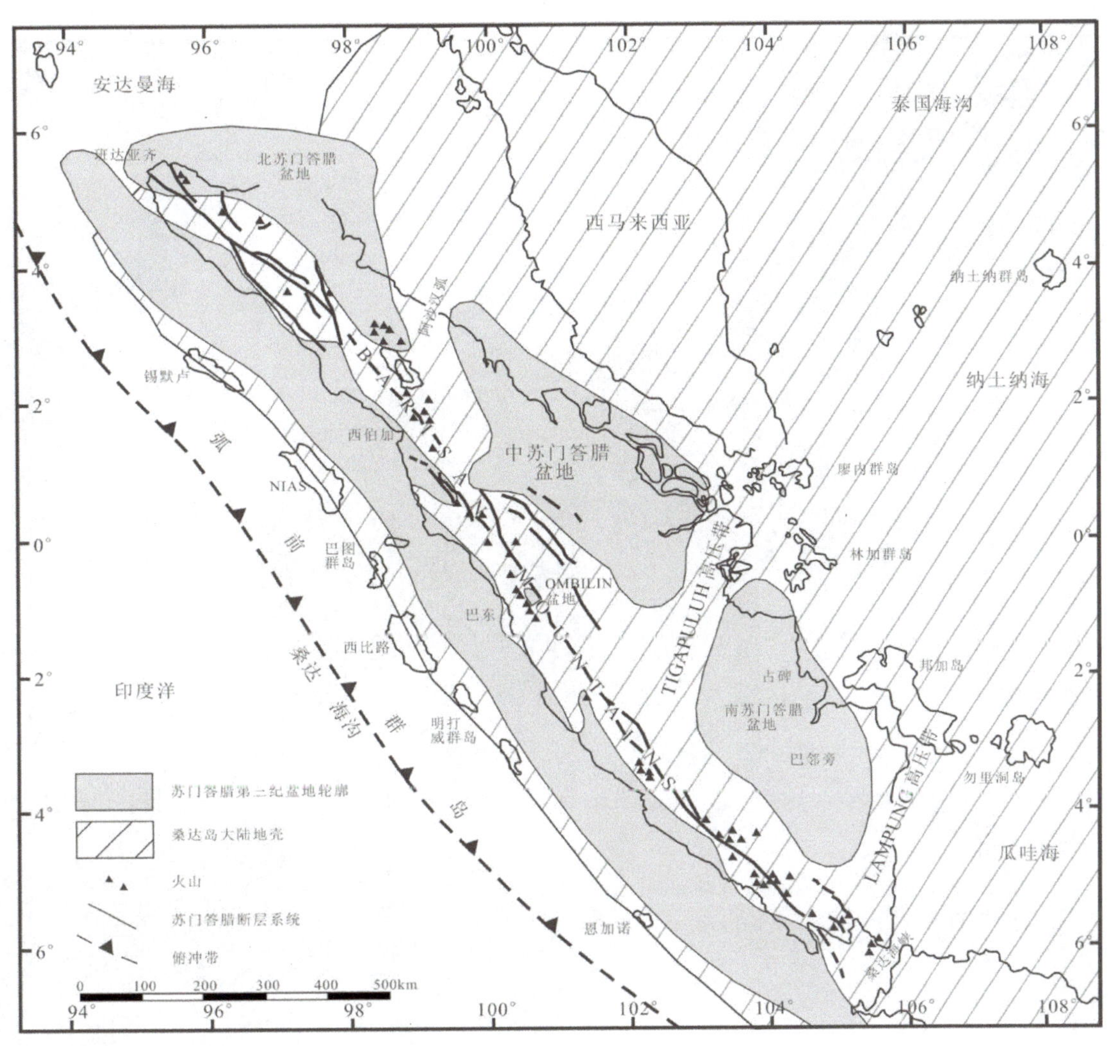

图 2-2-31 第三纪弧后盆地分布图（Barber和Crow等，2005）

南苏门答腊盆地的走向为北西—南东向，宽约200 km，长约300 km，面积将近6万 km^2。含煤地层（第三系）位于盆地的西侧，并形成一系列走向与盆地长轴一致的褶皱，且以背斜为主；第四系沉积物覆盖其上，广泛发育于盆地东北部的低洼地带。盆地的西南边缘受狭长的火山脉限制。火山脉的南侧则发育另一个狭长的含煤盆地——名古鲁盆地（图2-2-34）。

受构造演化期次控制，南苏门答腊盆地依次沉积了始新世中晚期裂谷发育阶段的Lahat组，渐新世裂谷—坳陷过渡阶段的Talang Akar组，中新世坳陷发育阶段早期的Batu Raja组、中期的Gumai组、晚期的Air Benakat组和Muara Enim组，以及上新世—更新世挤压反转阶段的Kasai组。南苏门答腊盆地的含煤地层为第三系晚中新世的Muara Enim组，该套地层的岩性以砂岩为主，并发育煤层和火山岩。Muara Enim组是海岸平原沉积环境（图2-2-35）。

在南苏门答腊盆地出露了克拉通阶段的沉积物。第三纪的沉积物直接覆盖到中生代灰岩、各类变质岩和火成岩基底之上。Lahat组代表了早期的裂谷阶段。这套地层已经在Palembang次级盆地内发现，但是至今未在Jambi次级盆地内发现，可能是因为在这个区域该组层位较深。Lahat组在基底高地是缺失的，在一些地堑的钻孔资料里，Talang Akar组之下没有发现该地层。Lahat组由冲积扇，基底砾岩，湖泊和河流沉积物组成。它可能代表了始新世湖泊相沉积物，为盆地的石油提供了源岩。Lahat组代表了最初的裂谷沉积物，发育在Kikim凝灰岩之上，代表了裂谷的开启。

Talang Akar组的沉积环境从基底的河流三角洲环境变为顶部的海相环境，代表了从裂谷阶段晚期到海侵阶段早期的一个演变。河流三角洲沉积包括了源岩，既可以是煤层，也可以是河流相砂岩之间的

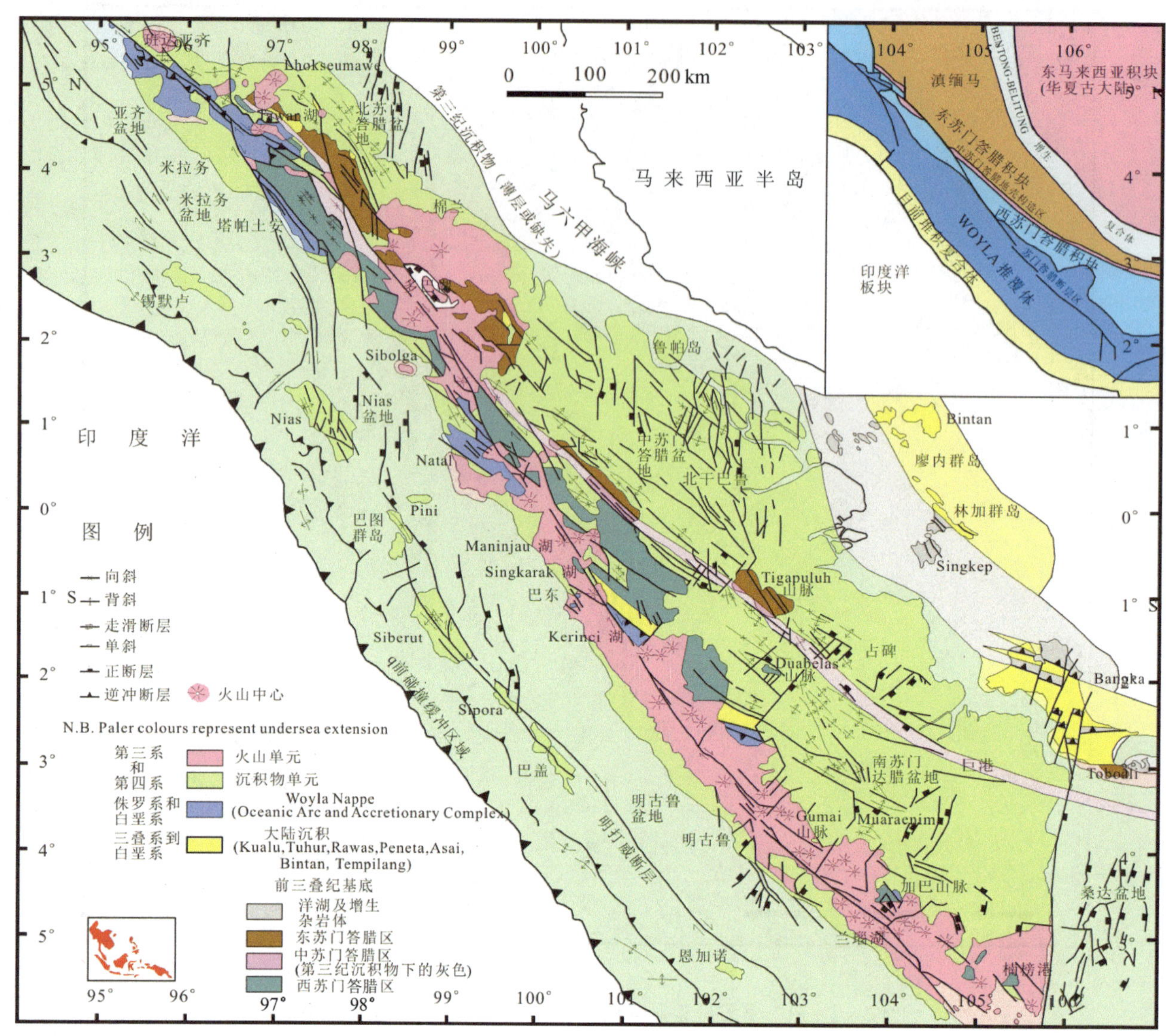

图 2－2－32　苏门答腊构造图（Barber 和 Crow 等，2005）

页岩。当海侵事件跨越了基底高地，碳酸盐建造即在基底之上发育（Batu Raja 组）。这些建造沿着海岸架发育，临近 Sunda 大陆架和基底高地。在 Palembang 次级盆地的南部，海岸大陆架广泛分布，在北部变得狭窄，并且在 Jambi 次级盆地的北部缺失。Gumai 组的页岩最终覆盖了石炭纪的碳酸盐建造，形成了区域内的盖层。Palembang 次级盆地的盖层比 Jambi 次级盆地的盖层更厚。Gumai 组代表海侵的最高阶段，并且紧跟着发育 Air Benakat 组和 Muara Enim 组的海退事件（图 2－2－36）。

南苏门答腊盆地发育为数众多的褶皱构造，从 Muara Enim 到 Jambi 的剖面上，共发育 Palembang 复背斜等多个复背斜（图 2－2－37）。

构造剖面显示，在 Muara Enim 地区，背斜的形成是由于构造挤压造成的。背斜褶皱轴部出露的地层多受到风化剥蚀作用（图 2－2－38）。

在基底起伏特征的控制下，含煤岩系 Muara Enim 组由南向北逐步加厚，代表了晚中新世末期的坳陷活动，期间经历过一次海退（图 2－2－39）。

2. 主要煤矿

Bukit Asam 煤矿位于南苏门答腊盆地南部，距离 Tanjung Enim 约 5 km，距离巨港 165 km。煤矿由 3 个露天采坑组成，分别为 Air Laya、Muara Tiga 和 Banko 采坑（图 2－2－40）。整个煤矿的覆盖范围是 4 km × 6 km。

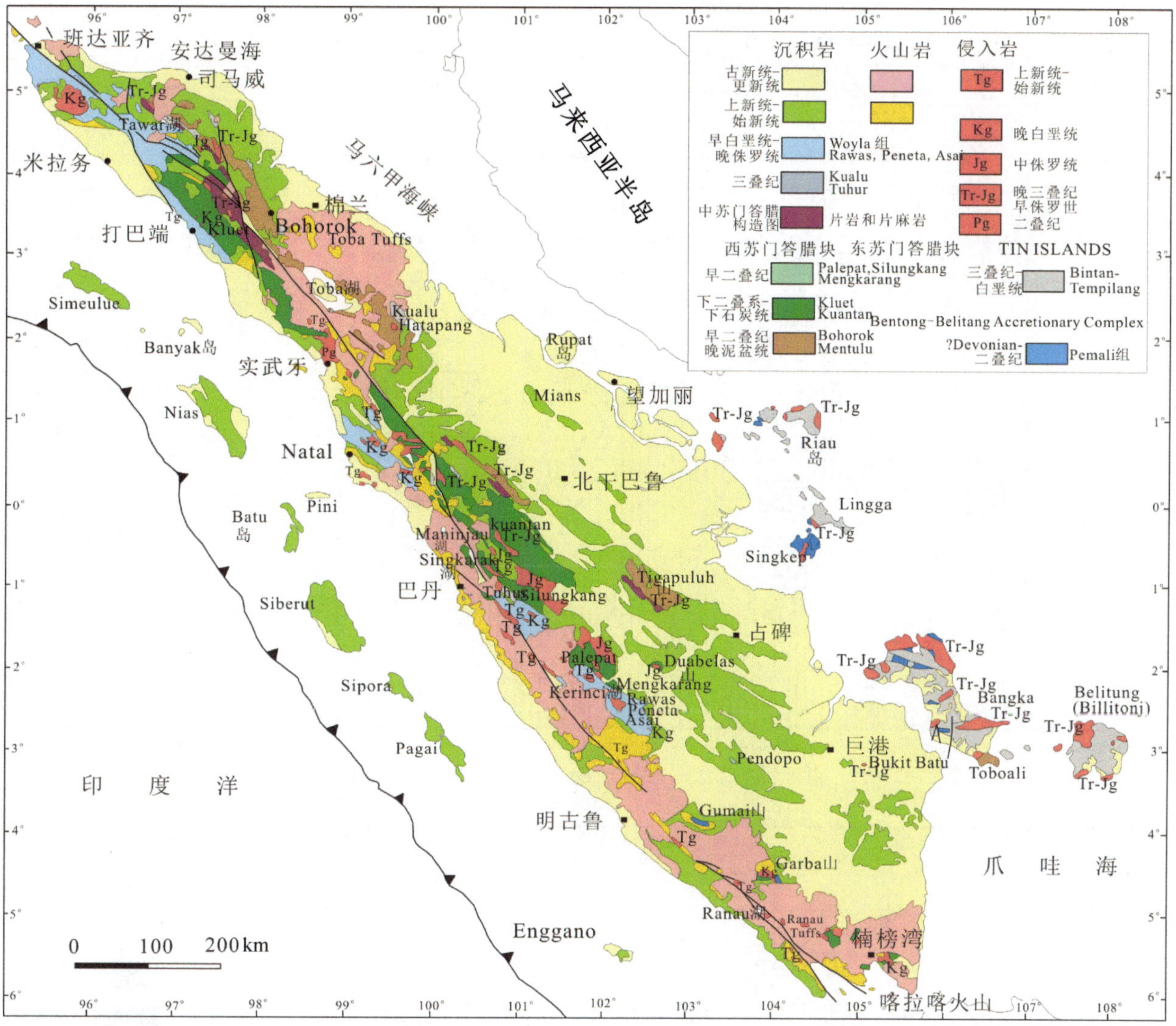

图 2-2-33　苏门答腊简明地质图（Barber 和 Crow 等，2005）

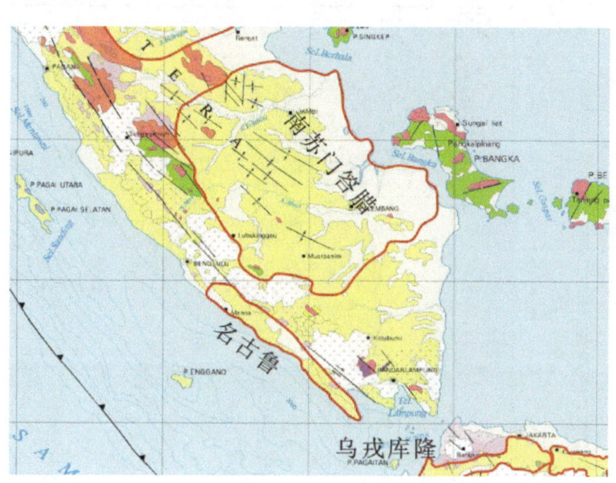

图 2-2-34　南苏门答腊盆地的分布范围及地质背景

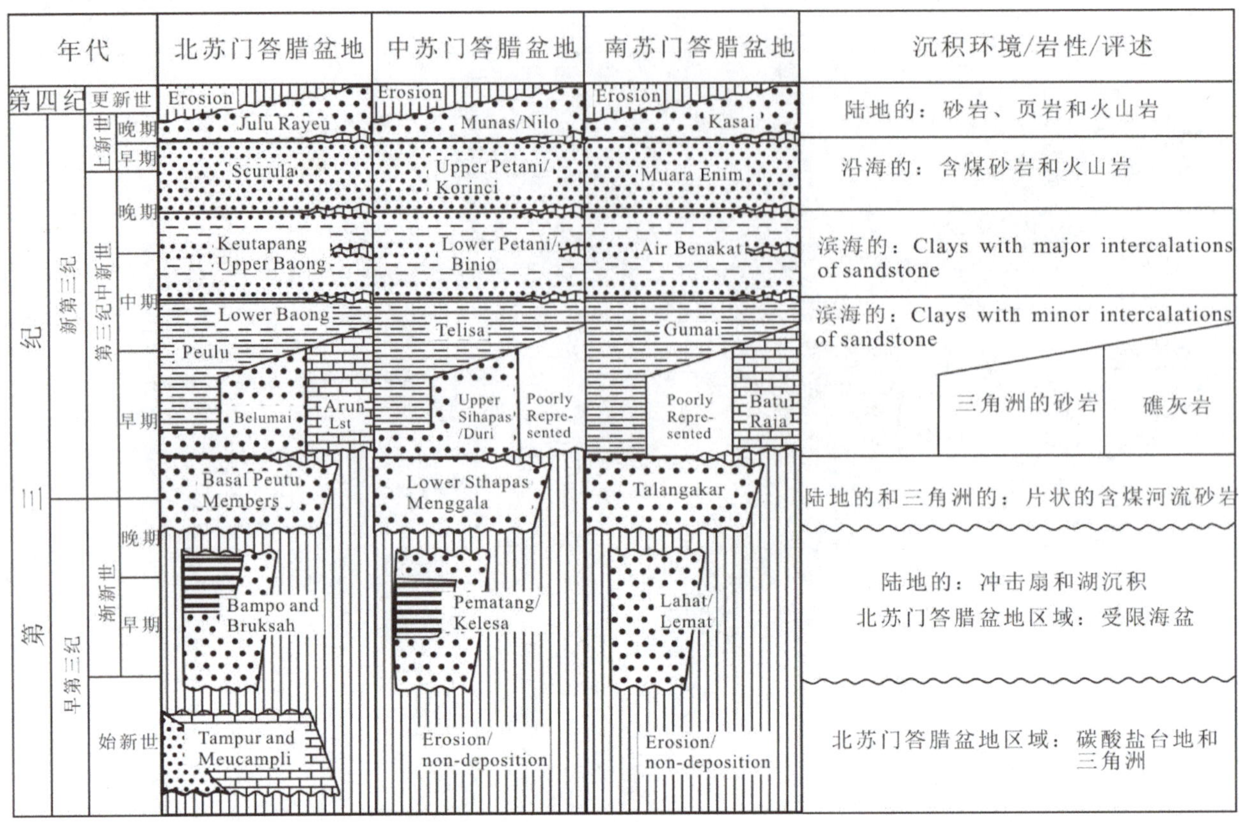

图 2-2-35 南苏门答腊弧后盆地构造—地层图（Barber 和 Crow 等，2005）

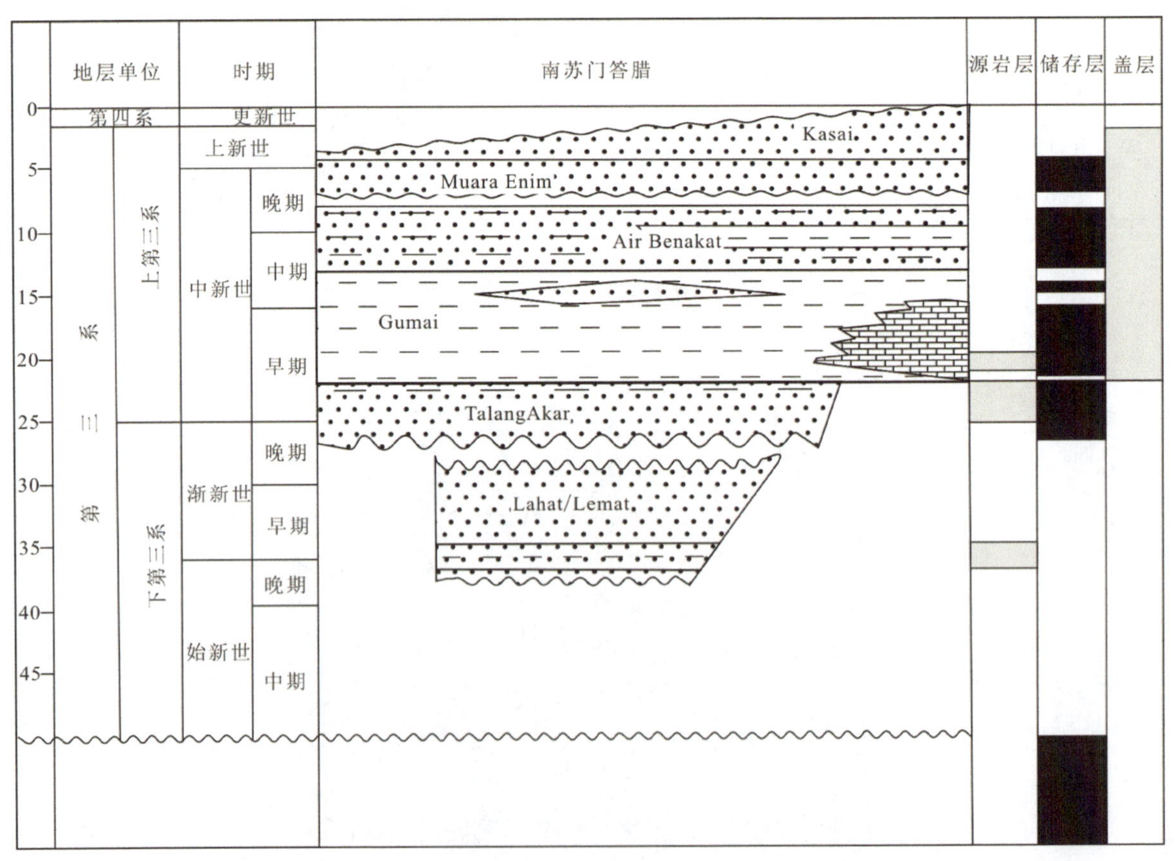

图 2-2-36 南苏门答腊盆地的沉积序列（显示了其油气的源岩层、储藏层和盖层）
（Barber 和 Crow 等，2005）

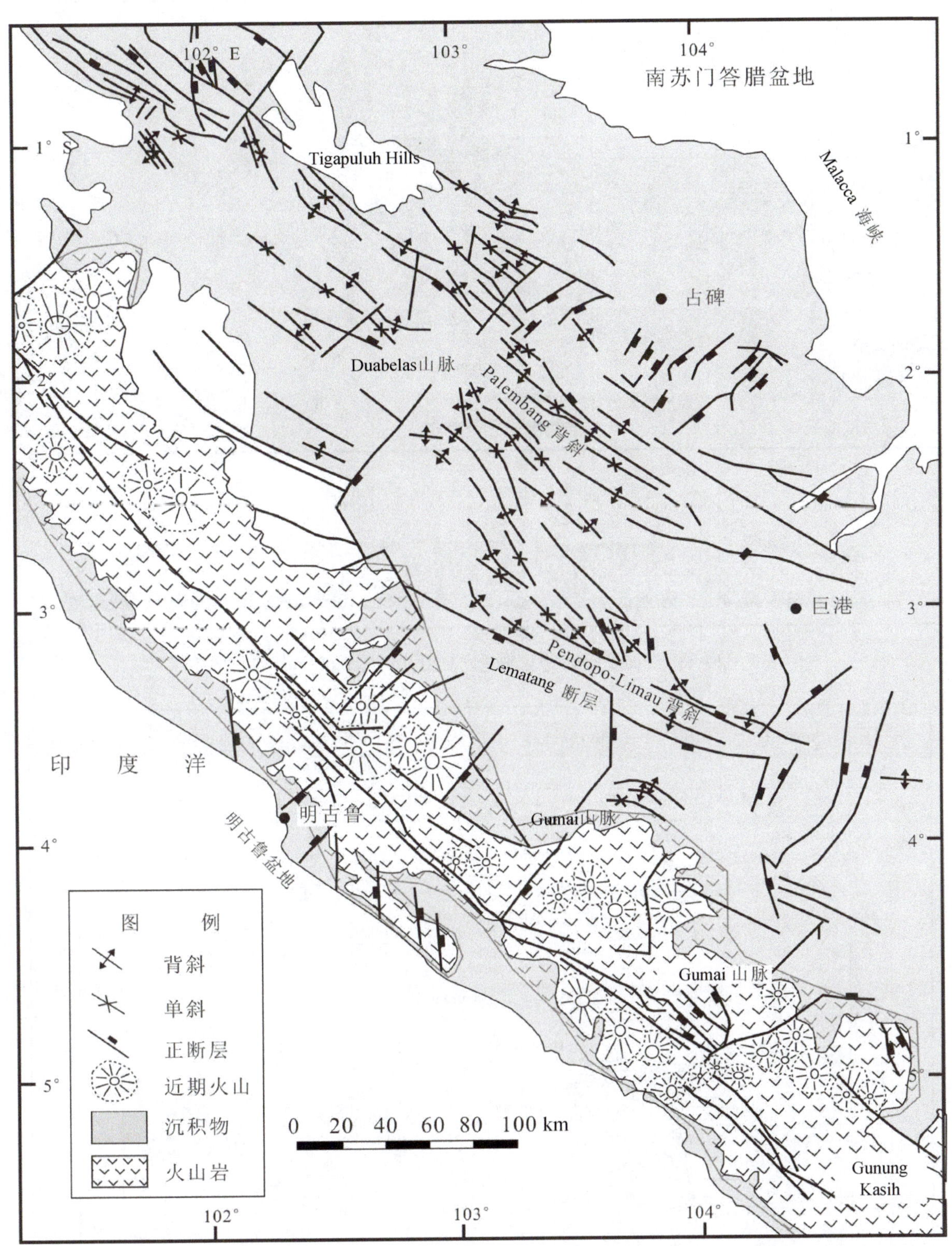

图2-2-37 南苏门答腊盆地的褶皱发育分布图（Barber和Crow等，2005）

Bukit Asam煤矿共发育4个含煤组，自下而上分别为M1、M2、M3、M4，并发育12个煤层。其中，经济可采的煤层位于M2煤组，分别为A煤组（Mangus煤组）、B煤组（Suban煤组）和C煤组（Petai煤组）。A煤层又分叉为A1和A2两个煤层，B煤层也分叉出B1和B2两个煤层，但C煤层在该煤矿没有分叉现象（图2-2-41）。

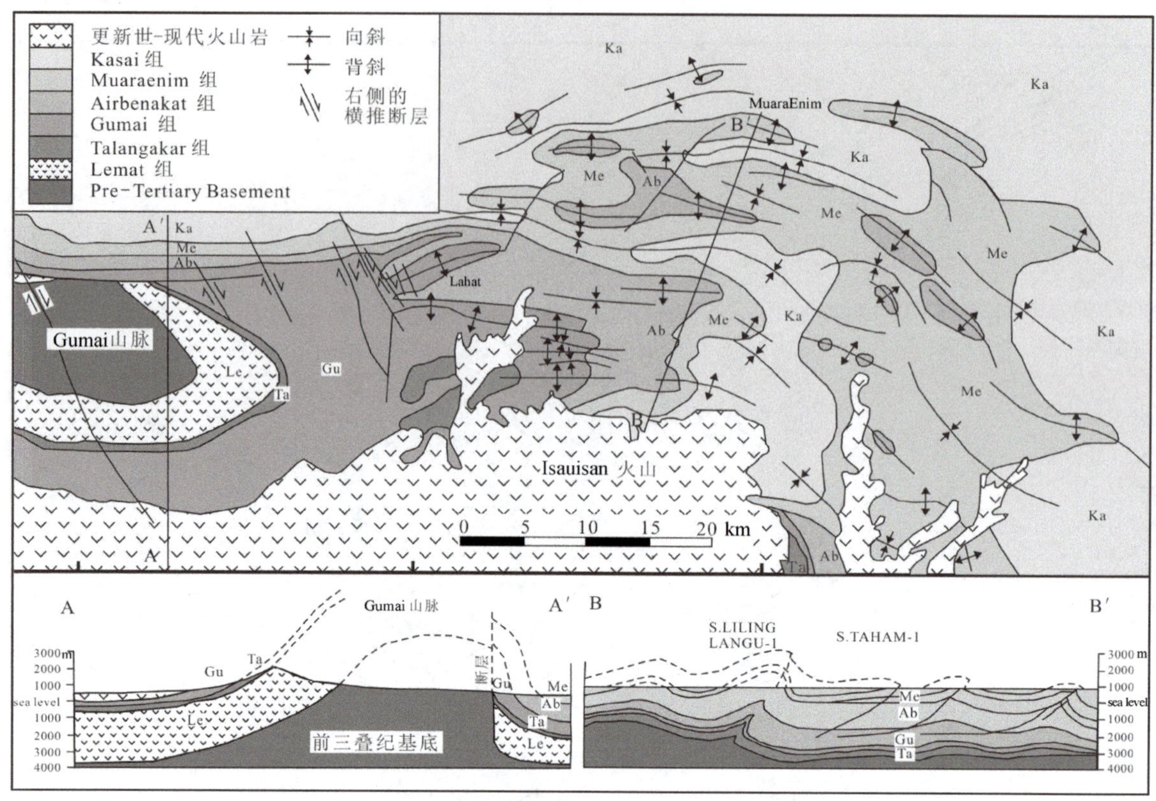

图 2-2-38　Muara Enim 地区构造发育图（Barber 和 Crow 等，2005）

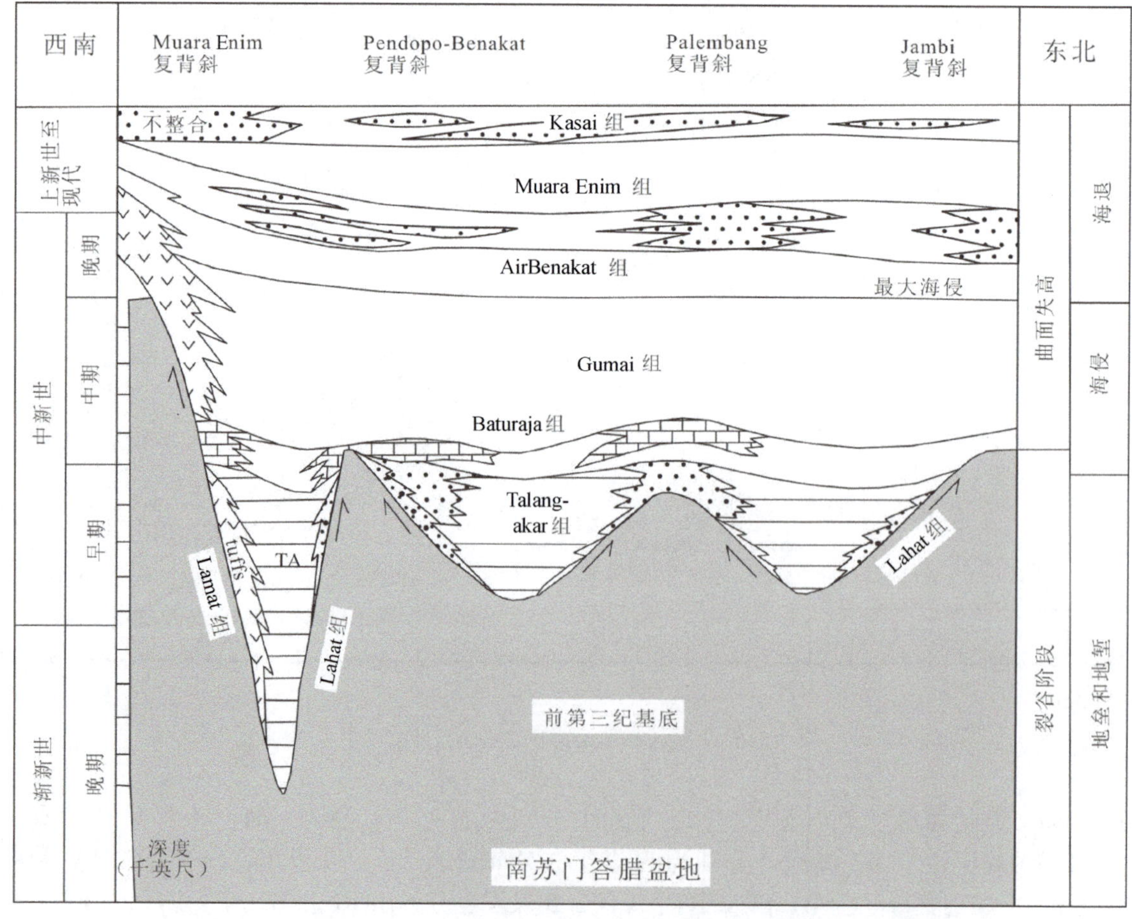

图 2-2-39　南苏门答腊盆地的构造—地层剖面（Barber 和 Crow 等，2005）

图 2-2-40　Bukit Asam 煤矿 3 个矿坑的位置（Susilawati 和 Ward，2006）

A1 煤层主要由条带状的亮煤组成，底部发育纹层状的暗煤和亮煤互层，顶部发育暗色的含煤黏土。A1 煤层也含有 3 个球粒状黏土夹矸，这些黏土通常为白垩，厚度为 10～35 cm。在煤层的底部附近，发

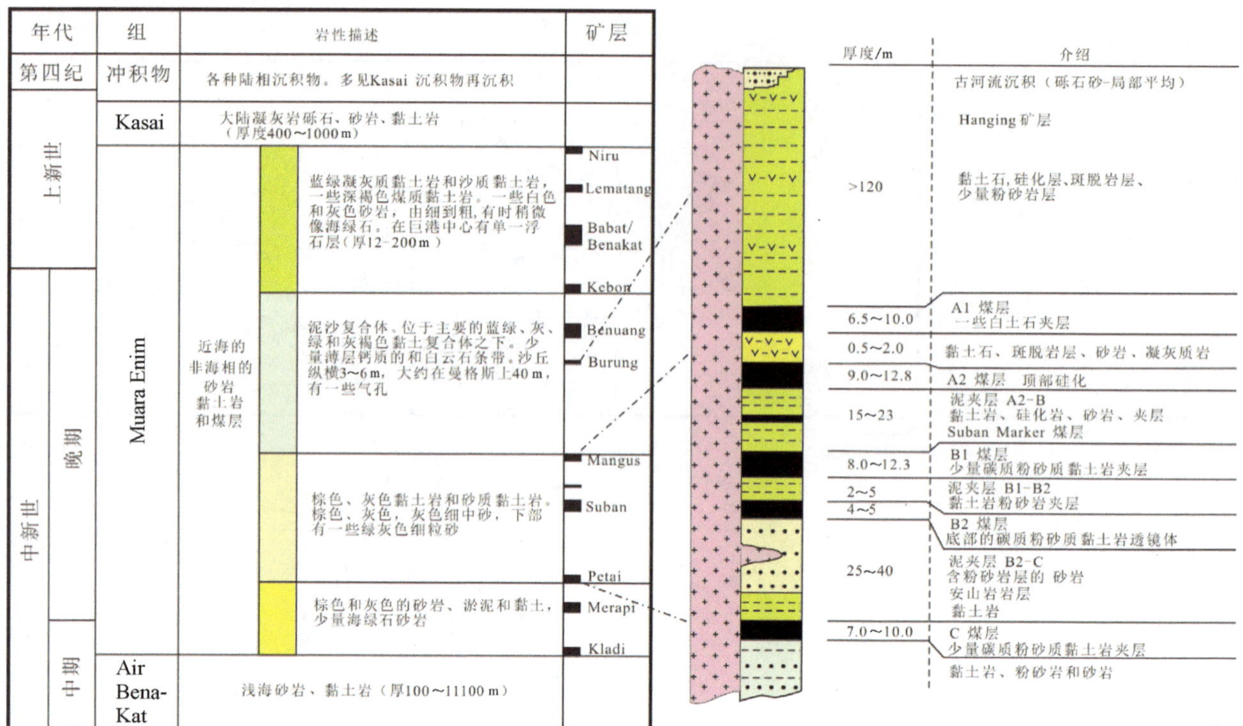

图 2-2-41 Bukit Asam 煤矿的煤层柱状图（Susilawati 和 Ward，2006）

育不规则的硬质硅化煤，厚度约 10 cm。在有侵入岩的地区，形成的煤炭级别较高，厚度至少为 2.5 m；在低级别煤的分布区，煤层厚度可达到 9.83 m。

A2 煤层（下 Mangus 煤层）以条带状的亮煤为主，厚度 4～13 m。条带状硅化煤形成于煤层的顶部，厚度为 10～20 cm，并在煤层的中部发育黑色—棕色的不连续白垩。

B1 煤层（上 Suban 煤层）厚度为 5～14 m，通常不发育连续的白垩条带。某些矿区发育两层的黏土层，如 Air Laya 矿坑的西南部分，其他的矿区则发育 4 层黏土层。但通过最近的取样分析，通过对比 B1 煤层的几个剖面，只发现 1 层黏土条带。

B2 煤层（下 Suban 煤组）厚 2～6 m，并在煤层的中部发育 1 条黏土条带。煤层的上部以条带状亮煤为主，下部以条带状的暗煤为主。

C 煤层（Petai）发育于可采煤层的最底部，厚度为 7～12 m。该煤层发育 4 条黏土条带，各自的厚度为 5～15 cm。煤层的含硫量高于其他煤层，并常常可在手标本上发现黄铁矿。

在最大的采矿 Air Laya 中，受到底部岩浆岩侵入作用的影响，矿区形成一个巨大的穹窿体，在剖面上则表现为核部受到侵蚀的背斜（图 2-2-42、图 2-2-43）。

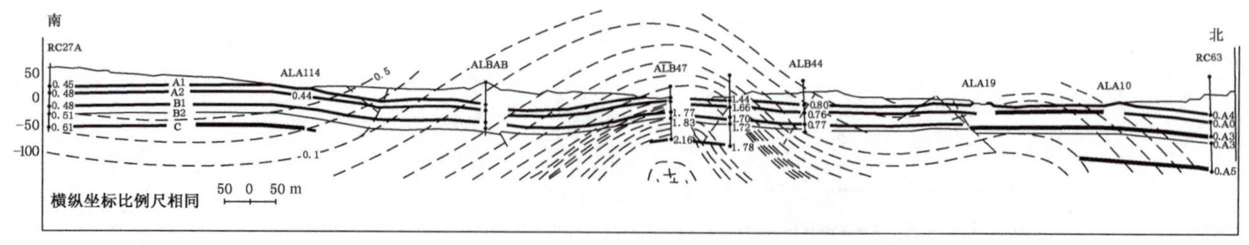

图 2-2-42 Air Laya 采坑剖面图（Susilawati 和 Ward，2006）

该矿产品煤的煤质特征为：发热量（收到基高位）为 5300～7000 kcal/kg，全硫 0.5%～0.7%，灰分 5%～8%，全水 14%～34%（表 2-2-15）。

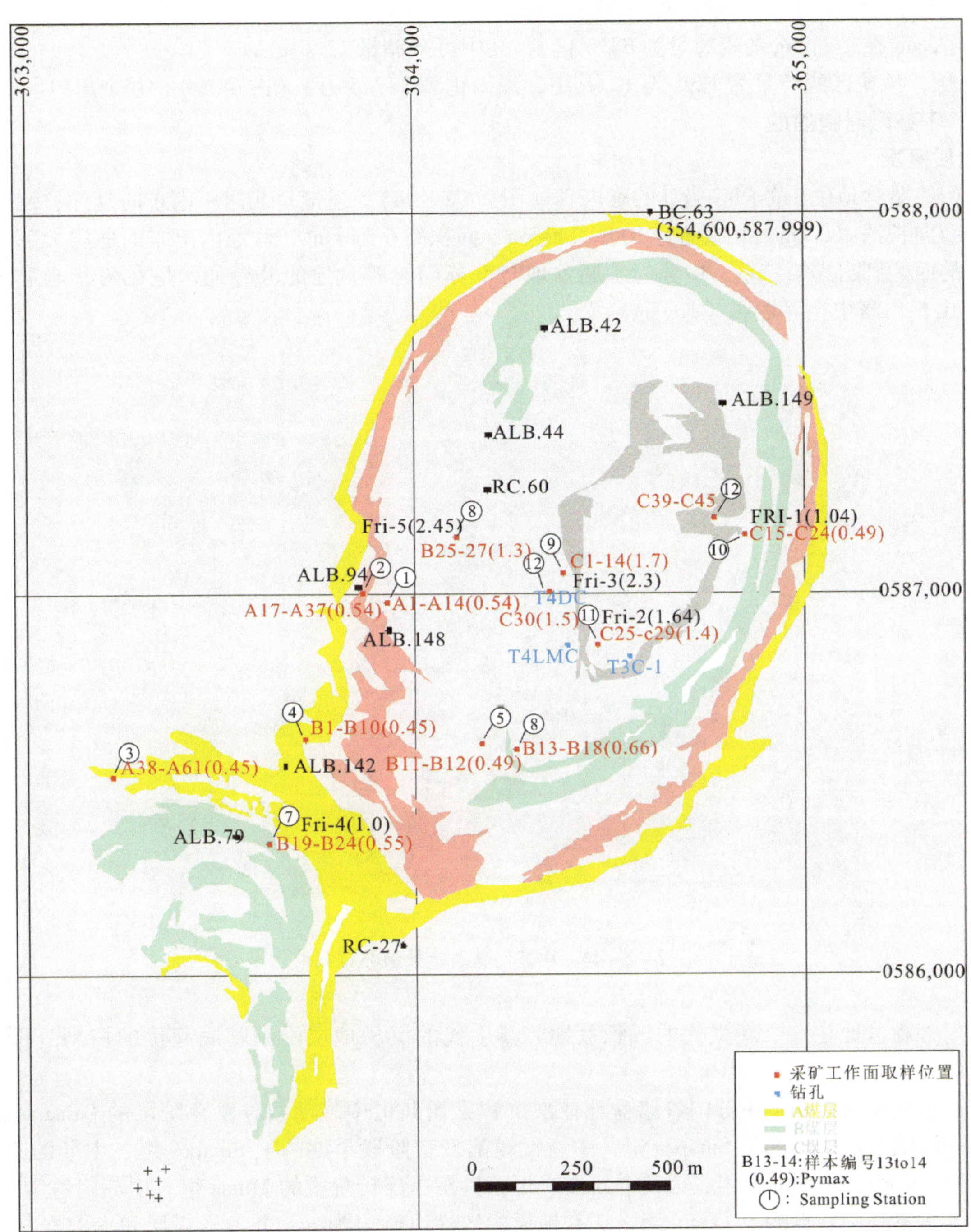

图 2-2-43 Air Laya 采坑煤层分布图（Susilawati 和 Ward，2006）

表 2-2-15 Bukit Asam 煤质表

商品煤牌号	发热量/(kcal·kg^{-1})	全硫(adb)/%	灰分(adb)/%	全水(ar)/%
IPC 53	5300	0.5	8	34
BA 55	5500	0.6	7.3	30
BA 59	5900	0.6	6	28
BA 63	6300	0.6	5	21
BA 67	6700	0.6	5	18
BA 70	7000	0.7	5	14

产品煤中，褐煤占58%，次烟煤占37%，烟煤占5%。

Bukit Asam 在 Tanjung 的资源量为63.6亿t，其中可采储量13.6亿t。

2011年，该矿区的产量为1295万t，其中，国内销售877.5万t（占68%），其余出口。

（二）中苏门答腊盆地

1. 地质概况

中苏门答腊盆地位于苏门答腊岛的廖内省（图2-2-44）。盆地呈北西—南东向延伸，北部窄，南部宽，北西向长约400 km，北东向宽100~200 km，面积约6万 km^2。盆地内出露的地层大部分为第四系，盆地的西侧则出露第三系。中苏门答腊盆地与南苏门答腊盆地的分界处，是在两盆地之间发育的Tigapuluh山，出露中生界地层（Tr—Jg）。

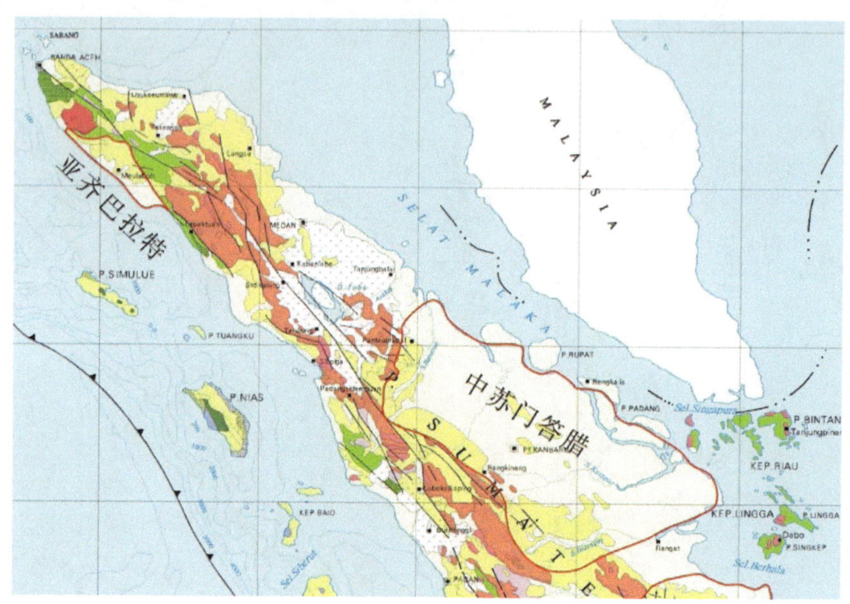

图2-2-44 中苏门答腊盆地的分布范围

中苏门答腊盆地是一个新生代的沉积盆地。新生代的沉积地层受到基底起伏的控制（图2-2-45）。

受构造演化期次控制，中苏门答腊盆地依次沉积了始新世中晚期裂谷发育阶段的Pamatang组，渐新世裂谷—坳陷过渡阶段的下Sihapas组，中新世坳陷发育阶段早期的上Sihapas组、中期的Telisa组、晚期的下Petani组和上Petani组，以及上新世—更新世挤压反转阶段的Minas组。中苏门答腊盆地的含煤地层为第三系晚中新世的上Petani组，该套地层的岩性以砂岩为主，并发育煤层和火山岩。上Petani组是海岸平原沉积环境。在构造发育阶段和沉积地层序列上，中苏门答腊盆地和南苏门答腊盆地没有本质区别（图2-2-46）。

中苏门答腊盆地的构造发育比较复杂，形成众多的褶皱和断层。构造线的方向以北西—南东为主，以南北向构造形迹为辅（图2-2-47）。

中苏门答腊盆地是一个右行走滑的裂谷盆地。早—中始新世开始东西向的裂陷，渐新世晚期裂陷作用结束，并开始整体坳陷沉降。中新世的中期开始在铲状正断层的基础上形成构造反转，形成褶皱构造，构造反转在上新世更趋于强烈，北东—南西向的挤压造成了地表抬升，并形成了海退及含煤岩系Petani组（图2-2-48）。

2. 主要煤矿

中苏门答腊盆地的煤田勘探程度较低，目前只有三家企业在该区拥有区块，主要位于该盆地的南侧、Tigapuluh山西北方约50 km处（图2-2-49）。

该区的构造相对简单，发育北西-南东向的正断层（图2-2-47）。

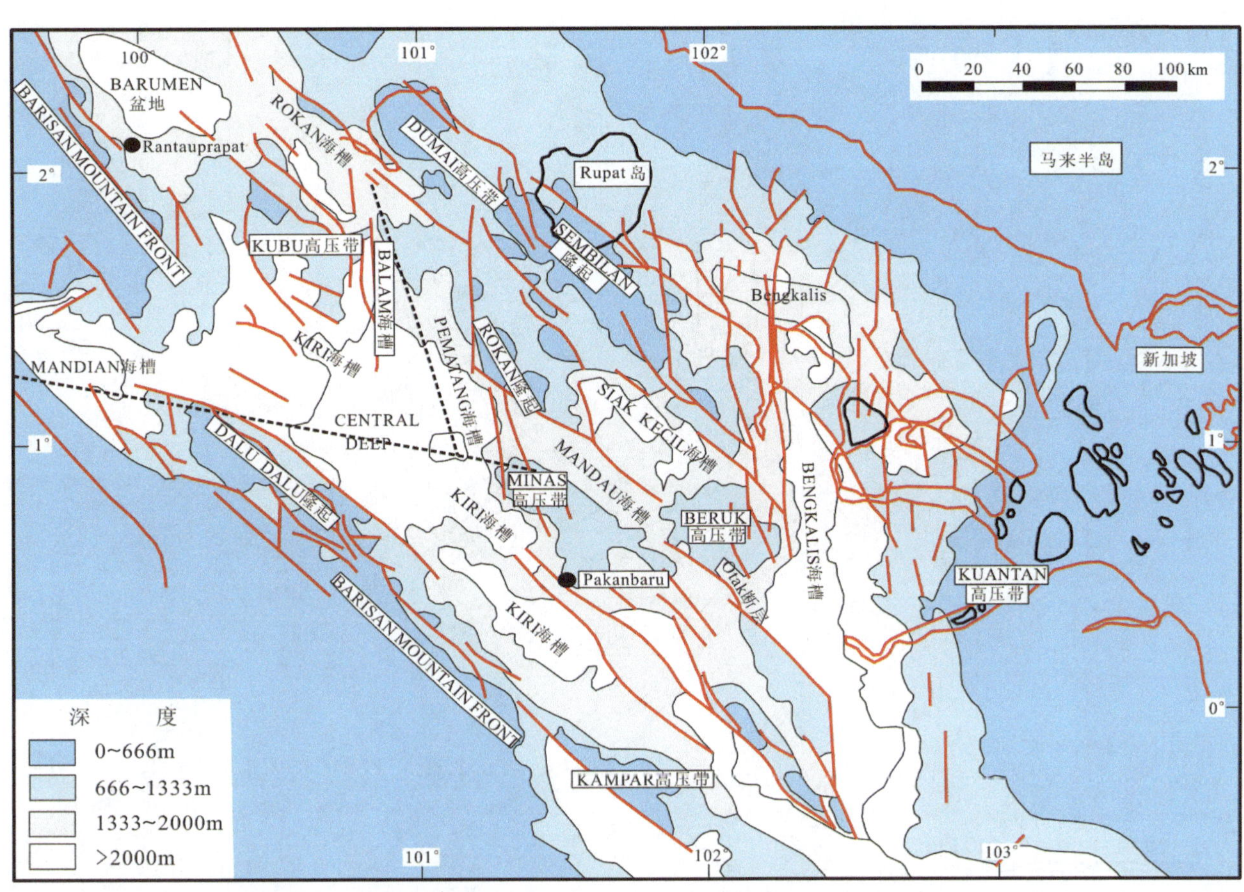

图 2-2-45 中苏门答腊盆地基底构造图（Barber 和 Crow 等，2005）

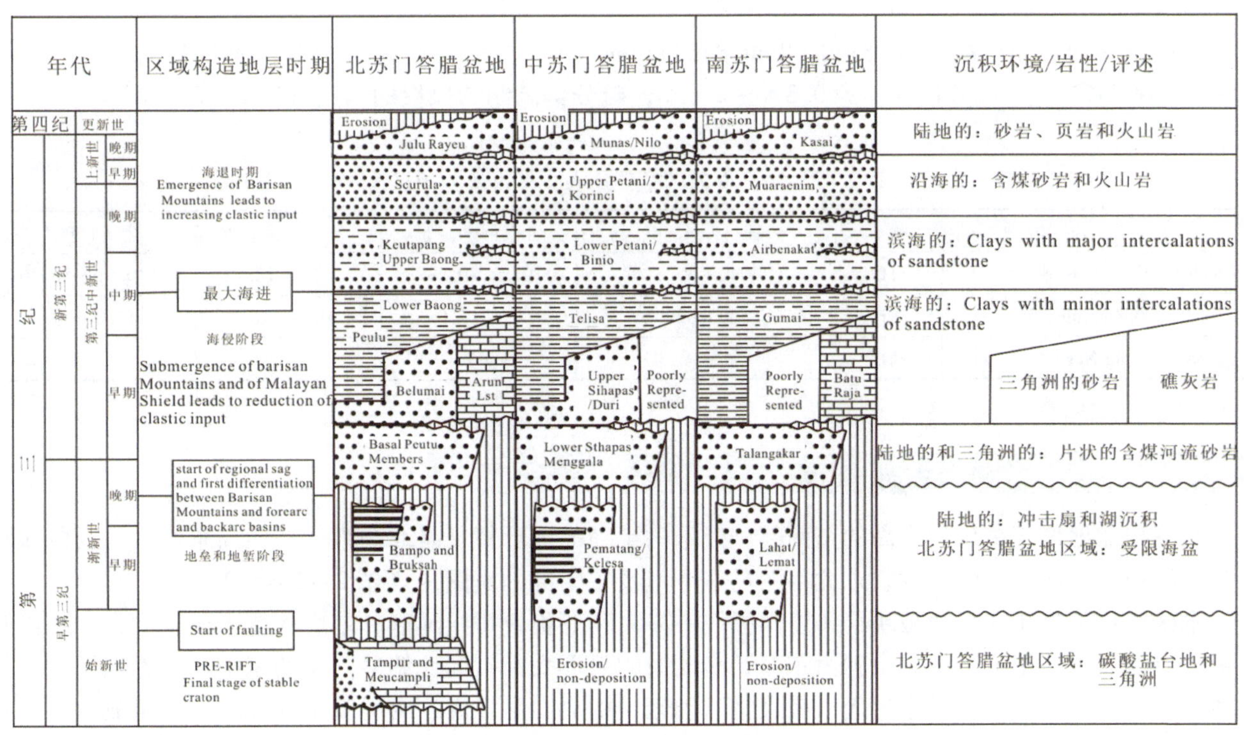

图 2-2-46 中苏门答腊弧后盆地构造—地层柱状图（Barber 和 Crow 等，2005）

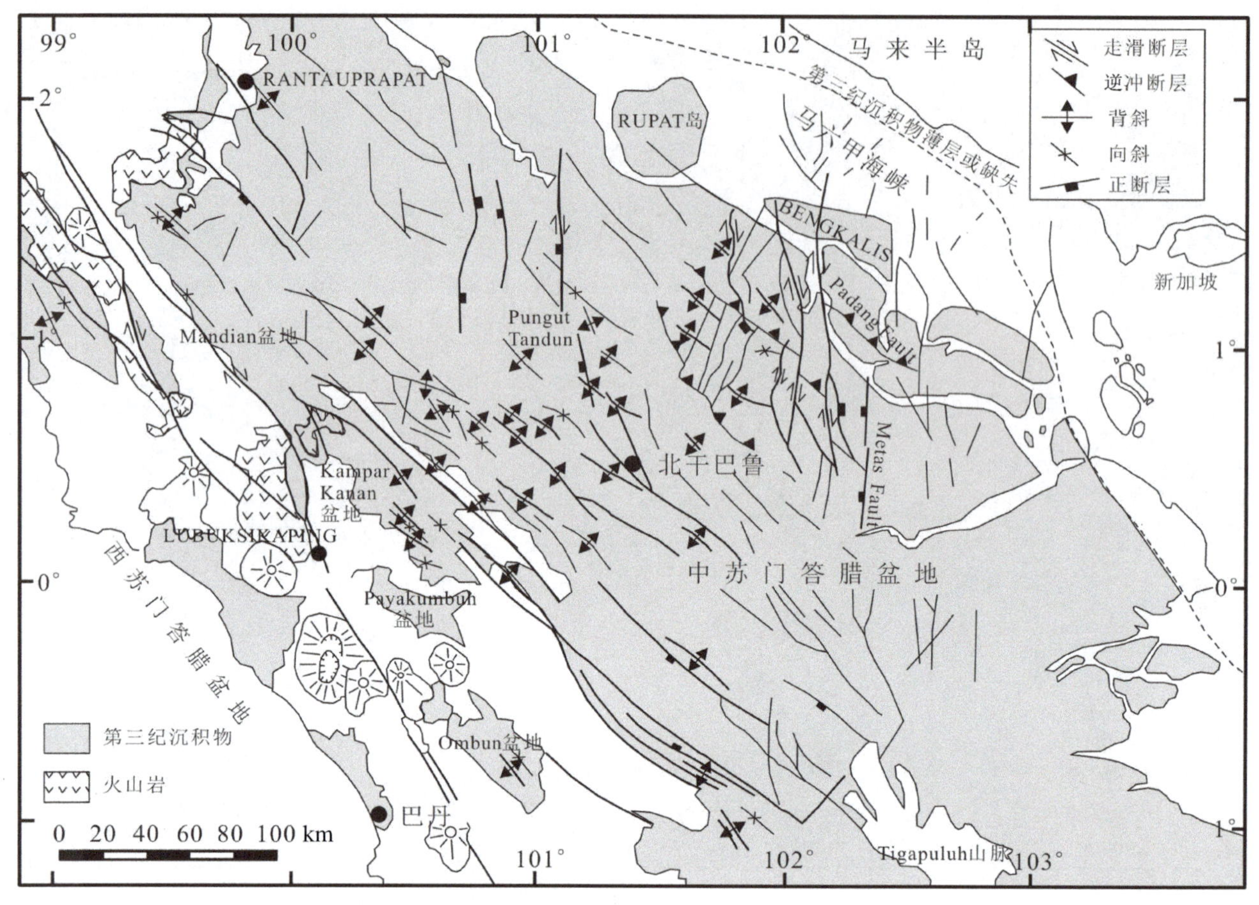

图 2-2-47 中苏门答腊盆地构造图（Barber 和 Crow 等，2005）

该区唯一拥有在产煤矿的公司是 Riau Baraharum，其煤炭的煤质相对较好，收到基高位发热量为 5700～6200 kcal/kg，硫分偏高，为 0.8%～2.0%，硫分偏高制约煤炭的利用（表 2-2-16）。

表 2-2-16 中苏门答腊盆地（廖内省）的煤质

煤炭公司	状态	发热量/(kcal·kg^{-1})	全硫(adb)/%	灰分(adb)/%	全水(ar)/%
Abadi Batubara Cemerlang, PT	可研	4040～5025	0.22～0.29	2.38～12.12	49.99～56.36
Riau Baraharum, PT	在产	5700～6200	0.8～2.0	10.0～16.0	17.0～19.0
Yamas Permata Nusantara, PT	勘探	—	—	—	—

三、极乐鸟半岛

宾图尼盆地位于极乐鸟半岛的东南部。极乐鸟半岛的地形特征是北高南低，西高东低。主要的城市均位于海边，如西北部的索龙、东北部的马诺夸里及东南部的宾图米（图 2-2-50）。

本区域构造处于太平洋板块、印度洋板块、澳大利亚板块拼接地区，基底构造十分复杂，中央山脉由古生界变质岩系组成，中央山脉由东西到南北向的弧形大断裂向北俯冲、逆冲于中新生界地层和岩浆岩体之上。中央山脉以北是中生代以来岩浆活动区，中央山脉以南，由中新生界沉积岩系组成盖层，总体上向南倾斜，由含煤地层构成平缓的复式向斜。

宾图尼盆地为一大型宽缓碟状构造，盆地走向 NW 50°，盆地中部地层水平产出，盆地北翼为一宽缓的单斜，走向近于东西，向南倾斜，倾角 5°～15°，约占盆地面积的 50%，盆地南翼由 5～7 个波浪

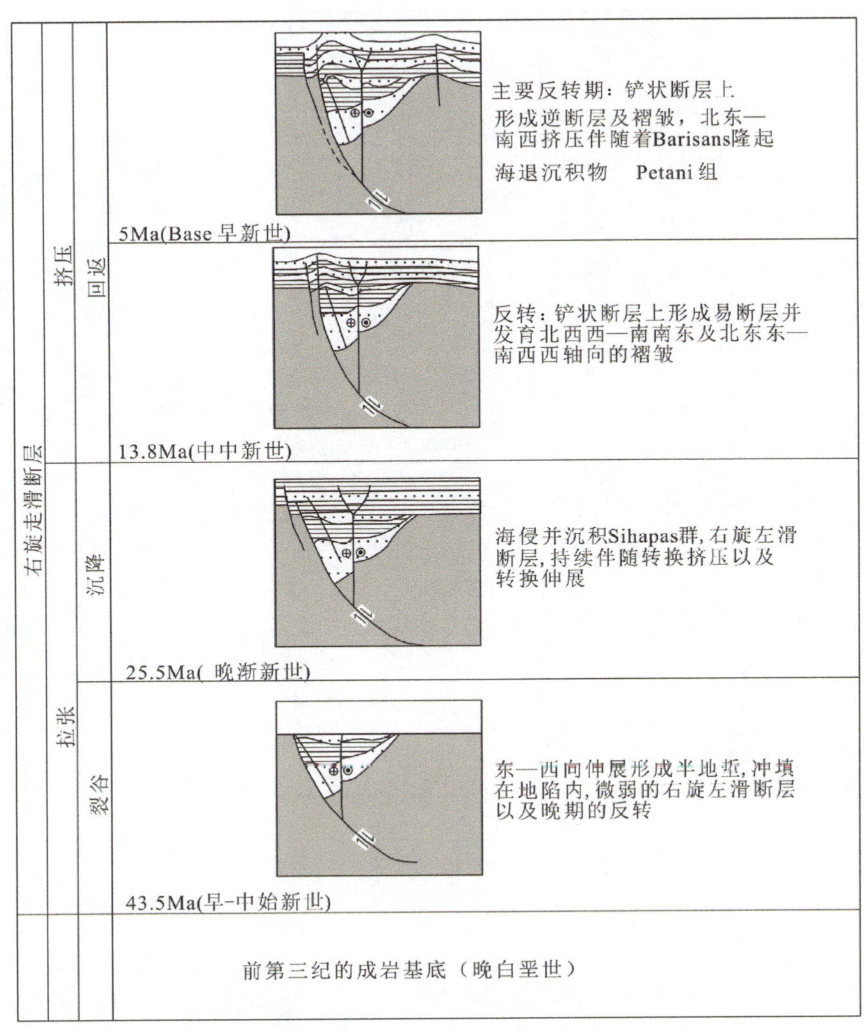

图 2-2-48 中苏门答腊盆地构造演化图（Barber 和 Crow 等，2005）

状宽缓的褶皱组成，走向北西，两翼倾角 5°~15°，盆地西南缘受南北向断裂带的影响地层褶起直立倒转。盆地东南部有一弧形向斜长 45 km。

盆地内含煤岩系自北西向南东倾斜，形成大型的滨海盆地（图 2-2-51）。

宾图尼盆地主要有新近系中新统、上新统和第四系。新近系中新统包括：克斯石灰岩组（Tmka）、卡拉萨组（Tmk）、泥钙质岩石组（Tmm）；上新统包括：霍尔纳含煤组（Tph）、姆图里河组（Tpm）。第四系由更新统（TQs）、全新统（Qa）组成。

含煤岩系为中新统泥钙质岩石组（Tmm）、上新统霍尔纳含煤组（Tph）、上新统姆图里河组（Tpm）（表 2-2-17）。

表 2-2-17 宾图尼盆地的含煤地层表

新生界	新近系	上新统	姆图里河组（Tpm）	第三段（Tpm3）
				第二段（Tpm2）
				第一段（Tpm1）
			霍尔纳含煤组（Tph）	—
		中新统	泥钙质岩石组（Tmm）	—

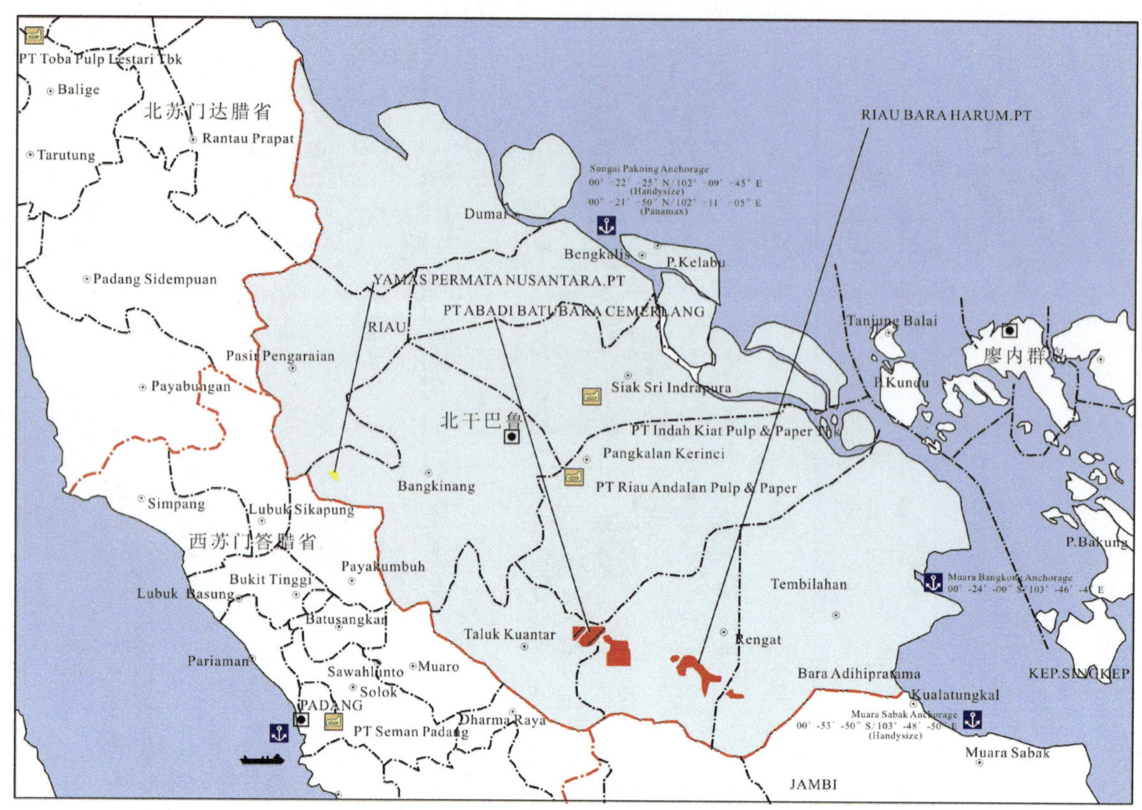

图 2-2-49 廖内省煤炭矿权分布图

图 2-2-50 极乐鸟半岛的地形

中新统泥钙质岩石组（Tmm）：滨海相地层，为本区含煤地层之一，最大揭露厚度 699 m，在煤田东缘大部分地区出露。下部岩性以杂色薄层状泥岩与灰色—灰白色钙质粗粒砂岩互层为主，上部以灰色—深灰色钙质泥岩、钙质粉砂岩、砂岩为主，夹 0 ~ 4 层薄煤线。不整合于中新统克斯石灰岩组 Tmka 和卡拉萨组 Tmk 之上。

上新统霍尔纳含煤组（Tph）是本区的主要含煤地层，广泛分布于霍尔纳煤田，连续出露在煤田北

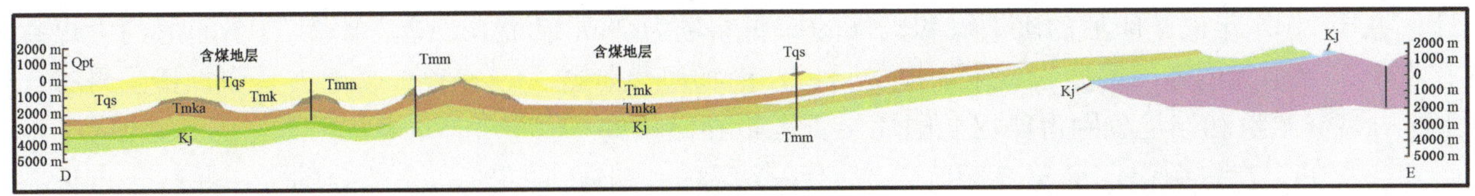

图 2-2-51　宾图尼盆地剖面图

部、东部和东南部，绵延百余千米。北部地层向南倾斜，倾角平缓，地形比较平坦，东部及东南部倾角陡立，形成低山。下部岩性以灰色—灰黑色的泥岩为主，夹粉砂岩、细粒砂岩和煤层，中部岩性以细粒砂岩为主，夹薄层的泥岩和粉砂岩，上部岩性以灰色泥岩为主，夹粉砂岩、细粒砂岩和煤层。本组含煤一般 30 ~ 60 层，其中可采煤层 5 ~ 12 层。本段的地层厚度为 855 ~ 1057 m，平均厚度为 956 m。

上新统姆图里河组（Tpm）位于上新统中上部，出露于全区，为低山丘陵区，沟谷纵横，切割强烈，热带雨林密布。主要由砾岩、砂岩、泥岩组成，出露总厚度达 3278 m。西部薄东部厚。含有薄煤 50 余层，个别点可采。

根据已有的矿权分布情况，极乐鸟半岛的煤炭资源主要分布在宾图尼盆地，另外，在西北部的索龙（Sorong）地区，以及 Kumurkek 的东南部，亦有少量的矿权分布（图 2-2-52）。

图 2-2-52　极乐鸟半岛的矿权分布情况

第四节　优质煤炭资源富集区

一、煤炭资源特点

印度尼西亚发育为数众多的含煤盆地，主要分布在苏门答腊岛、加里曼丹岛、爪哇岛的西部、苏拉威西岛的南部和新几内亚岛的西北部。南苏门答腊盆地、中苏门答腊盆地、库台盆地、巴里托盆地为印尼的主要含煤盆地。

根据印尼煤炭工业协会在2012年的统计，印尼煤资源量为1052亿t，储量为211亿t。根据BP的统计，截至2015年底，印尼的次烟煤和褐煤的探明储量为280.17亿t，储产比为71。印尼的含煤省主要有6个，分别为南苏门答腊省、东加里曼丹省、南加里曼丹省、占碑省、廖内省、中加里曼丹省，这6个省的煤资源量和储量分别占印尼全国煤炭资源量和储量的97.7%和99.8%。

在印尼的煤炭资源中，褐煤占57%，次烟煤占27%，烟煤占14%；大部分的煤层赋存于古近系和新近系，煤层埋藏较浅。几乎所有的煤矿都是露天开采。

二、煤炭工业发展趋势

目前，世界煤电占总发电量的40%左右，预计到2030年煤电比例将占世界电力一半以上。据澳大利亚资源和能源经济局（BREE）公布的数据，从消费区域看，煤炭进口增长幅度最大的区域在亚洲，其进口量从2005年的3.01亿t增加到2011年的5.69亿t。

印尼位于东南亚，地理优势显著，其煤炭产品主要用于出口。2008年，印尼出口煤炭共计1.6亿t，占全国产量的68.6%。据印度尼西亚贸易部的数据，2011年，印尼分别向中国和印度出口了约1.03亿t和0.70亿t的动力煤。据海关数据显示，2014年印尼为中国煤炭最大进口国，2014年印尼累计向中国出口煤炭10636万t，同比下降15.39%，占中国煤炭进口总量的36.48%。印尼煤炭能源矿业协会数据指出，2014年，中国是印尼的第一大煤炭出口市场，印度排位第二。

近年来，印尼的煤炭产量持续增长，能源和矿产资源部部长R. Sukhyar表示，2013年印尼煤炭产量达到4.21亿t，突破3.91亿t的目标；2012年总产量为4.07亿t，同比增幅约3.4%。煤炭大量出口的趋势将会持续相当一段时间。

据中国海关公布的数据，2013年中国进口煤炭共3.3亿t，同比上涨13.4%。中国自2009年由煤炭净出口国转变成为净进口国，煤炭进口量从当年的1.26亿t一路攀升至2012年的2.89亿t，3年间暴增了129%。2013年3.3亿t的煤炭进口量再次刷新了中国煤炭进口量的新高。

在中国的煤炭进口量中，印尼煤稳坐头把交椅。2011年11月，中国从印尼进口煤炭808.47万t，占中国该月总进口量的36.52%；2011年1—10月，中国从印尼累计进口煤炭5658.86万t，占中国总进口煤炭总量的35.13%，印尼煤成为中国海外购煤的首选。

2011年11月，中国煤炭进口前五名的国家依然是印尼、澳大利亚、蒙古、越南、南非，中国从越南进口的煤炭超越了南非位居第四位，当月从该国进口煤炭203.28万t。11月，中国从澳大利亚进口煤炭464.49万t，占总进口量的20.98%，蒙古方向进煤225.92万t，占总量的9.18%。

中国海关总署公布数据显示，2015年1—12月中国煤炭累计进口量达20406万t，同比减少5961万t。2015年中国煤炭进口量创2011年以来新低。2015全年中国进口煤炭排在前六位的进口国为澳大利亚、印度尼西亚、朝鲜、蒙古、俄罗斯及加拿大。上述六国共出口中国煤炭合计20015万t，占中国全部进口煤炭的98.1%。

澳大利亚2015年出口中国煤炭7091万t，其中动力煤4354万t，炼焦煤2570万t；印度尼西亚出口中国煤炭7376万t，其中褐煤4542万t，动力煤2812万t。

动力煤方面，2015中国进口动力煤最多的国家是澳大利亚，进口量为4354万t，同比下降27.73%；排在第二位的是印度尼西亚，出口中国煤炭2812万t，同比下降40.13%。

褐煤方面，印尼褐煤占中国全部进口褐煤的94%。2015年全年累计进口印尼褐煤4542万t，同比下降22.68%。

进口煤具有质优价稳、规模运输的优势，一度曾占领中国的东南沿海煤炭市场，国际油价下跌之后，运输成本进一步降低，相对中国内陆煤炭而言，在东南沿海城市仍具有较强的价格竞争优势。

尽管印尼煤炭的发热量较低，但印尼的地理位置决定了其煤炭在运费上的竞争力。相对于澳大利亚，印尼的煤炭运输成本低3~6美元/t，运输的天数可节省4~5天（表2-2-18）。因此，印尼的煤炭比较容易受到中国南方沿海地区燃煤电厂的欢迎。

近年来，由于中国经济下行压力及煤矿产能过剩，截止到2014年1—2月，国内每月仅进口印尼煤炭约50万t，远低于历年同时期的进口量。进口的印尼煤炭的发热量为3800 kcal/kg（收到基低位基态）。

表 2-2-18 印尼与其他煤炭出口国的运费比较

出口国	中国/天	运费/(美元·t^{-1})	日本/天	运费/(美元·t^{-1})
印尼	8~10	7~9	7~9	6~9
澳大利亚	12~15	10~15	10~13	10~14
加拿大	15~18	14~28	14~16	12~32
美国	29~35	20~27	27~33	17~25

中国是世界上最大的动力煤消费国，煤炭消费量占全球产量的近一半。印尼的燃煤发电量约占其总发电量的2/3。中国和印度对煤炭的强烈需求有助于稳定煤炭价格。

尽管印尼国内煤炭消费量将增长，但预计其动力煤出口量将继续增加（图 2-2-53）。2011 年，印尼的煤炭出口量占了亚洲动力煤进口量的将近一半。

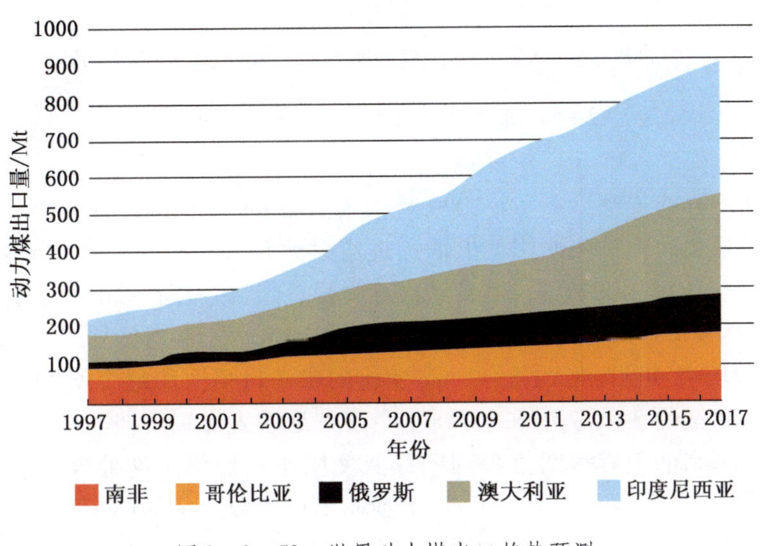

图 2-2-53 世界动力煤出口趋势预测

在可预见的将来，全球动力煤进口量将以4%的年增长率递增，到2017年将达到10.4亿t。预计大部分增长量将出现在亚洲，主要是在进口量增长非常强劲的亚洲非经合组织国家，特别是中国和印度（图2-2-54）。随着亚洲新兴经济体的经济增长和人均收入的增加，预计增加的电力需求有很大一部分将由燃煤电站满足。这是因为煤炭仍然是发电的廉价能源，并且在地理上能够被广泛使用。

在竞争激烈的市场上，煤炭是一种国际贸易的商品。国际贸易中动力煤和次烟煤的长期价格趋势是周期性的，而且有大幅波动的倾向。全球煤炭价格主要取决于世界煤炭市场的供求动态。煤炭供应量增加以及供应过剩都可能会降低全球煤炭价格。此外，高煤价可能会促使煤炭生产商扩大产能。

煤炭价格主要受供求关系和市场前景影响。此外，不同质量的动力煤有不同的热能，硫分和灰分含量也影响着国际贸易中的煤炭价格。海运成本也影响煤炭需求，地理上更接近用户的煤炭供应商常作为市场的首选。

在2011年的大部分时间里，动力煤现货交易价格在每吨115美元和125美元之间。2011年最后一个季度，价格呈降低趋势，反映了进口国的需求量的增长有所减缓，且与一些主要出口国的出口量增加有关。就2011年全年来说，现货交易价格平均为每吨122美元左右。由于澳大利亚和印度尼西亚供煤量的增加，预计2012年动力煤的现货交易价格将回落至每吨115美元左右。

印尼能源矿产部能源部发布的2016年1月印尼动力煤指导价HBA指数为53.20美元/t，再创历史新低，较2015年12月的53.51美元环比下跌0.58%。1月环比降幅小于2015年12月环比降幅，但这是否表明价格将触底、煤炭价格是否会很快回暖还是一个未知数（HBA指数为印尼官方对当地热值（收到基高位）为6322 kcal/kg的煤炭做出口指导价格，由阿格斯ICI-1、普氏Platts-1、NEX和环球煤炭交易中心煤炭价格指数的算术平均数组成）。

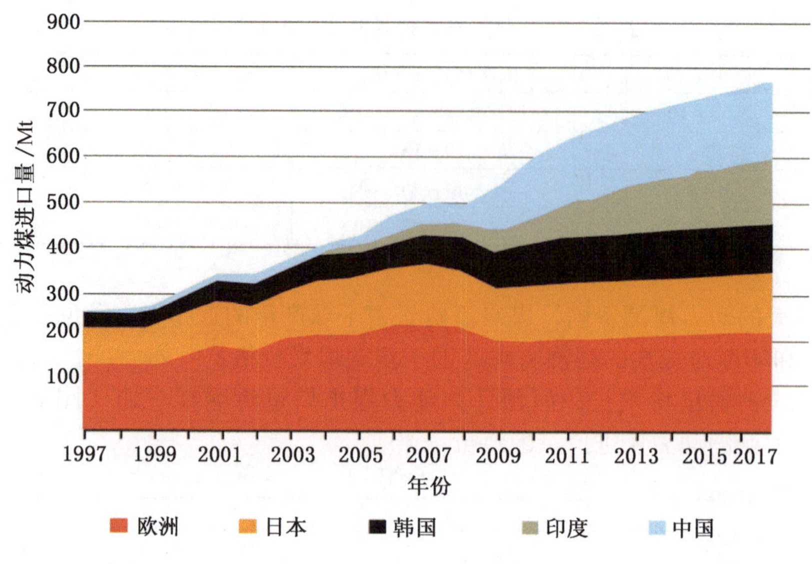

图2-2-54　世界主要动力煤进口国煤炭进口趋势图

在印度尼西亚，矿产和煤炭法“第04/2009号”和最新的“第17/2010号”部长令要求建立一个煤炭参考价格。目标是从煤炭特许权使用费上增加政府财政收入。印度尼西亚政府已自2009年1月起每月公布煤炭参考价格（HBA和HPB），但直到最近为止，煤炭一直在以其折扣价成交。现有的煤炭供应协议都必须遵守2011年9月23日颁布的新煤炭价格规定。由于参考价格现在已经与全球价格联系起来，HBA不断为外国投资者和国际采购提供动态变化的参考价格，印尼煤炭交易中的传统折扣已不再适用。煤炭供应商和买家必须在参考价格的基础上负责任地设置煤炭价格。

煤炭生产商在所有未来的现货和期货合约中都要使用参考价格。这种煤炭基准价格用公式表示为ICI-1（印尼煤炭指数），普氏能源资讯-L，纽卡斯尔出口指数及全球煤炭指数的平均值。煤炭价格参考的评估基准是在设定煤炭高位发热量为6322 kcal/kg（GAR），全水含量为8.00%（AR），全硫含量为0.8%（AR），灰分含量为15%（AR）和以船上交货价（FOB）条件交货的基础上计算的。HBA用于计算其他8个主要煤炭产品的价格（价格标记）。

图2-2-55所示为2011年3月至2012年4月印尼煤炭参考价格（HBA）趋势与纽卡斯尔的出口指数（NEX）的对比关系（高位发热量6700 kcal/kg）。

图2-2-55　印尼煤炭参考价格（HBA）与纽卡斯尔出口指数（NEX）

根据日本在2012—2013年（JFY－日本财年度，2012年4月—2013年3月）的统计，假设动力煤的合同价格最终以每吨115美元左右结算，意味着合同价格比2011年以每吨130美元左右结算的价格便宜了13%。价格的下降受到几个因素影响，包括几个主要进口经济体进口量的缓慢增长，以及澳大利亚和印度尼西亚等主要出口国的出口量增加。

假设2013—2017年（JFY）动力煤的合同价格逐渐下降，到2017年（JFY）达到每吨82美元（以2012年的美元价格，图2－2－56）。尽管呈下降态势，预计动力煤价格仍将高于历史平均水平。价格的下跌反映了澳大利亚、印度尼西亚和哥伦比亚等传统出口国和新兴出口国（如蒙古和莫桑比克）出口量的大幅增长。

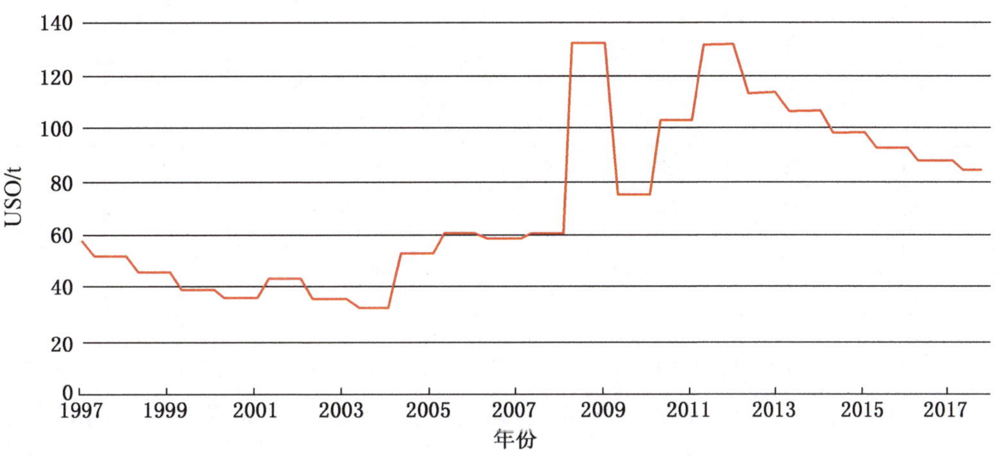

图2－2－56　世界动力煤价格预测

预计未来生产成本将会限制价格的长期下跌，在过去的10年中，生产成本已显著增加。由于煤矿开采深度越来越大，且离现有的基础设施越来越远，预计未来生产成本将继续增加。此外，投入费用也将增加，如柴油、劳动力、爆炸物和机械等。较高的单位成本也反映了项目建设的资本费用的增加。

因此，在不久的将来，印尼的煤炭出口量将在全球煤炭贸易市场中保持着领先的地位表2－2－19。近年来，中国从国外的煤炭进口逐年攀升（2013年进口3.3亿t，同比增长13.4%），中国对国外煤炭的依赖必将越来越高，尤其是对印尼煤的依赖（2011年的中国进口煤中印尼煤份额占35%）。

表2－2－19　世界动力煤贸易趋势　　10^6 t

名　称	单位	2010	2011	2012f	2013f	2014z	2015z	2016z	2017z
世界									
合同价格 b									
名义价格	US $/T	98	130	115	110	102	97	93	90
实际价格 c	US $/T	102	130	112	105	97	91	86	82
煤炭贸易	MT	794	836	872	922	949	982	1010	1040
进口									
亚洲	MT	532	569	603	637	661	687	712	737
中国	MT	129	139	145	151	155	159	163	166
中国台北	MT	65	67	68	69	71	73	74	75
印度	MT	60	78	92	110	119	128	138	148
日本	MT	129	125	128	129	129	129	129	129
韩国	MT	91	97	100	102	105	107	109	112
马来西亚	MT	19	20	21	22	22	23	24	26

表 2－2－19（续） 10^6 t

名 称	单位	2010	2011	2012f	2013f	2014z	2015z	2016z	2017z
其他亚洲国家	MT	40	43	49	55	61	69	75	81
欧洲	MT	192	203	201	206	208	213	214	218
欧盟 d	MT	149	160	156	159	160	164	166	168
其他欧洲国家	MT	43	43	45	48	48	49	49	50
其他	MT	70	64	68	79	80	82	84	86
出口									
澳大利亚	MT	141	148	162	192	220	236	264	269
中国	MT	20	13	13	12	12	12	11	11
哥伦比亚	MT	69	75	76	82	86	90	94	97
印度尼西亚	MT	285	302	310	321	327	337	344	351
俄罗斯联邦	MT	95	97	99	99	102	105	106	107
南非	MT	68	66	68	71	74	76	79	81
美国	MT	23	31	28	23	22	22	22	22
其他	MT	93	104	116	122	106	104	91	103

由此可见，中国企业应该在印尼积极获取优质的煤炭资源。为了更好地开发利用印尼的煤炭资源，应在印尼主要的含煤区开展优质煤炭资源富集区的筛选工作，而最重要的两个含煤岛屿为加里曼丹岛和苏门答腊岛。

课题组根据印尼主要煤炭富集区的资源量、储量、煤质、开采方式、开发程度、基础设施等多重因素，系统分析印尼的主要含煤盆地及煤矿，并在印尼主要的含煤岛屿开展煤炭富集区的圈定工作，选定多个优质煤炭资源富集区，其中最有投资开发价值的是加里曼丹的三马林达富集区、博努阿拉瓦斯富集区以及苏门答腊的拉哈特富集区。

三、加里曼丹煤炭富集区

加里曼丹的煤炭富集区共 10 个，分别为三马林达、博努阿拉瓦斯、萨图伊、塞布库、麻拉特韦、丹戎、隆伊基斯、比努昂、阿朗、丹戎勒德布。大部分富集区分布在加里曼丹的东部和南部，主要位于东加里曼丹省和南加里曼丹省，其次为中加里曼丹省（图 2－2－57）。

（一）三马林达

三马林达富集区位于东加里曼丹省东部沿海，分布在巴厘巴板—三马林达—邦坦—塞帕苏一带，南北长约 250 km，东西宽约 60 km，面积约 15000 km^2。三马林达富集区的主要城市为首府三马林达，地处望加锡海峡西岸。人口 84.3 万。马哈坎河（Mahakam）运出的煤炭、水稻、橡胶、椰干、木材在此集散。内地及沿海开采的石油和天然气亦在此储运。由于城市人口有一定规模，三马林达富集区的交通基础设施相对完善。其附近的大型煤炭港口有 Tajung Meranggas 和 Balikpapan 等，煤港的煤炭装载能力可分别达到 9 万 t 和 6.5 万 t。

三马林达富集区位于东加里曼丹省，该省的资源量为 379 亿 t，储量为 59 亿 t，可以保障大规模的煤炭开采活动。富集区位于东加里曼丹省库台（Kutai）盆地的东部。Kutai 盆地的煤层夹杂黏土岩、粉砂岩和砂岩。三马林达富集区是一个煤炭开采活跃地区，众多煤矿在此开采。煤矿总体分布在沿海地带，规模较大的生产商有 Kaltim Prima、Kideco Jaya Agung、Indominco Mandiri 等（表 2－2－20）。

三马林达富集区的煤炭产量达到了 1.2 亿 t，占据整个印尼煤炭产量的 29.9%（表 2－2－20）。三马林达富集区的煤炭开发比较集中，开采商可相对方便地共用相关的煤炭基础设施，但是从另一方面，也制约了煤炭独立发展的空间。

三马林达富集区的含煤地层为中—上中新统的 Pulaubalang 组（Tmpb）和 Balikpapan 组（Tmbp）。Pulaubalang 组（Tmpb）和 Balikpapan 组（Tmbp）为同一时代的相变关系，Pulaubalang 组的形成时代略

图2-2-57 加里曼丹煤炭富集区分布图

表2-2-20 三马林达富集区主要的煤炭生产商

10^6 t

序号	公司	省份	产量		
			2010	2011	2012F
1	Kaltim Prima Coal, PT	东加里曼丹	39.3	41.0	45.0
2	Kideco Jaya Agung, PT	东加里曼丹	29.1	31.5	34.0
3	Indominco Mandiri, PT	东加里曼丹	14.3	14.8	15.0
4	Jembayan Muarabara, PT	东加里曼丹	9.3	8.5	9.0
5	Mahakam Sumber Jaya	东加里曼丹	4.6	8.0	10.0
6	Trubaindo Coal Mining	东加里曼丹	5.6	7.1	7.1
合计			102.2	110.9	120.1

早。向斜构造和背斜构造交替发育，轴向为南北向和北北东向。东部为典型的扇三角洲，充填着第四纪沉积物。

三马林达富集区的煤层具有煤层多、埋藏浅、夹矸少、发热量大、稳定性好、开采条件好等特点。因此，煤层的发育特点非常适合露天开采。

三马林达富集区的煤质具有典型的印尼煤炭特点：低灰、低硫、高水分，收到基高位发热量为5000～7000 kcal/kg，具有较高的发热量（表2－2－21）。

表2－2－21 三马林达地区的煤质统计表

煤炭公司	采矿权	状态	区块/区域/产品	发热量/(kcal·kg^{-1})	全硫(adb)/%	灰分(adb)/%	全水(ar)/%
Indominco Mandiri，PT	PKP2B	在产	IM_6350（gad） 1M_EAST（gad） IM_WP（gad） IM_6250（gad）	6350 5975 5850 6250	0.8 1.7 1.2 0.85	5.5 5 1.5 5.5	15.5 19 16 15.5
Kaltim Prima Coal，PT	PKP2B	在产	Prima Coal Pinang Coal Melawan Coal	7000 6548 5693	NA NA NA	5.0 5.5 3.5	11.0 15.0 23.0
Kideco Jaya Agung，PT	PKP2B	在产	Roto South（gar） Roto North（gar） Roto Middle（gar） Susubang（gar） Samarangau（gar）	5470 4870 4730 5240 4430	0.11 0.11 0.10 0.12 0.12	2.8 3.1 4.2 2.5 4.2	19.6 24.9 24.9 20.2 30.7
Mahakam Sumber Jaya，PT	PKP2B	在产		5800～6400	<1.0	<9	约17
Trubaindo Coal Mining，PT	PKP2B	在产	HCV. LS（gad） HCV. HS（gad） LCV. LS（gad）	6750 6900 6250	0.8 1.8 0.8	5.5 5 6	12.71 7.08 9.06

综上所述，三马林达富集区的地理位置优越，距离海边仅数十千米，并可方便地通过马哈坎河用驳船将煤炭运至外海，并倒驳到大船。由于三马林达和巴厘巴板的城市规模较大，因此其周边的基础设施也相对较为完善。三马林达的采矿活动较为活跃和集中，资源量和储量巨大，煤质也较为理想，煤层的埋深浅适合露天开采，因此，三马林达富集区是东加里曼丹地区最有利的煤炭投资开发区域。

（二）博努阿拉瓦斯

博努阿拉瓦斯富集区地处南加里曼丹省东南部，位于巴厘巴板南部约160 km处。南北长约80 km，东西宽约50 km，面积约4000 km^2。该富集区地处加里曼丹岛东南部的巴西亚盆地北部。

南加里曼丹省的煤资源量为122.7亿t，储量为36亿t。煤资源主要分布在Barito盆地和Asem－Asem次盆地。该省是印尼国内最大的产煤省之一。

博努阿拉瓦斯富集区的煤炭开发也较为活跃，有Antang Gunung Meralus、Arutmin Indonesia、Bangun Banua Persada Kalimantan、Kalimanlan Energi Lestari、Senamas Energindo Mulia等企业在此开采煤矿（表2－2－22）。该地区的煤炭运输条件较为便利，有Sembilang等煤炭码头运输煤炭，产品煤可通过外海将煤炭外运。由于该富集区地处加里曼丹岛的东南部，煤炭可更方便地运输到人口稠密而煤炭产量低的爪哇岛。

博努阿拉瓦斯富集区的含煤地层为晚始新世的Tanjung组（Tet），以及中新世的Warukin组（Tmw）和Pulaubalang组（Tmpb）。Warukin组（Tmw）和Pulaubalang组（Tmpb）主要形成于中中新世，呈相变关系。三套含煤地层主要出露在富集区的南部。

在该富集区内，白垩纪形成的侵入岩对提升煤的变质级别至关重要。主要分布两套侵入岩，分别为早白垩统的Batanglai组（Kgr）和晚白垩统的花岗闪长岩侵入体（Kgd）。

富集区内的构造以背斜、向斜交错发育为主。侵入岩带发育在中西部，走向北北东。

博努阿拉瓦斯富集区的煤质较好，有两个产煤层，分别为Tanjung组和Warukin组。Tanjung组的发热量较高，可达到6700 kcal/kg。富集区的灰分和硫分较低，硫分总体小于1%，灰分最高为14%。水分也相对较低，大部分约为10%。

表2-2-22　博努阿拉瓦斯富集区的煤炭企业及煤质

煤炭公司	采矿权	状态	区块/区域/产品	发热量/(kcal·kg^{-1})	全硫(adb)/%	灰分(adb)/%	全水(ar)/%
Antang Gunung Meralus, PT	PKP2B	在产	Tanjung Formation Warukin Formation	6200~6700 5000~5800	0.5~1.5 0.1~2.5	10~16 2~9	10~12 24~43
Arutmin Indonesia, PT	PKP2B	在产	—	—	—	—	—
Bangun Banua Persada Kalimantan, PT	PKP2B	在产	—	5800~7300	0.5	15	8
Kalimanlan Energi Lestari, PT	PKP2B	在产	—	6300~6900	<1	10.0~14.0	3.0~8.0
Senamas Energindo Mulia, PT	PKP2B	在产	—	6343	0.99	12.65	6.39

博努阿拉瓦斯富集区的交通运输条件优越，煤层可露天开采，资源量和储量较大，煤质较好，是较为理想的煤炭开发富集区。

（三）萨图伊

萨图伊富集区位于南加里曼丹省南端，长约80 km，宽约30 km，面积约2400 km^2，走向北东东。该区距离南加里曼丹省的首府马辰约80 km。

萨图伊富集区的含煤地层为晚始新统的Tanjung组（Tet）和中新世的Warukin组（Tmw）。含煤地层的走向为北东东，倾向为南南东。Tanjung组底部发育早白垩世花岗岩（Mgr）。

萨图伊富集区的构造格局为简单的单斜，走向为北东东，倾向为南南东。

富集区内发育Kintap河和Satui河，且距离首府马辰较近。由于其紧邻爪哇海，煤炭外运条件便利。

（四）塞布库

塞布库富集区位于劳特岛东部的塞布库岛，地处南加里曼丹省的东南端。该富集区的面积较小，仅350 km^2，长约30 km，宽约15 km。

塞布库富集区的含煤地层为晚始新统的Tanjung组（Tet）和中新世的Warukin组（Tmw）。另外，上新世—更新世的Dahor组（TQd）还有褐煤发育。

塞布库富集区为典型的向斜构造，轴线近南北向，轴部为浅海区域，覆盖第四纪沉积物。

塞布库富集区距离爪哇岛较近，产出的煤炭可通过海运外运。

（五）麻拉特韦

麻拉特韦富集区地跨中加里曼丹东北部和东加里曼丹西南部，长约240 km，宽约80 km，面积约19200 km^2。富集区内发育巴里托河，东北侧靠近马哈坎河，富集区与三马林达的直线距离约为250 km。

麻拉特韦富集区地跨巴里托盆地和库台盆地，大部分面积分布在西部的巴里托盆地。巴里托盆地的含煤地层共6组，从底到顶分别为Tanjung组（Tet）、Batu Ayau组（Tea）、Purukcahu组（Tomc）、Montalat组（Tomm）、Warukin组（Tmw）、Kelinjau组（Tmk）。Tanjung组和Batu Ayau组的时代为晚始新世，Purukcahu组和Montalat组的时代为渐新世—中新世，Warukin组和Kelinjau组的时代为中新世。Warukin组是最重要的含煤地层。

库台（Kutai）盆地的含煤地层共4组，从底到顶分别为Pamaluan组（Tomp）、Pulubalang组（Tmpb）、Balikpapan组（Tmbp）和Kampung Baru组（Tpkb）。Pamaluan组的时代为渐新世—中新世，Pulubalang组的时代为中中新世，Balikpapan组的时代为晚中新世，Kampung Baru组的时代最新，为上新世—更新世，成煤级别较低，仅为褐煤和泥炭。

麻拉特韦富集区发育断层、褶皱等构造，走向分为两类，分别为北东—南西向和北西—南东向。断层分为正断层和逆冲断层，并切断第三系。

（六）丹戎

丹戎富集区位于东加里曼丹省的东部及南加里曼丹省的西北部，南北长 130 km，东西宽 50 km，面积约 6500 km^2。富集区的西部约 70 km 为自北向南流向的巴里托河，南部为南加里曼丹省的省会城市马辰，直线距离约 190 km 处。

丹戎富集区位于巴里托盆地的东部，含煤地层共 5 套，分别为 Tanjung 组（Tet）、Montalat 组（Tomm）、Berai 组（Tomb）、Warukin 组（Tmw）和 Dahor 组（TQd）。Tanjung 组的年代为晚始新世，Montalat 组的年代为渐新世—中新世，Berai 组的时代为渐新世，Warukin 组主要形成于中中新世，Dahor 组形成于上新世—更新世。

在丹戎富集区北部，主要的含煤地层为 Montalat 组（Tomm）、Berai 组（Tomb）和 Warukin 组（Tmw）；在富集区的南部，主要的含煤地层为 Tanjung 组（Tet）和 Warukin 组（Tmw）。

地层呈单斜构造发育，走向北北东，倾斜北西西。

（七）隆伊基斯

隆伊基斯富集区位于东加里曼丹省的南部，与东北方向的巴厘巴板的直线距离为 110 km。该富集区南北走向，东西宽约 40 km，南北长约 90 km，面积约 3600 km^2。隆伊基斯富集区与东海岸的距离为 60 km，南北部均有入海的内河。

隆伊基斯富集区的含煤地层共有 6 套，分别为 Tanjung 组（Tet）、Kuaro 组（Tek）、Warukin 组（Tmw）、Pulaubalang 组（Tmpb）、Balikpapan 组（Tmbp）和 Kampungbara 组（Tpkb）。除了 Kampungbara 组外，其余 5 个组均为重要的含煤地层，尤其是 Warukin 组（Tmw）。主要的煤矿分布在富集区的南部。

Tanjung 组（Tet）和 Kuaro 组（Tek）的年代为中新世，总厚度分别为 1000 ~ 1500 m 及 700 m；Warukin 组（Tmw）的时代为中—晚中新世，总厚度为 300 ~ 500 m；Pulaubalang 组（Tmpb）的时代为中中新世，总厚度为 900 m；Balikpapan 组（Tmbp）的时代为中—晚中新世，总厚度为 800 m；Kampungbara 组（Tpkb）的时代为晚中新世—上新世，总厚度为 700 ~ 800 m，其中的煤层厚度不大于 3 m，有褐煤发育。

富集区内发育构造宽缓的向斜和背斜。在 Warukin 组（Tmw）发育的地点，多形成向斜。东部有逆断层发育。褶皱和断层的走向仅南北。

该富集区距离海岸线较近，并且有河流发育，是煤炭开发的有利条件。

（八）比努昂

比努昂富集区位于南加里曼丹省的中南部，为一个走向近北北东的狭长条带，宽约 14 km，长约 130 km，面积约 1800 km^2。该富集区距离西侧的首府马辰仅 60 km。该富集区是丹戎富集区的向南延伸。

比努昂富集区的含煤地层主要有 3 组，自下而上分别为 Tanjung 组（Tet）、Warukin 组（Tmw）和 Dahor 组（TQd）。Tanjung 组（Tet）的总厚度为 750 m，煤层发育在其下部，厚度为 50 ~ 150 cm，时代为始新世；Warukin 组（Tmw）的总厚度为 1250 m，煤层厚度仅为 20 ~ 50 cm，时代为中新世；Dahor 组（TQd）的时代最新，为上新世—更新世，仅发育 5 ~ 10 cm 的褐煤。Tanjung 组（Tet）是最主要的含煤地层。

该富集区的构造比较复杂，东部发育较老的侏罗纪沉积岩、火山岩及侵入岩，西部为含煤地层。含煤地层发育区的构造呈单斜，走向北北东，倾向北西西。侏罗纪的火山岩及侵入岩对煤的变质作用至关重要。

（九）阿朗

阿朗富集区位于东加里曼丹省的最北端，走向北西—南东，长约 75 km，宽约 20 km，面积约 1500 km^2。该富集区位于印尼与马来西亚的边境区，距离海岸线约 70 km，与东南部的打拉根岛的直线距离为 110 km。

阿朗富集区的含煤地层有 4 组，分别为 Naintopo 组（Ton）、Meliat 组（Tmm）、Tabul 组（Tmt）和 Sajau 组（TQps）。Naintopo 组的时代为渐新世，总厚度为 400 ~ 500 m，煤层厚度为 0. 5 ~ 1 m；Meliat 组的时代为中中新世，总厚度为 800 ~ 1000 m；Tabul 组的时代为晚中新世，地层的总厚度为 600 m，其顶部含煤；Sajau 组的时代为中新世—更新世，总厚度为 600 ~ 2000 m，含煤及褐煤。

构造以宽缓的向斜为主；轴向为北北西。中中新世发育有闪长岩（Tmd）侵入体。

（十）丹戎勒德布

丹戎勒德布富集区位于东加里曼丹东部丹戎勒德布市的周边，宽约 40 km，长约 100 km，面积约 4000 km^2。丹戎勒德布市有内河通往外海，河道长度约为 70 km。丹戎勒德布市的正南方为东加里曼丹省的三马林达，直线距离为 310 km。

丹戎勒德布富集区共发育 8 套含煤地层，分别为：Marah 组（Tem）、Mangkupa 组（Teom）、Karangan 组（Toek）、Latih 组（Tml）、Birang 组（Tomb）、Tabul 组（Tmt）、Labanan 组（Tmpl）和 Sajau 组（TQps）。其中，最重要的 4 套含煤地层为 Latih 组（Tml）、Tabul 组（Tmt）、Labanan 组（Tmpl）和 Sajau 组（TQps），煤层共计 70 层，厚度为 0.2 ~ 5.5 m，煤种的级别较多，从烟煤到褐煤不等。煤炭的发热量可达 6000 kcal/kg，甚至能达到 7000kcal/kg（在 Teluk Bayur）。

Marah 组（Tem）形成于始新世，厚度为 1800 m；Mangkupa 组（Teom）的时代为始新世—渐新世，厚度为 1300 m；Karangan 组（Toek）的时代为始新世，厚度为 500 m，发育褐煤；Latih 组（Tml）的时代为中新世—上新世，厚度为 800 m；Birang 组（Tomb）形成于渐新世—早中新世，厚度为 110 m；Tabul 组（Tmt）的时代为晚中新世，厚度为 1050 m；Labanan 组（Tmpl）亦在晚中新世发育，厚度为 450 m，其中发育的煤层厚度为 0.2 ~ 1.5 m；Sajau 组（TQps）形成于上新世—更新世，总厚 775 m，发育黑色及褐色的煤层，煤层厚度为 0.2 ~ 1 m。

该富集区发育宽缓的向斜及正断层。向斜的轴向为北北西，断层的走向为北北东，倾向为北西西。

四、苏门答腊煤炭富集区

苏门答腊的预测富集区共 6 个，拉哈特、宾因特洛克、苏班布龙、卢布马拉卡、双溪兰代、克里唐。这些富集区主要分布在南苏门答腊省（3 个富集区）、占碑省（2 个富集区）、廖内省（1 个富集区）(图 2 - 2 - 58)。

（一）拉哈特

拉哈特富集区位于南苏门答腊省南部，富集区内有拉哈特和麻拉埃宁等城镇，其中的拉哈特市距离巨港的直线距离约 160 km，公路距离约为 360 km。富集区呈东西走向，东西长约 90 km，南北宽约 20 km，面积约 1800 km^2。

拉哈特富集区所在的南苏门答腊省的煤资源量为 471 亿 t，储量为 95.4 亿 t，资源量和储量在印尼全国排名第 1。南苏门答腊煤盆地的分布范围几乎遍布全省。含煤地层为新近系的 Muara Enim 组，煤炭矿权分布于该省的南部和西北部。

拉哈特富集区是印尼煤炭国企 Bukit Asam 的资源地，有运煤窄轨铁路通往东北方的巨港及东南方的楠榜港（表 2 - 2 - 23）。

表 2 - 2 - 23　拉哈特富集区的煤炭企业及煤质

煤炭公司	采矿权	状态	区块/区域/产品	发热量/(kcal·kg^{-1})	全硫(adb)/%	灰分(adb)/%	全水(ar)/%
Adimas Baturaja Cemerlang，PT	PKP2B	在建	—	4588 ~ 4811	0.19 ~ 2.28	6.63 ~ 12.37	41.63 ~ 42.04
Batualam Selaras，PT	PKP2B	在产	Kikim SP - 6	4782 ~ 6626 5385 ~ 5820	0.19 ~ 0.67 0.19 ~ 0.74	0.8 ~ 8.8 1.2 ~ 4.5	20.9 ~ 34.5 19.2 ~ 39.7
Bukit Asam Tbk，PT	IUP	在产	IPC 53 BA 55 BA 59 BA 63 BA 67 BA 70	5300 5500 5900 6300 6700 7000	0.5 0.6 0.6 0.6 0.6 0.7	8.0 7.3 6.0 5.0 5.0 5.0	34 30 28 21 18 14

拉哈特富集区共发育 3 套含煤地层，分别为 Lemau 组（Tml）、Muara enim 组（Tmpm）和 Simpan-

图 2-2-58 苏门答腊煤炭富集区分布图

gaur 组（Tmps）。Lemau 组（Tml）的时代为中—晚中新世，Muara enim 组（Tmpm）和 Simpangaur 组（Tmps）为晚中新世—上新世，而 Muara enim 组是最为重要的含煤地层。在富集区的东部，发育广泛的第四纪火山岩及侵入岩，提高了煤的变质程度。

在拉哈特富集区的构造格局上，广泛发育背斜、向斜和正断层。褶皱的轴线及断层呈近东西向及北西—南东向，向斜的幅度较为宽缓，向斜与背斜交替发育。

南苏门答腊的总体煤质特征为：发热量 3398 ~ 7000 kcal/kg，全硫 0.1% ~ 2.28%，灰分 0.8% ~ 26.81%，全水 14% ~ 59.65%。煤质最好的是印尼煤炭国企 Bukit Asam，其发热量可达到 7000 kcal/kg。该富集区的水分普遍较高，5500 kcal/kg 的发热量对应的水分为 30%。某些煤的水分可超过 40%。

拉哈特富集区的基础设施完备，其铁路可高效地运出煤炭。该富集区位于苏门答腊南部，距离人口稠密的首都雅加达仅相隔巽他海峡（最窄处仅 40 km），未来的煤炭开发可与当地的国企合作，共同开发煤炭，并可考虑煤电联营，向人口稠密且缺电的地区输送电力。

（二）宾因特洛克

宾因特洛克富集区位于南苏门答腊省的西北部，呈北西—南东走向，长约 50 km，宽约 10 km，面积约 500 km^2。富集区的南部有公路通过，并有穆西河通过。富集区位于巨港的西侧，与巨港的直线距离约为 210 km，公路距离约为 280 km。

宾因特洛克富集区的含煤地层共两套，分别为 Kasiro 组（Teok）和 Muara enim 组（Tmpm），煤种为 A 级次烟煤和高挥发分 C 级烟煤。Kasiro 组（Teok）的时代为晚始新世—渐新世，厚约 250 m；Muara enim 组（Tmpm）的时代为晚中新世—上新世，厚约 200 m，发育褐煤。

富集区内的构造以背斜、向斜、正断层为主，褶皱轴向为北西及北北西。断层的走向为北东东，并切断第三系地层。

（三）苏班布龙

苏班布龙富集区位于宾因特洛克富集区的东北方约 55 km 处；该富集区呈北西—南东走向，长约 90 km，宽约 45 km，面积约 4000 km^2。该富集区位于巨港西北方，有公路及河流（穆西河）与其相连，公路的距离约 190 km。

苏班布龙富集区的含煤地层共 3 套，分别为 Kasiro 组（Teok）、Talangakar 组（Tomt）和 Muara enim 组（Tmpm）。Kasiro 组（Teok）的时代为晚始新世—渐新世，厚约 250 m；Talangakar 组（Tomt）的时代为晚渐新世—早中新世；Muara enim 组（Tmpm）的时代为晚中新世—上新世，厚约 200 m，发育褐煤。

富集区内的构造以背斜、向斜、正断层为主，褶皱轴向为北西，背斜与向斜交替发育；断层的走向为北东，并切断第三系地层。

（四）卢布马拉卡

卢布马拉卡富集区位于占碑省的西部，其北部有公路与河流（哈利河）与占碑省的省会占碑相连，公路距离约 210 km，河道距离约为 320 km，与西北方的海滨城市巴东（Padang）的直线距离约 170 km。富集区呈北西走向，宽约 16 km，长约 50 km，面积约 800 km^2。

卢布马拉卡富集区共发育 4 套含煤地层，自下而上分别为 Sinamar 组（Tog）、Ombilin 组上段（Tmo）、Muara enim 组（Tmpm）和 Kasai 组（QTk）。

Sinamar 组（Tog）的时代为晚始新世—渐新世，总厚度为 750 m；Ombilin 组上段（Tmo）的时代为晚渐新世—中新世，总厚度约 600 m；Muara enim 组（Tmpm）的时代为中新世—上新世，总厚度为 600 m，其中褐煤层的厚度占该组厚度的 10%；Kasai 组（QTk）的时代为晚上新世—第四纪，发育褐煤，最大总厚度为 700 m。

富集区内的煤层受火山岩及侵入岩破坏严重，因此煤矿的规模受到一定程度的限制。

（五）双溪兰代

双溪兰代富集区位于占碑省的北部，占碑市的西部，其南部有公路与河流（哈利河）与占碑省的省会占碑相连，公路距离约 120 km，河道距离约为 180 km。富集区呈北西西走向，长约 80 km，宽约 10 km，面积约 800 km^2。

双溪兰代富集区的含煤地层有 5 套，自下而上分别为 Lahat 组（Toml）、Talangakar 组（Tomt）、Airbenakat 组（Tma）、Muara enim 组（Tmpm）和 Kasai 组（QTk）。

Lahat 组（Toml）的时代为渐新世—早中新世，其上部可见煤层透镜体；Talangakar 组（Tomt）的时代为渐新世—早中新世，厚度大于 350 m，局部发育褐煤；Airbenakat 组（Tma）的时代为中新世，厚度大于 450 m，局部发育褐煤；Muara enim 组（Tmpm）的时代为晚中新世—早上新世，厚度大于 600 m，发育褐煤；Kasai 组（QTk）的时代为晚上新世—第四纪，厚度约 400 m，见褐煤层及硅化木。

富集区整体表现为一个背斜构造，背斜的轴向为北西。北西—南东走向、北东倾向的逆冲断层的活动导致了背斜的形成。

（六）克里唐

克里唐富集区位于廖内省的南部，位于廖内省的省会城市北干巴鲁的东南方约 190 km。富集区距离东海岸较近，直线距离约 120 km。富集区的北部有公路及河流（巴因德古里河）通往东海岸，内河的距离约为 180 km。克里唐富集区为一条走向北西—南东的狭长条带，长约 35 km，宽约 5 km，面积约 175 km^2。

克里唐富集区的含煤地层共 4 套，自下到上分别为 Kelese 组（Teok）、Lakat 组（Toml）、Air

Benakat 组（Tma）和 Muara Enim 组（Tmpm）。Kelese 组（Teok）的时代为始新世—渐新世，厚度可达到 100 m；Lakat 组（Toml）的时代为渐新世—早中新世，该组的上部含煤层透镜体；Air Benakat 组（Tma）的时代为中—晚中新世，厚度为 100 ~ 200 m，有褐煤发育；Muara enim 组（Tmpm）的时代为晚中新世—早上新世，厚度为 200 ~ 400 m，有褐煤发育。

克里唐富集区的构造格局为单斜，走向北西—南东，倾向北东。此外还发育正断层，走向与单斜一致。

本章参考文献

[1] 成功，高泽润．印度尼西亚东加里曼丹省三马林达地区煤层特征［J］．中国煤炭．2012（2）：121 – 124.

[2] 刘淑芸，姬阳瑞，陈亚飞，等．印尼的优质煤炭资源［J］．洁净煤技术．2004（4）：53 – 54 + 62.

[3] 倪呈刚，周永刚，翁善勇，等．中国电厂应用印尼煤的前景展望［J］．华东电力．2005（12）：34 – 37.

[4] 姚华舟，朱章显，韦延光，等．巽他群岛 – 新几内亚岛地区地质与矿产［G］．北京：地质出版社，2010.

[5] 印尼基础设施建设承包商会．印尼基础设施现状及发展战略［EB/OL］．2007. http：//blog. 163. com/ zjsjynyuan@126/blog/static/469131482007956461517 8/.

[6] 张文佑，吴根耀．试论碰撞运动：一种假说性的探讨［J］．大自然探索．1986（1）：97 – 104.

[7] 赵财胜，孙丰月，李碧乐，等．马来西亚沙捞越邦达、什兰江控矿角砾岩筒构造对比研究及其找矿意义［J］．世界地质．2003（4）：366 – 372.

[8] 中国煤炭工业协会赴越南和印尼考察代表团，黄盛初．中国煤炭企业“走出去”经验和建议［J］．中国煤炭．2011（5）：5 – 9.

[9] 中华人民共和国商务部．俄罗斯与印尼拟投资 25 亿美元建加里曼丹铁路［EB/OL］.（2012）．http：//www. mofcom. gov. cn/aarticle/i/jyjl/j/201207/20120708236751. html.

[10] 中华人民共和国外交部．印度尼西亚国家概况［EB/OL］.（2012）http：//www. fmprc. gov. cn.

[11] AMIJAYA D. Paleoenvironmental，paleoecological and thermal metamorphism implications on the organic petrography and organic geochemistry of Tertiary Tanjung Enim coal，South Sumatra Basin，Indonesia［J］．2005. darwin. bth. rwth – aachen. de.

[12] BARBER A，Crow M，Milsom J. Sumatra：geology，resources and tectonic evolution［M］．2005. London，Geological Society.

[13] BELKIN H E，TEWALT S J. Geochemistry of Selected Coal Samples from Sumatra，Kalimantan，Sulawesi，and Papua，Indonesia［EB/OL］．2007. Reston，Virginia，USA，USGS.

[14] BELKIN H E，TEWALT S J，HOWER J C，et al. Geochemistry and petrology of selected coal samples from Sumatra，Kalimantan，Sulawesi，and Papua，Indonesia［J］．International Journal of Coal Geology，2009：260 – 268.

[15] BP 公司．BP 世界能源统计年鉴［EB/OL］.（2012）bp. com/statisticalreview.

[16] BP 公司．BP 世界能源统计年鉴［EB/OL］.（2013）bp. com/statisticalreview.

[17] Friederich M C，LANGFORD，R P，MOORE T A. The geological setting of Indonesian coal deposits［EB/OL］．The AusIMM Proceedings 304：1999：23 – 29.

[18] HUTCHISON C S. The palaeo – Tethyan realm and Indosinian orogenic system of Southeast Asia［J］．Tectonic evolution of the Tethyan region，1989（3）：585 – 643.

[19] IEA. Energy Policy Review of Indonesia［M］．2008. Paris，France.

[20] McClay K D，Ferguson T. Tectonic evolution of the Sanga Sanga Block，Mahakam Delta，Kalimantan，Indonesia［J］．American Association of Petroleum Geologists Bulletin. 1996（84）：765 – 786.

[21] Mulyono J. Indonesian coal industry outlook. Tokyo，Indonesian – Japan Coal Policy Dialogue and Coal Seminar［EB/OL］．2009.

[22] Petromindo. Indonesian coal book（2012/2013）. 2012. Jakarta，Indonesia，Petromindo. com.

[23] SINGH P K，SINGH M P．SINGH A K，et al. Petrographic characteristics of coal from the Lati Formation，Tarakan basin，East Kalimantan，Indonesia［J］．International Journal of Coal Geology. 2010，81，（2）：109 – 116.

[24] SUSILAWATI R，WARD C R. Metamorphism of mineral matter in coal from the Bukit Asam deposit，south Sumatra，Indonesia［J］．International Journal of Coal Geology. 2006，68（3 – 4）：171 – 195.

[25] WIDODO S, BECHTEL A, ANGGAYANA K, et al. Reconstruction of floral changes during deposition of the Miocene Embalut coal from Kutai Basin, Mahakam Delta, East Kalimantan, Indonesia by use of aromatic hydrocarbon composition and stable carbon isotope ratios of organic matter [J]. Organic Geochemistry. 2009, 40 (2): 206 – 218.

[26] WITTS D, Hall R, NICHOLS G, et al. A new depositional and provenance model for the Tanjung Formation, Barito Basin, SE Kalimantan, Indonesia [J]. Journal of Asian Earth Sciences. 2012, 56: 77 – 104.

第三章　煤炭资源开发投资建议

第一节　国别投资环境分析

一、对外资的吸引力

近年来，印尼吸引外资持续较快增长，特别是2008年国际金融危机以来，每年保持15%以上增速，并连创历史新高。2014年全年印尼吸引外资（FDI）263亿美元，增长12.9%，创历史新高。

从投资环境角度看，印尼的吸引力主要表现在以下方面：①政局较为稳定；②自然资源丰富；③经济增长前景看好，市场潜力大；④地理位置重要，控制着关键的国际海洋交通线；⑤人口众多，有丰富、廉价的劳动力；⑥市场化程度较高，金融市场较为开放。

印尼利用外资快速增长，作为东南亚最大的国家，已成为东盟10国中最具吸引力的投资目的国之一。

矿业是外商投资印尼的传统热点行业。印尼矿产资源极为丰富，已经成为国际煤炭以及镍、铁、锡、金等矿产品重要来源国。根据2009年印尼颁布的《煤炭与矿物法》规定，为推动印尼矿产品加工中下游产业发展，自2014年1月开始在印尼采矿的国内外企业必须将原矿在当地加工冶炼之后才能出口。为此，包括中国企业在内的很多国内外矿业企业纷纷开始投资建设冶炼厂。在2009年的《煤炭与矿物法》以及2014年1号政府条例的推动下，截至2014年，经印尼投资协调委员会批准的矿业冶炼厂已达30家，总金额达130亿美元。

目前印尼经济保持较快增长，国内消费成为印尼经济发展稳定动力，各项宏观经济指标基本保持良好经济结构比较合理。印尼持续向好的经济发展前景和特有的比较优势将继续吸引外资涌入。

但是，印尼投资环境的诸多硬伤仍未出现明显改观。基础设施严重滞后是最大的瓶颈，物流成本高企、通信条件普遍较差、电力供应难以满足基本需求等。基础工业落后，产业链上下游配套不完备，影响部分制造业企业扩大再投资。政府低效和腐败现象仍比较严重，部分领域如矿业等行政管理混乱、税费复杂繁多等，都在很大程度上降低了印尼对外资的吸引力。

二、投资环境排名

从宏观角度分析，评价一国投资环境，首先需要关注的是该国的整体竞争力水平，由于矿业投资的金额大，周期长，需考虑的相关因素众多，所以国家的基本制度、基础设施条件、宏观经济状况、市场效率以及商业成熟度都是应关注的问题。世界经济论坛《2016—2017年全球竞争力报告》显示，印度尼西亚在全球148个国家中排名第41位，较上年度下降4个位次。其中较低的劳动力市场效率、健康及初等教育普及率以及落后的技术装备是降低该国竞争力的主要因素。而在国家的宏观经济环境以及市场规模方面，印尼具有明显的优势。对比上一年度的排名，多项指标有明显的上升（表2-3-1）。

从微观角度分析，本报告更关注企业在具体商业经营活动中所遇到的困难与阻碍，并依此来评估该国微观商业经营环境。参考世界银行发布的国家和地区营商环境报告（表2-3-2），世界银行《2016全球营商环境报告》显示，印度尼西亚在189个国家中排名第109位，比上年度上升了5位。其中在投资保护和跨境贸易方面的营商环境较好，但在公司和资产注册等手续、获取电力以及合同执行等方面的效率较低。

具体到矿业的投资环境，一个国家矿业投资环境的好坏与该国的政治经济状况之间存在着很强的正相关性。在国际著名咨询公司多贝尔的评价体系中，印度尼西亚2013年的得分为27.5分，在本次研究

表 2-3-1 印尼全球竞争力在 148 个国家和地区中的排名

项　目	2015—2016 年排名	2016—2017 年排名	项　目	2015—2016 年排名	2016—2017 年排名
基本条件（40%）	49	52	劳动力市场效率	115	108
制度	55	56	金融市场发展	49	42
基础设施	62	60	技术装备	85	91
宏观经济环境	33	30	市场规模	10	10
健康与初等教育	46	100	政府促进创新（10%）	33	32
市场效率（50%）	80	49	商业成熟度	36	39
高等教育和培训	46	63	创新	30	31
商品市场效率	65	58			

数据来源：The Global Competitiveness Report 2016-2017，2015-2016

表 2-3-2 印尼的营商环境在 189 个国家和地区中的排名

项　目	2014 年排名	2015 年排名	项　目	2014 年排名	2015 年排名
总体营商环境	120	114	投资保护	52	43
创办公司	175	155	纳税	137	160
获得建筑许可	88	153	跨境贸易	54	62
获得电力	121	72	合同执行	147	172
资产注册	101	117	解决无偿付能力	144	75
获得融资	86	71			

数据来源：世界银行营商环境报告 2014，2013

的十三个富煤国家中排名第九。评分各项中，腐败问题较为严重，特别近年来以清廉著称的执政党频繁曝出腐败丑闻，其民意支持率受到重大打击。腐败导致权力寻租，经商环境和投资环境受政府腐败影响而效率低下。同时，印尼货币不稳定，易受到国际资本的冲击，因此使用本币结算的企业及外国投资者要承担较大的汇率波动风险。

三、投资环境的冷热分析

国别冷热比较法由美国经济学家伊西阿·利特法克和彼得·班廷在 20 世纪 60 年代后半期提出。该分析法是通过对各国投资环境中的 8 种因素进行综合和统一尺度的比较分析，是投资环境定性分析的代表性方法之一。

另一方面，对于投资环境的研究而言，除了应在政治、经济和法律等方面对其进行分析外，通过对近年来中国企业海外矿业投资的成功经验与失败教训的归纳和总结，我们发现在实际投资中能否克服基础设施的瓶颈，以及按时获得环境审批往往直接决定了项目的成败，而东道国的税收环境和汇率变动也会对能否获取预期的投资收益产生重大影响。基于上述原因，在本次研究中，我们将汇率、税收、环境要求和基础设施条件一并纳入了冷热分析中，形成了更加针对矿业投资特点与需求的 9 个方面的评价因素，依次是政治稳定性、市场、经济增长与发展、汇率稳定性、法令障碍、税务环境、环境保护成本、基础设施条件、地理及文化。

判断结果以该因素是否有利于在东道国进行矿业投资为标准，给出了“热、中、冷” 3 种评估结论，东道国的投资环境因素越热（即越好），外国投资者在该国投资就越有利。以政治稳定性为例，“热”表示该国有一个由社会各阶层代表所组成的、被群众所拥护的政府，基本没有民族和地区矛盾，社会稳定，政府鼓励和促进企业发展，创造出良好的适宜企业长期经营的环境。反之为“冷”因素，当东道国政治稳定性介于“热”和“冷”之间，情况比较复杂或偏中性，无法给出单方面的结论时，评估结果为“中”。

1. 政治稳定性

从2000年起，印尼宪政体制已基本确立，政治与社会发展趋于稳定，国家逐步走上政治民主、社会开明与经济改革的新阶段。印尼的地区和国际环境良好，与周边及各主要大国关系平稳发展，地区大国地位不断提高。该国对待外国投资的态度是积极的，并采取了多项重大措施加快改革，优化国家的整体投资环境。近年来印尼经济增速较快与政府良好的宏观经济管理和稳定的机构改革密切相关。

值得注意的是，印尼政府内部、各政党之间及国内利益集团在一系列改革问题上立场不一致。2014年印尼举行大选，各政治团体立场的分歧进一步凸显。此外，印尼是全球贪污腐败问题最为严重的国家之一，政府工作效率低下，而来自保守势力的阻碍使得政治和经济改革面临压力。同时，恐怖主义、极端宗教与地区分离势力也是影响印尼政治稳定性的负面因素。

综合考虑，我们对印尼的政治稳定性评定为“中”。

2. 市场

印尼资源丰富，人口众多，经济发展潜力大，市场前景广阔。基础设施和电力等方面的投资需求旺盛，“六大经济走廊”的建设将会进一步开发当地的相关市场机会。近年来，印尼积极推动东盟地区互联互通和经济一体化建设，目标是将这一地区建设成为东盟共同体，实现区域内人员、资本、技术和市场等充分交换，“区域经济一体化”的加速为印尼经济的进一步发展提供了更加广阔的空间。

综合考量，我们对印尼的市场机会评定为“热”。

3. 经济增长与发展

近年来，印尼经济增长速度较快，呈现出“高增长、低通胀、低失业”的良好发展趋势，宏观经济稳定，金融系统不断完善，法律法规不断健全，消费、投资和出口逐渐成为经济增长的重要引擎，贫困人口和失业率有所下降，抵抗外部金融和经济环境变化的能力不断增强。

与此同时，印尼经济仍面临出口结构中能源矿产占比较大、产品易受国际价格波动影响等风险。政治势力形成的垄断经济的低效仍普遍存在，阻碍了市场化改革的深入。此外，印尼盾一直被认为是亚洲风险最大的货币之一，热钱的大笔进出会对其经济的平稳增长造成一定的挑战。

综合来看，我们对印尼经济增长与发展评定为“热”。

4. 汇率稳定性

印尼盾是东南亚地区重要而又易受国内外经济影响而波动的货币。2009—2010年是印尼盾对人民币显著升值的时期，从2010年至2013年中期印尼盾持续贬值，2013年下半年以来，印尼的经常账户赤字和美国量化宽松政策的逐步退出使得该国货币贬值现象严重，该国政府在2013年底通过减少燃油补贴等一系列方法使得印尼盾的汇率有所回升。但此后，印尼盾和其他新兴市场国家货币一样，仍然未能改变持续贬值的局面。

综合来看，我们对印尼的汇率稳定性评定为“冷”。

5. 法令阻碍

印尼存在监管和法律环境不透明，法规条文不一致，不同法律间存在矛盾和冲突，且执行手续烦琐复杂等问题。尽管当前政府已将建立完善的法律体系作为优先发展目标，并在苏西洛总统的第一任期内连续采取了重大行动，但真正见到成效还需要一个相当长的时间。在企业运营方面，地方腐败和司法及行政工作透明度低依然是在印尼进行经商活动所要面临的问题。

综合来看，我们对印尼法令阻碍评定为“冷”。

6. 税务环境

印度尼西亚是税负较低，但税法执行环境较差的国家。税收负担在全球范围较轻，据普华永道和世界银行共同合作最新发布的2016年全球189个主要经济体总体税负情况排名报告中显示，印尼税收负担排名第148位，整体税负为29.7%，属于税负较轻的国家序列。但该国税收执法环境较差，腐败现象较严重。因此整体税务环境质量排名较差，根据上述世行报告，印尼在本次富煤国家中税务环境整体排名倒数第2位。不过，印尼政府近年正在通过降低税负、提高纳税人服务等措施鼓励投资。据世界银行2015年发布的《Doing Business in Indonesia 2015》统计，印度尼西亚的整体税率从2006年的37.3%

下降至 2016 年的 29.7%，通过网络化的实施使得每年的纳税申报耗时下降近一半以上，从 2006 年的 560 h 下降至 2015 年的 238 h，呈逐年好转趋势。

印度尼西亚当前的综合税负较低，但税收环境差，腐败严重。因此，我们对该国的税务环境评定为“冷”。

7. 环境保护成本

印度尼西亚的国家环境法律体系尚不完善；环境许可证审批程序相对不复杂；环境许可证审批办理时限中等；公众参与程度及环境保护敏感度较低；矿区复垦及环境保护保证金收取要求评定在法律中未做明确规定。总体而言，印度尼西亚是环境保护低成本国家。

因此，我们对印度尼西亚的环境保护成本评定为“热”。

8. 基础设施条件

印度尼西亚的国内河流众多，水系发达，正在开采的煤炭，大部分位于内陆水系地区、沿海地区或者其周边，方便装运。印尼目前在加里曼丹岛拥有六大深水港口，可容纳 6 万 ~18 万 t 的船舶。苏门答腊也有不错的煤炭运输能力，有许多为小型船舶设计的离岸装卸设施。

目前，印尼国内已经建立起了一套内陆河流与海岸港口相连接的交通运输系统。长期看来，印尼的出口持续增长还依赖于远离海岸的一些诸如铁路之类的交通基础设施的进一步改善。目前在主要的产煤区，如加里曼丹东部和苏门答腊南部均有铁路规划，有望改善交通运输这一瓶颈问题。

除了煤炭出口，煤电联营也是投资印尼煤炭工业的渠道之一。印尼经济近年来持续发展，但是国内严重缺电，受到印尼政府和议会的高度关注，印尼政府也大力鼓励外资投资电力工业。

综合考虑，我们对印度尼西亚的基础设施条件评定为“中”。

9. 地理及文化

印尼地理位置优越，处于海上的交通要道，距离中国和印度等能源消耗大国较近。历史上，印尼各岛屿各自为政，长期未形成一个统一的国家，造成了印尼极端宗教主义、地方分离主义和局部暴力冲突不断发生。对印尼的投资环境造成了负面影响。

同时，华人地位和身份仍然敏感，由于占人口少数的华人掌握着国家大部分的财富，每当遇到经济、政治波动或其他突发事件，反华情绪通常会被挑起，给带有中国背景的企业带来重大损失。近年来，中国对印尼的投资增加以及在当地运营的中资企业赢得了良好的口碑，华人和中资企业的地位均得到了显著提高。

因此，印尼地理及文化评定为“中”。

综合考量，我们对印尼的市场机会、经济增长与发展、环境保护成本评定为“热”；对政治稳定性、基础设施条件、地理及文化评定为“中”；对汇率稳定性、法令阻碍、税务环境评定为“冷”。说明印尼具备投资所需的基础政治经济条件，但在具体投资时会面临许多阻碍和风险，需谨慎考虑。

第二节　国别煤炭资源开发投资建议

一、投资环境展望

印度尼西亚位于东南亚，总人口 2.47 亿，为世界第四人口大国；陆地面积 190.4 km^2，海洋面积 316.6 km^2。在民主化转型、改革过程中逐步实现政治稳定和经济的快速发展，成为经济增速仅次于中国的新兴经济体，在地区一体化和亚太区域经济中扮演着重要角色。印尼经济世界排名第 16 位，在东盟内处于领头羊地位。

政治方面，印尼逐步确立了三权分立的宪政体制，政府将维护国家安全、发展经济以及反腐倡廉确立为施政重点，致力于解决地方分离主义问题，加强国际反恐合作，大力吸引外资推动经济增长。东盟成立以来，印尼逐步发挥其领头羊作用，积极推动东盟一体化进程。外交方面实施多边外交，与中国、美国、日本、欧盟、澳大利亚等各大国保持稳定良好关系。印尼政局基本稳定，外部环境良好。

经济方面，印尼是东盟最大经济体、20 国集团成员和重要的新兴市场国家。印尼具有良好的经济基础和较为完整的产业部门，农业、制造业和矿业为其三大经济支柱。近年来经济快速增长，印尼制定了国民经济 15 年建设规划，推出成立经济特区和创办六大经济走廊等政策，力争到 2020 年打造为新兴发达工业化国家。金融危机中，由于应对得力，印尼经济整体表现良好，呈现“高增长、低通胀、低失业”的良好态势。2008—2015 年 GDP 增长率（以本币计）基本稳定保持在 6% 左右。

印尼政局稳定，经济正在崛起，已成为中国和印度之后外商直接投资（FDI）的主要目的地。印尼正从低收入经济转向中等收入经济，从初级生产转向增值出口和知识型经济。从基础设施建设到制造业、服务业等各领域的投资机会都已成熟。腐败和过度的官僚主义等核心问题依然是阻碍投资的主要障碍，同时素质良莠不齐的人力资源和落后的基础设施也拖累印尼经济增长追赶中国和印度的步伐；印尼政府一直在采取积极措施，稳妥地解决这些问题。预计未来印尼的矿业投资环境会逐渐改善，而伴随着经济发展和产业升级，电力和基础设施行业存在较大的发展空间和投资机会。

二、煤炭工业发展趋势

（一）煤炭工业发展的有利条件

1. 煤资源丰富

印尼煤资源量达 1052 亿 t，储量 211 亿 t（印尼煤炭工业协会 2012 年的统计资料）。煤资源主要集中在东加里曼丹省、南加里曼丹省、南苏门答腊省。印尼煤炭工业发展迅速，2005—2014 年，印尼煤产量由 9390 万 t 油当量增长到 28170 万 t 油当量。2008—2012 年煤出口量由 2.00 亿 t 增加到 3.83 亿 t，增长 91.5%；从 2011 年起，印尼超过澳大利亚成为世界第一大煤炭出口国。2015 年印尼煤炭产量 3.92 亿 t，比上年下降 14.4%，煤炭出口 2.95 亿 t，比上年下降 22.9%，印尼国内煤炭消费 8743 万 t，增长 14.8%。

2. 国际动力煤市场仍将扩张

目前，煤电占世界电源构成的 40% 左右，预计到 2030 年煤电份额将提升至 50% 以上。煤炭的最大市场在亚洲，其进口量从 2005 年的 3.01 亿 t 增加到 2011 年的 5.69 亿 t，增长近 90%。中国、印度、日本、韩国、中国台湾都是本地区主要煤炭消费国家或地区，煤炭在能源结构中的地位不可能轻易改变。这一地区是世界经济最具活力、引领世界经济的地区，新兴国家中国、印度的经济仍会持续增长，世界煤炭市场近中期仍会扩张。

3. 煤埋藏浅、易开采，煤质低灰、低硫，质量优良

尽管印尼煤发热量较低，但大部分印尼煤资源低灰、低硫，埋藏浅，易开采。

4. 选定三马林达富集区、博努阿拉瓦斯富集区、拉哈特富集区为未来煤资源开发的优先目标区

三马林达富集区：地处东加里曼丹省，面积 15000 km^2；该省煤资源量达 379 亿 t，储量 59 亿 t，煤质：低灰、低硫，发热量高，煤层稳定，埋藏浅；交通位置优越（有 Bontang、Balikpapan、Tanjung Bara 等多个大规模煤港）。

博努阿拉瓦斯富集区：地处南加里曼丹省，面积约 4000 km^2，区内有 Kota Baru、North Pulau Laut、Senakin 等煤港及倒驳点。南加里曼丹省的资源量为 122.7 亿 t，储量为 36 亿 t；煤质：低灰、低硫、发热量高，埋藏浅。

拉哈特富集区：位于南苏门答腊岛省，面积约 1800 km^2，该省煤资源量达 471 亿 t，储量 95 亿 t，煤质：低灰到高灰、低硫到中高硫，埋藏浅。基础设施完善。

5. 地理位置适中，具有区位优势

印尼的地理位置适中决定了其煤炭在运费上的竞争力。印尼处于亚洲这一世界主要煤炭市场的近端，相比澳大利亚、南非、美国、哥伦比亚等主要煤炭出口国而言，具有突出的区位优势，运输成本相对较低，煤炭出口竞争力较强。

（二）存在的不利条件

1. 一些行业及项目限制外商进入

外商参与的行业和项目被限定投资股份的比例，必须留出一定的份额给印尼人。面对政府部门有许多特殊情况（如：申领工作签证到政府办手续显得较为复杂，使其办事大多都需用代理机构），除了中央政府，还有地方政府，再是所在地村镇及村民，企业在处理关系上要耗费很多时间和精力，甚至直接影响企业正常工作。所有外国的服务性公司都必须有当地的合作伙伴。

2. 印尼税收政策对煤炭企业不利

印尼税率较高，影响到投资者的积极性，一定程度上阻碍了煤炭工业发展进程。

（三）结论

印尼煤资源丰富，煤质多为次烟煤和褐煤，尽管发热量低，但一般低灰低硫，质量优良，埋藏浅，易开采。地理位置处于亚洲东南，接近东亚这一世界煤炭主要消费市场，具有资源量大、煤质优良，开采、运输成本相对低廉优势。选定的三马林达、博努阿拉瓦斯、拉哈特3个煤炭开发优先目标区，位于印尼煤资源最为丰富的东加里曼丹省、南加里曼丹省和南苏门答腊省，后备资源雄厚，基础设施相对完善，开发条件较好。

随着新兴经济体的经济结构调整结束、美国经济恢复增长、欧洲经济走出衰退，世界经济会逐步复苏，国际煤炭市场会随世界经济复苏而重新繁荣，对印尼煤炭开发而言，除进一步开拓国际市场外，印尼的国内市场也会随经济快速增长而扩大。

印尼虽有一些对煤炭开发的不利因素和条件，但都不会完全影响对印尼的煤炭投资。

三、开发投资建议

印尼具备煤炭及相关产业投资所要求的基本政治、经济与产业条件，同时，印尼电力供应与其经济增长极不匹配，当地丰富的煤资源对电力行业发展具备有利条件。鉴于印尼经济发展与结构调整的现实要求以及相对比较好的矿业环境，可以考虑在当地进行煤电一体化开发。由于中国对印尼煤炭进口量的不断增长，煤炭生产和出口的投资机会也是应关注的方向。同时，基于印尼政府对于煤炭深加工的提倡与扶持，也应该适当关注煤化工等下游产业。

建议：

（1）优先开发目标区为3个煤资源富集区：东加里曼丹省三马林达、南加里曼丹省博努阿拉瓦斯、南苏门答腊省拉哈特。

（2）开发方式：煤炭生产、煤电联营。

（3）关注煤炭加工利用、煤化工等下游产业。

第三篇

俄罗斯联邦

Russian Federation

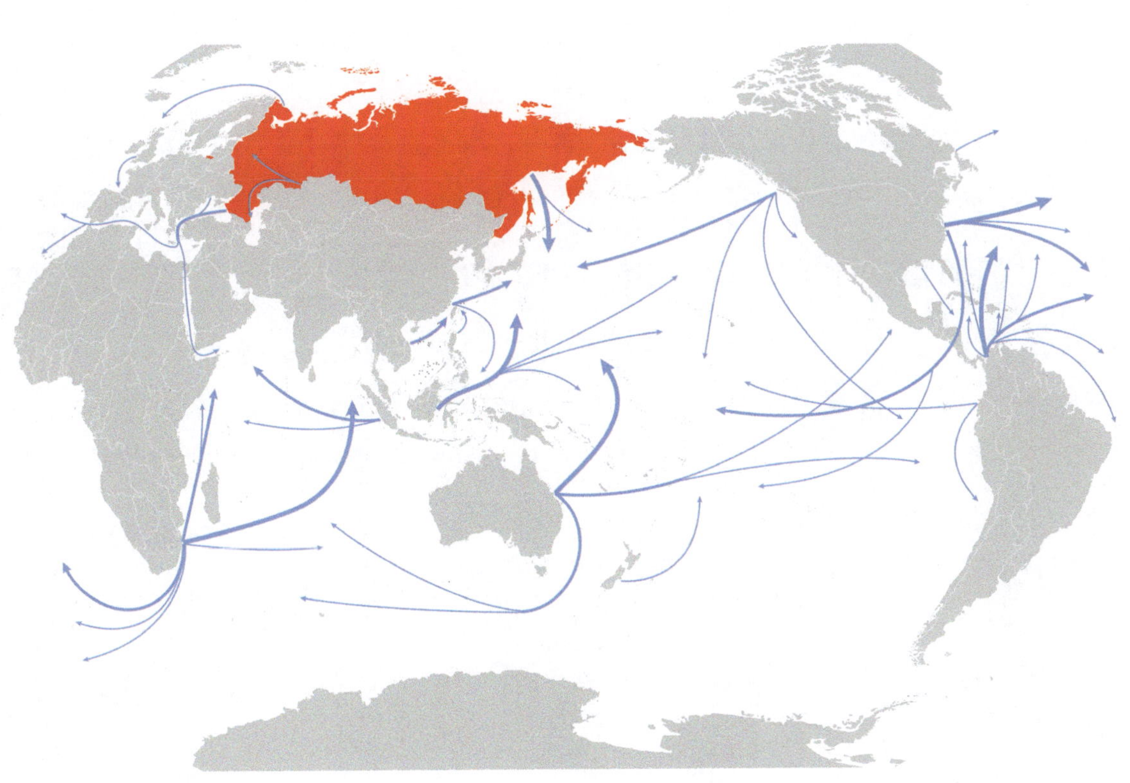

主　编　张智明
副主编　朱　锁　苏新旭　梁富康　陆伯炎　高树华
编　写　朱　锁　苏新旭　刘科明　舒晓霞　王　阳　沈　政
　　　　梁富康　董大啸　陆伯炎　彭北桦　宁　静　杨建国
　　　　高树华　岳　洋　冯学智　吴　超　苏　洁　黄　曼
　　　　李　千　沈施伟

第三篇 俄罗斯联邦

目　　录

第一章 投资环境分析

第一节 概 述

一、基本国情

俄罗斯联邦（Russian Federation），简称俄罗斯（Russia）。总人口约1.43亿（2014年）。俄罗斯是世界上人口减少速度最快的国家之一。俄罗斯全国有180多个民族，其中俄罗斯族占79.8%；主要少数民族有鞑靼、乌克兰、楚瓦什、巴什基尔、白俄罗斯、摩尔多瓦、日耳曼、乌德穆尔特、亚美尼亚、阿瓦尔、马里、哈萨克、奥塞梯、布里亚特、雅库特、卡巴尔达、犹太、科米、列兹根、库梅克、印古什、图瓦等。居民多信奉东正教，其次为伊斯兰教。

二、自然地理和气候特征

俄罗斯地跨欧亚两洲，地域辽阔，属温带和亚寒带大陆性气候，冬季漫长严寒，夏季短促凉爽，春秋季节很短。位于欧洲东部和亚洲大陆的北部，其欧洲领土的大部分是东欧平原。北邻北冰洋，东濒太平洋，西接大西洋，西北临波罗的海芬兰湾。陆地邻国西北面有挪威、芬兰，西面有爱沙尼亚、拉脱维亚、立陶宛、波兰、白俄罗斯，西南面是乌克兰，南面有格鲁吉亚、阿塞拜疆、哈萨克斯坦，东南面有中国、蒙古国和朝鲜。东面与日本和美国隔海相望。海岸线长37653 km。

俄罗斯面积为17075400km^2（世界国家和地区第1名；占苏联领土面积的76.3%，占地球陆地面积的11.4%），是世界上面积最大的国家。东西最长为9000 km，横跨11个时区；南北最宽为4000 km，跨越4个气候带。俄罗斯地形以平原和高原为主。西部几乎全属东欧平原，向东为乌拉尔山脉（俄罗斯欧亚领土的分界线）、西西伯利亚平原、中西伯利亚高原、北西伯利亚低地和东西伯利亚山地、太平洋沿岸山地等。西南耸立着大高加索山脉，最高峰厄尔布鲁士山海拔5642 m。主要山脉：乌拉尔山脉、大高加索山脉；两大平原：东欧平原、西西伯利亚平原；高原：中西伯利亚高原、东西伯利亚山地。

俄罗斯临北冰洋和太平洋，濒临海域顺时针依次为黑海、芬兰湾、巴伦支海、喀拉海、拉普捷夫海、东西伯利亚海、白令海、鄂霍次克海、日本海。主要的大河有伏尔加河、鄂毕河、叶尼塞河和勒拿河等。主要河流和湖泊：①欧洲第一长河——伏尔加河，全长3685 km（俄罗斯的母亲河，五海通航）；②西伯利亚地区的鄂毕河、叶尼塞河（水流最湍急）、勒拿河（全国最长）；③贝加尔湖（世界上淡水容量最多和最深的淡水湖）和里海。

俄罗斯幅员辽阔，气候复杂多样，差异很大，大体分为寒带、亚寒带、温带和亚热带，但大部分地区处于北温带，气候多样，以温带大陆性气候为主，但北极圈以北属于寒带气候。温差普遍较大，1月平均温度为1～35 ℃，7月平均温度为11～27 ℃。年降水量平均为150～1000 mm。西伯利亚地区纬度较高，气候寒冷，冬季漫长，但夏季日照时间长，气温和湿度适宜，利于针叶林生长。从西到东大陆性气候逐渐加强，冬季严寒漫长；北冰洋沿岸属苔原气候（寒带气候），太平洋沿岸属温带季风气候。从北到南依次为极地荒漠、苔原、森林苔原、森林、森林草原、草原带和半荒漠带。

第二节 政治经济环境

一、政治状况

（一）政治沿革

俄罗斯，全称俄罗斯联邦。16世纪中叶伊凡四世将莫斯科大公国改称沙皇俄国。经过历代的领土扩张，到18世纪彼得一世时代，俄罗斯已经成为地跨欧亚和北美的大帝国。现代意义上的俄罗斯始于1917年“二月革命”所建立的资产阶级临时政府。1919年俄国爆发“十月革命”，建立了苏维埃俄国。1922年苏维埃俄国和其他苏维埃共和国共同组成苏维埃社会主义国家联盟，建立起世界上第一个社会主义国家“苏联”，俄罗斯成为苏联加盟共和国。从1922年开始，苏联逐步成长为一个超级大国。但随着经济和政治体制的缺点所引发的矛盾越来越尖锐，1991年苏联解体，俄罗斯独立并继承了苏联在国际事务中的地位。

俄罗斯独立后于1993年12月12日通过了新宪法，确立了总统制的联邦国家体制，建立以俄罗斯联邦宪法和法律为基础的立法、司法、行政三权分立制，但俄罗斯的“三权分立”中，总统权力极大，议会权力很小，行政权优先于议会权，政府运作强而有力，可称为“总统集权制”或“超级总统制”。

经过多年的政治建设，俄罗斯政局总体保持稳定。伴随普京强人政治的强力推动，统一俄罗斯党和政府执政基础继续处于优势地位。同时，车臣等地区分离势力遭到政府重创，地区安全局势有很大好转。目前，推进俄罗斯的现代化和实现俄罗斯的大国复兴成为该国社会政治生活的主线之一。

（二）政治结构

1. 国家元首

俄罗斯实行总统制，总统为国家元首，由全民直选产生，2008年修宪前任期为4年，现改为6年，总统连任不得超过两届。总统拥有相当大的行政权力，有权任命包括总理在内的所有高级官员，但必须经议会批准。总统同时是武装部队的领导和国家安全会议主席，可不经议会通过直接颁布法令。现任总统是弗拉基米尔·弗拉基米罗维奇·普京，2012年5月7日就任。

2. 政府

俄罗斯联邦政府的行政权由俄罗斯总统和俄罗斯总理共享，总理在职权上较总统小。俄罗斯联邦政府总理的正式名称为俄罗斯联邦政府主席。目前俄罗斯联邦政府设有主席（总理）1名、第一副主席（副总理）2名、副主席（副总理）6名。大多数部委和联邦事务直接向总理报告，然后再转向总统报告。但有部分负责安全和外交政策的机构直属俄罗斯总统，它们被非正式地统称“总统阵营”，这些机构包括内务部、外交部、紧急情况部、国防部、司法部和7个其他联邦机构及服务处。现任总理是德米特里·梅德韦杰夫，2012年5月8日就任。

3. 俄罗斯联邦议会

根据1993年12月12日全民投票通过的新宪法，俄罗斯联邦议会是俄罗斯联邦代表和立法机关，是常设机关，由联邦委员会（议会上院）和国家杜马（议会下院）两院组成。行使立法和监督职能，工作主要集中在3个方面：立法活动，对国家财政实施监督和对政府实行监督。

4. 联邦委员会

联邦委员会由俄罗斯联邦各主体，包括直辖市、共和国、边疆区和州等各派两名代表（一名国家权力代表机关代表和一名国家权力执行机关代表）组成，共166名代表。其职权为批准俄罗斯联邦各主体间边界的变更，批准俄罗斯联邦总统关于实行战时状态的命令，批准俄罗斯联邦总统关于实行紧急状态的命令，决定能够在俄罗斯联邦境外动用俄罗斯联邦武装力量的问题，确定俄罗斯联邦总统的选举，罢免俄罗斯联邦总统的职务，任命俄罗斯联邦宪法法院、最高法院和最高仲裁法院的法官和任命俄罗斯联邦总检察长等。现任主席为马特维延科·瓦莲金娜·伊万诺夫娜（女）。

5. 国家杜马

国家杜马由450名代表组成，每四年选举一次，年满21岁，并有选举权的俄罗斯联邦公民可以当选为国家杜马代表。国家杜马代表为专职常任工作，不得兼任联邦委员会委员、国家权力其他代表机关和地方自治机关的代表，不得担任国家执行权力机关的公职，不得从事其他有报酬的活动，但教学、科研等创造性活动除外。其管辖范围有同意俄罗斯联邦总统对俄罗斯联邦政府总理的任命，决定对俄罗斯联邦政府的信任问题，通过联邦法律，任免俄罗斯联邦中央银行行长，宣布大赦和提出罢免俄罗斯联邦总统的指控等。现任主席为维亚切斯拉夫·沃洛金。

6. 政党

俄罗斯主要的党派有以统一俄罗斯党为代表、包括公正俄罗斯党和自由民主党等亲政府政党在内的支持普京的中派政治力量，以俄罗斯共产党为代表的坚持社会主义发展道路的左派政治力量和以“亚博卢”集团与“右翼力量联盟”为代表的亲西方的右翼自由派政治力量。经过10多年来的较量，左、右两翼政治力量遭到严重削弱，唯有中派政治力量不断发展壮大，成为当今俄罗斯社会的主导政治力量。目前“统一俄罗斯党”是俄罗斯国内最大政党。

7. 统一俄罗斯党

统一俄罗斯党是俄罗斯第一大党和执政党，又称全俄罗斯“统一和祖国”党，成立于2001年12月1日，由“统一”党、“祖国”运动和“全俄罗斯”运动合并而成。在本届国家杜马中，统一俄罗斯党作为第一大党联合“人民议员”和“俄罗斯地区”等议员小组，成立协调委员会。形成了支持总统的稳定多数，为普京顺利施政提供了重要保障。该党的政策主张属于中派政党，明确支持普京总统的方针，强调强大的总统政权是政治稳定的保障和法制建设的牢固基石，主张实施行政改革，提高公民对国家的信任度；深化经济和司法等领域改革，实现国民生产总值翻一番的宏伟目标。提高国防能力，形成社会保障的有效机制，组成职业化军队，完善立法机构工作，支持旨在提升俄罗斯国际地位与作用的对外政策。“统一俄罗斯”党在85个联邦主体中有约40万名党员。

8. 俄罗斯联邦共产党

俄罗斯联邦共产党，简称俄共，1990年6月20日成立。本届国家杜马第二大政党。该党一般被认为是布尔什维克党和苏联共产党的政治遗产继承者，其基层组织遍布俄罗斯85个联邦主体。现任领导人为根纳季·安德列耶维奇·久加诺夫。该党属于左翼政党，同时也是“爱国主义反对派”。继承了苏共和俄罗斯共产党的事业。在“发展马克思—列宁主义理论的基础上，以集体主义、自由和巩固多民族联邦国家的原则建立公正社会”。坚持社会主义方向，实现人民政权、公正、平等、爱国主义、公民对社会和社会对公民的责任感、社会主义将在未来更新的宪法中出现，最终实现共产主义；同时赞成市场经济和多党制，反对土地私有化。

9. 俄罗斯自由民主党

俄罗斯自由民主党成立于1989年12月13日，是本届国家杜马第三大政党。现任领导人为弗拉基米尔·日里诺夫斯基。该党自称是中派民主反对党，但实际上该党属于极端民族主义的右翼政党。其首要任务是“复兴强大的民主和繁荣的俄罗斯国家”。主张将总统任期延至8年，实行一院制议会和单一制国家，各选区权力平等，减少代表人数；国家应对经济命脉部门实行垄断。在对外政策方面主张在自愿的基础上重建俄罗斯国家，与苏联加盟共和国结盟，首先与白俄罗斯、乌克兰和苏联其他加盟共和国统一。

10. 公正俄罗斯党

公正俄罗斯党是一个旨在推动解决众多社会问题的中左翼政治力量，是本届国家杜马第四大政党。该党是在原俄罗斯祖国党基础上建立。该党自称反对派政党，但实际上拥护俄罗斯普京总统的现行方针。公正俄罗斯党对国家社会发展过程中出现的问题密切关注，对社会问题关注有其独特的视角。如起草关于使教师和医生获得国家公务人员资格的草案、对军人的退休金保障方面建议、对于因使用自然资源获得的收益进行更为公平分配的倡议等。此外，贫困是该政党在社会领域的另一个关注点。

11. 司法

俄罗斯联邦司法机关主要由联邦宪法法院、联邦最高法院、联邦最高仲裁法院及联邦总检察院构成。联邦委员会根据总统提名任命联邦宪法法院、联邦最高法院和联邦最高仲裁法院法官以及联邦总检察长。俄罗斯联邦境内的审判权由法院行使。法官是独立的，法官不可撤职，只服从俄罗斯联邦宪法和联邦法律。法官不可侵犯，不能追究法官的刑事责任。俄罗斯联邦最高法院是民事、刑事、行政以及其他案件的最高司法机关。俄罗斯最高仲裁法院是解决经济争议和下级仲裁法院审理的其他案件的最高司法机关。俄罗斯各级法院按照俄罗斯联邦宪法、共和国宪法、刑事和民事立法和劳动法等，在各自管辖的范围内，对有关民事、刑事、行政以及其他案件进行审理。

12. 行政区划

俄罗斯联邦成立之后，在国家结构上存在松散化的倾向。为了克服由此产生的种种问题，俄罗斯采取一系列措施恢复被破坏的行政权垂直层级隶属关系，进行联邦集权化改造。这一集权化的过程使俄罗斯具有了大量的单一制特点，同时也维持了联邦制的主体地位（表3-1-1）。

表3-1-1 俄罗斯行政区划

中央联邦管区	奥廖尔州 丨 别尔哥罗德州 丨 布良斯克州 丨 弗拉基米尔州 丨 卡卢加州 丨 科斯特罗马州 丨 库尔斯克州 丨 利佩茨克州 丨 莫斯科市 丨 莫斯科州 丨 梁赞州 丨 斯摩棱斯克州 丨 坦波夫州 丨 特维尔州 丨 图拉州 丨 沃罗涅日州 丨 雅罗斯拉夫尔州 丨 伊万诺沃州
南部联邦管区	阿迪格共和国 丨 阿斯特拉罕州 丨 伏尔加格勒州 丨 卡尔梅克共和国 丨 克拉斯诺达尔边疆区 丨 罗斯托夫州 丨 克里米亚共和国 丨 塞瓦斯托波尔市
西北部联邦管区	阿尔汉格尔斯克州 丨 涅涅茨自治区 丨 加里宁格勒州 丨 卡累利阿共和国 丨 科米共和国 丨 摩尔曼斯克州 丨 诺夫哥罗德州 丨 普斯科夫州 丨 圣彼得堡市 丨 彼得格勒州 丨 沃洛格达州
远东联邦管区	阿穆尔州 丨 楚科奇自治区 丨 堪察加边疆区 丨 哈巴罗夫斯克边疆区 丨 马加丹州 丨 滨海边疆区 丨 萨哈（雅库特）共和国 丨 萨哈林州 丨 犹太自治州
西伯利亚联邦管区	阿尔泰共和国 丨 阿尔泰边疆区 丨 布里亚特共和国 丨 外贝加尔边疆区 丨 哈卡斯共和国 丨 科麦罗沃州 丨 克拉斯诺亚尔斯克边疆区 丨 新西伯利亚州 丨 鄂木斯克州 丨 托木斯克州 丨 图瓦共和国
乌拉尔联邦管区	库尔干州 丨 斯维尔德洛夫斯克州 丨 秋明州 丨 汉特—曼西自治区 丨 亚马尔—涅涅茨自治区 丨 车里雅宾斯克州
伏尔加联邦管区	巴什科尔托斯坦共和国 丨 楚瓦什共和国 丨 基洛夫州 丨 马里埃尔共和国 丨 莫尔多瓦共和国 丨 下诺夫哥罗德州 丨 奥伦堡州 丨 奔萨州 丨 彼尔姆边疆区 丨 萨马拉州 丨 萨拉托夫州 丨 鞑靼斯坦共和国 丨 乌德穆尔特共和国 丨 乌里扬诺夫斯克州
北高加索联邦管区	北奥塞梯—阿兰共和国 丨 车臣共和国 丨 达吉斯坦共和国 丨 卡巴尔达—巴尔卡尔共和国 丨 卡拉恰伊—切尔克斯共和国 丨 斯塔夫罗波尔边疆区 丨 印古什共和国

俄罗斯联邦现由85个联邦主体组成，包括22个自治共和国、9个边疆区、46个州、3个联邦直辖市、1个自治州和4个民族自治区组成，并且部分联邦主体寻求独立倾向在两次车臣战争中已被彻底打消。同时，根据宪法，联邦各主体之间的边界在未获得它们同意的情况下不得改变。为了经济发展和统计方便，联邦成员被分成11个“经济地区”。

（三）政治环境分析

俄罗斯是在苏联解体后独立，随后进行政治体制和经济体制的双重改革，由原来苏联高度集中的计划经济体制向以自由市场经济为支撑的经济与国家体制转型。同时，为适应新时代特别是21世纪以来的国际环境与周边环境，俄罗斯政府在处理同邻国的关系、全球战略关系、国内民族关系和宗教关系等方面推行大范围改革。而这种政治、经济和社会的全方位改革一方面有利于国家的长期发展，缓解社会矛盾，但也触动了既得利益者的核心利益，导致转型期政局不稳定因素较多，矛盾和冲突频发。

目前俄罗斯仍处于社会经济转型时期，政府战略和政策处于摸索当中，法制建设尚不健全，政策和制度的贯彻力度不够，国家对经济管控较多，税收等制度不够完善，种种因素的叠加在很大程度上增加了投资环境的不确定性，给对俄投资带来较大风险，是造成中国对俄投资规模偏小和进展缓慢的主要原因。同时，由于俄罗斯正处于转型的关键时期，其政治制度和经济政策在持续性和连贯性方面也存在变数，中央和地方政策抵触和腐败问题是投资进入的主要障碍。

1. 政局基本稳定，国家权力机构完善有力

20 世纪 80 年代末苏联解体，俄罗斯独立建国，国家开始从苏联的高度集中的计划经济体制即斯大林模式向西方政治制度转变。在经历了 1993 年最高苏维埃（国会）与总统之间的由于权力斗争引发的制宪危机后，俄罗斯颁布新宪法，以根本法的形式确立了总统制为核心的三权分立体制，并且凸显出总统在国家政治体制中的优先地位，确立了“强行政，弱议会”的权力分配格局。

2. 国家转型期间，体制内外问题重重

俄罗斯政府部门对于经济活动的干预仍然较多，各级政府官员，尤其是与涉外经济活动相关的部门，如海关、质量检验检疫和交通运输等部门腐败现象依然严重。

俄罗斯实行联邦制，中央政府与地方政府、各地方政府之间的引资政策存在一定差异，在外资审批权限上也有一定的权属划分。但部分俄罗斯地方政府存在一定的政策不稳定、政府信用不高、执法部门腐败等问题，这些都给赴俄投资造成一定的潜在风险，并在个别已执行项目中有所显现。而且各地区权责划分不清，模糊地带较多，潜在的制度风险较大。

从司法的实际情况来看，俄罗斯法院的审理程序烦琐，效率低下。法院判决受地方利益团体和行政高官的影响，即使外资企业胜诉，判决结果也往往难以执行，有法不依现象十分普遍。

3. “一党独大，多党陪衬”，议会意见较为统一

经过长期建设，俄罗斯国会中“统一俄罗斯党”一党独大的政治局面已经形成并逐步固化，形成“一党独大，多党陪衬”的政治局面。随着俄罗斯地方选举的进行，“统一俄罗斯党”的影响力日益扩展。在近些年举行的俄罗斯地区和地方选举中，“统一俄罗斯党”遥遥领先于其他政党，控制了绝大多数地方议会，其他各党派都无力影响目前这一政治局面。

4. 法律政策较为复杂，具体政策透明度低

俄罗斯法律纷繁复杂，不仅有联邦法律，还有各加盟共和国、州和边疆区等联邦主体的法律，在涉及重要的投资项目要注意到联邦法律与各地区法律的区别，俄罗斯的合作方常常利用这一区别对外国投资者产生误导。此外，俄罗斯是个“法律文牍主义”国家，俄罗斯人善于运用法律工具赢得谈判、交易的优势。

近几年，中俄先后签署并通过了《中俄相互投资保护协定》和《俄中投资合作规划纲要》等文件，使得对俄投资的条件和基础开始形成。但由于俄罗斯仍处在经济转型之中，各项政策仍不断地调整，投资环境还远不完善。

5. 吸引外资态度明确，有一定优惠政策

资金短缺一直制约着俄罗斯经济的发展，特别是 2008 年金融危机使得大量外资离开俄罗斯，投资额大幅下滑给经济发展带来不良影响。因此，吸引外资成为俄罗斯政府现阶段重要的对外经济政策之一。俄政府已经将改善投资环境作为 2020 年前俄罗斯经济发展的首要任务之一。

俄罗斯比较可靠的优惠政策有 3 个方面：第一，根据《俄罗斯联邦经济特区法》，依法在经济特区注册并且取得经济特区经营者资格的企业可以享受土地税、财产税和关税方面的优惠，但对投资数额和投资产业有严格的限制；第二，外商以实物作为对其在俄罗斯注册的合资企业出资时，该实物可以依法享受进口关税的优惠；第三，俄罗斯的圣彼得堡制定了一系列的地方政策，吸收符合条件的战略投资，对战略投资人给予特殊的优惠政策，争取成为俄罗斯经济首都，已经取得显著的效果。值得注意的是，俄罗斯的鼓励政策主要为货物贸易，但有关投资的优惠政策较少。

6. 地区安全形势严峻，外部风险依然存在

俄罗斯国内民族众多，宗教成分复杂，周边地区特别是外高加索地区和靠近中亚地区，宗教和历史问题较多，特别是受中亚地区伊斯兰极端势力的影响，地区反恐形势并不乐观。

7. 民族主义抬头，对国外存在一定抵触

伴随俄罗斯国力的逐渐恢复以及普京强人政治和军事大国的地位，俄罗斯民众逐渐找回曾经的大国公民荣誉感，民族自尊心和自豪感逐渐提升。但部分较为激进的个人和团体逐步发展为俄罗斯极端民族主义，并背后受到某些政治势力的影响，展现出极度的排外情绪。俄罗斯民族主义情结成为外国在俄投资遭遇的一个严重问题。

部分俄罗斯人身上有狭隘的民族主义情结，国内反对派认为过分与中国开展经济上的合作将导致中国经济向西伯利亚地区渗透，进而控制该地区经济命脉。这些观念会在一定程度上存在于俄罗斯企业中，影响企业家对中国的态度。

8. 中俄友好前景看好，潜在风险依然存在

中俄两国接壤且交往历史悠久，交往不断的同时冲突也不断。在经历了20世纪50年代的“蜜月期”后两国关系曾一度疏远。90年代后期，两国的经贸往来不断，贸易往来日益紧密。21世纪以来，双边关系进入了良好的发展轨道中，双边在政治、经济、能源、科技和军事等多领域展开了广泛的合作。双方都对对方有较多的战略需求。中国的发展需要安全稳定的能源供给，而俄罗斯正加紧推进远东开发并融入亚太经济一体化，推出许多基础设施建设项目，认为中方是重要的潜在合作对象，这是中国投资者投资远东和西伯利亚地区的重要机遇。普京近来也一再强调，中方是对俄投资活动的重要参与者，俄方欢迎中国投资者到来。两国元首2013年3月签署的《中俄联合声明》，标志两国的关系进入到一个新的充满机遇的时期。中国对俄罗斯的文化、人文背景较为熟悉，对投资而言有着较大的便利条件。

尽管俄政府采取一系列措施推进投资合作，希望扭转国际上对俄罗斯投资环境总体评价不高的印象，但现阶段中俄之间的合作仍以贸易方式为主，资本层面的投资合作只占很小的比例，无论是从贸易额还是从直接投资来看，双边发展的水平仍停留在低水平的阶段。特别是俄罗斯对于推行由国家控制、管理和经营能源类企业的态度十分坚定，涉及国家能源安全的矿产都会进行严格把关，潜在的投资风险依然存在。

二、经济运行状况

俄罗斯经济基础较好，原料和燃料价格相对便宜，是世界上少数资源能完全自给自足的国家之一，以能源和矿产为龙头的出口增长迅速，国内居民生活水平在不断提升，市场需求不断增加。国内基础设施良好，铁路、公路、空运较为发达，拥有技术熟练而又比较便宜的劳动力资源，是一个潜力巨大的投资市场。

（一）国际收支

对外贸易长期顺差的俄罗斯属于外向型经济体，对外贸易对国民经济贡献率超过一半。俄罗斯主要进口商品为机械设备和交通工具、食品和农业原料产品、纺织服装商品、化工品、金属及其制品等，其中以机电产品为主，占其进口贸易额的48%。主要出口商品为石油和天然气等能源、金融及其制成品、化工产品、机械设备、宝石及其制品、木材及纸浆等，其中仍以能源矿产等资源性产品为主，占其出口贸易额的69.2%。2014年，俄罗斯前十大贸易伙伴及双边贸易额依次为中国（884亿美元）、荷兰（732亿美元）、德国（700亿美元）、意大利（484亿美元）、白俄罗斯（315亿美元）、土耳其（310亿美元）、日本（307亿美元）、美国（291亿美元）、乌克兰（278亿美元）和韩国（273亿美元）。从地区来看，欧盟仍是俄罗斯的最大贸易伙伴，在外贸总额中占比48.2%。亚太经济合作组织国家也已成为俄罗斯最重要贸易伙伴之一。

（1）俄罗斯对外贸易长期呈现顺差状态。2005—2008年，俄罗斯商品出口额和进口额逐年增加，贸易顺差不断扩大。但由于全球金融危机的冲击和国际市场需求萎缩及国内消费疲软等因素影响，2009年首次出现了进出口负增长。2010年，随着全球经济开始复苏以及国际市场对石油能源和原材料需求的上升，俄罗斯对外贸易开始恢复性增长，出口额与2009年相比增长31.4%，进口额增长36.8%。2011—2013年，俄罗斯对外贸易延续了增长态势，商品进出口额和贸易顺差均有所增长，但增幅较缓。2014年，俄罗斯商品进出口额和贸易顺差均略有下滑。

（2）辐射市场。俄罗斯已正式加入世界贸易组织。作为入世承诺，俄罗斯将进一步开放本国市场，降低总体关税水平，允许外资进入更多服务业领域，建立更透明的贸易和投资环境。同时，俄罗斯还是区域性自由贸易协定的重要参与方，拥有独联体经济圈和地处东欧中亚市场核心地带的优势，俄罗斯所辐射的市场范围非常广阔。

（3）中俄经贸。中俄双边贸易具有较强的互补性。中国连续5年为俄罗斯第一大贸易伙伴，俄罗斯为中国第九大贸易伙伴。近年来，中国对俄罗斯出口商品主要包括服装及衣着附件、机械设备、电器和电子产品、纺织纱线、织物及制品、鞋类、农产品、汽车和橡胶轮胎等。而中国从俄罗斯进口商品主要包括原油、成品油、原木、铁矿砂及其精矿、煤炭、肥料、冻鱼和纸浆等。

（4）中俄经贸合作总体发展趋势良好。1999—2008 年，双边贸易额连续 9 年保持增长。2009 年，受全球金融危机影响，中俄经贸合作上升势头受阻，双边贸易额大幅下滑。2010 年，中俄贸易度过金融危机困难阶段，步入复苏轨道，双边贸易额接近危机前水平。2011 年中俄贸易继续保持快速增长势头，全年贸易额达 792.5 亿美元，同比增长 42.7%。其中中国对俄出口 389 亿美元，同比增长 31.4%；自俄进口 403.5 亿美元，同比增长 56.2%；中国贸易逆差 14.5 亿美元。2012—2014 年，中国对俄罗斯出口额逐年上升，但增长率有所降低；中国对俄罗斯进口额在 2013 年下降至 396.2 亿美元，同比下降 10.3%。中国贸易顺差逐年增大，2014 年中国对俄罗斯贸易顺差为 117.8 亿美元（表 3－1－2）。

表 3－1－2　2007—2014 年中俄双边贸易统计

年　份	中国出口状况		中国进口状况		顺(逆)差/亿美元
	出口额/亿美元	增长率/%	进口额/亿美元	增长率/%	
2007	284.7	79.8	196.9	12.2	87.8
2008	330	15.9	238.3	21	91.7
2009	175.1	-47.1	212.8	10.7	-37.7
2010	296.1	69.1	258.4	21.5	37.8
2011	389.0	31.4	403.5	56.2	-14.5
2012	400.6	13.2	441	9.2	-0.4
2013	495.9	12.6	396.2	-10.3	99.7
2014	536.8	8.2	416	4.9	117.8

数据来源：中国商务部《2015 年俄罗斯货物贸易及中俄双边贸易概况》

（5）经常账户持续盈余。俄罗斯国际收支中经常账户持续盈余。2008—2015 年，经常账户盈余额在 2009 年、2013 年出现两个低谷，分别为 500 亿和 330 亿现价美元，在 2015 年回升至 690 亿现价美元（图 3－1－1）。

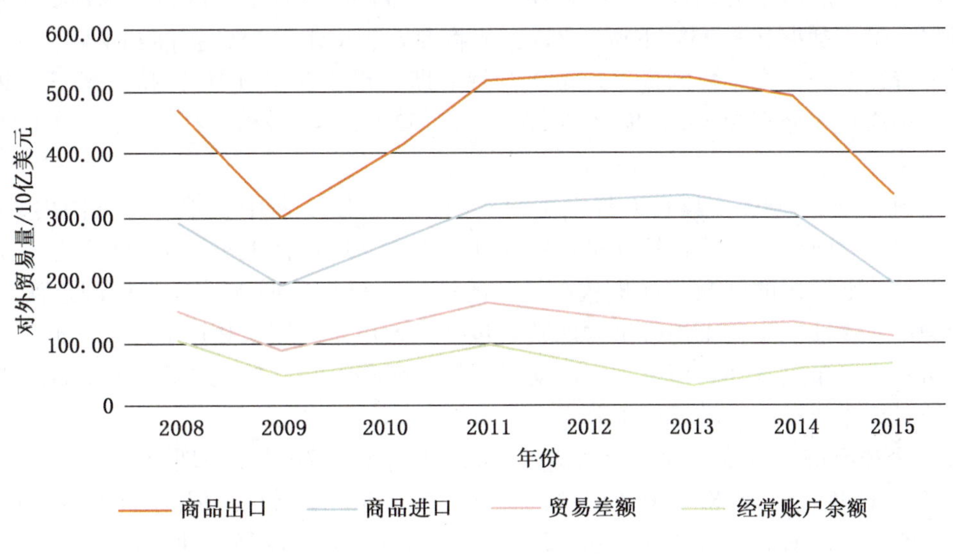

图 3－1－1　2008—2015 年俄罗斯对外贸易情况（世界银行数据库）

（6）资本金融账户盈余波动，外汇储备量上升，近年略有下降。俄罗斯国际储备主要包括外汇储备、黄金储备、在国际货币基金组织的储备头寸和特别提款权。影响俄罗斯外汇储备的主要因素有对外贸易顺差、外国直接投资流入以及国际石油价格的变动。2008 年，受全球金融危机及俄政府提振卢布汇率等刺激经济政策的影响，俄罗斯外汇储备出现 1998 年金融危机以来的首次年度下滑，外汇储备跌落至 4107 亿美元。2009 年俄罗斯资金净流出 524 亿美元，同比下降 60%。其中，银行业净流出 325 亿美元，其他部门净流出 199 亿美元。2010 年随着世界经济恢复和国内经济形势好转，俄罗斯资本外流放缓，外汇储备规模逐渐扩大。2012 年，俄罗斯国际储备为 4986.49 亿美元，较 2011 年增加了 192.7 亿美元。2012 年之后，俄罗斯外汇储备又呈现逐年下降的趋势，在 2015 年时下降至 3680 亿美元。

（二）金融货币体系

银行体系相对完备的俄罗斯实行两级银行管理体制。俄罗斯银行作为中央银行，主要负责制定货币和信贷政策，对商业银行和金融机构进行监管。俄罗斯实行二级银行体系，商业银行规模普遍偏小，实力较弱。2008 年全球金融危机爆发之后，俄罗斯的银行业进行了重组和改革，银行数量从 1108 家下降到 2014 年的 834 家。虽然金融危机之后俄罗斯的国内生产总值增速有较为明显的下降，但是银行业总资产保持持续增长的趋势，截至 2014 年底，俄罗斯银行业总资产共为 77 万亿卢布。俄罗斯商业银行规模和实力差距极为悬殊，其中规模较大的商业银行有俄罗斯储蓄银行和俄罗斯外贸银行等。俄罗斯 100% 外资控股银行数量为 75 家，50% 或 50% 以上的外资控股银行数量为 36 家。中国银行、中国农业银行、中国工商银行和中国建设银行等都在俄罗斯有业务分布。2014 年底，俄罗斯注册资本 1000 万卢布以下的小银行只有 23 家，数量比 2013 年少了 6 家，中小银行数量不断减少是俄罗斯银行业近几年发展的主要趋势之一。

俄罗斯银行体系相对完备，但其存在的主要问题是资本充足率不足，经营稳定性和抗风险能力差，且商业银行过度依赖外国融资。目前，俄罗斯银行业虽暂时走出了金融危机的阴影，但银行系统仍较脆弱。根据 2015 年世界经济论坛《金融发展报告》显示，俄罗斯金融业在全球 60 个经济体中，名列第 39 位。

（1）宽松的货币政策。俄罗斯中央银行的货币政策核心是保持通货膨胀率在预期可控范围内，目的是配合财政政策调节宏观经济。2009 年金融危机最严重期间，为刺激经济复苏，俄罗斯中央银行从 4 月份开始 8 次下调贷款利率，央行贷款利率下降至 2.25% ~3.75%，再融资利率由 13% 降至 9.5%。2010 年上半年，俄罗斯中央银行配合政府扩张性财政政策增发广义货币，同时继续将基准利率和货币市场利率维持在较低水平。2010 年下半年至 2011 年上半年，俄罗斯经济逐渐走出低谷，但国内通货膨胀压力开始显现。2011 年上半年俄罗斯中央银行 3 次调高存款准备金率，再融资利率也调高至 8.25%。下半年，随着农业丰收后市场流动性不足的显现，中央银行再次放松货币政策。为增加市场流动性，俄罗斯中央银行将再融资利率从 8.25% 下调到 8%，但将存款利率由 3.75% 提高到 4%。2012 年之后，存款利率在波折中持续上升。在宽松的货币政策下，俄罗斯货币供应量（M2）持续增长。2007—2015 年俄罗斯广义货币年增长率分别为 40.58%、14.33%、17.32%、24.59%，21.12%，12.07%，15.66%，15.46%，19.73%。

（2）外汇管理。根据 2008 年修订的外汇干预实施程序，俄罗斯中央银行根据国内外汇市场行情、国际收支状况和联邦财政政策的执行情况进行定期外汇干预，以保持汇率政策的灵活性，并限制卢布的汇率波动，降低对外汇投机的刺激，逐步从有管理的浮动汇率机制向浮动汇率机制过渡。2010 年，俄罗斯中央银行决定对线性汇率政策进行重大调整，包括扩大卢布对篮子货币的浮动区间，将卢布对篮子货币的浮动区间从 3 卢布放宽到 4 卢布，即浮动区间的上限和下限各放宽 0.5 卢布，减少政府对外汇市场的干预，降低对放宽浮动区间的条件限制等。

2008 年底，全球经济危机波及俄罗斯之初，受能源价格狂跌和恐慌心理影响，卢布汇率一路下跌。至 2009 年 2 月 28 日国际能源价格处于低位时，卢布兑美元也跌至低点。但随着能源价格回升，卢布转趋回稳并不断升值，有效遏制了资金的出逃。2010 年石油价格大幅反弹，使得卢布汇率步入升值轨道，全年卢布平均有效汇率上升 7.1%，其中对美元升值 4.2%，对欧元升值 15%。2011 年之后，美元兑卢布汇率连续上升，2014—2015 年卢布大跌，美元兑卢布汇率从 2014 年 38.4 : 1 升至 2015 年 60.94 : 1，截至 2016 年 11 月，汇率已升至 65.64 : 1（图 3 -1 -2）。俄罗斯持续采取宽松的货币政策、国际油价的暴跌、西方对于俄罗斯的制裁以及强势美元对新兴市场的影响导致了卢布的大幅贬值，俄罗斯经济形势不容乐观。

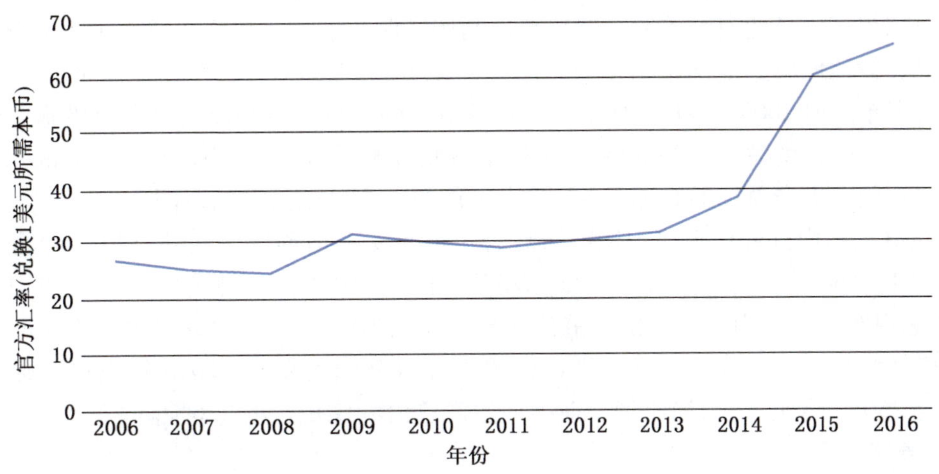

图3-1-2　2006—2016年卢布对美元汇率走势（世界银行数据库）

（三）外债状况

20世纪90年代，庞大的外债一度给俄罗斯造成巨大负担。进入21世纪后，随着国家主要出口能源产品价格的上涨和国家经济实力的恢复，俄罗斯如期偿还大部分外债，困扰俄罗斯多年的债务问题得到解决。俄外债余额占国内生产总值的比重（负债率）不断下降，已处于正常范围内。2007年后，为更有效地利用外资发展本国经济，俄罗斯改变了之前对外债回避的态度，开始重新举借外债，利用外国资本为本国生产领域融资，外债总额有所增加，其中银行外债和其他机构外债增长较快。近年新的外债主要投向能源、工业、建筑、交通、通信和基础设施等实体经济部门，以应对危机、改善民生和完成社会保障。从2013年开始，外债增长速度较快。到2015年时，俄罗斯外债水平已经占到了GDP的23%（图3-1-3）。

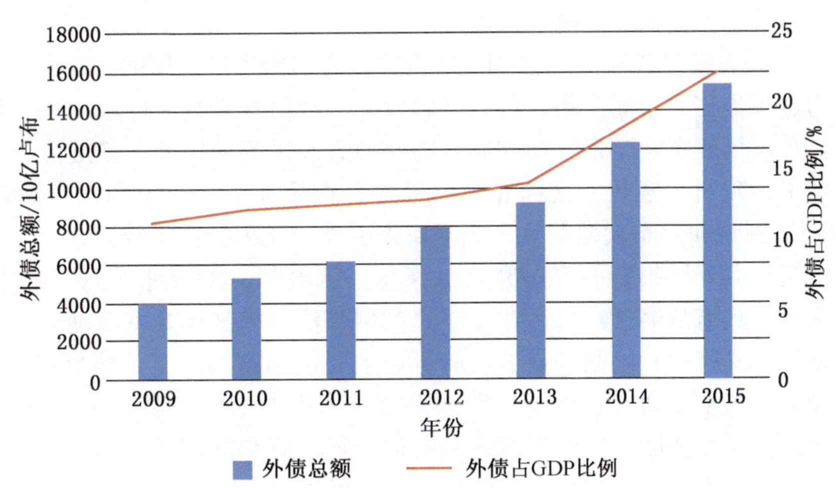

图3-1-3　2009—2015年俄罗斯外债情况（国际货币基金组织）

总体来看，近年来俄罗斯债务的增加主要出于外部融资需要的主动之举，与之前经济极端困难情况下被迫举借外债有根本区别。当前，俄罗斯总体债务水平在可控范围内，石油美元和庞大的国际收支顺差确保俄罗斯有足够的还债能力。因此，俄罗斯基本不存在政府债务违约的风险。预计未来一段时间内，由于俄罗斯将举借更多外债以进行国内融资，俄罗斯总体债务水平有可能进一步上升，但不会造成债务恶性膨胀，更不会有欧洲部分国家出现的债务违约问题。

（四）财政收支

俄罗斯财政收入一半以上来自油气和大宗资源产品的出口。在2001—2008年国际市场石油价格上涨期间，俄罗斯积累了大量的石油美元。俄罗斯还利用资源、能源出口收入成立了主权财富基金和国家福利基金，以更有效地使用这笔国家财富。近年来，俄罗斯财政收支一直处于盈余状态，2008年，财政盈余16980亿卢布。但2009年和2010年，金融危机期间油价大跌和政府反危机措施导致的开支剧增使俄罗斯财政收支恶化，由盈余转为赤字。2009年俄联邦财政赤字为国内生产总值的5.9%，2010年俄联邦财政赤字占国内生产总值的6.4%，财政赤字仍在完全可以接受的范围内。

2011年，良好的国内外经济形势为俄罗斯政府实行收支平衡创造了条件。2011年全年，俄罗斯政府财政总收入达113660亿卢布，支出109356.6亿卢布，其中非营利性公共事业支出109352亿卢布，财政盈余4308亿卢布，占国内生产总值比重为0.8%。自2013年，俄罗斯财政收支状况出现赤字。由于国际原油价格暴跌和西方制裁等原因，俄罗斯2015年经济陷入衰退。2015年俄罗斯财政赤字为1.95万亿卢布（约合250亿美元），占当年俄罗斯国内生产总值（GDP）的2.6%。

（五）外国直接投资

2011—2015年俄罗斯外国投资情况见表3-1-3，2013年俄罗斯外资主要来源统计见表3-1-4。

表3-1-3 2011—2015年俄罗斯外国投资

年　份	2011	2012	2013	2014	2015
外国直接投资净额（现价美元）(十亿)	1.18×10^{10}	-1.8	17.3	35.1	15.7
外国直接投资净流入（现价美元）(十亿)	5.51×10^{10}	50.6	69.2	22.0	6.5
外国直接投资净流入占GDP比/%	2.7	2.3	3.1	1.1	0.5

数据来源：世界银行数据库

2005—2007年，经济的快速增长为俄罗斯吸引了大量外资，俄罗斯利用外国直接投资的规模大体上呈现逐年上升趋势。而2008年金融危机使得全球经济走势疲软，俄罗斯遭遇了外国直接投资的“滑铁卢”，大量资本外逃。但随着全球经济回暖，大量的外资开始重新涌入俄罗斯。2009—2011年俄罗斯外商直接投资额小幅增长，但仍低于金融危机爆发前水平。

2012年俄罗斯的外国直接投资净流入为514亿美元，占国内生产总值的2.6%。俄罗斯吸引外国直接投资的主要优势为资源丰富、市场广阔、经济基础较好、吸引外资政策逐步放宽、基础科学研究实力雄厚和可投资的领域和市场较宽泛。俄罗斯政府鼓励外商直接投资的领域大多是传统产业，如石油、天然气、煤炭、木材加工、建材、建筑、交通和通信设备、食品加工、纺织和汽车制造等行业。2013—2015年，由于西方经济制裁和卢布大幅贬值，俄罗斯吸引外资能力持续下降。

另一方面，俄罗斯在对外国投资的市场准入也存在一定限制，2008年5月，普京签署了《有关外资进入对国防和国家安全具有战略性意义行业程序》的联邦法。该法第5款明确规定13大类42种经营活动被视为具有战略性意义行业，限制外资进入的行业主要包括国防军工、核反应堆项目的建设运营、核原料生产、宇航设施和航空器研究、用于武器和军事技术生产必需的特种金属和合金的研制生产销售、密码加密设备研究、天然垄断部门的固定线路电信公司、联邦级的地下资源区块开发、水下资源、覆盖俄领土一半区域的广播媒体、发行量较大的报纸和出版公司等。

现阶段在俄罗斯投资的阻碍因素主要在于政治对经济的干预较多，联邦政府与地方政府的交叉管理与审批，尚待完善的财税及司法体系，资源丰富的远东地区基础设施欠缺，国有企业在能源产业控制力较大，灰色经济比重居高不下，比较难以找到可以信赖的当地合作伙伴。近年来，俄罗斯反倾销及保障措施调查案件增多，对中国企业的投资造成障碍。此外，俄市场存在技术壁垒高、贸易保护主义严重、提高税收保护本国行业发展和制定行业保护措施等问题，这些都在一定程度上阻碍着对俄投资特别是在能源矿产等领域的大规模增长。

表 3-1-4 2013 年俄罗斯外资主要来源统计 亿美元

来源地	投资金额	来源地	投资金额
塞浦路斯	226.8	德国	91.6
英国	188.6	美国	86.6
卢森堡	170.0	爱尔兰	67.6
荷兰	147.8	中国	50.3
法国	103.1	日本	26.2

数据来源：世界银行数据库

（六）中国对该国直接投资

2010—2014 年中国对俄罗斯直接投资统计见表 3-1-5。

表 3-1-5 2010—2014 年中国对俄罗斯直接投资统计 亿美元

年份	2010	2011	2012	2013	2014
中国对俄罗斯的投资流量	5.7	7.2	7.9	10.2	6.3
中国对俄罗斯的投资存量	27.9	37.6	48.9	75.8	87.0

数据来源：2014 年度中国对外直接投资统计公报

中国企业在俄罗斯投资发展迅速，规模逐渐扩大，领域逐渐拓宽，方式日趋多元，已成为发展互利共赢的中俄经贸关系的重要推动力和合作亮点。2009—2013 年，中国对俄罗斯直接投资额在不断增加，2014 年之后俄罗斯经济对外资的吸引力降低，中国对俄罗斯直接投资额逐渐减少。据统计，2014 年中国对俄罗斯直接投资额为 6.3 亿美元，直接投资存量为 87.0 亿美元。投资领域主要分布在能源、矿产资源开发、林业、贸易、通信、家电、建筑和服务等领域。但是从目前来看，中国在俄罗斯直接投资的绝对数额较低，累计对俄罗斯投资在俄罗斯吸引外资总额中占 10% 左右。截止到 2013 年 4 月底，在驻俄罗斯使馆经济商务参赞处登记企业 216 家，其他地区为 42 家，还有大量中小企业也在俄罗斯经营。目前在俄罗斯的主要中资企业有中国五矿、中国冶金科工有限公司、中国机械进出口集团、华为公司和中国友谊商城等。

近年来，中国企业对俄罗斯投资积极性不断增长，中投公司和俄罗斯直接投资基金在 2012 年建立了规模达到 20 亿～40 亿美元的投资基金，将在未来 3～5 年内主要投资于俄罗斯的矿业、制造业、农业、林业和基础设施等领域。中俄的经贸结构决定着中国对俄罗斯投资大有可为。但与中俄经贸额形成巨大反差的是，中国对俄罗斯的直接投资还处于初级阶段。近年来俄罗斯的经济不景气，会进一步影响中国对俄罗斯的投资规模。

三、政治经济总结

俄罗斯横跨欧亚两大洲，与中国、蒙古国、哈萨克斯坦等 14 个国家接壤，总人口约 1.44 亿，是世界最大的石油与天然气输出国和世界八大工业国之一。在经历苏联解体初期转型的阵痛后，俄罗斯政治上逐步确立了以总统为核心的强势政府，打击地区分离主义，巩固联邦体制。经济上依靠大量能源出口积累国家财富，不仅恢复了国家经济，还一举成为世界能源强国，成为金砖国家组织等国际和地区组织成员。但另一方面，俄罗斯社会转型期暴露出大量矛盾和问题，政府腐败严重，行政效率低下，联邦各主体在权力划分、法律制度和民族认同等议题上分歧较多。同时，俄罗斯法律制度复杂，具体政策不明晰，司法与行政透明度低，司法不公现象较多。而近年来地区分离主义和恐怖主义在俄罗斯南部地区的抬头也引发地区治安风险上升，使得外国资本对其投资环境的评价一直较为悲观。

政治方面，俄罗斯于 1993 年确立了强势总统的联邦国家体制，议会权力被大幅削弱，实现国家权力结构的重新整合。执政党统一俄罗斯党“一党独大”局面已经形成，保证了政府的政策能够被顺利推行。但俄罗斯政治环境中的不确定因素也长期存在，如车臣分裂势力和其他犯罪势力对社会安定的影响，中央政府与地方行政当局的摩擦和分歧等。同时，俄罗斯行政权力对经济的干预较多，联邦政府与各地方政府在投资审批与监管上交叉管理，灰色地带较多。虽然俄罗斯通过颁布一系列鼓励和调节外商投资的法律法规表明其积极鼓励外资的态度，但对能源领域的投资却实施各种限制性措施。俄罗斯联邦主体众多，各地引资政策也存在显著差异，政府对外来投资政策不稳定，各地区法律制度差异大、透明度低、司法腐败和司法不公较为严重，是世界上腐败程度比较严重、清廉度较低的国家之一，整体制度环境的不佳使得俄罗斯投资环境中的政治风险较高。

经济方面，俄罗斯是传统矿业和能源产业大国，重工业和装备制造业基础雄厚，拥有完整的能源矿产工业体系，能源产业是其国民经济支柱。近年，俄罗斯经济取得较快恢复和发展，但其经济发展仍然面临众多挑战。其一是对石油和天然气等能源的过度依赖使得其能否实现经济稳定增长成为疑问；其二是随着国内需求恢复并走强，基础设施、制造业等投资不足开始制约经济的进一步发展；此外，俄罗斯银行地区分布过于集中，商业银行抗风险能力较差，银行提供的服务产品单一，未能成为有效的金融中介，加上产权不透明等问题使得俄罗斯的银行系统成为世界上风险最高的银行系统，其脆弱性成为影响投资环境的重要因素。

2014 年，克里米亚公投独立并加入俄罗斯，俄罗斯与欧美关系紧张，受到欧美国家经济制裁。俄罗斯资本外流，股指暴跌，卢布对美元贬值，原油价格持续走低，俄罗斯经济受到一定影响。

在富煤国家中，俄罗斯的主要优势在于其矿产资源种类多，储量丰富，是传统的矿业和能源大国。但其主要劣势在于制度软环境整体不佳，转型期中政府的行政权力在经济发展中干预较多，以及对于能源等行业的进入限制。总体而言在俄罗斯进行能源矿产投资面对的政治和经济风险较大，应谨慎考虑。但对于俄罗斯的远东地区，由于具有政府扶持当地经济发展和吸引外资的强烈意愿和靠近中国的位置优势，同时能直接面对东亚地区日益增长的能源需求，所以我们建议在俄的投资应重点考虑这一地区。

第三节 法律环境

一、矿产资源开发相关法律制度

（一）主要监管机构

俄罗斯自然资源部是联邦执行权力机关，履行其在矿产资源利用、环境保护和安全保障领域制定国家政策和规范法律调解的职能。其下属 4 个国家局，其中与矿产资源勘查开发有密切关系的为如下两个局：联邦监察局和国家矿产资源储备联邦管理局。

在联邦区级层面上，俄罗斯联邦自然资源部在全国 7 个联邦区设有分支机构，每个联邦区设有自然资源利用和环境保护领域国家监督和远景发展司作为自然资源部的派出机构，也向总统直接领导的联邦特派员负责。它下设 5 个局，职能与联邦级相同，并负责与周边联邦区之间的资源调剂，在执行法规上起上下衔接的关键作用。

在联邦主体级层面上，自然资源部在各联邦主体设有自然资源管理机构。俄罗斯联邦自然资源部规定，在某些联邦主体中设有 2 ~ 3 个自然资源部地方机关，为优化管理机构，赋予一个地方机关以协调职能，该机关设立中心会计处，必要时可设立其他中心机构。

（二）矿产权证的取得

俄罗斯实行矿产资源利用许可制度。俄罗斯联邦对矿产资源实行分级分类管理，即管理机构分 3 级——联邦级、联邦主体级和地方级；管理的对象分为 3 级——联邦级矿区、联邦区矿区和地方矿区。俄罗斯联邦地方机关提交的有关联邦主体境内矿产资源利用许可证计划由俄罗斯联邦自然资源部审查和批准，自然资源部矿产资源储备联邦管理局具体负责此项工作。

1. 许可证的种类

按《矿产资源法》规定，进行地质研究、勘查开采矿产资源及占用同采矿无关的地区块，均应进行国家登记和统计。进行上述各项工作，首先应获取相应的使用权许可证。许可证的种类包括 4 种：即地质研究许可证、采矿许可证、与采矿无关的地下设施建设和使用许可证和特殊保护对象设立许可证；此外，还有一种地质研究与采矿许可复合形式——兼用许可证。许可证的期限5~25年不等。

1）地质研究许可证

通过申请取得，俄罗斯政府每年公布地质研究项目名单，申请人须在项目名单公布后60日内提交申请材料，并交纳9000~20000卢布的费用。当一个项目有多个申请人时候，该项目的许可证可由地质研究许可证改为研究普查勘探连证，通过拍卖会竞标获得。地质研究许可证的研究工作完成后，有矿成果的，地质研究许可证持有人可优先申请勘探开采证，不需通过拍卖会竞标。但如果找到的矿种属于俄罗斯法律禁止外资进入的稀有贵重金属等矿种，如铀、金刚石等品种，俄罗斯政府有权拒绝向外资的地质研究许可证持有人颁发勘探许可证，但是在此种情况下，俄罗斯政府对外资地质研究许可证持有人进行补偿，补偿金额包括该地质研究许可证持有人在该项目投入的全部费用，另加30%的补偿金。

2）勘探许可证

通过拍卖会竞拍取得，该类许可证规定的工作区内无探明储量，不允许开采，有成果时，可申请获得开采许可证。

3）开采许可证

该类许可证规定的工作区内有探明储量，并登记在国家储量平衡表中，可按需要开采；该类许可证可以进行勘探和开采，通过拍卖取得，但这种情况很少。

许可证由联邦政府主管矿产资源权力机关及其分支机构颁发，但事先须同政府有关部门或地方政府共同签字。许可证通常以竞争，即投标或拍卖方式取得。凡本国或外国经营主体均有资格参与竞争，但放射性原料只允许本国国有企业参加竞争。取得矿产资源使用权后可以转让，但必须重新办理许可证。

2. 许可证的发放程序及管理

国家矿产资源利用许可证发放及管理系统的组织保障由国家自然资源部矿产资源管理机关及地方机关负责。这些机关进行发放许可证有关的准备工作，同工业、土地、水、林业资源、环保、监察方面的国家管理机关协商许可证条件，特别是还需要同国家经济主要管理机关协商矿产资源利用付费问题。

自然资源部原本实行联邦与州、边疆区、自治共和国等联邦主体的两级管理。从2000年开始又增设了7个联邦区的中间层次，形成3级管理。矿产资源使用许可证的管理工作由自然资源部的各级管理机关进行。

1）企业提交申请

要获得许可证的企业从自然资源部或其他地方机关得到关于获取所关心地段许可证的发证期限及许可证条件的信息。自然资源部及其他地方机关登记收到的获取许可证申请，组织发放广告出版物，采取其他信息保障措施。

申请内容应当包括：关于申请企业的信息，包括其主要活动地点，其同金融及生产伙伴的经营关系的资料；关于企业领导人或其掌管者及获取许可证时代表该企业的人员的资料；关于申请企业完成该项矿产资源利用工作所必需的经济能力的资料；关于申请企业以前活动的资料，包括它在最近5年中进行工作的国家；申请企业关于矿产资源利用条件的建议。

2）鉴定委员会评估

参加竞争的申请接收后，向申请企业提交一套关于其感兴趣的矿产地段的地质信息。这套材料应当包括申请企业进行技术经济指标计算时必要的地质信息、矿山技术信息、工艺信息及其他信息。根据所得地质信息，申请企业在规定期限内制订并提交进行矿产资源利用工作主要的技术经济指标。

由鉴定委员会按竞争调价评估申请企业制定的技术经济指标是否符合要求，并形成纪要。向竞争或拍卖获胜者提交的许可证交由联邦或者地方的地质资料局登记，登记工作从交入之日起一个月期限内进行。

许可证的内容：矿产资源利用工作的资料；指明提交利用的土地地段的空间边界；指明划拨用于矿产资源利用工作的土地用地的边界；许可证的有效期限和工作开始年限；同矿产资源、土地地段、水域利用费征收有关的条件；矿物原料开采协商的水平及关于矿物原料分成的协议；关于在矿产资源利用过程中所得地质信息权的协议等。

矿产资源利用权许可证规定上述条件和矿产资源利用的合同关系形式，其中包括租让方式、产品分成协议方式、提供劳务方式。

发放矿产资源利用权许可证需收取费用。费用数额根据获取许可证申请鉴定、竞争和拍卖的组织、一套地质信息的付费及其他同许可证提交有关的费用规定。

3）许可证的拒发和无效行为

以下情况可能拒发：提交许可证的申请违法；申请者有意提交错误的资料；申请者未提交及不能提交其具备有效和安全进行工作所必需的资金和技术设备的证明。

在以下情况下国家权力机关和管理机关及任何经营主体的行为被禁止或按规定程序认为无效：限制、违反竞争或者拍卖条件，违反得到矿产资源使用权的法人或公民参加竞争或拍卖的条件；不向竞争或拍卖的获胜者发放许可证；用直接谈判代替竞争和拍卖；歧视同从事矿产资源使用主要工作的经营主体竞争的矿产资源使用者；歧视矿产资源使用者，不向其提供运输和基础设施；矿产资源使用权终止或提前终止、暂停。

4）许可证的终止、提前终止和限制禁止

在以下情况下矿产资源使用权终止：许可证持有者拒绝实行矿产资源使用权；矿产资源使用权期限届满；出现妨碍进一步实行许可证权力的决定性条件。

在以下情况下，矿产资源使用权提前终止、暂停或由发放许可证的国家矿产资源利用管理机关或其他地方机关限制矿产资源利用权：对工作人员或居住在工作影响地带的居民生命或健康产生直接的威胁；矿产资源使用者系统违反许可证的重要条件；矿产资源使用者系统违反规定的矿产资源使用规则；出现非常情况；如果矿产资源使用者在许可证规定的范围内未着手使用规定数量的矿产资源；利用矿产资源的企业或其他经营主体解散。若矿产资源使用者不同意关于终止、暂停或限制矿产资源使用权的决定，他可按照行政或法律程序申诉。

5）许可证的转移和重新办理

在以下情况下矿产资源使用权转给其他企业活动主体：矿产资源使用企业组织法律形式改变；矿产资源使用企业通过联合其他企业或同其他企业合并的方式改组，如果以前的矿产资源使用者在新建立的企业中所有权不少于固定资产的一半；矿产资源使用企业通过分离或其他企业分出的方式改组，当新建立的企业按照许可证在以前的矿产资源使用者的地段继续工作。

在转交矿产资源使用权时，许可证需要重新办理，这时，许可证的内容不需要重新审查。

矿产资源使用企业改变名称时也需要办理许可证，根据矿产资源使用者的申请，由发证机关重新办理。许可证重新办理程序根据法律规定的办理和登记矿产资源使用许可证的要求确定。拒绝重新办理许可证，矿产资源使用者可按照司法程序申诉。

（三）土地征用权

俄罗斯土地大部分为国家所有。国家所有的土地多数情况下以招投标的形式出卖（ 海港区域除外）或者出租给投资者，私人所有的土地可以买卖或者出租。俄罗斯地下资源使用许可证持有人使用国有土地不需要进行招标，项目竣工后，投资者有义务对相应地块进行再栽培和土地复原。私人用途铁路的建设涉及土地使用时必须在联邦和地区层级上进行协调。除特定情况外，俄罗斯海港区域的土地不能由私人所有；外国法人不允许拥有海港内任何土地；海港内的特定建筑只能出租给私营实体使用，俄罗斯联邦必须拥有所有权。俄罗斯私人所有的土地享受法律特别保护，除法律明确规定或者土地所有者事先获得足额补偿外，不能强制土地所有者转移其地上财产。在俄罗斯，仅在特殊情况下可以以国家和市政目的进行土地征收；在建设具有联邦或地区意义的发电站、建设具有联邦或地区意义的运输项目和通信线路、进行矿产资源的勘探和生产（仅在没有其他适当的选择时适用）时可以征收土地。征地可以采用与土地所有人签订协议的形式或者根据法院命令进行。征地要对土地所有人进行补偿，包括土地的市场价格和地上所有物的市场价格及对土地所有人产生的损害，包括利润损失。以征地的方式进行项目建设将大大降低投资人与私有土地所有人之间产生争议的风险，但是由于征收私人所有土地会给政府带来巨大的费用支出，因此这种机制很少使用，俄罗斯矿产企业一般以高于市场的价格购买私人所有的土地。

二、跨国矿业投资相关法律制度

（一）劳工制度

1. 外国公民地位

合法居留的外国公民与本国公民法律地位平等，在俄罗斯合法居留的外国公民与俄罗斯公民平等地享有权利并承担相应义务。《俄罗斯联邦外国公民法律地位法》规定，外国公民在俄罗斯停留分为临时逗留（不超过90天）、临时居留（不超过3年）、长期居留（不超过5年），这三种形式的停留都需要履行审批程序，其中长期居留有效期满后可申请延期，每次延期5年，延期次数不限。俄罗斯境内的外国公民在俄罗斯法律允许的情况下，有权自由支配自己的劳动能力，选择劳动种类和职业。俄罗斯企业使用外国员工，必须按照确定的程序获得使用许可。

2. 在俄罗斯雇佣外国公民的程序复杂

在俄罗斯，企业雇佣外国公民的程序主要包括以下阶段：①就确定配额提交申请材料；②就是否必须雇佣外国员工获得相关机构的意见；③就聘用外国员工取得许可证；④每个外国员工均应取得工作许可证；⑤每个外国员工获得允许其进入俄罗斯的邀请信；⑥每个外国员工均应取得工作签证。在俄罗斯的所有企业如果想要雇佣外国公民（独立体公民除外，因为这些国家的公民进入俄罗斯不需要签证），在外国员工抵达俄罗斯并开始工作前，都应履行以上程序。

3. 关于煤炭企业劳工的特殊规定

根据俄联邦《关于煤炭产业员工社会福利的国家规定》，俄罗斯煤炭行业的员工（尤其是矿工）应当获得额外的强制性保障和利益。俄联邦《关于煤炭产业员工社会福利的国家规定》规定在煤矿开采和加工业工作的员工享有如下额外保障和福利：①医疗康复和医学治疗以及常规（至少两年一次）预防性医疗检查；②应向员工、退休员工、残疾工人、有权获得退休金的员工家属以及员工的遗夫或者遗妇免费提供个人使用的煤炭（如现存居住条件需要）；③如员工因与工作相关的原因死亡，应向员工家属支付一次性金钱补偿（在一般劳动法律法规所规定之外），该补偿的具体数量应在员工和企业的相关劳动合同和集体合同中载明；④因煤矿开采或加工企业清算而失业的员工如在该企业已工作至少五年，企业应向该员工支付一次性金钱补偿（员工工作期间平均年工资的15%）；⑤如因清算而导致员工失业的煤矿开采或加工企业位于俄罗斯联邦北部地区，且该员工已在该地下煤矿工作至少十年并已达退休年龄，则企业应向员工提供新居住地；⑥如在煤炭工业组织（包括煤矿开采、加工、矿业建设和煤矿营救工作的员工因企业清算而失业，且其已在该组织工作十年以上，则企业应向该员工支付额外养老金。此外，俄罗斯企业承担的有关职工的税费较重，如“统一社会税”和“工伤保险费”等都需要由企业来承担。

（二）贸易和投资制度

1. 关于征收或国有化及其补偿的规定

关于征收或国有化问题，《俄罗斯联邦外国投资法》第8条规定：“除联邦法律或俄联邦签署的国际条约所规定的特殊情况及理由之外，外国投资者或有外国投资的商业组织的财产不应被强制没收，包括被国有化和征用。”关于征用或者国有化的补偿支付问题，《俄罗斯联邦外国投资法》第8条也规定：“在被征用的情况下，应向外国投资者或有外国投资的商业组织支付被征用财产的价款。引起征用的情况终止时，外国投资者或有外国投资的商业组织有权通过司法程序要求追回仍保留的财产”“在实行国有化的情况下，应向外国投资者或有外国投资的商业组织赔偿被国有化的财产的价值及其他损失。”

上述规定表明，俄罗斯在一般情况下是不实行国有化和征收的，同时并未放弃在特殊情况下可依法或者国际条约行使此项权利。而关于征收的补偿标准，该法里并没有明确给出。

2. 关于投资原本和利润兑汇的规定

《俄联邦外国投资法》第11条规定：“外国投资者在遵照俄联邦法律纳税后有权在俄联邦境内自由使用其收入和利润，用于进行再投资或其他与俄联邦法律不相抵触的目的，有权不受任何限制地向俄联邦境外汇出其投资所得收入、利润及其他合法所得外汇款项。”

3. 关于外国投资者待遇的规定

排除俄罗斯联邦法律另有规定的情况，其给予境内的外国投资者不低于本国投资者的法定待遇。但俄罗斯联邦法律对外国投资者也有诸多限制：

（1）只有设立目的和经营目的具有商业性的母公司在俄罗斯境内设立分支机构才可以以母公司名义履行部分或全部职能，且财产责任由设立它的母公司直接承担。

（2）在俄罗斯境内进行经营的包含有外资的商业组织的子公司和附属公司没有权利享受所提到的法律保护保障及优惠。

（3）外商投资者在俄罗斯境内设立有其出资的商业组织且该出资份额不少于法定资本的10%时，该商业组织进行再投资，可以享受本法提供的法律保障及优惠措施。

另外，俄罗斯联邦外国投资法给予外国投资者的优惠主要有：

（1）对于那部分实施优先投资项目的外资商业组织和投资者，根据联邦海关法和联邦税法给予关税优惠。

（2）下放权力给联邦成员和地方自治机关，令其在其管辖范围之内给予符合条件的外国投资者资金支持或其他形式的支持，并为其提供各项优惠和各种相应的法律保障。

（3）法律规定专门的优惠措施提供给经济特区内的投资者。例如，俄罗斯产品分割协议法及对其补充修改所规定的便利条件和优惠。

从以上联邦法律的规定看来，提供给外国投资者的优惠和保护政策在联邦法中规定得太过原则性和过于笼统，种类较少，并且忽视了对中小外国投资者的优惠。

4. 关于稳定性保证的规定

《俄罗斯联邦外国投资法》第9条规定："在向优先发展的外国投资项目开始划拨资金的当日，如果出台了关于调整征收进口关税、联邦税、上缴国家预算外基金费幅度的新的俄联邦法律法规，或对现行俄联邦法律法规做出了修改和补充，使外国投资者和有外国投资的商业组织在执行优先投资项目中的税负总额加大，或对在俄罗斯联邦的外国投资的禁令和限制增多，则这些新的俄罗斯联邦法律法规以及对现行俄罗斯联邦法律法规的修改和补充在本条第2款规定的期限内将不适用于执行优先发展的外国投资项目的外国投资者和有外国投资的商业组织，但前提是上述外国投资者和有外国投资的商业组织运入俄罗斯联邦海关境内的货物专用于执行优先投资项目。"

上述稳定性条款只适用于两种含外资的商业组织，一种是外商的投资在法定资本的投资中超过25%，另一种是实施有限投资项目的外商投资。而且可以适用投资项目回收期的规定，但回收期不能超过外商向项目投资划拨资金开始后的7年。

5. 俄罗斯吸引外资的鼓励性措施

1）税收优惠

（1）联邦级别的税收优惠政策。1992年俄罗斯政府制定出较之以前更为优惠的税收政策：同意外资企业用所获得的收入填补企业投资前期所产生的亏损；在回收成本阶段，使用合同初期税率；允许外资企业在取得许可证以后接下来的5年时间里不交纳企业利润所得税；等等。

（2）特别经济区法制定独立的税收优惠政策。《俄联邦加里宁格勒特别经济区法》规定，在特别经济区内，俄罗斯和外国投资者享受俄罗斯联邦税法和加里宁格勒州地方法规所规定的税收减免优惠；特别经济区生产的商品（按照产地证明来确定）运往境外时，可以免于交纳关税以及办理手续时应当交纳的其余费用（除海关规费以外的费用），并不受国家非关税外贸调节政策影响；商品从境外运进特别经济区时，可以免于交纳关税以及办理手续时应当交纳的其余费用（除海关规费以外的费用）；等等。

《俄联邦马加丹特别经济区法》规定：企业在特别经济区和马加丹州内进行经营活动，可免交除上缴给联邦具体基金和联邦社会保险基金的款项以外的其余应向联邦财政上交的税额。

2）金融支持

俄罗斯联邦法律规定，给予向重点投资项目注资的外商金融支持；地方政府在合法资金来源的前提下向其提供多项支持，例如税收优惠、融资担保或其他形式的支持。《俄联邦融资租赁法》规定："国家对租赁项目的实施者提供担保并给予一定的预算拨款支持，有必要的情况下向其提供投资贷款；在发放投资贷款中获得利润的银行等金融机构可免交3年的企业利润所得税"。此外，俄罗斯还存在各种地区级的金融支持政策。

3）设立特别经济区

为吸引外资，俄罗斯政府开办了特别经济区。在特别区域内投资的外国投资者可以享受更为优惠的政策条件：不会因为配额限制和许可证限制而无法向区内进口生产所需的产品和劳务；区内进行的商品的进出口不交关税；从企业宣称其开始获利起5年时间不用缴纳利润税和出境税；投资的外国企业，在特别经济区内购买的土地使用期限为99年等。特别经济区实行投资规模限制政策、税收优惠政策、关税优惠政策和财务优惠政策。

6. 俄联邦对外资投资①的限制

1）股权比例限制

如《俄罗斯联邦天然气供应法》规定，外资在俄罗斯天然气工业股份公司注册资本中的份额不能超过20%。在资源开发领域，2005年2月俄罗斯自然资源部部长特鲁特涅夫对外界表示，外国公司只有在俄罗斯注册子公司，并与俄罗斯本国企业组成行业集团，且俄罗斯资占股不能少于51%后，才能获得参与矿权拍卖的权利（俄罗斯对矿产的开采和使用实行许可证制度，许可证的获得一般应经过竞标或拍卖的程序）。

2）其他限制

俄罗斯《产品分割协议法》规定，工程所需设备价值的70%应当在俄罗斯法人和俄罗斯境内注册的外国法人中间进行分配；投资者聘用的俄罗斯籍雇员数量应不少于所聘雇员总数的80%，只有在按协议进行的工程初期或在俄罗斯联邦国内缺乏具有相应专长的工人和专家的情况下方可聘用外国工人和专家。

（三）投资架构

1. 一般规定

根据俄罗斯联邦的外国投资法的规定，在遵循联邦法律可能规定的任何例外以及旨在保护俄罗斯宪法制度的基础、道德、健康和人权或为了确保国家安全和国防的任何例外的前提下，外国投资和投资者的待遇不低于俄罗斯的投资者，且管辖外国投资和投资者的投资权利以及接收该等投资利润的权利的法律制度不低于适用于国内投资的法律制度。

外国投资者被允许以任何法律所不禁止的形式在俄罗斯进行投资。一般来说，在俄罗斯的外国投资可以通过新设一个俄罗斯法人实体（或购买一个俄罗斯法人实体的权益），或在俄罗斯设立一个非俄罗斯公司的分支机构（而非设立一个独立的法人实体）来进行。目前有多种可供投资者使用的以设立全资子公司或与俄罗斯合作方共同设立合资企业为目的的商业结构。

据俄罗斯联邦民法典，商业法人实体可以通过商业合伙和公司等形式设立。外国投资者使用的商业存在的形式通常是股份有限公司（上市或非上市）以及有限责任公司。

外国投资者在俄罗斯构建一个商业存在的主要方法是使用一个在离岸司法法域设立的非俄罗斯公司作为整个公司构架的控股公司。该安排主要出于下述两点理由：一是享受更多的税收优势；二是用先进且可预见的公司治理规则来治理外国投资者和俄罗斯合作伙伴之间的关系。

2. 建议——在塞浦路斯进行SPV投资

塞浦路斯位于对俄罗斯投资最多的国家之列，也是对俄罗斯投资金额最大的国家。俄罗斯与塞浦路斯签订有双重税收协定（DTA），较俄罗斯与其他国家签订的双重税收协定相比，俄罗斯—塞浦路斯双重税收协定的条款最为优惠。

从塞浦路斯收到来自俄罗斯的红利须征收：如果塞浦路斯当地的实益拥有人对俄罗斯公司直接投资的资本不少于100000美元——5%的预提税；其他情况下——10%的预提税；对利息或版税则不征收任何预提税。

塞浦路斯的税收体系具有以下优势：塞浦路斯法律规定了统一的公司税额10%；对向塞浦路斯以外的地区支付红利不征收预提税；红利之上不征收所得税；处置任何证券而获得的利润无需缴纳所得税

①本文所用“外资”一词是指俄罗斯法律下的外国投资者，包括外国自然人、法人和其他类型经济组织，以及前者在俄罗斯境内设立的各种类型经济组织，其概念的法律定义依据《俄罗斯联邦外国投资法》解释。

或利得税，该公司在塞浦路斯拥有不动产的除外；仅接受利息属于受让方的日常营业范围之内或与之有紧密联系，则该利息按其他交易收入征收10%的税收；清盘塞浦路斯控股公司不对资本利得或收入征税；塞浦路斯与40余个国家达成了优惠的双重税收协定；不存在“稀释自由资本”规定。

（四）反垄断法体系

俄罗斯反垄断法规体系由联邦法律、联邦政府决议、联邦部委规范文件、联邦反垄断机构规范文件，以及俄罗斯参与的国际条约和公约（如巴黎工业产权保护公约）构成。其中，联邦法律是俄罗斯反垄断法规体系的基础，是联邦政府及部门管理机构制定行政法规的法律基础。其中主要有：

1.《保护竞争法》

《保护竞争法》（2006年）的主要内容是：①监督和调节经济集中；②发现和制止不正当竞争；③发现和制止国家机构限制竞争的行为。

2.《国家采购法》

2005年7月俄罗斯制定了联邦法律《国家和地方自治机构商品、设计和服务的订货办法》（下称《国家采购法》）。制定《国家采购法》是为了建立统一的国家采购制度，在国家采购领域保障俄罗斯国内市场的统一，保障预算资金和预算外资金使用效益，使更多企业和个人有机会参与国家采购，发展诚实竞争，完善国家机构的采购工作，保障国家采购的公开和透明，防止腐败和其他不正当采购行为。

3.《外国投资俄罗斯战略企业管理办法》

该法制定于2008年4月，目的是为了保障国防和国家安全，限制外国投资者持有俄罗斯战略企业的股权比例，限制以控制俄罗斯战略企业为目的外国投资。

该法规定了对外国投资俄罗斯战略企业的审批制度：“以控制俄罗斯战略企业为目的的外国投资行为，须与联邦政府专门机构事先磋商并获同意”。为此，成立联邦政府监督外国投资委员会，联邦反垄断署负责保障委员会的工作，负责对外资提交申请的初审工作并提出相应建议。

4.《自然垄断法》

该法制定于1995年8月，目的在于制定国家对自然垄断进行调节的法律基础，实现自然垄断企业与消费者利益平衡，既保障消费者获得价格合理的自然垄断产品和服务，也保障自然垄断企业合理的经营效益。

法律规定国家调节和监督自然垄断的主要方法是价格调节，划定必须予以保障的特别消费者，规定使用自然垄断服务的原则，制定国家价格调控商品和服务清单。

5.《行政违法法典》

为了实施《保护竞争法》，俄罗斯于2007年4月制定了对《行政违法法典》（2001年）的补充修正案，加强了对违反反垄断法行为的行政惩戒制度。《行政违法法典》是俄罗斯实施反垄断政策的重要法律保障。规定了对违反反垄断法的处罚制度，特别是详细规定了对国家机关行政人员违反反垄断法、违反国家定价制度、非法限制贸易自由的行为给予处罚的标准。

6.《贸易法》

2009年12月，俄罗斯制定了联邦法律《国家对贸易活动的调节基础》（简称《贸易法》）。《贸易法》第三章为“对贸易活动的反垄断调节和国家监督”。其中第13条规定了适用于贸易企业和食品供应企业的反垄断规则。

上述联邦法律的重要特点是做到了最大限度的具体化，而不是仅规定些原则，这为法律的实施提供了重要保障。

（五）国家安全审查制度

1. 法律框架

2008年5月颁布的《俄罗斯联邦有关外资进入对保障俄罗斯国防和国家安全具有战略意义的经营公司的程序法》（以下简称《国家安全审查程序法》）是俄罗斯国家安全审查制度的基础法律，该法对审查的目标对象、标准和程序等问题做了详细的阐述。《国家安全审查程序法》明确列出了42个行业为俄罗斯战略性行业，这些领域的外国投资除需符合《国家安全审查程序法》有关规定外，还受行业相关法律法规的规制。如《俄罗斯联邦矿产资源法》对外商投资矿产资源做出了限制性规定，包括必须获得地质研究、勘探和开采的综合许可证，必须在俄罗斯境内成立法人实体及矿区开采权招标或者拍卖中的其他限制条件。

俄罗斯《战略公司投资程序法》中规定了42项对国防和国家安全具有战略意义的活动领域。其中涉及能源资源的有以下领域：

（1）安装、建造、运行和停止运行核设施、辐射源、核材料和放射性物质的储存点，放射性废料仓库。

（2）核材料和放射性物质的利用，包括铀矿的勘探开采，核材料和放射性物质的生产、使用、加工、运输和储存。

（3）保存、加工、运输和掩埋核废料。

（4）利用核材料和（或）放射性物质进行科研和实验。

（5）规划和设计核设施、辐射源、核材料和放射性物质的储存点以及放射性废料仓库。

（6）设计和制造用于核设施、辐射源、核材料和放射性物质的储存点以及放射性废料仓库的设备。

（7）对作为确保核设施、辐射源、核材料和放射性物质的储存点、放射性废料仓库以及核材料、放射性物质和放射性废料利用行为安全的设计、制造和技术资料进行鉴定。

（8）在联邦级地下资源区块从事地下资源的地质研究和/或勘探和开采。

为了与《战略公司投资程序法》相协调，俄罗斯在《矿产资源法》中做了相应的调整，明确规定了属于联邦级的矿区。

2. 审查机构

根据《国家安全审查程序法》规定，俄罗斯国家安全审查的职能机构包括全权主管机构（工业贸易部、联邦反垄断署等）和外资审查政府委员会。全权主管机构负责外资并购事件的初步审查，根据《国家安全审查程序法》等相关法律规定审核外资并购的敏感性和安全度，做出初步同意或不同意的决定意见，并将结果提交给外资审查政府委员会。跟美国的外国投资委员会（CFIUS）相类似，俄罗斯外资审查委员会也是一个横跨多个部门的机构，涉及工业贸易部、经济发展部、自然资源部、能源部等行政部门；但与CFIUS不同的是，俄罗斯外资审查政府委员会的权力要大得多，拥有外资并购审批的最终决定权。

3. 审查对象

《国家安全审查程序法》明确提出了俄罗斯国家安全审查的对象，即意欲“获得对国防和国家安全具有战略意义的商业组织的注册资本和（或）进行可使其对上述商业组织实施控制”的外资并购交易。从该法条中可以读出俄罗斯国家安全审查的4个关键点：战略性行业、获取一定股权、实现一定控制、国外投资，由此可以看出俄罗斯国家安全审查关注的焦点是国外投资者是否取得战略性企业的控制权。另外，俄罗斯国家安全审查对“外国政府及其控制机构参与投资”非常谨慎，即对主权财富基金和国有企业等赴俄投资的审批会比较严格。

《根据战略公司投资程序法》规定，外商投资导致其取得对保障俄罗斯国防和国家安全具有战略意义的公司和在联邦级矿区上进行矿产研究、勘探或采矿的公司的控制的情形包括：

（1）外资持有对保障俄罗斯国防和国家安全具有战略意义的公司50%以上的股权；或者虽然不持有50%以上的股权，但在董事会、监事会中拥有50%以上的成员；或者有权任命独任制总经理；或者在实行总经理与总经理委员会共同执行的制度下，有权任命总经理并在总经理委员会中拥有50%以上的成员；或者其他控制情形。

（2）外资持有在联邦级矿区上进行矿产地质研究、勘探或采矿的公司25%以上的股权；或者虽然不持有25%的股权，但在董事会、监事会中拥有25%以上的成员；或者有权任命独任制总经理；或者在实行总经理与经理委员会共同执行的制度下，有权任命总经理并在经理委员会中拥有25%以上的成员；或者其他控制情形。

根据《战略公司投资程序法》的规定，外商投资是外国国家或者国际组织控制的企业或组织，该外商投资者的投资行为导致其取得对保障俄罗斯国防和国家完全战略意义的公司和在联邦级矿区上进行矿产研究、勘探或采矿的公司5%以上的股权，也应实现报有关政府主管部门批准（先向反垄断署申请，经过审查通过后再报外国投资监督委员会审批）。

如果上述公司的收购方是一家外国国有公司、国际组织或由外国国家或国际组织控制的法人实体，则实现审查批准的基准线下调至25% 以上，并且，如果目标公司从事地质调查或对联邦具有重要意义的自然资源矿藏进行勘探和开发，则入股被收购的具有投票权的股份达到5%，就需要事先批准。

外国国家、国际组织或由外国国家和国际组织控制的法人实体不被允许收购目标战略性公司的控制权。

如果外商投资未能按照《战略公司投资程序法》的规定进行投资，则该行为使用后果无效的原则。同时，外商投资者未在规定的期限内依照该法的规定，向政府有关主管部门提交同意该投资申请，法院可以根据政府有关部门的起诉而做出裁决，剥夺外商投资者在公司股东会上的表决权。

4. 审查门槛

首先，俄罗斯国家安全审查根据投资行业不同设置不同的审查门槛。对于有权利用联邦级矿产资源的战略性企业，外资如果通过交易获得10% 及10% 以上的股份，或有权做出经营管理决议，或有权任命1 人执行机构或集体执行机构10% 及10% 以上成员等，则需提请国家安全审查；对于其他战略性企业，外资如果通过交易获得50% 以上的股份，或有权做出经营管理决议，或有权任命1 人执行机构或集体执行机构50% 以上成员等，则需提请国家安全审查。

其次，俄罗斯国家安全审查对外国政府及其实体的投资提高了审查门槛。当“外国政府及其控制机构参与投资”时，如果被控制方是有权利用联邦级矿产资源的战略性企业，外资控制股份超过5% 即需提请国家安全审查；如果是其他战略性企业，外资控制股份超过25% 即需提请国家安全审查。

5. 审查程序

简单来讲，俄罗斯国家安全审查分为3 步：全权主管机构的登记申请、交易初审和外资审查政府委员会的最终裁决，整个审查程序的最长时限为3 个月，特殊情况下可能延长到6 个月。

6. 法律责任

《国家安全审查程序法》规定，如果违反本联邦法要求，交易将被撤销，外资的投票权将被剥夺，做出的决议将被认定无效。

（六）争议解决

有外国投资者参与的争议可以在国家仲裁法院（国家商事法院——国家仲裁法院中包含的“仲裁”一词属于历史原因，不应与真正的仲裁相混淆）进行解决，或通过国际商事仲裁进行解决。俄罗斯已经制定了《国际商事仲裁法》，根据该法，任何具有商业性质的涉外争议或至少一方为外商投资的俄罗斯公司的商事争议可以提交国际商事仲裁。值得重视的是，由俄罗斯仲裁庭做出的仲裁裁决可以被国家仲裁法院撤销。

将争议提交国际商事仲裁，必须签订书面的仲裁协议。但是，在特定情况下不需要书面的仲裁协议，例如：破产程序、与注册有关争议、公司重组或清算、公司与其股东之间的争议、竞争事项。

根据承认及执行外国仲裁裁决公约（1958 年《纽约公约》），外国仲裁裁决在俄罗斯具有执行力。外国仲裁裁决的执行由国家仲裁法院进行。通常情况下，外国仲裁裁决的执行力比外国法院判决的执行力更强。

三、法律环境总结

俄罗斯的投资环境总体看一般。虽然近年来俄罗斯政府为改善投资环境做出很大的努力。包括制定新的外资法、税法、重新修订地下资源法、不断修改和完善《产品分成协议法》，减少企业有关的赋税等。政治经济环境也在不断变好，引入的外资也在加快。至今为止，该国的土地资源、劳动力价格和其他成本仍然是十分低廉的，但这些优势条件似乎并没成为俄罗斯吸引外国直接投资的重要砝码。大部分外国投资者仍对俄罗斯市场持观望态度。导致外资始终对俄罗斯市场持观望态度的原因并非俄罗斯宏观经济的好坏，而是该国至今仍存在的税制不健全、企业管理落后、政府官员腐败及官僚作风等因素。

首先，俄罗斯的外国投资立法程序长期以来并不完整，直到1999 年7 月才颁布新的外国投资法。没有一本稳定而明确实用的外国投资指导手册，没有一部明细的投资项目汇编，没有良好的信息服务，这些都给扩大吸引外资造成了困难。

其次，腐败现象严重。据透明国际组织发布的1998 年国际腐败洞察指数资料显示，俄罗斯腐败问题严重，在调查的85个国家和地区中排76位，是腐败问题最严重的国家之一。

再次，俄罗斯公众对外国投资会给俄罗斯发展经济带来什么好处的认识不足。政府领导人千方百计争取外资，而中下层官员却不积极，老百姓甚至担心“外国人会把俄罗斯的钱都掏走了”。

最后，俄罗斯对外国投资商的优惠政策不明确。世界大多数国都在争取外国投资，特别是发展中国家，出台了许多优惠政策以吸引外国投资。世界资本市场争夺十分激烈，资本总是流向回报最大的市场，俄罗斯上下对这个形势认识不足，有关当局没有制定相应的对策。

目前在俄罗斯矿业方面的外国投资并不多，主要集中在油气领域，如英荷壳牌集团、埃克森—美孚公司在远东地区的萨哈林岛进行油气开采。固体矿产主要集中于金和金刚石等。如总部在澳大利亚的琴洛斯黄金公司（Kinross Gold）开发了位于玛格丹的库巴卡金矿。

导致这一状况的原因是多方面的。除上述宏观因素外，还有一些行业内的因素。主要包括：俄罗斯边远地区基础设施不够发达，要求投入更多的费用；远离市场要求支付较多的开发费和运输费；严酷的气候条件导致各种费用增加。另外税费过重和法律环境不稳定也是十分重要的因素。潜在的外国投资者认为，对于外国采矿公司，俄罗斯的税收负担过重，因而无竞争力，特别是在地下资源利用方面的付费及道路基金的付费太高，而且征收基数是根据收入，而不是根据利润。1995年公布的产量分成协议的内容，大多数外国投资者表示不满，后来虽然进行过多次修改，但外国公司接受的程度并不高，多处于观望状态。许多合作项目，特别是大型项目进展缓慢。

近年来，俄罗斯政府为改善矿业投资环境做了很多的努力，1999年修改“地下资源法”，明确规定了发现矿床者具有获取采矿许可证的优先权（此前没有明确），以坚定投资者的信心；2001年修改税制，将矿物原料基地再生产提成费和矿产开采付费合并为矿产资源开采税，实际上较大幅度地降低了费率。降低了投资者的生产成本。2001年第926号决议批准的新的矿产资源使用经常性付费（相当于矿地租金）的最低和最高标准，改变了过去按工作合同预算百分比征收的方式，基本上与国际接轨。

总体上讲，俄罗斯矿业投资环境有利的方面包括：矿产资源丰富；劳动力充裕，且素质较高；工资便宜；科技基础雄厚；市场潜力巨大。不利的方面包括：政治不太稳定；外汇管制；金融保险体系不健全；通膨率高；税负过重；腐败问题严重等。归纳起来看，俄罗斯矿业投资环境尚可，趋势向好。

第四节　财　税　制　度

一、税制总论

（一）税收体制简介

在税收体制方面，俄罗斯实行分税制管理体制。按照税收管辖权将税收分为联邦税、联邦主体税（又称地区税）和地方税。联邦享有国家税制的立法权，联邦主体和地方立法机构只对本级税收享有一定权利，包括税收优惠、税率、纳税程序、纳税期限、会计报表的格式等。联邦主体和地方都不得自行设立税种。联邦税由联邦税收法典规定，征收范围包括全俄所有区域。联邦主体税由联邦税收法典规定，并需要经过联邦主体法律公布实施，其征缴范围为相应的联邦主体辖区。联邦主体可以根据规定的限度自行决定联邦主体税的税率，规定联邦主体税的纳税程序和纳税期限、会计报表形式、税收优惠原则。地方税根据联邦税收法典规定，并由地方自治机构公布有关法律，在相应的辖区征收。

俄罗斯全国共有14种税收，包括：

① 联邦税9种：增值税、消费税、个人所得税、统一社会税（即社会保障税）、企业和组织利润税（即企业所得税）、自然资源税、水税、关税、动物和水资源使用税。

② 联邦主体税3种：房产税、博彩税和车船使用税。

③ 地方税2种：土地税和个人财产税。

这3个级次的税收是按照税收管辖权划分的，而税收收入则分为专享税和共享税。共享税的税种以联邦税为主，也包括一些联邦主体税和地方税。主体税种的收入分成比例主要通过每年的联邦预算法确定，只有企业和组织利润税和统一社会税收入在各级预算之间的分成比例在税收法典中有所规定。从

2002 年以来，增值税收入一直由联邦专享，个人所得税收入一直由地方专享。从 2004 年以来，企业和组织利润税收入的 27.1% 划归联邦，72.9% 划归联邦主体和地方。

（二）整体税收环境

近年来，俄罗斯以简化税制、减少税种、下调税率、降低税负、取消优惠为主要内容的税制改革，同时辅以实行“降低税率（税负），扩大税基，加强征管”的税收政策，不仅没有减少国家的税收收入，反而使税收状况有所改观。目前的新税制已基本与世界接轨。据普华永道最新发布的 2016 年全球 189 个主要经济体总体税负情况排名，俄罗斯税收负担排名第 46 位，整体税负为 47%，整个税务环境质量排名第 47 位。

俄罗斯的财政收入结构是：国内税收约占 70%，关税约占 25%，其他收入（包括收费、租金等项目）约占 5%。由此可以看出，税收收入已成为俄罗斯国家财政收入的主要来源。中央政府税收收入与地方政府税收收入的比例大体为“六四开”。

俄罗斯主要税种的税率情况见表 3-1-6。

表 3-1-6 俄罗斯主要税种的税率表①（税率更新至 2015 年 12 月 31 日）

税　种	税　率	税　种	税　率
公司所得税（利润税）	0/15.5%/20%(a)(b)	其他利息	20%
资本利得税	0/15.5%/20%(a)(b)(c)	专利、专有技术的特许权使用费	20%
分支机构税率	15.5%/20%(a)	操作、维修或出租从事国际运输的船舶或飞机的收入	10%
预提所得税			
股息	0/13%/15%(d)	个人所得税	13%/15%/30%/35%
某些类型的国家市政证券的利息	15%	增值税	0/10%/18%

注：(a) 基本利润税中有 2% 是支付给中央政府的，剩余 13.5% ~18% 是应付给地方政府的，各地方政府有权决定其各自区域内的适用税率。

(b) 0% 的税率适用于从事教育和医疗行业的经营活动。

(c) 0% 的税率适用于俄罗斯公司 2011 年以后出售持有 5 年以上股权获得的资本利得；或未在俄罗斯构成常设机构的外国公司通过证券市场出售股份获得的资本利得，且该股份所在公司的不动产占总资产比例不得超过 50%。

(d) 0% 的税率适用于持有 50% 以上支付股息公司的股份，并且持有 365 天以上的俄罗斯居民企业；13% 的税率适用于俄罗斯的居民企业或居民个人；15% 的税率适用于非俄罗斯居民企业。

截至 2015 年年底，俄罗斯已经与全世界 80 多个国家和地区签订了避免双重征税税收协定。目前中俄之间实际生效的税收协定为 1994 年签署的避免双重征税协定。根据该协定，目前俄罗斯与中国大陆的股息预提所得税、利息和特许权使用费预提所得税税率均为 10%。2014 年 10 月 13 日，中俄双方再次签订了新的税收协定，但截至 2015 年底尚未生效，实际开始执行日期为 2017 年 1 月 1 日。按照新的税收协定规定：在受益所有人属公司（合伙企业除外）直接拥有支付股息至少 25% 资本且持股金额至少达 8 万欧元（或等值的其他货币）的情况下，不应超过股息总额的 5%；其他情形下还仍然是 10%。

俄罗斯至今未与香港签订避免双重征税协定，因此俄罗斯向香港居民企业征收的股息预提所得税税率为 15%，利息和特许权使用费的预提所得税税率为 20%。

二、与煤炭开采行业相关其他税费政策

（一）矿产开采税②

一般来说，矿产开采税是针对资源开采所征收的税。对于原油的矿产税的税基为原油开采量，税率为每吨 470 卢布。对于其他矿产品的开发税率见表 3-1-7。

①资料来源：EY，2016 Worldwide Corporate Tax Guide、EY，206 Worldwide Personal Tax Guide.

②EY，Doing business in the Russian Federation，2014.

表 3-1-7 俄罗斯矿产开采税税率

矿产资源种类		税 率①	矿产资源种类	税 率②
煤	褐煤	11 卢布/t	含金的矿石	6.00%
	无烟煤	47 卢布/t	含贵金属的矿石	6.50%
	焦炭	57 卢布/t	非铁矿石（不含霞石、矾土）	8.00%
	其他煤种	24 卢布/t	钻石和其他珍贵宝石	8.00%
铁 矿		4.80%		

（二）地下资源使用税②

新出台的《俄罗斯联邦税收法典》（第一部分）将原来实行的“地下资源使用权付费”改为“地下资源使用税”。该税属于联邦税。

1. 纳税人

地下资源使用税的纳税人是允许在俄罗斯境内从事矿藏探查、勘探和开采或矿产使用的各种所有制形式的所有企业、组织、联合公司和其他法人。但以下人员不缴纳地下资源使用税：从事普通矿产开采自身需要的地块所有者；从事地质各种用于一般矿产研究的矿藏使用者；获得矿产地段用于形成具有科学意义和其他意义特殊地质保护对象的矿藏使用者。

2. 征税对象

地下资源使用税的课税对象是按企业批发价格，即不含增值税价格计算的有关工程、所开采原料和所生产的产品的价值。在开采某些矿产时，课税对象还包括从地下抽取合乎质量标准的地下水的价值。矿藏使用者应交纳的地下资源使用税包括：矿产开采权税、所有的矿物原料或开采的原料税、发放矿藏使用许可证费、矿藏使用税、土地和水域及海底地段使用税、地质资料使用税等。

3. 税率

该税的税率视以下 5 种情况而分别规定：

第一，矿床探查和鉴定的最低税率为工程合作价值（预算造价）的 1%，最高税率为工程合作价值的 2%。具体税率取决于矿产的种类和地区的经济条件，并根据竞争和拍卖的结果确定。如果工程按面积计算，确定税收的方法是：根据每平方千米面积计算年单位付款额，将规定的 1% 或 2% 的税率分解到所划分地域的面积和工期上。延长探查工程的工期，税率增加到原来的 1.5 倍。

第二，矿藏勘察的税率以勘探工程整个工期内的定期纳税形式加以规定。税率从工程年预算造价 3% 的最低税率到 5% 的最高税率不等。具体的税率由发许可证的机关根据竞争和拍卖结果确定。如果延长勘探工期，以前规定的税率要增加 50%。

第三，在开采矿藏的情况下，规定一次性纳税和定期纳税。一次性纳税按不低于 10% 的税率征收，税率的具体水平根据竞争或拍卖结果确定。定期纳税的税率按矿藏的种类区分。最低税率在 1% ~4% 之间，最高税率在 4% ~16% 之间。具体的税率水平根据矿藏储量的数量和质量，以及其他一系列条件确定，并按竞争和拍卖结果做出规定。对超定额的原料耗损，规定的税率要比一般的税率水平高出一倍。按矿藏开采权纳税的 25% ~30% 的额度，确定矿山开采和加工生产部分的废料使用权税。对在矿藏探查和勘探中顺便开采到的矿产，也按矿藏开采权纳税的额度征收定期税。

第四，对地下设施的建设和开发，规定一次性纳税或定期纳税，其税率为建设项目预算造价和地下设施开发运营提供服务价值的 1% ~3%。

第五，大陆架和海洋特殊经济区矿藏使用权税，按对于大陆架矿床规定的方法和调剂纳税。

4. 地下资源使用税的税收优惠

俄罗斯现行法律对地下资源使用税规定了一些税收优惠，例如，对于在低开采效益条件下开采短缺矿产，以及开采低质量剩余储量矿产的矿藏使用者，提供矿产开采权税减让。由发放矿藏使用权许可证

---

①煤炭的开采税也可以申请一定的折扣减免。

②中华人民共和国商务部，《对外投资合作国别（地区）指南》2015。

的机关会同俄罗斯国家矿山技术监督机构对矿藏使用者提交的根据和论证进行鉴定后，做出确定减让的决定。进行该鉴定要由矿藏使用者承担费用。

（三）出口关税

俄罗斯出口环节通常都免征关税，但是对于资源行业部分产品的出口仍需要交纳出口环节关税（表3－1－8）。

表3－1－8 俄罗斯矿产品出口关税税率

矿产资源种类	出口关税税率	矿产资源种类	出口关税税率
由煤、褐煤或泥煤制成的焦炭及半焦炭	0或5%	废镍以及碎料镍	5%
钻石	0或10%或15%	铝合金	0或10%
宝石（不包括钻石）	10%或15%或20%	废铝及碎料铝	0
各种类型的铜	5%	废铅及碎料铅	5%
废铜及碎料铜	0	废锌及碎料锌	5%
粗镍	0或5%		

三、税制总结

税负偏重，税收执法环境较严。近年来，俄罗斯以简化税制、减少税种、下调税率、降低税负、取消优惠为主要内容的税制改革，同时辅以实行“降低税率（税负），扩大税基，加强征管”的税收政策，不仅没有减少国家的税收收入，反而使税收状况有所改观。目前的新税制已基本与世界接轨。据普华永道和世界银行共同合作最新发布的2016年全球189个主要经济体总体税负情况排名报告，俄罗斯税收负担排名第46位，整体税负为47%，整个税务环境质量排名第47位。俄罗斯整体税收征管环境较严格，受制于整个国家的腐败环境，税务系统也有一定的腐败现象，但不是特别严重。

第五节 环评体系

一、矿业项目开发的环境监管机构及相关环境法律

（一）环境监管机构

俄罗斯有以下环境监管机构：

（1）俄罗斯联邦环境保护部。

（2）俄罗斯联邦自然资源和生态部。

（3）地区环境保护和自然资源部。

（4）俄罗斯联邦工业和能源部。

（5）俄罗斯联邦农业部。

（6）俄罗斯环境保护委员会。

（7）俄罗斯矿业和工业审查办公室。

（8）区域及地方自然资源部。

（9）区域及地方劳动和社会发展部门。

（二）环境相关法律及法规

涉及的国家级法律法规如下所列：

（1）俄罗斯矿产资源法（1992年颁布，2008年修订）。

（2）俄罗斯生态鉴定法。

（3）联邦环境保护条例（2002）。

（4）联邦环境评价法（1995）。

（5）联邦环境审计条例。

（6）联邦特殊保护区（1995）。

（7）联邦大气环境保护法（1998）。

（8）联邦生产和消费废弃物法（1998）。

（9）联邦水利法规（1995）。

（10）联邦森林法规（1997）。

（11）联邦土地法规（2001）。

（12）州环境影响评价法。

二、环境许可证审批

俄罗斯审批程序的要求在联邦环境评价法中有具体的描述。参与环境影响评价过程的组员和委员会由俄罗斯联邦自然资源和生态部组织。环境保护和自然资源的第一副部长负责环评过程。直接从事实施环评的组员和委员会的领导者由外聘专家担任。

（一）审查内容

对项目研究区域的环境影响评价工作主要包括拟议项目活动对环境的影响的分析和评价，该评价主要是为了查明拟议项目对项目区域所造成的不良环境影响，并考虑采取必要措施，以防止可能的不良后果，因此该环境影响评价报告主要被审查的内容包括以下方面：

（1）实施计划或设想方案的目的。

（2）拟议的活动的合理替代方案。

（3）关于设计方案和其他建议与特定地区的现有生态状况相互关系的分析，并考虑在此之前已经通过的关于该地区社会经济发展的决定。

（4）拟议中的活动将要实施的地区的环境状况资料（包括空间和时间两个方面）。

（5）实施拟议中的活动及其替代方案可能产生的后果。

（6）防止实施将要做出的决策给社会带来的不良后果的措施和办法。

（7）关于对实施将要做出的决策制定监测方案和生态分析计划的建议。

（二）环境许可审批流程

俄罗斯矿业开采项目环境许可证审批的主要步骤包括以下内容：

（1）项目方提交申请项目。

（2）俄罗斯联邦自然资源和生态部按照联邦环境评价法的规定对项目进行筛选，确定该项目是否需要环境影响评价。

（3）地区环境保护和自然资源部对项目进行初步的评价，确定环评工作的职权范围。

（4）项目方按照职权范围的要求进行环境影响评价的相关工作，以及准备环境影响评价报告项目方提交环境影响评价报告，根据需要举办公众听证会。

公众视听会的流程由政府、项目方和相关群众一起决定，公众视听会的内容将以书面文档的形式附到环境影响评价的报告书中。在公众视听会结束以后的 30 天之内项目申请方将会强制收到公众针对环评项目的各种评价和建议书。

政府对公众听证会有如下要求规定：有关社会团体和非政府组织应协助项目方举行公众听证或者讨论，广泛通报关于实施拟议中的项目活动计划的方案和其他建议的信息资料，以便对拟议中的项目活动对环境的影响进行分析和预测，对环评结果的可靠性和论证文件中提出的防止不良影响措施是否全面充分进行讨论和研究。项目方应广泛通报关于方案和其他建议的信息资料，以便告知公众关于拟议中的活动方案或拟定的计划建议；查明和确定实施经济和其他决策可能产生的各种不良后果；寻找相互都能接受的可以防止实施拟议中的活动所产生的不良后果的替代方案。

（1）公众、环境专家、国家组织环境专家委员会就环境影响评价报告进行评审；公众及环境专家对环评报告的审查必须在项目申请者提交报告之后 7 天之内完成。公众环境专家审查应在国家环境专家委员会审批之前或者同时进行，公众环境专家审批的结论由国家的环境专家审批之后生效。

此外，该项目的简介以及消除它对环境造成的不良影响的相关措施至少在项目决策前60天在当地的相关政府机构的网站上公示。环境影响评价的相关材料和专家的点评也将刊登在当地的报纸上并同时在电视上公布。

（2）项目申请方根据公众、环境专家和国家环境专家委员会提出的审批意见修改环境影响评价报告，并完成终稿，再次提交。

（3）国家环境主管部门将进行再次环境评审工作，最终决定是否通过，颁布环境许可证。从环评报告提交到最终审批，总时长不应超过6个月。

项目越复杂危害性越大，需要的环境影响评价也越详细。项目最终能否实施则取决于国家环境主管部门的最终审批。每一个项目的国家环境评审都是由独立的环境评估专家委员会执行完成的，这些专家都是经过政府当局（国家自然资源和环境保护部和地区自然资源和环境保护部）联合决定。项目的评价材料的考虑通常需要1~4个月，具体时间根据项目的地点以及设施的复杂性而定。

环境影响评价最终审批需要提交的材料包括：

（1）环境影响评价的相关材料。

（2）矿业项目实施的计划书以及证明其符合相关法律法规的材料。

（3）矿业部门管理者的批准和积极认可结论。

（4）国家环境评审的结论。

具体环境许可证审批流程如图3－1－4所示。

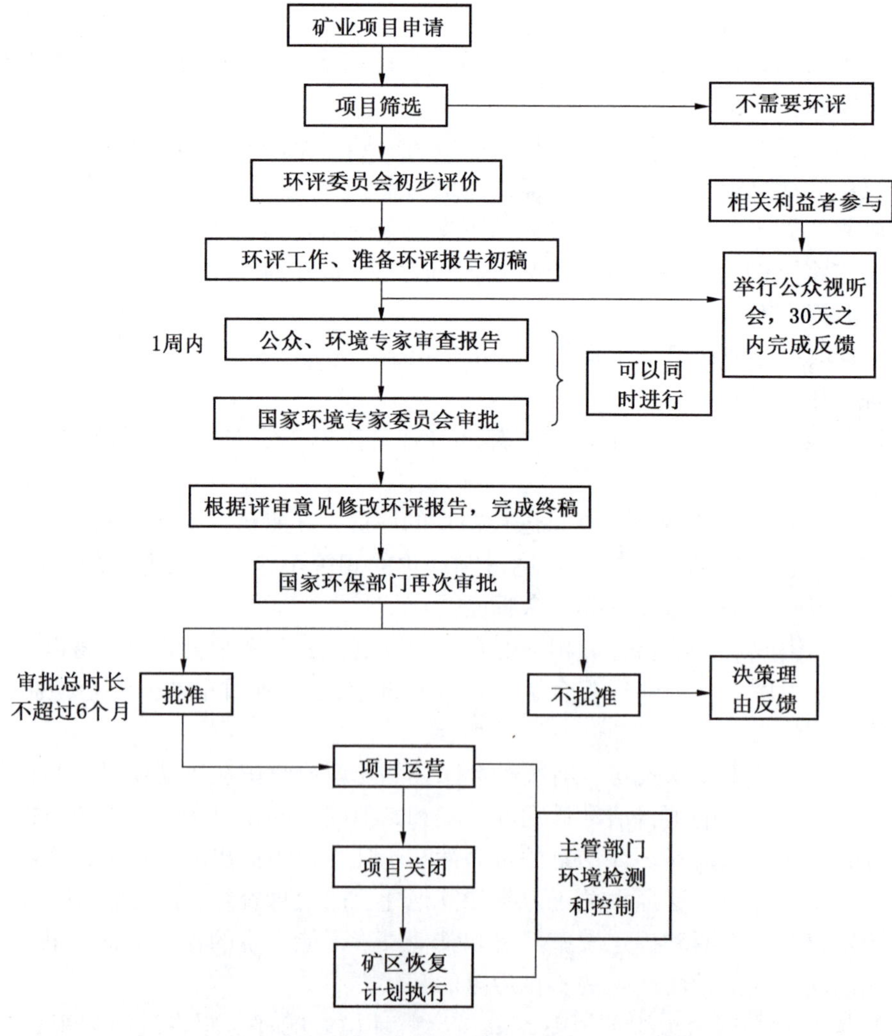

图3－1－4 俄罗斯环境许可证审批流程图

三、环境影响评价

（一）环境影响评价前期准备工作

在正式起草环境影响评价报告之前，需要完成以下两个任务：

（1）环境和社会影响预评估，主要工作是严格调查审计评估矿井开建或扩建工程的环境和社会影响。环境和社会调查审计应该提前完成，并公开曝光。审计的目的是建立当前采矿项目对于环境和社会的影响水平，为环境影响评价做准备。审计结束应形成一个环境和社会行动计划，该计划旨在减轻矿产项目的负面影响，提高项目的积极影响。

（2）公众咨询和信息披露计划：该计划是环境影响评价工作的一个重要部分，是为所有的人提供识别开发项目是否存在问题的机会。公众咨询的主要目标是提供一个公众、技术专家、当局和开发人员一起通过公开明智的决定提高决策的科学化和环保的过程。此外，公众咨询使得所有的相关利益群体认识到自己对于环境和社会的权利和责任。

（二）环境影响评价报告内容

俄罗斯相关环保法律规定，项目在申请过程中，需要对项目进行环境影响评价，并以报告的形式递交相关政府部门，法律中明确规定了环境影响评价报告的主要内容，包括以下方面：

1　引言

1.1　项目开发的社会经济政治大背景

项目的细节，包括开发这个项目的公司的具体实力和背景、矿区的基本情况、矿产种类、储量、年开采量、开采时间以及可行性分析研究情况。

1.2　矿业项目的地理位置

项目的地点、经纬度、海拔、周边的村、邦、区、州、最近的火车站和机场等交通条件。

1.3　许可证和其他监管部门的要求

项目的许可程序简介，包括项目的开始阶段和运行阶段。俄罗斯的项目开发主要包括4个阶段，项目提出、预可行性、全面的可行性分析和详细设计阶段。实施的环境健康和安全事件都应该在环评的最终阶段解决。一旦建设期完成以后，运作时期的控制都是由区的政府当局执行的，这些控制是针对排放废水、废气、废弃物处置的，在1~5年的时间里由政府间断审查。费用由项目申请者支付政府当局。

1.4　环境评价的方法

矿产项目环境影响评价工作是由俄罗斯国家认可的环评组织按照俄罗斯的相关法律规定的每一个程序的方法完成，环境影响评价工作与国际上通用采取的评价方法是一致的，比如世界银行集团。环境影响评价工作的重点是整个环境的特点、项目的定义、公众和法律咨询的记录、关键问题的识别和一些管理措施的实施方法介绍。

1.5　相关环境要素评价标准

对于水、气体和固体废弃物等实施最严格化浓度标准约束，包括工作地点和周边的大气环境质量（包括平均每日浓度和最大浓度），水质标准（包括饮用水、娱乐用水和渔业用水），此外，还包括对于土壤、泥沙、植被和其他环境要素的环境标准。这些标准对于不同的矿产有不同的要求。

1.6　健康和安全管理

所有的技术设备和操作实践应受到审查，确定其是否符合俄罗斯法律法规，劳动招聘和培训必须符合相关规定的监管要求，包括工业安全等相关问题。

1.7　调查程序和相关问题咨询

参加公众咨询的人主要有：地方和国家的管理部门、文化组织团体、相关技术部门和学术机构、环境组织、媒体和一般民众。主要讨论该矿产项目对于当地的地下和地表资源的影响，尤其是对于当地一些流域渔业的影响。

调查程序作为环境影响评价工作的关键部分，主要是识别和环境及社会基础背景相关问题研究的支持和定义。主要有环境问题、社会经济问题和文化问题。

环境问题包括：矿业开采项目对于地下水和地表水的影响，以及对于重要的渔业的影响、自然保护区等的影响；废弃物、尾矿处置、渗漏的控制；尾矿储存设施的粉尘污染和废气排放；项目的建设和运营地带是否处于地震区；需要确保矿区停运以后的生态环境复原工作。

社会经济问题包括：采矿项目对于就业和经济发展的影响，对于旅游业发展的影响，对于矿区周边交通道路系统的改善作用，对于非法狩猎的影响和对于合法狩猎的干扰。

文化问题：保护当地的少数民族（如土著居民）的权利；保护当地重要的文化遗址。

2 基本的环境和社会经济状况

2.1 当地的社会经济情况：当地的支柱产业、人口数量、交通设施等基础设施完善情况、就业率、就业形势、当地的公民的健康状况。

2.2 气候和气象

项目研究区域所处气候带、风向风带、降雨、温度、太阳辐射等。

2.3 地理、地震和火山岩活动以及水文地质情况

项目研究区域所处的地理位置是否合理，是否处于地震多发区、火山地带以及当地的水文地质条件的一个综合评价。

2.4 地表水资源

项目研究区域周边的流域分布情况、地表水资源的分布、水质、水量、离矿区的距离、角度、受影响的情况。

2.5 大气情况

项目研究区域的大气质量现状、污染指标、大气的扩散情况、污染是否易于消散和自然净化等情况。

2.6 土壤和植被

项目研究区域土壤剖面、土壤的物理化学性质；植被的种类等特征、高程、分布位置以及沼泽地。

2.7 野生动物和自然保护区

项目研究区域可能受到影响的珍稀濒危动物的实地考察，以及周边发展生态旅游的生态敏感区考察、自然保护区环境现状考察。

2.8 少数民族和文化遗产

项目研究区域现存的少数民族及文化遗产现状。

3 项目的描述

3.1 项目所在地情况

矿区周边的基础设施情况，包括电力供应、路况通达情况。矿区总体布局，矿区的尾矿处理装置、车库、维护和储存设施，住宿楼以及配套设施。

3.2 矿产和程序

矿产的种类、储量、开采的大致步骤、尾矿处理的步骤、废弃物处理的程序。

3.3 通达性、电力和水量供应

项目研究区域的道路是否能够满足矿区项目的运营，是否需要升级、项目研究区域是否安装燃油发电装置、整个项目的采矿、加工和运输所需的水是从哪里供应。

4 影响评价和削减措施

4.1 可能产生的影响的预测和总结

通过调查考证，公众参与和法律协商过程识别出的潜在的负面影响（如地表水和大气等）以及对于当地的正面影响（如经济、就业的促进作用）等的总结。还包括一些现在未提及的未能预见的一些负面影响。总结累计的各类影响。

4.2 削减措施建议书

针对上面提出的一些可能产生的负面影响问题，有针对性地提出削减措施，确保按照行业标准排放废弃物和气体，以确保符合相关规定。对于这些削减的措施进行效率的评价和实施的可能性的预测。

4.3 环境检测和控制计划书

在项目的整个生命周期内的环境检测和控制的一个具体的计划书。

5　健康安全和环境管理

健康安全和环境管理系统按照国际通行的 OHSAS 18001 和 ISO 14001 标准来评价和管理，矿业项目高层管理者所采取的健康、安全和环境管理政策，以及确保这些方针政策得以实施的保证书和相关的资源。承诺将随着国内和国际的技术发展持续地改善健康安全和环境管理系统。保证矿区所在地的居民和社区也积极加入这个管理系统。通过持续的培训来提高所有员工和承包商的环境和健康安全的意识。

6　关闭和修复计划

在项目的整个生命周期内都应该随时准备关闭计划。项目关闭计划应该伴随着项目的可行性研究进行，并且应该在项目开工之前精确地准备好。最终的关闭计划需要在项目开工之前被管理当局批准认可。

关闭和康复的主要目标是：使得矿区在使用后能够可持续发展，并且使得矿主和监管机构可以接受；保护公众健康和安全；减少或消除环境破坏；节约宝贵的资源；减少不利的社会经济影响。

主要的恢复措施是退耕还林和退耕还草。矿区的大部分地方（除了尾矿设施）都是需要按照相关标准进行林业重建和恢复的。尾矿处理装置和设施需要专门的关闭和恢复计划。

相关恢复工作的资金保障问题。

四、环评体系总结

俄罗斯拥有丰富的自然资源，被公认为投资潜力巨大的市场。俄罗斯作为发展中国家，其政治经济体制健全，作为金砖四国之一，近些年经济发展迅速。其对在该国开展矿业项目的环境许可审批体系规范，对环境影响评价工作的要求清晰、完整。相对于其他发展中国家，审批流程相对复杂，难度较大，公众参与度高。但与发达国家相比，如澳大利亚、加拿大，审批速度相对较快，一般情况下，从环境影响评价报告提交后开始计算，审批程序约在 6 个月之内完成。

俄罗斯矿业项目环境影响评价主管部门是联邦自然资源和生态部、环境保护部、环境保护委员会，以及地区环境保护和自然资源部。主要约束法律是俄罗斯生态鉴定法、联邦和州环境影响评价条例、联邦环境审计条例等。

环境许可证审批的主要流程包括：项目申请；项目筛选；环评委员会初步评价；环境影响评价工作及环评报告撰写与提交；公众视听会、公众、专家及国家环境专家委员会评审环评报告，并反馈意见；针对意见修改环评报告并再次提交；环境主管部门进行最终审批。矿业项目环境影响评价报告内容主要包括基本的环境和社会经济状况、项目的描述、影响评价和削减措施、健康安全和环境管理、关闭和修复计划。俄罗斯对于公众参与和信息披露工作要求较为严格，环境影响评价报告需要接受公众、环境专家和国家环境专家的共同审批。审批严格由国家环境主管部门把关，自环境影响评价报告上交之日起的 6 个月之内主管部门应完成审批工作。

综上所述，俄罗斯作为发展中国家，目前处于经济快速发展时期，其法律法规体系相对其他发展中国家而言，相对健全；对在该国开展矿业项目的环境许可审批体系规范，对环境影响评价工作的要求清晰、完整；环境许可证审批总体时间相对其他发展中国家而言相对较长，需要半年时间；对公众参与度要求相对严格；对矿产开发保证金方面并未做明确规定。

总体来说，俄罗斯对环境保护工作较为重视，因此对开发矿业项目获取环境许可证的要求相对较高，但相较于发达国家，仍有进一步提高的空间。

五、环境保护成本分析

矿业投资环境是指在矿业领域开发投资中面对的各种周围情况和条件的总和，一般是按照影响的要素分类分析。这些主要因素包括：目标国自然资源、政治环境、经济环境、法律体系、财税体系、环境保护成本等。本报告主要探讨环境保护成本因素对境外投资矿业尤其是煤炭业的主要影响。

在本次研究中，主要通过 5 个方面对目标国家的环境保护成本进行定性分析。分析后给出“高、中、低”3 种评估结论，以环境许可证审批一般办理时限为例，“高”表示目标国家环境许可证审批一般办理时限相对于其他国家较长，反之则判定为“低”，当目标国家环境许可证审批一般办理时限介于

"高"和"低"之间，结论偏中性，无法给出"高"或"低"的单方面结论时，则评估结果为"中"。

评估目标国家环境保护成本的5个因素依次为目标国家环境法律体系完善程度、环境许可证审批程序复杂程度、环境许可证审批一般办理时限、公众参与程度及环境保护敏感度、矿区复垦及环境保护保证金收取要求。

（一）环境法律体系完善程度

俄罗斯作为拥有丰富的自然资源的金砖四国之一，被西方世界公认为投资潜力巨大的市场。俄罗斯作为发展中国家，其政治经济体制健全，近些年经济发展迅速。其对国内环境保护工作较其他发展中国家起步较早，对在该国开展矿业项目的环境保护工作较为重视，法律体系规范完整。俄罗斯法律体系较为复杂，不仅有联邦法律统一管理，还有各加盟共和国、州、边疆区等联邦主体或州级法律。举例说明：在俄罗斯开展矿业项目需遵守包括联邦环境评价法、联邦环境保护条例、联邦环境审计条例等联邦法律的相关条例；同时需要遵守各州、地区的州环境影响评价法。此类环境影响评价法通常对如何开展环境影响评价工作、如何撰写环境影响评价报告有清晰、完整、具体的要求。

综上所述，对俄罗斯环境法律体系完善程度评定为"高"。

（二）环境许可证审批程序复杂程度

由于俄罗斯受西方发达国家影响较深，其政府对自然资源非常重视，对环境保护的重视程度相对其他发展中国家也属于较高水平。与澳大利亚不同，俄罗斯虽属联邦制国家，但是对于环境许可证审批程序主要由联邦环境部门负责。然而在开展环境影响评价过程中，需遵守联邦及各州不同的法律约束。俄罗斯的环境许可证审批程序相对复杂，除联邦环境主管部门审批外，还需要环评委员会初步评价，并涉及公众视听会、公众、专家及国家环境专家委员会分别评审环评报告，并反馈意见，矿业企业需针对意见修改后再次提交联邦政府再次审批，审批合格，方可通过。

综上所述，对俄罗斯环境许可证审批程序复杂程度评定为"高"。

（三）环境许可证审批一般办理时限

虽然俄罗斯的环境许可证审批程序较为复杂，但其环境许可证审批一般办理时限并不长，一般情况下，自环境影响评价报告上交之日起的6个月之内，主管部门应完成审批工作。不同于其他发展中国家，俄罗斯的环境许可证审批流程涉及公众视听会；环评报告在提交联邦政府前需要由公众、专家及国家环境专家委员会共同评审，共同评审期约为1周，因此相对于其他发展中国家，俄罗斯的环境许可证审批时间较长。俄罗斯的环境许可证审批程序中主要由联邦主管部门组织评审，而不由各州或地区政府管理，因此比澳大利亚等其他联邦国家时间上缩短许多。

综上所述，对俄罗斯环境许可证审批一般办理时限评定为"中"。

（四）公众参与程度及环境保护敏感度

俄罗斯环境法律规定，在环境许可证审批程序中，提交环境影响评价报告初稿后，需要将环境保护措施通过网站或其他媒体公布的方式公示至少60天，并召开公众视听会，要求项目全部利益相关者参加，包括：对项目感兴趣的公众、团体、组织、独立环境专家、国家环境专家委员会等。利益相关者可在公众视听会结束后的30天内提出意见或建议，矿业企业需要针对这些反馈意见修改环评报告并再次提交。然而与高度重视公众参与度的澳大利亚公民相比，俄罗斯公众对环境保护的敏感度相对较低，并不会出现类似澳大利亚的环评公示期结束后，收到成百上千封民众反馈意见信的情况。另外，在俄罗斯矿业开发历史上，也鲜有因公众反对或环保组织的抗议迫使矿业项目申请延期或项目停滞的先例。总体来说，俄罗斯公众对环境保护的敏感度不高，环评审批涉及公众参与程度适中。

综上所述，对俄罗斯公众参与程度及环境保护敏感度评定为"中"。

（五）矿区复垦及环境保护保证金收取要求

在俄罗斯的环境法律中规定，在项目的整个生命周期内都应该随时准备关闭计划。项目关闭计划应该伴随着项目的可行性研究进行，并且应该在项目开工之前精确地准备好。最终的关闭计划需要在项目开工之前被管理当局批准认可。法律同时规定闭坑后的复垦目标是使得矿区在使用后能够可持续发展。关于环境保护保证金的收取，一般情况下，在矿业企业撰写环境影响评价报告时均需要设置章节进行介绍，但是环境法律对于金额数目并没有提出硬性的规定。

综上所述，对俄罗斯矿区复垦及环境保护保证金收取要求评定为“中”。

经定性分析结果显示，评估俄罗斯环境保护成本的5个因素中：国家环境法律体系完善程度、环境许可证审批程序复杂程度均评定为“高”级别；环境许可证审批一般办理时限、公众参与程度及环境保护敏感度、矿区复垦及环境保护保证金收取要求均评定为“中”级别。总体而言，俄罗斯被定级为环境保护中成本国家。

第六节 基础设施

一、交通运输

（一）公路

俄罗斯公路建设相对落后，目前全俄只有一条完全意义上的高速公路正在使用，这条收费高速公路位于圣彼得堡，全长约46 km，这条公路视车型和行驶时段收费，收费最低的小车夜间全程收费10卢布（约合2元人民币），收费最高的大货车日间收费为100卢布（约合20元人民币）。俄罗斯另外一条公路“M-4顿河”的部分路段自今年5月起正式启用收费。这条公路目前有55 km的路段收费，限速每小时110 km。此外，在俄罗斯一些偏远地区有少量收费公路。例如在俄罗斯西北部的普斯科夫州，有几条数十千米的收费路段。

总体来说，俄罗斯欧洲部分路况相对较好，但远东和西伯利亚地区公路路况较差，尤其是冬春季节积雪融化之后，道路经常泥泞不堪。俄罗斯政府认为道路状况欠佳制约了经济发展。据俄罗斯学者测算，俄罗斯由于道路网发展不够和道路技术状况原因，每年损失4.5亿~5亿卢布，相当于国内生产总值的3%。如果公路运输业目前状况不能得到改变，将成为国家经济增长的主要制约因素。俄罗斯目前汽车货运量占货运总量的74%。统计显示，俄罗斯全国1/3以下的联邦级公路和15%的桥梁的技术状况令人担忧。

1. 远东公路概况

远东的公路交通运输业是在卫国战争后发展起来的，尤其从1970—1990年，货运量呈不断增长态势：1970年汽车货运量达到8990万t，1980年达到1.126亿t（增长25%以上），1985年为1040万t，1990年进一步增长到1135万t。在各类运输中，汽车运输发挥了重要作用。以1990年为例，萨哈（雅库特）共和国的汽车运输占各类运输的比重达到41.3%，滨海边疆区为31.9%，哈巴罗夫斯克边疆区为29.3%，阿穆尔州为37.3%，勘察加州为93.8%，马加丹州为8.59%，萨哈林州为51%。

必须指出的是，同俄罗斯各经济区相比，远东经济区汽车运输业比较落后：以1991年为例，汽车公路密度位居俄罗斯各经济区倒数第一；汽车公路网总长度近51000km，其中硬面公路运营里程为25544 km，仅为全俄平均水平的1/5；而在汽车公路网中仅有5000 km的路面是完好的。此外，汽车公路网分布极不平衡，71%的硬面公路在南部地区，而在北部地区冬季广泛使用临时性公路即所谓的“冬季公路”。远东公路运输业最好的年份为1990年。从1991年尤其是改革以后，远东公路运输业陷入危机，货运量和客运量等相关指标虽个别年份偶有上升，但总的趋势是下降。

2. 远东公路指标

1990年远东公路密度为每千平方千米4.1 km，1995年达到每千平方千米5 km，2000年进一步增长到每千平方千米5.5 km。远东所有联邦主体公路密度均有增长，其中增幅最大的是马加丹州，从1990年的每千平方千米1.7 km增加到2000年的每千平方千米4.8 km，增长182%；增幅最小的是犹太自治州，从1990年的每千平方千米44 km增长到2000年的每千平方千米45 km，微增2.27%；滨海边疆区和萨哈林州没有变化，1990年和2000年每千平方千米均为43 km和21 km。

由此可见，在远东各联邦主体中，犹太自治州的公路交通最为发达，每千平方千米拥有公路45 km（2000年数字，下同）滨海边疆区次之，公路密度为每千平方千米43 km；萨哈林州名列第三，公路密度为每千平方千米21km。其他联邦主体公路密度依次为：阿穆尔州每千平方千米19 km、哈巴罗夫斯克边疆区每千平方千米5.7 km、马加丹州每千平方千米4.8 km、勘察加州每千平方千米2.8 km、萨哈

（雅库特）共和国每千平方千米2.4 km、楚科奇自治区每千平方千米1.7 km、科里亚克自治区每千平方千米0.2 km。

截至2003年底，远东联邦区汽车公路网总长度与1991年比没有任何变化。如果将各部门管辖公路和冬季公路计算在内，公路总长度则达到75961 km，其小公用公路仅38240 km，硬面公路为33014 km。几乎80%的硬面公路集中在以符拉迪沃斯托克、哈巴罗夫斯克、布拉戈维申斯克、比罗比詹等城市为中心的南部地区，而在北部地区冬季仍然广泛使用临时性的所谓“冬季公路”。

3. 远东公路存在问题

同全俄罗斯相比，远东的公路建设滞后。公路分布极不平衡。2000年，公路密度最大的犹太自治州每平方千米拥有的运营里程是科里亚克自治区的225倍。萨哈林州公用公路网长度为2174 km，其中112 km为联邦级公路。阿穆尔州公用公路达7000多千米，地方公路网6189 km（不包括各部门管辖的约1300 km的公路）。滨海边疆区公用公路长度达到7188 km，其中归边疆区所有的公路6647 km。萨哈（雅库特）共和国公用公路网长度达到19783 km，其中硬面公路7429 km。楚科奇自治区是唯一不能全年通汽车的联邦主体。截至2003年底，在总长度为5000 km的公路中，冬季可通行的道路只有3600 km，该地区有1条联邦级公路，总长度仅为30 km。1990年全俄公路密度是远东的5.61倍，2000年扩大至5.64倍。在俄罗斯7大联邦区中，远东联邦区的公路密度也是最低的。截至2003年底，公路密度为每千平方千米5.4 km，比全俄平均水平低87.5%。在远东联邦区，只有滨海边疆区高于全俄每千平方千米31 km的平均水平。路况差，技术水平低。远东公用公路网的路面和桥梁建筑物的强度不能充分保证大吨位交通工具畅通无阻地运行，而此类交通工具目前已达到运输流量的10%，且其数量每年都在增加。公用公路网的桥梁建筑物中有相当多一部分的运输经营状况不符合要求。仅联邦公路网所属286座桥梁就有6座处于随时可能发生事故的状态，而65座则不能令人满意。

从货运量来看，远东降幅大大高于全俄罗斯平均水平。1990—2000年，俄罗斯远东公路货运量减少了77.3%，全俄罗斯平均降幅为62.8%。2001年后，远东公路货运量增长。如滨海边疆区货运量2001年为6430万t，比2000年增长17%；2002年为7620万t，同比增长13%。

从货运周转量来看，远东降幅也高于全俄罗斯平均水平。1990—2000年，俄罗斯远东公路货运周转量减少了71.8%，而全俄罗斯平均降幅为53.7%。2001年，货运周转量普遍上扬。犹太自治州公路货运周转量2002年达到8100万吨公里。滨海边疆区公路货运周转量2002年为2001年的93%；2003年达到14.62亿吨公里，为2002年的105%。

4. 最新动态

俄罗斯总统普京2012年12月12日向议会发表国情咨文时表示，未来10年俄罗斯需要在道路建设方面有所突破，道路建设规模至少要在目前基础上翻一番。根据俄政府提出的至2019年的公路规划，用于收费公路建设与修复的预算总金额将达1.39万亿卢布（约合2771亿元人民币）。此外，在2019年之前，俄罗斯将建设2000 km的收费公路，其中包括从莫斯科至圣彼得堡的高速公路。普京还特别提到需要加快远东地区的交通建设。在不久前的一次会议上，普京要求政府在明年第一季度结束之前制定出税收优惠政策，以帮助远东地区发展基础设施建设。

（二）铁路

截至2012年10月30日，俄罗斯铁路满175岁。在1837年的今天，第一条铁路将圣彼得堡与皇村连接起来，从而开启了俄罗斯的铁路时代。俄罗斯拥有在世界上规模仅次于美国的庞大铁路运输网络，铁路网横跨11个时区。目前，俄罗斯拥有16条铁路线，总长超过86000 km。铁路是俄罗斯最主要的交通运输方式之一，承担了俄罗斯国内约80.3%的货运量和约44%的客运量。在世界范围内，俄罗斯铁路承担了全球约35%的货运量和约18%的客运量，货运量及客运量均居世界第三位，铁路运输密度仅次于中国。根据俄罗斯2020年前铁路发展总规划，为了发掘俄罗斯铁路的运输潜能，在2015年前必须建成259.2 km三线铁路，2389.2 km复线铁路，以及装备1079.2 km自动闭塞装置，并对619.9 km线路进行电气化改造。同时设计高速铁路干线。

20世纪90年代初，在俄罗斯由计划经济加速转型为市场经济的过程中，俄罗斯经济遭遇了前所未有的震动，铁路运输生产面临严重的滑坡，铁路运输的效率和效益降低。1992年初，俄罗斯全面开放物价，并先后两次大幅度提高铁路运输价格，国内铁路货物运价比1991年底提高了7倍，旅客和行包运价增长两倍，但尽管如此仍然未能缓和铁路运输收不抵支、财政窘迫的困境。由于经济衰退，俄罗斯铁路货运量由1990年的21400亿t下跌至1998年的8350亿t。至1999年，俄罗斯交通部提高了国内公路、船运、航空的货物运输价格，唯独没有提高铁路货物运价，因此铁路货运量大幅增加。同时，随着俄罗斯经济开始出现恢复性增长，铁路营运状况亦逐渐好转。

1. 铁路公司

目前，俄罗斯拥有3种类型的铁路运营商。第一种是由国家控股的俄罗斯铁路股份公司（OAO《РЖД》）及其控股子公司，是俄罗斯最大的铁路公司。第二种是由私人资本与俄罗斯铁路股份公司合资，并拥有自己的铁路基础设施和机车车辆的独立或半独立铁路运营商。第三种是仅拥有自己的机车车辆，使用俄罗斯铁路股份公司或其他铁路公司线路营运的民营铁路运营商。随着铁路改革的推行，俄罗斯铁路股份公司于2003年正式成立。俄罗斯铁路股份公司下辖16个铁路局及多家子公司，包括联邦客运股份公司（OAO《Федеральная пассажирская компания》）、第二货运股份公司（OAO《Вторая грузовая компания》）、俄罗斯运输集装箱股份公司（OAO《ТрансКонтейнер》）、机场快线有限责任公司（OOO《Аэроэкспресс》）等。此外，部分地区的市郊通勤铁路服务亦由俄罗斯铁路股份公司与当地的地方政府或企业共同营运。

拥有自己的铁路基础设施的铁路运营商包括雅库特铁路股份公司（OAO《Акционерная Компания Железные дороги Якутии》）、亚马尔铁路股份公司（OAO《Ямальская железнодорожная компания》）、诺里尔斯克镍业公司（OAO《Норильская горная компания》）等。这些公司通常拥有位于偏远地区的铁路线，部分或独立于全国铁路网以外，主要用于包括生产原材料在内的货物运输。

2000年起，由于俄罗斯的铁路改革鼓励私人公司参与铁路货运与其他服务，因此逐渐出现了一些仅拥有车辆的民营铁路货运公司，这些公司利用俄罗斯铁路股份公司的线路和机车来提供货运服务，部分企业亦拥有自己的铁路机车。这种类型的铁路公司包括独立运输公司（Новая перевозочная компания）、远东运输集团（Дальневосточная транспортная группа）、环球运输集团（Globaltrans、Eurosib、Евросиб）、石油运输公司（Трансойл）等。第一货运公司（Первая грузовая компания）原为俄罗斯铁路股份公司的全资子公司，俄罗斯铁路股份公司于2011年向独立运输公司出售75%股份后，第一货运公司亦属于此一类别。

2. 西伯利亚大铁路

西伯利亚大铁路是世上最长的铁路，起自俄罗斯首都莫斯科（通常为雅罗斯拉夫尔站），经梁赞、萨马拉、车里雅宾斯克、鄂木斯克、新西伯利亚、伊尔库茨克、赤塔、哈巴罗夫斯克（伯力），终到日本海海岸的海参崴（符拉迪沃斯托克），全长9289 km（若把莫斯科至沙俄首都圣彼得堡的路程计算在内，总长为9937.7 km）。共穿越8个时区，全程需时7天。

在中国的新疆与哈萨克之间的铁路在1991年通车之前，西伯利亚铁路是唯一横跨欧亚大陆的铁路，也是至今唯一贯通西伯利亚地区的交通路线。现在也被认为是欧亚大陆桥的重要部分。全线运量西段大于东段，其中尤以鄂木斯克至新西伯利亚间（长627 km）最为繁忙。

西伯利亚铁路有两条传统支线：一支由乌兰乌德附近分出，经蒙古国到中国北京；另一支由Tarskaya（赤塔附近）分出，经满洲里、哈尔滨到北京。此线路即为北京—莫斯科国际列车途径的线路。除上述之外还有第三条支线（即贝阿铁路/第二西伯利亚铁路）。贝加尔—阿穆尔铁路原本是西伯利亚铁路最初的选线，该线路西起西伯利亚大铁路的泰舍特站，经勒拿河畔的乌斯季库特、贝加尔湖北端的下安加尔斯克、赤塔州的恰拉、阿穆尔州的滕达、哈巴罗夫斯克（伯力）边疆区的乌尔加尔、共青城，直到日本海沿岸的苏维埃港，全长4275 km。由于中国采用标准轨距（1435 mm）而俄蒙两国采用宽轨，故列车抵达在中蒙、中俄边界都需要换轨，需时数小时。

3. 远东地区铁路

俄罗斯远东地区铁路运输基础设施较不发达，铁路密度低于俄罗斯平均水平的3.6倍，远东地区的铁路总长度约为9万km，铁路网主要集中在中南部地区，滨海边疆区、哈巴罗夫斯克地区、犹太自治区、阿穆尔州、萨哈林地区。在楚科奇自治区，勘察加边疆区和马加丹州基本没有铁路。铁路的主动脉为贝加尔—阿穆尔铁路。它支持了新开发的大型矿物原料加工企业，以及在俄罗斯中部的煤炭出口到亚太地区。远东铁路穿过俄罗斯联邦5个州，即海滨、哈巴罗夫斯克边疆区、阿穆尔州、犹太自治州和萨哈共和国。主干线长度5986 km。

俄罗斯远东地区年铁路运输总量将近1亿t，其中50%以上是进口及出口运输。主要交通干线西伯利亚的贝加尔—阿穆尔干线，具有每年1250万t货物的运载能力，尽管铁路及机车车辆技术落后，铁路运输在远东南部地区的客运及货运还是发挥着重要作用。铁路运输占据萨哈林所有商品运输总量的30%，占滨海边疆区及阿穆尔州运输总额的40%～50%，占哈巴罗夫斯克地区总运输量的70%。国内和出口货物主要为燃料（煤，石油）、钢铁和木材业。远东地区主要铁路运输品煤炭占25.9%，石油及石油产品为17.8%，建材为11.4%，铁矿石和锰矿为10.5%，黑色金属货物为5.6%，化学、矿物、肥料为3.8%。

4. 运输成本案例

赫姆矿区由卡赫姆露天矿及卡赫姆绿地项目组成（图3-1-5），矿区位于图瓦共和国中部乌卢格赫姆煤田的东北部。距图瓦共和国首都克孜勒市17 km。矿区通过公路与克孜勒市相连，驾车25 min内到达。最近的阿巴坎火车站距矿区460 km。阿巴坎火车站距瓦尼诺港口约5000 km。

图3-1-5 赫姆矿区位置图

一部分原煤通过汽车由采场直接销往附近用户；一部分原煤通过20～40 t汽车运输至460 km外阿巴坎储煤场（该储煤场长、宽各400 m，储煤能力6万t，年储煤30万～60万t），由储煤场转运火车通过南西伯利亚铁路运至用户或至瓦尼诺港、东方港。由矿区运至储煤场，吨煤运费约为1000卢布，煤场中转费用100卢布，破碎费用30卢布，铁路运至瓦尼诺港费用为1200～1400卢布。吨煤总运输成本约合2500卢布（约折合人民币438元）。

5. 俄罗斯联邦铁路2030年的发展战略（2009年）

根据俄罗斯联邦中长期经济和社会发展纲要中提出的必须消除基础设施对国家经济增长的限制，提高自然资源的运用效果，以及发展高技术含量的工业生产方法和实现现代化的要求，俄罗斯铁路公司制定了“到2030年俄罗斯联邦铁路运输发展战略”。俄罗斯铁路发展战略构想包括：继续深化铁路运输管理体制和机构改革，提高运输组织管理水平与工作效率：扩大并强化路网基础设施，提高主要运输方向上的通过能力；依靠科技进步和不断创新，研制采用新型机车车辆和运输设备，促进铁路运输技术发展并提高运输服务质量；改善铁路投资环境，逐步激励形成通过各种渠道吸引投资的铁路建设多元化投资机制；以及采用其他必要的有效技术组织措施。战略规划的实现，能使俄罗斯铁路在世界运输市场的竞争能力进一步增强，铁路支持国家经济增长和人民生活质量提高的作用得到可靠保证。这些年来，俄罗斯铁路通过改革已经基本形成在运输市场竞争的有利环境：在铁路货物运输中，路外货车完成运输量的比重已经超过35%，在俄罗斯铁路公司路网运营的路外企业和运输公司的货车超过2500辆，路外企业与运输公司为购买和更新货车的投资超过1000亿卢布，旅客运输服务市场进一步发展。俄罗斯铁路公司已决定，为适应运输市场的发展，需要建立44个下属子公司和联合企业，改变原有的经营管理模式，并且随着铁路改革的深化，使俄罗斯铁路能够更好地适应运输市场变化要求并应对市场风险，增加运输盈利。为提高俄罗斯铁路公司在世界运输市场的竞争能力，将采取的主要发展战略是：加入国际铁路联盟（UIC），成为该组织的成员；与独联体国家建立“1520战略合作伙伴关系”；加强与德国、波兰、白俄罗斯、哈萨克斯坦、芬兰、中国、韩国及其他一些国家铁路的联系和合作；进入国外铁路基础设施建设市场。针对当前存在的机车车辆超期服役严重（干线铁路主要技术设备的59%、内燃机车和货车超过80%）、约占全路网30%的繁忙干线运营通过能力不足、国家东部和北部一些地区没有铁路通达，以及国产铁路运输技术装备水平仍然存在较大差距的现状，将加快发展强化路网基础设施并提高主要运输方向上的通过能力，研制采用新型机车车辆及其他运输技术设备，增加运输工具数量并加快现代化改造步伐，同时，在一些主要运输方向上发展高速与快速运输、开行重载列车，满足客货运量不断增长和提高运输服务质量的需要。通过利用俄罗斯联邦政府和俄罗斯联邦主体（地方政府）财政预算拨款、吸引私营或国外资本投资，以及俄罗斯铁路公司的自有资金，以扩大俄罗斯铁路网。按不同等级增加运营线路20550 km，其中包括：建成具有战略意义的铁路线4452 km，具有社会意义的铁路线1262 km，高速铁路线1528 km，技术性线路8648 km，货物运输线4660 km。预计到2030年，俄罗斯为发展公用铁路运输和工业运输的总投资额将达到13.7万亿卢布，其中俄罗斯联邦政府投资2.7万亿卢布，占19.5%；俄罗斯联邦主体（地方政府）投资0.6万亿卢布，占4.6%；私营资本投资10.4万亿卢布，占75.9%，其中俄罗斯铁路公司自有资金投资5.9万亿卢布，占43.1%。

（三）远东港口

在俄罗斯远东太平洋沿岸，从南向北分布着32个海港。这些港口时间最长的只有100多年的历史，但它们对于俄罗斯辽阔的远东和西伯利亚地区来说却具有至关重要的意义。随着俄罗斯确立东部地区开发战略，以路求兴谋发展，这些陆海联运枢纽的作用和地位就更加突出。研究这些港口的现状和前景，不仅有助于了解俄罗斯远东地区的经济发展，对于中国与这一地区合作的布局与规划也将有重要的价值。

据俄最新公布的数字，俄太平洋沿岸海港共计32个，其中商港22个，渔港10个，此外还有300多个泊湾。年货运量在100万t以上的港口有滨海边疆区的东方港、纳霍德卡港、符拉迪沃斯托克港、波西埃特港，哈巴罗夫斯克边疆区的瓦尼诺港，勘察加州的彼得罗巴甫洛夫斯克港和马加丹州的马加丹港。其中滨海边疆区和哈巴罗夫斯克边疆区港口直接与铁路干线相连，在国际货运中发挥着重要作用，勘察加州、马加丹州港口主要用于满足地方运输需要。随着萨哈林岛大陆架石油天然气的大规模开发，萨哈林岛港口霍尔姆斯克港和科尔萨科夫港的运输地位正在逐步提升。

俄罗斯的煤炭出口港主要有东方港、波西埃特港、瓦尼诺港、纳霍德卡港、海参崴港。

1. 滨海边疆区港口

东方港位于滨海边疆区，日本海岸弗朗戈里亚湾，北纬42°46′，东经133°3′，距纳霍德卡市20 km。东方港是俄罗斯远东地区最大、最深的港口，也是西伯利亚大铁路终点站。东方港按货运量居全俄罗斯第三位，仅次于新罗西斯克和圣彼得堡，装备了大功率装卸设备，有深水码头。主要用于俄罗斯出口货物及西欧至亚太地区过境货物运输。全年可通航，1—2月冰冻期须由拖船牵引。港内有15个货运码头，泊位线全长4 km。船舶最大排水量为15.5 m，长280 m，宽40 m。

主要码头包括：全俄罗斯最大的煤炭专业码头，年货运能力 1200 万 t，可停泊 15 万 t 巨轮，由东方港股份公司负责运营；化肥码头可容 2.5 万 t 轮船停泊，年货运量可达 250 万 t，运营公司是东方－乌拉尔港有限责任公司；木材及散装货物码头，由东方港股份公司运营，可装卸原木、加工板材及拖拽货物，如水泥、砖、煤等；甲醇装卸码头，刚刚投入使用，由东方石化港股份公司运营。

东方港是全俄罗斯最大的专业化集装箱港口之一，过货能力每年 30 万标准箱。共有 4 个码头，两个由东方港股份公司运营，另两个由东方国际集装箱服务公司运营。此外，还有农化东方出口股份公司所属码头，用于装卸木材及拖货物；“CK”小港有限责任公司码头，共 3 个，用于装卸木材及拖拽货物。

纳霍德卡港位于日本海纳霍德卡湾，紧临纳霍德卡市和东方港，水深 10～13 m，共有 22 个多功能码头，可装运各类货物，由纳霍德卡海运商港股份公司经营。该公司 91% 的股份属注册于莫斯科的“Сибметинвест”公司所有。2004 年，港口共装卸货物 795 万 t，其中煤炭 82.5 万 t，木材 119.6 万 t，有色及黑色金属 571 万 t，大吨位集装箱 14.3 万 t。为提高货运能力，港口正在进行现代化改造，扩建码头，拓深航道。

符拉迪沃斯托克港位于日本海西北岸，是俄罗斯太平洋沿岸最大的港口之一，包括东博斯普鲁斯海峡及其沿岸港湾（金角、迪奥米德、乌利斯和诺维科湾）以及阿穆尔湾水域。与其他远东港口相比，符拉迪沃斯托克港是唯一有封闭深水码头的港口，可停泊大排量船只，常年通航。除金角湾外，大部分水域冬季结冰。符拉迪沃斯托克港分商港和渔港两部分。西伯利亚大铁路延伸至符拉迪沃斯托克港，所有码头都有铁路线与之相连。2011 年货运量可达 1200 万 t。

商港由符拉迪沃斯托克海洋商港股份公司及其所属 6 个子公司运营。可停靠排水量 11 m、长260 m、宽 40 m 的船只。港口共有 16 个 7.3～11.6 m 的深水码头，其中 9 个码头用于装卸货物（金属、木材、冷冻货物等），另有粮食码头、集装箱码头、易腐烂货物码头和石油码头。集装箱码头年吞吐能力为 10 万标准箱。

渔港由符拉迪沃斯托克海洋渔港股份公司运营。共有 10 个码头，有专门储存渔产品的仓储设施。渔港也可装卸木材、金属、纸浆、货物、集装箱、汽车等。

波西埃特港位于滨海边疆区日本海岸符拉迪沃斯托克以南的波西埃特湾，北纬 42°40′，东经 130°48′。有铁路与西伯利亚大铁路、中国东北、朝鲜相连。常年可通航，冰冻期须由破冰船或破冰拖船导航。船只最大排水量 9 m。港口有 3 个码头，年吞吐能力 150 万 t。由波西埃特商港股份公司负责运营。该港用于运输铁合金、有色金属、煤炭、水泥、集装箱。主要面向亚太国家，如日本、韩国和中国等。2011 年货运量可达 900 万 t。

扎鲁彼诺港位于特洛伊沙湾，滨海边疆区南部哈桑区。主要用于运输废旧金属、木材、进口汽车等。2003 年港口吞吐量达到破纪录的 23.5 万 t，该港与韩国有客运往来。2004 年起港口所有权归属俄运输集团股份公司。中国吉林省曾于 1993 年提出长期租赁扎鲁彼诺港或波西埃特港用于东北地区货物与亚太地区的海陆联运。经过 10 年的讨论，2003 年俄罗斯运输部最终否决了这一提议。

2. 哈巴罗夫斯克边疆区港口

瓦尼诺港口公司创建于 1943 年，是目前为数不多的一个国有的综合性港口，是国有物资流向东部地区的杂货中转站。可全年通航，现有员工 1700 人，港口有 16 个泊位，目前可通行 4.5 万 t 级以下的船只，设计年吞吐量为 1200 万 t，2011 年货物周转总量为 590 万 t，历史上最高的年吞吐量为 1000 万 t，由于铁路运输制约，港口不能满负荷运营。港口主要转运物资为石油、铝矾土、木材、煤炭、集装箱等。

据 2012 年 12 月 10 日俄罗斯新闻网报道，梅切尔集团以 155 亿卢布（约合 5 亿美元）收购瓦尼诺港 73% 的股份。此外，梅切尔集团还需支出 56 亿卢布（约合 1.8 亿美元）用于购买瓦尼诺港小股东的股份。据悉，梅切尔集团购买瓦尼诺港股份，旨在利用该港扩大煤炭、铝矾土、有色金属等出口。瓦尼诺港每年的吞吐能力达 1200 万 t，目前远未达到港口的换装能力。瓦尼诺港是俄罗斯太平洋岸港口，冬季结冰不厚，借助破冰船可全年通航。

瓦尼诺海港是俄罗斯远东地区的第三大港。距哈巴罗夫斯克直线距离 580 km，铁路里程 860 km，距苏维埃港 32 km，通过贝阿铁路与共青城连接。瓦尼诺港的最大优势是位置，是连接铁路、海运和汽车运输线路的枢纽。1944 年 4 月第一个码头就已经投入运营，定位是服务于萨哈林、楚科奇、马家丹、勘察加等远东边远地区的物资供应。

港口的地理位置便利，为来自俄罗斯西部领土的货物提供通过贝加尔—阿穆尔和跨西伯利亚铁路东运的最近出海口。该港属温带季风气候，冬季温和多雪，夏季盛行东南风，冬季多北风。每年 1—3 月为结冰期，不同年份，冰情相差较大，如较长时间刮东北风，会有浮冰进入港湾并冻结，必须要有破冰船协助通航，但有的年份，东北风少的时候就不需要破冰船协助，破冰船费用较高（每天约 100 万卢布）。全年平均降雨量约 1000 mm。

港口有 16 个泊位，配备专用设施及起重机、仓库和地面储存区域。泊位的深度和技术手段，可接纳载重 4.5 万 t 以下的船舶。除全功能泊位外，港务公司还经营轮渡、集装箱和氧化铝码头，通过港口船队提供靠泊作业、旅客转运和船舶供水。港口 2011 年的货物周转总量为 590 万 t。通过港口设施转运的主要货物种类是：黑金属和有色金属、木材、矿石和集装箱货物。2011 年，共青城到瓦尼诺的铁路线吞吐量为 1600 万 t。此外，通过公路运来 190 万 t 货物（木材和轮渡货物）。回程车发运约 140 万 t 货物（氧化铝、沥青）。共青城到瓦尼诺区间的铁路正在改造，一旦隧道投入运行（据现场了解的情况，该隧道预计在今年 11 月打通），铁路年运量将达到 3200 万 t。

3. 勘察加州港口

彼得罗巴甫洛夫斯克港是俄罗斯太平洋沿岸大型港口之一，位于勘察加半岛东岸阿万清水道，北纬 53°2′，东经 158°39′。没有铁路与半岛公路网相接。港口常年运营，冰封季节须由破冰船导航。分为商港和渔港两部分。商港有 11 个码头，最深可达 13 m，可装卸并拖运集装箱、木材及其他货物。目前，商港主要经营近洋货运。出口货物主要是废旧金属、木材和矿物建材。进口货物有粮食、水泥、冷冻食品。由彼得罗巴甫洛夫斯克海洋商港股份公司负责运营。渔港有 13 个码头，用于装卸渔产品、盐、消费物资及石油灌装货物。由彼得罗巴甫洛夫斯克渔港股份公司负责运营。

4. 萨哈林州港口

科尔萨科夫港位于萨哈林岛南岸，北纬 46°40′，东经 142°45′，是萨哈林岛最大的港口之一。常年可通航，冰冻期须由破冰船导航。港口分为外海港湾（深 15 m）和内海港湾（深 7.5 m）两部分，共有 12 个码头。用于运送木材、建材、粮食、集装箱、金属、设备、散装化工产品、纸浆、食品等。港口与符拉迪沃斯托克港、萨哈林岛其他港口及千岛群岛港口有航班往来。港口由科尔萨科夫海洋商港股份公司负责运营。

霍尔姆斯克港：是萨哈林岛西岸最大港口，位于北纬 47°3′，东经 142°2′。港口与萨哈林岛铁路相连，常年可通航。分商港和渔港两部分。

商港可供排水量 6 m 的船只驶入，有 8 个码头，用于运输灌装货物、煤炭、木材、设备及其他商品。主要经营近洋运输，与瓦尼诺港联系密切。由霍尔姆斯海洋商港股份公司运营。

渔港位于商港以北鞑靼海峡，可接纳排水量 4.5 ~6.0 m 的船只。有 8 个码头用于运输渔产品、盐、食品及消费品。港口由霍尔姆斯海洋渔港股份公司、弗烈加特股份公司、萨哈林托克股份公司分别负责运营。

5. 港口私有化进程

在俄罗斯私有化的过程中，远东港口也不同程度地参与了这一进程。据俄罗斯媒体报道，俄罗斯私有化 10 多年来，滨海边疆区大型港口已被俄罗斯大型财团瓜分。2001 年，东方港股份公司 68% 的股份被北方钢铁运输公司及相关公司购买，2005 年初在奥地利注册的“Krutrade AG”公司又以 1.5 亿美元的价格从俄罗斯北方钢铁运输公司手中买下东方港股份公司控股权。该公司是库兹巴斯矿煤的主要出口商。此外，欧亚集团公司控制了纳霍德卡港股份公司 91% 的股份，马格尼托格尔斯克钢厂控制了符拉迪沃斯托克港股份公司 30% 的股份。2003 年钢铁集团“Мечел”公司从西伯利亚煤炭能源公司（煤炭业寡头公司）手里买下了波西埃特港股份公司的控股权。2004 年，一直无人问津的扎鲁彼诺港口股份公司所有权归属了运输集团股份公司。该公司是俄罗斯五家最大的铁路运营商之一。

与俄罗斯经济私有化改革引发的深重的经济危机不同，俄罗斯港口的私有化进程比较平稳地实现了向市场机制的过渡，同时保留了国家对港口的管理和监督。俄罗斯原材料出口的大规模增长，带动了港口作为运输枢纽的迅速发展，大型财团为各自运输需要对港口进行大规模注资和建设，使港口的货运能力和服务水平在近10年得到了明显的提高。

近两年，远东的开发成为普京政府的关注重点，在俄罗斯政府以路求兴、以线带面的战略布局中，港口作为大陆桥的端结点和战略枢纽再次受到充分重视。2005年9月，俄罗斯运输部部长列维京专程到远东考察，重点了解东方港、纳霍德卡港和符拉迪沃斯托克港的建设和运营情况。随着俄罗斯对远东开发进程的加快和打造运输走廊计划的实施，远东港口建设也将驶入快车道。

二、电力

1991年2月，苏联成立了燃料动力部，同年12月苏联解体后，在国有企业私有化股份化改造高潮中，于1992年8月在燃料动力部基础上组建了俄罗斯统一电力系统股份公司。该公司拥有72个地方电力公司，37个州电力厂，供电服务遍及俄罗斯全部11个时区。俄罗斯统一电力系统由大区联合电网组成。西北电网装机1950万kW，中部电网装机5270万kW，北高加索电网装机1090万kW，中伏尔加电网装机2390万kW，乌拉尔电网装机4110万kW，西伯利亚电网装机4550万kW，远东尚未与全国联网，装机为1150万kW。但地区联合电网之间的联络线的输送能力很薄弱，如西北电网与中部电网的联络线的输送能力只有180万kW，中部电网与北高加索之间的联络线的输送能力只有190万kW。“统一电力系统公司”现有职工约58万名、440座发电厂和200万英里的输电线路，这个庞大的“电力帝国”，生产了俄罗斯所需电力的70%以上。

俄罗斯电力分布大致可分为3个区域：欧洲区、西伯利亚区、远东区。俄罗斯电力工业装机容量的72%在欧洲区部分，主要是火电和核电，以及伏尔加河上的梯级水电站；而西伯利亚区能源有一半是水电，还有7个100万kW以上的火电厂；远东区的电力装机占整个俄罗斯装机比重的7%，只有几个小的火电厂（图3-1-6）。

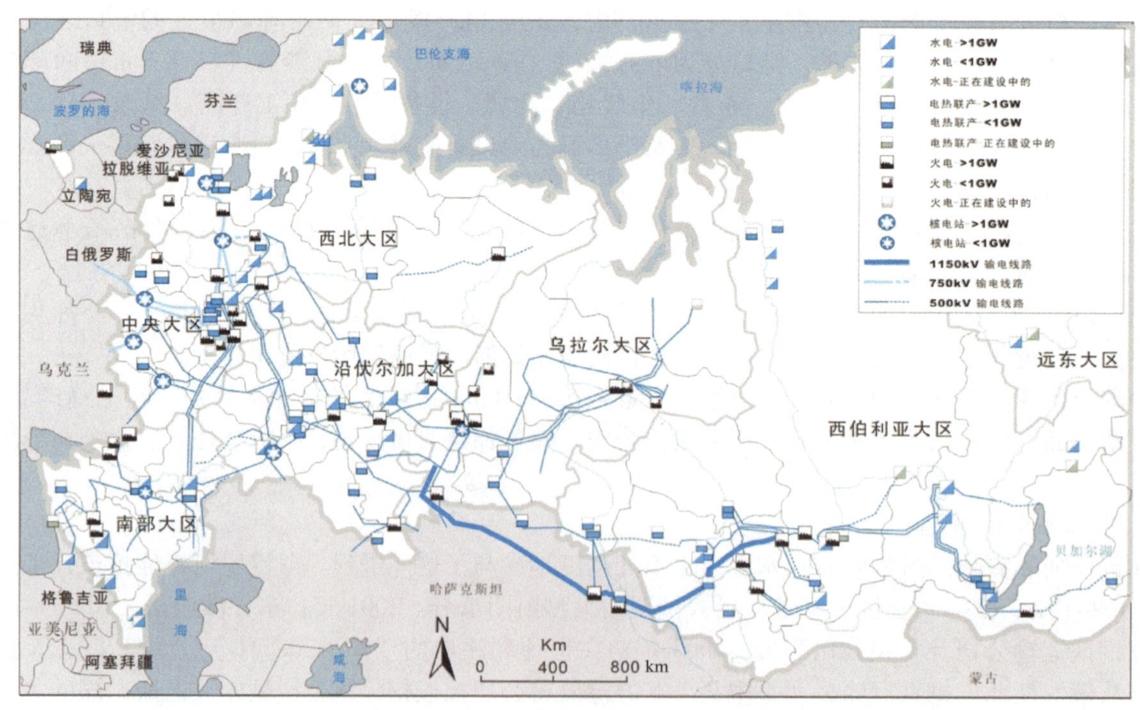

图3-1-6 俄罗斯电力分布图

（一）具体指标

装机容量：根据俄联邦国家统计局2006年统计年鉴资料，截至2005年底，俄罗斯电力工业的总装机容量为2.19亿kW。其中:火电1.50亿kW,占68.5%;水电4590万kW,占21.0%;核电2370万kW,占12.5%。核电主要集中在欧洲区的中部地区、东伏尔加和西北地区,而近一半的水电位于西伯利亚地区。

电力生产:根据俄罗斯联邦国家统计局2006年统计年鉴资料,2005年俄罗斯全口径电力产量为9530亿kW·h。其中:火电6290亿kW·h,占66.0%;水电1750亿kW·h,占18.4%;核电1490亿kW·h,占15.6%。2005年俄罗斯"统一电力系统"股份公司的电力建设投资为20亿美元。

火电及燃料构成:凝汽式发电厂约占48%,热电厂约占52%,气候寒冷的区域热电厂分布较多,如在西北系统中,热电占70%以上的比重。欧洲部分的火电厂主要是燃用天然气(80%),西伯利亚和远东地区的火电厂主要是燃煤(85%)。

供电、供热情况:大约54%为工业用电,其他占46%左右,其中约15%为居民用电;约43%为工业用热,其他约占57%,其中约35%为居民生活用热。

调度结构:俄罗斯统一电力系统采取分级调度结构,分为中央调度局、联合电网调度所和地区电网调度所3级。中央调度局除管辖下属电网之外,还管辖装机100万kW以上的直调电厂以及调度联合电网之间的联络线;下一级为联合电网调度所,联合电网有其所属的容量为30万kW以上的直调电厂,调度地区电网间的联络线和直属电厂;再下一级为地区电网调度所,调度地区内的电厂;最下一级为发电厂和配电网的调度所。

(二)目前存在问题

1992年成立俄罗斯统一电力系统,统一电力系统是俄罗斯电力工业的主体,目前,由全国77个地区电网中的68个组成了7个联合电网,但各联合电网间的联系比较薄弱。目前,俄罗斯电力工业主要存在以下问题:投资严重不足,正常的设备维修都无法进行,更谈不上技术改造和建设新项目。据莫斯科电力公司2001年6月的统计,其固定资产平均老化率已经达到45%~47%;电能、热能生产技术指标严重恶化,发电厂用电率加上网损率到1998年已达23.1%。电价中固定燃料成本近10年来上升了11%,其中1/4是来自标准煤耗的上升,3/4是来自燃料价格的上涨。电力工业全行业的利润率从1993年的25.5%降到了1999年的11.3%;绝大多数电力公司的财务指标不断恶化,多年来大量用户拖欠的电费累积已达1250多亿卢布(几乎相当于控股公司一年的收入),因此使得电力公司的财务状况日益严峻;国家对电力工业的调控功能不完善。电力系统功能的可控性和有效性大大地降低了,这是因为电力公司(联合电网)间财务结算的危机经常发生,造成统一电力系统的调度运行方式非常不合理和不经济。

(三)远东电力现状

远东和贝加尔湖地区占据了俄罗斯总发电量的13.5%,发电量分布不平均的地区代表——伊尔库茨克,占远东和贝加尔湖地区的电厂装机总容量的44%。

远东最大的电力系统是东方联合能源系统,主要以火力发电为主。在中西部地区(雅库特、楚科奇、马加丹州、勘察加半岛和库页岛)都有孤立电力运作的特点。因地区电力供应不足,为确保达到电力供应安全性所要求的水平,需要高成本燃料,在用电高峰期还要其他区域外配电。

为保证滨海边疆区电力的可靠供应,需要积极发展符拉迪沃斯托克及其他大城市地区的现有电厂的扩建及重修;为满足不断增长的电力需求,需要发展贝加尔湖地区的东南部地区水电潜力,在阿穆尔建成尼日涅布列以斯卡伊水电站,以及在勘察加半岛重点发展地热能源,在勘察加、萨哈林、马加丹、楚科奇自治州及滨海边疆区发展风能;在哈巴罗夫斯克边疆区杜戈尔湾利用潮汐能。

三、远东地区石油管道

核心石油管道主要是连接东西伯利亚地区和太平洋板块(即西气东输),俄罗斯将在2020年后扩大东西伯利亚—太平洋石油管道输油量。其中泰舍特至斯科沃罗季诺的一期工程年输油能力将由目前的5000万t增至8000万t;斯科沃罗季诺至科济米诺湾的二期工程年输油能力将从目前的3000万t增至5000万t(新华网,2013年10月31日)。管线输送能力的建立,保证了未来俄罗斯东西伯利亚和远东地区的石油产量增长。东部地区的国家统一天然气供应系统的发展提高了远东和贝加尔地区电源的稳定性和可靠性，多元化俄罗斯天然气的出口供应，是考虑了欧洲市场天然气的市场趋势。

本章参考文献

[1] 中华人民共和国商务部．对外投资合作国别（地区）指南 - 俄罗斯（2015 年版）［R］．北京：商务部对外投资和经济合作司，2015.

[2] 中华人民共和国商务部，中华人民共和国国家审计局，国家外汇管理局．2015 年度中国对外直接投资统计公报［R］．北京：中国统计出版社，2015.

[3] 中国出口信用保险公司．国家风险投资报告：俄罗斯［R］．北京：中国出口信用保险公司出版，2015.

[4] 沈永兴，张秋生，高国荣．列国志：俄罗斯［M］．北京：社会科学文献出版社，2003.

[5] 潘德礼．浅析俄罗斯的政治发展及其前景［J］．俄罗斯中亚东欧研究，2006（1）.

[6] 中国社会科学院俄罗斯东欧中亚研究所，吴恩远．俄罗斯中亚东欧发展黄皮书：俄罗斯东欧中亚国家发展报告（2010 年版）［M］．北京：社会科学文献出版社，2010.

[7] 中国国际贸易促进委员会经济信息部．俄罗斯投资环境及相关投资政策［R］，2007（7）：20 - 28.

[8] 中华人民共和国外交部．俄罗斯国家概况［EB/OL］.（2016）［2016 - 07］http：//www.fmprc.gov.cn/web/gjhdq_676201/gj_676203/oz_678770/1206_679110/1206x0_679112/.

[9] 中华人民共和国驻俄罗斯联邦大使馆．俄罗斯国家概况［EB/OL］.（2015）［2015 - 12 - 30］http：//ru.china - embassy.org/chn/elsgk.

[10] Klaus Schwab. The Global Competitiveness Report 2016 - 2017［R］．Geneva：World Economic Forum，2016.

[11] The World Band. Doing Business 2015. 12th edition［R］．The World Bank，International Finance Corporation，Washington，D. C.，2015.

[12] Invest in Russia - Infrastructure. Invest. gov. ru［R］．Retrieved 27 April 2010.

[13] FAO . Russian Federation Forest Sector Outlook Study to 2030（in Russian）［R］．FAO，Rome，Italy，2012.

[14] 安德鲁·库钦斯．俄罗斯在崛起吗？［M］．沈建，译．北京：新华出版社，2004.

[15] 曹秋菊．对外直接投资对母国经济增长的作用研究［M］．江苏商论，2007（1）.

[16] 曹长盛，张捷，樊建新．苏联演进进程中的意识形态研究（导言）［M］．北京：人民出版社，2004.

[17] 顾志红．普京安邦之道：俄罗斯近邻外交［M］．北京：中国社会科学出版社，2006.

[18] 海运．叶利钦时代的俄罗斯·政治卷［M］．北京：人民出版社，2001.

[19] 黄道秀．俄罗斯法研究．［M］．北京：中国政法大学出版社，2013.

[20] 江平．中国矿权法律制度研究［M］．北京：中国政法大学出版社，1991.

[21] 姜哲．俄罗斯联邦矿产资源政策研究［M］．北京：地质出版社，2010.

[22] 姜哲．俄罗斯联邦矿产资源法律法规汇篇［M］．北京：地质出版社，2010.

[23] 拉林·阿．我们别无选择：给陪审制反对者们的公开信［J］．俄罗斯法制，1992（2）.

[24] 李福川，阎洪菊．俄罗斯对市场经济的反垄断调节及其启示［J］．俄罗斯中亚东欧市场，2012（1）.

[25] 李建民．俄限制外资进入战略性产业法出台的背景、内容及影响［J］．俄罗斯中亚东欧市场，2008（8）.

[26] 李庆保，孙豁然．国外矿业立法的比较和借鉴［J］．经济管理，2007（12）.

[27] 李杏，李小娟．外商直接投资对经济增长的影响：基于母国的分析［J］．国际贸易问题，2006（4）.

[28] 刘辉．俄罗斯矿产资源使用关系的法律调整［J］．中国石油企业，2006（12）.

[29] 涅梅金娜·姆·弗．陪审法庭：俄罗斯的传统还是西方模式［J］．萨拉托夫国家法律科学院公报，1992（11）.

[30] 潘德礼．浅析俄罗斯的政治发展及其前景［J］．俄罗斯中亚东欧研究，2006（1）.

[31] 沈永兴，张秋生，高国荣．列国志：俄罗斯［M］．北京：社会科学文献出版社，2003.

[32] 王清华，徐军．探矿权采矿权价款转增国家资本的有关法律问题［M］．北京：中国法制出版社，2004.

[33] 吴恩远．俄罗斯中亚东欧发展黄皮书：俄罗斯东欧中亚国家发展报告（2010 年版）［R］．北京：社会科学文献出版社，2010.

[34] 永庆．俄罗斯吸引外资的法律体系［J］．东欧中亚市场研究，2003（11）.

[35] 余茂玉，程懿．对俄罗斯司法改革的认识和思考［J］．行政与法制，2004（7）.

[36] 张建文．俄罗斯联邦金融服务市场竞争法［J］．经济法论丛，2003（10）.

[37] 张寿民．俄罗斯法律发达史［M］．北京：法律出版社，2000.

[38] 赵竹成．俄罗斯联邦体制的宪政基础［M］．北京：韦伯文化国际出版，2002.

[39] 朱延秋．俄罗斯宪法法院制度研究［J］．山东大学学报，2008（7）．
[40] 钟坚．俄罗斯设立经济特区历史进程与经验教训［J］．当代财经，2006（8）．
[41] 曹秋菊．对外直接投资对母国经济增长的作用研究［J］．江苏商论，2007（1）．
[42] 张鸿翔．中国周边国家金属矿产资源调查与合作潜力分析［J］．地球科学进展，2009（10）．
[43] 中俄经贸合作网．俄罗斯的矿业投资环境［EB/OL］．(2007)［2012－12－13］http：//www. crc. mofcom. gov. cn/article/zhengcefagui/faguidongtai/200706/31277_1. html.
[44] 上海国际商会境外投资网．境外投资政策（非欧盟国家在塞浦路斯直接投资和证券投资政策）［EB/OL］．(2003)［2012－11－19］http：//www. cpitsh. org/jwtz/policy_read. asp？countryid＝105.
[45] 中国沿边开放网．俄罗斯吸引外资政策［EB/OL］．(2010)［2012－12－13］http：//www. chinarussia－info. com/html/zhengcefagui/guojizcfg/20100301/5bc3d7cf35ba7543. htm.
[46] 安永会计师事务所．Worldwide Corporate Tax Guide 2016［G］．伦敦：安永会计师事务所，2016.
[47] 安永会计师事务所．Worldwide Personal Tax Guide 2016［G］．伦敦：安永会计师事务所，2016.
[48] 安永会计师事务所．Worldwide VAT，GST and Sales Tax Guide 2016［G］．伦敦：安永会计师事务所，2016.
[49] 安永会计师事务所．Doing Business in the Russian Federation 2014［G］．俄罗斯：安永会计师事务所俄罗斯分部，2014.
[50] 普华永道会计师事务所．A Comparison of Tax System in 189 Economies Worldwide 2016［G］．伦敦：普华永道会计师事务所，2016.
[51] 中华人民共和国商务部网站．［EB/OL］．http：//www. mofcom. gov. cn.
[52] 中华人民共和国商务部．对外投资合作国别（地区）指南—俄罗斯（2015 年版）［R］．北京：商务部对外投资和经济合作司，2015.
[53] 国家税务总局．税收服务“一带一路”战略专题［EB/OL］．http：//www. chinatax. gov. cn/n810219/n810744/n1671176/index. html.
[54] 国家税务总局．中国居民赴俄罗斯投资税收服务指南［G］．北京：国家税务总局国际税务司，2015.
[55] 德勤会计师事务所．Doing Business in the Russia 2012.
[56] 毕马威会计师事务所．Doing business in the Russian Federation.
[57] 毕马威会计师事务所．Overview of the Russian tax legislation.
[58] PKF International Limited. Worldwide Tax Guide：Russian Tax Guide 2015［G］．PKF network of independent member firms，2015.
[59] 张波，赵华．俄罗斯生态鉴定制度初探：兼议完善我国环境影响评价制度［J］．求是学刊，2005，32（4）：67－71.
[60] 蓝楠．从俄罗斯生态鉴定制度反思我国环境影响评价制度，环境保护，2005（5）：36－39.
[61] The RussianMinistry of Natural ResourcesandEnvironment，the Environmental Impact Assessment Act.
[62] 国外环评法律制度选介［EB/OL］．(2012)［2012－07－02］．
[63] Asacha Gold Project－Environmental Assessment Final Report，MDS mining & environmental services LTD［R］．(2004)［2004－11］http：//www. trans－siberiangold. com/doc/EIA_complete. pdf.
[64] Komi Aluminium Programme Environmental and Social Impact Assessment（ESIA）［R］．prepared by CsirEnvironmentik，April 2004. http：//www. ebrd. com/pages/project/eia/20318e. pdf.
[65] Sapozhnikova，Dr. Victoria，Environmental protection in Russia：the evolution from strict enforcement measures and environmental compliance control to new combined approaches based upon preventive strategies［C］．Seventh International Conference On Environmental Compliance And Enforcement，183－188. The International Network for Environmental Compliance and Enforcement 9－15.（2005）［2005－04］．
[66] INECE. http：//www. inece. org/conference/7/v0ll/Sap02hinik0va. pdf.
[67] Executive summary of the phase 2 environmental and social impact assessment process. Sakhalin Ⅱ phase 2 project［R］．November 2005.
[68] http：//bankwatch. org/documents/eia_exec_summary_eng. pdf.
[69] Michael J Beare，CEng BEng ACSM MIMMM，Comparison of the Russian and International Approaches to Mining Project Design and Permitting［R］，MIMMM，2009.
[70] http：//www. srk. com/files/File/SRK% 20UK/Publisher% 20Articles/CIM% 20tech% 20paper% 20008. pdf.
[71] King &Spalding，2010. Overview Russian Environmental Regulation.

[72] http：//www. kslaw. com.
[73] GrigoriyMalukhin，Russian mining law，CRIRSCO，and the new Russian reporting standard 2011 [EB/OL]，2011 -11 -08，www. crirsco. com.
[74] http：//www. crirsco. com/news_items/8_russian_mining_law. pdf.
[75] Sergei M. Govorushko，Environmental Impact Assessment in Russia，professional practice，p195 -201.
[76] http：//www. hardystevenson. com/Articles/ENVIRONMENTAL% 20IMPACT% 20ASSESSMENT% 20IN% 20RUSSIA. pdf
[77] EIA. The Nord Stream offshore pipeline construction project（Russian Sector），Environmental Impact Assessment [R]. Washington，D. C：EIA，2008.
[78] http：//www. nord - stream. com/download/document/95/？ language = en.
[79] Russia Has Largest Shale Oil Reserves - EIA Report，2013 [2013 -06 -11].
[80] http：//en. ria. ru/business/20130611/181615780/Russia - Has - Largest - Shale - Oil - Reserves - - EIA - Report. html
[81] U. S. Energy Information Administration，Country Analysis Brief Overview - - Overview data for Russia 2013 [2013 -05 -30].
[82] http：//www. eia. gov/countries/country - data. cfm？ fips = rs.
[83] South Stream 能源欧洲网站，ESIA in Russia（ Following National and International Standards）2013.
[84] http：//www. south - stream - offshore. com/esia/esia - russia/.
[85] 李国平．基于矿产资源租的国内外矿产资源有偿使用制度比较 [J]．中国人口资源与环境，2011（2）.
[86] 马骧聪，译．俄罗斯联邦环境保护法和土地法典 [M]．北京：中国法制出版社，2003.
[87] 程黎，等．西方资源税制及其对完善我国资源税制的借鉴 [J]．武汉理工大学学报，2008（4）.
[88] 陈丽萍．世界主要矿业国家矿业税收政策（一）[J]．国土资源情报，2006（3）.
[89] 中国沿边开放网．俄罗斯吸引外资政策 [EB/OL].（2010）[2012 -12 -13] http：//www. chinarussia - info. com/html/zhengcefagui/guojizcfg/20100301/5bc3d7cf35ba7543. htm.

第二章 煤炭资源分析

第一节 资 源 概 况

俄罗斯是世界上自然资源最丰富的国家之一，不仅种类多，而且储量大，自给程度高。俄罗斯资源总储量的80%分布在亚洲部分。

（1）森林和水资源。俄罗斯森林拥有量占世界森林资源总量的1/4，面积约占全国陆地面积的45%，占国土面积的50.7%，森林覆盖面积为8.67亿hm^2，居世界第一位。木材蓄积量820亿m^3，占全球木材储量的25%。俄罗斯境内河道纵横，湖泊星罗棋布。共有河流250万条，湖泊约300万个。水资源4270km^3/a，居世界第二位。

（2）矿产资源：煤、石油、天然气、铁、锰、铜、铅、锌等矿产资源丰富。石油剩余探明储量110亿t（2012年数据），约占世界剩余探明储量的5.2%，居世界第八位。天然气已探明蕴藏量为48万亿m^3，占世界探明储量的1/4强，居世界第一位。

（3）金刚石资源：金刚石储量0.4亿克拉，居世界第五位。2011年金刚石产值26.75亿美元，居世界第二位。近来，俄罗斯公布了一个20世纪70年代发现的金刚石矿。该矿位于西伯利亚东部地区的一个直径超过100 km的陨石坑（Popigai）内，估计的储量超过万亿克拉，是全球其他地区金刚石储量之和的10倍。若开发可满足全球宝石市场3000年的需求。

第二节 地 质 背 景

俄罗斯地域广阔，东西向几乎贯穿了整个欧亚大陆，南北向占据了欧亚大陆北半部。从基地构造性质来看，俄罗斯的主要构造单元包括东欧克拉通、西伯利亚克拉通、乌拉尔—蒙古褶皱区、维尔霍扬—楚科奇褶皱区、特提斯褶皱区、太平洋西北缘（远东）褶皱区和北极褶皱区。各褶皱区围绕着东欧和西伯利亚这两个前寒武纪古老克拉通分布。西伯利亚克拉通完全位于俄罗斯境内。东欧克拉通绝大部分位于俄罗斯境内，向西涉及东欧的各苏联加盟共和国、北欧国家以及波兰的少部分。克拉通均发育了早前寒武纪基地，其中主要是太古代和古元古代基地。克拉通周边分别发育了乌拉尔—蒙古褶皱区、特提斯褶皱区、太平洋西北缘（远东）褶皱区、北极褶皱区。

一、东欧古地台及其毗邻的准地台

东欧地台属于北欧亚古地台，具有太古宙和古元古代变质基底，面积约55万km^2，连同与之相邻的西部、东北部和东南部的准地台区（其中可能存在大面积的陆块），同样有古老的基底，但被新元古代（贝加尔期）及古生代克拉通间的褶皱带所切割，它们的面积约80万km^2。

（一）地层

新元古界组成了俄罗斯台地的地台盖层的下部及季曼带，可能还有部分伯朝拉凹陷的基底褶皱杂岩。某些地区新元古界出露地表，如季曼、科拉半岛、乌克兰地盾的西南坡等，其研究程度很高。

俄罗斯台地上的新元古界不整合于太古宙及古元古代变质基底之上。新元古界完全缺失变质改造及酸性侵入体，新元古界中通常可见几乎完全未受破坏的水平或近水平的产状。可能在古元古界和新元古界的分界上，地台的热流值总体上是较低的，其构造活动也趋于平静。新元古代构造活动主要是沿陡倾断裂作断块运动，形成里菲期和早文德期在地台上主要的沉积带—坳拉槽。单侧的环克拉通坳陷，分布于西南、东部及北东边界上并贴近于里菲期的中地中海带、乌拉尔—蒙古地槽带和季曼带。它们可能属于坳拉地槽坳陷。在中文德期，坳拉槽停止了沉降，或明显地向西侧扩大为广阔的地台凹陷型台向斜。有一些则扩大为环克拉通坳陷。

寒武系分布在俄罗斯台地的西北部，波罗的海与巴伦支海之间。它们充填着广阔的古波罗的坳陷（台向斜），将波罗的地盾从地台的南部和中部分隔开来，它们还充填着地台西部边缘的环克拉通坳陷。它们几乎到处超覆文德系，只有古波罗的坳陷的西部、波罗的海沿岸及波罗的海南部下寒武统的上部，它们以海进式超覆于前里菲基底之上。寒武系出露于爱沙尼亚和彼得格勒地区的北部。它在地形上构成了向北反转的阶地的最下部——台阶；而在南部白海的东南沿岸，则仅被第四系覆盖。

志留系分布的地区与奥陶系相同，但其面积较小。主要分布在古波罗的台向斜的西部和东部，构成两个隔开的先后出现的剥蚀区。西部主要分布在环克拉通坳陷（在布列斯特坳陷、里沃夫坳陷、基斯涅夫坳陷）、台地东南沿（里海沿岸坳陷的边缘）以及伯朝拉坳陷。志留系出露于古波罗的坳陷的北侧，包括萨列马岛和希乌马岛，以及坳陷南侧的东维利纽斯、第涅伯沿岸及季曼的北端。

泥盆系厚度最大，分布最广。除了地盾斜坡、白俄罗斯和沃罗涅什台背斜的抬升部分、莫斯科台向斜之外，在台地范围内几乎均有其存在。但是大部分都被年轻的沉积物所覆盖。泥盆系的露头广泛分布于波罗的地盾的南坡、白俄罗斯台背斜北部、立陶宛背斜鞍部及波罗的台向斜。泥盆系还出露于沃罗涅什台背斜（中泥盆分布区）、里沃夫坳陷（德涅斯特河沿岸）以及南部的顿巴斯及季曼带。

石炭系沉积分布在俄罗斯台地的大部分地区，但与泥盆系不同，在拉脱维亚背斜鞍（主要泥盆分布区）、白俄罗斯、沃罗涅什台背斜大部及季曼隆起的轴部等范围内，均缺失之。它的主要露头是沿莫斯科台向斜西翼延伸，在奥克斯克·茨宁斯克及顿诺—梅杰韦季茨长垣背斜及季曼隆起的翼部亦有出露。

二叠纪沉积覆盖着除季曼隆起区轴带以外的俄罗斯台地东半部。它们出现于莫斯科、梅津、里海沿岸等几个台向斜，以及伏尔加乌拉尔台背斜之中，而在台地更西部出现在第涅伯—顿涅茨克坳拉槽以及波利斯克立陶宛台向斜。二叠纪沉积充填了前乌拉尔边缘坳陷，在那里它们与俄罗斯台地东部同一时代的形成物有紧密的联系，还与伯朝拉—巴伦支海坳陷有关。二叠系的主要出露区位于近乌拉尔、伏尔加乌拉尔台背斜的东部和北部及莫斯科台向斜的北部。

三叠系沉积的分布不如二叠系广泛。它们充填着海西期坳陷的内部。它们是海退性组合，结束海西阶段地台的发展，且绝大部分地区表现为大陆型陆源沉积相。它们出现于近皮亚特、波兰—立陶宛、莫斯科台向斜的中部及东北部；在前顿涅茨克坳陷以及前乌拉尔边缘坳陷的南部、北部与极地区段，三叠系沉积亦分布于季曼带除外的所有伯朝拉—巴伦支海准地台区范围之内。

（二）构造

东欧地台具有太古宙和古元古代变质基底，此基底亦称前贝加尔基底。在地台的一些地区，基底在地表出露，但是在大多数地区，基底被地台盖层所覆盖。盖层是由近水平的或缓倾斜的新元古界、古生界、中生界和新生界组成，其厚度一般在数百米至 5～10 km，局部甚至 20～22 km（图 3－2－1）。

在盖层形成之前，地台的相应地区以隆升为主并受到侵蚀和切割，其总体深度则尚未有准确的估算，在盖层长达 15 亿年的形成过程中，由于其垂直运动的体制，其标志和速度，以地台作为整体，或是它的个别地段，构造格局都受到很大的改造。为了阐明地台构造在不同阶段的发展，除了要分析现在地台顶板的（或者整个地台盖层底面的）起伏之外，还要研究地台盖层的产状、厚度以及各个岩石地层组合（连同其构造）的沉积相，俄罗斯台地占东欧地台面积的 3/4，只有 1/4 是地盾（约 150 万 km^2）。地台的西北部是大面积的波罗的（芬兰—斯堪的纳维亚）地盾，而其南部则是不大的乌克兰（亚速—波多斯克）地盾。

在地盾的不同地区，它的基底在地盾中部被超基性—基性侵入体所切穿。其时代属文德期末和早中古生代，其中最大的是希宾和洛沃泽尔斯克碱性岩体，位于科拉半岛的中部，以地形上高程约 1 km 的山体而突出。

俄罗斯台地，面积 400 万 km^2，以复杂的地台盖层构造为特征。尤其是其下部层位，基底顶面起伏不平，幅度可达 20 km，盖层的下部层位属里菲系和下文德统，沉积在众多线状地堑或凹陷中，属坳拉槽。也有一些单面环克拉通式坳陷，它属于地台相邻的褶皱带，这一实质上属坳拉槽或前台地盖层构造

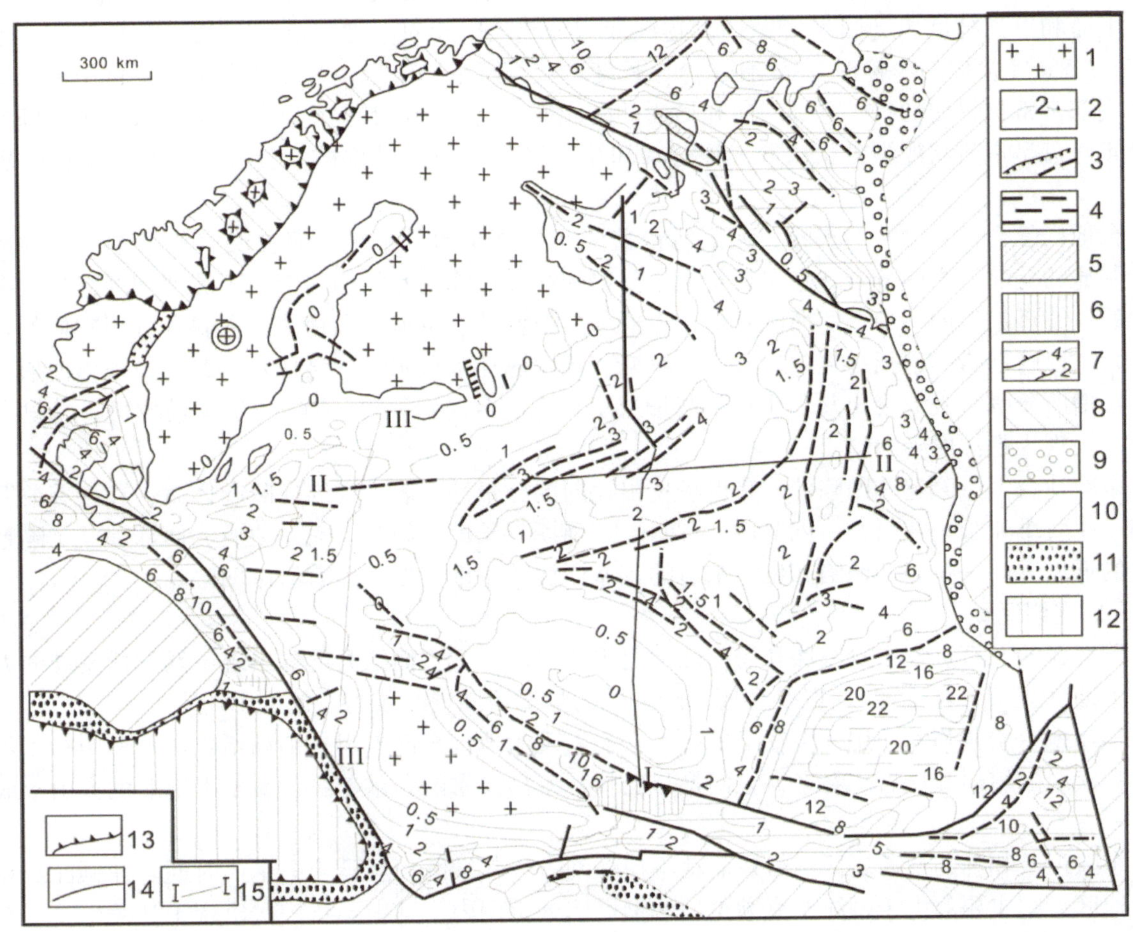

1—东欧地台及斯堪的纳维亚加里东带构造窗中的太古—古元古基底的露头；2—俄罗斯台地中基底表面等深线；3—将出露地表的基底表面与隐伏的拼在一起的断裂；4—基底中缺失地球物理花岗变质层的地区；5—在坳拉槽型地槽带内贝加尔褶皱基底突起；6—在坳拉槽型地槽带内加里东褶皱基底隆起；7—地台区盖层及其不同时代基底等深浅；8—北大西洋褶皱带中的加里东带；9—西边缘坳陷；10—乌拉尔—蒙古及地中海褶皱带中海西带及更老的构造；11—阿尔卑斯期边缘坳陷；12—地中海褶皱带中的阿尔卑斯带及部分晚基米里带；13—边缘坳陷、构造推覆体和构造窗；14—东欧地台及相邻的准地台和褶皱带；15—剖面线

图 3-2-1　东欧地台及相邻准地台区基底表面起伏纲要图（10000000 欧洲构造图及其他资料编制）

的巨复合体，按其形成时代，基本应属于达利斯兰及贝加尔期构造“旋回”。

上覆沉积，从上文德系开始，整个显生宇呈覆盖状既盖在新元古代坳拉槽式沉积之上，也覆盖于太古宙和古元古代基底岩系之上，总体构成了盖层巨复合体覆盖在整个台地之上。其特征性构造要素为宽大的穹状隆起（台背斜）及盆状凹陷（台向斜）、克拉通坳陷，及诸如隐伏的地盾斜坡及长垣背斜等过渡性构造。长垣背斜是指相邻地台背斜（及地盾）间和相邻的台向斜中间的连接性构造。台背斜和台向斜，从剖面可达数百千米，有时达上千千米。在平面上，按基底表面通常具不规则的多边形状，而按盖层构造却形状较为平整，近卵形或浑圆状。相邻台背斜和台向斜范围内，地块盖层的起伏幅度相对高程，通常可达几千米。

大多数的台背斜和台向斜，明显地表现为地台基底顶面的地形，但有一些相对不深的年轻的叠加台向斜，只表现为地台盖层上部的构造组合的产状上，从地质图上便可很好地辨认出来。但在其基底的起伏上却没有反映（乌利扬斯克—萨拉托夫斯克—格拉左夫等叠加台向斜）。与此相反，某些古老的台背斜和台向斜，明确表现为基底项面的起伏，但由于长期中止了发展，甚至受到反转垂向运动，在盖层的上部组合的产状上，以及地质图的轮廓上都没有什么表现（托克莫夫斯克及伏尔加乌拉尔台背斜的其他背斜项部）。大多数的古坳拉槽，其盖层上部组合的产状，或者不明显，或者表现不全甚至有反转的表现。

在东欧地台范围之内，查明有稠密而复杂的坳拉槽网。部分充填下里菲（台地东部），而主要是中、上里菲和下文德沉积（图3－2－1）。这些线型地堑坳陷相对深度变化为1～2 km至5 km，个别情况达10～15 m（第涅伯—顿涅茨克坳拉槽），长度达数百至上千千米，宽度从数十至一百千米。坳拉槽的帮和底部常常被纵向的、较少被斜向和横向的陡倾断裂所切割，其幅度从数百米到数千米。断裂的位移使地堑底盘呈现阶状或琴键状构造，雁行状和相互平行分布的坳拉槽，会拼到一起构成更长更宽的带。

从台地巨复合体总体构造来看，无论地台盖层还是坳拉槽分布区，都表现出若干方向的构造分带性。最明显的是北东方向分带，它包括4个主要以隆起和沉降交互的构造带：①波罗的隆起带，毫无疑义的地盾；②近波罗的—中俄罗斯沉降带，表现为近波罗的、莫斯科和梅津台向斜及分隔它们的长垣背斜；③萨尔巴隆起带，包括乌克兰地盾、俄罗斯、沃罗涅什和伏尔加—乌拉尔台背斜，被第涅伯—顿涅茨克坳拉槽所分隔（在它之上从古生代末起形成了乌克兰台向斜），还有帕切尔马坳拉槽；④里海沿岸沉降带，表现为超深的台向斜。

在东欧地台上，隆起和凹陷的分布也呈现出径向的分带性，表现为纵向隆起体系，连接着波罗的地盾东部、拉脱维亚长垣背斜、白俄罗斯台背斜、波列斯克长垣背斜和乌克兰地盾的西部，及坳陷带：位于西边的近波罗的—拉多加凹陷和位于东边的较宽而深的东俄罗斯—里海沿岸凹陷。

（三）岩浆活动

东欧地台的发育过程中阶段性和局部性地出现岩浆活动。它们绝大部分出现于坳拉槽发展的大阶段中的几个期（里菲—早文德），以及台地大阶段中的早海西期（日维特—晚泥盆纪）。

最早期地台岩浆喷发作用发生在早里菲，它们表现为地台东部卡姆—别利斯克坳拉槽中的克尔平系杏仁状玄武岩的熔岩和玢岩。看来，它们是与巴什基尔乌拉尔的布尔姜系，属于下里菲的火山形成物同期的。

与东欧地台相邻的变质岩区，岩浆活动不仅在晚古生代继续而且延至中生代时期。在顿涅茨克—北乌斯秋地区，它主要集中于顿涅茨克坳拉型地槽坳陷的范围内，其中不止一次出现于其发生于二叠纪初的深沉降，也见于它的闭合之后的主褶皱变形阶段，即二叠纪中期。

在顿巴斯的南部边缘，在早中石炭纪，有很多碱性岩（暗霞正长岩、霞石及假白榴石正长岩、霓霓脉岩）潜火山和浅成岩体（岩墙、岩床、岩株）的侵入，而在顿涅茨克坳陷的结束阶段，在早二叠纪，形成了南顿涅茨克二长—斜长斑岩浅成岩体组合。在同一个带，在主褶皱变形期之后，在三叠纪与二叠纪之交至早三叠纪产生了安山岩—粗面安岩的浅成岩体组成。在中侏罗统，米乌斯煌斑岩组合等由碱性玄武岩、沸煌岩、斜闪煌籍岩等组成。后褶皱期的侵入体，基本上是产于与顿涅茨克褶皱山体的南翼相交切的横匀裂隙之中。在巴统世火山喷发导致顿巴斯北西边缘上凝灰岩及凝灰砂岩的形成。所以，岩浆活动伴随了第涅伯—顿涅茨克带几乎所有发展阶段——从它在泥盆纪的再活动直至晚古生代及中生代的回返及重复的褶皱变形。

在伯朝拉—巴伦支海准地台区，不止一次地发生暗色岩质的火山喷发。其中的一次，是晚泥盆纪出现于季曼带，另外一次发生在三叠纪的最初期，与西伯利亚地台上的巨型暗色岩喷发同一时期。在泰梅尔的库兹涅茨克凹地及西西伯利亚台地的许多地区及外乌拉尔发生拉斑玄武岩—玄武岩流的溢出于伯朝拉台向斜的最东部及边缘坳陷的沃尔库塔凹地。还有一处暗色岩质火山喷发，是发生于早白垩纪的后半期，巴伦支海地区的北部边缘—法兰士—约瑟夫地和斯匹兹伯根，那里发生了玄武岩质熔岩的喷发及玄武质火山碎屑的抛射。在中欧地台区，强烈的火山喷发发生于中侏罗世，较弱的是在早白垩纪时期，喷发作用发生于北海的中央地堑，在丹麦·波兰的北西部以及其他地区。

在东欧地台发展的坳拉槽阶段，许多地区，不止一次地发生过岩浆喷发活动。在台地阶段，绝无仅有的一次强烈的岩浆喷发，波及地台的不同地区，是在古生代（泥盆纪后半期至石炭纪初），它与地台边缘许多坳拉槽和坳拉型地槽带的再活化阶段是一致的。晚古生代岩浆活动只表现在地台的西部边缘，在奥斯陆地堑及顿涅茨克、北乌斯秋准地台。在中生代，只出现于地台周边的准地台。在新生代地台周边的准地台无岩浆活动。在岩浆活动的产物中，玄武岩占主要地位，但是在晚元古代除玄武岩之外，酸性安山玄武岩、安山岩、英安岩及流纹岩有着广泛的分布。从文德期末起，它的作用开始消失，但是除拉斑玄武岩之外，碱性玄武岩及碱性—超基性岩浆活动起着重要作用。

二、西伯利亚地台

西伯利亚地台是苏联境内第二大古地台（克拉通），面积比东欧地台略小一点。与东欧地台的平原地形不同，在西伯利亚地台的地貌主要是剥蚀高地和高原，其海拔平均为500 m以上，最高达2500 m，并且受切割的程度相当强烈。西伯利亚地台除了其西南边缘外，几乎整个范围都分布在多年冻土发育区内，其北部冻土层厚达上百米。

（一）地层

寒武系在西伯利亚地台上，比显生宙其他一些系的分布广泛得多，寒武纪沉积覆盖了整个勒拿—叶尼塞台地（阿纳巴尔穹隆、奥列经奥克穹隆和图鲁汉—诺里（斯克隆起带的上升最强烈部分除外），并且以残山的形式存在于阿尔丹—斯塔诺夫地盾北部。寒武系出露的主要地区位于地台的东北部（阿纳巴尔台背斜）、东南部（阿尔丹—斯塔诺夫地盾北坡）、南部（伊尔库茨克围场）、西南部（拜基特台背斜）和西北部图鲁汉—诺里尔斯克带）。

奥陶系在西伯利亚地台上分布范围非常广，比寒武纪沉积的分布范围小一些。几乎在勒拿—叶尼塞台地的整个西半部、维柳伊台向斜的西部、沿着遗台的东部边缘、在谢捷达班带中都有奥陶系存在；与寒武系不同，在奥陶纪经历过隆起的阿纳巴尔台背斜大部分地区和阿尔丹—斯塔诺夫地盾北坡，缺失奥陶纪沉积。奥陶系的主要出露地区处在叶尼塞岭以东的图鲁汉—诺里尔斯克坳拉槽、伊尔库茨克围场、阿纳巴尔台背斜西南坡和西坡及维柳伊台向斜的西南边缘。

志留纪地层主要分布在地台的西半部，其分布区与奥陶纪相同，面积略小一些；它们的堆积宣告地台早古生代构造发展阶段的结束。它们构成通古斯地台向斜的底板（卡坦加隆起可能除外），志留纪沉积在地台西部、南部和东部边缘出露到地表；它们也构成维柳伊台向斜西部的底板，在该台向斜的西南边缘，它们出露在经亚凹地和别廖佐夫斯基凹地中。在地台东部边缘的谢捷达班带中也产有志留系。

泥盆纪沉积地层的分布范围比志留纪沉积地层要小，但在西伯利亚地台的大部分地区里已经查明了泥盆系的存在。它们存在于通古斯卡台向斜的北部（出露在台向斜的两侧），堆积在维柳伊台向斜西部之下的一些深堑墩构造以及坎斯克—塔耶沃凹地中。泥盆纪沉积地层出露在地台北部边缘诺尔德维克地区的地表，并且在有些地方是沿着地台的东北边缘（哈拉乌拉赫带）和东部边缘（谢捷达班带）延伸。

石炭系和二叠系在地台西部有广泛分布，在这里，它们是堆积在通古斯卡台向斜中（出露于台向斜的西部、南部和东部边缘）以及存在于坎斯克—塔耶沃凹地内。在维柳伊台向斜西部、皮亚西纳—哈坦加凹地和勒拿—哈坦加凹地中，这两个系的地层是产在中生代盖层之下，它们沿着阿纳巴尔台背斜北坡和东北坡呈一个狭窄带延伸。

三叠系在西伯利亚地台上，沉积的和火山成因的产物，与其相关的还有大量三叠纪的侵入岩体。沉积产物只是分布在地台的东北边缘，见于勒拿—哈坦加凹地，前上扬斯克边缘坳陷和维柳伊凹地的西北部，在这里，三叠纪沉积产物几乎到处都是，埋藏在侏罗纪和白垩纪沉积之下，仅仅在奥列尼奥克穹隆的北坡和东坡以及奥列尼奥克背斜中有出露。早三叠世陆相火山成因产物的分布范围很广，它们堆积在通古斯卡台向斜的内部以及皮亚西纳—哈坦加凹地相当大的地区，在这里，它们掩埋在侏罗纪和白垩纪沉积盖层之下。侵入产物分布在通古斯卡台向斜内，但是，这些侵入产物最紧密地“充满”了台向斜的边缘带以及阿纳巴尔台背斜的北坡。

从分布特点上看，侏罗系与三叠纪及晚古生代沉积差别极大：在通古斯卡台向斜大部分地区缺失侏罗纪沉积，该台向斜在暗色岩火山活动结束之后上升，但是，在地台南部和东部的许多上叠凹地及复活凹地中有侏罗纪沉积物堆积。侏罗纪沉积几乎到处都是通过海侵产在前寒武纪、古生代和三叠纪产物的不同层位上。它们主要是产在地台南部边缘（萨彦岭边缘和斯塔诺夫山脉边缘）、北部边缘（皮亚西纳—哈坦加凹地和勒拿—哈坦加凹地）以及东北边缘（前上扬斯克边缘坳陷），只是在东部才深深地伸进地台的内部，堆积在维柳伊台向斜西部以及安加拉—维柳伊坳陷中。

白垩系在西伯利亚地台上，沉积的分布地区与侏罗纪沉积分布区相同，但是，绝不是在它们的整个面积上都存在。它们主要是分布在地台的最北部（皮亚西纳—哈坦加凹地和勒拿—哈坦加凹地）和东北边缘（前上扬斯克边缘坳陷和维柳伊台向斜）。在南部前斯塔诺夫带凹地以及坎斯克凹地中，可能存在一些规模极小的斑点状下白垩统沉积。在阿尔丹—斯塔诺夫地盾上，分布有晚侏罗世和白垩纪的侵入体和少量喷出产物，而在东北部阿纳巴尔背斜东部则分布有侏罗纪和白垩纪（与古生代一起）北雅库特金刚石省的金伯利岩岩筒。

古近系和新近系在西伯利亚地台上分布面积有限，为厚度较小（从几十米到500 m）的陆相沉积，其特点是化石主要为孢子花粉，其次为植物大化石，有时出现淡水生及陆生软体动物的贝壳。第三纪沉积物呈冲刷状产在位于它们之下的不同时代地层上。它们发育的主要地区位于维柳伊台向斜东部及相邻的前上扬斯克坳陷地段（下阿尔丹凹地、地台南部边缘的贝加尔湖沿岸地区和萨彦岭边缘地区）。在维柳伊台向斜的西北侧、阿纳巴尔台背斜的西南侧（科图伊河中游）以及分水岭的其他一些地区，保存着古近纪的风化壳和新生代沉积物的薄覆盖层。

第四系在西伯利亚地台上，沉积分布很广，形成通常很薄且不连续的覆盖层。在经历过多次冰川作用的地台西北部以及在大河流的河谷（安加拉河、石泉通古斯卡河、下通古斯卡河、维柳伊河，特别是叶尼塞河和勒拿河）中，第四纪地层的厚度增大；在勒拿河谷中，其厚度达到100 m以上。

（二）构造

西伯利亚地台与东欧地台在构造上有很多相似之处。西伯利亚地台太古宙—古元古代基底也组成了处在地台边缘的巨大规模的地盾（阿尔丹—斯塔诺夫地盾）以及规模小得多的突起（阿纳巴尔地块），沉积盖层从各方向将其包围（图3-2-2）。新元古代—显生宙沉积盖层平均厚度相近，组成巨大的台地（勒拿—叶尼塞台地）。台地的面积超过两个突起面积的几倍。查明了一系列坳拉槽，它们是在里菲期产生的，后来经历了倒转以及随之发生的新生改造作用，而且有些地堑到三叠纪前一直在继续发育。最大的坳拉槽体系是维柳伊—帕托姆坳拉槽，如同第涅伯—顿涅茨坳拉槽那样，它将地台分成两个大小不等的部分。在西伯利亚地台的一些地区，还发现了盐丘构造的存在，它呈底劈构造的形式出现，其核部为泥盆纪的盐类，但是这些构造的规模比东欧地台的盐丘构造的规模小得多。

与东欧地台不同，西伯利亚地台某些地区的盖层被挤压成延长状的线形褶皱带（安加拉—勒拿带），阿尔丹—斯塔诺夫地盾的构造由于许多中生代深地堑和逆掩断层的存在而变得复杂化。此外，该地盾中还有许多中生代侵入体穿入，这与波及地盾南部的构造-岩浆活化作用有关系。西伯利亚地台沉陷作用在中生代基本结束，地台范围内新生代凹陷几乎完全缺失。而且，西伯利亚地台的大部分在新近纪至第四纪经历了强烈的新构造上升运动，其幅度超过500 m，有些地方达到1~2 km。

中元古代以来，研究区经历了一系列古陆解体、拼合形成新大陆的大地构造旋回，俄罗斯区域构造演化基本上是地块、岛弧等各种地体围绕两个克拉通增生、拼贴并最终克拉通化的过程；因此在不同时间、不同地点形成了大陆裂谷、陆间裂谷、被动边缘、活动边缘、造山带前缘等各种不同的构造环境，形成了类型多样的沉积盆地。

（三）岩浆活动

西伯利亚地台的发展伴随有远比东欧地台强烈得多的岩浆活动，特别是在西伯利亚地台演化发展的台地大阶段。在西伯利亚地台东南部，与晚中生代构造-热活化作用相伴出现的是发生了酸性和碱性岩浆活动，这种构造-热活化作用在东欧地台上不存在可以类比的现象，但是却可以与在这个时期波及中国地台东部的类似现象完全加以对比。

与西伯利亚地台坳拉槽发展大阶段有关的岩浆活化现象是在早、中和晚里菲及尤多马纪发生的，主要是出现在地台的北部地区。早里菲玄武岩的溢出以及以碱性成分火成碎屑物质和火山灰物质抛出的形式出现的岩浆爆发活动，经查明是出现在阿纳巴尔地块以西和以东的一些坳拉槽带中。

与东欧地台一样，在早古生代和中古生代初（寒武纪—泥盆纪初），在西伯利亚地台上几乎完全缺失岩浆活动的显示，但若干金伯利岩形成幕（奥陶纪、志留纪、早泥盆世）表现出来的碱性玄武岩（这种碱性玄武岩见于西雅库特含金刚石的金伯利岩省，也就是产在阿纳巴尔台背斜东部和博图奥博长垣构造中）以及可能还有乌贾中心型碱性—超基性侵入杂岩体［推测在形成时间上该杂岩体可与科拉半岛的类似岩体（科夫多尔等岩体）进行对比］除外。

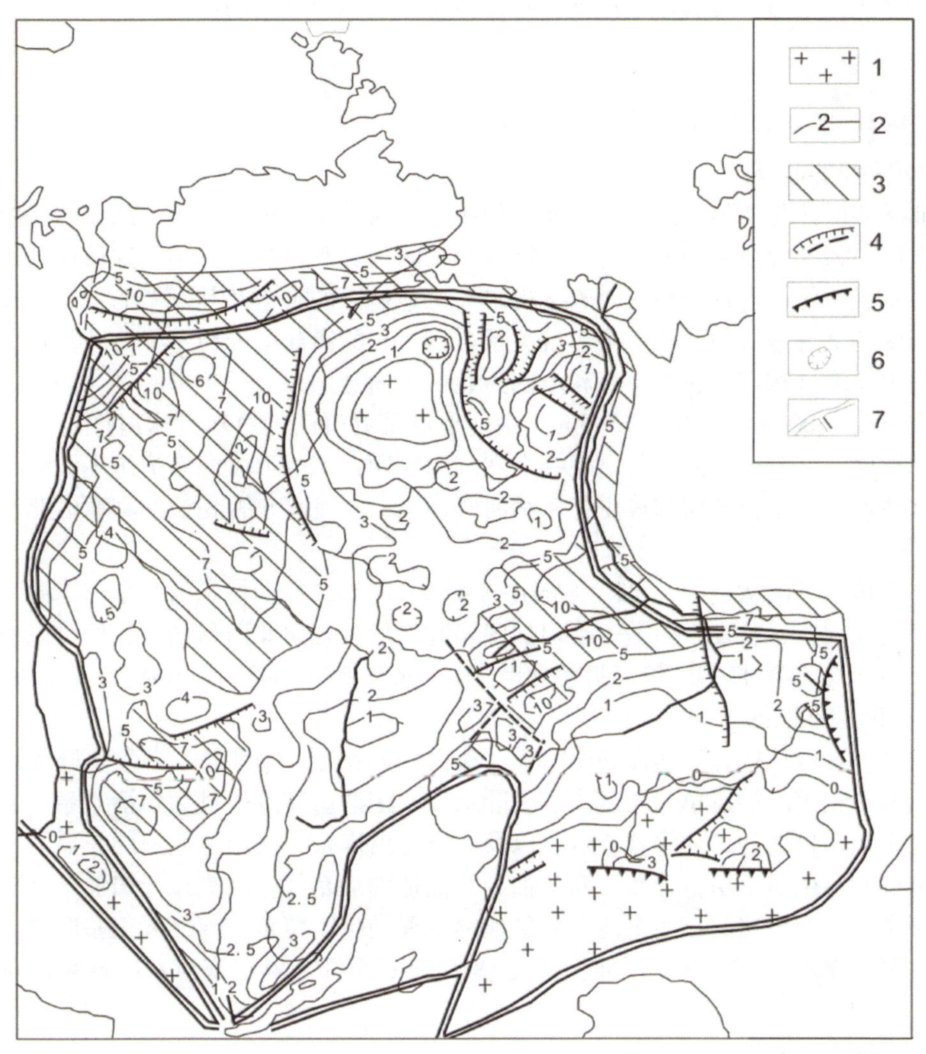

1—太古宙—古元古代基底露头；2—基底产出深度等值线；3—该基底面深度超过 5 km 的地区；4—使盖层错位的基底中的陡倾断层；5—基底中的缓倾断层（逆掩断层）；6—陨击坑；7—西伯利亚地台及相邻准地台的界线

图 3-2-2 西伯利亚地台基底地形示意图(综合 H. B. HeBO-；HH，rC. rlyceB，rC. ①pa 且 KHH 的图件编制)

像东欧地台一样，在西伯利亚地台东部，在志留纪的后半期发生了相当强烈的岩浆活动。与这一活动相关的是，在地台东部边缘和东北边缘，在谢捷达班带、哈拉乌拉赫带和帕托姆—维柳伊坳拉槽系统中，出现了橄榄石玄武岩的强烈溢出及次火山侵入作用。在帕托姆—维柳伊地区，泥盆纪岩浆活动产物的体积估计为 6 万 m^3。西雅库特省一些新的金伯利岩岩浆活动幕与泥盆纪末可能也与石炭纪初有关。

与东欧地台一样，几乎在整个晚古生代，西伯利亚地台在岩浆活动方面都停止了，只是在晚二叠世才又恢复，在三叠纪初达到极大的强度。这个时期岩浆活动出现的主要地区包括通古斯卡台向斜、皮亚西纳—哈坦加凹地以及与该凹地相邻的泰梅尔—北地群岛准地台区的贝兰加南带，在这些地方发生了拉斑玄武岩岩浆极其强烈的喷发，然后变为这种岩浆的喷出和浅成侵入（以岩墙、岩床、岩颈、岩株形式出现）。

最后一个重要的岩浆活动时期在地台东南部，在阿尔丹—斯塔诺夫地盾上表现强烈，这个时期属于中生代的中期和晚期。在这里，火山活动和侵入活动始于三叠纪末，在侏罗纪期间继续进行并逐渐增强，在晚侏罗世和早白垩世达到最大强度和最为多种多样，在晚白垩世期间逐渐消失。

在新生代，岩浆活动完全停止。在西伯利亚地台范围内，迄今找到少数新生代圆形构造，据推测认为它们是陨石冲击坑：其中包括波皮盖和别延奇梅—萨拉阿塔陨石冲击坑。如果考虑到在东欧地台上已经发现了 20 多个新元古代、古生代、中生代和新生代的类似构造，那么可以推断，在西伯利亚地台上存在的类似产物会大大超过现有的数量；随着对盖层和基底地质研究的深入和仔细，必然会找出这些构造。

三、环西伯利亚地台的准地台

（一）泰梅尔—北地地区

泰梅尔—北地褶皱区与西伯利亚地台西北部相接，因为处于北极的位置，属于苏联的交通不便、地质研究不多的地区。该区前寒武纪形成物还未得到公认的划分和可靠的定年。这就使得论及它的构造和发展历史时总是众说纷纭。不过，现已明确泰梅尔—北地地区的构造及其发展的特点，在于它具有综合标志，既有地槽区的又有地台的。从山岳形貌关系上看，它的南部的泰梅尔半岛乃是亚洲的北部，与邻喀拉海和拉普捷夫淳海域相邻。它的中部和南部为北东东向延伸达上千千米的贝兰加低山山地。从西向东，高度增大自 200 ~ 400 m 达 1000 ~ 1500 m，山地地形带有鲜明的更新世冰川作用的痕迹，泰梅尔河切割了它的中部地区，该河的中游地段出现一个宽阔的轮廓奇特的河汊湖泰梅尔湖。它是截断了泰梅尔河谷及其右岸水系所成。山地的西部被皮亚西纳河所切割，它发源于普托拉纳高原的北坡。这两条河均注入喀拉海。

在泰梅尔—北地地区的构造中，可以划分出一系列纵向带，在泰梅尔为北东东走向，而在北地它作弧形弯曲，甚至到北北西，从皮来西纳—哈坦加凹陷起，从南东向北西移动，我们可以横穿构造巨带或构造带（图 3 - 2 - 3）：南泰梅尔巨带（贝兰加巨带）、北泰梅尔巨带、北地巨带。

（二）萨彦—叶尼塞地区

萨彦—叶尼塞准地台地区，从西面和南两面，将西伯利亚地台与乌拉尔—蒙古陆表地槽褶皱带给分隔开来。它是由两个主要的构造单元所组成——叶尼塞—东萨彦瑞芬—贝加尔褶皱系，它位于贝加尔湖的西端与石泉通古斯河口之间，环绕着地台，以及叶尼塞沿岸带，具前寒武纪的，显然，在相当程度上为前贝加尔的基底和显生宙盖层，分布于西西伯利亚低地的最东部，从克拉斯诺亚尔斯克到格达半岛。

叶尼塞沿岸带是一个厚层的显生宙地台盖层连续发展的带，覆盖在前寒武纪基底之上，宽度从南部的 150 ~ 200 km 至更靠北的 300 km，延伸长度近 1800 km，分布于叶尼塞河左岸自克拉斯诺亚尔斯克直至格达半岛。

（三）乌拉尔—蒙古活动带

乌拉尔—蒙古构造活动带完整分布在亚欧大陆的内陆地区。该活动带大部分位于苏联范围内，东南小部分分布在蒙古国和中国北部地区。地槽期发育始于元古代晚期，不同段结束于不同时期。经过了萨拉伊尔期、加里东期、海西期、早基米里和晚基米里几个构造期。如今，在整个区域内是后地槽褶皱带。在平面图上看它的格局类似于镰刀形凸起，西南部发生转变。从西南部边缘测量该活动带长度达到 9000 km，相对狭窄的乌拉尔西北部弧段继续延伸。更窄的坳拉槽型帕伊霍伊—新地褶皱带继续向北延伸。在西南范围最宽阔（约 2500 km）的哈萨克斯坦—天山—萨彦段出现转折，构造带主要向东南近经度方向延伸。在更狭窄的东南部蒙古弧段构造区域带最终沿经度方向延伸，向南弧形成微弱的凸起。最后，在东部最狭窄的外贝加尔—鄂霍次克弧段带整体具有东北东走向并在东部与西北部的太平洋活动带汇合。

乌拉尔—蒙古活动带的构造位置基本上以 3 个欧洲古地台（克拉通）为主要的框架元素，分别是在东北部的西伯利亚地台，在西面的东欧地台以及在南部和东南中朝地台。但是这些克拉通地块不是直接与乌拉尔—蒙古带接壤，只是在某些地段相连。与西伯利亚地台相连的是萨彦—叶尼塞准地台和贝加尔准地台，与东欧地台相连的是伯朝拉—巴伦支海准地台和顿涅茨克—北乌斯秋尔特准地台，与中朝地台相连的是布列亚—东北准地台。乌拉尔—蒙古带西南段在咸海和天山南部之间与南图兰新台地相接，在北部地区出现地中海活动带。

根据乌拉尔—蒙古活动带的后地槽发展在特性不同区域划分出 4 个主要的构造区：①大规模后地槽褶皱基底突起，在中生代晚期和新生代未发生巨大变形（帕伊霍伊—新地、乌拉尔海西褶皱区、哈萨克高原加里东—海西宁褶皱区）。②年轻的台地（西西伯利亚，北图兰）和 Ⅱ apa Ⅱ Ⅱ aKOcbI（巴尔喀什—阿拉科尔，准噶苍等），在这些地区不同时期的褶皱基底普遍超覆中—新生代未变形或微变形的盖

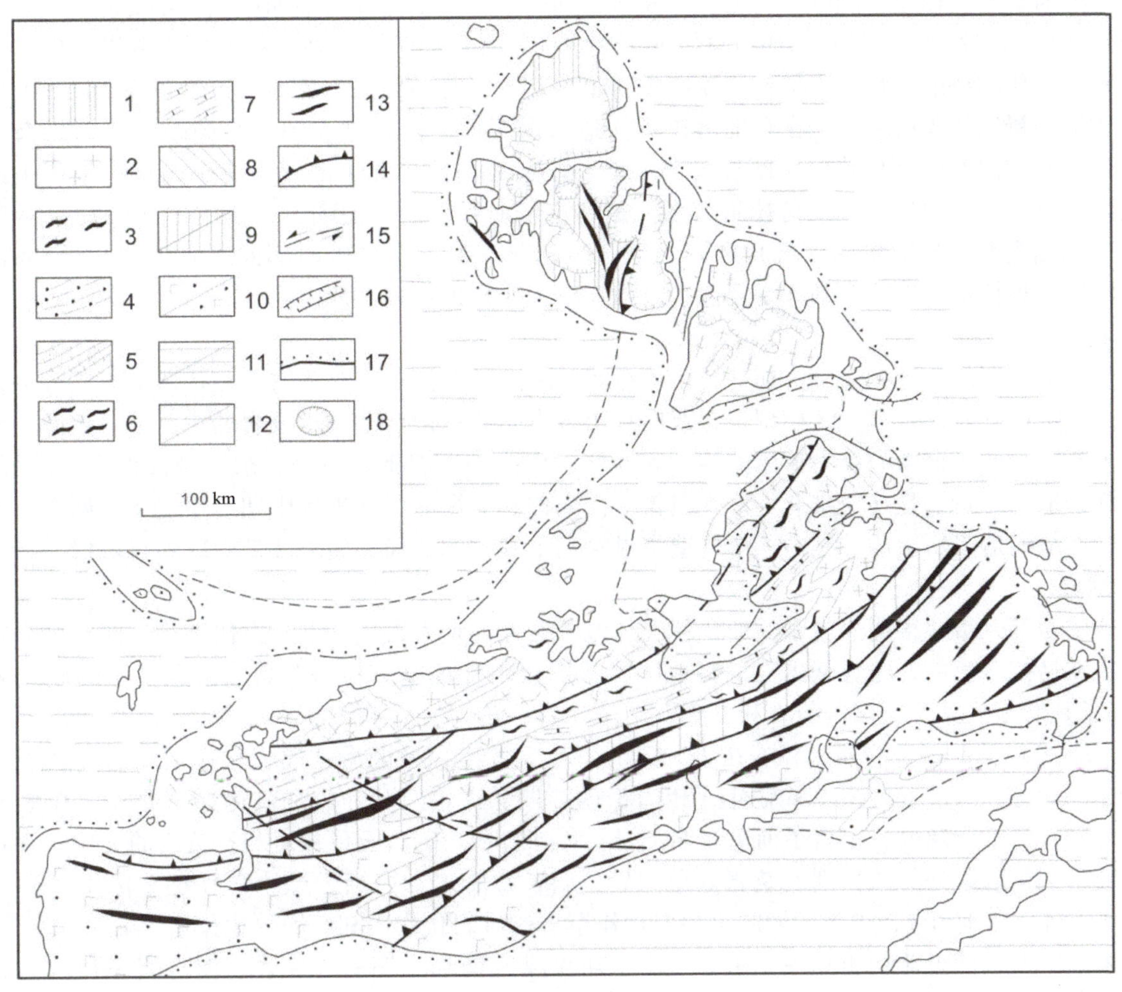

1—北地巨带—奥陶泥盆纪陆源碳酸盐准地台组合，海西阶段受轻微变形；2、8—北泰梅尔巨带格仑威尔及贝加尔—萨拉伊尔期重复褶皱；2—巨带基底下元古片麻岩与长角闪岩（特列沃任）组合；3、5—北带（切柳斯金带）；3—下、中里菲变质陆源（冒地槽）组合，达尔斯兰（格伦威尔）阶段变质和花岗岩类侵入；4—上里菲—寒武陆源杂岩，贝加尔（?）—萨拉伊尔期变形和弱变质；5—北带（北地群岛东北）元古宙末分的和寒武纪变质形成物；6、7—南带（什连克—彼得格勒，或什连克—法捷耶夫带）：6—下、中里菲沉积—火山（优地槽）组合，达尔斯兰（格仑威尔）阶段揉皱、变质并被花岗岩类侵入；7—上里菲陆源碳酸盐组合，几乎未变质，贝加尔期揉皱；8—北泰梅尔巨带二叠纪—三叠纪构造—热活化；9、10—南泰梅尔（贝兰加）巨带，早基米里期褶皱；9—北贝兰加带文德—下、中生界黏土质碳酸盐准地台沉积，揉皱成线型褶被（a—北西带—相对深水，未补偿坳陷，b—南浅水亚带）；10—南贝兰加带（a—上古生界陆源沉积及下三叠暗色岩，b—上古生界及三叠系陆源沉积）；11—相对薄层的中新生界，基本为侏罗纪—白垩纪陆源盖层（a—出露地表，b—在海底）；12—同上，厚层（a—在皮亚西纳一哈坦加凹陷，b—在海底）；13—古生黏三叠系变形盖层中大型背斜；14—逆断层—逆掩断层型大断裂；15—剪切带；16—地堑；17—被侏罗纪—白垩纪盖层的不整合覆盖的基底；18—大型现代冰川南泰梅尔（贝兰加）和北地巨带乃是早中生代和中古生代克拉通表层褶皱系，具前寒武纪（可能前里菲期）基底，而在分开它的北泰梅尔巨带中有贝加尔—萨拉伊尔期的变质基底的出露，占据着区域构造的轴部

图 3-2-3　泰梅尔—北地准地台区构造纲要图

层上，部分褶皱基底超覆更老的地层上。③晚中生代后造山运动区，古生代及早中—新生代褶皱基底部分超覆早中生代强烈变形的盖层，后者填充许多凹陷盆地（外贝加尔，以及东蒙古和相邻的中国东北地区）。④晚新生代后造山运动区，该区域内古生代或中生代褶皱基底强烈地突起与凹陷交错，地形上为盆山构造，凹陷中填充巨厚的新生代地层（天山山脉、阿尔泰—萨彦区及西蒙古）。

（四）乌拉尔海西褶皱带

乌拉尔海西褶皱构造总体上近南北方向延伸，从北部的喀拉海拜达尔山口到南部的北咸海沿岸。全长 2200 km（除了帕伊霍伊），而宽度从北部的 100 ~ 150 km 增加到南部约 300 ~ 400 km。西部它受前乌拉尔边缘坳陷晚海西构造所围限，使它与东欧地台和从东北与之相邻的伯朝拉—巴伦支海准地台的南部区域分开（伯朝拉盆地）。乌拉尔构造总体或个别纵向带沿走向尖灭。在乌拉尔西南部沿走向转入顿涅茨克—北乌斯秋尔特准地台，南部被覆盖在中新生代和更古老地层之下，而乌拉尔东部侵没在北图兰台坪的白垩纪—新生代盖层之下。在东部乌拉尔构造与西西伯利亚台坪和图尔盖坳陷（库斯塔奈长垣背斜）相连，其白垩纪—新生代盖层部分覆盖东带，特别是乌拉尔北半部。乌拉尔构筑在中低山或丘陵山地发育，组成了乌拉尔山脉或乌拉尔山系，是乌拉尔河系以西的伯朝拉、伏尔加（卡马）和以东的奥巴（伊尔捷克河与托博尔河支流）和图尔盖之间的分水岭。乌拉尔西部的所有区域几乎都有抬升，并具有山地地貌特征，然而东部却是侵蚀平原或丘陵及个别的山地高原。

1. 构造

乌拉尔褶皱区的大地构造分为前乌拉尔边缘坳陷和乌拉尔海西褶皱构造，在构造上，它分为古生代冒地槽发育特征的西巨带和优地槽型发育及广泛出现古生代火山活动和火成岩的东巨带。这两个巨带被乌拉尔主断裂分开，该断裂在乌拉尔的结构和发展过程中扮演着重要角色。东巨带仅很小一部分出露，其他大部分地区，特别是乌拉尔北半部则覆盖于西西伯利亚台坪的新生代中期盖层之下。两个巨带都由一系列的次级构造带所组成，其中一个构造带贯穿整个乌拉尔，而其他构造带则以各自块段为特征。

2. 地层

乌拉尔西部巨带，很明显与东欧地台基底类似，处处都是太古代—下元古代结晶基底。地表露头不是很多。在乌拉尔南部，巴什基尔复背斜地区出露塔拉塔什斯基麻粒岩杂岩，由深变质的原生岩浆岩（紫苏斜长片麻岩、紫苏花岗闪长岩和二辉石结晶片岩、角闪岩）和沉积岩（黑云母片麻岩、石英岩）等组成，厚度大于5 km，变质麻粒岩在2.7亿年（晚太古代）及随后花岗岩化作用和退化变质作用在1.8亿年、1.1亿~1.2亿年和0.6亿年，相当于瑞芬期、达尔斯兰和贝加尔构造岩浆期。在极地乌拉尔南部地区科日姆隆起处，出露了前里菲期杂岩：片麻岩和角闪岩云母片岩和石英岩的夹层，而在其北部地区哈尔别伊隆起处的哈尔别伊杂岩有角闪岩、斜长片麻岩和高铝云母片岩（近2亿年）和榴辉岩杂岩（不少于1.5亿年），遭到后期的角闪岩化作用、榴辉岩化作用和花岗岩化作用。

在东部巨带的前里菲变质基底，在东乌拉尔斯克隆起南部查明有片麻岩、混合岩、角闪岩、石英岩，在东穆戈贾尔花岗片麻岩穹隆中心，局部地方受古生代花岗岩化作用。

3. 岩浆活动

乌拉尔斯克褶皱区域有大范围的岩浆作用，既有喷发岩又有侵入岩，出现于它的发展不同时期和阶段，从早里菲期到三叠纪，其产物则是各种各样的。因此，乌拉尔是研究辉长岩—橄榄岩杂岩、花岗片麻岩穹隆及一般花岗岩的深成作用，地槽型火山岩建造，生矿化与岩浆作用的联系等问题的主要地区之一。

里菲期、文德期和早寒武世时期的岩浆活动在乌拉尔大部分地区的表现，除了它的北部地段是有限而且独特的。乌拉尔南部和中西部巨带里菲期和文德期沉积体系很厚，包含极为次要局部分布的基性（有时超基性的）和双峰式火山岩层，通常碱性增强，具有特有的大陆裂谷带的性质而不是地槽。

缺失蛇纹岩体系和阿尔卑斯型的超基性岩。花岗岩类深成活动表现不多，并且其特征与古地台发育初期阶段有一定的相似性（更长环斑花岗岩），而在晚贝加尔时期的压缩变形没有花岗岩类伴生。

古生代（海西期）地槽旋回最早喷发岩地层，（以原地体或异地体的产状）出现在乌拉尔西部巨带的东部地区，属于晚寒武—早奥陶系时期。它们主要为玄武岩和酸性火山岩，通常为亚碱性岩型，正如里菲—文德期，充填了裂谷坳陷的形成物，产生于大陆壳的重新拉伸和裂解。在同一时期或稍晚，从它们向东，地壳发生彻底断裂和出现（或若干）岩带，有辉长岩类、角闪岩及垫托其下的上地幔的超镁铁质岩。在奥陶纪和志留纪（在南乌拉尔）东部巨带为深水槽绿岩带（或若干个水槽），在西部穆戈贾尔—泥盆纪艾菲尔时期为拉斑玄武岩枕状熔岩及玻璃质碎屑层，下部被密集的玄武岩岩墙群所侵入。玄武岩熔融体在大洋阶段从地幔源区直接通达地表。

晚古生代造山期一阶段（晚石炭—二叠纪）在东部巨带的背斜和少量的向斜，以含钾弦岗岩类穹隆、岩基和岩株的就位为标志，而在某些地段，比如在米阿斯地区有亚碱性和碱性（正长岩）块体。对于晚海西期的乌拉尔造山岩浆作用的特点是没有伴随酸性火山作用，这是由于垂直于线性褶皱系的非常强烈的挤压作用。同时由于地壳压缩，辉长岩—超基性杂岩沿乌拉尔斯克主断裂带逆冲移动并且部分地区向西乌拉尔斯克东部边缘推覆，构成西部带的乌拉尔绿岩坳陷的暗色岩基底。

在三叠系初期的压缩暂时被拉伸所替代，纵向深断裂在乌拉尔斯克构造的东部侧翼被错开，并且在极地乌拉尔斯克边缘坳陷，导致了玄武岩在再活化地堑中溢出，并且在依然保持壳内岩浆源的地段喷发出流纹岩，在中三叠系乌拉尔岩浆岩过程终止。

（五）帕伊霍伊—新地褶皱带

帕伊霍伊—新地褶皱带在山脉志上属乌拉尔山的北延部分，表现为不变的帕伊霍伊山岭，歪如奇岛和被马托赤金—萨尔海峡分隔的南、北新地岛。该高地及具丘陵和低山地貌的岛群带在南部为北西走向，在北部为北东走向，组成一个长 1500 km，宽 50 ~ 120 km 的突向西的弧形。地形较高的北新地岛一半被冰盖覆盖。

在帕伊霍伊，新地的路线地质研究始于革命前，并延续到 20 世纪 30—40 年代，而小比例尺和部分中比例尺的地质测量仅在战后时期覆盖了该带的南部，而北新地岛仍研究薄弱。帕伊霍伊—新地褶皱带的构造地位及区域构造属性与乌拉尔褶皱系北延问题有关，引起了研究者们的注意。该带在某种意义上可认作乌拉尔西侧冒地槽巨型带的延续，与其在古生代剖面的构成上相似，几乎全部为碳酸盐岩及碎屑岩沉积的岩层，确切地说，该带从西侧靠近这一巨型带的构造，后者在极地乌拉尔的最北部地段具南北及和北北西走向并淹没于喀拉海的拜达拉兹海湾的海水之下。

帕伊霍伊—新地褶皱带内划分出被哥特花岗岩（与别尔洽乌什岩体相似）侵入的前里菲（或前中里菲?）变质杂岩和里菲—文德弱变质杂岩（在帕伊霍伊还有下寒武岩石），后者被始于下奥陶统的古生界未变质的厚大杂岩呈角度不整合超覆。

与乌拉尔不同，本带内未出现海西褶皱，沉降作用至少持续到早三叠世末，尔后，从三叠纪末到侏罗纪初经受了褶皱变形。帕伊霍伊—新地构造带无疑属古基米里构造。其中划分 3 个横向区段。在最南部的帕伊霍伊区段，由奥陶—石炭纪列莫温相陆源碎屑岩及页岩—硅质岩地层组成的北西向的帕伊霍伊背斜占据中央位置。在其西北部，从其下部露出里菲—早寒武变质杂岩。帕伊霍伊复背斜倾向南西，其本身沿平缓的推覆面推向南西，即推向科罗泰哈盆地。后者由二叠纪和三叠纪的磨拉石组成，为前乌拉尔边缘坳陷的最北部分，在南西方向上受狭窄线型的切尔诺夫山脊隆起所制约，后者为深断裂构造，可能无根。

石炭纪末该褶皱带短暂的隆起为乌拉尔地槽造山运动开始的尾声。此后，在二叠纪初本带进入强烈沉降阶段。早二叠世新地出现深海页岩坳陷，在整个二叠纪和早三叠世期间逐渐堆积了向上变粗的巨厚碎屑沉积物（厚达 5 km）。与石炭纪一样，二叠纪碎屑物来自东侧，而到早三叠世，一些内部隆起可能开始发生，并持续发展。在帕伊霍伊地区，由于从极地乌拉尔不断增强的物质带入，在早二叠世中期深海条件更替为浅海的，尔后为近岸的，到晚二叠世则为陆相条件，堆积了巨厚的灰色、部分含煤的磨拉石。

三叠纪初发生玄武岩溢出及凝灰岩喷发，这是对乌拉尔东巨型带较强大的喷溢和拉张变形的呼应。在三叠纪与侏罗纪之交，帕伊霍伊—新地褶皱带遭受挤压变形，在新地地区生成相当简单的，而在帕伊霍伊地区则生成较强的褶皱构造。在帕伊霍伊地区，宽巨的磨拉石坳掐内部出现帕伊霍伊复背斜，并向南西推覆。而在其西南出现近断裂的切参诺夫山脊隆起。与此同时，平行它们的季曼隆起被推覆到俄罗斯台地之上。在整个帕伊霍伊—新地褶皱变形具同时性，而不同地段又具有明显不同的褶皱走向。这不能用单向压力来解释，毫无疑义应该与新地—泰梅尔区域，乃至可能与基米里早期挤压时全垮面积的总体收缩而在该带产生的局部效应相联系。

第三节　煤　炭　资　源

一、煤炭储量

俄罗斯煤资源丰富，煤储量占世界煤总储量的 18% 以上，仅次于美国，居世界第二位（图 3 - 2 - 4）。煤炭预测资源量为 41392 亿 t，查明资源量达 6400 亿 t。根据 2012 年 BP 世界能源统计年鉴统计结果显示，到2011年底，俄罗斯煤储量为1570.1亿t（图3-2-5），其中包括无烟煤和烟煤490.9亿t，亚烟煤和褐煤1079.2亿t。从已经探明的储量来看，烟煤和无烟煤的探明储量不足一半，主要以褐煤为主。而根据BP统计结果显示，俄罗斯煤炭储产比高达471，也就是说在现有开采条件下，俄罗斯煤炭可供开采470年左右（图3-2-6）。

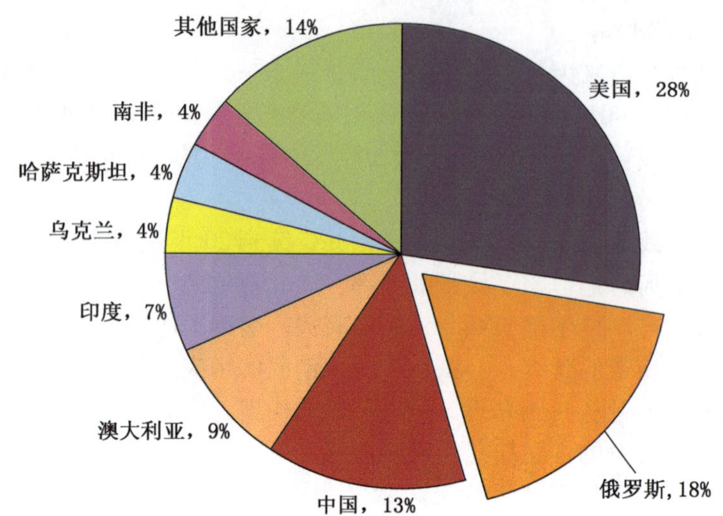

图3-2-4 俄罗斯煤资源占世界煤总储量的份额

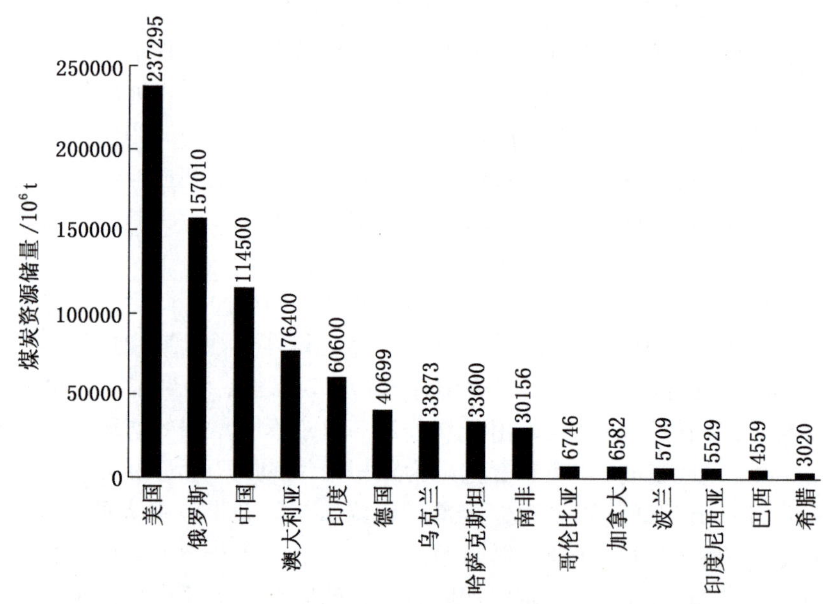

图3-2-5 世界主要煤资源国按储量前15位排序

截止到2002年1月1日，俄罗斯联邦煤炭资源总量为41393亿t（表3-2-1）。在该总量中，纳入国家储量平衡表统计范畴内的可供开采的工业储量（A+B+C_1级）为1981亿t（占资源总量的4.8%，下同）；C_2级储量为786亿t（1.9%），工业储量（A+B+C_1级）与C_2级储量合计为2767亿t（6.7%），C_2级以下的表外储量为514亿t（1.2%）；P_1+P_2+P_3级预测资源量为38167亿t（92%）。另外，未纳入国家储量平衡表统计范畴内的C_2级以上的储量合计458亿t（1%），其中可供开采的C_1级工业储量为114亿t。

在资源总量中，炼焦煤4678亿t，占到了12%，可供开采的工业储量（A+B+C_1级）400亿t，占1%（表3-2-1，图3-2-7）。

截至2002年1月1日，采煤企业占用平衡表内储量254亿t，在建企业占用26亿t。

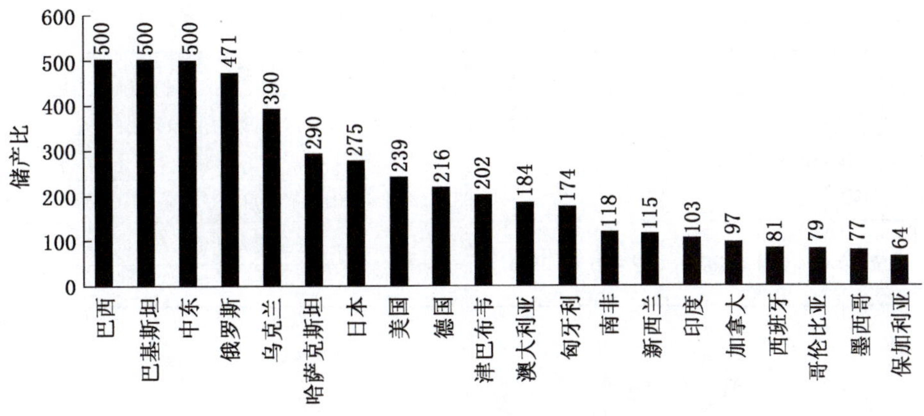

图3-2-6　世界按储产比前20位国家排序

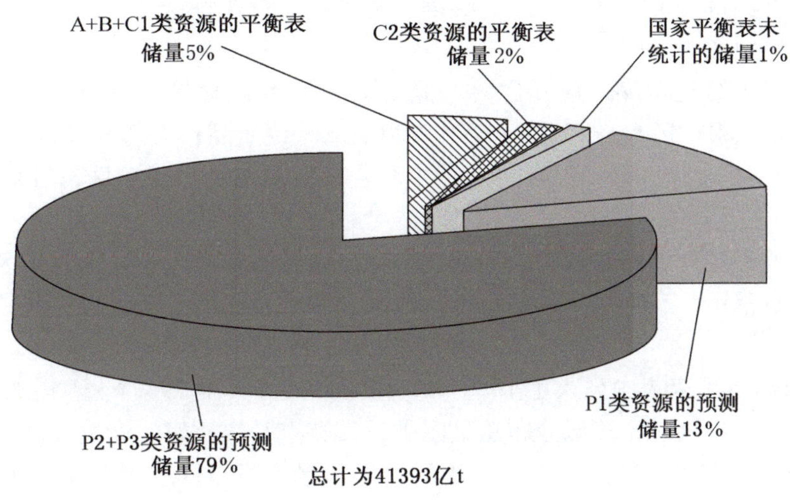

图3-2-7　俄罗斯煤炭资源总量百分比

从预测的资源量看，俄罗斯煤炭资源丰富，排在美国（3.9万亿t）之前，列世界第一位（表3-2-2）。

表3-2-1　俄罗斯联邦的煤炭资源/储量　　亿t

地区	煤炭种类	所有储量和资源	纳入国家储量平衡表统计内的储量			未纳入国家储量平衡表未统计内的储量			平衡表以外的储量	预测资源			
			总计	其中包括		总计	其中包括			总计	其中包括		
				$A+B+C_1$	C_2		C_1	C_2			P_1	P_2	P_3
俄罗斯	所有种类	41393	2767	1981	786.17	158	114	44	514	38168	5362	7354	25452
	褐煤	13801	1471.1	1019	452	68	28	40	172	12262	1899	3019	7343
	烟煤	26790180	1203920	894580	309350	375690	82410	293290	291220	25210560	3389120	4100880	17720560
	其中包括												
	炼焦煤	4678	488	400.4	87	216	37	180	55	3974	1441	1607	925
	无烟煤	801	92	67	24	14	3	11	50	695	74	234	388

注：表中数据截止到2002年1月1日。

表3-2-2 俄罗斯煤炭资源状况

预测储量		P_1	P_2	P_3
2009年1月1日数据	总储量/10亿t	655	937.2	4101.8
	已探明储量所占份额（百分比）/%	0.2	0.07	0.02
2010年1月1日数据	总储量/10亿t	539.3	734.6	2554.8

预测储量		P_1	P_2	P_3
2010年1月1日数据	已探明储量所占份额（百分比）/%		15.5	3.2
储量（2010年1月1日数据）/10亿t			ABC_1	C_2
总储量/10亿t			193.2	79.6

二、俄罗斯煤炭资源分布

俄罗斯近94%的煤炭资源集中在西伯利亚和远东地区，欧洲部分及乌拉尔地区煤炭不足2%。有近80%的煤炭储量位于西伯利亚地区，其中超过70%在库兹涅茨克矿区、坎斯克—阿钦斯克矿区和通古斯克矿区。位于俄罗斯欧洲部分的伯朝拉矿区、顿涅茨克矿区、莫斯科近郊矿区拥有不到9%的已探明煤炭储量，远东地区的储量约为10%。

已探明储量的一半以上是优质煤，灰分含量（低于15%）和硫含量（不超过1%）较低。焦煤储量超过俄罗斯煤炭总储量（400亿t）的20%，其中200亿t是优质品；大部分（近60%）的焦煤集中在库兹巴斯（克麦罗沃地区），约20%在萨哈共和国（雅库特）南雅库特矿区，11%在科米共和国的伯朝拉矿区，还有9.5%位于图瓦共和国。

许多矿区都位于开发程度低的高寒地区，如通古斯克矿区、济良矿区、连斯克矿区、雅库特的南雅库特矿区，以及泰梅尔自治区、马加丹州、楚科奇自治区及萨哈林州的矿区。在这些矿区开采需要很高的生产及运输成本。

2010年俄罗斯国家储量平衡表中列入了1688个煤炭主产区。其中396个集中在库兹涅茨克和坎斯克—阿钦斯克的产煤区，被纳入矿产资源分布总量图中；其特点是煤质好，储量占俄罗斯已探明总储量的15.1%。而未纳入分布总量图的矿区，虽然产出的煤在质量上可以同获得开采许可证的矿区相提并论，但其开采地质条件一般较为复杂，或者位于基础设施不健全的地区（表3-2-3）。

表3-2-3 俄罗斯主要矿区

矿区名称	煤的类型	储量，10亿t（2009）		2011年开采量/10^6 t	含量/%		燃烧热量/（$MJ \cdot kg^{-1}$）
		$A+B+C_1$	C_2		灰分	硫	
库兹涅茨克	烟煤，褐煤	51	15.4	192.0	10~16	0.3~0.8	23~30
坎斯克-阿钦斯克	褐煤、烟煤	79.6	38.7	39.6	5.8~15	0.3~1	13~18
伯朝拉	烟煤褐煤	7.3	0.455	11.9	8.5~255	0.5~1	18~27
顿涅茨克	烟煤	6.5	3	5.2	105~29	1.8~4.2	18~20
南雅库特	烟煤	4.56	2.8	9.5	5~50	0.3~0.5	22~38
伊尔库茨克	烟煤，褐煤	7.6	4.6	13.9	7~15	1.5~5	18~23
米努辛斯克	烟煤	5	0.35	13.8	6.6~29.7	0.5~0.6	18~32
莫斯科近郊	褐煤	3.3	0.453	0.3	31	3~5	11.4
其他		28.1	13.6	50.5			

（一）北部经济区

在北部经济区行政管辖着阿尔汉格尔斯克州、伏尔加格勒州、摩尔曼斯克州，还有卡列利亚共和国和科米共和国（图3-2-8）。

在北部经济区含煤率较为出名的是泥盆系地层（瓦隆科斯科亚、因基卡—苏里斯克亚、兹历明斯

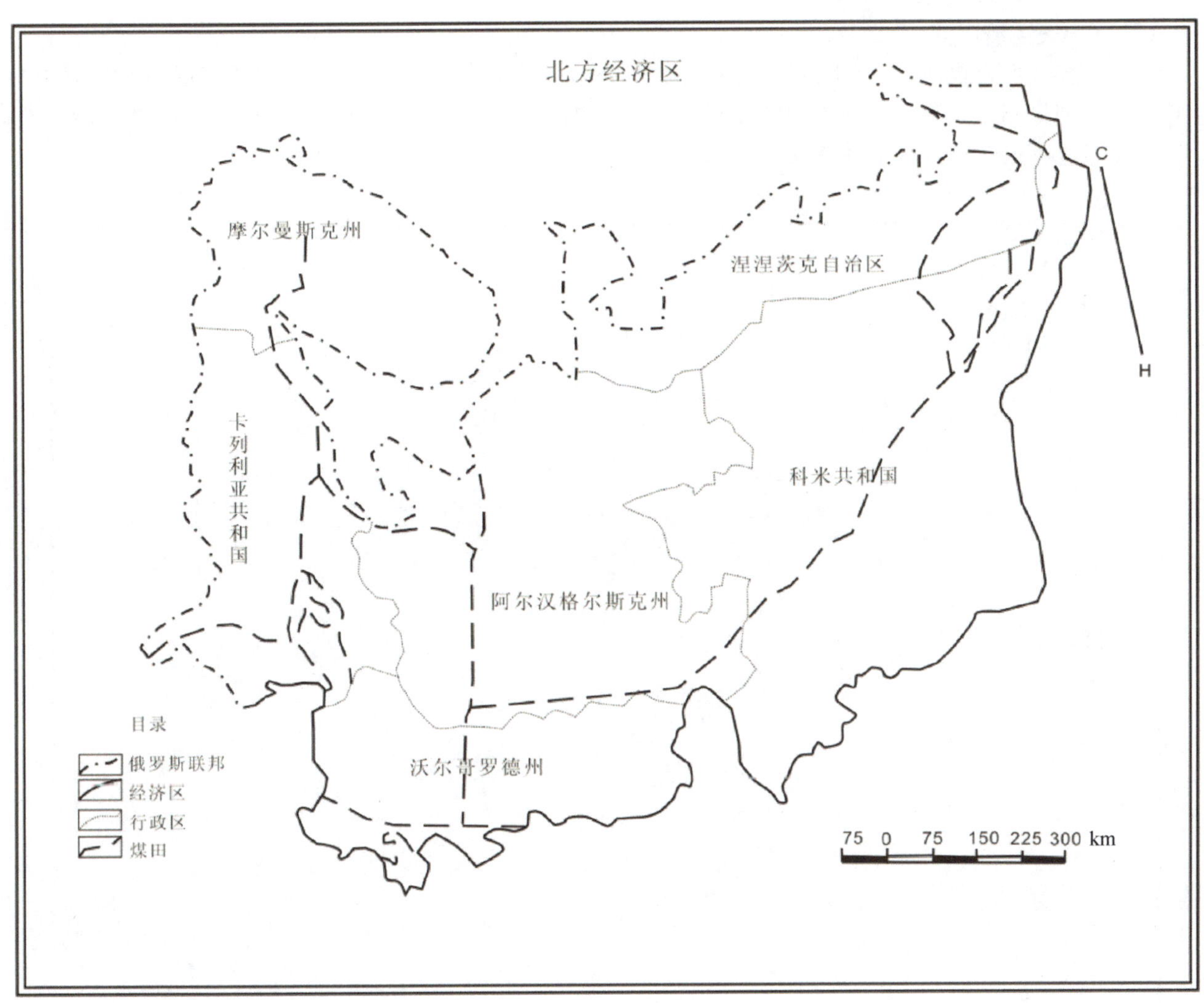

图 3-2-8 北部经济区范围

克亚和南基曼矿场地)、石炭系地层(中普乔雷、普乔雷城、休科尔—乌基利和维切高德矿产地)、二叠系地层(普列杜拉边缘的弯曲部位,普乔雷向斜区)、下白垩系地层(普乔雷向斜区)。泥盆系地层、石炭系地层、二叠系地层和下白垩系地层的平均含煤量不超过 200 万 t/km^2,资源总量被评估在 200 亿 t 之内。该区内基本的含煤量与二叠纪相关,而能带来实际经济利益的则是普列杜拉边缘的弯曲区块北部的二叠纪煤层。在区内二叠纪的总资源量为 4330 亿 t,平均含煤量为 2500 万 t/km^2。它们平均分布在科米共和国(49%)和阿尔汉格尔斯克共和国(51%)境内。普乔雷煤田是最大的富煤地,其中包括 32 个产地。

普乔雷煤田与俄罗斯欧洲部分的其他煤田相比具有较多的能源用煤和焦煤,据 1997 年 1 月 1 日的资料,该煤田的深度可达 1500 m(通常情况下煤层厚度为 0.7 m 或者更厚,含灰分 40%),煤田资源总量被估测为 2336.29 亿 t,其中包括可探资源为 2249.07 亿 t,它们之中焦煤的数量分别为 243.05 亿 t 和 208.21 亿 t,预测资源已经超过了已确定资源的数量,由此也确定了加大开发新资源的广阔前景。位于科米共和国已确定资源占主要部分的 97%,其中 100% 都可用于工业。

普乔雷煤田预测的煤炭资源量的依据不足:总量(2349.07 亿 t)的 21%(473.25 亿 t)属于 P_1 级。在区域内对可开发工业性煤炭的预测资源研究较多。克拉斯科、卡拉达伊辛斯基、阿德兹文斯基、因金斯基区的西部的资源被认为是 P_2 级和 P_3 级。所有可预测的资源都认为是可以进行地下开采。按照煤炭类别,石煤(牌号 Д—Т)占了大部分(1528.71 亿 t),褐煤和无烟煤分别为 715.57 亿 t 和 4.79 亿 t,无烟煤在克拉斯科和卡拉达伊辛斯基地区较为出名,褐煤主要集中在阿德兹文斯基区。焦化煤(208.21 亿 t 或者总量的 9.3%)主要存在于沃尔古特、哈尔麦勒—尤斯基和卡拉达伊辛斯基地区。

（二）中央经济区

中央经济区主要包括11个州，该经济区主要以莫斯科市郊煤田为主，莫斯科市郊煤田在经济区中占了7个（图拉州、卡鲁时、莫斯科、梁赞、斯摩棱斯克、特维尔和诺夫哥罗德）(图3-2-9)。在俄罗斯中心部位煤田面积达到120000 m^2。

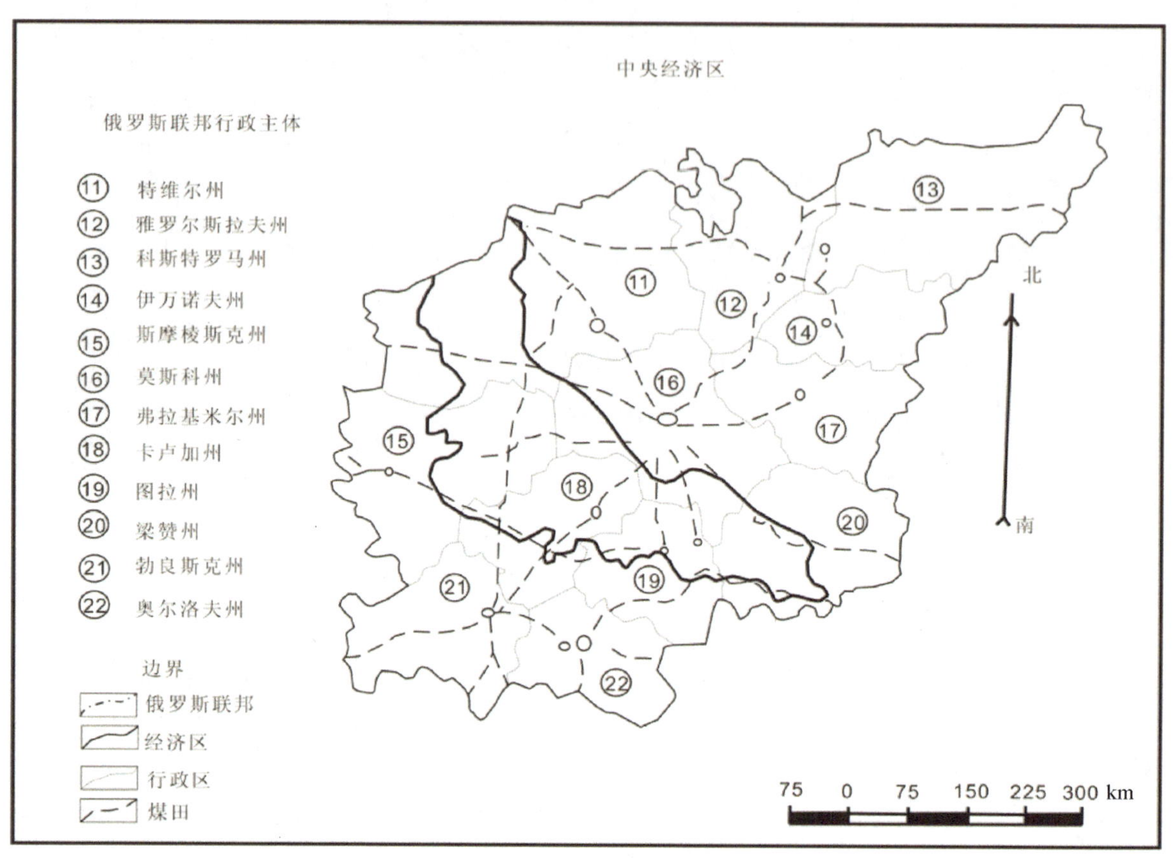

图3-2-9 中央经济区范围

该煤田含煤地层主要是泥盆系的中上统和下石炭统岩关阶以及侏罗系巴通—卡洛夫阶。下石炭统的岩关阶的煤层具有工业意义。煤层交错在下岩关阶、中岩关阶和图拉层之中。拉达耶夫矿层为含煤层。6个煤层属于拉达耶夫矿层的砂—黏土沉积，面积大概有20 km^2。其中两层达到了可开采的厚度，和勃勃里科夫层一起被开发，构成格鲁伯福斯克和阿格耶夫产地的矿山。煤层开发厚度为0.4～3 m。在下石炭统的勃勃里科夫和图拉层位中共有11个煤层（分别是9个和2个）。在煤田有工业意义的煤层标号分别为Ⅱ、Ⅲ和较少的Ⅳ。在莫斯科市郊煤田的勃勃里科夫层 t_1 和图拉层 t_2，地质条件较为复杂（按国家矿产资源委员会的分类标准为第2组）。

莫斯科市郊煤田特别是已开发部分的勘探程度较高。除去小规模的区块或者是具有较深矿层的矿场，所有有潜力的矿场地都进行了地质勘探工作。

莫斯科市郊煤田煤矿的资源总量为68.20亿t，其中国家统计所确定的数量为39.24亿t，预测资源量为22.62亿t。已确定的工业储量（$A+B+C_1$ 级）主要在图拉州（14.61亿t）和卡鲁时州（12.39亿t）。莫斯科州和诺夫哥罗德州的煤炭资源，由于其煤层较深，从未进行过评估。

近20年的矿山经验表明，在莫斯科市郊煤田（复杂的地质开采条件，多变的地形形态）不利于建设大型矿山企业。

（三）北高加索经济区

北高加索经济区包含以下俄罗斯联邦的行政主体：罗斯托夫州、克拉斯诺达尔和斯达夫罗波尔边疆区、阿德格亚共和国、卡拉恰伊—切尔克斯共和国、卡巴尔达—巴尔卡尔共和国、北奥塞梯共和国、车臣共和国、印古什共和国和达吉斯坦共和国等（图3－2－10）。

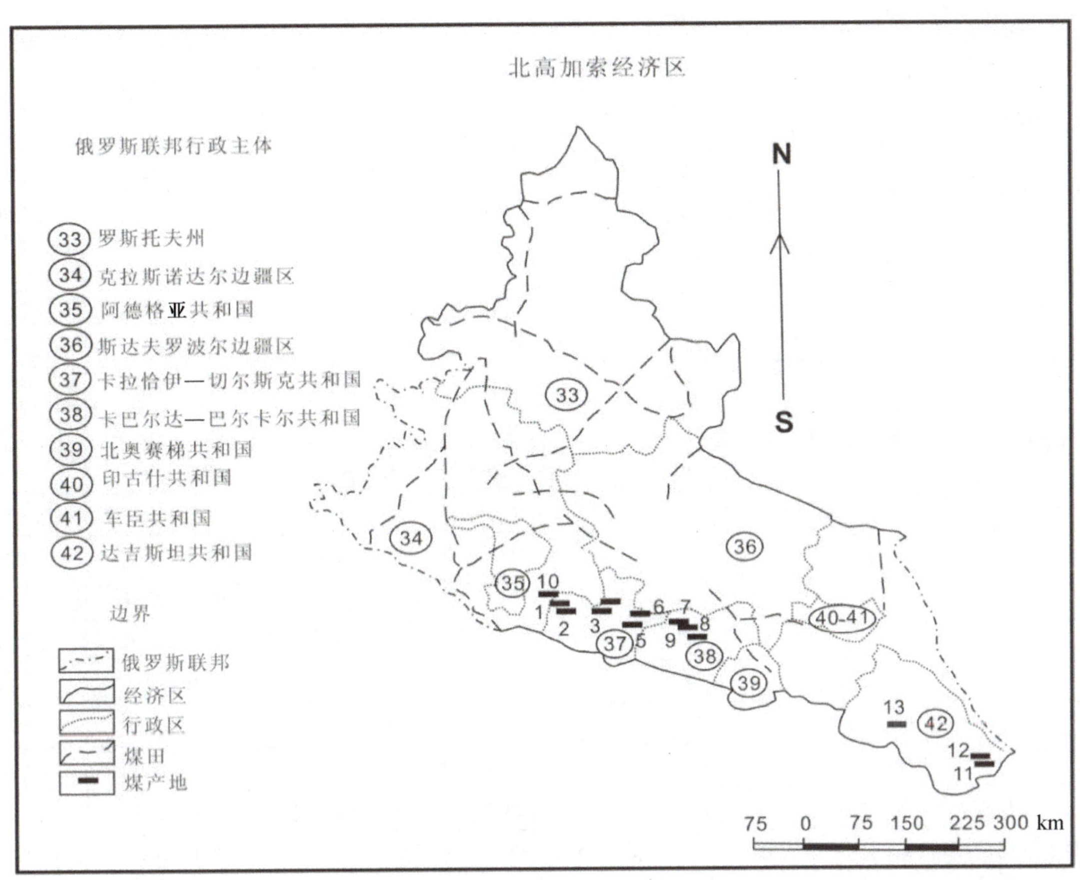

图3－2－10　北高加索经济区范围

罗斯托夫州（顿涅茨克煤田东部）是最主要的煤炭原料基地和煤炭开采地区，在此集中了已勘探资源总量的99.8%和可预测资源的99%。

对位于该经济区内的其他俄罗斯行政主体的煤炭资源基地的研究较为薄弱（主要是在20世纪30—60年代），并且它们都是较小的煤炭产地，主要位于克拉斯诺达尔边疆区和卡拉恰伊—切尔克斯共和国。其他行政主体地区内不存在煤炭产地。

1. 罗斯托夫州（东顿巴斯）

东顿巴斯的含煤地层主要是中石炭统沉积地层（巴什基尔和莫斯科层系）。主要岩性为砂质页岩、黏土质页岩（泥板岩、粉砂岩）、砂岩、石灰岩和煤层交错，较为复杂。经过大量的钻井剖析整个煤层，获得较好的研究成果。在东顿巴斯的中石炭统有150个煤层，其中有28个开采厚度是0.45～0.5 m的煤层，50个煤层大于0.5 m，21个煤层大于0.6 m，7个煤层大于1 m，煤层中具有工业价值的平均厚度为0.7 m，开采厚度平均为0.85 m。

据1997年1月1日的资料，东顿巴斯标准煤炭资源总量为24625×10^6 t或者是占到俄罗斯的0.4%，其中已探明的工业储量（$A+B+C_1$级）为6599×10^6 t（27%），C_2级为2977×10^6 t（12%），预测的为14974×10^6 t（60%）。

区内以无烟煤为主，资源量为15942×10^6 t（64%）；石煤（牌号Д，Г，Т）为8028×10^6 t（33%）；焦化煤为655×10^6 t（3%）。已勘查和已评估的无烟煤与可预测的无烟煤的比值为1∶1.3，焦化煤为1.2∶1，能源石煤为1∶3。对于工业需求来说，该区能源煤资源经勘查有利于增加储量。在1996年无烟煤加工量占到了所采煤总量的91%。

东顿巴斯地区煤炭质量的基本数据见表3－2－4。

表3-2-4 东顿巴斯地区煤炭质量的基本数据

地质工业区	牌号	含量/%			热卡值/($MJ\cdot kg^{-1}$)
		灰分	硫	挥发物	
1. 米列洛夫斯基	Д	14.6	2.1	39.4~54.2	18.5
	Г	2.0~36.0	1.1~3.6	31.5~46.2	20.3
	Ж	12.8~39.0	4.0~6.0	28.0~34.0	23.4
2. 卡明斯克—古德洛夫斯基	К	4.1~40.0	1.4~4.2	17.0~27.0	25.8
	ОС	8.0~28.0	0.7~4.4	14.2~20.0	24.3
	Т	5.6~32.7	0.7~7.8	3.9~17.2	24.1
	А	7.0~35.4	0.9~10.0	1.5~8.0	2.9
3. 别拉卡里特文斯基	Ж	5.8~23.7	2.9~9.2	27.0~32.0	23.6
	К	4.4~39.1	1.0~5.8	17.6~24.0	26.0
	ОС	8.4~31.6	1.0~4.5	14.0~20.0	24.4
	Т	8.0~26.8	1.1~5.3	8.2~16.8	24.3
4. 达吉斯基	Ж	5.2~28.9	0.8~8.0	25.0~36.9	23.3
	К	10.0~20.0	2.5~5.5	16.0~28.4	25.9
	ОС	5.0~22.0	1.0~5.5	14.0~20.0	24.2
	Т	7.0~14.0	2.0~7.2	11.0~17.8	24.2
5. 克拉斯诺东涅茨	Т	6.2~25.6	0.6~8.6	3.2~14.0	24.0
	А	8.0~35.0	1.3~7.8	4.0~8.0	20.7
6. 古科娃—兹外列夫	А	59.0~23.0	0.5~8.5	2.8~6.8	20.8
7. 苏丽娜—萨德境斯基	А	8.0~35.0	8.0~25.4	2.0~6.0	20.8
8. 沙赫境思克—涅斯外达耶夫	А	9.0~24.6	9.0~24.6	2.4~5.5	20.9
9. 扎顿斯基	А	2.6~32.6	2.6~32.6	1.3~7.4	20.7
10. 兹姆连斯基	А	7.4~40.0	7.4~40.0	2.1~12.0	20.5

据国家统计，东顿巴斯境内的煤炭工业储量（$A+B+C_1$ 级）为 9665×10^6 t，根据工业开发程度将它们分为以下情况：现有企业和在建企业占用 1578×10^6 t（16%），筹备进行工业开发的（a 组和 b 组备用储量）为 2161×10^6 t（23%），已查明的有 19×10^6 t（2%），区块中有开发潜力的为 4538×10^6 t（47%），其他区块为 1101×10^6 t（12%）。所列数据没有说明在东顿巴斯产地和区块进一步开发中的实际状况和前景。

据 1997 年 1 月 1 日的资料，东顿巴斯新矿山的建设在 13 个区块中进行，总年产能为 2620 万 t/a（a 组备用储量）。这些区块工业储量（$A+B+C_1$ 级）中无烟煤为 1697×10^6 t。

最新的观点，国家矿产资源委员会确定了后备资源区块的总量：1975 年之前，8 个区块，资源总量为 986.8×10^6 t（统计资源的 59%），到 1985 年 11 个区块的总量为 1581.9×10^6 t（统计总量的 92%）。需要注意的是矿山技术设备的更新周期是 20~25 年，在决定建设新企业时需要对地质构造进行更多的研究，以适应现代矿山开采生产的要求。

按照论证结果，东顿巴斯所预测的煤炭资源可分为以下几种：P_1 级别 2125×10^6 t，P_2 级别 8120×10^6 t 和 P_3 级别 4519×10^6 t。一半以上（56%）的煤炭资源是无烟煤。焦化煤（337×10^6 t）占所有资源的 5%，分布在卡明斯克—古德罗夫、别拉卡里特文和塔金地区，为 К、ОС 牌号煤炭。大多数资源（84.5%）分布在深度为 600 m 以上的地层。在东顿巴斯 10 个地质经济区中，大多数资源（5031×10^6 t）位于米勒洛夫地区，少数资源（332×10^6 t）位于塔金地区，一半以上的资源位于已开发的地区之内。对焦化煤可预测资源的研究比较薄弱：只有 700 万 t 属于 P_1 级别，P_3 级别为 19700 万 t 或者是总量的 58%。焦化煤位于深达 1200 m 的地层。东顿巴斯东部地区（扎顿斯基、兹姆良斯基）的预测矿场距离煤炭开采地区较远，研究程度较低。虽然中生代和新生代的沉积层有可预测的前景，但未必就能够具有工业意义。由于米勒洛夫区煤炭质量的特殊性，尽管可探的数量巨大，但它不能作为有潜力的区块来研究。根据最新的评估，用于研究的、可预测的资源总量为 2465×10^6 t（17%）。

2. 克拉斯诺达尔边疆区和卡拉恰伊—切尔克斯共和国煤炭产地

在卡拉恰伊—切尔克斯共和国有 3 个侏罗系煤炭产地：呼玛林斯基、卡尔特之尤尔斯基、阿克萨乌特—杰别尔京斯基，有 3 个中石炭统煤炭产地：塔斯塔布高尔、大拉宾斯基、科亚法尔—宝卡斯洛夫煤场。在克拉斯诺达尔边疆区以中石炭统的小拉宾斯基产地最为著名。许多产地的地质勘探工作在 20 世纪 30—60 年代进行，研究程度较低。

据 1997 年 1 月 1 日俄罗斯联邦国家储量表统计的数据，认为有 3 个石煤产地，其中工业储量（$A+B+C_1$ 级）1 亿 t 和 C_2 级 2000 万 t，分别赋存于呼玛林斯基、卡尔特之尤尔斯基（侏罗纪）和阿克萨乌特—杰别尔京斯基（中石炭纪）地层中。在卡拉恰伊—切尔克斯煤炭管理局下的 2 个矿山对产地进行了研究（1996 年的开采总量为 4 万 t）。同时在呼玛林斯基产地内又统计了其他 7 个区块。根据统计数据，工业储量（$B+C_1$ 级）分布较为平均：现有企业占用 400 万 t，其他地方有 600 万 t。

对其余的产地（塔斯塔布高尔、大拉宾斯基、科亚法尔—宝卡斯洛夫、小拉宾斯基）只进行了可探储量的评估。

由于数量较小、煤层不均匀以及地理空间上断层，北高加索地区煤炭产地只能服务于当地工业，而且当地煤炭的开采量只能满足需要的 2%。其余数量的煤炭都运自顿巴斯。

（四）乌拉尔经济区

乌拉尔经济区行政上包括彼尔姆州、斯维尔德洛夫斯克州、车里雅宾斯克州、奥伦堡州、巴什科尔托斯坦共和国，以及库尔干州、秋明州和乌德穆尔特共和国。最后 3 个联邦主体没有采煤业。

车里雅宾斯克矿区、索西瓦—萨列哈尔德煤矿区、斯维尔德洛夫斯克矿区和乌拉尔山东坡矿区都位于乌拉尔联邦区的领土范围内。斯维尔德洛夫斯克州、车里雅宾斯克州、亚马尔—涅涅茨自治区和汉特—曼西斯克自治区都拥有煤炭资源。该区的煤炭资源总量为 247.01 亿 t，其中储量为 19.57 亿 t。车里雅宾斯克州的资源研究程度最高，该州矿区勘探储量的份额占到 54%，斯维尔德洛夫斯克州为 4%，汉特—曼西斯克自治区为 3%，在亚马尔—涅涅茨自治区，所有的煤炭资源都是预测的。

该区的储量表中，工业储量（$A+B+C_1$ 级）的烟煤和褐煤为 10.96 亿 t，已勘查储量（C_2 级）的烟煤和褐煤为 8.61 亿 t。褐煤占勘查储量的主要部分（91%）。在斯维尔德洛夫斯克州的一些矿区和汉特—曼西斯克自治区的南部拥有烟煤，在车里雅宾斯克州境内的乌拉尔山东坡的一些矿区拥有无烟煤。在车里雅宾斯克矿区和斯维尔德洛夫斯克州的矿区中，有 1.11 亿 t 褐煤（占勘查储量的 6%）适于露天开采。

已勘查储量中的 38% 左右（4.25 亿 t）正在开发或准备开发。这是 6 个现有的矿井和 5 个露天采矿场（分别为 2.42 亿 t 和 4200 万 t）、用于建设新矿井的两个露天矿地段（9700 万 t）、一个用于露天采矿场的地段（800 万 t）和两个用于给矿井增划的地段（3600 万 t）的储量。余者（62%）位于有勘探前景的地段和其他地段。

在乌拉尔联邦区的煤炭资源潜力结构中有按照平衡表类别进行研究的，但未纳入国家储量平衡表统计的储量。这种储量的总数量为 12.34 亿 t，其中包括，5.72 亿 t 适于露天开采；5.02 亿 t 为烟煤，（其中有 2300 万 t 为炼焦煤），7.19 亿 t 为褐煤，1400 万 t 为无烟煤。实际上，该组的所有储量都集中在斯维尔德洛夫斯克州和汉特—曼西斯克自治区（分别为 5.13 亿 t 和 7 亿 t），只有 500 万 t 褐煤和 300 万 t 无烟煤位于车里雅宾斯克州。

该区的煤炭预测资源的评估结果为 215.09 亿 t，其中，索西瓦—萨列哈尔德矿区的资源量为 187.73 亿 t（87%），该矿区未被视为有工业开发前景的对象。斯维尔德洛夫斯克州和车里雅宾斯克州的煤炭潜在资源量分别为 22.69 亿 t 和 4.12 亿 t。45% 左右的预测资源（97.69 亿 t）集中在 300 m 以内的深度。适于露天开采的资源量为 20 亿 t，其中有超过一半的资源量（11.92 亿 t）在斯维尔德洛夫斯克州，其次很大一部分在汉特—曼西斯克自治区（8.06 亿 t），很少的一部分（200 万 t）位于车里雅宾斯克州。在资源潜力结构中：褐煤占主要地位，有 189.16 亿 t（占 88%）；烟煤和无烟煤资源分别为

23.85 亿 t 和 2.08 亿 t，后者位于乌拉尔山东坡的矿区上。炼焦煤（3.76 亿 t）集中在斯维尔德洛夫斯克州。

斯维尔德洛夫斯克州。该州的煤炭资源总量为 29.29 亿 t，储量平衡表内储量为 1.47 亿 t，工业储量为 1.24 亿 t。工业储量中有 6000 万 t 储量为现有井田（4900 万 t）和露采矿（1100 万 t）占用；井田后备储量为 3400 万 t，露采矿建后备储量为 800 万 t；另外有 2000 万 t 储量增加划归矿井；剩下的储量（430 万 t）位于两个其他的地段和露天采矿场。某些矿区按照国家储量分级进行了评价，但未纳入国家储量平衡表统计内的储量为 5.13 亿 t，其中 4.07 亿 t 适于露天开采。这种资源的主要部分（4.4 亿 t，其中包括 3.48 亿 t 适于露天开采）属于马赫涅夫斯卡—叶拉夫组的矿区。

总量为 22.69 亿 t 的预测资源分散在众多的矿区和预测地区，研究程度较低：将近 89% 的资源为 P_3 类资源。在资源潜力结构中，烟煤占有主要地位（98%），一些矿区预测了焦煤（3.76 亿 t）。

车里雅宾斯克州。该州有一系列分开的褐煤田和无烟煤煤田，这些煤田在 1998 年和奥伦堡州的矿区一起进行了最后一次资源预测评估，归入到“乌拉尔山东坡矿区”这一组。煤炭资源的总量为 10.27 亿 t，其中，8.02 亿 t 位于车里雅宾斯克矿区。车里雅宾斯克州 5.38 亿 t 煤炭储量都在该区（其中包括工业储量 $A+B+C_1$ 级 5.15 亿 t）。查明储量中的半数（2.24 亿 t）赋存于现有的井田（1.99 亿 t）和露采矿场（2500 万 t）内；井田建设预留 6300 万 t，另有 1600 万 t 增拨给井田。余者赋存于其他的井田（1.97 亿 t）和露采场地（2300 万 t）。

参照对无烟煤矿区的研究程度，车里雅宾斯克州的煤炭预测资源 4.67 亿 t。

亚马尔—涅涅茨自治区。索西瓦—萨列哈尔德褐煤田的北部（胡尔金斯卡—萨列哈尔德煤矿区）就位于该区范围内。矿区资源研究程度低：预测资源量 56.17 亿 t 中的大多数（48.81 亿 t）为 P_1 类和 P_2 类资源。未发现适合露天开采的资源，但不排除其发现的潜在可能性。

汉特—曼西斯克自治区。索西瓦—萨列哈尔德褐煤田的南部（北索西瓦煤矿区）位于该区。矿区远离需求地和交通线，加之人烟稀少、基础设施不足，煤炭燃料需求量少，因此矿区资源研究鲜有人问津。然而，在最近 10 年中，由于斯维尔德洛夫斯克州和车里雅宾斯克州的能源匮乏，索西瓦—萨列哈尔德煤田被视为这些联邦主体最可能的煤炭供应者之一。为了实现对所有煤炭供应者的交通运输保障，计划建设从伊夫杰利市到萨兰巴乌里镇的公路和铁路。

北索西瓦含煤区的煤炭储量（12.72 亿 t）被纳入可坑采的有勘查前景的组别。预测资源量 131.56 亿 t，主要研究方向是 600 m 深度范围内的 P_2 类和 P_3 类资源。在一系列靶区上也预测出适于露天开采的资源量 8.06 亿 t。过去一些年的找—评工作揭示：在柳利滢矿区，适于露采的 C_2 类储量数为 1.65 亿 t，其未被纳入储量平衡表中。

乌拉尔煤炭资源总量为 55.8 亿 t。其中工业储量（$A+B+C_1$ 级）19.04 亿 t，C_2 级储量 9400 万 t，未纳入国家储量平衡表统计范畴内的储量（C_1+C_2 级）5.13 亿 t，预测资源量 30.69 亿 t。

乌拉尔预测资源量估计为 30.69 亿 t，其中 P_1 级为 4.16 亿 t。与 1989 年重估数量（分别为 21.93 亿 t 和 1.72 亿 t）相比，虽然预测资源量有所增加，但从本质上来说，无助于改善煤炭工业原料基地的现状。因为高达 74% 的预测资源为 P_3 级。

预测资源量主要分布在斯维尔德洛夫斯克州（14.89 亿 t）和南乌拉尔煤田（7.62 亿 t）。可供露采的预测资源总数量（12.95 亿 t）中，大部分（12.15 亿 t）分布在斯维尔德洛夫斯克州。从预测资源的煤种看，石煤（18.28 亿 t）为主；褐煤和无烟煤分别为 11.53 亿 t 和 8800 万 t。预测焦煤资源为 1.81 亿 t，几乎全部（1.8 亿 t）在斯维尔德洛夫斯克州。

目前，在乌拉尔经济区的煤炭开采主要集中在 5 个煤田：基泽洛夫斯基石煤田、南乌拉尔褐煤田、车里雅宾斯克褐煤田、谢罗夫褐煤区、布拉纳什—耶尔金斯基石煤区。这 5 个煤田一共有 14 个矿井和 7 个露天采矿场在产，总生产能力为 1730 万 t/a。

除以上 5 个煤田外，适合商业开发的未纳入国家储量表统计范畴内的矿区还有特诺什科夫斯基矿区、耶罗夫斯基矿区和利波夫斯基矿区（斯维尔德洛夫斯克州）。这些矿区的总储量为 2.865 亿 t，其中：$A+B+C_1$ 级 1.08 亿 t，C_2 级 1.785 亿 t。

（五）西伯利亚经济区

西伯利亚经济区由 20 个联邦行政主体组成，除了鄂木斯克州，所有的行政主体都拥有煤炭资源。该区有俄罗斯较大的矿区：通古斯矿区、库兹涅茨克矿区、坎斯克—阿钦斯克矿区、泰梅尔矿区、伊尔库茨克矿区；稍小的矿区：米努辛斯克矿区、乌鲁格—河姆斯矿区、戈尔洛夫卡矿区和为数众多的矿区以及含煤地区。全区煤炭资源量为 27983 亿 t，占整个俄罗斯煤炭资源量的 66%。大量的煤炭资源（88%）位于研究薄弱的通古斯矿区（14748 亿 t，53%）、正在紧张开发的库兹涅茨克矿区（5240 亿 t，19%）和煤炭工业领域拥有巨大发展前景的坎斯克—阿钦斯克矿区（4461 亿 t，16%）。

在煤炭资源/储量中：工业储量（$A+B+C_1$ 级）1576 亿 t（占 5.7%），勘查储量（C_2 级）641 亿 t（占 2.3%），按照国家储量分级进行评价，但未被纳入国家储量平衡表统计内的储量为 366 亿 t（占 1.3%），预测资源量 23373 亿 t（占 90.7%）。西伯利亚联邦区的煤炭储量占俄罗斯储量表统计中的 80%。该区储量主要集中在克麦罗沃州 1249 亿 t（占 86%）和克拉斯诺亚尔斯克边疆区 663 亿 t。

坎斯克—阿钦斯克矿区和伊尔库茨克矿区、阿尔泰的一些矿区、前贝加尔矿区和外贝加尔矿区超过半数（53%）的勘查储量为褐煤。已勘查储量中，炼焦煤占 21%（330 亿 t），主要分布在库兹涅茨克矿区（300 亿 t），其他的散布在坎斯克—阿钦斯克矿区的萨彦岭—游击队城矿区（13 亿 t）、图瓦共和国（9 亿 t）、伊尔库茨克矿区（7 亿 t）、通古斯矿区（1 亿 t）。已勘查无烟煤储量为 10 亿 t 左右，其中戈尔洛夫卡矿区 4 亿 t，库兹涅茨克矿区 6 亿 t。

已勘查适于露采的储量 1050 亿 t（占 66%），其中褐煤占有主要地位。它们主要部分位于坎斯克—阿钦斯克矿区 780 亿 t（占 74%）、库兹涅茨克矿区 110 亿 t（占 10%）、伊尔库茨克矿区 80 亿 t（占 8%）和外贝加尔矿区 40 亿 t（占 4%）。

该区储量开发利用：在现有井田和露采矿场占用 191 亿 t（占 12%），在建的企业占用 197 亿 t（占 1%），55 个用于新建矿山（a 小组）预留 515 亿 t（占 32%），增拨 98 个现有企业（6 小组）101 亿 t（占 7%）。余下 762 亿 t（占 48%）储量被归入正在勘查的、有勘查前景的，以及其他区段和矿区内。

与西伯利亚地区的一些煤炭区相同情况，按照国家储量分级进行了评价，但未被纳入国家储量表统计内的储量为 365 亿 t。其中库兹涅茨克矿区 331 亿 t、戈尔洛夫卡矿区 4 亿 t、伊尔库茨克矿区 3 亿 t、前贝加尔矿区 14 亿 t、外贝加尔矿区 13 亿 t。这些储量大多都是烟煤（库兹涅茨克矿区），其中焦煤 197 亿 t，无烟煤 13.5 亿 t。适于露采储量 79 亿 t（主要位于库兹涅茨克矿区）。在未纳入国家储量表统计的储量中，库兹涅茨克矿区、赤塔州的阿普萨特矿区的有前景的区段具有开发吸引力。作为发展煤炭原料基地的后备储量，所有的可露采的矿山都具有开发吸引力。

西伯利亚联邦区的预测资源的评估数量为 25400 亿 t。在潜在资源分级中 P_3 级（68%）占优势；P_1 和 P_2 级的份额分别占到了 15% 和 17%。该比例在很大程度上由通古斯矿区的资源研究程度极低引起，该矿区在西伯利亚潜在资源中的份额占到了 58%。就预测资源的数量而言，紧跟在该矿区之后的就是库滋涅茨克矿区（4172 亿 t）、坎斯克—阿钦斯克矿区（3273 亿 t）和泰梅尔矿区（1855 亿 t）。就埋藏条件而言，大约一半（52%）的预测资源位于地下 300 m 的深度范围内，35% 的资源位于地下 300 ~ 600 m 的深度区间范围内。按煤种类而言，烟煤（82%）占有主要地位；炼焦煤资源量为 341 亿 t，无烟煤资源量为 144 亿 t。有 614 亿 t 潜在资源适于露天开采，其占整个西伯利亚的煤炭潜在资源的 24%。据地质—工业分析的结果和部分地质—经济评价，西伯利亚的一系列矿床中和矿区都有预测资源量，这些预测资源总量为 227.6 亿 t。

1. 托木斯克州

许多大的褐煤矿区遐迩闻名（塔洛瓦亚矿区、图岗矿区、列任矿区、喀山矿区、亚尔矿区），这些矿区的潜在资源未被列入全俄罗斯资源评价工作中，但塔洛瓦亚矿区就预测了将近 36 亿 t 的褐煤。据矿区找矿评价成果，确认 C_2 级储量为 9390 万 t，以及生产用煤 2Б 类中 P_1 级资源量为 1620 万 t。矿层厚度为 3.1 ~ 5.1 m，覆盖剥离厚度为 44 ~ 56 m。按照托木斯克州自然资源委员会的评估，在这些资源的基础上计划建设年产 200 万 t 煤的露采原料基地，给托木斯克市和地区提供当地的燃料。也打算利用塔洛瓦亚的煤炭作为工艺原料来生产地蜡、煤碱试剂等。

托木斯克州自然资源委员会的数据显示：2000 年的煤炭需求量为 270 万 t，2015 年的预测结果 350

万 t；该州的动力用煤由库兹涅茨克矿区供给。

2. 新西伯利亚州

该州有戈尔洛夫卡矿区、库兹涅茨克矿区的扎维亚拉夫含煤地区、塔拉宁含煤地区和巴佐夫斯基含煤地区。该州的煤炭储量和预测资源为563.72亿t。其中巴佐夫斯基地区研究程度低的褐煤预测资源为467.2亿t（P_3类），戈尔洛夫卡矿区的无烟煤为68.77亿t，库兹巴斯的新西伯利亚部分的动力用烟煤和焦煤为27.75亿t。

戈尔洛夫卡矿区是国家东部最大的无烟煤原料基地，矿区产值占州产值的主要份额。产出煤炭的大部分都供给了新西伯利亚电厂，少量外运或用于出口。无烟煤的储量为9.39亿t，其中工业储量（$A+B+C_1$级）为4.117亿t，内含3.58亿t适于露采。储量开发利用：露天采场占用1.19亿t，新露天矿建设占用1.67亿t，给生产矿山增拨900万t，勘查前景区段和其他区段占有1.14亿t。另外，按照国家储量分级标准进行评价的，但并未被纳入国家储量表统计范畴内的储量为4.1亿t，其中5400万t适于露采。矿区的预测资源量相当大，总计55.27亿t，其中适于露采的仅有戈尔洛夫卡—Ⅱ矿区和“科雷万”东部地段的9500万t。

库兹巴斯地区的煤炭资源总量为27.8亿t，其中工业储量（$A+B+C_1$级）为5550万t，内含880万t适于露采。P_1+P_2类预测资源总量为23.56亿t。扎维亚拉夫地区的所有烟煤和煤炭储量4660万t都属于焦煤。

3. 克麦罗沃州

库兹涅茨克矿区和坎斯克—阿钦斯克矿区西部的主要部分都位于该州的范围内。该州的煤炭资源总量为6190.37亿t，其中查明储量为898.02亿t（占15%）。查明储量分布在库兹涅茨克矿区557.82亿t，坎斯克—阿钦斯克矿区340.2亿t。而350.76亿t是预测的资源量。

在库兹涅茨克矿区查明煤炭储量的半数以上（289.1亿t）为焦煤，107.52亿t（占19%）适于露采。储量开发利用：正在开发利用和准备开发利用的265.22亿t（占48%）。现有井田占用69.63亿t，露采矿场占用29.01亿t。在建井田和露采矿场分别预留5.75亿t和2.02亿t。用于新建设的a组的备用有74.61亿t，内含25.12亿t备用。增拨给现有开采企业6组的有84.19亿t，内含33.28亿t适于露采。剩余293.56亿t（占53%）纳入正在勘查的、有勘查前景的，以及其他区、段统计内。

库兹涅茨克矿区的所有含煤地区都有按照国家储量分级标准评价的，但并未被纳入国家储量表统计范畴内的储量。其总数为331.45亿t，其中192.39亿t为褐煤，65.22亿t适于露采。它们被纳入部门的储量表统计范畴内。

在该州的范围内，库兹涅茨克矿区的煤炭预测资源量为4144.48亿t（P_1类为2201.16亿t，P_2类为1943.32亿t），内含褐煤2281.33亿t，66.67亿t适于露采。

克麦罗沃州内坎斯克—阿钦斯克矿区煤炭资源/储量为977.63亿t，其中储量526.52亿t，内含工业储量340.2亿t（$A+B+C_1$级）。适于露采的褐煤储量207.27亿t（占21%）。储量开发利用：现有露采场占用工业储量（$A+B+C_1$级）1100万t（0.4%左右），新建矿山占用储量181.94亿t（53%）。剩余的储量：有勘查前景区段43.59亿t（占13%），其他区段114.47亿t（占34%）。

4. 阿尔泰边疆区和阿尔泰共和国

穆纳矿区、倍任矿区、丘亚矿区（塔尔图—纠尔功矿区和其他矿区）、奈尼—丘梅什坑矿区和其他一些矿区和有前景的片区都属于这些联邦行政主体范围内的阿尔泰矿区一组。

阿尔泰边疆区和阿尔泰共和国的煤炭资源分别为1.7亿t和10.95亿t，主要为褐煤，烟煤仅赋存在阿尔泰共和国的倍任矿区。阿尔泰边疆区工业储量（$A+B+C_1$级）900万t。阿尔泰共和国储量820万t，内含工业储量（$A+B+C_1$级）250万t。阿尔泰边疆区的穆纳矿区露采矿场占用储量900万t，勘查矿区倍任占用300万t（焦煤），塔尔图—纠尔功矿区占用1700万t（褐煤）。最后两个矿区有C_2级储量5700万t。

从1988年起，阿尔泰矿区的煤炭预测资源就没有重新评估过，尽管有进行评估的基础。因为近年区内正在进行找矿工作，按照地质勘查成果，部分资源被纳入国家矿产资源储量表统计范畴内。阿尔泰煤矿区的预测储量为11.74亿t，内含阿尔泰边疆区1.61亿t。依据1.13亿t（P_1级）和10.61亿t（P_3

级）资源的评价，在阿尔泰边疆区（穆纳矿区）有1500万t适于露采，在阿尔泰共和国（丘亚矿区）有4100万t适于露采。

5. 泰梅尔自治区

该自治区有泰梅尔矿区、北泰梅尔含煤区、诺里尔斯克含煤区和通古斯矿区的北极部分，还有连斯克矿区的最靠近西北的部分。

该自治区的煤炭资源总量为3210.46亿t，其中查明储量为13.79亿t（占0.4%）。大部分资源都分布在通古斯矿区的诺里尔斯克地区，少量在其北极部分、泰梅尔矿区和连斯克矿区的泰梅尔部分。连斯克矿区的阿纳巴尔—哈坦加地区，仅有储量1000万t的烟煤（褐煤）。通古斯矿区的诺里尔斯克地区，在“其他的”井田备用储量（A级到C_2级）2.44亿t（焦煤）。通古斯矿区8000万t储量适于露采。

储量开发利用：现有的井田占用100万t，露采场占用5640万t，勘查前景的区段占用400万t，其他井田预留13.19亿t（占95%），露天采场预留1500万t。泰梅尔矿区的储量（8900万t）和连斯克矿区的泰梅尔部分的储量（1000万t）属于井田留作他用。

泰梅尔自治区的煤炭的预测资源总量为3188.14亿t，其研究程度相当低：98.5%都是P_2级和P_3级资源。潜在资源中烟煤（占95%）占有优势。泰梅尔矿区焦煤预测资源量为755.89亿t，而通古斯矿区的诺里尔斯克地区为190亿t。褐煤集中在北泰梅尔和连斯克矿区的泰梅尔部分。泰梅尔自治区矿山地处偏远，区内煤产量难以满足内需。

6. 埃文基自治区

通古斯矿区的中心部分位于该自治区。自治区远离工业中心和交通运输线，基本属于蛮荒之地。煤炭资源丰富（资源量为12355.79亿t），但储量有限。诺金斯克矿区储量（A级到C_2级）700万t，被产能为1.4万t/a的在建井田和露采矿场占用；尤克塔公矿区在建井田占用60万t（产能1万t/a），露采前景区段占用160万t；乔普卡适合露采的区段后备10万t。

7. 克拉斯诺亚尔斯克边疆区

通古斯矿区的南部、坎斯克—阿钦斯克矿区的中部和东部、有褐煤的图鲁汉斯克地段都位于该区内。该区的煤炭资源总量为4730.13亿t，其中储量663.09亿t（占14%）内含工业储量（A+B+C_1级）461.84亿t和储量（C_2级）201.25亿t。在煤炭资源结构中，褐煤3743.1亿t（占79%）为主，在坎斯克—阿钦斯克矿区的萨亚纳—游击队城地区Γ牌的焦煤储量为15.76亿t。几乎所有的褐煤适于露采（950.32亿t）。

绝大多数查明储量（占96%）都是褐煤。适于露采的有442.01亿t（占96%）。除了通古斯矿区的克拉斯诺亚尔斯克地区的3.42亿t外，全部储量都分布在坎斯克—阿钦斯克矿区。储量开发利用：现有露采矿场占用52.4亿t（占12%），在建的露采矿场占用4.503亿t（少于1%），建设露采矿山预留221.62亿t（占48%），增拨18.58亿t（占4%）。具有勘查前景的区段有154.37亿t（占20%），其他矿区段占用10.34亿t（占2%）。

克拉斯诺亚尔斯克边疆区的煤炭资源的预测潜力估计为4066.21亿t，其中，2778.29亿t位于坎斯克—阿钦斯克矿区，1088.72亿t位于通古斯矿区，199.2亿t位于图鲁汉斯克地区。坎斯克—阿钦斯克矿区的预测资源量的研究程度较高，90%为P_1级和P_2级。通古斯矿区的研究程度低，而图鲁汉斯克含煤地区的全部预测资源量均为P_3级。适于露采的P_1级和P_2级资源有320.47亿t；几乎所有这些资源（319.8亿t）都集中在坎斯克—阿钦斯克矿区。

由于储量表中有大量的适于露采的储量和可供建设露采矿山的后备储量，因此没有必要把预测储量纳入当前地质勘查工作中。可按实际需求程度，仅在局部地段完成为小露采煤矿发现原料基地的工作。

8. 哈卡斯共和国

米努辛斯克矿区的煤炭储量和预测资源属于共和国的煤炭原料基地和预测资源潜力。煤炭资源的总量估计为202.86亿t，其中查明工业储量（A+B+C_1级）49.41亿t（占24%），储量（C_2级）3.94亿t（占2%）。烟煤中有32.55亿t工业储量（A+B+C_1级）和3.86亿t储量（C_2级）适于露采。

储量开发利用：现有的企业占用4.83亿t（占9%）。其中露采矿场占用2.58亿t；在建露采矿场预留 20.58 亿 t（占 42%），增拨给现有井田的 2.27 亿 t（占 5%）。近半数储量 21.93 亿 t（占 45%）被列入他用，内含 9.39 亿 t 适于露采。

自 1988 年起，就没有修订过米努辛斯克矿区煤炭预测资源的评估结果，这些资源属于 P_1 级和 P_2 级，其数量为 149.87 亿 t。没有适合露天开采的资源，没有发现远景储量。

9. 图瓦共和国

乌鲁格—河姆斯矿区和一系列独立的烟煤、焦煤和动力煤矿区位于该共和国内。资源总量为 173.6 亿 t，内含乌鲁格—河姆斯矿区的 156.1 亿 t。在该共和国煤炭储量/资源中，储量 10.62 亿 t，内含工业储量（$A+B+C_1$ 级）10.58 亿 t（占 6.5%），而乌鲁格—河姆斯矿区有 10.56 亿 t，近乎囊括了全部储量。该共和国焦煤工业储量（$A+B+C_1$ 级）9.37 亿 t，乌鲁格—河姆斯矿区也占了绝大多数（9.35 亿 t）。

储量开发利用：现有露采矿场占用 7600 万 t（占 7%），井田建设占用 5.31 亿 t（占 48%），增拨露采矿场 3700 万 t（占 3%）。剩余的储量（占 42%）中，正在勘探的区段占用 4.15 亿 t，有勘查远景的井田区段占用 4930 万 t，"其他的" 露采矿场区段占用 370 万 t。

图瓦共和国的煤炭预测资源量 162.31 亿 t，其中乌鲁格—河姆斯矿区 145.47 亿 t。焦煤占到了整个潜在资源量的 94.8%。没有预测到适合露天开采的资源。预测资源的研究程度足以勾勒乌鲁格—河姆斯矿区和共和国个别矿区的工业前景。因无须增加煤炭工业领域原料基地，在 2015 年前，无有研究价值的远景资源。

10. 伊尔库茨克州和乌斯季—奥尔登斯基布里亚特民族自治区

伊尔库茨克州的煤炭资源总量为 434.27 亿 t，伊尔库茨克矿区、通古斯矿区的南部、坎斯克—阿钦斯克矿区的东部边缘，还有前贝加尔斯克含煤区都位于该州。伊尔库茨克州的主要煤炭资源集中在伊尔库茨克矿区（242.53 亿 t）和通古斯矿区的伊尔库茨克部分（108.85 亿 t）。查明储量 139.54 亿 t（占资源量的 33%），内含工业储量（$A+B+C_1$ 级）73.94 亿 t，其绝大多数集中在伊尔库茨克矿区（73.89 亿 t）。少量储量分布在其他矿区，通古斯矿区 2.9 亿 t，坎斯克—阿钦斯克矿区的伊尔库茨克部分 9300 万 t，前贝加尔斯克部分 1.23 亿 t。查明储量中，烟煤 55.98 亿 t 为主（其中焦煤 6.63 亿 t）。适于露采的储量为 76.37 亿 t（占 97%）。储量开发利用：现有露采矿场占用工业储量（$A+B+C_1$ 级）10.98 亿 t（占 14%），在建的露采矿场占用 8.76 亿 t（占 11%），新建露采矿场预留 9.39 亿 t（占 12%），井田增拨 3806 万 t，露采矿场增拨 8700 万 t（占 1%）。剩余 48.55 亿 t（占 62%），内含 46.37 亿 t 适于露采。

伊尔库茨克州煤炭预测资源量（278.91 亿 t）主要集中在伊尔库茨克矿区（129.58 亿 t）和通古斯矿区（89.05 亿 t），少量分布在坎斯克—阿钦斯克矿区的伊尔库茨克部分和前贝加尔斯克地区。适于露采的资源为 183.86 亿 t（占 66%），焦煤 12.79 亿 t。根据地质—经济和地质—工业评价结果，93.45 亿 t 的预测资源量归为有研究远景的资源，其中 43.63 亿 t 赋存于坎斯克—阿钦斯克矿区的伊尔库茨克部分，3.22 亿 t 赋存于通古斯矿区的杜莎木部分，46.6 亿 t 赋存于伊尔库茨克矿区的预测区段。

伊尔库茨克矿区的一小部分和前贝加尔斯克含煤区在乌斯季—奥尔登斯基布里亚特民族自治区内。该区的煤炭资源总量为 18.41 亿 t。其中储量 8.58 亿 t，内含工业储量（$A+B+C_1$ 级）3 亿 t。查明储量为伊尔库茨克矿区的烟煤，其中有 8700 万 t 为焦煤。储量开发利用：两个现有露采矿场（产能 19 万 t/a）占用工业储量（$A+B+C_1$ 级）400 万 t，露采场矿建预留 12.6 亿 t，增拨现有露采矿场 6800 万 t。余下储量 1.02 亿 t（占 34%）留作他用。预测资源量 9.83 亿 t。其中伊尔库茨克矿区的烟煤 5.83 亿 t（内含 8000 万 t 适于露采）和前贝加尔斯克含煤区的乌斯季—奥尔登斯基部分的褐煤 4 亿 t（均适于露采）。仅在贝加尔湖地区存在有研究价值的远景资源。

11. 布里亚特共和国

该共和国的矿区特点是资源研究程度高：现有的煤炭资源量为 34.8 亿 t。查明储量 27.22 亿 t（78%），内含工业储量（$A+B+C_1$ 级）23.77 亿 t（占 59%），均为褐煤，适于露采的 12.12 亿 t。储量开发利用：现有开采场占用 7600 万 t（占 3%），在建露采矿场占用 120 万 t，两个露天矿建区段预留 2.79 亿 t（占 12%），4 个区段增拨的 4700 万 t（占 2%）。剩余储量 19.75 亿 t（占 83%，内含 8.11 亿 t 适于露采）可留作他用。

布里亚特的矿区还有一些按照国家储量分级标准评价过，但未被纳入国家储量表统计范畴内的储量1.38亿t。其中奥格那—克柳奇矿区1.36亿t，勃东矿区200万t。在奥格那—克柳奇矿区，其有助于拓宽露采矿场；而在勃东矿区的巴尔古津洼地，其可以用来作为动力和农业化学原料。

预测资源量6.2亿t主要为褐煤；4.92亿t适于露采。根据地质—工业评价的结果，对于哈拉—胡日尔矿区1.89亿t（增拨给露采矿场区段），以及勃东矿区（满足地区能源需求和炭腐殖肥料的生产）和乌尔辛矿区（高质量的动力用烟煤和生产用煤）来说，是具有研究价值的远景资源。

12. 赤塔州

该州大部分煤矿区的资源研究程度都相当高。煤炭资源总量为69.98亿t。其中查明储量32.78亿t，内含工业储量（$A+B+C_1$级）31.25亿t。查明储量中，褐煤为主（20.43亿t）。大多数储量28.93亿t（占93%）适于露采。储量开发利用：现有企业占用10.4亿t（占33%），在建企业占用2700万t（占0.9%），两个露采矿建预留3.61亿t（占11%），增拨5个区段1.41亿t（占4%，内含露采矿场占用1.32亿t）。

整体而言，正在开发的和准备开发的查明储量为15.69亿t（占50%），其中有15.6亿t适于露采（占这种开采方式总储量的53%）。剩下的查明储量中的半数（50%）留用于井田2.17亿t和露采矿场13.7亿t。

该州的矿区中还有按照国家储量分级标准评价过，但未被纳入到国家储量表统计范畴内的储量11.28亿t。其主要分布在阿普萨特矿区（9.73亿t）。剩余部分赋存于申姆比利克斯矿区、索洪多矿区和钦单特矿区，其中有1.55亿t适于露采。阿普萨特矿区的煤炭都是高质量的烟煤，其中包括4.78亿t焦煤，这些焦煤的工业价值毋庸置疑。

赤塔州的煤炭预测资源量为25.92亿t（占37%），多半是烟煤（17.12亿t，内含焦煤5.23亿t），7.67亿t褐煤适于露采。在地质—经济评价结果的基础之上，确定有研究价值的远景资源为5.68亿t，其将增拨给乌尔都矿区、古京矿区、涅尔楚干矿区和哈兰诺尔矿区所属的露采矿场以及有前景的工业开发区的原料基地（阿普萨特矿区位于贝加尔—阿穆尔铁路干线的经济开发区内）。

13. 阿加布里亚特自治区

乌列伊矿区位于该自治区的范围内，该矿区正在建设最小设计产能为8万t/a的露采矿场。露天矿场有工业储量（$A+B+C_1$级）230万t和储量300万t（C_2级）。1998年的煤炭开采量为4000t；1999年的煤炭开采量减少到了2000t，2000年没有进行煤炭开采。在矿山设计完成后，露采矿场才能得到长期的储量保障。如果有拓展其原料基地的必要性，则可以把在矿区所评估的那些适于露采的预测资源量（600万t）纳入研究范畴。

（六）远东经济区

远东经济区（以下简称远东）是俄罗斯最大的经济区，面积达621.59万km^2，占全俄罗斯面积的36.4%。远东有10个联邦主体，它们是：萨哈共和国（雅库特）、滨海边疆区、哈巴罗夫斯克边疆区、阿穆尔州、萨哈林州、马加丹州、勘察加州、科里亚克民族自治区、犹太自治州和楚科奇民族自治区。它的特点是不同的自然气候，不同的地貌，存在连续的和岛状的冻土区。北部受北冰洋冲刷，东部是太平洋。在这个区域发育了几个大的河流：莉娜、阿尔丹、科雷马、阿穆尔、泽雅乌苏里江等。通航河流和海洋是重要的交通要道，在地区的经济发展中起着重要作用。该地区货物运输的铁路和公路不发达，包括煤炭的运输。与俄罗斯欧洲区不同，那里天然气和石油是主要能源，而远东地区主要是褐煤及硬质煤。他们占总燃料比重的64%，在电力能源中占75%~80%。远东经济区有已经经过研究鉴定级别的17个矿区，达到国家储备煤炭级别的120个矿床。

该区煤田和煤矿区分布广泛。有连斯克矿区、南雅库特矿区、济良卡矿区、不列茵矿区、游击队城矿区、拉兹多利诺耶矿区、乌格洛夫斯矿区和一系列大的矿区：赖奇钦斯克矿区、阿尔哈拉—博古恰尔矿区、乌尔加里矿区、施科多夫矿区等，还有马加丹州、萨哈林州和勘察加州、楚科奇自治区、滨海边疆区等地的为数众多的矿区和含煤地区。

按照国家储量表的统计，远东地区资源/储量数量占俄罗斯联邦煤炭总资源量的28%，居西伯利亚之后，排名第二。远东的煤炭资源研究程度非常低，储量仅占全俄罗斯的2.5%。

截至2002年1月1日，远东的煤炭储量为298亿t。其中工业储量（$A+B+C_1$级）201亿t，储量（C_2级）97亿t。它们主要部分位于萨哈共和国96亿t（占47.4%）、阿穆尔州37亿t（占18.8%）和滨海边疆区25亿t（占12.7%）。查明储量中，褐煤为主（占61%）；焦煤42亿t（南雅库特煤田），或者超过所有烟煤储量的一半（占54%）。马加丹州有少量无烟煤1000万t。

适于露采的储量128亿t（占64%）。褐煤为主（105亿t），南雅库特煤田还有15亿t著名品牌的焦煤适于露采。

储量开发利用：正在开发的和准备开发的储量合计115亿t（占57.2%）。现有煤炭开采企业占用29亿t（占14.1%），其中露采矿占用23亿t。在建的煤矿占用1亿t（占0.5%），都适于露采。新建34个区段预留79亿t（占39.1%），内含露采矿场预留64亿t。增拨给现有煤矿开采企业的14个区段7亿t（占3.5%）。剩余储量的42.8%被计入正在勘查的、有勘探远景的地区和其他矿区内。

在大多数联邦行政主体的土地内，还有按照国家储量分级标准评价过，但未被纳入国家储量表统计范畴内的储量72.94亿t。其中褐煤39.45亿t，烟煤33.49亿t（内含19.11亿t为焦煤）。近半数储量37.53亿t（占47%）适于露采。未被纳入国家储量表统计范畴内的储量主要赋存于南雅库特煤田23.8亿t、阿穆尔州23.98亿t、哈巴罗夫斯克边疆区8.37亿t、滨海边疆区7.69亿t、萨哈林州6.1亿t（褐煤）。根据储量数、潜在煤炭开采的规模和煤炭质量，南雅库特矿区的埃利吉矿区、阿穆尔州的戈尔比干那—奥戈基日地区和耶尔卡维茨矿区、哈巴罗夫斯克边疆区的木赫斯矿区，勘察加的陡格洛夫矿区、萨哈林的松采沃矿区都具有继续进行地质勘查作业的价值。

远东的煤炭预测资源（11606亿t）的研究程度非常低，P_1级和P_2级的份额分别为7%和18.5%（主要的方式就是依靠连斯克矿区、雅库特矿区和俄罗斯联邦东北部的研究薄弱的地区）。预测资源的主要部分（78.7%）属于埋深300 m以上范围，因为大多数含煤区（雅库特、滨海地区的煤田和萨哈林的矿区除外）的评价埋深都不超过300~600 m。就煤炭的种类而言，预测资源中褐煤约占63%；烟煤4236亿t，其中焦煤约840亿t（占20%），其赋存于雅库特煤田、萨哈林矿区、游击队城煤田。根据1998年的评价，在楚科奇自治区预测的焦煤有17.8亿t。马加丹州发现了无烟煤资源60亿t。适于露天开采的煤炭预测资源1565亿t，集中分布在雅库特州（连斯克煤田为1240亿t）、马加丹州（131亿t）和阿穆尔州（81亿t）。

远东所有联邦主体中都存在有研究价值的远景资源。这类资源的总数为123亿t。其中雅库特71亿t，马加丹州23亿t，阿穆尔州8亿t，哈巴罗夫斯克边疆区7亿t，极少数赋存在其他的联邦行政主体中。

1. 萨哈共和国（雅库特）

连斯克矿区、南雅库特矿区、济良卡煤田、通古斯矿区的东部，及其东北部的许多独立矿区都位于该共和国的范围内。该共和国的煤炭资源为9406.62亿t。其中工业储量（$A+B+C_1$级），96.46亿t（占1%），储量（C_2级）46.22亿t（占0.5%）。查明储量中，烟煤居多，为52.39亿t（其中40.22亿t为南雅库特矿区的焦煤，少量属于济良卡矿区），有63.93亿t（占67%）适于露采。查明储量主要赋存于连斯克矿区（49.49亿t）和南雅库特矿区（44.82亿t，内含40.64亿t炼焦煤）。

该共和国内有3个井田和11座露采矿山，总生产能力分别为155万t/a和1672万t/a。1座在建露采矿山。现有的采煤企业（济良卡矿区的2座产能20万t/a的露采矿山除外）和用于新建矿山的全部储量都分布在连斯克矿区和南雅库特矿区。

储量开发利用：现有煤炭开采企业占用6.819亿t（占7%）；1个在建企业占用2097万t（占0.2%），新建矿山预留36.337亿t（占38%），增拨现有井田1.126亿t（占1.2%）。剩余的储量分布于正在开采区段3312万t（占0.3%），有开发前景的其他区段51.233亿t（占53.3%）。

南雅库特矿区和雅库特东北部的其他矿区还有一些按照国家储量分级标准评价过，但未被纳入国家储量表统计范畴内的储量24.37亿t（其中南雅库特矿区23.8亿t）。在艾利京矿区和瑟拉赫矿区有7.04亿t适于露采，具有继续进行地质勘查的吸引力。

就预测资源的数量（9238.27亿t）而言，萨哈共和国在远东联邦区的各联邦主体中居领先地位。其主要资源分布在连斯克矿区8365.39亿t(其中有1240.96亿t适于露采)；南雅库特矿区382.88亿t，其中焦煤居多291.83亿t（占76%）。缺少适于露采的资源，但不排除可以发现能露采资源的可能性。

济良卡矿区资源量85.52亿t中含焦煤资源26.07亿t，其中部分适于露采。根据地质—工业评价的结果，连斯克矿区、南雅库特矿区和济良卡煤田都存在有研究价值的远景资源，总量为70.84亿t，内含20.5亿t适于露采、35.84亿t（南雅库特煤田）适于平巷开采（有着著名商标的炼焦煤）。

2. 马加丹州

煤炭资源广布，多远离需求者和交通线。就位于相对良好的地理经济条件的矿区的资源潜力而言，以自产煤炭就可满足该州的能源需求。煤炭资源的总量为430.51亿t。其中工业储量（$A+B+C_1$级）5.77亿t（占1.3%）储量（C_2级），14.26亿t（占3.3%）。另有未被纳入国家储量表统计范畴的储量7100万t。在储量中褐煤占65%，无烟煤占5%左右（2770万t）。储量开发利用：现有井田和露采矿场占用6800万t，在建露天矿场占用630万t储量，露天矿建6个区段预留1.307亿t。剩余储量：赋存于有勘查前景区段1.477亿t，其他区段2.238亿t。

未被纳入国家储量表统计范畴的有7100万t，主要分布在维利京矿区，而将来不打算研究该矿区。预测资源量409.78亿t，研究程度低，P_3级占83%。预测资源中褐煤占70%，130.97亿t适于露采（占32%）。该州南部地区22.79亿t预测资源，属于具有研究价值的远景区段。

3. 楚科奇自治区

该区发现了很多煤矿区和有前景的煤炭区。然而，多数地区的研究程度非常低。煤炭资源总量为578.52亿t，工业类的储量（$A+B+C_1$级）为1.87亿t（占0.3%），储量（C_2级）为4.61亿t。现有井田和露采矿场占用查明储量的38.5%，有前景的区段和其他区段占57%，建设露天煤矿的两个区段备用603万t（占4.9%）增拨给露天煤矿230万t。一些矿区有未被纳入国家储量表统计范畴内的储量3.77亿t，其中7300万t适于露采。拉雷特金含煤区、马尔科沃含煤区、恰翁—楚科奇地区、上别格德梅里地区（更远的矿区），还有有着Ж牌烟煤的上阿里卡特瓦姆矿区，这些地区有一系列有前景的项目，它们适于露采，能以区内燃料保障该区边远地区的需求。

4. 勘察加州和科里亚克自治区

勘察加州和科里亚克自治区的煤炭资源总量为175.62亿t，其中储量2.718亿t（占1.6%）。多数赋存于陡格洛夫矿区，在建露采矿场预留工业储量（$A+B+C_1$级）9600万t和（C_2级）1.62亿t，该资源区远离需求地区。剩余的查明储量：现有露采矿场占用690万t,适于露采的“a”区段预留30万t，适于坑采的“6”区段预留580万t。

勘察加的矿区还有未被纳入国家储量表统计范畴内的储量2.7亿t。陡格洛夫矿区2.59亿t，适于露采；玛麦特钦地区500万t；布赫托夫地区400万t。这些储量有助于引起对拓展有前景原料基地的兴趣。

勘察加州和科里亚克自治区的煤炭预测资源量分别为111.49亿t和58.68亿t，其中P_3级资源分别占90%和87%，研究程度低。科里亚克自治区的所有矿区都有适于露采的资源，总量为23.27亿t，占该区潜在资源的40%。根据地质—工业评价的结果，7个有前景的矿区的2.41亿t预测资源会引起人们首先研究的兴趣。

5. 阿穆尔州

阿穆尔—结雅褐煤区、上结雅褐煤区和比干褐煤区、戈尔比干那—奥戈德日含煤区和一些中小烟煤矿区（艾利甘坎矿区和其他矿区）都位于该州范围内。该州的煤炭资源总量为723.21亿t。其中工业储量（$A+B+C_1$级）36.53亿t（占5%），储量（C_2级）1.67亿t。多数为褐煤（36.37亿t）；烟煤（7600万t）集中分布在戈尔比干那—奥戈德日含煤区。国家储量表统计的阿穆尔州的煤炭资源都适于露天开采。储量开发利用：现有露采矿场占用3.07亿t（占8%）；新建露采矿场的5个区段上备用29.97亿t（占79%）；增拨给露采矿场的3个区段3.52亿t（占9%）；有勘查前景的区段和其他区段上赋存1.48亿t（占4%）。

该州有大量按照国家储量分级标准评价的，但并未被纳入国家储量表统计范畴内的储量25.1亿t（内含16.88亿t适于露采）。它们分布在耶尔卡维茨矿区11.49亿t（适于露采）、阿尔哈拉—博古强矿区3400万t、奥戈德日矿区1.12亿t、德格京矿区3.9亿t，除了最后一个对象有着1Б组的低质量的生产用褐煤外，其他的都会引起阿穆尔州的煤炭原料基地再生产开发和研究的兴趣。

该州煤炭预测资源量658.41亿t，研究程度相对较高，P_1级和P_2级占总量的64%，可露采资源约占12%，其多数为低质量的1Б组生产用煤。在戈尔比干那—奥戈德日地区和一系列褐煤区的范围内都发现了有首先要研究的预测远景资源，总量8.34亿t。

6. 哈巴罗夫斯克边疆区

布列茵矿区、南雅库特矿区的东京地区的东部和一系列褐煤和烟煤矿区都位于该共和国的范围内。该共和国的煤炭资源总量为348.05亿t。其中储量为23.51亿t，内含工业储量（$A+B+C_1$级）15.21亿t。多数工业储量［（$A+B+C_1+C_2$级）20.25亿t］分布在布列茵矿区（烟煤）；余者（3.23亿t）赋存于下阿穆尔河沿岸地区和鄂霍次克地区的褐煤矿区。

储量开发利用：现有井田占用1.4亿t，3个露采矿场占用6500万t。井田3个区段备用4.96亿t，在建露天矿两个区段备用2.68亿t，二者合计7.64亿t。增拨给井田2.01亿t和露采矿场1300万t。正在开发的和准备开发的11.83亿t，占查明储量的78%。

哈巴罗夫斯克褐煤矿区、姆赫斯褐煤矿区和马列干褐煤矿区还有按照国家储量分级标准评价的，但并未被纳入国家储量表统计范畴内的储量8.37亿t（2.09亿t适于露采）。姆赫斯褐煤矿区和马列干褐煤矿区分别有1600万t和1.93亿t适于露采的储量可令工业部门感兴趣。

预测资源量316.47亿t的65%都是P_1级和P_2级。超过半数的资源（187.11亿t）都是烟煤，它们分布在布列茵矿区、南雅库特矿区的哈巴罗夫斯克部分和一些小矿区。适于露采的褐煤有9.23亿t。在布列茵矿区和南雅库特矿区的哈巴罗夫斯克部分（2800万t）都预测到了少量的适于露采的资源。有研究前景的预测资源（6.83亿t）赋存于布列茵矿区的奥拉—阿德尼甘地区（适于露采的烟煤7700万t）和一系列褐煤矿区。

7. 犹太自治州

乌舒蒙褐煤矿区、比拉费里德、巴斯塔克、萨马拉—普列奥布拉任斯基褐煤预测地区都位于该州的范围内。该州的煤炭资源量为34.44亿t，工业储量（$A+B+C_1$级）为330万t。在建露采矿场占用储量（C_2）40万t。乌舒蒙矿区有按照国家储量分级标准评价的，但并未被纳入国家储量表统计范畴内的储量5400万t，预测资源量P_1级主要分布在乌舒蒙矿区，比拉费里德地区为P_2级，其余地区为P_3级，预测资源总量为33.86亿t。

适于露天开采的资源（10.46亿t）数量不同地分布在所有预测地区的300 m的深度范围内。

8. 滨海边疆区

游击队城和拉兹多利诺耶矿区以及为数众多的褐煤、烟煤矿区的储量和预测资源量构成了滨海边疆区的煤炭原料基地和资源潜力区。滨海边疆区的煤炭资源总量为117.38亿t。其中储量为39.5亿t，内含工业储量（$A+B+C_1$级）24.95亿t。储量和预测资源都与褐煤区有关，若开发可产出大量的煤炭。适于露采的储量17.05亿t(褐煤16.92亿t)。游击队城矿区有少量著名的Ж牌炼焦煤，储量为740万t。储量开发利用：现有井田和露采矿场分占用5750万t和10.945亿t，在建井田和露采矿场分别占用20万t和5790万t，井建区段备用2800万t，露采矿建（两区段）预留1.24亿t。余者7.5亿t（适于坑采）和4.29亿t（适于露采）。

拉兹多利诺耶矿区和游击队城矿区的一些地段和一系列褐煤矿区都有按照国家储量分级标准评价的，但并未被纳入国家储量表统计范畴内的储量共7.69亿t，其中6.42亿t为褐煤。拉兹多利诺耶矿区有1000万t（烟煤），拉卡夫矿区、车尔尼雪夫斯基矿区和一些其他的矿区有3.83亿t褐煤适于露采。许多有这种储量的矿区都正在完成或计划进行地质勘查工作。

多数预测资源都是按照P_1级和P_2级进行研究的（69.66亿t，占所有煤炭资源量的59%）。主要是褐煤（44.95亿t）；适于露采的6.69亿t（小于预测资源的10%，褐煤6.36亿t）。在拉兹多利诺耶矿区和游击队城矿区，该类资源不多，分别为800万t和2500万t。拉兹多利诺耶矿区、游击队城矿区、比金矿区、车尔尼雪夫斯基矿区和一些其他矿区的有前景的区段，首先要研究的远景资源量为2.33亿t，其中2.28亿t适于露采，500万t适于平巷采矿。

9. 萨哈林州

该州散布有众多的烟煤和褐煤矿区。煤炭资源量为172.06亿t。60多个矿区和含煤地区中，仅26

个有查明工业储量（A + B + C_1 级）18.63 亿 t 和储量（C_2 级）6.26 亿 t。在储量中，褐煤为主（占55%），焦煤 8300 万 t。适于露采的储量为 2.04 亿 t，几乎全部为褐煤。储量开发利用：现有井田和露采矿场分别占用 1.8 亿 t 和 1.88 亿 t，在建露采矿场占用 1030 万 t，井建区段备用 1.14 亿 t，增拨给井田的两个区段预留 2100 万 t。正在开采和准备开采的储量占工业储量（A + B + C_1 级）的近 1/3。

在松采沃矿区和巴别京地区都有按照国家储量分级标准评价的，但并未被纳入国家储量表统计范畴内的储量，分别为 6.07 亿 t 和 300 万 t，其中适于露采的分别为 2.42 亿 t 和 300 万 t。根据 1993—1995 年的地质—经济评价的结果，最终会引起平巷采矿的兴趣。

该州的煤炭预测资源量为 141.07 亿 t。其中以 P_2 级和 P_3 级为主，占 76%。主要为烟煤资源，占78%，其中焦煤有 17.48 亿 t。6900 万 t 适于露采，它们零星地散布在中央含煤地区的预测地区、诺维科夫矿区和戈尔诺扎沃茨克矿区。实际上，所有可露采的资源（除了冻土带地区的 2500 万 t）都被归入首先要研究的远景区（4400 万 t）。

第四节　煤　炭　工　业

一、煤炭工业简史

（一）十月革命前

铁路建设和冶金工业的发展，对煤炭需求强劲。当时，兴建了顿巴斯、库兹巴斯、乌拉尔远东等地的煤矿，1913 年煤炭产量即达到 2920 万 t，1916 年更是达到了 3450 万 t（华辉，2007）。

（二）十月革命后至苏联解体前

十月革命时期，由于战争，煤炭工业也遭到巨大破坏。到 1928 年，煤炭产量才达到 1030 万 t，不到十月革命前的 1/3；“二战”期间，在最大矿区顿巴斯被德军占领的情况下，苏联建设了乌拉尔远东库兹巴斯煤田，1945 年产量为 1.05 亿 t。“二战”后，苏联发展机械化采煤，生产效率大幅提高，1960 年煤炭产量即达到 2.945 亿 t。重工业发展需求和机械化开采使得苏联煤炭科技水平居于世界领先地位，煤炭产量在 1988 年达到 4.254 亿 t。

（三）苏联解体后及改革调整期

苏联解体后，俄罗斯失去了乌克兰境内的顿巴斯和卡拉干达两大矿区，再加之政治、经济不稳定，经济体系遭到破坏，煤炭产量大幅下滑，1993 年产量降到 2.946 亿 t。

随后，俄罗斯进行了煤炭工业改革，主要目的是为简化煤炭开采和为扩大再生产创造条件。1993—2000 年，约 50% 的基建资金由联邦预算拨款，其余的 50% 依靠私人企业和引资。在此期间，煤炭公司财政状况严重恶化，煤炭产量徘徊不前。进入 2000 年后，由于宏观经济形势转好，使煤炭年产量增长了 11%，达到 2.6 亿 t。尽管此时尚有近 50% 的煤炭公司亏损经营，但从整个煤炭系统看，已进入盈利阶段。

截至 2003 年底，俄罗斯私人煤矿已占 90%。由政府支持组建了 60 多个大型煤炭股份公司，同时关闭了 1895 个亏损煤矿，13 万煤矿工人将转业，政府在关闭亏损煤矿的同时给予财政补贴，并对新组建的大型煤炭企业进行技术改造，使生产效率大幅提高，大力促进煤炭企业进入良性发展的轨道。

（四）整合后的发展期

俄罗斯煤炭企业整合后，煤炭产量和人员效率明显提高，2005 年、2006 年煤炭产量分别达到 2.998 亿 t 和 3.88 亿 t。目前，俄罗斯煤炭产业已成为俄罗斯经济发展中稳定运行的生产综合体，在大型垂直整合公司和金融工业集团的基础上形成的经济体对行业发展起到了积极作用，大型垂直整合公司和金融工业集团能够调动煤炭企业发展所需要的资金。

二、煤炭工业现状

俄罗斯煤炭产量继中国、美国、印度和澳大利亚之后位居世界第 5 位。自 1999 年以来，俄罗斯煤炭产量逐年增长，近年来俄罗斯煤炭年产量均达到或超过 3 亿 t（图 3－2－11）。俄罗斯探明煤炭储量占世界探明煤炭总储量的约12%。动力煤约占全国总储量的80%。现有煤炭企业的工业储量接近190亿t，其中焦煤约为40亿t。截至2016年1月1日，俄罗斯煤炭行业有71个井田和21座露采矿山，几乎所有的煤炭企业都是私人拥有。此外，俄罗斯还有48个选煤厂。俄罗斯煤炭工业直接从业人员约为15万人。若计入与煤炭行业有关的从业人员，则总计约有70万人（其中包括矿工家属和相关企业从业人员）。俄罗斯全国6个行政大区域均有煤矿的分布，生产的煤炭满足全国各地的煤炭需求。国内市场的主要用户为电厂和炼焦厂。库兹巴斯矿区是俄罗斯最大的煤炭产区，其煤炭产量占俄罗斯全国煤炭产量的55%，焦煤产量占全俄罗斯的83%。

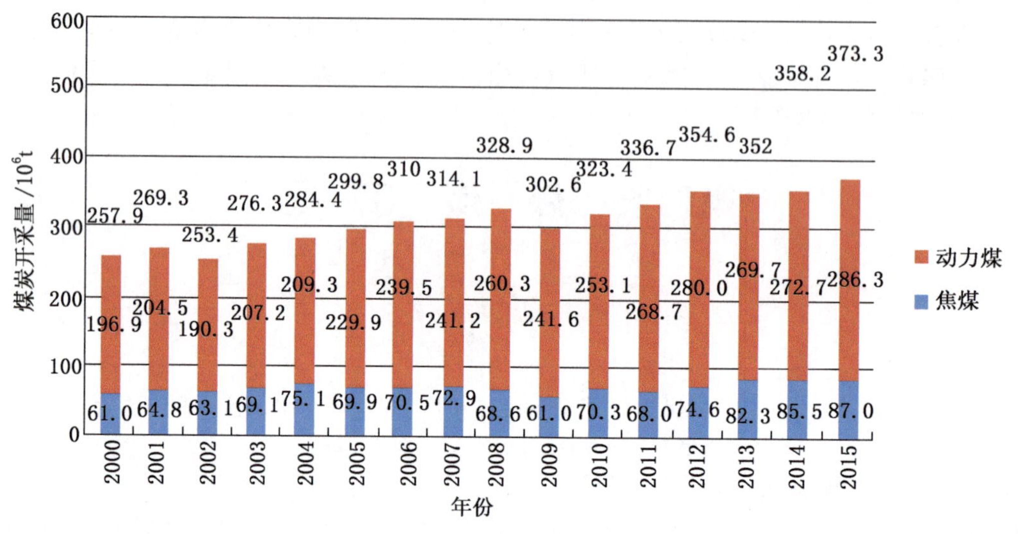

图3-2-11 煤炭开采量动态图

（一）煤炭开采

煤炭开采遍布俄罗斯联邦25个州，共16个矿区，涉及85个市政机构，其中58个是在城市煤炭企业规划的基础上成立的煤炭产业区。煤炭开采量1992年为3.358亿t，2015年达到3.733亿t。库兹巴斯地区的叶鲁那科夫斯克矿区至今依然在开发，同时位于卡拉坎斯克、缅切列普斯克、热尔诺夫斯克、乌罗普斯克—卡拉坎斯克、新喀山、索洛诺夫斯克的矿区正在建设或已有建设规划，而位于科米共和国的乌辛斯克矿区也正在建设之中。除库兹巴斯外，坎斯克—阿钦斯克、东西伯利亚以及远东矿区的露天矿都具有巨大的开采潜力，其无论是在煤炭储量、质量上，还是在矿区基础设施建设方面及开采的技术条件上都是有保障的，而且在这些地区煤炭的持续开采也符合该区域长期发展的需求。目前，在埃利金斯克（南雅库特烟煤矿区，雅库特共和国）、梅热格伊斯克和埃列格斯特斯克（乌鲁格—赫姆矿区，图瓦共和国），阿普萨特斯克（外贝加尔边疆区）煤炭产地建设新的开采中心以及安装设备的工作正在进行。

俄罗斯的煤炭开采量每年都在增长。2015年比2001年同比增长38%，比2010年同比增长5%。俄罗斯的煤炭开采量位居世界第五位，仅次于中国、美国、印度和澳大利亚。2011年烟煤开采量超过76%，其中焦煤占20%左右。同经济危机时期的2009年相比，2011年的煤炭产量增加了11.5%，其中焦煤和动力煤为10%，褐煤为17%。

大部分（几乎80%）的煤炭开采主要分布在5个煤炭产区：库兹涅茨克矿区（58%）、坎斯克—阿钦斯克矿区（大约12%）、米努辛斯克矿区、伯朝拉矿区和伊尔库斯克矿区。

截至2016年1月1日，在俄罗斯联邦共有272采煤企业，总生产能力为每年产煤3.733亿t。其中包括71个井田（每年1.036亿t）和121座露采矿山（每年2.6971亿t）。采煤生产总能力2.724亿t/a（约占84%）主要的井田和露采矿山（216座），位于俄罗斯的东部地区。而俄罗斯的欧洲部分和乌拉尔地区的产量约占总产量的16%，其中露采矿山产量占6%左右，烟煤企业的产量占半数以上（58%）。

现有企业占用工业储量（A + B + C_1 级）238 亿 t，其中，坑采占用 103 亿 t，露采占用 135 亿 t。烟煤占用 131 亿 t（占 54.7%），褐煤占用 99 亿 t（占 40.7%），无烟占用 11 亿 t（占 4.7%）。69.3% 的烟煤和 86.6% 的无烟煤均为坑采，褐煤基本上为露采。烟煤储量中超过一半（55.9%）都是 Д（18.1%）、Г（15.2%）、Ж（13.2%）和 Т（9.4%）品牌的。现有生产企业占用焦煤工业储量（A + B + C_1 级）61 亿 t（占烟煤储量的 45.3%），其中，著名商标占到了 32 亿 t（52.4%），详见表 3 – 2 – 5。

截止到 2002 年 1 月 1 日，有 25 个年产量为 1670 万 t 的矿井和 47 座年产量为 1900 万 t 的露天矿山在建。其中俄罗斯欧洲部分的东顿巴斯有 7 个在建矿井，总设计产能 500 万 t/a。俄罗斯东部地区在建企业 65 家，总设计产能 3070 万 t/a。其中 47 座露天矿山总产能 1900 万 t/a，18 个矿井总产能 1170 万 t/a。在建企业中以开采烟煤者为主（总产能 2580 万 t/a，占 72%），无烟煤为辅（总产能 500 万 t/a，占 14%）。余者为褐煤（总产能 490 万 t/a，占 14%）。

截止到 2002 年 1 月 1 日，在建企业占用工业储量（A + B + C_1 级）25.304 亿 t。其中，烟煤占用 20.073 亿 t（占 79.3%），无烟煤占用 2.376 亿 t（占 9.4%），褐煤占用 2.855 亿 t（占 11.3%）。在炼焦煤中，烟煤占用储量 6.711 亿 t（占 33.4%）；其中包括著名品牌占用 1.456 亿 t（占 21.7%）。绝大多数炼焦煤的储量为 Г（占 49.9%）和 КС（占 13.2%）品牌的（表 3 – 2 – 5）。

表 3 – 2 – 5　俄罗斯联邦现有煤炭生产企业及在建煤炭企业储量　　10^6 t

煤炭种类	所有的				其中包括							
	企业数量	平衡储量		产量，Mt/a	矿井				露天采矿场			
					企业数量	平衡储量		产量，Mt/a	企业数量	平衡储量		产量，Mt/a
		A + B + C_1	C_2			A + B + C_1	C_2			A + B + C_1	C_2	
生产企业												
合计	272	23845.9	1594.4	315.9	115	10322.5	409.6	114.8	157	13523.4	8	201.1
褐煤	76	9703.6	951.5	106.5	12	406.2	8.6	4.0	64	9297.4	942.9	102.5
烟煤	171	13128.1	599.2	195.8	82	9050.3	370.0	97.9	89	4077.8	229.2	97.9
其中包括炼焦煤	—	6056.9	277.2	—	—	4707.0	165.2	—	—	1349.9	1111.9	—
有著名商标的烟煤	—	3204.2	88.8	—	—	2845	81.6	—	—	359.2	7.2	—
无烟煤	25	1014.2	43.7	13.6	21	866.0	31.0	12.9	4	148.2	12.7	0.7
在建企业												
合计	72	2530.4	91.4	35.7	25	816.6	23.9	16.7	47	1713.8	67.5	19.0
褐煤	20	285.5	2.6	4.9	—	—	—	—	20	285.5	2.6	4.9
烟煤	45	2007.3	88.8	25.8	18	579.0	23.9	11.7	27	1428.3	64.9	14.1
其中包括炼焦煤	—	671.1	6.7	—	—	406.4	6.7	—	—	265.3	—	—
有著名商标的烟煤	—	145.6	4.0	—	—	144.1	4.0	—	—	1.5	—	—
无烟煤	7	237.6	—	5.0	7	237.6	—	5.0	—	—	—	—

注：表中数据截止到 2002 年 1 月 1 日。

俄罗斯的煤炭开采权主要集中在一些大的煤炭冶金公司手中（表 3 – 2 – 6）。西伯利亚煤炭能源股份公司是俄罗斯最大的煤炭开采商，掌控着克拉斯诺达尔边疆区、滨海边疆区、哈巴罗夫斯克边疆区、伊尔库茨克州、赤塔州和克麦罗沃州、布里亚特和哈卡斯共和国的煤炭开采企业，同时拥有两个俄罗斯能源公司的资产，几乎占俄罗斯煤炭开采业 1/3 的份额。该公司已跻身世界煤炭企业前十名。

表 3-2-6 俄罗斯十大煤炭企业的产量

十大煤炭开采企业名称	2015 年产量/Mt	比 2014 年±%	十大煤炭开采企业名称	2015 年产量/Mt	比 2014 年±%
1. SUEK 股份公司	97.756	-1.105	6. 俄罗斯煤炭股份公司	14.382	+0.792
2. 库兹巴斯露天煤炭股份公司	44.476	+0.493	7. 北方钢铁-资源股份公司	13.160	+1.800
3. 西伯利亚实业联盟-煤炭控股股份公司	30.018	+0.363	8. 东西伯利亚煤炭有限公司	13.029	+0.951
4. 米切尔股份公司	23.181	+0.568	9. 库巴斯燃料公司	11.002	+0.394
5. 耶夫拉斯集团	20.583	-1.186	10. 西伯利亚煤炭冶金控股有限公司	10.909	+0.118

数据来源：2016 年 4 月《2015 年俄罗斯全年煤炭行业综述》

近些年由于焦煤的价格上涨，不仅某些私有的开采公司，而且某些冶金公司也对煤炭开采业产生浓厚的兴趣。自 2007 年起，一些炼钢公司成为煤炭资产的积极购买商。已经拥有拉斯巴德公司和 12 号矿井股份公司煤炭资产的欧亚能源集团股份公司于 2007 年初收购了南库兹巴斯煤炭公司。在南库兹巴斯股份公司的支持下，米切尔集团公司于 2007 年秋成功收购了雅库特的埃利金斯克煤炭公司和雅库特煤炭公司，这两家公司已经获得了埃利金斯克矿区的开采、加工和运营许可，成功并购这两家公司后，促使米切尔公司成为俄罗斯最大的焦煤生产和出口商。北方钢铁资源股份公司已拥有库兹巴斯露天煤炭股份公司、沃尔库塔煤炭股份公司和沃尔加绍尔井田股份公司。在最大的有色金属生产商乌拉尔矿业金属股份公司的控制下，库兹巴斯露天煤炭股份公司经营库兹涅茨克产区，乌拉尔矿业金属股份公司继西伯利亚煤炭能源股份公司之后在俄罗斯的开采业居第二位，其开采量占俄罗斯煤炭总开采量的 15% 左右。

俄罗斯东部的地区煤炭开采稳步增长：西伯利亚联邦地区增长了 4.4%，远东联邦地区增长了 18.4%。俄罗斯各地煤炭开采情况见表 3-2-7。

表 3-2-7 俄罗斯主要煤产区煤炭产量

项　目	2008 年产量/10^3 t	2009 年产量/10^3 t	2010 年产量/10^3 t	2011 年	
				产量/10^3 t	产量份额/%
总计	328987.0	300642.3	321627.0	336659.3	100.0
库兹涅茨克	183989.5	180383	185119.7	192042.8	57.0
坎斯克—阿钦斯克	46303.5	35430.6	40885.8	39579.5	11.8
米努辛斯克	13967.5	11066.1	13141.4	13838.4	4.1
伯朝拉	12896.5	11886.7	13641.6	13379.4	4.0
伊尔库茨克	10959.4	10493.4	12332.4	13894.1	4.1
南雅库特	12810.5	7032.5	10983.7	9505.3	2.8
顿涅茨克	7073	4943.8	4718.3	5240.6	1.6
莫斯科近郊	184.2	201	234.5	258.7	0.1
其他	40802.9	39205.2	40569.6	48920.5	14.5

（二）煤炭需求与消费

俄罗斯国内对煤炭的需求相对来说不是很大，在俄罗斯的欧洲地区、乌拉尔地区和西西伯利亚南部等高能耗区域的主要能源是天然气，煤炭所占全俄罗斯能源消耗中的 13.3%，天然气则占全俄罗斯能源消耗总量的一半以上（图 3-2-12）。

尽管煤炭在俄罗斯能源使用整体上占有相对不大的份额，但是，这种能源在俄罗斯东部仍是优势资源。煤炭在乌拉尔和欧洲部分地区的电站供应能源中所占比例居第二位。除此之外，煤炭是出口能源中最有发展前景的能源（图3－2－13）。

2008年的经济危机致使俄罗斯国内市场对煤炭的需求量下降，对国际能源市场也产生了影响。然而俄罗斯在短短的几个月内就克服了2008—2009年世界经济危机的影响。在2009年末俄罗斯的煤炭需求虽然没有迅速扩大，但已经超过2008年末对煤炭的需求量，此后市场对煤炭的需求在持续增长（表3－2－8）。

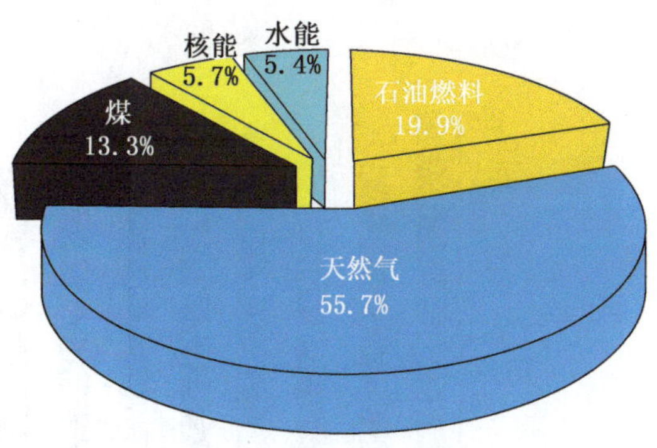

图3－2－12 俄罗斯主要能源消费构成

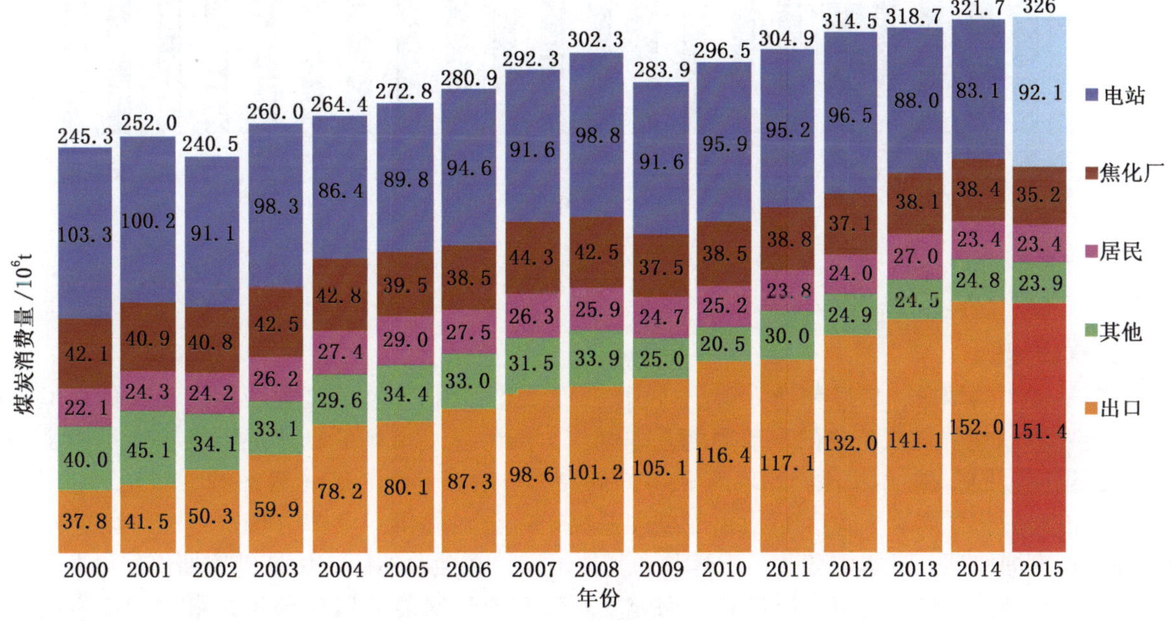

图3－2－13 俄罗斯煤炭消费领域

表3－2－8 俄罗斯煤炭需求量（包括进口） 10^6 t

年　份	2008	2009	2010	2011
总　计	229.1	205.7	229.8	231.6
电站需求	130.4	112.5	124.9	126.2
炼焦用煤	39.0	37.5	29.2	41.2
居民等用煤	25.9	24.9	25.2	23.8
冶金用煤	3.3	3.6	4.1	3.2
铁路用煤	2.0	2.2	2.0	2.0
其他用煤需求	28.7	25.0	34.5	35.1

20世纪90年代俄罗斯实施了针对天然气价格、铁路运输成本以及对垄断行业的其他产品和服务的降价法令，此后俄罗斯天然气的价格大幅度下降（这个价格低于欧洲地区当地的煤炭价格）。但由于在俄罗斯自然垄断经济中实行了这一价格战略，却造成了俄罗斯对煤炭能源的需求未达到实质性增长的结果。

最近几年，俄罗斯实施了天然气价格大幅度上调的政策，这可能会促进俄罗斯乃至欧洲市场对煤炭需求的不断增长。《全球数据报告》中提供的信息显示，俄罗斯国内的煤炭消费量预计在2011—2020年间增长率微升至1%，2020年将达到22410万t（图3－2－14）。

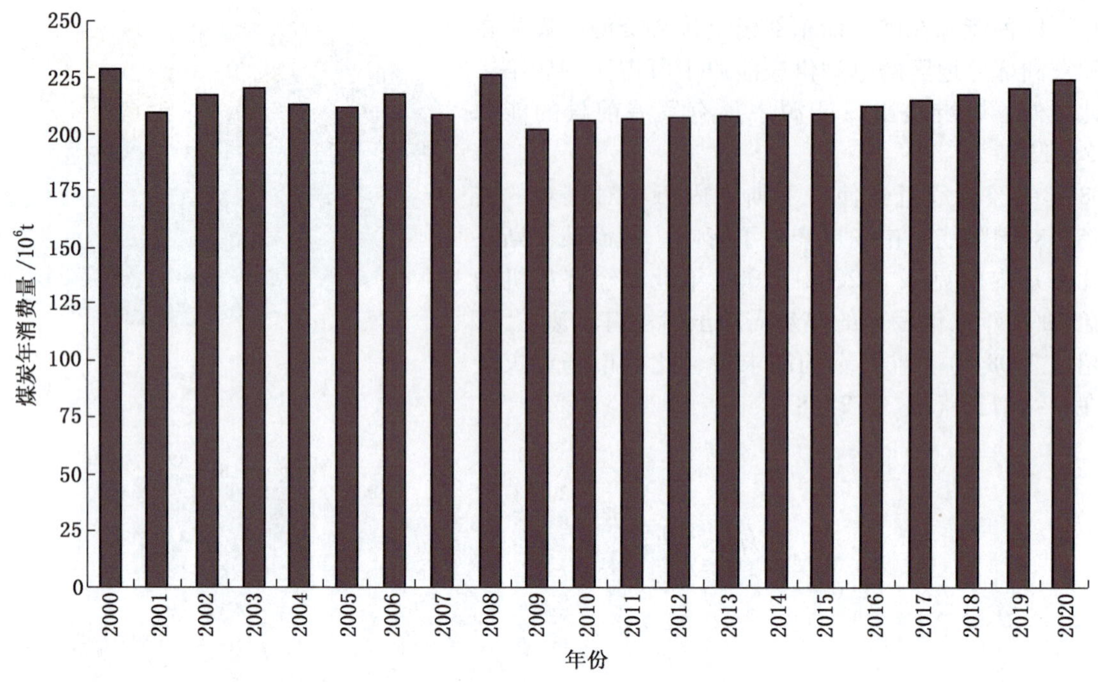

图 3-2-14 俄罗斯煤炭年消费量

(三) 煤炭贸易

俄罗斯是最大的烟煤、焦煤和动力煤出口国之一，继澳大利亚和印度尼西亚之后，位居世界第三位。2010 年 9 月，世界煤炭价格的下跌周期基本结束，国际煤炭市场的良好环境进一步扩大了俄罗斯煤炭的出口供应。同 2000 年相比，2011 年俄罗斯煤炭出口增长了 3.1 倍（图 3-2-15）。

俄罗斯出口的优质煤炭中 60% 以上由库兹涅茨克矿区公司提供。大部分煤炭（92% 以上）主要出口到国外。如塞浦路斯、日本、芬兰、土耳其和其他国家。在独联体国家中，俄罗斯煤炭主要出口到乌克兰，还有一小部分出口到哈萨克斯坦和立陶宛。西伯利亚煤炭能源股份公司是最大的煤炭出口供应商。2007 年该公司在国外市场上共销售 2580 万 t 煤炭（与 2006 年相比，增长了 12%）。该公司出口量占俄罗斯对外出口总量的 1/4 强。乌拉尔矿业金属股份公司出口 2150 万 t。俄罗斯大型的煤炭控股公司的 70% 以上都从事煤炭出口贸易（图 3-2-16、表 3-2-9）。

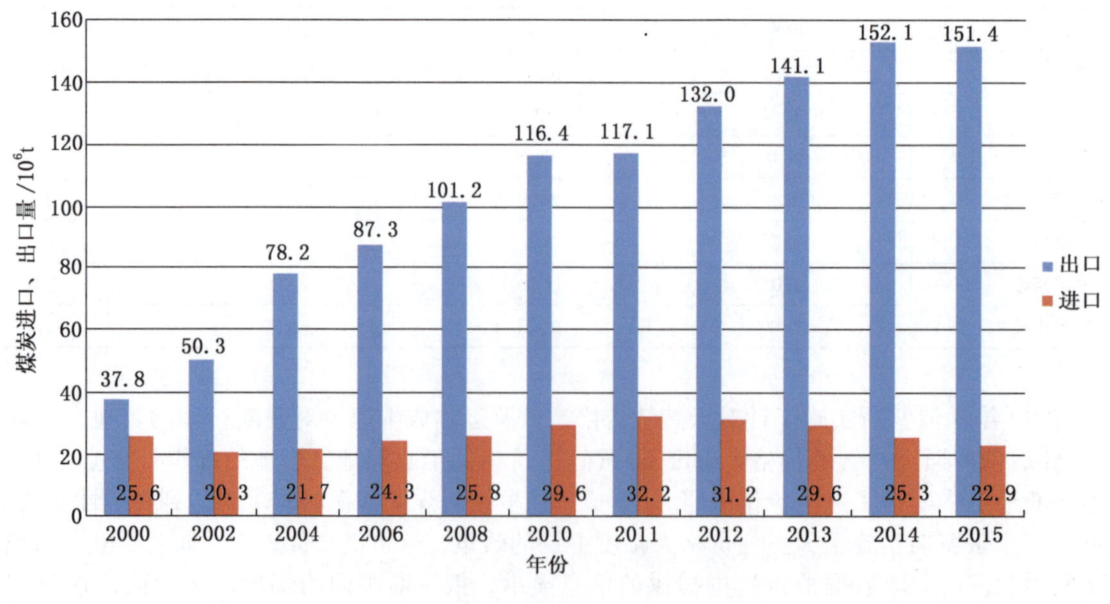

(a)

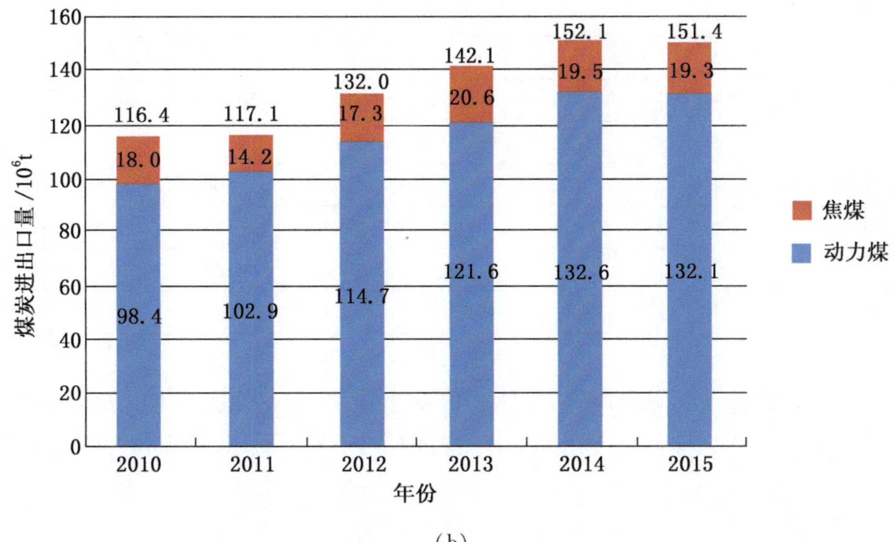

(b)

图 3-2-15 2000—2015 年俄罗斯煤炭进出口量

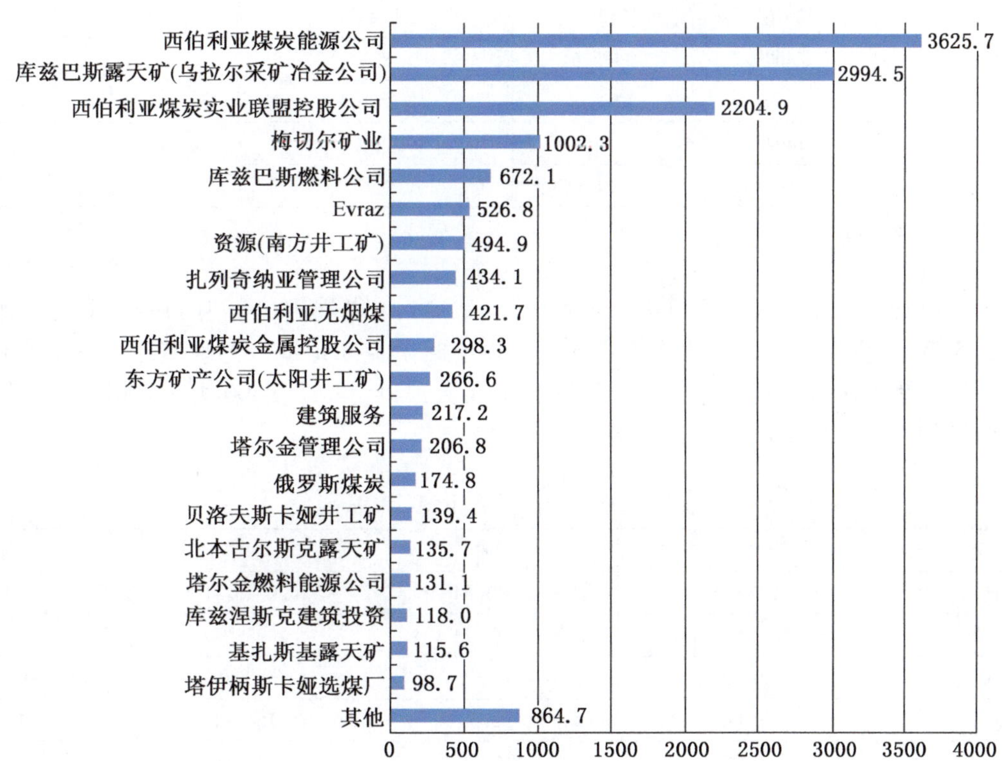

图 3-2-16 2014 年俄罗斯主要煤炭出口商（万 t）

表 3-2-9 俄罗斯煤炭公司出口量

名　　称	总　　计				独联体国家		其他国家	
	2008 年	2009 年	2010 年	2011 年	2010 年	2011 年	2010 年	2011 年
出口总计/Mt	101.2	104.4	105.6	117.1	10.8	10.2	94.9	106.9
西伯利亚煤炭能源股份公司/Mt	24.56	27.87	25.26	30.03	0.31	0.36	24.95	29.67
乌拉尔矿业金属股份公司/Mt	21.79	25.58	23.57	23.23	0.55	1.15	23.02	22.08
米切尔/Mt	11.06	6.11	8.61	9.22	1.80	1.08	6.81	8.14
西伯利亚煤炭商业联盟/Mt	5.84	7.17	6.70	6.19	0.44	0.14	6.26	6.05

表3-2-9（续）

名称	总计				独联体国家		其他国家	
	2008年	2009年	2010年	2011年	2010年	2011年	2010年	2011年
欧洲联合公司/Mt	3.70	4.02	4.59	3.49	0.16	0.37	4.43	3.12
西伯利亚煤炭冶金控股公司/Mt	1.65	2.32	2.72	2.35	0.00	0.00	2.72	2.35
北方钢铁资源控股公司/Mt	0.47	0.62	0.82	1.62	0.75	1.57	0.07	0.05
总计/Mt	69.06	73.69	72.28	76.13	4.01	4.67	68.27	71.47
出口份额/%	72.3	75.9	75.0	71.8	50.9	58.0	77.3	72.8

俄罗斯煤炭的传统销售地为欧洲国家，优质进口动力煤能够保障欧洲热电站的需求。西欧、东欧和南欧国家共需要近6500万t俄罗斯煤炭。但未来，对俄罗斯煤炭需求增长最大的是亚太地区国家（表3-2-10）。

表3-2-10 2014年进口俄罗斯煤炭国家 万t

大型俄煤炭进口国	2014年	2013年	大型俄煤炭进口国	2014年	2013年
中国	2676	712.2	土耳其	862	
英国	2400	2495.6	波兰	643	468.7
韩国	1719	944	荷兰	763	357.1
日本	1494	1338	比利时	195	289.8
乌克兰	981	959.7			

数据来源：俄罗斯煤炭信息公司

尽管俄罗斯煤炭出口量很大，但也进口少量的煤，2011年煤炭进口量为11%。此外，2007年进口的焦煤量为3.5万t。俄罗斯的进口动力煤主要来自位于哈萨克斯坦境内的埃基巴斯图兹矿区，乌拉尔地区各火电站均依靠该矿区进行设计并运行。近几年煤炭进口量约为2400万~2500万t，2011年俄罗斯从哈萨克斯坦的煤炭进口量再攀新高（表3-2-11）。

表3-2-11 俄罗斯进口煤炭量 10^3 t

年份	2008	2009	2010	2011
总计	25798.53	24013.64	29616.31	32236.77
动力煤	25798.53	24012.73	28985.46	30326.03
焦煤	0.00	0.91	630.85	1910.74
乌克兰	0.00	295.3	166.84	136.09
动力煤	0.00	294.39	160.55	136.09
焦煤	0.00	0.91		
哈萨克斯坦	25798.53	23718.34	28800.27	30596.47
动力煤	25798.53	23718.34	28800.27	30169.89
焦煤			0.00	426.58
美国			649.20	1504.22
动力煤			24.65	20.06
焦煤			624.56	1484.16

《全球数据报告》中提供的信息显示，预计2011—2020年间，俄罗斯煤炭出口的年增长率为2%，到2020年出口可达到15570万t；而预计到2020年俄罗斯煤炭进口将保持平稳增长至2640万t（图3-2-17）。

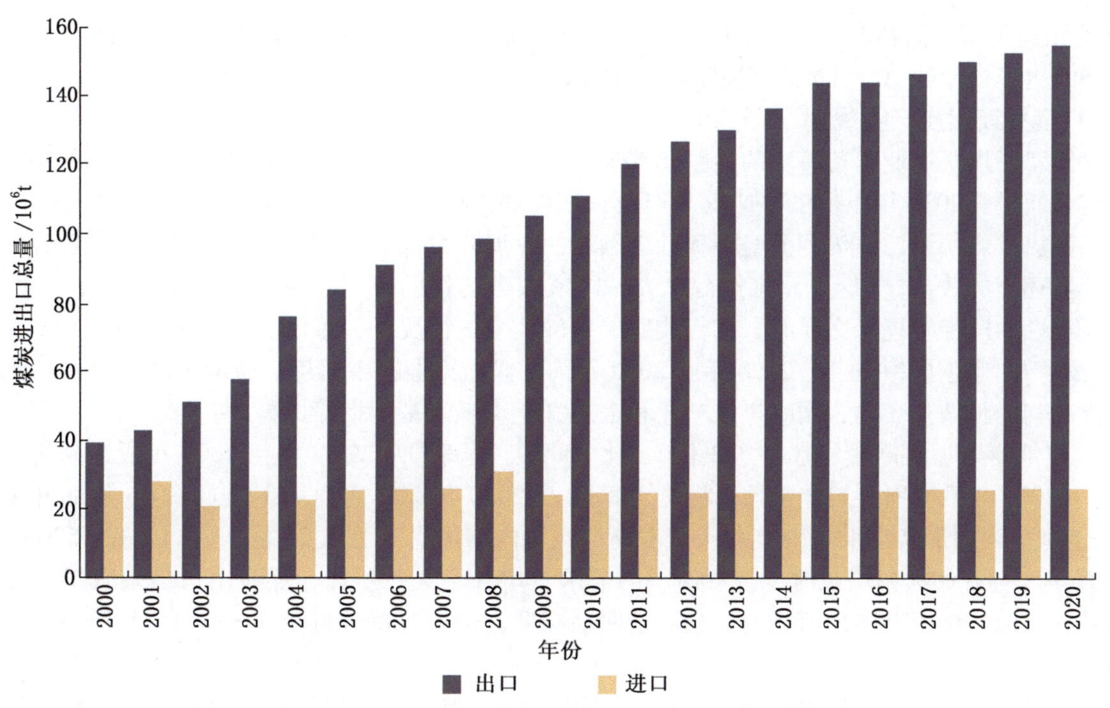

图 3-2-17　2000—2020 年俄罗斯煤炭进出口总量

三、煤炭工业发展前景及规划

（一）俄罗斯煤炭产业发展的驱动因素

《2030 年前俄罗斯能源战略》《2030 年以前俄联邦政府煤炭产业长期发展纲要》的相关规划任务将刺激并推动俄罗斯煤炭产业的发展。

《2030 年前俄罗斯能源战略》中将 2030 年以前俄罗斯煤炭业的长远发展列为优先考虑事项，落实和改进计划包括以下 3 个阶段。第一阶段（2013—2015 年）稳定煤炭产量下降的局面；采取行之有效的措施，重组煤炭产业部门；重新装备和加强煤炭生产；降低煤炭企业事故发生率和减少工伤事件；进一步提升煤炭产业出口潜力。第二阶段（2020—2022 年）：在新矿区建成煤炭生产中心；采用符合全球生态标准的高性能设备及先进技术装备部门企业；消除制约煤炭运输的瓶颈；提高煤炭业务的透明度，发展服务外包体系；尽可能实现发电烟煤处理加工程度最大化；基于俄罗斯技术，围绕煤炭深加工和甲烷生产实施试点跟踪项目。第三阶段（到 2030 年）：大幅度提高劳动生产率，提供世界标准的行业及职业安全，煤炭生产和加工过程确保生态安全；促进煤炭深加工产品（合成液体燃料、乙醇，仅举几例）和相关资源（甲烷、地下水、建材）的开发。

1. 邻近市场的需求

俄罗斯是世界领先的煤炭出口国之一，具有出口到日本、美国、英国、乌克兰、土耳其、中国、德国、波兰和其他亚洲及欧洲国家的优越地理位置。产煤区库兹涅茨克和坎斯克－阿钦斯克邻近这些出口国，尤其是中国。

2. 煤炭价格的变化

亚太地区市场的巨大需求、再加上出口价格的不断提升将推动俄罗斯的煤炭企业增加产量，因为它已经变得更加有利可图。据亚洲基准动力煤指数、澳大利亚纽卡斯尔动力煤指数，煤的价格从 2010 年 1 月的每吨 103.93 美元增加到 2011 年 1 月的每吨 141.94 美元，在短短一年内增长了 36%。

3. 中国投资

中国一直为国内消费寻求获得更多的煤炭资源。中国与俄罗斯签署了“贷款换煤”的协议，在俄罗斯远东地区与俄罗斯共同开发煤炭资源。2011 年 5 月，永晖焦煤股份有限公司宣布，公司计划用

9000 万美元购买东西伯利亚外贝加尔地区的阿普萨特炼钢矿区，该矿区距离连接俄罗斯与中国的西伯利亚铁路的边境口岸约 1000 km，煤炭储量估计有 6.75 亿 t。

（二）俄罗斯煤炭产业规划

针对俄罗斯煤炭产业亟待解决的问题及其未来发展战略，俄联邦政府采取了以下相应的措施。

制定并通过《2030 年以前俄罗斯煤炭产业长期发展纲要》（简称《纲要》），其主要目的是长期持续地为国家提供煤炭资源，为国家经济和社会领域的发展开发煤矿，实现国家煤炭开采地区经济的稳定增长和社会环境的改善。《纲要》将实行私人—国家联合运作的机制，在整个完成期限内，对《纲要》将进行经常性的监控管理，必要时，在行业发展条件改变的情况下，可以对《纲要》实行修正。

《纲要》中制定了 2015 年、2020 年和 2030 年前的煤炭产业基本目标。劳动生产能力将达到 5 倍的增长，资产利润将增长 3 倍，同时煤炭产业和生态安全水平的基本指标提高 2 ~3 倍。

2010 年俄罗斯煤炭产量已达到 3.2 亿 t，比 2009 年提高了 7.2%，但比 2008 年所达到的最高水平低 0.2%。2020 年俄罗斯煤炭产量预计将达 3.8 亿 t，2030 年前将达到 4.3 亿 t，2026 年的开采量将达到 1990 年时达到的最高水平。1990 年，俄罗斯煤炭国内市场需求为 3.23 亿 t，出口量为 5200 万 t。当 2000 年煤炭产量开始大幅增长时，俄罗斯国内需求量增长不大，所以，煤炭出口是刺激煤炭开采的最主要因素。目前，俄罗斯国内市场的煤炭需求明显降低，但也保持着每年 0.8% 的增长速度。其根本原因是煤的气化。

俄罗斯将大量采用煤炭发电的生产设备。2030 年前，预计将增加 2.6 亿 MW 的发电机。这将刺激煤炭产品的使用。另外，在水泥厂转变为干燥生产后出现新的生产设备时，也存在很大的利用煤炭产品的可能。据估计，将增加 2000 万 t 的煤炭需求。

未来原煤精选加工业也将快速发展，将增加 1 亿 t 精选煤，将有 60% 的煤达到精选煤的水平，这将提高煤炭产品的质量和煤炭的价格。降低运输量、减少运输成本对运输行业至关重要。在发展和更新生产潜能的框架下，俄罗斯煤炭产业面临着至 2030 年前将基础基金 100% 更新。这样，煤炭投资将会大大提高，行业结构也将发生变化。西西伯利亚的煤炭产量将从 58% 减少到 45%，东西伯利亚的煤炭产量将从 26% 增加到 32%，这也将保障俄罗斯国内市场对煤炭需求的增长和在东部市场的竞争力。

1. 俄罗斯交通的基础设施服务

俄罗斯的交通和港口基础设施的落后现状也是目前俄罗斯煤炭产业发展的制约因素之一。如贝加尔—阿穆尔铁路不能承运俄罗斯煤炭公司生产的煤炭总量。目前，主要运输铁路有：西伯利亚大铁路、贝加尔—阿穆尔铁路和其他与之衔接的铁路线，还包括到达港口的通道：共青城、苏维埃港、纳霍德卡和符拉迪沃斯托克（海参崴）港口等。

据俄联邦政府官员称，目前，俄罗斯在铁路基础设施方面，应加大投资用于优化资金投入、优化车厢利用、利用客运和改善货运和客运的周转能力，即应该采取一系列措施满足扩大煤炭出口总量的需求。提高煤炭出口要求大力发展港口建设。目前，俄罗斯煤炭公司按自己计划的总量投入资金并基本上保障扩大港口运输能力以实现煤炭出口。发展铁路基础设施建设的基本优先方向，主要包括：发展贝加尔—阿穆尔铁路，梅日杜列琴斯克（克麦罗沃州）—阿巴坎—泰舍特铁路线的运输能力，在图瓦共和国克孜勒的埃列格斯特煤矿，发展库兹巴斯的工业铁路交通。港口的建设与铁路基础设施建设同步进行。俄罗斯联邦能源部长亚历山大·诺瓦克在 2012 年 8 月 6 日召开的全俄罗斯煤炭产业发展会议上指出，至 2030 年，港口吞吐能力将会有所增加：北线将增长 2 倍，南线将增长 3 倍，东线将增长 2.5 倍多。港口吞吐量将于 2020 年前达到 1.4 亿 t，而到 2030 年则达到 1.9 亿 t。

2011 年俄罗斯煤炭在西线（大西洋市场）出口量为 7900 万 t，在东线（亚太市场）3200 万 t。因此，预计至 2030 年，西线的出口量将增长不多（600 万 t），主要需求将会来自亚太市场。提供管理咨询服务的麦肯锡国际公司认为：2030—2050 年，在世界能源平衡表中煤炭所占比重仍将达到 27% 左右。届时，世界能源结构将发生改变，可再生能源、水能的比重将增加，同时油气比重将下降，煤炭的比重将保持在 27%。煤炭资源的主要需求国是中国、日本、韩国、越南和台湾地区。同时，大西洋市场的情况堪忧。在美国，页岩气取代煤炭，煤炭被排挤出美国而转向欧洲，因此，俄罗斯向该地区的煤炭出口面临严峻形势，而不得不将煤炭出口主要方向定位在亚太市场。

俄罗斯将根据《俄联邦2030年交通战略》和联邦专项《发展俄罗斯交通体系（2010—2015年）》发展交通服务体系。联邦专项中规定，大力建设港口和通往海港的通道。2015年前，该项目的实施能够扩大煤炭出口能力。煤炭公司希望煤炭出口量在2015年达到1.4亿t，2030年达到1.75亿t。

2. 俄罗斯发电行业的现代化改造和技术进步

2010年6月3日，俄罗斯联邦政府赞成并通过了《2020年及2030年前电能项目布局总体格局》，规定了发电行业的现代化改造，其中包括将陈旧的发电设备替换为新型现代化设备。至2020年，达到不少于38%的燃煤发电站，而2030年则不少于41%。为完成此项任务，在联邦专项《国家技术基础》框架下成立了2010—2016年《动力电子技术和能源机械制造》的子项目，这个项目是指建立统一的用于功率为600～800 kW的新一代超关键蒸汽参数的煤炭发电机组的能源设备，以及建立用于带硬燃料的内循环气化的发电机组的统一能源设备。

在国内市场上，热电厂和电站的燃料平衡表中各种燃料之间存在极大竞争。其中，天然气对煤炭有很大的竞争力。目前，俄罗斯联邦能源部与共同感兴趣的煤炭产区和煤炭公司正在仔细研究：如何进一步促进煤炭的深加工以获得液体发动机燃料、燃烧气体及各种有机物质。受安全条件的限制，现有煤矿基金会和煤炭企业不能充分利用现代化的高生产率设备。因此，必须完善煤炭开采企业的设计和改造的规范性基础。由俄罗斯联邦能源部与相关政府执行机构、设计院、研究院所及煤炭企业共同制定了关于企业开采和精化煤炭设计的标准文件清单，并提交第一次修改，该文件考虑到变化了的矿山技术生产条件和现代矿山开采设备的使用。

在技术调整方面，俄罗斯联邦能源部与俄罗斯技术管理局正在共同实施《2012年前制定保障符合技术规范（规则汇编）要求的煤炭产业国家标准纲要》。

3. 资源与合理利用

发展煤炭产业的原料基地和地下资源的合理利用的主要方向是：以矿物原料资源支持在已开发的煤炭地区进行煤炭开采；为在采煤新区形成新的原料基地创造条件；根据资源的增长和煤炭的储量确定地质勘探工作的优先方向。

4. 提高矿山作业安全

地下煤炭开采总是伴随着高风险，死伤指数持续处于不稳定和高水平状态。为解决上述问题，俄罗斯煤炭产业已实施《关于2009—2010年保障进一步改善劳动条件，提高矿山作业安全，降低煤炭产业的事故和伤亡，支持部队做好军事化矿山救助、事故救助战斗准备的规划》。该规划的目的是在劳动过程中降低事故率，保障煤炭企业工人的生命和健康。规划中包括由煤炭企业进行的关于改善通风，与粉尘和气体做斗争，改善对劳动保护和工业安全的管理，提高工作效率和改善预防工作等一系列活动。另外，还专门规定了为支持部队做好经常性的矿山救助、事故救助的军事化战斗准备而应采取的必要措施。由于上述工作的开展，尽管矿山作业条件不断复杂化，生产具有特殊的复杂性和危险性，但在近10年中，俄罗斯煤炭产业生产事故中的受伤人数降低了83.33%倍，死亡人数降低了41.67%。

5. 保障煤炭产业工业和生态安全及劳动保护

在近十几年内，矿山煤层开采的平均深度从地下380 m增至420 m。具有甲烷和粉尘爆炸等危险煤矿的比重从28%增至51%。露天矿的剥离系数从3.91 m^3 上升到6.3 m^3，即进行开采的矿区的条件恶化。目前，54%的坑采和27%的露采矿山已不具发展前景。为提高工业安全，必须完善保障煤炭产业和生态安全及劳动保护这部分的法律。已经通过了关于煤矿必须进行消毒的法律；关于危险工程的所有者对在危险工程中事故所引起的危害必须进行保险的法律；以及关于对严重违反工业安全纪律要求的法律。

6. 俄罗斯煤炭企业的改组，建立煤炭企业清理基金会程序

截至2011年，俄罗斯共有206座坑采和露采矿山，预计2030年矿山数量将减少60个，但同时将出现约60座新开发矿山，这将是一笔巨大投资，将在新的开采中心开发出新矿区：包括雅库茨克、哈卡斯（共和国）、图瓦、远东、萨哈林和外贝加尔边疆区，为此，应建立相应机制以保障清理煤矿工作的顺利进行，应给予企业相当于成本的资金作为储备金用于清理工作，保障煤炭企业的人口迁移和弥补因煤矿清理所造成的生态损失。

根据目前煤炭年开采量以及进行与优化调整煤炭储量紧密相连的清理工作的整体性，清理工作可能需要极大规模的资金。在完善法律的过程中，煤炭开采和加工企业的私有化需要完成没有国家的支持、完全利用被清理企业的资金的清理工作的义务，清理基金会的资金应根据所需额度用于进行清理工作。

目前，持续15年之久的俄罗斯煤炭产业改组的过程已基本结束。预计在2011—2015年完成煤炭企业的清理项目，在下一个时期内继续运行自然保护工程，并对清理这些企业所造成的生态后果进行监控。因此，俄罗斯联邦法律《2011年和2012—2013年计划期的联邦预算》规定了对燃料能源领域活动的拨款，2011年额度为29.55亿卢布，2012年额度为29.40亿卢布。

7. 煤炭产业劳动工人的社会保障

目前，已通过2010年5月10日第84号《关于为煤炭企业工人提供特别社会保障》的联邦法律。这部法律补充提高了矿工退休保障的水平，利用煤炭产业单位的补充资金为退休职工补发工资。另外，已经准备好关于对俄罗斯联邦劳动法中在地下从事作业的工人劳动报酬进行调整的修改草案。

（三）关于俄罗斯远东和东西伯利亚地区煤炭出口的预测

1. 煤炭供需前景

随着经济的发展，远东和东西伯利亚地区对能源的需求会不断增加，初步预计到2020年煤炭的需求将增加到14290万t。在满足不断增加的区域内煤炭需求的同时，煤炭出口和向俄罗斯联邦其他区域的供应会不断扩大，煤炭产量预计到2020年将增加到19460万t，煤炭的出口预计到2020年将达到3500万t（表3－2－12）。

表3－2－12　远东及东西伯利亚煤炭供需预测

名　称		2010年	2015年	2020年	年平均增长率/%
远东/Mt	产量	36.3	50.5	55.8	4.4
	消费量	30.0	31.1	30.0	0.0
	出口量	10.4	22.3	28.1	10.5
东西伯利亚/Mt	产量	106.9	117.9	138.8	2.6
	消费量	93.1	98.4	112.9	1.9
	出口量	5.1	6.0	7.2	3.5
合计/Mt	产量	143.2	168.4	194.6	3.1
	消费量	123.1	129.5	142.9	1.5
	出口量	15.5	28.3	35.3	8.6

2. 煤炭需求

远东地区的煤炭需求并没有增加，预计到2020年会始终维持在3000万t左右的水平，其原因在于天然气的消费量不断增加，天然气管道通过的萨哈林州、哈巴罗夫斯克地区、滨海地区的煤炭需求就会减少。但是，有计划地在哈巴罗夫斯克地区建设面向中国出口电力的煤炭火力发电站，如果这个计划能够得以实现的话，远东地区的煤炭需求就会增加。另一方面，在东西伯利亚既有增加区域内的电力、供暖，又有扩大向区域外电力输出的计划，就可以预见伴随着热电厂的增设，煤炭的需求也会大幅增加。可以预计，在以克拉斯诺达尔地区为中心的煤炭需求到2020年会增加到11290万t（表3－2－13）。各个行政区的煤炭需求前景可以一目了然，但是克拉斯诺达尔地区煤炭需求的增长还是非常醒目的。

表3－2－13　远东及西伯利亚的煤炭需求预测　10^6 t

年　份		2010	2015	2020
远东	萨哈共和国	3.0	2.8	2.9
	滨海地区	13.4	14.7	13.1
	哈巴罗夫斯克地区	4.8	4.6	4.8

表3-2-13（续） 10^6 t

年份		2010	2015	2020
远东	阿穆尔州	4.6	4.8	4.8
	萨哈林州	1.9	1.5	1.1
	马加丹州	1.3	1.5	2.0
	勘察加州	0.2	0.3	0.2
	楚科奇州	0.5	0.5	0.6
	犹太自治州	0.5	0.5	0.6
	合计	30.0	31.1	30.0
东西伯利亚	图瓦共和国	1.0	1.3	1.4
	哈卡斯共和国	2.7	3.0	3.5
	克拉斯诺达尔地区	46.7	50.6	62.4
	伊尔库茨克州	21.2	21.0	21.0
	布里亚特共和国	6.2	7.0	7.7
	赤塔州	15.3	15.6	16.9
	合计	93.1	98.4	112.9
总合计		123.1	129.5	142.9

3. 煤炭生产

从区域内需求的增加、出口规模的扩大、向区域外输送规模的扩大就可以预测远东和东西伯利亚的煤炭产量会在今后突飞猛进地增长（表3-2-14）。

表3-2-14 远东及东西伯利亚的煤炭开采生产预测 10^6 t

年份		2010	2015	2020
远东	开采量	40.4	59.9	67.8
	成品煤产量	36.3	50.5	55.8
东西伯利亚	开采量	109.1	120.5	141.9
	成品煤产量	106.9	117.9	138.8
合计	开采量	149.5	180.4	209.7
	成品煤产量	143.2	168.4	194.6

从各个行政区分别来看，萨哈共和国为了扩大煤炭出口规模，积极推进位于南雅库特矿区的煤矿改造和新矿开发，预计煤炭产量到2020年将增加到3150万t。其他如阿穆尔州、滨海边疆区也会为满足本区域内需求而增加产量。预计东西伯利亚地区因该区域内的需求、出口规模、外运规模的扩大，所生产的成品煤产量2020年将达到13880万t（表3-2-15）。在东西伯利亚现在进行煤炭生产的各个行政区也都提出了到2020年主要煤炭种类的生产规划。

表3-2-15 远东及东西伯利亚的煤炭产量前景 10^6 t

年份		2010	2015	2020
远东	萨哈共和国	12.8	25.9	31.5
	滨海边疆区	11.5	12.5	12.0
	哈巴罗夫斯克边疆区	2.8	2.9	3.1
	阿穆尔州	4.4	4.7	4.9

表3-2-15（续） 10^6 t

年份		2010	2015	2020
远东	萨哈林州	3.1	2.7	2.3
	马加丹州	0.9	1.0	1.3
	勘察加州	0.1	0.1	0.1
	楚科奇州	0.5	0.5	0.5
	犹太自治州	0.2	0.2	0.2
	合计	36.3	50.2	55.8
东西伯利亚	哈卡斯煤（哈卡斯共和国）	5.9	6.7	7.9
	坎斯克—阿钦斯克煤（克拉斯诺达尔边疆区）	43.3	46.4	49.0
	阿泽斯克煤（伊尔库茨克州）	11.0	11.7	12.4
	切列姆霍沃煤（伊尔库茨克州）	1.9	2.0	1.8
	图格努伊煤（布里亚特共和国）	5.7	6.1	6.5
	赤塔煤（赤塔州）	11.2	11.3	11.5
	合计	79.1	84.3	89.1
	其他种类	27.8	33.7	49.7
	合计	106.9	117.9	138.8
总合计		143.2	168.4	194.6

克拉斯诺达尔地区的坎斯克—阿钦斯克煤和伊尔库茨克州的阿泽斯克煤将会因区域内的需求增加而增加产量，布里亚特共和国的图格努伊煤（根据现地调查与西伯利亚煤炭能源股份公司的生产计划相比产量将会有所减少）、哈卡斯共和国的哈卡斯煤将因为区域内的需求和出口规模的扩大两方面因素而增加产量。但是赤塔州的赤塔煤虽然州内需求增加，但是因预期向远东地区的外运量减少而将降低产量。

1）煤炭出口

远东地区雅库特煤的出口规模将会有很大的增加，预计到2020年将会增加到2810万t（表3-2-16）。萨哈共和国的涅留恩格里周边（涅留恩格里煤矿、查尔玛坎斯克煤矿、杰尼索夫卡煤矿）的煤矿通过扩大生产规模、开发新煤矿等手段，也可以出口煤炭。在此基础上埃利金斯基煤也会出口。还有，谋求煤炭产业的维持和扩张的萨哈林州虽然出口规模较小，但是预计出口规模将来也会有所扩大。在东西伯利亚，预计作为煤炭出口的主要品种的哈卡斯煤和图格努伊煤各自的出口规模将提升到350万t和300万t。但是，关于图格努伊煤，同样生产该种类煤炭的西伯利亚煤炭能源股份公司的出口计划是550万t（当地传闻），并且正在瓦尼诺港北部的穆奇卡湾建设自己的煤炭码头，另外如果再考虑到西伯利亚煤炭能源股份公司已经获得紧邻图格努伊煤矿的尼科利斯克煤矿的开采权，包含图格努伊煤在内的煤炭出口量将是预估出口量的一倍以上。

2）远东和东西伯利亚煤炭开发计划

表3-2-16 远东和东西伯利亚的煤炭出口预测 10^6 t

年份	2010	2015	2020	年份	2010	2015	2020
远东	10.4	22.3	28.1	哈卡斯煤	2.0	2.5	3.5
雅库特煤	9.5	21.3	26.9	图格努伊煤	2.7	3.0	3.0
萨哈林煤	0.9	1.0	1.2	其他	0.4	0.5	0.7
其他	0.0	0.0	0.0	合计	15.5	28.3	35.3
东西伯利亚	5.1	6.0	7.2				

远东及东西伯利亚的那些被搁置冻结的新矿山开发计划及原有矿山的改扩建计划正在开始松动。现在已经规划的新矿和旧矿改建扩建计划合计59个。其中老矿改建扩建计划涉及26座矿山，计划新开发33座矿山，总设计产能40790万t/a。老矿改建扩建计划实现产能19230万t/a，新建矿山产能26680万t/a。从煤炭种类计划来看，焦煤矿山13座，产能6230万t/a；动力煤矿山22座，产能7890万t/a；褐煤矿山24座，产能26680万t/a。远东地区的现有煤矿的改建增产、扩建计划及新建煤矿计划合计32个，设计年生产能力达12180万t；东西伯利亚地区的现有煤矿的增产、扩建计划及新建煤矿计划合计27个，设计年生产能力达28620万t（表3-2-17）。

表3-2-17　远东及东西伯利亚煤炭开发计划

名称		现有煤矿改扩建		新建煤矿		合计	
		煤矿数	设计产能/(10^6 t·a^{-1})	煤矿数	设计产能/(10^6 t·a^{-1})	煤矿数	设计产能/(10^6 t·a^{-1})
远东	焦煤煤矿	2	11.6	7	40.3	9	51.9
	动力煤煤矿	5	8.4	4	6.1	9	14.5
	褐煤煤矿	5	16.4	9	39.0	14	55.4
	合计	12	36.4	20	85.4	32	121.8
东西伯利亚	焦煤煤矿	1	0.9	3	9.5	4	10.4
	动力煤煤矿	5	23.7	8	40.8	13	64.4
	褐煤煤矿	8	131.4	2	80.0	10	211.4
	合计	14	155.9	13	130.3	27	286.2

褐煤矿山的开发扩张计划占多数，这是因为远东和东西伯利亚地区的褐煤储量极其丰富，即使未来产出的褐煤被热电厂和供暖设施所利用，但是各个行政区所计划的产能也远远超过需求。另外，有关烟煤的开发计划所涉及的生产能力仅是褐煤煤矿开发计划的一半左右，也远超需求量。

远东和东西伯利亚地区已经提出制定了很多煤矿的开发建设计划，今后将对开发条件较好（距离铁路较近，距离发电厂、供暖设施较近，开采条件好，开采成本低等），适合需求标准（出口方面具有竞争力的烟煤，区域内发电厂所设计使用的煤炭等）的煤矿，根据区域内需求的增加，外运及出口规模的扩大而依次进行开发生产。

3）出口可能性及需考虑的因素

今后具有出口可能性的煤炭开发计划主要是以烟煤作为开发对象计划。远东和东西伯利亚拥有许多烟煤储量丰富的煤矿，关于选定有望成为面向出口的矿山需考虑以下几个方面的情况：现有矿山的改造扩张计划正在推进中；新建矿山开发计划正在实施，开发活动已经进行；距离铁路较近并且直线建设等基础建设的投资较少；不但煤的品质高且储量丰富；埋藏有资源稀少的焦煤。

在选定的矿区当中，既有已经开始进行设备改造、扩大生产规模增加产能的矿山，也有按照计划按部就班地进行开发建设的新矿山，这些矿山在中短期内就可以出口煤炭的可能性非常高。从现在的开发建设的动向来判断，短期内就能够向亚洲市场出口煤炭的开发计划有：萨哈共和国的查尔玛坎斯克矿区、涅留恩格里矿区及杰尼索夫卡矿区；布里亚特共和国的欧伦—西伯利亚矿区。从中期来看，萨哈共和国的埃利金斯基矿区和布里亚特共和国的尼科利斯克矿区也可以向亚洲市场提供煤炭出口。

远东和东西伯利亚煤炭市场开发需考虑如下因素：国际煤炭市场是否有接受这些煤炭的需求空间；出口的煤炭的品质、价格在国际市场上是否有竞争力；能否确保满足俄罗斯国内需求而不仅仅是国际市场；国际市场煤炭的价格是否具有进行投资开发建设的价值。

此外，港口设施的扩建和新港的建设要一同进行。而强化铁路运输能力的工作也应同步进行。

第五节 主要含煤盆地分析

俄罗斯主要成煤期在晚古生代（石炭纪、二叠纪）、中生代（三叠纪、侏罗纪、白垩纪）和新生代，含煤层位自西（欧洲部分）而东（远东滨太平洋）逐渐升高。

俄罗斯近94%的煤炭资源集中在西伯利亚和远东地区，欧洲部分及乌拉尔地区煤炭储量不足2%。有近80%的煤炭储量位于西伯利亚地区，其中超过70%在库兹涅茨克矿区、坎斯克—阿钦斯克矿区和通古斯克矿区。

本报告重点介绍位于俄罗斯西伯利亚和远东地区的煤盆地和煤田。

一、库兹涅茨克煤田

（一）概述

库兹涅茨克煤田，又称库兹巴斯煤田（Kuzbass coal field），主要位于西西伯利亚南部的克麦罗沃州，还有一小部分延伸到新西伯利亚州、托木斯克州以及阿尔泰边疆区，横跨北纬53°20′~56°40′，东经84°00′~88°20′。在经度方向长度为380 km，宽度为180 km，总面积为2.7万km^2。煤炭资源量为6369亿t（硬煤计算深度1800 m，褐煤计算深度600 m），储量为1170亿t，1990年产煤1.5亿t（占全俄产量39%）。煤炭的工业储量居全国第一位，其中炼焦煤占俄罗斯工业储量的一半以上。1800 m深度以浅地质储量达7334亿t，炼焦煤探明储量为324.8亿t。该煤田的煤层厚、埋藏浅、煤质优良。克麦罗沃市煤炭外运条件便利，西伯利亚大铁路横穿煤田，距我国内蒙古自治区口岸城市满洲里的铁路运输距离约为3500 km。

山岳型煤田位于阿尔泰—萨彦岭地区西部，为一宽阔盆地，三面环山，分别为库兹涅茨克山、戈尔诺绍尔山区和萨莱尔岭（图3-2-18）。在西北方向，库兹涅茨克盆地经由索库尔高地过渡为西西伯利亚平原。库兹涅茨克盆地地貌最古老的部分是中生代—古近纪以及新近纪时期的沉积。由于渐新世开始的第四纪地质活动，库兹涅茨克盆地的地表被周围山地呈阶梯状层层覆盖。最为明显的部分是沿着萨莱尔岭形成的下沉段，从其地貌可以看到高度为60~200 m不等的阶地。最近的地壳运动表现为河流阶地基座移动、山体撞击及喷发、气体动力学现象以及地震等。近百年来煤田及附近发生了7次大地震（震级超过3.6）以及大概20次小地震，波及库兹涅茨克盆地同萨莱尔岭以及戈尔诺绍尔山区的交界地区。

地貌特征为从东南到西北海拔逐渐降低。最大高度（达到700 m，局部达1000 m）在东南部，库兹涅茨克山和戈尔诺绍尔山区的连接处，最低高度为10~200 m，地形分区的深度与密度随海拔降低。煤田地处北半球温带，具有大陆性气候，气温、降水量、太阳辐射强度以及其他气候和天气因素均频繁大幅波动。

煤田的水文网络属于鄂毕河水系，其中托木河是饮水及技术用水的主要来源，它自南向北贯穿库兹涅茨克煤田。煤田西北部主要由伊尼亚河排水，伊尼亚河中游建有别洛夫斯克水库用以保障当地的水电站。鄂毕河右侧支流丘梅什河流经煤田西南部分。煤田北部属于亚亚河水系，它同右侧支流巴尔萨斯河共同为安热罗—苏真斯克和别廖佐夫斯基这两座城市供水。近年来库兹巴斯不合理的管理已经破坏了上百条小河流，而它们曾经都是煤田的水路命脉。现有的水文系统很大程度上都是依靠污染的雨水、生产及生活废水。这一地区的工业及生活用水问题面临的形势越发严峻。

大概有290万人居住在煤田区域及其邻近地区，其中大概90%的人口居住在14个城市和几乎相同数目的乡镇。库兹巴斯几乎一半的人口集中在3个城市：新库兹涅茨克（60.7万人）、克麦罗沃（55.2万人）和普罗科里耶夫斯克（26.7万人）。本地区内有两个大型机场（位于克麦罗沃和新库兹涅茨克），有通往全国、州内以及当地的各个地方的铁路及公路网。

库兹巴斯是俄罗斯联邦经济最为发达的地区之一，开采和加工煤、铁矿以及各种用于冶金和建筑业的非金属类原料的工业体系居领先地位。根据地质、地理、经济等特点将煤田划分出25个区（图3-2-18），煤田有54个矿井，32个露天煤矿，2002年产煤约1.14亿t。主要的采煤中心位于克麦罗沃区、

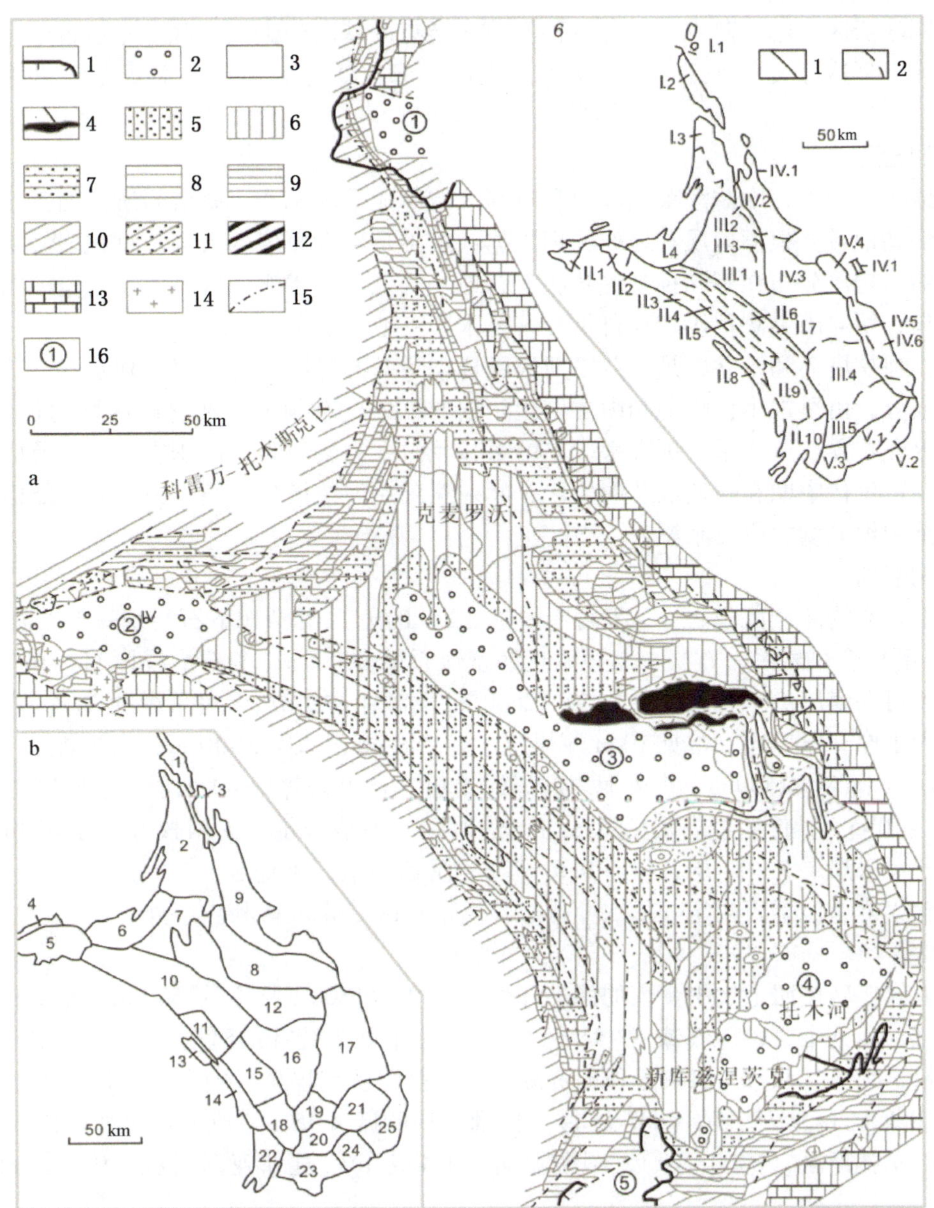

a) 1—白垩沉积（K_{1-2}）；2—侏罗纪含煤沉积（J_{1-2}）；3-4—三叠纪沉积物（T_{1-2}）：3—凝灰质碎屑沉积物；4—玄武岩；5-8—上古生界含煤沉积（C_1s-P_2）：5-6—科利丘吉诺层系（$_2$）：5—能产的，6—低产的和不产的；7-8—巴拉洪层系（C_1s-P_1）：7—能产的，8—低产的和不产的；9—碎屑岩-碳酸盐岩下石炭统沉积（C_1tv）；10-12—泥盆纪沉积（D）：10—沉积岩和火山岩，11—巴尔萨斯含煤层系，12—德米特里耶夫-别列博依可燃页岩层；13—前泥盆纪沉积岩、火成岩和变质岩；14—中古生代和晚古生代花岗岩；15—断裂破坏；16—中生代盆地；①—乌兰诺夫斯克卡塔茨克；②—多罗宁斯克；③—丘索威金斯克—布恩卡拉普斯克；④—波多巴斯克—图图亚斯克；⑤—涅宁斯克—丘梅什；

6) 1-2—边界：1—区；2—亚区。区：Ⅰ—近科雷万—托木斯克区；Ⅱ—近萨莱尔区；Ⅲ—中央区；Ⅳ—近库兹涅兹克山区；Ⅴ—近戈尔诺绍尔区；Ⅰ-1—塔什梅恩斯克，Ⅰ-2—安热罗—苏真斯克，Ⅰ-3—凯德罗夫斯克，Ⅰ-4—基多夫斯克，Ⅰ-5—扎维亚洛夫斯克；Ⅱ-1—捷尔卡乌索夫斯克；Ⅱ-2—卡缅斯克；Ⅱ-3—切尔金斯克；Ⅱ-4—别洛夫；Ⅱ-5—列宁斯克；Ⅱ-6—格拉马特因斯克；Ⅱ-7—索罗诺夫—克尔加依斯克（乌洛普斯科）；Ⅱ-8—巴恰茨克—普罗科里耶夫斯克；Ⅱ-9—乌斯卡茨克；Ⅱ-10—丘梅什—新库兹涅茨克；Ⅲ-1—普罗特尼科夫斯克；Ⅲ-2—科纽何金斯克；Ⅲ-3—波利索夫斯克；Ⅲ-4—叶鲁纳科夫斯克；Ⅲ-5—塔尔巴干；Ⅳ-1—杜干那沃—巴彦萨斯；Ⅳ-2—扎洛姆宁；Ⅳ-3—穆恩加特；Ⅳ-4—泰栋；Ⅳ-5—特尔辛斯克；Ⅳ-6—沃斯托克；Ⅴ-1—乌辛斯克；Ⅴ-2—丘里让斯克；Ⅴ-3—孔多木斯克；

b) 地理—经济区：1—安热罗区；2—克麦罗沃区；3—巴尔萨斯区；4—扎维亚洛夫斯克区；5—多罗宁斯克区；6—基多夫斯克区；7—普罗特尼科夫斯克区；8—萨奥特马科夫斯克区；9—科拉比维因斯克区；10—列宁斯克区；11—别洛夫区；12—中央区；13—巴恰茨克区；14—普罗科里耶夫斯克—基谢列夫斯克区；15—乌斯卡茨克区；16—叶鲁纳科夫斯克区；17—特尔辛斯克区；18—阿拉利切夫斯克区；19—拜达耶夫斯克区；20—奥辛诺夫斯克区；21—图图亚斯克区；22—布恩古尔—丘梅什区；23—孔多木斯克区；24—穆拉斯克区；25—托木-乌新斯克区

图 3-2-18 库兹涅茨克煤田地质图（a）、构造区划图（6）及地理—经济区划图（b）

列宁斯克区、别洛沃区、巴恰茨克区、普罗科里耶夫斯克—基谢列夫斯克区、布恩古尔—丘梅什区、叶鲁纳科夫斯克区、拜达耶夫斯克区、奥辛诺夫斯克区、穆拉斯克区、孔多木斯克区和托木—乌新斯克区。

（二）地质概况

根据现代地质区划图，库兹涅茨克煤田和毗邻区域组成了阿尔泰—萨彦褶皱区西部构造系统，属于乌拉尔—蒙古活动地带。根据地质和地球物理数据，煤田是由大厚度的火山、沉积岩岩层充满的巨大的构造负压形成的。岩层分布在不同种类的基底上，地基的残片属于毗邻区域的现代侵蚀断面，包括库兹涅茨克阿拉塔乌、绍立山，萨拉伊尔和科雷万—托木斯克地区。

库兹涅茨克阿拉塔乌和绍立山是库兹巴斯地区从东到西的界限。它们属于阿尔泰—萨彦地区西部更为古老的构造成分，由早古生代晚期和中古生代初期的沉积建造组成。在这些区域的现代侵蚀断面上，分布着错断的上元古界、寒武系、奥陶系、志留系和泥盆系的变质岩、沉积岩层，以及成分和年龄不同的火成岩体。在古生代中期和晚期以及中生代，库兹涅茨克阿拉塔乌和绍立山主要是低山的海丘，是库兹涅茨克煤田沉积填充物的主要来源。

（三）煤系地层

该盆地在下石炭统海相沉积之上，发育有厚达 9 km 的上古生界（下石炭统—上二叠统）和中生界（三叠系—侏罗系）含煤岩系。石炭—二叠系近海型煤系厚 8000 m。上石炭统厚 60 ~ 600 m，以碎屑岩为主，含少量不可采煤层。下二叠统厚 1150 ~ 2600 m，由砂泥岩组成，含可采煤层 20 余层，总厚度 78 m，煤层稳定，多为中厚和厚煤层，常见 10 m 厚煤层。上二叠统下部厚 3000 m，由砂泥岩夹泥灰岩组成，含不可采薄煤层。上部厚 2500 m，由砂泥岩和煤层组成。含可采煤层 40 余层，总厚度 75 m，层厚 1 ~ 3 m，个别达 8 ~ 10 m。早侏罗世内陆型煤系与下伏地层呈不整合位于向斜核部，厚 650 m，由碎屑岩、泥质岩组成，含可采煤层 5 ~ 14 层，层厚 0.5 ~ 7 m，呈透镜状，不稳定。

晚古生代含煤岩系包括石炭纪—早二叠世巴拉洪群和晚二叠世科利丘京群。

（四）资源量

库兹涅茨克煤矿区按照上文平衡表的标准评价的深度达 1800 [层位 - 1500 m（绝对值）] 的煤炭总资源量为 5244 亿 t。其中，14%（或者 741 亿 t）是国家平衡表统计的储量，6%（或者 331 亿 t）是行业平衡表的储量，80%（4172 亿 t）是预测资源量。库兹涅茨克煤矿区中资源总量处于领先地位的有耶鲁那科夫区（1088 亿 t），列宁区（807 亿 t），托米—乌欣区（458 亿 t），科恩托姆区（351 亿 t）；资源量最少的有巴尔扎斯区（6000 万 t），图图亚斯（9.4 亿 t），扎菲亚洛夫区（9.6 亿 t）和安热尔区（11 亿 t）。

按照深度的不同，库兹涅茨克煤矿区的煤炭资源可分为：深度浅于 300 m [层位 ±0 m（绝对值）] 的 1004 亿 t（占总量的 19%），300 ~ 600 m 的有 1181 亿 t（占 23%），600 ~ 1200 m 的有 1895 亿 t（占 36%）和 1200 ~ 1800 m 的有 1163 亿 t（占 22%）。

按照地质年龄，库兹涅茨克煤矿区主要是石炭纪煤炭和二叠纪煤炭，二者的总资源量估计为 5007 亿 t。其中的 60%（3027 亿 t）集中在早二叠纪科尔楚金群，接着是晚二叠纪早巴拉宏组（1703 亿 t）和早中石炭纪晚巴拉宏组（277 亿 t）。侏罗纪塔尔巴干群煤炭资源量相对较少：237 亿 t（约占 5%）。只有巴尔扎斯区含有泥盆纪的煤炭，资源量也不大（6000 万 t）。

按照煤层的厚度，库兹涅茨克煤矿区的总资源可分为下面几类。总资源中约 16% 集中在厚度为 0.71 ~ 1.20 m 的煤层，43% 集中在厚度为 1.21 ~ 3.50 m 的煤层，40% 分布在厚度为 3.51 ~ 15 m 的煤层，另有 1% 位于厚度超过 15 m 的煤层。

按照煤炭资源结构中的煤炭种类来计算，烟煤数量最多，并且包含国家标准列出的烟煤的全部种类从长焰煤到瘦煤，总数为 4898 亿 t（占 93.4%）。褐煤有 219 亿 t（占 4.2%），无烟煤有 107 亿 t（占 2%），氧化煤为 19 亿 t（占 0.4%），泥盆纪腐泥煤为 0.6 亿 t。

库兹涅茨克煤矿区的炼焦煤资源包含所有种类从长焰气煤到弱黏结性瘦煤，总数为 2834 亿 t（54%）。大部分集中在科尔楚金群和巴拉宏群的二叠纪地层，少数分布在塔尔巴干群侏罗纪地层。大约 3/4 的炼焦煤资源位于耶鲁那科夫区（908 亿 t），列宁区（535 亿 t），托米—乌欣区（303 亿 t），杰尔欣区（262 亿 t）和普拉科比耶夫—吉谢廖夫区（130 亿 t）。近 2/3 的炼焦煤资源的埋藏深度在 600 ~ 1200 m（1108 亿 t）和 1200 ~ 1800 m（729 亿 t）；埋藏深度在 300 ~ 600 m 的有 21%（585 亿 t），浅于 300 m 的有 14%（412 亿 t）。适合露天开采的煤炭资源量有 316 亿 t（占总数的 6%）。在这些资源中按照煤质牌号来看，最多的是长焰煤（142 亿 t），瘦煤（43 亿 t）和气煤（31 亿 t）。

（五）煤质

该盆地蕴藏有各种变质程度的煤，煤质优良，硫含量低，为 0.3% ~ 1.0%，磷含量也低，为 0.002% ~ 0.07%。巴拉洪群煤为气肥煤至无烟煤，其中气肥煤、瘦煤分布在盆地的东部边缘和沿萨莱尔岭一带，盆地主要蕴藏贫煤，部分为无烟煤（占 600 m 以浅探明储量的 47%），煤的灰分为 9.5% ~ 20.5%，平均 14%。科利丘京群煤为长焰煤至肥煤，主要为气煤（占 600 m 以浅探明储量的 56%）和长焰煤（占 29%），肥煤较少（占 8.5%）。塔尔巴甘群煤主要为向长焰煤过渡的褐煤，水分为 16% ~ 21%，部分为长焰煤到气煤。盆地内硬煤平均水分含量 10%、灰分产率 19%、含硫量小于 0.5%。靠近地面的煤层含硫量低，但水分含量高。

早侏罗世以褐煤为主，含少量长焰煤、气煤。炼焦用煤的灰分为 10% ~ 20%，硫分为 0.3% ~ 1%，结焦性好且易选。煤田大致呈四边形复向斜，边缘褶皱断裂发育，中间平缓，可采煤层集中在 1.2 万 km^2 内。现矿区集中在煤田西部，可采煤层多达 70 层，其中 1 m 以上占 90%，平均层厚 2.2 m。煤层埋藏浅，露采比重占 40%，矿井平均深度小于 400 m。煤田发现于 1721 年，1842 年进行开采，20 世纪 30 年代大规模开发，为俄罗斯的主要炼焦煤基地。

根据国家平衡表的数据，至 2001 年初，库兹涅茨克煤矿区共有 91 个采煤企业：55 个矿井和 36 个露天采煤场，总生产量分别为每年 6130 万 t 和每年 5270 万 t；根据其他资料来源，采煤场总生产量为 6050 万 t。采矿用地的平衡表内总储量评估为 1070 亿 t，并且几乎所有都是高等级的探明储量。约 70% 的储量（76 亿 t）位于地下开采的区域。露天采煤场拥有约 31 亿 t 的总储量，可露天开采的储量约有 1100 万 t，并位于矿井的采矿用地。根据国家标准，现有企业约半数的储量（50 亿 t）属于炼焦煤（从长焰气煤到弱黏结性瘦煤），其中黏结性较好的（“珍贵煤种”）气肥煤、肥煤、肥焦煤、焦煤和贫瘦煤只有约 25 亿 t。

以地下方式采煤的企业的多于半数（56%）的平衡表内储量是炼焦煤，其中约 58% 是珍贵煤种：气肥煤、肥煤、肥焦煤、焦煤和贫瘦煤。露天采煤场总储量中的炼焦煤的比重比矿井的（约 38%）要少，而且主要是相对需求较少的贫焦煤、低变质程度弱黏结性焦煤、弱黏结性焦煤、贫瘦煤和弱瘦煤。现有企业的动力煤主要是气煤和瘦煤，然后是长焰煤、弱瘦煤和长焰气煤。主要的已开发的储量位于普拉科比耶夫—吉谢列夫区，列宁区，托米—乌欣区和耶鲁那科夫区。巴依达耶夫区、科恩托姆区、奥辛诺夫区、克麦罗沃区、巴洽特区和穆拉斯科区的煤炭企业的储量较大。

由不同的评估得出，现有矿井的工业储量（除了地表建筑下的煤柱的储量，较薄的煤层、被破坏的煤层、含水或含煤气的煤层的储量）为 46 亿 ~ 50 亿 t，现有露天采煤场则是 23 亿 ~ 27 亿 t；近 2/3 的工业储量属于炼焦煤，其中约有一半是主要集中在矿井的采矿用地的珍贵煤种。低变质程度的动力煤（长焰煤，气煤）和高变质程度的（弱瘦煤，瘦煤）动力煤几乎数量相当。无烟煤的工业储量并不大，并且只有库兹涅茨克煤矿区南部的一些露天开采的区域含有。

在库兹巴斯中部有个 3 个矿区（格鲁辛斯科、别廖佐沃—彼留林斯科和尼佐夫斯科矿区）正在招商开发，均隶属于罗维尔有限责任公司。3 个矿区均为大型焦煤矿区，总储量 19 亿 t，可以规划一批总设计能力为 3300 万 t/a 的煤矿。煤炭牌号为：焦煤（K）、瘦焦煤（KO）、低变质弱黏结性焦煤（KCH）、弱黏性焦煤（KC）和瘦煤（OC）。

二、格尔罗夫无烟煤矿区

（一）概述

位于新西伯利亚州切列班诺夫、伊斯基季姆和托古琴区鄂毕河右岸。金捷尔宁矿产地位于离城市 50 km 的东南方近新西伯利亚处。弧形含煤沉积层的矿苗区域向东南方凸出，并从西南向东北方扩展近 129 km，宽度为 2 ~ 8 km。矿区面积（大约 460 km^2）分成 11 个矿产地（图 3 - 2 - 19）。

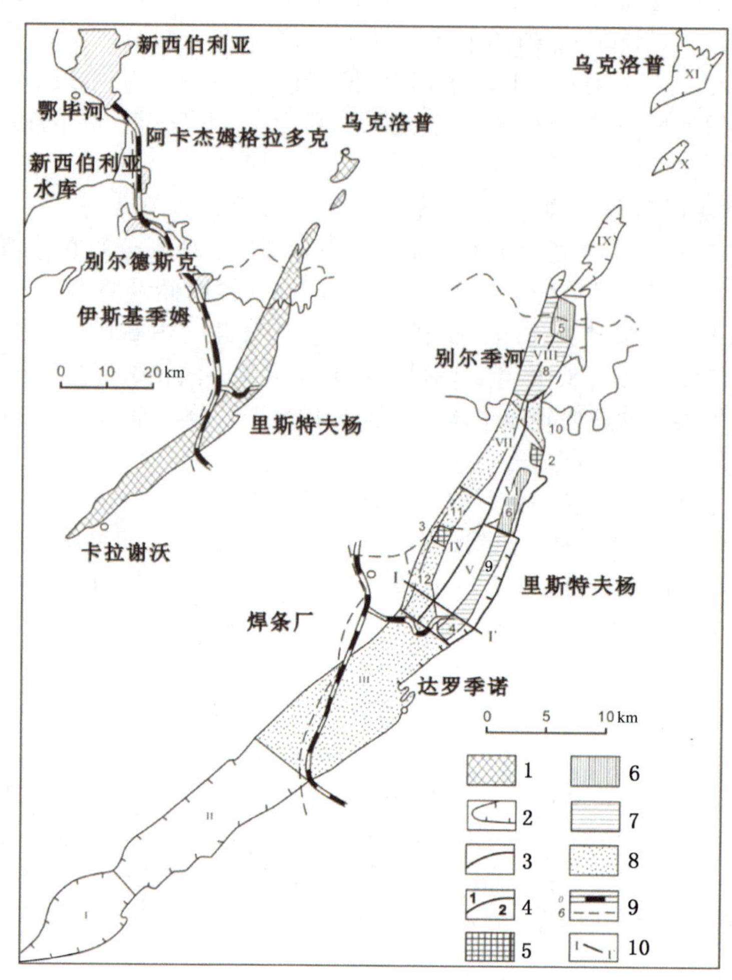

1—含煤地层（在插页地图）；2—生产地平线界限；3—矿产地界限和其名称（Ⅰ—卡拉谢沃，Ⅱ—沃斯托克，Ⅲ—达罗奇诺，Ⅳ—乌尔古，Ⅴ—里斯特夫杨，Ⅵ—格尔罗夫，Ⅰ、Ⅶ—格尔罗夫，Ⅱ、Ⅷ—卡雷旺，Ⅸ—波谢茨克，Ⅹ—金捷尔宁，Ⅺ—乌克洛普）；4—地段界限及其号码（地段名称参见标记5-8）；5—已开发煤炭工业的土地（1—"卡雷旺"煤炭露天采矿场，2—"格尔罗夫"煤炭罗天采矿场，3—"乌尔古"煤炭露天采矿场，4—"里斯特夫杨"矿井）；6—细节勘探区（5—"克鲁季欣"，6—"别洛夫"）；7—预先勘探区（7—"西卡雷旺"，8—"东卡雷旺"，9—"西别尔"）；8—调查评估工作土地（10—"克鲁克罗奥捷尔"，11—"北乌尔古"，12—"沙德利"）；9—铁路和公路；10—露天采矿场线

图3-2-19 格尔罗夫无烟煤矿区图

格尔罗夫矿区东部沿萨拉伊利区域为小丘陵、平原地貌。在矿区西南部，大约至别尔季河，多为草原地貌，在东北部为森林草原地貌。集水区的绝对标高在270~310 m之间摆动，在河谷中不超过120~160 m。矿区水文网络以别尔季河和其左右支流为代表：什布尼哈河、维德里哈河、厄尔巴什河等。

矿区区域人口稠密并拥有密集的沥青路和土路网。例如在中部地区，达罗奇诺车站附近，铁路线和汽车干线"新西伯利亚—巴尔瑙尔"穿过矿区。从里涅瓦车站有通往里斯特夫扬村和同名矿井的铁路和公路。居民从事农业生产，或在煤炭行业领域和新西伯利亚焊条厂工作。市政电网供应电力。电压为110~150 kV的电线直接通过矿区或矿区附近。

（二）地质概况

格尔罗夫矿区地质构造为狭窄地堑—向斜，属于萨拉伊尔和卡雷旺—托姆斯克褶皱区的接合部。矿区的西北和东南边界被下石炭统和泥盆系的海相地层所限定。根据地质调查和地球物理研究，乌克洛浦北部含煤地层缺失。在东南部，靠近卡拉谢沃村含煤地层埋于泥盆系和下石炭统岩石覆盖层之下，并且，明确的是，在其下面延续至鄂毕河卡缅市。经地球物理勘查（重法和电法）数据计算和一般地理学体系确定了格尔罗夫地堑—向斜的深度，轴部的埋深为4200~4500 m。

（三）区域地层和含煤地层

在格尔罗夫矿区的沉积地层由泥盆系、石炭系、二叠系、侏罗系、白垩系、古近系、新近系和第四系沉积和火山沉积物组成。

泥盆系中上统发育在矿区同卡雷旺—托姆斯克区和萨拉伊尔接合部，地层厚度大（不小于 3000 m），断层发育，赋存于独立地层区间里的近海杂色地层，主要是泥盆纪中期的厚大火山岩层。

下石炭统主要由 1000 m 或者更厚的海相碳酸盐岩沉积层构成。在图尔涅层多数为石灰岩，在维赛层多数以砂岩、粉砂—黏土岩、石灰岩和泥灰岩为主。

在海相地层下，煤炭层埋藏厚度大，以砂岩、黏土岩和大量煤炭层为主，有植物残余和化石。含煤系总厚度达到 2500 m。

侏罗系：下、中侏罗统在矿区西南边缘出露，由砾岩、砂岩、粉砂岩、泥板岩、细煤夹层构成。侏罗纪沉积层厚度大概达到 1000 m。

风化壳：白垩系—古近系风化壳分布广泛，但不全部在矿区中，分布在厚度为 100 ~ 150 m 的巨大的区域断层破坏处。

（四）资源量

格尔罗夫矿区以石炭纪、二叠纪和侏罗纪时期的煤层著名。工业含煤量同下二叠统相关。在上古生代（石炭纪和二叠纪）的含煤沉积层中查明了不少于 40 个夹层以及无烟煤矿层。煤层厚度从数厘米至 25 m，局部达到 30 m 或更厚。已确定了 28 个矿层，其厚度在某些地层段中达到 0.7 m 或更厚，包括在阿雷卡耶夫段和伊山段 6 m，在卡梅洛夫段 15 m，在喀山—马尔季段 1 m。

据 1998 年 1 月 1 日的资料，格尔罗大矿区总资源量 68.42 亿 t（表 3 – 2 – 18）。

表 3 – 2 – 18　格尔罗夫矿区无烟煤储量和预测资源量

深度/m	总共	国家储量平衡表统计的储量/10^6 t			国家储量平衡表未统计的储量/10^6 t	预测资源量/10^6 t			
		共计	等级			总计	等级		
			B + C_1	C_2			P_1	P_2	P_3
0 ~ 300	2445	905	413	492	412	1128	884	244	—
露采									
0 ~ 300	1030	730	360	370	205	95	95	—	—
300 ~ 600	245	—	—	—	—	2454	—	2454	—
600 ~ 900	1943	—	—	—	—	1943	—	—	1943
矿区总计									
0 ~ 900	6842	905	413	492	412	525	884	2698	1943

适于露采的无烟煤主要储量集中于东北部，研究最多的为里弗斯特杨、乌尔古、格尔罗夫 I 和卡雷旺矿产地。

在矿区西南部分，达罗金和东部矿产地，一些较小的区域内进行了勘查，同时进行了钻探，以及资源/储量计算。该区域内的资源适于坑采。

三、西西伯利亚煤田

（一）概述

西西伯利亚煤田幅员辽阔（约 260 万 km^2），亚洲西北部从乌拉尔到叶尼塞河，从阿尔泰—萨彦和哈萨克斯坦褶皱区到喀拉海。据行政区划，属于俄罗斯联邦的 12 个主体：泰梅尔（多尔干—涅涅茨）、亚马尔涅涅茨和汉特—曼西斯克自治区，斯维尔德罗夫斯克、车里雅宾斯克、库尔干、秋明、鄂木斯克、新西伯利亚和托木斯克州，克拉斯诺亚尔斯克和阿尔泰边疆区；煤田西南部位于哈萨克斯坦境内

(图3-2-20)。

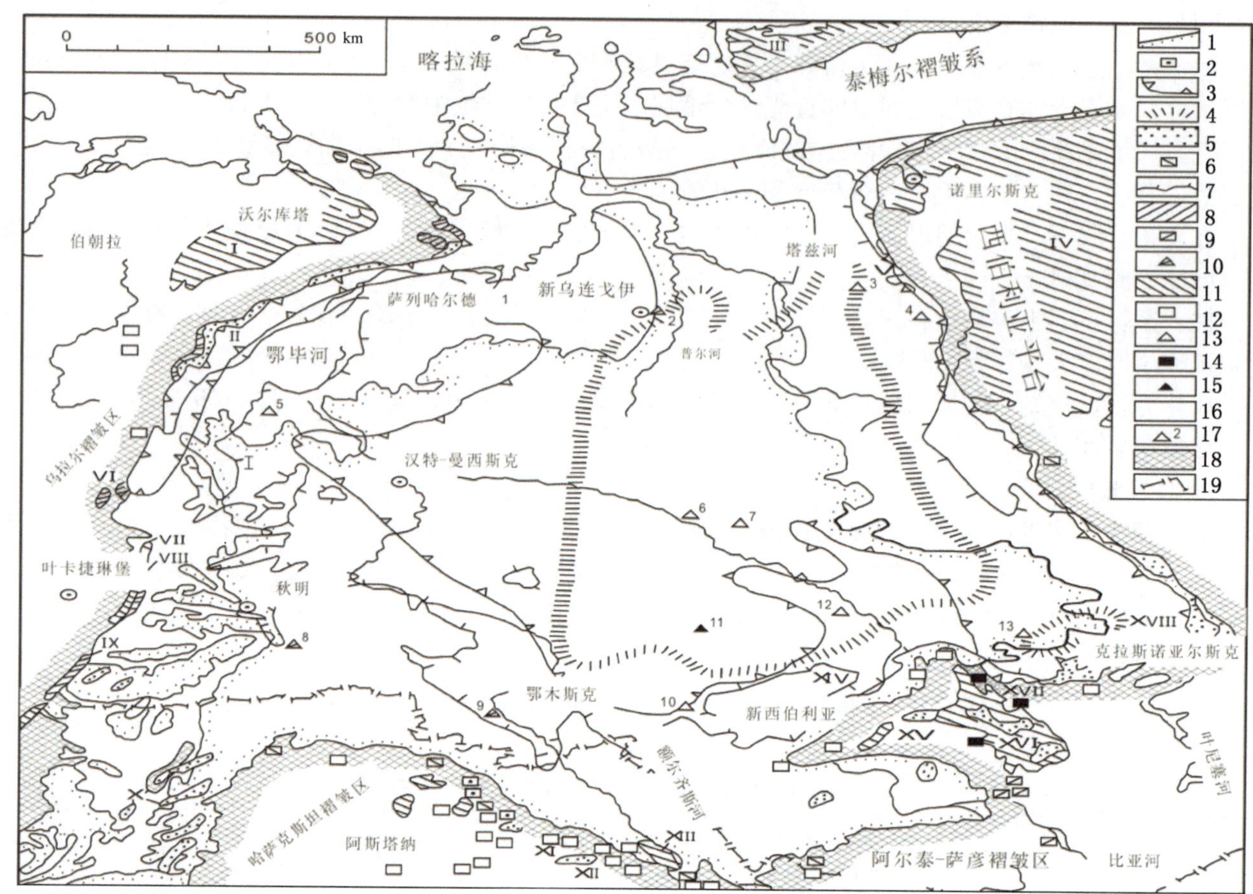

含煤沉积层：1，2—新生代的（渐新世的和古新世的）：地图比例尺中表现出的（1）和未表现出的（2）；3—白垩纪的；4—上侏罗纪的；5-7—下侏罗纪和中侏罗纪的；5，6—在现代侵蚀剖面上的：地图比例尺中表现出的（5）和未表现出的（6）；7—在更年轻的沉积层下的；8-10—中—上三叠纪的；11-13—上古生代的（石炭纪和二叠纪的）：11，12—在现代侵蚀剖面上的：地图比例尺中表现出的（11）和未表现出的（12）；13—在更年轻的沉积层下的；14，15—泥盆纪的（14—在现代侵蚀剖面上的，15—在更年轻的沉积层下的）；16—煤田，含煤的区域，地区：Ⅰ—伯朝拉煤田，Ⅱ—索西文斯克—萨列哈尔德区，Ⅲ—泰梅尔煤田，Ⅳ—图恩古斯克煤田，Ⅴ—图鲁汉斯克区，Ⅵ—谢洛夫区，Ⅶ—叶戈尔新斯克—卡缅斯克（乌拉尔中后）区，Ⅷ—布拉纳什—叶尔金斯克区，Ⅸ—车里雅宾斯克煤田，Ⅹ—图尔加伊煤田，Ⅺ—埃基巴斯图茨克煤田，Ⅻ—马—吉宾斯克煤田，XIII—额尔齐斯附近地区，XIV—巴佐伊区，XV—戈尔洛夫斯克煤田，XVI—库兹涅茨克煤田，XVII—巴尔萨斯区，XVIII—坎斯克—阿钦斯克煤田；17—石油天然气勘测和深度钻探的区域和钻井（1—亚鲁杰依，2—“秋明超深”，3—叶尔马科夫，4—图鲁汉斯克，5—舒赫图恩格尔茨克和涅尔金斯克，6—纳杰日金斯克，7—瓦尔托夫斯克，8—萨沃铎乌科夫斯克，9—鄂木斯克，10—巴拉宾斯克，11—下塔巴甘斯克，12—科尔帕雪夫，13—丘雷姆斯克）；18—西西伯利亚煤田褶皱地基露头；19—俄罗斯国境线

图3-2-20 西西伯利亚煤田及其毗邻地区含煤示意图

从地形上看，煤田地处西西伯利亚平原。南面北哈萨克斯坦略升高与断裂平原、阿尔泰山前、萨拉伊尔以及库兹涅茨克阿拉塔乌分隔。西部边界沿着乌拉尔山东部斜坡，东部则基本与叶尼塞河谷地重合，叶尼塞山脉的低山分布在谷地后面，还有侵蚀平原和中西伯利亚高原高大的暗色台原。从平原东北部围绕着贝兰加山脉的低山，作为泰梅尔半岛稍隆起的中轴部分。平原区域北部被喀拉海水域隔离。在西南部其与图尔盖洼地连接，而在东北部与北西伯利亚，或者与叶尼塞—哈坦加低平原相连接，该平原与西西伯利亚地层厚度、地质结构和含煤量紧密相关。

煤田主要区域平坦，平缓丘陵的沉积平原较少。表面由松散的或轻度胶结的新生代沉积层组成。区域斜坡向北方倾斜，周边山地海拔300~400 m，平原地区海拔下降到100~150 m。平原北部（北纬62°），与标高150~300 m的亚纬度高地山脉相交叉。该山脉的大部分位于鄂毕河右岸，其称作西伯利亚长丘，其左岸称为吕岭沃尔斯克高地。

不久前西西伯利亚平原地区主要货运依靠河运，而在它的南部则是铁路运输，铁路铺设于19世纪末到20世纪上半叶。最近的几十年，由于煤炭和天然气产地的开发，修建了铁路：秋明—苏尔古特—下瓦尔托夫斯克—新乌连戈伊，伊夫杰利—鄂毕河沿岸地区，叶卡捷琳堡—塔夫达—梅日杜列琴斯克。靠近煤田西北部分（鄂毕河畔拉贝特南吉镇）铺设了沃尔库塔市铁路支线。在煤田的东南部为了运输木材铺设了铁路托木斯克—白亚尔和阿钦斯克—列索西比尔斯克。高级的无轨道路主要修建在地区的南部。俄罗斯联邦主体行政中心（车里雅宾斯克、库尔干、秋明、鄂木斯克、新西伯利亚）通过联邦横贯西伯利亚公路干线相互连接，从干线分出地区道路通向阿尔泰和托木斯克州到达科尔帕舍沃市。北部地区铺设了路面坚硬的道路秋明—苏尔古特—新乌连戈伊，支线经过汉特—曼西斯克和下瓦尔托夫斯克。

煤田地区人口超过1200万人。大约2/3的人口居住在地区南部：秋明州、新西伯利亚州、鄂木斯克州、托木斯克州、库尔干州、阿尔泰边疆区和克拉斯诺亚尔斯克边疆区的西南部。亚马尔—涅涅茨区和汉特—曼西斯克区的人口少于180万。

地区的经济特征明显：石油、天然气勘查及其开采、运输和加工为主要产业。西西伯利亚是俄罗斯最大的石油和天然气产地，这里的石油和天然气不仅供国内需求，还是俄罗斯能源出口的主要地区。与石油天然气工业相关领域，一体化全面发展：石油化学、电力部门、机器制造业、木材工业、河运和空运。地区南部发展农工综合体。

（二）地质概况

西西伯利亚平原区是世界上最大的沉积盆地（大台向斜），主要形成于陆源中生代和新生代沉积，埋藏时代不同，主要是前中生代的褶皱地基（基底）中。从大地构造学角度来说，这一区域属“年轻者”，主要是外赫尔岑平台或西西伯利亚台地。在南部，乌拉尔晚赫尔岑褶皱系是台地的自然界限，也是拜依—霍亚褶皱区的北部延伸区。在南部，西西伯利亚地台被哈萨克高原、鄂毕—斋桑和阿尔泰—萨彦地区的萨拉伊尔（早卡利登）、晚卡利登和赫尔岑褶皱系包围；东部为叶尼塞山脉和西伯利亚台地的贝加尔矿区。在西南部、东北部和北部，西西伯利亚台地的中—新生代台地与北图兰台地和泰梅尔—北地双平台地区的同时期系相聚拢。

（三）区域地层和含煤地层

西西伯利亚煤田累积形成以及煤炭沉积的反复变化史至少长达3亿2千万年（包括从中石炭世到中新世），分为4个阶段：晚古生代（中石炭世到二叠纪）、早中生代（晚三叠世到侏罗纪）、晚中生代（白垩纪）以及新生代（古新世到渐新世）。根据与附近地区对比，有可能出现泥盆纪和早石炭纪阶段形成的煤，但实际上缺乏相关数据且很不可靠。

（四）资源量

侏罗纪煤主要蕴藏在下侏罗统和中侏罗统。位于西西伯利亚平原周边区域，可开发深度600 m，主要在坎斯克—阿钦斯克基地和索西瓦—萨列哈尔德地区。叶尼塞河左畔的坎斯克—阿钦斯克基地西部地区有大约褐煤储量800亿t（已探明和估测的），其中60亿t适用露采。西部地区的总资源达到了2000亿t。西西伯利亚基地东部的图鲁汗地区侏罗纪褐煤预测资源量199.2亿t。东南外围地区早侏罗纪和中侏罗纪资源分别有467.2亿t（保佐坑）和26.1亿t（卡达坑），并且卡达坑包含于坎斯克—阿钦斯克基地。索西瓦—萨列哈尔德地区的三叠纪褐煤和侏罗纪褐煤预测资源量12720亿t，一般认为垂深600 m以上的预测资源量为187730亿t。在西西伯利亚平原其他区域对早侏罗纪和中侏罗纪煤只进行了没有纳入国家统计的粗略估测，它们的数量为1500亿~80000亿t、160000亿t、344000亿t不等。据估算，侏罗纪褐煤的总量287000亿t，煤层厚度大于1 m的资源量有196000亿t，其中174000亿t属早侏罗纪和中侏罗纪。使用降低率估算出的资源大约是上述资源总量的63%。大部分侏罗纪煤（大约90%）分布于鄂毕河和额尔齐斯河之间的地带，巴鲁斯卡—塔兹和丘雷姆煤区。

白垩纪煤，早前被估算近似于18000亿~25000亿t。而在现在的该项工作中，它们的资源总计有3220000亿t，其中2640000亿t矿层厚度大于1 m。考虑到准确率，这一数据分别被降低到1550000亿t和1270000亿t。白垩纪煤分布有一个显著特点，既总资源的42%赋存于北部亚马尔—格达地区，大约

1/3 分布于中部的普尔—巴佐和达尔斯克—阿钦斯克地区。

西西伯利亚蕴含着大量的煤炭资源，它们的数量超过官方认定的俄罗斯煤炭资源量（425000 亿 t）甚至是世界煤炭资源量（1480000 亿 t）。但是应该指出，除了坎斯克—阿钦斯克基地和索西瓦—萨列哈尔德地区的储备，以及一些新生代的煤项目，因埋深大深，质量低，地质环境复杂等因素，在可预见的未来，西西伯利亚大部分煤不具备工业开发前景。

四、滨海边疆区煤盆地及矿床

（一）概述

滨海边疆区位于俄罗斯东南部。西面与中国接壤，西南面与韩国接壤，北部与俄罗斯联邦的哈巴罗夫斯克边疆区相连，东南面临日本海。

滨海区地貌为中等山地。山体局限于斯霍特—阿林地区，占近 70% 的地域。多支河流贯穿该区，不同走向的山脉系统平均海拔 500 ~ 1000 m，个别山体高于 1700 ~ 1930 m，也有些低于 200 ~ 250 m。西斯霍特—阿林地区的山都是低海拔、平缓的山坡。在该地区发育山间洼地，特征是具有很宽广的河流河谷。

滨海区西南部地貌对应的是满洲高原的东部。被河流系统分为 3 个部分：格洛杰卡夫 300 ~ 800 m 山区，鲍里索夫玄武岩高原（300 ~ 1000 m）和哈撒—巴拉斯山区（100 ~ 900 m）。高原占整个区域的 10% 。彼得大帝湾沿海区的特点是海拔为 20 ~ 60 m 的崎岖山丘。滨海区西部是汉凯周边平原，位于满洲高原和斯霍特—阿林山区之间。平原高度为 50 ~ 70 m，很少会达到 150 m。拉斯多利和乌苏里江河谷分布于此。下游有比金和小乌苏里和其他支流。

煤矿床和煤田主要分布于满洲高原到斯霍特—阿林西山坡。尚有一些小含煤区出现在滨海区南部和斯霍特—阿林东山坡。

该区河流网占到了 0. 7 km^2，共含有约 2000 条河流。斯霍特—阿林东坡和南坡的河流汇入了日本海海域。其中最大的几条河流：拉斯多利、科马、萨马尔加和其他。西坡和西北坡的河流汇入了阿穆尔河流（乌苏里、小乌苏里、比金、霍尔等）。河流下游平缓。

该区还有很多形态各异的湖泊。其中最大的是汉卡湖和哈桑湖。

（二）成煤阶段及其特征

根据沉积岩、火成岩和变质岩的组成及其形成年代，可知滨海区地质构造的差异。据最新滨海边疆区地质调查文献，区内含从太古界到新生界的地层。根据他们的起源，可以分为海相（深海相和浅海相），滨海—海相和陆相。该区以陆相含煤地层为主，其次滨沿海—海相和泻湖相。

不同时代的陆相沉积建造可作为独立地层，或是在地槽或地台断层上的大厚度地层。对相和地质构造因素的分析表明，滨海边疆区煤盆地可分为若干个成煤期，形成了多层次的矿床、含煤区或煤田。

卡尼和诺利期的地层含煤性与三叠纪成煤作用有关，广布于滨海区南部的拉斯多利挠曲处，总的来说，滨海区上三叠统含煤性很差。

滨海区南部，下白垩统豪特里维阶和阿尔布阶堆积着苏汉含煤层，其厚度可达 1200 m。下白垩统阿尔布阶和上白垩统森诺曼阶整合堆积着不含煤的凝灰质地层。

阿普第阶—阿尔布阶老苏汉组由砂岩、粉砂岩、页岩、煤和碳质岩石交替互层构成。工业煤层主要分布在巴尔基赞斯克煤田东部。

阿普第阶老苏汉组的主要工业煤层遍布于巴尔基赞斯克煤田。

下白垩统煤炭含腐殖质和生物（从长焰煤到无烟煤）。它们的结构受到侵入到含煤地层中岩浆的影响。白垩纪煤炭一般具有中—高灰分、高热值、煤层薄（到 2. 5 m）、结构复杂等特点，矿床构造与造山作用和断裂破坏程度有关。

滨海地区广泛发育古近系和第三系的含煤地层。煤炭沉积过程可分为两期：渐新统—始新统和下—中新统，其对应于乌斯季—达维多夫含煤地层。地层中含煤沉积物主要出现在洼地，这些洼地具有叠加结构，局限于西部和南部斯霍特—阿林断层沉降时期。

据现有地质资料分析，煤炭沉积的有利环境为南部和北部滨海区的广阔平原。

这些煤层完全被晚渐新世纳杰日金组的湖相不含煤沉积物覆盖。下—中新世乌斯季—达维多夫层有很多大小和深度不同的侵蚀构造的洼地，它们在汉凯中地块中覆盖在古地台上，或在湖泊相沉积地层上。

新生代的褐煤，工业级别是 1 ~3 BV。目前滨海区褐煤储量/资源主要是露采和坑采，未来亦如此。

发育有煤炭矿床的含煤地层主要限于中生代变形区和新生代洼地叠加区。

据 И. И. Берсенев、Л. Ф. Назаренко、В. А. Бажанов 的构造图可以看出，滨海区没有发现形成阶段性的煤田和矿床，尽管后者有大量补充的地质材料，但是作者认为在斯霍特—阿林地区地质发展历史中仍存有若干问题。

含煤地层出现在所有滨海区地槽系统下的造山带，在大多数构造相带上。它们进而形成了煤田、独立矿床和地表煤区。

该区可以分成南滨海区上三叠统含工业煤区域，拉斯多利捏和巴尔基赞斯克硬质煤煤田，以及始新世—中新世的比金—乌苏里和下—中中新世含工业煤的汉凯煤田。除了这些，还有若干个小的矿床和古近纪地表煤区。

（三）晚三叠世煤矿床和地表煤区

滨海区广泛分布着三叠纪沉积物，含煤层限于卡尼和诺林阶地层，前者分布最广泛，部分有研究。

1906 年在菲利波夫克河流右侧（蒙古改河煤田，巴拉巴瑟夫科）和这个同名的村庄里建立了不大的矿井，开采两个煤层（蒙古改矿）。苏联第一时间修建了海参崴到乌苏里段的铁路，煤炭用于海军舰队。在 19 世纪后期滨海边疆区因三叠纪煤炭的存在而出名。

在大和小基巴里砂大河流的煤田，至今仍保留了大量的老式的煤矿坑道，还有一些手工采煤的矿井、斜井、隧道和深井。

在亚当斯煤炭煤田（在克涅维查河流的左侧支流上）存在一些采煤隧道，主要集中在亚当斯南部矿床，但是其当时运作的信息并没有被保留下来。

蒙古改地区矿床的煤炭灰分高（从 7% 到 37%），石英和黏土粒径为千分之几和十分之几毫米，在煤炭中的含量是 0. 6% ~0. 46%。煤炭燃点高，最大水容量为 2% ~5%，挥发物含量为 12% ~36%，氢含量为 3. 5% ~5. 8%，碳 83% ~90%，硫 0. 39% ~0. 67%，最高热值 36. 4 MJ/kg。

据区域内的化石分析，显示出硅酸铝质煤灰，属于难浓缩类。三叠纪煤属瘦煤，含天然气，块状的，很少能转成焦煤（蒙古改矿床的菲利波夫）。

滨海区上三叠纪煤炭被视为能源资源的基础。预测资源总量为 8. 59 亿 t。

尽管久负盛名，但是对滨海区上三叠纪的煤炭研究不足。该地区采煤量不能满足需求，三叠纪含煤地层和矿床位于部分经济发达区域，考虑到其焦煤适合坑采，需对南部地区上三叠纪含煤区进一步详细研究。

首要的勘探和评估应在亚当斯和蒙古改矿床。

（四）早白垩世矿床和煤田

拉斯多利捏（水风区）煤炭煤田位于滨海区的西部和西南部，有部分地区与中国接壤。总面积约 5000 km^2。

该煤田地貌多样复杂，有平原，低、中等山体及高原。在该地域有拉斯多利捏（水风区）河流系统和一些汇入汉凯湖的河。西部和西北部山体最高可达 750 m。煤田边界处的低山海拔可达 200 ~450 m，平原为 40 ~50 m。

拉斯多利捏地区是滨海区人口最多的地方之一。海参崴—哈巴罗夫斯克铁路及公路贯穿该地区。

经济以农业和煤炭开采工业为主。

在该煤田广泛发育着奥陶纪、晚二叠世、晚白垩世和上新世的火成岩。晚白垩纪有次火山和侵入体：英安岩、安山岩、闪长岩。

拉斯多利捏煤田是属于汉凯中地块和滨海区古生代造山带。该区域可以总结为 3 个结构阶段：下部主要是古生代基底，中部为中生代三叠纪、侏罗纪和白垩纪，上部发育有地台特征的新生代地层。

煤田相对简单的结构，密集分布着平移断层和正断层。构造特点是煤田呈独立构造特点展现。

该区有上三叠世和下白垩世的硬质煤矿床及地表煤，也有新近纪的褐煤。其中至关重要的是里巴维茨、伊利切夫、康斯坦丁诺夫卡、辛涅罗夫、阿列克谢·尼氏和乌苏里江矿床；而地表煤有布着洛夫、卡扎亲、普希金、库利科夫等。目前里巴维茨和伊利切夫矿床分别是露采和坑采。

目前拉斯多利捏煤田主要开采“里巴维茨”和“伊利切夫”矿井和“东主-2”露天矿。1996年其开采量达到了684.6 kt。据其储量和技术条件，开采量可达1100 kt/a。

伊利切夫矿床用来增加煤炭开采量的后备储量1600万t。“伊利切夫”矿井和“东方-2”露天矿的后备储量为3200万~3500万t。

总体来说，煤田保留了煤炭生产的发展前景。

煤炭高灰分，次烟煤在乌苏里矿床。它们很难浓缩，容易被分离（通过简单的筛选）成腐殖质煤和余植煤。由于在矿床中腐殖质和余植煤经常频繁交替，可以将腐殖质—余植煤看成是一个独立的类型。

这些煤炭主要用于民用燃料和热电站。

煤田煤矿的含气量相对比较简单。游离的天然气泄漏的情况没有发生过。在过去的25年，对“伊利切夫”矿井深度在120 m和“里巴维茨”矿井440 m甲烷的特性没有任何研究。

截至1997年1月1日，工业储量（$B+C_1$级）是7443万t，其中1520万t可露采。

据1996年的资料，煤炭资源（P_1、P_2和P_3级）为9.88亿t。

余植煤储量和资源经评价为4.77亿t。

五、阿穆尔周边煤田及矿床

（一）概述

阿穆尔地区可分为哈巴罗夫斯克地区、犹太自治州和阿穆尔地区。它们在地质构造特点、含煤地层堆积条件、含煤特性和煤炭质量等方面有很多共同点，基本上整个地区属于阿穆尔河周边地区，其特点是有颇为相似的经济和运输基础设施。

在阿穆尔周边地区有很多已知矿床，主要是硬质煤和褐煤，还分布有煤田、含煤区。由于研究程度低，经常参考相似条件的特性，经过深层次研究后，对已知的重新评价，使找到新矿床成为可能。

在阿穆尔周边区地质信息的基础上，可以将其分成以下几个煤田：布列因硬质煤、阿穆尔—泽雅和中-阿穆尔褐煤；含煤区域：格尔比卡诺—奥嘎金、上-阿穆尔、泽雅硬质煤，上-泽雅褐煤，还有一系列的含煤区和个别矿床。

该地区的煤炭主要是井下和露采。乌尔加尔硬质煤矿床的布列因煤田露采，在奥嘎金硬质煤矿床和赖期欣、阿尔哈拉—巴古查、耶尔卡维茨褐煤矿床于1996年共开采了1.5×10^6 t硬质煤和6.3×10^6 t褐煤。后备建新矿井位于乌尔加尔硬质煤矿床。备用储量180×10^6 t，可露采。阿穆尔州和哈巴罗夫斯克地区褐煤矿床（耶尔卡维茨、斯沃伯德、谢尔盖耶夫和胡尔穆林）的储量部分可用于建立煤炭露采矿场。

1995年在犹太自治州的乌苏穆褐煤矿床上进行了露采方法试验采煤。

阿穆尔周边的总面积达到了99.3万km^2，其具有不同类型的地貌。

在阿穆尔河流大型河床和在中生代洼地分布着低地和平原，海拔达400 m。在阿穆尔州北部，哈巴罗夫斯克地区的北部和东北部是山地，发育有斯塔诺维克、朱格朱尔、加戈达、图库林戈尔、阳康、斯霍特—阿林、布列因、巴甲列等山脉，其海拔为1500~1600 m。在阿穆尔地区的山脉在西部主要是近东西走向，在东部和东北部为近南北走向。

阿穆尔周边大型平原是中阿穆尔，艾瓦珑—处可查格尔，泽—布列因和上泽雅。主要是中生代洼地，分布有含煤沉积地层。阿穆尔周边主要的河流系统为阿穆尔河和其多条支流，其中大型的有布列因、泽雅、乌苏里、阿牛、阿木棍等河流。向着鄂霍次克海汇入的河流有图古尔、乌达、乌利亚、奥霍塔、库河图等河流。在阿穆尔州的西北部贯穿着牛克扎河流和莉娜河。大型河流具有密集的网络和左右支流。

阿穆尔周边地区主要属于南部的冻土区，其特点是广泛发育晚全新世永久冻土层。在北部和东北部以及山地，其连续和间断分布，厚度达到200 m（布列因煤田），岩石温度达到 -1 ~ -3℃。在南部平原发育有晚全新世和现代的岛状冻土，其厚度不超过10 ~ 40 m，岩石温度为0 ~ -1℃（斯沃伯德及其他矿床）。南部边界分布着永久冻土层，并向阿穆尔河北面河谷延伸。

阿穆尔地区的交通运输基础设施主要取决于西伯利亚运输及大阿穆尔铁路主线，其与伊兹维斯特—查格达美和斯科沃罗季诺—捏留格力段的铁路有关。主要的转运通过阿穆尔河及其大型的支流。各地区由国家和地方公路相连。

布列因、阿穆尔—泽雅和中阿穆尔煤田的煤炭矿床的特点是运输条件有利，同时一些具有不同发展前景的矿床位于不发达的交通基础设施地区，很难开发（格尔比卡诺—奥嘎金含煤区域等）。

阿穆尔境内的居住人口不多而且不均匀。大型的人口居住地集中。居民主要职业为采矿（煤炭、黄金、有色金属）和渔业，以及伐木和农业。最近阿穆尔周边地区燃料和能源危机渐显，主要由阿穆尔地区煤炭产量降低以及布列因硬质煤煤田工业性差造成。

阿穆尔地区地质研究初期始于18世纪后半叶，那时主要是建设西伯利亚大铁路和发现金矿。专业的地质研究，包括找矿和勘查始于1920年之后。

（二）成煤阶段及特征

已知的阿穆尔含煤地层主要产于上侏罗统、下白垩统、古近系和新近系含煤地层中。

最大的含煤地层出现于从乌尔加尔系布列因和奥嘎金—到格尔比卡诺—奥嘎金变形区。在其余的地区分布陆相地层，其含煤性急剧减少。这个时期的煤炭属于长焰煤和气煤，而在水热变质和接触变质的活动下成为瘦煤。

泥炭的形成几乎发生在所有的浅水湖泊和沼泽及河谷。最大的工业性含煤与基辅金和布朱林系有关。新生代布列因地块的多个矿床被统一命名为阿穆尔—泽雅煤田。在这里，含煤系的厚度不会超过120 m，煤层数量为1 ~ 10，其厚度为1.5 ~ 3.5 m，少数为8.6 ~ 15 m，有时会达到30 m。它们具有复杂的构造，有透镜状堆积。

古近系褐煤标记为2BV，新近纪标记为 -1BV 和2BV，中—高灰分。

中阿穆尔煤田工业性含煤层产于黑列欣和乌苏木组，在那发育多个矿床和褐煤出露（乌苏木、穆欣、巴扎夫、莉安、胡尔穆林等）。含煤地层的厚度有时能到达1.5 km。煤层的数量从几个到20个或者更多，其厚度小于18 m。煤层结构复杂，快速沿着走向尖灭，常常具有透镜状堆积。

古近纪褐煤标记为2BV 和3BV，新近纪标记为 -1BV -2BV，中—高灰分。在中阿穆尔煤田研究很少。

（三）下白垩纪矿床

格尔比坎—奥嘎金地区是在奥格贾和格尔比金河之间，在瑟列穆基河左支流。距最近的火车站贝加尔湖—阿穆尔铁路主干道二月站西端140 m。在该地区中部有艾吉姆昌城镇，临近的城镇有奥格贾城镇和斯托伊巴村。这些村落之间有公路相连（艾吉姆昌城镇—斯沃伯德城），也有河道和冬季土路。在奥格贾村有火力发电站，其发电功率为14 kW。奥格贾矿为露采矿山，每年开采70 ~ 120 kt 煤炭。煤炭主要用来满足当地需求。

含煤区域为细长形态，东西向上拉伸约140 km，宽为2 ~ 12 km。

该地区产于北部的加戈特山脊，南部图兰高原和东部布鲁斯尼奇山脊。其地貌是平缓隆起及略带丘陵，基本为平坦的分水岭，海拔为350 ~ 560 m。这个地区沿着加戈特山脊的走向上分布着喷出岩，覆盖在地表上，使地貌渐渐成了低地特征。海拔800 ~ 1000 m。

在该地区发育永久冻土层。

1. 地层

格尔比坎—奥格贾含煤区域产于其同名的复杂错位构造，在布列因地块东北侧，错位发生在中生代活化过程。布列因煤田和格尔比坎—奥格贾含煤区域的形成发生在同一地质作用过程中，在布列因中地块、蒙古—鄂霍茨克、斯霍特—阿林造山带交界处地槽变形。因此格尔比坎—奥格贾部分的构造是在变形发育的最后阶段形成的。在此这部分被下白垩统，可能还有上侏罗统—下白垩统陆相沉积物填充，堆积在中生代的花岗岩基底上。陆相的含煤沉积地层在格尔比坎—奥格贾地区出现在奥格贾组的下面。在布列因煤田，其上部为乌尔加尔，下部为查格达美组地层。

格尔比坎—奥格贾洼地沿着近东西向大型深断层形成在蒙古—鄂霍次克褶皱地区和布列因地块衔接处。在巴列姆—阿普第期，这个地区发生了火山活动，其结果是存在瑟列木槿火山结构，影响了此范围内的含煤区域。

活跃的基底运动将含煤区域分成两个不同部分：格尔比坎—瑟列木槿，古生代花岗岩凸起在它们之间。

潜入的不同形态不同物质成分的火山岩体使得格尔比坎—奥格贾含煤区域有非常复杂的现代构造。其成分独特，经过研究可分成格尔比坎、基戈特坎、奥格贾和苏郭金矿床。

在该区域有元古界和古生界变质岩和不同成分的火山岩，很显然，在古基底上侵蚀面上角度不整合着奥格贾沉积建造，其被上、下白垩统的喷出岩和侵入岩所覆盖。在该区域一些地方分布着新生界火山岩。所有地方都发育第四系沉积物。

2. 构造

格尔比坎—奥格贾含煤构造是布列因变形区西北拐点。其特征是下白垩统陆相含煤地层和上、下白垩统喷出岩，属于中构造阶段。

基底岩石的凸起是在下构造阶段，格尔比坎—奥格贾洼地分成两个部分：格尔比坎（西部）和奥格贾（东部）。

在有限的洼地断层上，沉积—喷出岩填充物堆积在角度为10°~15°的单斜北部和东北部。在个别构造上，其倾角增加到20°~35°。

所有含煤区域的褶皱区，发育不同程度的断裂，产生断块构造。

这一切再加上活跃的岩浆侵入是中构造阶段的特点，其包括含矿的奥格贾组，拥有非常复杂的结构构造。

在上构造阶段，含煤区域存在新生代沉积物、褶皱和断裂变形的组合，区内无活跃的断层带。

3. 岩浆活动

最早的岩浆活动影响了该区域的含煤地层，其火山岩是下白垩统的，主要是灰绿色和浅灰色岩石，从酸性到基性。上白垩统的岩浆运动的特点是花岗岩、辉绿岩、安山岩、闪长斑岩作为不同大小的岩台岩盖的形式侵入。部分岩浆岩体使围岩和煤层不对称，破坏了它们的连续性，会使其产生额外的、大多为小幅度的断裂。

花岗闪长岩和花岗岩成分的垂直岩墙经常侵入含煤地层，其厚度从几十厘米到3~4 m，常使煤炭质量降低，并使煤炭开采条件复杂化。侵入岩的活动带来的水热变质和接触变质使煤炭获得了五光十色的印记。在区域变质情况下，其所对应的煤炭标记为D，可能为DG，接近岩浆岩体的煤炭标记CC，T和A。煤炭经常直接在接触带上焦化。

4. 含煤性和岩相条件

如前所述，奥格贾组含有20个煤层和条带煤，其中12个具有工作参数。主要具有工业意义的煤层或煤层组是5~10和12（在剖面从下到上）。

煤层具有复杂结构，不一致，少数相对一致。

具有最大厚度的是煤层5和煤层6，有时在奥格贾矿床，它们聚成了一个厚煤层，在这个矿床，它是由11个煤层组成，总厚度达到了20~33.6 m。

在苏郭金矿床，该组紧密排列着2~7个煤层，其总厚度达到15.35 m。

其余的煤层厚度变化从2~3 m到8 m，很少达到15 m。

工业性煤炭的边界主要是与岩浆活动中的侵入体有关。在大面积上出现接触变质形成的煤炭，而煤层厚度完全或者部分不对称。

煤质。在奥格贾组出现不同类型的煤炭，从光泽到哑光。煤炭主要是黑色，少量为灰黑色，易碎，有很多裂隙。其结构完全不一样：条带、条纹—带状、透镜状—带状和带状。

煤炭煤化程度的差异根据其外部光泽度特征或多或少分类。煤炭光泽度的增加伴随着其煤化程度的上升，在无烟煤阶段其具有金属色调。其同样和灰分与显微组分有关，其特征为高含量的镜质体占

50% ~90%，亚镜质体占 8% ~20%，惰质体占 10% ~20%，壳质体占 0~5%。

矿物杂质主要是黏土，其含有水云母、蒙脱石和高岭土（平均值为 5% ~19%），硫化物（0~2%），碳酸盐（4% ~7%），石英和长石碎屑（达到 1%）。

根据矿相性质煤炭属于腐殖煤组，无结构镜质体，其 4 个岩相类型：镜质体、壳质—镜质体、丝质—镜质体和壳质—丝质—镜质体。

煤炭质量的参数显示，在区域变质阶段有机物对应的是标记 D。根据进一步的研究，在地热变质作用时煤炭标记为 CC、T 和 A，其是由于岩浆活动过程出现的。主要的煤炭质量参数见表 3-2-19。

表 3-2-19 奥格贾矿床煤炭主要的质量指标

标记 угля	$W_{t,r}$/%	A_d/%	V_{daf}/%	C_{daf}/%	H_{daf}/%	$S_{t,d}$/%	R_o/%	$\sum ok$/%	$Q_{s,daf}$/(MJ·kg^{-1})	$Q_{i,r}$/(MJ·kg^{-1})
D	3.9~9.2 / 5.0	17.2~41.2 / 35.0	31.9~42.4 / 37.0	75.8~82.1 / 80.9	4.6~5.7 / 5.2	0.35	0.40~0.74 / 0.50	19~43 / 25	27.47~31.99 / 30.53	21.17
CC	3.9~5.7 / 5.0	16.3~43.1 / 35.0	24.5~33.4 / 30.0	81.9~85.1 / 83.0	4.7~5.3 / 5.0	0.46	0.90~1.03 / 0.96	23~47 / 36	31.48~33.33 / 32.07	20.64
T	6.4~23.0 / 7.0	20.8~40.1 / 35.0	12.3~15.7 / 13.0	85.4~88.5 / 87.9	1.9~3.8 / 3.3	0.30	1.6~1.86 / 1.73	25~77 / 42	22.73~33.75 / 28.12	23.09
A	6.9~27.4 / 9.0	19.1~36.3 / 35.0	3.2~6.1 / 6.0	91.8~96.8 / 93.0	0.9~3.0 / 1.8	0.20	3.72~5.28 / 4.64	24~41 / 32.5	23.91~31.57 / 29.25	20.68

注：上述标记的煤炭 y <6 mm。

具有杂色印花的煤炭分布在奥格贾组地层，其与煤层厚度和物质组成有关，它们的形态为侵入岩浆体。煤炭具有中等的高挥发性，难或非常难浓缩。其浓缩在重介质中可以减少煤炭灰分 5% ~10%，产率为 80% ~85%。

煤灰为酸性，低熔点，其熔点为 1150~1500 ℃；煤灰在温度为 1065 ℃时开始成渣，建议除灰燃烧。煤灰具有低磨蚀性。煤炭标记 D、CC 的建议作为能源燃料，而标记 T 和 A 的，由于其非常复杂的构造，不能被利用。

在煤炭及其围岩中没有发现具有工业价值的稀有元素和微量元素。

5. 水文地质条件

格尔比坎—奥格贾地区分布岛状的永久冻土层。其厚度达到了 70~110 m。

在河谷和斜坡松散沉积物的水为无压，其厚度为 3~20 m。奥格贾组沉积层、基底岩石、侵入体和喷出岩的孔隙水和裂隙水形成了统一的水系统，分布在冻土层之上和冻土层之下。在冻土层上的是承压水。压力上升到 40~60 m。在个别钻井中升高到地面以上 1~3 m。流速从 1~2 到 10 L/s。在奥格贾村正在钻进的钻井中，往下 24~30 m 的地方，对应的流速为 6~8 L/s，或者 500~700 m^3/d。流量取决于岩石的裂隙程度，以及断裂破坏程度。在河谷的斜坡剖面上部，深度在 20~30 m 处排水。

6. 采矿地质条件

通过露天开采办法可以在一个狭窄带状地区，沿着出露的煤层来开采煤炭。含煤层结构复杂，相邻有煤层存在，需选择开采，开采系统复杂，而很多层状和交叉的侵入体岩体使得煤层不对称，同时改变了煤质。这就使剥离体积增多。易碎和黏性的火成岩使得开采过程变得更加复杂。大概 30% 的奥格贾煤层Ⅴ-Ⅵ的开采储量与大库尔巴河河谷相连。其中一个开采储量可能发生的情况是地表水通过露天采煤进入小库尔巴河。总的来说，由于断裂破坏和火成岩岩体对煤层的活跃影响，采矿地质条件对于露天采矿和地下采矿都会变得很复杂。

7. 地质生态条件

根据数量评估，有毒的浓缩物质，在奥格贾矿床的煤炭中没有出现。有毒有害物质异常含量出现在整个平面和剖面上。

勘探工作发现一些放射异常，其铀含量达到了0.0288，钍达到了0.0122%。

8. 储量估算和发展前景

在含煤区域大概70%的面积分布着含煤地层。在奥格贾矿床，用来露天开采的煤炭工业储量 C_1 级为13.432 kt，C_2 级为19511 kt。根据1990年2月27日的国家储量平衡表，其储量 C_2 级为80980 kt。在奥格贾矿床用来露天开采的已探明的煤炭储量为 128×10^6 t，在苏郭金矿床煤炭储量（C_2 级）和资源量（P_1 级）评估为 456.4×10^6 t。

该区域硬质煤资源深度达到600 m，资源量 P_1 级14亿t，P_2 级9亿t和 P_3 级5.6亿t。

地质结构的复杂性、小断块构造、火成岩对煤层的影响、非常多彩印记成分的煤炭，以及还需建立离最近的贝加尔湖—阿穆尔铁路主干道车站140 km的铁路。这些因素使得目前该区域的矿床未被纳入优先开发，还需要进行详细勘查。权宜之计就是在格尔比坎—奥格贾含煤区域的东侧和西侧继续开展勘查工作。

六、东北地区煤田和煤矿床

（一）奥姆苏克昌煤炭煤田

奥姆苏克昌煤炭煤田位于加雷格恰纳与苏格亚河流和科雷马右支流之间。它沿着南北向延伸250 km。根据煤田成分可以传统地分为3个含煤区域：加利莫夫、布鲁勒和纳加因（图3-2-21）。在煤炭煤田人口最稠密的地方是奥姆苏克昌、杜卡特和加利姆。

与马加丹市交通联络的方式主要是依靠空中航线和公路（马加丹—斯特列克—奥姆苏克昌）。

工业煤炭开采的中心区在加利姆镇。煤炭主要是以市政服务和居民家用形式消耗。

该地区是典型的中低山地形，海拔900～1800 m，相对高度变化为350～450 m，但很少能到700 m。

河流有奥姆苏克昌、贾金、马拉特、布鲁勒等。

该地区属于七级地震区。

1994年，佩卡诺夫和科斯秋欣总结了在布鲁尔煤炭区域的所有可用的地质资料。奥姆苏克昌煤炭的开采始于1941年在现代的“奥姆苏克昌”矿井，同时也通过露天的方式开采（在“热拉纳”和“依利姆”区域小批量开采，如今则是在“莫霍夫”区域）。在过去的5年里，煤炭煤田年产量只有160万～170万t。

1. 地层

奥姆苏克昌含煤区域含有起源于海相和陆相的沉积岩和沉积-火山岩，以及二叠纪、三叠纪、侏罗纪、白垩纪、古近纪、新近纪和第四纪的火山岩和侵入岩。

二叠系为程度较轻的火山-沉积岩，它们构成苏格尼的边缘弯曲，形成了位于科雷马—奥莫隆地块的边缘部分。

在二叠系上角度不整合地堆积着三叠系和侏罗系海相成因的岩石，它们构成了苏格尼弯曲。三叠系剖面显示的所有特征接近于科雷马—奥莫隆地带奥莫隆区域的剖面。侏罗系碎屑沉积物组成了维尔霍扬斯克综合体。它们在奥姆苏克昌盆地的框架部分出露。维尔霍扬斯克综合体出现在沉积物中上层部分。中侏罗统剖面厚度为1700 m，为粉砂岩、细粒—中粒的砂岩夹杂泥岩、凝灰砂岩和凝灰粉砂岩。上侏罗统呈现出块状粉砂岩并夹有细粒砂岩层，其厚度为550 m。

白垩系沉积岩、火山岩和沉积火山岩堆积在奥姆苏克昌盆地，强烈地角度不整合于维尔霍扬斯克综合体地层上。它们的年代是阿普第期—阿尔布期。

第四系的沉积物（Q）分布广泛。沉积物主要源于坡积层、冲积层、残积层和冰川。其厚度达到70 m。

2. 大地构造

奥姆苏克昌煤炭煤田产于其同名的盆地，是一北西走向的不对称结构，位于科雷马—阿莫隆地块和亚纳克雷马地区中生代造山带的边界上（图3-2-21）。盆地面积超过5000 km²，走向长度160 km，宽度20～55 km。盆地形成伴随有巴雷强斯及亚尔霍冬深断裂。

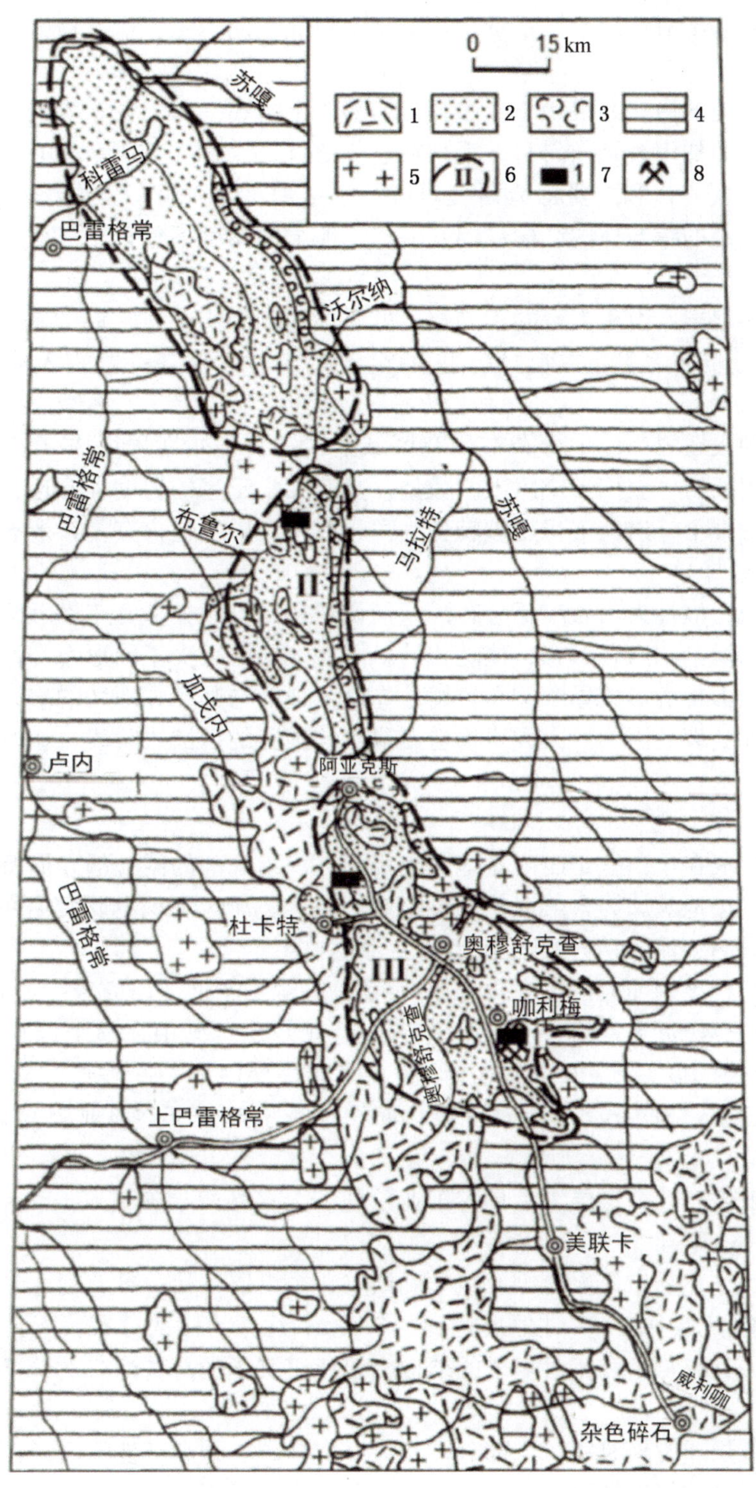

1—晚白垩世火山岩和火山沉积岩凯斯系列;2—阿普第期沉积物奥姆苏克昌(石炭纪)、达不塔恩、佐林系;3、4—相关的含煤沉积岩石;3—晚白垩纪火山－沉积矿床;4—侏罗纪沉积维尔霍扬斯克综合体;5—晚白垩纪—古近纪侵入体和主要为酸性的次侵入岩;6—煤炭区域的界限:(Ⅰ)纳加因,(Ⅱ)布鲁尔,(Ⅲ)加利莫夫;7—煤炭的矿床:1—加利莫夫,2—凯诺夫,3—布鲁尔;8—活跃的煤炭的开采煤矿

图3－2－21　奥姆苏克昌煤炭煤田地质简介

有几个盆地形成的假说。似乎更合理的假说是关于它对于苏戈伊边缘弯曲侧的局限性，这个弯曲形成于科雷马—阿莫隆中地块的坡面在中生代亚纳克雷马地区活跃过程中。在晚白垩世，盆地已演变为鄂霍次克—楚科奇火山带的分支之一。

三叠系—侏罗系岩石综合体堆积在奥姆苏克昌盆地的褶皱底部，并形成其下构造阶段。该综合体沉积形成了具有陡峭两翼的不对称的褶皱系统。褶皱走向以北东向为主。褶皱被大型的逆断层、正断层和逆冲断层分割。

中结构阶段填充盆地的白垩系沉积物分布在褶皱短轴上。在平面上分布着的含煤沉积确定为加利莫夫、凯诺夫、布鲁尔、纳加因短轴向斜和一系列在它们之间的背斜。在背斜的一些隆起部分是侵入体。两翼倾角为10°~30°，侵入体和主要构造断裂附近的倾角为40°~60°。上白垩统和新生界火山—沉积地层承继了整个下白垩统的综合体的结构，但它们以不明显的角度不整合于下白垩统上，特有平缓的产状角度。

早白垩纪—晚白垩纪岩石由于大量的不同幅度的破坏而剧烈错位。它们的垂直断距从1 m到350~400 m。这些破坏的形成与发育发生在晚白垩纪—新生代，是由于蒙古—鄂霍茨克火山带火山结构的形成。

白垩纪和古近纪的火成岩广泛地分布在研究区域上，主要是酸性岩组成（花岗岩、花岗斑岩、斜长岩、英闪岩、花岗闪长岩；它们形成巨大的数量，具有几十千米的长度，穿透含煤沉积和产生强烈变质。在与火成岩的接触带上，这些沉积物被转化为角岩。在煤层中包含有复杂形态的火山岩。煤炭被转化成石墨。

在南部和西部区域，酸性火山岩广泛分布，它们使早白垩纪、三叠纪和侏罗纪的沉积物发生变质。火山岩体具有平行或弱切割的床岩形态，伴随或熔融同化煤层；很少不同形态和厚度的岩株和岩墙。

蒙古—鄂霍茨克火山带的形成导致了在奥姆苏克昌盆地的与其相邻地区的岩浆活动。在这里侵入体的分布受纵向和横向深断裂的影响。火成岩构造形成于该地区的后褶皱阶段，相对于褶皱构造，其为重叠构造。

3. 含煤岩相条件

该煤田含煤沉积形成在早白垩纪山间盆地。奥姆苏克昌组底部的巨粒的碎屑沉积物是河相沉积。随着碎屑物填充盆地的平坦地貌，为含煤沉积创造了有利条件。泥炭沉积主要发生在河流的冲积层。煤层的复杂结构和一致性表明，流体动力的沉积周期是间歇性的。

实际的重要性仅仅在奥姆苏克昌组中含煤亚组沉积,在煤田平面上研究很少或者只是间断性的研究。

在加利莫夫矿床的奥姆苏克昌组含煤亚组确定了20个煤层，其中在整个分布平面上具有工作特性的只有13个煤层。煤层厚度1.2~13.05 m，然而大多数煤层由于不一致性、含灰量高、岩石夹层多（达到7层）和部分被侵入体同化，因此只有很小面积具有工业意义。该亚组总含煤沉积系数为4%，具工业价值的为1.3%。

奥姆苏克昌组上亚组有5个煤层，不具有工业价值。大多数煤层厚度在0.8~1.0 m之间，然而在某些地区达到2~2.3 m。

在凯诺夫矿床奥姆苏克昌组煤炭含煤亚组中确认有9个煤层，其中具有工业参数的只有3个，厚度为0.8~0.9 m。其他的煤层中，有一些厚度达到了2.5 m，由于有限的分布，不具有工业价值。该矿床所有煤层没有一致性，具有复杂和相对复杂的结构。该亚组沉积的总含煤性为2.7%，具工业价值的为1.1%。

在加利莫夫地区煤层通常伴有完整或部分被岩床、岩脉、岩颈和其他的侵入体同化，这大大增加了维护工作和采矿地质条件的复杂性。

在布鲁尔含煤区域的周边,在奥姆苏克昌组剖面含矿部分发现了68个煤层,其中的40个厚度为1~39 m，具有工作参数的煤层的最大数量发现在布鲁尔矿床。该组含煤部分的厚度为300~350 m，煤层数量为23个，厚度达到38.8 m。中等厚度和厚的煤层结构复杂。该组总含煤性系数为6%~12.5%，具工业价值的为5%~10%。

纳加因含煤区域还没研究，然而那里存在早白垩纪沉积，可以推论存在工业含煤性的煤层。

4. 煤的质量

覆盖在含煤沉积上的大量的岩浆岩，表现出对煤炭变质的影响，在煤炭的物理和化学性质上留下了印记。煤炭一般都是黑色和灰色，有光泽，少半光泽，常有金属光泽。它们具有带状或统一的宏观结构，不规则的断裂。煤是硬的、质密的，很少是脆弱的。靠近岩浆岩的煤炭受到接触变质作用的影响而石墨化。

在该煤田各矿床的煤炭质量的基本参数见表 3－2－20。

表 3－2－20　奥姆苏克昌煤田煤的主要质量指标

矿床	$W_{t,r}$/%	A_d/%	V_{daf}/%	C_{daf}/%	H_{daf}/%	$(N+O)_{daf}$/%	S_d/%	$Q_{s,daf}$/ (MJ・kg^{-1})	$Q_{i,r}$/ (MJ・kg^{-1})
加利莫夫	4.5～12.2 / 11.0	11.6～30.0 / 22.0	4.8～11.6 / 8.1	87.5～92.7 / 91.0	1.5～4.3 / 2.5	4.1～8.2 / 5.4	0.3～1.0 / 0.5	32.24～35.34 / 33.47	19.40～24.77 / 22.98
凯诺夫	1.7～25.4 / 14.3	2.5～29.4 / 16.8	0.7～12.6 / 4.3	73.9～97.6 / 93.8	0.5～2.1 / 1.6	4.1～4.4 / 4.3	0.5～0.6 / 0.5	30.10～36.90 / 33.31	23.10～25.60 / 23.85
布鲁尔	0.8～9.8 / 4.3	6.6～30.0 / 13.8	2.7～6.5 / 5.04	86.5～97.2 / 91.7	0.8～4.5 / 2.9	4.1～6.3 / 5.4	0.1～0.8 / 4.0	32.34～36.52 / 34.48	21.34～24.80 / 23.77

煤炭的含灰量一般很高，具有大幅度的波动范围（2.5%～30%）。最高灰分的煤炭是在加利莫夫地区。灰分主要为硅质的。主要成分是：SiO_2（40.3%～68.1%）和 $A1_2O_3$（20.4%～30.6%）。在单样本中发现了高含量的氧化钙。煤灰熔融温度相当高，但在凯诺夫矿床的要低得多，这是由于在其成分中有高含量的可熔组分 Fe_2O_3、CaO 和 MgO。

挥发性物质含量为 0.7%～12.6%。在地层剖面上没有发现其有规律的变化。在侵入体接触带上挥发性物质直接变少。

最高热值是 30.10～36.90 MJ/kg，最低热值是 19.40～25.60 MJ/kg，在各矿床上其平均值基本一致。

煤炭为低硫煤（$S_{t,d}$＝0.4%～0.6%）。碳含量为 73.9%～97.6%，氢含量为 0.5%～4.5%。

随着碳含量的增加，氢含量则降低。

在煤田的各矿床上缺失氧化煤。

所有的煤炭被列为耐火材料，少量的属于中等耐洗材料。

煤炭的镜质体反射率为 2.14%～6.15%。非均质反射率为 36%～85%。凯诺夫矿床的煤炭变质程度最高。它们具有在煤田上最高的镜质体反射率（各煤层的平均值为 4.8%～5.27%），有很高的含碳量（93.8%）、最低含氢量（1.6%）和低挥发性物质（4.3%）。

5. 冻土条件

该煤炭地区属于持续发育多年冻土的地区，在大型水流和水道下，其厚度中断或显著减少。多年冻土的主要部分厚度变为 60～110 m，这与一些自然因素相关，如光照、断裂破坏、浸水等。岩石最低温度范围从－1～－2.8 ℃。在冻土区，岩石平均地热梯度为 30.6 m/℃，在冻土层以下的区域是 40～50 m/℃。季节性融化层具有最大的厚度在分水岭为 1 m，在河谷为 1.5～2 m。

6. 水文地质条件

在奥姆苏克昌煤田整体水平中发挥着非常重要的角色，因为通透的融区及冻结层间水的存在能确定地表水和地下水之间独特的关系。通过该地区分布在河流和湖泊下的融区可以定义露天和地下开采的边界条件。在煤田地区分布最大的水道（存在通透的融区）索尔威尔克、利帕里特、加利姆，以及湖—莫霍夫、索尔威尔克和穆特融区。此外在煤田上有季节性的地下水，冻结层间的水和冻结层以下的水。

季节融化层的水具有有限静态储量，不会对矿井涌水造成显著影响。

冻结层间的水（通透融区水）分布在河道和湖泊的融区。该地区基底沉积的上部分是下白垩统。含水围岩是带有壤土和砂质壤土的砂砾卵石，属现代冲积和冰川沉积物。根据过滤实验，确定了透水性的数值为 2～7.5 m^2/d。冻结层间的水不会成为矿山巷道的涌水，但通过中转区地表水对地下水进行补充。

冻结层下的水形成单一的含水系统，有早白垩纪的砂岩、煤炭、粉砂岩、砾岩、花岗闪长岩岩脉。

顶部的隔水层是永久冻土层。下部界限是明显的厚度达到 80～100 m 的裂隙。含水系统静水位深度范围为 1～20 m（根据测高法表面）。水压数值范围为 30～60 m。绝对水平面的平均值为 712 m。透水性数值为 1.3～20 m^2/d。

含水系统为巷道开采涌水的主要来源。露天开采生产的最大水流极限值的范围从 97 m^3/h（剥离阶段）至 233 m^3/h（全面采矿阶段）。

根据极限边界条件，地下煤炭开采预计的水流量为 54～192 m^3/h。

7. 采矿地质条件

该煤田工业性的含煤性只限于在奥姆苏克昌组的含煤亚组，堆积在早白垩纪剖面下部。早白垩纪的沉积物聚集在相对于奥姆苏克昌盆地的短轴褶皱的第二和第三阶段，多次发生错位，在平面上不规则地分布有断裂破坏，其主要是正断层和逆断层，断距从 1 m 到 400 m 之间不等。断裂煤田切割成断块，使其难以进行采矿作业，尤其是地下开采。煤层的倾角为 10°～70°，这与煤田的各矿床和各部分的褶皱地形和构造有关。

火山岩岩墙和岩床使得开采工作复杂，煤层被全部或部分同化，还伴有其盖层和土壤的同化以及变质煤。

煤层埋藏的深度从 20～30 m 到 150 m 或者更深。可以露采和坑采。该煤田研究程度低，根据开采方式，到目前为止，还没有明确的煤炭储量和资源，但是给出了一些部分可以用两个方式进行开采的可能性。

一般情况下，根据断裂破坏，煤层一致性差和受到岩浆岩体的影响，煤田和所有属于煤田矿床的煤炭归类于第三组。

对采矿造成的负面影响是多年冻土层厚度的不规则性和在冻土层下采矿巷道中的水流。

岩石具有硅肺危险。根据自然趋势，煤炭属于第二组，部分为第三组。

奥姆苏克昌矿井的相对富甲烷性的最大值是 10 m^3/t。

加利莫夫矿床的煤层和其围岩的天然气成分为［%，（m^3/t）］：二氧化碳 0.1～20（0.01～0.8）；氢 0.1～1.6（0.001～0.06）；甲烷 0.580～99（0.03～8.6）和氮。气体风化区的厚度从 20～60 m 至 160～200 m。

在奥姆苏克昌煤田煤炭开采的地质条件很复杂，首选是露天煤矿开采方法。

8. 地质生态条件

基于保护和合理利用矿产资源，加利莫夫矿床煤炭仅有企业小面积开采。

坑采煤炭损失量大。奥姆苏克昌矿井损失达到 60%～80%。因此在实践中露采更流行。然而这需要更深入地研究地质生态条件。

根据露天开采，“利姆”段（凯诺夫矿床）土壤的酸性等级属于强酸性，水解酸度是 6.4～19.7 毫克当量/升一百克，变化为 7.2～44.8 毫克当量/升一百克。在土壤中含有少量活性的磷和钾。在耕作的时候，使用土壤进行农业耕作之前需要用石灰粉和矿物肥料进行调整。

煤灰中有毒元素的平均含量不超过允许的范围。在奥姆苏克昌矿床，它们的含量高于加利莫夫矿床。在凯诺夫矿床有很高含量的铅（800.10%～3%）和砷（500.10%～3%），其含量高于上套煤层“基本”。对它需要进行特别的研究，以防止有毒元素在煤炭燃烧时的有害影响。

在含煤地层中含有低的自然放射性。在岩石中为 13～25 微伦琴/时，而在煤炭中为 2～3 微伦琴/时。

9. 煤炭储量/资源

在奥姆苏克昌煤田主要评价了加利莫夫和凯诺夫矿床的储量/资源。加利莫夫含煤区工业储量 $A+B+C_1$ 级为 15.7 万 t，储量 C_2 级为 20.9 万 t，其中适于露采的分别为 1.2 万 t 和 50 万 t。凯诺夫矿床适于露采的工业储量 $B+C_1$ 级为 12.1×10^6 t，储量 C_2 级为 1.0×10^6 t。预测的煤田资源量：P_1 级为 222×10^6 t，P_2 级为 122×10^6 t，P_3 级为 330×10^6 t。

（二）萨哈林煤田

1. 概况

萨哈林煤田包括现在已知的萨哈林岛所有的烟煤和褐煤矿区，含煤地层属于白垩系、老第三系和新第三系。陆地含煤地层和沿海陆地含煤地层及其煤矿床基本都产于萨哈林地区的新生代褶皱构造带内。从这个意义上说，各个含煤区相连成为煤田亦即顺理成章了，虽然这不符合煤田形成的某些典型条件。

萨哈林岛是俄罗斯联邦萨哈林州的一部分，长度约 1000 km，面积为 77800 km^2。萨哈林岛主要为山地，多为南北走向的中高和低矮山脉，山与山之间为丘陵或者平坦低地，山地覆盖了岛屿约 70% 的面积，主要山系为萨哈林西部山脉和萨哈林东部山脉。

萨哈林地区分为沿海区和陆地区。陆地为山间凹地，其中最大的是特姆—波罗乃斯克凹地，其沿南北方向延伸 250 km，宽度 70 ~ 90 km。海拔高度 40 ~ 60 m 到 100 ~ 120 m。岛屿南部有苏苏纳伊和穆拉维也夫低地，岛北面是一个相当大的北萨哈林丘陵以及陡倾斜的平地。岛屿上的低地和平地为很厚的新生代海相及陆相沉积层。在岛上发现了 1.6 万个湖泊，总面积为 1100 km^2。

2. 交通

萨哈林可以通过海上和空中航线与大陆连通，在瓦尼诺港和霍尔木斯克港之间有铁路相连。萨哈林主要海港有霍尔木斯克港、科尔萨克港、莫斯卡列沃港。萨哈林岛的西部和东部有窄轨铁路。而西部和东部沿海之间的联络很困难，这里既没有铁路和也没有干线公路。

萨哈林州人口大约 80 万人。主要的经济部门为燃料和能源（石油、天然气、煤）、林业、渔业、农业和其他行业。

萨哈林有丰富的煤炭、石油和天然气。自 1952 年以来开采煤炭。煤炭开采业 1946 年后进入鼎盛时期，1991 年煤炭产量达到 640 万 t，到今天已经大幅下降。1997 年有 8 个煤矿和 11 个露天矿生产，8 个小露天矿在建，共计生产约 200 万 t 煤炭。自 1997 年以来，陆续关闭了亏损的矿山。在萨哈林岛上曾少量开采过含锗的煤炭。此外，在岛上自 1923 年起进行石油开采，自 1941 年开始进行天然气开采。原油产量曾达到过 220 万 t/a，但现在却下降到 150 万 t/a，而天然气开采已经停止了。

3. 地质概况

萨哈林地区的地质构造为老第三纪、新第三纪、中生代和新生代的沉积变质岩和岩浆岩。萨哈林东部山区、苏苏纳伊山、德姆—巴罗纳伊低地为古生界地层。老第三系地层中主要是各类的页岩、千枚岩、结晶石灰岩、碧玉、石英岩、火山岩和凝灰岩。老第三系岩层在古代褶皱形成过程中受到不同形式的严重破坏和错断（图 3 - 2 - 22）。

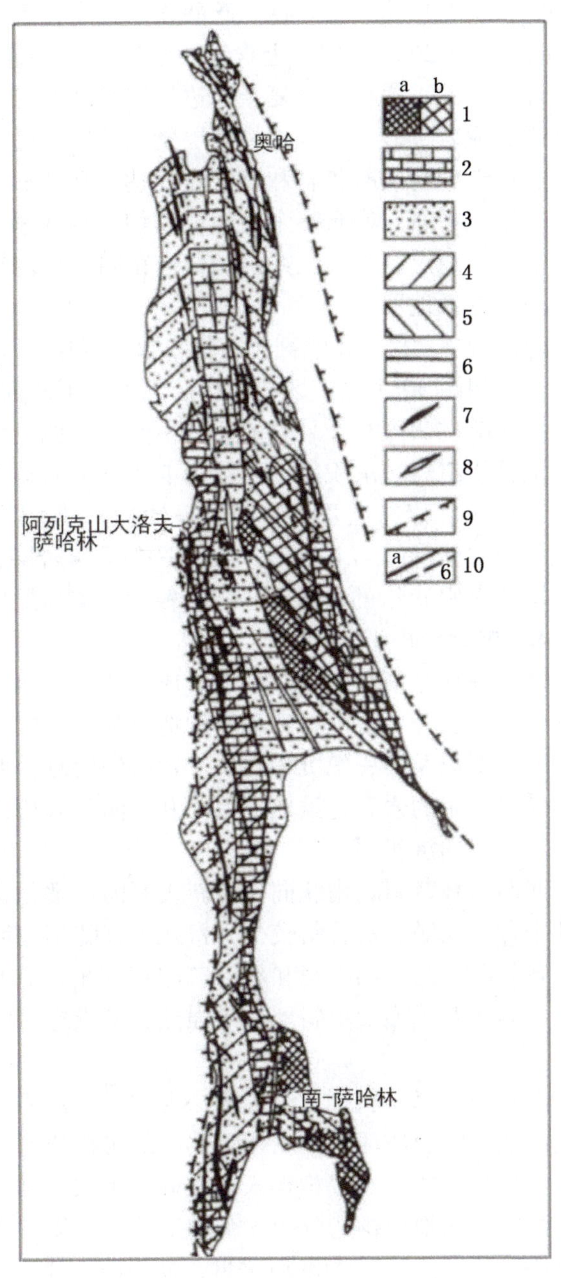

1—整合的下构造段岩石组：铁尖晶石（a），中生代到晚白垩世（b）；2—晚白垩世中构造段岩石组；3—新生代（上构造段）；4—西部萨哈林背斜；5—东部萨哈林背斜；6—中部萨哈林背斜；7—主要背斜区；8—主要向斜区；9—断层；10—其他断层：已确定的（a），推断的（6）

图 3 - 2 - 22　萨哈林大地构造图

含煤地层在晚白垩世大地槽形成条件下开始形成，但分布有限，主要在亚历山大含煤区。有工业意义的煤层在容克尔系科涅克—圣多层。该系地层由砂岩、粉砂岩、泥岩、煤以及煤质岩组成，局部有砾岩层，该系地层厚2000 m。煤层数量从3 ~5 层到10 ~20 层或更多。煤层构造通常是复杂和极其复杂的，高灰分。煤层厚1 ~2 m，间隔层厚度为1 ~30 m 或更多。

老第三系地层沿萨哈林西部山脉以窄条带的形式从北边的亚历山大山开始到克利里沃半岛的库兹涅佐沃村。老第三系地层厚2300 ~4200 m。最小的厚度在亚历山大区以及岛的南部（克利里沃区），最大的断层厚度在含煤区。

老第三系地层底部地况复杂，该区主要是陆相碎屑岩层，岩性不稳定。间或伴有砂—黏土沉积的烟煤层，大量的植物残迹和铁—碳酸盐结合物，有少量砾岩。在该系有两个含煤层带，下含煤层带厚度达到410 m，有26 个煤层；上含煤层带的厚度达到220 m，煤层很薄。

煤层总的来说构造很复杂，边界和厚度不稳定。煤层为薄与中厚煤层，但中厚煤层很少。这里夹有粉砂岩、泥岩、砂岩、砾岩、薄层凝灰质岩、稀土煤层和碳质岩，该地砂岩层与很多固结作用的夹杂物结合，可遇到薄层凝灰岩和凝灰岩（达到0. 8 m）。该系最大厚度为200 ~900 m。

新第三系岩石遍布整个岛屿，它们造就了所有的低地、斜坡以及山麓。新第三系沉积层有冲蚀现象，形态不稳定。新第三系沉积建造在同一个构造区域变化显著。在萨哈林西部乌格列哥尔斯克区有最厚的新第三系地层。

煤层数2 ~25，其中符合工作参数的煤层是2 ~19 层。

上杜伊组40 个煤矿区的煤层已经进行了研究，研究程度以及地质资料的准确性各不相同。但总的来看，萨哈林州煤炭开采有前景的主要在上杜伊组。

上杜伊组煤炭沉积层常常被马卡罗夫组的不含煤的底层所覆盖。这些覆盖层总厚度不尽相同，多的可达2700 m，岩石主要为砂岩和粉砂岩。其上部（库拉西组）有粉砂岩、泥岩、砂岩、黏土硅质岩。年代是中中新世—早上新世。马卡罗夫系列岩层在很多地区被中上新统—晚上新统的努托夫（奥尔洛夫、马鲁亚姆）组的砂质沉积岩所覆盖，覆盖层厚度达到3000 m。

4. 构造特征

萨哈林岛是新生代褶皱发展形成的特大背斜。它的主要构造是西萨哈林及东萨哈林背斜，被萨哈林中部的复向斜分开。向斜和背斜构造复杂，断层多，地质形态多被破坏（图3 -2 -22）。

晚白垩纪及第三纪沉积物产于背斜的两侧，形成两侧陡峭倾角以及多层缓斜褶皱。晚白垩纪老第三纪和新第三纪的岩石，虽然保留了其走向和倾角，但具有明显的角度不整合。东侧背斜处东部方向主要为新第三纪的沉积层。

西萨哈林背斜为南北向。背斜表面的白垩纪沉积层宽度为3. 5 ~35. 0 km。该地区白垩纪岩层被分为几个背斜褶皱，短背斜较少，常是带有陡峭边坡的褶皱。

背斜两翼为老第三纪和新第三纪沉积地层，也是主要的煤炭蕴藏区。这些沉积形成了一系列的背斜、向斜以及线型短单斜。褶皱强烈，形成逆断层和正断层，在煤炭矿区形成一个非常复杂的断块状构造。

在背斜东翼，新第三纪沉积层为背斜，其两翼陡峭倾斜。相对简单的短向斜很少。背斜西翼为不同构造的强烈断裂破坏区。在萨哈林中部向斜分为7 个向斜区，由向斜和背斜相连。也有很多小的短向斜构造。煤炭矿床（季赫梅涅夫、瓦赫鲁舍夫、马卡罗夫等）是一系列的向斜和背斜褶皱构造区。

萨哈林岛地质构造分为3 个构造阶段：第一阶段（下构造段）为老第三纪到中生代晚白垩世；第二阶段（中构造段）为晚白垩世，断裂破坏比第一阶段少；第三阶段（上构造段）为新生代。所有具有实际意义的煤炭矿床都形成于第三阶段。第三阶段构造延续至现代。

萨哈林地区的地质构造主要是被不同类型的南向分布的且具有足够广阔区域的深部断裂所分割。西萨哈林背斜断层使煤炭矿床遭到强烈破坏，是使采矿地质条件变得十分复杂的不利的因素。

5. 煤层地质

在大地槽形成的整个历史时期，火山活动不断。火山影响了上杜伊组煤炭矿床中含煤沉积的变质过程。

煤田包括67个煤矿区，其中47个矿区的煤炭储量在苏联不同时期被国家矿产资源管理机构统计在册。在其余的20个矿区进行了不同程度的普查或勘探工作。

煤田的煤是褐煤、长焰煤、气煤、肥煤和瘦煤（Б，Д，Г，Ж 和 Т）。对于新生代煤炭围岩的年龄和煤种组成之间的关系，现在还未明了。但有影响的因素主要是矿床构造、地下热液以及接触变质作用、岩浆体的侵入、煤层同化与变质等。所有开采的煤炭均可作为动力煤使用。该煤田的煤在没有配料的情况下是不能生产冶金用焦炭的。

根据含煤量和煤的质量分为5个煤区。

北区：包括岛屿北部（亚历山大市北部50 km处）。煤区产于中新统地层（与上杜伊组类似）。有可开采厚度的煤层1—9层，煤层厚度为1~5.4 m，褐煤，灰分含量为9%~35%，热值为12~16 kJ/kg。预测储量为21亿t。对6个位于向斜和背斜构造中的含煤区进行了研究，其矿产资源开采目前没有实际意义。

亚历山大区：位于岛屿的西部海岸，在构造上位于西萨哈林背斜的西北翼。该区含煤层产于上白垩统、老第三系以及新第三系沉积层中。该区查明有5个晚白垩世煤炭矿床，3个老第三纪矿床以及11个新第三纪矿床。白垩纪的煤炭种类为气煤、气肥煤和肥煤（Г，ГЖ，Ж）；老第三纪的是气煤和焦煤（Г和К）；新第三纪的是长焰煤、气煤、肥煤、焦肥煤和焦煤（Д，Г，Ж，КЖ，К）。研究最彻底的是姆加契矿床，煤炭区位于岛屿西海岸（距城市乌格列格尔斯克（沙赫杰尔）近、克拉斯诺尔斯科、列索格尔斯克、波斯尼亚科沃）。在构造上该区位于西撒哈拉背斜西侧。煤炭属于老第三系和新第三系—杜伊（下杜伊）以及上杜伊组的沉积物。在老第三纪沉积分为12个矿床和煤炭区。煤层厚度小，煤为长焰煤、气煤、肥煤（Д，Г，Ж）。

在上杜伊组沉积层有9个矿床：乌斯特—博什尼亚科沃、列索格尔斯克、乌格列格尔斯克（沙赫杰尔）、康斯但丁诺夫、索恩采夫、索伯列夫和克拉斯诺尔斯科。该区煤的标记为褐煤、气煤、肥煤、焦煤、贫煤。煤层数量8~25个，其中有工业价值的有4~19个。煤层主要是薄和中等厚度煤层。该区的特点是有数个大逆掩断层和逆断层以及众多小的正断层、逆断层、逆平移断层群，以及岩浆体侵入，使煤炭沉积层断裂以及发生变质作用。在一些矿区现在进行着煤炭开采。

中心区：在波罗乃斯科区、马卡罗夫区以及基洛夫区一部分以及多林行政区，面积2000 km^2。该区在西萨哈林背斜东翼，新第三系地层形成一个相对平缓的向斜构造。具有工业价值的煤区存在于上杜伊地层组。在该组中部有2~6个可采煤层，在上部有1~2个煤层。在该区内有12个煤区，有经济意义的矿区为季赫梅涅夫、瓦赫鲁舍夫、马卡罗夫。煤种为褐煤，煤层厚度为中厚、厚和特厚。

南部区：在萨哈林南部，该区有6个老第三纪的煤矿床以及5个新第三纪的煤矿床。属于老第三纪的吉洪诺夫煤矿床、洛帕金煤矿床、科斯特罗马煤矿床等，属于新第三纪为哥尔诺扎沃茨克煤矿床、诺维科夫煤矿床、契诃夫煤矿床、诺沃谢洛夫斯科煤矿床。

在南部区的洛帕金矿区有“南—萨哈林”矿井以及“多林”矿井在进行煤炭开采，在哥尔诺扎沃茨克区有“哥尔诺扎沃茨克”矿井以及“舍布尼诺”矿井在进行煤炭开采。

煤炭矿床属于年轻的（高山的）地质构造，绝大部分遭到不同类型和断距的强烈断裂破坏，形成破碎区块构造。

煤炭储量及开发前景：瓦赫鲁舍夫矿区西部以及索恩采夫矿区适宜露采，有个别不大的区块上部煤层，可以先露天开采数百万吨、然后再井工开采。由于矿床位置和历史成因条件，以及岛内的交通基础设施发展薄弱等条件，岛上煤炭开采是分散的。预计2005年该区煤炭需求量达到440万t，到2015年预计为690万t。1997年共有8个井工矿和2个露天矿，产煤200万t/a。目前在建的有8个露天矿。露天矿也是为建设新井工矿做准备。

根据有关专著和国家储量平衡表，1998年1月1日煤炭储量分布列于表3-2-21中。煤炭资源量：P_1级为34.34亿t，P_2+P_3级为106.73亿t，其中褐煤P_1级为3.18亿t，P_2+P_3级为28.46亿t。

表3-2-21 萨哈林煤田煤炭储量分布

10^6 t

开发方式	储量平衡表（1996年作者计算）			储量平衡表（1998年1月1日）		
	总计	其中包括		总计	其中包括	
		A+B+C_1	C_2		A+B+C_1	C_2
总计	1318.539	998.158	320.381	2491.605	1857.033	634.572
烟煤	625.329	478.611	146.718	1224.708	829.636	395.072
其中包括焦煤	10.733	10.733	—	141.525	82.760	58.765
褐煤	693.210	519.547	173.663	1266.897	1027.397	239.500
现有的露天和井工矿	716.876	648.307	68.569	558.409	433.759	124.65
烟煤	359.515	300.07	59.445	303.591	272.615	57.896
其中包括焦煤	—	—	—	—	—	—
褐煤	357.361	348.237	9.124	227.818	161.064	66.754
现有的露天和井工矿	—	—	—	65.609	40.260	25.349
烟煤	—	—	—	26.932	23.045	3.887
其中包括焦煤	—	—	—	—	—	-
褐煤	—	—	—	38.677	17.215	21.462
亚组“a”剖面	113.8	113.8	—	113.781	113.781	—
烟煤	113.8	113.8	—	113.781	113.781	—
其中包括焦煤	—	—	—	—	—	—
褐煤	—	—	—	—	—	—
亚组“6”剖面	103.33	99.368	3.962	19.609	19.609	—
烟煤	22.977	22.815	0.162	19.609	19.609	—
其中包括焦煤	—	—	—	—	—	—
褐煤	80.353	76.553	3.8	—	—	—
已勘探（准备开发）的	100.89	83.209	17.681	313.832	226.519	87.313
烟煤	42.390	24.709	17.681	87.462	41.483	45.979
其中包括焦煤	—	—	—	—	—	—
褐煤	58.5	58.5	—	226.370	185.036	41.334
有勘探前景的	283.643	53.474	230.169	552.981	477.193	75.788
烟煤	86.647	17.217	69.43	149.205	98.076	51.129
其中包括焦煤	—	—	—	91.668	43.003	48.665
褐煤	196.966	36.257	160.739	403.776	379.117	24.659

七、外贝加尔煤田

（一）引言

目前在外贝加尔地区已知有48个煤矿床和18处煤线露头，矿床的特点是面积小（几十平方千米，很少有超过一百平方千米的）、含煤沉积层厚度相对较小（几百米，很少有上千米及以上的）、煤层数量差异大、煤层主要为中厚和厚煤层（特厚煤层也很普遍）、地质构造简单，主要为变质程度低的褐煤和长焰煤，气煤较少，变质程度高的煤炭只在阿普萨特矿床和乌尔辛斯克煤线露头区出现。

在外贝加尔地区，与西伯利亚大铁路及卡雷姆斯阔耶—外贝加尔斯克铁路临近的经济发达区，煤炭在紧张地开采。在哈拉诺尔矿区开采的大部分煤炭都运往远东经济区。

外贝加尔地区发展煤炭生产的潜力在于煤炭工业部门发展的基础可靠。根据地质经济评估，布里亚特共和国和赤塔州的煤炭实有储量为42.51亿t，全都适合露天开采。

（二）经济地理概况

外贝加尔地区位于东西伯利亚的东南部，面积约 70 万 km^2，由贝加尔湖始自西向东约 1000 km，从北到南（到俄蒙、俄中边界）约 1000 km。就自然条件来讲，外贝加尔地区传统上分为四部分：外贝加尔西部、外贝加尔中部、外贝加尔东部和外贝加尔北部。在行政区划上，外贝加尔地区包括布里亚特共和国、赤塔州和阿金斯科耶—布里亚特自治区。

外贝加尔地区内各种类型的山形地貌发达：从山峦叠嶂、高原台地，到低矮丘陵、平坦开阔低地（山间的低洼地）。这里有几个大的山岳形态区：奥廖克马—维季姆山区、维季姆台原、外贝加尔西区、外贝加尔中区、外贝加尔东区。

由于地处常年冻土带，这里冬季少雪而寒冷，即使夏季也不够温暖，因此常见从冰下溢出的水形成的冰丘、冰封的沼泽以及因局部受热而形成的热溶洞等现象。北部地区约 80% 的面积为常年冻土带，南部地区只有一部分是常年冻土带。

外贝加尔地区河流纵横，多数河流汇入阿穆尔河、勒拿河和贝加尔湖。外贝加尔地区河密度平均值为 130 ~ 150 m/km^2，密度最高的区域达到 200 ~ 250 m/km^2，东南部平原地区不超过 100 m/km^2。

外贝加尔地区的湖泊的成因类型互不相同，有冰川侵蚀型、喀斯特型、多年冻土塌落型、溶雪汇集沼泽型以及古代大型水库遗留型等。

外贝加尔是地震高危险地区：北方地区地震强度在 10 级以上，东南地区在 5 ~ 6 级以内。在这里，1917—1962 年记录有 7 次地震，科达尔—恰尔斯克区是地震高发区。

外贝加尔南部有西伯利亚大铁路及其两条支线通过，第一支线从卡雷姆斯阔耶站到俄罗斯与中国的边境站“外贝加尔斯克”，第二条支线从乌兰乌德市的纳乌什基站到与蒙古国的边境站“苏赫巴托尔”。

外贝加尔南部有发达的公路网络，其中有正在建设中的联邦级的莫斯科—外贝加尔斯克干线公路，有同样重要的共和国级的公路以及地方性的公路。

西伯利亚大铁路以北地区公路数量大为减少，其中适用于全年通行的公路只有乌兰乌德—罗马诺夫卡—波戈达林，赤塔—罗马诺夫卡和涅尔钦斯克—车尔尼雪夫斯克这几条，而且外贝加尔北部大部分地区的公路只能在冬季通行使用。

联邦级别的机场有乌兰乌德机场和赤塔机场，适用于起降所有类型的飞机，这两个大机场与地区中心和大居民点以及工业园区的运输与通行依靠使用发达的地方性航空运输线路。

水上运输在夏天主要通过贝加尔湖、石勒喀河与额尔古纳河进行，有一部分也可以通过色楞格河、奇科伊河、维季姆河与音果达河进行。

外贝加尔地区的人口主要集中在邻近西伯利亚大铁路的区域内，人口密度很不均匀，在北部地区每 10000 km^2 不到一个人，在大型居民点每 1 km^2 约 8 ~ 10 人。大多数居民为俄罗斯族和布里亚特族，在北部地区生活着鄂温克和雅库特族人。

外贝加尔经济中采矿工业占有领先地位，这里开采有金矿、多金属矿、钨、锡、钼、锂、钽、铌、锗、萤石、煤炭和建材。同样重要的还有林业，但木材都外运到了其他地区，本地区只加工很小一部分。

在外贝加尔大城市和工业中心，最为发达的其他工业产业还有机械制造、机床制造、仪器制造、造船、飞机制造、房屋建筑、废旧金属加工、电力生产，以及轻工业和食品工业。

外贝加尔地区的主要能源为煤炭，煤炭在这里用在大电厂（乌兰乌德电厂、古辛湖电厂、赤塔电厂、哈拉诺尔电厂、阿尔贡电厂）发电以及在中、小热电厂为城市以及比较发达的地区居民点供暖。外贝加尔北部的部分地区俄罗斯统一电网达不到，这些地区的电力供应，只能靠使用从外边运进来的液体燃料发电的地方性电站解决。而无数的小居民点的供暖主要还是靠木柴。

农业中最重要部门是畜牧业，南部地区牧养的主要是绵羊，而在北方是驯鹿放牧和耕作，毛皮制作和捕鱼也在该地经济中具有很大的作用。

（三）煤田概况

含煤沉积层、下伏沉积层和覆盖沉积层的地层学和岩石学。外贝加尔地区具有工业价值的煤炭储量与淡水—陆相沉积密切相关，与中生代和新生代火山沉积则关联性不大，这些火山沉积层分布广泛，但却相互分离，成为大小不一的地堑凹地以及古代结晶基底中的地堑向斜。

1. 中生代沉积层

基底砾岩段，厚度为 100 ~ 800 m；

砂岩和页岩（不含煤）段，下面再细分为厚度为 250 ~ 300 m 的砂砾岩层和图尔基诺岩层（厚度为 300 m 的砂质页岩层）。

含煤地层段，200 ~ 1000 m 厚。

侏罗系有下、中、上三统，其中在一些凹地的中统和上统地层含有工业煤炭储量。

侏罗系下统只在该地区南部有发育。在外贝加尔西部和中部属于该统的有伊切图伊群和察甘—洪捷伊群的火山岩和火山沉积岩层，在外贝加尔东部有海洋沉积、海滨沉积和大陆沉积地层。

外贝加尔侏罗系中统为陆源和火山源，往往是非常厚的粗屑磨砾层以及火山岩层。含煤沉积地层很少，只在图格努伊—苏哈林沉降区（外贝加尔西部）有埋藏。

侏罗系上统主要是粗屑沉积地层、火山源沉积岩层和火山岩地层。含煤的只有孔达沉降区乌尔辛凹地（外贝加尔西部）乌尔辛段、赤塔州北部上卡拉尔沉降区的切宾段和雷巴段，雷巴段与阿普萨特凹地相邻，其在地质发展史上和地质构造（地处西伯利亚台地科达尔—乌多坎区）上更接近南雅库特凹地，而非外贝加尔凹地。

白垩系在外贝加尔主要是下统的，上统沉积地层非常有限，而其年龄的确定，一如惯例，也是假设的。

白垩系下统沉积底层为外贝加尔西部、中部、东部以及部分北部区域构造岩浆活跃后形成的无数山间凹地，它们与侏罗系地层的区别在于是淡水陆源沉积层，其中没有火山源地层，即使有，数量也非常有限（戈德姆博段）。

上白垩纪不含煤沉积地层分布极其有限，在一些上中生代凹地有一些，均受过侵蚀，覆盖在下白垩纪和更老的地层之上。

2. 新生代沉积地层

新生代沉积地层在外贝加尔地区有 3 个系，其中只有新第三纪沉积层是含煤的。

老第三纪沉积地层分布有限，其又分为老第三纪沉积地层和始新世—渐新世沉积地层。

老第三纪沉积地层出现在已知的在南贝加尔斯克凹地和托列伊凹地，在那里它们与达茨克阶沉积层一起构成蓝黑泥地层。始新世—渐新世沉积地层发育得要广泛，在贝加尔斯克裂谷凹地通过勘探钻井发现这里的沉积地层厚度近 1500 m，在这个凹地的三角洲沙—卵石沉积层厚数百米。在恰尔凹地中，这个年龄段的沉积地层为粉砂岩、砂岩和砾石岩，在谢连加河、吉德河和阿列基特坎河的河谷为厚度 1 ~ 50 m 的砾石沉积层。

上新世沉积在巴尔古津凹地、上安卡尔凹地、中卡拉尔和贝加尔裂谷系，其他凹地为湖相冲积和洪积沙土和小砾石，在希尔卡—托列伊地区和维季姆—乌金地区为冲积相砾质沙土和碎砾石，在谢连加河流域为中新世—上新世蒙脱土风化壳构成的古斜坡。

上新世后半期在巴尔古津凹地、巴温托夫凹地的沉积为红色和杂色岩石和粗屑砾石，在希尔卡—托列伊地区为冲积相砾石和沙土沉积地层。

新第三纪在外贝加尔沉积过程伴随着火山活动，这点在维季姆台地的通金凹地和巴尔古津凹地及乌多坎山表现最为明显，火山活动造成了玄武岩台地和火山锥体。

中生代和新生代含煤沉积层到处都被松散的成分、成因、年龄与厚度各异的沉积层所覆盖，其特点将在“矿床描述”一节中具体介绍。

1）地质构造

外贝加尔地质构造的最大特点就是极其复杂，其境内大部分地区都有年龄不同、破坏剧烈、断层很多、形成不同构造块体的火山岩和变质岩建造。按照近代学术观点，外贝加尔境内根据其构造情况和褶皱形成年龄可分为下述几个主要地质构造单元：西伯利亚地台、科达罗—乌多坎太古—元古代单元、斯塔诺娃雅元古代单元、贝加尔—维季姆元古代—早寒武纪单元（байкалиды）、谢连吉诺—亚博洛诺娃雅早—中古生代单元（каледониды）、蒙古—外贝加尔晚古生代—早中生代单元（герциниды）地槽褶皱系、巴尔古津—维季姆和阿尔贡晚元古代—早古生代单元中间岩体。

在外贝加尔大地构造形成过程中对其各个发展阶段影响最大的因素是不同深度和长度的大断裂，其中最大的断裂（一级断裂或称为构造缝）就把上述的各个地质构造单元边界限定，级别更大的断裂会使地质构造成为块体嵌合形态。

外贝加尔大地槽的发育直到古生代末和中生代初才结束，其后外贝加尔地区逐步整合为紧密的构造体，并周期性受到的火山活跃或者构造活跃（造山和裂谷发展阶段）的影响。在晚中生代和新第三纪开始在断裂断层旁形成很多山间凹地，并开始聚集堆积淡水大陆沉积及形成煤炭工业储量。

H. A. 弗洛连索夫根据地貌学和地质学理论，把外贝加尔地区含煤构造汇总分为下述几个类型：①贝加尔型凹地：洼地内沟壑很深且非常不对称，线状及边沿清楚，新生代沉积地层；②外贝加尔型凹地：为线状长形山间凹地，边沿发育良好，对称性略差，上中生代和新生代沉积地层；③与蒙古“戈壁”型近似的凹地：广阔平缓的沉降区，线状和对称都较差，上中生代和新生代沉积地层。北外贝加尔非对称深凹地为侏罗纪或白垩纪含煤沉积地层。有的学者把它列为阿尔丹型。

外贝加尔上中生代和新生代含煤凹地在大多数地区都是呈链或条状分布，产状整合覆盖在上中生代之前的构造上。

A. Г. 波尔特诺夫在分析和总结了外贝加尔地质构造和含煤性的资料后，明确认为上中生代凹地属于深度断裂构造，是线状沉降区，内有含煤构造生成。

在外贝加尔中部，红奇科伊煤矿床延伸到缅扎—奇科伊横向断裂与奇科伊沉降区相交的区段，巴利亚金断层控制了希姆比利可矿床在奇科伊凹地的分布，控制了塔尔巴加泰矿床和叶兰斯卡娅矿床在其同名的塔尔巴加泰凹地和叶兰斯卡娅凹地的分布，也控制了库兹涅措夫—乌瓦尔矿床在基任金凹地的分布。在奇科伊和巴金凹陷和横断裂相交的部位分部有奇科伊和巴金矿床，图卢泰—奥洛伊断裂在赤塔—因戈金凹陷附近发现有煤线露头，图卢泰—奥洛伊断裂在阿尔尚和乌列伊凹陷有阿尔尚矿床和乌列伊矿床。

还有一个也很明显的关联性规律表现在外贝加尔中部和东部区域，在这里的别克米舍夫凹地有同名的别克米舍夫矿床，赤塔—因戈金凹地有塔塔乌罗夫矿床，奥连古伊凹地有同名的奥连古伊矿床，以及在克拉斯诺亚尔—巴利津凹地有巴利津煤线露头，这些凹地的东北部都被库卡—达拉孙—托列伊深度横向断裂的西北部区段直线式地通过，限定了凹地边界。位于东方再远些的赤塔—博尔津横向断裂同样也决定了下述矿床的分布：别克米舍夫凹地内的塔谢伊矿床、赤塔—因戈金凹地内切尔诺夫矿床、特尔格图伊—日姆比林凹地内哈拉曼古茨矿床。而赤塔—博尔津横向断裂的分支，被称为奥连图伊—奥洛维扬尼科夫的著名的深断层则决定了温杜尔金凹地及奥连图伊煤矿床。

利用这个规律无论在外贝加尔区域内还是在中生代活跃期形成的其他相邻地区勘寻新的煤区，都起着积极的作用。

2）岩浆岩在含煤沉积层及其覆盖沉积层中的形成

如“含煤沉积层、下伏沉积层和覆盖沉积层地层学和岩石学”一节中所引述的资料，外贝加尔地区境内岩浆岩的生成过程和炭的沉积聚集过程，无论在中生代还是在新生代，在时间和空间上基本都是独立进行的。因此，含煤沉积中或者完全没有岩浆岩的生成，或者分布有限。

在外贝加尔地区，岩浆岩的显露很多，形式不一。在年龄上它们属于中生代和新生代的不同时期，一般都在含煤沉积层生成之前。火山活动和岩浆岩生成过程最剧烈的是在早中生代（三叠纪和早侏罗纪的整个时期和中侏罗纪部分时期），这在火山源和火山沉积段（塔米尔段、察甘—洪捷伊段、伊切图伊段、乌金段、哈留尔金段）的地层构造中得到了反映。在空间上，火山源沉积和岩浆岩生成通常都在区域性的深大断层区。

中生代晚侏罗纪和早白垩纪岩浆岩的生成随着喷发岩的喷发而结束，外贝加尔中部和西部一系列凹地中即为喷发岩。喷发岩在古辛湖凹地、温金凹地、希罗克凹地和其他凹地的古辛湖群地层中分布得最为广泛。在这里的含煤沉积中生成有玄武岩岩层及其夹层，几乎呈水平产状，厚度为 10 ~ 20 m。常常发现岩脉切断含煤沉积层，在切尔诺夫矿床、古辛湖矿床、希姆比利克矿床和其他矿床都有这种现象，这种岩脉厚度不超过 0.5 m，其成分为辉绿岩、煌斑岩等。岩脉和玄武岩对煤和围岩变化的影响，尚未

进行研究。

新生代岩浆岩全部以喷发玄武熔岩、安山玄武石熔岩、硬玄武熔岩的形式生成，大多数研究者把熔岩壳的年龄列入新第三纪。新第三纪玄武岩台地在分水岭和含煤沉积层中仍有保留，玄武岩发育最广泛的是在贝加尔西部的通金凹地、巴扬戈利凹地和其他凹地。玄武岩喷发在这里通常发生在中生代和新生代凹地的凹坡，并受构造断裂的制约。玄武岩层埋藏高于含煤沉积层，面积有几百千米。在通金凹地，它们往往以夹层和水平层状出现在新第三纪和老第三纪的沉积层中。通过钻探发现，这里有很多的玄武岩夹层，其总厚度不超过 2 m。在第四纪也发生过玄武熔岩喷发和凝灰物喷发。

3）含煤性

外贝加尔区域内煤形成具有工业价值的聚集过程发生在中生代（中侏罗纪—早白垩纪）和新生代（新第三纪）时期的内陆环境中，与当时该地区的地质构造活化过程密切相关。地质构造活化造成了切割地形，造成了山间（断层角构造）负向构造及在其中形成淡水沉积和植物物质沉积。

各个煤矿床在其规模、煤层含煤率、可采煤层的数量和厚度方面差别很大。

矿床面积（规模）从几个平方千米到数百平方千米，古辛湖矿床最大，达 450 km^2。大多数矿床面积为几十平方千米。

合并成为段的含煤沉积层厚度在 100 ~ 1000 m 或更高，变化很大。含有厚度属于可采煤层的含煤率高的沉积层，其厚度通常在数百米，有的达到 650 m（红奇科伊矿床）和 850 m（古辛湖矿床）。

可采煤层数量变化也很大，从 1 层（乌尔图伊矿床）到 70 层（古辛湖矿床）。矿床内具有各种厚度的煤层，最为普遍的是中厚煤层和厚煤层，薄煤层或者埋藏在含煤岩系的底部或者在矿床边缘，由较厚的煤层衰变、裂解而成，这两种情况下的薄煤层都不具备工业价值。

特厚煤层分布相当广泛，最厚的几个煤层在达班—戈尔洪矿床 – 80 m、乌尔图伊矿床 – 62 m、哈拉诺尔矿床和尼科利 – 50 m 和奥洛尼—希比尔矿床 – 45 m，在其余矿床（古辛湖矿床、桑金矿床、埃尔代姆—加尔加泰矿床、埃兰金矿床、塔尔巴加泰矿床、塔塔乌罗夫矿床、钦丹茨克矿床、索洪金矿床、库京矿床、红奇科伊矿床和乌列伊矿床）它们不超过 30 m。

在塔塔乌罗夫矿床、红奇科伊矿床和哈拉诺尔矿床等这些靠近成因带边界的矿床，煤层由混合带、衰变裂解带和尖灭带组成，为非均质结构。在混合带，煤层厚度和结构变化不大，稳定或相对稳定。衰变裂解带的煤层有规律地变薄，向尖灭以及二次衰变过渡，这时煤层属于相对稳定或者不稳定。如果衰变裂解带和尖灭带受到侵蚀而不复存在，那么，在矿床的剖面只有厚度和构造都稳定的煤层了，最典型的例子是切尔诺夫矿床和库京矿床。

按照煤层内部构造的复杂程度，煤层分为没有岩石夹层的构造简单煤层、岩石夹层数量不多的构造复杂煤层、数量很多的煤层和岩石夹层交互的构造很复杂煤层。需要指出的是，煤层构造的复杂程度与煤岩的岩石成分相关。譬如，在矿床剖面主要为粗粒度岩石的矿床（布卡恰钦矿床、奥洛尼—希比尔矿床、红奇科伊矿床和其他矿床）通常都是构造复杂和很复杂的煤层。相反，在那些有粉砂岩和泥质岩构成的矿床（切尔诺夫矿床等）煤层构造都是简单的。

外贝加尔含煤沉积层中有腐泥质油页岩，产状为层状和偏瓶体状夹层，厚度在 0.4 m 至 5 ~ 10 m 间变化，有时可达 15 ~ 20 m。油页岩层通常为复杂构造，和粉砂岩和泥质岩夹层交互。在古辛湖矿床、哈拉诺尔矿床和其他矿床发现有油页岩。

开发矿床的矿山地质条件相对较好，煤层厚且变化不大，煤质在相当大的区域内都很稳定，煤层埋藏不深，可以露天开采。开采中唯一的困难因素是水文条件，因为奇科伊河在该矿床流过，在其河床下面应留保安煤柱。

最大线性剥离系数为 1.9 m/m，平均为 5.1 m/m，岩石剥离量为 2.18 ~ 2.52 g/cm^3，平均为 2.34 g/cm^3，煤炭为 1.29 ~ 1.31 g/cm^3。煤层上覆盖层和煤层间隔层为卵石、亚砂土、亚黏土、砂岩、粉砂岩和泥质岩，硬度为普氏Ⅳ ~ Ⅵ级，硬度系数为 2 ~ 6。所有的岩石，除很硬的砂岩和常年冻土，都可以直接挖掘，不用预先破碎。

为了防范大气降水和露天矿东南面来的地表水，应当修筑一条导水渠，在奇科伊河边筑一道围堤。

煤和围岩的自然放射性分别为 1.5 ~ 6.0 MkP/h 和 2.5 ~ 3.0 MkP/h，符合自然标准值。只有一个探孔发现了局部放射性异常，这是在Ⅺ煤层剖面（异常层段厚度5.5 m），放射性为120 MkP/h。该矿床煤中有害杂质含量总的来讲低于规定的标准，但在个别煤样中有害指标含量超标：硫含量：$Ⅺ_a$ 煤层达2.58%，Ⅶ煤层达5.17%，ⅩⅣ煤层达4.17%；铬含量：190.85 g/t，锰1400 g/t（在Ⅺ煤层）。围岩中的有害成分有铍、钒和铅，但含量很小（从只有一点“痕迹”到0.005%）。所以，这些岩石的堆场不会对环境造成危害。围岩中游离二氧化硅含量大（高于10%），这种岩石没有致硅肺病的危险。

该矿床属于含水矿床，煤层及其上覆岩层都是潮湿的，所以开采时降低了粉尘的生成，不用采取额外的特殊措施降尘。

为了防止对奇科伊河的污染，必须留有1000 m宽（从主河道起算）的防护带。

由于矿区处于耕地中，煤炭开采完后必须对采矿工作破坏的土地进行复垦：规整南—东南边坡，平整堆场、恢复植被土层、种草或种上树木。

红奇科伊矿床是赤塔州最大的矿床，其达到平衡表标准的煤炭总储量估计有31亿t，其中适宜露天开采的有9亿t（1979年数据）。截止到1998年1月1日，列入国家平衡表的煤炭储量 $A+B+C_1$ 等级为5.811亿t，其中主要的储量（5.796亿t）集中在可露天开采区段。准备进行工业开采的区段2的 $A+B+C_1$ 等级的煤炭储量就有150万t（剖面亚组6剖面）。1998年对该矿床的煤炭预测储量重新进行了评估，考虑到恶劣的矿山地质条件影响开发的因素，对煤炭预测储量进行了核减。

现在或在不久的将来，由于缺少当地的燃料用户以及距离大的工业中心和铁路线太远，该矿床的开发是不适宜的。在较遥远的将来，在奥洛尼—希比尔露天矿和塔塔乌罗夫露天矿采完以后，可能会产生以红奇科伊矿床为基础建设赤塔州西部最大的煤炭开采中心的实际需求。

3. 扎舒兰矿床

面积100 km²，位于科伊凹地东部地区，红奇科伊河向东72 km处，在面积为170 km²的同名的向斜内（图3-2-23）。向斜由早白垩纪的阿尔丹段、季格宁段和多罗宁段构成，非对称构造，南翼的倾

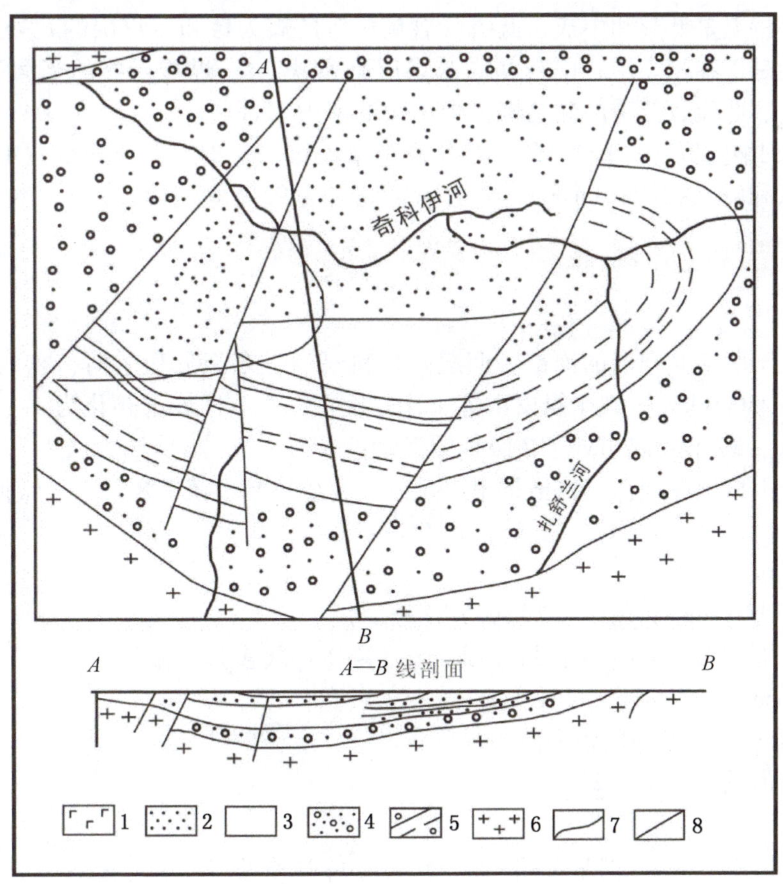

1—玄武岩（新第三纪）；2—阿尔泰段；3—季格宁段；4—多罗宁段；5—煤层；6—基底岩层；7—地址边界；8—断裂破坏

图3-2-23 扎舒兰矿床地质剖面图和地质草图

斜角为5°~12°，北翼倾斜达20°。向斜的西北部被东北走向的断层截断，同样为东北走向的向斜内部断层把该向斜分为3个区段：西区、东区和中区。煤层沿断层位移达180 m。

扎舒兰矿床有22个煤层，其中可采煤层15个，最有价值的煤层为Ⅷ、XI_a、Ⅻ、XIV和XV（表3-2-22）。

表3-2-22 扎舒兰矿床煤层特点

煤层编号	面积/km^2	产状参数			距上层煤层的距离/m		构造
		深/m	厚/m				
Ⅸ	0.04	3.9~183.01	0.4~9.8	3.98			简单
XI_a	8.0	28.2~256.7	3.2~16.2	7.95	24.3~73.7	52.7	复杂
Ⅺ	0.47	29.2~269.3	2.7~16.9	7.7	1.0~12.6	3.9	简单和复杂
Ⅻ		39.2~295.6	0.1~3.3	2.18	10.0~26.3	20.2	简单和复杂
XIV			0.85~3.95	2.23	122.5	122.5	简单
XV			1.8~15.15	5.61	13.0~89.3	66.8	复杂

在成因以及宏观和微观特征方面，扎舒兰与红奇科伊矿床的煤很接近。根据原始的植物成分，它们被列入残植煤，属于蛋白石，在个别煤岩层交汇处发现有木煤，分布最广的是超蛋白石，类脂蛋白石和丝炭蛋白石很少。煤的岩石组分中镜质组分最多（76%~99%），平均为91%。矿物杂质占5%~50%，平均占21%，这些杂质主要是碳酸盐、石英、黏土类物质、含水氧化铁以及成矿矿物。

该矿床的煤是烟煤，属于国标ГОСТу25543-88规定的长焰煤，在该矿床现研究阶段已经确定，Ⅸ、Ⅻ、XV这几个煤层的煤主要为长焰气煤，XI_a、XIV煤层为长焰气煤和气煤，煤层Ⅸ为长焰煤、长焰气煤和气煤。

该矿床的煤主要特点是低灰和中灰、低硫（含硫中等的煤为Ⅸ和Ⅺ煤层的几处交汇的地方）、弱黏结。最具少灰特点的是Ⅸ和Ⅺ煤层，中灰和高灰煤层是XIV煤层。煤质最好的当属XI_a和Ⅺ煤层的1区段，这里的煤是低灰、低硫、低磷的黏结煤，半焦含油率为15.8%。

根据Г.Л.库克利纳的资料（1999），在半焦产出率为64.2%时，灰分很低（8.2%），挥发分（为15.1%）含有氮、氧和硫（共计2.04%），碳含量很高（为93.5%）。

八、南雅库特煤田

（一）概述

南雅库特煤田位于萨哈共和国的南部，西起阿良科马河，东至五秋尔河；东西长750 km，南北宽60~150 km，总面积25000 km^2。整个煤田内冻土比较发育，季节性冻土融化为1~3 m。全年平均气温-15 ℃，冬季是-20~39 ℃。煤田处于7级地震活动期。

整个区域有3个人口聚集地：涅留格林市7.5万人，秋里曼小镇1.8万人，银博尔小镇1万人。

（二）煤田概况

一共分为4个煤区：

（1）乌斯木讷斯基 Vsmunsky 区（勘探研究比较少）。

（2）阿勒达纳—丘里曼 Aldano-qiulimansky 区（勘探比较多）。

（3）刚纳姆 Gonamsky 区（研究比较少）。

（4）东金 Tokinsky 区（勘探比较多）。

区域的煤质平均值见表3-2-23。

表3-2-23 区域的煤质平均值

A_d	V_{daf}	W	C_{daf}	H_{daf}	S	Q
14~30	18~30	0.2~2	85~98	5.8~6.5	0.1~0.7	30~35

煤质是从气煤到瘦煤（气煤、肥煤、焦煤、贫煤、瘦煤）。

1. 一号乌斯木讷斯基煤区

整个煤区含煤面积大约2000 km^2，整个区域属于中山地貌，河流、分水岭较多。区内许多岛状多年冻土层，厚度最厚可达200 m。离煤区最近的铁路有40～50 km，铁路属于贝加尔—阿穆尔的干线，其中的塞拉赫煤矿的勘探程度比较高。

1954—1956 年绘制了1：200000 的地质图。

1968—1985 年绘制了1：50000 的地质图。

1986 年以后研究减少。

现在煤区的南边比北边勘察程度高，因为南边距贝加尔—阿穆尔的干线只有30 km。

整个煤区内可采煤炭共10 层，其中塞拉赫煤矿一共有17 层（都大于0.7 m）可采层，整体厚度是31.92 m。

整个煤区储量及预测量共43.17 亿t，其中储量是4.69 亿t，预测量 P_1 级是12.35 亿t，P_2 级是3.2 亿t，P_3 是22.92 亿t。

整个储量加预测量中气煤是占12.61 亿t，肥煤占13.98 亿t，焦肥煤占10.9 亿t，焦煤1.68 亿t，贫煤占3.54 亿t，瘦煤4000 万t。

2. 二号阿勒达纳—丘里曼煤区

这个区面积为8300 km^2，一共有20 个煤矿，其中达到精勘的有4 个煤矿：丘里曼、吉尼斯、木阿斯达和、涅留格里。其中丘里曼和涅留格里正在开发中。

整个区内可开采的煤层数是35 层，可采层的总煤层厚度是83 m。

整个区内总储量是241.44 亿t，其中 $A+B+C_1=28.6$ 亿t，$C_2=24.58$ 亿t，$P_1=27.9$ 亿t，$P_2=24.86$ 亿t，$P_3=135.52$ 亿t。

3. 三号钢纳姆煤区

整个区面积为3800 km^2，一共有12 个含煤小区，有个特点是煤区都是独立分布，在南部有厚煤层（13.8 m）。

整个区内可采的煤层数是30 层，但是厚度在2.5～3 m 厚的只有3 层，有一层是13～14 m。

勘探级别低，一共有20.76 亿t。

4. 四号东金煤区

整个面积为7200 km^2，整个区内大于0.7 m 的可开采煤层共有58 层，总厚度110.7 m。这个区内预测资源量大约是122.51 亿t，其中艾丽金的储量是20.8 亿t。

1955—1960 年绘制了1：200000 的地质图。

1961—1962 年发现了厚22 m 的煤，在南边发现了厚3.5 m 的煤。

1974—1975 年对煤层进行了核实。

1978—1982 年绘制了1：50000 的地质图。

1984 年绘制了1：25000 的地质图，在埃利金煤矿发现了可露天开采20 亿t 的煤。

1988—1991 又在其他区块开始勘察。

1997 年艾利金煤矿的储量正式向国家储量委员会递交审批。

第六节　优质煤炭资源富集区

一、俄罗斯煤炭资源分布特征

（一）俄罗斯煤炭资源及储量

俄罗斯煤资源丰富，总储量占世界总储量的18% 以上，居世界第一位。煤炭预测资源量为41392 亿t，已查明资源量达6400 亿t。根据2012 年BP 世界能源统计年鉴统计结果显示，2011 年底，俄罗斯煤炭探明储量为1570.1 亿t。其煤炭储产比高达471，也就是说在现有开采条件下，俄罗斯煤炭可供开采470年左右。

截止到2002年1月1日，纳入国家储量平衡表统计范畴内的可供开采的工业储量（A+B+C_1级）1981亿t（占资源总量的4.8%，下同）；C_2级储量786亿t（1.9%），工业储量（A+B+C_1级）与C_2级储量合计为2767亿t（6.7%），C_2级以下的表外储量514亿t（1.2%）；P_1+P_2+P_3级预测资源量38168亿t（92%）。另外，未纳入国家储量平衡表统计范畴内的C_2级以上的储量合计458亿t（1%），其中可供开采的C_1级工业储量114亿t。在资源总量中，炼焦煤占到了12%，可供开采的工业储量(A+B+C_1级）400亿t（1%）。截至2002年1月1日，采煤企业占用平衡表内储量254亿t，在建企业占用26亿t。

（二）俄罗斯煤炭资源分布特征

俄罗斯煤炭资源的最大缺陷是地区分布极不平衡，3/4以上分布在俄罗斯的亚洲部分，欧洲部分储量地理分布如下：46.5%的储量在俄罗斯中部，即库兹巴斯煤田；23%的储量在克拉斯诺亚尔斯克边区，几乎都是褐煤，适于露天开采。此外还有一部分动力煤分布在科米共和国（82亿t）、罗斯托夫州（65亿t）和伊尔库茨克州（55亿t）。

俄罗斯煤田众多，主要分布在欧洲部分的乌拉尔西部和亚洲的西伯利亚地区东部。欧洲部分煤田包括：顿涅茨克煤田、莫斯科煤田和伯朝拉煤田；西伯利亚地区的煤田包括库兹巴斯煤田、坎斯克—阿钦斯克煤田和伊尔库茨克煤田。远东地区的南雅库特煤田和北部的伯朝拉煤田。顿涅茨克煤田，跨越俄罗斯和乌克兰地区，是俄罗斯最为重要的煤田之一，该煤田预测煤炭储量为2400亿t，1200 m深度内的探明储量为732亿t，其中气煤占1/3，长焰煤15%，煤质优良，75%为地下开采。库兹巴斯煤田位于南西伯利亚，大部分在克麦罗沃境内，煤田面积约6万km^2，是俄罗斯第一大煤炭基地，煤炭产量达1.5亿t左右，约占全俄罗斯的1/3以上，其中炼焦煤占一半以上，为全俄罗斯第一大炼焦煤生产基地，煤田地质储量大约1410亿t，煤层厚1 m以上的煤层占可采层的90%以上。库兹巴斯的煤炭，以前供应范围较广，现在有80%的供应西西伯利亚和乌拉尔，输往其他地区的比重逐渐缩小。坎斯克—阿钦斯克煤田，位于东西伯利亚的克拉斯诺亚尔斯克边疆区的南部，矿区面积达50000 km^2，主要为褐煤，并分布有少量焦煤和硬煤。褐煤地质储量达6000亿t，其中适于露天开采量达1500亿t，煤层多、厚度大、发热量大。煤炭产量5000万t，主要为露天开采，是俄罗斯开采成本最低的煤田，其所产褐煤适用于就近发电或者气化和液化。伯朝拉煤田，位于北极圈附近的伯朝拉河流域，有“北极圈外的顿巴斯”之称，煤田地质储量为2650亿t，该煤田为卫国战争期间迅速发展起来的炼焦煤基地，产量已达3000万t以上，伯朝拉煤的2/3以上供应西北区，部分供应中央区和伏尔加—维亚特卡区。

俄罗斯远东地区已探明的煤炭储量为200亿t，尚需进一步勘探的预测高达3547亿t。在已探明的储量中约50%可进行露天开采。俄罗斯远东地区拥有丰富的煤炭资源，是全俄罗斯煤炭消费比重最高的地区。由于国际油价高涨带动其他液体燃料价格全面上涨，与中国毗邻的俄罗斯远东地区煤炭资源开发及出口潜力便引起中国市场和企业的更多关注。下面简单介绍远东部分的煤炭资源。

萨哈共和国已探明的煤炭储量为93.91亿t，居远东地区第一位，也是远东地区唯一拥有大规模炼焦煤储量的地区。在萨哈共和国的煤炭开发项目中，前景最好的是埃利吉石煤田和坎加拉瑟褐煤田开发项目，已探明储量达60亿t。

阿穆尔州已探明的煤炭储量为38.13亿t，居远东地区第二位，年开采能力为1000万~1200万t。目前的作业煤田是赖期欣、博古恰内和叶尔科夫齐煤田，年开采能力均在450万t左右。此外，较大煤田还有：斯沃博德内煤田，已探明储量为8.7亿t，但该煤田只适合就地建厂发电，不适合长途外运；谢尔盖耶夫卡褐煤田，储量为2.91亿t，年开采能力约15万~200万t；奥格贾煤田，初步探明的储量为1.28亿t，适合露天开采，年开采能力预计达300万t，但需铺设140 km的铁路线。

滨海边疆区已探明的煤炭储量为26.21亿t。从长远看，已勘探的煤田虽能保证年开采2500万~3000万t，但这些煤田的地质条件复杂，开采的技术要求相对较高。其中开采条件较好的煤田有：比金煤田，年开采能力为1200万~1400万t；巴甫洛夫斯克褐煤田，年开采能力500万~600万t；利波夫齐和伊里乔夫卡煤田可露天及地下机械化开采，年开采能力为150万~200万t；拉兹多利诺耶煤田，预计年开采能力为200万~240万t。此外，滨海边疆区有一些小煤田，不需要很大投入，年开采总量约250万~300万t，开采期5~10年。列入国家储备的较大型煤田有巴甫洛夫斯克煤田的西北矿脉及拉科夫卡煤田。这一地区有8850万t煤可供露天开采。另外，游击队员城煤田也可恢复到年开采总量100万t左右。

萨哈林州已探明的煤炭储量为18.45亿t，主要煤田都已投入开采且储量可观，不排除现有煤田在重新进行地质勘查后会有更大的储量发现。

哈巴罗夫斯克边疆区已探明的煤炭储量为15亿t，目前主要产煤地是乌尔加尔煤田。乌尔加尔煤田开采成本较低，可露天开采3.4亿t，地下开采10.6亿t。此外，上布列亚煤田预测储量达180亿t，主要是发电用煤。在阿穆尔河沿岸和鄂霍次克海沿岸还有一些小型煤田，因规模和运输条件限制，只能供局部消费。

马加丹州已探明的煤炭储量为5.73亿t，目前作业煤田是上阿尔卡戈林煤田。该州已探明的煤田尚有部分未投入开发，这些煤田开采成本高、难度大。

楚科奇自治区已探明的煤炭储量为2.12亿t，有两个煤田：阿纳迪尔褐煤田，预测年开采能力为20万~25万t；布赫多煤田，预测年开采能力为85万t。

堪察加州没有大型煤田，只能进行少量开采，其煤炭消费主要依靠区外运入。

犹太自治区只有乌舒蒙褐煤田，每年可露天开采100万~150万t，满足本地需要。

与全俄罗斯能源消费结构（油气占47%，煤炭占21%）不同，远东地区的能源主要依赖煤炭，煤炭占远东地区能源构成的比重为75.6%，主要用于电力生产和热力生产。虽然远东地区萨哈林油气开发推动了该地区天然气化的起步，布列亚水电站建成也在一定程度上缓解了电力供应压力，但煤炭仍旧是远东地区最主要的能源。在远东地区煤炭行业最不景气的时候，其煤炭消费量近一半从西伯利亚地区运入，长距离运输使远东地区能源价格居全俄罗斯之首。近年来，随着本地区煤炭开采量逐步提高，远东地区煤炭供应状况已有了显著改善。从俄罗斯长远规划看，远东地区将成为煤炭净出口地区。萨哈共和国2002年采煤980万t，其中10%供本地消费，其余90%向外输出，主要出口日本、韩国和其他亚太国家及向毗邻地区电站供煤。萨哈林州2002年采煤300万t，可自给自足，并有剩余煤炭出口到毗邻地区及亚太国家。阿穆尔州2002年采煤250万t，基本满足本地区需要。犹太自治州2002年采煤12.41万t，可满足本地需要。滨海边疆区煤炭年消费量1400万~1500万t，本地区年生产约1000万t；哈巴罗夫斯克边疆区煤炭年消费量600万t，2002年采煤260万t，上述两地不足部分从萨哈共和国、赤塔州和犹太自治州调入。马加丹州、楚科奇自治区和堪察加州2002年分别采煤56万t、47.3万t和4.67万t，无法自给自足，缺口部分从俄罗斯其他地区调入。

俄罗斯煤炭品种比较齐全，从长焰煤到褐煤，各类煤炭均有。其中炼焦煤不仅储量大，而且品种也全，可以满足钢铁工业之需。主要的炼焦煤产地有库兹巴斯、伯朝拉、南雅库特和伊尔库茨克火煤田。

俄罗斯主要成煤期在晚古生代（石炭纪、二叠纪）、中生代（三叠纪、侏罗纪、白垩纪）和新生代，含煤层位自西（欧洲部分）而东（远东滨太平洋）逐渐升高。

二、俄罗斯优质煤炭富集区

在详细分析各含煤区成煤地质和煤资源特点的基础上，根据各含煤区、煤田煤资源特征，考虑东亚和欧洲两大市场的能源需求以及基础设施和距离港口、市场的距离，选择以下煤炭资源靶区。

（一）南滨海优质煤炭富集区

滨海边疆区位于俄罗斯东南部。在西面与中国接壤，西南面与韩国接壤，北面是俄联邦的哈巴罗夫斯克边疆区，东南面向日本海。南滨海含煤区位于滨海边疆区的南部，19世纪后期滨海边疆区因三叠纪时代煤炭而闻名。

该区铁路、地方公路、海港等基础设施相对发达，建立了港口、符拉迪沃斯托克要塞以及符拉迪沃斯托克到乌苏里段的铁路，符拉迪沃斯托克是俄罗斯远东地区的煤炭等矿产品的主要出口码头，并且距离中国最近。

大多数的含煤地层是城市花园阶段卡尔尼地层，其中有些含硬质煤煤层的数量能达到20层。在阿姆斌阶段诺利地层含煤煤层数量达到了5层。基本上所有的煤层里面都有非常复杂的结构（指的并不是它的产状和位置）。它们一般的厚度在0～30 m不等，而个别内部煤层厚度是从0.1～5.77 m。它们总体的预测资源是8.59亿t，资源潜力大。

尽管预测资源量巨大，但是对滨海区上三叠纪的煤炭研究较少，需要对南滨海区上三叠统含煤区域进行较为详细的研究。

南滨海区含煤区含煤地层主要为上三叠统的硬质煤，盆地内煤炭资源储量大，且交通条件较为有利。对于含煤区内靶区的选择主要综合以下几个原则：地质条件相对较好；煤炭资源储量较大；目前研究程度相对较高。因此确定蒙古改和亚当斯矿床为靶区。该区煤质主要为肥煤、焦煤和瘦煤。

（二）阿穆尔地区优质煤炭富集区

本文所说阿穆尔地区包括阿穆尔州、哈巴罗夫斯克边疆区、犹太自治州，因其在地质构造、煤盆地和煤层、煤质等方面特征相似，所以统称为阿穆尔地区含煤区。基础设施相对较发达，煤质主要是硬质煤和褐煤。

阿穆尔周边地区煤炭资源量较大，预测资源量超过10亿t的含煤区或矿床有多个，如中阿穆尔矿区的预测资源大于70亿t，储量为4亿t；阿穆尔—泽雅矿区褐煤资源经评估为497亿t；耶尔卡维茨矿床经详细的勘探和由国家储量委员会批准的储量类别 $A+B+C_1$ 总量为 1229.6×10^6 t；乌尔加尔矿床储量：煤炭标记G类别 $A+B+C_1$ 为1062336 t，C_2 为230484 t，标记D类别 C_2 为40020 t；杜特坎组褐煤预测资源根据类别 P_2 和 P_3 达到深度为300 m，被评估为17亿t；布列亚矿区硬质煤资源标记为G和D为97亿t。

阿穆尔地区包括探矿和勘探的专业地质研究始于18世纪后期，勘探程度相对较低，各个含煤区或者矿床的勘探程度不同。

阿穆尔周边煤炭资源丰富，根据资源量大、地质条件相对简单、研究程度相对较高和交通便利等因素综合分析，确定周边的格尔比坎—奥格贾地区、布列亚硬质煤矿区为靶区。

（三）扎舒兰—红奇科伊优质煤炭富集区

红奇科伊和扎舒兰煤矿位于俄罗斯赤塔州红奇科伊区境内，红奇科伊煤矿地理坐标界限为东经108°46′～109°14′，北纬50°20′～50°29′，面积为195 km²，长度为35 km。扎舒兰煤矿地理坐标界限为东经109°53′～110°07′，北纬50°29′～50°35′，面积为100 km²，长度为18 km。

红奇科伊和扎舒兰煤矿处于奇科伊盆地，其东北—东部走向为120 km，宽度为10～18 km，特点为缓倾斜和冈峦起伏地形。盆地的横断面是有宽广平坦底部和缓倾斜坡面的沟状体。高差在755～865 m。

区内有多煤层赋存，其中红奇科伊露天煤矿可采煤层共有5层，煤层构造简单，且很少有复杂构造。其厚度为0.3～10.35 m，其中2层主采煤层（Ⅺ、$Ⅺ_a$）平均厚度为15.55 m。

扎舒兰露天煤矿可采层煤共有6层，其中有4层煤可露天开采。煤层厚度为0.2～8.25 m，其中2层主采煤层（Ⅺ、$Ⅺ_a$）平均厚度为15.65 m。

各煤层几乎都被松散的第四纪沉积层所覆盖，其厚度为5～52 m。

红奇科伊露天煤矿位于同名向斜的边界上，处于赤塔盆地的西部。倾角为5°～10°，扎舒兰露天煤矿位于同名向斜的边界上（奇科伊东部），两翼倾斜角度不对称，南部为5°～12°，北部达到20°。

红奇科伊矿和扎舒兰矿一样，镜质煤分布较广，类脂质—胶质、丝质—镜质类型的煤分布极少，丝质—类脂质—胶质、丝质—镜质类型的煤则不存在。

煤矿中分布最广的是镜质煤，该煤为亮煤、半亮煤，极少数半暗、均质以及条型结构的细条—条状—粗条状的变形煤。

红奇科伊煤矿和扎舒兰煤矿资源/储量丰富，合计约7.08亿t，其中红奇科伊煤矿资源/储量为5.4亿t，从资源/储量角度分析，可建成千万吨级大型露天煤矿。

（四）库兹涅茨克优质煤炭富集区

库兹涅茨克煤田在俄罗斯煤炭市场占有十分重要的地位，对欧洲和中亚市场尤其如此。

库兹涅茨克煤田，又称库兹巴斯煤田（Kuzbass coal field），主要位于西西伯利亚南部的克麦罗沃州，还有一小部分延伸到新西伯利亚州、托木斯克州以及阿尔泰边疆区，横跨北纬53°20′～56°40′，东经 84°00′～88°20′。在经度方向长度为380 km，宽度为180 km。煤田大小约为300 km×100 km，总面积为2.7 万 km^2。煤资源量为6369 亿t（硬煤计算深度为1800 m，褐煤计算深度为600 m），储量为1170 亿t，1990 年产煤1.5 亿t（占全俄产量的39%）。煤炭的工业储量居全国第一位，其中炼焦煤占俄罗斯工业储量的一半以上。1800 m 深度以浅地质储量达7334 亿t，炼焦煤探明储量为324.8 亿t。该煤田的煤层厚、埋藏浅、煤质优良。

库兹巴斯是俄罗斯联邦经济最为发达的地区之一，开采和加工煤、铁矿以及各种用于冶金和建筑业的非金属类原料的工业体系居领先地位。根据地质、地理、经济等特点将煤田划分出25 个区，煤田有54 个矿井，32 个露天煤矿，2002 年产煤约1.14 亿t。主要的采煤中心位于克麦罗沃区、列宁斯克区、别洛沃区、巴恰茨克区、普罗科里耶夫斯克—基谢列夫斯克区、布恩古尔—丘梅什区、叶鲁纳科夫斯克区、拜达耶夫斯克区、奥辛诺夫斯克区、穆拉斯克区、孔多木斯克区和托木—乌新斯克区。

按照深度的不同，库兹涅茨克煤矿区的煤炭资源可分为：深度浅于300 m［层位±0 m（绝对值）］的1004 亿t（占总量的19%），深度为300～600 m 的有1181 亿t（占23%），深度为600～1200 m 的有1895 亿t（占36%），深度为1200～1800 m 的有1163 亿t（占22%）。

按照煤炭资源结构中的煤炭种类来计算，烟煤数量最多，并且包含国家标准列出的烟煤的全部种类，从长焰煤到瘦煤，总数为4898 亿t（占93.4%）。褐煤有219 亿t（占4.2%），无烟煤有107 亿t（占2%），氧化煤为19 亿t（占0.4%），泥盆纪腐泥煤为0.6 亿t。

库兹涅茨克煤矿区的炼焦煤资源包含所有种类从长焰气煤到弱黏结性瘦煤，总数为2834 亿t（占54%）。大部分集中在科尔楚金群和巴拉宏群的二叠纪地层，少数分布在塔尔巴干群侏罗纪地层。大约3/4 的炼焦煤资源位于耶鲁那科大区（908 亿t），列宁区（535 亿t），托米—乌欣区（303 亿t），杰尔欣区（262 亿t）和普拉科比耶夫—吉谢廖夫区（130 亿t）。近2/3 的炼焦煤资源的埋藏深度在600～1200 m（1108 亿t）和1200～1800 m（729 亿t）；埋藏深度在300～600 m 的有21%（585 亿t），浅于300 m 的有14%（412 亿t）。适合露天开采的煤炭资源量有316 亿t（占总数的6%）。在这些资源中按照煤质牌号来看，最多的是长焰煤（占142 亿t），瘦煤（占43 亿t）和气煤（占31 亿t）。

俄罗斯出口的优质煤炭中60%以上由库兹涅茨克矿区公司提供。大部分煤炭（92%以上）主要出口到国外。如塞浦路斯、日本、芬兰、土耳其和其他国家。在苏联各国中，俄罗斯煤炭主要出口到乌克兰，还有一小部分出口到哈萨克斯坦和立陶宛。

本章参考文献

［1］杨锡禄，周国铨．中国煤炭工业百科全书：地质·测量卷［M］．北京：煤炭工业出版社，1996.

［2］彼得洛娃．通古斯卡和勒拿含煤盆地煤层气的工业利用前景［J］．刘吉成，译．地质科技动态，1998（7）：25－28.

［3］IOЯ，华为．莫斯科近郊和通古斯煤田构造形成和煤变质作用［J］．华为，译．国外煤田地质，1995（1）：13－18.

［4］王登红，徐珏，陈毓川，等．中国新生代成矿作用：上册［M］．北京：地质出版社，2005.

［5］张泓，晋香兰，李贵红，等．世界主要产煤国煤田与煤矿开采地质条件之比较［J］．煤田地质与勘探，2007，35（12）：1－9.

［6］MAYSTRENKO Y，STOVBA S，STEPHENSON R，et al. Crustal－scale pop－up structure in cratoniclithosphere：DOBRE deep seismic reflection study of theDonbas fold belt，Ukraine［J］．Geology，2003，31：733－736.

［7］SACHSENHOFER R F，PRIVALOV V A，PANOVA E A. Basin evolution and coal geology of the Donets Basin（Ukraine，Russia）：An overview［J］．International Journalof Coal Geology，2012，89：26－40.

［8］RUBAN D A，YOSHIOKA S. Late Paleozoic-Early Mesozoic Tectonic Activity within the Donbass（Russian Platform）［J］．Trabajos de Geología，2005，25：101－104.

［9］RUBAN D A. The southwestern margin of Baltica in the Paleozoic－early Mesozoic：Its global context and North American analogue［J］．Natura Nascosta，2007，35：24－35.

［10］http：//baike. baidu. com/view/2403. html.

［11］http：//www. uc321. net/bbs/viewthread. php？tid＝3309.

[12] http：//zhishi. mtw001. com/sjcq//201102/20110113100602. html.
[13] http：//zhishi. mtw001. com/sjcq//.
[14] http：//blog. sina. com. cn/s/blog_53f9ccd6010003kv. html.
[15] Ермаква А В，ЗайцеваА В. Угльная база России [M]. ЗАО “Геониформмак” Масква，2000.

第三章 煤炭资源开发投资建议

第一节 国别投资环境分析

一、对外资的吸引力

俄罗斯独立后将推进现代化作为全国社会政治生活主线，特别是在普京当选俄罗斯总统后，着力稳定社会政治形势，逐步在国内建立起垂直权力体系。随着形成“梅普组合”这种独特的国家最高权力配置以及国内政治精英已经适应了这种权力体制，这样的政治安排对俄罗斯政局长期稳定创造了有利条件。俄罗斯是世界经济强国,2015 年国内生产总值位居世界第 13 位,人均国内生产总值达到 9057 美元。

俄罗斯独立后资金短缺一直制约其经济发展，尤其是 2008 年金融危机使得大量外资离开俄罗斯，投资额大幅下滑给经济发展带来不良影响。因此，吸引外资成为俄罗斯政府对外重要的经济政策，并将改善投资环境列入 2020 年前俄罗斯经济发展首要任务中。

俄罗斯比较可靠的经济优惠政策有 3 个方面：一是根据《俄罗斯联邦经济特区法》在经济特区注册并取得经营资格的企业可以享受土地、财产、关税方面税收优惠；二是外商以实物作为在俄罗斯注册企业出资时，该实物可享受进口关税优惠；三是圣彼得堡制定了一系列地方政策鼓励符合条件的战略投资者给予战略投资特殊优惠，企图使圣彼得堡成为俄罗斯经济中心，该措施已经取得显著成效。

据世界银行统计，2015 年俄罗斯的外国直接投资净流入为 64.8 亿美元，俄罗斯政府鼓励外商直接投资的行业为石油、天然气、煤炭、木材加工、建材、建筑、交通和通信设备、食品加工、纺织和汽车制造等。投资来源国主要是：塞浦路斯、荷兰、英国、德国等。

2014 年中国对俄罗斯直接投资流量为 6.34 亿美元，直接投资存量为 86.9 亿美元。从行业分布来看，中国对俄罗斯的投资主要集中在采矿业（47.6%）、金融业（25.9%）、农林牧渔业（11.7%）和制造业（9.3%）等行业。

由于俄罗斯本身自然资源丰富，经济基础较好，原料和燃料价格相对便宜，国民受教育程度较高，国内铁路、公路、空运较为发达，基础设施良好，拥有技术熟练而又比较便宜的劳动力资源，国内居民生活水平在不断提升，市场需求不断增加，俄罗斯已成为对外资具有较强吸引力的国家。

二、投资环境排名

从宏观角度分析评价一个国家的投资环境，首要关注的是该国整体竞争力水平。对于矿业投资而言，由于投入金额大、运行周期长，分析评价因素要涉及国家基本制度、基础设施条件、宏观经济状况、市场效率及商业成熟度等方面。在 2016—2017 年全球竞争力报告中，俄罗斯在 148 个国家中排名第 43 位，较前一年上升两个位次。该国的市场规模庞大，宏观经济环境尚佳，但制度建设、商品市场效率、金融市场发展以及商业成熟度指标排名靠后（表 3－3－1）。

从微观角度分析，本报告更关注企业在具体商业经营活动中所遇到的困难与阻碍，并依此来评估该国微观商业经营环境。参考世界银行发布的国家和地区营商环境报告（表 3－3－2），俄罗斯 2015 年的营商环境在 189 个国家和地区中列第 62 位，比上年度上升了 30 位。

从产业发展角度来看，一个国家矿业投资环境的好坏与该国的政治经济状况之间存在着很强的正相关性。俄罗斯在 2015 年矿业投资环境排名中位列第 12。俄罗斯的主要问题在于政府工作效率低下，各联邦主体间交叉与模糊地带较多；腐败所导致的权力寻租和市场经济体系尚不完善等使得外商投资受到较多限制。同时，尽管俄罗斯政策上鼓励外商投资，实际在涉及能源开发等领域开放度较低。

表3-3-1 俄罗斯全球竞争力在148个国家和地区中的排名

项 目	2016—2017年排名	2015—2016年排名	项 目	2016—2017年排名	2015—2016年排名
总体排名	43	45	商品市场效率	87	92
基本条件	59	100	劳动力市场效率	49	50
制度	88	35	金融市场发展	108	95
基础设施	35	40	技术装备	62	60
宏观经济环境	91	40	市场规模	6	6
健康与初等教育	62	56	政府促进创新	66	76
市场效率	38	40	商业成熟度	72	80
高等教育和培训	32	38	创新	56	68

数据来源：The Global Competitiveness Report 2016—2017、2015—2016

表3-3-2 俄罗斯营商环境在189个国家和地区中的排名

项 目	2014年排名	2015年排名	项 目	2014年排名	2015年排名
总体营商环境	92	62	投资保护	115	100
创办公司	88	34	纳税	56	49
获得建筑许可	178	156	跨境贸易	157	155
获得电力	117	143	合同执行	10	14
资产注册	17	12	解决无偿付能力	55	65
获得融资	109	61			

数据来源：世界银行营商环境报告2015、2014

三、投资环境的冷热分析

国别冷热比较法由美国经济学家伊西阿·利特法克和彼得·班廷在20世纪60年代后半期提出。该分析法是通过对各国投资环境中的8种因素进行综合和统一尺度的比较分析，具有投资环境定性分析方法的代表性。

研究投资环境，除了进行政治、经济和法律等方面分析外，通过对近年中国企业海外矿业投资成功经验与失败教训的归纳、总结，我们发现实际投资中能否克服基础设施瓶颈，能否按时获得环境审批往往直接决定项目成败，甚至东道国的税收和汇率变动也会对能否获取预期投资收益产生重大影响。有鉴于此，我们将汇率、税收、环境要求和基础设施条件一并纳入冷热分析中，形成针对矿业投资特点的九方面评价因素，它们依次是：政治稳定性、市场、经济增长与发展、汇率稳定性、法令障碍、税务环境、环境保护成本、基础设施条件、地理及文化。

判断这些因素是否有利于在东道国进行矿业投资，我们给出了“热、中、冷”3种评估结论。东道国的投资环境因素越热（即越好），外国投资者在该国投资就越有利。以政治稳定性为例，“热”表示该国有一个由社会各阶层代表所组成的，被群众所拥护的政府，基本没有民族和地区矛盾，社会稳定，政府鼓励和促进企业发展，创造出良好的适宜企业长期经营的环境。反之为“冷”因素，当东道国政治稳定性介于“热”和“冷”之间，情况比较复杂或偏中性，无法给出单方面的结论时，评估结果为“中”。

1. 政治稳定性

俄罗斯国内政局基本稳定，国家权力机构完善有力，“统一俄罗斯党”一党独大的政治局面已经形成并固化，这被认为是实现俄罗斯上层精英长期执政、落实民族复兴强国战略的最稳定和有效的方式，是处于转型时期继续推动改革和发展的良好基础。

在外交方面，俄罗斯与我国建立了良好的合作关系，中俄互视对方为最重要的战略合作伙伴。在美国及欧日协同打压下，俄罗斯与中国的战略伙伴关系有进一步深化的趋势。

尽管俄罗斯存在有联邦政府与各联邦主体权利和义务划分不甚明确、行政权力透明度低以及贪污腐败严重等问题，但我们对其政治稳定性评定为“热”。

2. 市场机会

地跨欧亚的独特地理位置给俄罗斯带来了大量市场机会，市场容量大，市场需求不断增加，市场竞争水平较低。由于国内能源能够自给自足，能源行业的市场机会主要来自欧洲和亚太地区等外部市场，随着欧洲能源需求的稳定与亚太地区对能源需求的增长趋高，俄罗斯能源行业的外部市场机会广阔。

综合来看，我们对俄罗斯的市场机会评定为“热”。

3. 经济增长与发展

俄罗斯经济基础较好，但经济高度依赖资源产品出口，容易受到国际大宗商品和能源价格波动影响，抵御外部风险的能力相对较弱。经济结构不合理、轻重工业发展不均衡、消费与投资不足是制约俄罗斯经济增长的重要因素。“普梅组合”政府强力推进一系列深化经济结构改革、改善投资环境、培育新的经济增长点、增强经济发展活力的措施和战略性规划，已经产生积极成效。

综合考虑，我们对俄罗斯经济发展评定为“中”。

4. 汇率稳定性

由于俄罗斯自身经济结构不合理，以及对出口能源产品的依赖，卢布在历次经济危机发生时都是汇率变动幅度较大的货币。尽管俄罗斯实行汇率变动区间的浮动汇率制度，且政府一直希望保持卢布汇率的稳定与合理，但近年来，卢布汇率的波动性在不断增加，经常出现大起大落的情形。2015 年受到西方经济制裁影响，卢布汇率大跌。

综合考虑，我们对俄罗斯汇率稳定性的评定为“冷”。

5. 法令阻碍

俄罗斯法律纷繁复杂，不仅有联邦法律，还有各加盟共和国、州、边疆区等联邦主体的法律。此外，俄罗斯是个“法律文牍主义”国家，俄罗斯人善于运用法律工具赢得谈判、交易的优势。在矿业投资方面，该国的外国投资政策和矿业政策复杂多变，在一定程度上阻碍了外国投资。同时，联邦政府与地方政府、各地方政府之间的引资政策存在一定差异，在外资审批权限上也有一定的权属划分。

综合考虑，我们对俄罗斯法令阻碍评定为“冷”。

6. 税务环境

俄罗斯实行分税制管理体制，即按照税收管辖权将税收分为联邦税、联邦主体税（又称地区税）和地方税。近年来，俄罗斯实行以简化税制、减少税种、下调税率、降低税负、取消优惠为主要内容的税制改革，同时辅以实行“降低税率（税负）、扩大税基、加强征管”的税收政策，不仅没有减少国家的税收收入，反而使税收状况有所改观。目前的新税制已基本与世界接轨。据普华永道最新发布的 2016 年全球 189 个主要经济体总体税负情况排名，俄罗斯税收负担排名第 47 位，整体税负为 47%。

俄罗斯当前的税收环境基本趋于稳定、成熟。因此，我们对该国的税务环境评定为“热”。

7. 环境保护成本

俄罗斯作为发展中国家，目前处于经济快速发展时期，其环境保护法律法规体系相对其他发展中国家而言较为健全；对在该国开展矿业项目的环境许可审批体系规范，对环境影响评价工作的要求清晰、完整；环境许可证审批总体时间相对其他发展中国家而言较长，需要约半年时间；对公众参与度要求相对严格；对矿产开发保证金方面并未做出明确规定。总体而言，俄罗斯对环境保护工作较为重视，对开发矿业项目获取环境许可证的要求相对较高，但相较于发达国家，仍处于一般水平。

综合考虑，我们对俄罗斯的环境保护成本评定为“中”。

8. 基础设施条件

俄罗斯煤资源丰富且分布集中，有利于大规模开发，煤在俄罗斯国内能源消费构成（2016 年）中仅占 13.3%（石油和天然气占 74.2%、水电和核电占 12.4%）。俄罗斯为世界煤炭主要出口国，多年来煤出口量维持在 1 亿 t 左右。煤炭出口主要为东西两个市场：西边欧洲市场、东边亚洲市场。

俄罗斯铁路营运里程达 11 万 km，公路总里程 110 万 km 均位居世界前列，但由于地域广大且东西部经济发展不平衡，东西伯利亚、远东地区运输网络密度与俄西部欧洲区域相比差距较大，西部相对发达、方便；东部交通线稀疏且运力有限，而且路况较差，制约了东西伯利亚及远东地区的煤资源开发。

综合考虑，我们对俄罗斯的基础设施条件评定为“中”。

9. 地理及文化差异

俄罗斯国土横跨欧亚大陆，与我国毗邻，面积为1709万km^2，两国接壤边界线长4713 km。俄罗斯人口为1.43亿，其中俄罗斯族为1.11亿，占总人口的77.7%，居主体地位，俄罗斯族民信奉东正教。俄罗斯名义上是欧洲国家，但其亚洲区面积要占其国土总面积的3/4，人口仅占总人口的1/5。俄罗斯与我国不存在边界领土问题。

20世纪50年代“中苏友好”时期，两国热络的文化交流对中俄两国建立友好关系奠定了一定的文化基础。中俄同为发展中国家，在美国“一家独大”的霸权世界中有着同样的感受，这是中俄共同发起成立“上海合作组织”以“共发展、同抗霸”的重要缘由。俄罗斯倡导的“亚欧经济联盟”和中国提出建设“丝绸之路经济带”多有契合。尽管俄罗斯内部某些极端民族主义妄图破坏中国参与俄罗斯远东地区经济开发，但是，中俄当局主观意愿形成在国际大局中与美、欧分庭抗礼形势下，这种消极影响将受到限制。换句话说，从俄中地缘政治及其影响的发展趋势看，俄罗斯政治将左右其经济政策的制定与实施，俄中地理与文化基础对两国经济发展将发挥正面效应。

综合分析，我们对俄罗斯地理及文化差异方面评定为“热”。

综上所述，我们对俄罗斯政治稳定性、市场机会、税务环境、地理及文化差异4个方面评价为“热”；经济增长与发展、环境保护成本、基础设施条件3个方面评价为“中”；汇率稳定性、法令阻碍两个方面评价为“冷”。

分析结果说明俄罗斯已基本具备能源投资所需的环境条件。

纵观俄罗斯近年对外资的实际吸引力和相关机构发布的投资环境报告，我们认为，俄罗斯在独立后地缘优势日渐突出，西方国家在俄罗斯石油等传统能源领域的大量投资表明它们从政治和经济方面进入俄罗斯的步伐从未停歇。俄罗斯从大量出口能源（石油、天然气、煤炭）取得外汇推动国内经济发展，使得国家竞争力不断增强。而该国稳定的政治和经济环境又为持续吸引外资创造了有利条件。

总的来说，该国宏观投资环境基础较好，现阶段俄政府对国内经济活动的干预依然较多，权力寻租与贪污腐败等问题还较严重，这些都给企业在俄罗斯经营带来困难与阻碍，说明其微观投资环境仍有较大的提升空间。

第二节 国别煤炭资源开发投资建议

一、投资环境展望

俄罗斯横跨欧亚两大洲，是世界最大的石油与天然气输出国和世界八大工业国之一。在经历转型后，政治上逐步确立以总统为核心的强势政府，打击地区分离主义，巩固联邦体制；经济上依靠大量能源出口积累国家财富，不仅恢复了国家经济，还一举成为世界能源强国，成为“欧亚经济联合委员会”“上海合作组织”“金砖国家”组织等国际和地区组织成员。同时，俄罗斯在社会转型期也暴露出较多矛盾和问题，如政府腐败，行政效率低下，联邦各主体在权力划分、法律制度和民族认同等议题上分歧较多，法律制度复杂、政策不明晰、司法与行政透明度低、司法不公等，以及部分地区发生分离主义、恐怖主义等。

政治方面，俄罗斯执政党“统一俄罗斯党”一党独大局面已经形成，确立强势总统联邦国家体制，实施“普梅组合”国家权力结构形式，保证了政府的政策顺利推行。俄罗斯政治环境中也存在不确定因素，如国内分裂势力和其他犯罪势力对社会安定的影响，中央政府与地方行政当局的摩擦和分歧等。另外，俄罗斯行政权力对经济的干预较多，联邦政府与各地方政府在投资审批与监管上交叉管理，存在灰色地带。尽管俄罗斯通过颁布一系列鼓励和调节外商投资的法律法规表明其积极鼓励外资的态度，但对能源领域的投资却实施各种限制性措施。俄罗斯联邦主体众多，各地引资政策也存在显著差异，政府对外来投资政策不稳定，各地区法律制度差异大、透明度低、司法腐败和司法不公较为严重，是世界上腐败程度比较严重的国家之一，整体制度环境不佳说明在俄罗斯投资环境中存在一定的政治风险。

经济方面，俄罗斯是传统矿业和能源产业大国，重工业和装备制造业基础雄厚，拥有完整的能源矿产工业体系，能源产业是其国民经济支柱。近年，俄罗斯经济取得较快恢复和发展，但其经济发展仍然面临众多挑战：一是对石油和天然气等能源的过度依赖；二是随着国内需求恢复并走强，基础设施、制造业等投资不足开始制约经济发展；此外，俄罗斯银行（地区）分布过于集中，商业银行抗风险能力较差，银行提供的服务产品单一，未能成为有效的金融中介，加上产权不透明等问题使得俄罗斯的银行系统成为世界上风险最高的银行系统，其脆弱性成为影响投资环境的重要因素。

当前世界格局中，美国为维护其霸权地位而企图采取离间欧俄关系、实施亚太再平衡战略而胁迫日本、菲律宾遏制中国的趋势仍将持续。中俄没有核心利益冲突，双方共同追求世界多极化，在国际政治、经济中加深战略合作符合双方长期利益。在这一大趋势下，俄罗斯为抓住时机提振经济，近年出台一系列国内政策，持续不断地改善国内投资环境。从中长期看，外国企业，尤其是中国企业对俄投资的政治、经济环境会向好发展。

俄罗斯下决心解决东西部经济发展不平衡问题，对于东西伯利亚及远东地区，政府已经实施和将要拟定一系列扶持当地经济发展和吸引外资的经济政策，同时该地区有着毗邻中国的地理位置与贴近东亚能源市场（中日韩及中国台湾）的战略区位优势，所以建议在俄罗斯投资重点应侧重考虑东西伯利亚及远东地区。

二、煤炭工业发展趋势

（一）煤炭工业发展的有利条件

1. 煤炭资源储量丰富，保障程度高

根据 BP2015 年披露信息，俄罗斯煤炭储量为 1570.1 亿 t，占世界总储量的 17.6%，仅次于美国居世界第 2 位；俄罗斯煤炭储采比为 422 年。通过我们调研，煤炭探明可采储量列居世界第 2 的俄罗斯煤炭资源勘探程度很低，主要表现在煤盆地面积大，勘探范围只有 10%，勘探深度只在 300 m 以浅。根据《世界大型超大型矿床图说明书》介绍，俄罗斯勒拿（Lena）煤田远景储量 1500 亿 t，坎斯克—阿钦斯克（Kansk－Achinsk）煤田远景储量 1160 亿 t，通古斯克（Tunguska）煤田储量 3500 亿 t，连斯克（Lensk）煤田储量 1250 亿 t，库兹涅茨克（Kuznetsk）煤田储量 1170 亿 t。这些煤田集中在俄罗斯远东和西伯利亚地区，而且仅仅是储量大于 700 亿 t 的煤田。初步推断俄罗斯煤田资源远景储量超过 10000 亿 t，是当之无愧的世界第一煤资源大国。俄罗斯的 2005—2015 年煤炭年产量在 3 亿～3.73 亿 t，逐年递增，是俄罗斯煤炭开采最高的时期，开采量与巨大的储量相比较，俄罗斯的煤炭保有资源量最高，是世界上煤炭资源最丰富的国家。

2. 俄罗斯煤炭资源既可以满足欧洲煤炭需求，也在亚太地区具有一定的竞争力

俄罗斯近 94% 的煤炭资源集中在西伯利亚和远东地区，欧洲部分及乌拉尔地区煤炭不足 2%。有近 80% 的煤炭储量位于西伯利亚地区，其中超过 70% 在库兹涅茨克、坎斯克—阿钦斯克和通古斯克矿区。位于俄罗斯欧洲部分的伯朝拉、顿涅茨克、莫斯科近郊矿区拥有不到 9% 的已探明煤炭储量，远东地区的储量约为 10%。但是远东地区的煤炭资源勘查程度很低，不乏焦煤、无烟煤和优质动力煤。

俄罗斯是最大的烟煤、焦煤和动力煤出口国之一，继澳大利亚和印度尼西亚之后，位居世界第三位。俄罗斯西部地区煤炭的传统销售地为欧洲国家，优质进口动力煤能够保障欧洲热电站的需求。西欧、东欧和南欧国家共需要近 6500 万 t 俄罗斯煤炭，西伯利亚的丰富煤炭资源距离欧洲和西亚较近，可以满足该地区煤炭工业的长期发展。俄罗斯东部地区煤炭主要出口中、日、韩和中国台湾等亚太地区，在该地区具有一定的竞争力。

3. 俄罗斯煤种齐全，可以满足不同工业需要

俄罗斯煤炭资源的另外一个特点是，以动力煤为主，炼焦煤、无烟煤等煤种齐全。在资源总量中，炼焦煤占到了 4678 亿 t（12%），完全可以满足不同的工业发展需要。俄罗斯水资源尤其丰富，对于需要消耗大量水资源的煤制油、煤化工工业生产有利。

4. 俄罗斯煤炭工业发展历史较长，技术成熟

俄罗斯煤炭产量在十月革命前的1916年就达到了3450万t，此后由于十月革命战争破坏，到1928年下降到1030万t。“二战”期间，苏联建设了乌拉尔远东库兹巴斯煤田，1945年产量增加到1.05亿t。二战后，苏联发展机械化采煤，生产效率大幅提高，1960年煤炭产量即达到2.945亿t。重工业发展需求和机械化开采使得苏联煤炭科技水平居于世界领先地位，煤炭产量在1988年达到4.254亿t。苏联解体后，俄罗斯失去了乌克兰境内的顿巴斯和卡拉干达两大矿区，煤炭产量大幅下滑，1993年产量降到2.946亿t。随后，俄罗斯进行了煤炭工业改革，截至2003年底，俄罗斯私人煤矿已占90%。由政府支持组建了60多个大型煤炭股份公司，大力促进煤炭企业进入良性发展的轨道。目前已经进入正常发展轨道。

5. 俄罗斯煤炭工业门类齐全，具备勘探、设计、开采、洗选加工能力

俄罗斯煤炭行业有96个井田和148座露采矿山，48个选煤厂。俄罗斯煤炭工业直接从业人员约20万人。若考虑与煤炭行业有关的从业人员，则总计约有300万人。

俄罗斯全国6个行政大区域均有煤矿的分布，生产的煤炭满足全国各地的煤炭需求。但其产量分布极不均匀，库茨涅茨克和坎斯克—阿钦斯克产量约占2/3。库兹巴斯矿区是俄罗斯最大的煤炭产区，其煤炭产量占俄罗斯全国煤炭产量的55%，焦煤产量占全俄罗斯的83%。国内市场的主要用户为电厂和炼焦厂。

天然气占全俄罗斯能源消耗总量的一半以上，煤炭只有13.3%。在俄罗斯的欧洲地区、乌拉尔地区和西西伯利亚南部等高能耗区域的主要能源是天然气。在其东部的西伯利亚和远东地区，煤炭在能源消费中占主导地位。

6. 俄罗斯煤炭工业长期平稳发展

《2030年前俄罗斯能源战略》中将2030年以前俄罗斯煤炭业的长远发展列为优先考虑事项。《2030年以前俄联邦政府煤炭产业长期发展纲要》的相关规划任务将刺激并推动俄罗斯煤炭产业的发展。俄罗斯联邦《2020年及2030年前电能项目布局总体格局》规定了发电行业燃煤发电站至2020年达到不少于38%，而2030年则不少于41%，所以俄罗斯国内对于煤炭资源长期保持较高需求。

另外俄罗斯幅员辽阔，国土面积1707.54 km^2，人口只有1.431亿。俄罗斯还分布着广袤的森林，是世界上唯一一个生长量大于砍伐量的国家。所以俄罗斯的环境承载力大，适当发展煤炭工业对环境影响不大。

俄罗斯下决心解决东西部经济发展不平衡问题。对于东西伯利亚及远东地区，政府已经实施和将要拟定一系列扶持当地经济发展和吸引外资的经济政策，同时该地区有着毗邻中国的地理位置与贴近东亚能源市场（中日韩及中国台湾）的战略区位优势。

7. 当前的国际政治经济形势有利于中俄经济合作

当前世界格局中，美国为维护其霸权地位而离间欧俄关系，实施亚太再平衡战略胁迫日本、菲律宾遏制中国的趋势仍将持续。中俄没有核心利益冲突，双方共同追求世界多极化，在国际政治、经济中加深战略合作符合双方长期利益。在这一大趋势下，俄罗斯为抓住时机提振经济，近年出台一系列国内政策，持续不断地改善国内投资环境。从中长期看，外国企业，尤其是中国企业对俄投资的政治、经济环境会向好发展。

（二）制约煤炭工业发展的不利因素

1. 与煤炭资源开发相配套的基础设施不够完备

苏联时期的俄罗斯在当时的国际上基础设施相对完备，公路、铁路、港口、电力等在国际上均处于先进行列。然而，1989年之后俄罗斯经济始终没有较大改观，许多基础设施老旧没有翻新、维护状态较差。尤其是远东甚至包括西伯利亚的部分落后地区人口流失十分严重，许多村镇已经人去楼空甚至废墟一片。这些地区公路、铁路、港口、电力等基础设施都已经年久失修。

俄罗斯全国1/3以下的联邦级公路和15%的桥梁的技术状况令人担忧。如果公路运输业的这种状况不能得到改善，将成为国家经济增长的重要制约因素，也将对煤炭资源开发带来不利影响。

俄罗斯铁路总长度超过86000 km，仅次于美国，但是铁路支线较少，网的密度不够。俄罗斯煤炭资源富集的西伯利亚通往俄罗斯东部口岸的铁路运力已经饱和，出口亚太地理位置优越且同样资源富集的远东地区铁路密度低于俄罗斯平均水平的3.6倍，是影响俄罗斯煤炭工业发展的重要原因之一。

由于铁路运力的制约，俄罗斯东部港口运力不饱和。其收费明显高于其他国际市场如澳大利亚港口价格。这也是影响俄罗斯煤炭出口竞争力的因素之一。

俄罗斯的电力不缺乏，但是西伯利亚和远东地区的电网需要升级改造，尤其是煤炭资源富集区多远离电网。所以与煤炭开发相配套的电力也是制约俄罗斯煤炭开发的不利因素之一。

2. 投资环境综合排名靠后，投资环境差

尽管俄罗斯通过颁布一系列鼓励和调节外商投资的法律法规表明其积极鼓励外资的态度，但对能源领域的投资却实施各种限制性措施。俄罗斯市场化程度较低，企业受政府影响较大，矿权拍卖由政府或财团暗箱操作现象十分严重。而且俄罗斯联邦主体众多，各地引资政策也存在显著差异，各地区法律制度差异大、透明度低、司法腐败和司法不公较为严重，是世界上腐败程度比较严重的国家之一，政府对外来投资政策不稳定，尤其是对中资企业防范心理较重。中国出口信用保险公司历年《国家风险分析报告》和我们所做的富煤国家投资环境分析表明，俄罗斯是投资环境综合排名最差的国家之一。所以在俄罗斯进行投资开发风险很大。

3. 国际煤炭价格持续走低，使得现阶段开发俄罗斯煤田经济效益不好

俄罗斯远东地区的煤炭资源多在内陆地区，距离港口较远，加上铁路运输运力不足，短期内大规模开发条件较差，煤炭成本较高，在目前低迷的煤炭市场环境下，出口煤没有竞争力。又由于俄罗斯国内市场有限，俄罗斯自己的煤炭企业勉强自给自足，国内煤炭市场机会也很有限。所以，目前煤炭市场条件下开发俄罗斯煤田经济效益不会好。

（三）结论

综合考虑上述有利条件和不利因素，对于东亚能源短缺的中国东北、台湾地区和日本、韩国，从长远利益考虑在俄罗斯选择优质煤炭资源进行投资开发前景较好。

三、开发投资建议

在目前煤炭价格较低的形势下，俄罗斯大多数煤田的开发不能取得理想的经济效益。在密切关注煤炭市场变化趋势的同时，首先要高度关注阿穆尔奥格贾煤田，其次注意南滨海肥煤、焦煤和瘦煤资源靶区。库兹涅茨克煤田在俄罗斯煤炭市场占有十分重要的地位，对欧洲和中亚市场尤其如此，是俄罗斯煤炭市场不可忽视的重要地区。

除煤炭外，俄罗斯石油、天然气、黑色金属、有色金属、贵金属等矿产资源丰富。建议对其油气、铁、铜、金等优质资源保持关注，适时介入。

在俄罗斯进行资源开发要有系统的设计和长远考虑。在协调政府和当地企业关系、资源取得和项目开发的各个环节进行细致系统设计，持续进行各项工作。

Mongolia

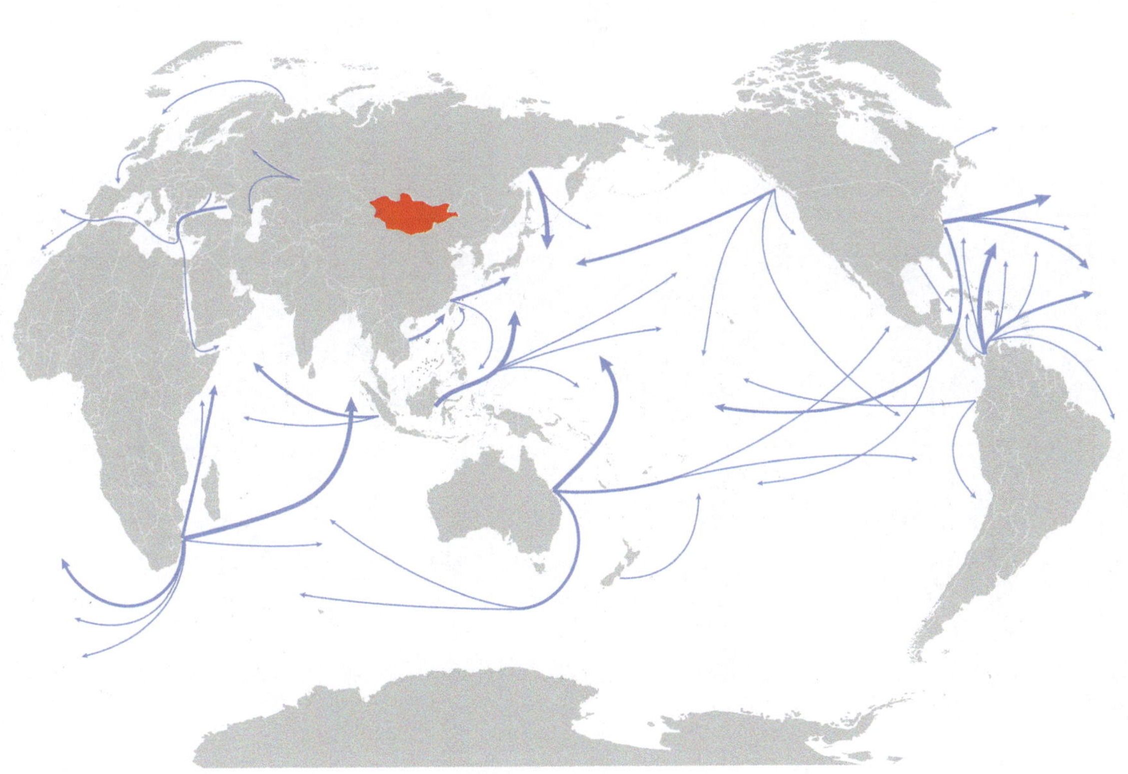

主　编　张智明

副主编　董大啸　苏新旭　岳　洋　宁　静　彭北桦

编　写　董大啸　苏新旭　宁　静　彭北桦　陆伯炎　杨建国
　　　　岳　洋　冯学智　吴　超　王雁刚　雷　洁　苏　洁
　　　　周　密　张　贺　张　帅　沈施伟　黄鑫磊

第四篇 蒙古国

目录

第一章 投资环境分析

第一节 概 述

一、基本国情

蒙古国（蒙古语：Монголулс），是位于中国以北、俄罗斯以南被中俄两国包围的一个亚洲内陆国家。首都及全国最大的城市为乌兰巴托，人口占全国总人口的45%。蒙古国的政治制度是议会制共和国。1206年成吉思汗建立了蒙古帝国，17世纪末蒙古国全境被纳入清朝统治范围。1911年辛亥革命，清朝崩溃，1921年取得事实独立，1945年取得国际承认。1924年成立的蒙古人民共和国受苏联控制，1992年国名改为蒙古国。

蒙古国是仅次于哈萨克斯坦的世界第二大内陆国家，也是世界上人口密度最小的国家之一。蒙古国可耕地较少，大部分国土被草原覆盖。北部和西部多山脉，南部为戈壁沙漠。

蒙古国划分为21个省和首都乌兰巴托市。

2013年蒙古国人口约294万。喀尔喀蒙古族约占全国人口的80%，此外还有哈萨克等少数民族。居民主要信奉喇嘛教。主要语言为喀尔喀蒙古语。蒙古国主要使用西里尔字母（基立尔字母）书写蒙古语，而中国的蒙古族则仍以传统蒙古语字母书写。

蒙古国经济以畜牧业和采矿业为主，曾长期实行计划经济，1991年开始向市场经济过渡。1997年7月，政府通过了“1997—2000年国有资产私有化方案”，目标是使私营经济成分在国家经济中占主导地位。2007年，蒙古国经济发展态势良好，宏观经济指标稳步增长，财政收入增加，汇率基本保持稳定。2007年，蒙古国内生产总值达到128.35亿美元，比2006年增长了9.9%。2008年，蒙古国GDP为149.91亿美元，位居世界第87位；人均GDP为2480美元，位居第102位。2012年蒙古国人均GDP为3042美元，排名第87位。

二、自然地理和气候特征

蒙古国地处蒙古高原，大部分地区为山地或高原，平均海拔为1600 m。西部为山地，阿尔泰山自西北向东南蜿蜒。位于中蒙边界上的友谊峰海拔4374 m，为全国最高峰。其他主要高山还有：蒙赫海尔汗山（4362 m）、埃恩赫塔伊万山（3905 m）、阿格拉山（3738 m）、尚德山（2825 m）、扎卢丘特山（2799 m）。群山之间多盆地和谷地。

东部为地势平缓的高地；南部是占国土面积1/3的戈壁地区。西部河流、湖泊较多，主要河流为色楞格河、鄂尔浑河、科尔布多河、克鲁伦河、扎布汗河等。最大的咸水湖乌布苏湖面积为3350 km^2，最大的淡水湖库苏古尔湖位于蒙古国北部，是蒙古国最大的湖泊，其水域总面积为2760 km^2，素有“东方的蓝色珍珠”之美誉。库苏古尔湖的动植物群落与位于其东部200 km外的俄罗斯贝加尔湖有相近的起源。此外还有哈尔乌苏湖、吉尔吉斯湖、库苏古尔湖、阿奇特湖等。

蒙古国气候属典型大陆性气候，四季分明。春季短促（5—6月），干燥多风，一直到5月中旬天气转暖，树木发芽，草原变绿。夏季干燥炎热（7—8月），最热的7月平均气温为20～30 ℃，昼夜温差大。阴雨天和夜晚时天气会骤然变凉。夏季阳光充沛、紫外线强，尤其是沙漠地区更甚。秋季短暂（9—10月），凉爽宜人，但天气变幻无常，有可能突然变冷，甚至下雪。冬季（11—4月）天寒地冻，寒冷漫长，最寒冷的1月平均气温为－15～－30 ℃，最冷时可达－40 ℃，并常有大风雪；其中西北部山区冬季平均气温为－25～－30 ℃，最低气温为－40 ℃；戈壁地区冬季平均气温为－15～－30 ℃，最

低气温为 -38 ℃。

蒙古国每年有一半以上时间被大陆高气压所笼罩，是世界上最强大的蒙古高气压中心，为亚洲季风气候区冬季“寒潮”的发源地之一。无霜期为6—9 月，只有 90 ~ 110 天。蒙古国的大部分地区湿度较低，降水很少，年均降水量为 120 ~ 250 mm，70% 集中在 7、8 两月；冬季平均降水量为 10 ~ 15 mm，夏季平均降水量为 200 ~ 250 mm。西北部地区属温带针叶林气候，许多高峰终年积雪。蒙古国相比北京较冷，大部分地区的年最低气温低于 -40 ℃，最高气温超过 35 ℃。阿尔泰、杭盖、库苏古尔和肯特等山区夏季的平均气温为 14 ~ 15 ℃；南部戈壁和东部平原地区最高气温达 40 ℃以上。蒙古国每年的日照时间达 2600 ~ 3300 h，属日照时间很长的国家之一。蒙古国气候的另一个特点是多风。

第二节 政治经济环境

一、政治状况

（一）政治沿革

蒙古国，历史上曾是匈奴、突厥等游牧民族生活的地区。公元 13 世纪初，蒙古族领袖成吉思汗统一大漠南北各部落，建立了统一的蒙古汗国。1279—1368 年忽必烈攻占北京，建立元朝。明朝建立后，蒙古地区被鞑靼统治，清朝时期再次纳入中国版图，当时被称作外蒙古或喀尔喀蒙古，17 世纪清朝设立乌里雅苏台将军辖区（省级行政区），同时在库伦（现乌兰巴托）和科布多设立大臣管理外蒙古事宜。

1911 年 10 月武昌起义爆发，南方各省纷纷宣布脱离清王朝。12 月外蒙古王公在沙俄支持下宣布自治，沙俄迅速宣布承认“外蒙古独立”。随着十月革命的爆发，外蒙古独立势力失去靠山，加上苏俄红军不断进入外蒙古，引发当地王公不安，外蒙古遂于 1919 年放弃自治，回归中国。1921 年，在苏俄的策动和鼓励下，蒙古人民党革命成功，于 1924 年 11 月成立“蒙古人民共和国”。但“中华民国”政府一直拒绝承认其独立地位。

随着第二次世界大战的结束，1945 年 2 月英国、美国、苏联三国首脑在雅尔塔会议上规定“外蒙古（蒙古人民共和国）的现状须予维持”，并以此作为苏联参加对日作战的条件之一。在此情况下，南京国民政府被迫同意外蒙古通过“全民公决”决定未来地位。1946 年 1 月 5 日，南京国民政府承认外蒙古独立。独立以后，蒙古人民共和国追随苏联成为社会主义阵营的一员，推行社会主义制度。

20 世纪 80 年代末期，随着苏联解体、东欧剧变，蒙古人民共和国也发生政治动乱，于 20 世纪 90 年代实行多党选举，并于 1992 年 2 月改名为“蒙古国”，颁布 1992 年新宪法，放弃社会主义制度，宣布蒙古国为独立自主的共和国，国家承认公有制和私有制的一切形式。根据该宪法规定，蒙古国实行有总统的议会制共和制，并在 1991 年开始向市场经济过渡，于 1997 年启动“1997—2000 年国有资产私有化方案”，开始私有化进程。

（二）地缘政治与外交政策

作为高原内陆国家，蒙古国完全被中国和俄罗斯两个大国包围，其对外联系受邻国影响较大，对外经济贸易来往、战略交通都必须经过邻国的领土与领空进行。这种地理位置使蒙古国在战略关系上较为被动，在对外关系与对外政策上难有太大的选择余地。在对外关系中，获取一条通向海洋外界的出口是蒙古国对外政策的重要目标之一，而平衡与中国、俄罗斯两个大国的关系并积极引入“第三国”力量也在近些年成为蒙古国的外交战略。

冷战结束后，蒙古国通过新宪法放弃社会主义制度，对外采取“不结盟、等距离、全方位”，寻求“第三邻国”的“多支点”外交政策。蒙古国家大呼拉尔于 1994 年通过的《蒙古国对外政策构想》对此进一步予以明确，强调“同俄罗斯和中国建立友好关系是蒙古国外交政策的首要任务”，主张同中国、俄罗斯“均衡交往，发展广泛的睦邻合作。”同时重视发展同美国、日本、德国等西方发达国家、亚太国家、发展中国家，以及国际组织的友好关系与合作。

2011 年蒙古国家大呼拉尔通过新版《蒙古国对外政策构想》，基本保留原有基础，并根据新形势进行补充，将“开放、不结盟的外交政策”拓展为“爱好和平、开放、独立多支点的外交政策”，明确对外政策的首要任务是发展同俄罗斯、中国两大邻国友好关系，对中国、俄罗斯推行“等距离”外交，同时也积极发展同美国、日本、德国，以及印度、韩国等东西方国家的关系，特别是视美国为“第三邻国”，积极引入各大国的力量。2012 年 3 月，蒙古国与北约建立“全球伙伴关系”，并于该年 11 月加入欧安组织。

2015 年 9 月，蒙古国在第 70 届联合国大会上宣布，蒙古国将成为“永久中立国家”，力求提高自身国际地位，平衡多边关系。可是由于其独特的地理位置，大国博弈仍影响着蒙古国的政治政策。

目前，中国、俄罗斯、美国、日本等大国对蒙古国关系加强，使蒙古国政治、经济发展所需的和平国际环境进一步改善。但他们的对蒙关系均服从于各自的战略利益，且以双边交往为主，但多边互动缺乏，给国际投资带来了相互排挤的消极影响。

（三）双边关系

蒙古国独立后长期受意识形态与地缘政治的影响，主要同以苏联为首的社会主义阵营内的国家开展外交关系，特别是同苏联和中国的关系成为其对外关系的重中之重。20 世纪 90 年代伴随国内政治状况和国际局势的变化，蒙古国调整外交政策，开拓外交新局面，同国际组织、欧美各国和亚太地区新兴市场国家开展广泛交往，努力参加地区和国际组织，为自身经济发展创造良好的国际环境。

1. 蒙古国与俄罗斯的关系

蒙古国独立的进程深受俄国（后来受苏联）的影响。1911 年 12 月外蒙古王公趁辛亥革命引发中国内乱，在沙俄策动下宣布脱离清政府“自治”。1919 年在北洋政府军事压力下放弃“自治”，重归中央政府。1921 年在苏联策动下，蒙古人民党占领外蒙古全境，驱逐中国军队和官民。1924 年 11 月 26 日成立“蒙古人民共和国”，建立社会主义制度。但当时中国政府拒绝承认其独立地位，“蒙古人民共和国”在国际上的独立地位也仅得到苏联、日本等国家的承认，并未获得广泛的国际承认。1945 年 2 月，英国、美国、苏联三国首脑在雅尔塔会议上规定“外蒙古的现状须予维持”，并以此作为苏联参加对日作战的条件之一，并且在二战结束后应当通过在外蒙古举行的全民投票决定外蒙古未来地位。1946 年 1 月 5 日，根据“投票结果”国民政府承认外蒙古独立。蒙古人民共和国独立后成为社会主义阵营的一员，在政治体制和经济体制上采取苏联高度集中的计划经济体制，对外采取追随苏联的外交路线，允许苏联在蒙古国建立军事基地并驻军，在外交政策的制定上受苏联影响极大。在经济上高度依赖和政治上紧密追随苏联的蒙古国，其主要贸易对象也是苏联。

苏联解体后，俄罗斯自身国力下降，对蒙古国援助力度有所下降，蒙俄关系有所变化。加上蒙古国独立自主意识的增强和“多支点外交”的提出，蒙古国有意和俄罗斯保持一定距离。近年来，俄罗斯经济逐步恢复，两国合作又有所加强，并缔结了战略伙伴关系。近期，蒙俄双方同意将根据更高的战略伙伴关系原则，扩大合作范围，将各领域交流合作提升到新水平。同时，蒙古国于 2010 年 12 月获准利用俄罗斯沃思托切尼港、瓦尼诺港、符拉迪沃斯托克港（海参崴），俄罗斯为蒙古国提供运费优惠，以便于蒙古国矿产经俄罗斯铁路系统出海。2013 年，蒙古国政府提出建设中蒙俄三国铁路、公路、石油、电力、天然气“五大通道”，后改称为“草原之路”项目，力求在多方面加强与中俄两国的合作。目前，俄罗斯仍是蒙古国的主要贸易伙伴。

2. 蒙古国与美国的关系

蒙古国长期奉行社会主义制度，并是苏联社会主义阵营的重要国家，同美国的关系较为冷淡。自 20 世纪 80 年代以来，随着国际局势的变化，蒙古国与美国于 1987 年 1 月建交。近年来蒙美关系发展顺利。目前，美国是蒙古国第三大贸易伙伴，美国政府在“千年挑战账户”名义下对蒙古国实施援助，美国国际开发署向蒙古国累计提供超过 1 亿美元的技术与培训援助。

2011 年 6 月，奥巴马在白宫会见蒙古国总统额勒贝格道尔吉，双方发表联合声明称，将加强两国的政治经济关系。蒙古国承诺允许美国企业进入蒙古国的农业、能源以及旅游市场，同时强调美国是蒙古国首选的“第三邻国”。美国与蒙古国宣布加强两国之间的关系，两国除了表示要强化经济关系外，还表示在保护自由与民主方面拥有“共同利益”。额勒贝格道尔吉在访问美国智库布鲁金斯学会时还称：“我们将美国视作我们的首选‘第三邻国’，我们希望提升两国关系。”双方还发表联合公报重申将建立全面伙伴关系，加强双边贸易投资及民众交往，并决定在核能方面开展互利合作。除了政治和经济领域外，近几年美国还在军事方面与蒙古国进行大量合作。

3. 蒙古国与日本的关系

20世纪90年代，蒙古国开始转型。由于蒙古国过去完全依赖苏联，致使转型期间出现了经济发展缓慢、资金不足和经济政策不完善等许多问题。1990年以后，蒙古国政府开始从国外获取贷款和援助，而由日本主导、世界银行组织的援蒙国际会议成了蒙古国获取贷款和援助的主要渠道。近10年来，两国关系得到快速发展，双方于1996年确立了“全面伙伴关系”。日本在政治上支持蒙古国的民主改革，在经济上提供援助，文化教育投资也有增无减。

近年来，日本通过一系列计划，加大了向蒙古国的渗透力度。日本已连续10年成为蒙古国的最大援助国，平均每年对蒙援助1亿美元，其中3000万～3500万美元为无偿援助，另有约1000万美元为技术合作援助。2005年仅援蒙的“草根计划”一项，日本共资助了20多个项目，投入近200万美元。

2013年3月，日本首相安倍晋三访问蒙古国期间，安倍晋三承诺向乌兰巴托市提供环境污染治理方面的技术支持，为蒙古国最大的火力发电站提供约42亿日元（约4472万美元）的贷款。

2015年2月，蒙古国与日本签署经济伙伴关系协议（EPA），这是蒙古国首次签署此类协定。蒙古国将取消约96%的日本进口关税，日本将取消实际进口品种的关税。同时，安倍晋三表示将向蒙古国提供约368亿日元（约19亿元）的贷款，用于援助蒙古国国际机场建设。

日蒙关系升温的纽带在于矿产资源的开发。日本希望获取蒙古国的优质煤炭和稀土资源，而蒙古国急需清洁环境技术以降低矿业开发带来的环境恶化。这种“蒙古国资源换日本技术”的交易在未来也许会成为拉近东京和乌兰巴托关系的合作方式。

4. 中国与蒙古国的关系

历史上蒙古国被称为外蒙古，是中国领土的一部分。1911年辛亥革命爆发，外蒙古趁机宣布脱离中国“独立”，但中国北洋政府反对外蒙古独立，并于1919年出兵收复外蒙古。1921年，中国在外蒙古的驻军被苏联红军驱离。在苏联的帮助下，1924年“蒙古人民共和国”成立，当时“中华民国”政府拒绝承认其独立地位。1945年根据“雅尔塔协定”，外蒙古举行“全民公投”，宣布独立建国，国民政府予以承认。新中国成立以后，中华人民共和国在《中苏同盟互助条约》中承认蒙古国的独立地位。同时，蒙古国也是最早承认中华人民共和国的国家之一，1949年10月16日两国建交。

中蒙关系在很长一段时间都受到中苏关系的影响，两国关系在不同阶段经历了不同的发展过程：

第一阶段是1949年到20世纪60年代前期，这一段时间是中苏关系最亲密的时期，中蒙关系也相对友好，两国关系发展顺利。1956—1965年，中国向蒙古国提供了3笔总额为4.6亿旧卢布的援款，无任何附加条件向蒙古国派遣了1.8万名专家和工人。1960年5月27日至6月1日，周恩来总理访问蒙古国并签署《中蒙友好互助条约》，成为中蒙关系新的里程碑。1962年12月25—27日，双方签署《中蒙边界条约》，顺利划定了两国边界线。

第二阶段是20世纪60年代中期到1989年苏联解体前后，中苏两国关系恶化，中蒙关系长期处于冰冻状态。在中苏关系紧张的情况下，蒙古国成为苏联反华的前沿阵地，甚至被称为“苏联第十六加盟共和国”，根据1966年蒙苏《友好合作互助条约》，大批苏军进驻蒙古国，最多时达15万人，蒙古国将本国军队的指挥权交给苏联，武器装备由苏联无偿提供，蒙军充当苏军的一个兵团，苏军重兵压在中蒙边界，威胁中国北部边疆安全，中蒙边界长期处于紧张状态。1983年还发生了从蒙古国首都驱赶华侨的事件，引发外交交涉。

第三阶段是从20世纪90年代至今。中苏关系改善为中蒙关系改善铺平了道路。1989年，蒙古国外长策伦皮勒·贡布苏伦访华，在双方不断努力下两国关系逐步实现正常化。东欧剧变和苏联解体使得蒙古国失去了支柱，中国便成为它今后生存发展的至关重要因素，蒙古国随即调整了对华关系。1994年4月两国签署了《中蒙友好合作关系条约》，表示互相尊重国家主权和领土完整。1998年蒙古国总统巴嘎班迪对中国进行国事访问，这是蒙古国元首首次访问中国。从1998年开始中国连续十几年成为蒙古国第一大贸易伙伴，中蒙两国高层互访频繁。1998年12月，中蒙双方发表了阐明21世纪两国关系发展方针的《中蒙联合声明》。1999年7月江泽民主席对蒙古国进行国事访问，11月蒙古国总理扎尔嘎勒访问中国，标志着两国关系进入新阶段。

自进入21世纪以来，随着中国经济的迅速发展，双边贸易额快速增长，中国已连续9年成为蒙古国最大贸易伙伴。2003年6月，国家主席胡锦涛对蒙古国进行国事访问，并发表了联合声明，继续两国良好的双边关系。2011年5月，中国人民银行与蒙古国中央银行签署了50亿元双边本币互换协议，期限3年，经双方同意可以展期，以促进双边贸易发展和为金融体系提供短期流动性。蒙古国成为首个加入上海合作组织的观察员国，2011年6月，蒙古国总理巴特包勒德访华，两国总理将双边关系提升为中蒙战略伙伴关系。2012年3月，中国人民银行与蒙古国中央银行签署了双边本币互换补充协议，互换规模由原来的50亿元（1万亿图格里克）扩大至100亿元（2万亿图格里克）。

2014年，两国共同发表了《中华人民共和国和蒙古国关于建立和发展全面战略伙伴关系的联合宣言》，计划在政治、经济贸易、教育、卫生、人文和地区合作等领域开展更深层次的合作。随着“一带一路”建设的加深，中国与蒙古国的合作将进一步增强。

2015年11月，蒙古国总统额勒贝格道尔吉访华同习近平主席举行会谈。访问期间，双方共同发表了《中华人民共和国和蒙古国关于深化发展全面战略伙伴关系的联合声明》，进一步增强两国的深化合作与发展。

虽然中蒙关系取得了长足发展，但由于蒙古国地缘政治的特殊性，以及蒙古国国内政局的变动，使得中蒙两国关系发展依然存在许多不确定性因素。在经济上更靠近中国的蒙古国，在政治方面则试图保持与中俄两国的等距离，在发展与俄罗斯、中国两个邻国均衡睦邻友好合作关系的同时，提出了“第三邻国”战略，积极谋求同美国为首的西方国家建立联系，不但获得更多经济援助，也以此作为牵制中俄进而达到保障自身安全的目的，此外，“永远中立国家”的提出也表现了蒙古国不希望受制于大国博弈的影响。蒙古国“多支点”外交的外交策略更符合国家安全和经济利益，但这在一定程度上使蒙古国成为其他国家制约中国的筹码之一。因此，中蒙关系的不稳定因素依然存在，蒙古国既有吸引中国的需求，又对中国存有“戒心”。

（四）政治环境分析

蒙古国独立后曾长期实行社会主义制度。20世纪90年代末期发生政治动荡，开启政治转型。经过20多年的发展建设，蒙古国在政治体制、经济制度和社会文化等方面都发生了深刻变革，初步形成了稳定的三权分立体制和以总统为核心的行政体系，国家法制建设取得一定进展。然而，面对历史上受周边大国深刻影响、内陆国无出海口等地缘政治因素的制约以及自身国力不足的问题，蒙古国在谋求国家发展的同时，不可避免地要受到周边力量的影响。然而，这与蒙古国谋求独立自主、推行大国平衡的外交政策等产生矛盾。蒙古国自身矿业资源丰富，急需资金和技术进行大规模开发。但又担心引入其他国家资本和企业会对自身的独立地位产生负面影响，对经济命脉受到他国制约有很大担忧。这反映在政治与政策上便是政策的不确定性，这都会使外国投资者对其政策产生不确定预期。同时，外商在谈判过程中也易受到蒙古国国内政治变化的左右。由于蒙古国经济发展滞后，矿业投资法律政策尚处于形成过程中，尚不规范，政策执行变数较多，尚难形成持续稳定的投资环境。而在这种投资环境下进行投资的外国企业中，中国企业所面临的政治、舆论压力远远超过其他投资国。

根据2012年“透明国际”报告，蒙古国在年度排行榜上名次再次下滑，从第90位跌至第120位，腐败程度较为严重，特别是在蒙古国展开商务活动中，索贿克扣等腐败现象依然为各外资企业所诟病。这些腐败和行政效率低下的问题也对蒙古国投资环境产生了一定影响。在2015年“透明国际”报告中，蒙古国在清廉程度排行榜上的位置有所上升，升至第72位，蒙古国国内腐败程度稍稍有所缓和，这对于吸引外商投资有直接的促进作用，但这并不代表蒙古国国内的经济环境已经处于特别良性的境地，仍然存在一定程度的政府腐败及效率低下等问题。

1. 国内政局总体良好，对外开放政策坚定

蒙古国长期实行社会主义制度，20世纪90年代末期的政治动荡开始了国内政治转型。随后颁布的新宪法宣布放弃社会主义制度、放弃计划经济体制，在政治上实行总统制、多党制与三权分立体制，在经济上实行资本主义市场经济与私有化。经过20多年痛苦的转型，蒙古国政治架构日趋完善，国内政治秩序逐渐稳定。尽管政党斗争较为激烈，但这些斗争都在合法的范围内进行。虽然主要政党施政纲领

的提法与侧重点各有不同，但在维护本国独立安全、政局稳定、发展民族经济、改善民生，以及执行独立自主对外政策方针方面存在共识，并无根本分歧。而且蒙古国境内并没有明显的反政府力量和地方主义势力，国内政局总体稳定良好，这些都为投资建设创造了一个较为稳定的国内环境。

蒙古国在20世纪90年代末期调整了对外政策，奉行“多支点外交”和“大国平衡战略”，推动对外贸易的发展和吸引外部投资，特别是引入各国资本在蒙古国投资，防止任何一国在蒙古国占据压倒性优势。然而受限于自身国力，蒙古国在开发自然资源时需要依赖大量的外部资本和技术，必须面对国外资本的争夺，对外开放的基本政策不能动摇。尽管2012年5月蒙古国通过的《战略领域外国投资协调法》给外国投资者带来了对蒙古国“资源民族主义”滋长引发投资环境不确定的担忧，而且部分导致2012年外国在蒙古国投资额同比下滑17%，但这些法律的调整不会改变蒙古国对外资的开放政策，蒙古国对外来资本和技术依然保持较为开放和鼓励的态度。2013年11月1日正式实施的投资法指出，向外来投资提供支持，投资支持由税收支持和非税收支持组成，此外，还包括法律指定的其他支持。另外，蒙古国政府会向符合法定标准的投资者法人授予稳定证书（已补充）。新投资法的生效虽然对外国投资者在蒙古国投资的积极性发挥了一定作用，但受近年来国际市场大批矿物价格持续走低等因素的影响，蒙古国吸收外国直接投资的规模仍继续出现巨幅下降。继2013年蒙古国接受外国直接投资（FDI）出现较大幅度下滑外，2014年蒙古国FDI也出现了大幅下滑。

2. 国内政局基本稳定，政党竞争日益激烈

蒙古国在实行多党制后，在政党建设、议会选举以及政党轮替等方面都卓有成效，每次的政府更替都较为有秩序。在政党和议会选举方面，自2000年蒙古国民主党成立以来，民主党与人民党一直是蒙古国政坛两大主要政党，人民党处于优势。2011年恩赫巴雅尔成立蒙古国人民革命党，形成第三势力联盟后，蒙古国政坛逐渐发生变化。在2012年6月28日举行的国家大呼拉尔选举中，蒙古国民主党、蒙古国人民党和蒙古国人民革命党得票率分别为32.2%、28.4%、20.5%，蒙古国民主党获得了76个议席中的31席，以相对多数胜出，初步形成了“三足鼎立、两强一弱”的新格局。蒙古国民主党与蒙古国人民革命党联合席位超过半数，顺利组成了以蒙古国民主党为主体的联合政府，完成政府更替。此次大选并没有像2008年那样引发大骚乱。执政的联合政府吸取过去的经验教训，顺应人民要求，采取了一系列如发放补助金等重视民生、还富于民的措施，将大型矿山收归国有，对国家资源进一步采取“收”的政策，巩固政局，稳定现状，以防出现新的政局不稳。2013年总统选举由现任总统查希亚·额勒贝格道尔吉以50.23%的略微过半得票率当选连任，选民所考虑的是为了保持政局稳定，避免不同党派相互掣肘，因此把更多的选票投给了现任总统额勒贝格道尔吉（连任）。2014年，蒙古国议会通过了对前任总理阿勒坦呼雅格弹劾案。2015年8月，蒙古国议会通过了政府改组议案，免除了包括总理在内的6名人民党籍内阁成员。然而在2016年议会选举中，根据统计，最大在野党人民党获得压倒性优势：人民党获得议会76个席位中的65席，执政的民主党仅获得9席，人民革命党获得1席，独立候选人获得1席。

尽管蒙古国政局暂时实现顺利更迭，维持较大程度的稳定，但由于民主党与人民革命党的合作基础脆弱，且“联盟”内矛盾重重，过去恩怨很深，政党之间的斗争依然十分激烈，政局不稳的潜在风险依然存在。此外，人民党虽然大选失败，但仍是大呼拉尔中拥有25个席位的第二大党。经过总结反省，人民党将力图在议会内扮演反对党、搅局者的角色，为维护本党的利益而处处与执政党作对，并期待通过不断的努力，能在下次选举中翻身成为执政党。

蒙古国内贫富差距大、普通民众生活困苦、年轻人失业率居高不下等社会问题仍是人民党攻击政府的有力理由。因此，如何在大呼拉尔以及其他各领域处理好与人民党的关系，维护社会稳定，也是民主党需要考虑的重要问题。可以预见，蒙古国议会内的政党斗争将更为激烈与复杂，现在的执政联盟不仅将面临其他政党的挑战，还将面临联盟内部权力分享的问题。

3. 政治博弈激烈，矿业政策风险较大

蒙古国矿业政策的风险主要是指矿业政策的不稳定性，即国内政局的变动和外交关系的变化所导致的政府矿业政策上的不确定性。这一点主要体现为国内政党围绕矿业投资政策的博弈。作为拥有大量矿产资源储备的国家，蒙古国却无力开发大型矿藏，并将其转化为现实的经济财富。而历史上被大国所控制的惨痛经历使得蒙古国对将资源完全交给某几个外国投资者产生担忧，希望引入外部开发者却又担心丧失控制权。在增长的热望与对控制权的担心之间，矿产资源的开发不可避免地成为党派政治博弈的最大焦点。蒙古国的矿业政策，即如何让外国投资者参与资源的开发成为朝野政党都要面临的问题。目前，矿业政策和对外资的态度成为蒙古国各大政党竞选时争论的焦点，政党对外资态度的不同和政见的斗争也影响国家矿业政策不稳定。例如民主党则认为国内外私营公司可以对蒙古国矿产资源控股，但人民革命党坚持政府对所有矿产资源持有大部分股权，这就导致民主党—人民革命党联合政府在出台矿业政策前，内部分歧意见较大，矿业政策的不稳定、不确定因素上升。根据2014年蒙古国煤炭工业协会会长的演讲及蒙古国议会于2013年新立的口岸法，蒙古国所有口岸的业务都有更新。例如边防军、海军、移民局、检验监察局都是单独的检查通关，现在4个单位都要统一化；从2014年4月1日开始，施行新的法律，根据新法律，通岸时步骤进一步简化。

矿业政策的不稳定性还体现在政府频繁修改矿业法规。2006年，蒙古国政府第五次修改《矿产法》，对1997年的《矿产法》做了重大修改。在法律上，蒙古国一方面规范矿业开发的投资环境，另一方面减少对矿业领域投资的优惠，增加了限制部分。自2004年人民革命党丢掉多年执政党地位以后，蒙古国政权更替频繁，对战略矿的处置方式也随之摇摆，使得外资普遍采取观望态度。直到2008年议会选出了人民革命党和民主党联合政府，相对稳定一些的政权才暂时取得了矿业控股权的一致认识。外资逐渐开始进入投资，不过在未来的大选中执政党依然面临不小压力，能否保持长期的政策稳定依然是外资进入蒙古国时的重要考量，继续观望的情况可能出现。2014年的《矿产法》修订草案主要包括两大方面的修改内容：一是恢复发放新勘探特别许可证，解决当前矿证转让活动混乱的问题；二是建立健全长期、稳定的矿产领域投资开发法律环境。自2010年以来蒙古国停止了新勘探特别许可证的发放，矿证覆盖的土地面积由2005—2010年间的46%下降到2014年的7.6%，矿证数量由2010年的4137个降到2014年的2868个。

此外，还存在政府换届所隐含的潜在违约风险。这种风险一方面是指东道国政府更迭后，新政府对前政府所达成的协议或意向采取不承认或不按期执行的态度，以求能够获得更大的经济回报，从而致使跨国企业无法按原合同或协议继续执行投资约定，给外国合作方造成重大经济损失；另一方面是指政府更迭频率较快，尚未延续上届政府的矿业政策时便匆匆倒台。例如2004—2008年的4年中，蒙古国政府跌宕起伏，在4年中先后经历了“四党执政”“两党联合”和“三党共治”的局面，更换了3位总理、2位总统，很多矿业谈判往往刚刚进入轨道，就发生政府人事更迭，一切都要从头再来。因此，在蒙古国投资时应将同政府所达成相关意向或协议不受政府更迭影响作为重要的考量因素。随着2016年蒙古国人民党的重新执政，蒙古国的经济环境逐步变得稳定，而经济问题是此次蒙古国大选的主要议题。目前IMF预测，蒙古国2016年的经济增长约为0.4%，远远低于民主党执政的2011年17.5%的水平。此次人民党重新执政，将会改善投资环境，将推动大项目合作作为提振经济的主要手段。目前，中蒙俄三国已经确立了经济走廊规划。蒙古国愿意在此框架内，加强与中国的合作。

4. 资源民族主义兴起，排外情绪影响矿业政策

2010年以后，蒙古国政府逐步加强了对矿产开采的管理，收回的矿产许可证达到1700多个。2012年5月，蒙古国议会通过并实行了《关于外国投资战略领域协调法》，进一步限制外资进入矿产资源等战略领域，提倡矿产资源属于蒙古国人民，而且应由蒙古国主导开发。例如，法律对外国投资进入上述领域做出了具体规定：如外国投资者及其利益相关方和第三方签订股份买卖或转让协议，须通过在蒙古国注册企业向蒙古国政府提出申请；购买1/3或以上的战略企业股份须获蒙古国政府同意；对于战略企业董事会的组成、对企业决议的否决、矿产品交易、矿产品价格等方面的相关协议需获蒙古国政府同意；外资参股战略企业超过49%，外资投资超过1000亿图格里克（1元约210图格里克）需政府提交国家大呼拉尔讨论决定等。同时，现内阁成员中，资源民族主义者占有相当比例。此外，蒙古国曾有过征收外国矿业公司的先例。2012年发生了政府叫停中国企业收购南戈壁资源公司的事件，也是其资源民族主义兴起的具体体现。

此外，随着近些年外来人员和外国资本的进入，蒙古国人民逐渐对外来人员开发蒙古国资源产生担忧情绪，加上蒙古国自身内部存在高失业率、劳动力素质低、社会贫富差距等问题产生的社会分化情况，使得如“达亚尔蒙古国”等以民族主义为口号的团体逐渐发展起来。针对外国投资者的极端民族主义思潮有所抬头，部分民众对外来投资的扩大心存疑虑，尤其视中国企业和中国人到蒙古国开发资源为“掠夺”蒙古国资源，视在蒙外国劳务人员为与蒙古国人争夺工作岗位。这种情绪导致蒙古国内不时出现对中资企业人员打砸抢的恶劣事件，而部分警察在对待此事时也偏袒本国公民。2014 年，中国驻蒙古国使馆经商处处理重大中国非法劳务和劳务纠纷案件 42 起，涉及中国劳务人员 1970 名。这种“资源民族主义”在近些年也逐渐对矿业政策的制定产生影响，这都导致外国增加了对蒙古国外资政策的不确定预期，蒙古国政策的潜在风险依然存在。

5. 中蒙关系敏感，对中资企业疑虑较重

中蒙两国的历史关系存在很多敏感点。近些年蒙古国在经济上对中国的依赖进一步加剧了蒙古国的不安全感。目前中蒙双边关系的主要问题是政治合作与经济合作的不对称、不协调。两国的政治交往发展较好，经济合作有一定发展，但深层次的经济合作和开发相对滞后，可以说已进入了“瓶颈”阶段。同俄罗斯相比，中国在蒙古国尚没有建设一个具有战略价值的项目，而俄罗斯的企业掌握着蒙古国的交通、石油、电力等国民经济“命脉”，在谈判中拥有更多的话语权。中国在这一点上尚处于不利的被动地位。

中国海关总署的相关数据显示，2012 年蒙古国取代澳大利亚成为中国最大的焦煤进口国。2011 年中国累计进口 4465 万 t 焦煤，其中 45% 来源于蒙古国。但同时，由于蒙古国出口焦煤的物流成本过高和蒙方报价坚挺，随着中国经济增长的放缓，煤炭需求减弱，中蒙煤炭贸易由高位向低位转移，煤炭贸易行情大不如从前。2013 年前 4 个月，蒙古国在中国焦煤进口市场中所占比重大幅下降，其出口量在中国市场中的份额降低到 17% 。与此同时，根据中国海关总署的数据，2014 年蒙古国成为中国第三大铜精矿进口来源国。中国早已成为蒙古国资源的最大买家，蒙古国把近年来出口的煤炭和铜基本都卖给了中国。同时，蒙古国已经开发的诸多项目离中国北方各大能源、钢铁基地仅数百千米，特殊的地理位置决定了“中国是最大买家”的局面在短期内不会有太大改变。然而，“最大买家”的身份，不但没有给中国带来大客户待遇，反而成为中国企业进军蒙古国矿业的最大障碍。其主要原因在于中国投资者一直不满足于仅仅参与经营和销售，而对矿权趋之若鹜，因为这样更能保证价格稳定和供给稳定，同时也更符合上市公司在融资方面的需要。而这种对控制权的渴求引发了蒙古国人民希望降低矿业开发被中国全面控制的风险。同时，中国对能源的巨大消耗，在开采蒙古国资源时一些不环保做法也加剧了蒙古国对自身长远发展的担忧。

随着中国的不断崛起以及中国对蒙古国能源资源开发力度的加大，蒙古国对中国的防范和戒备也日益增加。特别是对中国有国家背景的大型企业前来开发资源的举动保持高度警惕，其着力避免战略性资源或行业被中国企业控制的意图明显。此外，中国某些实力不足、缺乏国际合作能力的企业在蒙古国的无序竞争，以及蒙古国经济发展中面临的问题都在一定程度上对两国经济合作产生了消极影响。蒙古国在经济上对华倚重心态复杂，政府官员对中蒙双边关系的未来比较乐观。由于历史和现实原因，蒙古国对中国心存疑虑，社会上存在反华排华情绪。蒙古国的上层在发展对华合作问题上心态纠结，过度担心自身安全利益，由此导致蒙古国在发展中蒙大项目合作问题上态度谨慎。特别是在资源所有权上，蒙古国对中资企业的投资诉求顾虑重重。2011 年，神华集团曾和俄罗斯、日韩等多方竞标蒙古国国内的塔本陶勒盖煤矿项目西部 Tsankhi 区块开发权，不过因蒙古国国内态度变化等原因，神华集团意愿落空。此后，以神华集团为代表的中资企业开始尝试由资源所有权的直接诉求转向寻求与蒙古国国内煤炭企业合作。

但由于蒙古国近年来经济长期不振，加上与中国正式建立全面战略伙伴关系，其对中国的资源贸易有回升趋势。以煤炭为例，2013 年，作为蒙古国最大的煤炭进口国和消费国，中国向蒙古国进口煤炭量高达 1800 万 t。按照蒙古国方面的设定，2014 年出口中国的煤炭量将高达 3400 万 t。蒙古国煤炭工业协会会长图夫德诺尔吉·那仁透露，蒙古国总理阿勒坦胡亚格已经在 2014 年 2 月 20 日向本国煤炭业提出了目标：在未来 20 年内向中国出口煤炭 10 亿 t，这个数字占到该国煤炭总储量的 1% 。

6. 多方力量博弈，中国铝业并购南戈壁公司不利

矿业政策频繁变动与政府对外资进入矿业领域的限制进一步加强：一方面源自蒙古国国内政治局面

变动，即新政府上台后，上届政府颁布的法令和与外资签订的合同就会面临作废的风险；另一方面源自政府内阁成员中，资源民族主义者占有相当比例，他们不愿看到蒙古国国内矿产资源外流。特别是中国国际实力显著增强，部分蒙古国人受西方“中国威胁论”的影响，担心中国作为蒙古国最大的出国口会垄断蒙古国的矿产资源，进而影响本国利益。为此，蒙古国有意识地对中国企业加以更多限制，中国铝业并购南戈壁公司的案例深刻地体现了这一因素的不利影响。

2012 年 4 月 4 日，中国铝业发布公告称，拟出资不超过 10 亿美元（约 63 亿元），收购南戈壁公司不超过 60%、但不低于 56% 已发行及流通在外的普通股。同时南戈壁公司最大股东、持股比例达 57.6% 的艾芬豪矿业公司同意将手中的股权出售给中国铝业。南戈壁公司和艾芬豪矿业公司都是加拿大多伦多上市的外资公司，而中国铝业此次收购交易将发生在多伦多，因此从技术上来说无须接受蒙古国政府的审查。但公告发布后不到半月，蒙古国矿业资源局便宣布要求暂停由南戈壁子公司拥有的若干许可证的勘探及开采活动，以示反对中国铝业收购，理由是南戈壁公司拟进行的所有权变动，属于蒙古国政府的国家安全行为。9 月 3 日中国铝业发布公告称，经慎重考虑，公司与艾芬豪矿业公司均认为，拟进行的部分要约收购交易在可接受的时间内取得必要监管批准的可能性较低。因此，双方已终止锁定协议，包括终止公司发出部分要约收购的义务。至此，中国铝业并购南戈壁公司，因为蒙古国国内政治力量对经济活动的干预而失败。

从这一案例可以看到，蒙古国的矿业政策受政治因素的影响深刻。可以预见，在矿产开发问题上，蒙古国政府将努力在国内政治稳定与吸引外国投资之间保持平衡，同时利用矿产资源实现其多支点外交，在大国之间寻求平衡。

7. 新投资法改善投资环境，实施效果待观察

自“矿业兴国”发展战略提出以来，蒙古国吸引着来自世界各地的投资企业。然而 2012 年 5 月，蒙古国议会通过了《战略领域外国投资协调法》，投资风险瞬间加大，蒙古国矿业投资热潮逐步退去。2012 年，蒙古国外资投资额同比下降 17%，2013 年 1—8 月投资增速进一步下滑至 47%。为改善投资环境，加快国内矿业发展，蒙古国在 2013 年通过了新投资法，该法案于 2013 年 11 月初开始实施。

新投资法规定，蒙古国政府将一视同仁地对待国内外投资商，且海外投资商投资前无须经过政府和议会审批，可直接投资。该法案取消了外商在蒙古国投资比重不得超过 50% 的规定，还取消了由外商控股比重超过 50% 的国有企业矿业投资的比重不得超过 33% 的规定。此外，新投资法还提出一种根据不同投资额和投资地区给予不同年限的稳定税收政策。

新投资法的实施，不仅标志着《战略领域外国投资协调法》就此作废，还标志着蒙古国矿业投资环境有改善的趋势。除此之外，蒙古国还颁布了新的口岸法，从 2014 年 4 月 1 日开始，蒙古国的煤炭贸易通关登记检查步骤将简化，手续将从 10 个简化至 1 个。同时，蒙古国还将实施电子统一化过关系统，从而大幅缩短通关时间。这些都无疑为中资企业提供了新的机会，中资企业也加紧在蒙古国的资源战略布局。神华集团于 2014 年与蒙古国方面签署了一条跨境铁路建设协议，将把蒙古国境内的世界最大的未开采煤矿接入中国铁路网。这代表着中资企业投资蒙古国资源的新趋势，放弃单纯的所有权诉求而转向共同开发与资金支持。

二、经济运行状况

自 20 世纪 90 年代以来，蒙古国实行私有化改革。经过 20 多年的“阵痛”，蒙古国经济开始复苏并呈现较快增长态势。从投资环境的吸引力角度，蒙古国的竞争优势有：矿产资源丰富、经济增长前景良好、商业成本较低。

近年来，由于外国投资大幅降低，蒙古国经济呈现下滑趋势，2015 年国内生产总值仅增长 2.3%。2016 年上半年国内生产总值进一步下滑，同比仅增长 1.4%。其中，矿业仍是该国吸引外国投资最多的产业。世界经济论坛“2015—2016 年全球竞争力报告”显示，蒙古国在全球 138 个国家中，排名第 102 位，比 2014—2015 年上升了 2 位。世界银行“2016 年全球营商环境报告”显示，蒙古国在 189 个国家中，排名第 56 位，比 2015 年上升了 16 位。

（一）产业结构

蒙古国的产业结构组成为农牧业、工业和服务业。其中以采矿业和畜牧业为主，畜牧业是国民经济的基础，采矿业是国民经济的支柱产业。

1. 农牧业产值占比回升

蒙古国全国人口中有27.7%从事农牧业，畜牧业是蒙古国传统的经济产业，也是国民经济的基础产业。由于畜牧业在国民经济中占有举足轻重的地位，政府一直奉行支持畜牧业发展的政策。

蒙古国的种植业主要包括麦类、蔬菜、薯类和饲料作物等种植作物。自20世纪90年代以来，蒙古国所需的粮食作物主要从中国和俄罗斯进口。在全球粮食问题日益突出的大环境下，粮食短缺问题不断凸显。为了实现粮食自给，蒙古国政府从2008年开始实行第三次“垦荒计划”，加大对种植业的资金投入和政策扶持。经过3年的努力，全国粮食产量和蔬菜产量大幅度提高。目前，蒙古国自产小麦已经完全满足国内需求，蔬菜则能满足70%的国内需求。无论从土地资源还是自然环境的角度来看，蒙古国都有发展农牧业的先天条件，但是由于传统的分散经营方式，农牧业技术落后，加上国际日益激烈的竞争市场和恶劣的气候条件，蒙古国农牧业发展十分缓慢，农业对国内生产总值的贡献不断下降。但由于2012年以后整体经济发展下滑，农业产值在无较大增长（同比增长4.3%）的情况下，GDP所占比例呈现增长趋势，由2012年的14%上升到2015年的16.6%。

2. 采矿业成为国民经济支柱产业

蒙古国工业基础薄弱且不成体系。重工业在苏联解体后受到巨大冲击，发展十分艰难。机械、石化和电子等制造业产品和大部分轻工业产品不能自给。采矿业是国民经济支柱产业，占出口收入的78%以上，外国对蒙古国投资的73%都流入矿业领域。在采矿业中，煤炭开采业已替代铜开采业成为蒙古国的支柱产业和拉动经济持续增长的重要引擎。其他工业部门除燃料动力工业外，以畜产品为主要原料的轻工业和食品加工业在工业中也占有一定地位。

尽管工业产值有所增长，但由于其基础过于薄弱，发展受基础设施等条件的限制，2015年工业产值仅占国内生产总值的33.1%。

3. 服务业迅速发展，但水平仍较落后

受工业尤其是采矿业快速发展的带动，服务业发展很快。采矿业的发展带动了有关贸易、运输和通信服务领域的发展，推动了服务业产值大幅增长。2015年服务业占国内生产总值的50.3%。此外，蒙古国自然风貌保持较好，是世界上少数保留游牧文化的国家之一，旅游业发展潜力较大。但由于缺乏良好的产业规划，近年来中国游客逐渐减少（2015年中国游客14.5万人，同比减少8.0%），从2012年开始，蒙古国入境游客人数逐渐下滑。

蒙古国当前产业结构形成的原因，主要是该国农牧业技术落后、工业基础薄弱，第一、第二产业的发展需要较长时间，对自然条件和基础设施等都有一定要求。而第三产业尽管起点较低，但采矿业的发展和外国投资的流入带来较强的增长动力，从而使其增长速度更快，在国内生产总值中占有较大比重。但不容忽视的是，尽管服务业占国内生产总值的比重不断提高，但服务业结构层次低，交通、通信服务依然落后，金融保险、信息传输、计算机服务及软件业等现代服务业亟待发展。

（二）宏观经济现状

2010—2015年蒙古国主要经济指标见表4-1-1。

表4-1-1 2010—2015年蒙古国主要经济指标

项目	2010年	2011年	2012年	2013年	2014年	2015年
总人口数/百万	271	275	281	286	291	296
人口年增长率/%	1.5	1.5	0	1.8	1.8	1.7
城市人口百分比/%	41.9	42.9	0.4	70.4	71.2	72.0
国内生产总值(GDP)/亿美元	71.9	104.1	122.9	125.8	122.3	117.6
人均国内生产总值/美元	1273.2	1473.6	1629.6	4400.6	4201.7	3973.4

表4-1-1（续）

项　　目	2010年	2011年	2012年	2013年	2014年	2015年
实际国内生产总值增长率/%	6.4	17.5	12.3	2.4	-2.8	-3.8
通货膨胀率/%	10.1	9.5	15.0	8.6	13.0	5.8
中央政府债务总额（现价本币）	3.78×10^{12}	5.20×10^{12}	—	—	—	—
中央政府债务总额占GDP百分比/%	45.0	46.9	—	—	—	—
总储备（现价美元）	2.29×10^{9}	2.45×10^{9}	4.13×10^{9}	2.25×10^{9}	1.65×10^{9}	1.32×10^{9}
总储备可支付进口月份	6.1	3.5	5.5	3.2	2.5	2.6
商业服务出口额（现价美元）	4.83×10^{8}	6.17×10^{8}	—	7.07×10^{8}	5.73×10^{8}	6.74×10^{8}
商业服务进口额（现价美元）	7.68×10^{9}	1.77×10^{9}	—	2.02×10^{9}	2.14×10^{9}	1.53×10^{9}
官方汇率（兑换1美元所需本币）	1357.1	1265.5	1357.6	1523.9	1817.9	1970.3
存款利率/%	11.9	10.5	11.3	12.0	12.3	13.0
贷款利率/%	20.1	16.6	18.1	18.5	19.0	19.6
上市公司市值占GDP百分比/%	17.6	18.0	12.6	—	—	—
商业利润总税率/%	24.3	24.6	24.6	24.5	24.4	24.4

数据来源：世界银行数据库

蒙古国曾长期实行计划经济，1991年其经济体制开始从计划经济向市场经济过渡。随着财产私有化、物价开放、外贸开放、改革银行体制等重大措施的实施，旧的经济体制完全解体。在经济转轨初期，失去了苏联的外援，蒙古国国民经济受到了巨大冲击，直到进入21世纪初才有所好转。在20年艰难进程中，蒙古国经济实现了一定复苏，2011—2013年GDP增长率均达到90%以上，其中主要表现为采矿业和农林渔牧业的增长。但在2013年以后，由于支柱产业表现不佳，对外资的限制导致外资投资减少，从而导致蒙古国经济状况出现拐点，至2015年GDP增长率仅2.3%，经济增长陷入困境。

1. 经济面临崩盘

2005—2008年，全球矿业的发展推动着蒙古国经济的发展，蒙古国国内GDP平均增长率为9%左右。虽然2009年由于金融危机致使矿产品出口锐减，GDP增长率跌至-1.3%，但在2010年以后，国际援助资金和矿产价格回升，再次出现了连续3年的高增长。2012年以后，由于大量外资撤资，特别是中国企业的撤资，导致其支柱产业采矿业低迷，GDP出现坠崖，2015年增速仅2.3%（以本币计），并持续滑坡。

2009—2015年蒙古国国内生产总值（GDP）与人均GDP如图4-1-1所示。

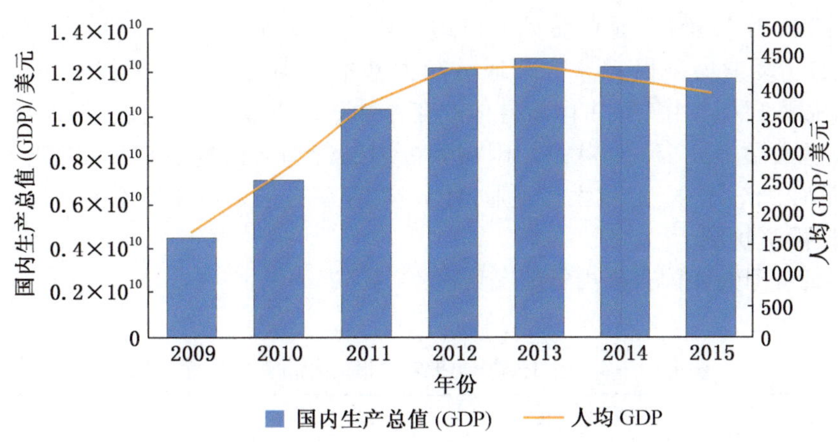

图4-1-1　2009—2015年蒙古国国内生产总值（GDP）与人均GDP（世界银行数据库）

2. 经济发展方式单一

蒙古国国内地广人稀、市场小、消费能力较差，宏观经济增长主要依靠政府投资和出口拉动。蒙古国经济增长的主要动力是矿产品出口，这导致该国经济容易受到国际大宗商品价格剧烈波动与双边关系变化的冲击，给经济可持续增长带来不确定风险。蒙古国近 10 年几次经济大幅波动的主要原因都因为采矿业受到冲击。为了改善目前国内经济状况，蒙古国积极寻求国际合作，希望寻求进行矿业深加工的合作机会，提高初级矿业产品的经济附加值，在国内建设工业园区，提升工业水平。

3. 货币持续贬值

由于过于依赖出口和外资投资，在近年来外资大量撤离的情况下，蒙古国不得不面临着外汇储备下降和货币贬值的问题。而 2016 年面临经济崩溃进一步导致蒙古图格里克的疯狂贬值，在 2016 年 8 月单月贬值超过 10%，近五年累计贬值接近 60%。同时，同时，外汇储备的减少和汇率波动，外债压力增大，各大信用评级机构不断地下调其长期信用评级。在 2016 年 8 月，穆迪将其主权评级下调至“B3”，并表示可能进一步下调。与汇率上升相悖的是通货膨胀由 2014 年的 13% 下滑至 2015 年的 5.8%，这是由于经济下行、市场萎缩、生产投资减少及高失业率造成的。目前通货膨胀维持在一个较为合理的水平，但不排除在经济进一步恶化情况下通货膨胀的回升的可能性。

2009—2015 年蒙古国总储备（现价美元）与汇率如图 4－1－2 所示。

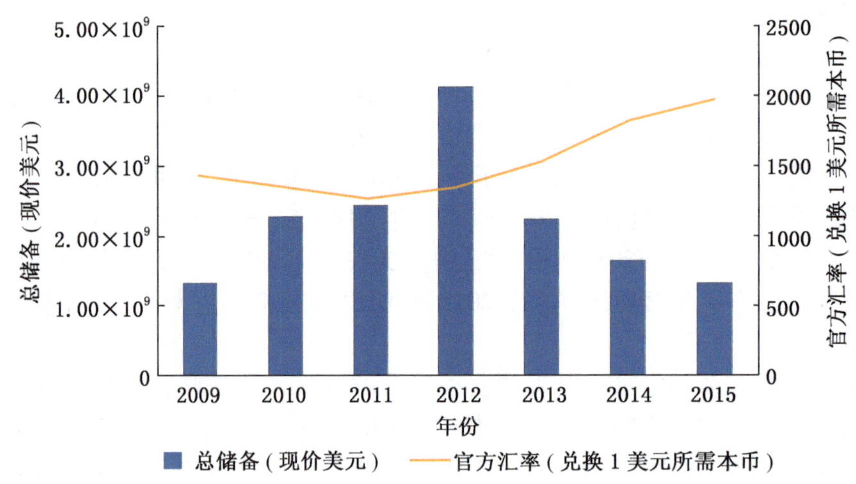

图 4－1－2　2009—2015 年蒙古国总储备（现价美元）与官方汇率（世界银行数据库）

4. 就业市场存在结构性失衡

2015 年蒙古国 296 万人口中，适龄劳动人口约占总人口的 67.7%。劳动力资源潜力较大，但劳动力资源利用率较低，劳动参与率仅 66%。普通劳动力基本能满足需要，但技术岗位劳动力供给不足，尤其是缺少高技术水平工人。由于蒙古国教育体制存在缺陷，学校教育、技能培训与岗位实际需求脱节严重，近 50% 的毕业大学生处于失业状态。因而蒙古国的劳动力市场一直存在明显的结构性矛盾。此外，由于 2016 年面临经济崩溃，导致大量企业倒闭，失业率在未来可能呈现上升趋势。

（三）外国直接投资状况

2011—2015 年蒙古国的外国直接投资情况见表 4－1－2。

表 4－1－2　2011—2015 年蒙古国的外国直接投资情况

年　份	2011	2012	2013	2014	2015
外国直接投资净流入（现价美元）	4.71×10^9	4.45×10^9	2.15×10^9	3.84×10^8	1.96×10^8
外国直接投资净流入占 GDP 百分比/%	45.3	36.2	17.1	3.1	1.7
外国直接投资的利润汇出（当值美元）	6.32×10^8	5.94×10^8	2.82×10^8	—	—

数据来源：世界银行数据库

1. 外国直接投资推动蒙古国经济发展

蒙古国的国民经济整体规模较小且结构单一，传统的游牧经济依旧占据较大比重，其现代化经济在20世纪90年代时受苏联解体影响遭到重创。近年来，蒙古国积极利用丰富的矿产资源加快国内经济发展，但是由于矿业开发前期投入很大，对技术要求高，单依靠蒙古国自身实力难以完成，必须借助外资之力。因此，外商投资是加快矿产资源开发、保障经济增长的主要动力。同样，蒙古国对外政策存在不稳定性和法令多变性，高风险的投资环境是阻碍外资进入的一大问题。

2011年外国投资大幅增加以后（同比增长178.7%），2012年蒙古国出台了《关于外国投资战略领域协调法》，对外资投资矿产资源等战略领域进行了限制，使外国投资的审批变得非常敏感和困难，对吸收外资产生了较大的负面影响。出于对未来经营环境的担忧，大量外资企业撤出投资，蒙古国的对外投资净流入持续下跌，由2011年的47.14亿美元（占GDP的45.3%）下跌至2015年的1.96亿美元（占GDP的1.7%）。

为缓解经济压力，制止经济下滑，蒙古国于2013年推出新的投资法，该法规定若外资企业投资矿业的控股比超过33%，将由政府主管审批，无须再提交议会审批。另外，蒙古国于2014年修订《矿产法》，力求建立健全长期、稳定的矿产领域投资开发法律环境。但由于原规定对外资企业直接投资信心的冲击和外资撤离与汇率波动形成的恶性循环，目前外国投资者仍处于观望态度。

2. 对外国投资的市场准入

蒙古国主管外国投资的政府部门是对外关系与贸易部下设的外国投资局，根据2013年1月1日正式实施的新投资法规定，除法律法规禁止从事的生产和服务行业以及地区以外，均允许外国投资。蒙古国法律明确禁止的行业是麻醉品、鸦片和枪支武器生产等，除此之外没有明确禁止投资的行业。

（四）中国对蒙古国的直接投资

2009—2014年中国对蒙古国的直接投资见表4－1－3。

表4－1－3　2009—2014年中国对蒙古国的直接投资　　万美元

年　份	2009	2010	2011	2012	2013	2014
中国对蒙古国的投资流量	27654	19386	45104	90403	38879	50261
中国对蒙古国的投资存量	124166	143552	188662	295403	335396	376246

数据来源：2014年中国对外直接投资统计公报

2010—2012年，中国对蒙古国的直接投资逐年快速增加。2012年中国对蒙古国的直接投资流量为9.04亿美元，但在2012年政策变革后，中国对蒙古国的直接投资流量大幅下跌，2013年仅剩3.89亿美元。而考虑到蒙古国2016年的经济情况，存在可预见性的投资流量继续下滑。

1. 中国是最主要的外国投资来源国

从外资来源分布来看，据蒙古国外商投资局的资料显示：中国、加拿大、荷兰、韩国、英国、俄罗斯、美国和新加坡是蒙古国外资投资的主要来源国。中国企业更青睐于投资蒙古国采矿业：一是因为中国国内对矿产品的需求较大，促使中国能源企业投资蒙古国以开采成本更低的矿产品；二是由于中国与蒙古国毗邻而居，既降低了运输成本，又具有一定的地缘优势，在民族和文化上共性较多。

2. 矿业是外国直接投资的重点行业

从行业分布来看，矿产资源一直是蒙古国吸引外资的重点领域，这是因为蒙古国的矿产资源丰富且多处于开发初级阶段，对外国投资具有较大吸引力。根据Wind的数据，2015年蒙古国采矿业和采石业总产值达5.86万亿图格里克，约2.97亿美元，占工业总产值的67.2%。矿产品出口金额为368.38百万美元，占总出口商品金额的78.8%。而2015年蒙古国投资指南显示，2014年流入矿业的外资约占总投资的72.5%，远高于排名第二的贸易和餐饮服务业（17.8%）。

3. “一带一路”与“草原之路”的对接

蒙古国于2015年提出“草原之路”计划，与中国“一带一路”战略对接。“草原之路”计划由5

个项目组成，总投资约500亿美元，项目包括连接中俄的997 km高速公路、1100 km电气化铁路、扩展跨蒙古国铁路以及天然气和石油管道等。此外，2012年提出的赛音山达工业园区建设仍在进行中，计划建设期为2013—2018年，建成后每年可加工1200万t原材料和金属材料，加工矿成品700万t。赛音山达工业园区将成为蒙古国利用外资的重要区域。

4. 电力自给自足，煤炭发电比例高

蒙古国的发电量逐年稳步上升，但人均耗电量仍较低（图4-1-3），随着工业化进程的加快，对电力的需求还会不断增加。目前蒙古国基本能够实现电力自给自足，90%以上的电力生产依靠燃煤电厂，虽然带来一定的环境问题，但蒙古国的资源禀赋和发展阶段决定了在未来比较长的时间内燃煤电厂建设是解决电力问题的主要手段。目前，中国向蒙方供电，蒙方向中方供矿的“矿电互补”模式成为中蒙双方合作的典型案例，中国企业在考虑煤炭投资机会的同时也可以适当关注煤电联营的可能性，提升资源利用率与经济效益。

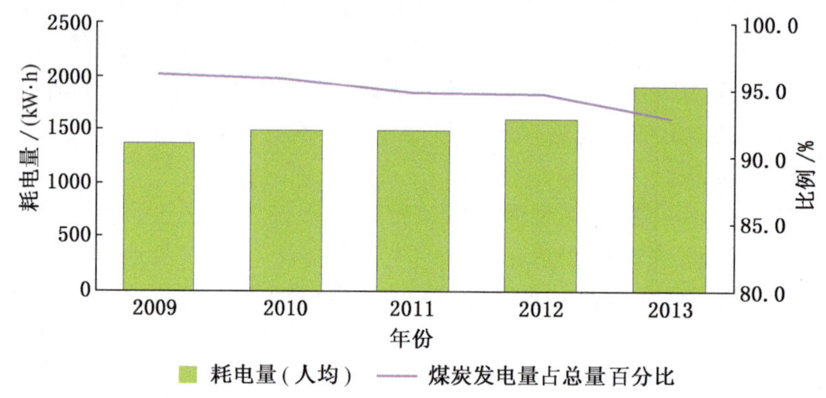

图4-1-3 2009—2013年蒙古国耗电量以及煤炭发电量占总量的百分比（世界银行数据库）

三、政治经济总结

蒙古国是位于东亚的内陆国，与中国和俄罗斯接壤，总人口约296万。蒙古国于20世纪90年代末实行民主化和市场经济改革，在经济转轨初期失去苏联的外援，国民经济受到了巨大冲击。经过20年的艰难进程，蒙古国经济已实现复苏，但存在较大的经济波动。另外，蒙古国拥有丰富的自然资源，距消费市场较近，一直是矿业投资的热点地区之一。

在政治方面，蒙古国独立后长期实行社会主义制度，采用苏联式高度集中的计划经济体制。自20世纪90年代民主化以来，蒙古国逐步形成三权分立体制、多党制和以总统为核心的行政体系，各项制度建设取得一定进展，尽管政党斗争较为激烈，但国内政治局势总体稳定良好，在最近的议会大选中人民党重新成为执政党，主要原因在于蒙古国国内经济环境持续恶劣及吸引外资减少，预计人民党的上台及推出的一系列政策及法案将会有效地挽救蒙古国国内持续恶劣的投资环境。在外交上，为获取稳定的周边环境和出海通道，蒙古国采取“多支点”外交政策，积极引入美国和日韩等力量以平衡中俄两大国对蒙古国的影响。但这种外交策略也是政府在矿产资源开发问题上态度摇摆的直接原因——蒙古国一方面希望以丰富的矿业资源带动国内经济，另一方面又不愿意直接出卖矿藏的所有权。同时，蒙古国法律制度稳定性较差，特别是涉及矿业投资的法规已变更多次，制度软环境不佳使得外资普遍采取观望的态度，并直接导致了2011年后连续的外国投资（以中资为主）持续下滑。直到2013年蒙古国痛定思痛，颁布了新的投资法以及相关便利法规，试图重新引入外资。中国资产也借此以合作开发投资布局的形式重新进入蒙古国投资市场。

在经济方面，蒙古国在经历20世纪90年代市场化改革后，依托矿产开发并在全球矿业繁荣的大背景下，经济有所增长。由于蒙古国工业基础较为薄弱，发展方式单一，就业市场结构失衡，蒙古国长期受到全球矿业市场价格波动的影响。随着目前全球矿业市场进入下行周期，蒙古国政府摇摆不定的政策导致外资撤离，随着2016年所面临的经济全面崩盘，汇率上升、主权评级下降及恶劣的经济环境使得外国投资者对蒙古国的投资保持更加谨慎的态度，蒙古国的矿业和经济发展均承受着较大压力。

在富煤国家中，蒙古国的主要优势在于其拥有丰富的资源储备，邻近中国这个最大的煤炭和能源消费市场。其主要不足在于政治稳定性较差，投资和矿业政策多变，存在资源保护主义和民族主义倾向，这些因素都造成了外界对蒙古国投资环境的评价不断降低。虽然2016年蒙古国面临经济崩盘的困境，使得蒙古国开始不断寻求国际援助，试图通过改善外资投资环境来促进外资进入，以挽救蒙古国经济。但是考虑到矿业和经济不景气给蒙古国带来的发展压力，蒙古国在政治、经济、矿业发展、与周边国家的关系和外资引进等存在的认识和问题，以及目前的经济发展状况，蒙古国的相关风险虽然在未来一段时间内会有所改善，但现阶段的政治经济风险仍较高。

第三节　法　律　环　境

一、矿产资源开发相关法律制度

（一）主要监管机构

蒙古国矿产资源及能源部(Ministry of Mineral Resources and Energy)决定国家矿业政策，蒙古国矿产资源局(Mineral Resources Authority of Mongolia)主管有关颁发、延长及撤销矿产资源许可证等相关事项。

此外，2012年5月颁布并生效的《蒙古国关于外商投资战略性行业业务实体监管法》授权蒙古国经济发展部外商投资管理和登记司（FIRRD）对外国投资者的投资行为进行约束。

该法规定，战略行业包括矿产、银行和金融、煤炭及电信。上述法律赋予了政府提议增加战略性行业的权力，并由议会审查后批准。该法全面加强对外国投资者的投资管制。该管制根据行为主体的不同分为两个方面：

（1）对外国国有企业（无论部分国有还是全部国有）及其关联方或第三方[①]在蒙古国国内进行的任何经营行为、投资行为进行严格限制，须通过其在蒙古国注册的业务实体取得蒙古国政府的批准。

（2）外国投资者[②]及其关联方或第三方在战略性行业从事经营的，或与属于战略性行业业务实体的公司达成的交易能达到以下效果之一的，须通过其战略性行业业务实体取得蒙古国政府的批准：①取得战略性行业业务实体1/3或以上股权；②取得单方委任战略性行业业务实体一名或多名执行董事，或委任执行管理层的多数成员，或无条件任命董事会多数成员的权利；③取得否决战略性行业业务实体管理层决定[③]的权利，等等。

对于收购属于战略性行业业务实体的公司其股份介于5%～33%，或直接或通过关联机构或第三方导致外国投资者在战略性行业业务实体中的持股比例下降的交易，外国投资者及其关联机构或第三方应在30日内通过其在蒙古国注册的战略性行业业务实体通知国家外商投资主管机构。

《蒙古国关于外商投资战略性行业业务实体监管法》对投资或经营战略性行业业务实体的外国投资者设置的管制措施极为严格，具体体现在以下方面：

（1）对外国国有企业行为严格约束，从该法第4.1条的规定来看，外国国有法人实体中不论国有比例如何一概适用该法规定，即一旦该外国投资者涉及国有资本的出资就需通过蒙古国政府的批准。而在2013年4月19日通过的该法修正案中，放松了对外国私营公司投资的管制，以后任何在战略性行业投资的私营企业，无论其投资金额多少，都无须经过国会批准。但是，该修正案同时也加强了对国有企业的约束，取消了交易金额的要求，即外国国有企业收购战略行业企业49%或以上的股权，无论交易

①《蒙古国关于外商投资战略性行业业务实体监管法》第3.1.5条规定，指并未在蒙古国注册的法人实体或个人，在任一情况下，该实体或个人通过控股或其他股权安排而与外国投资者或其关联机构具有直接或间接联系（通过成为公司架构中任何级别的母公司或子公司）。

②《外商投资法》第3.2条规定，“外国投资者”是指在蒙古国投资的外国法人和自然人（非常住蒙古国的外国公民和无国籍人以及常住外国的蒙古国公民）。

③《蒙古国关于外商投资战略性行业业务实体监管法》第3.1.2条规定，“否决管理层决定”指外国投资者及其关联机构及第三方阻止管理层决定有效实施之能力，否则管理层决定本可根据法律、业务实体章程或股东协议规定以多数票表决通过。

金额大小都必须获得蒙古国国会的批准。

（2）受监管的交易范围广泛，如取得该行业实体中一名或多名董事的委任权、对管理层决定的否决权等都需要经过政府的审批，甚至投资者试图减少其在战略性行业的投资实体中的股权比例，也要经过蒙古国政府的批准。

（3）蒙古国外商投资主管机构在是否批准该交易时需考虑的因素规定在7.3条中，这些因素范围广泛、标准模糊，且目前尚未制定相关的受理、审核、批复的具体程序，因此外商投资主管机构拥有极大的自由裁量权。

2013年4月，与《战略投资法》修正案同时公布了《战略投资法》的实施细则。该细则规定了一整套审批流程。

（二）矿产权证的获得

2006年7月正式生效的蒙古国《矿产法》是目前蒙古国矿业管理法律体系的基本规则，适用于除水、石油、天然气以外的其他矿产资源勘查、勘探、开采关系的协调。

依照该法规定，勘探和开采许可只授予依据蒙古国法律法规建立，正在从事经营活动，向蒙古国纳税的法人；同时该法人在许可有效期内必须保持其法人资格。授予许可遵循先申请原则，即如同时存在多个申请人，颁发给最先提出申请并符合要求的法人，一张许可只能授予一个法人。

该法规定蒙古国对矿产资源的勘探、开发实行许可制度，分为勘探许可和开采许可，禁止没有许可进行矿产勘查、勘探、开采。同时，法律规定，法人在没有特别许可的情况下可以对勘探和开采特别许可已经授予的，以及未列入特别用地和储备用地的领土进行粗略考察，但是要提前向国家和地方行政机关通报、登记进行考察的地域、位置、自己的名称、地址，在粗略考察的过程中禁止触动地下资源，并需征得该土地所有者、占有者、使用者的许可。

1. 勘探许可

授予勘探许可的条件及程序：根据《矿产法》的规定，不限制一个法律实体可取得的勘探许可的数量。一张许可批准的勘探场地面积不小于25 hm^2，不多于40万 hm^2。

在提交的申请中，应当在国家行政机关制定的制式地图上把拟进行勘探的场地位置及其坐标标清，并附于申请书之后。

申请材料提交后，先要经过国家行政机关做出接受申请的决定；接着，如果认为可以颁发许可，国家行政机关应就此书面通报当地省、市行政长官；其次，省、市行政长官在接到通报后，依据法律规定可以做出颁发或不予颁发勘探许可的答复。

第21条规定勘探许可持有人享有以下权利：

（1）在勘探区界内依《矿产法》进行矿产勘查、勘探。

（2）在符合《矿产法》规定的条件和要求的基础上，优先取得勘探场地任何部分的开采许可。

（3）在授权机构的同意、监督下转让勘探许可，退还全部或部分勘探场地。

勘探许可持有人享有其他多项权利，在此不再详细列举。

勘探许可证有效期3年，可以延期2次，每次为3年。如果决定延期，勘探许可持有人须在该许可有效期结束1个月前提交延期申请并附上如下文件：

（1）勘探许可经过公证的复印件。

（2）服务费、每年许可费用的支付凭证及不少于勘探工作最低支出额的工作进度材料。

（3）重新审查通过的环保计划。

（4）完成勘探阶段工作的报告及移交手续的凭据。

收到勘探许可证延期申请后的10个工作日内，矿产登记局将对符合法律规定者按照矿业法规定的时间延期，并就此在许可证登记簿上进行记录。延期、登记后的许可证返还给持有的法人。勘探许可证延期后矿产登记局将通知技术监督部门并公布于众。

勘探许可持有者在颁发勘探许可之日起30天内向国家行政机关和技术监督机关报送勘探工作计划；按规定的式样填写年度勘探工作报告，报告要附有对该场地进行的踏勘、地球物理、地球化学、钻探和其他各种工作的数量、成本、支出、与劳动力有关的信息，还要附有勘探工作成果，在该场地所做工作的示意图。在报告截至期限之后的30天内报送政府主管部门；在勘探许可期限结束前，根据规定的格式、要求编制矿的储量、勘查、勘探成果统一报告，连同原始材料提交政府主管部门。

2. 开采许可

根据《矿产法》的规定，采矿许可申请的场地为有效勘探许可所属的场地，只有勘探许可持有者可以申请采矿许可。但在勘探许可的有效期结束而该许可持有者没有向该场地提出开采许可申请的情况下，将通过招投标办法向该场地颁发开采许可。

采矿许可持有者享有以下权利和义务：

（1）依照《矿产法》的规定开采位于该矿床内的矿产资源。

（2）按国际市场价格销售从矿床开采的矿产、生产的产品。

（3）在矿产场地内进行矿产勘探。

（4）依照《矿产法》的规定有权全部或部分转让或抵押采矿许可。

（5）根据储量情况，采矿许可可延期2次，每次20年，且需至少在该许可期限结束前2年，向矿产登记局提交相关格式的延期申请书。

以及其他多项权利，在此不再详细列举。

同时，开采许可持有者要在规定期限内向政府主管部门报送各种信息、报告。

（三）许可证的转让

勘探和开采许可持有者可以根据民法、公司法、合伙法的规定，进行许可证转让，具体情况如下：

（1）在重组、合并的情况下，可以向新产生的权利继承者转让许可。

（2）所属公司、子公司可以向母公司转让许可。

勘查、勘探方面的原始资料、报告出售并完税后，勘探许可持有者可向有资格持有特别许可者转让其持有的许可。矿连同相关的技术设备、文件出售并已完税后，开采许可持有者可向购买者转让其持有的许可。

根据《矿产法》的规定，进行矿产许可转让需要向国家机关提出申请，并附加拟转让的许可证、受让人同意接受许可证上附带的全部义务的证明等7项文件。

在许可持有者根据民法、公司法、合伙法的规定以分立、独立的方式改制的情况下，国家行政机关收回该许可。依据《矿产法》规定的招投标办法重新颁发该许可。如果许可持有者仍保持了《矿产法》第7.1条规定的要求，享有重新获得该许可的优先权。

勘探和开采许可持有者可把该许可所属场地的部分转让给有权持有许可的其他主体，具体条件与上述全部转让的方式相同。

此外，勘探和采矿许可也可以进行抵押，许可持有者为得到开展矿产勘查、勘探、开采业务所需的资金、解决投资问题,可以把勘探或开采许可连同勘探工作成果报告、地质研究信息、可行性研究报告等相关文件及法律法规未禁止抵押的财产抵押给银行或其他金融机构，但勘探或采矿许可不能单独抵押。

许可证持有人应当把一份抵押合同与抵押申请、许可证一起送交国家机关，在登记入册后，将许可证交给抵押权人保存。在许可证抵押后，抵押权人不承担与该许可相关的任何义务。

在许可持有者没有履行抵押合同规定义务的情况下，如果抵押权人希望将勘探和开采许可转让给有资质的其他主体，可以根据《矿产法》第49条的规定向国家行政机关提出申请经批准转让。

（四）土地使用权

根据宪法第6条规定：“蒙古国的土地及地下矿藏、森林、水流、动物、植物以及其他自然资源只属于人民，受国家保护。”蒙古国国民可以拥有蒙古国的土地所有权。外国法人或公民可以根据签订的合同条件在特定时间为特定目的享有土地使用权。国有土地通过发放土地使用许可证的方式可由公司使用，该许可证仅发放给蒙古国的公民、法人、组织，也发放给有外资的实体。许可证期限为15～60年，一次延期不超过40年。

《外国投资法》第21条规定了有关外国投资企业的土地使用问题：

（1）依据蒙古国土地法规定的条件和程序，外国投资企业以签订合同的方式，有偿获得土地使用权。

（2）合同中应包含土地的使用条件、期限、自然环境保护与恢复措施、使用费、双方应负的责任等内容。

（3）本条第三款第2.3项规定与外国投资企业领导签订的土地使用合同所产生的责任，由蒙古国投资者和外国投资者按企业资产中的投资比例分担责任。

（4）根据企业的经营期限，确定外国投资企业的土地使用基础期限。土地的初次使用期不得超过60年。按原合同条件，一次可延长使用期40年。

（5）根据国家特殊需要，政府有权做出更换或收回土地的决定。但应无障碍补偿由此给外国投资者造成的损失。补偿金额按更换或收回土地当时的估价确定。

勘探许可持有者和开采许可持有者可在征得土地所有者、占有者的同意后进入，通过其他主体所有、占有的土地，进而得以行使其权利。如果在勘探和开采活动过程中对水井、冬牧地、当地个人和公共住宅、其他设施，以及历史、文化古迹造成了损坏，许可持有者应向其所有者和占有者全额赔偿损失，必要时负责支付相关的迁移费用。

二、跨国矿业投资相关法律制度

（一）国内市场义务

《蒙古国关于外商投资战略性行业业务实体监管法》第4.8条规定，战略性行业业务实体采购商品或服务时，应优先考虑国内实体①，并且相关程序应获得政府通过。

《矿产法》第43条规定，开采许可持有者有义务保障蒙古国公民就业。该企业法人的外国公民不得高于总员工数量的10%。如果许可持有者录用外国公民的比例超出该比例，每个工作岗位每月须缴纳相当于最低劳动工资10倍的费用。

（二）投资协定、稳定性安排

蒙古国主管外国投资的政府部门是对外关系与贸易部下设的外国投资局。外国投资企业须是依照蒙古国法律创办的，投资额不低于10万美元（或相当图格里克），企业资产中外国投资者所占比例不低于25%的企业。外国投资者的投资形式包括：

（1）自由外汇、投资所得的图格里克。

（2）动产与不动产及其相关的产权。

（3）知识与工业产权。

该法同时规定了外国投资可以采取外国投资者单独创办企业、开设分部、外国投资者同蒙古国投资者合办企业等6种方式。

为了给投资者稳定的经营环境提供法律保障，投资额符合一定要求的投资者可以提出申请，与蒙古国政府签订投资合同，合同期限根据投资额确定。

《矿产法》第29条规定，政府可以与投资人签订一个长期的投资合同，条件是矿产开发活动的前5年中，在蒙古国境内投入不少于5000万美元资产，而且需要采矿许可持有人提出申请。前5年的投资额在5000万～1亿美元时，可以签订为期10年的合同；1亿～3亿美元时，可以签订为期15年的合同；3亿美元以上时，可以签订为期30年的合同。投资额在5000万～1亿美元之间的项目，投资稳定合同由政府决定；投资额在1亿美元以上的项目，投资稳定合同由国家大呼拉尔讨论决定。蒙古国政府授权主管财政、地质矿产和自然环境问题的政府部门联合与投资者签订该合同，在投资合同上签字后，将有关该合同条件方面的通知送达蒙古国银行和其他有关单位。

依照《矿产法》的规定，投资者应当向主管财政、地质矿产和自然环境问题的政府部门报送有关签订稳定合同的申请及合同草案，并附上前5年的投资额、期限、工厂的产能、产品的种类等文件。

依照《外国投资法》的规定，在稳定经营合同期限内，外国投资企业在不属于依法宣告破产或因主管部门终止其经营活动以及各方协商解除协议的情况下，提前自主停止经营活动的，应追偿已享受的

①《蒙古国关于外商投资战略性行业业务实体监管法》第3.1.6条规定，国内实体是指由蒙古国公民或法人于蒙古国设立、依法缴纳蒙古国企业所得税及其他税项，且该蒙古国公民或法人在蒙古国设立的法人中的持股比例不低于50%的实体。

税收减免和其他优惠所得。

（三）向国家和地方投资者转让的义务

《矿产法》规定，国家持有用国家预算资金进行勘查、勘探，确定了储量的矿的股比由开采该矿的合同确定；与私有法人合作开采利用国家预算资金进行勘探，确定了其储量的有战略意义的矿①时，国家参股最高可达到50%。上述比例参照国家投入的资金额通过开矿合同确定；没有国家预算的参与进行勘探、确定储量的有战略意义的矿，国家最高可以持有相当于该矿持有者投入资金34%的股份，该比例参照国家将要投入的资金额通过开矿合同确定。该法同时规定，持有具有战略意义的矿的开采许可法人，其不低于10%的股份要通过蒙古国资本交易所进行交易。

（四）争端解决机制

许可持有者之间发生的场地边界争议，由国家行政机关裁决。争议各方如果不同意国家行政机关的决定，可向法院提起诉讼。许可持有者与土地所有者、占有者之间，在进入、通过、开采该土地方面发生的争议，由法院根据《民法》《土地法》的规定进行裁决。与按《矿产法》第29条、第30条规定签订的投资合同产生的相关争议，按法律法规和蒙古国际条约解决。许可持有者对于阻碍其行使本法授予权利的国家机构、行政官员的作为或不作为，可向有关上级机关、官员或法院提起诉讼。

1994年，蒙古国加入了《联合国承认及执行外国仲裁裁决公约》（1958年纽约公约），此外，蒙古国还是《华盛顿公约》的签字国，这在一定程度上保证了投资纠纷的解决和仲裁结果的执行。

三、法律环境总结

矿产行业在蒙古国经济发展中起着重要作用，但受基础设施落后、水资源匮乏和气候恶劣等条件的制约，蒙古国的矿产勘查和开发进展得并不理想，目前仍处于开发初期，潜力较大。近20年来，该国政府着力调整国内矿业政策，推行更有利于吸引外资的政策。为达到这一目的，蒙古国先后制定了《矿产法》《外国投资法》等一系列法律法规，促进外资进入该国矿业领域。但是，相关矿业开发政策法规修订得过于频繁，缺乏稳定性，而且近2年来的修法活动都体现了蒙古国政府在加强对外国投资者投资、经营蒙古国矿业的监管，使得该国矿业投资风险在短期内有所加大。

在2006年矿业法修订过程中，总体上减少了对矿业领域的投资优惠，增加了限制条件，特别是加大了政府对企业活动的参与程度。2009年6月，蒙古国政府再次提出《矿产法》修订草案。此次修订集中在国内战略矿的所有权以及相关法律条款方面，该国政府一方面延续了2006年的修订原则，进一步加大了对国内矿产资源的控制，另一方面对项目合作企业的挑选条件、矿业项目利润分配的相关政策进行了调整，最大限度地保障国家在战略矿项目中的权益。

此外，2012年5月17日，蒙古国议会急切通过的《蒙古国关于外商投资战略性行业业务实体监管法》，旨在保证一个公平竞争的健康市场体制，防止外国国有企业在蒙古国战略性行业业务实体中获得支配性地位。整部法律围绕如何对在战略性行业业务实体中的外国投资者的投资行为进行审查和监管，以维护蒙古国家安全和经济利益。

因此，投资者必须认识到：近期蒙古国矿业投资政策、投资环境存在较强的不确定性，而且呈现越来越严苛的趋势，须采取相对谨慎的投资态度。从近期走势来看，外商投资蒙古国矿业的风险主要包括以下几个方面：

（1）在政府控制趋紧的背景下，蒙古国矿业发展将放缓。在暂停发放矿业许可证后，蒙古国政府又在2010年第三季度强调：Tavan Tolgoi煤田的开发工作必须由国家控制。此举再次体现了该国政府加大对矿业资源的控制。受此影响，蒙古国矿业投资的速度有所放缓。

（2）基础设施落后制约蒙古国矿业项目顺利执行。蒙古国基础设施建设相对滞后，道路落后和水资源匮乏尤为突出，在一定程度上限制了矿业的发展。

（3）外国投资可能面临蒙古国地方政府的干预。在现行法律法规限定下，企业如果无法得到地方

① 根据《矿产法》第4.1.11条规定，“有战略意义的矿”是指正在进行或可以进行的生产足以影响国家安全、国家和地区经济社会发展，或每年产量占国内生产总值5%以上的矿。

政府的支持，其矿产项目很难正常开展。地方政府有可能以“特别用地”为由，阻止企业开发勘探矿产，这使得外国投资者面临“隐形征收”风险。

总之，蒙古国吸引外资力度不足，除政治、经济环境欠佳外，法制松懈、官僚主义及腐败问题、政府和私人部门对国际化商业运行方式不了解、规章和立法过程缺乏透明度、法律极易变动、地方保护等也是影响投资者信心的重要因素。上述因素表明，在蒙古国境内进行矿业投资具有非常高的法律风险。

第四节 税 制 研 究

一、税制总论

（一）税收体制简介

蒙古国拥有复杂的税务体制，其税法体系由《蒙古国总税法》统管国内税务体系及监管的总框架，另外还存在若干独立税法及规章。

蒙古国的税收分为中央税收与地方税收。由国家大呼拉尔（蒙古国会）、政府确定税率并在全国范围内普遍执行的税收称为中央税收；由省、首都公民代表呼拉尔（蒙古国会）确定税率并在本地区范围内执行的税收称为地方税收。

中央税收包括企业、机构的所得税；关税；增值税；特别税；汽油、柴油燃料税；矿产资源使用费。地方税收包括个人所得税；枪支税；首都城市税；养狗税；遗产、礼品税；不动产税；印花税；水、泉水使用费；汽车运输及其他交通工具税；矿产之外的其他自然资源使用许可费；自然植物使用费；通用矿产使用费；狩猎资源使用费，狩猎许可费；土地使用费；木材使用费。

蒙古国的国家税收由税、费和特许权使用费（也翻译成补偿金）组成。目前，蒙古国共计 24 种税、费和特许权使用费。根据蒙古国法律规定，对个人和法人的收入、财产、货物、经营服务行为，按一定期限和比例无偿征收为国家或地方预算的收入是税收。政府有关部门根据法律服务于个人、法人而收取费用，并上缴国家和地方预算的收入是费。利用国有土地及地上地下资源、森林、草原、水资源，及因污染大气、土壤、地表水和狩猎而向个人、法人收取费用并上缴国家和地方预算专用账户的收入是特许权使用费。由此可见，蒙古国税收在范围上与大部分国家存在一定区别。

（二）整体税收环境

根据普华永道最新发布的 2016 年全球 189 个主要经济体总体税负情况排名，蒙古国税收负担排名第 162 位，整体税负为 24.4%，整个税务环境质量排名第 91 位①。

蒙古国主要税种的税率见表 4-1-4。

表 4-1-4 蒙古国主要税种的税率（税率更新至 2015 年 12 月 31 日）

税 种	税率/%	税 种	税率/%
企业所得税	10/25	管理及行政费用	20
资本利得税	10/25	租赁利息	20
预提所得税		使用有形资产及无形资产、销售货物，完成的工作或提供的服务	20
股息	20		
利息	20	分支机构利润汇出税	20
特许权使用费	20	个人所得税	累进税率
租金	20	增值税	0/10

截至 2015 年底，蒙古国已经与全世界 30 个国家和地区签订了避免双重征税税收协定，从而在一定程度上降低了非居民企业通过分支机构或子公司在蒙古国获得收入的税负情况。

① PWC，A comparison of tax systems in 189 economies worldwide 2016。

根据蒙古国与中国签订的税收双边协定，目前蒙古国与内地的股息预提所得税税率为5%，利息预提所得税税率为10%。

中国香港与蒙古国暂无税收协定，股息预提所得税和利息预提所得税税率均为20%。

二、与煤炭开采行业相关的其他税费政策

（一）矿产资源开采费（特许权使用费）

蒙古国《矿产法》规定了矿产资源开采费的征收标准和办法，但不含石油行业；其他法律也没有对石油行业如何申报缴纳矿产资源开采费做出规定，但通常PSC合同中会对征收标准和缴纳方式做出规定。

截止到2010年12月31日，向蒙古国电厂出售的煤炭和其他一般矿物，税率为2.5%；销往国外的煤炭、销往国外的一般矿物、蒙古国国内或国外销售的不经常发生的矿物，税率为5%。此外，从2011年1月1日起，蒙古国开始按照销售金额对矿产资源征收资源附加税，税率为0~5%，适用的税率根据产品未来市场价格和加工程度确定。煤炭矿产资源开采费率见表4-1-5。

表4-1-5 煤炭矿产资源开采费率

资源类别	单位	参照产品	未来市场价格/美元	根据加工程度确定资源附加税税率/%		
				矿　石	浓缩物	产　品
原煤	t	煤	0~25	0.00	—	—
			25~50	1.00		
			50~75	2.00		
			75~100	3.00		
			100~125	4.00		
			125以上	5.00		
浓缩煤（技术上经过干、湿加工方法）	t	煤	0~100	—	0.00	—
			100~130		1.00	
			130~160		1.50	
			160~190		2.00	
			190~210		2.50	
			210以上		3.00	
最终产品（焦煤、半焦煤、气、液态燃料、与煤相关的化工产品）	t	煤	0~160	—	—	0.00
			160~190			0.50
			190~210			1.00
			210~240			1.50
			240~270			2.00
			270以上			2.50

另外，矿产资源开采费包括统一费率标准的矿产资源开采费和附加税矿产资源开采费两种类型。统一费率标准的矿产资源开采费率取决于矿物的类型，以及它们是否在蒙古国境内出售；附加税矿产资源开采费税率取决于不同的矿物类型，以及其市场价格和其加工程度；对低于一定市场价格的矿物不征收附加税矿产资源开采费。

（二）矿产资源勘探、开发的具体政策法规

1. 矿产资源的勘探、开发实行许可证制度

1）总体要求

依据蒙古国法律法规正在从事经营活动，向蒙古国纳税的法人有权获得勘探和开采特别许可，并有权将特别许可全部或部分地转让、抵押给他人。勘探特别许可的有效期限为3年，并可延期2次，每次为3年。开采特别许可的有效期为30年，可延期2次，各20年。一张特别许可可批准的勘探场地面积不小于25 hm^2，不多于40万 hm^2。

2）特别许可发放原则

一张特别许可只能发给一个法人。同一张特别许可多个法人提出申请时，则按提出申请的时间顺序优先发给第一个申请的法人。特别许可持有者向他人转让特别许可时，必须到矿产石油管理局办理正式转让手续。

3）特别许可收费标准

（1）勘探特别许可按勘探场地每公顷收费标准为：持有特别许可的第一年为0.1美元；第二年为0.2美元；第3年为0.3美元；第4~6年为1.0美元；第7~9年为1.5美元。申请者支付了勘探特别许可第一年的费用后，地质、矿产登记机关在3个工作日内发给为期3年的勘探特别许可。

（2）开采特别许可按开发所属矿区每公顷收费标准为：开采特别许可所属矿产场地每公顷的开采特别许可费用为15美元，而对于煤和普遍分布的矿产，每公顷为5美元。申请者支付开采特别许可第一年的费用后，地质矿产登记机关在3个工作日内发给为期30年的开采特别许可。

4）办理特别许可手续费标准

在矿产局新申请登记一张勘探特别许可的手续费标准为：蒙古国法人为25万图格里克；外国法人为1000美元；有外国投资的法人为400美元。转让勘探特别许可的手续费为2000美元。

法人新申领开采特别许可的手续费为1000美元，转让开采特别许可的手续费为5000美元。

2. 对环保方面的规定

（1）勘探特别许可持有者在领取许可证30天内，同环境监督机关和勘探场地所在县、区行政长官协商制定环保计划，经县、区行政长官批准后送达勘探场地所在地方自然环境监督机关。开采特别许可申请主体在取得特别许可之前，要制定环保计划，并报送主管自然环境问题的国家中央行政机关，经批准后再将复印件报送该矿所在省、县、区行政长官和自然环境监督机关。

（2）禁止在没有取得自然环境机关批准的情况下进行矿产勘查、勘探、开采。

（3）通过回填、平整、绿化使被破坏的土地达到今后可以为公共用途利用的水平。

（4）实行环保抵押金制度。为确保特别许可持有者完全履行在环保方面承诺的义务，勘探特别许可和开采特别许可要将相当于实施环保措施所需年度预算的50%资金作为抵押金，分别存入勘探场地所属县、区行政长官设立的专门账户和国家主管自然环境的中央行政机关开设的专门账户。

3. 各种税费收取标准

（1）所得税。根据企业年营业利润，征收10%和25%的所得税。年所得在30亿图格里克以下的，所得税税率为15%；年所得在30亿零一图格里克以上的分两部分缴纳，30亿图格里克以下部分仍按10%收取，以上部分按25%收取。

（2）依据2006年修订的增值税法（已于2007年1月1日开始执行），交纳10%的增值税。

（3）矿产资源开采费。内销的煤和普遍分布的矿产资源开采费用相当于从该矿床开采销售的，或为销售发运的和开采产品的销售金额的2.5%；以上规定以外的其他矿产资源的开采费用相当于从该矿床开采销售的，或为销售发运的和开采产品的销售金额的5.0%。

（4）土地使用费。对矿产资源开发占用的土地收取土地使用费。具体收费标准：按照用于矿产资源开发前该土地所属区、市、镇、其他居民点土地价格标准的两倍收取。例如，占用了100 hm^2 草场用地，其价格为55图格里克，年收费金额为 $100 \times 55 \times 2 = 11000$ 图格里克。土地使用费交区、县级地方财政。

（5）回收国家投入的前期勘探费。正在开采利用国家预算资金进行了勘探、确定了储量、在国家统一登记中进行了登记的矿点的特别许可持有者，从开始开采时计起在合同的基础上向国家预算补偿国家预算用于勘探工作的支出。补偿合同应规定补偿的总额度、期限、每年补偿的额度。

4. 国家对矿产资源开发的参与

（1）国家参与有战略意义的矿的开发。开发利用国家预算资金进行勘探、确定了其储量的有战略意义的矿时，国家参股最高可达到 50% 。该比例参照国家投入的资金额利用开矿合同确定；开发没有国家预算参与进行了勘探、确定了其储量的有战略意义的矿时，国家最高可以持有相当于该矿持有者投入资金 34% 的股份。该比例参照国家投入的资金额利用开矿合同确定。

（2）开发矿产资源的企业，为确保开发经营期间税收等方面不受政策变动的影响，可申请与主管财政、地质矿产和自然环境问题的政府成员联合签订投资合同。稳定经营合同的期限为：前 5 年的投资额在 5000 万美元以上时，可以签订为期 10 年的投资合同；在 1 亿美元以上时，可以签订为期 15 年的投资合同；在 3 亿美元以上时，可以签订为期 30 年的投资合同。

三、税制总结

蒙古国税收负担在全球范围内较轻，但在发展中国家中仍偏重。根据普华永道和世界银行共同合作发布的 2016 年全球 189 个主要经济体总体税负情况排名，蒙古国税收负担排名第 162 位，整体税负为 24.4% ，属于税负较轻的国家，在此次富煤国家中按税负从轻到重排名第 3 名。此外，该国税法较简单，但税收执法环境较差，存在一定的执法腐败现象。但同时也看到，近年来该国税务环境有所改善，蒙古国政府近年来通过降低税负、提高纳税人服务效率和通过新的投资法等措施鼓励投资。例如，根据世界银行 2014 年发布的“Doing business in Mongolia 2014”统计，蒙古国的整体税率从 2006 年的 40% 下降至 2013 年的 24.6 % ，每年的纳税申报耗时从 2006 年的 200 h 下降至 2013 年的 192 h。又例如，2013 年 10 月，蒙古国政府通过了新的投资法，提出对外投资的税收或非税收优惠以及税收稳定政策，旨在吸引对外投资。

第五节　环　评　体　系

一、矿业项目开发的环境监管机构及相关环境法律

（一）环境监管机构

蒙古国矿业项目开发过程中主要涉及如下环境审批部门：

（1）蒙古国环境与绿色发展部。

（2）国家计量和环境监测局。

（3）蒙古国矿业部。

（4）蒙古国能源部。

（二）相关环境法律及法规

涉及的国家级法律法规如下：

（1）蒙古国宪法。

（2）蒙古国环境保护法。

（3）蒙古国环境影响评价法（1998 年制定，2006 年修订）。

（4）蒙古国矿业法（1994 年制定，2006 年修订）。

（5）蒙古国能源法。

（6）蒙古国水法。

（7）蒙古国危险废物和有毒化学品法。

二、环境审批

（一）项目筛选

在蒙古国使用自然资源的新项目，以及改建和扩建现有的矿业、服务业和建筑活动的项目，必须经过筛选。法律规定对项目的筛选必须在采矿许可证、土地拥有或使用权的许可证获取，以及实施项目之

前完成。

首先，项目申请者应该把项目描述、在技术上和经济上的可行性研究、施工图及其他相关文件提交到环境与绿色发展部或地方行政机关，以供政府部门根据相关法规进行项目筛选分类活动。环境与绿色发展部将指定一名具有专业能力和工作经验的环境影响评价专家进行项目筛选。如果有必要，其他相关专家也必须参与到评估工作之中。专家在12个工作日之内，对进行筛选的项目给出以下一种结论：

（1）该项目可以进行，不需要进行详细环境影响评价。

（2）该项目可以进行，但需要陈述一些具体情况。

（3）该项目必须进行详细环境影响评价。

（4）该项目被拒绝进行。可能由于不符合有关法律、法规，设备和技术对环境有极度不利的影响，或者该项目缺少土地管理计划等原因。

（二）详细环境影响评价审批流程

在第一步项目筛选后，若申请项目被分类到需要进行详细环境影响评价的项目级别，详细环境影响评价则成为获得采矿权证和开发该项目的必要条件。项目申请者需要向环境与绿色发展部和有关省、县（市区）行政长官提交对环境影响的评估计划。即使在某种特殊情况下，项目已经持有采矿许可证，法律规定在没有取得有关环保部门书面批准同意之前，也禁止开始进行一切勘探和开发活动。

在详细环境影响评价时，项目申请者首先必须明确该项目的工作范围，并且寻求一个有进行环境影响评价资质的环评公司授权进行此次详细环境影响评价。由授权的环评公司来负责撰写详细环境影响评价报告。

为了执行审查，详细环境影响评价报告草案首先由授权环评公司提交给项目申请者。进行详细环境影响评价报告、做出结论和决定的一切费用应根据项目申请者和授权环评公司之间的合同进行支付。进行详细环境影响评价的授权环评公司，应保持评估专家报告和文章原件，并准备详细环境影响评价报告的3份复印件；报告的一份复印件提交给环境与绿色发展部，一份复印件提交给项目申请者，而授权环评公司也应保留该报告的一份复印件，所有复印件具有同等法律效力。

在项目申请者和授权环评公司对详细环境影响评价报告草案达到一致认可后，环评公司将把详细的环境影响评价报告及其他相关文件提交给筛选组织。收到详细环境影响评价报告的筛选组织专家应在18个工作日内做出专业评审。筛选组织也可以委托一个环境专业的认证实验室对该详细环境影响评价报告进行联合专业评审，并得出最后的评审结论。如果有必要，环境与绿色发展部有权利延长该期限，以保证更为准确、合理的评审结论。专业评审程序和评审指南由环境与绿色发展部予以批准。

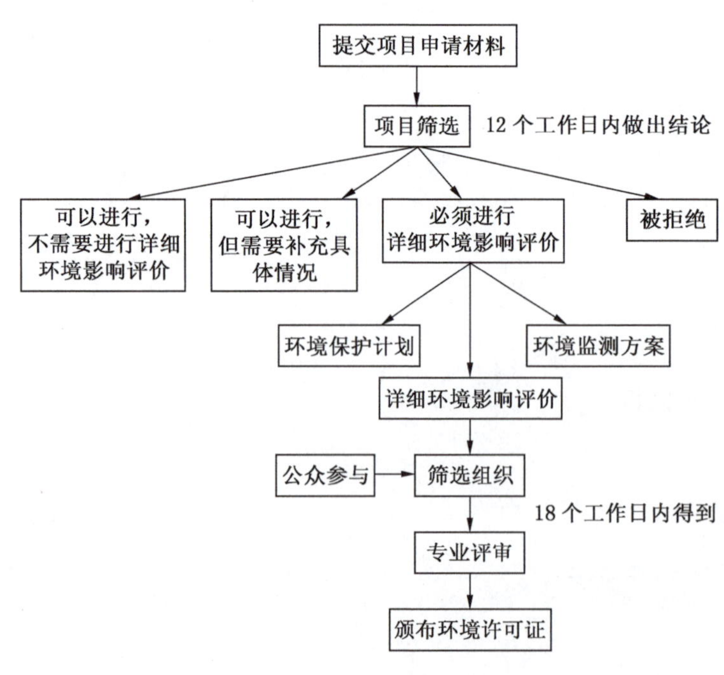

图4-1-4 环境许可证审批流程

详细环境影响评价报告的接受机构须确保公众可以获得该报告。基于专家对详细环境影响评价报告的评审结论，详细环境影响评价报告也要考虑到项目实施区域的公民意见。公民代表、省会城市、区主席团和当地环保督察将对该详细环境影响评价报告进行综合讨论核准。最后由环境与绿色发展部将综合专家评审意见及公民意见，对是否颁发环境许可，以及是否允许项目实施做出最终决定。环境许可证审批流程如图4-1-4所示。

（三）环境审查

若已经通过了详细环境影响评价，并已颁布了环境许可证的项目造成了重大人口或环境健康损害，详细环境影响评价则需要进行环境审查。环境与绿色发展部将指定相关专业人士组成审查组，并支付审查费用，日后这些费用将从违法人士处得到偿还。一旦环境审查程序启动，进行详细环境影响评价的授权环评公司和项目申请者应及时提供所有所需文件以便审查。环境与绿色发展部应当在与有关各方协商的基础上，设定审查时间表。

如果审查已经核实详细环境影响评价进行得不恰当或有缺失，授权环评公司须重新对项目的环境影响进行评价，以确保能够满足要求。重新环评期间，环境与绿色发展部有暂停一切项目开发活动的权利，以便于在暂停期间重新进行详细环境影响评价。如果审查认定还需要进一步的研究，这些研究的所有费用应由进行初始详细环境影响评价的环评公司和项目申请者进行支付。

（四）闭坑后土地复垦及环境修复要求

许可证持有者若计划关闭全部或部分矿区，须提前一年以书面报告的形式，撰写实施细则，并提交相关技术监督机关。土地复垦及环境修复程序和指导由环境与绿色发展部进行批准，复原标准由相关法律授权的组织管理。

同时，许可证持有者须根据实施细则做好准备工作，并采取下列措施：

（1）矿区作为公共用途时，采取确保安全和自然环境保护的全面措施。

（2）若有造成危害的风险，则采取必要的预防措施。

（3）将除当地政府或技术监督机关同意留下的设施以外的其他全部机器、设备和财物撤离现场。

（4）将矿山作业引起的有可能发生危害的地块，在相关比例地图上详细标注，并在矿产领地周围设立必要的标志、警告、警示，把地图报送技术监督机关和当地政府行政长官。

（5）严格按照详细环境评价报告中的闭坑后土地复垦及环境修复计划执行。

三、环境影响评价

（一）详细环境影响评价报告

详细环境影响评价报告应包括以下内容：

（1）环境基本数据和指标。

（2）项目和技术备选方案。

（3）减少和减轻不利影响的措施建议，以及消除潜在以及重大不利影响的措施。

（4）不利影响及其后果程度和分布的分析和计算。

（5）事故和风险估计。

（6）环境保护计划。

（7）环境监测方案。

（8）项目实施区域公民和公民代表等的意见。

（9）关于项目实施区域耕作层和项目特殊性质等方面的其他问题。

（10）闭坑后土地复垦及环境修复计划。

（二）环境保护计划和环境监测方案

项目申请者为了实行详细环境影响评价报告中的建议和结论，应制定相应的环境保护计划和环境监测方案，以监视和控制自身活动的过程和表现。

其中，环境保护计划应包括减少、减轻和消除详细环境影响评价中所鉴别的不利影响的具体措施，以及确定的时间表和执行这些措施的预算开支；环境监测方案应阐明项目活动所导致环境变化的监测与研究，包括监测计划和方法，以及确定的时间表和执行这些措施的预算开支。

在制定环境保护计划和环境监测方案的过程中，项目筛选组织需要对一年的计划和方案及它们估计的实施预算进行评估和批准。公民代表、省会城市、区主席团和当地的环保督察可对环境保护计划和环境监测方案的实施提出意见和质疑。环境保护计划和环境监测方案的开发法规由环境与绿色发展部批准。

四、环评体系总结

蒙古国作为与中国相邻的资源大国，具有巨大的投资潜力。蒙古国属于发展中国家，处于经济快速发展时期。然而蒙古国政局稳定性一般，政策法规体系频繁变动。蒙古国对在该国开展矿业项目的环境许可审批程序相对简单，对环评审批实施分级管理，政府当局审批速度也相对较快，一般审批时间为1个月。此外，蒙古国政府要求相当于实施环保措施所需年度预算50%的资金作为环境保证金，通过环境保护保证金制度从经济上保证矿业项目的环境影响最小及矿区关闭后的生态恢复达标。

蒙古国的矿产项目环境影响评价主要由环境与绿色发展部（最高主管机构）进行审批，主要相关制约法律法规包括宪法、环境保护法和环境影响评价法。

在蒙古国开展项目，主要审批流程包括以下内容：首先项目申请者将项目资料上交环境与绿色发展部，筛选组织通过环境影响评价项目初步筛选将申请项目主要分成3类：不需要环境影响评价、简单陈述相关情况和需要进行详细环境影响评价。项目筛选需12天。对于现有大规模矿业项目，被分为第三类需要做详细环境影响评价的项目居多。项目被定级后，项目申请者需要授权有资质的环评公司进行详细环境影响评价。详细环境影响评价报告主要包括：环境基本数据和指标，项目和技术备选方案，减少和减轻不利影响的措施建议，消除潜在以及重大不利影响的措施，不利影响及其后果程度与分布的分析和计算，事故和风险估计，环境保护计划，环境监测方案，项目实施区域公民和公民代表等的意见，关于项目实施区域耕作层和项目特殊性质等方面的其他问题以及闭坑后土地复垦及环境修复计划10个方面的内容，其中环境保护计划和环境监测计划尤为重要。提交该报告后，由筛选组织专家和公众意见综合提出报告评审，一般需18天后公布。最后由环境和绿色发展部裁定是否颁布环境许可证。环境许可证颁布后，项目方可开始项目活动。随后，项目方每年需要提交主管部门年度环境保护计划和环境监测计划，并接受审核监督。项目关闭前，项目方需要提交闭坑后土地复垦及环境修复的实施细则。

总体来说，蒙古国作为发展中国家，目前处于经济快速发展时期，其法律法规体系变动频繁，尚有进一步完善修改的空间；相对于其他国家，蒙古国对开展矿业项目的环境审批相对简单，一般在1个月内完成，时间较短；对公众参与度要求不严格；然而，其在对矿产开发保证金方面，明确要求预先支付环保预算的50%。

五、环境保护成本分析

矿业投资环境是指在矿业领域开发投资中面对的各种周围情况和条件的总和，一般按照影响的要素分类分析。这些主要因素包括：目标国自然资源、政治环境、经济环境、法律体系、财税体系、环境保护成本等。本书主要探讨环境保护成本因素对境外投资矿业尤其是煤炭业的主要影响。

本书主要通过5个方面对目标国家环境保护成本进行定性分析。分析后给出“高、中、低”3种评估结论，以环境审批一般办理时限为例，“高”表示目标国家环境审批一般办理时限相对于其他国家较长，反之则判定为“低”，当目标国家环境审批一般办理时限介于“高”和“低”之间，结论偏中性，无法给出“高”或“低”单方面的结论时，则评估结果为“中”。

评估目标国家环境保护成本的5个因素依次为目标国家环境法律体系完善程度、环境审批程序复杂程度、环境审批一般办理时限、公众参与程度及环境保护敏感度、矿区复垦及环境保护保证金收取要求。

1. 环境法律体系完善程度

蒙古国为发展中国家，近几年处于经济迅速发展时期，随着蒙古国推进以矿业为中心的工业化，蒙古国对能源的需求逐年上升，市场潜在需求量增加，处于投资开发的有利时期。蒙古国对其国内环境保护工作较其他发达国家起步较晚，在国家大力发展经济的同时，不可避免地对环境与自然资源造成过度的开发和利用，从而造成对环境保护工作重视程度不够。蒙古国法律体系较为健全完整，但环境法律法规体系变动频繁，先后修改过数次，因此蒙古国的环境法律体系存在一定不稳定的因素。蒙古国现行约束矿业开发项目所需环境影响评价的主要法律包括环境保护法、环境影响评价法、能源法等。相较于其他发达国家，蒙古国与环境相关的法条较少，且由于蒙古国国情导致其执法效率较低，尚有进一步完善修改的空间。

综上所述，对蒙古国环境法律体系完善程度评定为“低”。

2. 环境审批程序复杂程度

由于蒙古国的环境保护工作起步较晚，对其重视程度不够，其环境法律体系完整度不够，法条较少，缺乏对环境审批更为合理、具体、与时俱进的规范规定，尚有进一步完善修改的空间。因此在蒙古国开展矿业项目所需环境审批相较于发达国家，甚至其他发展中国家略显简单。审批程序的全部过程中，虽然涉及公示详细环评报告、收集公众意见的环节，但实则对公众参与的要求度不高，也不涉及公众或独立专家委员会单独审查环境影响评价报告的环节。

综上所述，对蒙古国环境审批程序复杂程度评定为“低”。

3. 环境审批一般办理时限

由于蒙古国的环境审批程序较为简单，因此蒙古国环境审批一般办理时限也相对较短，一般情况下自项目提交申请之后起的1个月之内完成审批工作。步骤：筛选项目一般在12天内完成，环评报告递交至筛选组织后，由筛选组织专家或聘请其他专业环境专家在18个工作日内做出专业评审。但考虑到蒙古国国内执法力度不强，效率较低，因此存在审批时限延期的可能性。

综上所述，对蒙古国环境审批一般办理时限评定为“低”。

4. 公众参与程度及环境保护敏感度

蒙古国环境法律规定，在环境审批程序中，提交环境影响评价报告后，需要将该环评报告通过网络、媒体等形式进行公示，并确保感兴趣的公众获得该报告，但没有具体时间的要求。基于专家对环评报告的评审结论，该报告也要考虑到项目实施区域的公民意见。公民代表、省会城市、区主席团和当地的环保督察将对该详细环境影响评价报告进行综合讨论、核准。最后由环境与绿色发展部综合专家评审意见及公民意见，对是否颁发环境许可，以及是否允许项目实施做出最终决定。此环节行为体现了蒙古国环境审批中涉及公众参与的环节，然而，蒙古国环境法律中并没有明文规定，矿业企业需要针对公众的意见和建议做出何种反应，也没有明确将矿业企业是否需要根据反馈意见修改环评职权范围写入相关环境法律。在审批时间上，也没有特别明确处理公众意见和建议的时限。这也体现了蒙古国的公众参与环节在审批程序中不起决定性作用，从另一个侧面显示出蒙古国公众对环境保护的敏感度相对较低。

综上所述，对蒙古国公众参与程度及环境保护敏感度评定为“低”。

5. 矿区复垦及环境保护保证金收取要求

虽然蒙古国环境保护工作起步较晚，在国家大力发展经济的同时，对环境保护的重视程度也略显不足。但是蒙古国环境法律对矿业项目计划关闭矿区时的环境修复工作有明确规定。规定要求环境许可证持有者若计划关闭全部或部分矿区，须提前一年以书面报告的形式撰写实施细则，并提交至相关技术监督机关。土地复垦及环境修复程序和指导由环境与绿色发展部进行批准，复原标准由相关法律授权的组织管理。同时对于矿区复垦、环境修复需要达到何种程度有较为明确的规定。与此同时，为确保环境许可证持有者完全履行在环保方面承诺的义务，蒙古国要求将相当于实施环保措施所需年度预算50%的资金作为环境保证金，转入项目所属县（区）行政长官办公室专项账户中。该保证金必须在项目实施前提交。但是，应同时考虑到蒙古国国内执法力度不强，效率较低的具体国情。

综上所述，对蒙古国矿区复垦及环境保护保证金收取要求保守评定为“中”。

由定性分析结果显示，评估蒙古国环境保护成本的5个因素中：国家环境法律体系完善程度、环境审批程序复杂程度、环境审批一般办理时限，以及公众参与程度及环境保护敏感度均评定为“低”级别。矿区复垦及环境保护保证金收取要求评定为“中”级别。总之，蒙古国被定级为环境保护低成本国家。

第六节　基　础　设　施

蒙古国交通闭塞，通信和各种基础设施十分落后，这是阻碍蒙古国经济快速发展的重要因素之一。

一、公路

蒙古国全国公路总长11063 km，其中沥青路1317.6 km，占公路总长的11.9%；砾石路1378.9 km，占总长的12.5%；土路8366.5 km，占总长的75.6%。现有的沥青路也仅仅在首都乌兰巴托和其他各省会城市之间，交通运输问题一直是蒙古国经济发展的一大障碍。因此，在蒙古国经济建设发展战略中，铺设合理的公路、铁路，对于调整市场运转、合理分布人口、有效分配资源等具有深远意义。

蒙古大呼拉尔委员会（议会）于2001年1月25日颁布的“千年公路”工程是蒙古国提出的经济发展的新战略措施，是连接欧亚贸易通道的宏伟工程。“千年公路”包括贯通蒙古国东西走向的1条公路和南北走向的5条公路及东西走向的铁路干线，即“千年公路”工程（白金花，2007），总长度1万多千米。

东西走向的公路干线将经过东方、苏赫巴托、肯特、中央、布尔干、后杭爱、扎布汗、科布多、巴彦乌列盖等9个省，总长为2400 km。

南北走向的5条公路干线由东向西分别是：由东方省的额仁察布口岸经乔巴山—巴仁乌尔特—毕其格图口岸，进入中国内蒙古自治区的珠恩嘎达布其口岸；由色楞格省的阿拉坦布拉格口岸经苏和巴托市—达尔汗—乌兰巴托—乔依尔—满都拉戈壁—塔温陶勒盖—达兰扎达嘎德支路—赛音山达—扎门乌德口岸与中国内蒙古自治区二连口岸相连；由布尔干省的巴嘎伊勒黑口岸经布尔干市—哈拉和林—阿拉拜平原—巴彦洪格尔市—西伯库伦口岸与中国内蒙古自治区的策克口岸相连；由库苏古尔省的汗赫口岸经木仁—乌里雅斯台—阿尔泰经布日嘎斯台口岸与中国新疆维吾尔自治区相连；由乌布苏省的宝尔西敖口岸经乌兰高木—科布多—由雅楞泰口岸出境与中国新疆维吾尔自治区高速公路相连。

二、铁路

蒙古国铁路运输在蒙古国国民经济中，特别是货物运输和旅客长途运输中发挥着重要作用。由于蒙古国是全球最大的内陆国之一，其北临俄罗斯，南靠中国，因此铁路运输是蒙古国发展经济及对外贸易最重要的交通手段。据官方统计，2007年，铁路运输承担了蒙古国93%的货运及43%的客运周转量。尽管如此，蒙古国仍是全球铁路网密度最低的国家之一，其铁路运营总里程为1815 km。蒙古国铁路尚未实现电气化，火车完全依靠柴油机车牵引。

目前，蒙古国铁路系统共有雇员12500人，其官方运营商是乌兰巴托铁路局，传统上也称为蒙古国铁路，统管蒙古国全国的铁路及国际联运业务，俄罗斯铁路拥有其50%的股权。

（一）铁路线现状及规划

蒙古国境内仅有蒙古国纵贯铁路和东北部的鄂伦察布—乔巴山—塔木察格布拉克铁路，由西伯利亚铁路的乌兰乌德引出，纵贯蒙古国，途经苏赫巴托、达尔汗、乌兰巴托、赛音山达、扎门乌德等城市，并在二连浩特与中国内蒙古自治区铁路接轨，经集二铁路延续至乌兰察布。其中蒙古国境内总长约为1110 km，采用1520 mm的宽轨，进入中国则变更为标准轨。该线路有几条支线，分别通往铜矿产区额尔登特，煤矿产区沙尔河、纳来哈、巴彦诺尔，萤石矿产区巴彦温都尔，以及苏联的军事基地宗巴音。

蒙古国东北部还有一条1939年建成、全长557 km的由俄罗斯边境通往鄂伦察布—乔巴山—塔木察格布拉克的铁路及长190 km的鄂嫩—乔巴山单线铁路，是蒙古国东部主要的交通干线。该线路还有一条支线通往铀矿产区马岱，但线路已被拆毁，并在20世纪90年代末至21世纪初出售。

由于蒙古国属山国，铁路的主要部分途经海拔600～1700 m的山区，造成了蒙古国铁路多急弯和陡坡，因此限制了火车的运行速度和载重量。蒙古国货车的平均时速为75 km/h，载重量为2800～3400 t。

蒙古国从2010年起启动新铁路计划，该计划分为3个阶段。第一阶段是建设连接南部戈壁地区战略大矿的横贯铁路，即从南戈壁省省会达兰扎德嘎德开始，经塔温陶勒盖煤矿、查干苏布拉格铜矿、宗巴音至东戈壁省，与连接中国和俄罗斯两国的蒙古国纵贯铁路相接，再经苏赫巴托尔省最终到达东方省省会乔巴山，全长1100多千米。该条铁路修通后，可直接通往俄罗斯港口海参崴，并成为蒙古国的第二个出海口，之前主要从中国天津港进出货物。蒙古国铁道建设部副部长普日布巴特尔表示，工程投资约20亿美元，主要来自蒙古国政府、国内外投资者以及各种贷款和无偿援助等。第二、第三阶段修建的线路将向南部和西部延伸，全长3000多千米。全部计划完成后，基本上可以形成连接蒙古国各地的铁路运输网（图4－1－5）。

战略矿开采的启动，促成了蒙古国新铁路计划的出炉。政府主要有以下几方面考虑：一是拓展国内

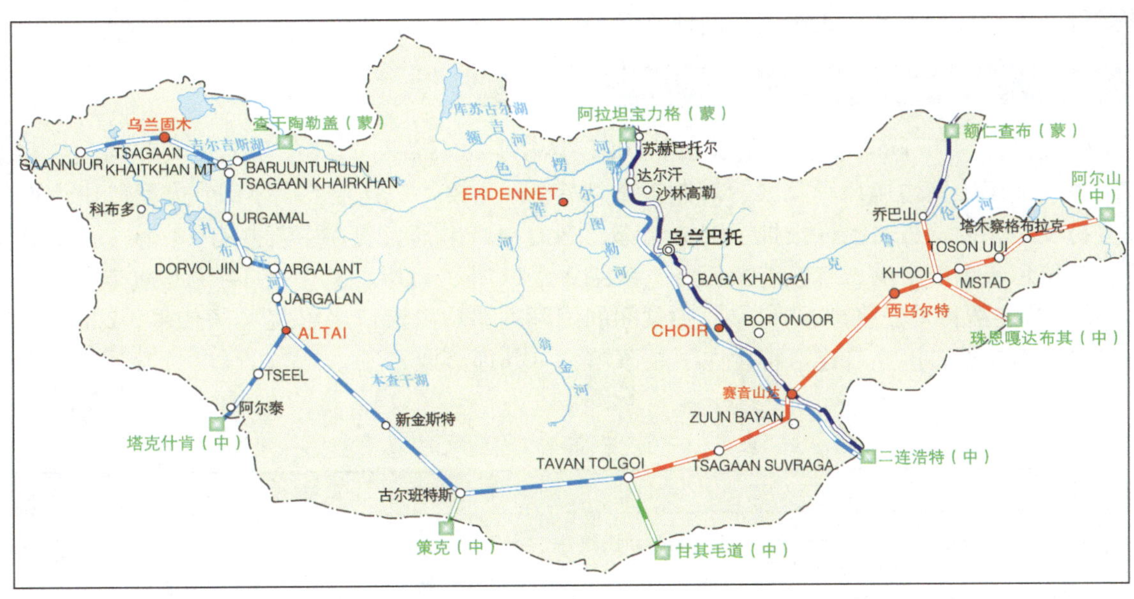

说明：黑线为既有铁路线，红线为一期规划，绿色为二期规划，蓝线为三期规划

图 4－1－5　蒙古国铁路现状及规划图（汾渭能源，2012）

铁路线，为国家经济社会发展服务；二是提高铁路运输能力，适应经济发展需要；三是经过中俄两国开辟矿产品新的出口市场，如韩国、朝鲜、日本、印度等国；四是为建设赛音山达工业园区提供交通运输保障。赛音山达是蒙古国东戈壁省的省会，位于蒙古国中南部，是中—蒙—俄铁路蒙古国段的重要枢纽，而且靠近中蒙边境和蒙古国南部主要矿产区，占有得天独厚的地理优势。该城市园区将包括焦炭厂、铜矿石加工厂、黄金加工厂和炼铁厂等一大批工业项目。工业园区总投入大约需要 93 亿美元。赛音山达工业园区的建成将极大地提高蒙古国工业化程度，使工业产量在国内生产总值中的比例提高到 57%。

（二）规划的实施情况

蒙古国政府在 2008 年 8 月 20 日通过决议，批准由“蒙古之金”有限公司新建蒙古国那林苏海图煤田至中国策克口岸铁路。

2010 年 9 月 14 日，蒙古国政府很快宣布“新铁路计划”第一阶段工程开始国际竞标，标志着蒙古国新铁路计划正式启动。

2012 年 6 月中国商务部网站公布，据蒙古国铁路执行局报道，蒙古国南戈壁省乌哈呼达格至嘎顺苏海特口岸方向 267 km 运矿专线（南线）铁路建设工程启动。蒙古国南线铁路主要由蒙古国能源资源铁路公司运作完成。蒙焦煤企公布，间接全资附属公司 Energy Resources LLC（ER）及 Energy Resources LLC 的全资附属公司 Energy Resources Rail LLC（ERR）与蒙古国政府签署特许协定，以建造及经营 Ukhaa Khudag 焦煤矿与蒙古国 Gashuun Sukhait 边境检查站之间的铁路基础设施（UHG－GS 铁路）。经营权最长 19 年。

蒙古国政府发言人于 2012 年 11 月 3 日公布，政府内阁会议讨论加快铁路网络开发，认同第一阶段及第二阶段铁路基础设施建设项目对社会经济的重要性，决议将该项目整合为联合铁路项目，归政府机构管理和执行，并由国内及外国投资者参与融资。此外，为了使正在进行的建设工程不中断，政府决定先前获特许的营运商（据了解，其中包括公司旗下 Energy Resources LLC 及 Energy Resources Rail LLC）将会进一步参与项目的执行，而至今产生的一切费用将被视为在项目中投资的一部分。

（三）运费

自 2011 年 8 月 1 日起，蒙古国铁路运煤费用上调 15%，即从 15.2 图克里克（约 8 分）/(t·km) 上调至 18 图格里克（约 9 分 5 厘）/(t·km)。运费上调有助于在一定程度上改善铁路的经营业绩。自

1990 年以来蒙古国的煤炭价格上涨了 19 倍，而铁路运煤费用只上涨了 3 倍，铁路运费上调 38% 才能保证铁路运输业不亏损。因此，未来蒙古国铁路运费将实施分阶段上调政策。

三、口岸

中蒙边境线长 4676 km。根据中蒙双方于 2004 年 9 月 28 日签订的《中华人民共和国政府和蒙古人民共和国政府关于中蒙边境口岸及其管理制度的协定》，开放了二连浩特等 12 个边境口岸。近年来随着双边贸易发展，内蒙古自治区报批了巴格毛都、乌力吉口岸等。现在中蒙共有 18 个（包括北京、呼和浩特、海拉尔 3 个航空港，二连浩特公路、铁路 2 个口岸）口岸，其中有 14 个非航空口岸（表 4-1-6）。其中二连浩特是公路/铁路口岸，中蒙间的国际列车均由该口岸出关（汤伟平，2009）。其余均是公路口岸，而且蒙古国在二连浩特设立了领事馆，可办理落地签证。

表 4-1-6 中蒙口岸开放情况

口岸	位置	类型	开放时间	工作时间
红山嘴—大洋	中蒙边界 17 号界标附近。中方一侧为新疆维吾尔自治区阿勒泰地区福海县，蒙古国一侧为巴彦乌勒盖省萨格赛县	双边季节性开放口岸	6 月 21 日至 7 月 5 日；8 月 1—20 日；9 月 1—15 日	中方 11—18 时 蒙方 12—19 时
塔克什肯—布尔干	中蒙边界 124 号界标附近。中方一侧为新疆维吾尔自治区阿勒泰地区清河县，蒙古国一侧为科布多省布尔干县	国际性常年开放口岸		中方 10—19 时 蒙方 10—19 时
乌拉斯台—北塔格	中蒙边界 163 号界标附近。中方一侧为新疆维吾尔自治区昌吉回族自治州奇台县，蒙古国一侧为科布多省布尔干县	双边季节性开放口岸	3 月、5 月、9 月的 16—30 日	中方 10—19 时 蒙方 10—19 时
老爷庙—布尔嘎斯台	中蒙边界 354 号界标附近。中方一侧为新疆维吾尔自治区哈密地区巴里坤县，蒙古国一侧为戈壁阿尔泰省阿勒泰县	双边季节性开放口岸	2 月、4 月、6 月、8 月、10 月和 12 月的 11—30 日	中方 10—18 时 蒙方 10—18 时
策克—西伯库伦	中蒙边界 572 号界标附近。中方一侧为内蒙古自治区阿拉善盟额济纳旗，蒙古国一侧为南戈壁省古尔班特斯县	双边性常年开放口岸		中方 8—17 时 蒙方 8—17 时
甘其毛道—嘎舒苏海图	中蒙边界 703 号界标附近。中方一侧为内蒙古自治区巴彦淖尔市乌拉特中旗，蒙古国一侧为南戈壁省汗博格德县，原为 288 口岸	双边性常年开放口岸		中方 8—17 时 蒙方 8—17 时
满都拉—杭吉	中蒙边界 757 号界标附近。中方一侧为内蒙古自治区包头市达尔罕茂名安联合旗，蒙古国一侧为东戈壁省哈腾布拉格县	双边季节性开放口岸	3 月、5 月、8 月、11 月的 16—30 日	中方 8—17 时 蒙方 8—17 时
二连浩特—扎门乌德（铁路/公路）	中蒙边界 815 号界标附近。中方一侧为内蒙古自治区二连浩特市，蒙古国一侧为东戈壁省扎门乌德县	国际性常年开放口岸	周末正常放假	中方 8—18 时 蒙方 8—18 时
珠恩嘎达布其—毕其各图	中蒙边界 1046 号界标附近。中方一侧为内蒙古自治区锡林郭勒盟东乌珠穆沁旗，蒙古国一侧为苏赫巴托省额尔登查冈县	国际性常年开放口岸		中方 8—18 时 蒙方 8—18 时
阿尔山—松贝尔	中蒙边界 1382 号界标附近。中方一侧为内蒙古自治区兴安盟阿尔山市，蒙古国一侧为东方省哈拉哈高勒县	国际性季节开放口岸	6 月 11—30 日；7 月 16—30 日；8 月 16 日至 9 月 25 日	中方 8—17 时 蒙方 8—17 时
额布都格—巴彦呼舒	中蒙边界 1423 号界标附近。中方一侧为内蒙古自治区呼伦贝尔市新巴尔虎左旗，蒙古国一侧为东方省哈拉哈高勒县	双边季节性开放口岸	2 月、5 月、8 月、11 月的 1—15 日	中方 8—17 时 蒙方 8—17 时

表 4-1-6（续）

口岸	位置	类型	开放时间	工作时间
阿拉哈沙特—哈比日嘎	中蒙边界 1495 号界标附近。中方一侧为内蒙古自治区呼伦贝尔市新巴尔虎右旗，蒙古国一侧为东方省乔巴山县	双边季节性开放口岸	1 月 6—25 日、4 月 1 日至 10 月 31 日	中方 8—17 时 蒙方 8—17 时
巴格毛都布东—毛都	中蒙边境 679 界标附近。中方一侧为内蒙古自治区巴彦淖尔市乌后旗，蒙古国一侧为南戈壁省	双边季节性开放口岸	闭关，审批中	
乌力吉查干德—勒乌拉	中蒙边境 246 界标附近。中国一侧为内蒙古自治区阿拉善左旗乌力吉苏木，蒙古国一侧为南戈壁省呼日门苏木查干德勒乌拉	双边季节性开放口岸	闭关，审批中	

按出入境的交通运输方式口岸可以划分为港口口岸、陆地口岸和航空口岸。表 4-1-7 中均为陆地口岸。中蒙航空口岸有北京、呼和浩特和海拉尔。

表 4-1-7 中蒙煤炭（或潜在）口岸情况

口岸	开关时间	类型	煤炭出口量/万 t	蒙古国铁路		中国铁路		公路	口岸配套设施
				铁路	铁路运力	铁路	铁路运力		
阿尔山口岸	2013 年 7 月	公路口岸	0（2012 年）	两山铁路规划中					口岸公路、跨境大桥完成
二连浩特口岸	1956 年	铁路/公路口岸	24.5（2012 年）	纵贯铁路	运力不足，有规划修建复线	集二铁路	运力不足，正在升级改造	蒙古国纵贯公路马上完成	蒙古国准备筹建“赛音山达工业园区”
甘其毛道口岸	1992 年	公路口岸	1000.15（2013 年）	乌哈矿区—嘎顺苏海图铁路正在修建中	完工时间无时间表，效率低下	甘泉铁路	2014 年规划运力 1050 万 t；2013 年实际运量 200 万 t		神华集团巴彦淖尔能源有限责任公司在口岸修建加工园区煤焦化项目
策克口岸	1992 年	公路口岸	1050（2012 年）	有规划修建煤炭专用线路	—	临策铁路和嘉策铁路	临岸铁路设计运能 1750 万 t/a，2012 年实际运量 110 万 t；嘉策铁路为酒泉钢铁企业自备铁路，2012 年运量 117 万 t		北京永晖公司和呼和浩特铁路局外经公司建设了如意永晖物流园；庆华公司有 300 万 t/a 的选煤厂、口岸基地
塔克什肯口岸	1989 年	公路口岸	50（2012 年）	无	—	无，有长期规划	—	中方已修建蒙古国胡硕图—塔克什肯口岸煤炭运输专用通道	青河县十二五规划建设煤焦化和煤洗选设施

策克口岸和甘其毛道口岸是中蒙重要的煤炭输送通道。据生意社统计，2015 年中国进口蒙古国煤炭 1438 万 t，主要通过策克口岸和甘其毛道口岸，进口量各占 50%。甘其毛道口岸主要以主焦煤为主，

而策克口岸则以 1/3 焦煤为主，主要出口市场集中在内蒙古自治区与河北省。例如，内蒙古自治区的包钢集团、神华集团，河北省的旭阳、唐山佳华等众多企业。

（一）阿尔山口岸

1. 概况

2013 年 7 月 15 日，中蒙阿尔山—松贝尔口岸正式开关。

阿尔山口岸是我国对蒙古国开放的 5 个国际口岸之一，是国家东北振兴规划确定的向俄蒙开放的重要通道，也是蒙古国最近的出海口。口岸性质为国际性季节开放公路客货运输口岸。阿尔山口岸的正式开通，对于兴安盟利用邻国资源发展工业经济意义重大。

近几年，阿尔山口岸建设取得了巨大进展。截至目前，已累计完成投资 1.51 亿元，先后修建了口岸公路和输电线路；完成了跨境大桥、联检楼、国门、边检营房、界河护岸等口岸设施的建设；实现了互联网、广播电视、通信网络的全覆盖，口岸基础设施建设基本达到了通关要求。

2. 配套铁路

中国阿尔山—蒙古国乔巴山间即将修建的铁路全长 400 km，其中塔木察格布拉克至乔巴山段为铺轨修复，长 210 km；塔木察格布拉克至中蒙边境为新建，长 190 km。修建阿尔山至乔巴山的“两山”铁路，可以构筑一条赤塔—乔巴山—塔木察格布拉克—阿尔山—白城—长春—珲春—图们，连接俄、蒙、中、朝 4 国，贯穿东北亚经济圈的交通大动脉，其运距比赤塔到海参崴少绕行 1700 km。由这条大动脉还可以分别抵达俄罗斯波塞图港、扎勒比诺港和朝鲜罗津、先锋港，这 4 个港口与韩国、日本的港口隔海相望，海洋运距比海参崴到日本直线距离近 150 km 以上。然而，这条已规划了 20 多年的铁路，实质性进展仍十分缓慢。

（二）二连浩特口岸

1. 口岸概况

1956 年 1 月 4 日二连浩特口岸诞生。二连浩特公路、铁路口岸年吞吐能力达到 16 Mt，不但承担着中蒙贸易大部分运输任务，而且承担着中俄、中欧贸易转关跨境运输任务。二连浩特口岸每周 7 天通关，铁路口岸部分业务 24 h 通关，并且开辟了果蔬、粮油、食品出口“绿色通道”。二连浩特口岸进口运量中近 60% 为铁矿石，进口产品种类单一、集中程度高。2015 年二连浩特口岸进出口货物为 9.352 Mt。

2. 配套运输及其他设施

蒙古国铁路主线路是单线铁路，连通着中国与俄罗斯，南端扎门乌德与中国二连浩特接壤，北端苏赫巴托与俄罗斯纳乌什基搭界，除承担着蒙古国内客货运输之外，还承担着中蒙两国之间 90% 的货物运输量和相当数量的俄罗斯过境到中国的货物运输。目前该线路由蒙俄共同控股，但近年来该铁路运力受机车老化、车皮短缺等问题的制约，因此解决蒙古国铁路运力不足的问题已刻不容缓。

集二铁路自内蒙古自治区乌兰察布的集宁南站至中蒙边境的二连浩特，全长 331 km，是连接乌兰巴托、莫斯科的国际联运干线。随着在蒙古国投资的矿产资源的开发，中国企业陆续进入产出期，二连浩特口岸过货量实现了快速增长,2015 年口岸进出口货运量达到 9.352 Mt,其中铁路口岸完成 7.915 Mt,占全部口岸货运量的 84.6% 。

集二铁路是二连浩特通往中国方向唯一的铁路干线，由于受部分控制性工程通过能力的限制，加上沿线芒来煤矿、查干淖尔碱矿挤占运力，使集二铁路运力常常达到饱和状态，二连浩特铁路车站货物大量积压，2013 年仅积压的铁矿石达到 4.6 Mt（二连浩特政府，2013）。目前集二铁路扩能改造项目已列入 2016 年内蒙古自治区铁路重点建设项目计划。

蒙古国“千禧之路”重要组成部分，连接南北邻国——中国、俄罗斯的纵向主干道阿拉坦宝力格（蒙俄边境）—乌兰巴托—扎门乌德（中蒙边境）1100 多千米的柏油路至今未全线贯通。该主干道北段乌兰巴托至阿拉坦宝力格 400 多千米的柏油路已于前几年全段建成通车。南段乌兰巴托—乔伊尔—赛音山达—扎门乌德 700 km 的柏油路建设进度缓慢。

赛音山达距离中国二连浩特 230 km，是蒙古国南部重要的铁路枢纽。蒙古国计划整体投资 100 亿美元建设赛音山达工业园区。该园区的重点项目包括选煤、炼焦、炼钢、炼铜、炼油等矿产资源加工以及生产建筑材料等。

（三）甘其毛道口岸

1. 口岸概况

甘其毛道口岸位于中国内蒙古自治区巴彦淖尔市乌拉特中旗境内，与蒙古国南戈壁省汉博格德县嘎顺苏海图口岸隔界相望。甘其毛道口岸附近地势开阔，交通运输条件良好，有砂石公路直通口岸，与区内主要交通干线相连。

据海关统计，2015 年甘其毛道口岸进口煤炭约 620 万 t。该口岸自 2009 年通关以来，先后引进永晖、普兴、庆华等煤炭进口企业 11 家，海关监管场所企业 4 家，仓储能力达到 20 Mt，过货量一度提高到平均 3 万 t/d。

2. 配套的铁路及其他设施

甘泉铁路是拟与蒙古国合作开发南戈壁省 TT 煤炭资源的基础配套工程，该条线路将与包神铁路、神朔铁路、朔黄铁路、黄骅港、天津港形成路港联网联运的矿产资源运输大通道，是蒙古国 TT 煤田、OT 铜矿最便捷的出海通道。

甘泉铁路北起中蒙国界口岸的甘其毛道，南至包神铁路万水泉南站接轨，由神华集团控股、神华甘泉铁路有限责任公司运营（2013 年 6 月，重组为包神铁路集团），全长 366.9 km，2012 年 9 月正式贯通。

蒙古国境内周边地区尚无铁路，设计中的中蒙甘其毛道口岸铁路延伸线工程位于中蒙边境，起点为内蒙古自治区巴彦淖尔市甘其毛道口岸，接轨于甘泉铁路甘其毛道站，出站后 350 m 即跨越中蒙边境线进入蒙古国南戈壁省境内，沿蒙方公路东侧前行约 9 km，折向西跨越公路后设置集运站。线路全长 19.45 km。该项目区段近期货流密度为 27 Mt，全部为煤炭。远期考虑与蒙古国乌哈—嘎顺苏海图铁路衔接，承担通过运量为 33 Mt，远景输送能力为 45 Mt。2013 年 10 月 25 日神华集团与蒙古国国家铁路公司签署谅解备忘录。

2011 年 1 月 8 日，神华集团巴彦淖尔能源有限责任公司成立，在中方甘其毛道口岸加工园区设立煤焦化项目。在甘其毛道口岸加工园区规划年产 12 Mt 选煤、4.8 Mt 焦化、48 万 t 甲醇、4.8 万 t 焦油等生产项目，其中一期项目开工建设年产 6 Mt 选煤、2.4 Mt 焦化、24 万 t 甲醇、3 万 t 焦油。

（四）策克口岸

1. 口岸概况

中国策克口岸位于内蒙古自治区额济纳旗境内，距额济纳旗府达来呼布镇 77 km，东距巴盟甘其毛道口岸 800 km，西距新疆维吾尔自治区老爷庙口岸 1200 km，与蒙古国南戈壁省西伯库伦口岸对应。

策克口岸进口煤炭以炼焦烟煤为主，据中国煤炭交易中心数据，2015 年进口煤炭约 760 万 t，跨国运力较大。

2. 配套运输及其他设施

策克口岸有两条铁路，临策铁路和嘉策铁路。目前临策铁路由中国铁路总公司运营；嘉策铁路是酒泉钢铁集团的企业自备铁路，由该企业自主运营。

目前火车运输份额相对较小。2012 年铁路外运原煤 2.27 Mt，其中，临策铁路运量为 1.1 Mt，嘉策铁路运量为 1.17 Mt，公路外运原煤 600 多万吨。2015 年一季度，口岸煤炭企业累计销售原煤 170.09 万 t，其中公路汽运累计销售原煤 96.79 万 t，铁路外运累计销售原煤 73.3 万 t（阿拉善日报，2015）。

从运量来看，临策铁运很不理想。据了解，造成煤炭在策克口岸铁路运量少的原因有 3 个方面：

一是从蒙古国到策克口岸的运力有限，由于是公路运输，受通关时间的限制，运量受限。

二是铁路运输本身受限。临策铁路是呼和浩特铁路局管辖的线路，本局内运输没有问题，跨局运输受到限制。

三是策克口岸主要进口焦煤，受市场影响较大。国际焦煤价格下跌，策克口岸的运量立即骤减。

嘉策铁路南起甘肃省嘉峪关，北抵内蒙古自治区额济纳旗策克口岸，这条旨在解决酒泉钢铁集团从蒙古国那林苏海特煤田运输优质煤炭难题的专用铁路，是目前蒙古国国内最长的企业自备铁路。

嘉策铁路线路全长 452.3 km（其中甘肃省境内 85 km，内蒙古自治区境内 367.3 km），2006 年 8 月 20 日，运煤专列正式营运。

京新高速临哈段（临河至哈密）已经动工，到额济纳可以全程高速，额济纳的陶来机场也已开工建设。到时阿拉善盟所属的3个旗全部都有机场。

2011年5月7日如意永晖物流园正式运营。其主要职能就是承担策克口岸临策铁路煤炭运输的装车。此外，在口岸修建有策克—矿山的60 km的柏油路，以及3 Mt的选煤厂。设计产后选煤能力300万t，洗选工艺为跳汰洗选。下一步准备修建电厂，燃料为选煤厂的煤泥和额济纳旗当地的动力煤。

（五）塔克什肯口岸

1. 口岸概况

新疆维吾尔自治区对蒙古国的4个口岸中，塔克什肯口岸规模最大、基础设施条件最好，是唯一一个常年开放的口岸。

塔克什肯口岸位于新疆维吾尔自治区东北阿勒泰地区，自1989年开放以来，口岸主要以中蒙双边易货贸易、旅游购物为主。据人民网消息，2015年该口岸进口煤炭35.92万t。

新疆八钢需求的焦化煤主要从疆外引进，从蒙古国进口煤炭不仅路途较近方便，而且节省运费成本，也带动了塔克什肯口岸餐饮、汽车维修、服务等行业的发展，有力地促进口岸经济发展。

2. 配套运输及其他设施规划

塔克什肯口岸积极争取红柳沟—塔克什肯口岸一级公路建设，富蕴—塔克什肯口岸铁路建设，福海—塔克什肯口岸高等级公路建设，为口岸发展缔造连通四方的交通网络。

青河县力促完成中蒙塔克什肯口岸1200 t煤炭洗选加工项目和百万吨级以上规模煤焦化项目建设。

四、电力

（一）电力生产与消费

蒙古国的电力系统产值占GDP的3%，供应80%的人口电力需要。蒙古国约80%的电力消耗来自于火力发电，4%的电力消耗来自于柴油发电，3%的电力消耗来自于可再生能源（水力发电），其余13%从俄罗斯或者中国进口。

根据蒙古国矿业能源部的资料，蒙古国的电力生产主要依赖于7个火电厂、13个水电站、一些柴油发电、20个风力发电站和1个太阳能电站。其中，煤炭发电量占电力的80%以上。

据Oxford Business Group数据，2014年蒙古国装机容量不足1100 MW，其中可用的仅800 MW。2014年蒙古国电力需求量约69亿kW·h，发电量仅55亿kW·h，不足部分从中国和俄罗斯进口，进口额度分别为10亿kW·h和4亿kW·h。据IEEJ（日本能源经济研究所）2012年数据，从用电部门来看，工业和建设部门消耗电力约占42%，电厂自用电力约占18%，住房和公用设施消耗电力约占16%，电力损耗约占14%，交通和通信消耗电力约占3%。剩余份额由其他经济部门消耗。

蒙古国南部的南戈壁地区，远离电力系统网络，只能自给自足（Development/World Bank，2009）。目前在南戈壁地区最大的两家矿业公司是金银矿Oyu Tolgoi（OT）和煤矿Tavan Tolgoi（TT），电力需求在蒙古国位居前列（表4－1－8）。蒙古国矿业能源部预计南戈壁地区总电力需求量为870～1130 MW。

表4－1－8 蒙古国大型项目电力需求

主要矿山	需求量/MW	主要矿山	需求量/MW
Oyu Tolgoi Copper	200～310	Zamyn Uud Fee Zone	40
Tavan Togoi coal	100～250	Sainshand Industrial Park	400
Tsgaan suvarga	50	总计	870～1130
Dalanjaralan	80		

（二）蒙古国的电力系统

蒙古国的能源系统由3个不相连的电力系统（中、西和东）、柴油发电和离网地区的供热锅炉组成。

西部电力系统从俄罗斯进口电力以供应3个省22个地区。进口最高峰可达8.0 MW，再提升的空间较小。

东部电力系统电力来源于36 MW的Choibalsan电厂,主要供应Dornod省和Sukhabaatar省的电力需求。

中部电力系统生产了91%的电量，满足了全国98%的电力需求。中部电力系统由5个俄罗斯设计的火电厂组成，通过220 kV的线路与俄罗斯—西伯利亚电网相连，1个输电网，4个分电网。这个电力系统主要供应Ulaanbaatar、Darkhan和Erdenet，以及另外13个盟和150个农牧场。中部电力系统的5个主要火力发电厂当前的装机容量为814 MW，但由于部分电厂设施老化，仅有646 MW可用（表4－1－9）。乌兰巴托对这些电厂的依赖程度过高，这些电厂仍在超期服役。

表4－1－9　中部电力系统主要发电厂情况

电　厂	建设年份	装机容量/MW	自我消耗/%	可用容量/MW	装载系数/%
TPP 号 2	1961—1969	21	16.4	18	62.2
TPP 号 3	1973—1979	136	21.0	107	49.3
TPP 号 4	1983—1991	580	14.8	460	52.6
Darkha TPP	1965	48	18.5	39	62.0
Erdenet TPP	1987—1989	28.8	22.8	22.2	56.5
总　计		814		646	

蒙古国政府主要关注中、西部电力系统，导致了供电需求和供应不平衡。不平衡导致的缺口只能依赖于从俄罗斯高费用进口。尽管近年来电力系统有了很多改进，但仍旧不能满足工商业、城市发展的需要。热电厂自身消耗过大。

蒙古国政府已开始重视这个问题，着手改善中部电力系统的电力损失，并取得一定成效（图4－1－6）。

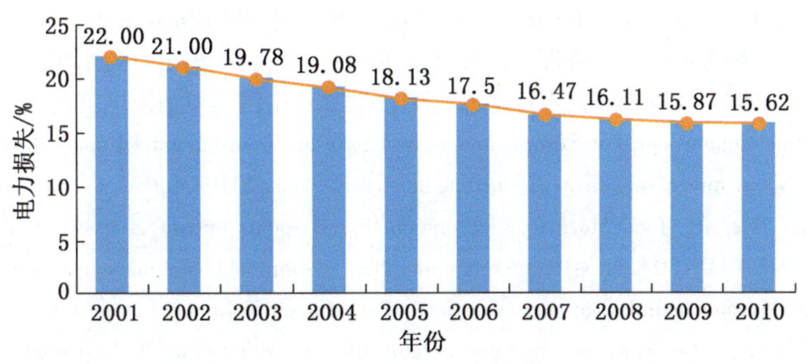

图4－1－6　中部电力系统电力损失情况

（三）发展规划

尽管可替代能源将会继续发展，蒙古国的电力发展仍需依赖煤炭资源。目前，蒙古国正在建设3个火力发电厂以满足日益增长的电力需要（表4－1－10）。

表4－1－10　在建的主要电厂

电　厂	公　司	容量/MW	电　厂	公　司	容量/MW
Tavan Tologoi TPP	Tavan Tolgoi Incorporate	600	Chandgana	Prophecy Coal Corp	600
TPP 号 5	not decide	450			

资料来源：世界银行——蒙古：电力部发展和南戈壁发展，Prophecy Coal Corp 演示

2010年末，蒙古国议会通过了逐步自由化电力税费的决议，并在2014年根据市场情况开始实施，

电费和供暖费指数分别上涨了9.86%和13%（商务部，2014）。电力税费得到提高，减少了电厂的压力。一方面因为零售税费滞后于CPI的发展；另一方面批发税的提高增加了维修服务水平。

五、基础设施总结

蒙古国境内仅有蒙古国纵贯铁路和东北部鄂伦察布—乔巴山—塔木察格布拉克铁路，交通运输非常落后。蒙古国在2010年启动新铁路计划，全部计划完成后，基本上可以形成连接蒙古国各地的铁路运输网。但目前进展缓慢。

现在中蒙共有3个航空港和15个非航空口岸，其中二连浩特是公路/铁路口岸，其余均是公路口岸。在煤炭运输方面，甘其毛道口岸和策克口岸所占比重最大，占蒙古国煤炭出口量的90%以上。

蒙古国的能源系统由3个不相连的电力系统（中、西和东）、柴油发电和离网地区的供热锅炉组成。中部电力系统生产91%的电量，满足全国98%的电力需求，主要供应乌兰巴托附近地区。而蒙古国富煤的南戈壁地区，远离于各个电力系统，该地区的矿山只能依赖自建电厂来满足自身的电力需求。

本章参考文献

[1] 中华人民共和国商务部．对外投资合作国别（地区）指南：蒙古（2015年版）[R]．北京：商务部对外投资和经济合作司，2015.

[2] 中华人民共和国商务部，中华人民共和国国家审计局，国家外汇管理局．2015年度中国对外直接投资统计公报[R]．北京：中国统计出版社，2015.

[3] 中国出口信用保险公司．国家风险投资报告：蒙古[R]．北京：中国出口信用保险公司，2015.

[4] 周宇．社会主义蒙古的转身：老大哥送来的政治转型[J]．凤凰周刊，2010，11（19）.

[5] 中华人民共和国外交部．蒙古国家概况[EB/OL].(2015)[2015-06] http://www.fmprc.gov.cn/mfa_chn/gjhdq_603914/gj_603916/yz_603918/1206_604450/.

[6] 中华人民共和国驻蒙古国大使馆．国家概况[EB/OL].(2015)[2015-07] http://mn.chineseembassy.org/chn/.

[7] Klaus Schwab. The Global Competitiveness Report 2016—2017 [R]. World Economic Forum.

[8] 中国出口信用保险公司．国家风险投资报告：澳大利亚[R]．北京：中国出口信用保险公司，2012.

[9] 中国出口信用保险公司．国家风险投资报告：蒙古[R]．北京：中国出口信用保险公司，2012.

[10] United Nations Economic Commission For Europe. Law of Mongolia on Environmental Impact Assessment [EB/OL].(2010)[2010-05] http://www.unece.org/env/eia/documents/WG13_may2010/Mongolia_Law_on_EIA.pdf.

[11] Ivan Maximov, Ursula Bycroft, Jack Mozingo. Environmental and social impact assessment of the SalkhitUul Wind Park [EB/OL].(2008)[2008-11-30] http://newcom.mn/Non_technical_Summary_english.pdf.

[12] Ministry of Nature, Environment and Tourism, Mongolia. Mongolia environmental impact assessment situation [EB/OL].(2010)[2010-06] http://www.aecen.org/sites/default/files/workshop/june2010/presentations/EIA-law-%201%20%20S%20&%20B.MON.pdf.

[13] Public Consultation and Disclosure Plan (PCDP). UkhaaKhudag Coal Mine and associated Road Improvement Program [EB/OL].(2008)[2008-11] http://www.ebrd.com/pages/project/eia/39820pcdp.pdf.

[14] The Word Law Guide. Environmental Protection Law of Mongolia [EB/OL].(2010)[2010-10-10] http://www.lexadin.nl/wlg/legis/nofr/oeur/lxwemon.htm.

[15] The Word Law Guide. Minerals Law of Mongolia [EB/OL].(2006)[2006-07-08] http://www.lexadin.nl/wlg/legis/nofr/oeur/lxwemon.htm.

[16] OyuTolgoi. OyuTolgoi project environment impact assessment report [EB/OL].(2006)[2006-05-21] http://ot.mn/en/en/reports?tid=15.

[17] Mongolia mining journal. The amended Law on Environmental Impact Assessment [EB/OL].(2012)[2012-09-25] http://en.mongolianminingjournal.com/content/34726.shtml.

[18] International Financial Corporation websites. MongoliaRequest and obtain environmental impact assessment from the City Environmental Office [EB/OL].(2013)[2013-06] http://www.doingbusiness.org/data/exploreeconomies/mongolia/dealing-with-construction-permits.

[19] 汤伟平．加快发展二连口岸铁路运输的思考[J]．甘肃地质，2009，18（2）：50-51.

[20] 叶宝明．我国东北与蒙古国铁路通道建设研究［J］．世界地理研究，2004，13（2）：26－32.

[21] 白金花．浅析蒙古国“千年公路”工程及对东北亚地区的影响［J］．内蒙古民族大学学报，2008，14（2）：47－48.

[22] 人民网－新疆频道．2015年塔克什肯口岸原煤进口同比激增18倍［EB/OL］.（2016－01－27）［2016－10－15］http：//xj. people. com. cn/n2/2016/0127/c188522－27637670. html.

[23] Oxford Business Group. Mongolia seeks to bridge power deficit［EB/OL］.（2015－03－27）［2016－10－15］http：//www. oxfordbusinessgroup. com/news/mongolia－seeks－bridge－power－deficit.

[24] Leo Liu. Crucial Coal：Powering Mongolia's Future［EB/OL］.（2012－03－19）［2016－10－15］http：//www. resourceinvestor. com/2012/03/19/crucial－coal－powering－mongolias－future？t＝mining－investments&page＝6.

[25] Mining Journal. Mongolia's Coal Industry［EB/OL］.（2012－09－03）［2016－10－15］http：//en. mongolianminingjournal. com/content/32965. shtml.

[26] Bat－Orshikh Erdenetsogta，Insung Leea，Delegiin Bat－Erdeneb，et al. Mongolian coal－bearing basins：Geological settings，coal characteristics，distribution，and resources［J］. International Journal of Coal Geology，2009，2（80）：87－104.

[27] 生意社．2015年我国煤炭进口五大来源国［EB/OL］.（2016－02－25）［2016－10－15］http：//futures. hexun. com/2016－02－25/182425569. html.

[28] 巴彦淖尔市人民政府．甘其毛道口岸2015年完成进出口贸易量725.13万吨［EB/OL］.（2016－01－25）［2016－10－15］http：//www. nmg. gov. cn/fabu/xwdt/ms/201601/t20160125_ 526781. html.

[29] Official Translation. Environmental protection law of Mongolia［EB/OL］.（1995）［1995－05－30］. http：//www. revenuewatch. org/sites/default/files/Environmental% 20Protection% 20Law. pdf.

第二章 煤炭资源分析

第一节 资 源 概 览

一、地质概览

（一）蒙古国地质构造特征

蒙古国地质构造史漫长而复杂，大地构造属中亚褶皱带，分属于西伯利亚板块、哈萨克斯坦板块及华北板块的一部分，中生代结束时现代构造格局基本定型，由一系列主要为古生代的、向南凸的弧形地体拼贴而成，其间被一些近 EW 向的弧形深大断裂及一些 NW、NE 向的断裂分割（图 4－2－1）（陈文，2009）。

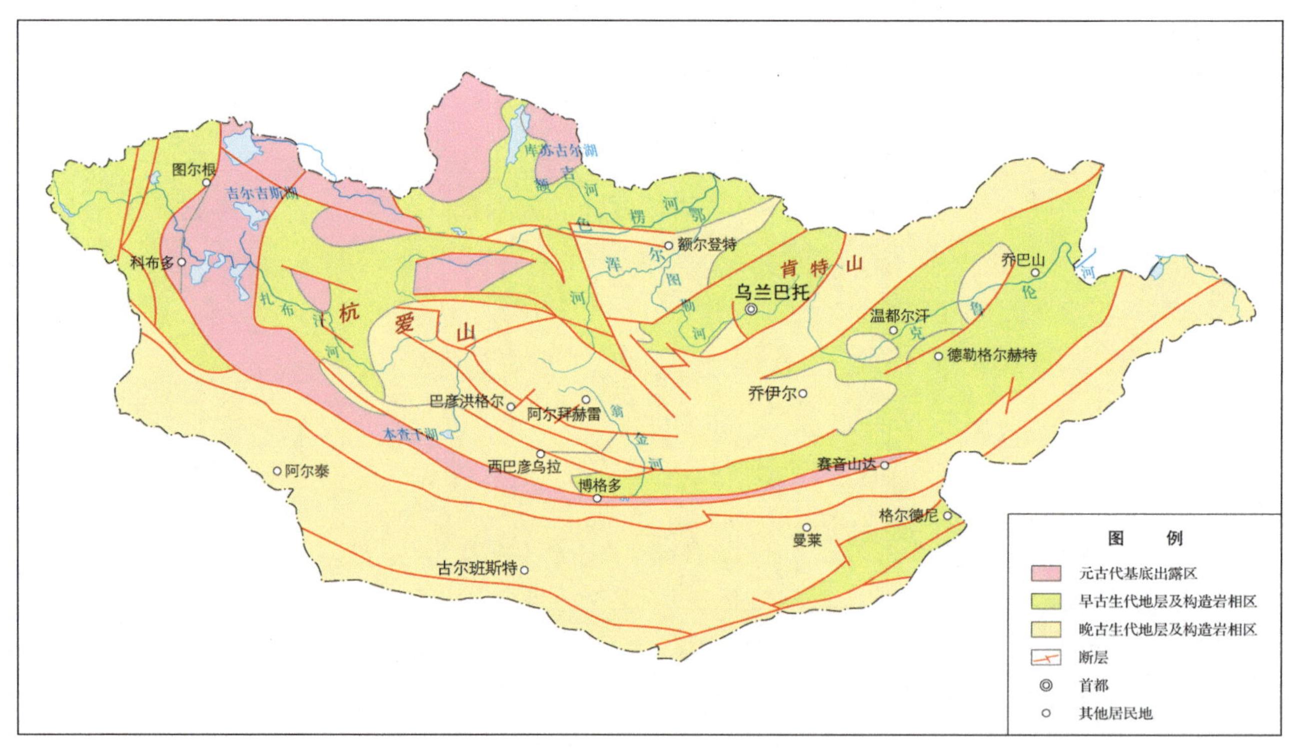

图 4－2－1 蒙古国地质构造简图（陈文，2009）

断裂系中最主要的是 2 条 EW 向的巨大断裂带，略呈向南突出的弧形，靠北部的是杭爱山断裂、额尔浑河断裂，靠南部的是汗博格多断裂、温都尔希勒断裂等。这两个南北巨型断裂带将蒙古国分割成三大构造区：北部主要为贝加尔褶皱系（为土瓦—蒙古地块），中部为加里东褶皱系，南部主要为华力西褶皱系。这些 EW 向巨型构造被 NW、WE 向断裂所切割，使蒙古国形成了复杂的镶嵌断块构造格架。

蒙古国出露的地层从元古界—新生界均有。元古界为变质程度较深的中、高级区域变质岩系，其时代下限为 1500 Ma，上限为 600 Ma，应相当于蒙古国西北分布的长城系—青白口系；古生界分布最广，主要为一套巨厚海相碎屑—碳酸盐岩—火山岩系，反映了地壳沉陷—隆起造山阶段的沉积特点，大部分贵金属及有色金属矿产多形成于此阶段；中生界主要为一套海相—陆相碎屑岩系夹一些碳酸盐岩及中基—中酸性火山岩、火山碎屑岩，反映了陆内构造发育阶段的特点，尤其是印支运动使蒙古国地区在白垩纪时形成北部为隆起区、南部主要为下沉区的地形南北差异（南北界线为中部的温都尔希勒 EW 向断裂），在南部的一些盆地中形成了煤等有机及非金属矿产。新生界主要为陆内河湖相红层及冰川沉积，在蒙古国中北部某些地段夹少量玄武岩。

蒙古国广泛发育不同时代的各种喷出岩和侵入岩，其侵位时代从晚元古代一直延续到新生代，晚元古代末期逐步形成了西伯利亚、华北、哈萨克斯坦板块的初始形态，以及中亚褶皱带内部的基底突起，表现为在这些地区出现前寒武纪花岗岩块体及中酸性火山岩；古生代岩浆活动最为强烈，先后形成了若干个面积较大的岩浆岩带，反映了该地区经历了大陆裂谷—微洋盆—坳陷封闭—褶皱造山的特点，在造山过程中伴有大量花岗岩侵入和同源火山喷发作用；中生代岩浆活动也较为强烈，表现为晚三叠世—早侏罗世在蒙古国中部有强烈的花岗岩侵入和陆相玄武—流纹质火山喷发作用及晚侏罗—早白垩世在蒙古国最东部的大兴安岭等地发育大片的造山期花岗岩侵入和喷发活动。总体上，若按时空顺序，古生代及以前各种岩浆作用是从北到南纬向转移的，从中生代开始岩浆活动是从西向东近经向转移的，横切了古生代及以前形成的中亚褶皱带。

（二）蒙古国构造单元

按照传统观点，蒙古国自北向南可划分为7个次级构造单元（图4-2-2）：北蒙褶皱系、蒙古阿尔泰褶皱系、蒙古外贝加尔褶皱系、中蒙褶皱系、南蒙褶皱系、南戈壁褶皱系和内蒙古褶皱系。根据构造发展的阶段等特征，前四者合称为北部大块（北部构造大块），后三者合称为南部大块（南部构造大块），南北大块之间被蛇绿岩带分开。这些次级构造单元常被断裂斜切而呈嵌镶岩块状，总体呈弧形分布，其走向东部为 NE 向，中部近 EW 向，西部则为 NW 向，构造单元之间多以区域性深大断裂为界。现将各构造单元特征分述如下。

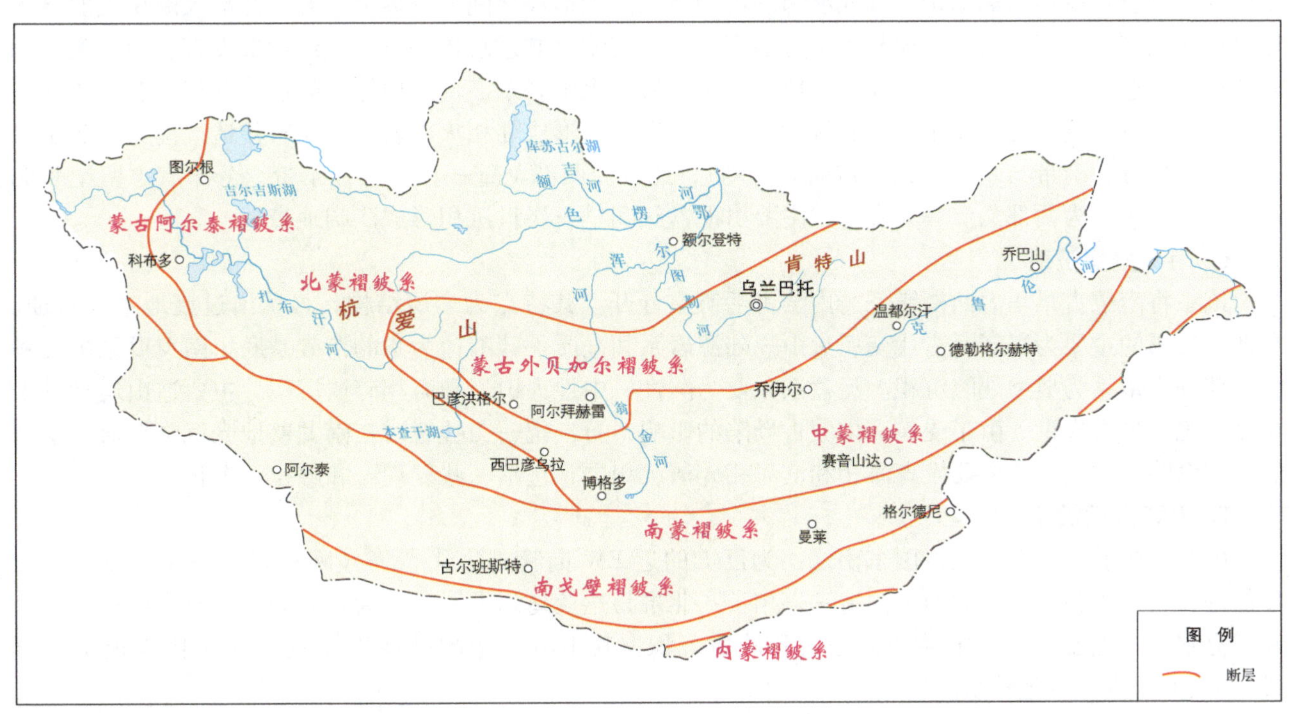

图4-2-2 蒙古国构造分区（陈文，2009）

1. 北蒙褶皱系

地层主要由元古代变质岩系和早寒武世火山—沉积岩系组成。其造山运动开始于中寒武世，其后在志留纪和泥盆纪又经历了一次造山运动，形成了大面积分布的古生代花岗岩（这些花岗岩体是南西伯利亚花岗岩带的组成部分)，同时在北蒙褶皱系的西部形成了磨拉石沉积和后继火山岩系。在北蒙褶皱系东部叠置了二叠纪和早中生代形成的色楞格火山岩带。

2. 蒙古阿尔泰褶皱系

蒙古国阿尔泰地区广泛发育中寒武世—奥陶纪（局部延续到早志留世）砂—泥岩，其中奥陶纪有基性和中性海底熔岩喷发，岩石常遭受强烈变质，在晚志留世时结束了造山运动。

3. 蒙古外贝加尔褶皱系

蒙古外贝加尔褶皱系主要为巨厚陆源岩系发育地带，该带从杭爱山高原延伸至肯特山，并进一步延伸到外贝加尔一带，主造山作用应为华力西早期。其巨厚陆源岩系可分为 3 套：第一套形成于前寒武纪晚期—古生代中期，其成分为变质砂岩和页岩，分布面积较广，形成了一些边缘复背斜及内部复向斜构造，在泥盆纪以前已经隆起；第二套形成于晚古生代，其成分为砂岩—粉砂岩及少量凝灰岩—喷发岩和碧玉岩，分布于前述复向斜的坳陷部位；第三套为中生代造山期沉积，主要由三叠纪—早侏罗世火山沉积所构成，形成了局部上叠构造层。一些近南北向断裂将该区分割成西部隆起带、中部下沉带、东部隆起带。(主要由粗玄—粗安—流纹质系列火山岩组成)。

4. 中蒙褶皱系

中蒙褶皱系围绕着蒙古外贝加尔褶皱系的南缘，在早古生代时隆起形成巨大的地背斜，属加里东运动早期。其基底由元古代变质岩组成，在一些深断裂带中发育早古生代岩层。晚古生代—早中生代主要沉积了混合成分的陆相火山岩和磨拉石层，形成了上叠构造层。其中陆相火山岩主要为类似于色楞格火山岩带的蒙古国东部火山岩带，其延伸长达 1000 km，宽约 2000 km，具较大规模。另外该地区东北部分布有早中生代复理石沉积。该地区被巴彦洪格尔、克鲁伦等向南凸的近 EW 向深断裂所分割。

5. 南蒙褶皱系

南蒙褶皱系以弧形围绕在上述构造单元的南部，东起大兴安岭经蒙古国南部到中蒙古国西北部，可能延续到哈萨克斯坦东部一带。其北缘为蒙古国南北两大地块之间的分界大断裂，北部大断块主要属于加里东褶皱带，南部大断块主要属于华力西褶皱带。南蒙褶皱系总体特点是线形构造发育，被断裂分割成狭长的构造楔和岩块。地层主要为志留纪—早石炭世火山岩系，部分属绿岩建造，并伴生有硅质—页岩碳酸盐建造。造山运动发生在早石炭世—早二叠世，并形成陆相火山岩和磨拉石建造。南蒙褶皱系可以进一步划分为南带与北带（以区域断裂分割），北带为西部戈壁—苏赫巴托尔带，分布有志留纪和泥盆纪沉积；南带为西部戈壁—兴安带，主要由泥盆纪和早石炭世沉积形成广阔地带。

6. 南戈壁褶皱系

该系将南蒙古早华力西褶皱系与内蒙古褶皱系分开。其特点为多层结构，显示出过渡地带的特征。在地表出露的主要为以新元古代变质火山—陆源岩系和硅质—碳酸盐为主的褶皱基底。南戈壁系中奥陶统和部分志留系为典型裂陷沉积。泥盆系主要为酸性—中性火山岩和海相碎屑沉积。主要造山运动发生在泥盆纪—早石炭世。由于受南面内蒙古坳陷的影响，石炭纪—二叠纪时在南戈壁地壳沉降形成一系列的再生坳陷。这些坳陷主要发育海相和滨海相碎屑沉积层，包括一些复理石和磨拉石沉积。

7. 内蒙古褶皱系

内蒙古褶皱系分布在蒙古国东南缘，为巨大的近 EW 向晚古生代裂陷（晚石炭世—晚二叠世）的一部分，可以划分为南、北两个构造—岩相带：北带为达兰乌尔带，主要为碳酸盐—陆源岩层；南带为索朗克尔带，主要为基—中性的火山岩和硅质沉积，其中有大量超基性岩体侵入（应代表板块缝合线）。其南为内蒙古地轴结晶岩块。

（三）蒙古国大地构造演化简史

蒙古国大地构造演化可大致划分为如下 4 个阶段。

1. 元古代的贝加尔运动

元古代沉积主要分布在蒙古国北部地区，最南缘亦有零星出露，更往南在华北板块边缘广泛出露，贝加尔运动使元古代地层在广大地区遭受强烈变质和花岗岩化作用，奠定了构造形迹总体呈向南突出的弧形状态。

2. 早古生代阶段的加里东运动

寒武纪时在北蒙古国开始形成了大陆裂谷或坳陷，沿深断裂见有残留蛇绿岩带分布。奥陶—志留纪时蒙古国北部大块坳陷封闭，北蒙褶皱系和中蒙系转化为隆起区，北部大块其他地区在中—晚奥陶世时遭受强烈坳陷作用；南部大块海底火山活动强烈，发育一套海底火山岩及深水硅质沉积，此时在蒙古国南部大块形成初始裂谷。加里东运动末期标志着蒙古国北部地块（或称为大陆地块）和南部地块（或称为海洋地块）两个地质地理分区初步形成。加里东运动中晚期蒙古国北部大块中基性—中酸性岩浆侵入活动强烈，形成了若干大面积（许多岩体分布面积超过 1000 km^2）、成分不一的南西伯利亚岩浆岩带。

3. 晚古生代阶段的华力西运动

早—中石炭世在北蒙褶皱系形成了相当广阔的大陆；在南蒙褶皱系和蒙古外贝加尔褶皱系则发生坳陷作用，裂谷继续扩大形成微始洋盆，其中在南蒙褶皱系沉积了细碧岩及辉绿岩成分的海底火山岩系并表现出构造岩相分带性，同时在南蒙褶皱系及蒙古国阿尔泰等地沿深大断裂有超基性—基性岩浆侵入活动，在蒙古国外贝加尔表现为弱的中酸性火山活动。

晚石炭—二叠纪时除内蒙古自治区为沉降裂陷外，其他地区处于洋盆封闭隆起造山期，西伯利亚南部花岗岩带继续扩大，在蒙古国外贝加尔北部和西部形成同心状侵入岩。在古生代末内蒙古褶皱系发生裂陷封闭和褶皱造山作用。南部大块形成的岩系有志留系—泥盆纪沉陷阶段海相基性火山岩及硅质岩沉积、石炭纪—二叠纪安山岩及安山岩—粗面—流纹杂岩与磨拉石相沉积。

华力西运动期为另一重要成矿期，多期构造运动叠加形成了金等许多金属矿产。

4. 中生代及以后的构造运动

中生代及以后主要是断块上升或陆内构造运动（Minjin Chuluun，2012），在早中生代（J_1—J_3）构造运动发生的同时，伴随强烈钙碱性和碱性岩浆侵入活动，并形成磨拉石相、大陆含煤盆地，但在蒙古国东部局部地区形成了中生代裂谷；晚中生代（J_3—K_1），蒙古国东部微型裂谷开始闭合隆起，并形成东蒙古火山带，火山岩层序开始为粗面岩和安山岩，接着是流纹岩、英安岩和粗面岩，中生代还形成了许多铜、钼、铅、锌、铝、钨及其他金属矿床。晚中生代由萤石、稀有金属矿形成。这些矿床主要受区域深断裂及岩浆作用控制。

总体上，蒙古国处于古生代构造型式及中生代构造型式接合处。古生代构造型式主要受大西洋构造系的控制，总体呈 EW 向分布（如南蒙古构造带，延伸达 3000 km，横贯整个中亚褶皱带）；而中生代构造型式主要受太平洋构造系所控制，构造线近 SN 向。中生代及其以后，蒙古国太平洋构造系上叠于大西洋构造系之上，使构造面貌发生重要改造，由 EW 向的构造带变为近 SN 向的构造带。

二、矿产资源

蒙古国是矿产资源大国，地下资源丰富，矿产蕴藏量居世界前 20 位。现已探明的有铜、钼、金、银、铀、铅、锌、稀土、铁、萤石、磷、煤、石油等 80 多种矿产。其中，煤蕴藏量 500 亿 ~ 1520 亿 t，铁 20 亿 t，磷 2 亿 t，萤石蕴藏量约 800 万 t，铜 800 万 t，钼 24 万 t，锌 6 万 t，银 7000 t，金 3000 t，石油 15 亿桶。额尔登特市的铜钼矿已列入世界十大铜钼矿之一，位居亚洲之首。自 1995 年以来，采金业成为蒙古国发展最快的行业。

蒙古国的铜矿开发已具规模，精铜矿出口总值已超过其全国出口总值的 50%。目前，额尔登特市的铜矿储量最大。该矿属蒙俄合资企业，蒙方股份占 51%。该矿采矿能力为 400 万 t/a，露天开采，年产铜精矿 40 万 t，钼精矿 4000 t 左右。

蒙古国的主要产金区位于中央省扎玛尔地区（Заамар）乌兰巴托西北 280 km。图拉河流域被认为将是世界上最大的沙金产区之一。蒙古国岩金储量也很可观。塔福德金矿（Tavd）的黄金储量为 50 ~ 100 t；保罗（Boroo）岩金矿的黄金贮量约 10 t；塔福德岩金矿位于乌兰巴托西北 700 km，距额尔登特市 200 km；布木巴特（Bnmbat）岩金矿储量约 17 t；布勒干省的图森（Toson）金矿的黄金储量约 13 t。

蒙古国的铁矿有 300 多个矿点。其中，靠近铁路沿线的主要有两个矿区：一个是位于乌兰巴托北部 240 km 的达尔汗地区，这个地区主要有特木尔套勒盖、特木尔台、巴彦高勒 3 个矿区；另一个是位于乌兰巴托西南 300 km 的宝日温都尔地区，这个地区有额仁、洪格尔、都尔乌仁、巴日根勒特 4 个矿区。

上述 7 个矿区合计地质贮量为 7.3 亿 t。

据初步勘探预测，蒙古国的铀贮量约 140 万 t。

蒙古国有两处重要的银矿：阿斯格特（Asgat）的银储量为 2480 万 t，孟根温都尔（Mongon Ondoriin）为银、铅、锌、锡多金属矿床，估计除银之外，有约 28 万 t 的铅、23 万 t 的锌及 2.4 万 t 的锡。

蒙古国拥有丰富的磷矿资源，库苏泊盆地文德寒武系的砂岩、灰岩、泥灰岩为含磷岩系，分布范围为南北长 300 km，宽 30 ~ 60 km。盆地有 31 个磷矿床（点），其中有 8 个较大的矿床，布伦汗矿床和库苏古尔矿床进行过勘探提交了储量，分别为 3.20 亿 t 和 7.06 亿 t。

三、蒙古国的煤炭资源分布

蒙古国有 4 个成煤期，煤炭资源赋存在石炭系、二叠系、侏罗系和白垩系的煤系地层中，预计总储量 2.52 Gt，其中次烟煤和褐煤 1.35 Gt、无烟煤和烟煤 1.17 Gt（BP，2015）。

蒙古国的煤炭资源在全国各地均有分布，而焦煤主要集中在南蒙古和西蒙古，褐煤集中在中蒙古，次烟煤集中在东蒙古（图 4 - 2 - 3）。蒙古国的煤炭赋存条件好，目前在产矿井 99% 是露天开采。煤炭主要产于蒙古国南部戈壁阿尔泰含煤区的那林苏海特煤田和塔温陶勒盖煤田，距离中国边境仅 50 ~ 180 km，具有较高的经济价值。

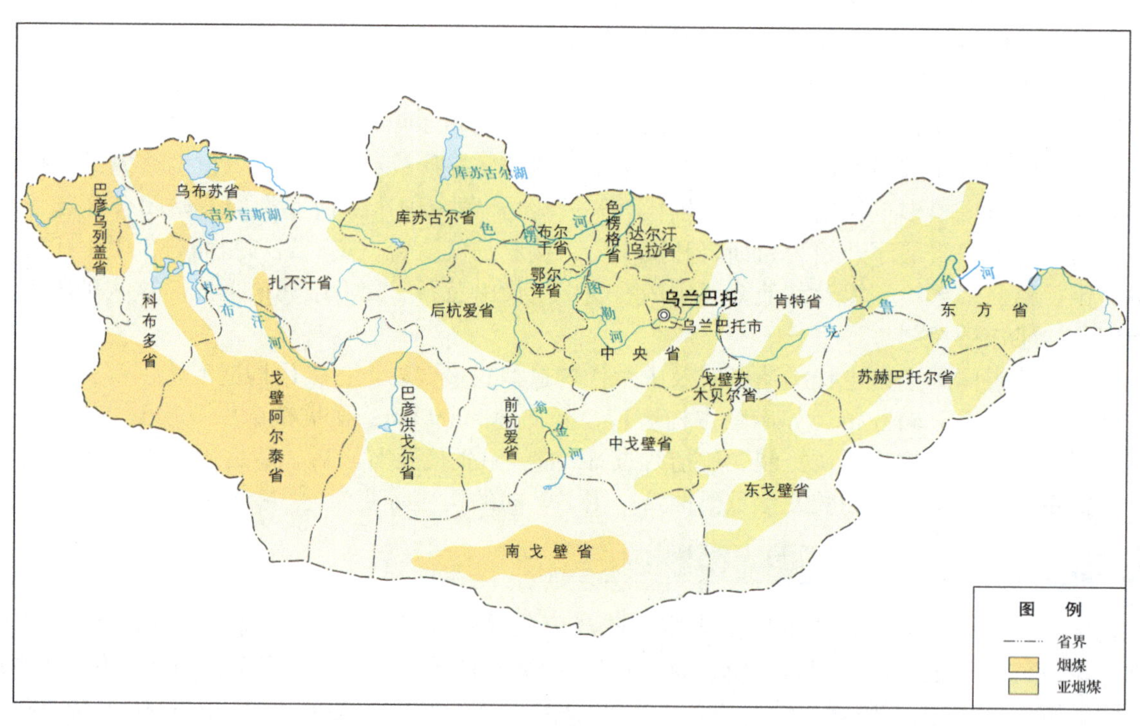

图 4 - 2 - 3 蒙古国煤炭资源分布图（汾渭能源，2012）

第二节 煤 炭 工 业

一、产量和消耗量

蒙古国的煤炭产量自 20 世纪 90 年代以来一直上升，20 世纪 90 年代，几乎所有的公司包括煤矿，都受到了不稳定过度经济的影响。煤炭开采总数从 2004 年以后迅速增长，此时也是当代资源丰富及出口开始繁荣的时期（图 4 - 2 - 4）。据 BP 资料，2011 年煤炭总产量达到 32 Mt，其中超过 66% 的煤炭出口。但是自 2012 年起增速放缓并逐步下降，2012 年煤炭产量为 29.9 Mt，2015 年煤炭产量降至 24.5 Mt（BP，2015），这主要归因于欧元区相关的全球经济放缓及中国钢铁生产处于低谷。

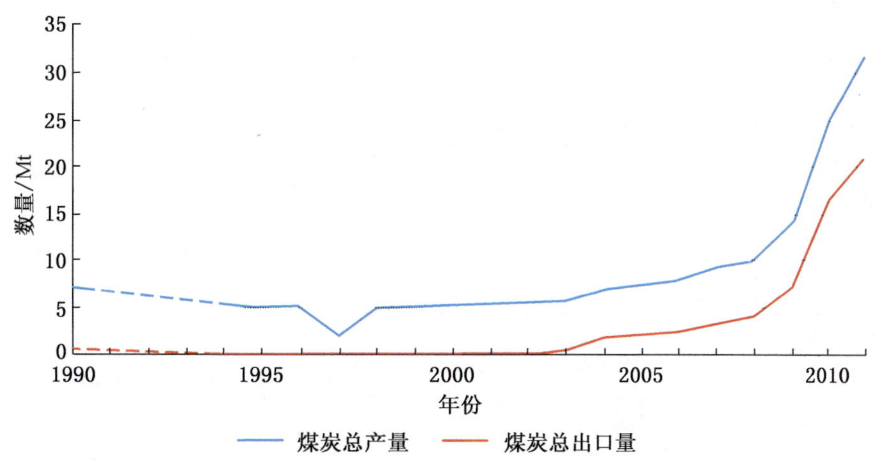

图4-2-4　蒙古国煤炭总产量和总出口量趋势（MICC，2012）

1991—2008年，蒙古国国内煤炭消耗量基本介于5~6 Mt/a。2009年，7 Mt的消耗量达到了自1990年以来的最高纪录。此后，国内总消耗量继续上涨，2011年约11 Mt。但是最近几年煤炭消耗量逐渐下降，据Mongolia Mining Journal数据，2015年消耗量仅760万t。

蒙古国公司将来的生产决策主要依据中国经济的指向。分析认为中国焦煤消费量在不久的将来明显上升的可能性不大。然而，在GDP增长速率下降的背景下，中国增长7.5%的目标值仍然是一个很不错的数字，相信中国需求对于维持现在的生产水平是足够的。而且蒙古国煤炭的价格比海运煤的价格便宜得多，趋势上也有利于蒙古国生产者。除此之外，在蒙古国其他内在因素限制生产。目前，现有的铁路，已铺好的泥土路很难满足出口需求。边境的检查点处理中心都以最大功率在运作。蒙古国政府声称，如果运输道路可以被充分完善，蒙古国可以在原有30 Mt产能的基础上，以每年10%~15%的速度增长。因此，尽管中国对焦煤的需求量不断上升，但蒙古国自身的基础设施是一个限制因素。

动力煤生产取决于蒙古国国内电能需求，由于价格相对低廉，该产品不适合出口。工业生产量增长促进电能消费的增长，按照政府计划，会建更多的发电厂。目前蒙古国还存在约15亿kW·h的缺口。现有电能分布中，主要的发电厂为乌兰巴托的4号电厂。随着城市占地的增大和城市化的发展，对电量的需求更大。

当前，正在进行对乌兰巴托5号电厂（CHP5）的可行性研究。该项目于2014年签订PPA协议，装机容量415 MW，投资方为法国、韩国、日本和蒙古国联合体公司，拟通过建设—运营—转交方式进行运作，期限25年。如果有电厂开始动工或已经完成，蒙古国热能煤的消费量将进一步增加。

二、煤炭产能分布

根据煤炭资源聚集以及开采情况，蒙古国在产矿山范围大致可分为东部区、西部区、北部区、中部区和南部区。其中南部区和北部区的产量最大，累计超过全国产量的99%。以2012年为例（2012年煤炭行情较好，有代表性），蒙古国煤炭产量为34.282 Mt。而当年南戈壁省煤炭产量约为28.2 Mt，占全国煤炭产量的82%；北部地区煤炭产量约5.71 Mt，占全国煤炭产量的17%（表4-2-1）。

表4-2-1　蒙古国主要在产矿山

矿　山	省		公　司	矿　种	2012年产量/Mt
Baruun Naran	南戈壁省	Umnigovi	MMC	Met/Thermal	0.717
East Tsankhi		Umnigovi	Erdenes MGL	Met/Thermal	2.550
Tavan Tolgoi		Umnigovi	Tavan Tolgoi	Met/Thermal	5.880
Tsant Uul		Umnigovi	Hunnu	Thermal	0.500
Ukhaa Khudag		Umnigovi	MMC	Metallurgical	7.600
MAK Nariin Sukhait		Umnigovi	MAK	Met/Thermal	5.000
MAK - Qinghua Nariin Sukhait		Umnigovi	MAK	Metallurgical	1.500
Ovoot Tolgoi		Umnigovi	SouthGobi	Metallurgical	4.500

表 4-2-1（续）

矿 山	省		公 司	矿 种	2012 年产量/Mt
Aduun Chuluun	东方省	Dornod	Aduun Chuluun	Thermal	0.294
Eldev	东戈壁省	Dornogovi	MAK	Thermal	0.490
Baganuur	中央省	Tuv	Baganuur	Thermal	3.000
Khushuut	科布多省	Khovd	MEC	Metallurgical	0.500
Shivee Ovoo	戈壁苏木贝尔省	Govi - Sumber	Erdenes MGL	Thermal	1.960
Sharyn Gol	色楞格省	Selenge	Sharyn Gol	Thermal	0.500
Ulaan Ovoo		Selenge	Prophecy Resource	Thermal	0.250

数据资源：伍德麦肯锡，2013

第三节 主要含煤盆地分析

一、综述

（一）含煤盆地/含煤区的分布

根据来源、年代、煤质、构造和层位，蒙古国可以划分出 15 个含煤盆地/含煤区，其中 10 个又组合成为 2 个含煤省份聚集区（东聚集区和西聚集区）（图 4-2-5 和表 4-2-2）(Bat - Orshikh，2009)。目前共发现 200 个煤田，其中 70 个煤田已经做过一些勘探工作。

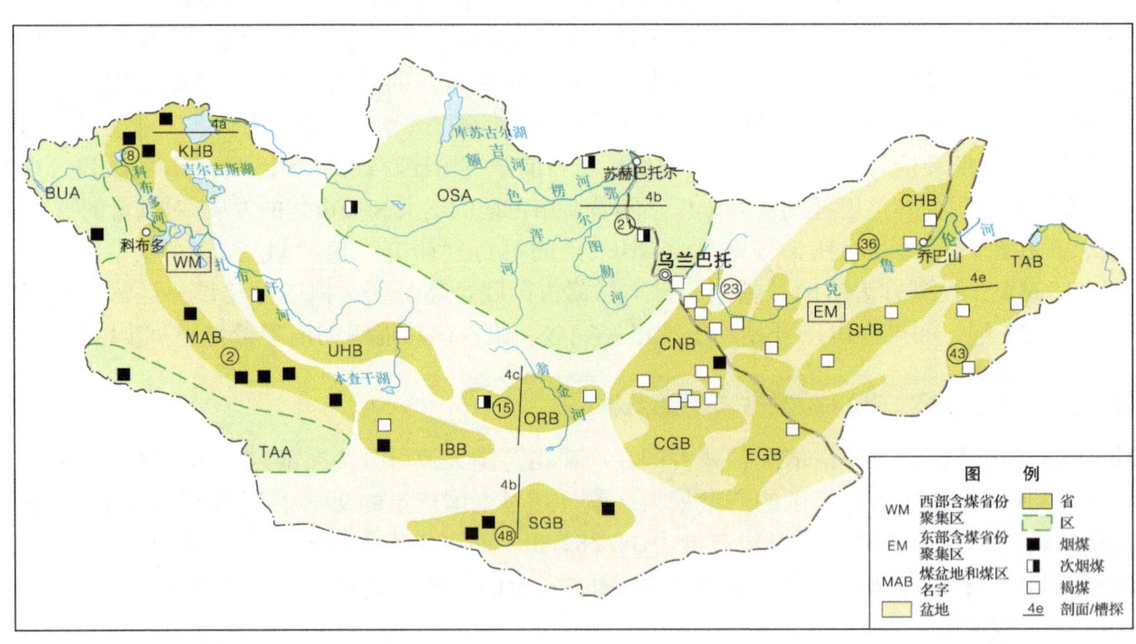

图 4-2-5 蒙古国含煤盆地/含煤区分布图（Bat - Erdene，D，1989）

表 4-2-2 蒙古国含煤盆地/含煤区

地域	代号	英 文	中 文	类 型	含煤省份聚集区
西部	TAA	Trans - Altai	阿尔泰（阿尔泰阐达赫）	含煤区	西部含煤省份聚集区
	BUA	Buyan - Ulgii	阿尔泰岑德	含煤区	
	KHB	Kharkhiraa	哈尔黑拉	含煤盆地	
	MAB	Mongol - Altai	蒙古阿尔泰	含煤盆地	

表4-2-2（续）

地域	代号	英　文	中　文	类　型	含煤省份聚集区
南部	SGB	South Gobi	南戈壁	含煤盆地	
中部	IBB	Ikh Bogd	伊赫包格德	含煤盆地	
	ORB	Ongi River	昂根高勒	含煤盆地	
	UHB	South Khangai	前杭爱	含煤盆地	
北部	OSA	Orkhon - Selenge	鄂尔浑—色楞格	含煤区	
东部	CGB	Central Gobi Basin	中戈壁	含煤盆地	东部含煤省份聚集区
	CHB	Choibalsan	乔巴山	含煤盆地	
	CNB	Choir - Nyalga	乔依尔—奈勒嘎	含煤盆地	
	EGB	East Gobi	东戈壁	含煤盆地	
	SHB	Sukhbaatar	苏赫巴托	含煤盆地	
	TAB	Tamsag	塔木察格	含煤盆地	

（二）含煤地层

蒙古国的4个成煤期分别为晚石炭世、晚二叠世、早中侏罗世和早白垩世，含煤地层分别位于晚石炭世宾夕法尼亚亚纪 Altai 地层、晚二叠世 Tavantolgoi 地层、早中侏罗世 Jargalent 组、Barkhar 组、Saikhan 组，以及早白垩世 Andkhudag 组和 Zuunbayan 地层。

晚石炭世宾夕法尼亚亚纪煤系地层发育在西蒙古省份聚集区，煤层的时代南老北新。晚二叠世，煤系地层沉积位置发生了变化，煤炭集中发育在南戈壁煤盆地。早中侏罗世，煤系地层在蒙古国的北、东、西，其中北部的鄂尔浑—色楞格含煤区发育，这里成煤环境最好。早白垩世，较厚、连续的煤层主要形成于蒙古国的东部。4个成煤期的煤多发育在河流、湖泊、三角洲的沉积环境（表4-2-3），不同含煤区含煤地层的分布和煤层赋存形态不同（图4-2-6、图4-2-7）。

表4-2-3　蒙古国东部煤炭/页岩聚集省份早白垩世沉积环境

盆地	矿　床	沉积环境	盆地	矿　床	沉积环境
乔依尔—奈勒嘎	柴达木诺尔	河流积	乔巴山	阿敦朝伦	河流—三角洲沉积
	玛尼特			呼勒斯特诺尔	河流沉积
	额布多格呼都格—伊赫乌兰诺尔			乌塔特敏朱尔	
			中戈壁	霍特洪赫尔	
	希维敖包			努赫特	
	乌兰诺尔			塔林呼都格	
	柴达木		东戈壁	哈木林呼拉尔	湖泊沉积
	特布信戈壁		苏赫巴托	塔拉布拉格	湖泊三角洲沉积
	奥楞乌哈			鄂勒吉特	河流沉积
	巴嘎诺尔	湖泊—河流沉积	塔木察格	布朗根浩莱	
	特格勒格	湖泊三角洲沉积		巴彦楚格特	
	呼姆勒泰	湖泊沉积		宗布拉格	湖泊三角洲沉积

（三）煤质

蒙古国自西向东煤炭年龄逐渐年轻，西部含煤时代为石炭纪，南戈壁省和南 Khangai 为二叠纪，而伊赫包格德、昂根高勒盆地和鄂尔浑—色楞格地区为侏罗纪，蒙古国东部煤炭聚集省份为早白垩世（图4-2-8）。与煤炭资源年龄变化趋势相对应，自西向东煤级逐渐降低。石炭纪的煤种主要为高—低挥发分烟煤以及半无烟煤，晚二叠世（南戈壁煤盆地）的煤种为高—中挥发分烟煤，侏罗纪的煤种主

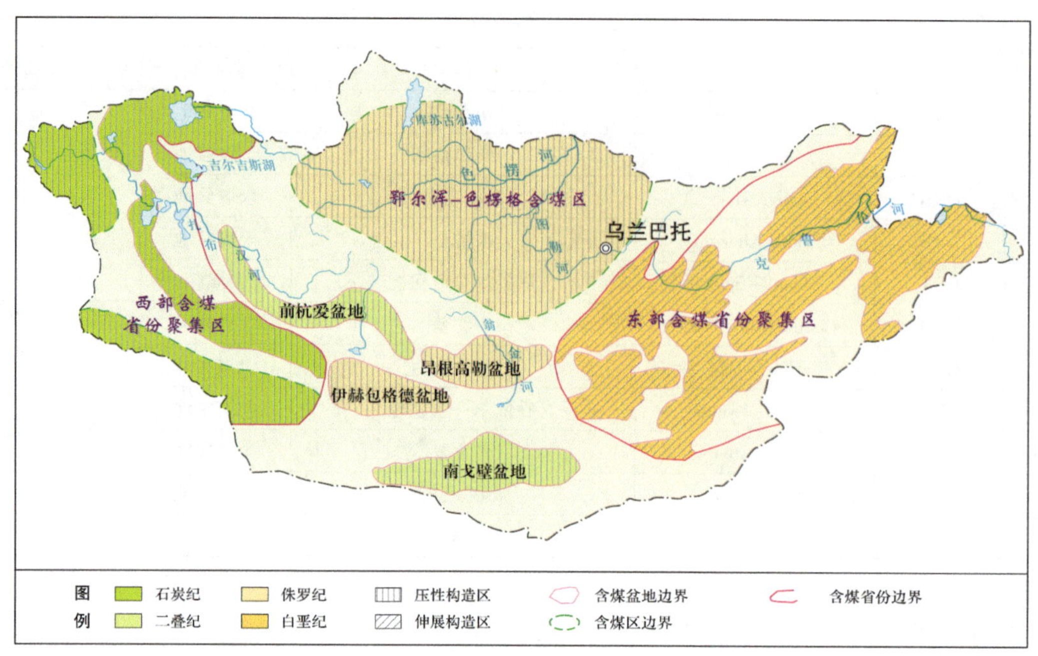

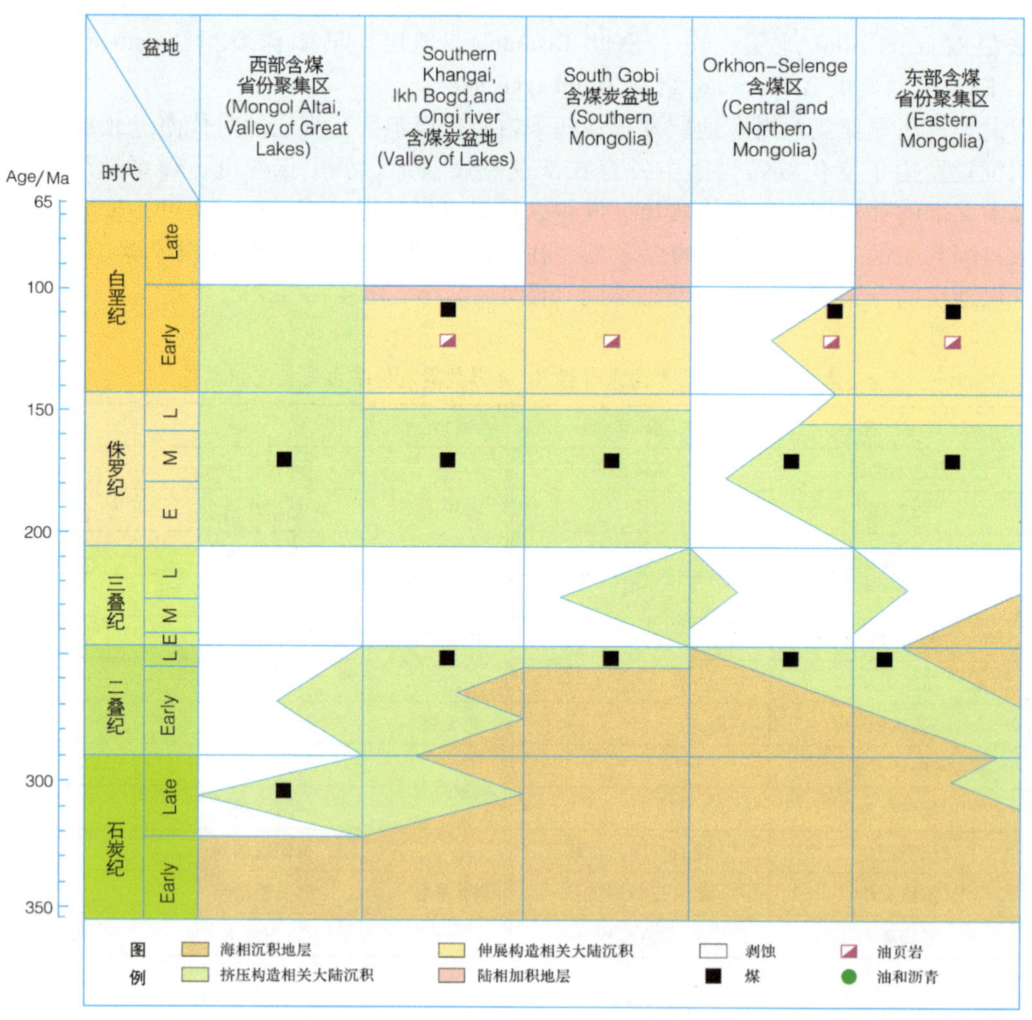

图4-2-6 含煤盆地/含煤区含煤岩系及年代

要为次烟煤，白垩纪的煤种主要为褐煤。

总体来看，石炭纪、侏罗纪和白垩纪煤的碳含量分别为82.7%、75.3%和66.3%。石炭纪、二叠

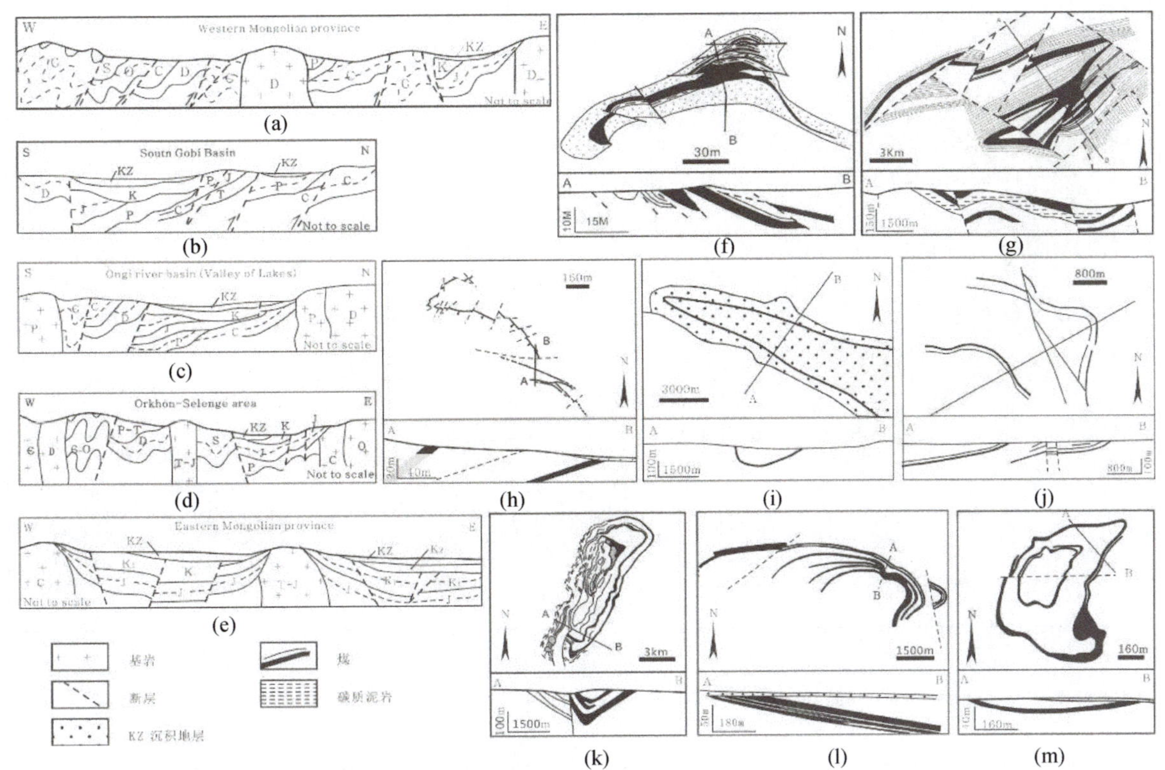

a—西部含煤省份聚集区；b—南戈壁盆地；c—昂根高勒盆地；d—鄂尔浑—色楞格盆地；e—东部含煤省份聚集区；
f—玛尼特（蒙古阿尔泰盆地）；g—哈日塔尔巴嘎泰（哈尔黑拉盆地）；h—古尔班特斯（南戈壁盆地）；
i—巴彦特格（昂根高勒盆地）；j—沙林高勒（鄂尔浑—色楞格含煤区）；k—巴嘎诺尔（乔依尔—奈勒
噶盆地）；l—呼勒斯特诺尔（乔巴山盆地）；m—巴彦楚格特（塔木察格煤盆地）

图4－2－7　含煤盆地典型剖面及煤层分布形态图

纪、侏罗纪和白垩纪煤的挥发分分别为24.8%、30.4%、41.9%和45.2%，发热量分别为30.9 MJ/kg、33.4 MJ/kg、28.4 MJ/kg和26.4 MJ/kg，水分分别为2.5%、0.8%、6.9%和9.6%。

基于22个样品的分析结果（图4－2－9、图4－2－10和图4－2－11）（J. 宾巴，2012），石炭纪（西蒙古含煤省份聚集区）、二叠纪（南戈壁煤盆地）、侏罗纪（昂根高勒盆地、鄂尔浑—色楞格地区）和白垩纪（东蒙古含煤省份聚集区）煤炭资源镜质体反射率平均为1.68、1.01、0.48和0.33。石炭纪和二叠纪煤炭资源镜质体反射率的范围大于侏罗纪和白垩纪，这是由于后期构造、沉积影响的结果。西蒙古煤炭资源受到的后期沉积、构造改造运动幅度较大。硫分相对较低，为0.4%～1.1%。石炭纪、二叠纪、侏罗纪和白垩纪的平均硫分分别为0.57%、0.65%、1.05%和1.22%，显示非海相沉积的结果。灰分为16.1%～22.1%。

蒙古国的煤属于腐殖化类型。煤的镜质组含量为44.9%～96.6%，惰质组含量为2%～53.3%，壳质组含量低于11.7%。蒙古国的煤炭资源类型属于常见类型，而侏罗纪的煤炭类型较为特殊，特点是镜质组和壳质组含量高，分别为87.3%～96.6%和11.7%。侏罗纪的煤炭主要位于蒙古国东部和北部（伊赫包格德、昂根高勒盆地，鄂尔浑—色楞格地区）。东部含煤省聚集区侏罗纪煤炭的镜质组含量超过90%，造成镜质组较为富集的原因是古气候。煤炭形成时蒙古国的气候较为湿润，雨水丰沛。石炭纪、二叠纪和早白垩世煤炭镜质组、惰质组和壳质组的含量分别为44.9%～82.9%、15%～53.3%和1.1%～7%。白垩纪煤炭惰质组含量增加的主要原因是当时气候较为干燥。在二叠纪的TT煤田，惰质组含量为21%～43.6%。含煤组由下至上惰质组含量逐渐降低，镜质组含量恰好相反（55.4%～72%）。这代表了煤炭聚集时期古地理水深逐渐加大。灰分由老至新也逐渐加大。同蒙古国其他煤田相比，石炭纪的哈尔黑拉盆地有最高的惰质组含量48.3%～53.3%，最低的镜质组含量47.7%～49.9%。

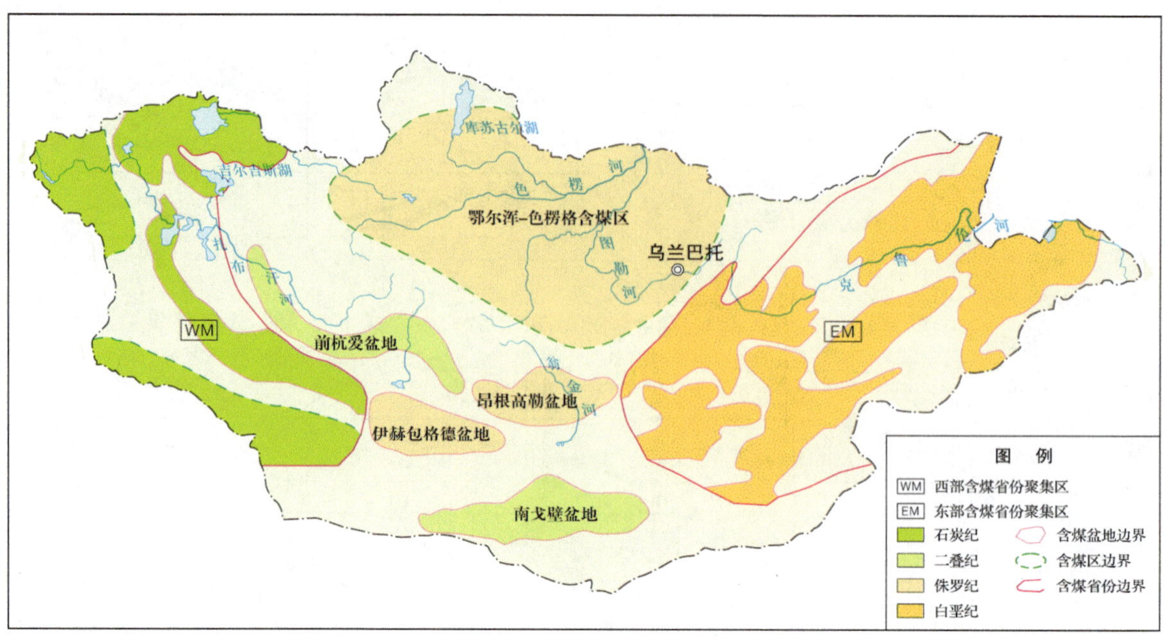

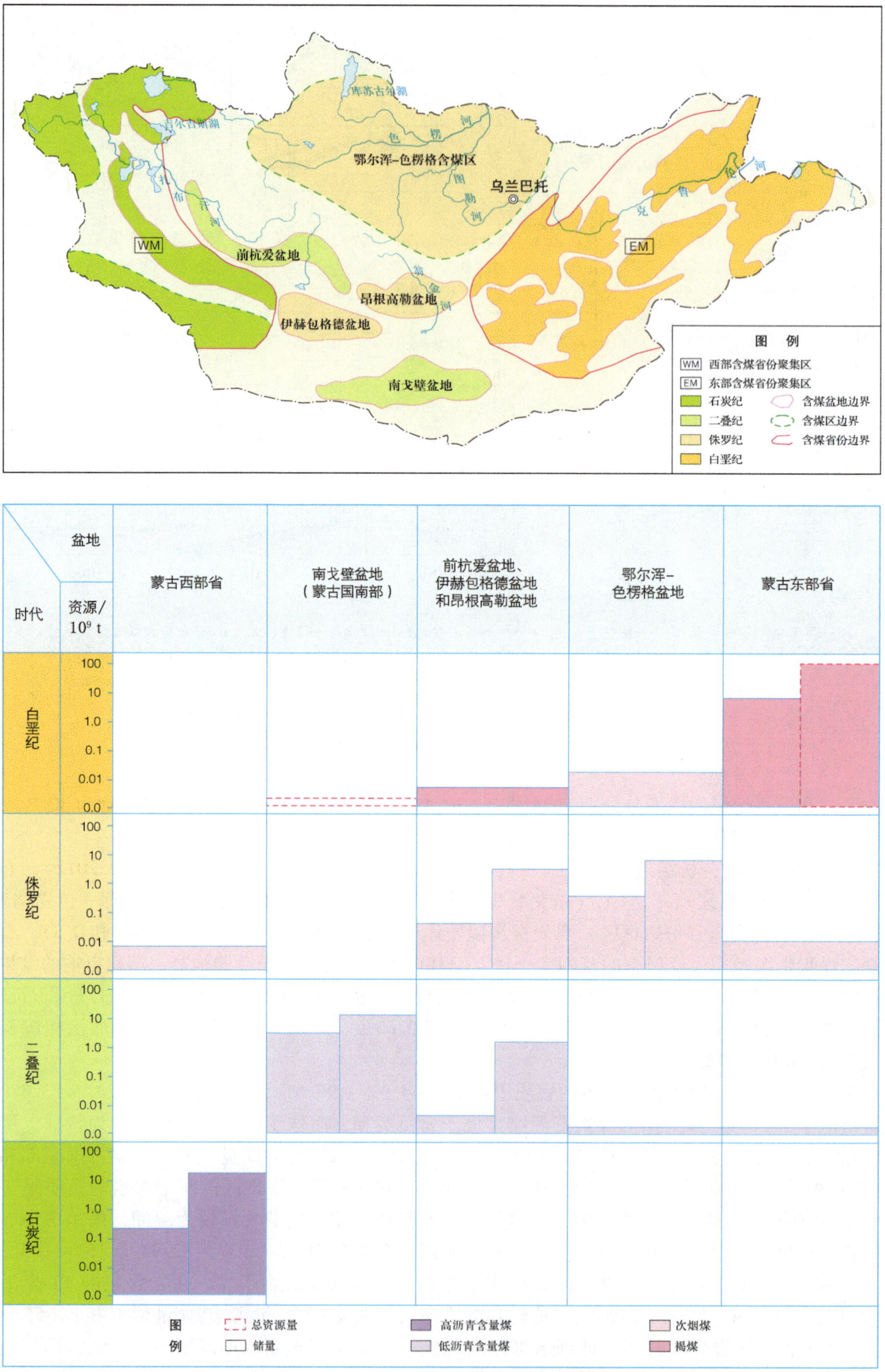

盆地
时代
资源/10^9 t
蒙古西部省
南戈壁盆地（蒙古国南部）
前杭爱盆地、伊赫包格德盆地和昂根高勒盆地
鄂尔浑-色楞格盆地
蒙古东部省
白垩纪
侏罗纪
二叠纪
石炭纪
100
10
1.0
0.1
0.01
0.0
图例
总资源量
储量
高沥青含量煤
低沥青含量煤
次烟煤
褐煤

图 4-2-8 蒙古国煤炭资源地理分布、煤级和年代示意图

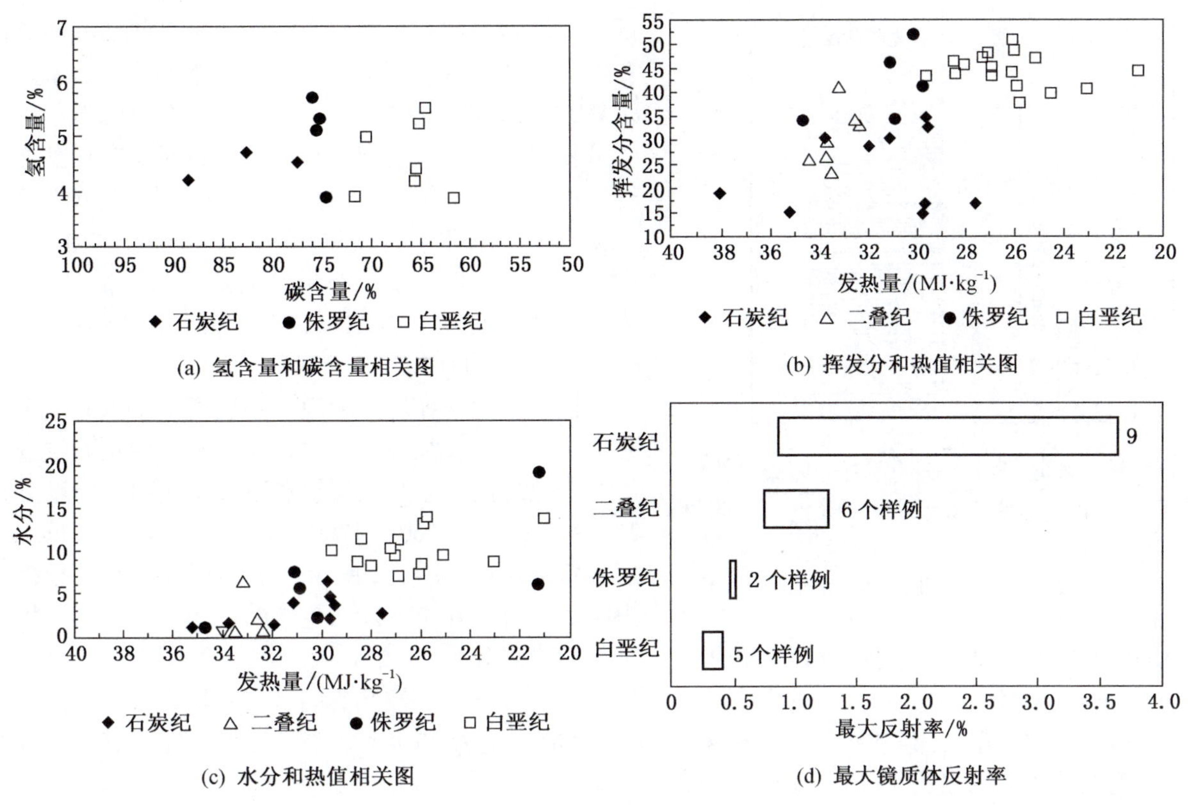

(a) 氢含量和碳含量相关图

(b) 挥发分和热值相关图

(c) 水分和热值相关图

(d) 最大镜质体反射率

图 4-2-9 蒙古国煤炭特征

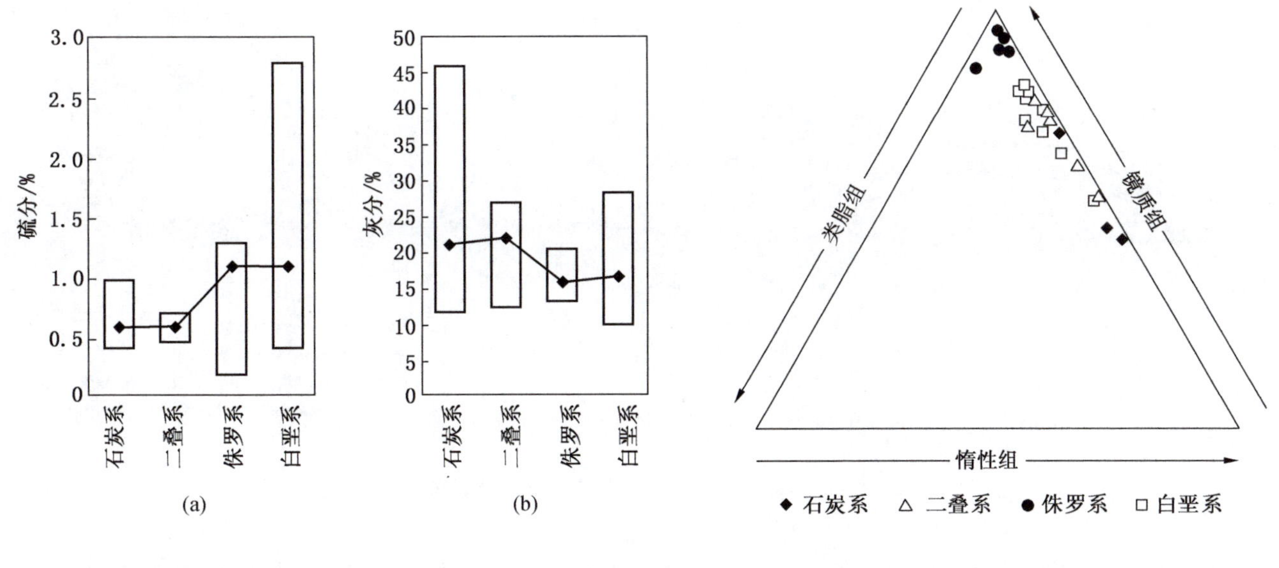

(a)

(b)

图 4-2-10 蒙古国全硫分和灰分

图 4-2-11 蒙古国显微煤岩组分

二、蒙古国南部含煤区和含煤盆地

（一）概述

蒙古国南部最重要的含煤盆地是南戈壁煤盆地，面积约 40000 km^2，东西向延伸 600 km。该盆地可以分为多个地质单元，包含克拉通盆地、岛弧盆地、弧前盆地和弧后盆地。奥陶系和志留系在蒙古国南

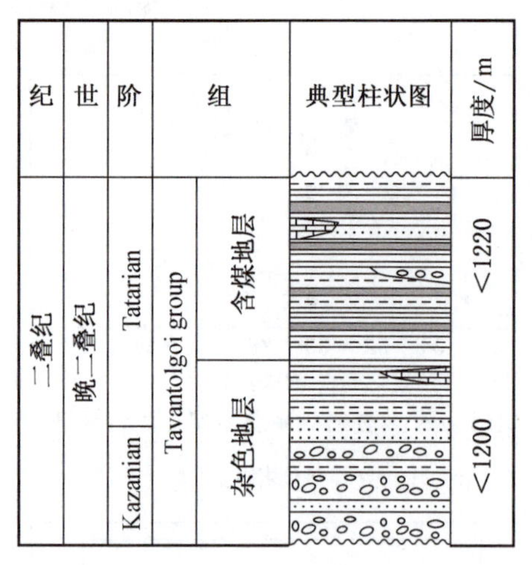

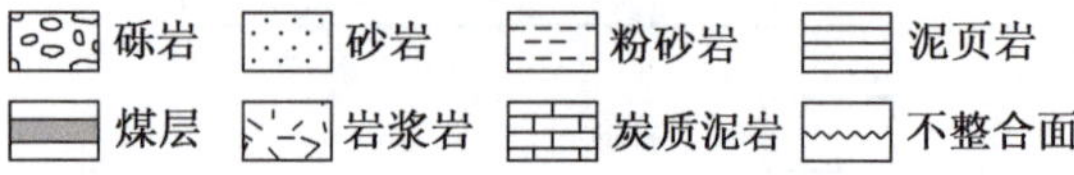

图 4－2－12 晚二叠世 Tavantolgoi 地层柱状图

部有零星分布，通常认为是增生楔或大洋边缘沉积的一部分。泥盆系和石炭系分布较广，是岛弧活动的火山岩和弧前、弧后的海相沉积，这一复杂的沟弧盆系统席卷了蒙古国南部的全部地区。早—中二叠世时弧火山活动十分发育，洋壳的削减仍在进行，自西向东洋盆逐渐闭合。西南蒙古可能在早二叠世闭合，而东戈壁煤盆地区迟至二叠纪末才闭合（Lamb 和 Badarch，2001），因而中部的南戈壁地区晚二叠世已有成熟的大陆地壳发育，频繁的地质活动基本结束，沉积开始（Lamb 和 Badarch，1997，2001）。

该盆地的含煤地层为晚二叠世 Tavantolgoi 组和侏罗系地层，以二叠纪地层为主，发育有一些正断层或逆断层。含煤地层可分为上煤组和下部杂色组，厚度分别为 215～1220 m 和 260～1200 m。晚二叠世 Tavantolgoi 地层柱状如图 4－2－12 所示。上煤组煤层数目较多，各煤矿数目有差异。下部杂色组颜色为红褐相杂。煤质方面，水分为 0.5%～2.3%，挥发分为 23.1%～34.3%，灰分为 12.5%～27%，发热量为 32.4～33.7 MJ/kg，硫分为 0.5%～0.9%，镜质体反射率为 0.74%～1.28%。按照美国 ASTM 煤类分类标准，煤种为中等—高挥发分烟煤。镜质组、惰质组和壳质组含量分别为 55.4%～78%、43.6%～19% 和 1%～7%。推测全盆地资源量为 13 Gt（Bat－Orshikh，2009）。

南戈壁煤盆地包含有 6 个煤田（图 4－2－13、表 4－2－4），其中煤田①——那林苏海特煤田和煤田④——塔温陶勒盖煤田勘探开发程度最高，煤质最好，累计年产冶金煤约 2000 万 t。

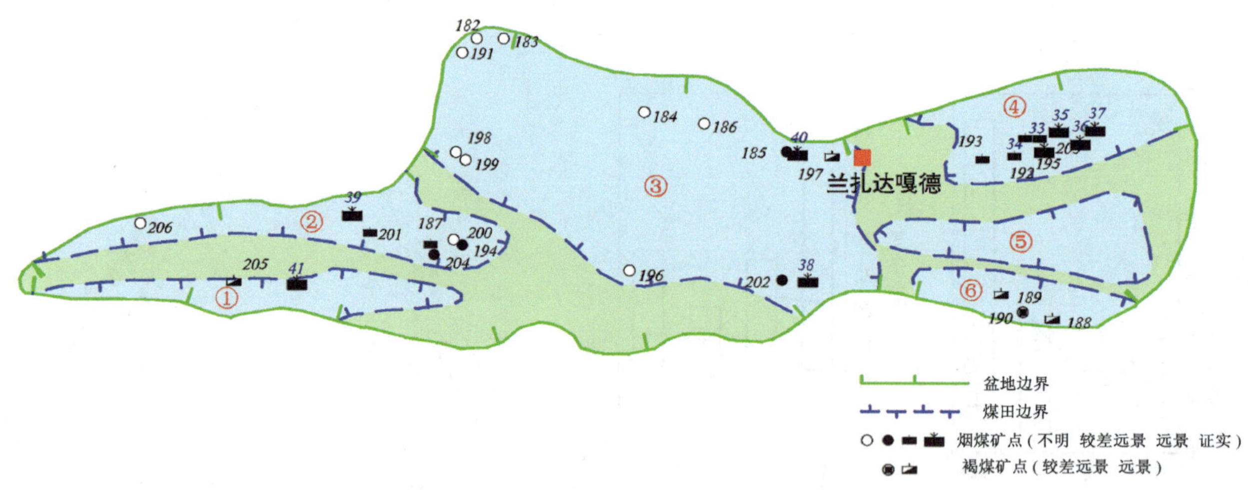

图 4－2－13 南戈壁煤盆地分区及部分矿点分布示意图

煤田①——那林苏海特煤田位于南戈壁煤盆地西南部，东西长约 180 km，南北宽约 23 km，资源量约 1 GT。目前该煤田主要由 2 家煤炭矿业公司进行开发，分别为南戈壁公司（SouthGobi Resources）的 Ovoot Tolgoi 露天矿和庆华－马克合资公司的东西露天矿（图 4－2－13 矿点 41）。这 2 个矿山主要出产 1/3 焦煤。除此之外，在该煤田内部还发现有少部分褐煤资源（图 4－2－13 矿点 205）。

煤田②位于那林苏海特煤田北部，面积比那林苏海特煤田稍大。它没有具体名字，根据矿点古尔班特斯（Gurvantes，矿点 39），有人称之为古尔班特斯煤田。目前该煤田没有在产的煤矿，有一个拟建矿——普盛能源公司项目。该项目煤类为 1/3 焦煤，煤层数仅为 1 层，构造相对复杂。

表 4-2-4 南戈壁煤盆地划分及部分矿点情况

煤田	矿点						
	编号	名称	Mt/%	A/%	S/%	V/%	Q/(kcal·kg⁻¹)
①那林苏海特煤田	41	Nariin sukhait	0.8~4.1	6.1~11.9	0.16~1.8	29.3~36.7	5800~7622
	205	Occurrence(llrel)-Xl-24					
②	39	Gurvantes	0.3~4.7	3.5~7.8	0.6~1.3	22.5~33.1	8882
	187	sain sar bulag					
	194	Noyon sum	4.51~4.21	56.0~58.0			
	200	Nergui (Non-labeled)		14.9		57.8	4260
	201	Ho'h dovyn hudag	4.5~10.64	21.49~39.89	0.58~1.14	18.7~23.4	3329~4736
	204	Noyon	4.51~56.0				
	206	Occurrence(llrel)-Xl-23					
③	38	Erdenebulag	0.1~1.7	14.0~25.5	0.3~1.0	33.6~40.4	7881
	40	Jargalant	10.7~22.9	4.4~31.7	0.41~2.37	22.6~40.2	5217
	182	Occurrence(llrel)-XXXl-2-5	11.6~10.5	52.6~58.0			
	183	Occurrence(llrel)-XXXl-1-7					
	184	Khar tolgoin hudag	3.52	54.4			
	185	Occurrence(llrel)-ll-lll-4-4					
	186	Ulaan ereg					
	191	Ho'doo cagaan	8.67~12.23	29.02~50.17	0.19~0.6	36.17~49.2	4578
	196	Zurgmtai					
	197	suu'j hudag					
	198	Khuryn khar uul					
	199	Khargana hudag					
	202	Tulga	1.96~5.06	18.5~76.0	0.14~0.58	46.4~55.16	4550~5030
④塔温陶勒盖煤田	33	Tavantolgoi-Baruuno'mnod	0.03~1.8	13.5~27.0	0.4~1.3	19.7~33.1	7770~8520
	34	Tavantolgoi-Canhi	0.01~3.45	9.9~39.7	0.2~1.2	17.5~35.9	6885~9240
	35	Tavantolgoi-Ukhaahudag	0.3~0.8	16.0~34.0	0.6~1.6	16.0~32.2	8115~8795
	36	Tavantolgoi-Zuu'n	0.1~0.9	10.6~36.3	0.2~0.9	25.0~39.0	7209~8855
	37	Tavantolgoi-Bortolgoi	0.1~3.28	16.0~22.0	0.3~0.9	32.0~36.0	7595~8335
	192	Baruun naran					
	193	Zeegt					
	195	Nergui (Non-labeled)					
	203	Dalanzadgad					
⑤							
⑥	188	O'vor cagaan tolgoi		7.4~17.6		43.2~49.4	5698~7833
	189	Bulag suu'j					
	190	Khachig uul		23.2		34.2	3710

煤田③位于南戈壁煤盆地中部，面积较大，东西长约 210 km，南北宽约 130 km。当前该煤田勘探开发程度较低，没有在产或者在建的项目。矿点 Erdenebulag（矿点 38）靠近中蒙边境线，水分、灰分、硫分均较低，发热量较高，推测为优质动力煤。

煤田④——塔温陶勒盖煤田位于南戈壁煤盆地东北部，东西长约 120 km，南北宽约 50 km。该煤田勘探开发程度最高，目前主要由3家煤炭矿业公司进行开发，MMC、ETT和LTT，主要集中在该煤田南部（图4-2-13）。粗略统计，该煤田32%为主焦煤，24%为配焦煤，44%为动力煤。资源储量巨大，JORC资源量约为8 GT。

煤田⑤位于煤田④——塔温陶勒盖煤田南部，当前勘探开发程度较低，所发现矿点数目较少。煤田内有一个在产煤矿——Hunnu Coal公司Tsant Uul煤矿，距离中国甘其毛道口岸仅190 km，2012年出产动力煤0.5 Mt，全部用于出口。该项目区发育有4个煤组39个煤层，煤层累厚68.28 m，煤层结构简单—中等。煤田褶皱发育，构造复杂程度为中等型。目前已提交1.67亿t的JORC资源量，均可露天开采。煤类属于中灰、低硫、中—高发热量的优质动力煤（长焰煤）。

煤田⑥位于南戈壁煤盆地东南部。根据现有的矿点资料，该煤田煤类以褐煤为主。

（二）塔温陶勒盖煤田

塔温陶勒盖煤田（以下简称TT煤田）位于南戈壁省戈壁阿尔泰含煤区东端，西距省会达兰扎德嘎德市100 km，处于中国内蒙古自治区乌拉特中旗甘其毛道口岸西北120 km，乌兰巴托以南540 km。与最近的铁路车站乔伊尔和塞音山达相距438 km和450 km。煤田内有土路与所有的站点相连，满足全年汽车运输的要求。

目前TT煤田勘探开发程度最高的地区位于南部，主要分为塔温陶勒盖勘探区（以下简称TT勘探区）和Baruun Naran项目区（以下简称BN项目区）两块（图4-2-14）。目前这两块由MMC、LTT和ETT 3家矿业公司经营。

1. TT勘探区

TT勘探区位于Ⅶ级以下地震区内，东西长约33 km，南北宽约11 km，面积119.5 km^2。据苏联专家估计，勘探区地质总储量6.4 Gt，其中灰分小于26%的焦煤1 Gt［神华（北京）遥感勘查有限责任公司，2007］。目前有3家公司在该勘探区有产出。

地势上，该区属于微起伏半荒漠，绝对高程为1515～1560 m，地表相对高差为5～20 m。该区最低处是勘探区盆地部分，在此范围内有乌兰—努尔湖，夏季干涸。该区气候为强烈大陆性气候。据达兰扎达加德气象站数据，该区年平均降水量为154 mm，其中70%集中在夏季（6—8月）并全部蒸发。该区主要风向为西风和西北风，无风日集中在秋—冬季节。

该区经济发展缓慢，人口稀少，主要集中在最近扩建的Tsogtsetsi Soum村庄和乌哈（UHG）露天煤矿。Tsogtsetsi Soum村位于Tavan Tolgoi（105°26′45″E，43°39′38″N）以南约20 km，是当地的行政中心。该区有一些服务设施包括银行、加油站、小商店等。在Tavan Tolgoi有一个小村庄，这里有矿区的办公室、车间和车库等。

1）子区和矿权划分

根据勘探程度以及资源赋存条件，TT勘探区被分为6个子区（图4-2-14），分别为Tsankhi（查黑）、Borteeg、Ukhaakhudag（乌哈）、Southwest（西南部）、Eastern（东部）和Bortolgoi（宝托盖）。其中东部的Eastern和Bortolgoi子区的勘探程度相对较低。

TT勘探区现有12个矿权（表4-2-5），其中8个矿权属于ETT公司，3个属于LTT公司，1个属于MMC公司。目前这3家公司都有煤炭产出，2014年前9个月煤炭产量分别为3.9 Mt、0.1 Mt和4.7 Mt。

2）勘探程度

TT勘探区是当地居民于20世纪20年代发现和利用的。首批有关勘探区的正式资料出现在地质学家К.Д.鲍马兹诺夫1940年调查的露天煤矿总结报告中。1943年和1953年，地质学家Н.А.马林诺夫对该勘探区的煤进行了试验与研究。研究结果确定勘探区的煤具有很好的烧结性。

1954年编制了全矿产地1:200000比例尺的地质图。

1953—1956年，对勘探区东部35 km^2的面积进行了勘查，并发现了18层煤，总储量达28亿t。

1975年，保加利亚地质学家取出5个煤样本进行试验研究。试验表明，该地区的煤适合生产炼钢焦炭，但是其洗选非常困难。

1977年，应蒙古国的请求，彼得格勒国家煤矿工业设计院根据未完成的矿调成果拟定了详勘的技术经济论证，结果在矿区发现成焦煤工业储量700万～800万t。根据技术经济论证的建议，1977—1981年

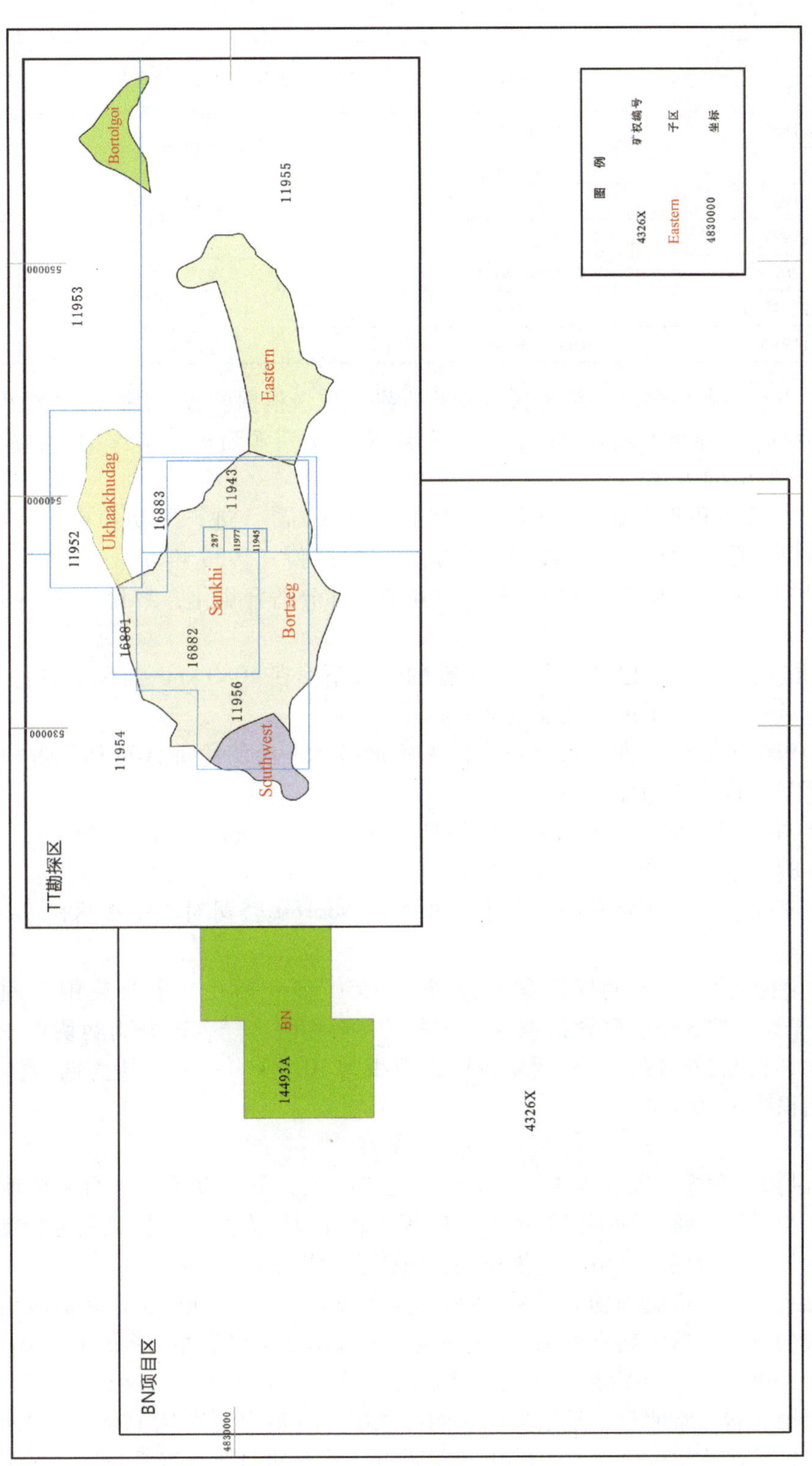

图4-2-14 TT煤田主要矿权分布图

表4-2-5 TT勘探区矿权划分

<table>
<tr><th>勘探区</th><th>矿权编号</th><th>主要位置</th><th>状 态</th><th>所属公司</th></tr>
<tr><td rowspan="12">TT勘探区</td><td>11956</td><td>Borteeg 和 Southwest</td><td>普查—详查级别</td><td rowspan="8">ETT</td></tr>
<tr><td>16882</td><td rowspan="2">Tsankhi West</td><td rowspan="2">在产，承包商为蒙古国公司</td></tr>
<tr><td>16881</td></tr>
<tr><td>16883</td><td rowspan="2">Tsankhi East</td><td rowspan="2">在产，承包商为澳洲麦克马洪公司</td></tr>
<tr><td>11943</td></tr>
<tr><td>11955</td><td>Eastern</td><td rowspan="2">普查级别</td></tr>
<tr><td>11953</td><td>Bortolgoi</td></tr>
<tr><td>11954</td><td></td><td>工作很少</td></tr>
<tr><td>11977</td><td rowspan="3">Tsankhi West</td><td rowspan="3">在产</td><td rowspan="3">LTT</td></tr>
<tr><td>287</td></tr>
<tr><td>11945</td></tr>
<tr><td>11952</td><td>Ukhaakhudag</td><td>在产</td><td>MMC</td></tr>
</table>

开始煤田勘查工作，以后进行藏新和西南地段的初步查勘工作。根据勘查—评价工作结果，确定了比较广泛的煤层分布（90 km^2），弄清了地质构造的基本轮廓，对预测资源量进行了评估，相应得出2.97亿t和2.1亿t，其中炼焦煤6.84亿t。

1981—1983年，在藏新和西南地段（面积为35 km^2 和4 km^2）进行了初步勘查。根据勘探结果，初步估算了储量，并在苏联国家矿产储备委员会完成了煤样试验（1986年6月18日）。根据苏联国家矿产储备委员会的结论，只有煤层3、煤层4和矿层0的一部分适合焦化，数量为5.04亿t，其他矿层的煤属于动力煤。

1984年，在地质学家П. 豪斯巴雅尔和Б. 梁普的领导下，在1080 km^2 面积上进行了1∶50000比例尺地质填图，用这些资料评价了远景区及其他矿藏。

1985年6月至1986年第三季度，根据蒙古国专家的技术—经济论证计算和蒙古国部长会议的指示，在藏新地段进行了首批作业的详细勘查。

1985—1987年，在紧邻的东方、波尔多罗依和乌哈—胡达克完成了勘查—评价工作。最有希望的是乌哈—胡达克，1987年曾在那里进行了初步勘查。

2011—2013年，ETT公司施工钻孔约250个，并委托Norwest公司对该勘探区的Tsankhi东区和西区进行了可研设计。

经过60余年的勘探工作，TT勘探区累计勘探了1550多个钻孔，主要集中在西部的Tsankhi、Borteeg和Southwest子区。这3个子区含精查区、详查区和普查区。详查区分为两块：一块为村西详查区，面积约42.0 km^2，村西详查区含有村西精查区，面积为10.0 km^2；另一块为西南详查区（面积约6.5 km^2）。普查区面积约31.0 km^2。

3）地质概况

（1）地层。TT勘探区含煤地层（表4-2-6）为上二叠统，下二叠统—上石炭统地层在矿区的西南部和东北部出露，组成环绕整个勘探区的山地。矿区西北部以巨大的区域性藏新逆掩断层为界，沿此断层，出露有中—上泥盆系地层，且由于逆推作用，覆盖在含煤地层之上。

勘探区地层包括上二叠统塔温陶勒盖岩系、残西斯克含煤岩系（Tsankhi）和智来姆斯克岩系（Girem），下二叠统和上石炭统的查格特紫依斯克岩系（Tsogtsetsi）、杜森诺赛斯克岩系（Dusino-Ovoo）。

TT勘探区基底为残西斯克岩系沉积，主要是黑色厚层泥岩，以及粉砂岩和砂岩，内含大量丰富的动植物化石。黑色厚层泥岩非常明显，是很好识别的标志层，其最大厚度达150 m，向西北和西南方向逐渐收敛为地质尖灭，其矿物组成主要是高岭土和蒙脱石。整个残西斯克岩系总厚度达200~250 m。

塔温陶勒盖岩系主要由砂岩、粉砂岩和砾岩组成。砂岩内夹有厚层泥岩、粉砂岩，含石英、长石，以及火山岩和侵入岩的岩石碎屑，局部可见石灰岩碎屑。砾岩在底部形成厚度不大的夹层（不足2 m，有时达到20 m），在中部和上部（煤层5之上）较厚。泥岩经常出现在煤层顶板处，暗灰色、带有水平层理。菱铁矿和泥质石灰岩以透镜体或结合体的形式出现。煤层9局部含有薄层高岭土夹层。

表4-2-6　TT 勘探区含煤地层

<table>
<tr><th colspan="3">地　　层</th><th>说　　　明</th><th>厚度/m</th></tr>
<tr><td rowspan="2">下侏罗统</td><td colspan="2"></td><td>绿灰色粉砂岩和泥岩，偶尔间杂黄色砂岩</td><td rowspan="2">变化较大</td></tr>
<tr><td colspan="2"></td><td>砾岩、含砾砂岩、粉砂岩和泥岩</td></tr>
<tr><td colspan="5">不整合接触</td></tr>
<tr><td rowspan="5">上二叠统</td><td rowspan="3">塔温陶勒盖组</td><td>上部</td><td>黑灰粉砂岩、砂岩、含砾砂岩、钙质砂岩、薄灰岩层、植物化石。层位：5～15 煤层</td><td rowspan="3">965～1990</td></tr>
<tr><td>中层</td><td>绿色砾岩和含砾砂岩、淡灰色砂岩、灰黑色粉砂岩和黏土层、富植物化石。层位：6～9 煤层</td></tr>
<tr><td>下层</td><td>黑灰到浅灰色砂岩，偶尔出现砾岩，炭质砂岩，富植物化石，软体动物化石。层位：0～5 煤层</td></tr>
<tr><td colspan="2">Tsankhi 组</td><td>多种颜色变化的黏土岩，纸状页岩，泥灰质页岩，砂岩和含砾砂石，钙质层，石灰岩和文石，富植物化石和软体动物</td><td>200～250</td></tr>
<tr><td colspan="2">Girem 组</td><td>红色、红棕色砾岩和 breccio 砾岩，砂岩，粉砂岩，黏土页岩</td><td>300～1200</td></tr>
<tr><td colspan="5">平行不整合接触</td></tr>
<tr><td rowspan="2">下二叠统</td><td colspan="2">Tsogtsetsi 组</td><td>富含植物化石的粉砂岩，角砾岩，安山石和英安岩</td><td>400～900</td></tr>
<tr><td colspan="2">Dusino－Ovoo 组</td><td>浅绿色的安山石，玄武岩，英安岩，凝灰质砾岩以及凝灰岩</td><td>800～1100</td></tr>
</table>

按剖面结构、沉积岩石学组成和煤赋存状况，塔温陶勒盖岩系自下而上分为3层：下层、中层和上层。下层的划分在煤层0和煤层5区间内，主要由粉砂岩、细砂岩组成，间或厚层泥岩和相对薄的砾石岩层夹层。下层主要由3个煤层组成：0、3、4，其中煤层0厚度不稳定；而煤层3和煤层4厚度相对稳定。对比来看，下层厚度稳定（240～260 m），中层为煤层5顶板至煤层9顶板之间。这是一个由灰绿色砾岩、砂岩、少量粉砂岩组成的剖面，煤层8和煤层9较稳定。上层包括煤层10～15，由粉砂岩、灰色砾岩组成。

另外，TT 勘探区范围内还有侏罗系出露，角度不整合于二叠系地层之上，其厚度不大。勘探区范围内局部地段被厚度达4.5～5.0 m的第四系所覆盖。

（2）构造。TT 勘探区由一条北—南走向的背斜、一系列东—西走向的向斜和背斜叠合而成。许多东—西走向的正断层横跨了勘探区。东—西走向的逆冲断层则形成了勘探区边界。

TT 勘探区发育有两个大的褶皱，分别为 TT 背斜和 TT 向斜（图4－2－15）。正逆或者翻转断层较

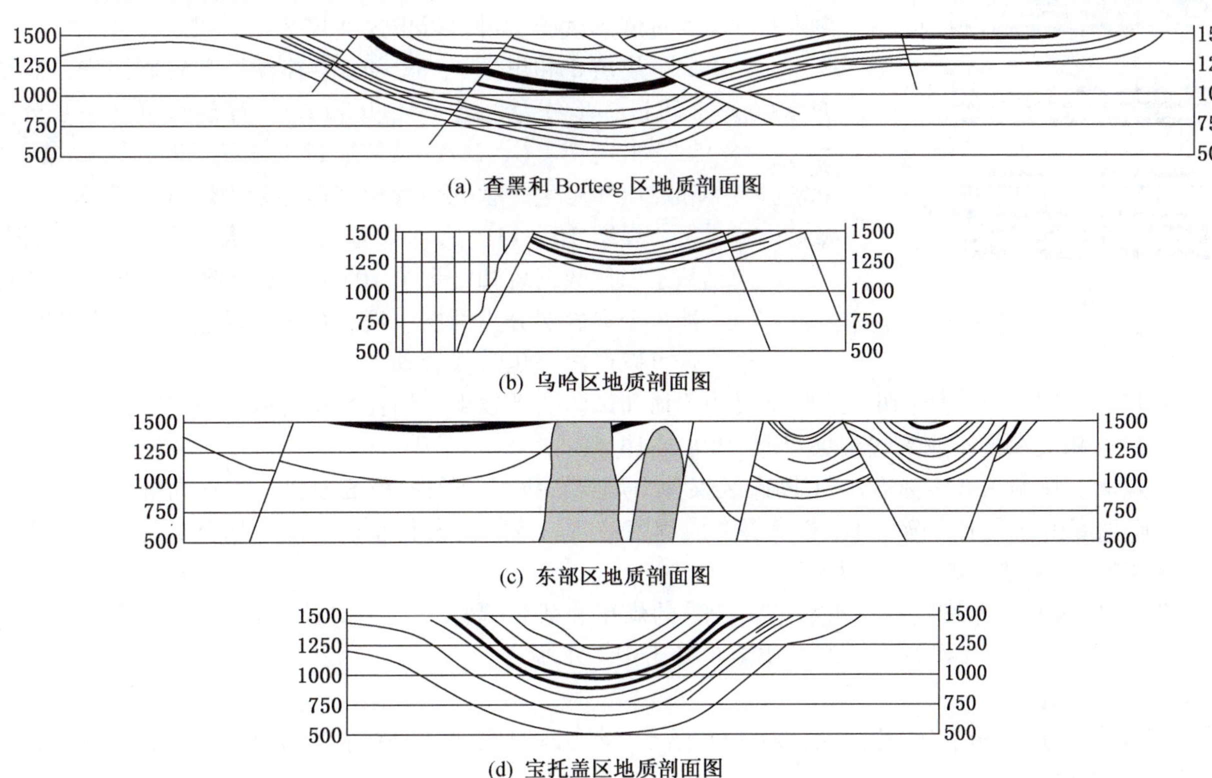

(a) 查黑和 Borteeg 区地质剖面图

(b) 乌哈区地质剖面图

(c) 东部区地质剖面图

(d) 宝托盖区地质剖面图

图4－2－15　TT 勘探区典型剖面图（南北向）

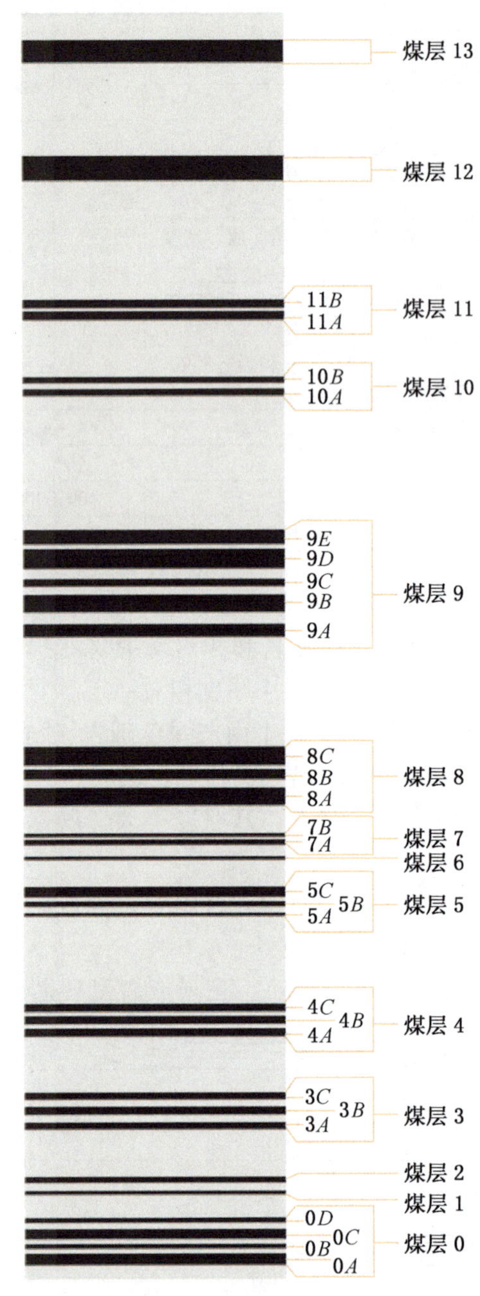

图 4-2-16 TT 勘探区煤层柱状图

为常见，主要翻转断层的断距为 60 ~ 100 m，正断层为 20 ~ 30 m。尽管局部地区会发生角度较大的翻转倾斜，角度一般为 5° ~ 30°。煤层最厚区位于向斜区，无煤区或贫煤区位于背斜区（图 4-2-15）。

TT 勘探区钻孔记录中没有发现岩浆侵入的痕迹，但是基于勘探区边界弱化的岩石组构不排除岩浆侵入的可能性。

4）煤层及煤质

（1）煤层。塔温陶勒盖勘探区有 17 个煤层，自下而上编号为煤层 0—煤层 16（图 4-2-16）。其中有 10 个煤层进一步被一些夹石层隔开，产生了总共 34 个分煤层。煤层 14—16 仅仅通过一两个钻孔和探槽勘探得知，不计入资源量。自下而上各煤层分述如下。

煤层 0：煤层 0 存在 3 ~ 4 个分层，自下而上以 *A*—*D* 升序排列。这些分层很薄，厚度小于 3 m。

煤层 1 和煤层 2：煤层 1 和煤层 2 都很薄，而且不连续，是该区域最没有经济价值的煤层。

煤层 3 和煤层 4：煤层 3 和煤层 4 都含有 3 个不同厚度的分层。煤层 3 在 Tsankhi 中部可达到 13 m 厚，其他区域可达 1 ~ 6 m 厚。煤层 4 在 Tsankhi 中部可达 23 m 厚，其他区域厚度不一致。煤层 3 和煤层 4 最具潜力生产炼焦煤，该煤为低灰分。另外，煤层 4 的煤质非常好，可以不通过洗选直接销售。

煤层 5、煤层 6 和煤层 7：煤层 5 可进一步分为 3 个分层，煤层 6 没有分层，煤层 7 可分为煤层 *A* 和煤层 *B*。通过炼焦试验，可以得出这些煤为动力煤。

煤层 8 和煤层 9：这些煤层存在煤和碎屑泥岩。煤层 8 可进一步分为 3 层（*A*、*B* 和 *C*），煤层 9 可进一步分为 5 层（*A*、*B*、*C*、*D* 和 *E*）。通过大样品试验，可知煤层 8 和煤层 9 可生产软炼焦煤和高热能动力煤（须洗选）。

煤层 10—13：这些煤层面积不大，没有钻孔数据。基于以往数据可知，煤层 10 可能为半软炼焦煤。煤层 11 被一个夹岩层分为两层。没有足够的数据证实这些煤层是否可以产出炼焦煤或者动力煤。

煤层 14、煤层 15 和煤层 16：这些煤层的评估和试验活动较少，钻孔数据有限。只有 2 个钻孔探测到了煤层 14，相关探槽作业未找到煤层 15 和煤层 16。

（2）煤质。按照 ASTM 标准，TT 勘探区煤种为烟煤，挥发分含量跨度较大，低—高挥发分烟煤均有。煤变质程度由下及上逐渐变小，0 煤层变质程度最高。按照澳大利亚冶金煤市场分类标准，拟出产硬焦煤（HCC）、半软焦煤以及动力煤。

将 TT 勘探区与世界其他一些国家正在开采的煤矿、矿带指标进行了对比（图 4-2-17 至图 4-2-21，表 4-2-7），TT 勘探区煤炭品质至少处于中等水平。

5）资源/储量估算

Tsankhi 资源量约 30 亿 t，包含冶金煤 21 亿 t、动力煤 9 亿 t。其中东 Tsankhi 资源量 13 亿 t，西 Tsankhi 资源量 17 亿 t。

Tsankhi 原煤储量约 18 亿 t，其中冶金原煤 13 亿 t；商品煤储量 12 亿 t，其中冶金商品煤 7 亿 t。

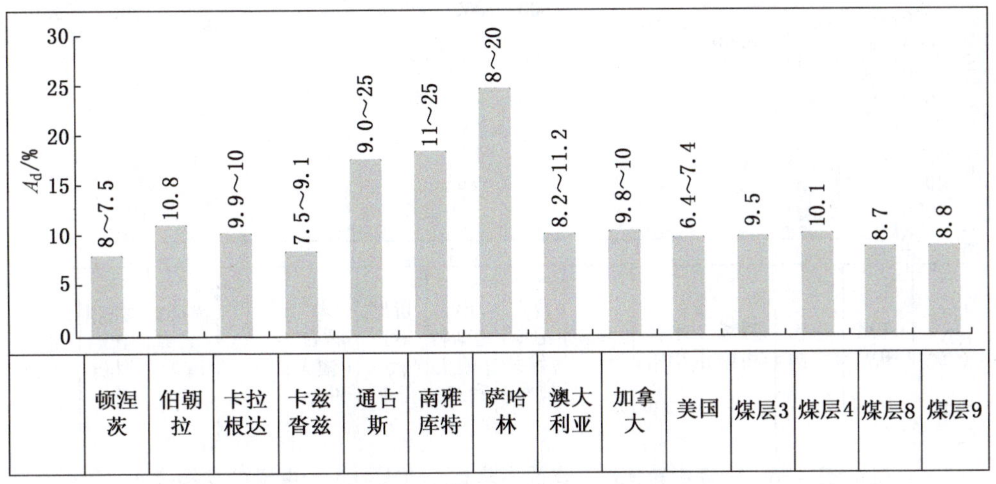

图 4-2-17　塔温陶勒盖煤矿煤的灰分与世界其他国家指标比较

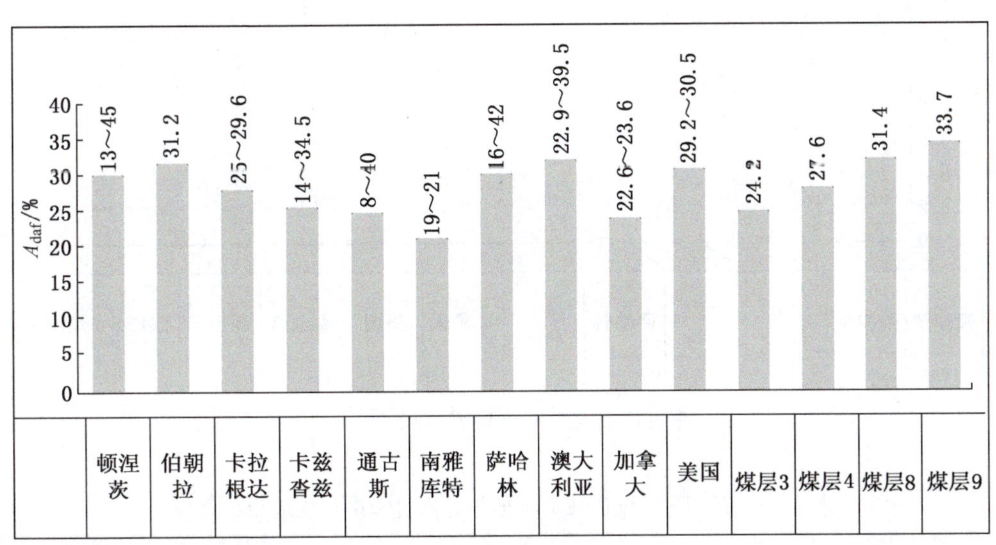

图 4-2-18　塔温陶勒盖煤矿煤的挥发分与世界其他国家指标比较

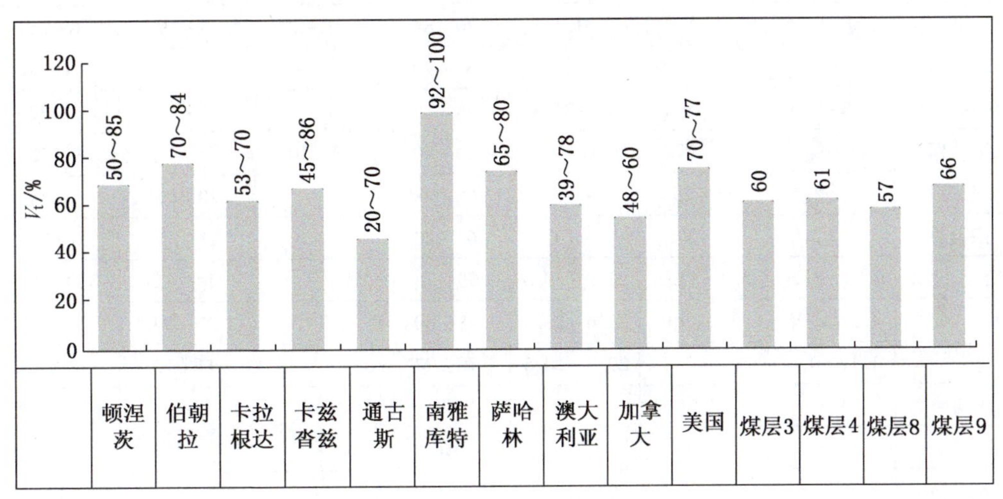

图 4-2-19　塔温陶勒盖煤矿煤的镜质组微组分量与世界其他国家指标比较

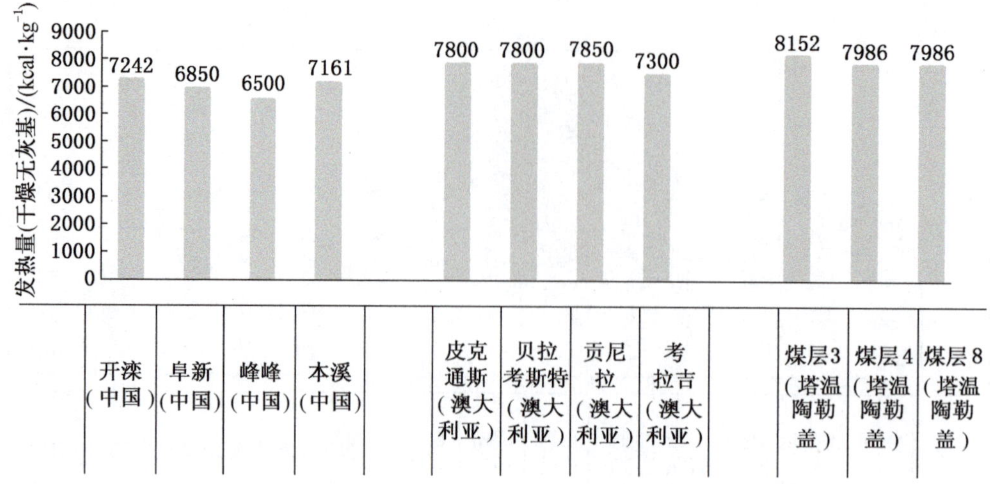

图4-2-20 塔温陶勒盖煤矿煤的发热量与澳大利亚、中国矿藏指标比较

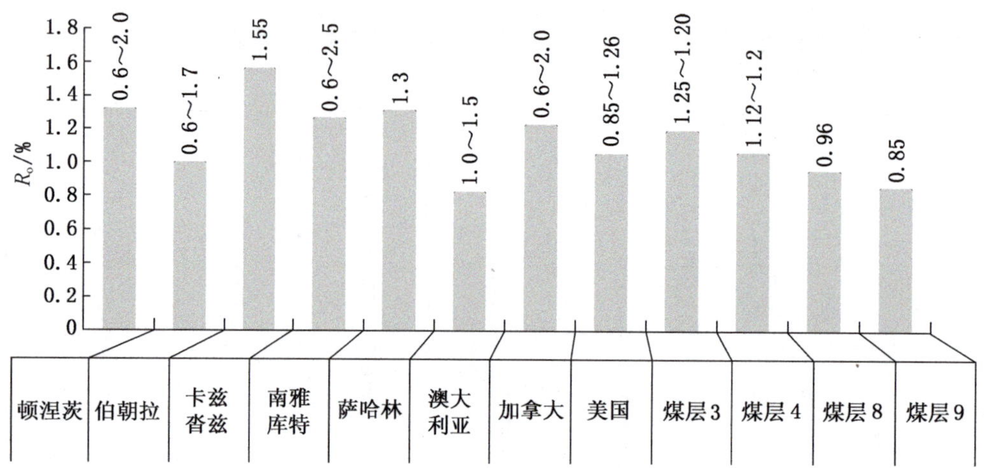

图4-2-21 塔温陶勒盖煤矿煤的 R_o 与世界其他国家指标比较

表4-2-7 TT勘探区煤质指标与其他国家煤矿煤质指标比较

国家	矿带、煤层	R_o/%	A_d/%	V_{daf}/%	镜质组/%	壳质组/%	惰性组/%	y/mm	S_t^{daf}/%
苏联	顿涅茨	0.6~2.0	8~7.5	13~45	50~80	26以下	8~22	7~30	1.5~3.5
	伯朝拉	0.6~1.75	10.8	31.2	70~84	1~2	3~19	6~25	0.8~3.0
	卡拉根达	—	9.9~10.0	25~29.6	53~70	—		13~30	0.7~1.0
	卡兹沓兹	0.6~2.5	7.5~9.1	14~35.4	45~86	1~7	2~46	6~32	0.5
	通古斯	—	9~25	8~40	20~70	3~10	9~43	9~12	0.2~1.0
	南雅库特	1.0~1.5	11~25	19~21	92~100	—	20以下	8~34	0.2~0.3
	萨哈林	0.6~2.0	8~20	16~42	65~80	1~10	2~32	6~23	—
澳大利亚		0.85~1.26	8.2~11.2	22.9~39.5	39~78	—	14~32	12~21	0.31~0.78
加拿大		1.2~1.25	9.8~10	22.6~23.6	48~60	—	27~30	13~16	0.22~0.65
美国		1.12~1.2	6.4~7.4	29.2~30.5	70~77	—	11~12	18~22	0.75~0.92
蒙古国塔温陶勒盖	3煤层	1.2	9.5	24.2	60	—	30	16	0.65
	4煤层	1.06	10.1	27.6	61	—	23	20	0.62
	8煤层	0.96	8.7	31.4	57	—	28	17	0.62
	9煤层	0.85	8.8	33.7	66	—	21	13	0.53

注：精选煤。

2. BN 项目区

BN 项目区位于 TT 勘探区西南子区西部，含煤地层也是晚二叠世的 TT 组，实质上属于 TT 勘探区的西部延伸，同属于 TT 煤田。

BN 项目区的勘探工作开始于 1983 年，做了一些区域性勘探工作。1990 年和 1993 年，苏联－蒙古联合勘探队做了 2 个阶段的钻探，共施工 24 个钻孔，累计深度 3700 m。2002—2007 年，QGX 公司委托不同的勘探公司分 4 个阶段做了详细的勘探工作。

BN 项目区地层由老至新有早泥盆世 Uguumur 组，早石炭世 Ikh－Shanha 组，晚石炭世—早二叠世 Dushiin Ovoo 组，晚二叠系 Tavan Tolgoi 下层，晚二叠世 Tavan Tolgoi 上层，白垩系 Manlai 组、Sainshand 组、Bainshir 组和 Ulaangobi 组。含煤地层为晚二叠世 Tavan Tolgoi 组（表 4－2－8）。BN 项目区内发育有轴向 NEE 向向斜，两翼明显不对称，北翼非常陡峭，南部较缓。

表 4－2－8 BN 项目区地层

时代	地质图上代号 (1∶200000)	地层名称	描述
白垩纪	K_2 bs＋ug	Bainshir、Ulaangobi	砂岩和泥岩
白垩纪	K_1 SS	Sainshand	砾岩、砂岩和泥岩
白垩纪	K_1 mn	Manlai	红砾岩、砂岩和泥岩
晚二叠世	P2tb2	Tavan Tolgoi 上层	砂岩、粉砂岩、泥岩、煤、碎石、砾岩、陨铁和长英凝灰岩
晚二叠世	P2tb1	Tavan Tolgoi 下层	绿砾岩和灰砾岩、砂岩、粉砂岩、黏土岩、凝灰岩和煤
晚石炭世—早二叠世	C3－P1ds	Dushiin Ovoo	安山岩、安山岩—英安岩、英安岩、粗安岩、流文岩、粗流文岩、长英凝灰岩、沉凝灰岩、砾岩、tephroids 砂岩、粉砂岩和泥灰岩
早石炭世	C1is	Ikh－Shanha	砂岩、粉砂岩、砾岩、泥岩、凝灰岩、沉凝灰岩 felsic and intermediate tephroids 和泥质有机石灰岩
早泥盆世	D1ug	Uguumur	硅酸岩和黏土—硅酸岩、长英凝灰岩、黏板岩、粉砂岩、砂岩、安山岩和碧玉

BN 项目区总体含煤系数较高，含煤性较好。BN 项目区主要煤层组有 22 个，不同煤层组厚度差别较大，变化范围为 0.6～16.9 m，自下而上编号为 *E*～*V*（煤层组中主要煤层编号为 500，如 *E*500），累厚平均为 132.18 m。BN 项目区煤层走向为 ENE，为典型的向斜构造，向斜两翼倾角为 30°～75°，向斜南翼倾角较缓，一般为 30°～45°，向斜北翼倾角较陡，一般为 50°～75°，局部区域达到 90°，甚至出现逆倾现象。在矿区西部，向斜的北翼缺失，缺失长度为 1.6 km。自西向东，向斜两翼构成拉长的“八”字形，八字敞口朝东。

400 m 以浅查明资源量为 2.82 亿 t，其中探明和控制级别分别为 2.09 亿 t 和 0.73 亿 t。BN 项目区煤炭储量为 1.85 亿 t。其中 30%～40% 为动力煤，60%～70% 为 1/3 焦煤。

动力煤产品收到基发热量可达 5500～6300 kcal/kg，煤质表现出中灰、低硫、中镍的特点，灰熔融性和灰分分析结果表明，产生的煤渣较少。1/3 焦煤的硫分和磷含量总体适中，磷含量局部偏高。精煤回收率约为 70%。

BN 项目区附近可利用的水源有 2 个，水量累计 229 L/s，有 80 L/s 的水量可以供给 BN 矿，基本可以满足 BN 矿最初几年的水量需求。

3. 小结

TT 煤田勘探开发程度比较高的地区位于其南部，主要有 TT 勘探区和 BN 项目区两块。

TT 勘探区煤类有主焦煤、配焦煤和动力煤，其中主焦煤约占 35%。JORC 资源量 76.08 亿 t（不含乌哈矿）。目前有 3 个在产露天矿，2014 年累计出产商品煤约 10 Mt。TT 勘探区内开发条件最好的区域是 Tsankhi 区，经中国煤炭科工集团设计，20 年内露天可采原煤储量为 5.27 亿 t。TT 勘探区煤田构造复杂程度中等，尽管局部地区地层会发生较大角度的翻转倾斜，但一般角度维持在5°~30°范围内。

BN项目区煤类为1/3焦煤和动力煤，其中1/3焦煤占30%~40%。JORC资源量2.82亿t。BN项目区位于TT勘探区西南部，含煤地层与TT勘探区一致，属于TT勘探区的西南部延伸。BN项目区煤层数较多，煤层厚度较大。但矿区构造相对复杂，呈现不对称的向斜形态，两翼地层倾角较大甚至倒转。

（三）那林苏海特煤田

1. 概况

那林苏海特煤田位于南戈壁省西南端，距达兰扎德嘎德市296 km，距乌兰巴托市849 km，位于县中心东南34 km处。该地区属于多沙地区，有些地方是山区，与其他戈壁地区一样，这里的公路状况较差。

目前该煤田有2个在产煤矿，分别为南戈壁公司（South Gobi Resources）的Ovoot Tolgoi露天矿和庆华－马克合资公司煤矿。除此之外，该煤田还有南戈壁公司的Soumber、Zag Suuj以及Guildford公司项目等（图4－2－22）。

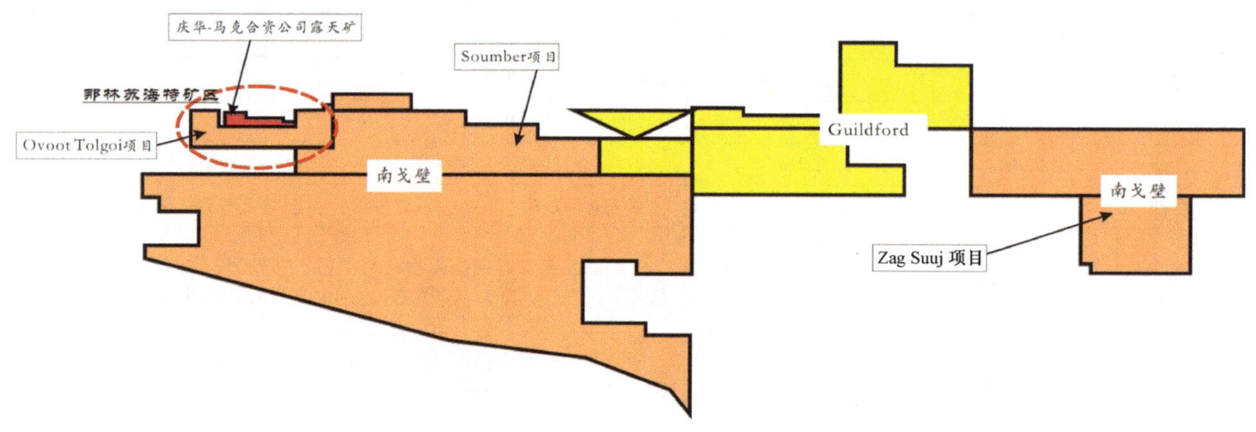

图4－2－22 那林苏海特煤田主要矿权和项目分布图

2. 那林苏海特矿区

那林苏海特矿区面积较小，但该矿区是迄今为止在那林苏海特煤田发现的煤质最好、煤炭资源最丰富的地区。该矿区包含2个在产矿，庆华－马克合资公司露天矿和南戈壁公司的Ovoot Tolgoi露天矿。2个露天矿区块相邻，边界资源正在商讨合作开采。

1）概况

（1）自然地理与气候。那林苏海特矿区周围的地形比较平缓，距煤田向北5~7 km处的诺彦、陶斯特山脉的相对高度为150~300 m，由山脉和山崖组成。煤田的绝对高度为1525~1545 m。该地区属于恶劣的戈壁荒漠气候。冬季－20~－15℃，夏秋季特别炎热，气温为30~35℃，有时还达到40℃。该地区降水量非常少，尤其是1970年以来降水量越来越少，夏秋季比较干旱。该地区年平均降水量为51 mm。该地区人口居住密度小，主要以畜牧业为主，蔬菜种植面积小。

（2）勘探程度。

1951—1952年，瓦·萨·瓦拉考宁对那林苏海特矿区大部分地区进行了1：500000的勘查测量工作。

1954年，由伊·阿·俄佛日莫夫率领的苏联古生物学考察队在该地区第一次发现了二叠纪陆源沉积，他们认为二叠纪陆源沉积中的火山熔岩与沉积层面属于同一个时代。

1959年，瓦·萨·瓦拉考宁认为二叠纪沉积中的火山熔岩与石炭纪是同一个时代。

1960年，阿·阿库日老西煤炭勘查工作中发现了古日班特斯煤矿，并算出A级储量32.7万t、B级储量13.2万t、C1级储量20.2万t，总储量66.1万t。

1968 年，玛・瓦・杜兰特对该地区进行了古生物学、地层学研究，在发现二叠纪植物残骸的同时第一次确定了三叠纪沉积的存在。

1971 年，伊・伊・瓦勒其卡、巴・罗布桑丹津、敖・达・苏叶通考等人对该地区进行了古生代地层学分类研究，并通过古生物残骸验证了上述研究者对沉积年龄的判断。达・达西策楞、萨・扎嘎尔等人对那林苏海特矿区进行了勘查工作发现了 2 个煤层，并粗略算出 1250 t 的储量。

1976 年，阿・阿・马斯考瓦斯基、敖・铁木尔陶高、嘎・巴达尔奇等人以三叠纪沉积构造、地层学为研究方向，发现了南戈壁省最大结构的诺彦县盆地。

1991 年，“乌兰巴托”地质考察大队第 15 支队对该地区进行了勘查、勘探工作，并于 1992 年提交了总结报告。

2）地层与构造

（1）地层。那林苏海特矿区所发育地层属于戈壁—塔泥商褶皱地带的上古生界—上中生界。该地区分布着下石炭统酸性成分的熔岩流纹岩，以及中—上石炭统安山玢岩、凝灰岩、含流纹岩的沥青，以及上二叠统、三叠系陆源沉积。这些岩石被上白垩统红色、花斑色的沉积岩覆盖。该地区还遍布近代第四纪晚期沉积（表 4－2－9）。

表 4－2－9　那林苏海特煤田地层

地层		厚度/m	特征描述
第四系	Q	0～3	砾岩、卵石、角砾、河砂、泥、石膏
白垩系	K2	300	红色、深红色砂岩，粉砂岩，砂砾岩，泥岩
下三叠统	T1	3350	诺彦县岩系：黄褐色、黄色砂岩，粉砂岩。年龄由古生物等方法确定
上二叠统	P2	1000～1800	上段岩层：相对应于 TT 煤田的 TT 组，由块状沉积、砾岩、砂岩、粉砂岩、中厚煤层以及厚层泥炭组成
		2500～3100	下段岩层：由花斑色、红色、深红色、黑色的块状沉积、砂岩、粉砂岩、厚层泥岩组成
中—上石炭统	C2－3	800～1100	由安山玢岩、凝灰岩、含流纹岩的沥青、砂岩、粉砂岩组成
中—下石炭统	C1－2		由流纹岩和凝灰岩组成

① 石炭系。诺彦、陶斯特山脉，奥日其格山的大面积内分布着石灰纪时期的安山岩、英安岩、流纹岩、凝灰岩、沥青砂岩和粉砂岩。这些岩石在构造方面属于晚古生代造山带陶斯特山谷地的中心（铁木尔陶高，1976）。

岩层下部分主要由流纹岩及凝灰岩组成，属于石炭纪早—中时期产物。中—上石炭统沉积是由安山玢岩及凝灰岩、含流纹岩的沥青、砂岩、粉砂岩层组成的。中—上石炭统沉积分布在陶斯特盆地中央和诺彦山脉大部分地区。

② 二叠系。诺彦县盆地范围内分布着大面积的上二叠统含煤沉积。这些沉积岩由具有灰色、灰黑色、花斑色、红赤褐色的粉砂岩、厚层泥岩、砂岩、砾石、沉积岩和煤层组成。二叠系沉积不规则地覆盖于中—上石炭统火山岩之上，而被诺彦县岩系的三叠系沉积岩规则地覆盖。

上二叠统沉积可分为上下两段。

下段岩层：该段岩层规则地分布在那林苏海特矿区范围内。下段岩层在那林苏海特矿区周围经构造接触与上段岩层相连。该岩层下部主要由灰色、暗黑色的砂岩和砾岩组成，向上变成红色、花斑色的粉砂岩和砂岩。

上段岩层：岩层中包含暗黄色、灰白色、灰色的粉砂岩、砂岩、砾岩等沉积岩。上段岩层与塔温陶勒盖岩系沉积相吻合，是主要含煤层位。

上二叠统岩层总厚度为 2500～3100 m。

③ 三叠系。那林苏海特矿区大部分地区分布着诺彦县岩系的沉积岩，主要由砾岩、砂岩和粉砂岩

组成。

④ 白垩系。该地区主要分布着赛因上都岩系的红色、红褐色、花斑色的块状砂岩、粉砂岩和泥岩。这些岩石覆盖在晚中生代地层之上，其厚度达到 300 m。

⑤ 第四系。该地区分布着近代第四系沉积。第四系早期沉积主要由磨砾砂、砾石、泥土组成，有时还能观察到石膏岩层。晚期沉积主要由碎砂和砾石组成。

（2）构造。在区域构造方面，那林苏海特矿区位于敖包图地堑向斜构造带。敖包图地堑向斜构造带是与纬度同一个方向延伸的长约 160 km，宽 15 ~ 18 km。这些延伸带被横向断层横切形成许多块状部分。

那林苏海特矿区形态为一倒转向斜（图 4 – 2 – 23），东西走向，长度大于 9 km，宽 250 ~ 700 m。北翼属倾斜 – 急倾斜，南翼倒转。主采 5 煤层在北翼出露厚度较大，在南翼分裂为 5 层薄煤层，呈分叉状出露。

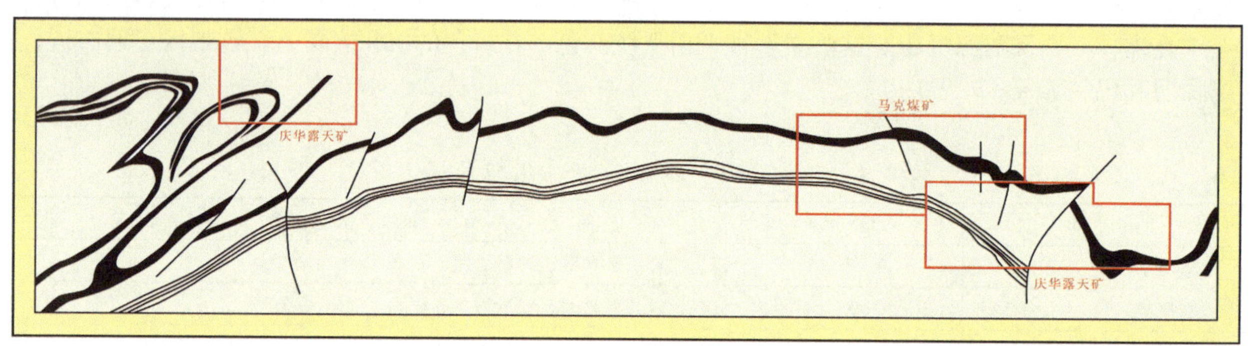

图 4 – 2 – 23　那林苏海特矿区地质图

3）煤层及煤质

（1）煤层。那林苏海特矿区含煤地层厚度约 1370 m，发育有 10 个煤层（组），自下而上编号为 1 ~ 10，累计厚度 68 ~ 285 m。有工业价值的煤层为 5 煤 层及其以上煤层。

煤层 5：厚度最大，最厚可达 129 m，平均厚度为 47. 3 m，被一些 0 ~ 2. 6 m 厚的泥岩夹层分为 4 ~ 5 个分层。

煤层 6：煤层 5 上部约 50 m，厚度为 3. 4 ~ 23. 3 m。

煤层 7：煤层 6 上部约 10 m，平均厚度约 67. 7 m。分叉现象较为常见。

煤层 8：煤层 7 上部约 70 m，厚度为 1. 1 ~ 33. 8 m，平均厚度为 5. 2 m，净煤累厚平均为 2. 8 m。一般分叉成 1 ~ 3 个分层。

煤层 9：煤层 8 上部约 10 m，厚度为 0. 8 ~ 80. 7 m，平均厚度为 34. 8 m，分叉成 2 ~ 8 个子煤层。

煤层 10：煤层 9 上部约 15 m，厚度为 7. 8 ~ 41. 9 m，平均厚度为 25. 3 m，净煤累厚平均为 9. 9 m，分叉成 2 ~ 5 个子煤层。

（2）煤质。那林苏海特矿区煤炭资源与 TT 勘探区的 4 ~ 15 煤层的煤炭资源在煤质方面比较接近，包含动力烟煤、焦煤、无烟煤、1/3 焦煤。煤炭的水分为 1. 0% ~ 2. 8%、灰分为 7% ~ 19. 8%、挥发分为 30. 9% ~ 35. 7%、硫含量为 0. 75% ~ 0. 46%、磷含量为 0. 012% ~ 0. 019%、发热量为 6435 ~ 6935 kcal/kg。

根据中国煤炭划分标准，南戈壁公司 Ovoot Tolgoi 项目的煤炭应该属于 1/3 焦煤（表 4 – 2 – 10）。

4）资源/储量估算

中蒙合资的庆华 – 马克合资公司在那林苏海特矿区东西两端沿煤层露头有 2 个小露天煤矿，采矿权面积 172 hm^2，资源量约 100 Mt。另一个在产项目是南戈壁公司 Ovoot Tolgoi 矿山，规模较小，2015 年四季度产煤 0. 2 Mt，累计提交 JORC 资源量 248 Mt（截至 2016 年 3 月），JORC 储量 175. 7 Mt（2011 年 10 月）。

综上所述，那林苏海特矿区累计资源量 348 Mt。

表 4-2-10 南戈壁公司 Ovoot Tolgoi 项目的煤炭煤质

未入洗			1.4 密度入洗					冶金煤特性			
V_{mmf}/(Btu·lb^{-1})	V_{dmmf}/%	Rank	回收率/%	A_d/%	S_d/%	V_{maf}/(Btu·lb^{-1})	FSI	吉氏流动度	膨胀度/%	R_o/%	P_d/%
≥13000	29.93 ~ 43.79	高—低挥发分烟煤	50 +	≤12	≤1	12600 ~ 15500	4 ~ 8	100 ~ 10000	50 ~ 200	0.7 ~ 1.8	≤2

3. Guildford 公司

Guildford 公司在南戈壁拥有 6 个探矿权，提交 JORC 资源量约 63.10 Mt。含煤地层与那林苏海特矿区一致，是上二叠统 TT 组。煤种以半软焦煤为主。该地区构造极复杂，煤层连续性极差（图 4-2-24）。

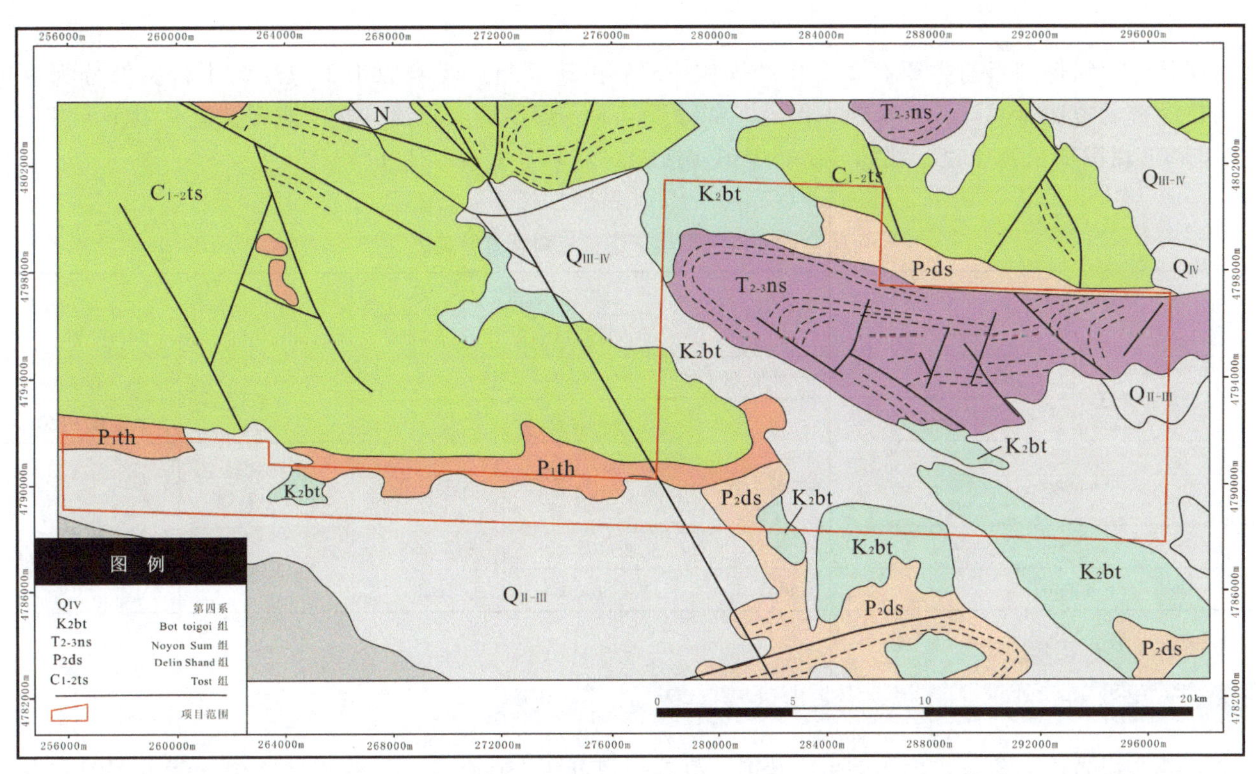

图 4-2-24 13780X 区块地质图

4. 南戈壁公司 Soumber 项目

Soumber 项目是南戈壁公司在南戈壁省的重点项目，位于 Ovoot Tolgoi 项目东部 20 km，包含 Soumber 含煤区、Biluut 含煤区、South Biluut 含煤区和 Jargalant 含煤区。这些含煤区含煤地层均为晚二叠世地层，被褶皱和断层分开。

Soumber 含煤区有 6 个煤层，自下而上编号为 0 ~ 5。该含煤区近 40% 的资源量来自于煤层 2，平均厚度为 5.9 m。所有煤层的稳定性较差，南倾，倾角为 30° ~ 60°。Biluut 含煤区和 Jargalant 含煤区有 3 个煤层，自下而上编号为 1 ~ 3，约 60% 的资源量来自于煤层 2，平均厚度 5.5 m，煤层倾角为 30° ~ 50°。

Soumber 项目的煤种为低 - 中挥发分烟煤。灰分为 16% ~ 30%，发热量为 5000 ~ 7800 kcal/kg，全硫含量一般小于 1%，而 Soumber 含煤区煤层 2 的硫分为 0.4% ~ 1.4%，CSN 大于 4。按照中国标准，该项目煤种以 1/2 中黏煤和主焦煤为主，少数为 1/3 焦煤。

截至 2013 年 1 月，Soumber 项目累计提交 NI43 - 101 资源量 295.7 Mt。所计算煤炭资源埋深 600 m 以浅，绝大部分位于 300 m 以浅。

5. 南戈壁公司 Zag Suuj 项目

Zag Suuj 项目是南戈壁公司在南戈壁省的重点项目，含煤地层为晚二叠世断层，断层和褶皱发育，沿那林苏海特断层分布。

该项目有 4 个煤层组，自下而上编号为 *A*~*D*。各个煤层组有多个分叉，几乎 50% 的资源出自 *B* 煤层，真厚度平均为 10 m。煤层稳定性较差，倾向南，角度为 20°~60°。这个项目区煤层与西部项目区煤层对比情况尚未清楚。

Zag Suuj 项目的煤种为低—中挥发分烟煤，灰分（干燥基）为 22%~29%，发热量（干燥基）为 5600~6100 kcal/kg，全硫含量一般小于 1%~1.4%，一些煤层的 CSN 大于 5。按照中国标准，该项目主要煤层煤种以 1/3 焦煤为主。

截至 2013 年 1 月，Zag Suuj 项目累计提交 NI43-101 资源量 105.5 Mt。所计算煤炭资源埋深 300 m 以浅，拟露天开采。

6. 小结

那林苏海特煤田目前主要有 2 个在产煤矿、3 个在建项目。煤类以 1/3 焦煤为主，少部分为主焦煤。目前查明资源量总计约 810 Mt，但潜在资源量巨大。煤层埋藏较浅，在产或者在建矿以露天开采为主。与 TT 煤田项目相比较，那林苏海特煤田构造相对复杂（表 4-2-11）。

表 4-2-11 那林苏海特煤田项目情况表

<table>
<tr><th colspan="2" rowspan="2">项　目</th><th rowspan="2">所属公司</th><th colspan="2">资　源　量</th><th rowspan="2">煤　类</th><th rowspan="2">开采方式</th></tr>
<tr><th>数量/Mt</th><th>标准</th></tr>
<tr><td rowspan="2">那林苏海特矿区</td><td>露天矿</td><td>庆华-马克合资公司</td><td>99.09</td><td></td><td rowspan="2">1/3 焦煤</td><td>露天</td></tr>
<tr><td>Ovoot Tolgoi</td><td rowspan="3">南戈壁公司</td><td>388.3</td><td rowspan="3">NI43-101</td><td>露天/井工</td></tr>
<tr><td colspan="2">Soumber</td><td>295.7</td><td>主焦煤和
1/2 中黏煤</td><td rowspan="3">露天</td></tr>
<tr><td colspan="2">Zag Suuj</td><td>105.5</td><td rowspan="2">1/3 焦煤</td></tr>
<tr><td colspan="2">Guidford</td><td>Guildford</td><td>63.1</td><td>JORC</td></tr>
</table>

三、西部含煤省份聚集区

西部含煤省份聚集区走向为 NNE-SSE，覆盖面积可达 280000 km^2。该聚集区包含蒙古国阿尔泰盆地和哈尔黑拉盆地，以及阿尔泰岑德含煤区和阿尔泰含煤区。该区主要含煤地层为石炭纪宾夕法尼亚亚纪 Altai 火山沉积地层（Bat-Erdene，1992），还有一些煤层位于早—中侏罗世 Jargalant 地层。在聚集区内，自 1920 年以来发现了有 40 个煤田，探明资源量 2.32 亿 t，推断资源量 184 亿 t。该区有一些露天小煤矿正在开采。

该聚集区的基底由弧后、弧前、岛弧、加积楔体组成。这些组成部分在早古生代与蒙古国中部前寒武区块碰撞，在晚新生代相互作用。含煤地层为宾夕法尼亚亚纪火山沉积层，煤层倾角为 15°~60°。聚集区北部和南部断层较发育；地层变形较强烈，煤层错断贯穿整个含煤岩系，断距可达 350 m。

宾夕法尼亚亚纪 Altai 含煤地层，不整合于泥盆系和宾夕法尼亚亚纪海相和火山相之上（图 4-2-25）。该地层厚 2700 m，可分为上中下 3 部分，厚度分别为 840 m、920 m 和 910 m，都为正粒序。在阿尔泰和阿尔泰岑德地区，下地层含煤；在蒙古国阿尔泰盆地和哈尔黑拉盆地，中上地层含煤。煤层总数可达 22 个，结构较复杂，分叉较严重。

中—新生代地层广泛分布于 Great Lakes 山谷地区。含煤地层为早中侏罗世 Jargalant 组（图 4-2-26），不整合沉积于早侏罗世地层之上。煤层位于该组顶部。含煤组厚度为 600~1400 m。Great Lakes 山谷中靠近 Khyargas Lake 发现 2 个煤田，以及其他一些小矿点。含煤地层为侏罗纪 Jargalant 组，厚度为 1100 m，含 4~5 个煤层。该含煤地层预计资源量 48 亿 t，探明储量 7.90 Mt。

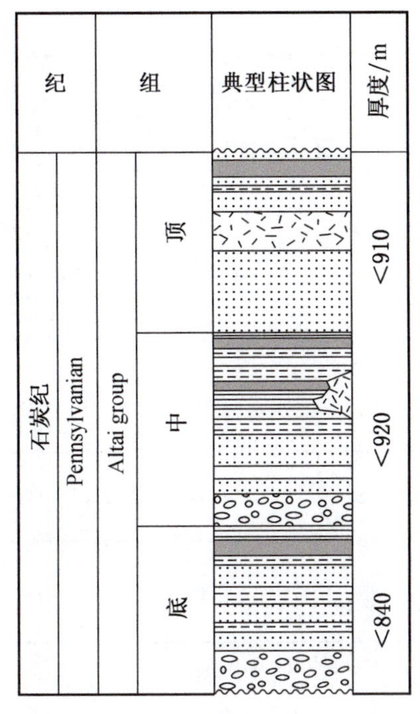

图 4-2-25　Pennsylvanian 地层、Altai 地层柱状图

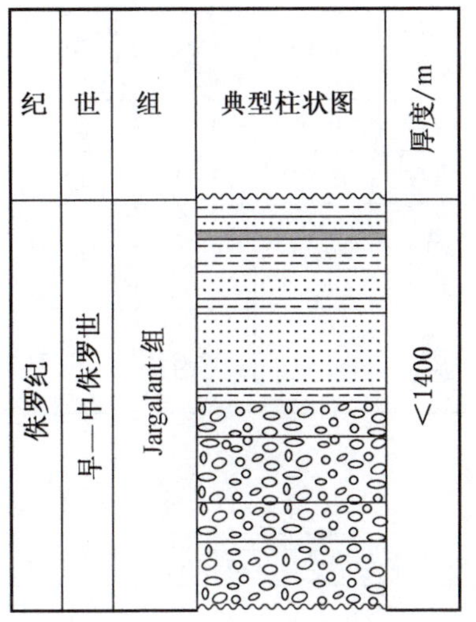

图 4-2-26　Jargalant 组地层柱状图

（一）蒙古阿尔泰煤盆地

蒙古阿尔泰煤盆地位于西部 Mongol - Altai 山脉东部侧翼、东部 Great Lakes 山谷西部。盆地为 NW - SE 走向，面积可达 60000 km^2。该盆地含煤组为宾夕法尼亚亚纪 Altai 地层，厚度为 420 ~ 880 m，中心较厚。该煤盆地发育有 10 个煤层，其中 6 个为主要煤层，广泛发育。每个煤层的平均厚度为 4 ~ 18 m。在盆地中央最大厚度的煤层可达 25 ~ 35 m，在北部和东部边缘煤层厚度减至 1.9 ~ 5.5 m。该煤盆地由位于查干希维特、伊赫包格德深大断裂带被聚煤前期沉积上升部分隔开的地堑构造组成，这些地堑构造含有煤矿床。

煤样的水分为 1.1% ~ 4.7%，平均水分为 2.32%；挥发分为 14.8% ~ 34.4%，平均挥发分为 25.1%；发热量为 29.7 ~ 35.2 MJ/kg，平均发热量为 31.64 MJ/kg；灰分为 11.6% ~ 33.2%，平均灰分为 20%；最大镜质体反射率为 0.86 ~ 3.66，平均镜质体反射率为 1.25。Tsagaangol 煤矿的煤炭由于岩浆侵入镜质体反射率可达 3.66，硫分比较低，平均硫分为 0.6%，最大不超过 1%。Khushuut 煤矿的煤炭镜质组、壳质组、惰质组含量分别为 70.8%、28% 和 1.2%。碳含量和氢含量分别为 88.4% 和 4.2%（表 4-2-12 和表 4-2-13）。煤种为低—高挥发分的烟煤，预计资源量可达 10 Gt，已探明储量 49 Mt。

表 4-2-12　蒙古国西部省份煤岩组分

矿床	宏观煤类	性能指标					镜质体反射率、岩石组分				元素含量/%	
		W_a/%	A_d/%	V_{daf}/%	Q_{daf}/(MJ·kg^{-1})	S_d	R_o/%	V_t/%	F/%	L/%	C	H
呼舍特（蒙古阿尔泰盆地）	亮煤	1.06	6.98	15.39	36.25	1.03	1.8	82.2	13.6	1.0	88.9	4.6
	暗煤—亮煤	0.75	10.0	14.88	36.62	0.91	1.86	73.3	32.0	0.5	88.52	4.05
	亮煤—暗煤	0.81	24.8	14.36	35.45	0.6	1.82	55.3	39	1.2.4	88.16	4.21
	暗煤	0.86	30.2	14.11	34.40	—	1.88	40.0	59.2	2.0	88.66	4.39

表4-2-12（续）

矿床	宏观煤类	性能指标					镜质体反射率、岩石组分				元素含量/%	
		W_a/%	A_d/%	V_{daf}/%	Q_{daf}/（$MJ \cdot kg^{-1}$）	S_d	R_o/%	V_t/%	F/%	L/%	C	H
努日斯特浩特格尔（哈尔黑拉盆地）	亮煤—暗煤	0.93	16.2	30.1	34.40	0.70	0.92	33.8	27.8	3.0	82.7	4.86
	暗煤	0.91	33.9	30.2	31.8	0.3	0.9	48.1	45.6	1.3	82.2	4.5
哈日塔尔巴嘎泰（哈尔黑拉盆地）	暗煤	1.93	30.5	39.5	30.5	0.67	0.71	37.5	59.0	5.0	77.5	4.26
	亮煤—暗煤	1.68	25.7	40.9	31.06	0.52	0.72	59.8	31.1	3.5	77.32	4.58
	暗煤—亮煤	2.04	12.3	37.7	34.3	0.76	0.82	73.4	19.6	2.0	77.26	4.69

表4-2-13 西蒙古含煤区含煤程度及煤质指标

矿床	煤层编号	层厚/m	灰分/%	挥发分/%	硫分/%	发热量/（$MJ \cdot kg^{-1}$）	R_o/%	型号
哈尔黑拉煤盆地								
呼登	Ⅵ	8.8	20.6	32.1	0.50	29.51	—	
努日斯特浩特格尔	Ⅱ	24.8	23.7	30.0	—	33.81	0.89	气煤、肥煤
哈日塔尔巴嘎泰	Ⅱ	85.0	16.4	29.9	—	—	1.03	气煤、肥煤
蒙古阿尔泰煤盆地								
呼舍特	Ⅵ	34.9	14.7	14.8	—	35.22	1.85	贫瘦煤
玛尼特	Ⅰ	17.4	11.6	28.3	—	—	0.92	气煤、肥煤
呼伦高勒	Ⅵ	21.2	24.1	16.5	0.5	29.72	1.40	焦炭
查干高勒	Ⅵ	5.5	33.2	31.6	—	—	3.66	瘦煤、无烟煤
泽格特	Ⅱ	14.0	11.8	34.4	0.43	29.68	0.86	气煤、肥煤
巴彦乌列盖煤田（阿尔泰岑德含煤区）								
阿尔山特	—	0.3	7.5	14.4	—	29.80	—	瘦煤
阿尔泰阐达赫含煤区								
奥楞布拉格	Ⅲ	46.0	16.6	0.6	0.3 -1.7	—	1.66	贫瘦煤

（二）哈尔黑拉煤盆地

哈尔黑拉煤盆地最初由德·巴特额尔登（D. Bat - Erdene）划分，并称为“含煤区域”。哈尔黑拉煤盆地位于含煤省聚集区北部，面积可达45000 km²。该盆地包含 Kharkhiraa 山地和 Uvs Lake 的疏干盆地。该地区主要煤层赋存于中—上石炭纪 Altai 群中，但还有少量小型矿床和矿点位于侏罗纪沉积内。Altai 地层厚度超过1800 m，可分为中上2个组。中部组包含多层岩浆岩层，上部组厚度为910 m，向WS 方向变薄，包含9层煤，累计净厚度可达93 m。该煤盆地跟蒙古阿尔泰煤盆地情况类似，煤层厚度由中心向四周变薄（93 m 变为8.8 m）。煤层水分为1.3% ~4%；挥发分为29.9% ~32.1%；灰分为16.4% ~23.7%；平均硫分为0.5%；镜质体最大反射率为0.89 ~1.03；发热量为29.5 ~33.8 MJ/kg，平均发热量为31.4 MJ/kg。碳含量和氢含量分别为77.4% ~82.5%、4.5% ~4.7%。惰质组、镜质组和壳质组含量分别为48.4 ~53.5%、44.9% ~47.7%和1.8% ~3.9%。煤种为高挥发分烟煤，预计资源量和探明储量分别为4800 Mt 和172.5 Mt。

（三）阿尔泰岑德和阿尔泰含煤区（阿尔泰阐达赫含煤区）

阿尔泰岑德含煤区和阿尔泰含煤区勘探年代较长，开始于1920年，但地处偏僻，勘探程度较低。阿尔泰岑德含煤区面积为35000 km²，包含 Mongol Altai 主山脉。阿尔泰含煤区位于含煤省聚集区南部，面积为 7.2 km^2。2 个含煤区的含煤层位均为 Altai 地层底部，所含的 3 个煤层厚度为 0.7 ~ 45.8 m。阿尔泰含煤区 Olobulag 煤田煤层累计净厚度可达 42 m。阿尔泰岑德含煤区煤层厚度小于 3 m。根据已探明的 2 个煤田资料，挥发分为 14.4% ~16.6%，灰分为 7.5% ~46%，发热量为 27.6 ~ 29.8 MJ/kg，硫分为 0.6%，镜质体反射率为 1.66（Olobulag 煤田）和 2.83（Rashaant 煤田）。煤种为低挥发分的烟煤，可能为半无烟煤。2 个含煤区预计资源量和探明储量为 3800 Mt 和 2.10 Mt。

四、蒙古国中部含煤区和盆地

前杭爱盆地、伊赫包格德盆地和昂根高勒盆地位于东西向狭长的 Lakes 山谷，北部以 Khangai 山脉为界，南部/西南以 Gobi – Altai 为界。该山谷与 Great Lakes 山谷相连接。含煤地层为晚二叠世、早—中侏罗世和早白垩世地层。该区域面积为 4800 ~ 35000 km^2。二叠纪含煤地层在 Tsakhiurt Urt 煤田厚度可达 210 m。早—中侏罗世含煤组为 Bakhar 组，最大厚度可达 2700 m（图 4 – 2 – 27）。早白垩世含煤组为 Andkhudag 组，厚度可达 700 m（图 4 – 2 – 28）。这 3 个盆地，尤其是前杭爱盆地受到强烈构造影响，褶皱断层发育。该区域煤层厚度为 5 ~ 49.7 m，煤种为褐煤（白垩纪）—次烟煤（二叠纪和侏罗纪）；水分为 2.2% ~19.3%；挥发分为 33.8% ~51.9%；灰分为 13.1% ~22.6%；发热量为 21.1 ~ 33.2 MJ/kg；硫分为 0.6% ~1.6%，平均硫分为 1.1%。在 Tassgan – Ovoo 煤田，碳含量和氢含量分别为 75.9% 和 5.7%。Bayanteeg 煤田镜质体反射率为 0.51。镜质组、惰质组和壳质组含量分别为 87.3% ~96.6%、1% ~2% 和 11.7%。前杭爱盆地预计资源量和探明储量为 1200 Mt 和 4.20 Mt。伊赫包格德盆地预计资源量和探明储量为 2000 Mt 和 5.20 Mt，昂根高勒盆地预计资源量和探明储量为 1500 Mt 和 42.60 Mt。

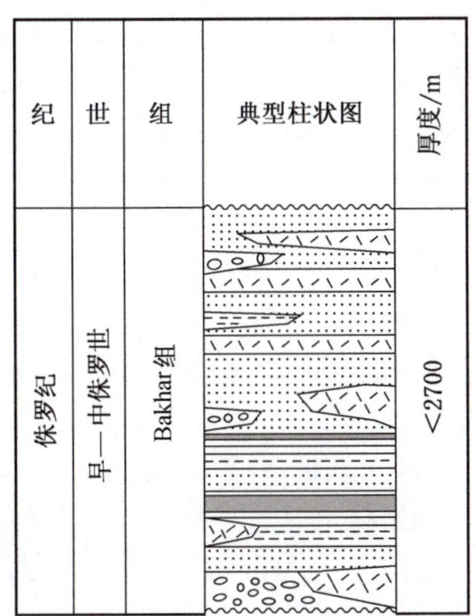

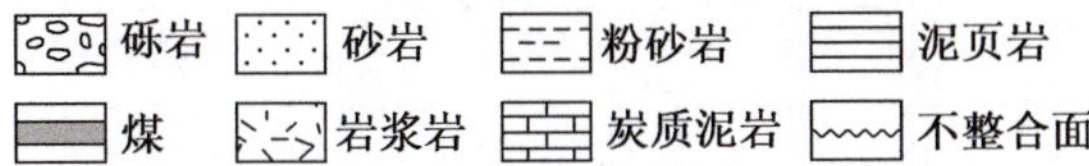

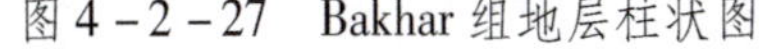
图 4 – 2 – 27 Bakhar 组地层柱状图

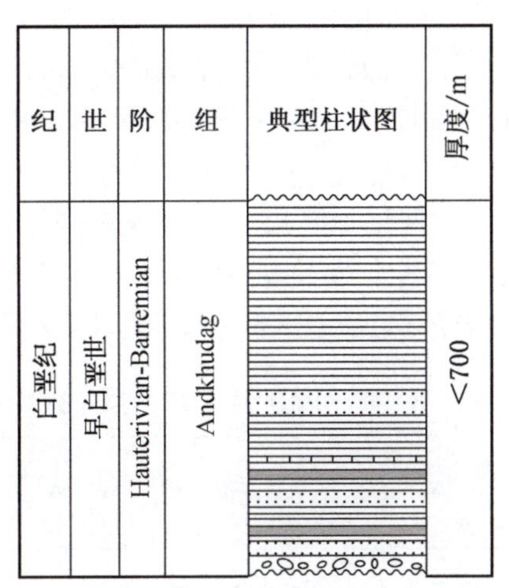

图 4 – 2 – 28 Andkhudag 组地层柱状图

五、蒙古国北部含煤区和盆地

鄂尔浑—色楞格含煤区覆盖区域较广，横跨扎布汗（Javkhan）、库苏古尔（Khovsgol）、布尔干（Bulgan）、色楞格、后杭爱（Arkhangai）、前杭爱（Ovorkhangai）、中央省（Tov）、达尔汗—乌拉（Darkhan—Uul）等多个省区，面积为 240000 km^2，包含 Khangai 山脉和 Khuvsgul 山脉。虽然该含煤区面积较大，但经神华集团相关专家研究，出露的含煤地层呈现不连续状，累计面积不到整个含煤区的 1/10（图 4 – 2 – 29）。

区域内有蒙古国最早的矿山企业——纳莱赫煤矿，最早的较大露天矿——沙林高勒（Sharrin gol）

煤矿等多个煤矿。在整个区域内除了有 7 ~8 个矿正在开采之外，还有不少小型矿点。

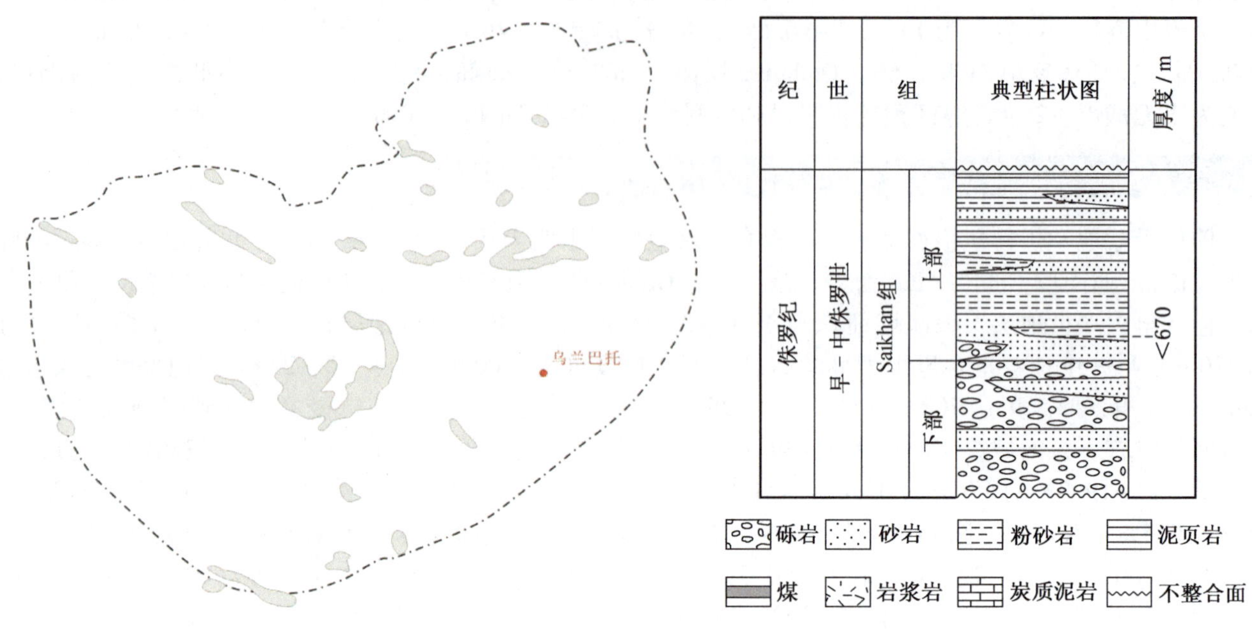

图 4 -2 -29 鄂尔浑—色楞格含煤区含煤地层分布图

图 4 -2 -30 早 - 中侏罗世 Saikhan 组地层柱状图

该地区侏罗纪含煤地层分布在北部和东北部，早白垩世含煤地层位于东部的 Nalaikh 煤田。侏罗纪的 Saikhan 含煤组厚度为 670 m，下部分厚度为 250 m，由砂砾岩组成，上部分顶部发育着煤层（图 4 -2 -30）。早白垩世的含煤层位是 Zuunbayan 地层 Khukhteeg 组，在 Nalaikh 煤田厚度可达 180 m。侏罗纪的煤层数目可达 12 个，单个煤层厚度为 7. 8 ~49. 6 m，在 Ulaan - Ovoo 煤田可达 63 m。早白垩世的煤层数目可达 10 个。

鄂尔浑—色楞格地区煤种为褐煤—肥煤，水分为 5. 6% ~10. 1%，挥发分为 11. 2% ~20. 5%，灰分为 11. 2% ~20. 5%，发热量为 29. 8 ~31. 1 MJ/kg，硫分较低为 0. 2% ~0. 9% （表 4 -2 -14）。Sharrin gol 煤田的镜质体最大反射率为 0. 46。碳含量和氢含量为 74. 7% ~75. 6% 和 3. 9% ~5. 3%。镜质组、惰

表 4 -2 -14 鄂尔浑—色楞格煤田含煤程度、煤质指标

煤矿、矿点	层数	厚度/m	W_r/%	W_d/%	A_d/%	V_{daf}/%	S_d/%	$Q_{daf,s}$/ (MJ · kg^{-1})	C_{daf}/ (MJ · kg^{-1})	H_{daf}/%
1. 木伦	17	0. 1 ~2. 3	—	4. 72	9. 34	18. 7	0. 3	18. 45	—	—
2. 巴隆伊赫特	1	4. 0 ~5. 0								
3. 纳莱赫	9	0. 13 ~17. 67		10. 1	17. 9	45. 7	0. 2	17. 7	71. 6	4. 8
4. 沙林高勒（“巨”煤层）	11	0. 35 ~49. 6	21. 55	—	20. 5	41. 4	0. 87	29. 8	75. 6	5. 1
5. 赛汗敖包	12	0. 4 ~12. 1	—	5. 5	24. 0	16. 62	1. 45	28. 6	—	—
6. 毛盖高勒	1	3. 1 ~20. 2	—	5. 6	18. 0	34. 6	0. 9	30. 9	75. 2	5. 3
7. 乌兰敖包	6	0. 5 ~63. 1	13. 4	7. 3	11. 2	46. 0	0. 29	31. 1		
8. 额格高勒	4	0. 17 ~3. 8	—	2. 5	18. 0	29. 8	0. 57	30. 5		
9. 乌兰乌勒	—	5. 0 ~6. 0	—	3. 17	14. 2	40. 5	0. 75	31. 6		
10. 敏古诗	2	6. 0 ~8. 4								
11. 阿日布拉格		1. 0			7. 21	39. 1	3. 1	22. 44		

质组和壳质组含量分别为91.6% ~95.4%、3.4% ~6%和1.2% ~3.5%。该地区资源量和探明储量为7700 Mt和408.8 Mt。

本书中涵盖的侏罗纪时期形成的毛盖高勒、诺拉姆特（注：引自原著，下文没有对应阐述）、乌兰敖包、沙林高勒、赛汗敖包等矿的煤岩石组分相互之间非常相似。

六、东蒙古煤、油页岩资源省份聚集区

该聚集区面积为450000 km^2，西北部以Khentii山脉为界，东南部以Nuhetdavaa隆起为界。该聚集区为NE向，包含6个煤、油页岩盆地：乔依尔—奈勒嘎、乔巴山、苏赫巴托、塔木察格、东戈壁和中戈壁。含煤地层为早白垩世Zuunbayan火山沉积地层。早－中侏罗世和二叠纪地层中也夹有少量煤层。该聚集区90%以内的煤田已经被发现，煤种为次烟煤和褐煤，资源量和探明储量为1083亿t和65亿t。该聚集区目前在产的有2个大矿（Baganuur和Shivee Ovoo）和一些小矿。另外，油页岩资源主要位于早白垩世地层。基于以上的资源介绍，该聚集区范围内的能源供应充足。

该聚集区前中生代的基底比较复杂，由不同的小地块组成，这些地块在二叠纪—三叠纪的时候组合在一起（Badarch et al., 2002）。侏罗纪地层不整合于晚古生代地层之上，白垩纪地层又不整合于侏罗纪地层之上。早白垩世的构造运动小于侏罗纪和二叠纪的构造运动，煤层倾角通常小于10°，局部地区构造较为复杂。早白垩世地层与晚白垩世地层之间也是不整合接触关系。该聚集区内不同盆地早白垩世含煤地层组的划分也不相同，通常用的含煤地层的名字是Zuunbayan地层（图4－2－31和图4－2－32）。Zuunbayan地层可分为3个组，底部的Shinekhudag油页岩组、Khukhteeg含煤组和Baruunbayan砂砾岩组，该地层最大厚度可达1800 m。底部的油页岩组厚度为128 m，有机碳含量可达21.3%。Khukhteeg含煤组有20个厚煤层（累计厚度可达110 m），在乔巴山煤盆地和塔木察格煤盆地煤层组厚度可达730 ~770 m（表4－2－15）。Baruunbayan砂砾岩组厚度为30 ~250 m。

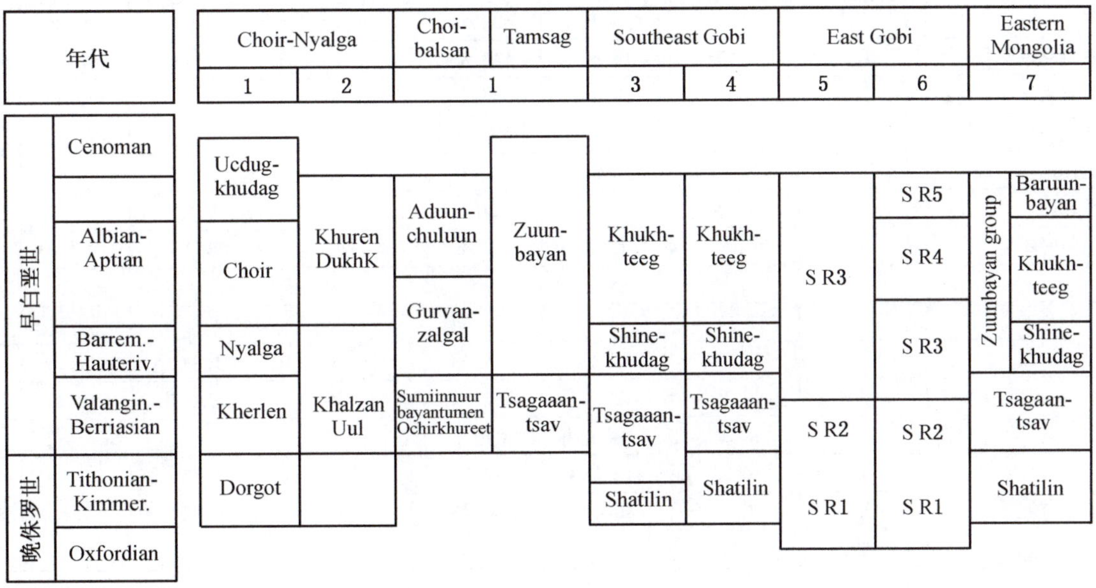

年代		Choir-Nyalga 1	Choir-Nyalga 2	Choibalsan 1	Tamsag 1	Southeast Gobi 3	Southeast Gobi 4	East Gobi 5	East Gobi 6	Eastern Mongolia 7
早白垩世	Cenoman				Zuun-bayan					
		Ucdug-khudag	Khuren DukhK	Aduun-chuluun		Khukh-teeg	Khukh-teeg	S R3	S R5	Zuunbayan group: Baruun-bayan
	Albian-Aptian	Choir		Gurvan-zalgal					S R4	Khukh-teeg
	Barrem.-Hauteriv.	Nyalga	Khalzan Uul			Shine-khudag	Shine-khudag		S R3	Shine-khudag
	Valangin.-Berriasian	Kherlen		Sumiinnuur bayantumen Ochirkhureet	Tsagaaan-tsav	Tsagaaan-tsav	Tsagaaan-tsav	S R2	S R2	Tsagaaan-tsav
晚侏罗世	Tithonian-Kimmer.	Dorgot				Shatilin	Shatilin	S R1	S R1	Shatilin
	Oxfordian									

图4－2－31 东蒙古中生代盆地地层系统对比图

根据成煤等级，该聚集区的煤属于B1类型（表4－2－16）。在少数地区如乔伊尔奈勒嘎矿带190 m深度上可能蕴藏着D类型的煤（图格勒格矿）。作为说明煤退行变化主要指标的镜质组近光性，在0.39 ~0.46（巴嘎诺尔矿）—0.34（塔拉布拉格矿）之间变化，即近光性东部省份的西北部偏高，东南部位有所减少。在肯特、南克鲁伦附近或东部的西北部近光性数值变化偏大，这说明这一较大区域内，构造元素的运动较大。

表4-2-15 东蒙古煤炭/油页岩聚集省份煤层数目及累厚表

盆地	矿床	煤层数	净煤累厚最大值/m	盆地	矿床	煤层数	净煤累厚最大值/m
乔依尔—奈勒嘎	柴达木诺尔	5	53	乔巴山	阿敦楚伦	2	68
	额布都格呼都格	5	81		胡勒斯特诺尔	15	31
	伊赫乌兰诺尔	4	99		乌塔特—敏珠尔	2	7
	希维敖包	10	39	塔木察格	布朗浩莱	2	5
	乌兰诺尔	2	3		宗布拉格	3	20
	巴嘎诺尔	20	180		巴彦楚格特	14	4
	柴达木	3	120	苏赫巴托	塔拉布拉格	7	50
	图格里格诺尔	7	17		鄂勒吉特	1	16
	呼姆勒泰	7	15	中戈壁	呼特洪赫尔	12	12
	特布希戈壁	5	94		努赫特	2	15
	奥楞乌哈	4	27		塔林呼都格	3	2
	玛尼特	1	10	东戈壁	哈玛尔呼拉尔	1	15

表4-2-16 东蒙古含煤区煤质指标

矿床	煤层编号	W_d/%	A_d/%	V_{daf}/%	S_d/%	$Q_{daf,s}$/(MJ·kg^{-1})	C_{daf}/%	H_{daf}/%
乔依尔—奈勒嘎煤盆地								
1. 巴嘎诺尔	2	10.97	14.77	42.68	0.73	28.6	73.14	4.6
	2a	11.43	14.23	44.13	0.67	28.4	72.82	4.68
	3	11.35	15.78	22.44	0.8	27.7	71.18	2.69
2. 额布德格呼都格	Ⅳ	6.97	15.56	43.56	2.43	26.9	64.55	5.48
3. 伊赫乌兰诺尔	Ⅳ	7.33	13.44	44.23	2.8	26.1	65.1	5.2
4. 特布信戈壁		11.2	20.9	45.5	0.65	26.9	71.7	3.9
5. 柴达木诺尔	Ⅱ	12.25	10.24	41.38	0.92	25.9		
6. 奥楞乌哈		13.3	18.1	50.6	0.45	27.4		
7. 哈沙特呼都格		10	13.3	48.8		26.9		
乔巴山煤盆地								
8. 阿敦朝伦		7.37	13.7	49.64	1.27	34.86		
9. 巴彦布拉格		11.75	28.99	48.63	1.5	21.84		
10. 呼勒斯特诺尔		10.19	12.69	47.52	0.66	27.3	70.4	4.98
中戈壁煤盆地								
11. 霍特洪赫尔	Ⅰ	10.92	12.62	42.68	1.48	31.92		
	Ⅱ	7.24	16.47	46.45		29.82		
	Ⅲ	8.88	15.57	46.66		28.56		
东戈壁煤盆地								
12. 哈木林呼拉尔		8.7	24.6	40.54	1.09	23.04		
塔木察格煤盆地								
13. 宗布拉格		9	26.32	52.5	1.19	19.32		
14. 霍特		9.75	20	42.65	4.09	26.04		
15. 巴彦楚格特Ⅰ		13.72	28.46	44.64	1.49	21		
16. 布朗根浩莱		8.35	15.6	48.6	0.64	26.02		
苏赫巴托煤盆地								
17. 塔拉布拉格		11.5	12.1	42.2	1.37	26.88		
18. 鄂勒吉特		8	10	54.4	0.78	26.04		

（一）中戈壁煤盆地和东戈壁煤盆地

中戈壁煤盆地位于蒙古国中部，面积约 25000 km^2，中戈壁煤盆地又可再分为多个小盆地。东戈壁煤盆地位于蒙古国南部，面积约 60000 km^2。2 个盆地均为 NE/SW 走向，主要含煤地层都是早白垩世地层，侏罗纪地层也发育了少量煤层。已确定的煤田约 30 个，但勘探程度较低。东戈壁煤盆地的地质信息都来自于油气资料。这些盆地和塔木察格煤盆地类似，是油气勘探的主要目标。在煤质方面，这 2 个煤盆地的挥发分、灰分、发热量、水分和硫分分别为 40.5% ~ 47.3%、15.6% ~ 24.6%、23 ~ 28.6 MJ/kg、8.8% 和 1.1% ~ 1.5%。这 2 个盆地的煤种主要为褐煤。中戈壁煤盆地和东戈壁煤盆地的预测资源量为 13.2 Gt 和 23.5 Gt，中戈壁煤盆地探明储量为 104.1 Mt。

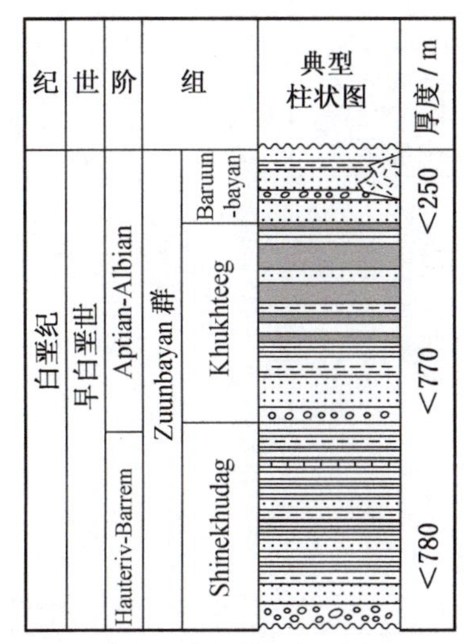

图 4-2-32 早白垩世 Zuunbayan 地层柱状图

中戈壁煤盆地在曼达勒戈壁市以南，东戈壁省南半部，西至德勒格尔杭爱县，东临温都尔希勒县。在整个煤盆地范围内，共发现近 10 处煤矿和矿点。对该煤盆地的地质研究相对欠缺，关于矿床和矿点的资料比较缺乏。

东戈壁煤盆地几乎覆盖整个东戈壁省，省会沙音山达市就位于盆地中部。乌兰巴托—扎门乌德铁路从区域中部穿过。蒙古国地质学家在矿区内进行的中生代地质构造方面的研究相对较多，而找煤工作比较少，至今为止，只知道矿区内有几处矿床和若干煤矿点。东戈壁煤盆地与我国二连盆地位置相近，并属于同一类型，均是在亚洲中部大兴安岭—内蒙古自治区古生代褶皱带基底上发育的一系列中—新生代沉积盆地。除了这 2 个盆地以外，还有我国境内的阜新盆地、开鲁盆地，苏联境内的布列因盆地，横跨中苏边界的泽亚—漠河盆地，中蒙边界的塔木察格—海拉尔盆地等（杜永林，1985）。二连盆地含煤地层为早白垩世巴彦花群（邵龙义，2012），与东戈壁煤盆地含煤地层相近。根据二连盆地的煤类分布情况（图 4-2-33），以及东戈壁煤盆地的勘查情况，推测东戈壁煤盆地的煤类以褐煤为主，局部地区有长焰煤。

（二）乔巴山煤盆地

乔巴山煤盆地位于该聚集区东北方向，面积为 45000 km^2，包含 2 个沉积盆地 North Choibalsan 和 South Kherlen，以及 20 个小煤田，这些盆地构造之间被上升的基岩隔开，并分别由若干凹陷褶皱构成。在盆地内部，Zuunbayan 地层厚度为 1200 m。Shinekhudag 油页岩组厚度为 600 m，Khukhteeg 煤组含有多个煤层，厚度为 500 m。Baruunbayan 组发育有岩浆岩层，厚度为 100 m。当前只有一个 Aduunchuluun 矿山在开采。预测该煤盆地资源量为 14.9 Gt，探明储量为 213.2 Mt。

在煤质方面，挥发分、水分、灰分、发热量、镜质体最大反射率分别为 47.8%、9.8%、14.7%、27.2 MJ/kg、0.32。Khulstnuur Coal 的碳含量、氢含量为 70.4% 和 4.9%。硫分较低，平均为 0.9%。镜质组、惰质组和壳质组含量为 54.9%、44% 和 1.1%。神华集团相关人员曾经在乔巴山煤盆地内部采样化验，化验结果显示多数煤炭资源属于低热值褐煤，少数煤炭资源为长焰煤（表 4-2-17）。

表 4-2-17 神华集团考察团采样煤质化验指标（1）

采样地点	样品号	坐标		煤类	Q_{nar}/(kcal·kg^{-1})	F_{cdaf}/%	M_{ar}/%
阿敦楚鲁	M-1	114°32′24.58″	48°07′29.15″	褐煤—长焰煤	3862	59.4	31.2
	M-2			褐煤—长焰煤	3604	51.58	30.8
朱恩宝利格	M-5	115°11′33.46″	46°57′11.68″	褐煤	2168	45.84	41
	M-6			褐煤—长焰煤	3411	52.46	28.9
巴彦布拉格	M-8	114°17′45.93″	48°06′40.97″	褐煤	1962	48.13	46

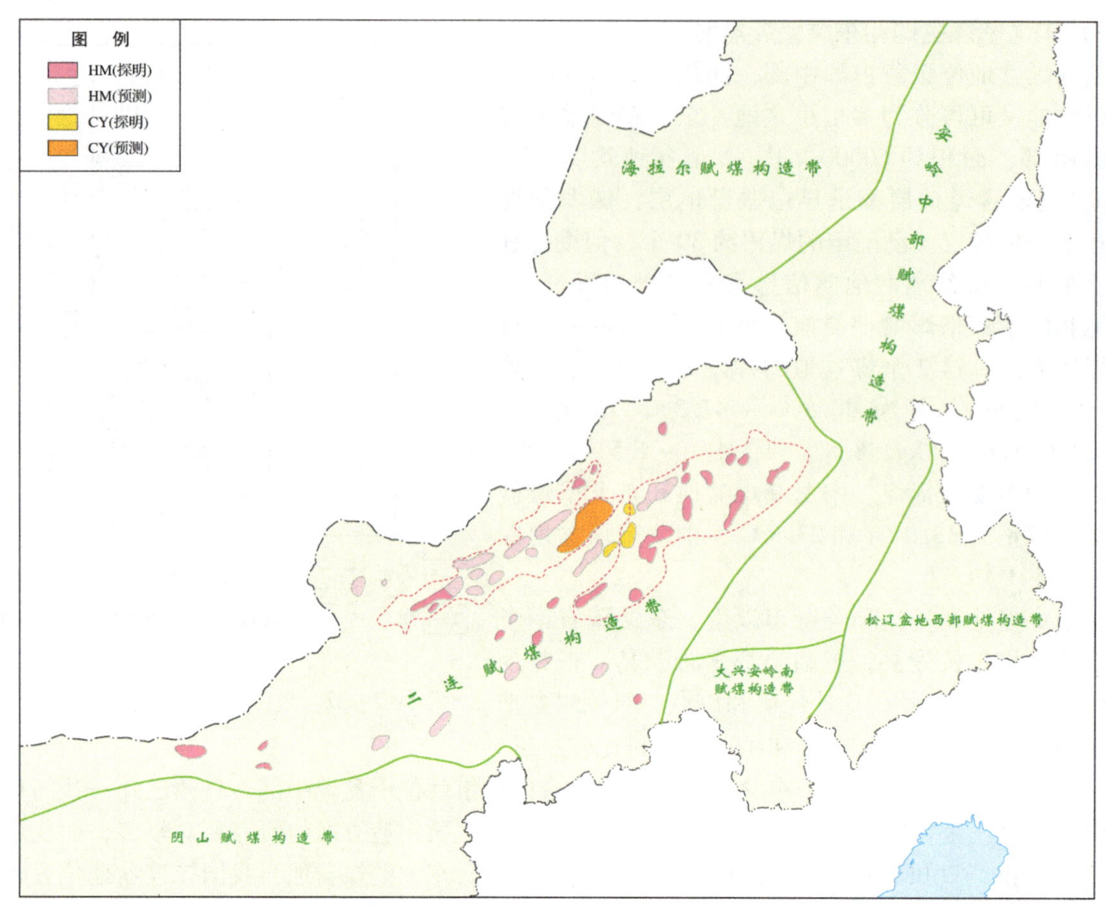

图 4-2-33 中国二连盆地煤类分布图

（三）乔依尔—奈勒嘎煤盆地

乔依尔—奈勒嘎煤盆地位于该聚集区西北部，基础设施较发达优于其他盆地。根据断层的发育状况该盆地又可以分为几个小盆地，面积约 50000 km^2。含煤地层 Zuunbayan 组的厚度可达 1500 m。Shinekhudag 油页岩组厚度为 900 m，Khukhteeg 含煤组厚度为 450 m，其中发育着厚层褐煤。Baruunbayan 砂砾岩组厚度为 150 m，发育了一些薄层岩浆岩层。在煤质方面，水分为 7% ~13.3%，平均为 9.5%；挥发分为 41.1% ~50.6%，平均为 44.8%；发热量为 25.9 ~29.6 MJ/kg，平均为 27.2 MJ/kg；灰分为 10.2% ~20.9%，平均为 15.3%；镜质体反射率平均为 0.36；平均碳含量和氢含量为 67.4% 和 4.6%；硫分为 0.3% ~2.8%；镜质组、惰质组和壳质组含量分别为 65.8% ~81.7%（平均含量为 76.2%）、20.4% 和 3.2%。预测该煤盆地资源量和探明储量分别为 20.3 Gt 和 5900 Mt。

（四）塔木察格煤盆地和苏赫巴托煤盆地

塔木察格煤盆地和苏赫巴托煤盆地走向为 NE—SW，位于蒙古国最东边，面积分别为 32000 km^2 和 40000 km^2。苏赫巴托煤盆地内部发育了很多地堑和半地堑，塔木察格煤盆地只发育了一个地槽。Zuunbayan 地层厚度为 1000 ~1450 m。Shinekhudag 油页岩组为正粒序，Baruunbayan 组发育了一些岩浆岩层。苏赫巴托煤盆地中的 Talbulag 煤矿正在开采。在煤质方面，灰分、水分、挥发分、硫分、发热量和镜质体最大反射率分别为 14% ~28.5%（平均为 19.4%）、8.4% ~13.7%（平均为 10.5%）、40.5% ~48.6%（平均为 46.7%）、0.6% ~1.5%（平均 0.9%）、21 ~26 MJ/kg 和 0.25（据 Talbulag 煤矿数据）。镜质组、惰质组和壳质组含量分别为 76.9% ~82.9%、15% ~21.9% 和 2.1%。这 2 个煤盆地的煤种为褐煤。预测苏赫巴托煤盆地资源量和探明储量分别为 4.3 Gt 和 68 Mt，预测塔木察格煤盆地资源量和探明储量分别为 3.2 Gt 和 190 Mt。

塔木察格煤盆地向北可以延伸至中国内蒙古自治区境内，统称为海拉尔—塔木察格盆地。该盆地的中国部分位于内蒙古自治区呼伦贝尔市西南部，西起呼伦湖西岸及巴彦呼舒一线，东至伊敏河；北自陈巴尔虎旗，南至贝尔湖并向南延伸至蒙古国境内。海拉尔—塔木察格盆地的岩浆活动主要出现在海西期和燕山期。盆地内燕山期岩浆岩年龄为 84 ~ 129 Ma，主要为安山岩、玄武岩和凝灰岩（张同磊，2011）。84 ~ 129 Ma 对应的地层大约是上白垩统下部和下白垩统上部（International Comission on Straitigraphy，2012）。这说明该盆地岩浆活动的时间与煤层形成的时间基本一致，岩浆活动对煤层变质程度影响不大。而海拉尔—塔木察格盆地中国部分的煤类以褐煤为主，局部（北部）可见长焰煤（图 4 - 2 - 34）。

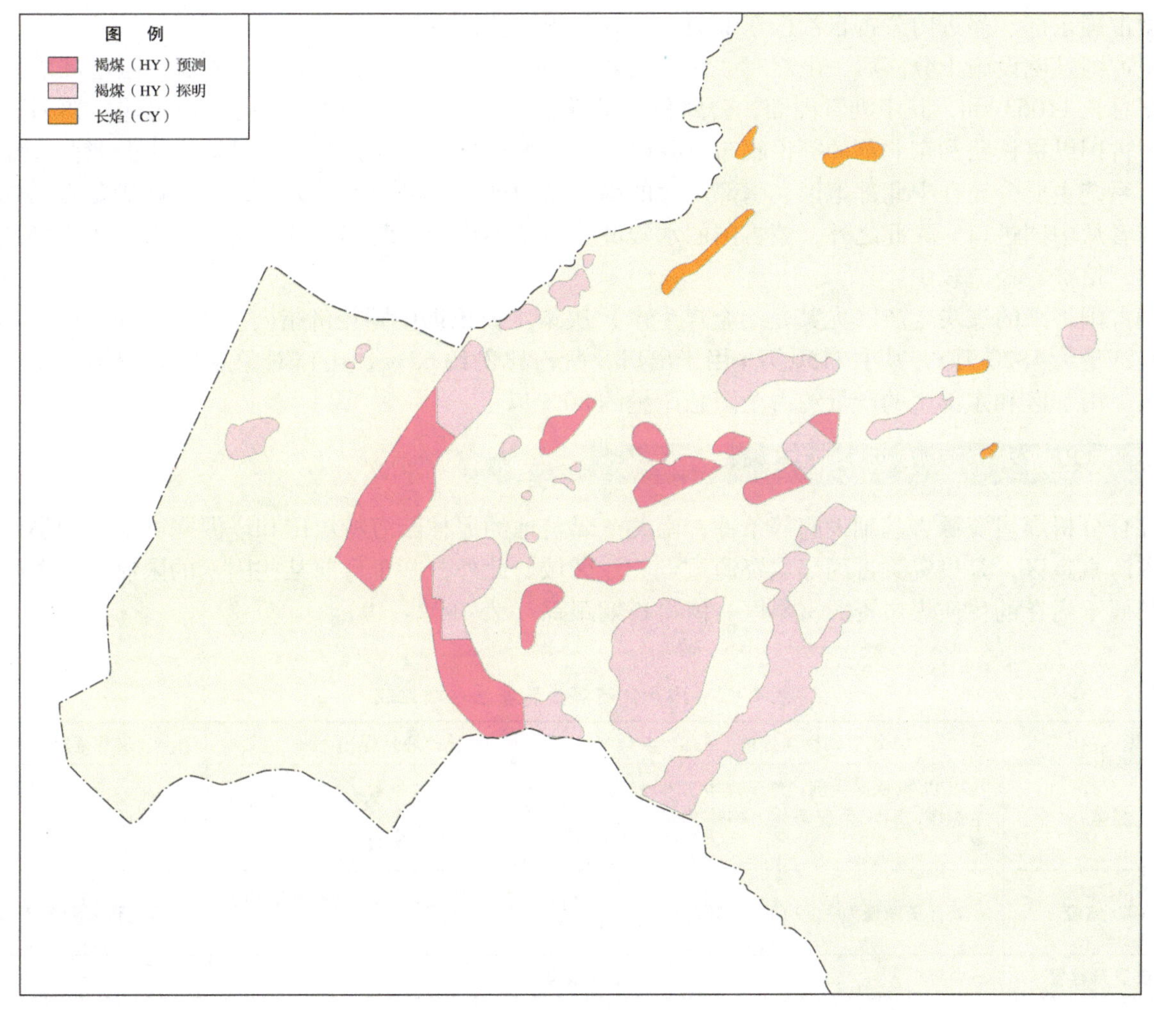

图 4 - 2 - 34　海拉尔盆地煤类分布图

根据海拉尔—塔木察格盆地中国部分的研究情况、神华集团的实地考察情况（表 4 - 2 - 18），以及蒙古国实际勘探情况，推测海拉尔—塔木察格盆地蒙古国部分的煤炭资源以褐煤为主，局部地区可见长焰煤或者更高级别的煤类，但范围有限。

表 4 - 2 - 18　神华集团考察团采样煤质化验指标（2）

采样地点	样品编号	坐　标		煤类	Q_{nar}/(kcal·kg^{-1})	F_{cdaf}/%	M_{ar}/%
霍特	M - 3	114°50′12. 69″	46°57′26. 70″	褐煤—长焰煤	4347	51. 01	22
	M - 4			褐煤	4340	49. 17	22. 77
巴彦乌斯	M - 9	115°53′22. 86″	47°36′35. 75″	褐煤	2271	46	37. 8

第四节 优质煤炭资源富集区

一、蒙古国煤炭资源特点及开发条件

蒙古国是全球煤炭资源最集中、最丰富的国家之一，煤炭总储量约为150 Gt（350 m以浅）。蒙古国煤炭资源赋存浅，目前99%在产矿井是露天开采。冶金煤主要分布在蒙古国西部和南部，靠近中国新疆维吾尔自治区和内蒙古自治区中部边境。著名的那林苏海特煤田和塔温陶勒盖煤田就位于南部地区。蒙古国东部、靠近内蒙古自治区东部边境地区的煤炭资源主要为褐煤。

蒙古国基础设施十分落后，虽然有“千年公路”和“新铁路计划”等战略规划，但进展缓慢。全国公路总长11063 km，其中沥青硬面、公路仅占公路总长的11.9%；铁路交通运输也非常落后，境内仅有蒙古国纵贯铁路和东北部的鄂伦察布—乔巴山—塔木察格布拉克铁路，而且运力十分紧张。蒙古国的电力系统主要分布在中北部地区，南部广大的南戈壁地区，远离国家电力系统，只能满足自己的电力需求或者从中国进口。除此之外，蒙古国的水资源分布很不均衡，北部森林、河流密布，中南部地区干旱少雨，植被、径流较少。

蒙古国将来的煤炭生产（尤其是冶金煤生产）决策主要依据中国经济指向。2015年前10个月蒙古国煤炭产量为1820万t，其中1150万t用于出口，所占比例约63%，出口对象主要为中国。靠近中国西部区、南部区和东部区的产量约占全国总产量的80%以上。

二、优质煤炭资源富集区的圈定

综合分析煤炭资源、基础设施等条件，南戈壁煤盆地的那林苏海特煤田和塔温陶勒盖煤田属于优质煤炭资源富集区，是投资蒙古国煤炭资源重点关注区域。此外，基于目前某些因素的限制，东戈壁煤盆地应归属于潜在的优质煤炭资源富集区，值得长期跟踪（表4－2－19）。

表4－2－19 优质煤炭富集区参数比较

煤 田	塔温陶勒盖煤田	那林苏海特煤田	东戈壁煤盆地
煤类	以TT勘探区为例：产品煤中32%为主焦煤，24%为配焦煤，44%为动力煤	粗略统计现有项目，原煤中约30%为主焦煤，70%为1/3焦煤	动力煤
资源/储量	累计资源量为7.89 Gt（乌哈除外）	粗略统计现有项目，累计资源量约为950 Mt	预测资源量为23.5 Gt
构造复杂程度	中等	较复杂	—
开发方式	目前露天	目前露天	目前露天
2012年商品煤/Mt	17.25	11.00	0.49
矿权分割	主要有3家：ETT、LTT和MMC	主要有3家：庆华－马克合资公司、Guildford、南戈壁公司	主要有1家：马克
中国境内铁路	甘泉铁路（神华集团控股），可通过神华集团自由铁路直接连接天津港	策克铁路（中国铁路总公司控股），煤炭运输协调困难，运力闲置严重	集二铁路，运力紧张，正在升级

（一）塔温陶勒盖煤田

塔温陶勒盖煤田位于蒙古国南部，距离中国边界约300 km，已提交JORC资源量近8 Gt，约有70%的资源是冶金煤。

据初步核算，与ETT公司拟合作项目（TT勘探区中的查黑区）建成投产后，项目内部收益率大于基准收益率，具有一定的抗风险能力，该项目在经济上是可行的。

1. 作为优质煤炭资源富集区的依据

作为优选的优质煤炭资源富集区，它的优势是煤质好、资源/储量大、煤层厚度大、基础设施相对完善。除此之外，神华集团与该煤田的主要拥有者 ETT 公司有着长期的合作和联系。

1）煤质好

以 TT 勘探区为例，按照 ASTM 标准，该勘探区煤种为烟煤，挥发分跨度较大，低—高挥发分烟煤均有。该区拟出产硬焦煤（HCC）和半软焦煤（SHCC）。

经初步设计规划，TT 勘探区主要含煤区——Tsankhi 区前 20 年拟出产原煤 520 Mt，商品煤 370 Mt，其中冶金煤 200 Mt、动力煤 160 Mt。动力煤发热量（收到基低位）5500 ~ 6000 kcal/kg。

2）资源/储量大

TT 勘探区（乌哈除外）300 m 以浅累计资源量 7.608 Gt，其中冶金煤 5.263 Gt，动力煤 2.34 Gt。主要含煤区——Tsankhi 区原煤储量 1836 Mt，其中冶金原煤 1307 Mt；商品煤储量 1229 Mt，其中冶金商品煤 737 Mt。

除此之外，Baruun Naran 项目 400 m 以浅查明资源量 282 Mt，储量 185 Mt。项目中 30% ~40% 为动力煤，60% ~70% 为 1/3 焦煤。

以上资源/储量数据均按照 JORC 标准进行计算。

3）煤层赋存条件好

以 TT 勘探区为例，该勘探区构造复杂程度属于中等。区内发育 2 个大褶皱，分别为 TT 背斜和 TT 向斜。正逆或者翻转断层较为常见，主要翻转断层的断距为 60 ~ 100 m，正断层的断距为 20 ~ 30 m。但是煤层角度一般为 5° ~ 30°。目前在煤田钻孔记录中没有发现岩浆侵入痕迹。可露天开采煤炭资源量大，近 8000 Mt 的资源量均位于 300 m 以浅，井工资源量尚未计算。

4）煤层厚度大

以 TT 勘探区为例，该勘探区有 17 个煤层，自下而上编号为煤层 0—煤层 16。其中有 10 个煤层被一些夹石层隔开，产生了 34 个分煤层。该勘探区平均累厚可达 195.46 m。

5）中国境内对接铁路修通

甘泉铁路是中国拟与蒙古国合作开发南戈壁省 TT 煤炭资源的基础配套工程，该条线路将与包神铁路、神朔铁路、朔黄铁路、黄骅港、天津港形成路港联网联运的矿产资源运输大通道，是蒙古国 TT 煤田、OT 铜矿最便捷的出海通道。

该铁路线设 17 座车站，于 2010 年 8 月 1 日正式开工，2012 年 9 月 15 日铺通。2015 年输送货物 260 万 t。

6）神华集团与 ETT 公司合作成果

2013 年 10 月 25 日，《中蒙边境口岸铁路项目联合体合作谅解备忘录》及《中蒙煤炭企业促进煤炭贸易谅解备忘录》签署。上述备忘录的签署标志着神华集团与蒙古国的合作进入了实质性阶段，并对将来矿能合作、基础设施合作和销售合资进行了规划。双方初步商定修建口岸铁路事宜，并规划在将来 20 年的期限内，在煤矿合作的基础上，就焦煤的销售进行合作，最多将达到 1 Gt。

2013 年 11 月 13 日，神华海外公司同巴能公司作为联合买方与蒙古国 ETT 公司成功签订了 2013 年煤炭贸易合同。这是神华海外公司与蒙古国煤炭企业签订的第一个煤炭贸易合同，也是神华集团跟踪 TT 项目 10 年来第一次与 ETT 公司直接签订煤炭贸易合同。

2. 应注意的风险

虽然 TT 煤田有诸多优点，但同时有供水形势紧张、蒙古国投资环境较差等缺点，在投资过程中应该对这些风险点加以注意。

1）蒙古国矿业政策多变

（1）神华集团的遭遇。塔温陶勒盖煤矿吸引着多方注意，投资者至少包括了中国、俄罗斯、韩国、印度、哈萨克斯坦、日本、澳大利亚、加拿大、美国等 9 个国家。2011 年 7 月 4 日，蒙古国政府发布声明称，中国神华能源股份有限公司牵头的财团，夺得上述 TT 区块 40% 股权。

但是蒙古国总统额勒贝格道尔吉在当月 20 日称“因国民不支持，总统也无法支持”，表示出于对舆论调查结果的重视，将对方案进行重审。

(2) 中铝的遭遇。2011年7月中国铝业全资子公司中铝国际贸易有限公司与蒙古国珍宝TT公司签订“TT东区煤炭长期贸易协议”。按照协议，TT公司的煤炭将得到长期稳定的包销，以解决TT公司资金困难，同时中铝承诺部分煤炭向第三国出口，方便蒙古国煤炭走出国门。

但自2013年1月11日开始，中铝就接到蒙古国珍宝TT公司的通知，称其不再履行协议，向中铝供应煤炭。同时，TT公司要求“调高价格、降低数量、重新谈判”。据透露，目前TT公司不仅要求重新签订合同，还接洽了很多国内公司谈此项目。一家民营公司直接表示，愿报出更高的价格接单。有业内人士认为，出现这种情况是由于蒙古国政府更迭及公司高层更换。

2) 供水形势紧张

根据中国煤炭科工集团核算，与ETT公司拟合作项目总用水量为16246 m^3/d，但项目地水源紧张，唯一的生活水源是地下水。在东Tsankhi 60 km之内的3个盆地有找到水源的可能，即西部的Balgasyn Ulaan Nuur、北部的Naimant Depression、再北部的Naimdain Khundii。最近的勘察帮助ETT公司在Balgasyn Ulaan Nuur得到了一些水量。

(二) 那林苏海特煤田

那林苏海特煤田位于蒙古国南戈壁省境内，距蒙古国策克口岸直线距离46 km。

该煤田目前有2个在产煤矿，分别为南戈壁公司（SouthGobi Resources）的Ovoot Tolgoi露天矿和庆华－马克合资公司的东西露天矿。煤田周边地区也有多家矿业公司占有矿权并进行煤炭勘探工作，目前收集到的有南戈壁公司、Guildford公司和普盛能源公司。

1. 作为优质煤炭资源富集区的依据

初步提交煤田资源量近1 Gt，该煤田是一个煤质好、资源/储量大、埋藏浅、基础设施较完善的理想煤田。

1) 煤质好

那林苏海特煤田煤炭资源与塔温陶勒盖煤田4—15煤层的煤炭资源在煤质方面比较接近，包含动力烟煤、焦煤、无烟煤和1/3焦煤。煤炭的水分为1.03%～2.8%，灰分为7%～19.8%，挥发分为30.9%～35.7%，硫分为0.75%～0.46%，磷含量为0.012%～0.019%，发热量为6435～6935 kcal/kg。

跟TT煤田相比较，煤变质程度稍低。根据中国煤炭划分标准，那林苏海特煤田项目多数以1/3焦煤为主，仅南戈壁公司Soumber项目的煤类以焦煤和1/2中黏煤为主。

2) 埋藏浅、资源储量大

初步提交煤田资源量近1000 Mt。研究区内煤炭开采以露天开采为主。

3) 基础设施

策克口岸有2条铁路：临策铁路和嘉策铁路。目前临策铁路由中国铁路总公司运营；而嘉策铁路是酒泉钢铁集团的企业自备铁路，由该企业自主运营。

目前火车运输份额相对较小。2015年一季度，口岸煤炭企业累计销售170.09万t，其中公路汽运销售原煤累计96.79万t，铁路外运销售原煤累计73.3万t。

从运量来看，临策铁运很不理想。据了解，造成煤炭在策克口岸铁路运量少的原因有3个：一是从蒙古国到策克口岸的运力有限，由于是公路运输，受通关时间限制，运量受限；二是铁路运输本身受限，跨局运输受到限制；三是国内焦煤需求下滑。

基于目前临策铁路运力闲置较多，那林苏海特煤田运输效率进一步拓展的潜力巨大。

2. 应注意的风险

那林苏海特煤田构造较复杂，煤层连续性一般。以那林苏海特矿区为例，该矿区位于敖包图地堑向斜构造带。敖包图地堑向斜构造带与纬度同一个方向延伸，长约160 km，宽15～18 km。这些延伸带被横向断层横切形成许多块状部分。那林苏海特煤田形态为一倒转向斜，EW走向，长度大于9 km，宽250～700 m。北翼属倾斜—急倾斜，南翼倒转。其中，5煤层在北翼出露厚度较大，在南翼分裂为5层薄煤层，呈分叉状出露。

经实地考察，Guildford项目地区构造极复杂，煤层连续性极差。

（三）东戈壁煤盆地

东戈壁煤盆地位于蒙古国东南部，靠近中国边境，煤炭资源赋存量大，有1个在产露天矿，部分产品通过二连浩特口岸出口中国。根据蒙古国资料该盆地的煤类以褐煤为主，据推测有赋存长焰煤的潜力。基础设施较完善，国内的集二铁路正在进行升级改造，蒙古国的纵贯公路即将完工。多家中国企业对该盆地的煤炭资源有投资意向，2013年中煤科工集团与蒙古国特伦国际有限责任公司签署了30万t煤炭的进口合同（内蒙古自治区新闻网，2013）。基于以上条件，虽然煤变质程度较低，但东戈壁煤盆地应作为投资蒙古国潜在的优质煤炭富集区。

预测东戈壁煤盆地资源量235亿t，煤类主要为褐煤。目前有一个在产动力煤矿，2012年出产煤炭0.49 Mt，通过二连浩特口岸出口中国0.245 Mt。

该盆地与我国二连盆地地理位置相近，并属于同一类型，均是在亚洲中部大兴安岭—内蒙古古生代褶皱带基底上发育的一系列中—新生代沉积盆地。二连盆地含煤地层为早白垩世巴彦花群，与东戈壁煤盆地含煤地层相近。根据二连盆地煤类分布情况，以及东戈壁煤盆地勘查情况，推测东戈壁煤盆地煤类以褐煤为主，局部地区有长焰煤。

集二铁路自内蒙古自治区乌兰察布的集宁南站至中蒙边境的二连浩特口岸，全长331 km。该铁路是二连浩特通往国内方向唯一的铁路干线，由于部分控制性工程通过能力的限制，加上沿线芒来煤矿、查干淖尔碱矿挤占运力，使得集二铁路运力达到饱和状态，二连铁路车站货物大量积压，目前该铁路正在进行扩能改造。

蒙古国“千禧之路”重要组成部分，连接南北邻国——中国、俄罗斯的纵向主干道阿拉坦宝力格（蒙俄边境）—乌兰巴托—扎门乌德（中蒙边境）1100多千米的柏油路即将全线贯通。

本章参考文献

[1] J. 宾巴．蒙古国地质和矿物第五卷：可燃性矿物［M］．乌兰巴托：乌兰巴托“索音布”出版社，2012.

[2] 陈文．蒙古国地质构造概况及金成矿区分布特征［J］．甘肃地质，2009，18（2）：41－47.

[3] 神华（北京）遥感勘查有限责任公司．蒙古国南戈壁省遥感找矿项目研究报告［R］．2007.

[4] Bat－Orshikh. Mongolian coal－bearing basins：Geological settings，coal charactericties，distribution，and resources［J］. International Journal of Coal Geology，2009（80）：87－104.

[5] Bat－Erdene，D. The nature of distribution and genesis of the coal basins of Mongolian People's Republic and its coalification potential［M］. Ulaabaataar：Geology and Exploration of Mongolian People's Republic，1989.

[6] Bat－Erdene，D. Nature of distribution and formational condition of coal basins in the Mongolian orogenic belt［M］. Moscow：Summary of Sc. D. thesis，1992.

[7] Badarch，G.，Cunningham，WD.，Windly，B. F.. A new terrain subdivision for Mongolia：implications for the Phanerozoic crustal growth of central Aisa［J］. Journal of Asian Earth Sciences，2002（21）：87－110.

[8] Lamb，M. A.，Badarch，G.. Paleozoic sedimentary basins and volcanic－arc systems of southern Mongolia：new straitigraphic and sedimentologic constraints［J］. International Geology Review，1997（39）：542－576.

[9] Lamb，M. A.，Badarch，G.. Paleozoic sedimentary basins and volcanic－arc systems of southern Mongolia：new straitigraphic and sedimentologic constraints. In：Hendrix，MS.，Davis，GA.（Eds）［C］//Paleozoic and Mesozoic Tectonic Evolution of Central Asia－From Continental Assembly to Intracontinental Deformation：Geological Society of America Memoir，2001（194）：117－150.

[10] Minjin CHULUUN. Geological Setting of Coal－bearing Basins of Mongolia［J］. Acta Geoscientica Sinica，2012（33）.

[11] Mining Journal. Mines hope to export 19.5 million tons of coal in 2016［EB/OL］.（2016－02－02）［2016－10－15］http：//en. mongolianminingjournal. com/content/62182. shtml.

[12] 蒙古国投资咨询网．2015年前10月蒙古国煤炭产量1820万吨［EB/OL］.（2015－12－01）［2016－10－15］http：//www. coalstudy. com/news/mtzx/gjms/11337. html.

第三章 煤炭资源开发投资建议

第一节 国别投资环境分析

一、对外资的吸引力

蒙古国目前法律环境的不确定性是影响外资进入的一个重要因素，往往伴随着4年一次的政府换届出现波动。但自身丰富的自然资源以及新投资法在增强外国投资者信心、鼓励和引导外资助力蒙古国经济腾飞方面起到重要作用。虽然2012年蒙古国经济有下滑趋势，但仍旧是矿业等行业对外资最具吸引力的国家之一。

1990—2008年，世界88个国家的4814多家外资公司在蒙古国注册了14.4亿美元的直接投资，其中2000—2005年的投资额占投资总额的80%。大部分投资额是中国、东南亚国家及美国公司的，即中国为39.7%、加拿大为13.5%、美国为11.4%、韩国为8.1%、日本为6%、俄罗斯为3.3%。在地理位置上,95.6%都在乌兰巴托市。但由于政策不稳定、投资环境不健全,近几年大量外资企业撤出蒙古国。据蒙古国国家公共电视台报道，从2012年6月到2013年6月，在蒙古国的外资企业总数从476家减少到224家，其中中资企业从214家减少到86家，韩资企业从64家减少到40家（国际在线，2013）。

据2013年的数据,作为蒙古国最大的贸易伙伴和主要投资国,中国在蒙古国注册企业5951家,占蒙古国外资企业总数的49.11%。如果按照矿产资源开发、基础设施建设、金融合作"三位一体,统筹推进"的思路加强经贸合作,搞好互联互通大项目,将有利于推动两国经济持续增长并最终惠及民生(外交部,2013)。

二、投资环境排名

从宏观角度分析，评价一个国家的投资环境，首先需要关注该国的整体竞争力水平。由于矿业投资的金额大、周期长、需考虑的相关因素众多，所以国家的基本制度、基础设施条件、宏观经济状况、市场效率，以及商业成熟度都是应关注的问题。在2013—2014年全球竞争力报告中，蒙古国在148个国家和地区中名列第107位，较2012—2013年下降了14个位次。通过对报告各指标的分析我们认为，该国教育和劳动力市场较好，但在制度、商业环境、金融市场发展和基础设施方面存在问题。

蒙古国全球竞争力在148个国家和地区中的排名见表4-3-1。

表4-3-1 蒙古国全球竞争力在148个国家和地区中的排名

项　目	2013—2014年排名	2012—2013年排名	项　目	2013—2014年排名	2012—2013年排名
总体排名	107	93	商品市场效率	96	85
基本条件（46.5%）	108	92	劳动力市场效率	51	33
制度	113	113	金融市场发展	129	127
基础设施	113	112	技术装备	66	70
宏观经济环境	130	52	市场规模	119	116
健康与初等教育	76	76	政府促进创新（8.4%）	121	112
市场效率（45.1%）	94	96	商业成熟度	128	121
高等教育和培训	82	83	创新	109	100

数据来源：The Global Competitiveness Report 2013—2014

从微观角度分析，本书更关注企业在具体商业经营活动中所遇到的困难与阻碍，并依此来评估该国微观商业经营环境。参考世界银行发布的国家和地区营商环境报告，蒙古国 2014 年的营商环境在 189 个国家和地区中位于第 76 位，和 2013 年相比没有变化。其中资产注册的条件较为便利，对投资的保护力度较大。但在该国很难获得建筑许可与融资，跨境贸易也存在问题。

蒙古国全球竞争力在 189 个国家和地区中的排名见表 4－3－2。

表 4－3－2　蒙古国全球竞争力在 189 个国家和地区中的排名

项　目	2014 年排名	2013 年排名	项　目	2014 年排名	2013 年排名
总体营商环境	76	76	投资保护	22	25
创办公司	25	39	纳税	74	70
获得建筑许可	107	127	跨境贸易	181	175
获得电力	162	169	合同执行	3	29
资产注册	27	22	解决无偿付能力	133	127
获得融资	55	53			

数据来源：世界银行营商环境报告 2014、2013

三、投资环境的冷热分析

国别冷热比较法由美国经济学家伊西阿·利特法克和彼得·班廷在 20 世纪 60 年代后半期提出。该分析法对各国投资环境中的 8 种因素进行综合和统一尺度的比较分析，是投资环境定性分析的代表性方法之一。

对于投资环境研究而言，通过归纳、总结近年来中国企业海外矿业投资的成功经验与失败教训，发现在实际投资中能否克服基础设施的瓶颈，以及能否按时获得环境审批往往直接决定了项目的成败，而东道国的税收环境和汇率变动也会对能否获取预期的投资收益产生重大影响。基于上述原因，我们将汇率、税收、环境要求和基础设施条件一并纳入了冷热分析中，形成了更加针对矿业投资特点与需求的 9 方面评价因素，依次是政治稳定性、市场、经济增长与发展、汇率稳定性、法令阻碍、税务环境、环境保护成本、基础设施条件、地理及文化。

判断结果以该因素是否有利于在东道国进行矿业投资为标准，给出了“热、中、冷” 3 种评估结论，东道国的投资环境因素越热（即越好），外国投资者在该国投资就越有利。以政治稳定性为例，“热”表示该国是一个由社会各阶层代表所组成的，被群众所拥护的政府，基本没有民族和地区矛盾，社会稳定，政府鼓励和促进企业发展，创造出良好的适宜企业长期经营的环境，反之为“冷”因素。当东道国政治稳定性介于“热”和“冷”之间，情况比较复杂或偏中性，无法给出单方面结论时，评估结果为“中”。

（1）政治稳定性：蒙古国国内政治架构比较完善，政党力量较强，尽管各政党议会斗争激烈，但在发展国家经济、改善民生和吸引外资等主要问题的立场上无根本分歧，国内政局较为稳定，政府执政基础较为稳固。在对外关系上，受“多支点外交与大国平衡战略”的影响，蒙古国着重降低对单一国家的依赖，采取多元化方式广泛引入各方力量博弈。但近年来矿业领域较为突出的泛政治化倾向、资源民族主义和排外情绪的兴起对蒙古国矿业发展产生了消极影响，使得政府态度摇摆不定，相关政策的稳定性较差。

综合考虑，我们对蒙古国的政治稳定性评定为“冷”。

（2）市场：从内部来看，蒙古国矿产资源丰富，人口较少，国民经济以农牧业为支柱，能源消费量较小。随着蒙古国推进以矿业为中心的工业化，其对能源的需求日益扩大。从外部来看，邻国中国经济的高速发展和对能源与矿产的巨大需求为蒙古国带来了广阔稳定的外部需求。蒙古国的矿业工业化发展方式、中国经济对能源的需求，以及两国地缘相近的优势，双方在能源合作的市场开发中有较大合作领域。随着蒙古国基础设施的逐步完善，其市场机会将进一步得到释放。

综合考虑，我们对蒙古国的市场综合评定为“热”。

（3）经济增长与发展：蒙古国在20世纪90年代实行市场经济。在经历短期阵痛后，国民经济恢复较快，特别是矿业兴国的政策推动了经济迅速增长。但蒙古国经济增长模式单一，产业结构失衡。高企的通货膨胀一方面给中下层民众的生活造成了很大的负面影响，使得消费市场活跃度降低；另一方面使得蒙古国经济受国际价格影响较大，给矿业的可持续增长带来潜在风险。

但同时，蒙古国对外开放的经济模式在中短期内不会改变，注重吸收外来资本和技术成为未来蒙古国经济持续发展的最大动力。

综合考虑，我们对蒙古国经济增长与发展评定为“中”。

（4）汇率稳定性：蒙古国图格里克汇率易受经济周期影响，波动较大。2008年的国际金融危机导致图格里克剧烈贬值，2011年上半年，国际矿产品资源价格的高涨和大量外资的涌入使得蒙古国外汇储备大幅增加，有力地带动了图格里克对美元的急剧升值。但随后尤其是2011年末至2012年初，由于国际金融市场的动荡，投资者倾向于持有安全货币，导致图格里克对美元的汇率大幅波动，此轮汇率波动一直持续至2016年，未来图格里克对美元的汇率形势依旧不明朗。通货膨胀的持续攀升也导致图格里克币值下跌，从而使该国汇率出现大涨大落的现象。

综合考虑，我们对蒙古国汇率稳定性评价为“冷”。

（5）法令阻碍：蒙古国司法体系较为健全，法律制度较为完整，但执法效率较低。在矿业投资法令方面，蒙古国的外国投资政策和矿业政策受议会政治影响，变化较多，一定程度上不利于外资进入。蒙古国政府通过新《外国投资法》表现出了对外国投资矿业的积极态度，但这些政策的实际效力和持续期具有不确定性，而且行政优先于司法的体制使得行政常常对商业投资进行干预。

综合考虑，我们对蒙古国法令阻碍评定为“冷”。

（6）税务环境：总体而言，蒙古国是税负较轻的发展中国家，但税收执法环境较差，有一定的执法腐败现象。同时也看到，近年来该国税务环境有所改善，蒙古国政府通过降低税负、提高纳税人服务效率和通过新的投资法等措施鼓励投资。据普华永道和世界银行共同合作发布的2016年全球189个主要经济体总体税负情况排名，蒙古国税收负担排名第91位，整体税负为24.4%。

蒙古国当前的综合税负较低，但税收执法环境尚未稳定、成熟。

综合考虑，我们对蒙古国的税务环境评定为“中”。

（7）环境保护成本：在环保成本研究中，主要通过5个方面对目标国家的环境保护成本进行定性分析。分析后给出“高、中、低”3种评估结论。由定性分析结果显示，评估蒙古国环境保护成本的5个因素中：国家环境法律体系完善程度、环境许可证审批程序复杂程度、环境许可证审批一般办理时限，以及公众参与程度及环境保护敏感度均评定为“低”级别。矿区复垦及环境保护保证金收取要求评定为“中”级别。总之，蒙古国被定级为环境保护低成本国家。

综合考虑，我们对蒙古国的环境保护成本评定为“热”。

（8）基础设施条件：蒙古国交通闭塞，通信和各种基础设施十分落后，这是阻碍蒙古国经济快速发展的重要因素之一。蒙古国境内仅有蒙古国纵贯铁路和东北部的鄂伦察布—乔巴山—塔木察格布拉克铁路，铁路交通运输非常落后，长期规划难以落实。现在中蒙共有14个非航空口岸，其中二连浩特口岸是唯一的公路/铁路口岸，最繁忙，运力紧张。蒙古国能源输送系统相互独立，互不相连，主要分布在中北部地区，部分地区需要从俄罗斯进口。

综合考虑，我们对蒙古国的基础设施条件评定为“冷”。

（9）地理及文化：蒙古国邻国较少，与中国的边界是世界上最长的边界之一。两国边境地区气候差异较小。但在社会生活方面，蒙古国与中国在历史认知与民族自信方面有较大差异。基于两国渊源颇深的历史关系与中国的不断崛起，蒙古国对中国的防范和戒备日益增加，社会上也存在反华排华的声音和排外的民族主义组织。这种社会文化和认知折射到政治上便是对外来资本的限制和管理增多，折射到社会生活中便是蒙古国民众对外来资本和人员的不理解。

综合考虑，我们对蒙古国地理及文化评定为“冷”。

由以上9个因素对蒙古国的投资环境进行冷热评估分析，得出蒙古国在市场、环境保护成本方面为“热”的评价，在经济增长与发展和税务环境方面为“中”的评价，在政治稳定性、汇率稳定性、法令阻碍、基础设施条件、地理及文化方面为“冷”的评价。

第二节 国别煤炭资源开发投资建议

一、投资环境展望

中蒙两国是山水相连的友好邻邦。自 1989 年两国关系正常化以来，双方高层领导保持经常性互访，特别是 2003 年国家主席胡锦涛访蒙期间，双方宣布建立和发展中蒙睦邻互信伙伴关系，使两国关系提升到一个新的发展水平。近年来，在双方共同努力下，中蒙经贸关系发展迅速，连创新高。中蒙睦邻互信伙伴关系已进入了全面发展的新阶段，中蒙关系处在历史最好时期。

但另一方面，蒙古国投资环境也存在一系列不利因素。第一，蒙古国自然环境脆弱、基础设施差，许多地方尚未形成水、电、路系统，因此需要大量前期配套投入，有很大的困难和风险。第二，蒙古国法律环境不完善，政策多变，投资者的利益无保障。第三，蒙古国有些企业和商人的经营能力差、信誉度低，对外承诺和协议常常朝令夕改。第四，中国某些实力不足，缺乏国际合作能力的企业在蒙古国无序竞争，甚至相互杀价等不良行为，在某种程度上对两国经贸合作产生了消极影响。

矿产行业在蒙古国经济发展中起着重要作用。但是，蒙古国政府对矿业开发的相关政策法规修订得过于频繁，政策环境具有较为明显的不稳定性，而且近 2 年无论是通过修改《矿业法》，还是出台新的矿产开发方面的法律法规，都体现了蒙古国政府在加强对外国投资者投资、经营蒙古国矿业的监管，使得该国矿业投资风险在短期内有所加大。投资者必须认识到：近期蒙古国矿业投资政策、投资环境存在较强的不确定性，而且呈现出越来越严苛的趋势，须采取相对谨慎的投资态度。

根据对当前形势的分析和对未来的展望，我们认为由于历史和气候地理等原因，蒙古国属于外资投资时会面临较多阻碍和困难的国家，但在矿业行业该国的整体竞争力较强，一直以来都对外资具有较强的吸引力。但该国政府近几年不断加强在矿业行业的投资限制，导致矿业行业外部成本较高。不过随着国际金融危机的蔓延和矿业市场的冷却，预计未来蒙古国矿业市场的投资环境会得到一定改善，矿山开采业及其相关的基础设施建设存在较大的发展空间和投资机会。

二、煤炭工业发展趋势

（一）有利条件

1. 中国市场需求稳定

20 世纪 90 年代，蒙古国各个行业受到不稳定过渡经济的严重影响，煤炭产量陷入低谷。20 世纪 90 年代中期之后，煤炭产量处于一直上升的状态，并从 2004 年以后迅速增长。自 2012 年下半年以来，全球经济衰退，使得煤炭需求有所下降，蒙古国煤炭产量出现下跌趋势。煤炭产量中约 70% 用于出口，几乎全部为冶金煤。

蒙古国动力煤价格低廉，不适合出口，未来的生产走向取决于蒙古国国内电能需求。随着蒙古国城市占地的增大和城市化，预测动力煤产量呈现缓慢上升的态势。而蒙古国几乎所有的冶金煤都出口中国或者通过中国出口，将来的生产决策主要依据中国经济的指向。

在当前全球经济衰退的大背景下，预计中国经济在城镇化的推动下可得到持续发展，从而对蒙古国冶金煤的生产产生积极影响。2012 年中国城镇化人口已经超过 50% ，中国城镇人口首次超过农业人口。城市化的深入将是继工业化、市场化之后，推动中国经济社会发展的巨大引擎。根据专家分析，中国炼焦煤资源市场的态势为近期无忧、远期不足，主焦煤和肥煤短缺是必然趋势。虽然目前中国冶金煤进口对于中国市场影响甚微，但从长期来看，国内优质冶金煤短缺的情况将长期依赖进口补充。

2. 优质煤炭资源区位优势明显，出口通道完善

蒙古国出口中国的绝大部分煤炭为冶金煤资源，主要通过甘其毛道口岸和策克口岸完成。2015 年中国进口蒙古国煤炭 1440 万 t，策克口岸和甘其毛道口岸进口量各占 50% 。甘其毛道口岸主要以出口主焦煤为主。而策克口岸则以 1/3 焦煤为主，主要出口市场集中在内蒙古自治区与河北地区，如内蒙古

自治区的包钢集团、神华集团，河北地区的旭阳、唐山佳华等众多企业。

（二）存在的问题和不利开发的条件

1. 冶金煤风险勘探潜力小，动力煤值得关注

虽然蒙古国是全球煤炭资源最集中、最丰富的地区之一，但优质煤炭资源分布集中，勘探程度较高，进一步风险勘探收获潜力较小。

蒙古国的冶金煤主要分布在西部和南部。蒙古国西部地区勘探程度较低，冶金煤赋存量大，理论上是风险勘探获取资源的理想地带。但该地区主要供应中国新疆维吾尔自治区的钢铁市场，相对于中东部地区市场需求量较小，而且基础设施落后，勘探开发价值不大，短期内不能成为风险勘探的重要目标。蒙古国南部含煤区主要是指那林苏海特煤田和塔温陶勒盖煤田。这 2 个煤田的勘探开发始于 20 世纪 50 年代，苏联—蒙古国联合地质部门做了较细致的勘探工作，目前开发条件较好的区块已经被瓜分完毕。

而蒙古国东部的东戈壁煤盆地，受各大矿业公司的关注程度相对较低，勘探程度低，但赋存着大量的长焰煤资源，距离中国东北市场较近，铁路和二连浩特口岸等基础设施相对完善，应归属于风险勘探目标区。

2. 并购对象有限

蒙古国虽然煤炭资源量巨大，但优质煤炭（冶金煤）资源分布集中，控制在少数煤炭寡头手中。

根据本书资源部分，综合分析煤炭资源、基础设施等条件，南戈壁煤盆地的那林苏海特煤田和塔温陶勒盖煤田属于优质煤炭资源富集区，是投资蒙古国煤炭资源的重点关注区域。那林苏海特煤田矿权主要受控于庆华 - 马克合资公司和南戈壁公司，而塔温陶勒盖煤田矿权主要受控于 MMC 和 TT 公司。

庆华 - 马克合资公司是中蒙合资公司，目前经营状况良好，是策克口岸的主要客户，寻找合资者意愿较低；南戈壁公司通过大股东艾芬豪矿业公司间接受控于力拓集团，而力拓集团是全球最大的资源开采和矿产品供应商之一，是世界上第二大铁矿石生产商，是勘探、开采和加工矿产资源方面的佼佼者，在资金、技术方面有较强的实力；TT 公司属于蒙古国有企业，受蒙古国政治影响较大，2011 年就曾发生过 TT—神华集团相关协议反复的情况。相比较于前 3 家企业，MMC 公司作为蒙古国一家私营企业，在中国寻找合作商的可能性较大。

3. 基础设施落后

煤炭属于大宗商品，通过铁路运输才具有竞争力。中国在策克口岸和甘其毛道口岸分别修建了策克铁路和甘泉铁路。但蒙古国现有铁路线极少，虽然自 2010 年起启动了新铁路计划，但具体修建日期尚无时间表。

（三）结论

综上所述，蒙古国冶金煤尤其是优质冶金煤的生产发展前景较好。中国优质冶金煤缺口是长期性的，为蒙古国冶金煤的销售提供了稳定的市场。蒙古国甘其毛道口岸附近 TT 矿区优质冶金煤储量巨大，除此之外该国西部蕴藏着大量未开发的优质冶金煤资源。在交通运输方面，甘泉铁路于 2012 年通车，成为蒙古国最便捷的煤炭出海通道，极大地减小了运输成本。除此之外，受经济下行压力的影响，蒙古国政府积极推动口岸基础设施建设，放宽矿业准入限制，希望能促进煤炭出口量的增长。

三、开发投资建议

（1）在当前不利的投资政策下，紧密跟踪 TT 项目的动态，研究投资政策的发展趋势，寻求双方共赢的投资方式。

（2）紧密跟踪那林苏海特煤田南戈壁公司各个项目的动态，除此之外还要加强该煤田的调研工作，寻找开发绿地项目的可能性。

（3）充分考虑东戈壁煤盆地距离中国东北市场较近和交通便利的优势，加强调研，争取长焰煤项目的合作。

（4）近些年蒙古国城市占地增大和城市化速度加快，电力需求稳步上升，而电厂和输送设施超负荷运转、老化严重。基于这种电力供需矛盾的态势，加强煤电一体化研究工作，开拓投资蒙古国煤炭资源的新思路。

第五篇

哈萨克斯坦共和国

The Republic of Kazakhstan

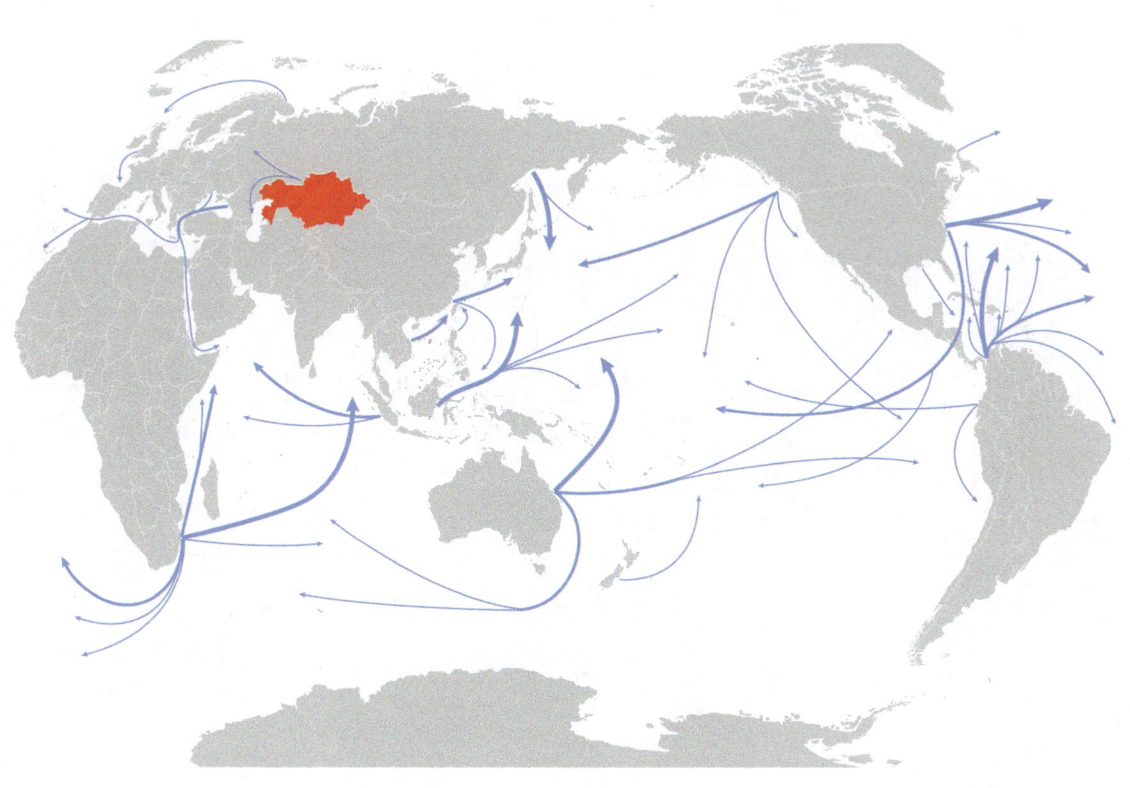

主　编　张智明

副主编　朱　锁　苏新旭　刘科明　梁富康　彭北桦

编　写　朱　锁　苏新旭　刘科明　梁富康　彭北桦　董大啸
　　　　陆伯炎　王　阳　沈　政　孙相灿　刘　玮　宁　静
　　　　杨建国　高树华　冯学智　吴　超　苏　洁　李　千
　　　　张　贺　邢力仁　张　帅　沈施伟　黄鑫磊

第五篇 哈萨克斯坦共和国

目　　录

第一章　投资环境分析

第一节　概　　述

一、基本国情

哈萨克斯坦共和国（以下简称哈萨克斯坦），地跨亚欧两洲，主要位于中亚北部，有一部分领土位于欧洲，面积272.49万km^2，居世界第9位，是世界最大的内陆国。原首都位于阿拉木图，1997年迁都阿斯塔纳。哈萨克斯坦北、西与俄罗斯，东南与中国新疆维吾尔自治区，南与乌兹别克斯坦、吉尔吉斯斯坦、土库曼斯坦等国接壤（图5－1－1）。

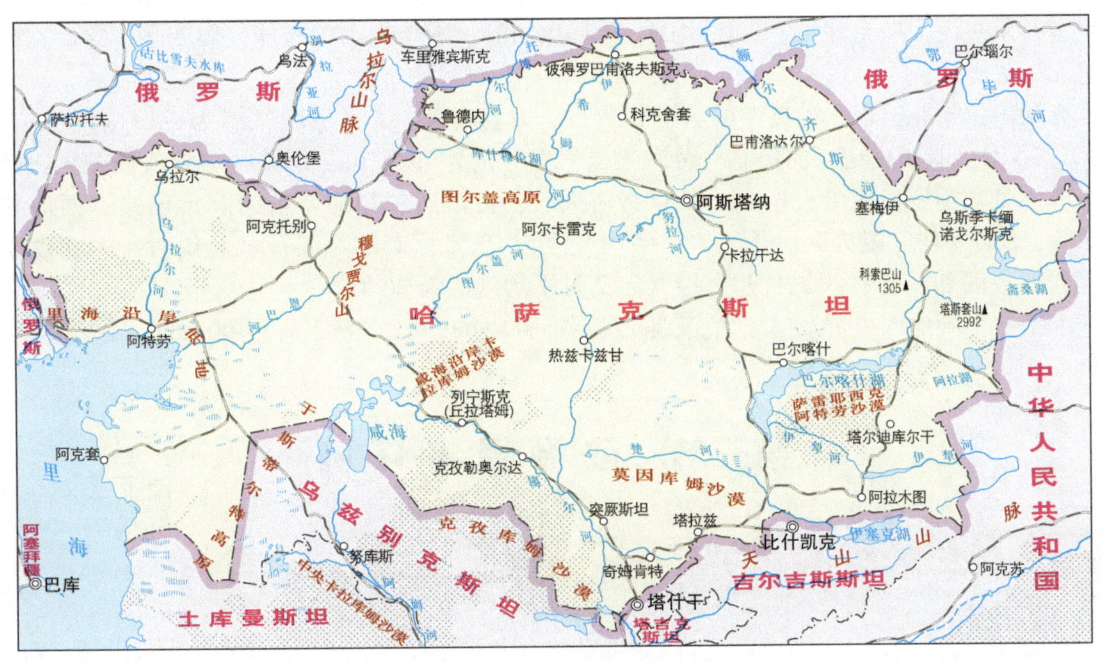

图5－1－1　哈萨克斯坦地理位置图

哈萨克斯坦全国划分为14个州2个直辖市。

2015年哈萨克斯坦的总人口为1763万。人口密度为5.94人/km^2。官方语言和文字以哈萨克语为主，少数用俄语。哈萨克族占65%、俄罗斯族占22%、乌孜别克族占3.0%、乌克兰族占1.9%、鞑靼族占1.2%、德意志族占1.1%、其他民族占5.8%。70.2%的人口信奉伊斯兰教，26.2%的人口信奉基督宗教，3.6%的人口信奉其他宗教。

哈萨克斯坦是独联体第二大经济体，综合国力仅次于俄罗斯，属于中高收入国家。2012年国内生产总值2060亿美元（世界第49名），人均生产总值11983美元（世界第57名），属于中高收入国家。货币单位为坚戈（KZT）。哈萨克斯坦拥有丰富的自然资源和较雄厚的工业基础，是世界主要粮食出口国之一；哈萨克斯坦已经成为全球发展中的新兴经济体，亦是全球发展最快的国家之一，正逐渐成为区域性强国。

二、自然地理和气候特征

哈萨克斯坦地形为东高西低，西部是图兰低地和里海沿岸低地，西北部和北部分别是俄罗斯平原、西西伯利亚平原的延续平原，中部为东西长 1200 km 的哈萨克丘陵，东部和东南部多为山地，属于帕米尔高原向北的延续。境内 60% 的国土为荒漠和半荒漠。欧亚次大陆地理中心位于哈萨克斯坦，哈萨克斯坦约有 15% 的国土位于欧洲。

哈萨克斯坦共有大小河流 1.1 万多条，大部分为内陆河和季节性河。最主要的河流有锡尔河、乌拉尔河、恩巴河、伊犁河、额尔齐斯河，其中伊犁河和额尔齐斯河与中国新疆维吾尔自治区相连。水量最大的为额尔齐斯河，全长 4248 km，在哈萨克斯坦境内有 1700 km。其次为伊希姆河，全长 2450 km，在哈萨克斯坦境内约有 1400 km。哈萨克斯坦不少河流只有在冰雪融化季节才有水，夏季干涸。虽然哈萨克斯坦河流不少但仍属于缺水国家。

哈萨克斯坦 1 km^2 以上水面的湖泊、水塘和水库共有 4.8 万多个，水面总面积达 4.5 万 km^2 以上（不包括部分属于该国的里海和咸海的水面面积）。里海面积为 37.4 万 hm^2，部分属于哈萨克斯坦，其他所属国为阿塞拜疆、伊朗、土库曼斯坦和俄罗斯。里海蕴藏着丰富的石油资源。咸海面积 4.66 万 km^2，部分属于哈萨克斯坦，另一部分属于乌兹别克斯坦。

哈萨克斯坦的高山冰川是哈萨克斯坦东南部地区重要的淡水来源之一，共有冰川约 2700 余条。著名的冰川有科尔热涅夫斯基冰川、贝格冰川、阿拜冰川等。近年来由于地球气候变暖，哈萨克斯坦冰川面积锐减。

哈萨克斯坦位于北温带，为典型的大陆性气候，夏热冬寒，1 月平均气温为 -19 ~ -4 ℃，7 月平均气温为 19 ~ 26 ℃。有历史记录的最高气温和最低气温分别为 49 ℃和 -57 ℃。各地气候差异比较大，北方少数城市（如彼得罗巴甫洛夫斯克、科克奇塔夫、巴甫洛达尔和阿斯塔纳等）已接近西伯利亚，气候较为寒冷，1 月平均气温为 -19 ℃，7 月平均气温为 19 ℃；南部地区（如希姆肯特、克孜勒奥尔达等地）气候比较温和，1 月平均气温为 -4 ℃，7 月平均气温为 26 ℃。

年降水量在不同地区差异较大：荒漠地带不到 100 mm，北方为 300 ~ 400 mm，山区可达 1000 ~ 2000 mm。

第二节 政治经济环境

一、政治状况

（一）政治沿革

历史上哈萨克斯坦地区长期生活着突厥等游牧民族，公元 6—8 世纪建立过西突厥汗国等国家。自 19 世纪 30 年代开始，该地区逐步被俄罗斯占领，东部巴尔喀什湖及其以东和斋桑泊一带原为中国领土，19 世纪下半叶，通过不平等条约割让被沙俄吞并。1917 年 11 月，哈萨克斯坦境内民族主义团体趁十月革命之机，宣布脱离俄罗斯管辖，于 1917 年 12 月 13 日成立了阿拉什自治共和国。随后追剿白军的俄罗斯红军入境阿拉什，并开始与之谈判。1919—1920 年，哈萨克斯坦境内的白军被全部消灭后，布尔什维克党于 1920 年 8 月 26 日解散了阿拉什自治共和国，改称为吉尔吉斯苏维埃社会主义共和国，属于俄罗斯联邦。1925 年 4 月 19 日，中亚各国按民族划界，改称为哈萨克苏维埃自治共和国。1936 年成为苏联加盟共和国。1990 年 10 月 25 日，发表主权宣言。1991 年 12 月 16 日宣布独立，改称为哈萨克斯坦共和国。

根据独立后制定的 1992 年宪法规定，哈萨克斯坦是民主的、非宗教的和统一的总统制共和制国家，实行以宪法和法律为基础的立法、司法、行政三权分立制度。哈萨克斯坦自独立以来在纳扎尔巴耶夫的领导下实行渐进式民主政治改革，稳步推进的政治改革保证了政局的长期稳定。

2007 年 6 月中旬，哈萨克斯坦议会通过宪法修正案，确定哈萨克斯坦政体向总统议会制过渡，未来议会在国家政治格局中的作用将逐步提升，但近期国内政治仍将以总统为政治核心。在 2011 年 4 月

3 日、2015 年 4 月 26 日结束的总统大选中，纳扎尔巴耶夫均以高票连选连任为国家总统，其政治思想规划也将继续贯彻。在他的领导下，哈萨克斯坦逐渐形成其在过渡时期的维权政体，同时不断推行政治民主化进程。目前哈萨克斯坦是中亚地区政局和社会秩序最为稳定的国家之一。

（二）地缘政治与外交政策

哈萨克斯坦地处中亚内陆地区，缺少出海口，特殊的地理环境要求其必须通过外交努力，为其创造可保证借道出海的环境，以便进入国际社会。哈萨克斯坦与中国、俄罗斯两个大国毗邻，作为中亚地理面积最大的国家，一直是大国、强国必争之地，地理位置敏感。这也决定了只有平衡好大国间的利益和关系，才能获得稳定的外部环境，过分亲近俄罗斯、中国或美国都不是最佳选择。而哈萨克斯坦长时期作为苏联加盟共和国的历史原因以及其国民构成中俄罗斯族和吉尔吉斯族等跨境民族较多，这一状况决定了其在地缘政治上同俄罗斯及独联体国家的关系十分密切，在对外政治与经济联系中，与邻国特别是俄罗斯的关系十分密切，并且坚持双边传统战略伙伴关系。

自独立以来，哈萨克斯坦奉行实用与平衡战略。在对外政策中，哈萨克斯坦是新独立的苏联加盟共和国中外交活动最为活跃的国家之一，也是取得外交成果最大的国家之一。自独立以来，哈萨克斯坦以为本国经济恢复和发展、为改革创造良好的外部环境服务，使哈萨克斯坦能在国际社会中体面立足为政策目标。同时，哈萨克斯坦将自身定位为“中亚及高加索地区大国”，积极推行多边外交平衡的外交政策，广泛开展与西方和周边各国的多领域合作关系。

哈萨克斯坦在外交工作中有明确的优先方面：第一优先方面是独联体国家，其中俄罗斯被置于最优先的地位，认为哈萨克斯坦与俄罗斯的关系是战略关系，中亚国家是其周边外交的舞台，认为与中亚国家是伙伴关系。第二优先方面是西方国家，特别是美国、德国、法国和日本等国家，突出表现为积极开展与美国等西方国家的多领域合作关系。由于哈萨克斯坦石油开发的资金主要来自美国，哈萨克斯坦政府希望借助自身的地缘优势和资源，通过平衡多元的外交政策赢得外交上的独立性与主动性，力图成为中亚地区有分量的博弈者。第三优先方面是中国，有时候会被提升至第二位。第四个优先方面是土耳其等伊斯兰国家，这是由于哈萨克斯坦在语言和宗教等方面与土耳其相似，在文化方面与土耳其有认同感。

（三）双边关系

1. 哈萨克斯坦与俄罗斯的关系

俄罗斯是哈萨克斯坦外交的首要优先方向。双方在政治、经济、军事和文化等方面的关系十分密切。哈萨克斯坦支持俄罗斯推动独联体一体化，是欧亚经济共同体、集体安全条约组织和关税同盟的主要国家。2011 年哈俄战略伙伴关系稳步发展。两国领导人继续保持高频率的会晤和对话，在对外政策上保持高度的协调一致。2011 年 12 月，纳扎尔巴耶夫访俄并出席了欧亚经济最高委员会会议、集体安全条约组织委员会会议和独联体国家非正式会议。2011 年，俄罗斯、白俄罗斯和哈萨克斯坦关税同盟生效。哈萨克斯坦独立后两国经贸关系十分密切，2011 年双边贸易额超过 190 亿美元。目前在哈萨克斯坦约有 3000 家俄罗斯企业，俄罗斯在哈萨克斯坦累计投资额超过 70 亿美元。俄罗斯一些大公司，如卢克石油公司、俄天然气工业公司等都活跃在哈萨克斯坦能源和其他行业。俄罗斯有近 80 个联邦主体与哈萨克斯坦有贸易经济联系。跨地区和边境贸易额占双边商品周转额的 70% 以上。在一体化和双边关系框架下，两国经济联系进一步加强，在油气资源开发、外运，原子能及矿产资源开发利用方面的合作不断深化。哈萨克斯坦积极谋求多方位的政治经济安全合作，又试图在中亚谋求“领头羊”的地位，这其中又需依赖俄罗斯的力量进行平衡支持。2014 年 5 月 29 日，俄罗斯、白俄罗斯和哈萨克斯坦三国总统在哈萨克斯坦首都阿斯塔纳签署《欧亚经济联盟条约》，欧亚经济联盟于 2015 年 1 月 1 日正式启动。2015 年 1 月 2 日，亚美尼亚正式加入欧亚经济联盟，8 月 12 日，吉尔吉斯斯坦加入欧亚经济联盟。该联盟的终极目标在于建立一个类似于欧盟的经济联盟，保持各国主权独立同时进行经济合作，形成了一个拥有 1.7 亿人口的统一市场。

2. 哈萨克斯坦与美国的关系

在同美国的关系上，两国很快在哈萨克斯坦独立后建交。自 2011 年之后，两国关系稳步上升，双方在阿富汗问题、中亚地区安全问题、防扩散问题和禁毒问题上紧密配合。美国目前是哈萨克斯坦最大贸易伙伴国之一。2011 年，双边贸易额达 27.4 亿美元，比 2010 年增长 26% 。美国对哈萨克斯坦投资了 10.39 亿美元，主要投资领域为采矿、不动产、交通通信、经贸和油气开采等。2011 年，哈萨克斯坦与美国完成加入世贸组织谈判。2011 年哈美关系稳步上升，双方在阿富汗问题、中亚区域平安问题、防散布事项、禁毒措施等方面开展积极合作。

3. 哈萨克斯坦与欧洲的关系

在与欧洲的关系上，双方于 1999 年签署的合作伙伴协定为发展双边关系奠定了基础。2011 年 10 月，双边就修订该协定进行了第一轮谈判。2011 年 9 月在第 66 届联大期间，哈萨克斯坦总统纳扎尔巴耶夫会晤欧洲理事会主席范龙佩，进一步深化了哈欧关系。哈萨克斯坦与西欧各国合作中特别重视与德国的合作：一是因为德国给独联体国家援助最多；二是哈萨克斯坦境内德国人近百万；三是为德国社会市场经济所吸引。哈萨克斯坦之所以重视同西欧国家的发展关系，是因为着重引进其先进技术及资金，希望这些能为哈萨克斯坦培育更多熟悉市场经济的精英。

4. 中国与哈萨克斯坦的关系

从历史上来看，哈萨克斯坦国土中巴尔喀什湖以东地区在清朝时期为中国领土。自 19 世纪以来，沙俄不断东扩，逐步通过不平等条约割占西北地区领土。在此地生活的哈萨克族分散在沙俄和中国等国家。

1991 年哈萨克斯坦独立之前为苏联加盟共和国，双方政府层面的关系实际上从属于中苏关系。1990 年 10 月，哈萨克斯坦发表主权宣言后，中国在同苏联沟通后，中国对外经济贸易部（商务部前身）部长李岚清和外交部副部长田增佩率领的中国政府代表团访问中亚五国，在访问哈萨克斯坦时双方发表建交公报，订立了开展经济贸易和其他领域合作关系的协议，建立了直接交往。1994 年 4 月，中国同哈萨克斯坦订立边界协定。1996 年，中国同哈萨克斯坦、吉尔吉斯斯坦、塔吉克斯坦和俄罗斯四国元首签订在边境地区加强军事领域信任的协定，两国互信不断加强。1999 年 11 月 23 日中哈两国签署了《关于两国边界获得全面解决的联合公报》，指出根据两国在 1994 年签订的两国边界协定和 1997 年及 1998 年签订的两个国界补充协定的规定，两国边界得到完全彻底的解决，勘界工作野外作业如期完成，中哈边界在实地得到了准确标示。

2005 年 7 月，中哈宣布建立战略伙伴关系。2006 年 7 月，中哈两国间的首条跨境石油管道投入商业运营。此后，管道输油量逐年增加，为两国经济建设做出了贡献。目前，中国已成为哈萨克斯坦第二大贸易伙伴。2011 年 6 月，中哈宣布发展全面战略伙伴关系，进一步深化两国关系。同时，中哈两国同为上海合作组织成员国，在打击民族分裂主义、国际恐怖主义和宗教极端主义方面有着共同的利益。2011 年 2 月，哈萨克斯坦总统纳扎尔巴耶夫对华进行国事访问。同年 6 月，胡锦涛主席对哈萨克斯坦进行国事访问，并出席了上海合作组织成立十周年纪念峰会。2013 年 4 月 6 日，习近平主席在海南三亚与来华进行国事访问并出席博鳌亚洲论坛 2013 年年会的哈萨克斯坦总统纳扎尔巴耶夫举行会谈。2013 年 9 月 3—13 日，习近平主席对哈萨克斯坦进行国事访问，提升彼此互信，进一步深化全面战略伙伴关系。习近平主席进一步提出，构建“丝绸之路经济带”要创新合作模式，加强“五通”，即政策沟通、道路连通、贸易畅通、货币流通和民心相通，以点带面，从线到片，逐步形成区域大合作格局。在经济方面，据中国海关的统计数据显示，2014 年中哈贸易额达到 224 亿美元，哈萨克斯坦成为中国在中亚最大的贸易伙伴。2016 年 5 月，以“一带一路对接欧亚经济联盟”为主题的博鳌亚洲论坛能源资源可持续发展会议暨丝绸之路国家论坛举行。“一带一路”和“欧亚经济联盟”两大倡议均欲实现贸易双通、消除关税壁垒，同时保证在基础设施（经商、交通等方面）等方面展开合作。这两大战略对接和之前哈萨克斯坦加入 WTO 都将推动中哈关系在新层面上的发展，有利于一系列经济项目的实施。

5. 哈萨克斯坦与其他独联体国家的关系

独联体国家是哈萨克斯坦外交的优先选择方向，近年来在经济领域取得了巨大成就的哈萨克斯坦，竭力谋求独联体国家中领头羊的地位，积极开展与其他独联体国家的合作。近年来哈萨克斯坦总统纳扎尔巴耶夫积极出席独联体国家元首峰会与各国进行商议合作。

6. 哈萨克斯坦和伊斯兰国家的关系

苏联解体后，土耳其、伊朗借俄罗斯在中亚地区影响力逐渐下降之际力求扩大在中亚地区的影响力。哈萨克斯坦独立之后，竭力寻求外界资源和帮助，加上伊斯兰和哈萨克民族语言文化、宗教、艺术、风俗相似，合作具有良好的环境条件。同时，土耳其自凯末尔改革以来的发展模式如市场经济和民主政治等也吸引着哈萨克斯坦领导人。自 2008 年以来，哈萨克斯坦与伊斯兰国家的外交保持活跃势头，哈萨克斯坦积极参与伊斯兰国家的各种活动，推动伊斯兰国家和西方国家的文明对话。2010 年 4 月，哈萨克斯坦能矿部长出席了在科威特举行的伊斯兰国际经济论坛。2014 年 10 月 28 日，哈萨克斯坦总统纳扎尔巴耶夫出席了第 10 届世界伊斯兰经济论坛，希望更多地与伊斯兰国家展开经济合作。2014 年 12 月 3 日，“哈 - 土 - 伊”铁路全线开通，是这 3 个国家通往亚太地区的“新丝绸之路”，将进一步加强哈萨克斯坦和伊斯兰国家及周边其他国家的交流合作。

（四）政治环境分析

哈萨克斯坦于 1991 年 12 月宣布独立。自独立以来政局稳定，在纳扎尔巴耶夫总统的领导下，哈萨克斯坦顺利完成了政权巩固和政治制度构建，平稳度过了转型前期的动荡不安，并且成为苏联加盟共和国中率先在政治、经济等方面恢复到解体前状况的国家。目前哈萨克斯坦是基本没有安全隐患的国家之一，是欧亚地区稳定的核心，其重要的战略地位和丰富的资源以及稳定的政局成为一些投资者的选择。

由于特殊的历史条件，从苏联高度计划经济体制转型下来的一些党政官员在独立后转为国家的各级要员，国家垂直领导的干部体制使得原有的“干部名录”制度变成了寡头政治制度。一些原官吏成为国家大型企业领导人，对国家政治生活也有影响。而在哈萨克斯坦政治体制运行中也出现了西方国家政治中存在的院外集团力量，但哈萨克斯坦院外集团多数是按氏族部落建立起来的，其活动重点是在行政部门而不是在立法部门中进行，所追逐的主要是经济利益而不是政治利益，活动呈隐蔽型而非公开型。院外集团的存在和活动成为政治腐败的原因之一。而腐败问题已经成为哈萨克斯坦政治生活中的重要问题，甚至严重影响到了国家的稳定和经济改革的顺利进行。

1. 政治转型顺利，国家稳定而有序

从历史发展来看，哈萨克斯坦从未形成过真正的现代民族国家，长期以来都是苏联的加盟共和国，政治和经济长期实行苏联高度集中的计划经济体制。20 世纪 80 年代末期，随着苏共中央总书记戈尔巴乔夫的“新思维”改革和各加盟共和国离心运动的不断加强，哈萨克斯坦也逐步调整自身的政治体制。

20 世纪 90 年代哈萨克斯坦独立后，开始迅速建设独立国家的政治转型，通过了新宪法从根本上规定了发展“政治多元化”，确立了立法、行政和司法三权分立、相互制衡的国家体制，实行全民公决和普选制，确定干部任期制，总统治理国家的政治体制。受历史上实行高度集中的计划经济体制以及封建传统的影响，哈萨克斯坦政治形势呈现出“强人政治”与“强力政府”的特点，在国家政治体制中保留有过去集权专制的某些痕迹，具有明显高度集中的特点。例如总统集权，政府和议会基本按总统的旨意行事。哈萨克斯坦通过修宪实现总统“集权制”。在经济政策方面，总统意志也起主导性和决定性作用，政府、议会对经济事务的影响力相对有限。而这样一种由强力领导推动的国家政治转型使得哈萨克斯坦迅速完成国家转型，建立体系完整、运行良好的官僚政治体系，保证了国家在转型时期的稳定与团结，为国家的进一步发展奠定了坚实的国内大环境。

2. 政府强劲有力，政权稳固而牢靠

哈萨克斯坦的政治状况整体表现为民主外表下的总统高度集权的威权主义。国家政治体制和制度主要是在继承苏联社会主义政治遗产的基础上建立起来的，并且与主权国家的建立同步开始，这使得苏联时期的行政管理方式和思维习惯在新生的哈萨克斯坦得以继承。而在哈萨克斯坦独立建国 20 多年的政治发展进程中，前后大体历经了 4 个阶段：第一阶段（独立后至 1995 年 3 月），总统与最高苏维埃争夺权力，并以总统大胜而告终；第二阶段（1995 年 4 月至 1998 年 9 月），新宪法确定了总统制，总统权力得到加强；第三阶段（1998 年 10 月至 2005 年 11 月），总统权力继续巩固，与议会关系比较和谐，社会稳定发展；第四阶段（2005 年 12 月至今），总统地位空前巩固，纳扎尔巴耶夫总统多次选举均连选连任，“强人政治”统治稳定。工作重点是提高国家行政管理效率、打击腐败和完善政党制度。历经 20 多年的发展，哈萨克斯坦逐渐形成了以总统为核心的强有力的政府，其基本特点是“强总统、弱议会、小政府”的权力结构安排，领袖人物在国际政治生活中处于核心地位，政党作用有限，反对派受到挤压和压制，大众传媒被政府严格控制，民众法治观念相对淡薄，社会相对封闭。

同时，作为苏联时代哈萨克斯坦加盟共和国的领导人，纳扎尔巴耶夫所掌握的资源、拥有的治理经验和威信，以及强有力的执政能力都使得他能够更加有力地掌握国家政治。同时，继2007年哈萨克斯坦议会赋予纳扎尔巴耶夫无限次竞选总统的权力以后，2010年5月哈萨克斯坦议会通过一项法案，赋予纳扎尔巴耶夫“民族领袖”地位。并且，总统所领导的政党也牢牢占据着议会绝对多数地位。在2012年哈萨克斯坦议会选举中，“祖国之光”赢得80.99%的选票和议会下院98个经选举产生的席位中的83个。基本上牢牢占据议会绝对多数党的地位，其压倒性的优势使得其他小党几乎无力与其对抗。强有力的政府和弱小的反对派等都进一步强化了纳扎尔巴耶夫政府的稳定性，使得哈萨克斯坦成为中亚地区政权最为稳定、政治秩序最为有序的国家。

3. 政治问题较少，政府政策处理妥当

哈萨克斯坦较其他国家在领土、民族和宗教等方面的问题较少，并且政府也通过出台一系列政策加以调和，由这些问题而引发政治问题的风险较小，在未来一段时间内不会成为国内的主要问题。苏联时期，各加盟共和国间的分界线并不明晰。从1992年开始，哈萨克斯坦便开始同周边国家的勘界工作。至2005年，哈萨克斯坦与周边国家陆地边界正式确立，领土争端问题随之消失。在民族问题上，哈萨克斯坦吸取苏联因处理不好民族关系而造成解体的教训，在独立后便将创建和谐民族关系、处理好主体民族同其他民族间的关系等问题作为国家工作的重中之重，提出“统一、和谐、宽容、责任、多元化和为各民族文化与语言发展创造一切条件”等民族工作原则。独立初期强调主体哈萨克民族的过激做法在1995年通过的新宪法后得到控制。新宪法强调公民权利，通过发展公民社会等途径，实现民族关系和谐。并且，哈萨克斯坦通过立法将哈萨克语和俄语都定位官方语言，将首都迁往俄罗斯族占多数的阿斯塔纳，以团结境内的俄罗斯族。2011年12月16日，哈萨克斯坦西南部扎纳奥津地区发生大规模骚乱，一群不法分子在当地庆祝哈萨克斯坦独立20周年的纪念活动现场向平民发起袭击，这是哈萨克斯坦自独立以来发生的唯一大规模骚乱。虽然这在总体上对哈萨克斯坦国内政治稳定性造成的影响相对较小，但也反映出哈萨克斯坦在处理国内政党问题上存在一党独霸政坛的弊端。在宗教问题上，哈萨克斯坦坚持公民享有信仰自由以及宗教和睦与宽容原则，通过加强立法、改善国家管理、加强沟通以及开展国际合作促进宗教事业的发展。在处理宗教极端主义问题上政府也采取坚决打击态势，维护当地的正常秩序。

4. 国家战略明晰，吸引外资政策坚定

哈萨克斯坦于1996年成立的“最高经济委员会”，负责起草国家经济社会发展战略文件。1997年10月，纳扎尔巴耶夫总统向议会做国情咨文《哈萨克斯坦—2030：所有哈萨克斯坦人民的繁荣、安全和改善福利》，基本上确定2030年以前的国家发展方向和优先领域，总目标是2030年以前跨入世界前50名最具竞争力国家行列。该战略的第一部分《2010年前战略》已经于2008年提前完成，第二部分《2020年前战略》从2010年起执行。整个国家的发展战略是根据国家能源矿产载体储量而设计制定的。在能源方面确立了要扩大能源开采量和出口量，增加国家收入，并用于保证经济增长和提高公民生活水平。

哈萨克斯坦独立后推行全面私有化，致力于市场经济建设，并把对外开放、吸引外资和扩大贸易作为促进本国经济发展的重要战略，制定了一系列保护外商投资的立法，以期加大利用外资的力度。1991年，哈萨克斯坦颁布了《外国投资法》《对外活动基本法》《自由经济区法》和《外汇调节法》等法律，改变了其国内在调整国际投资关系方面无法可依的局面。1994年政府颁布了新的《外国投资法》以代替旧法，并在1997年又颁布了《国家支持直接投资法》，调节国家优先发展经济部门的投资活动，与1994年的《外国投资法》并行使用，推动了哈萨克斯坦投资法的继续完善和发展。2003年，哈萨克斯坦出台了《哈萨克斯坦共和国投资法》，废止了1994年的《外资法》和1997年的《国家支持直接投资法》。这标志着哈萨克斯坦将创造有利的投资环境、吸引国外资金作为国家政策的主要方向，为本国及外国投资者创造了平等条件，提供了同样的保障和优惠。至此，哈萨克斯坦在对外开放的政策保障上形成了以投资法为主体，包括颁布的一系列总统令、外商投资立法修正案以及与外资法相配套的税法、外汇调节法、监督法、财产法和海关法等相关法律在内的一套比较全面的外商投资法律体系。

哈萨克斯坦于2003年颁布了新的《投资法》，规定政府对内外商投资的管理程序和鼓励办法。根据新的《投资法》，对外资无特殊优惠，内外资一视同仁。目前，政府不断增强国家对战略资源和重点行业的控制力，对外资企业的管控程度也日益严格。同时，哈萨克斯坦不断加快融入经济全球化的速度，完善国内相关投资法规，使得投资环境得以不断优化。但是，哈萨克斯坦现阶段仍或多或少地存在投资限制措施。另外，投资者向国内转汇投资收益时也多有不便，条件苛刻、手续繁杂。

哈萨克斯坦是继俄罗斯之后的第二大苏联能源生产国，该国正寻求通过吸引能源业的海外投资刺激增长。2005—2009 年，哈萨克斯坦吸引外国直接投资 821 亿美元；2010—2014 年，吸引外国直接投资 1255 亿美元。近年来哈萨克斯坦吸引外资的投资结构也在改变，投入采矿业的外资在减少，投入加工业的外资在上升。2005—2014 年哈萨克斯坦共吸引外资 2076 亿美元，其中对哈萨克斯坦投资最多的 5 个国家是荷兰、美国、瑞士、中国和法国。哈萨克斯坦于 2014 年制定了《工业创新发展国家纲要 2015—2019》(第二个五年计划)，进一步加大了招商引资力度，以实现 2020 年以前制造业实际总增加值增长不低于 1.5 倍的目标。2014 年 6 月，纳扎尔巴耶夫总统签订了一份新的投资优惠政策，该法案使得外资在哈萨克斯坦注册法人的前提下可获得包括免除关税、国家实物赠予和税收优惠、外籍劳工免除配额限制等一系列优惠政策。哈萨克斯坦于 2015 年 11 月 30 日正式成为 WTO 第 162 个成员国，这也为哈萨克斯坦在国际贸易中提供了更广阔的国际市场。2015 年 12 月 7 日，哈萨克斯坦总统纳扎尔巴耶夫签署了《关于对税收和海关行政管理法律法规进行修改和补充》的法律，旨在落实 5 项工业改革“百步计划”和进一步完善税收及海关行政管理体系。这意味着哈萨克斯坦在今后的发展中对外贸易体系将不断完善。

5. 国家转型期间，隐含未来投资风险

哈萨克斯坦建国 20 多年，仍处于政治和经济的转型期。而从社会发展进程来看，哈萨克斯坦仍处于从传统社会向现代社会转变的进程中。在这一转型中，苏联时期的高官和国有企业管理者抓住转轨契机，将原有的社会资本迅速转化为政治资本和经济资本，或在政治体制转型的过程中获得新的权力从而成为官僚阶层。而农民、工人和知识分子阶层等多数人无法依靠政府、法制和秩序得到充分的利益，导致了哈萨克斯坦的中产阶级发育缓慢，社会结构呈现出倒“丁”字的不稳定形态。政府也意识到逐渐显现的社会财富分配失衡状况以及潜在社会不满情绪所隐含的执政风险，正逐步通过在稳定现有政治体制的基础上推进改革以逐渐消解社会不稳定因素。尽管哈萨克斯坦持续推进经济转型，但哈萨克斯坦依附能源的经济结构仍存在较大风险，其经济易受国际油价变动影响有相应的不稳定性。

而处于转型期的哈萨克斯坦的法律体系和相关制度建设仍处于完善阶段，突出表现为外国投资者在哈萨克斯坦投资经营可能会面临法治障碍，主要体现在法制不健全、执法不规范、政策干预的随意性大。在解决具体问题时，转型期的哈萨克斯坦经常以总统令、内阁规定和地方行政指令等文件来调整规范外商和外国投资在其国内的活动，政策的多变性和执法的随意性增加了投资风险，发生纠纷时，当地的司法仲裁体系运行不公，行政执法透明度较低，败诉的常常是外商，极大地影响了市场的公平竞争秩序，也增加了外国企业的跨国营销成本。

自 2015 年 8 月 20 日起，哈萨克斯坦政府和国家银行基于通货膨胀目标制定实施新货币信贷政策，并转向汇率自由浮动。随后该国货币坚戈对美元的汇率由 197：1 贬至 256：1，贬值幅度为 30%。但有分析人士指出此举也为哈萨克斯坦去美元战略的一部分，另一举措则是人民币在哈萨克斯坦广泛使用。2014 年 9 月，中国银行已经在哈萨克斯坦开展了人民币对坚戈的直接交易。2014 年 12 月，中国央行与哈萨克央行续签了本币互换协议，中哈本币结算同时从边境贸易扩大到一般贸易。两国经济活动主体可自行决定用自由兑换货币、人民币和哈萨克坚戈进行商品和服务的结算与支付。总之，哈萨克斯坦的新汇率政策带给该国的经济影响有其政策性因素，但货币的自由增贬值也将给国家的投资带来一定风险，需仔细分析评定。

6. 总统日益年迈，接班人问题凸显

根据 2007 年宪法修正案，纳扎尔巴耶夫可以无限期地竞选连任。而在其执政的 20 多年里，一直未确立任何可能的接班人。对于像哈萨克斯坦这样由政治强人推行发展的国家，领导人对于国家战略的实践具有极为重要的作用。从长远来看，哈萨克斯坦政治中最核心的话题便是总统接班人问题，而这将决定哈萨克斯坦能否延续建国初期的政治经济政策、外交政策以及国家长期发展战略。

7. 邻国安全形势不良，地区合作不断加强

近年来在苏联加盟共和国如乌克兰、格鲁吉亚和中亚的吉尔吉斯斯坦等国发生了“颜色革命”，政府由原亲苏政权变为亲美政权。加上中亚地区多为伊斯兰国家，邻近阿富汗，受恐怖主义、宗教极端势力和毒品走私犯罪势力等的影响，该地区民族、宗教等问题较为突出。特别是吉尔吉斯斯坦在发生“颜色革命”后，国家受困于民族极端势力、毒品和恐怖主义袭击等问题，政局始终处于混乱状态。同时，在美国等西方国家的鼓动与影响下，乌兹别克斯坦也倒向西方国家，同俄罗斯和哈萨克斯坦等保持距离。虽然哈萨克斯坦国内一直保持了良好的社会秩序，但复杂的外部环境使得其在未来一段时间面临着来自国外民族宗教势力和地区恐怖主义的威胁，潜在的输入性风险依然存在。

为保证国内稳定的政治局势，防范国内部分民族和宗教团体受到境外力量的影响而造成社会动荡，哈萨克斯坦一方面加强国内的政治与经济建设，疏导国内压力；另一方面加强与俄罗斯的联系以及通过上海合作组织加强同周边邻国如中国、塔吉克斯坦和吉尔吉斯斯坦等的联系，以强化地区安全防范能力，打击恐怖势力、极端宗教势力和毒品犯罪走私势力。

乌克兰危机自 2014 年 2 月爆发以来持续发酵，不仅将乌克兰拖入内战之中，而且导致俄罗斯与西方的关系明显恶化，进而对与俄罗斯、乌克兰关系密切的国家（如哈萨克斯坦）产生影响。俄乌关系的恶化以及西方对俄罗斯的制裁已经并将继续对哈萨克斯坦经济发展产生负面影响。除了俄罗斯与哈萨克斯坦之间的能源贸易结构存在失衡（来自俄罗斯的进口额占哈萨克斯坦总进口额的比重远大于哈萨克斯坦对俄罗斯出口额占哈萨克斯坦出口额的比重，哈萨克斯坦对俄罗斯有实质性的外资流出）外，哈萨克斯坦石油出口严重依赖过境俄罗斯的出口路线，若俄罗斯对西方石油的输出受阻，必将使哈萨克斯坦的石油出口遭到冲击，影响其经济发展。俄罗斯与哈萨克斯坦在政治经济上的紧密联系使得俄罗斯的经济政治政策和国际政局环境对哈萨克斯坦经济发展产生较大影响。

8. 中哈关系前景良好，未来机遇挑战并存

哈萨克斯坦经济在独立后的第一个 10 年里受苏联解体的影响而处于动荡不安的状态，但随着近年来国内经济结构的调整特别是能源的出口，国家积累了大量发展基金。而在这其中，中国扮演了重要角色。中哈两国在能源领域上优势互补，相关合作一方面将两国的关系迅速提升，随着哈萨克斯坦对基础设施建设和能源矿产行业技术水平的日益重视，中国的能源企业将有更大的投资空间。2015 年哈中着手共同实施 20 个新投资项目，投资额 100 亿美元。但另一方面，由于两国都非常注重外交政策的独立，这就意味着两国在政治、经济以及能源领域的互惠合作并不意味着更加深入的、战略性的联盟关系。

同时，仍存在一些阻碍两国扩大经贸交往的因素。首先，哈萨克斯坦对外籍劳工实行许可管理制度，很大程度上制约了中国对哈萨克斯坦的劳务输出。其次，近年来“中国威胁论”在哈萨克斯坦部分民众中有一定影响。因担心中国经济过于强大而削弱哈萨克斯坦独立自主的能力，要求政府清查和减少对华合作项目的呼声始终不断。最后，双边贸易有待规范，中国与哈萨克斯坦企业在贸易中债务纠纷多、风险大，双方缺乏必要的信任与合作渠道不畅是双方开展贸易和投资合作的最大障碍。哈萨克斯坦虽然重视与中国的经贸联系，但是其有多个经济发展战略可以选择，“一带一路”战略面临与美国、俄罗斯中亚战略的竞争。哈萨克斯坦对不同发展战略的优先级排序问题对于中哈关系的发展有着极为重要的影响。

二、经济运行状况

哈萨克斯坦是中亚地区重要的经济大国。独立后的 20 多年来，哈萨克斯坦在经济发展方面取得了巨大成就，成为苏联加盟共和国中最发达的国家之一。

哈萨克斯坦农业基础较好，广阔的牧场适于畜牧业发展、生态状况优良。工业体系沿袭苏联传统模式，凭借丰富的石油、天然气、煤炭和有色金属等矿产资源逐步形成了以发达重工业为主、轻工业比例较小的经济结构，轻工业发展滞后导致大部分日用消费品依靠进口。近年来，为逐步平衡轻重工业发展结构，提升内外资利用效率和水平，哈萨克斯坦政府陆续在各地成立了许多经济特区、技术园区和工业区，希望积极吸引外资，促进技术水平进步，推动本国制造业发展，带动地方经济增长。

哈萨克斯坦稳定的国内政治和持续的经济增长为外国直接投资提供了一个良好的社会环境和投资预

期。自独立以来，哈萨克斯坦政府坚持奉行积极吸引投资的政策，现已成为中亚地区吸引外资最多的国家。世界经济论坛“2016—2017 年全球竞争力报告”显示，哈萨克斯坦在全球 138 个国家中排名第 53 位，较 2015—2016 年下降了 11 个位次。世界银行“2016 年全球营商环境报告”显示，哈萨克斯坦在 189 个国家中排名第 41 位，比 2015 年上升了 36 位。

（一）产业结构

哈萨克斯坦的产业结构一直处于不断升级的阶段。服务业比重逐年上升，几乎每年都占国内生产总值的 50% ~60% 。而 2015 年哈萨克斯坦的农业占国内生产总值的 18%，工业占 25.5%，服务业占 56.4% 。其中，农业产值显著上升。究其原因：一方面，种植业和畜牧业发展均衡，产值从 2012 年的 108 亿美元增长到 2015 年的 332 亿美元；另一方面，原料依赖性工业由于世界石油价格的降低萎缩，产值大幅降低，由 2012 年的 820 亿美元跌至 2015 年的 470 亿美元。哈萨克斯坦产业结构的主要问题是内部结构不合理，采矿业产值下降 2.5%，仍占工业产值的 50.9%，“一业独大”的工业结构失衡，产业变革仍然任重道远。

1. 农业

哈萨克斯坦地广人稀，全国可耕地面积超过 2000 万 hm^2，每年农作物播种约 1600 万 ~1800 万 t，主要农作物包括小麦、玉米、大麦、燕麦和黑麦。哈萨克斯坦在农业领域推行私有化，私营农场和个体农户取代原来的国营农场和集体农庄，成为农业生产主力。2011 年粮食产量 2700 万 t，实现了历史最高纪录，农业产值 153.9 亿美元，较 2010 年增长 26.7% 。

目前哈萨克斯坦农业面临的主要问题有农业基础薄弱、自然灾害频发导致粮食产量不稳。土地污染致使肥力下降，落荒现象严重。土地私有化后，农村劳动力素质较低，分散经营，面临资金和技术问题。为解决现阶段的农业问题，哈萨克斯坦政府正在改变和完善农业政策，提高政府投入农业资金的利用率，加大科研力量，运用先进的技术不断转变农业经济增长方式。

2. 工业

从工业结构来看，在独立后的很长时间内，哈萨克斯坦的主要矿产品如石油、煤炭和铁矿等的国际市场价格较低，采掘业对经济的贡献不如加工业。但从 2004 年开始，采掘业产值超过加工业成为国民经济中最主要的工业门类和财政收入的最大来源，以及外国投资最青睐的领域。采掘业产值约占国内生产总值的 1/3，上缴的税费占财政收入的 1/3，各类原材料出口占出口总值的 70% ~80% 。

哈萨克斯坦工业发展质量不高，能源开采业占主导地位，制造业基础薄弱。石油天然气工业是经济发展的支柱，产值占据工业总产值的半壁江山。制造业主要由冶金工业、食品工业和机械制造业构成，基础薄弱、设备老化和投入不足等原因使得制造业日益萎缩，占工业总产值的比重呈下降趋势。哈萨克斯坦以出口原材料为主的工业结构，非常容易受国际市场价格波动的影响。2008 年由于国际金融危机的影响，原油和矿产原料价格暴跌和需求锐减导致其工业产量下滑，经济增长停滞。到 2012 年，哈萨克斯坦采掘业“一业独大”，加工业落后的工业结构依旧没有得到改善。2015 年，国际大宗商品价格持续下跌，其中，石油价格下降 45.4%，天然气价格下降 28%，铁矿石价格下跌 44.4%，钢材价格回落 23.8% 。工业产值同比下降了 1.6%，其中采矿业产值占工业产值的 50.9%，原油开采产值占采矿业的 79.1% 。经济结构单一是哈萨克斯坦陷于困境的深层次原因，尽管哈萨克斯坦政府致力于经济结构改革，但是短期内传统的资源依赖性经济结构难以根本转变。

3. 服务业

近年来，哈萨克斯坦服务业持续健康发展，主要有房地产、交通、维修、金融、教育培训和电子通信等。服务业产值占 GDP 的比重由 2010 年的 51.7% 增至 2014 年的 54.8%，产值由 11.3 万亿坚戈增至 21.55 万亿坚戈。商品产值比重由 2010 年的 45.1% 降至 2014 年的 38.2%，产值由 9.9 万亿坚戈增至 14.7 万亿坚戈。总体来看，服务业发展良好，可以看出传统能源大国的经济结构正在努力改善，推进经济多元化。

（二）宏观经济现状

2012—2015 年哈萨克斯坦主要经济指标见表 5 -1 -1。

表5-1-1 2012—2015年哈萨克斯坦主要经济指标

年 份	2011	2012	2013	2014	2015
总人口/人	1.66×10^6	1.68×10^6	1.70×10^6	1.73×10^6	1.75×10^6
人口年增长率/%	1.4	1.4	1.4	1.5	1.5
城市人口百分比/%	53.6	53.5	53.4	53.3	53.2
国内生产总值(GDP)/美元	2.00×10^{11}	2.16×10^{11}	2.44×10^{11}	2.27×10^{11}	1.84×10^{11}
人均国内生产总值/美元	12102.7	12857.9	14310.7	13154.8	10508.4
实际国内生产总值增长率/%	35.3	7.7	12.9	-6.7	-18.9
通货膨胀率CPI/%	8.3	5.1	5.8	6.7	—
消费者价格指数(2010=100)/%	108.3	113.9	120.5	128.6	137.2
失业人口比例/%	5.4	5.3	5.2	4.1	—
中央政府债务总额（现价本币）	2.74×10^{12}	—	—	—	—
中央政府债务总额占GDP百分比/%	10.0	—	—	—	—
总储备（现价美元）	2.92×10^{10}	2.83×10^{10}	2.47×10^{10}	2.93×10^{10}	2.79×10^{10}
总储备可支付进口月份	4.3	3.7	3.3	4.3	—
商业服务出口额（现价美元）	4.08×10^9	4.61×10^9	4.91×10^9	6.11×10^9	—
商业服务进口额（现价美元）	1.08×10^{10}	1.26×10^{10}	1.21×10^{10}	1.26×10^{10}	—
官方汇率（兑换1美元所需本币）	146.6	149.1	152.1	179.2	221.7
银行资本对资产的比率/%	13.8	14.5	13.2	13.7	10.5
银行不良贷款与贷款率/%	20.7	19.4	19.5	12.4	8.0
上市公司市值占GDP百分比/%	11.2	11.7	10.8	10.1	18.9

数据来源：世界银行数据库

金融危机前10年是哈萨克斯坦国民经济发展的“黄金时期”，国内生产总值年均增长10%左右，经济总量扩充5倍，外贸额增长6倍，经济实力占中亚5国总量的2/3，一举成为中亚经济强国。金融危机爆发后，哈萨克斯坦经济增长速度骤减，2008年国内生产总值增幅降至3.2%。

2009年金融危机对哈萨克斯坦经济的负面影响加剧，经济开始出现衰退，国内生产总值增速1.2%，为近10年最低。

2010—2012年，随着世界经济的复苏，国际市场需求稳定，大宗商品价格回升，哈萨克斯坦经济开始强劲复苏，出口增长。

2013—2015年，世界经济增长缓慢，石油价格和卢布贬值给哈萨克斯坦经济带来巨大冲击。同时哈萨克斯坦受到乌克兰危机的外溢效应，以及俄罗斯与欧美国家相互博弈带来的经济重挫的影响，哈萨克斯坦2015年实际国内生产总值增长率仅为-18.9%，哈萨克斯坦面临严峻的经济形势。

2008—2015年哈萨克斯坦国内生产总值（GDP）与人均GDP如图5-1-2所示。

1. 受金融危机影响经济增长放缓

2008年世界金融危机日益严重，哈萨克斯坦金融市场的稳定性削弱。同时受世界原油和矿产原料价格暴跌、出口需求下降、国内消费疲软等因素的影响，危机逐步向实体经济蔓延。哈萨克斯坦经济增长速度逐季减缓，4个季度的经济增长率分别为4.9%、5.0%、4.0%和-1.2%。在各支柱产业中，房地产业遭受打击最大。受全球金融危机影响，哈萨克斯坦银行借贷，房地产商资金链断裂，导致在建项目停工，居民消费能力下降，作为抵押的“问题住宅”增多。房地产价格一路下跌，导致大量烂尾楼出现和完工楼房滞销。地产商还贷困难，使银行资产质量恶化，信用等级下降。哈萨克斯坦主权信用等级也随之将至BBB级。2009年初，金融危机对哈萨克斯坦的负面影响加剧，经济开始出现衰退，为了缓解危机，政府通过实施反危机计划对银行及实体经济出现的问题做出了及时有效的反应。2009年下半年，经济滑坡势头基本得到扼制，总体经济明显改善。2009年全年经济维持1.2%增长，其中农业以

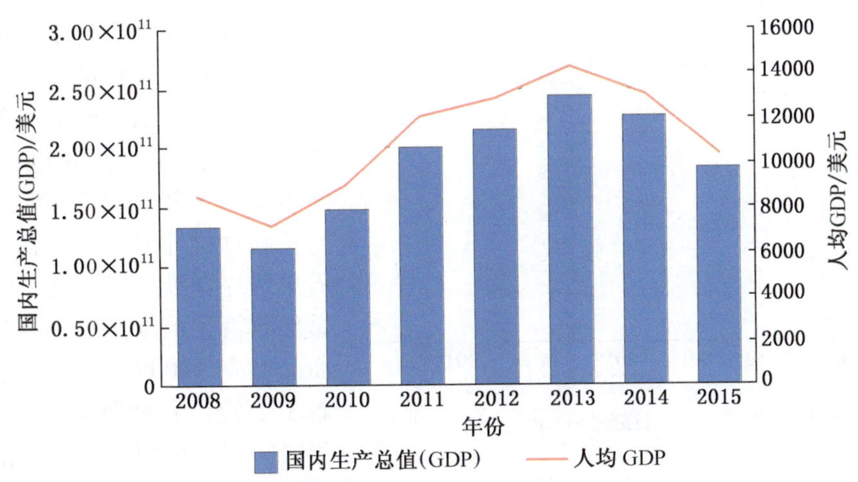

图 5-1-2 2008—2015 年哈萨克斯坦国内生产总值（GDP）与人均 GDP（世界银行数据库）

高达 13.8% 的增长率成为主要增长源，其他经济部门如服务业、采矿业和制造业等增长有限。

2. 2010 年经济开始复苏

为应对金融危机的强烈冲击，哈萨克斯坦政府通过中央财政预算、国家开发银行、国家基金和应急资产基金等多渠道融资，综合运用货币、财政、产业、投资、社会和宣传等政策手段，相继出台了一系列经济刺激计划，如落实《商业路线图》以改善营商环境和发展中小企业，落实《工业发展规划》以发展工业，落实《就业规划》以提高就业，落实《生产力规划》以提高生产率。此外，俄白哈关税联盟扩大了市场规模，在一定程度上缓解了人口少、市场规模小的发展困境，物流和交易成本降低，推动了经济发展。2010 年，得益于国际大宗商品价格的大幅度回升和政府的反危机措施，哈萨克斯坦经济走出低谷，开始强劲复苏，实际经济增长率达到 7%。

3. 2011 年和 2012 年复苏步伐强劲，通货膨胀压力波动上升

在国内商贸和通信业等服务部门快速增长的情况下，商品出口、国内消费和政府投资需求特别是基础设施投资的快速拉动，2011 年哈萨克斯坦经济增长率高达 7.5%，工业增长 3.8%。其中，加工业增长 6.7%，矿上开采业增长 1.6%，化学工业增长 22.5%，机械制造业增长 19.6%，冶金工业增长 6.7%。2010—2011 年在政府主导的“工业路线图计划”框架内共建设 389 个项目，价值 1.8 万亿坚戈，创造了 9 万个就业岗位，已投产项目共生产了 5000 亿坚戈的商品和服务，开发了 106 种产品。

2012 年哈萨克斯坦的经济是在诸如欧债危机不断加剧、美国失业率居高不下和中国经济放缓等日益增长的危机作用下运行的。尽管外部经济环境不利，但哈萨克斯坦国内经济仍实现了 5% 以上的增速。经济增长的主要因素是消费需求的改善和服务业的快速发展，饮料生产、皮革及其制品、非金属矿产品、机械制造、纺织品和医药产品等行业均取得了较快速增长。尤其受益于石油以及其他能源价格的上涨，油气出口占哈萨克斯坦出口商品构成的 74%，占国内生产总值的 23%，占政府收入的 42%。

自 2013 年以来，由于世界石油价格不断下跌，石油价格低位造成外汇收入减少，经济增长乏力，政府收入降低。卢布贬值是造成哈萨克斯坦经济增速放缓的另一个重要原因，俄罗斯是哈萨克斯坦首要贸易伙伴国，在欧亚经济联盟内部商品自由流动的条件下，俄罗斯商品因卢布贬值获得相对优势进入哈萨克斯坦市场，哈萨克斯坦对俄罗斯贸易逆差严重。另外，中国作为第二大贸易伙伴国，2015 年经济增长放缓，需求降低。2015 年中哈贸易同比 2014 年下降 40%。2015 年哈萨克斯坦经济增速下滑，面临出口萎缩，坚戈汇率波动，金融环境风险加大等一系列困难。经济结构单一是目前哈萨克斯坦经济遇困的根本原因。总体来看，近年来哈萨克斯坦的经济增速呈波动趋势。

4. 通货膨胀率大幅反弹

长期以来，高通货膨胀率一直困扰着哈萨克斯坦经济。受世界粮食价格上涨、国内食品生产能力有限和货币供应增长速度等因素影响，2007 年按消费者价格指数衡量的通货膨胀率高达 10.8%，2008 年

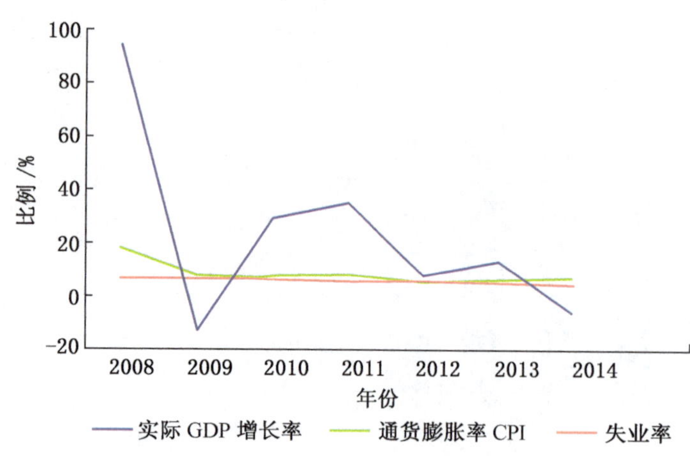

图 5－1－3　2008—2014 年哈萨克斯坦国内生产总值增长率、失业率与通货膨胀率（世界银行数据库）

更是达到 17.2%。通货膨胀率上升的主要驱动力为其国内食品价格的持续快速上涨。国际原油和粮食价格的上涨对价格的上升也起到一定拉动作用。坚戈主要贸易伙伴汇率疲软等因素也对高通货膨胀造成负面影响，加之市场缺乏公平的竞争环境，市场垄断及人为抬高物价等因素导致物价上涨。对此，政府采取综合措施控制通货膨胀，如调整货币金融政策、重点发展生产和扩大对敏感市场商品供应。2009—2013 年，通货膨胀率波动趋于平缓，看似得到有效控制。2014 年由于哈萨克斯坦国内食品价格的持续上涨，通货膨胀率反弹，相对于 2013 年而言增加 15.6%。2015 年 12 月 1 日，哈萨克斯坦央行正式发行了 2 万坚戈面值的纸币，在此之前，哈萨克斯坦纸币的最高面值为 1 万坚戈。2008—2014 年哈萨克斯坦国内生产总值增长、失业率与通货膨胀水平如图 5－1－3 所示。

5. 坚戈汇率波动风险加大

从 2014 年底开始，美联储逐步退出量化宽松政策，减少持有债券的规模，国际能源价格持续低位震荡，给哈萨克斯坦带来巨大冲击。哈俄两国经济联系密切，俄罗斯是哈萨克斯坦第一大贸易伙伴，卢布持续贬值，哈萨克斯坦对俄罗斯出口大幅减少，这些外部冲击对坚戈带来了贬值压力。为了刺激产业发展，为出口以及加工产业带来利润，2015 年 8 月，哈萨克斯坦宣布实行坚戈的浮动汇率制度。2015 年 9 月，坚戈相对 2014 年贬值超过 50%。哈萨克斯坦单一的金融结构与多样化不足的经济结构带来了经济金融内在的脆弱性和不稳定性。一旦遇到外部冲击，就表现为本币贬值，通货膨胀加速，利率攀升和信贷紧缩，带来经济衰退的巨大压力。

6. 失业率得到有效控制

2000 年至今，哈萨克斯坦的就业形势总体好转，即使在 2008—2009 年遭遇国际金融危机时，失业率仍保持下降趋势。得益于政府大力发展非资源领域和加快基础设施及工业项目建设进度，增加了就业岗位，提高了用工需求，哈萨克斯坦的失业率多年保持在合理区间。2012 年，政府财政拨款 623 亿坚戈用于实施“至 2020 年就业纲要”。该纲要包括培训自谋职业、失业和低保居民并协助其就业，促进农村地区商业活动的发展，提高劳动力资源的流动性和发展农村居民点等 4 个方向。

（三）外国投资概况

2012—2015 年哈萨克斯坦外国投资及能源产销见表 5－1－2。

表 5－1－2　2012—2015 年哈萨克斯坦外国投资及能源产销

年　份	2012	2013	2014	2015
外国直接投资净额（现价美元）	-1.2×10^{10}	-7.9×10^{9}	-5.9×10^{10}	—
外国直接投资净流入（现价美元）	1.4×10^{10}	10.0×10^{9}	7.6×10^{9}	4.0×10^{9}
外国直接投资净流入占 GDP 百分比/%	6.3	4.1	3.3	2.2

数据来源：世界银行数据库

哈萨克斯坦自独立以来，为发展本国经济，长期致力于吸引外资。同时，开放的市场经济和丰富的自然矿产资源也吸引着外国资本蜂拥而至。据哈萨克斯坦中央银行公布的统计数据显示，1993—2014 年，哈萨克斯坦历年吸引外国直接投资 2138.69 亿美元，是独联体国家中吸引外资最多的国家之一。近年来，由于世界经济增长缓慢，主要外资来源国经济增长趋于平缓，石油价格降低影响外国直接投资积极性等原因，外国直接投资净流入占 GDP 的百分比从 2012 年的 6.3% 减少至 2015 年的 2.2% 。

1. 对外国投资的市场准入

哈萨克斯坦限制外国投资的领域主要有采掘业、通信、银行业、保险和大众传媒等，这些行业的进入门槛相对比较高，如规定外资在大众传媒企业的持股比例不得超过 20% ，在建筑企业的持股比例不能高于 49% ，外国投资者在哈萨克斯坦境内开发海上石油时，哈萨克斯坦国有股份所占利润份额在项目投资回收期前不得低于 10% ，投资回收期后不得低于 40% 。根据哈萨克斯坦《地下资源与地下资源利用法》，国家对矿产品的交易和地下资源利用权的转让有“优先购买权”，国家不仅可以优先购买矿产开发企业所转让的开发权或股份，还可以优先购买能对该企业直接或间接做出决策影响的企业所转让的开发权或股份。这些规定对外国投资者进入哈萨克斯坦矿业市场，尤其是收购哈萨克斯坦矿产企业构成了实质性障碍。哈萨克斯坦鼓励的优先投资领域包括农业、基础设施、机械制造、冶金、建材、食品加工和纺织等。

2. 投资障碍

在哈萨克斯坦投资的障碍主要有贪污腐败盛行，政府职能部门和国家司法机关法律意识淡薄，依法办事水平较低，在执行中多变的法律法规、欠缺的基础设施和尚不完善的市场经济制度，以及商业秩序混乱等。此外，哈萨克斯坦市场存在投资壁垒、贸易保护主义严重、提高税收保护本国行业发展、制定行业保护措施等问题，在一定程度上阻碍了外资在哈萨克斯坦投资的大规模增长。

3. 外资流入规模波动较大

总体而言，外国对哈萨克斯坦直接投资呈现逐年递增的发展趋势，投资合作领域不断拓宽，合作程度逐渐加深。从 2004 年起，标准普尔等 3 家著名国际信誉评级机构均将哈萨克斯坦列入“投资级”，进而极大地增强了外国投资者对哈萨克斯坦的投资信心，外国直接投资实现了较快增长。2005 2008 年，经济增长为哈萨克斯坦吸引了大量外资，哈萨克斯坦利用外资的规模呈现逐年上升趋势。2008 年世界金融危机进一步蔓延，哈萨克斯坦在吸引外国直接投资方面也遭受了一定程度的负面冲击，2009 年遭遇了外国直接投资的寒冬。但随着全球经济回暖，大量的外资开始重新涌入哈萨克斯坦。2011 年共吸引外国直接投资 198.5 亿美元，与 2010 年相比增长了 9.4% 。2010—2014 年，吸引外国直接投资 1255 亿美元。由于外国投资者主要看重哈萨克斯坦丰富的能源以及巨大的市场潜力，在世界石油市场萎靡，市场环境恶化的情况下，哈萨克斯坦 2015 年吸收外国投资占 GDP 的 2.2% ，相对于 2013 年的 4.1% ，下降了 50% 。

4. 来源分布

哈萨克斯坦外资来源以欧洲和亚太地区为主。2014 年末哈萨克斯坦主要外资国别直接投资存量及所占比例见表 5－1－3。

表 5－1－3　2014 年末哈萨克斯坦主要外资国别直接投资存量及比例

来源地	累计投资金额/亿美元	比例/%	来源地	累计投资金额/亿美元	比例/%
荷兰	641.9	49.7	俄罗斯	32.8	2.5
美国	187.6	14.5	瑞士	30.6	2.4
日本	50.1	3.9	维尔京群岛（英）	21.4	1.7
中国	40.8	3.2	奥地利	17.1	1.3
英国	34.2	2.6	法国	11.3	0.9

数据来源：哈萨克斯坦中央银行

5. 行业分布

对哈萨克斯坦的外国直接投资主要流向 13 个领域，其中流入最多的领域有采矿业、地质勘探、制造业、建筑业和贸易领域等。在采矿业中，外资投入最多的是石油天然气开采，其次是金属矿藏开采和铀矿开采。1993—2011 年，采矿业累计引进外资 448.8 亿美元，占总额的 30.6% 。地质勘探业累计直接投资 570.79 亿美元，占总额的 38.9% 。制造业累计直接投资 154.12 亿美元，占总额的 10.5% 。建筑业累计引资33.4亿美元，占总额的2.3%。

油气等能源矿产依旧是拉动哈萨克斯坦经济增长的龙头行业，煤炭工业也是该国的传统产业。在未来一段时间内，政府在油气行业和其他资源行业将投入较多资金，在巩固、开发资源的基础上逐步推进经济结构调整。近年来哈萨克斯坦电力需求旺盛，但电力产业的发展速度相对滞后，电力存在缺口。未来几年，哈萨克斯坦电力产业将进入高速发展期，为中国企业进入哈萨克斯坦电力市场提供了良好机遇。

2005—2013年哈萨克斯坦发电量、耗电量以及煤炭发电量的比例如图5-1-4所示。

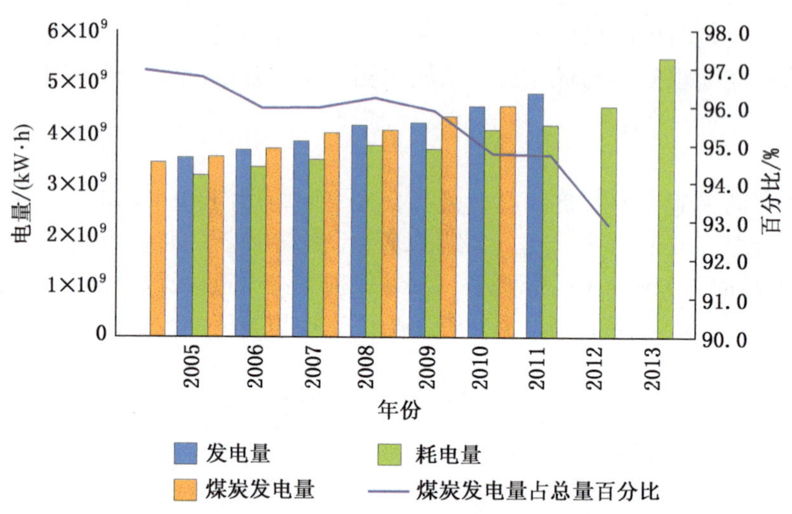

图5-1-4　2005—2013年哈萨克斯坦发电量、耗电量以及煤炭发电量的比例（世界银行数据库）

（四）中国对哈萨克斯坦的直接投资

2011—2014年中国对哈萨克斯坦的直接投资见表5-1-4。

表5-1-4　2011—2014年中国对哈萨克斯坦的直接投资

万美元

年　份	2011	2012	2013	2014
中国对哈萨克斯坦的投资流量	5.8×10^4	3.0×10^5	8.1×10^4	-4.0×10^3
中国对哈萨克斯坦的投资存量	2.9×10^5	6.3×10^5	7.0×10^5	7.5×10^5

数据来源：2014年中国对外直接投资统计公报

中国企业在哈萨克斯坦的投资规模不断扩大，领域逐渐拓宽，方式日趋多元化，已成为发展互利共赢的中哈经贸关系的重要推动力和合作亮点。2009年中国对哈萨克斯坦的投资占全球对哈萨克斯坦投资的3.9%，2013年上升至9.4%。2014年中国对哈萨克斯坦的投资净流量为-4007万美元，主要由于境外企业对境内投资主体负债减少。总体来看，随着“一带一路”的推进，以及双方开展的经济合作，中国对哈萨克斯坦的投资在哈萨克斯坦引进外资中的地位逐步提高，但仍然明显低于欧盟、美国。中国在哈萨克斯坦的投资主要集中在运输、仓储、通信、电力、电气和水供应、建筑、采掘、金融、批发零售、汽车、摩托车修理等领域。

能源，尤其是油气领域和交通是未来双方合作的重点领域，其中比较大的项目有阿克纠宾油田、PK油田，中哈原油管道、中哈天然气管道以及国际运输走廊和铁路对接等项目。此外，在煤炭业、纺织业、电信业、计算机与电子产品及设备等领域，双方也将展开更加深入的合作。2015年12月，马西莫夫总理再次访华，中哈宣布共同努力推动“丝绸之路经济带”倡议和“光明之路”新经济政策开展对接合作，共同推进新亚欧大陆桥经济走廊建设。中国与哈萨克斯坦有较大的合作潜力。

三、政治经济总结

哈萨克斯坦位于中亚内陆地区，与俄罗斯、中国、吉尔吉斯斯坦、乌兹别克斯坦和土库曼斯坦接壤。作为苏联加盟共和国中重要的工业基地和新兴能源输出国，哈萨克斯坦近年来在政治上和经济上取得良好发展，在地区外交活动中也扮演较为重要的角色。依靠纳扎尔巴耶夫强人政治、丰富的自然资源和良好的外交政策，哈萨克斯坦经济取得快速发展，成为唯一恢复并超越苏联解体前经济水平的苏联加盟共和国。但纳扎尔巴耶夫日益年迈，总统后继人问题日益突出，能否顺利实现权力平稳交接是确保哈萨克斯坦能否长期稳定发展的关键。同时，周边国家伊斯兰化趋势增强，地区恐怖主义、极端宗教势力和周边国家的分离主义逐步成为该国的潜在不稳定因素。

在政治方面，自独立以来，在总统纳扎尔巴耶夫领导下逐步确立了以总统为核心的行政权优先的三权分立体制，并通过迁都与族群平等政策稳定了南部哈萨克族与北部俄罗斯族的关系。总统领导的政党在议会中占据多数，强力领导使哈萨克斯坦在独立初期政治制度转型稳定有序。作为苏联加盟共和国和中亚大国，哈萨克斯坦的外交路线为“成为中亚及高加索地区大国，推行多边外交平衡、开展与西方及周边各国多领域合作”。在外交实践中，哈萨克斯坦不断强化与俄罗斯的传统关系，借助独联体、上海合作组织和伊斯兰会议组织等多边组织，稳定国家的发展环境。同时，哈萨克斯坦正处于全面转型期，各项制度建设仍处于完善阶段，外国投资者的投资活动可能会面临制度性障碍，如法制不健全、执法不规范、政策干预的随意性大和行政执法透明度较低等，给经商环境带来政策上的风险。

在经济方面，哈萨克斯坦作为苏联重工业基地和能源基地，矿产业和能源产业基础良好，是中亚地区重要的经济大国。凭借苏联时代的重工业体系和丰富的石油、天然气等矿产资源，哈萨克斯坦成为重要的石油和天然气出口国，为国家经济发展积累了大量资金，实现了持续稳定增长。政府积极吸引投资的政策也使其成为中亚地区吸引外资最多的国家，中国政府近年来提出的“丝绸之路经济带”对于该国也是利好消息。但哈萨克斯坦在经济发展中结构失调，石油和天然气等能源产业所占比例较高。对外贸易依赖性经济以及单一的出口结构使哈萨克斯坦经济受能源价格波动影响较大，另外哈萨克斯坦金融形势不容乐观。哈萨克斯坦信贷供应呈下降态势，银行不良资产再次升高，金融风险明显加大。坚戈汇率波动风险加大，金融体系脆弱，易受外部冲击。同时，哈萨克斯坦市场经济体制不健全，国内市场存在严重的贸易保护主义与投资壁垒，存在对本国产业进行严密保护的问题等，这在一定程度上阻碍了外资进入。

在富煤项目国家中，哈萨克斯坦的主要优势在于其当前稳定的政治环境、较快速发展的经济、丰富的煤炭资源，以及国内市场对电力等能源的旺盛需求。哈萨克斯坦的电力供应主要以煤电为主，电力供不应求使得其能源市场的潜力较大。但其主要劣势首先在于哈萨克斯坦未来能否保持政权和政策长期稳定。同时，哈萨克斯坦行政权优先的体制使其司法体系常受到行政权干预，而且法律法规的频繁修改使其法律体系的连续性和稳定性较差。基于以上原因，我们认为在该国的投资应考虑煤电联营或煤化工等形式，重点关注其潜在的政治风险和法律风险。

第三节 法 律 环 境

一、矿产资源开发相关法律制度

（一）主要监管机构

哈萨克斯坦的矿产资源管理体制采用中央和地方两级分权管理。中央管理机关包括：共和国政府、能源和矿产资源部（现为石油天然气部）、地下资源研究和利用方面的被授权机关（地质与地下资源利用委员会），以及环境保护方面的被授权机关。对于哈萨克斯坦政府的权限，《资源法》第16条进行了具体规定。根据哈萨克斯坦1996年颁布的资源法，哈萨克斯坦能源和矿产资源部以发放许可证为基础，就合同条件同地下资源利用者进行谈判，并与他们共同拟定合同草案。随着许可证制度的废除，哈萨克斯坦能源和矿产资源部作为发放许可证的政府职能部门的行政色彩淡化，主要成为地下资源开发、利用合同的一方主体，与地下资源利用者进行谈判、签署合同，并保证合同按照法律规定的办法和原则履行及解除。作为行政机关，它还要将合同提交被哈萨克斯坦政府授权的机关进行注册，每年向哈萨克斯坦许可证管理机关提交关于合同履行进程的报告。而且，还要对合同的履行进行监督，对地下资源的研究和利用实行监控；对地下资源的合理和综合利用实行监控；协商年度工作计划；制定地下资源研究和利用方面的标准技术文件等。

2004 年 9 月，哈萨克斯坦政府通过第 1449 号决议，该决议明确指出，哈萨克斯坦能源和矿产资源部地质和地下资源利用委员会（以下简称委员会）是哈萨克斯坦能源和矿产资源部的下属部门，负责地下资源研究、合理和综合利用的管理和监督。

哈萨克斯坦环保部门依法有权对地下埋藏有害物、放射废料及倾倒污水等进行管理，对在合同区或其界外指定用于埋藏放射废料和有害物的地区建设和（或）使用同勘探和（或）开采无关的地下设施协商发放许可事宜，对利用地下资源的环境保护进行国家监督。州级地方的执行机关主要负责划拨地段，对开发利用者进行监督。

（二）矿产资源权利的取得及变更制度

宪法第 6 条第 2 款规定自然资源的所有权属于国家，个人可以在法律规定的条件和范围内拥有土地。资源法第 10 条第 1 款重申了宪法的这一原则，规定地下资源及其包含的矿产属国家所有。但是，本条第 2 款规定矿物原料之所有权属于地下资源利用者。这表明，哈萨克斯坦将矿藏所有权与从矿藏中开发之原料所有权相分离，分属不同的所有权人。

1. 权利的取得

地下资源利用权的主体可以是哈萨克斯坦和外国的自然人和法人，但目的不应当是为了满足自身需求。同一个合同的地下资源利用权主体可以是多人，这些人是地下资源利用权的联合拥有者。联合拥有者可以指定合同运营者并为运营商的行动承担财产责任。在国家公司必须参股的合同中，运营商的法定资本中国家公司的参与份额不少于 50% 。在哈萨克斯坦进行矿产资源开发的利用者可依法享有地下资源的开发利用权。其主要内容包括：地下资源的国家地质研究权、勘探权、开采权、联合勘探和开采、建设和使用与勘探或开采无关的地下设施的权利。在矿产资源利用权分类方面，根据权利取得是否有期限限制，可将其分为永久的或临时的；根据权利可否转让，可将其分为可转让的或不可转让的；根据取得权利时是否支付对价，可将其分为有偿的或无偿的。拥有永久和无偿利用地下资源的权利，可以在属于地下资源利用者私人所有的或拥有土地资源利用权的土地地段内进行满足自身需求的常见矿产的开采。所有其他类型的地下资源利用作业都是在临时的和有偿的地下资源利用的基础上实现的。

根据哈萨克斯坦矿产资源法律，可以通过 3 种途径获得上述矿产资源的利用权：一是提供，即签订合同通过国家直接赋予的方式，将地下资源利用权交给权利人；二是转让，即由权利主体将开发利用地下资源的权利转让给其他主体；三是继承，即权利主体的法人地位发生改变后，由其继承人获得开发、利用地下资源的权利。但是，无论采取何种方式，许可证是获取地下资源开发权利的基础。根据 1996 年颁布的资源法，矿产资源利用权人首先要取得对某一矿床的许可证，然后，在许可证规定的期限内，与哈萨克斯坦投资管理机构——地质及地下资源利用委员会（ARKI）签订合同，再进行与项目开发有关的更详细的工作，包括工作计划、环境和税收等方面的有关工作。在 1999 年修订的资源法中，废止了许可证制度，将原来的授予地下资源使用权许可证和签订合同的双轨制代之以与哈萨克斯坦投资管理机构签订合同为主的单轨制。

2. 权利的变更和抵押

根据 1996 年颁布的资源法第 14 条规定，转让须经发放许可证的 ARKI 批准。不过，法律规定 ARKI 只有在认定受让方无能力履行合同义务或转让申请中有意提供虚假信息的情况下方可拒绝批准转让申请。但是，如果地下资源使用权的转让没有重大“交易”，ARKI 可以拒绝对合同进行修改和重新登记。此外，如果子公司能够个别并连带履行母公司承担的合同下的全部义务，ARKI 不能拒绝母公司向子公司转让。在权利主体转让矿产资源使用权时，根据 2004 年的修正案，后者具有同等条件下的优先购买权。

资源法规定，不需 ARKI 事前批准即可抵押地下资源使用权，但抵押协议必须到 ARKI 登记，只有登记后才生效，除非抵押协议中有特殊规定。ARKI 只有在下列情况下可以拒绝抵押登记：地下资源使用权持有者按哈萨克斯坦破产法规定已经破产；抵押价格不符合现有市场价格；欲抵押的地下资源使用权已经被抵押。

3. 权利的中止与终止

2007 年修订的资源法明确规定，主管机关可以根据哈萨克斯坦的法令或者在合同有约定的情况下中止矿产资源利用权人的权利。第 45 条第 2 款规定，如果地下资源使用者在具有战略意义的地下资源（矿床）地块上进行资源利用的行为，影响了哈萨克斯坦的经济利益，对哈萨克斯坦安全构成威胁，哈萨克斯坦主管机关则有权要求修改和（或）补充合同的条件。第 45 条第 3 款规定，当地下资源利用者的行为危害到国家安全时，政府主管部门有权单方面拒绝履行合同，并且该修订案明确规定本法律修改从正式发布日起生效并适用于以前签署的开采合同或联合勘探开发合同。

（三）矿产资源投资相关法律法规

哈萨克斯坦是中亚地区吸引外资最多的国家，且近一半外资投入矿产资源领域。所以，哈萨克斯坦的矿产资源法律与投资法律关系密切。外国资本进入哈萨克斯坦矿产资源领域，不可避免地受到矿产资源法律和投资法律的双重调整。

哈萨克斯坦与投资有关的法律法规主要有宪法、资源法、投资法、税收法、劳动法、劳动许可法、不公平竞争法、反垄断与价格法等。其中，资源法和投资法是哈萨克斯坦矿产投资最重要的两部法律。

哈萨克斯坦最早于 1992 年颁布《矿产资源法》，此后，哈萨克斯坦政府在 1999 年、2004 年、2005 年、2007 年和 2010 年对该法进行了修改和补充。现行《矿产资源法》包括总则、地下资源利用管理机关、地下资源利用的权利、勘探与开发许可、勘探与开发合同、地下资源及环境保护、人身及人员安全、地下资源的国家参与以及法律条件和附则等主要内容。

哈萨克斯坦于 2003 年颁布的投资法取代了 1994 年出台的外资法和 1997 年出台的《国家支持直接投资法》。投资法规定了哈萨克斯坦外商投资的管理程序和鼓励措施以及税收优惠等内容，对外国资本以直接投资方式开发、利用哈萨克斯坦的矿产资源起到引导和监督作用。鉴于投资法在实施过程中有些条文和规定未发挥作用，2005 年 5 月 4 日由哈萨克斯坦总统签署于同年 5 月 11 日生效的《关于对哈萨克斯坦共和国某些有关投资问题的法律文件所做的修改和补充》法案对投资法中投资的定义、提供投资的优惠、免除关税，以及国家赠予等做了许多修改和补充。

2012 年，哈萨克斯坦议会通过了对 2003 年 1 月 8 日颁布的投资法的修订案。该修订案中规定，对以实施投资项目为目的运入关税同盟成员国境内的技术设备及其配件和具有特殊用途的原材料等免征关税；对于哈萨克斯坦法人运入哈萨克斯坦境内超过 5 年的原材料，若将其作为固定资产或者用于优先投资种类清单（该清单每年至多更新一次）中的投资项目，则对其免征关税等。

（四）资源法中的重要制度和内容

1. 国家优惠和优先权

为保护和加强国家经济的能源资源基础，资源法规定了国家优惠和优先权。其第 12 条第 1 款规定，哈萨克斯坦相对其他人具有优惠获得地下资源利用者矿产的权利，价格不超过地下资源利用者在完成同类矿物交易日当天价格(扣除运费和销售费用)，数量和具体款项支付则由合同确定。第 2 款规定，在新签及已签的合同中，国家相对于合同的其他方或拥有地下资源利用权的法人股东、相对于购买所转让的地下资源利用权和(或)拥有地下资源利用权的法人股份的其他方，在不低于其他购买者提出的购买条件的情况下，拥有优先购买权。此种优先权由国家通过国家控股公司、国家公司或授权的国家机关行使。

2. 国家公司

依据法律规定，哈萨克斯坦公司的职能主要是参与执行地下资源利用领域统一的国家政策；依据政府确定的程序并在合同规定的权力范围内，在规定国家公司参股份额的合同中代表国家利益；依据政府的决议，通过参股方式参与合同，与中标者共同进行地下资源利用作业；在通过直接谈判获取的地下资源区域内进行地下资源利用作业；参与实现地下资源利用和烃类原料运输作业的哈萨克斯坦共和国的国际和国内项目；参与向哈萨克斯坦总统和政府报告关于合同执行进程的年报准备；实现矿产勘探、开发、开采、加工、销售，烃类运输，油气管道和油气矿场地面设施的设计、建设、使用问题的公司管理和监测。

3. 地下资源利用合同缔结的基础：招标及直接谈判

资源法第 35 条规定通过签订合同提供地下资源利用权。合同达成有招标和直接谈判两种方式，其中勘探、开采、勘探和开采统一合同在招标基础上与中标者签订。而下列 4 种合同则可不经竞标直接通过谈判获得地下资源利用权：①基于勘探合同的商业发现者签订开采合同；②非勘探或开采类地下设施的建设和（或）使用作业的合同；③在建设（改造、维修）铁路、公路和公用桥梁时进行的常见矿产勘探或开采作业合同；④与国家公司联合进行勘探和（或）开采作业的合同。

下面对合同达成的两种方式（招标和直接谈判）进行简要介绍。

1）招标

基于被授权机关就地下资源研究和利用提出的建议，由主管机关编写给予勘探、开采、联合勘探和开采、以国家公司按份额参与为竞标条件的地下资源利用权的地下资源地段目录；由州、直辖市、首都的地方执行机关就给予常见矿产勘探或开采地下资源利用权的地下资源地段编写目录。对于提出竞标的地下资源地段目录由哈萨克斯坦政府批准，而关于常见矿产的目录则由州、直辖市、首都的地方执行机关批准。州、直辖市、首都的主管机关或地方执行机关只有在国家针对矿床储量的地下资源做出鉴定并且确认存在工业级别的储量之后，才能开展竞标并签订开采合同。

州、直辖市、首都的主管机关或地方执行机关应将竞标资料同时以哈文和俄文公布在哈萨克斯坦全境发行的定期出版物上并发表竞标通知书。州、直辖市、首都的主管机关或地方执行机关收到竞标申请后将对竞标申请书进行验收并在验收之日起 1 个月内就竞标申请通过事宜通知申请人。允许参加竞标的申请人在竞标条件规定的期限内按照竞标通知中的事项编写、提交标书。对符合要求的标书，州、直辖市、首都的主管机关或地方执行机关将在自宣布竞标之日起 3 个月内予以接受。对于旨在获取常见矿产勘探或开采的地下资源利用权报价的申请人，中标者由给予常见矿产勘探或开采地下资源利用权的竞标委员会根据预约发售红利的金额及地区社会经济发展，以及其基础设施发展的费用金额审议确定获得签订合同的权利，其在标书中提出的义务和意向将写入合同。竞标结果以由全体参会成员签字确认的会议纪要形成并同时以哈文和俄文发表在哈萨克斯坦官方出版物及主持竞标的国家机关的官方网站上。

2）直接谈判

有权直接谈判并有意向签订合同的人员应按照资源法第 58 条规定准备相关文件①向主管机关提出申请，主管机关在收到申请之日起 2 个月内必须将是否进行直接谈判的决定和谈判日期通知申请人和州、直辖市、首都一级的地方执行机关，地方执行机关从获得主管机关进行提供地下资源利用权直接谈判通知之日起应按照哈萨克斯坦土地法规定的程序，对用于地下资源利用的土地进行预留并参与谈判。谈判应由主管机关工作组在收到申请之日起 2 个月内（经主管机关批准可延期）施行。谈判结束后，在证明申请人履行合同业务能力资料的基础上，应由工作组所有参加人员签署谈判会议纪要形成主管机关或州、市、首都地方执行机关提供（拒绝）地下资源利用权的决定。

4. 合同

地下资源利用合同分为勘探合同、开采合同、联合勘探与开采合同、非勘探或开采类地下设施建设和（或）使用合同、地下资源国家地质研究合同 5 类。联合勘探与开采合同仅针对有战略意义的和（或）有复杂地质结构的矿产区和矿床并应根据哈萨克斯坦政府的决定进行签订。其他 4 类合同则应根据哈萨克斯坦政府批准的有关矿产利用种类的规范化合同条款的规定，对合同区、勘探或开采期限、商业探测、矿产测量等合同条件进行商定。资源法第 61 条第 2 款对合同必须载明的强制性义务进行了列示性规定。此外，资源法还详细规定了合同形成过程和对执行的监督。

1）勘探合同

①若申请人是法人，文件包括申请人名称、住址、国家注册信息、在税务机关的注册信息、在有价证券市场上流通的有价证券的信息及子公司信息、代表人、参股者信息、技术、管理、组织和金融能力方面的信息等；若申请人是自然人，文件包括身份信息、有关申请人作为经营活动主体注册的信息、技术、管理、组织和金融能力方面的信息等。但国家公司和基于勘探合同对地下资源利用权提出申请的人员可不提供技术、管理、组织和金融能力方面的信息。

资源法明确规定对于勘探、联合勘探与开采合同的草案，地下资源利用单位还应编写勘察工作方案和评估工程方案，未按照规定程序批准勘察工作方案或违反勘察工作方案要求的，禁止进行矿床勘察工作。对于勘察工作方案，资源法第64条规定，根据直接谈判签订合同的人员从签订直接谈判纪要之日起或者从宣布招标结果确定中标者之日起，勘察工作方案编写与商定的期限不应当超过6个月。方案内容应包括研究纲要和资金部分，其中研究纲要应当保证对地下资源区域进行有效的综合研究，并应当涵盖所提供利用的整个地下资源区域；资金部分应当指出在勘察工作的整个阶段用于矿床勘察与探测工程的费用数额。此外，勘察工作方案应按照强制程序进行国家生态鉴定、工业安全方面鉴定及卫生流行病学鉴定。完成鉴定后，申请人应将方案及鉴定文件提交跨区域委员会，由其自收到方案之日起1个月内进行审查并且由地下资源研究与利用授权部门地区分部从收到跨区域管理委员会建议之日起在15个工作日内予以批准。对于评估工作方案，资源法第65条规定，若地下资源利用单位发现矿床，必须在30个工作日内将这一情况通知主管机关或哈萨克斯坦州、直辖市、首都一级的地方执行机关由其在收到通知之日起1个月内发放转入评估工作阶段的许可。获得许可后，地下资源利用单位应当在用于完全与综合评估和储量统计，以及用于确定矿床蕴藏矿山地质条件、矿产回收率工业参数和矿产开发经济合理性所必需的期限内，制定评估工作方案并通过国家生态、工业安全、卫生流行病学的强制鉴定。固体常见矿产评估工程可以包含在工业试采方案内。常见矿产的评估工程方案和工业试采方案应由跨区域委员会从收到相关方案之日起在1个月内进行审查，并由地下资源研究与利用授权部门地区分部从收到跨区委员会建议之日起在15个工作日内予以批准。

勘探合同应自签署直接谈判纪要或确定中标者之日起18个月内（向主管机关提出延长合同签订期限的申请并且论证了延长的原因，则该期限可延长）签订并在主管机关进行强制登记，合同从登记之日起生效，有效期不超过6年。这一有效期一般不能延长，但在发现矿床的情况下，地下资源利用单位可向主管机关或哈萨克斯坦州、直辖市、首都一级的地方执行机关申请将勘探合同有效期延长到用于对矿床进行评估所必需的期限，上述机关将对这一申请进行审核。

2）开采合同

资源法明确规定，在开采合同签订和登记前，中标者或通过直接谈判而签订合同的人员应制定设计文件，批准的开采施工设计文件是编写、签订开采合同的基础。未按照规定程序批准开采施工设计文件或违反设计文件要求的，禁止进行开采工作。

对于固体常见矿产，设计文件包括矿床工业开采方案和可行性研究报告。设计文件必须由具备设计许可证的设计单位完成并通过国家生态、工业安全、卫生流行病学的强制鉴定，其中可行性研究报告还必须进行经济鉴定。设计文件的设计期限为直到矿床矿产储量全部开采完毕，但不应超过25年，对于较大的单一储量矿床，不应超过45年。这一期限可延长，但需得到集中管理委员会的批准并由地下资源研究与利用授权部门施行。固体矿产矿床开采方案应当由集中管理委员会从收到相关方案之日起在1个月内进行审查，并且应当由地下资源研究与利用授权部门从收到集中管理委员会建议之日起在15个工作日内予以批准。常见矿产矿床开采设计文件应由跨区域管理委员会从收到相关方案之日起在1个月内进行审查，并且应当由地下资源研究与利用授权部门地区分部从收到跨区域管理委员会建议之日起在15个工作日内予以批准。

开采合同应自签署直接谈判纪要或确定中标之日起24个月内（向主管机关提出延长合同签订期限的申请并且论证了延长的原因，则该期限可延长）签订并在主管机关进行强制登记，合同从登记之日起生效，有效期不超过开采方案所规定的期限。若地下资源利用单位未违反合同义务，在不晚于工程结束之前6个月内可向主管机关或哈萨克斯坦州、直辖市、首都一级的地方执行机关提出延长合同有效期并对延长原因进行论证，主管机关应自收到申请之日起两个月内对合同有效期延长申请进行审核。

基于勘探合同，探测并评估矿床的矿产使用者可在勘探合同有效期内或在合同结束3个月内向主管机关提出签订开采合同的直接谈判的申请，享有无须竞标在直接谈判的基础上签订开采合同的特殊权利。主管机关和矿产资源用户应在自提出申请的2个月内谈判确定开采合同的条件。

5. 地下资源开采权转让过户的程序

地下资源开采的主体把自己许可证项下的开采权利转让给另一方时（不包括其子公司），必须要经许可证发放机关的批准。转让批准手续为一事一批，必须在每一次发生权利转让时单独进行。地下资源开采主体（转让人）主张转让地下资源开采权，须向国家主管部门提出发放转让许可证的申请。如果转让对象为普通矿产的勘探权或对其拥有法人股的股权，当事人可向州一级主管部门（包括直辖市或首都）提出申请。

1）转让手续的办理

转让人在递交地下资源开采权或其法人股股权的转让申请书时，必须用哈文和俄文书写下列内容：地下资源开采主体（法人或自然人）或其法人股股东的全称；标定转让的地下资源所处位置和地段区划；明确对转让使用权限和法人参股数额的划分，其中包括地下资源原始开采主体的权限和其他参股权人股票转让种类；提供地下资源开采主体的法定资本金总额、总股票数和表决股的相关信息。

2）接收方手续的办理

进行地下资源开采权利转让时，接收权利的一方（被转让人）需办理原许可证及其他文件的转让手续，重新对相应土地地段进行登记和注册，方能获得被转让的权利，具体为：①法人信息包括：法人名称、地址、国籍、所在国法人注册登记及税务登记、领导人及授权人信息、法人注册文件、股东及持股情况、法人在证券市场的证券流通总额、子公司情况；②自然人信息包括：被转让人姓名、住所、国籍、身份证件、税务登记、有无企业登记、股东及其持股情况；③近 3 年从事经营活动的所在国清单、相关财务、技术、管理和组织能力的资料，其中包括员工的技能证书、签署申请书人的姓名、被授权文件和身份证明，申请书应随附相关证明文件（或者公证文件副本），确认上述信息属实无误。所有随附文件的文字应为哈文和俄文。如果申请书提交人为外国公民，文件可使用该国文字，但应随附经过公证的哈文和俄文译稿，且译稿与文件要一一对应。

3）地下资源开采权转让的审批部门和机构

资源法赋予哈萨克斯坦能源矿产部代表国家行使授予和批准地下资源开采权或其股份转让给第三方的权力。同时能源矿产部拥有冻结对上述权利的使用和转让的权力。能源矿产部有权拒绝向承包人签发转让合同权利和义务的许可，并可根据哈萨克斯坦法律禁止承包人转让其在公司注册资本中所占的股份。此规定适用于与承包人关联方进行的交易，即与承包人的子公司以及拥有承包人股份或注册资本股份的公司进行的交易。

4）转让的批准程序

主管部门在收到申请书 15 个工作日内将申请资料转交鉴定委员会审议，鉴定委员会对地下资源开采权及股权转让申请进行研究；鉴定委员会在收到申请材料后 20 天之内对申请内容进行审议，对核发许可提出建议。鉴定委员会有权对申请内容提出质询并要求申请人提供补充材料；鉴定委员会对地下资源使用权及其法人股权的转让申请提出评审意见，并以书面形式提交主管机构；接到鉴定委员会评审建议后，主管机构在 30 个工作日内做出是否核发许可证的最终决定。

（五）土地制度

哈萨克斯坦于 2003 年 6 月 20 日颁布的土地法规定，哈萨克斯坦本国公民可以私人拥有和租借农业用地、工业用地、商业用地和住宅用地，但是外国自然人和企业只能租用农业用地，并且期限不得超过 10 年。

根据哈萨克斯坦土地法规定，国家土地关系和土地规划委员会负责发布有关土地利用和土地保护的命令，所有土地所有者和土地使用者都必须遵守和执行。国家土地利用和保护机构的总检察长由哈萨克斯坦土地关系和土地规划委员会主席兼任。各州和阿拉木图市土地关系和土地规划委员会主席是相应的各级土地利用和土地保护监督机构的检察长。在规定的期限内，若土地所有者未按规定用途开采土地或在使用土地时未纠正违规行为，土地主管机构有权视为无主财产收归国家所有和没收未履行规定用途和违反土地法规的地块。

二、跨国矿业投资相关法律制度

（一）劳工制度

哈萨克斯坦对外国劳务人员实行严格的工作许可制度。在哈萨克斯坦从事有偿劳动的外国公民必须获得哈萨克斯坦劳动部门颁发的工作许可证，否则将被罚款、拘留直至驱逐出境。许可证的授予有严格的条件、程序及配额限制。

关于授予工作许可的条件，《哈萨克斯坦共和国居民就业法实施细则》第 13 条规定，在发放许可时，授权机关根据事先与雇主签订的书面协议要求雇主完成下面几项特别条款中的任意一项：①培养、再培训和提高哈萨克斯坦公民在引进外国劳动力专业方面的技能；②以哈萨克斯坦干部来替代外国劳动力；③为哈萨克斯坦公民创造额外的就业岗位。在许可中规定应该参加培养、再培训和提高技能的哈萨克斯坦公民人数，应该被替代的外国劳动力数量以及特别条款的完成期限。此外，《哈萨克斯坦共和国居民就业法实施细则》第 5 章还规定了烦琐的许可发放程序。

哈萨克斯坦劳动部门对外国劳务人员的数额实行总量控制、按州发放。哈萨克斯坦每年都制定外籍劳务人员（分为 4 类：企业领导及中高级专家为一、二类；熟练工人为第三类；季节性民工为第 4 类）的输入限额。自 2001 年起，哈萨克斯坦建立了外国员工申请劳动许可的数量限制系统，该系统每年根据全国总劳动力数量制定发放许可证的配额。

（二）矿产资源法律体系中的投资保护制度

哈萨克斯坦于 2003 年颁布了投资法，该法确立了哈萨克斯坦保护外国投资的法律基础，加强了国家对外国投资的法律保障，并对外资和国内投资提供统一的法律保护。

1. 在投资领域趋向于实行国民待遇

投资法第 1 条第 11 款规定：哈萨克斯坦共和国法人，即根据哈萨克斯坦共和国法律程序组建的法人，包括含有外商投资的法人。外国投资者依据哈萨克斯坦法律程序建立的外资企业同其国内企业一样具有哈萨克斯坦法人的地位。投资法第 4 条第 1 款规定：投资商享有哈萨克斯坦宪法、本法和其他哈萨克斯坦法律文件，以及哈萨克斯坦批准的国际条约保障下的完全的、无条件的权利和利益保护。资源法第 3 条第 3 款也规定：如果哈萨克斯坦的法律没有规定其他的事项，外国人和外国法人，以及无国籍人员在地下资源利用方面与哈萨克斯坦公民和法人享有同等权利并承担同等义务。这些规定表明了哈萨克斯坦外资立法逐步走向国民待遇的发展趋势。

2. 鼓励投资的优惠政策

投资法第 15 条规定对符合规定的优先投资领域清单、对哈萨克斯坦法人所有的资本进行投资，新建、扩大和采用新技术更新现有生产的投资提供特惠。

根据投资法第 13 条规定，哈萨克斯坦提供的优惠政策主要有：①税务投资特惠。②免交关税。根据投资法第 17 条规定，进口用于投资项目的设备及其配件是哈萨克斯坦境内不生产的，或类似设备和配件生产不足、无法用于投资项目的，以及其境内生产的类似设备和配件不符合投资项目要求的，可以免交关税。③国家实物赠予。国家实物赠予是指哈萨克斯坦政府或授权机关和土地资源管理机关依法将有关国有财产的所有权或土地使用权移交给投资者。

3. 地下资源利用权的保证

资源法第 30 条规定，地下资源利用者的权利受哈萨克斯坦法律保护。法律的修改和补充（国家安全、国防能力，生态安全、健康保护、纳税和关税调整的法律）不利于地下资源利用者根据合同经营活动时，该修改和补充不适用于以前签订的合同。

（三）外资企业在哈萨克斯坦的注册程序

根据 1995 年《哈萨克斯坦共和国法人注册、分支机构和代表处登记法》，哈萨克斯坦司法部是办理公司、企业和代表处登记注册的政府主管部门，负责审核登记文件，决定颁发登记注册证书。

1. 注册有限责任公司的基本条件和程序

基本条件如下：

（1）法定资本。

（2）创立文件。①公司章程 ；②创立合同；③ 创办公司的会议纪要；④关于公司法定地址的证明函；⑤国家注册申请；⑥公司经理的税务登记号；⑦注册手续费缴纳收据。

外国法人注册有限责任公司还应补充以下文件：

（1）经认证的外国法人创立文件的副本。

（2）经认证的证明外国法人合法身份的工商登记注册或其他文件。

（3）哈萨克斯坦税务机关出具的法人已纳税费、未纳税费或其他应纳税费情况的证明。

外国自然人注册有限责任公司还应补充以下文件：

（1）外国自然人护照复印件。

（2）经公证的证明其身份的其他文件（哈文或俄文）。

满足上述基本条件，申请人可向哈萨克斯坦司法部及其下属地方机构提出注册申请。

2. 注册分公司（代表处）的基本条件和程序

进行国家注册所必需的文件包括：①按照哈萨克斯坦司法部规定格式填写的申请；②经外国法人盖章确认的创办分公司（代表处）的决定；③经外国法人确认的分公司（代表处）章程文本；④分公司（代表处）章程合法副本及外国法人进行国家注册的证明；⑤外国法人给分公司（代表处）负责人的委托授权书；⑥外国法人进行国家注册所缴纳费用的证明文件；⑦分公司（代表处）所在地的确认文件。准备完上述文件后，即可向哈萨克斯坦司法部及其下属地方机构提出注册申请。

2004 年 9 月，哈萨克斯坦通过法人注册法，该法为企业法人、分支机构及代表处的注册提供了一步到位的“一站式”服务，简化了注册程序。2011 年，通信及信息化部联合司法部推出了一项法人登记简化措施。企业登记注册仅需 15 min，不动产登记仅需一个工作日，居民既不需要去居民服务中心，也不需要去司法机关，一切都将在网上完成，仅需在公证人那里办理交易手续，所有信息都将通过电子公证处系统汇集到司法机关数据库，然后由司法机关对该注册信息进行确认。

（四）进出口及外汇管制

哈萨克斯坦实行贸易自由化，出口免征关税。除废杂有色金属等少数商品（出口 9 种、进口 11 种）外，其他商品进出口均不需要配额和许可证。

2005 年 12 月 17 日，哈萨克斯坦的《外汇调节和管理法（修正案）》正式生效。哈萨克斯坦实行自由浮动汇率，经常项下和资本项下均实行有条件的可自由兑换。具体地说，经常项目下的货币交易应在 180 天内完成，如到期不能完成，还可延期。资本项目下的货币交易，只要双方有协议，在办理了一定的手续后即可自由兑换。该法规定，从 2007 年 1 月 1 日起，哈萨克斯坦外汇管理制度开始执行欧洲国家标准，除涉及使用外汇的经营活动保留许可证制度外，哈萨克斯坦国家银行将完全取消外汇兑换的行政许可，实行通报制度。法人和自然人都可以通过银行向哈萨克斯坦境外汇出其合法的外汇收入，外国投资者如需要将外汇收入汇回本国，只需在外贸合同规定的期限内执行即可。

（五）争议解决机制

在投资争议解决程序方面，哈萨克斯坦投资法第 9 条规定：投资者与哈萨克斯坦国家机关产生的与投资有关的争议，可以通过协商解决，包括吸收专家参与或者按照事先商议的程序解决，协商不成可诉诸哈萨克斯坦法院，如双方约定可将争议提交国际仲裁法庭，亦可由国际仲裁机构解决。1958 年联合国通过的《关于承认和执行外国仲裁裁决公约》（以下简称《纽约公约》）为国际社会提供了一项普遍接受的、简便地承认及执行外国仲裁裁决的制度，根据该公约规定，缔约国的仲裁裁决能直接在 145 个缔约国法院申请强制执行。中国和哈萨克斯坦都是《纽约公约》的缔约国，若双方约定以仲裁方式解决投资争议，仲裁裁决在两国法院都能申请得到强制执行。而对于非投资争议，根据投资法只能依据哈萨克斯坦有关法律解决。但是投资法并没有明确界定投资争议与非投资争议之间的区别。

三、法律环境总结

哈萨克斯坦拥有丰富的矿产资源，其已探明的矿藏有 90 多种，煤炭工业更是其传统的支柱产业，储量位居全球第八，煤层赋存条件好，开采较为便利，大部分煤田分布在哈萨克斯坦中部的卡拉干达州（卡拉干达、埃斯基巴斯图兹和舒巴尔科里煤田）和北部的巴甫洛达尔州（图尔盖煤田）。再加上中哈两国山水相连，近年来中国对哈萨克斯坦直接投资增速较快。因此，对中国矿产企业而言，哈萨克斯坦是非常理想的能源矿产合作战略伙伴和走出去开发国外能源的重要战略目标。

哈萨克斯坦投资法律以哈萨克斯坦宪法为基础，充分考虑了当前的国际矿业形势和矿业界的国际通行规则并在世界银行和联合国等国际机构的帮助下，制定和修改了由资源法、投资法和其他法律文件组成的一个较为系统的外商投资法律体系，从总体来讲比较全面，也比较具体，在立法上也引入了如国民待遇原则等比较先进的制度。目前，虽然在矿业投资领域还存在国家优先权、劳动力许可证和配额等投资壁垒，但哈萨克斯坦政府也正不断致力于改善法律、政策环境，如将许可证和合同双轨制改为合同单轨制，提高了行政审批效率，此外，还制定了诸多矿业税费优惠政策，逐渐放宽外汇管制政策，降低企业设立成本以更大限度地吸引外资，发展国内经济和基础设施。因此，从整体上看，哈萨克斯坦投资环境较好，矿业企业在该国投资具有良好的机遇。

第四节 税 制 研 究

一、税制总论

《哈萨克斯坦税法典》是调节税收的基本法律，于2001年6月公布实施，后经多次修订。自2008年起，哈萨克斯坦着眼于应对全球金融危机和经济形势恶化的现实，开始修改制定新税法。新税法以欧盟的税制原则为基础，已于2009年1月1日起实行。总体而言，哈萨克斯坦是一个拥有丰富矿产资源（石油、天然气、煤炭）的发展中国家，税务系统处于一个经常变动的状态，税务机关的征收常常引起争议。自2009年1月起，哈萨克斯坦对税务系统做了较大调整，根据普华永道会计师事务所2016年全球税负排名，哈萨克斯坦的整体税负为29.2%，全球排名第18位。

哈萨克斯坦一共有17种税和11种规定收费，共28种税费，除了这28种税费外，任何机构包括税务机关不得向矿产投资企业征收其他税费，如征收矿产投资企业可以拒绝交纳。主要税种包括公司所得税、个人所得税、增值税、消费税、出口地租税等，主要规费包括使用土地地块费、使用地表来源水资源费、环境发行费等。

哈萨克斯坦主要税种税率见表5-1-5。

截至目前，哈萨克斯坦与中国大陆签订了税收双边协定，协定规定中国大陆股息预提所得税率为10%，利息预提所得税率为10%，特许权使用费预提所得税率为10%。哈萨克斯坦没有与香港签订双边税收协定,因此香港公司从哈萨克斯坦直接取得股息、利息等收入均需要代扣代缴30%的预提所得税。

表5-1-5 哈萨克斯坦税种税率

税种	税率
企业所得税	20%
资本利得税	20%
个人所得税	居民及非居民取得雇佣收入的个人所得税税率均为10%。居民股息收入为5%、其他收入为10%，非居民股息收入及资本利得税税率为15%、其他收入为20%
增值税	12%
矿产资源开采税	0~22%
超额利润税	10%~60%
矿产资源出口收益税	仅对出口原油和煤炭征收，原油税率为3%~32%，煤炭税率为2.1%
分支机构利润税	15%
矿业权租金	探矿权资金按勘查区块面积分年支付，采矿权租金则按采矿区面积分年支付，以限制矿业权人的矿地面积。哈萨克斯坦的矿业权租金分两个阶段来收取：勘查阶段25~3000坚戈/(km^2·a)；采矿阶段25~3000坚戈/(km^2·a)

注：税率更新至2015年12月31日。

二、与煤炭开采行业相关的其他税费

哈萨克斯坦于2005年修改了《矿产法》，规定企业在转让矿产开发权或出卖股份时，能源和矿产

资源部（现为石油天然气部）有权拒绝发放许可证。同时,国家不仅可以优先购买矿产开发企业所转让的开发权或股份,还可以优先购买能对该企业直接或间接做出决策影响的企业所转让的开发权或股份。

关于地下资源使用人的征税,《哈萨克斯坦税法典》规定地下资源使用人的专项交款和税包括：预约发售红利、商业发现红利、补偿历史开支交款和矿产开采税。

（一）预约发售红利

预约发售红利是地下资源使用人为了在合同区域取得地下资源使用权而向政府缴纳的一次性款项。预约发售红利的具体数额根据实际情况有所差别。

（1）对于在没有确定矿产蕴藏的区域进行的地质勘探合同，预约发售红利为预算法对相应财政年度规定的月核算指标的280倍。

（2）对于开采矿物原料合同，根据蕴藏量是否确定又分为两种情况：

如果蕴藏量不确定，预约发售红利为预算法对相应财政年度规定的月核算指标的500倍。

如果蕴藏量确定，预约发售红利按照公式$(C \times 0.01\%)+(C_n \times 0.005\%)$计算。其中：$C$是矿产储量，国家委员会按照$A$、$B$、$C_1$工业类别批准的矿物原料总和蕴藏量价值；$C_n$是由矿产储量国家委员会批准的$C_2$类别的矿物原料储量经事先评估的总和价值，是为了对有前途的商业对象储量和预测的资源储量进行业务统计。

（二）商业发现红利

地下资源使用人对在合同区的每个矿产的商业发现，按照0.1%的税率交纳商业发现红利。

（三）补偿历史开支交款

补偿历史开支交款是在签订地下资源使用合同前，地下资源使用人补偿国家用于在有关合同区域进行地质研究和安装设备而发生的总和开支的固定交款。

（四）矿产开采税

新税法以“矿产开采税”取代了“矿产使用税”，开采税征收数额根据开采矿物总量的价值（按国际价格）计算。为鼓励石油和天然气在哈萨克斯坦境内销售，新税法规定，以接近工厂购买价（代替国际价）出售的石油和天然气，矿产开采税减半征收。

根据哈萨克斯坦新税法规定，各类矿产资源开采税税率如下。

（1）原油及凝析气。不同开采规模，适用不同税率。

年开采量为25万t（含）以下为5%。

年开采量为25万~50万t（含）为7%。

年开采量为50万~100万t（含）为8%。

年开采量为100万~200万t（含）为9%。

年开采量为200万~300万t（含）为10%。

年开采量为300万~400万t（含）为11%。

年开采量为400万~500万t（含）为12%。

年开采量为500万~700万t（含）为13%。

年开采量为700万~1000万t（含）为15%。

超过1000万t为18%。

（2）金属。几种主要金属在2009年和2010年的税率如下。

铜——5.7%和7%。

锌——7%和8%。

铅——8%和8.25%。

铝——0.25%和0.28%。

锡和镍——6%。

金、银、铂、钯——5%和5.5%。

（3）黑色、有色、放射性金属矿在2009年和2010年的税率如下。

精选铬矿——16.2%和16.8%。

锰和铁锰矿——2.5% 和 2.8% 。

铁矿（精选矿、球矿）——2.8% 和 3.2% 。

铀矿——22% 和 23% 。

（五）地下资源开采企业的固定资产折旧政策

新税法对地下资源开采企业制定了固定资产折旧标准。地下资源开采企业可在 3 年内对初始固定资产投资进行折旧。

标准 1：对于矿山开采企业，占初始固定资产 50% 的折旧费可根据矿山开采合同，在缴纳企业所得税时抵扣。

标准 2：对于石油天然气开采企业，占初始固定资产 30% 的折旧费可根据石油天然气开采合同，在缴纳企业所得税时抵扣。

三、税制总结

总之，哈萨克斯坦是一个资源丰富（石油、天然气、煤炭）、税负较轻的发展中国家，但税务系统尚处于一个不稳定、不成熟的状态。此前税务机关的征收常常引起争议，尤其是跨国经营公司聘请的知名税务机构经常对哈萨克斯坦政府的税务机关提出申诉和抗议。自 2009 年 1 月起，哈萨克斯坦对税务系统做了较大调整，现有税收环境有了较大改观。根据普华永道和世界银行共同合作发布的 2016 年全球 189 个主要经济体总体税负情况排名，综合税负从重到轻，哈萨克斯坦税收负担排名第 147 位，整体税负仅为 29.2% 。

第五节　环　评　体　系

本节是针对在哈萨克斯坦开展矿业项目所涉及的环境监管机构、相关法律法规、获得环境许可证的具体申请审批流程，以及环境影响评价体系的概要分析。

一、矿业项目开发的环境监管机构及相关环境法律

（一）环境监管机构

哈萨克斯坦矿业项目开发过程中主要涉及如下环境许可证审批部门：

（1）生态部。

（2）环境保护部。环境保护部负责环境许可证审批工作，哈萨克斯坦的一般矿业项目环境许可证审批应在一个月内完成，最长不超过 6 个月。

（3）环境影响评价委员会。该委员会由国家认定的可从事环境影响评价的机构人员组成。

（二）环境相关法律及法规

涉及的国家级法律法规如下：

（1）哈萨克斯坦宪法。

（2）环境保护法。环境保护法中与矿业环境影响评价审批相关性最大的是环境影响评价法和环境专家审批法。

（3）哈萨克斯坦环境影响评价法。该法规定了环境影响评价一般规定和程序、公众参与部分、公众视听的规则，以及跨界环境影响评价的相关法律法规。

（4）环境专家审批法。

（5）周围大气环境保护。

（6）哈萨克斯坦生态法。

二、环境许可证审批

（一）环境许可证审批流程

在哈萨克斯坦，环境影响评价是在《环境保护法》的立法规范中强制要求的，简称 EIA/OVOS。每

一个环境影响评价都需要联邦环境专家团队通过评价审查和批准，由环境保护部及其地方一些部门执行。

一般情况下，在需要提交的项目材料提交以后，国家环境审查时间应不超过3个月。预评估不应超过2周，在材料提交以后，如果发现材料不够，应在2周之内通知申请者。哈萨克斯坦《环境影响评价法》规定，环境影响评价必须由持有执行许可证的团体执行。

环境影响评价的发展和审批主要包括以下阶段：

（1）项目方提交申请项目。

（2）预评价（Pre - EIA）筛选阶段。

在项目提交申请后的可行性研究阶段执行预评价，需要进行项目前期的研究工作，包括比较申请项目的几种不同实施方案的优点和缺点，寻求最佳实施方案，并提交给总管理人——环境影响评价秘书。该负责人会提出项目职权范围，为筛选阶段提供理论意见。项目预环评需要对项目进行足够的研究，并回顾可用的数据和专家意见，以确定项目对当地环境的关键影响，预测影响程度并简要评估这些影响对决策者的重要性。初步评估可以用来协助早期项目规划（如缩小可能的讨论地址范围），并作为该项目可能会导致严重环境问题的一种早期预警。这一步识别出项目是否需要一个完整的环境影响评价。

（3）若项目被判定不需要做环境影响评价，则需要执行环境管理计划。

（4）若项目被判定需要进行环境影响评价，则下一主要步骤为完整的环境影响评价（Completed EIA）。

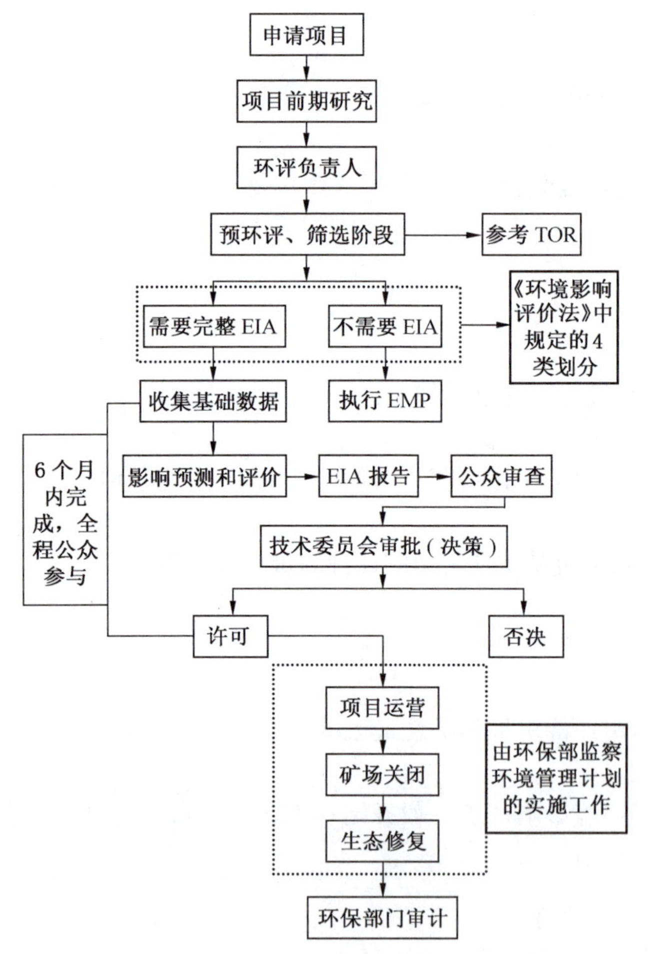

图5-1-5 哈萨克斯坦环境许可证审批流程

完整的环境影响评价第一步是收集报告所需要的全部基础数据。该步骤工作包括拟议活动所有潜在影响的详细分析和发展的环境保护计划。它必须与项目设计文本一起准备，同时进行。环境影响评价范围取决于项目的分类或项目的活动范围，这是由环境保护部规定的。有些特殊项目则要求一个尽可能详细的环境影响评价。研究针对项目运行过程中出现的各种环境影响，尤其是不利影响，项目方须制定相应的保护措施或者削减措施，最大限度地减少项目的负面环境影响，这一过程应细化到项目的每一个阶段以及每一个环境要素。环境影响评价报告中应包含环境管理计划的内容。环境影响评价进行所需要的时间取决于项目本身的具体情况。

（5）提交环境影响评价报告，进入公众审查阶段。

（6）公示阶段结束后，将环评报告进行修改，并提交给环境影响评价技术委员会进行最后的审批和决策。

（7）环境影响评价委员会最终确定是否颁布环境许可证。

（8）若项目获得批准，则可以开始设计建设，在项目运营、矿场关闭，以及生态修复的全过程中，由环保部检查环境管理计划工作的实施，并由该部门进行审计。

环境许可证审批的全过程应在6个月内完成，环境许可证审批流程如图5-1-5所示。

（二）环境许可证

经过审批的环境影响评价书中包括环境许可证许可排放的大气、水、固体废弃物的年度容许水平。

任何一个未获得环境许可或者超过环境许可排放水平的将会处以10倍的超额罚款。

在矿业审批过程中，申请采矿的公司必须获得以下相关环境许可证：

（1）大气污染物排放许可证。

（2）废水污染物排放许可证。

（3）公司污染物处置许可证。

环境排污许可证的有效期是5年。

三、环境影响评价

（一）环境影响评价工作步骤

环境影响评价工作的内容应包括项目的前期规划以及项目启动前和启动后等5个阶段的环境评价文档。环境影响评价需要按部就班并且按照哈萨克斯坦法律规定的步骤进行。环境影响评价主要包括以下阶段：

阶段1　评价矿产项目的背景环境阶段。

阶段2　初步的环境影响评估阶段（项目可行性研究阶段）。

阶段3　确保完整和全面地分析项目实施或进一步拓展业务及其他活动的环境影响评估，进行全面而详细的环境影响评价，此外需要针对可能出现的环境问题提出替代选项和项目开发环境管理计划。

阶段4　环境影响解决技术方法详细研究阶段，以尽量最小化对环境的不利影响。

阶段5　矿产项目执行一年之后的环境影响分析以确保设施的环境安全性和项目进行中的环境措施及时到位，并不断更新。

（二）环境影响评价分类

环境影响评价总共分为4类。

第一类包括的活动类型，按照卫生部分类的第一、第二类风险工业设施，以及除常见一般矿产资源的勘探和开采。

第二类包括的活动类型，按照卫生部分类的第三类风险工业设施，以及一般矿产资源开采、所有类型的森林砍伐和特殊的水使用。

第三类应包括的活动类型，按照卫生部分类的第四类的工业设施。

第四类应包括的活动类型，按照卫生部分类的第五类不分类的工业设施风险，以及各种类型的影响野生动物活动，除了业余钓鱼和打猎。

第一类需要国家环境专家进行审批，必须做详细的环境影响评价；第二类、第三类和第四类则需要地方环境专家审批，可以只做环境管理计划即可，根据地方政府的相关规定执行。

（三）环境影响评价文件要求

环境影响评价文件应包括以下内容：

（1）采矿项目相关活动的细节。

（2）项目申请的动机、成本、可行性分析，是否获得国家认可的矿业方面的许可证等。

（3）项目实施之前项目所在地的背景环境信息和资料。

（4）项目描述，包括：整个项目的定量特征、目标；项目在建设期和运营期对于地址和用地面积的要求；采矿程序的设计、采矿技术的评价；矿产的种类、品节、储量；可能遇到的困难；如何解决关键的技术问题等；项目需要的能源和水资源的供应；项目的生命周期之内的每一个阶段将会排放多少废气、废水和废渣。

（5）对于环境、公众健康和社会经济可能会产生的影响。

（6）不确定性的影响分析。

（7）环境和人类健康风险评价。

（8）将要采取的防治和削减环境污染措施的细节，已经环境监测的建议书。

（9）项目排放污染物的标准和自然资源消耗的标准。

（10）环境控制项目的实体化措施。

（11）项目的环境和经济评价，主要是可能的风险和造成危害的补偿。

（12）公众参与在整个项目环境影响评价中给出的公众意见的集中记录。

（13）指出的进行环境影响评价过程中遇到的困难以及缺少的信息。

（14）最终环境影响评价结论的总结。

（15）随着环境影响评价的完成，项目申请人需要准备和提交一份将要申请的或者现在进行活动的环境影响清单。

环境影响评价每一个阶段的材料准备都需要依照环境影响评价条例进行。

（四）环境影响评价报告书的主要内容

1. 引言

介绍项目开发的背景情况、社会经济等现状、矿产的大致情况、产量、储量、种类等，现已经获得的环境许可证、采矿方面的许可证。

2. 可行性分析

针对集中可选的项目方案的成本情况、环境影响、经济效益，以及技术难度、可操作性、环境资源的充足性（水、电、能源等）等进行分析评价。

3. 环境影响评价参与人员

包括项目方、项目申请方的利益团体。

政府当局、相关国家和地方的政府单位。

感兴趣的公众、受到影响的公众和非政府组织。

4. 评价范围筛选（参考 ToR）

根据相关法律法规筛选是第一步，是最简单的一级项目评估。按照环境影响评价法将申请项目分为4类项目。只有第一类是确定需要进行详细环境影响评价的，其他的只需要制定一个环境管理计划，由地方政府规定。

5. 背景环境影响评价

描述项目建设、运营、关闭和修复过程项目环境与环境背景对比。矿产项目所处的地理位置是否合理、是否处于地震多发区、火山地带，以及当地水文地质条件的一个综合评价；矿区周边的流域分布情况，地表水资源的分布、水质、水量、离矿区的距离、角度、受影响的情况；项目所在地的大气质量现状、污染指标、大气扩散情况、污染是否易于消散和自然净化等情况；土壤刨面、土壤的物理化学性质；植被的种类等特征、高程、分布位置，以及沼泽地；可能受到影响的珍稀濒危动物的实地考察，以及周边发展生态旅游的生态敏感区考察，自然保护区考察环境现状；少数民族和文化遗产。

6. 项目描述

项目地点、矿区周边基础设施情况，包括电力供应、路况通达情况；矿区总体布局、尾矿处理装置、车库、维护和储存设施，住宿楼以及配套设施；矿产的种类、储量、开采的大致步骤，尾矿处理的步骤，废弃物处理的程序。

通达性、电力和水量供应：矿区道路是否能够满足矿区项目运营，是否需要升级，矿区是否安装燃油发电装置，整个项目的采矿、加工和运输所需用水的来源等。

7. 项目具体环境影响识别

分为采矿前、采矿运营期、停运期、矿区废置后残渣影响等4个阶段的环境影响评价，并且对水、气、声、渣，野生动物，社会、经济、教育和文化的影响评价，还包括一些现在未提及的未能预见的一些负面影响。

8. 预防、缓解和监控措施

针对上面提出的一些可能产生负面影响的问题，有针对性地提出削减措施，确保按照行业标准排放废弃物和气体，以确保符合相关规定。对于这些削减措施进行效率评价和实施可能性预测。并制定一个在项目整个生命周期内具体的环境检测和控制计划书。

9. 关闭和修复计划

在项目整个生命周期内都应该随时准备关闭计划，项目关闭计划应该伴随着项目可行性研究进行，并且应该在项目开工之前精确地准备好。最终的关闭计划需要在项目开工之前被管理当局批准认可，主要恢复措施是退耕还林和退耕还草。矿区大部分地方除了尾矿设施，大部分都是需要按照相关标准进行林业重建和恢复的。尾矿处理装置和设施需要专门的关闭和恢复计划。

（五）环境管理计划

按照环境影响评价法规定除第一类项目外，一般项目只需要做环境管理计划，需要做环境影响评价的项目，环境影响评价应包括：

（1）项目申请预评价。

（2）按照法定的调查范围（ToR）确定环境影响评价的范围。

（3）环境影响评价研究、环境管理计划和它们在项目文件中的综合。

（4）专家咨询和公众咨询，决策。

四、环评体系总结

哈萨克斯坦是发展中国家，能源矿产资源储量较大，有较好的潜在开发前景。近年来，哈萨克斯坦政局体系相对稳定，经济发展较为稳定。但相较于发达国家，哈萨克斯坦对在该国开展矿业项目的环境许可审批程序相对简单，政府当局审批速度也相对较快，从申请到颁发环境许可证总时长不超过6个月，一般项目一个月即可完成。

哈萨克斯坦矿业环境影响评价的主要监管部门是生态部和环境保护部，环境技术委员会做出最终的审批决策。主要约束法律包括环境影响评价法、环境专家审批法、生态法和环境保护法。环境影响评价主要分为4类：第一类需要国家环境专家进行审批，审批主管部门是环境监管和控制委员会，必须做详细的环境影响评价；其他三类则需要地方环境专家审批，可以只做环境管理计划，根据地方政府相关规定执行，由地方自然资源和管理部门进行审批，非强制执行的环评。

环境许可证审批的主要流程包括：项目申请、项目筛选和预环评、完整环境影响评价、公众审查、环境部技术审查、环境许可证审批和颁布、环境管理计划审查等几个步骤。环境影响评价报告内容包括：可行性分析、评价范围筛选、背景环境影响评价、项目描述、项目具体环境影响识别、预防、缓解和监控措施、关闭和修复计划、环境管理计划。哈萨克斯坦环评相关规定不是非常健全，公众可全程参与，但是内容要求不太严格，与其他国家最主要的区别是需要进行预环评和可行性分析，但缺少替代方案和环境保证金方面的强制要求。

总体来说，哈萨克斯坦对环境保护工作重视程度较差，有进一步提高的空间，因此对开发矿业项目获取环境许可证的要求不是非常严格。

五、环境保护成本分析

矿业投资环境是指在矿业领域开发投资中面对的各种周围情况和条件的总和，一般按照影响的要素分类分析。这些主要因素包括：目标国自然资源、政治环境、经济环境、法律体系、财税体系、环境保护成本等。本书主要探讨环境保护成本因素对境外投资矿业尤其是煤炭业的主要影响。

本书主要通过5个方面对目标国家的环境保护成本进行定性分析，分析后给出“高、中、低”3种评估结论，以环境许可证审批一般办理时限为例。“高”表示目标国家环境许可证审批一般办理时限相对于其他国家较长，反之则判定为“低”，当目标国家环境许可证审批一般办理时限介于“高”和“低”之间，结论偏中性，无法给出“高”或“低”单方面结论时，则评估结果为“中”。

评估目标国家环境保护成本的5个因素依次为目标国家环境法律体系完善程度、环境许可证审批程序复杂程度、环境许可证审批一般办理时限、公众参与程度及环境保护敏感度、矿区复垦及环境保护保证金收取要求。

1. 环境法律体系完善程度

哈萨克斯坦经历了苏联解体初期经济衰退后，调整其经济结构，很快恢复了其经济体系并成为中亚地区第一个也是唯一一个经济水平恢复并超越解体前的国家。近年来，依靠石油天然气出口，哈萨克斯坦国民经济稳步发展。由于哈萨克斯坦处于经济转型期间，法律体系和相关制度仍处于完善阶段，主要体现在法制不健全、执法不规范、政策干预随意性大等特点。相较于其他发达国家，其环境法律法规也不够完整，相关法条较少。在哈萨克斯坦，约束矿业项目开发的主要法律包括环境保护法和环境影响评价法。

综上所述，对哈萨克斯坦环境法律体系完善程度评定为“低”。

2. 环境许可证审批程序复杂程度

由于哈萨克斯坦对环境保护工作起步较晚，重视程度不够，导致其环境法律体系完整度不够，缺乏对环境许可证审批更为合理、具体、与时俱进的规范规定，尚有进一步完善修改的空间。因此在哈萨克斯坦开展矿业项目所需环境许可证审批相较于发达国家略显简单。与其他发展中国家不同，哈萨克斯坦的审批流程中设置了预评价阶段，即在项目提交申请后的可行性研究阶段执行预评价，并进行项目前期研究工作。类似于其他国家环境许可证审批程序中的筛选项目环节，该项预评价的工作目的是用来协助早期项目规划，并作为该项目可能会导致严重环境问题的一种早期预警。这一步识别出项目是否需要一个完整的环境影响评价，这是哈萨克斯坦环境许可证审批程序中的一个重要步骤。审批程序的全部过程中，要求公众全程参与，并设有公众审查阶段用于收集公众意见，但实则对公众所提出的意见建议重视度不高，也不涉及公众或独立专家委员会单独审查环境影响评价报告的环节。

综上所述，对哈萨克斯坦环境许可证审批程序复杂程度评定为“低”。

3. 环境许可证审批一般办理时限

由于哈萨克斯坦的环境许可证审批程序较为简单，因此哈萨克斯坦环境许可证审批一般办理时限也相对较短，一般情况下自项目提交申请之后起的1个月左右完成审批，最长时间不超过6个月。但考虑到哈萨克斯坦国内执法力度不强，效率较低，因此存在审批时限延期的可能性。

综上所述，对哈萨克斯坦环境许可证审批一般办理时限评定为“低”。

4. 公众参与程度及环境保护敏感度

哈萨克斯坦环境法律规定，在环境许可证审批程序中，公众可全程参与。在提交环境影响评价报告后，需要将该环评报告通过网络、媒体等形式进行公示，并确保感兴趣的公众获得该报告，但没有具体时间的要求。此环节行为体现了哈萨克斯坦环境许可证审批中涉及了公众参与的环节，然而与此同时，哈萨克斯坦环境法律中并没有明文规定，矿业企业需要针对公众的意见和建议做出如何的反应；也没有明确将矿业企业是否需要根据反馈意见修改环评职权范围写入相关环境法律。这也体现了哈萨克斯坦的公众参与环节在审批程序中不起决定性作用。另外，与高度重视环境保护的澳大利亚公民相比，哈萨克斯坦公众对环境保护的敏感度相对较低，在该国矿业开发历史上，也未曾出现过因公众反对或环保组织的抗议迫使矿业项目申请延期或项目停滞的先例。总体来说，哈萨克斯坦公众对环境保护的敏感度不高，环评审批涉及公众参与程度较低。

综上所述，对哈萨克斯坦公众参与程度及环境保护敏感度评定为“低”。

5. 矿区复垦及环境保护保证金收取要求

虽然哈萨克斯坦环境保护工作起步较晚，在国家大力发展经济的同时，对环境保护的重视程度也略显不足。但是哈萨克斯坦环境法律对哈萨克斯坦矿业项目计划关闭矿区时的环境修复工作有明确规定。规定要求在项目整个生命周期内都应该随时准备关闭计划，项目关闭计划应该伴随项目可行性研究进行，并且应该在项目开工之前精确地准备好。最终的关闭计划需要在项目开工之前被管理当局批准认可。哈萨克斯坦法律对矿产开发环境保证金方面均未做明确规定。

综上所述，对哈萨克斯坦矿区复垦及环境保护保证金收取要求保守评定为“中”。

经定性分析，评估哈萨克斯坦环境保护成本的5个因素中：国家环境法律体系完善程度、环境许可证审批程序复杂程度、环境许可证审批一般办理时限，以及公众参与程度及环境保护敏感度均评定为“低”级别；矿区复垦及环境保护保证金收取要求评定为“中”级别。总体而言，哈萨克斯坦被定级为环境保护低成本国家。

第六节 基 础 设 施

一、交通运输

哈萨克斯坦的运输方式主要有：铁路、公路、管道、河流和航空等，其中公路和铁路占有重要地位，管道运输排在第三位。公路、铁路和水路航道在实现区域之间、国家之间的运输中起着重要的作用。

2014 年哈萨克斯坦全国货运总量为 4873.75 亿 t/km，同比下降 1.2%。其中铁路货运总量 2141.11 亿 t/km（下降 6.6%）；公路货运总量 1550.69 亿 t/km（增长 6.8%）；海运货运总量 24.68 亿 t/km（下降 8.9%）；空运货运总量 0.49 亿 t/km（下降 22.2%）；河运货运总量 0.26 亿 t/km（下降 18.8%）。此外全国客运量为 2495.79 亿人次/km，同比增长 6.8%。管道运输达 1156.51 亿 t/km，同比下降 0.4%。

根据世界银行 2014 年发布的全球“物流绩效指数”（LPI）调查排名显示，在收录的 166 个国家中，哈萨克斯坦名列第 88 位。

（一）公路

公路是哈萨克斯坦最主要的交通运输方式，其拥有的公路网仅次于俄罗斯，在独联体地区居第二位。截止到 2014 年公路总里程为 9.74 万 km。其中国道 2.35 万 km，州（区）道 7.39 万 km。

哈萨克斯坦境内有 6 条国际公路，总长 8258 km，承担着欧亚大陆之间过境货物运输的重要任务，它们分别是：

（1）塔什干—希姆肯特—塔拉兹—比什凯克—阿拉木图—霍尔果斯，长 1115 km。

（2）希姆肯特—克孜勒奥尔达—阿克托别—乌拉尔—萨马拉，长 2029 km。

（3）阿拉木图—卡拉干达—阿斯塔纳—彼得罗巴甫洛夫斯克，长 1724 km。

（4）阿斯特拉罕—阿特劳—阿克套—土库曼斯坦（边界），长 1402 km。

（5）鄂木斯克—巴甫洛达尔—塞米巴拉金斯克—迈卡普沙盖，长 1094 km。

（6）阿斯塔纳—科斯塔奈—车里雅宾斯克，长 891 km。

截至 2011 年，哈萨克斯坦还有约 2000 个定居点没有通往州或者区中心的硬质路面的公路。地方级别的公路网络中高架桥和桥梁运营状态比较复杂。据对 1911 座桥梁的调查，有 502 座桥梁需要大修，有 25 座桥梁需要彻底更换。

（二）铁路

哈萨克斯坦作为世界上最大的内陆国家，铁路运输是基础设施中重要的组成部分，由于缺乏出海口及内陆航运较差，公路交通的基础设施欠发达，致使铁路运输在国民经济生产中起着至关重要的作用。根据哈萨克斯坦国有铁路公司（以下简称“哈铁”）统计，哈铁铁路技术指标、现代化程度及运输能力在独联体地区位居第三位，仅次于俄罗斯和乌克兰。

截至 2014 年，哈萨克斯坦铁路干线总里程 1.51 万 km。其中复线约 5000 km（占总长度的 35%），电气化线路 4100 多千米，占总长度的 27%。站线和专用线路 6700 km。

在全境铁路网络分布上，不同州的铁路线长度有差异（表 5-1-6）。南部和东部地区铁路总长度逾 4000 km，占全国铁路总长度的 27.5%；西部地区铁路长度 3900 km，占铁路总长度的 26.9%；中部和北部地区铁路长度 6300 km，占铁路总长度的 43.5%。

表 5-1-6 哈萨克斯坦铁路运营长度 km

年 份	2003	2004	2005	2006	2007	2008	2009	2010	2011
哈萨克斯坦	14648	15081	15021		15082		15079	15016	14892
阿克莫林斯克州	1601	1836	1696	1619	1619	1619	1619	1619	1559

表5-1-6（续）

km

年 份	2003	2004	2005	2006	2007	2008	2009	2010	2011
阿克托比州	1147	1309	1450	1450	1450	1450	1450	1443	1444
阿拉木图州	1125	1123	1102	1102	1099	1099	1099	1099	1099
阿德拉乌斯克州	750	742	742	742	742	742	742	742	742
西哈萨克斯坦州	431	431	431	431	431	431	431	431	431
扎姆贝尔斯克州	1035	1044	1044	1105	1105	1105	1105	1104	1103
卡拉干达州	1827	1811	1942	1942	1942	1942	1940	1940	1940
郭思塔娜伊斯科州	1182	1311	1312	1312	1312	1312	1313	1275	1271
科伊洛尔金斯克州	763	755	755	755	755	755	755	755	755
曼吉斯塔乌斯克州	781	789	784	784	784	784	785	784	785
南哈萨克斯坦州	619	627	570	570	570	570	570	552	552
巴甫洛达尔州	833	850	850	927	927	927	926	926	925
北哈萨克斯坦州	883	804	804	804	804	804	804	804	807
东哈萨克斯坦州	1335	1313	1203	1203	1206	1206	1206	1206	1206
境内他国铁路长度	336	336	336	336	336	336	336	336	275

2012 年，哈萨克斯坦开工建设两条内部主干线：阿尔卡雷克—舒巴尔科里和杰兹卡兹干—别伊涅乌。

2009 年底开始建设的“热特肯—霍尔果斯”铁路线东起中哈边境口岸霍尔果斯，西至阿拉木图以北约 70 km 处的铁路小站——热特肯村，与北上的铁路线相连，全长 293.2 km。根据有关部门预测，运营后第一年该干线货运量将达到 700 万 t，预计 2020 年达到 2500 万 t。

2011 年 12 月 9 日开通的乌津—土库曼斯坦边境干线长 146 km，属于国际线路乌津—格机尔克—别列科特—爱特列克—果尔敢的一部分。该线路由哈萨克斯坦、伊朗和土库曼斯坦共同建设，可以缩短欧亚大陆中心到伊朗港口线路大约 600 km 的路程，计划年货物周转量 1000 万 t。

（三）水运

哈萨克斯坦作为一个内陆国家，相比其他运输方式，水运不发达。

哈萨克斯坦西部濒临世界上最大的内陆湖——里海。里海海上运输主要依靠 3 个港口：阿克套国际贸易港、包季诺港和库雷克港（图 5-1-6）。三者均位于北里海东岸，2011 年海运货物 455.7 万 t，占全国货运总量的 0.52%，比 2010 年减少 2.1%。

阿克套是曼格斯套州州政府所在地，位于里海东岸。阿克套港口是哈萨克斯坦唯一的不冻海港，在国际航线上具有十分重要的战略意义。该港口可装卸各种干货和石油，是航空、铁路、公路、海运和管道多种运输途径的交通枢纽，也是目前哈萨克斯坦唯一的国际海港。该港口面积 81.7 km^2，是里海最现代化的港口，货物周转量占里海港口总周转量的 34%。2011 年 2098 船次进出阿克套港，港口总运输量为 1210.4 万 t，比 2010 年下降 5.5%，其中，石油和石油产品 803.2 万 t，比 2010 年下降 16%；金属制品 201.4 万 t，增长 3.3%；谷物 30.3 万 t，下降 25.3%；其他货物 32.2 万 t，比 2010 年增长 13%。因该港装卸能力已满负荷，哈萨克斯坦决定并已开始扩建该港，目标是使其吞吐量达到原油 2000 万 t/a、干货 300 万 t/a。扩建项目包括建造数座注油码头和干货装卸码头，以及水利防护设施等，项目造价约 3.47 亿美元。

另外，哈萨克斯坦为了扩大海运能力，已经将库雷克港列入哈萨克斯坦属里海地区发展规划。古库雷克港设计能力为装运原油 2000 万 t/a，将成为“巴库—第比利斯—杰伊汉”输油管线项目的海运终端。哈萨克斯坦里海岸边的包季诺港是哈萨克斯坦里海大陆架石油开采公司的海运辅助港口，用于转运哈萨克斯坦境内石油开采公司所需的设备、材料等。

图 5-1-6　哈萨克斯坦港口分布图

哈萨克斯坦海洋运输公司是哈萨克斯坦海洋船舶运输企业，共拥有 16 艘船只，其中包括 3 艘 1.2 万吨位的邮轮、8 艘 3600 吨位的驳船和 5 艘拖船。

截至 2014 年哈萨克斯坦内河航运里程为 4054 km（表 5-1-7），适合航行的河流有额尔齐斯河、锡尔河、乌拉尔河、基嘎齐河、伊利河、伊始穆河（从彼德巴芙洛斯克水库开始）、布赫达尔明斯克河、乌斯基卡棉诺格尔斯克河、舒利宾斯克河、卡普洽盖水库、巴尔哈什湖和载伞湖。

表 5-1-7　内陆水域船运长度

km

行政区	2003 年	2004 年	2005 年	2006 年	2007 年	2008 年	2009 年	2010 年	2011 年
哈萨克斯坦	4032	4032	4032	4052	4052	4054	4062.9	4062.9	4093.9
阿拉木图州	330	330	330	330	330	330	330	330	330
阿特劳州	333	333	333	333	333	333	333	333	333
西哈萨克斯坦州	623	623	623	623	623	623	623	623	623
卡拉干达州	978	978	978	978	978	978	978	978	978
巴甫洛达尔州	634	634	634	634	634	634	634	634	634
北哈萨克斯坦州	50	50	50	70	70	70	70	70	70
东哈萨克斯坦州	1084	1084	1084	1084	1084	1086	1085.5	1085.5	1116.5
阿斯塔纳	—	—	—	—	—	—	9.4	9.4	9.4

二、电力设施

（一）现状

截至2014年底，哈萨克斯坦全国共有大小各类型电站约70个，装机总容量1900万kW。其中，火电站（汽轮机）装机容量1581.7万kW，占83.3%；燃气涡轮发电站装机容量91.61万kW，占4.8%；水电站装机容量225.96万kW，占11.9%。2014年哈萨克斯坦发电量945.9亿kW·h，同比增长2.1%。

哈萨克斯坦各地区电力资源分配不平衡，北部地区集中了79.2%的发电能力，西部占10.8%，南部占10%。北部地区煤炭资源丰富，产出的电力主要输往本国中部地区以及出口邻国俄罗斯。西部和南部为电力短缺地区，电力紧张状况通过北部地区送电和从中亚共同电网（吉尔吉斯斯坦和乌兹别克斯坦国家电网）进口电力等得到部分缓解。阿拉木图地区是典型的缺电地区，电力需求量每年增加10%左右，是哈萨克斯坦全国电力年需求增量（5%～6%）的两倍。专家预计，2020年前阿拉木图地区的电力缺口预计达到130 MW。

2014年，哈萨克斯坦进口电力19.4亿kW·h，比前几年大幅下降。2008—2014年哈萨克斯坦全国发电量与电力进口情况见表5-1-8。

表5-1-8 2008—2014年哈萨克斯坦全国发电量和电力进口情况

年份	2008	2009	2010	2011	2012	2013	2014
发电量/亿kW·h	803	788	826	857	905	918.9	945.9
同比上年/%	6.5	2.2	4.8	3.8	4.6	1.4	2.1
电力进口/亿kW·h	27.7	19.4	61.2	57.2	25.6	—	6.44

（二）未来规划

2005—2030年，哈萨克斯坦的电力需求以每年2.5%的速度增加，超过工业总能源需求（1.2%）的2倍多。但其中，燃煤发电的份额将下降到62.2%，同期天然气发电份额将由10.7%上升到23.4%（ADB，2009）。靠近北部火电份额增加，而靠近西部矿产天然气发电增加，而南部将扩展水电。

1990—2030年哈萨克斯坦电力来源变化与展望如图5-1-7所示。

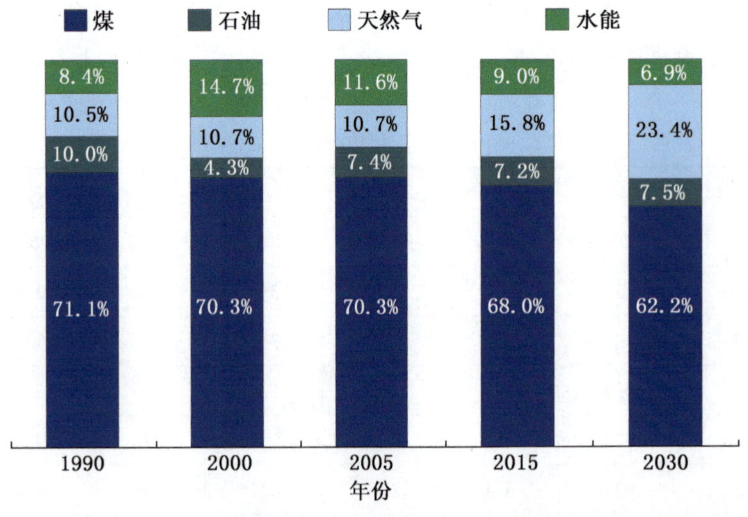

图5-1-7 1990—2030年哈萨克斯坦电力来源变化与展望（ADB，2009）

本章参考文献

[1] 赵常庆. 列国志：哈萨克斯坦 [M]. 1 版. 北京：社会科学文献出版社，2004.
[2] 杨殿中. 中国企业对中亚五国直接投资的产业分布及产业选择建议 [J]. 中央财经大学学报，2012 (9)：66－71.
[3] 潘志平. 中亚国家政治体制的选择：世俗、民主、威权、无政府 [J]. 俄罗斯中亚东欧研究，2011 (1)：10.
[4] 孙力. 当前中亚形势主要特点及发展前景 [J]. 新疆师范大学学报（哲学社会科学版），2013，34 (1).
[5] 王林彬，郭婷婷. 制度变迁对哈萨克斯坦矿业投资环境的影响 [J]. 开发研究，2010 (5).
[6] 苏祖梅. 中国企业在中亚五国经营环境的比较研究 [J]. 国际观察，2013 (2).
[7] 李垂发. 我国与中亚国家经贸合作稳步发展 [N]. 经济日报，2012 (4).
[8] 中华人民共和国商务部. 对外投资合作国别（地区）指南：哈萨克斯坦（2015 年版）. [R]. 北京：商务部对外投资和经济合作司，2015.
[9] 中华人民共和国商务部，中华人民共和国国家审计局，国家外汇管理局. 2015 年度中国对外直接投资统计公报 [R]. 北京：中国统计出版社，2015.
[10] 中国出口信用保险公司. 国家风险投资报告：哈萨克斯坦 [R]. 北京：中国出口信用保险公司，2015.
[11] 中华人民共和国外交部. 哈萨克斯坦国家概况 [EB/OL]. (2016) [2016－02] http://www.fmprc.gov.cn/web/gjhdq_676201/gj_676203/yz_676205/1206_676500/1206x0_676502/.
[12] 李承鑫. 哈萨克斯坦经济的现状问题及对策分析 [J]. 金融教育研究，2016，29 (1)：63－68.
[13] 新疆维吾尔自治区律师协会网. 中国与哈萨克斯坦矿产资源权属制度比较研究 [EB/OL]. (2009) [2012－12－13] httm：//www.xjlx.org/content.aspx? id＝331.
[14] 中国国际电子商务网. 哈萨克斯坦地下资源和地下资源利用法 [EB/OL]. (2006) [2012－10－02] http：//trade.ec.com，cn/article/tradezcq/tradeggfg/200608/200684_ 1.html.
[15] 焦多福. 哈萨克斯坦对外资活动的法律调节 [J]. 中亚信息，2004 (6).
[16] [哈] 鲍拉特·迈林. 哈萨克斯坦经济中的外国投资 [J]. 中亚信息，2003 (2).
[17] 新疆中亚科技经济信息中心，新疆对外贸易经济信息中心. 哈萨克斯坦共和国投资法：中亚五国及俄罗斯经贸法律法规汇编 [M]. 乌鲁木齐：新疆人民出版社，2005.
[18] 中华人民共和国商务部. 对外投资合作国别（地区）指南：哈萨克斯坦（2012 年版）[R]. 北京：商务部对外投资和经济合作司，2012.
[19] 白莉. 哈萨克斯坦投资法的新近发展和基本内容 [J]. 新疆社会科学，2008 (1).
[20] 中华人民共和国驻哈萨克经商参处. 哈萨克斯坦议会通过《投资法》修订案 [EB/OL]. (2012) [2012－12－13] http：//kz.mofcom.gov.cn/article/ddfg/tzzhch/201201/20120107935042.shtml.
[21] 陈安. 国际经济法学 [M]. 北京：北京大学出版社，2001.
[22] Maria Valdez，Almas Zhaiylgan. ALegal Overview of Mining in Kazakhstan [J]. Denton Witde Sapte，2002 (5).
[23] 王年平. 从〈地下资源与地下资源利用法（修订）〉看哈萨克斯坦能源政策的变化 [J]. 国际石油经济，2007 (11).
[24] 中华人民共和国驻哈萨克大使馆经济商务参处. 哈萨克斯坦 2010 年外国人劳务配额未变 [EB/OL]. (2010) [2012－11－29] http：//www.mofcom.gov.cn/aarticle/i/jyjl/m/201001/20100106743844.html.
[25] 叶芳芳. 哈萨克斯坦共和国投资法律环境利弊分析 [J]. 伊犁师范学院学报，2008 (1).
[26] 余劲松. 国际投资法 [M]. 北京：法律出版社，2003.
[27] 姚梅镇. 比较外资法 [M]. 武汉：武汉大学出版社，1993.
[28] 张敦富. 投资环境评价与投资决策 [M]. 北京：人民大学出版社，1999.
[29] 中华人民共和国驻哈萨克大使馆经济商务参处. 明年起在哈注册企业仅需 15 分钟 [EB/OL]. (2010) [2012－11－29] http：//kz.mofcom，gov.cn/article/ddfg/tzzhch/201111/20111107809395.shtml.
[30] 田竞. 利用哈萨克斯坦原油资源有关问题浅析 [J]. 石油化工技术经济，2005 (4).
[31] 库满. 哈萨克斯坦商务活动法律基础指南 [M]. 薛洁，译. 北京：石油工业出版社，2006.
[32] 赵龙庚. 中亚全球能源争夺的热点 [J]. 和平与发展，2007 (4).
[33] 王正立，张迎新，耿卫红. 中亚五国矿业投资环境分析 [M]. 北京：中国大地出版社，2005.
[34] 刘伟. 哈萨克斯坦修改矿产法 [J]. 国土资源情报，2000 (8).
[35] 王浩然. 中国探矿业利用外资研究 [D]. 长沙：湖南大学，2006.
[36] 张华. 哈萨克斯坦矿业投资环境分析 [J]. 中国矿业，2001 (5).

[37] 古丽阿扎提·吐尔逊，阿地力江·阿布来提．中国与哈萨克斯坦能源合作透视［J］．俄罗斯中亚东欧市场，2004（4）．
[38] 任双平．浅析中亚的地缘态势及对中国的影响［J］．高等教育与学术研究，2008（5）．
[39] 中华人民共和国商务部．对外投资合作国别（地区）指南：哈萨克斯坦（2012 年版）［R］．北京：商务部对外投资和经济合作司，2012．
[40] 中国商务部欧洲司综合处．哈萨克斯坦主要经贸法律法规［J］．俄罗斯中亚东欧市场，2007（8）．
[41] 中华人民共和国驻哈萨克经商参处．哈萨克斯坦矿产蕴藏量、开采和投资情况［EB/OL］．(2012)［2012 - 12 - 13］http：//www. mofcom. gov. cn/article/i/dxfw/jlyd/201307/20130700198490. shtml.
[42] 中华人民共和国驻哈萨克经商参处．哈萨克斯坦总理 2013 年 4 月 16 日第 66 - p 号命令关于（根据投资监察员原则）建立外国资者权益维护工作组［EB/OL］．(2012)［2012 - 12 - 13］http：//kz. mofcom. gov. cn/article/about/zwnsjg/201307/20130700194804. shtml.
[43] 中国国际电子商务网．哈萨克斯坦地下资源和地下资源利用法［EB/OL］．(2006)［2012 - 10 - 02］http：//trade. ec. com. cn/article/tradezcq/tradeggfg/200608/200684_1. html.
[44] 西部律师网．中国企业投资中亚五国的法律风险及解决途径［EB/OL］．(2008)［2012 - 10 - 24］http：//www. xblaw. com/news. asp？nid = 7607.
[45] 中国矿产投资网．决定我国周边国家矿业投资环境的主要因素的具体分析［EB/OL］．(2009)［2012 - 12 - 02］http：//www. 7cnw. com/Iask/View. asp？id = 271.
[46] 中华人民共和国驻哈萨克经商参处．哈萨克斯坦议会通过〈投资法〉修订案［EB/OL］．(2012)［2012 - 12 - 13］http：//kz. mofcom. gov. cn/article/ddfg/tzzhch/201201/20120107935042. shtml.
[47] 中国驻哈萨克斯坦商务参赞处．哈议会通过新〈税法〉［EB/OL］．(2009)［2012 - 11 - 17］http：//kz. mofcom. gov. cn/static/column/ddfg/sshzhd. html/1.
[48] 中华人民共和国驻哈萨克大使馆经济商务参处．哈萨克斯坦 2010 年外国人劳务配额未变［EB/OL］．(2010)［2012 - 11 - 29］http：//www. mofcom. gov. cn/aarticle/i/jyjl/m/201001/20100106743844. html.
[49] 杨贵生，杨浩然．哈萨克斯坦矿业投资法律制度概述［J］．矿产勘查，2012，3（1），90 - 98．
[50] 郭婷婷．哈萨克斯坦矿业投资环境分析：以哈萨克斯坦矿业法律制度为视角［J］．新疆大学法学院，2010．
[51] S. M. Bayandinova，L. M. Pavlichenko，R. U. Mukasheva et al. Environmental Impact Assessment of the Eastern Kazakhstan Based onStandardized Efficiency Function According to Cartographic Documents［J］．World Applied Sciences Journal 2012，19（3）：302 - 308.
[52] B. Salbu，M. Burkitbaev，G. Strømman et al. Environmental impact assessments of radionuclides and traceelements at the Kurday U mining site，Kazakhstan［J］．Journal of Environmental Radioactivity，2013（123）：14 - 27.
[53] AmirkhanovaMaira，Candidate of Sociology. Head of the Unit of Social and Gender Statistics，Report on Environmental Statistics in the Republic of Kazakhstan［EB/OL］．(2001) http：//www. unescap. org/stat/e nvstat/project2000 - 2001/stwes - kazakhstan. pdf.
[54] Kazakhstan. Kashagan fieldexperimentalprogrammed facilities construction Environmental Impact Assessments［EB/OL］．(2004) http：//www. unece. org/env/eia/documents/CentralAsiaGuidelines/Annex% 204% 20 - % 20English. pdf.
[55] The united nations websites. NationalReports-Kazakhstanmining［EB/OL］．(2004)［2004 - 02 - 28］http：//www. un. org. / esadsd/dsd_aofw_ni/ni_pdfs/NationalReports/kazakhstan/mining_eng. pdf.
[56] Victor B. Loksha Consultant，ECSSD World Bank EA Framework Approach，EA Framework Approach Potential for Application in Kazakhstan［EB/OL］．(2008)［2008 - 05 - 26］http：//siteresources. worldbank. org/ ECAEXT/Resources/258598 - 1289768521871/7554517 - 1289768544275/EAFrameworksRussiaBulgariaAndKazakh. pdf.
[57] Aliya T，National Expert，WECOOP Project. EIA & SEA in Kazakhstan：Legislation & Practice. Regional Training on "Environmental Impact Assessment & Strategic Environmental Assessment"［EB/OL］．(2013)［2013 - 04 - 23］http：//wecoop - project. org/sites/default/files/WordDoc/Training/Presentation20march/Eng/Tonkobayeva（1）. pptx.
[58] Oleg Pechenyuk. "Independent Ecological Impact Assessment" Public Association，Kyrgyzstan，EIA & SEA in CARLegislation & practical experience［EB/OL］．(2013) http：//wecoop - project. org/sites/default/files/ WordDoc/Training/Presentation20 march/Eng/Oleg% 20Pechenuk（2）. pptx.
[59] Code of the Republic of Kazakhstan. Environmental code of the republic of Kazakhstan［EB/OL］．(2007) http：//www. lexadin. nl/wlg/legis/nofr/oeur/lxwekaz. htm.
[60] Asian Development Bank，Kazakhstan. Environmental Assessment Review Framework Small and Medium Enterprises Invest-

ment Program - Tranche 2: Environmental Assessment Review Framework [EB/OL]. (2013) [2013 - 09] http: //www. adb. org/projects/documents/search/25445, 511.

[61] Asian Development Bank, Kazakhstan. CAREC Corridor 2 (Mangystau Oblast Section): Tranche 2 Environmental Impact Assessments [EB/OL]. (2013) [2013 - 01] http://www. adb. org/projects/documents/carec - corridor - 2 - mangystau - oblast - section - tranche - 2 - eia.

第二章　煤炭资源分析

第一节　资　源　概　览

一、地质概况

（一）区域地质背景

哈萨克斯坦位于西伯利亚、塔里木、东欧地块之间。构造上属于中亚造山带的一部分，位于其东部，除东北角的阿尔泰等一带属西伯利亚板块外，其余组成了哈萨克斯坦板块的主体。哈萨克斯坦板块主要是早古生代火山岛弧和一些小大陆地块的混杂，它们在奥陶纪由于增生和碰撞拼接形成。

哈萨克斯坦的前震旦系基底露头集中分布在科克切塔夫、乌鲁套等一带，在西滨巴尔喀什地区有阿塔苏—莫印特地块，在北天山、中天山有伊塞克湖地块，在穆云库姆和锡尔河盆地之下也有分布。在科克切塔夫可见其基底岩系由花岗片麻岩、结晶片岩、榴辉岩、角闪岩等组成，属卡累利阿期固结的大陆残块，其上为角闪岩相和绿片岩相（石英岩、片岩）的中元古宙地层所不整合覆盖。

这些前震旦系基底岩系形成向北西凸起的马蹄形构造，构造内部的加里东期造山带和泥盆纪陆缘火山岩带均与马蹄形构造同时弯曲，其中心为巴尔喀什泥盆纪—石炭纪残余洋盆，部分整合在早古生代蛇绿岩之上。

前震旦系基底（罗迪尼亚古陆）大约在晚里菲期（900～800 Ma）破裂，并由裂谷发展为大洋（古亚洲洋），文德纪末—寒武纪初出现洋壳，大洋岩石组合的蛇绿岩套广泛分布在北天山的早古生代构造带内；中—晚奥陶世，微陆块和岛弧的拼合，以哈萨克斯坦北部、西部和南部与 Stepnyak—北天山岛弧的强有力碰撞以及微板块的拼合结束，哈萨克斯坦联合大陆形成。晚奥陶世，补偿性陆相和火山沉积杂岩形成于哈萨克斯坦并且在志留纪继续发育，在乌尔、土耳其斯坦和准噶尔－巴尔喀什洋的边缘形成了一系列火山弧，这个阶段以晚奥陶世碰撞花岗岩的侵位而结束，沿哈萨克斯坦形成一个长的侵入岩带。晚志留世，哈萨克斯坦与土耳其斯坦和额博—斋桑洋的岛弧碰撞，在北天山和成吉思形成了灰色和红色的磨拉石、花岗岩带。继而是联合大陆的泥盆纪和石炭纪—二叠纪活动陆缘的发育，早泥盆世裂谷有关的火山沉积岩，中晚泥盆世火山磨拉石，晚泥盆世—早石炭世裂谷有关的火山沉积岩，陆相—碳酸岩大陆架沉积和含碳的湖沼沉积。

中—晚石炭世闭合盆地形成碎屑沉积。二叠纪时哈萨克斯坦联合大陆的南缘发生地幔柱岩浆作用，同时，作为东欧与哈萨克斯坦—贝加尔大陆碰撞的结果，形成了红色的磨拉石沉积和哈萨克斯坦古地体的构造破坏（Korobkin 等，2011）。

（二）构造单元划分

哈萨克斯坦主体属于哈萨克斯坦—准噶尔板块（HZ），东北部和西北部则属于西伯利亚板块（XB）和东欧板块（DO）。以斋桑—额尔齐斯缝合带（ZES）、主乌拉尔—突厥斯坦—阿特巴什—依内里切克缝合带（WYS）、赫拉特—北帕米尔—康西瓦—鲸鱼湖缝合带（HJS）3 条缝合带为界，哈萨克斯坦划分出 5 个一级构造单元：西伯利亚板块（XB）、哈萨克斯坦—准噶尔板块（HZ）、东欧板块（DO）、塔里木—卡拉库姆板块（TK）和青藏—中伊朗板块（QZ）。

哈萨克斯坦二级构造单元分为（图 5－2－1）：①萨拉依尔造山带（XB1），由前里菲杂岩系—二辉片麻岩和紫苏花岗岩组成其早加里东褶皱带古老基底。②阿尔泰造山带（XB2），后者细分为南阿尔泰泥盆纪弧后盆地（XB2－1）、卡尔巴—纳雷姆岩浆弧（XB2－2）、西卡尔巴石炭纪弧前盆地（XB2－3）。③克科切塔夫地块（HZ1）具太古宙—古元古代变质基底，中元古代晚期固结，成为罗迪尼亚古陆

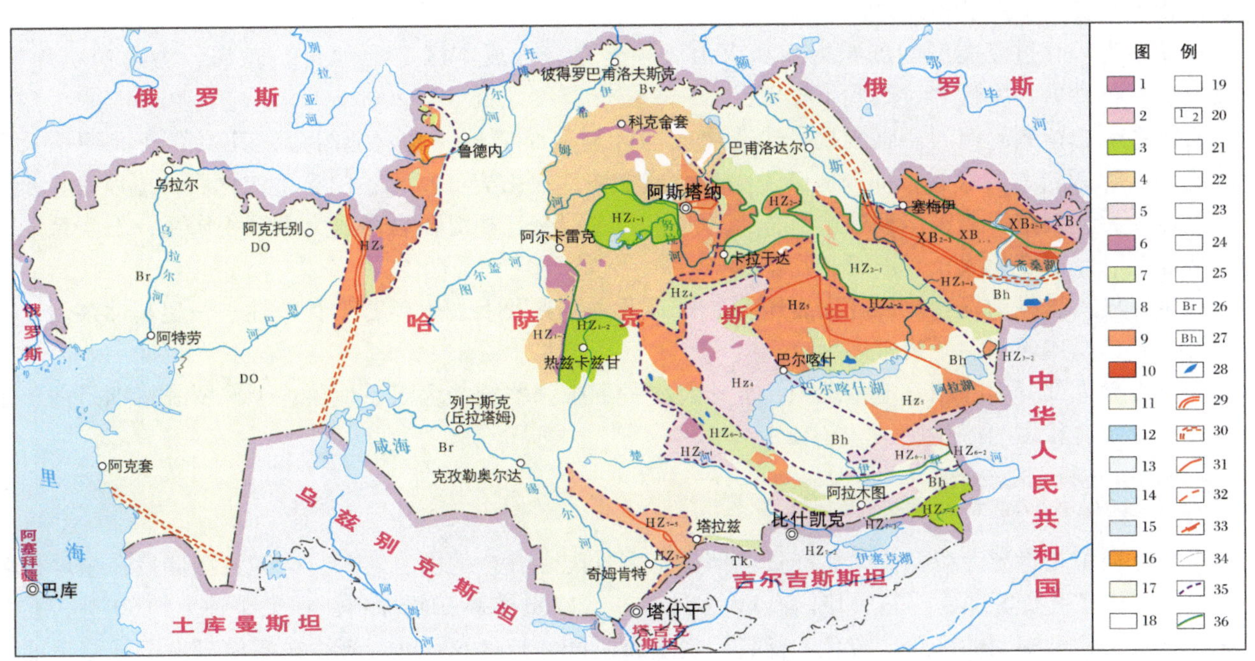

1—Ar－Pt1 基底；2—Ar－Pt1 基底上的盖层；3—Pt2 末期固结基底（罗迪尼亚古陆）；4—Pt2 末期固结基底上的盖层；5—萨拉依尔期固结陆壳；6—萨拉依尔固结基底上的盖层；7—加里东末期固结陆壳；8—加里东期固结基底上的盖层；9—华力西早期（DC1）固结陆壳；10—华力西早期陆壳基底上的盖层；11—华力西晚期（P）固结陆壳；12—印支期（TJ）固结陆壳；13—印支期（TJ）固结基底上的盖层；14—燕山期（J）固结陆壳；15—燕山期（J）固结基底的上叠沉积（K）；16—喜马拉雅期（EN）固结陆壳；17—第四纪盖层/第四纪玄武岩；18—岛弧；19—叠加岛弧；20—残余洋盆（早古生代/晚古生代）；21—陆缘火山岩带（DC）；22—晚古生代上叠盆地；23—弧后、弧间、弧前盆地；24—裂陷槽；25—裂谷；26—华力西期以来形成的陆内盆地；27—喜马拉雅期以来形成的陆内盆地；28—蛇绿混杂岩；29—板块缝合带；30—推测的板块缝合带；31—主要断裂；32—推测的主要断裂；33—走滑断裂；34—地质界线；35—二级构造单元分界；36—三级构造单元分界

图 5－2－1　中亚五国大地构造单元划分图（成守德，2010）

的组成部分。南华—震旦纪古陆裂解，并发展为早古生代洋盆，奥陶纪末洋盆封闭并伴随有岩浆侵入，泥盆—石炭纪为上叠盆地，发育有田吉兹上叠盆地（HZ1－1）和热兹卡孜甘上叠盆地（HZ1－2）。④成吉思—塔尔巴哈台加里东造山带（HZ2），含早古生代岛弧（HZ2－1）、泥盆纪陆缘火山岩带（HZ2－2）。⑤斋桑华力西造山带（HZ3）含 2 个次级构造单元。萨吾尔晚古生代岛弧（HZ3－1）发育于泥盆纪—早石炭世早期，由斋桑—额尔齐斯洋盆向南俯冲形成，早石炭世早期后，属洋盆消亡后的残余海盆及大陆型沉积。⑥莫因特地块（HZ4）具早元古代固结的变质基底，中—晚元古代及古生代地层为盖层沉积，分布于巴尔喀什湖西缘。⑦巴尔喀什泥盆—石炭纪残余洋盆（HZ5）分布于哈萨克斯坦马蹄形构造带中部。⑧北天山造山带（HZ6）含 3 个次级单元，赛里木微地块（HZ6－1）于早元古代固结，中—晚元古代及之后为盖层沉积，（HZ6－3）为分布于莫印特地块及巴尔喀什湖西南的一个早古生代岛弧带。⑨中天山造山带（HZ7）构造较复杂，岩浆活动强烈，地层多呈支离破碎状。楚河—特克塔什微地块（HZ7－1）于早元古代固结，中元古及之后为盖层沉积。伊犁石炭—二叠纪裂谷（HZ7－4）在区内出露极少。卡拉套（塔纳斯）—纳伦微地块（HZ7－5）于中元古代晚期固结，为罗迪尼亚古陆组成部分，南华—震旦纪及古生代发育盖层沉积。⑩乌拉尔古生代造山带（HZ9）仅出露有南乌拉尔一部分，是东欧板块与哈萨克斯坦板块的碰撞造山带。⑪北乌斯特丘尔特上古生代碳酸盐岩台地（DO1）是东欧板块的边缘台地，基底为上古生代沉积层，经乌拉尔运动发生形变，晚二叠世—早侏罗世区内形成部分大地堑，早—中侏罗世沉积生油层，上侏罗统为海相碳酸盐层、泥岩、泥灰岩，覆盖整个台地。⑫卡拉库姆地块（TK2）分布于境内西南部，是卡拉库姆地块边缘部分，呈“地台型”结构。

（三）沉积地层

结晶基底形成于太古宙—古元古宙，为强烈混合岩化片麻岩、结晶片岩和碳酸盐岩，夹榴辉岩、角闪岩及含铁石英岩，厚数千米。

里菲系为一套过渡类型的沉积岩系和火山沉积岩系，构成本区“原地台”盖层，为浅变质片岩、石英岩、石英砂岩、大理岩，炭质千枚岩夹赤铁矿层，厚度几百米到2000 m。

文德系—志留系碎屑岩、碳酸盐岩建造构成本区裂陷海槽第一套建造组合，其下部（文德系及下寒武统）夹冰碛岩、磷块岩，部分地区含中基性或中酸性火山岩，富含各门类生物化石，厚度几千米。

上古生界为裂陷海槽第二套建造组合，为海相、海陆交互相沉积岩系或火山沉积岩系，石炭系、二叠系夹煤层，厚度变化大，一般可达几千米。

古生界侵入岩颇为发育，以花岗岩居多，另有下古生界及上古生界若干套基性——超基性杂岩，有的成带分布，构成蛇绿混杂岩带。

中新生界大部分为陆相盆地型沉积，上三叠统—下中侏罗统为含煤系地层；上侏罗统特别是白垩系及古近系分布有较多的海相层。

二、矿产资源

哈萨克斯坦是世界上少数几个矿产资源储量丰富且配套齐全的国家之一，矿产资源储量在全球排名第6位。固体矿产资源非常丰富，境内有90多种矿产，1200多种矿物原料，在采矿种大约60种，在采矿床800余个，已探明的黑色、有色、稀有和贵金属矿产地超过500处。不少矿藏储量占全球储量的比例很高，如铀36%、铬8%、锌5%，许多品种按储量排名在世界前列（表5-2-1）。截至2012年底，石油可采储量39亿t（世界第12位），煤储量336亿t（世界第8位），天然气可采储量1.3万亿m^3（BP，2013）。

北哈萨克斯坦主要是铝土矿、金矿及铁矿的生产基地。这个地区以镍—钴矿、锡—钽矿和钛锆矿而著称。北哈萨克斯坦有独联体最大的温石棉矿床，自20世纪中期就一直在开采。北哈萨克斯坦工业钻石矿产有待开采，独特的富锌矿田已经开始开发。

表5-2-1 哈萨克斯坦部分固体矿产资源储量全球排名

矿产名称	储量	全球储量排名	矿产名称	储量	全球储量排名
锰矿	6亿t	4	钨	200万t	3
铬矿	2.2亿t	1	金	1900 t	8
铁矿	91亿t	6	铀	150万t	2
铅	1170万t	6	铼	19万kg	4
锌	12Mt	5	海绵钛	2.6万kg	4
铝土	4.5亿t	10			

数据来源：USGS，2012年，驻哈萨克斯坦使馆经商参处，2009

东哈萨克斯坦是多金属矿Pb、Zn、Cu、Au、Pt和稀土的主产区。东哈萨克斯坦含40%的原地金矿。东哈萨克斯坦现在正在开发大的钛矿产。

中哈萨克斯坦是铜矿和锰矿的主要产地。这个地区拥有哈萨克斯坦最重要的煤盆地和高质量焦煤、动力煤的主要产地，以及钨—钼矿和铅—锌矿矿床。

南哈萨克斯坦利用特殊设备开采铀矿。

西哈萨克斯坦拥有丰富的石油和天然气资源、钾盐和溴盐，以及高质量的铬铁矿。

采矿业是哈萨克斯坦国民经济的支柱产业，2011年在工业总产值中占64%，比2010年增长1.3%。其中，石油天然气开采是主要产业之一。2011年，哈萨克斯坦开采原油6774万t，开采凝析气1230万t，开采天然气393亿m^3。采油企业主要集中在哈萨克斯坦西南部的5个州。目前，几乎世界上所有著名的石油公司，包括中国的中石油、中石化和中海油都进入了哈萨克斯坦石油开采领域。其次是固体矿产资源开采业。大型企业有哈萨克铜业公司、锌业、铬业、铝业、金业、煤业公司、米塔尔钢铁公司和哈原子能工业公司等。铜、锌、铅等有色金属开采业主要集中在哈萨克斯坦南部、北部和中西部地区，煤炭工业主要在中部的巴甫洛达尔州，铀矿开发地则在南部和北部地区。矿产资源分布如图 5 –2 –2 所示。

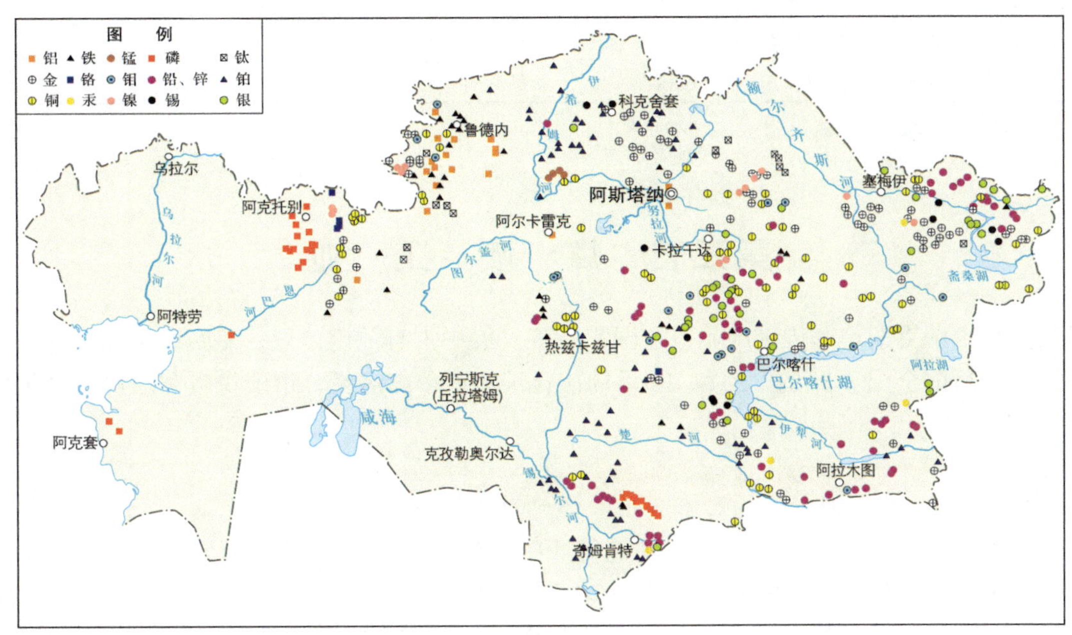

图 5 –2 –2　哈萨克斯坦矿产资源分布（中国地调局境外矿产资源战略研究室，1997）

矿产品出口在哈萨克斯坦对外贸易中占有重要地位。按照哈萨克斯坦海关统计，2011 年，能源、矿产类产品出口额占出口总额的 77.8%，其中，原油与凝析油出口额 552 亿美元，占出口总额的 62.6%；金属及其制品（包括钢铁、铜材、锌、铝、铅、钛）出口额 117 亿美元。

三、煤炭资源分布

哈萨克斯坦煤炭资源非常丰富，全国烟煤矿和褐煤矿共有近 400 处，预测储量达 1620 亿 t。截至 2015 年底，哈萨克斯坦煤炭资源探明储量为 336 亿 t，占世界总资源量的 3.8%，排在美国、俄罗斯、中国、澳大利亚、印度、德国和乌克兰之后，位列全球第八位（BP，2015）。其中烟煤和无烟煤探明可采储量为 215 亿 t。哈萨克斯坦煤炭储产比为 316，排名世界第六位。

哈萨克斯坦煤炭资源量主要集中在中哈萨克斯坦，这里勘探和开采着多个巨大煤田：卡拉干达煤田，总资源量约 465 亿 t，含煤层位为碳系；埃斯基巴图兹煤田总资源量约 91.6 亿 t，含煤层位为石炭系；迈库边煤田，储量为 51.7 亿 t，含煤层位为侏罗系。此外舒巴尔科里煤田储量为 15 亿 t；在图尔盖坳陷中也查明了巨大的煤炭资源量，总资源量达 561.5 亿 t。在图尔盖坳陷南部查明有日兰什克煤田，总资源量估计有 116 亿 t；在哈萨克斯坦南部地区具有工业意义的煤层产于侏罗系中，最大的是伊犁煤矿，总资源量达 150.6 亿 t；哈萨克斯坦东部地区含煤地层为二叠系和侏罗系，目前开采肯季尔雷和尤比列伊矿床，后者储量达 14 亿 t；西哈萨克斯坦煤炭资源较少，只有阿克托比州的乌拉尔矿床具有开发意义，储量 13.6 亿 t（BHP Billiton，2008；新疆国土资源厅和地调局发展中心，2008）。

各个煤田的时代和煤炭资源量见表 5 –2 –2。卡拉干达盆地、埃斯基巴图兹盆地、Zavialov 煤田和 Samarskiy 煤田的煤层气储量分别为 550 亿 ~750 亿 m^3、75 亿 ~100 亿 m^3、14.6 亿 ~16.8 亿 m^3、11.0 亿 ~14.2 亿 m^3。

哈萨克斯坦烟煤的主要产区是卡拉干达盆地、埃斯基巴图兹盆地等；褐煤的主要产区是图尔盖盆地和迈库边盆地。焦煤产地在卡拉干达，产量占该地区煤产量的 55%。哈萨克斯坦的煤层赋存条件很好，2/3 的煤炭储量埋藏深度在 600 m 以内，可露天开采。哈萨克斯坦大型的采煤企业主要集中在巴甫洛达尔州和卡拉干达州，生产能力可达 1.46 亿 t/a。

表 5-2-2 哈萨克斯坦主要煤盆地煤炭资源量

亿 t

煤盆地	卡拉干达	图尔盖	埃斯基巴图兹	迈库边	伊犁	日兰什克	阔依塔斯（Koytas）	乌拉尔
储量	465.4	561.5	91.6	51.7	150.6	116.1	11.8	13.6
主要煤种	烟煤和褐煤	褐煤	烟煤	褐煤	褐煤	褐煤		褐煤
主要煤层位	石炭系和侏罗系	侏罗系	石炭系	侏罗系	侏罗系	渐新世		侏罗系

数据来源：BHP Billiton，2008，有修改

第二节 煤 炭 工 业

煤炭工业是哈萨克斯坦的传统产业，在国家经济发展中占有关键位置，是哈萨克斯坦经济体系中的支柱产业之一。目前全国78%的电力和100%的焦化工生产依靠煤炭，市政供暖和居民生活仍离不开煤炭。

一、煤炭工业发展史

苏联解体后，哈萨克斯坦煤炭行业和其他行业一样经历了非常困难的时期。独立后第一年，1991年全国总产量为1.304亿t，占苏联总产量的20.7%，拥有26个矿区和7个露天煤矿。总开采量的27%能够在工厂进行选煤，其中98%是焦煤。这些煤炭除了供应哈萨克斯坦以外，还被运到苏联的其他国家以及东欧国家。随后几年，由于各种原因，煤炭生产大幅下滑，行业内出现严重不景气。

2010—2015年哈萨克斯坦煤炭产量见表5-2-3。

表 5-2-3 2010—2015 年哈萨克斯坦煤炭产量

Mt

年份	2010	2011	2012	2013	2014	2015
产量	47.5	49.8	51.6	51.4	48.9	45.8

数据来源：《BP 世界能源统计年鉴 2016 年 6 月》

20世纪90年代初由于国家的社会政治体制发生了根本变化，由此导致拥有者的主体发生变化，商品市场框架内的经济功能发生改变，煤炭开采和保障的必要性下降，由此引发煤炭工业寻找新机制。

1995—1998年哈萨克斯坦政府实施了一系列改革措施，对卡拉干达和埃斯基巴图兹国有大型煤矿进行私有化改造，吸引国内外投资者参与投资建设。著名的投资者包括美国投资者 AccessIndustritsInc.（投资卡拉干达煤矿）和英籍印度商人 LakshmiMittal（埃斯基巴图兹煤矿投资人）。经过私有化改造，哈萨克斯坦煤炭行业从1996年开始走出危机。

哈萨克斯坦大型国有煤矿通过引进外资，完成了私有化改造，通过提高管理水平、加大基础设施投入、优化矿井布局、关闭亏损企业等一系列措施，使改造后的煤炭企业完全走入市场经济的轨道，降低了开采和管理成本，提高了企业在国内市场和独联体市场的竞争力。另外，由于外资的引入，有效地建立了“煤—金属”和“煤—电力”垂直化工业模式，保证了市场稳定和经济效益。

目前，煤炭领域艰难的改制时期已经完成，并且煤炭企业的煤炭开采和经济趋势都已经取得了较好成绩。时间上和规模上空前的变革确保了煤炭领域转入市场机制。今天煤炭行业保障了78%的发电量，100%焦化工厂的生产，有能力满足社会日常能源需求和居民生活需求。

二、主要煤炭企业

截至2012年，在哈萨克斯坦有33家公司进行煤炭开采业务（5家外国公司、28家本国公司）。1996—2008年，煤炭公司总投资超过35亿美元。2006年投资统计为4.287亿美元，相当于1996年资本投入的10倍。目前哈萨克斯坦的大型煤炭企业如下：

（1）TOO“Bogatyr Acceses Komir”（占全国采煤量的 44%），简称“BAK”公司，是美国 Access Industrits Inc. 的子公司，主营埃斯基巴图兹煤田的“Bagatyr”和“Severny”露天煤矿，每年 50% 的产量出口俄罗斯。根据该公司对外公布的数据，2006 年煤产量为 4100 万 t，2008 年为 4600 万 t。2008 年向俄罗斯出口煤炭 2100 万 t，同比增长 30%。

1985—1990 年埃斯基巴图兹年产煤量曾达到 7880 万 ~ 8860 万 t，其中 4370 万 t 用于满足国内市场，4000 万 t 出口俄罗斯。

（2）欧亚能源股份有限责任公司（占全国采煤量的 19%），拥有“Vostochny”露天煤矿，年开采量为 1600 万 t。此外，该公司还拥有舒巴尔科里 Komir JSC 公司 25% 的股份。2010 年该公司总产量 2010 万 t。该公司参照国际标准进行管理，获得 ISO 9000 和 14000 质量管理认证，是环保工作最佳的公司。

（3）OAO“Mittal Still Temirtal”（占全国采煤量的 12%），该公司是哈萨克斯坦唯一钢铁联合企业的一个分属部门，拥有位于卡拉干达煤田的 8 个煤矿。2006 年该公司产煤 1154 万 t，其中出口俄罗斯 250 万 t。2007 年该公司产量 1300 万 t，实现利润 3000 万美元。

（4）哈萨克斯坦铜业集团的“Borly”煤炭局（占全国采煤量的 8.7%）。

（5）TOO“迈库边 - vest”（占全国采煤量的 4%）。

上述 5 个公司的煤产量占全国总产量的 87.7%。

自独立以来哈萨克斯坦累计产煤 16 亿 t。根据美国能源署的统计结果，哈萨克斯坦煤炭产量在 2000—2011 年整体呈现逐年增长的趋势，受 2008 年世界金融危机的影响，煤炭产量有小幅下降。2008 年金融危机过后，哈萨克斯坦煤炭产量逐年上升，目前煤炭产量已经超过金融危机之前的水平。2012 年哈萨克斯坦煤炭开采量稳定在年产 1.2 亿 t。从哈萨克斯坦煤炭消费量统计来看，2000—2011 年煤炭消费量的变化趋势大体跟煤炭产量的变化趋势一致，呈现逐年增长的趋势。受 2008 年金融危机的影响，国内煤炭需求量同样遭受打击，煤炭消费量小幅回落。最近 3 年煤炭需求量受经济复苏的影响，逐年增长。从出口量数据统计来看，2000—2011 年出口量呈现振荡变化趋势，出口量整体比较稳定，为 3000 多万吨。哈萨克斯坦煤炭进口量较小，而且变化不大，一般年进口量为 150 万 t 左右。

2005—2015 年哈萨克斯坦煤炭工业概况见表 5－2－4。

表 5－2－4　2005—2015 年哈萨克斯坦煤炭工业概况　Mt

年份	2005	2006	2007	2008	2009	2010	2011	2012	2013	2014	2015
产量	37.3	41.4	42.2	47.9	43.4	47.5	49.8	51.6	51.4	48.9	45.8
消费量	26.9	28.3	31.1	33.8	30.9	33.4	36.3	36.5	36.3	35.5	32.6

数据来源：《BP 世界能源统计年鉴 2016 年 6 月》

为了保证对硬质燃料的迫切需求，哈萨克斯坦政府编制了 2020 年煤炭发展方案。方案中规定，采煤量从 2006 年的 9630 万 t 增加到 2020 年的 14560 万 t，增加了 4930 万 t，其中焦煤从 1290 万 t 增加到 2430 万 t，增加了 1140 万 t。动力煤从 8340 万 t 增加到 12130 万 t，增加了 3790 万 t。这样可以完全保障国内外市场对焦煤和动力煤的需求。

2000—2011 年哈萨克斯坦煤炭生产、消费和进出口变化趋势如图 5－2－3 所示。

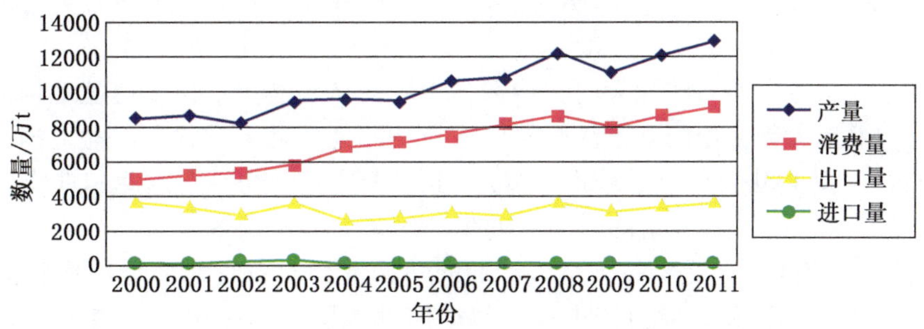

图 5－2－3　2000—2011 年哈萨克斯坦煤炭生产、消费和进出口变化趋势（EIA）

第三节 主要含煤盆地分析

哈萨克斯坦地质发展史中煤炭形成于几个时期：中晚泥盆世、早石炭世、晚石炭世、二叠纪、侏罗纪和古新世。煤炭形成的最鼎盛时期（高峰期）是在早石炭世和早中侏罗世，这两个时期具有沉积和泥炭形成所需要的有利的古地理和古构造条件。

泥盆纪的煤炭零星地出现在中哈萨克斯坦东部有限地区，表现为具有薄层透镜状煤夹层和含煤岩石的小露头，其中虽然有一些可以作为稀有金属的来源（如锗、银等），但是它们并没有实际价值。石炭纪尤其是早石炭世（Visean - Serpukhovian 期）是主要含煤盆地（卡拉干达、埃斯基巴图兹）和其他几个储量巨大矿床的形成时期，煤炭几乎在整个中哈萨克斯坦地区聚集。这个时代是煤炭形成的第一个高峰期，并给哈萨克斯坦带来了高品位炼焦煤和发电煤的主要储量。石炭纪末—二叠纪初期，泥炭形成的区域大幅度减少，主要局限于哈萨克斯坦东部，这里除了煤炭以外，还有大量陆相和陆相—泻湖相的油页岩。煤炭形成的第二个高峰期发生在早中侏罗世，这一时期在图尔盖、迈库边、乌拉尔—里海、伊犁等盆地，以及众多大型和小型矿床中形成了陆地冲积扇—湖泊—沼泽相的高品位、低灰分煤炭，这些煤炭可用作燃料和化工资源。晚侏罗世初期，哈萨克斯坦地区的煤炭形成几乎停止。仅仅在古新世末期（晚渐新世）泥炭沼泽覆盖了哈萨克斯坦西南部、北部和东部的广泛地区，但这个时代在泥炭和后续煤炭形成的强度方面无法与前面相比。这一时期形成的最大盆地是日兰什克盆地，它包含储量巨大的泥质褐煤、锗及其他伴生元素含量高的褐煤，以及大量含硫的黄铁矿结核。

哈萨克斯坦大部分煤炭资源发现于中哈萨克斯坦和北哈萨克斯坦，这两个地方发育了如卡拉干达、埃斯基巴图兹、Teniz - Korzhunkolsky、迈库边和图尔盖盆地在内的储量估计为 100 亿 t 以上的巨型含煤盆地，以及众多的大型和小型矿床（如 Samarskoe、Borlinskoe、Kuu - Cheku、舒巴尔科里矿床等）。哈萨克斯坦的煤炭总资源量超过了 1700 亿 t，其中包括约 130 亿 t 最有价值的焦煤。证实的储量共 600 亿 t，其中超过 360 亿 t 适合于露天开采。主要煤盆地埃斯基巴图兹、卡拉干达、迈库边、舒巴尔科里、图尔盖估计年产量分别为 95 Mt、50 Mt、10 Mt、6.5 Mt 和 1 Mt（USGS，2010）。

一、主要含煤盆地

（一）卡拉干达盆地

1. 概述

卡拉干达（Karaganda）盆地主要位于卡拉干达州中部，盆地长 120 km，宽 30 ~ 50 km，面积 3600 km^2，盆地内运行着连接卡拉干达与哈萨克斯坦、乌拉尔、西伯利亚和中亚工业中心的铁路线。

卡拉干达盆地煤炭赋存面积大约 2000 km^2，主要含煤地区为 Tentek、Sherubainur、卡拉干达（烟煤）和 Verkhnesokursk（褐煤）。含煤层位为石炭系（烟煤）和中下侏罗统（褐煤），含煤地层总厚度达到 4000 m，煤层最大深度可达 1800 m，勘探深度以 600 ~ 700 m 为主，局部 900 ~ 1200 m。300 ~ 500 m 深度石炭纪煤层平均瓦斯含量 13 ~ 17 m^3/t，侏罗纪煤层几乎不含瓦斯。煤炭用于炼焦和发电。

硬煤资源储量估计为 465 亿 t，其中 246 亿 t 经济可采。焦煤储量估计为 118 亿 t，包括 52 亿 t 证实储量。1500 m 深度内煤炭中煤层气储量 4905 亿 m^3。目前整个盆地有 10 个在产煤矿，其中 8 个煤矿属于"Ispat Karmet" OJSC。

2. 地质特征

卡拉干达盆地是一个近东西向的深大向斜构造，由西向东延展。卡拉干达盆地构造特征以简单的斜坡褶皱或单斜为主，盆地大部分地区处于轻微挤压或拉伸的地球动力学状态。盆地内发育有 4 个主体向斜：坦特克（Tentek）、萨鲁班鲁尔（Sherubainur）、卡拉干达和沃勒科奈索库尔斯克（Verkhnesokursk）（图 5 - 2 - 4）。前 3 个向斜组成该盆地的煤炭工业生产区。

Tentek 向斜面积为 150 km^2，是卡拉干达最深的向斜构造，向斜东北部地层比较陡，但煤层相对比较稳定，占据了不到 20% 的面积，潜力较小；向斜东南部地层相对平缓，一些小褶皱和断层构造使得煤层比较复杂，2012 年有 3 个煤矿在生产。该向斜中赋存 Dolinsk 煤系和 Tentek 煤系。Dolinsk 煤系煤层

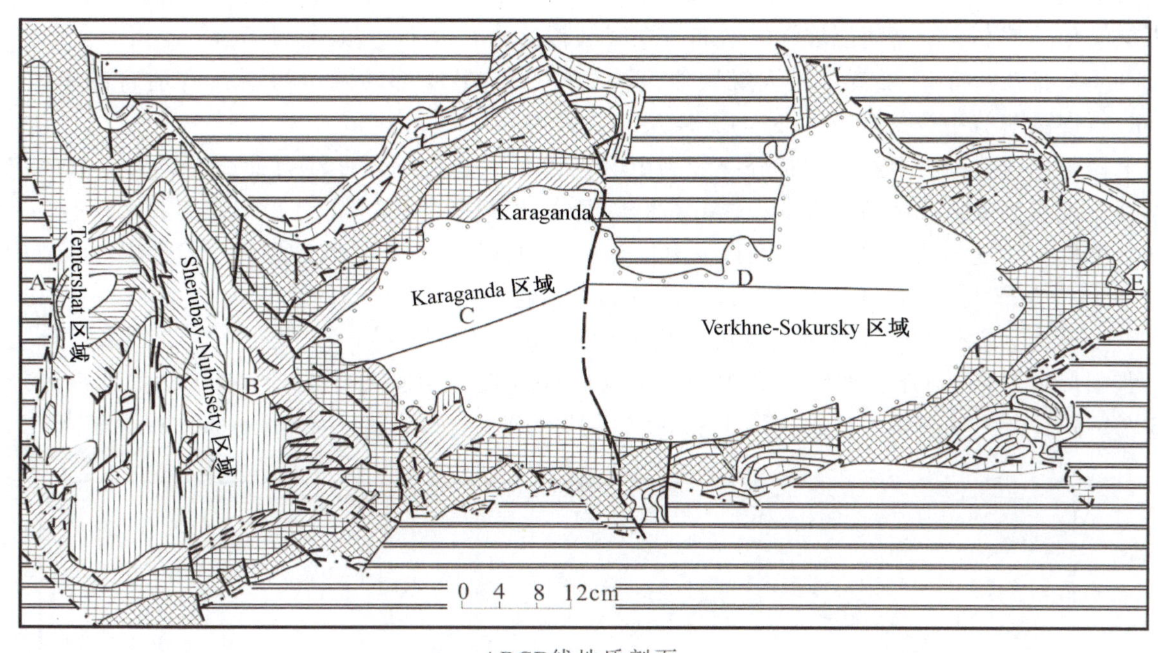

ABCD线地质剖面

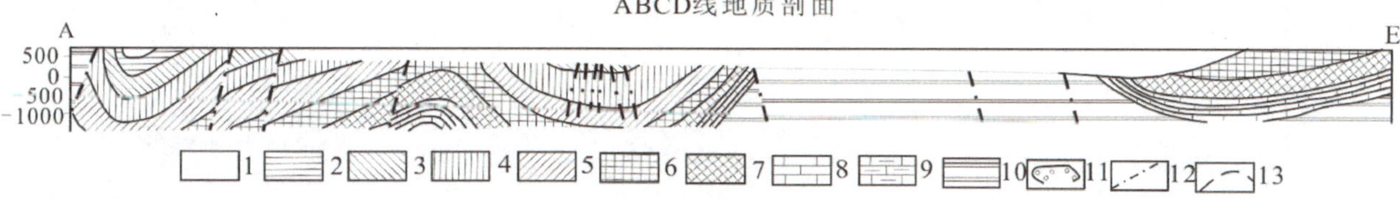

1—Shakhanskaya 煤系；2—Tentek 煤系；3—Dolinsk 煤系；4—above－卡拉干达煤系；5—Karagandinskaya 煤系；6—Ashlyarik 煤系；7—Akkudukskaya 煤系；8—下石炭统碳酸盐岩；9—Famenian 期灰岩；10—前 Famenian 阶；11—侏罗系；12—断层；13—矿区边界

图 5－2－4　卡拉干达盆地地质图和煤系地层

埋深可以达到 1650 m。

Sherubainur 向斜是一个比较大的构造块体，以一系列逆掩断层为界，并被一些褶皱和拆离断块所复杂化。勘探结果表明，该区发育 91 条拆离断层和 82 个低幅断块，断块发育区地层沿滑动面发生强烈分裂。

卡拉干达向斜位于卡拉干达盆地东部，在向斜中部主要是单斜构造，整体比较平缓，往南西方向，地层逐渐变陡。深层地层断裂带规模较小，浅层地层存在大量低幅度破裂。

卡拉干达盆地的煤炭主要分布在石炭系和侏罗系。石炭纪含煤地层厚度约 400 m，由 7 套煤系组成，分别是 Akkudukskaya、阿什利亚里克斯克（Ashliarikskaya）、卡拉干达（Karagandinskaya）、Above－karagandinskaya、多林斯克（Dolinskaya）、坦特克（Tentekskaya）和 Shakhanskaya。其中 4 个煤系具有经济价值：阿什利亚里克斯克（Ashlyarik）煤系（C1）、卡拉干达煤系（C1）、多林斯克（Dolinsk）煤系（C2）和坦特克（Tentek）煤系（C2）。这些煤系由约 80 个煤层及含煤夹层（65 个有效厚度）组成。所有煤层的总厚度约 110 m。其中，可采煤层数量为 30 多个，煤层可产总厚度 40 m，平均厚度 2.5 m（个别为 7～8 m）。Karagandinskaya 煤系、Dolinskaya 煤系以及 Tentekskaya 煤系下部含有具有经济价值的煤层数量最多，煤层厚度为 0.7～3.5 m，少数达到 3.5 m 以上。

Ashliarikskaya 煤系共有 26 层煤，其中 19 层煤达到了开采厚度，均为高灰煤。Karagandinskaya 煤系是煤田的主要煤系，有 29 层煤，其中 13 层煤达到了开采厚度，总厚度达到 900～1100 m，组成煤系的岩层为砂岩、泥岩和烟煤煤层。两个煤系的区别是后者有海生动物化石群夹层，含有大量的植物化石。

Dolinskaya 煤系共有 11 个煤层，其中 6 层煤达到了开采厚度，厚度为 1～6 m。该煤系的主体满足可采厚度的煤层贯穿整个向斜构造。D6 煤层最稳定、厚度最大（可达 7 m），也富集了 Dolinsk 煤系一半的煤层气；煤的灰分中等，为18%～22%，属于高挥发分次烟煤—中挥发分烟煤。煤层气赋存深度受煤层倾角的控制，随着煤层埋深的增加，煤层气含量从14.5 m^3/t上升到27 m^3/t。

Tentek煤系共有17层煤，最大煤层厚度为1000 m，最底部的两个煤层具有适合的厚度（1.7～1.9 m）。煤的灰分中等（19%～23%），煤层气含量为12～24 m^3/t。

卡拉干达煤盆地石炭纪煤的灰分一般为10%～35%，且随地层变浅有递减的趋势。煤的灰分具有难熔性。煤炭为低硫或中硫，含磷，具有高燃烧温度。尽管较大部分的煤很难富集起来，但仍有大部分煤适合炼焦。盆地内的主要煤种为高挥发分次烟煤—中挥发分烟煤、脆性煤和半脆性煤。煤层中镜质组含量为54%～77%，受高破裂系数和低硬度的影响，煤层气具有较高的价值。

卡拉干达盆地侏罗纪含煤地层厚度变化范围从500～550 m到1 km及更大。侏罗系可分为5套地层，其中只有Dubov（下侏罗统）和Mikhailov（中侏罗统）中发现有煤。卡拉干达盆地范围内已确定了3个凹陷，共有8个褐煤矿床（图5－2－5），其中最大的凹陷发育有Dubovskoe褐煤矿床。

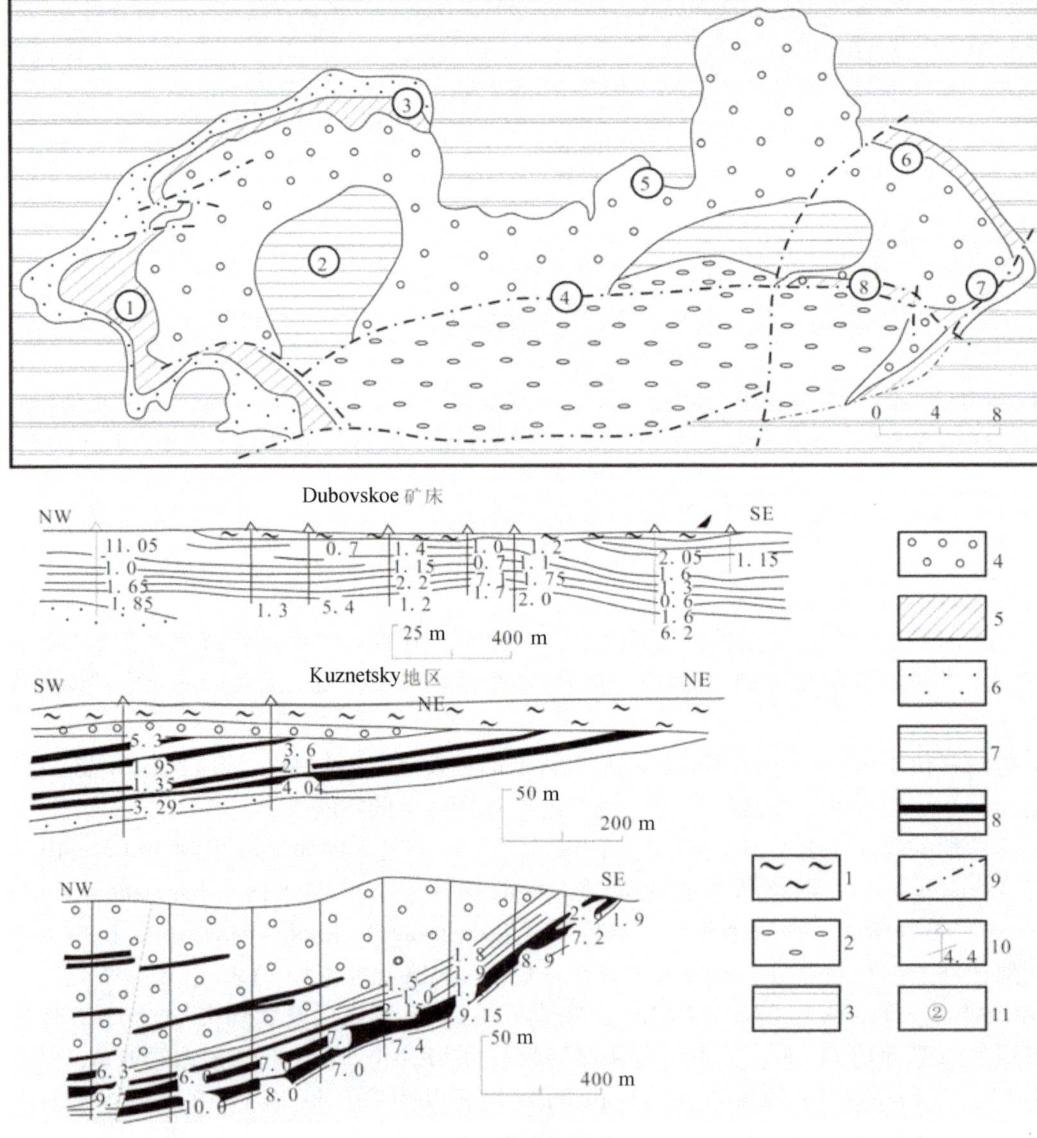

1—新近系—第四系；2—Akzharskay组；3—Mikhailovskaya组；4—Kumyskudukskaya组；5—Dubovskaya组；6—Saranskaya组；7—前侏罗系；8—煤层；9—断层；10—探井；11—矿床（①—Dubovskoe矿床；②—Mikhailovskoe矿床；③—Promyshlenny矿床；④—Akzharsky矿床；⑤—Zapadny矿床；⑥—Kuznetsky矿床；⑦—Kumyskudukskoe矿床；⑧—中央矿床）

图5－2－5　卡拉干达盆地侏罗系分布图

Dubov 地层包含大约 22 个煤层和隔夹层，分为两个煤组。下部煤组包含 5 ~ 6 个煤层，总厚度约 40 m，I 煤层最厚，在不同矿床中为 2.5 ~ 4.5 m 到最厚 5 ~ 12 m。上部煤组仅在中部地区出现，并发育薄透镜状的煤层（0.1 ~ 1.5 m）。

Mikhailov 地层只在 Karagandinsky 地区煤炭的富集具有经济价值，Mikhailovskoe 矿床中的煤已经完全被采出。Mikhailov 地层发育有 8 个褐煤煤层，其中Ⅲ煤层厚度为 10 ~ 21 m，具有最大的经济利益。

中侏罗纪的煤通常是褐煤，变质程度高（E3）。作为经济燃料的煤炭灰分为 16% ~21%，低硫分、中磷，碳和氢含量增加。煤炭具有高热值，可燃物质的热值达 6700 ~ 7100 kcal/kg。在半焦化过程中树脂的回收率为 12.25%。Dubov 地层中的煤具有钇、钪和其他伴生元素（铍、钒、铬和钴）浓度增加的特征。

卡拉干达盆地中褐煤总资源量共计 21.5 亿 t，其中 5.66 亿 t 已经准备进行露天开采，剥离系数为 6 ~ 8 m^3/t。

卡拉干达盆地瓦斯含量比较高，从瓦斯气体含气层顶部向下到 400 ~ 500 m 的深度，煤层中瓦斯含量急剧升高，能达到 15 ~ 20 m^3/t。

3. 主要煤矿

卡拉干达盆地目前共有 8 个煤矿：Kostenko、Kuzembaev、Saranskaya、Abaiskaya、Kazakhstanskaya、Lenina、Shaktanskaya 和 Tentekskaya，均为井工煤矿，主要采用后退式长壁开采法。这些煤矿生产的炼焦煤主要用于钢铁厂，动力煤用于发电厂。

1）Kazakhstanskaya 煤矿

Kazakhstanskaya 煤矿位于卡拉干达州的 Shakhtinskiy 地区，距离卡拉干达市大约 60 km，距离卡拉干达机场大约 80 km。该煤矿从 1969 年开始生产，规模较大，机械化程度较高，2000—2011 年产煤 0.9 ~ 1.8 Mt，今后 10 年计划开采量与此相当。该煤矿采用长壁开采法，作业深度为 470 ~ 640 m。煤种为肥煤焦炭，储量为 1.034 亿 t。

Kazakhstanskaya 煤矿开采以下煤层：T3、T1、D11、D10、D9、D6、D5、D4、D3 和 D1。

D6 号煤层是 Dolinskaya 煤系中最厚最稳定的煤层。它的有效开采厚度为 2.92 ~ 7.04 m，平均厚度为 5.44 m。该煤层具有复杂的结构，最多有 8 ~ 10 层不同厚度的夹层（单层厚度一般不超过 0.2 m）。

D11 号煤层相对比较稳定，具有中等复杂的结构。它的有效开采厚度为 0.7 ~ 1.69 m，平均厚度为 1.13 m。顶板复杂，易破碎。

D10 号煤层相对比较稳定，结构复杂，厚度为 1.14 m，0.05 ~ 0.3 m 厚的夹层将该煤层分为 2 部分，上部分煤层的厚度是下部分地层厚度的 1.5 ~ 2 倍。

D9 号、D5 号、D4 号、D3 号、D1 号煤层厚度为 0.80 ~ 1.30 m，灰分为 21% ~25%，含气量为 9.0 ~ 23.2 m^3/t。T1 号和 T3 号煤层厚度为 1.62 ~ 1.66 m，灰分为 29.2% ~40%，含气量为 13.5 ~ 21.2 m^3/t。

2010 年该煤矿的瓦斯排放量达到顶峰，预计煤的年产量和瓦斯年排放量将在 2017 年达到最小值，其他年份基本持平，分别为 1.8 Mt 和 37 Mm^3。

2）Lenina 煤矿

Lenina 煤矿位于卡拉干达州的 Shakhtinskiy 地区，距离卡拉干达市大约 60 km，距离卡拉干达机场大约 80 km。该煤矿从 1964 年开始生产，规模较大，机械化程度较高。该煤矿采用长壁开采法开采，作业深度为 655 m，煤层厚度为 3.5 m，总厚度为 6 m。煤种为肥煤焦炭，煤田储量为 0.656 亿 t。

Lenina 煤矿位于一个非对称的向斜构造内，该向斜构造被一些带状、不连续的断层复杂化。该煤矿含煤地层主要由石炭系的黏土岩、粉砂岩和砂岩组成。该煤矿的有效开采煤层为 Dolinskaya 煤系中的 D1 号、D3 号、D5 号、D6 号、D9 号和 D10 号等 6 个煤层。煤层倾角一般为 20° ~ 34°。所有煤层均受到断裂的影响。除 D6 号煤层较厚（4.7 ~ 6.5 m），瓦斯含量较高（25 ~ 27 m^3/t）外，其余煤层厚 0.5 ~ 2.5 m，瓦斯含量为 19 ~ 22 m^3/t。

煤产量在 2007 年达到最大值，之后逐渐稳定为 1.3 Mt，瓦斯排放量在 2012 年达到最小值，从 2013 年起，基本上持平，为 63 Mm^3。

3）Abaiskaya 煤矿

Abaiskaya 煤矿位于卡拉干达州的 Abai 地区，距离卡拉干达市大约 35 km，距离卡拉干达机场大约 55 km。该煤矿于 1961 年开始投产，机械化程度较高。煤种为煤焦炭，煤田储量为 0.816 亿 t。该煤矿利用长壁开采法，作业深度为 549 m，煤层厚度为 3.9 m，煤层总厚度为 4.8 m。

Abaiskaya 煤矿位于 Sherubainur 向斜东北翼南部，地层为石炭系、古近系、新近系和第四系。石炭系地层主要是卡拉干达煤系，该煤系可以分为 3 个次级煤系：下煤系（K1 ~ K6 号煤层）、中煤系（K7 ~ K14 号煤层）和上煤系（K15 ~ K20 号煤层）。整个煤系沉积厚度为 750 m。

该煤矿煤层瓦斯含量为 18 ~ 24 m^3/t，煤炭产量和瓦斯排放量在 2008 年达到最小值，以后基本持平。煤炭年产量约 1.1 Mt，瓦斯年排放量 59 Mm^3。

4）Tentekskaya 煤矿

Tentekskaya 煤矿位于卡拉干达州的 Shakhtinskiy 地区，距离卡拉干达市大约 60 km，距离卡拉干达机场大约 80 km。该煤矿于 1979 年投产，规模较大，机械化程度较高。该煤矿采用长壁开采法，作业深度达 500 m，开采厚度为 3.8 m，煤层总厚度为 4.8 m。煤种为肥煤焦炭，煤田储量为 1.349 亿 t。

Tentekskaya 煤矿以 Sherubainur 大断层为界，被一系列拆离断层和折扇状褶皱复杂化。地层包括石炭纪卡拉干达煤系顶部、Dolinskaya 煤系和 Tentekskaya 煤系，这些煤系地层被上覆新近系、古近系和第四系所覆盖，煤系总厚度为 7 ~ 86 m。卡拉干达煤系顶部为黏土岩、粉砂岩、细粒砂岩和透镜状煤层的互层。Dolinskaya 煤系总厚度为 520 ~ 550 m，主要由黏土岩、粉砂岩、砂岩和 D1 ~ D11 号煤层组成。煤层和含煤地层向西延伸，在单斜的中部和北部岩层变陡。可采煤层有 10 个：T3 号、T1 号、D11 号、D10 号、D9 号、D7 号、D6 号、D5 号、D4 号、D1 号煤层。T1 号和 D6 号煤层正在开采。

Tentekskaya 煤矿开采条件比较危险，主要原因是煤尘和瓦斯易于发生爆炸。T1 号和 D6 号煤层厚度分别为 1.3 ~ 2.0 m 和 4 ~ 6 m，灰分分别为 20% 和 22%，瓦斯含量为 5 ~ 26 m^3/t；中部和南部在 350 m 的深度比较危险，D6 号煤层的煤容易自燃，易发生火险，在 230 m 的深度更加危险。

煤炭产量和瓦斯排放量在 2008—2012 年出现下降，预计今后分别稳定为 1.2 Mt 和 25.7 Mm^3。

5）Saransky 煤田的深层

Saransky 煤田的深层位于卡拉干达向斜西北部。卡拉干达煤系是含气地层，开采层系深度一般小于 700 m。深层煤层埋深 700 ~ 1300 m，煤层气含量比较稳定，为 22 ~ 25 m^3/t。深层煤层主要是单斜构造，整体比较平缓，断裂带规模较小，深部地层中存在大量低幅度破裂。卡拉干达煤系共包含 29 个煤层，煤层总厚度可达 33 m。其中 11 个煤层为可采煤层，厚度为 1 ~ 6.1 m。煤主要为亮煤—暗煤，很少为暗煤—亮煤，镜质组平均含量为 46%。煤的灰分平均为 22%，为高挥发分次烟煤、高挥发分次烟煤—高挥发分烟煤（R_o = 1% ~ 1.3%）。

4. 小结

卡拉干达盆地交通便利，煤产品便于出口与内销，资源量十分可观，包括 246 亿 t 经济可采硬煤和 52 亿 t 证实的焦煤，以及 4905 亿 m^3 煤层气。

石炭系 4 个煤系具有经济价值。可采煤层为 30 多个，可产煤层总厚度为 40 m，平均厚度为 2.5 m，瓦斯含量较高。该盆地主要煤种为烟煤，低—中硫分，含磷，大部分煤适合炼焦，煤层气具有较高的价值。

侏罗纪含煤地层只有 Dubov 地层和 Mikhailov 地层，Dubov 地层中 Ⅰ 煤层最厚（5 ~ 12 m）。Mikhailov 地层中 Ⅲ 煤层具有最大的经济价值，厚度为 10 ~ 21 m。煤通常是中低灰分、低硫分、高热值褐煤（E3），煤灰中具有丰度较高的钇、钪等，5.66 亿 t 褐煤储量已经准备进行露天开采，无瓦斯。

目前在产的 8 个煤矿均为井下煤矿，规模大，机械化程度高，主要采用后退式长壁开采法，生产炼焦煤和动力煤。Kazakhstanskaya、Lenina、Abaiskaya、Tentekskaya 煤矿均产肥煤焦炭，储量为 0.66 ~ 1.35 亿 t，煤的年产量和瓦斯的年排放量分别为 1.1 ~ 1.8 Mt 和 26 ~ 63 Mm^3。Lenina 煤矿瓦斯含量比较高，Tentekskaya 煤矿比较危险。Saransky 煤矿的深层煤层气含量为 22 ~ 25 m^3/t。

（二）埃斯基巴图兹盆地

1. 概述

埃斯基巴图兹（Ekibastuz）含煤盆地位于中哈萨克斯坦东北部的巴甫洛达尔州，巴甫洛达尔市西南 130 km 处。巴甫洛达尔—阿斯塔纳铁路的主干线，额尔齐斯—卡拉干达运河和巴甫洛达尔—卡拉干达高速公路经过该盆地。埃斯基巴图兹盆地位于封闭的凹陷内，面积为 155 km^2。

第一个露天煤矿始建于1948年，并于1954年投入运营。1976年整个盆地煤开采能力达到5200万t。盆地内几乎所有的煤层均适合露天开采，目前主要有3个煤矿，开采的煤主要用于中南乌拉尔地区和哈萨克斯坦的大型火力发电厂。

2. 地质特征

埃斯基巴图兹含煤盆地位于沿西北向延伸的埃基巴斯图非对称性地堑——向斜内（图5-2-6）。盆地的边缘和基底由早泥盆世火山岩地层组成，下石炭统和下伏中晚泥盆世海相沉积构成了一个短轴向斜构造。东北和西南分别以一些纵向大断层为界。沿着向斜走向，地层倾角比较平缓，而在断层附近的地层比较陡，并因断层而复杂化，在某些地方被严重破坏，断裂数量随着深度的增加而减少，向斜中部的煤层基本水平，断裂基本消失。其中含煤区可采面积为 63 km^2，含煤地层的总厚度大约为 1000 m，主要煤层的最大埋深可达 700 m。

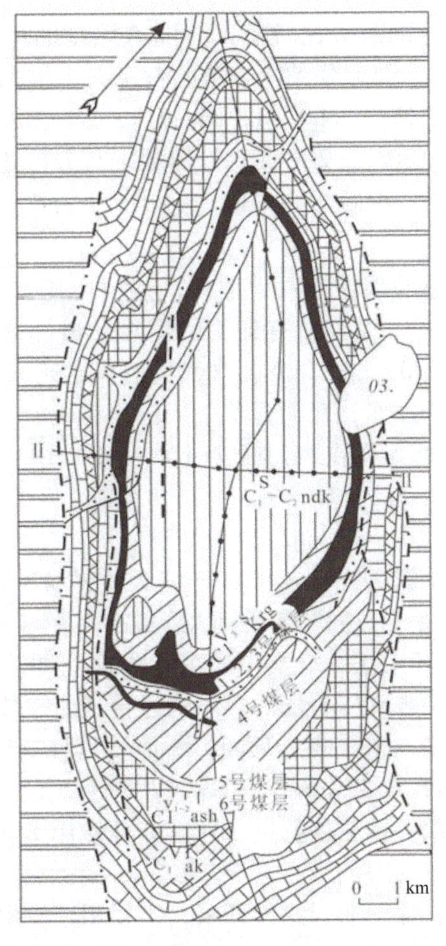

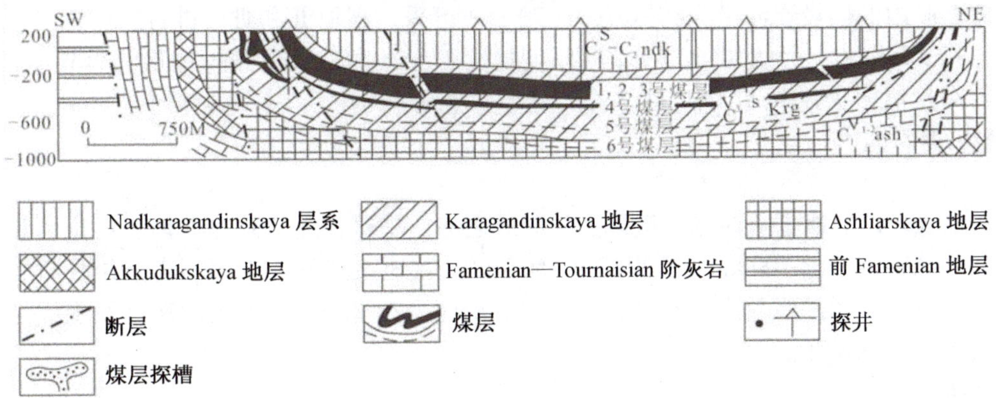

图5-2-6 埃斯基巴图兹盆地地质图

埃斯基巴图兹含煤盆地石炭纪含煤地层可分为6套煤系，含6个可采煤层。在6个煤系中，煤炭主要富集在下石炭统的Ashliarskaya（2个可采煤层）和Karagandinskaya含煤地层中（4个可采煤层），总厚度约1000 m。上石炭统含有约15个不可采煤层。Ashliarskaya煤系中的6号和5号煤层，每个厚度为8~10 m，构造复杂且不连续，灰分高，目前不具备商业价值。Karagandinskaya煤系中位置较低的煤层，主要是4号煤层，厚度为8~30 m，分布于整个盆地，灰分高、结构复杂以及远离上覆可采煤层（多达110 m），没有任何实际价值。

埃斯基巴图兹含煤盆地主要可采煤层包括3号、2号和1号煤层，总厚度为130~210 m。3号煤层厚度最大，为86~102 m。3号煤层结构复杂，煤单层的厚度为0.1~1.5 m，少数达到6.5 m，煤体总厚度达到92 m。2号煤层最为稳定，总厚度为38~45 m，煤体厚度为31~40 m。1号煤层总厚度为21~25 m，煤体厚度为19~23 m。1号煤系地层上部有一个灰分较低的煤层，厚度为1.2~2.3 m。

3号煤层和2号煤层的煤与1号煤层底部的煤大部分是半光泽和半亮度。镜质组含量只在1号煤层中占优势，在其他煤层中镜质组含量（41%~46%）和丝质组含量（40%~43%）相同。所有煤都属于高挥发分次烟煤—中挥发分烟煤。煤的灰分比较高，并随着深度的增加而增大。煤是低硫分（有机硫占优势），高磷，并且不是被富集的；同硫分一样，磷的含量向上增加，在1号煤层上层相对低灰分的煤中达到最大值。未经加工的煤的热值为7600~8200 kcal/kg。

在煤炭灰分中 Al_2O_3 含量为26%~30%，2号和3号煤层中灰分可达到39%。此外，灰分中还含有多达1%的钛和锆，以及约30 g/t的钇。重质馏分密度超过1.7 g/cm^3，包含多达百分之几的锌、铜和铅，以及少量的银、钪等。

埃斯基巴图兹含煤盆地700 m内总的煤炭资源量为91.6亿t，其中1号、2号、3号和4号煤层的资源量为88.5亿t，大约有70亿t可采，而且所有证实的煤炭储量都适合露天开采。煤层中瓦斯含量低于风化带中瓦斯含量，但是在500~700 m的深度，含气量增长迅速，可以达到18~20 m^3/t。断块Ⅰ的煤层在300 m深度之上进行了除瓦斯操作，瓦斯含量一般低于8 m^3/t，不利于煤层气开采。断块Ⅱ的煤层在245~315 m深度之上进行了除瓦斯操作，瓦斯含量为9~20 m^3/t。断块Ⅲ的煤层在73~126 m深度之上进行了除瓦斯操作，瓦斯含量为11~19 m^3/t。

3. 主要煤矿

埃斯基巴图兹含煤盆地主要有3个露天煤矿：Bogatyr露天煤矿、Severny露天煤矿和Vostokny露天煤矿。Bogatyr露天煤矿始建于1966年，在1985年产量达到最高水平（5680万t），到1997年该矿共生产10亿t煤炭。目前该煤矿采用水平开采法，煤炭由采煤工作面立即装载到哈萨克斯坦TemirZholy运输车，同时，夹矸层被分拣出来，并装载到矸石场。煤炭通过传送带—铁路技术系统进行装载，使煤炭的产量和供应量提高到每天10万t，还改善了煤炭质量。Severny煤矿是在埃斯基巴图兹含煤盆地北部主要煤矿的基础上建立起来的，到1986年3月Severny煤矿共开采5亿t煤炭。在采煤工作面使用旋转式挖掘机，在岩石分离操作使用岩石单一铲斗挖掘机，在矿渣堆使用索斗铲。

4. 小结

埃斯基巴图兹含煤盆地交通便利，煤层适合露天开采，主要用于发电。盆地为一非对称性地堑——向斜。埋深700 m内的煤炭资源量为91.6亿t，70亿t可采，断块Ⅱ和Ⅲ可进行煤层气开采。盆地主要可采煤层为3号、2号和1号煤层，3号煤层厚度最大但结构复杂。2号煤层最为稳定。煤属于烟煤，低硫，高磷，高热值，灰分中 Al_2O_3、钛、锆、钇等含量高。

（三）图尔盖盆地

1. 概述

图尔盖（Turgay）盆地是哈萨克斯坦最大的盆地之一，坐落在北哈萨克斯坦、乌拉尔和哈萨克斯坦高地之间，从北到南延伸近700 km，面积超过150 km^2。盆地大部分位于库斯塔奈州，但也覆盖了北哈萨克斯坦、阿克莫拉、图尔盖及杰兹卡兹甘州的部分地区。20世纪50年代初期已发现或完全或部分勘探了盆地内所有主要的矿床。

2. 地质特征

盆地中的矿床和含煤构造可以划归6个矿床群，其中最令人关注的是Ubaganskaya、Priishimskaya及

Baikonurskaya 矿床群。

Ubaganskaya 矿床群的矿床及含煤构造易出现在图尔盖盆地西北部。这里坐落着研究程度很高的大型矿床（Kushmurun 矿床、Eginsai 矿床、Prioziornoe 矿床）、较小的矿床（Chemingovoe 矿床、Kharkovskoe 矿床）和几个具有煤炭潜力的地区。煤炭含量与 Kushmurun（下侏罗统）和 Duzbai（中侏罗统）煤系有关，后者是在侵蚀后保存的。

Kushmurun 矿床中包含多达 10 个相邻的厚度从几米到 10 ~ 19 m 不等的煤层，Duzbai 煤系只在 Kushmurun 矿床中具有经济价值，煤层最大厚度接近 50 m。Kushmurun 煤系发育了约 17 个褐煤煤层，这些煤层在整段地层中分布不均匀。最大煤炭饱和度出现在煤系下半部分厚度最连续的 2 个煤层：下部厚煤层和上部厚煤层。这两个煤层构造简单，厚度分别为 10 ~ 60 m 和 5 ~ 35 m，这 2 个煤层局部汇聚并最终完全合并。Kushmurun 煤系包含大约 6 个腐殖腐泥型煤和油页岩岩层，厚度为 0. 7 ~ 5 m，有时能达到 14 m。可燃页岩或腐泥煤在煤层中也有发现，通常仅出现在煤层顶板或底板上。Kushmurun 煤层总厚度在 10 ~ 12 m 到 85 ~ 118 m 之间变化。Ubaganskaya 矿床群中的煤层埋深为 25 ~ 100 m。

Priishimskaya 矿床群位于盆地东部，表现为深大地堑式盆地，趋势呈近南北向和北东向，只有褐煤矿床 Orlovksoe、Kyzyltal、Savinkovskoe、Zhanyspai、Mkhatovskoe 等发育。大部分具有经济价值的煤炭富集都与 Duzbai 煤系有关，在 Orlovksoe 矿床中划定了 6 个相邻煤层，煤层构造复杂，厚度为 2. 5 ~ 57. 5 m。所有煤层的总厚度为 30 ~ 147 m（矿床中部）。Kyzyltal 矿床的煤炭仅出现在 Duzbai 煤系的下半部 4 个构造复杂且厚度为 1. 5 ~ 40 m 的煤层中，总厚度为 6 ~ 67 m。Kushmurun 煤系中的煤炭只出现在 Zhanyspai 和 Savinkovskoe 矿床中，且仅在 Zhanyspai 矿床中具有经济价值，Zhanyspai 矿床已经划定了 10 个煤层（2 个煤层厚度为 0. 7 到 15 ~ 29 m，其余厚度均达到 2 ~ 4 m）。

Baikonur 群（盆地东南部）包括 2 个矿床 Baikonur 和 Kiyakty。第一个已经在开采中，而第二个包含中侏罗世含煤地层，发育了 4 个复杂煤层。

盆地中其余 3 个群的含煤构造很少受到关注，且开采条件复杂。

图尔盖盆地中的煤为腐殖型褐煤（E2），具有较高的湿度，低—中灰分煤，可燃物质的热值是 6500 ~ 6900 kcal/kg，多数矿床平均硫分为 0. 3% ~ 1. 1%，Kushmurun 煤系（下侏罗统）下部硫分更高。半焦化过程中树脂、腐殖酸和沥青的回收率分别为 5% ~ 19%、12% ~ 31% 和 4% ~ 6%。

图尔盖盆地煤炭总资源量为 561. 5 亿 t，煤层埋深可达 600 m；勘探水平相对较低，仅有 196 亿 t 储量是已探明的，其中 61% 集中在厚度超过 10 m 的煤层中。71 亿 t 的煤炭适合于露天开采（Kushmurun、Orlovskoe 和 Eginsai 矿床分别为 26 亿 t、17 亿 t 和 17 亿 t）。图尔盖盆地煤的灰分含有更多的 TiO_2（1. 7% ~ 5. 6%）和锗，可能存在高品位的稀土元素和银，以及其他伴生元素。

图尔盖盆地中的煤炭是很好的发电燃料，同时也适合于汽化和半焦化。特别有利于半焦化的是油页岩和腐泥煤物质含量高的煤。这些岩石中树脂的最大回收率可达 67%。对于油页岩来说，在干基状态下树脂的总回收率为 12% ~ 19%。

3. 主要煤矿

1）Kushmurun 矿床

Kushmurun 矿床在图尔盖盆地中（图 5 - 2 - 7），位于库斯塔奈州 Semioziorny 区东北 40 km，矿床北部运行着阿克莫拉—Magnitogorsk 铁路线。

Kushmurun 矿床的含煤地层以 Kushmurun 和 Duzbai 煤系为代表。Kushmurun 煤系中已发现发育了 12 ~ 17 个具有经济价值的煤层，总厚度达 118 m。最大的煤炭饱和度出现在煤系较低的部位，其中包含下部厚煤层（1063 m）和上部厚煤层（7 ~ 30 m），以及一组将它们在地层中分隔开的中间煤层，这些煤层厚度为 0. 7 ~ 5 m；中间煤层中有一种腐殖腐泥型煤的成分，而局部煤炭被腐泥煤和油页岩所替换。Duzbai 煤系包括 6 ~ 11 个相邻煤层，可采厚度共 50 m。它们仅分布在矿床最低部位。煤层构造简单，但也有极少数复杂构造。煤炭为褐煤，等级为 E2，低灰分，高硫分（平均为 2. 9%）。可燃物的热值平均为 6700 kcal/kg。总资源量估计为 27 亿 t，其中有 26 亿 t 适合露天开采。矿床中油页岩的储量为 0. 73 亿 t，其中有 0. 50 亿 t 的深度达 350 m。

2）Eginsai 矿床

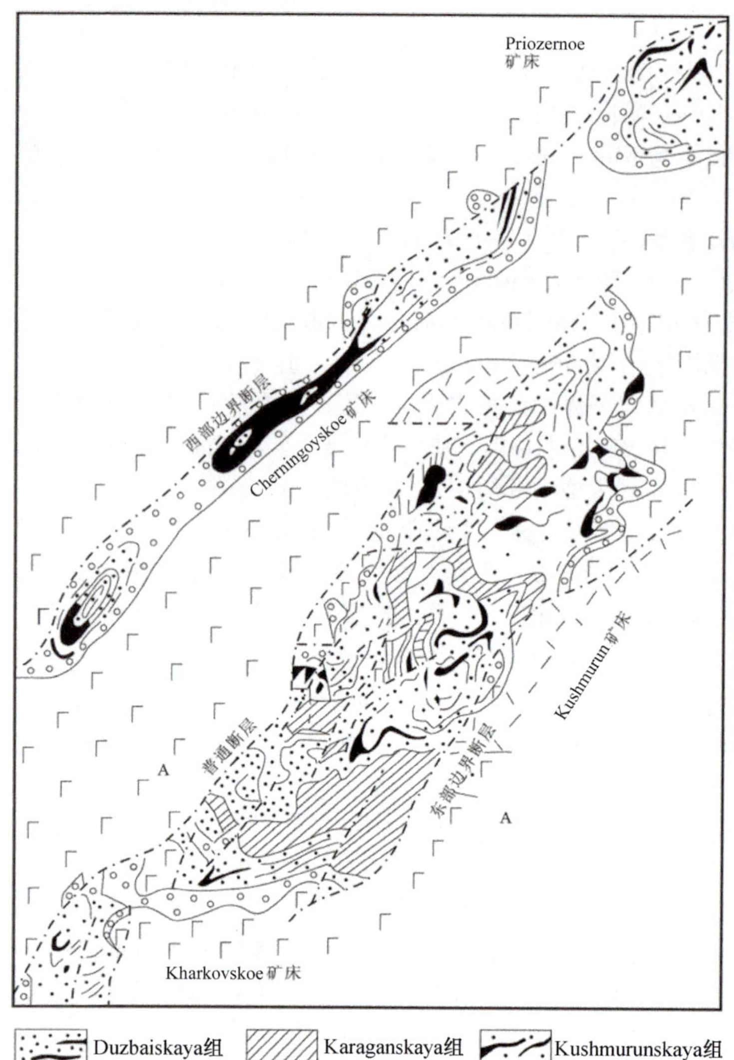

图5-2-7　图尔盖盆地 Ubaganskaya 矿床群主要矿床地质图

Eginsai 矿床位于库斯塔奈州 Karasusky 区，图尔盖盆地西北部，Kushmurun 火车站东北 35 km 处。该矿床具有经济价值的煤炭含量与 Kushmurun 煤系有关，其包含了 11 个深度为 42～300 m 的可采煤层。矿床东南部煤炭最富集，为一个位于煤系底部构造简单的厚煤层（70 m）。该煤层向北部和西部分裂成几个煤层，另有 10 个煤层覆盖在厚煤层之上，这些煤层厚度为 3～4 m，极少数达到 7～8 m。煤炭灰分低但硫分高。该矿床可燃物质的热值为 6500 kcal/kg。该矿床总资源量为 46 亿 t，其中 17 亿 t 适于露天开采。

3） Prioziornoe 矿床

Prioziornoe 矿床位于阿克莫拉—Magnitogorsk 铁路 Kushmurun 火车站以北 6 km 处的一个地堑中（图5-2-6）。Kushmurun 煤系中的含煤地层厚度为 100 m，包含 10 个煤层，其中 9 个为可采煤层。在煤系较低部位为上部厚煤层和下部厚煤层，平均厚度为 22 m。下部厚煤层埋深为 50～220 m，最大平均厚度为 8 m，构造简单，在东部分成厚度为 0.7～15 m 的 3 个煤层。上部厚煤层深度为 48～179 m。Kushmurun 煤系上部含有 5 个左右不连续的煤层，厚度为 1.5～2 m，有时高达 4 m，个别高达 67 m。煤炭具有高湿度、低灰分和低硫分。该矿床可燃物质的热值为 6600 kcal/kg。该矿床总资源量估计为 4.13 亿 t，其中 3.60 亿 t 适合露天开采。

4） Cherningovskoe 矿床

Cherningovskoe 矿床发育在一个狭窄细长的呈北东走向的盆地中。Kushmurun 煤系下部包含一个埋深为 33～96 m 的厚煤层。该煤层构造复杂，由 2～4 个相邻含煤地层组成。煤层总厚度为 37 m，其中具有经济价值的煤的平均厚度为 8 m（最大为 24 m），可燃页岩为 23 m，不具有经济价值的煤的厚度为 6 m。煤炭为褐煤（E2），低硫分（0.3%），平均灰分为 29%，可燃物质的热值为 6500 kcal/kg。煤炭总资源量为 1.10 亿 t，其中 0.89 亿 t 适合露天开采。油页岩总资源量为 0.48 亿 t。

5） Orlovskoe 矿床

Orlovskoe 矿床位于库斯塔奈州 Amangeldy 区，Savinkovsko－Kyzyltal 盆地南半部分的西部边缘地带。在矿床东部大约 70 km 运行着 Esil—Arkalyk 铁路线。该矿床的煤炭含量与 Duzbai 煤系有关，其中已发现 6 个含煤地层。在矿床中部，每个地层包含 1 或 2～3 个巨大的相邻煤层，向盆地西部边缘煤层分叉、尖灭，并被砾岩层所取代。在盆地轴向往东方向，煤层均匀地分叉，厚度均匀分开。前 5 个煤层的总厚度为 8～147 m（矿床中心），煤炭为褐煤，低灰分，低硫分，可燃物质的热值为 6700 kcal/kg。该矿床煤炭储量为 19 亿 t，其中 17 亿 t 适合露天开采。

6） Kyzyltal 矿床

Kyzyltal 矿床位于 Orlovkoe 矿床东部 10 km 处。含煤地层（Duzbai 煤系）位于一个平缓向斜褶皱的东翼，煤系厚180 m，已发现4个含煤地层，厚度为1.5～40 m，总厚度为6～67 m。煤炭以疏松的丝炭或各种丝炭化组分为代表，灰分为13%，低硫分为0.5%，可燃物质的热值为6500～7300 kcal/kg。煤炭总资源量达13亿t，其中6.82亿t证实的储量埋深为100～300 m。矿床中央包含一个适合露天开采的区域，储量为3.56亿t。

7）Zhanyspai矿床

Zhanyspai矿床位于库斯塔奈州Oktiabrisk区Zhanyspai盆地内。阿克莫拉—Magnitogorsk铁路线穿过它的中央。含煤地层包括Kushmurun煤系和Duzbai煤系。Kushmurun煤系包含10个煤层，其中只有Moshny1（厚0.7～29 m）和Moshny2（厚0.7～15 m）两个煤层具有经济价值。煤层构造简单，向盆地边缘分叉变薄。Duzbai煤系含26个厚0.5～7 m的煤层，埋深为110～570 m。煤炭为褐煤，丝炭化，灰分为18%，湿度为32%，低硫分。该矿床可燃物质的热值为6500 kcal/kg，总资源量为28.5 Gt，其中有16.5 Gt埋深在300 m内。

8）Stavropolskoe矿床

Stavropolskoe矿床煤层厚度为1.3～9 m，总厚度超过50 m。煤炭是低灰分，并含有增多的稀土元素。300 m深度范围以内的预测煤炭资源量为750 Mt。

9）Mkhatovskoe矿床

Mkhatovskoe矿床位于图尔盖Amangeldy区东北部，与其同名的Mkhatovskoe盆地内。300～400 m深的钻井只揭示了Duzbai煤系所组成的地层上部，包含了4个煤层，单个煤层厚度为0.7～16 m，总厚度达45 m。煤炭主要是丝炭，低硫分，灰分约22%。该矿床可燃物质的热值为6200 kcal/kg。矿床的地质储量为10.9 Gt，其中6.9 Gt的储量埋深为100～300 m。

10）Savinkovskoe矿床

Savinkovskoe矿床位于阿克莫拉州Esilsky区，Savinkovskoe－Kyzyltal盆地北部伸出部分，深度为300～600 m。Kushmurun煤系厚度为126 m，已确定了2～3个煤层；而Duzbai煤系也发育了3个厚0.8～1.5 m的煤层。矿床内煤层总厚度为3～11 m，总可采厚度为7 m。煤炭是褐煤，灰分为14%，干燥燃料的热值约为6000 kcal/kg。证实C2储量为492 Mt。Savinskoe矿床以南Sholakaschinsky矿床也有类似的煤层发育，资源量估计为91 Mt，埋深100～300 m。

11）Bertal矿床

Bertal矿床属于Priishimskaya群，坐落在一个北东走向的小凹陷中，在Orlovskoe矿床以北30 km的地方。该矿床含煤地层发育6个厚度为1～20.6 m的煤层，预测煤炭资源量为660 Mt，其中320 Mt的资源量埋深300 m以内。

12）Panfilovskoe矿床

Panfilovskoe矿床在Amankaragai火车站（Magnitogorsk—阿克莫拉铁路）以南135 km处，Panfilovskoe盆地北部。Kushmurun煤系划分为6个煤层，厚度为0.7～14 m（E煤层），埋深为120～360 m。该矿床内煤层总厚度为2～26 m，平均厚度为11 m。煤层向盆地轴向以及朝其边缘方向分叉并变薄。煤炭是褐煤，半光亮—半暗淡煤，灰分高达20%，硫分为2.3%，干燥燃料的热值为5200 kcal/kg。该矿床煤炭储量为677 Mt，其中479 Mt的资源量埋深为100～300 m。

13）Kharkovskoe矿床

Kbarkovskoe矿床位于库斯塔奈州Semioziorny区Kbarkovskoe盆地，Kushmurun火车站西南20 km处，属于Ubaganskaya群。Kushmurun含煤地层形成了一个北东走向的平缓短轴向斜褶皱，并有16个煤层，埋深为70～180 m，最大厚度总计为33 m，Moshny45和Moshny12煤层最厚。煤炭为褐煤（E2），低硫分，灰分为22%，可燃物质的热值为6700 kcal/kg。埋深300 m内的煤炭储量为37 Mt。该矿床煤层厚度较小且埋深较大，不可能进行露天开采。

14）Karashilik矿床

Karashilik矿床位于库斯塔奈州Uritsky区一个盆地内。晚三叠世含煤地层发育Uzynkol系（不含具有经济价值的煤）和Burluk煤系。Burluk煤系发育9个厚度为0.7～6 m的煤层，构造简单，煤层总厚度为12～23 m，埋深大于150 m。含煤地层形成了一个向斜褶皱，其两翼被构造断层截断，而盆地自身也被一条近东西向的大断层分成北部和南部。盆地中心岩层倾角平缓，盆地边缘和构造带上岩层较陡。煤炭灰分高、硫分高，可燃物质的热值为6700～7100 kcal/kg，属于E3类，不具备重要的经济价值。煤炭中锗的含量增多。该矿床煤炭总资源量为509 Mt，其中448 Mt的储量埋深为100～300 m。

15）Burluk、Uzunkol－Kupriyanovskoye、Sevastopolskoye和Bylkuldak矿床

除Burluk矿床之外，其他3个矿床的含煤地层均与Uzynkol煤系相关，该煤系发育了3～6个厚度为0.1～9.4 m的煤层，埋深为60～200 m。在Burluk矿床中，含煤地层以Burluk和Uzynkol为代表，在埋深超过5 m的地层中发现了厚度为0.1～0.6 m的煤层，煤炭为硬煤、长焰煤。其余矿床中的煤为褐煤，E3等级，灰分为19%～35%，可燃物质的热值为6600～8000 kcal/kg。推断的煤炭资源量为131～9000 Mt（Burluk矿床），开采这些矿床并没有实际利益。

16）Zhimyki矿床

Zhimyki矿床发育在距Kiyakty矿床西南15～20 km的Zhimyki盆地中。1954年钻探水文地质井时，揭露了一个厚度为1 m的晚侏罗世褐煤煤层。预测埋深为100～300 m的煤炭资源量为166 Mt。

（四）迈库边盆地

迈库边（Maikuben）盆地位于巴甫洛达尔州Bayanaul区，在Ekibastuz镇东南65 km，巴甫洛达尔市西南160 km处。该盆地有5个矿床：Shoptykolskoe、Sarykolskoe、Taldykolskoe、Taskudukskoe和Tanldinskoe矿床。迈库边盆地的煤炭总资源量估计为51.7亿t，其中有18亿t适合露天开采。2010年迈库边盆地产煤530万t，未来，年产量将达到800万t。Shoptykol矿床目前正在开采中。该盆地代表一个东西走向的大型向斜，南翼缓，北翼陡，甚至倒转，充填着陆相岩层，并被断层和次级褶皱复杂化（图5－2－8）。

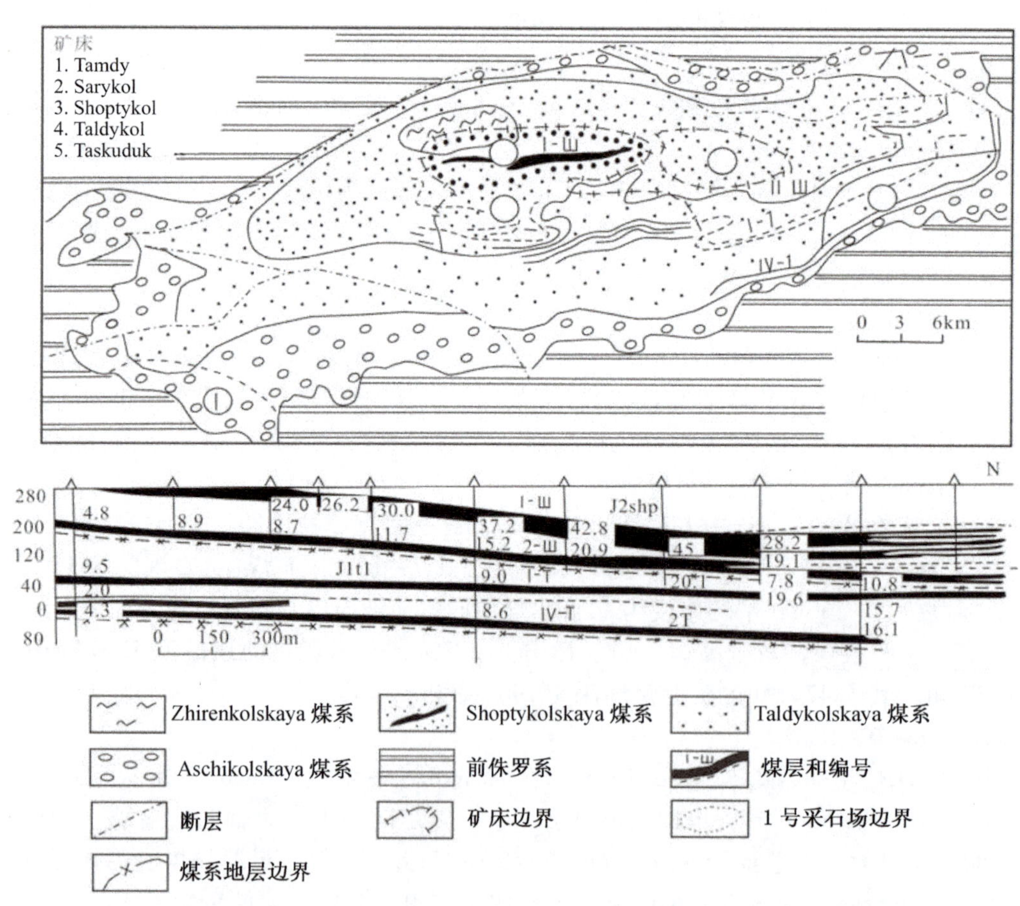

图5－2－8　迈库边盆地地质图

迈库边盆地早中侏罗世含煤地层厚度可达1850 m，自下而上分别为：Aschikolskaya、Taldykolskaya、Shoptykolskaya和Zhirenkolskaya 4套煤系。中间2套煤系地层厚度为600～650 m，发育了主要煤层。可采煤系地层的煤含量沿地层往上并且向盆地中心方向增加。Shoptykolskaya煤系中煤含量最高，该煤系

包含 2 个厚度分别为 25 ~ 30 m 和 15 ~ 25 m 的厚煤层，但是煤层构造复杂且不连续，南部和中部地区构造简单，但向两翼方向分成了不同煤层。Taldykolskaya 煤系发育了 4 个煤层，其中下部和上部的煤层最连续且最厚，不同地区煤层厚度从 4 ~ 5 m 到 10 ~ 30 m 不等。该煤系适合露天开采，其他 2 套煤系各包含一个厚度为 5 ~ 6 m 的可采煤层。

迈库边盆地内的煤为腐殖型褐煤，煤化程度高（E3），灰分平均值为 25% ~ 28%。煤炭含硫低、含磷高，可燃物质的热值为 7000 ~ 7500 kcal/kg，树脂的回收率一般为 4% ~ 7%。在汽化过程中获得约 3.5 m^3/kg 的气体，其热值约 1000 kcal/m^3，可以被用作汽化的高级发电燃料，还可以在炼焦时作为一种添加剂。Shoptykolskaya 煤系的煤炭灰分复杂，可以得到铝、钛、钪、稀土等有价值的混合物，灰分中具有能刺激生物的混合物，它们可作为微生物化肥。

（五）舒巴尔科里矿床

舒巴尔科里（Shubarkol）矿床位于卡拉干达州 Tengiz 区，距离杰兹卡兹甘镇东北 140 km。最近的火车站 Kyzylzhar 通过一个长 120 km 的铁路支线与矿床连接。舒巴尔科里煤矿是哈萨克斯坦最大的动力煤产地，2007 年产量占全国总产量的 6%。舒巴尔科里煤矿也是当地半焦煤产地，2007 年共售出 16.1 万 t 半焦煤。2011 年，JORC 标准的探明和预测资源量为 13.77 亿 t，其中概算资源量为 3.44 亿 t。舒巴尔科里煤田煤炭灰分较低，而且具有较大的发热值，上煤层的煤大多适于露天开采。

舒巴尔科里矿床早侏罗世含煤地层厚度可达 330 m，形成了一个近东西向的凹陷，东西平缓，南北较陡（图 5-2-9），凹陷内部岩层平缓，凹陷中心有一个横向的含煤地层隆起，将凹陷分为东部和西部，煤层埋深分别为 127 m 和 90 m。

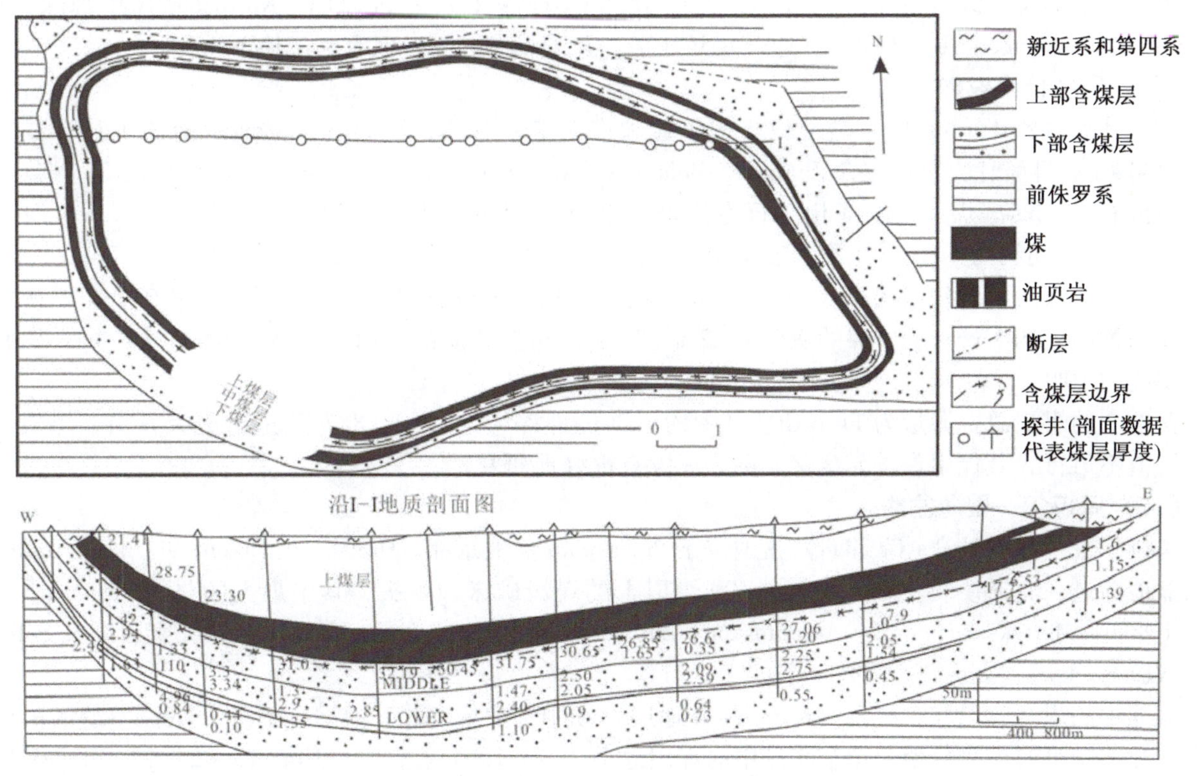

图 5-2-9 舒巴尔科里矿床地质图

舒巴尔科里矿床含煤地层下半部的中煤层和下煤层具有非常复杂多变的构造。下煤层总厚度可达 51 m，为 6 ~ 7 个厚度为 0.2 ~ 1.5 m 及构造变化强烈的薄煤层。中煤层在整个矿床中的煤层厚度最小，不超过 2.8 m，总厚度为 2 ~ 4.5 m 至 7.0 m。地下含煤地层非常不连续，并且不具有区域可对比性。上煤层（主要煤层）厚度可达 32 m，构造相对简单，尤其是在凹陷西北部，仅在含煤地层的中部发育，向东南部和南部分裂成 5 ~ 8 个煤层，厚度从 1 ~ 2 m 至 10 m 不等。

舒巴尔科里矿床煤炭为腐殖型硬煤，镜质组分含量高，在中上煤层的煤为长焰煤（等级 L）。煤炭为低灰分，低硫分，并含有少量的磷，热值为 7400 kcal/kg，很容易或者稍难富集（下煤层中的煤除外）。灰分具有耐火性，煤很容易自燃。在半焦化过程中能够得到高达 9% ~12% 的树脂，是制作合成燃料的唯一资源。

覆盖在上煤层上的是厚 1.1 ~7.7 m 的油页岩，高灰低硫，热值为 4800 ~6700 kcal/kg。油页岩的储量共 4.03 亿 t，暂不具有经济性。风化壳中的黏土是另一种有用的资源，可获得混合瓷砖、伴生元素（如钇、钪）等。煤炭风化的地区稀土元素含量高，面积小，呈透镜状，但需要引起重视。

（六）伊犁盆地

伊犁盆地（Ili）为一东西向延伸的大型盆地，位于阿拉木图和塔尔迪库尔干州的 Uigursky 区和 Panfilovsky 区。伊犁河经该盆地进入 Balkhash 湖。伊犁河沿岸的 3F 井揭露包含 7 个厚 0.6 ~14 m 煤层的侏罗系地层，称为 Kolzhat 矿床。

盆地中的含煤地层以中下侏罗统为代表。下侏罗统发育了 3 个煤层，位于下侏罗统下部的 2 个煤层厚度分别为 1.5 m 和 2.5 m，相距 15 ~24 m，而第 3 个煤层（2 ~4.5 m）局限于下侏罗统上部，盆地南缘，埋深 120 ~180 m。中侏罗统发育 5 个煤层，其中 4 个埋深很深且分布区域有限，厚度为 0.7 ~3 m，第 5 个煤层（主要煤层）厚 11 ~23 m，埋深 300 ~350 m。所有煤层都是连续的，构造简单，且具有可采厚度，含煤系数为 4.6，在 Kolzhat 矿床中达到 12。

伊犁盆地的煤炭为褐煤，腐殖型煤，煤化程度高（E3），低灰分、低硫分、可燃物质的热值为 6900 ~7200 kcal/kg。在半焦化过程中，单个样品中树脂的回收率平均为 11.3% 。随着埋深的增加，沥青和腐殖酸的回收率增加。

伊犁盆地的总资源量估计为 44.1 Gt，其中 16.6 Gt 埋深在 1800 m 以内。Kolzhat 矿床中埋深 300 ~900 m 内的煤炭资源量共 2.3 Gt。只适合立井开采，开采没有利润，但有利于地下汽化。

（七）日兰什克盆地

日兰什克（Zhilanshiksky）盆地位于图尔盖和杰兹卡兹甘州，距离位于盆地东南的杰兹卡兹甘市 100 ~200 km。日兰什克盆地包含 Zharkue、Bolattam、Altynzhar、Kaidagul、Balga 及其他矿床。产煤地层以渐新世 Chiliktinsky 煤系中的陆相岩石为代表，厚 20 ~45 m。煤系中间发育一个褐煤煤层，厚度为 0.7 ~14 m（平均约为 4 m）。在盆地边缘煤层分叉变薄，煤层埋深 1.1 ~110 m。

盆地中的煤炭为腐殖型褐煤（E1）。煤炭中的其他物质成分有琥珀、黄铁矿和白铁矿。黄铁矿结核可当成一种独立的矿产资源。煤的灰分为 22% ~24% ，可燃物质的热值为 5800 ~6400 kcal/kg，树脂的回收率约为 10% 。

盆地中的煤炭总资源量为 11.6 Gt，其中约 7 Gt 的埋深约为 50 m，8.7 Gt 适合露天开采，煤炭开采在经济上不可行，其伴生贵重元素锗、金等还没有很好地研究。

（八）乌拉尔—里海盆地

乌拉尔—里海（Ural - Caspian）盆地位于 Precaspian 盆地东部。Uralsk - Tashkent 和 Orsk - Atyrau 铁路从盆地穿过，交通便利。该盆地包含 100 个以上的煤炭矿床和露头，其中最大的是 Kurashasai、Yaisan、Uzhno - Mortykskoe、Alga、Aktubinskoe、Shubarkuduk、Zhaksymai、Kendybai 等矿床，以及 Soliletskoe、Veselovskoe、Kainsai 等国外矿床。

盆地中的煤炭含量与三叠系（Kurashasai 地层）和中侏罗统（Ilek 地层）有关。下侏罗统的疏松丝炭煤层和夹层没有实用价值。单个矿床中的煤层总数为 3 ~10 个，有时可达到 23 ~24 个。可采煤层的数量通常不超过 1 ~3 个，平均厚度几乎不会超过 1 m，大部分为 0.1 ~4.3 m，极少数为 9.5 m（Dossor 矿床）。在盆地南部，侏罗纪的所有矿床都发育在盐丘的侧翼或穹顶；盐丘中部以下的煤层最厚且最紧密，侧翼煤层厚度变薄。

煤炭为中—高灰分，灰分从北部矿床的 21% ~46% 到南部矿床的 8% ~36% ，可燃物质的热值为 5000 ~7000 kcal/kg。煤炭是高能量的 A2 等级，更容易自燃，易成块。盆地中的煤炭总资源量共 13.6 亿 t，其中已证实的储量为 1.42 亿 t。盆地中的煤炭产量可以作为能源供当地使用，灰分中钛、钒等其他元素以及贵金属元素浓度很高，可以被 TPS 使用。

Yaisan 矿床是乌拉尔—里海褐煤盆地中面积最大且研究程度最高的矿床之一，位于盆地北部，Aktobe 镇西北偏北 90 km，附近运行着 Uralsk—Tashkent 铁路。中侏罗纪含煤地层填充在一个槽状的等轴凹陷中。中侏罗世 Ilekskaya 煤系（厚 100 ~ 200 m）发育了 10 个以上的煤层和含煤夹层。Ⅲ煤层和Ⅴ煤层最连续，厚度分别为 0.4 ~ 1.8 m 和 0.6 ~ 1.7 m。其余煤层的厚度变化大，很少达到可采厚度。煤炭为褐煤（E2），平均灰分为 23%，高硫分，低热值。Yaisan 矿床的煤炭灰分中 FeO 和钛含量高，但碱性物质含量低，非常有利于制作人工轻质填料。埋深 300 m 内的资源量估计为 142 Mt，其中 96 Mt 经济可采，是需要压块的发电燃料。灰分中出现的钛、钒等以及其他贵重伴生元素增加了煤炭的价值。

（九）Chu 盆地

Chu 盆地位于江布尔州，Balkhash 湖南端。Mointy – Shu 铁路线位于 Chu 盆地东部 110 ~ 160 km 处，而 Shu 河分布在盆地内。含煤地层发育在 Chu 盆地北部，暴露在 Karakolsky 短轴向斜北部边缘，向南被埋藏在较年轻的地层之下。盆地边缘地区的煤炭适合开采，但勘探程度普遍较低。

早 Visean 期含煤地层厚 350 ~ 400 m，形成了一个近东西向延伸的短轴向斜，并包含 2 ~ 5 个可采煤层。盆地发育了 Karakol、Aleksandrovskoe、Kamkaly 和 Kasymtobe 4 个矿床。Karakol 矿床含煤层数最多（13 个），平均厚度为 0.4 ~ 5.8 m，总厚度为 22 m，煤层构造复杂。标志层 Main 煤层是最连续的煤层，厚度为 4.5 m 到 12 ~ 15 m 之间。Main 煤层之上有 3 个煤层，其下有 9 个煤层，9 个煤层中，上部的 2 个及下部的 2 个煤层相对稳定，可采厚度 1 ~ 5 m。Aleksandrovskoe 矿床中划分了 5 个煤层，其中 4 个具有可采厚度（从 1 ~ 2 m 到 4 ~ 7 m）且构造简单。Karakol 矿床中的煤炭含量向西部和北部减少。在 Kamkaly 矿床中已揭露 7 个厚 0.2 ~ 1.1 m 的煤层，其中 3 个具有可采厚度。Kasymtobe 矿床中只确定了厚度为 1.05 ~ 2.8 m 的 3 个煤层和几个薄的含煤夹层。

盆地中的煤炭为腐殖型煤、硬煤（从长焰煤、气煤到肥煤、焦煤），很少瘦焦煤，高灰分。煤炭难于或适度富集，可燃物质的热值为 7400 ~ 8600 kcal/kg。Aleksandrovskoe 矿床中的平均灰分略低(31% ~ 41%)，煤炭热值较高，并能焦化。

Chu 盆地的储量十分可观，但埋深大，经济价值仍然很低。其中，Aleksandrovskoe 矿床和 Karakol 矿床共计 30 亿 t 煤适合用于炼焦，具有很大的经济价值。Karakol 矿床中约 5000 万 t 煤炭储量适合露天开采。开发这些煤炭将明显缓解南哈萨克斯坦能源紧张问题。

（十）Teniz – Korzhunkolsky 盆地

Teniz – Korzhunkolsky 盆地位于阿克莫拉州 Erementau 区，阿克莫拉市以东 180 km 处。盆地南缘运行着阿克莫拉—巴甫洛达尔铁路线。盆地为一个巨大的短轴向斜，并被次级褶皱复杂化。盆地中共识别出 Kosmurun、Kyzylsor、Saryadyr 和 Bozshasor 4 个矿床。

含煤地层以 Ashliarskaya 和 Karagadinskaya 煤系为代表，Ashliarskaya 煤系发育了一个厚 1.5 ~ 4.5 m、构造复杂且不稳定的煤层。主要含煤地层位于 Karagadinskaya 煤系底部，由构造复杂的相邻煤层（Nadiozhny、Sputnik 和 Pitinletrovy）组成。含煤地层总厚度介于盆地南部的 60 ~ 80 m（煤层 30 ~ 50 m）和盆地北部的 20 ~ 30 m（煤层 15 ~ 25 m）之间。Saryadyr 矿床和 Kosmurun 矿床南部煤炭饱和度较高。最厚的煤层是 Nadiozhny 煤层（10 ~ 50 m），而厚度最连续的是 Pitimetrovy 煤层（约 5 m）。

盆地中的煤炭是腐殖型煤、硬煤（从气煤、焦煤到瘦焦煤、无烟煤），高灰分（20% ~ 45%）、低硫分、难以富集，可燃物质的热值为 7700 ~ 8300 kcal/kg，是一种发电燃料。质量最好的煤在 Saryadyr 矿床中的 Pitimetrovy 煤层。埋深 1800 m 的煤炭总资源量估计为 2.6 Gt，其中，证实的灰分约 40% 的具有经济价值的储量共 160 Mt，113 Mt 适合露天开采，Saryadyr 矿床的开采条件最佳。

（十一）Nizhneili 盆地

Nizhneili 盆地位于阿拉木图州 Balkhash 区，距 Bakanash 西北偏西 160 km，当到达伊犁河口时盆地沉积转入 Balkhash 湖中。盆地发育了 Nizhneiliskoe、Balatoparskoe 和 Orta – Bakanasskoe 矿床，煤层厚度分别为 22.4 m、21.8 m 和 14.1 m，埋深分别为 400 ~ 430 m、180 ~ 230 m 和 540 ~ 560 m。早—中侏罗世含煤地层厚 50 ~ 200 m，可分为 4 套煤系。盆地中主要可采煤层位于Ⅳ煤系上部，该煤系在整个凹槽内均有分布；煤层厚度在 1 ~ 2 m 到 58.3 m 之间（平均厚度约为 17 m），埋深为 160 ~ 330 m；在凹槽中部和东南部，煤层几乎不含岩石隔夹层且构造简单；剩下的区域，煤层分叉。

煤炭为褐煤（等级 E1—E3），以各种丝炭类的煤为代表，容易自燃，煤饼质量差。煤炭平均湿度达 37.8%，平均灰分为 16%，硫分多达 2%，可燃物质的热值为 6700 kcal/kg。西部地区的煤炭含盐（Na_2O > 0.7%），东部地区不含盐。煤炭总资源量（具有经济价值）10.9 Gt，其中 Nizhneiliskoe 矿床 9975 Mt。

副产品是煤层顶板和底板中的油页岩和高岭土风化壳。预测油页岩储量为 57 Mt，预测 Al_2O_3 含量在 30% 以上的伊利石资源量为 814 Mt。

综上所述，Nizhneili 盆地主要可采煤层位于Ⅳ煤系上部，煤层平均厚度约为 17 m。煤炭为褐煤，易自燃，灰分低，硫分达 2%，具有经济价值的总资源量为 10.9 Gt，其中 Nizhneiliskoe 矿床 9975 Mt。副产品是油页岩和高岭土风化壳。

二、其他煤矿床

（一）正在开发的矿床

哈萨克斯坦正在开发的煤矿床中，Borly、Kuushokay、Kulan、Bogembay 矿床交通便利，低硫，高灰，高热值，只能用作发电。Borly 矿床和 Kulan 矿床煤炭灰分中 Al_2O_3、钛、锆等含量高，总资源量分别为 70 Mt 和 500 Mt，均适合露天开采。Kuushokay 矿床总资源量估计为 651 Mt，152 Mt 适合露天开采。Bogembay 矿床埋深 250 m 内的煤炭总资源量估计为 147 Mt，5.5 Mt 适合露天开采，煤炭灰分中 Al_2O_3 含量高。

Yubileinoe 矿床交通便利，煤炭为低硫、低灰、高热值的褐煤，煤层较厚，可作为发电燃料、民用燃料、化学技术资源，埋深 600 m 以内的煤炭储量估计为 1.56 Gt，适合露天开采。煤炭灰分中富集的元素可作为稀土——钪材料。

Lenger 矿床的煤炭为中灰、高硫、高热值、易自燃的褐煤，埋深 900 m 内的煤炭储量为 750 Mt，开采条件复杂。

Alakol 矿床煤炭的灰分低，硫分低，可用作发电燃料和技术资源，证实的储量为 47 Mt，约 8 Mt 适合露天开采，煤炭灰分中含有大量锗、钪等。

Oikaragay 矿床的煤炭灰分低，硫分低，易分解，储量为 80 Mt，其中 41 Mt 适合露天开采。

相比较而言，Yubileinoe 矿床储量大，煤层厚，煤质好，用途广，潜力最大。

（二）适合未来开发的煤矿床

适合未来开发的煤矿床中，Samarskoe 矿床发育有中等灰分和硫分、高热值的气煤、肥煤和焦煤，可采厚度 1 ~ 3 m，适合生产焦炭，总资源量为 1.3 Gt，其中焦煤为 860 Mt，剩余储量为 300 Mt。

Belokamenka 矿床发育有高灰、低硫、难以富集、高热值的瘦焦煤和半烟煤，证实的储量为 532 Mt，70 Mt 适合露天开采，开采条件复杂。

Zavialovskoe 矿床发育有肥煤和焦煤，热值高，可采煤层厚度为 1 ~ 1.3 m，焦煤储量为 242 Mt，证实的经济储量为 201 Mt。

Kendyrlyk 矿床的煤层可采厚度为 0.6 ~ 7.2 m，为高灰、低硫的气煤、长焰煤、硬煤、褐煤，可以用作发电燃料、半焦化和汽化的原料。硬煤和褐煤的储量分别为 587 Mt 和 1033 Mt，埋深大，73 Mt 硬煤和 67 Mt 褐煤储量适合用坑道开采。

Samaisor 矿床发育有中灰、低硫、低热值的焦煤，可用作发电燃料，埋深 450 m 内的煤炭储量为 300 Mt，其中 150 Mt 适合露天开采，煤炭灰分中富含钛、锆等。

East Uralskoe（Mamytskoe）矿床靠近大型的采矿企业和工业中心，发育有高硫褐煤，低热值，只能用作发电。煤炭灰分中含有大量的钒、钛、钴等，废煤渣可以利用。该矿床证实的储量为 1426 Mt，部分适合露天开采。

Zhalyn 矿床发育有低灰、低热值的气煤，可用作优质材料和瘦化添加剂，储量已确认为 48 Mt，适合露天开采。

Koitas 石炭纪矿床发育有低硫褐煤，埋深 300 m 内的煤炭储量约为 13 亿 t，其中约 4 亿 t 适合露天开采。侏罗纪矿床为高灰分褐煤，埋深 300 m 内具有经济价值的煤炭储量约为 3 亿 t。

综上所述，Samarskoe 矿床、Zavialovskoe 矿床的潜力最大，Koitas 矿床的潜力次之。

（三）适合当地开发的煤矿床

适合当地开发的煤矿床中，Yablonaskoe 矿床和 Koksengir 矿床均为高灰分低品位黏煤，储量总计 163 Mt。尽管 Tamsor 矿床储量可达几亿吨，但热值低、灰分高。Tumensor 矿床为低硫分、高灰分的肥煤，储量（9 Mt）低。

Zhamantuzskaya 矿床群中，最有价值的是 Kyzyltau 矿床，煤炭为焦煤，135 Mt 的经济可采储量适合露天开采，其余矿床的煤炭以高灰分的瘦煤为主，多数矿床不具有经济价值。Chingiz 矿床群中，Akshoky 矿床最具潜力，为中等灰分的焦煤和肥煤，其他矿床都被定义为无勘探潜力。

Pribalkhash 矿床群中 Sarykum 矿床的煤炭为高灰分无烟煤，难富集，煤炭灰分中 Al_2O_3 含量较高，预测储量为 336 Mt；Balasoran 矿床为高灰分、低硫分的瘦黏煤和瘦煤，不具备勘探潜力；Akmayasarykol 矿床估计储量为 10 Mt，经济上不可采。

南 Zhungar 矿床群不具有经济价值，但位于燃料极度短缺和远离铁路的地区。煤炭为高灰分、低硫分的瘦煤和瘦黏煤。各个矿床储量为几百吨到几千万吨。

Manrak 矿床为高灰分、低硫分的焦煤，经济储量共 40 Mt。Cheremoshinskoe 矿床为低灰分、低硫分的半无烟煤，埋深 100 m 内的煤炭储量为 15 Mt。Kokpekty 矿床为低硫分的瘦黏煤，埋深 300 m 的总资源量为 3 Mt，不具有经济价值。Zhanan 矿床的煤炭为瘦黏煤和瘦煤，可作为燃料供应当地。Tolagai 矿床的煤炭为高灰分、低硫分的肥煤，储量只有 0. 5 Mt。Berchogur 矿床的煤炭为高灰分、低热值的硬煤，储量为 10 Mt，经济不可采。Kyzylkaspak - Airzhal 矿床的煤炭为低灰分、低硫分、低热值的褐煤，埋深 300 m 内储量为 43 Mt。Kiyakty 矿床中低灰分、低硫分的褐煤，证实储量 23 Mt 且适合露天开采。Saryuzen 矿床的煤炭为中灰分、低硫分的长焰煤，估计北部凹陷的煤炭储量为 85. 9 Mt。

第四节　优质煤炭资源富集区

哈萨克斯坦选择优质煤炭资源富集区主要遵循“质优、量大、易采、经济”的优选原则，兼顾国内外煤炭资源需求和国际能源发展趋势，短期见效、长期发展。

一、卡拉干达盆地煤炭资源富集区

（一）卡拉干达盆地的优势

卡拉干达盆地主要位于卡拉干达州中部，整个盆地的面积为 3600 km^2。卡拉干达州交通运输相对比较发达，盆地内运行着连接卡拉干达与哈萨克斯坦、乌拉尔、西伯利亚和中亚工业中心的铁路线。从阿拉木图—彼得罗巴甫洛夫斯克，长 1724 km 的国际公路线也经过卡拉干达盆地。

该盆地煤炭开采历史较长，勘探程度相对较高。盆地发育有中坦特克（Tentek）、萨鲁班鲁尔（Sherubainur）和卡拉干达这 3 个向斜组成的煤炭工业生产区，其地下埋深小于 700 ~ 1300 m 的煤炭储量已基本进行过详查。

卡拉干达盆地煤层最大深度可达 1800 m，估计煤炭资源量为 465. 4 亿 t，其中 246 亿 t 经济可采。估计焦煤资源量为 118 亿 t，包括 52 亿 t 证实的储量。目前整个盆地有 10 个在产煤矿。

卡拉干达盆地褐煤总资源量共计 21. 5 亿 t，其中 5. 66 亿 t 已经准备进行露天开采，剥离系数为 6 ~ 8 m^3/t。

盆地中石炭系的煤是腐殖型煤和硬煤（从气煤到焦煤），主要煤级是 LC、C 和 CF 级。煤炭灰分从 10% ~15% 到 25% ~40% 不等。煤炭低硫—中硫，含磷，具有高燃烧温度。盆地中大部分煤适于炼焦。

盆地中侏罗纪的煤通常是褐煤，变质程度高（E3）。作为经营燃料的煤炭灰分为 16% ~21%。煤炭低硫分（0. 5% ~0. 8%），中等磷含量（0. 01% ~0. 08%），碳（71%）和氢（5. 4%）含量增加。煤炭具有高热值，可燃物质的热值达 6700 ~ 7100 kcal/kg。

盆地内煤矿数量众多，但因各种原因已关闭，被关闭的煤矿经过技术升级改造后可以重新投入生产。目前在产的煤矿均经过升级改造，机械化程度较高。

目前对卡拉干达盆地的煤炭资源需求比较旺盛，该盆地生产的煤炭大部分供给哈萨克斯坦、中亚、西西伯利亚和南乌拉尔的冶金厂、铁路运输、火力发电站及其他工业企业。

（二）卡拉干达盆地的不足

卡拉干达盆地瓦斯含量比较高，从瓦斯气体含气层顶部向下到400～500 m的深度，含瓦斯煤层的数量急剧增加，随着深度的增加瓦斯浓度达到15～20 m^3/t。由于煤与瓦斯突然爆发，盆地中的大部分矿山超出了正常类，被定义为危险类。而且Karagandinskaya煤系中煤层构造复杂（如k12号煤层），且Ashliarskaya中的煤层大多都易自燃。

（三）卡拉干达盆地富集区选择

综合卡拉干达盆地的优势和不足，该盆地优质资源富集区应遵循以下原则：

（1）富集区选择在成熟的煤炭开采区，基础设施相对比较完善。

（2）考虑到这4个向斜区内资源的分布情况，Verkhnesokursk向斜区煤炭为褐煤，而且勘探程度较低，目前没有在产煤矿，因此该区不予考虑。

（3）考虑到构造特征，富集区位置选择在向斜边缘区，煤炭埋深较浅。

（4）考虑到瓦斯含量变化情况，较深部位的煤炭瓦斯含量高，开采风险大，因此，主要考虑煤炭埋深较浅的位置。

综合以上4个方面，划定了卡拉干达盆地煤炭资源富集区。

二、Samarskoe矿床和Zavialovskoe矿床煤炭资源富集区

（一）Samarskoe矿床和Zavialovskoe矿床的优势

这两个矿床位于卡拉干达煤炭产区西部，距离相对较近，可以使用卡拉干达煤炭主产区公用的铁路和公路基础设施，交通运输条件比较便利。

在L. F. Dumler的积极促进下，对Karagandinskaya煤系中的煤炭进行了远景评价，并初步评价了Dolinskaya和Tentekskaya煤系。

Samarskoe矿床的煤炭总资源量估计为1.3 Gt，其中包括860 Mt焦煤。该矿床是哈萨克斯坦一个焦煤储量巨大的矿床。

Zavialovskoe矿床在1200 m深度范围内的煤炭总资源量为528 Mt，焦煤储量为242 Mt，其中201 Mt为证实的经济储量。矿床在勘查和初探阶段被保护起来，是哈萨克斯坦焦煤生产进一步发展的重要储备。因此资源潜力巨大。

Samarskoe矿床Karagandinskaya和Dolinskaya两个煤系中的煤均为腐殖型煤，硬煤，灰分中等（在Dolinskaya煤系中煤炭灰分平均值为23%～28%，但在Karagandinskaya煤系中煤炭灰分达到最大值28%～33%），中硫分。灰分具有耐火性，可燃物质的热值为8200～8600 kcal/kg。煤炭从气煤（Dolinskaya煤系）到气肥煤和焦煤（Karagandinskaya煤系），由于融合组分（镜质体）含量高，它们很好地凝结成块且大部分适合于生产焦炭。在炼焦过程中Dolinskaya煤系中的气煤与Karagandinskaya煤系中的肥煤相比具有高回收率的树脂、苯、氨和气体。

Zavialovskoe矿床的煤炭为硬煤、肥煤和焦煤，富含融合组分。煤炭灰分为14%～30%（地层的灰分为26%～35%），可燃物质的热值为8500～8700 kcal/kg。Dolinskaya和Tentekskaya煤系中的煤，以及Karagandinskaya煤系k9和k12煤层中的煤，可以用于在底炉中配合瘦煤来炼焦。

这两个矿床煤炭煤质较好，可以用于炼焦，未来需求量较大。

（二）Samarskoe和Zavialovskoe矿床的不足

目前Samarskoe和Zavialovskoe矿床均未开始工业化生产，由于其煤质好，煤炭储量巨大，哈萨克斯坦政府将其作为储备资源。受政府政策影响，未来开放时间和开放成本不明确，可能进入成本较高。

这2个矿床的地质条件和煤系地层与卡拉干达盆地的地质条件和煤系地层相似，开采方式主要为地下开采，与卡拉干达盆地相比可采煤层数量相对较少。

（三）Samarskoe矿床和Zavialovskoe矿床富集区选择

Samarskoe矿床、Zavialovskoe矿床和卡拉干达盆地的地质条件、煤质都比较类似，因此这2个盆地的富集区选择原则与卡拉干达盆地基本类似，主要考虑的是地质条件和埋深。这2个矿床煤炭富集区范围如图5－2－10、图5－2－11所示。

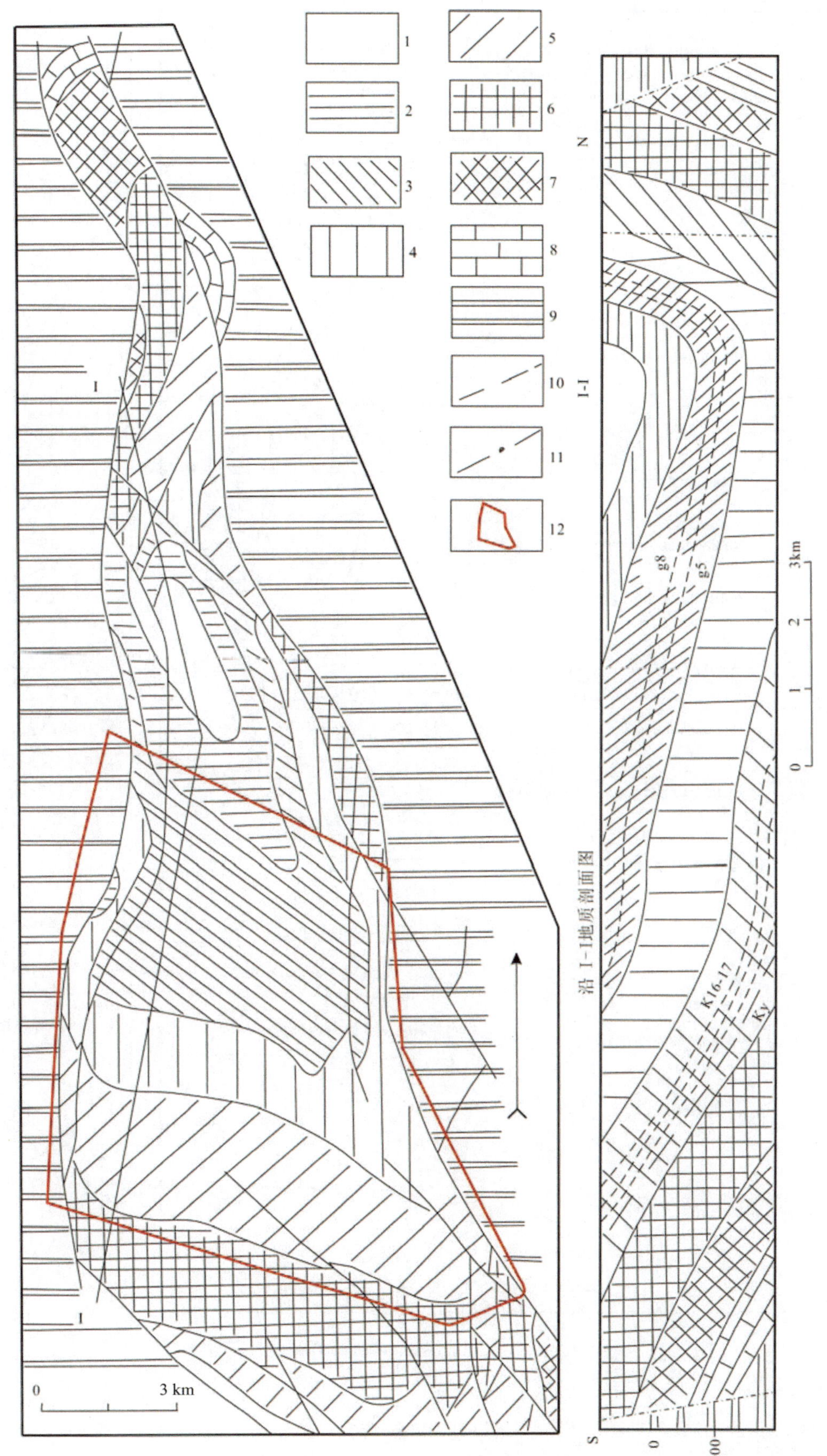

1—Shakhanskaya 组；2—Tentekskaya 组；3—Dolinskaya 组；4—Hadkaragandinskaya 组；5—Raragandinskaya 组；6—Ashliarskaya 组；7—Akkudukskaya 组；8—Famenian 阶—Tarnaisian 阶地层；9—前 Famenian 地层；10—煤层及其编号；11—断层；12—富集区

图 5-2-10 Samarskoe 矿床煤炭富集区范围

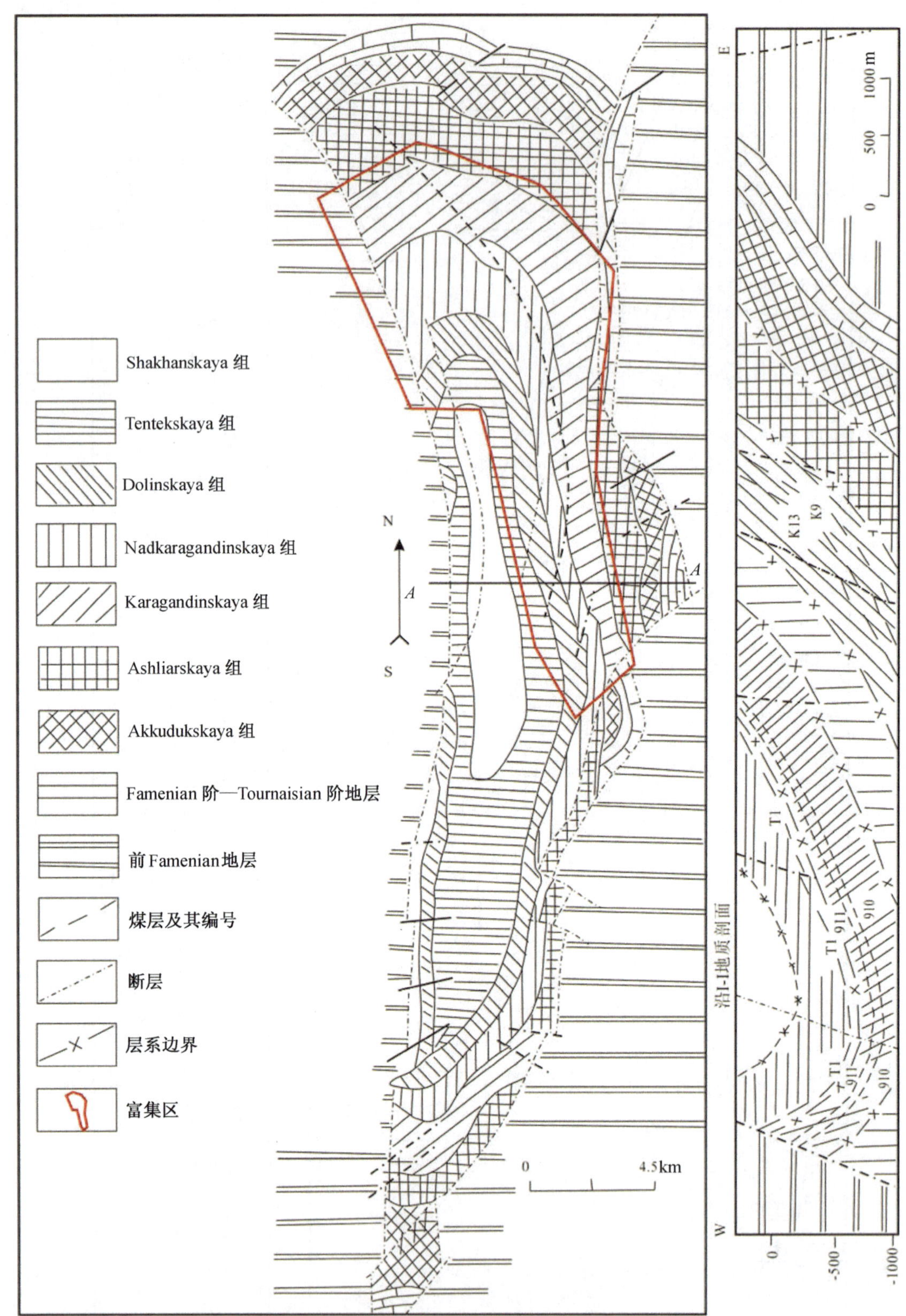

图 5-2-11　Zavialovskoe 矿床煤炭富集区范围

三、Ekibastuz 盆地煤炭资源富集区

（一）Ekibastuz 盆地的优势

Ekibastuz 盆地位于中哈萨克斯坦东北部巴甫洛达尔市西南 130 km 处。所处位置交通条件便利，巴甫洛达尔—阿斯塔纳铁路的主干线经过该盆地，而且额尔齐斯—卡拉干达运河和巴甫洛达尔—卡拉干达

高速公路同样经过此地。优越的交通条件，使得该盆地的煤炭便于外运，出口俄罗斯，用于俄罗斯乌拉尔地区的发电厂。

Ekibastuz 盆地附近坐落着哈萨克斯坦 2 座规模较大的发电站埃基巴斯图 1 号和 2 号发电站，而且为了满足国内电力需求，哈萨克斯坦政府也计划对这 2 个电站进行升级，并考虑新建火力发电站。

Ekibastuz 盆地发现于 1876 年，精细的地质勘探始于 1940 年，确定了该盆地煤炭资源露天开采的可能性。目前 Ekibastuz 盆地的勘探程度比较高，盆地内所有煤炭资源在整个深度（700 m）范围内都进行了详细研究，对盆地内煤炭资源的分布、资源量和地质条件的认识相对比较成熟。

Ekibastuz 盆地含煤面积为 63 km^2，含煤面积大。Ekibastuz 盆地煤炭总资源量为 113 亿 t，其中 1 号、2 号、3 号和 4 号煤层的储量为 88.47 亿 t，约 70 亿 t 的储量是可采的，所有证实的煤炭储量都适合露天开采。

Ekibastuz 盆地煤质较好，主要为烟煤，基本上都属于高挥发分次烟煤—中挥发分烟煤，该盆地内的煤都为低硫煤，可作动力煤用途使用。

Ekibastuz 盆地地质条件相对简单，而且煤层厚度较大，埋藏相对较浅，因此几乎所有的煤层均适合露天开采，开采成本相对较低。

由于该盆地煤质较好，开采条件好，年产量较大，因此该盆地开采的煤主要用于俄罗斯乌拉尔地区和哈萨克斯坦的大型火力发电厂。

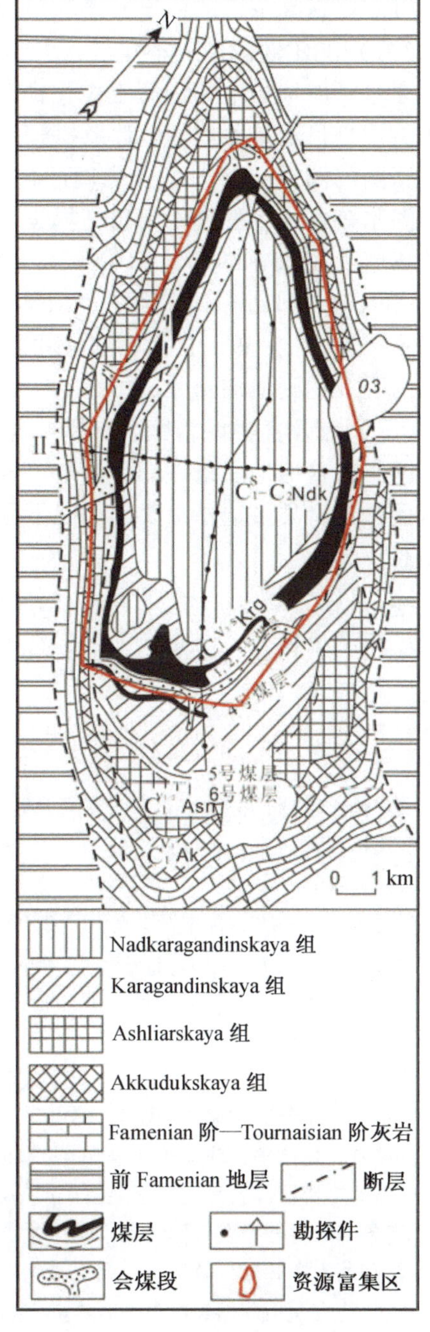

图 5－2－12 Ekibastuz 盆地煤炭资源富集区位置图

（二）Ekibastuz 盆地的不足

Ekibastuz 盆地属于勘探程度较高的盆地，是哈萨克斯坦煤炭主要产区。该盆地内在产的 3 个露天煤矿中有 2 个相对比较大的煤矿，即 Bogatyr 煤矿和 Severny 煤矿，属于 Bogatyr Access Komir 公司。由于这 2 个煤矿属于优质资产，外资进入门槛可能较高，可能会付出更高的成本。

（三）Ekibastuz 盆地富集区选择

通过对 Ekibastuz 盆地优势和不足的综合分析，Ekibastuz 盆地地质条件简单，全区可以露天开采，煤炭储量巨大，煤质较好，而且该盆地的产量在整个哈萨克斯坦煤炭产量中占有很高的比重。

综上所述，整个 Ekibastuz 盆地均可以作为煤炭资源优质富集区（图 5－2－12）。

四、图尔盖盆地煤炭资源富集区

（一）图尔盖盆地的优势

图尔盖盆地大部分位于库斯塔奈州，但也覆盖了北哈萨克斯坦、阿克莫拉、图尔盖及杰兹卡兹甘州的部分地区。多条公路和铁路经过该区，交通设施比较便利。

图尔盖盆地的煤炭总资源量为 561.5 亿 t，煤层埋深可达 600 m。资源量中仅有 196 亿 t 是已探明的，这其中大部分或者 61% 都集中在厚度超过 10 m 的煤层中。

目前该盆地还未进行大规模开采，资源潜力巨大。

图尔盖盆地的煤炭是很好的发电燃料，同时也适合汽化和半焦化。煤的灰分中含有更多的 TiO_2 和储，可能存在高浓度的稀土元素和银以及其他伴生元素。

（二）图尔盖盆地的不足

通过开展地质地球物理工作，到20世纪50年代初期已发现或完全或部分勘探了盆地内所有主要的矿床。但是目前该盆地的整体勘探程度较低，探明储量所占比例较小。

探明的储量中有71亿t煤炭适合露天开采，剥离系数为3.7～4.8 m^3/t。

图尔盖盆地中的煤为腐殖型褐煤。就灰分而言，它们被称为低—中灰分煤（15%～29%）。可燃物质的热值为6500～6900 kcal/kg。大多数煤炭的平均硫分为0.3%～1.1%，最大值约为10%（Kushmurun）和17%（Eginsai）。总之，Kushmurun煤系（下侏罗统）下部煤炭硫分更高。半焦化过程中树脂的回收率为5%～19%，而腐殖酸的回收率为12%～31%，沥青的回收率为4%～6%（但如果出现腐泥煤的混合物则增加到7%）。

（三）图尔盖盆地富集区选择

图尔盖盆地地质条件相对复杂，煤炭为褐煤，煤质相对较差，但是盆地内煤炭资源储量巨大。对于图尔盖盆地富集区选择主要遵循以下原则：①地质条件相对较好；②煤炭资源储量较大；③目前研究程度相对较高。

综合以上原则，结合前面对于图尔盖盆地的综合分析，确定Ubaganskaya矿床群研究程度相对较高，煤炭储量较大，因此作为煤炭资源富集区，富集区位于盆地北部。

本章参考文献

[1] 成守德，刘通，王世伟．中亚五国大地构造单元划分简述［J］．新疆地质，2010，28（1）：16－21.

[2] 李廷栋，董树立，耿树方，等．1：2500000亚洲中部及邻区地质图系：能源矿产成矿规律图［M］．北京：地质出版社，2008.

[3] 李廷栋，耿树方，范本贤，等．1：2500000中国西部及邻区地质图［M］．北京：地质出版社，2006.

[4] 李廷栋，耿树方，严克明，等．1：5000000亚欧地质图［M］．北京：地质出版社，1998.

[5] 吕玉民，汤达祯，许浩，等．俄乌哈三大煤盆地煤层气地质及开发潜力对比研究［J］．资源与产业，2011，13（1）：99－107.

[6] 任纪舜．1：500万中国及邻区大地构造图（及说明书）［M］．北京：地质出版社，2002.

[7] 王正立．中亚五国矿业投资环境分析［M］．北京：中国大地出版社，2005.

[8] 肖序常，何国琦，成守德，等．1：2500000中国新疆及邻区大地构造图（及说明书）［R］．2004.

[9] 地质矿产部国际合作司中国地质矿产信息研究院．我国周边国家矿产资源和矿业投资环境［R］．1998.

[10] 商务部．对外投资合作国别（地区）指南：哈萨克斯坦［R］．2012.

[11] 新疆国土资源厅，地调局发展中心．中国五国矿产资源勘查开发指南［R］．2008.

[12] 驻哈萨克斯坦使馆经商参处．哈萨克斯坦矿产资源及投资简介［R］．2009.

[13] Alekseev. Coal Methane：Potential Energy Prospects for Kazakhstan，Alekseev，E. G.，R. K. Mustaffin and N. S. Umarhajleva，presented to UNECE Ad Hocgroup of Experts on Coal in Sustainable Development，Almaty，November 2003［R］．2003.

[14] Alma Raisova，Aliya Sartbayeva. Prevention of a climate change：from discussions to practical steps，Almaty［R］．1999.

[15] Bowels. Geology of Karaganda coal basin［R］．1972.

[16] CMAR. Strategy of Territorial Development of the Karaganda Oblast Until 2015，Center for Marketing and Analytical Research，JSC.，2006［R］．2006.

[17] Karjaev V. A.，Mustafin R. K.，Umarhadzhiyeva N. S.，et al. Coalbed Methane Deposits of Central Kazakhstan：Industrial and Investment Potential of Carboniferous Coal Fields［R］．2006.

[18] Korobkin V，Buslov M. Tectonics andgeodynamics of the western Central Asian Fold Belt（Kazakhstan Paleozoides）［J］．Russian geology and geophysics，2011，52（12）：1600－1618.

[19] Shvets I. A.，Shipulin A. A. Report at the 1－st Workshop on Coal Methane of Kazakhstan［R］．2002.

[20] Uvaisova S S. Kazakhstan Coal Industry：Current State and Approaches to Transition to an Innovative Type of Development［J］．Middle－East Journal of Scientific Research，2013，15（8）：1200－1205.

[21] Alekseev . Coal Methane: Potential Energy Prospects for Kazakhstan, Alekseev, E. G. , R. K. Mustaffin and N. S. Umarhajleva, presented to UNECE Ad Hocgroup of Experts on Coal in Sustainable Development, Almaty, November 2003 [R]. 2003.

[22] ADB. Energy Outlook for Asia and the Pacific [R]. 2009.

[23] Baimukhametov, D. , Polchin, A. , Dauov, T. et al. Gate Road Development in Highgas Content Coal Seams at Karaganda Basin Coal Mines, Kazakhstan [C] // N (ed.) Coal 2009, Coal Operators' Conference. Aziz: University of Wollongong & the Australasian Institute of Mining and Metallurgy, 2009: 90 - 95.

[24] BHP Billiton. BHP Billiton Annual Report 2008 [R]. 2008.

[25] BP. Statistical Review of World Energy June 2013 [R]. 2013.

[26] D. Tyduk, K. Aspanov and A. Mroz. Potential analysis for CMM utilisation in Kazakhstan, funded by the European Commission within the Seventh Framework Programme (2007—2013)[R]. 2013.

[27] EIA. Data obtained from International Energy Annual 2005 [R]. 2007.

[28] EIA. Kazakhstan Country Analysis Brief [R]. 2009.

[29] EPA (U. S.). Deepgassy Coal Mines of Karaganda Coal Basin [R]. 2011.

[30] IEA. IEA Energy Statistics: Share of Total Primary Energy Supply in 2007: Kazakhsatan [R]. 2009.

[31] IEA. IEA Energy Statistics: Coal Statistics for Kazakhstan [R]. 2010.

[32] KazNIIMOSK. Kazakhstan IGN Emissions Inventory from Coal Mining and Road Transportation: Final Project Report [R]. 2002.

[33] Partners in economic reform. the coal project in kazakhstan [R]. 1994.

[34] ROK. Proceedings of a Meeting of the Republic of Kazakhstan Vice Minister of Energy and Mineral Resources, Astana [EB/OL]. (2003 - 04 - 09)[2016 - 10 - 15] http: //www. methanetomarkets. org/projects/projectDetail. aspx? ID = 1079.

[35] Sergazy Baimukhametov. Advisor on Modernization and Production Development, Personal communication [R]. 2011.

[36] State. 2005 Investment Climate Statement: Kazakhstan, U. S. Department of State, 2005 [R]. 2005.

[37] Stoupak and Zhukovskiy. Coalbed Methane in Kazakhstan: Investment Opportunities [R]. 2001.

[38] UNFCCC. Kyoto Protocol: Status of Ratification [R]. 2010.

[39] USEPA. Correspondence between Saule Arapova, Director, National Innovation Fund, and Mr. Clark Talkington, U. S. Environmental Protection Agency, Coalbed Methane Outreach Program [R]. 2005.

[40] USEPA. Global Anthropogenic Non - CO_2 Greenhouse Gas Emissions: 1990—2020 [R]. 2006.

[41] USGS. The Mineral Industry of Kazakhstan, 2007 Minerals Yearbook [R]. 2010.

[42] USGS. The Mineral Industry of Kazakhstan, USGS (2011) Minerals Yearbook [R]. 2011.

[43] USGS. Mineral commodity summaries 2012 [R]. 2012.

第三章 煤炭资源开发投资建议

第一节 国别投资环境分析

一、对外资的吸引力

自独立以来，哈萨克斯坦一贯坚持吸引外资的战略，加上其本身丰富的自然资源、相对稳定的国内政局，以及快速恢复和增长的经济，使哈萨克斯坦的投资环境得以不断改善，经济外向度逐渐提高，目前已成为中亚地区对外资最具吸引力的国家之一。

据哈萨克斯坦央行统计，2012 年该国吸引外国直接投资超过 200 亿美元。1993—2012 年，该国吸引外国直接投资累计超过 1600 亿美元，外国投资年平均增幅超过 25% 。外资流入哈萨克斯坦的投资来源和投资领域均比较单一，主要投资来源国为荷兰、美国和英国，投资产业基本集中在资源领域。2005—2014 年，哈萨克斯坦共吸引外资 2076 亿美元，其中对哈萨克斯坦投资最多的 5 个国家是荷兰、美国、瑞士、中国和法国。但近几年，俄罗斯因关税同盟而加大了对哈萨克斯坦的投资；此外，中国对该国的投资增速也在加大。

2012 年，中国对哈萨克斯坦的直接投资流量为 29. 95 亿美元，投资存量为 62. 51 亿美元，中国和哈萨克斯坦的合作主要在能源尤其是油气领域展开。其中比较大的项目有阿克纠宾油田、PK 油田、中哈原油管道、中哈天然气管道，以及国际运输走廊和铁路对接等项目。此外，在煤炭业、纺织业、电讯业、计算机与电子产品及设备等领域，中国与哈萨克斯坦也有较大的合作潜力。哈萨克斯坦计划与中国实施 38 个投资项目，涉及加工业、油气开采、再生能源、农业生产和加工等领域。

二、投资环境排名

从宏观角度分析，评价一个国家的投资环境，首先需要关注该国的整体竞争力水平，由于矿业投资的金额大、周期长、需要考虑的相关因素众多，所以国家的基本制度、基础设施条件、宏观经济状况、市场效率，以及商业成熟度都是应关注的问题。世界经济论坛发布的 2015—2016 年全球竞争力报告中哈萨克斯坦位于第 50 位。2016—2017 年全球竞争力报告中，哈萨克斯坦曾在全球 140 个经济体中名列第 42 位，较 2015—2016 年有所上升。根据报告公布的 2016 全球竞争力指数（GCI），哈萨克斯坦的得分是 4. 41 分，较 2015 年下降了 0. 08 分。该国的宏观经济环境较好，劳动力市场效率在全球排名很高，但金融市场仅排在全球第 104 位，发展缓慢。

哈萨克斯坦全球竞争力在 148 个国家和地区的排名见表 5 - 3 - 1。

从微观角度分析，报告更关注企业在具体商业经营活动中所遇到的困难与阻碍，并依此来评估该国微观商业经营环境。参考世界银行发布的国家和地区营商环境报告，哈萨克斯坦 2016 年的营商环境在 189 个国家和地区中名列第 49 名，比 2015 年增进了 28 位。其中资产注册条件较为便利，对投资的保护力度较高。但在该国很难获得建筑许可与融资，跨境贸易亦存在问题。

哈萨克斯坦营商环境在 189 个国家和地区中的排名见表 5 - 3 - 2。

具体到矿业的投资环境，一个国家矿业投资环境的好坏与该国的政治经济状况之间存在很强的正相关性。在国际著名咨询公司多贝尔评价体系中，哈萨克斯坦的矿业投资环境在所研究的 13 个富煤国家中仅优于俄罗斯，排名第十二位。这主要是由于多贝尔评估体系是建立在西方思维和评判标准之下，强调较少的行政干预、高效的审批和相对自由的市场环境，而这些也正是哈萨克斯坦投资环境中的薄弱环节，因此该国得到的评价较低。

表 5-3-1 哈萨克斯坦全球竞争力在148个国家和地区的排名

项　目	2016—2017 年排名	2015—2016 年排名	项　目	2016—2017 年排名	2015—2016 年排名
总体排名	49	67	商品市场效率	62	49
基本条件（37.8%）	62	46	劳动力市场效率	20	18
制度	55	50	金融市场发展	104	91
基础设施	63	58	技术装备	56	61
宏观经济环境	69	25	市场规模	45	46
健康与初等教育	94	93	政府促进创新（12.2%）	76	78
市场效率（50%）	62	56	商业成熟度	97	79
高等教育和培训	57	60	创新	59	72

数据来源：The Global Competitiveness Report 2016—2017，2015—2016

表 5-3-2 哈萨克斯坦营商环境在189个国家和地区中的排名

项　目	2016 年排名	2015 年排名	项　目	2016 年排名	2015 年排名
总体营商环境	49	77	投资保护	25	25
创办公司	21	55	纳税	18	17
获得建筑许可	92	154	跨境贸易	122	185
获得电力	71	97	合同执行	9	30
资产注册	19	14	解决无偿付能力	47	63
获得融资	70	71			

数据来源：世界银行营商环境报告 2016、2015

三、投资环境的冷热分析

国别冷热比较法是由美国经济学家伊西阿·利特法克和彼得·班廷在20世纪60年代后半期提出的。该分析法对各国投资环境中的8种因素进行综合和统一尺度的比较分析，是投资环境定性分析的代表性方法之一。

另外，对于投资环境的研究而言，除了应在政治、经济和法律等方面对其进行分析外，通过对近年来中国企业海外矿业投资的成功经验与失败教训的归纳和总结，我们发现在实际投资中能否克服基础设施的瓶颈，以及按时获得环境审批往往直接决定了项目的成败，而东道国的税收环境和汇率变动也会对能否获取预期的投资收益产生重大影响。基于上述原因，我们将汇率、税收、环境要求和基础设施条件一并纳入冷热分析中，形成了更加针对矿业投资特点与需求的9方面评价因素，依次是政治稳定性、市场、经济增长与发展、汇率稳定性、法令障碍、税务环境、环境保护成本、基础设施条件、地理及文化。

判断结果以该因素是否有利于在东道国进行矿业投资为标准，给出了“热、中、冷”3种评估结论，东道国的投资环境因素越热（即越好），外国投资者在该国投资就越有利。以政治稳定性为例，“热”表示该国是一个由社会各阶层代表所组成的，被群众所拥护的政府，基本没有民族和地区矛盾，社会稳定，政府鼓励和促进企业发展，创造出良好的适宜企业长期经营的环境。反之为“冷”因素，当东道国政治稳定性介于“热”和“冷”之间，情况比较复杂或偏中性，无法给出单方面的结论时，评估结果为“中”。

1. 政治稳定性

哈萨克斯坦自独立以来政局稳定，在纳扎尔巴耶夫总统的领导下，逐步形成了“大政府、小议会”的行政主导权力架构，建立了稳固而牢靠的政权，其领导的政党在议会处于绝对优势，在推动国家进行变革和发展上行动力较强。然而，随着纳扎尔巴耶夫的年老，其接班人问题凸显。从长远来看，哈萨克斯坦政治中最核心的话题便是总统的接班人问题，而这将决定哈萨克斯坦能否延续建国初期的政治经济政策、外交政策以及国家长期发展战略。此外贪污腐败及院外集团影响力过强也会影响哈萨克斯坦的政治稳定性。

在外交方面，哈萨克斯坦与周边大国均建立了良好的合作关系。哈萨克斯坦始终视中国为最重要的合作伙伴之一。中国也支持哈萨克斯坦发展非资源经济，实现“经济多元化”，双方战略伙伴关系有望进一步深化。

因此，对哈萨克斯坦的政治稳定性评定为“中”，但随着纳扎尔巴耶夫形象逐渐褪色，未来领导人在政治架构上的改革也是衡量该国未来政治稳定性的重要因素。

2. 市场

哈萨克斯坦能源矿产丰富，但人口较少，产业对能源消费量有限，大量能源无法在本地消化，必须寻求外部市场。哈萨克斯坦的大量油气资源都通过先低价销售给俄罗斯的方式转销往欧洲。为拓展亚洲市场哈萨克斯坦修建了通往中国的石油天然气管道，实现了市场多元化战略。同时，土库曼斯坦的天然气也在哈萨克斯坦过境运往中国。稳定的中国市场成为哈萨克斯坦能源重要的外销方向。在煤炭方面，该国大部分煤炭都销往俄罗斯，部分销往欧洲，但是因为运输和成本问题很难进入亚洲市场。

由于哈萨克斯坦位于欧亚中心区域，市场辐射范围很大，且有能源外销的通道，因此我们对哈萨克斯坦的市场综合评定为“热”。

3. 经济增长与发展

经历了苏联解体初期的经济衰退后，哈萨克斯坦调整了经济结构，很快恢复了其经济体系，并成为中亚地区第一个也是唯一一个经济水平恢复并超越解体前的国家。近年来，依靠石油天然气出口，哈萨克斯坦国民经济增速快速上升，通货膨胀问题得到了有效控制。但对能源业的依赖也导致了其产业结构失衡，经济发展模式易受到国际能源波动的影响，因此以能源产业为核心发展下游产业是其未来经济发展的重点。

综合考虑，我们对哈萨克斯坦经济增长与发展评定为“中”。

4. 汇率稳定性

哈萨克斯坦坚戈的汇率被该国政府严格管理，汇率上浮不能超过10%，下跌不能超过15%。近10年来哈萨克斯坦政府宣布过2次大幅度坚戈贬值：一次发生在2009年将1美元兑换120坚戈的基准汇率调整成1美元兑换150坚戈；另一次发生在2014年初，将1美元兑换155.5坚戈调整成1美元兑换185坚戈。哈萨克斯坦于1993年11月15日发行了哈萨克斯坦国家货币——坚戈。美元对坚戈的汇率从最初的1美元兑换4.68坚戈调整成如今的1美元兑换185坚戈。在不到23年的时间里，坚戈对美元的汇率贬值了约40倍。受高额外债及依赖石油等原材料出口经济结构的影响，哈萨克斯坦短期内难以改变坚戈对美元等世界主要货币的疲软表现。

综合考虑，我们对该国的汇率稳定性评定为“冷”。

5. 法令阻碍

由于哈萨克斯坦正处于转型期间，法律体系和相关制度建设仍处于正在完善的阶段，主要体现在法制不健全、执法不规范、政策干预的随意性大。在解决具体问题时，经常以总统令、内阁规定、地方行政指令等文件来调整规范外商和外国投资在其国内的活动，政策的多变性和执法的随意性增加了投资风险。

综合考虑，我们对哈萨克斯坦法令阻碍评定为“冷”。

6. 税务环境

总体而言，哈萨克斯坦是税负较轻的发展中国家，但税务系统尚处于一个不稳定、不成熟的状态。此前税务机关的征收常常引起争议，尤其是跨国经营公司聘请的知名税务机构经常对哈萨克斯坦政府的税务机关提出申诉和抗议。自2009年1月起实行新税法，对税务系统做了较大调整，新税法对税种和税率进行了适度调整，减轻了非原料领域税负，增加了原料领域税收，给予中小企业较多优惠措施。现有税收环境有了较大改观。据普华永道和世界银行共同合作发布的2016年全球189个主要经济体总体税负情况排名，综合税负从重到轻，哈萨克斯坦税收负担排名第147位，整体税负仅为29.2%。

哈萨克斯坦当前的综合税负较低，但税收环境尚未稳定、成熟。因此，我们对该国的税务环境评定为“中”。

7. 环境保护成本

哈萨克斯坦的国家环境法律体系尚不完善；环境许可证审批程序相对不复杂；环境许可证审批办理时限较短，但存在审批时限延期的可能性；公众参与程度及环境保护敏感度较低；矿区复垦及环境保护保证金收取要求评定在法律中未做明确规定。总体而言，哈萨克斯坦是环境保护低成本国家。

综合考虑，我们对哈萨克斯坦的环境保护成本评定为“热”。

8. 基础设施条件

哈萨克斯坦煤炭资源储量丰富，分布地区有利于大规模开发。然而该国深处内陆，交通线稀疏且运力有限，而且该国煤炭的传统市场为欧洲，对煤炭的需求有逐渐缩减的趋势。对于亚洲市场来说，中国延伸到哈萨克斯坦边境的铁路和公路数量少，货运量非常有限，同时中哈边境地形复杂，气候恶劣，跨境运输量受到很大制约，这些因素都限制了哈萨克斯坦煤炭资源的开发及销售。

综合考虑，我们对哈萨克斯坦的基础设施条件评定为“冷”。

9. 地理及文化

哈萨克斯坦地处欧亚大陆中心，自古以来就是各民族经济、文化往来的十字路口，是东西方文明的交汇地之一。哈萨克斯坦长期受到俄罗斯文化的影响，在社会文化方面既保留了哈萨克民族的特点，又融合了俄罗斯文化的特点。

哈萨克斯坦民族成分单一，在领土、民族、宗教等方面的问题较少，并且政府也通过出台一系列政策加以调和，弱化民族差别，强调民族融合，所以由民族、文化等问题而引发的风险较小。经过10余年的发展，哈萨克斯坦在社会文化上不仅提升了民族凝聚力，还通过吸收外来文化促进了多元化发展。但周边国家存在的民族问题可能对哈萨克斯坦构成潜在影响。

目前，中国已成为哈萨克斯坦第二大贸易伙伴，跨境石油管道输油量逐年增加，两国经济的快速发展使得双方的关系日益紧密。在社会生活方面，哈萨克斯坦的主体民族在中国西部也有广泛分布，跨境民族在沟通两国关系中发挥了良好的纽带作用。

综合考虑，我们对哈萨克斯坦的地理及文化评定为“热”。

综合上述分析，对哈萨克斯坦汇率稳定性、法令阻碍和基础设施条件的评定为“冷”，对该国政治稳定性、经济增长与发展和税务环境的评价为“中”，对市场、环境保护成本和地理及文化的评价为“热”。

结合哈萨克斯坦近年来对外资的实际吸引力和相关机构发布的投资环境报告以及从上述9方面进行的国别冷热分析，我们认为，由于哈萨克斯坦在独立后日渐突出的地缘优势，西方国家从政治和经济等方面进入哈萨克斯坦的步伐从未间断，突出表现在油气等传统能源领域的大量投资。而该国稳定的政治和经济环境也为持续吸引外资创造了有利条件。得益于油气等行业对国民经济发展的推动作用，哈萨克斯坦的国家竞争力也不断增强。然而，在现阶段，哈萨克斯坦政府对国内经济活动的干预依然较多，权力寻租与贪污腐败等问题严重，这些都给企业在哈萨克斯坦经营带来了困难与阻碍，总之，该国宏观投资环境基础较好，但其微观投资环境仍有较大的提升空间。

第二节　国别煤炭资源开发投资建议

一、投资环境展望

习近平主席在2013年9月访问哈萨克斯坦时提出希望与哈萨克斯坦加强互联互通，一起努力共建丝绸之路经济带。哈萨克斯坦总统纳扎尔巴耶夫也表示完全赞同习主席提出的战略构想，愿同中方加强经济、交通、人文互联互通，共同构筑新的丝绸之路。伴随着近年来中国对哈萨克斯坦投资的迅速增长和双方上层战略政策的制定，中国对哈萨克斯坦的投资将有机会进入新的历史机遇期。

但另一方面，中亚地区历来是全球最为动荡和不稳定的地区之一。乌克兰危机的爆发，使得和乌克兰具有相似国情的中亚国家受到了一定冲击。虽然哈萨克斯坦的政局基本稳定，总统纳扎尔巴耶夫的执政地位稳固，民众支持度很高，但一旦其健康出现问题，各方政治势力势必展开激烈角逐，使得哈萨克斯坦政局出现新的变数，而在哈萨克斯坦这种权利高度集中的国家，最高领导人的变更可能导致各方面政策发生根本性变化。此外，政府腐败，行政效率低，行政对商业和司法的干预度较高，国内贫富差距大，以及安全环境的隐患也是外界对该国投资环境评价不高的主要原因，而且这些问题在短期内都无法发生明显改变。

哈萨克斯坦经济的高速发展主要依靠以石油和天然气为主的资源行业，但这也造成了其经济结构失衡等问题，外资对油气行业的持续进入也使得政府不断出台限制性法案，如地矿和地下资源利用法、石油法、矿产和矿产资源使用法等法案中都对外国投资者进入和退出哈萨克斯坦矿业，尤其是收购矿产企业构成了实质性障碍。此外，由于中国在哈萨克斯坦的投资以能源为主，社会和文化背景的不同，使得部分人对于中国企业在该国进行能源项目投资存在偏见，曾有当地媒体评论“中国资本进入哈萨克斯坦占领重要部门对哈萨克斯坦安全构成威胁，10 亿美元中国投资的危险性远比俄罗斯 30 亿美元和美国 50 亿美元还要大。”针对这一现象和哈萨克斯坦渴望进行产业升级的客观事实，我们认为未来该国能源行业的投资环境不会得到明显改善，但在交通基础设施建设、电力行业，以及其他服务业方面会出现一定的投资机会。因为哈萨克斯坦的电力供应无法满足经济发展的需求，存在较大的电力缺口，今后几年将是该国电力行业的高速发展期。而在基础设施方面，该国作为内陆国家对于发展运输通道的强烈愿望将伴随着互联互通战略的实施得到进一步提升。

根据对当前形势的分析和对未来的展望，我们认为由于历史和地理位置等原因，哈萨克斯坦属于外资投资时会面临较多阻碍和困难的国家，但在中亚地区该国的整体竞争力较强，一直以来能源行业都对外资具有较强的吸引力，该国政府也不断地加强了在能源行业的投资限制，而且政府和社会原因导致的能源行业外部成本较高。预计未来哈萨克斯坦能源和矿产行业的投资环境不会得到明显改善，而伴随着该国的产业升级和周边互联互通战略的发展，电力和基础设施行业存在较大的发展空间和投资机会。

二、煤炭工业发展趋势

（一）煤炭工业发展的有利条件

苏联时期，卡拉干达盆地附近就是著名的钢铁基地，所以哈萨克斯坦历来有开发以焦煤为主的优质煤炭资源的传统。20 世纪 90 年代以后，哈萨克斯坦政府实施了一系列改革措施，吸引国内外投资者参与投资建设进程。哈萨克斯坦大型国有煤矿通过引进外资，使改造后的煤炭企业完全走入了市场经济的轨道，降低了开采和管理成本，提高了企业在国内市场和独联体市场的竞争力。另一方面，由于外资的引入，有效地建立起“煤—金属”和“煤—电力”垂直化工业模式，保证了市场稳定和相关的经济效益。

哈萨克斯坦的煤炭资源丰富，这为煤炭工业的发展创造了最为基础的有利条件。目前，哈萨克斯坦煤炭开采量的 72% 集中在 Ekibastuz 的 3 个露天开采煤田，博尔雷、舒巴尔科利、库硕克、萨雷阿德尔等 4 个露天采煤区，以及卡拉干达州的煤矿。为了保障各地区对煤炭的需求，在阿克纠宾斯克州、阿拉木图州、东哈洲和南哈州也进行了露天开采煤炭。在进行开采的公司中，拥有煤炭资源量最大的公司是博加特里—科米尔公司（占哈萨克斯坦煤炭储量的 8%），铁米尔套—ArcelorMittal 股份公司和舒巴尔科利—科米尔股份公司各占 5%，迈库本—韦斯特公司占 4%，ЕЭК 股份公司占 3%。

近年来，哈萨克斯坦的煤炭产量也呈现逐年增长的趋势，目前哈萨克斯坦煤炭开采量稳定在年产 1.2 亿 t 的水平。在政府制定的未来煤炭发展方案中提出在 2020 年将年产量增加至 1.46 亿 t。

综上所述，丰富的煤炭资源，长久以来的矿业传统，改革以来较为稳定的政治环境，以及能源产业带动的经济增长所导致的一些地区电力短缺的局面，是在哈萨克斯坦发展煤炭工业明显的有利条件。

（二）存在的不利条件

1. 煤炭外销困难

造成哈萨克斯坦煤炭外销困难的原因主要有两个：一是周边国家对哈萨克斯坦的煤炭需求有限；二是运力瓶颈和运费过高的问题。在哈萨克斯坦的煤炭出口结构中，俄罗斯具有重要地位，主要从埃斯基巴图兹盆地进口高灰煤，但由于俄罗斯正在实行旨在逐步弃用埃斯基巴图兹煤炭的计划，因此哈萨克斯坦对俄罗斯出口煤炭继续增长的可能性不大。而且俄罗斯本身就拥有大量的煤炭资源，煤炭行业的生产能力也在不断提升，未来对哈萨克斯坦煤炭的需求有减小的可能。另一方面，哈萨克斯坦距中国内陆和沿海地区较远，运输问题难以解决，运输的相关费用很高，再加上新疆维吾尔自治区还有大量未开发的煤炭资源，所以在哈萨克斯坦开发煤炭将市场定位在中国的思路基本不可行。

此外，由于哈萨克斯坦是内陆国家，境内没有出海口，所以煤炭基本只能销往周边国家，而这些国家由于经济体量不大，对煤炭的需求也比较有限。综合以上原因煤炭外销困难是制约哈萨克斯坦充分发挥其煤炭资源优势的主要原因。

2. 风险勘探的意愿不足

虽然哈萨克斯坦的煤炭资源分布不均，全国范围内大大小小的煤盆地较多，但由于工业区位置和运输等原因，主要的煤炭生产区域相对集中，再加上哈萨克斯坦的煤炭储量非常丰富，能保障该国在很长的一段时间里开采煤炭，煤炭行业风险勘探方面的意愿不足。2000—2015 年间，哈萨克斯坦共开采煤炭 15.80 亿 t，2015 年储量为 336 亿 t。对于企业来说，在哈萨克斯坦进行煤炭资源的风险勘探还会面临行政阻碍、市场需求有限、投资退出困难等诸多方面的问题，所以基于商业角度考虑，在哈萨克斯坦进行风险勘探的潜力非常有限。

3. 主要焦煤产区被大型钢铁公司占据

哈萨克斯坦焦煤的主要产地在卡拉干达煤盆地，该地区的焦煤产量占哈萨克斯坦焦煤总产量的 50% 以上，卡拉干达地区拥有丰富的铁矿石资源，运河的修建也解决了工业用水的问题，在苏联时期就是四大钢铁基地之一。目前安赛乐米塔尔等国际钢铁巨头已经在该地区建立了完整的“煤炭—钢铁”产业链，外来公司可以拓展的空间不大。

4. 未开发地区多为褐煤

哈萨克斯坦北部地区也有大量的煤炭资源分布，一些煤盆地的地质条件相对简单、储量高、资源量潜力也较大，可以进行露天开采。但这些地区的普遍问题是煤质差，多为褐煤，只能用于当地发电，而哈萨克斯坦北部和东部又是该国电力供应充足的地区，开发褐煤的经济意义很低。

（三）结论

哈萨克斯坦煤炭资源丰富，地理位置重要，一直以来都是中亚地区最主要的煤炭生产国和能源供应国，由于国内拥有优质的焦煤资源，所以钢铁行业也十分发达。但该国由于地处内陆煤炭外销困难，主要焦煤产区已被占据，未开发的煤炭资源多为褐煤，以及风险勘探的潜力有限等现实条件也制约了其煤炭行业的发展，导致了外资对其煤炭行业的投资意愿不足。再加上在投资环境评估中我们认为哈萨克斯坦是外资投资时会遇到困难和障碍较多的国家，所以我们对该国的煤炭工业发展尤其是涉及外资的相关领域持较为谨慎的态度。

三、开发投资建议

在分析哈萨克斯坦煤炭行业发展现状的基础上，根据所选优质煤炭资源富集区的具体条件和问题，提出以下具体建议：

（1）虽然哈萨克斯坦石油和天然气资源丰富，但在未来相当长的一段时间内，煤炭仍然是哈萨克斯坦解决电力供应问题的必然选择。由于历史原因，哈萨克斯坦北部和东部地区电力过剩，石油企业集中的西部地区要依靠俄罗斯的毗邻地区供电。南部地区电力短缺，主要从吉尔吉斯等国进口煤炭和天然气作为燃料。基于哈萨克斯坦电力和电力燃料供应不均衡的现状，我们认为在哈萨克斯坦进行煤电一体化投资具备一定前景，重点应关注的地区为哈萨克斯坦的西部和南部地区。

（2）对于图尔盖盆地，由于资源潜力巨大，基础设施较为便利，而且还未全面工业化开采，因此，进入门槛相对较低，可以考虑相关投资机会。但该地区地质和煤质情况比较复杂，应在充分研究的基础上尽量选择富集区内优质煤矿的矿权进行勘探和开发，但总体而言在哈萨克斯坦进行风险勘探的风险较高。

（3）Samarskoe 和 Zavialovskoe 这两个靠近卡拉干达盆地的潜在焦煤富集区，因为其地质条件相对简单、煤质好、资源潜力巨大，目前哈萨克斯坦将这一地区作为储备资源，未来开放时间和进入成本在很大程度上受政府政策的影响，我们建议对这一地区保持关注。

第六篇

印度共和国

The Republic of India

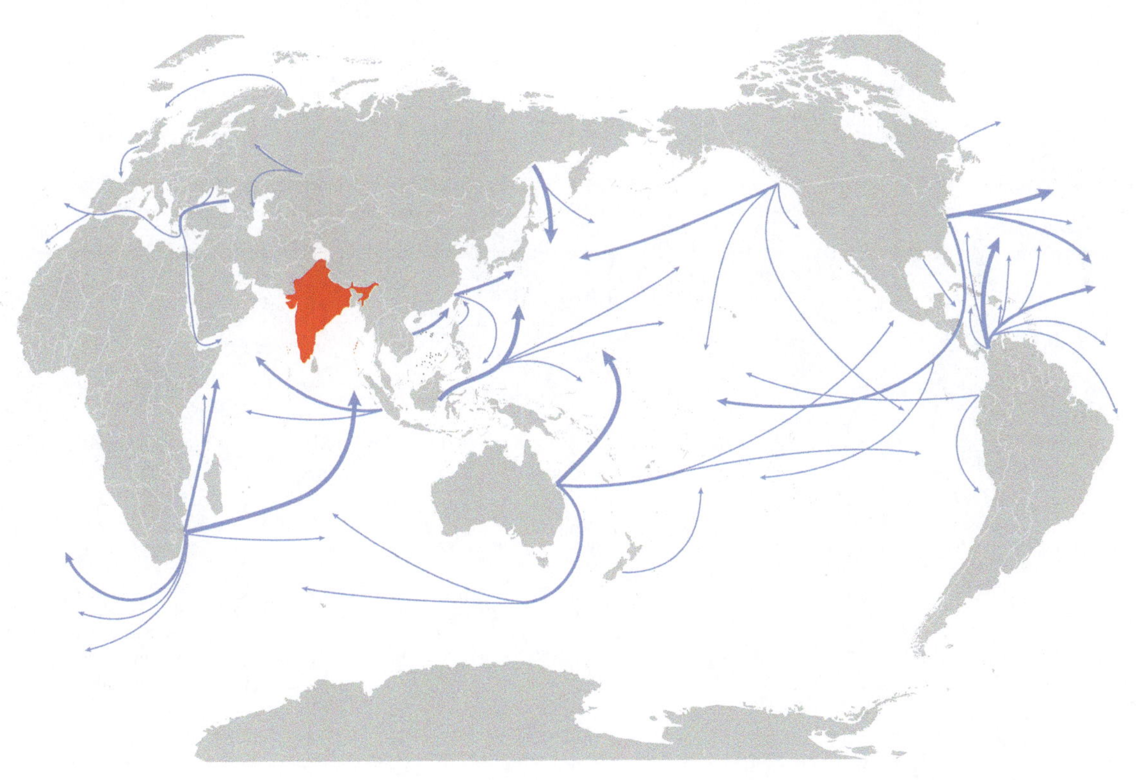

主　编　张智明

副主编　苏新旭　朱　锁　董大啸　陆伯炎　岳　洋

编　写　苏新旭　朱　锁　董大啸　陆伯炎　岳　洋　舒晓霞
梁富康　彭北桦　宁　静　杨建国　高树华　吴　超
苏　洁　郑祥身　张　帅　沈施伟

第六篇 印度共和国

目录

第一章 投资环境分析

第一节 概 述

一、基本国情

印度共和国（Republic of India）（以下简称印度）是世界四大文明古国之一。1947 年 8 月 15 日，印巴分治，印度独立。1950 年 1 月 26 日，印度共和国成立，为英联邦成员国。

印度是南亚次大陆最大的国家。印度东北部同中国、不丹、尼泊尔接壤，东部与缅甸为邻，东南部与斯里兰卡隔海相望，西北部与巴基斯坦交界，陆地边境线总长达 15106. 70 km。印度东临孟加拉湾，西濒阿拉伯海，海岸线长约 7500 km。印度国土面积约 2980000 km^2（不包括中印边境印占区和克什米尔印度实际控制区等），印度政府宣称其领土为 3287800 km^2，居世界第七位。

除国家首都辖区德里以外，印度全国分为 27 个邦和 6 个中央直辖区。27 个邦分别为：安得拉邦、阿萨姆邦、比哈尔邦、恰蒂斯加尔邦、果阿邦等。6 个联合属地分别为：安达曼—尼科巴群岛、昌迪加尔、达德拉—纳加尔哈维利、达曼—第乌、拉克沙群岛、本地治里。其中查谟—克什米尔邦目前仍是印度、巴基斯坦和中国三方争议地区。印度控制了大约 45. 5% 的地区（101387 km^2），在控制地区成立了查谟 - 克什米尔邦。巴基斯坦控制部分包括自由克什米尔和克什米尔北部地区，面积约 85846 km^2，名义上是巴基斯坦的一个自治区。所谓中国控制部分包括喀喇昆仑走廊部分（位于克什米尔北部的小片地区）和位于新疆维吾尔自治区与西藏自治区之间的无人高原阿克赛钦，约 37555 km^2。

印度的人口为 1330564 万人（Country mefers, 2016），2015 年增长率为 1. 26%，是世界上仅次于中国的第二人口大国。印度的主要民族为印度斯坦族、泰卢固族、孟加拉族；主要宗教为印度教、伊斯兰教和锡克教。古印度人创造了光辉灿烂的古代文明，作为最悠久的文明古国之一，印度具有丰富的文化遗产和旅游资源。印度也是世界三大宗教之一——佛教的发源地。

印度是世界上发展最快的国家之一，2015 年印度国民生产总值（GDP）为 20740 亿美元，世界排名第 7 位；同比增长 7. 4%，增速世界排名第 9 位；人均 GDP 1581. 59 美元，世界排名第 144 位（Country mefers, 2016）。印度于 1991 年 7 月开始实行全面经济改革，放松对工业、外贸和金融部门的管制。1992—1996 年经济年均增长 6. 5%，1997—2002 年经济年均增长 5. 5%。自 1999 年开始，印度深化第二阶段经济改革，加速国有企业私有化，改善投资环境，精简政府机构，削减财政赤字。2002—2007 年、2007—2012 年 GDP 年均增长平均达到 7. 6%。自 2015 年起，印度根据新的 GDP 统计方法，2013/14 财年和 2014/15 财年 GDP 的增速分别为 6. 9% 和 7. 4%（中华人民共和国商务部，2016）。

印度是一个传统的农业大国，拥有世界 10% 的可耕地，耕地面积约 $1.8\times10^8 hm^2$，是世界上最大的粮食生产国之一。印度的主要粮食作物有稻米、小麦等，主要经济作物有油料、棉花、黄麻、甘蔗、咖啡、茶叶和橡胶等。2015 年，农业产值占 GDP 的 16. 1% 左右（CIA, 2016）。现在印度已成为农产品净出口国。

印度工业体系较完善，包括纺织、食品、化工、制药、钢铁、水泥、采矿、石油和机械等。近年来，汽车、电子产品制造、航空航天等产业迅速发展。2015 年，工业产值约占 GDP 的 29. 5%。印度传统的纺织业在印度国民经济中仍然占据极其重要的地位；医药业规模在全球范围排第二位，特别是生物医药已经成为印度制药业的领头羊。近年来信息技术领域的成功更为人们所熟知，特别是软件出口和服务外包业发展迅速。

2015 年，印度服务业产值占 GDP 的 54. 4%，其中金融和保险业发达、管理较严。印度软件出口和服务外包业发展迅速，2012/13 财年实现软件出口约 758 亿美元，同比增长 23.5% 左右。目前印度已经形成了班加罗尔、金奈、海德拉巴、孟买、普纳和德里等一批著名的软件服务业基底城市。印度还拥有一些全球著名的软件服务外包企业。

经过多年的发展，印度卫星的研发和应用技术已达到或接近国际先进水平，其运载火箭技术也不断取得突破性进展。印度是继美国、俄罗斯、欧洲航天局和中国之后第 5 个掌握“一箭多星”发射技术的国家。2014 年 9 月 24 日 10 时 35 分左右，印度首颗火星探测器曼加里安号火星探测器（Mars Orbiter Mission，MOM）入轨成功，成为人类目前在火星上运转的第 7 枚探测器。印度由此成为亚洲首个成功进行火星探测的国家，也是继美国、苏联以及欧洲航天局之后全球第四个成功发射火星探测器的国家和组织。

二、自然地理和气候特征

印度位于赤道以北，跨越北纬 8°4′～37°6′，东经 68°7′～97°25′，陆地面积占 90.44%，水域面积占 9.56%。印度的最高点因为与巴基斯坦的领土争端而有争议性；印度声称最高点（位于有争议的克什米尔地区）是乔戈里峰，海拔高度 8611 m；印度实际控制地区的最高峰是干城章嘉峰，海拔高度 8598 m。印度的最低点在库滩那德，海拔高度 -2.2 m。

印度主要由 3 个自然地理区组成：北部是喜马拉雅山脉，中部是恒河平原，南部是德干高原。印度的东部和东北边界是喜马拉雅山脉。肥沃的印度河—恒河平原占据了印度北部，中部和东部的大部分，而德干高原占据了印度南部的大部分。印度的西部是塔尔沙漠。

平原约占总面积的 2/5，山地只占 1/4，高原占 1/3，但这些山地、高原大部分海拔不超过 1000 m。低矮平缓的地形在全国占有绝对优势，不仅交通方便，而且在热带季风气候及适宜农业生产的冲积土和热带黑土等肥沃土壤条件的配合下，大部分土地可供农业利用，农作物一年四季均可生长，有着得天独厚的自然条件。

多条河流发源于或流经印度，如恒河、布拉马普特拉河、亚穆纳河、戈达瓦里河，以及奎师那河。印度最长的河流为恒河—雅鲁藏布江，发源于印度北阿坎德邦的根戈德里冰川（海拔 7756 m），在孟加拉国恒河三角洲进入孟加拉湾，总长度 2525 km，流域面积 1080000 km^2，平均流量达 12500 m^3/s。印度最大的湖泊是吉尔卡湖，是印度东海岸的一个潟湖，位于奥里萨邦境内，长 643 km，集水区面积 3560 km^2，最深 4.2 m，是印度最大，世界第二大潟湖。

印度大部分位于北纬 8.4°～37.6°之间，主要处于热带，总体属热带季风气候。这里一年分为 3 季：凉季（10 月至次年 3 月，10—11 月也称作西南风退却季）、暑季（4—6 月）和雨季（7—9 月）。但气温因海拔高度不同而异，喜马拉雅山区年均气温 12～14℃，东部地区 26～29℃。

印度全国大部分城市地区都是热带气候区域，南方是热带季风性气候，北部为温带气候，西北方是热带沙漠气候。干旱、季风性气候造成的下雨形成突发性洪水，严重的雷暴雨、地震等是印度的主要自然灾害。

印度年平均降雨量各地区差异很大，东北部阿萨姆邦的乞拉朋齐年降雨量高达 10000 mm 以上，是世界上降水量最多的地区，西部的塔尔沙漠年降雨量不足 100 mm。印度降水主要集中在雨季，占年降水量的 80% 左右。有时频频而降的大暴雨，常常导致河流水位暴涨，引起洪水泛滥。进入季风退却季，凉爽的 10 月开始了印度一年中最好的季节。

第二节 政治经济环境

一、政治状况

（一）政治沿革

公元前 4 世纪，孔雀王朝是第一个基本统一印度的政权。1526 年蒙古贵族后裔攻占了印度大部分，建立了莫卧儿帝国。15—16 世纪，西方殖民者中荷兰和葡萄牙首先对印度部分地区开始了殖民统治。

到 18 世纪和 19 世纪，英国在这一地区占据绝对优势，将今天的印度、巴基斯坦和孟加拉国一同合并为英属印度，将缅甸纳入英属印度的一个省。第一次世界大战期间，英属印度为英国做出了巨大贡献，印度提出希望实现民族自治，但英国继续实行殖民统治。1919 年，印度国大党领袖甘地倡导非暴力合作，不断争取实现自治直至独立。第二次世界大战进一步推动了印度民族运动的发展。第二次世界大战结束后，英国在同各方谈判后于 1947 年提出蒙巴顿方案，将英属印度分为以印度教为主的印度和以伊斯兰教为主的巴基斯坦（含东巴基斯坦，今孟加拉国）。同年 8 月 15 日，印度在与巴基斯坦分治后实现独立，但仍然留在英联邦内，1950 年 1 月 26 日，印度宣布成立印度共和国，成为英联邦成员。同时，印度颁布新宪法，规定印度为联邦制国家，采取英国议会式民主制。

独立后的印度面临着一系列严重问题，尤其是印巴分治所带来的后遗症。独立后第一年印度与巴基斯坦由于克什米尔争端而爆发军事冲突。而国内方面，印度独立后长期由国大党统治，反对党曾在 1977—1979 年和 1989—1991 年两次短暂执政。但在 1996 年国大党大选失利后，印度开始步入政治多元化时期。1999—2004 年，以印度人民党为首的全国民主联盟上台执政，印度国大党成为在野党。经过多年的整合与调整，2004 年 5 月国大党在国会选举中获得胜利重新取得执政地位。2014 年 5 月，人民党在人民院（下院）选举中获得压倒性多数，再次获得执政地位。

印度政治状况的最大特点是选举次数多、选民人数多。全国选民多达 8 亿，有 1000 多个政党参与国会选举，包括 7 个全国性大党、40 个地区政党，以及 980 个小党，号称全球最大规模的民主选举。但由于政治团体党派过多并无较为核心的政治势力，印度的政治分歧较大，加上实行联邦制，各邦的政治状况并不稳定，常常出现地方与中央并不为同一政党执政而对立的情况。

（二）地缘政治与外交政策

印度是南亚次大陆地区最大的国家，拥有非常优越的地理环境。封闭的地理位置使印度在南亚地区战略优势异常明显，地区第一强国的地位不可动摇，并且这种优势因为地理环境的保护而不易受到外来势力的挑战。地缘政治优势使其在国家定位中将自身定位为印度洋地区性强国。

印度外交政策的核心目标是实现印度的大国地位。在印度首任总理尼赫鲁的《印度的发现》中曾毫不掩饰地表达了印度“要么成为一个有声有色的大国，要么就永远沉沦下去”。

独立初期，以尼赫鲁为首的印度国大党政府在美苏冷战的铁幕下提出了不结盟外交政策，拒绝参加各种军事集团。作为不结盟运动创始国之一，印度的外交基石便是不结盟，对外奉行不结盟的外交政策。但印度的不结盟政策并不是消极的，而是与 2 个集团保持积极的互动，同时支持亚非殖民地国家反帝反殖，积极倡导亚非团结，呼吁世界和平。1947 年倡导亚洲关系会议、1950 年与中国建交、1954 年与中国共同倡导“和平共处五项原则”，以及 1955 年的亚非会议，使印度成为第三世界最具影响力的国家。印度一方面努力塑造道义上和政治上的大国形象；另一方面视南亚次大陆为自己的势力范围，力求控制并主导本地区事务，极力排斥区域外大国的介入。

20 世纪 60 年代中印边界战争后，印度奉行“实力对实力”的现实主义对外战略，并逐步发展为倚重同苏联的特殊关系。世界格局的两极化和美国所奉行的“非此即彼”的二元逻辑标准与不结盟政策之间的结构性矛盾，以及印巴彼此将对方与区外大国的接近视为对自己安全环境的威胁等，使美印之间的关系难以突破。由于印巴对抗、美巴结盟和中印边界战争等一系列因素，印度与苏联的关系越走越近，并于 1971 年签订了具有军事同盟性质的《印苏和平友好合作条约》，双方建立起涵盖政治、经济、军事领域的特殊关系，形成了美—中—巴与苏—印相对抗的局面。在 1971 年印巴第三次战争中，巴基斯坦被肢解，印度地区霸权地位得到加强，成为地区内无可争议的大国。

冷战后，印度奉行务实的全方位外交政策，推行经济外交与睦邻友好方针。苏联的解体与国际格局的突变对印度的对外政策产生了巨大影响，印度在经历了短期的“无所适从”后逐步顺应世界格局的变化趋势，转向灵活务实的大国平衡外交，积极发展与美国、俄罗斯和中国等国家的关系，并且在对外交往中从突出政治过渡到强调国家的经济利益。20 世纪 90 年代中后期，印度出台了针对南亚邻国的“古杰拉尔主义”，主动改善与南亚邻国的关系，加强同邻国的合作。

自进入 21 世纪以来，尤其是“9・11”恐怖袭击后，随着国际局势的新变化以及印度综合国力的不断提升，印度在奉行全方位大国外交战略和积极调整与大国关系的同时，不再突出“不结盟”，强调自身民主国家的属性，在战略上向美国倾斜，更加注重发展同美国等西方国家的关系，积极推行全方位务实外交，努力与所有国家发展关系，营造有利于自身发展的、持久和平稳定的地区环境，并力争在地区和国际事务中发挥重要作用。

（三）双边关系

印度为不结盟运动创始国之一，以不结盟为外交政策的基石。在对外政策方面，印度主张在和平共处五项原则及联合国宗旨和原则的基础上建立公正合理、考虑到所有国家利益并能为所有人接受的国际政治新秩序，共同创造有利于第三世界发展的公正合理的国际经济新秩序。建议扩大安理会并争取常任理事国地位。近年来，印度继续推行全方位大国外交战略，在保持与俄罗斯关系的同时，大力发展与美国、日本、欧洲发达国家的关系。缓和印巴关系，推进中印关系，改善周边环境，积极推行“东向政策”，与东盟和亚太地区国家的关系发展迅速。重视能源安全，逐步拓展同海湾、中亚等能源供应国的交往和合作。

1. 印度同俄罗斯的关系

长期以来，印度与俄罗斯关系密切。2000 年，两国宣布建立战略伙伴关系，并建立年度峰会机制。2009 年 6 月，印度总理辛格赴俄罗斯出席上海合作组织峰会和首次“金砖四国”领导人正式会晤；9 月，印度总统帕蒂尔访问俄罗斯；12 月，印度总理辛格访问俄罗斯，与俄罗斯总统梅德韦杰夫、总理普京会晤，双方发表联合声明，签署包括核合作、军事防务、经济合作、文化交流等 6 个协议。2013 年 3 月，俄罗斯总理普京访问印度，与总统帕蒂尔、总理辛格、国大党主席索尼娅·甘地等会晤，双方签署了一系列总价值上百亿美元的协议；12 月，俄罗斯总统梅德韦杰夫访问印度，与印度总理辛格会谈并签署了一系列合作协议。2014 年俄罗斯总统普京再次访印。2016 年 10 月，俄罗斯和印度签署了一系列国防和能源合作协议，两国领导人在金砖峰会上会晤。可以说，两国政治互信与军事合作成为双边关系的最大特点，科技与军事领域的互补成为印俄关系深化发展的重要因素。不过尽管印俄强调恢复双边经贸关系，但两国间贸易额相对较小，还不足印度对外贸易的 1% 。印俄间的经贸往来并不紧密，双边关系呈现出政治热、经济冷的新状态。

2. 印度同美国的关系

20 世纪 50—60 年代，印美两国关系密切。但 1971 年印度与苏联签订“和平友好合作条约”并发动肢解巴基斯坦的第三次印巴战争后，两国关系严重受挫。20 世纪 80 年代后期关系有所恢复，近年来得到进一步发展。2005 年 7 月，印美宣布建立全球伙伴关系。2009 年 7 月，美国国务卿希拉里访问印度，双方宣布建立外长级战略对话机制。11 月，印度总理辛格访问美国，与奥巴马总统举行会谈。2010 年 4 月，印度总理出席在美国华盛顿举行的核安全峰会并会见奥巴马总统。美国财长盖特纳访问印度，双方建立印美金融经济伙伴关系。6 月，印度外长克里希纳访美，举行首次印美战略对话；11 月美国总统奥巴马访问印度。2014 年 9 月，印度时任总理莫迪会见美国总统奥巴马，就经贸、能源、反恐等方面加强交流合作，旨在构建双边、地区和全球范围内的伙伴关系。2015 年 1 月，美国总统奥巴马带领庞大代表团访问印度，并参加印度国庆阅兵。目前，美国是印度最大的贸易伙伴和投资来源国。印度将美国作为大国外交的重中之重。在美国宣布重返亚太后，印度也积极加强同美国在政治、经济、军事、核能等方面的合作，并同美国在亚太部署中加强彼此的协调关系。

3. 印度与巴基斯坦的关系

1947 年印巴分治后，印巴之间曾于 1948 年、1965 年和 1971 年爆发全面战争，核心问题是克什米尔的归属。通过战争，印度肢解了巴基斯坦，东巴基斯坦独立建立了孟加拉国。印巴两国于 1971 年 12 月断交。随着国际形势和两国关系的变化，1976 年 7 月两国复交。2001 年 7 月至 2008 年上半年，印巴先后启动了 5 轮全面对话，在建立信任措施、解决历史遗留问题、发展经贸合作、促进人员交流等多个方面进行了讨论，达成不少共识。2010 年 4 月 29 日，印度总理辛格和巴基斯坦总理吉拉尼在不丹首都举行双边会谈，决定恢复两国因孟买恐怖袭击而中断的对话。2012 年 4 月 8 日，巴基斯坦总统扎尔达里对印度进行了短暂的私人访问。这是巴基斯坦总统 7 年来首次访印，其间与印度总理辛格举行了会谈。双方在会后表示，愿以务实的方式解决长期以来横亘在两国间的问题，期待实现两国关系正常化。这是印巴关系正常化道路上具有积极意义的一步。2015 年 12 月，印度总理莫迪访问巴基斯坦并与巴基斯坦总理谢里夫举行会谈，两位领导人同意继续和平进程，加强双边关系。

4. 印度同南亚国家的关系

印度视自身为南亚地区性大国，强化其在南亚的地位，建立以印度为中心的政治、经济贸易圈是其重要目标。作为南盟创始国之一和南盟最大的国家，印度于1986年、1995年和2007年3次主办南盟首脑会议，强调加强南亚各国联系，积极推动在南盟范围内实现物流、人员、技术、知识、资金和文化的自由流动，最终建立南亚经济共同体。2016年10月，印度批准10亿美元的南亚次区域互联互通项目，促进相互的人员与货物往来。

5. 印度同东盟和东南亚国家的关系

印度同东南亚国家地理位置相近，有悠久的历史关系。印度积极推行“东向政策”，加强同东盟的政治经济关系，积极参与东亚合作。2008年印度与东盟自由贸易协定的谈判最终完成，印度成为继中国、日本和韩国之后第四个与东盟建立自由贸易机制的国家。2009年8月，与东盟签署自由贸易区货物贸易协定，并于2010年1月启动自由贸易区服务贸易谈判。2011年10月，印度和越南签署了能源合作、安全、经贸等领域的一系列协议，包括两国国有石油公司联合开发南海争议海域油气田协议。2014年，印度外长斯瓦拉吉访问越南、新加坡、缅甸。目前，印度已经与东盟多国签署了自由贸易协定，通过加强双边往来拓展经济空间成为印度发展同东盟关系的重要目标。

6. 中国与印度的关系

中印交往的历史久远，通过佛教往来逐步加强了彼此的联系。近代以来中印关系从属于中英关系。抗日战争时期，印度曾给予中国很多支持，而中国在支持印度国大党实现民族独立、同英国斡旋方面也给予了有力支持。印度独立后的1946年，中印关系升格为大使级，互派大使。1950年4月1日，印度成为与中国正式建立外交关系的第一个非社会主义国家。1954年两国总理实现互访，共同倡导了和平共处五项原则。1962年两国发生边界冲突，此后中印关系冷淡。

1976年两国恢复互派大使，双边关系逐步改善和发展。近年来中印两国关系在相互尊重、平等互利、互不干涉内政原则的基础上稳步发展。2005年4月，中国总理温家宝访问印度，两国签署了《联合声明》，宣布建立面向和平与繁荣的战略合作伙伴关系。访问期间，还签订了几项协议以加深两国间的政治、文化和经济关系。2005年3月，双方完成了《中印全面经贸合作五年规划》联合研究，该规划也成为中印经贸关系发展的指导性文件。2006年11月，胡锦涛主席对印度进行国事访问，双方发表了联合宣言，确定了深化两国战略合作伙伴关系的10项原则，并签署了投资促进和保护协定等13份合作文件。2008年，印度总理辛格访问中国，双方签署了中印“关于21世纪的共同展望”。2012年中印贸易额达665亿美元，中国成为印度第二大贸易伙伴，印度是中国在南亚的最大贸易伙伴。2013年，中印关系继续保持稳定发展的势头。同年3月，习近平主席在出席南非金砖国家领导人峰会期间会见了辛格总理。5月，李克强总理出访印度，双方在联合声明中一致强调互为伙伴而非对手，视对方发展为机遇而不是挑战。双方都认为两国经济合作具有高度互补性和巨大发展潜力。同时，中印共同倡导构建孟中印缅经济走廊的共识受到各界关注。这一构想将把东亚和南亚连接在一起，为亚洲经济一体化以及全球经济增长提供新动力。2014年，印度新总理莫迪上台后两国首次举行高层会议，中国有30余个副部级以上代表团访问印度。2015年3月，印度总理莫迪访问中国，两国就充实中印战略伙伴关系内涵，构建两国更加紧密的发展伙伴关系达成共识。

2015年中印贸易额达到712亿美元，15年间增长了23倍，中国连续2年成为印度第一大贸易伙伴国。在投资合作方面，截至2016年3月底，中国对印度工程承包合同额累计达667亿美元，营业额累计达446亿美元。中印企业间的深化合作也将进入新时期，预计2015—2018年中国对印度的投资将达50亿~100亿美元。目前，中国是印度第一大贸易伙伴，但受制于政治等多方面原因，双方贸易额始终处于较低水平，出现了政治升温经济偏冷的状况。

（四）政治环境分析

1. 国内政治总体稳定，民主制度仍在发展

印度独立后基本沿袭了英国式的议会民主制，并在独立后60多年的政治实践中不断完善与发展，在错综复杂的社会结构背景下，基本保障了政治制度的稳定与连续，基本上保证了国家政权的平稳更迭。

印度被西方国家称为“世界上最大的民主国家”。伴随印度多党制的发展及所带来的政府更迭频繁、经济社会发展缓慢，现代政治制度与传统社会结构的矛盾使印度的政治发展产生了诸多弊端。同时，印度人口众多、社会结构复杂和传统文化的深刻影响下形成的民主政治质量还不高，其政党制度又被人们视为是世界上不稳定的民主，是一种超前政治消费，在一定程度上阻滞了其现代化进程。

2. 政治凝聚力较弱，政府施政受到制约

印度政治力最突出的弱点是缺乏民族凝聚力和社会政治不稳定性。在独立后的很长时间里，国大党以压倒性优势执掌政府，逐渐形成了以国大党为中心的政治格局，其他党派需要依靠党派结盟才能获得组阁权。2014 年 5 月 16 日，人民党在人民院（下院）选举中获得压倒性多数，打破了国大党“一党独大”的格局。人民党主席莫迪成为印度第 14 任政府总理。

莫迪在选举中承诺最重要的一点是经济社会发展，因此新政府将比前政府更加强调发展经济，吸引外资，创造就业机会，以市场为基础改革经济，减少不必要的福利和政府补贴项目，减少财政赤字。在保护国内中小企业的前提下，新政府会加大对外开放力度和国内市场开放力度，提高工业生产，加强出口，发展新兴城镇和农村城镇化。对外政策方面，新政府将更加强调印度国家民族利益和文化特点，积极发展与亚洲经济大国的经济贸易投资等合作。但在印度这种政党林立、教派复杂、宗教和民族问题交织的政治氛围下，政府政策的不稳定，特别是在施政和推行政策时受到的掣肘压力会较多。

3. 印度政治地区化，中央地方政出多门

历史上的印度始终处于外族入侵和列国纷争的分裂局面，它几乎从未实现过国家的完全统一，因此也从未建立过强大的中央集权统治。长期的王国林立和地区政治势力割据使印度人形成了根深蒂固的地区意识、种族意识和语言意识，各邦在不同种族基础上发展起来的地区政治文化具有相当大的差异，而且也使印度的政治文化具有很大的多元性和分散性。

印度独立后，联邦政府为加强国家的统一而采取了中央高度集权的做法使得中央与各邦的矛盾一直比较突出，许多代表地区种族主义势力的政党要求扩大自治权的呼声一直存在。印度的地区政党一般都是代表某一邦的地区利益或者某一特殊种族、语言、宗教或种姓集团的利益，因此在地方上有着深厚的社会基础。现阶段，中央与地方在权力划分和利益分享上依然存在分歧，中央的政令到达地方后的执行效果往往大打折扣。目前，在一些重大的国家政策，甚至对外政策方面，邦政府有了越来越多的发言权。中央和各邦的权力平衡正在被打破。

4. 多重因素影响日盛，政策制定缓慢低效

印度社会结构复杂，根深蒂固的种姓制度、教派主义以及地方势力给印度政治带来了深刻影响。随着更多具有宗教色彩的团体或政党的出现，宗教势力及其政党对印度政治的影响呈现上升趋势，通过煽动教徒、挑拨极其脆弱的各宗教教派关系来影响政府的政策。地方性政党的崛起及对印度政治的影响日益加大，从而影响国家的政策制定。

5. 腐败案件频频曝光，政府公信力受损

印度一直受到腐败问题的困扰。2011 年初，印度政府接连爆发腐败丑闻，引发全国性抗议活动，加上通货膨胀形势严峻，国内安全局势趋于紧张，使得印度政府的公信力不断受损。

6. 国内安全隐患存在，潜在风险将长期存在

印度国内安全形势仍维持着总体好转的趋势，恐怖主义是印度国内安全的首要威胁，纳萨尔派运动继续向中东部地区蔓延，印控查谟—克什米尔地区和印度东北地区的安全局势总体上好转，但也存在局部恶化的风险。这三者成为影响印度国内安全局势的最突出问题。政治和安全局势的恶化给印度政府带来了巨大挑战，但考虑到其民主政治体制较为成熟，发生严重政治危机的可能性较小。

7. 中印关系敏感，中资企业进入有壁垒

印度在南亚次大陆上具有绝对优势，视南亚次大陆和印度洋地区为自己的发展空间，十分警惕区外势力的活动。特别是印度将中国与巴基斯坦、孟加拉国和斯里兰卡等周边国家发展政治、经济关系视为影响印度地区领导地位。至今印度仍对中国抱有成见和敌意，而且当地媒体中反华声音也不小，一些政客也将中国视为潜在的竞争对手。印度总理莫迪认同中国的经济成就，根据其开放的经济策略，未来印度将会和中国在经济上持续合作，密切两国关系；而在边界争端上，莫迪具有鹰派的态度，这将影响中国在印度的投资。2014 年 7 月，习近平主席在巴西福塔莱萨同莫迪总理初次会面，两国领导人同意，发展伙伴关系应成为两国战略合作伙伴关系的核心内容。这是中国首次同一国构建以“发展”命名的伙伴关系，充分说明了“发展”对中印两国的特殊意义。

此外，虽然双方也签署了一系列投资保障协议，但双方在政治上的分歧依旧使得印度对中国存在有歧视性的投资管理政策，在签证办理和投资审批中也格外关注。尽管印度公司在中国受到普遍欢迎，但在印度的华企却遭遇到安全审查的尴尬问题。

总之，近几年双边关系呈现积极向上的态势，但由于双边历史上和现实中的一系列问题尚未解决，中印之间还需要提高相互理解，因此在印度投资时仍需关注双边关系不稳定所带来的潜在风险。

二、经济运行状况

印度自独立后经济有较大发展，农业基本上实现了粮食自给，工业形成了较为完整的体系。20 世纪 90 年代以来，服务业发展迅速，占国内生产总值的比重逐年上升，现已成为全球软件和金融等服务业的重要出口国。1991 年 7 月开始实行全面经济改革，放松对工业、外贸和金融部门的管制，经济实现高速增长，在一段时期内是世界上发展最快的国家之一。

为解决落后的基础设施与经济发展需要之间的矛盾，印度政府近年来制定了一系列加大基础设施建设的投资计划。印度基础设施投资占国内生产总值的比例从 2007 年的 5.7% 增长到 2015 年的 8.5% 。但由于人口众多，地区差异较大以及地区经济不协调不平衡明显，未来经济建设仍需要投入大量资金和技术。

（一）产业结构

根据 CIA “World Factbook，2015”，2015 年印度农业、工业和服务业占国内生产总值的比例分别为 16.10% 、29.50% 和 54.40% 。

1. 农业

印度拥有世界 1/10 的可耕地，面积约 $1.6 \times 10^8 hm^2$，人均 0.12 hm^2，农村人口占总人口的 67.25% ，是世界上最大的粮食生产国之一。主要粮食作物有稻米和小麦等，主要经济作物有油料、棉花、黄麻、甘蔗、咖啡、茶叶和橡胶等。印度农业的主要特点是小农经济占绝对优势，传统农业占优势地位以及农业和农村发展不平衡日渐扩大。农业占国内生产总值的比重呈下降趋势，农业对稳定物价和控制通货膨胀有重要作用，所以印度的农业增长是其经济实现包容性增长的必要条件。

2. 工业

印度目前已建立了比较完善的民族工业体系，工业总产值在发展中国家中居第四位，主要包括纺织、食品、加工、化工、制药、钢铁、水泥、采矿、石油和机械等产业。近年来，汽车、电子产品制造和航空航天等新兴工业发展迅速，有力地推动了印度传统产业的调整和改造，但能源供应不足制约了工业发展。印度汽车零配件、医药、钢铁和化工等产业水平较高，竞争力较强。

印度独立之初，工业高度集中在少数沿海大城市。仅孟买、加尔各答和阿默达巴德等 3 个城市所在的邦，其工业产值占全国的 70% 以上。近年来，工业过分集中的状况已有所改善。

3. 服务业

服务业在印度国内生产总值中所占比重最大，2015 年服务业占 GDP 的 54% 左右。印度的服务业涵盖范围很广，其中最大的行业是批发零售、机动车及日用品修理和饭店旅馆业，还有金融、中介、租赁及房地产与商务服务、教育卫生社会工作、其他团体、社会和个人服务，运输、仓储和邮电业，公共管理与国防、社会基本保障等。

连锁经营和现代物流配送方式在印度还不普遍，金融和保险业十分发达。印度软件出口和服务外包业发展迅速。目前印度的软件出口 100 多个国家和地区，出口额超过了印度全国出口总额的 20% ，在全印度 GDP 份额中超过了 2% 。

（二）宏观经济现状

印度是亚洲仅次于中国和日本的第三大经济体，2015 年国内生产总值居世界第 8 位。自 1991 年实施全面经济改革以来，特别是2001年出台“十五计划”后，印度经济高速发展。2005年、2006年和2007年GDP增速都超过了9%，2008年由于经济危机GDP增速下滑至3.9%，2010年经济复苏使GDP增长率突破10%，2011—2015年GDP增速维持在6%~8%，人均GDP不断上升（表6-1-1）。

表6-1-1 2009—2015年印度主要经济指标

年 份	2009	2011	2013	2015
总人口数/人	12.14亿	12.47亿	12.79亿	13.11亿
人口年增长率/%	1.42	1.33	1.25	1.21
城镇人口百分比/%	30.59	31.28	31.99	32.75
国内生产总值（GDP)(现价美元)	1.365万亿	1.816万亿	1.863万亿	2.074万亿
人均国内生产总值（现价美元）	1124.52	1455.67	1456.20	1581.59
实际国内生产总值增长率/%	8.48	6.64	6.64	7.57
通货膨胀率/%	10.89	8.86	10.91	5.87
中央政府债务总额（现价本币）	35.18万亿	39.39万亿	—	—
中央政府债务占GDP百分比/%	54.31	45.09	—	—
总储备（现价美元）	2856.8亿	2987.4亿	2980.9亿	3533.2亿
总储备可支付进口月份	9.77	6.19	6.03	—
商业服务出口额（现价美元）	924.84亿	1379.35亿	1481.88亿	—
商业服务进口额（现价美元）	796.28亿	1241.98亿	1251.88亿	—
官方汇率（兑换1美元所需本币）	48.41	46.67	58.60	64.15
银行资本对资产的比率/%	7.00	6.70	6.92	7.21
银行不良贷款与贷款率/%	2.21	2.67	4.03	5.88
贷款利率/%	12.19	10.17	10.29	10.01
上市公司市值占GDP百分比/%	95.69	55.47	61.12	73.12

数据来源：世界银行数据库

1. 高速经济增长势头因全球金融危机放缓

2008年全球金融危机爆发后，受全球货币供应紧缩、国际石油与原材料价格暴涨、出口需求下降和国内消费疲软等因素的影响，印度经济增速明显放缓。出口部分和为国际金融机构进行外包服务的高端服务业遭到重创，特别是金融、钢铁、汽车、外包服务、奢侈品、航空和旅游行业下滑尤为明显，其中制造业在该年第四季度出现了5.2%的负增长。2008年印度经济增长率仅为3.9%（图6-1-1）。

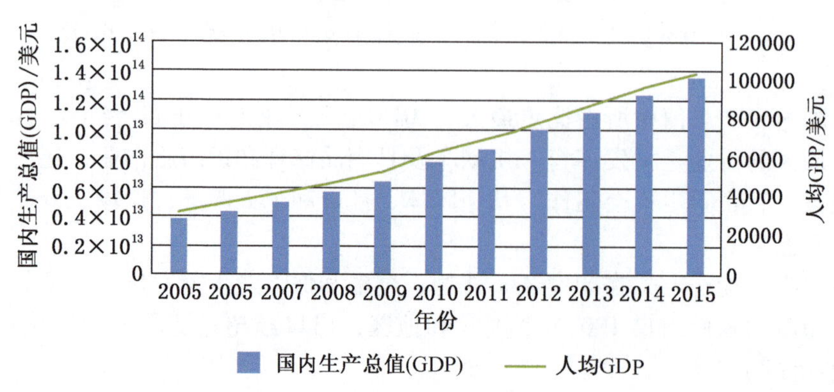

图6-1-1 2005—2015年印度国内生产总值（GPD）及人均GDP（据世界银行数据库）

2. 2010 年经济开始复苏

为应对金融危机的冲击，印度于2008 年10 月下调基准贷款利率，为4 年来首次。印度央行在多次上调短期贷款利率的同时，还数次上调银行存款准备金率，仅2008 年上半年短期贷款利率就上调了0.75%，存款准备金率则达到8.75%。同时，印度政府陆续出台了许多刺激经济发展和消费的政策措施，以期稳定和保证企业与个人的购买力。印度政府还出台了许多鼓励外商投资基础设施和促进进出口贸易自由化的优惠政策和措施，以缓解不断扩大的外贸逆差。在政府经济刺激措施和国际经济环境好转的共同作用下，印度出口回升、投资回暖，经济逐步回归快速增长轨道。2010 年印度实际国内生产总值增长率恢复到10.5%。但与此同时，高通货膨胀问题随之而来，该年的通货膨胀率为12%。

3. 2011 年、2012 年经济再次面临外需下降和高通货膨胀压力

2011 年，美债和欧债危机持续蔓延。虽然印度企业中有相当一部分是服务于内需的企业，但是受全球经济复苏放缓和制造业低迷等因素的影响，经济增速又有所降低。2012 年印度国内生产总值增速回落至5.6%。

4. 2013 年经济复苏步伐稳定

在经历了金融危机和一系列政策调整之后，印度经济在2013 年达到相对稳定的阶段，2013—2015 年GDP 增长率稳定为7% 左右并逐年上升，经济复苏较为稳定。

5. 通货膨胀水平快速增长后有所回落

2008 年金融危机发生以前，印度的通货膨胀率以相对温和的速度持续升高。但金融危机的发生直接打破了这一温和趋势。受印度卢比疲软以及国际石油价格上升的影响，2008 年的通货膨胀率已上升到8.4%。2010 年的通货膨胀率达到12% 的历史性高点。为应对这一问题，央行连续加息和收紧货币以抑制通货膨胀，确定了以牺牲经济增长速度来降低通货膨胀率的宏观经济政策。虽然在2011 年和2012 年该调控使通货膨胀率降到了9.3%，但通货膨胀率仍在较高水平。2012 年之后，政府继续实行紧缩的财政政策，通货膨胀水平快速下降，2015 年通货膨胀率仅为1%。可见印度的通货膨胀水平有所回落，央行宽松空间较大（图6-1-2）。

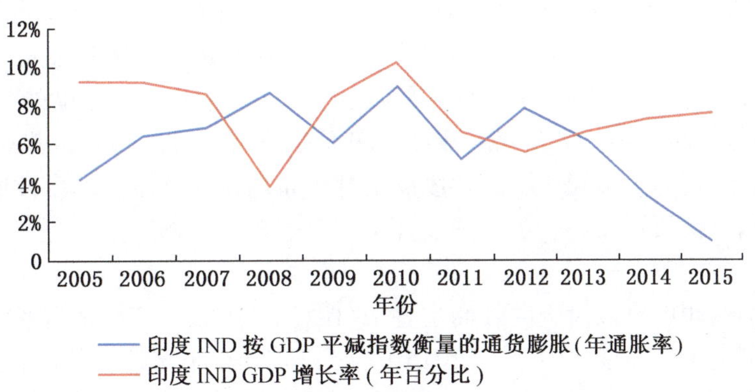

图6-1-2　2005—2015 年印度国内生产总值增长率与通货膨胀率（据世界银行数据库）

6. 人口问题严峻

2015 年印度有13.11 亿人，位居世界第二位。人口压力一直是一个不容忽视的问题，它严重制约着印度经济的发展。同时，失业也是印度经济一个不容忽视的问题。2010 年印度的失业率约为9.3%，到2013 年下降至4.9%，2013 年之后失业率较为稳定。但是近年来青年失业率高达10%，形势不容乐观。

7. 南南合作成为新增长动力

目前全球经济复苏乏力的预期使得印度面临的外部环境仍很严峻。从2009 年金砖国际合作机制形成起，印度同中国、俄罗斯和巴西等新兴经济体的联系日益密切。2010 年，随着南非的加入，印度与南非的合作进一步促进了印度的进出口贸易。印度与金砖国家之间的进出口贸易额呈逐年上涨的趋势（表6-1-2）。南南合作不仅减少了印度对于发达国家的依赖，更使其不断开拓发展中国家市场，与新兴经济体一起，挖掘经济合作潜力，寻找未来发展动力，共同抵御外部风险。

表6-1-2 印度货物和服务进出口贸易

亿美元

进　口	2008—2009年	2009—2010年	2010—2011年	2011—2012年	2012—2013年	2013—2014年
巴西	11.86	34.38	35.49	42.71	48.26	37.21
俄罗斯	43.28	35.67	36.00	47.64	42.32	38.91
中国	324.9	308.24	434.79	553.14	522.48	510.35
南非	55.14	56.75	71.41	109.72	88.88	60.75
巴西	26.51	24.14	39.70	57.70	60.49	55.52
俄罗斯	10.96	9.81	15.80	17.78	22.96	21.21
中国	93.54	116.18	196.16	180.77	135.35	148.24
南非	19.80	20.59	39.85	47.31	51.07	50.74

数据来源：《金砖国家联合统计手册（2015）》

8. 市场辐射能力不断增强

印度重视通过签署双边自由贸易协议来开拓海外市场。印度已签署和正推进的贸易协定已基本覆盖各大洲的重要经济体。自2009年5月辛格政府成立以来，其“立足亚洲，面向全球获取资源、资金和技术”的经贸战略得到进一步强化。2015年4月莫迪政府依据“印度制造”“数字化印度”计划制定了新五年对外贸易政策，旨在刺激印度制造业和服务业出口。印度依靠其快速的经济增长、庞大的内需市场、充足的矿产资源及连接东亚和中东、非洲的优越地理位置，市场辐射能力不断增强。

（三）外国投资概况

1. 外资流入规模波动较大

2005—2008年，强势的经济增长为印度吸引了大量外资，印度利用外国直接投资的规模逐年上升。而金融危机的发生使得全球经济走势疲软，2009年和2010年都遭遇了外国直接投资的“滑铁卢”。但是，随着全球经济回暖，大量外资开始重新涌入印度。从2012年开始，印度的外国直接投资净流入持续上升，到2015年该数值高达442亿美元。不过，印度经济增长对外国直接投资的依赖较小，其经济增长主要依赖本国的智力资源和金融资源。印度商工部长希塔拉曼表示，印度政府为改善投资环境吸引外国投资，已引入外国直接投资相关改革，并放开了多个主要投资领域。

2. 投资来源分布

经印度政府批准的对印度直接投资的外商主要来自欧洲、中东，其次来自亚洲、澳洲和非洲。根据印度商务与促进部数据显示，印度2016年（2015年4月至2016年3月）外国直接投资（FDI）净流入达到400亿美元，同比增长29%。新加坡、毛里求斯和美国为三大外资来源地，投资额分别为136.9亿美元、83.5亿美元和41.9亿美元。

3. 行业分布

印度的外国直接投资流向了各个产业，投资相对分散。外商直接投资主要投资领域除信息技术以外，还有汽车制造、电信、电子电气设备、生物医药、服务业、信息技术、工程项目、电器电子、化工化肥、食品加工和纺织业等。2016年，印度服务业吸收外国直接投资额68.8亿美元，计算机软硬件行业、贸易和汽车产业分别吸收了59亿美元、38.4亿美元和25.2亿美元。

4. 地域分布

近年来，受全国性基础设施较差、工业基础地域性分布等因素的影响，外资主要投入七大城市：孟买（33%）、新德里（20%）、班加罗尔（6%）、金奈（5%）、艾哈迈达巴德（5%）和海德拉巴（4%），其余城市所占比例均低于1%。

5. 对外国投资的市场准入

印度主管国内投资和外国投资的政府部门主要有工商部下属的投资促进和政策部、公司事务部、财政部和储备银行等。

印度禁止外资进入的领域：①赌博业；②博彩业；③风险基金；④病源地公司；⑤房地产开发；⑥可转让开发权交易；⑦零售业；⑧核能；⑨农业种植活动（不包括栽培花卉、园艺、种子开发、畜牧业、养鱼业、培养植物和蘑菇等）；⑩种植业（种茶除外）。

限制外国投资进入的领域：①军队和军火及相关国防装备，军用飞机和军舰；②原子能技术；③铁路运输。

强制实行生产许可证的领域：①酒饮料蒸馏和酿造业；②雪茄和香烟制造业，生产烟草替代品；③太空和国防电子产品及相关产业；④工业爆炸品，含起爆剂雷管、安全引芯、枪药、硝化纤维和机器；⑤危险化学品；⑥毒品和医药品。

鼓励外资进入的领域：①新工业政策表中所列项目；②基础设施；③具有出口潜力的项目；④能大量雇佣劳动力的项目；⑤农业综合开发项目；⑥具有社会意义的项目（医院、人力资源发展、医药急救品及其设备）；⑦能引进技术和资本的项目。

6. 对外直接投资

印度的私营经济较为成熟，私营企业实力较强，其对外直接投资主体一直以本土发展起来的大型私有企业为主，并且产生了一批颇具国际竞争力的私营企业。近年来，印度中小企业也在对外直接投资中扮演着日益重要的角色。由于印度对外直接投资主要是为其制造业及成熟行业的产品在发达国家寻求市场，对外直接投资主要集中在医疗设备、教育、自动化、纺织业和制药业等行业，优化了国内产业结构，推动了企业技术进步。

（四）中国对印度直接投资

我国对印度的直接投资自2000年以来快速增长，2006年之后增长势头尤为迅猛，到2013年，增长了约37倍，投资将成为新时期中印经贸合作亮点。2015年，中国对印度的直接投资（不包括再投资）猛增至8亿7000万美元左右，是2014年的6倍多。2000年4月到2014年底累计投资额为4亿5000万美元。而2015年一年的投资额是过去15年累计投资额的2倍。但相对中国总体的对外投资规模而言，中国对印度的投资规模仍较小，缺乏集约式投资，投资模式和领域都较为单一，与两国的经济规模和经贸合作水平不相称。

三、政治经济总结

印度作为世界主要经济体，依靠电子信息技术产业、丰富的资源和大量劳动力实现了经济腾飞，其经济增长率名列世界第二位。庞大的经济体量和较强的经济影响力使得其成为全球经济增长的重要潜在引擎之一。然而，印度目前处于社会转型与工业化时期，长期存在的种姓制度、宗教、民族和地区矛盾等都是其社会和经济发展的不稳定因素。同时，政治腐败、地区权力斗争、宗教与政治过于多元导致政策难以推动，贫富差距不断拉大，社会治安风险较高以及部分地区的分离主义等都成为外商投资所担心的因素。

在政治方面，印度继承了英国殖民时期的政治和法律制度，被称为世界上“最大的民主国家”。印度国大党长期执政，自2004年辛格就任总理以来，政治实行改革，提升了国大党在议会中的地位。但改革进程较慢，政治体制中呈现出党派过多导致政治分歧较大，联邦体制中权力划分不明与各邦政治状况复杂多变导致政策不一。而政府贪污腐败，行政效率低下引发民众不满情绪较多。2014年大选中人民党击败过去执政超过50年的国大党，首次单独取得超过半数的席次，在人民院（下院）取得压倒多数席位，组成了新一届政府。此外，中印两国缺乏政治互信，印度政府常以安全为理由为中国企业的经营活动设置种种限制，其反复多变的相关政策也给中国企业造成了相当大的困扰。

依托丰富的资源和良好的经济政策，近年来印度经济保持着高速增长。农业由严重缺粮到基本自给，工业已形成较为完整的体系，金融、教育和科技等软环境较佳。随着经济的持续增长和社会的快速发展，印度对能源的需求将进一步增加。但印度在涉及能源等重点产业上的开放度较低，为保护本国产业与本土企业的利益，印度政府对外国直接投资一向限制较严，外资进入印度需要通过非常复杂的审批程序，特别是针对投资方的投资意图和背景进行反复调查，最终才由印度内政部做出是否能够通过安全审查的决定。

各邦和地方政府在法律制度和投资政策上的障碍较多，政府腐败和行政效率低下导致投资的软环境不佳。同时受历史和现实因素的影响，印度对来自中国的投资存在不信任的情绪，限制和审查较多。印度本国煤炭资源品质偏低，因此对优质煤炭资源的需求旺盛，但该行业私有化程度低，是外资最难进入的领域。综合来看，我们认为将印度作为投资目的地的风险较高，建议目前主要从能源和矿业市场需求的角度对该国进行关注和研究。

第三节 法 律 环 境

一、矿产资源开发相关法律制度

（一）主要监管机构

印度的联邦制度中，邦政府拥有其各自司法管辖区领土上矿产的所有权，但由中央政府行使行政管理权，而近海岸地区、领海、大陆架、经济特区和其他海域的矿产所有权归中央政府。矿产资源的管理由中央政府和邦政府共同负责，中央政府负责统一的矿业立法、制定和修改矿产权利金标准，邦政府则负责权利金征收。印度对不同的矿产资源进行分类管理，制定专门的法律，设专门的管理机构。矿业部负责除石油、天然气以外所有矿产的调查和勘查，负责有色金属矿产的开采和冶炼，负责《矿山和矿产（管理与开发）法》所包含的开采（除煤炭外）行政执法工作；能源矿产分别由煤炭部（煤）、石油天然气工业部（油气）和原子能部（铀、钍、稀土等核材料矿产）管理。

印度矿业部的主要任务和职责是负责矿山和矿产开发的立法，规范矿山和矿产资源的开发工作；管理所有没有明确由其他部、局分管的金属矿产和矿石，如有色金属等；负责所有与矿业部相关的工业发展规划、开发、控制及辅助工作。

矿业部下设印度矿业局和地质调查局。此外，矿业部还负责管理印度矿产勘探公司、国家铝有限公司、印度斯坦铜有限公司等单位，并作为国家出资人代表参与 Bharat 铝有限公司、印度斯坦锌公司、Sikkim 矿业公司和金矿有限公司的管理工作。

印度矿业局是一个多学科科研机构，隶属于矿业部，现已发展成为一家全国性机构。印度地质调查局负责基础地质调查、地质填图、区域矿产资源评价和专属经济区资源评价。海洋开发部负责大洋海底资源勘查、开采和加工。印度矿业局主要职责包括：一是按法律规定监督地矿工作的进行；二是通过业务指导、技术服务保护矿产资源，保护环境，并提供各种技术服务和咨询服务；三是发布矿山、矿产开发利用方面的统计信息等。

印度矿业部为了使矿产特许权系统更加高效透明，成立了部长领导下的中央协调暨授权委员会（CEC）来监督并缩短各级部门在矿产特许权申请审批过程中的延误，一些矿产资源丰富的邦也已建立了邦协调暨授权委员会。2011 年 10 月 20 日 CEC 重组为矿产开发与管理协调暨授权委员会。

印度石油和天然气部由管理、勘探、炼制、销售和财政 5 个行业部门组成。石油和天然气部的主要职能是勘探和开发石油、天然气资源，生产、供应、销售和制定石油和天然气产品的价格，原油炼制，石油和石油产品的添加剂生产，规划、发展、调节及帮助该部所涉及的所有相关产业，规划、开发和规范油田服务，管理相关法律的实施等。此外，印度分管石油和天然气的部门还有石油天然气委员会，也称为印度国家石油公司。它是印度石油和天然气勘探生产的国家石油公司，创建于 1956 年，主要任务是勘探和生产石油、天然气以及原油提炼、分销、销售、进出口等。

（二）矿产权证的获得

《矿山和矿产（管理与开发）法》是目前印度矿业管理法律体系的基本规则，适用于除水、石油、天然气以外的其他矿产资源勘查勘探、开采关系的协调。该法规定任何矿产的开发均需取得矿产特许权，矿产特许权的获得须向邦政府或中央政府提交申请，并交纳规定的费用。法律和矿产所有权赋予政府获得承租人提取和消费矿物所应支付权利金的权利，除次要矿产之外的其他各种矿物的权利金费率由中央政府通过公告来规定，次要矿产权利金费率由相关的邦政府规定。

印度矿业部负责包括金属矿产在内的非燃料矿产管理。虽然中央政府总体负责，但非燃料矿产的大多具体管理权实际在邦政府，特别是在矿业权审批方面，现行法律给邦政府更多的权力。对于除燃料矿产和核矿产以外的矿产，矿产许可证的批准要事先得到中央政府同意的只有石棉、铝土矿、铬矿石等10种矿产，且这10种矿产许可证的更新和转让无须得到中央政府的同意。

获得勘查许可证、探矿许可证或采矿租约的条件：只有满足规定条件的印度国民或符合1956年印度公司法第3.1条规定的公司才能获得勘查许可证、探矿许可证或采矿租约。

可批准的每一勘查许可证、探矿许可证或采矿租约有最大面积的限制。如果中央政府认为，为开发矿产确有必要这么做，可以用书面形式注明理由，允许某个人取得的一个或多个探矿许可证或采矿租约项下的面积超过规定数额。不相邻或不相连地区的不得授予勘查许可证、探矿许可证或采矿租约；如果邦政府认为，为开发矿产确有必要这么做，可以用书面形式注明理由，允许某人取得不连接或不相邻地区的一个勘查许可证、探矿许可证或采矿租约。为自身利益取得或用他人名义取得勘查许可证、探矿许可证或采矿租约均将被视为他本人取得。

有关优先权的规定：勘查许可证、探矿许可证持有人，就该许可证项下的土地享有取得此土地探矿许可证或采矿租约的优先权。但前提条件是邦政府确认许可证持有人：①在这块土地上已进行了勘查或探矿活动，并查明了矿产资源；②没有违反勘查许可证、探矿许可证的有关条款和条件；③根据本法规定仍然适合；④在勘查许可证、探矿许可证过期后的3个月内或政府予以延期的更长期限内，成功申请授予探矿许可证或采矿租约。

若两个或两个以上的人，就同一块土地都提出了勘查许可证、探矿许可证或采矿租约申请，则较早提交申请的人具有优先取得许可证或租约的权利。

1. 勘查许可证

各邦政府在与中央政府事先协商后，可以根据矿产许可条例在该邦范围内尚未发放任何勘查许可证、探矿许可证或采矿租约的任何地区进行规定煤和褐煤等矿产资源的有关勘查、探矿或采矿活动。

勘查许可证的申请应提交以下材料：

（1）提交勘查许可证申请，缴纳申请费。

（2）提供表明其依法依规向邦政府缴纳各项费用的有效清算证书，除非能提供一个符合要求的宣誓书称其尚未或从未获得过勘查许可证，或称其没有欠偿的费用。

（3）提供表明以下内容的宣誓书：申请人已将迄今为止的盈利记录在案；已支付应缴的所得税；已支付根据1961年所得税法应缴的所得税。

（4）提供表明以下内容的宣誓书：拥有邦特定地区的勘查许可证；已经申请邦特定地区的勘查许可证但未获授予；申请人或申请人与其他人正同时申请邦特定地区的勘查许可证。

邦政府可以拒绝授予勘查许可证，并给予申请人听证机会。

每一勘查许可证的期限不得超过3年。勘查许可证持有者都应遵守各项法定要求。

一旦授予勘查许可证后，持有人应在被告知该授予结果后三个月内或邦政府同意的更长时间内执行有关授予许可证的协议，如果因申请人原因在规定时间内没有执行，则邦政府将撤销授予勘查许可证的命令，并且申请人已支付的费用被邦政府没收。勘查许可证开始日期为所有必需的清算已经完成后上述协议被执行的日期。申请人应在矿产许可条例相关协议被执行前按20卢比/km^2缴纳作为保证遵守许可证条款和条件的保证金。任何保证金如果未被没收则将在持有人提交完整报告后退还。

2. 探矿许可证

1）政府所有的矿产资源探矿许可证的授予

对政府所有的矿产资源探矿许可证的授予与延期分别以法定格式向邦政府申请。提交申请的同时需附：

（1）缴纳申请费。

（2）表明其依法依规向邦政府缴纳费用的有效清算证书。

（3）表明申请人以下情况的宣誓书：申请人已将迄今为止的盈利记录在案；已缴纳应缴的所得税；已缴纳根据1961年所得税法应缴的所得税。

（4）表明申请人以下情况的宣誓书：申请人或申请人与其他人联合拥有邦特定地区的探矿许可证；申请人或申请人与其他人已经联合申请邦特定地区的探矿许可证但未获授予；申请人或申请人与其他人正同时申请邦特定地区的探矿许可证。

（5）书面声明申请人在该土地不为其所有时，以获得该地区的地表权或已获得所有者的同意从事探矿活动。

探矿许可证授予与延期申请的处理：①须在许可证到期前90天提出，并附法定文件；②邦政府进行审查后决定能否延期。

探矿许可证的期限：每一探矿许可证的期限不得超过3年。邦政府有权根据情况批准延长，但探矿许可证的总期限不应超过5年。若申请延长期限的许可证涉及煤和褐煤，则需经中央政府事先批准才可将探矿许可延期。

邦政府拒绝授予探矿许可证的，将给予申请人听证机会。

费用的退还：如果探矿许可证申请人在被授予许可证前死亡的，该申请将被视为其法定代理人提出的。如果申请人在探矿许可证授予后在授予许可证的协议执行前死亡的，则该探矿许可证应被视为授予了死亡者的法定代理人。

探矿许可证持有者都应遵守各项法定要求。

一旦授予探矿许可证后，持有人应在被告知该授予结果后90天内或邦政府同意的更长时间内执行有关授予许可证的协议，如果因申请人原因在规定时间内没有执行，则邦政府将撤销授予探矿许可证的命令，并且申请人已支付的费用被邦政府没收。

许可证持有者应向邦政府提交一个6个月的工作报告，说明工作人数，全面披露该时间段其获得的地质的、地球物理及其他有价值的数据。报告应在该时间段结束后的3个月内提交。

许可证持有者应保有一个准确可靠的账目，记录其在探矿过程中发生的费用及其获得的矿产数量和其他具体信息、运送情况等，以供政府检查或向政府提供该信息和统计表。

申请人应在协议被执行前缴纳作为保证遵守许可证条款和条件的保证金。任何保证金如果未被根据矿产许可条例没收则将在持有人提交完整报告后退还。

2）私人所有的矿产资源探矿许可证的授予

私人所有的矿产资源探矿许可证的授予需申请人提供表明以下内容的宣誓书：申请人已将迄今为止的盈利记录在案；已支付应缴的所得税；已支付根据1961年所得税法应缴的所得税。关于煤和褐煤矿产，应通过中央政府事先批准。

许可证持有者应遵守各项法定要求。

3. 采矿租约

1）政府所有的矿产资源采矿租约的授予

采矿租约的申请：申请书应按格式要求填写向邦政府提交，并依法缴纳定金。

采矿租约的授予条件：申请人有证据证明其已在早些时候在租约申请区进行过勘探活动或通过勘探以外的其他手段已确定该地区存在的矿产资源含量，并且申请人持有中央政府或邦政府批准的有关该地区矿床开发的采矿计划（《矿山与矿产（管理开发）法》）第5条。每个采矿租约的期限不得低于20年且不得超过30年。

采矿计划的内容：申请人在收到邦政府授予采矿租约的决定后，应通过邦政府向中央政府提交一个为期6个月的采矿计划并经其批准。采矿计划的内容应符合法律规定。

租约应在6个月内执行：租约协议应在授予租约决定做出后6个月内或邦政府允许的更长时间内执行，如果因申请人的原因租约未在上述规定时间内得到执行，邦政府可撤销授予租约的决定，并且在此情况下申请费将被邦政府没收。

采矿租约的权利金：①采矿租约承租人，须由其本人或其代理人、经理、雇员、承包人或转租人等自租约合同生效后就租约地区所开采或所消耗的矿产缴纳权利金，缴纳费率按规定的相关矿产费率执行；②就工人在煤矿内个人所消费的煤，采矿租约承租人不需缴纳权利金，但每个煤矿工人每月消费的煤不得超过 1/3 t；③中央政府可以在政府公告上以公告形式提高或降低权利金费率，并从公告规定的实施日期起开始实施，但中央政府在 3 年内提高矿产权利金费率的次数不得超过一次。

采矿租约承租人应付的地租：采矿租约承租人应每年向邦政府缴纳租约合同项下土地面积的固定租金，费率规定见表 6－1－3。中央政府可以在政府公告上以公告形式提高或降低采矿租约项下地区的固定租金费率，并从公告规定的实施之日起开始实行，但中央政府在 3 年内提高固定租金费率的次数不得超过一次。

表 6－1－3 费 率

项目	采矿租约类型	租约第 1 年	租约第 2～5 年	租约第 6～10 年	租约第 11 年及以后
A	租约面积≤50 hm^2	0	70	140	200
B	50 hm^2 <租约面积≤100 hm^2	0	100	200	280
C	租约面积＞100 hm^2	0	140	230	350

注：表中的数额是每年每公顷土地应缴的租金，单位是卢比。西孟加拉国不适用以上规定。

采矿租约承租人有义务缴纳权利金或固定租金，权利金和固定租金哪种金额高就缴纳哪种。

采矿租约的延期：须至少在租约到期前 12 个月向邦政府提出，邦政府关于煤和褐煤的延期申请应经中央政府事先批准。延期申请应附符合规定的材料，并缴纳一定的延期申请费。

如果采矿租约的授予与延期申请是亲自递交的，有关机关应立即告知申请人已收到申请；如果申请是通过邮局递交的，则有关机关应在收到申请的同一天告知；其他情形下，有关机关应在收到申请后的 3 天内告知。

延期时间不得超过 20 年，对于煤和褐煤的采矿租约，经中央政府事先批准后才可延期。

申请授予或延期采矿租约的申请人在批准授予或延期命令发布前死亡的，该申请应被视为是其法定代理人提出的。如果在批准授予或延期命令发布后在协议被执行前申请人死亡的，该命令应被视为是以死亡者的法定代理人的名义通过的。

邦政府可以拒绝授予或延期采矿租约的申请，但应给予申请人听证的机会。

采矿租约承租人应遵守法定的各项要求。

邦政府或经中央政府事先批准或遵照中央政府的实例，可为开发矿产资源的需要提出其他要求。如果承租人不允许有关官员进入检查，邦政府可通过书面通知形式要求承租人在规定时间内给予正当理由，如果承租人在上述时限内不能给予正当理由，邦政府可没收其全部或部分保证金。如果承租人拖欠权利金或地租或违反矿产许可条例规定的应遵守要求和条件，邦政府应通知承租人要求其在收到通知后 60 天内缴纳权利金或地租或纠正违约，如果承租人在上述时限内未做到，邦政府可在不损害其他救济程序的情况下没收全部或部分保证金。

租约的失效：如果承租人在租约执行之日起 2 年内尚未开始开采活动的，或在开始开采活动后连续 2 年内停止开采的，邦政府应发布命令，宣告采矿租约失效并通知承租人。如果是因承租人无法控制的原因造成以上情况的，承租人可在该时间段到期前的 3 个月向邦政府申请解释，申请费为 200 卢比。邦政府在审查原因的充足性和真实性后可在租约失效前决定给予租约延期与否；如果邦政府未在租约失效前做出决定，则该租约应被视为已经延期到邦政府发布命令时或延期 2 年，以时间发生在前者计。矿产许可条例第 28 条规定如果是因承租人无法控制的原因造成以上情况的，如果在租约整个期间超过 2 次都未能恢复，申请人可在失效前 6 个月申请向邦政府解释原因，申请费为 500 卢比。邦政府在审查原因的充足性和真实性后决定恢复租约的效力。

承租人的权利：承租人对承租的土地以开采矿产的目的享有以下权利：①布雷；②挖掘矿井和修建建筑和道路；③竖立厂房及机器设备；④挖掘并享有建筑和道路材料并造砖；⑤使用水和原木；⑥为分层目的使用土地；⑦做租约中规定的任何事情。

2）私人所有的矿产资源采矿租约的授予

私人所有的矿产资源采矿租约的授予条件：提供表明以下内容的宣誓书：申请人已将迄今为止的盈利记录在案；已支付应缴的所得税；已支付根据 1961 年所得税法应缴的所得税。关于煤和褐煤矿产，应通过中央政府的事先批准。

探矿许可证持有者或租约承租人应在获得许可证或租约后 3 个月内向邦政府提交经证明的许可证或租约副本的复印件。授予或转让探矿许可证或采矿租约或其任何权利、所有权或利益时，不得收付除应付的勘探费、地表租金、租金、权利金以外的其他费用。如果邦政府有理由认为授予或转让探矿许可证或采矿租约或其任何权利、所有权或利益违反矿产许可条例的规定，邦政府可在给予当事人陈述其观点的机会和得到中央政府批准后，指示有关方在许可证或租约所属地区不得从事勘探或开采活动。探矿许可证持有者或承租人应向邦政府提供许可证期限内或租期内的统计表及报表。

3）矿产资源部分为政府所有、部分为私人所有探矿许可证及采矿租约的授予

关于矿产资源部分为政府所有、部分为私人所有探矿许可证及采矿租约的授予，以上相关部分适用于其中矿产资源为政府所有部分探矿许可证及采矿租约的授予。地租和权利金将由政府和矿产资源私人所有者按比例分享。

（三）矿产权证的转让

1. 政府所有的矿产资源采矿租约的转让

对于煤和褐煤矿产，承租人在未获得中央政府事前书面同意前不得：①转让、转租、抵押或以任何其他方式转让采矿租约或其在租约下的任何权利、所有权或利益；②缔结任何友好协议、合同或谅解备忘录使得承租人将或可能直接或间接地在显著程度上融资或使承租人的运营或事业将或可能被任何其他人或法人实际控制。如果抵押权人是一个机构或银行或规定公司，则承租人不必征求政府同意。只有受让人接受了转让人在采矿租约下的所有义务和责任后，政府才会同意租约转让。承租人可将其租约或租约下的任何权利、所有权或利益转让给已提交表明其已将迄今为止的盈利记录在案、已缴纳应缴的所得税、已缴纳根据 1961 年所得税法应缴的所得税的宣誓书者，并支付 500 卢比的手续费。如果抵押权人是一个机构或银行或规定公司，则该抵押权人不必满足有关所得税的要求。

租约的转让应在 3 个月内执行。租约转让协议应在政府同意转让租约申请后 3 个月内或政府允许的更长时间内执行。

2. 私人所有的矿产资源探矿许可证和采矿租约的转让

探矿许可证或采矿租约或其任何权利、所有权或利益应转让给已提交表明其已将迄今为止的盈利记录在案、已缴纳应缴的所得税、已缴纳根据 1961 年所得税法应缴的所得税的宣誓书者；对于煤和褐煤矿产，承租人在事前获得中央政府同意后方可转让。在转让后一个月内，转让人应通知邦政府受让人及转让条款和条件。

（四）土地征用权

印度土地所有制分 3 种情况：一是土地私人所有制；二是国家土地所有制；三是游特瓦里制。宪法第 31 条规定，如国家法律规定取得的不动产中包含个人所有且由个人耕种的土地，国家不得征用现行法律所规定的有关土地限额以内的土地，以及这些土地上的或者附属于这些土地的房屋和建筑，除非该法律同时规定以不低于市价的价格进行赔偿。制定于 1894 年英殖民时期的土地征用法，明确了土地拆迁细则，操作性较强。该法规定，土地征收赔偿金由市值、土地征收造成的损失、搬迁费、利息等组成，最大限度地保护被征收者的利益。在印度注册的外国公司子公司、分公司等可以购置不动产（包括土地、房产），但来自中国的公司，购买不动产时必须获得印度储备银行的预先许可。在实际操作中，购买土地或房产手续复杂，周期漫长且成本难以控制。

勘查许可证或探矿许可证持有者或采矿租约承租人应支付地表占有权人由邦政府委任官员确定的如下补偿费：如果是农用地，则每年支付的补偿费按前 3 年类似土地种植的纯收入的年平均值计算；如果是非农用地，则每年支付的补偿费按前 3 年类似土地出租价值的年平均值计算。在勘查许可证或探矿许可证或采矿租约终止后 1 年内，邦政府应评估确定勘查、探矿或采矿活动对土地造成的损害及许可证持有者或承租人应支付给地表占有权人的赔偿费数额。

二、跨国矿业投资相关法律制度

（一）劳工制度

印度涉及劳工的法律法规较多也较复杂，主要有以下内容：①劳工争议法规范有关对劳工停职、解雇、资遣及企业关闭、出售时应遵循的事项等事宜；未遵守规定者最高可处 6 个月有期徒刑并处 1000 卢比罚金。②产假法规定女性劳工不论是正式工还是合同工，只要过去 12 个月内工作满 80 天者，不论在怀孕、生产、流产或因以上情形引起的疾病时均适用；未遵守规定者最高可处 3 个月有期徒刑并处 500 卢比罚金。③红利法规定最低红利为劳工薪资的 8.33% （即一个月所得），最高红利为劳工薪资的 20% ，公司设立前 5 年发生亏损时可不发红利；未遵守规定者最高可处 6 个月有期徒刑并处 1000 卢比罚金。④离职金法规定，雇佣劳工 10 人以上的企业，其各级劳工包括职员工作满 5 年以上因死亡、退休或离职时，每 1 年可获得相当于最后期间半月的薪资，最高限额为 35 万卢比。该法也明文规定雇主在符合特定条件下可拒付离职金。⑤劳工补偿法规范了劳工因工作造成伤害或死亡的补偿事宜，但不包括公司办公室职员。⑥雇佣法规定，凡雇佣劳工人数在 50 人以上的企业均适用该法；该法规定雇主应明确订立劳工的假期、分班、薪资、请假、离职等各项雇佣条件。⑦最低工资法附表定有部分产业劳工的最低工资标准，其修订由中央政府及邦政府负责，中央政府负责制定无技术劳工的最低工资。⑧工资支付法规范了雇主在限定时间内应支付某些劳工工资不得有扣减情形。⑧劳工退休基金及杂项规定法提供强制性的劳工储蓄规定，以保障劳工退休生活；雇佣员工 50 人以下，员工需提供其基本薪资及津贴的 10% ，雇佣员工 50 人以上，员工需提供其基本薪资及津贴的 12% ；员工因特定理由可提领部分基金；未遵守规定者最高可处 1 年有期徒刑，并处 5000 卢比罚金。

关于法定工时规定，一般为每日 8 h，有的地区每日 9 h，每周最高 48 h；加班付双薪，每季加班不得超过 50 h，也有些地区每季加班不得超过 75 h。中央及邦政府每周休 2 日，一般公司每周休 1 日，员工在工作满 240 日后，每 20 日可有 1 日带薪年休假，法定假日与休假均带薪。按照职工保险计划，雇主负担额根据员工薪资水平而不同，平均为 5% 。

外国人在印度工作必须获得印度政府颁发的工作签证或者项目签证（针对电力和冶金项目设立）。印度对工作签证掌握极严，普通工程技术人员极难获得工作签证，普通个人更无法入境，且申请所需时间较长。持工作签证的外国人，须在入境后 14 天内到所在地的外国人登记办公室办理登记，领取登记证。

（二）贸易制度

印度商工部是印度国家贸易主管部门，其下设商业部和产业政策与促进部两个分部。商业部主管贸易事务，负责制定进出口贸易政策、处理多边和双边贸易关系、国营贸易、出口促进措施、出口导向产业及商品发展与规划等事务。产业政策与促进部负责制定和执行符合国家发展需求目标的产业政策与战略，监管产业和技术发展事务，促进和审批外国直接投资和引进外国技术，制定知识产权政策等。与贸易有关的主要法律有 1992 年外贸（发展与管理）法、1993 年外贸（管理规则）法。

印度所有外贸企业均可经营一般类产品，实行对外贸易经营权登记制。印度将进出口产品分为禁止类、限制类、专营类和一般类，对限制类产品的经营实行许可证管理。对石油、化肥、高品位铁矿砂等少数产品实行国有外贸企业专营管理。印度对宝石等产品实行进口许可证制度，对原油、矿产品等实行国营企业专营，如石油产品只能通过印度国有石油公司进口，氮、磷、钾及复合化学肥料由矿物与金属贸易公司进口。

（三）2008 年国家矿产政策（NMP）

印度政府于 2008 年 3 月 13 日通过了新的国家矿产政策，颁布了使矿产特许权授予更加合理化、简单化的措施，提出了使国家自然矿物资源能够得到最优利用的可持续发展框架。此外，还制定了一些方针，力图加强印度矿业部的管理力度，这些部门包括印度矿山局、印度地质调查局和地质委员会。新政策中对国家矿产资源的优化利用主要体现在以下方面：

（1）在矿产特许权分配中，确保了授予期限、自由转让和透明化。

（2）开始重视矿产资源的可持续开发，为确保矿产资源得到有效利用和社会收益最大化、减少采矿活动对当地环境的破坏，所有采矿者都要按照可持续发展框架规定的方式来采矿，矿山关闭也要符合可持续发展框架，需要系统规划，并进行土地复垦，把采矿和矿物的管理和国家经济发展战略结合起来。

（3）采矿行业将以动态的、长期的国家发展规划为指导并顺应全球经济形式。

（4）矿产保护将作为一个积极的概念用于资源的扩增，鼓励提高矿产品的附加值，考虑将小规模矿藏进行适当合并，以减少对矿产资源的浪费。

（5）通过借鉴各部门最佳的做法，使矿产部门整体的管理更加简化和透明。

（6）发展与各利益相关者的伙伴关系，无论是中央政府、邦政府还是该行业其他部门。

（四）外商直接投资政策

印度主管外商直接投资的政府部门主要有：商工部下属的印度工业政策促进局（DIPP），负责制定外国直接投资政策；印度外国投资促进局（FIPB），负责投资项目审批；公司事务部负责公司注册审批；财政部负责企业涉税事务和限制类外商投资的审批；印度储备银行（RBI），负责外国公司代表处、子公司及项目办事处的审批及其外汇管理。印度对外商投资分为禁止类、限制类和鼓励类行业，石油炼化产品销售、采矿业属于鼓励投资类行业。

印度对外国直接投资的批准程序分为自动批准和政府审批两种。除了个别重要的部门外，印度经济的大部分行业已经部分向外资开放。印度政府目前采取积极吸引和鼓励外资的政策，审批程序已经得到很大程度的简化。根据外资项目审批难易程度，外资项目可分为 4 类：①外资股权不超过 50%；②外资股权不超过 51%；③外资股权不超过 74%；④外资股权达 100%。在印度申报外资项目时，只要外国公司的股权不超过印度政府对不同行业外资股权最高限额的限制，外资项目均可享受“自动生效制度”获得批准，即只要根据印度储备银行的规定，向其报送有关表格和资料后投资项目可自动获得批准。外国公司的股权超过印度政府对不同行业外资最高限额的限制，或另有规定予以排除的外资项目须经印度外国投资促进局批准。

进入 21 世纪以后，印度政府对外资采取了积极吸引的态度，2000 年政府出台了一系列关于矿业对外资进一步放开的政策：如对于石油冶炼企业印度政府允许外国直接投资的比例由原来规定的 49% 提高到 100%，其中石油精炼项目的私人公司，外资持股可自动批准达到 100%。煤炭（包括褐煤）项目，外国直接投资可自动批准达到 50%，但涉及公共部门的企业时，这些投资不能超过公共部门股份的 49%。为普通消费而进行的煤炭勘查和开采的公司外国直接投资可以达到 74%；用煤发电的印度私人公司，外国直接投资可以达到 100%，但必须得到外国投资促进局批准；对于核能矿产的开采和选矿项目，印度储备银行可自动批准外国直接投资达到 74% 的份额，如果超出这一比例，在印度储备银行批准之前，必须得到印度原子能委员会的许可。在非燃料矿产企业中，印度储备银行自动批准的外国直接投资比例的上限由原来规定的 50% 提高到 74% ~100%，其中矿产的冶炼和加工项目，印度储备银行自动批准外资持股比重可达到 100%；对于宝石和金刚石的勘查与采矿项目，印度储备银行自动批准外资持股比重可达到 74%，如果打算持股比重超过 74%，必须报印度外国投资促进局批准；除宝石和金刚石外，其他非燃料矿产的勘查和开采项目，印度储备银行自动批准外资持股比重可达到 100%。2006 年 2 月印度政府发布的外国直接投资政策中，对煤炭、宝石、金刚石和贵金属等有关行业的外国直接投资进一步放宽了条件。在煤炭开采业中，投资用于发电、钢铁业、水泥生产等消费用的煤炭开采项目，印度储备银行自动批准外资持股比重可达到 100%。在非能源矿产领域中，对于金刚石、宝石、金、银矿产的勘查和开采项目，外国直接投资可自动批准达到 100%。

印度工业政策促进局于 2009 年 2 月 13 日发布了 2009 年第 2 号投资公告，规范了外国投资企业（直接投资和间接投资）的外资股份计算方法。根据第 2 号投资公告，所有由非印籍实体直接投资的印度公司都被算作是外国直接投资；而通过投资印度公民“拥有并控制的”（印度公民持有 50% 以上股权且有权任命多数董事）的印度公司再投资于印度其他公司时，其在被投资企业中的股权不被算作是外国间接投资，即印方持股 50% 以上的印外合资企业，被视作“印度公司”，该公司的投资被视作国内投资，不受外资准入限制。这一计算标准的变化有利于外国投资通过合资方式进入被禁止的领域。作为例外，第 2 号投资公告规定，如果印外合资企业对其 100% 控股的子公司进行投资，则被投资企业中的外资成分属于外资间接投资，股份比例与该印外合资企业中的外资比例相一致。2009 年 2 月 25 日公布的第 4 号投资公告将第 2 号投资公告中的“由非印籍实体拥有并控制的”公司分为全经营公司、经营性投资公司和全投资公司。

关于外商投资方式，包括设立企业、并购、收购上市公司等形式。在印度，投资设立企业的形式包括代表处、分公司、私人有限公司和公众公司 4 种。例如设立代表处，由母公司或其委托人向位于孟买的印度储备银行提出申请。印度对中国企业在印度设立代表处（办事处）管控较严，审批时间很长，且在近年来的实践中极难获得批准。例如设立分公司，也是由母公司向印度储备银行提出申请。例如设立私人、公众公司，由股东向印度公司事务部设在各地的公司注册办公室申请；私人公司最低注册资本 10000 卢比，公司名称后缀为 Pvt. Ltd；公众公司最低注册资本 500000 卢比，公司名称后缀为 Co. Ltd。根据印度公司法规定，外国投资者可在印度独资或合资设立私人有限公司，此类公司设立后视同印度本地企业；外国投资者可以以设备、专利技术等非货币资产在印度设立公司，上述资产须经当地中介机构评估，且经股东各方同意后报公司事务部批准。印度允许外资并购印度本地企业，当地企业向外转让股份必须符合所在行业外资持股比例要求，否则需获得财政部批准；所有印度企业的股权和债权转让都须获得印度储备银行的批准；如并购总金额超过 60 亿卢比，还需获得内阁经济委员会的批准。外国企业可以通过印度证券市场收购当地上市公司。例如外国公司通过市场持股超过目标企业流通股总额的 5%，则须通知目标企业、印度证监会和交易所；如果持股超过 15%，继续增持股份则需要获得印度证监会和储备银行的批准，获得批准后必须通过市场邀约收购其他股东所持股份的 20%。

印度对外商直接投资政策的主要特点是：①投资行业不断放宽，除涉及国家安全及社会安全的行业如核能和博彩业等之外，其他行业外资均可涉足。②投资审批环节逐渐简化，印度政府授权投资所在地的印度储备银行对绝大多数行业的投资执行自动批准程序。③外资持股上限逐渐调高，自 2006 年 2 月 10 日起，通过“自动生效审批”程序，外国直接投资勘探和开采的煤炭和褐煤，国营企业外资最高限额 49%，其他不超过 50%；非放射性和非燃料矿物、钻石及宝石的上限已提高至 100%。④投资模式多样化，印度政府允许外资在印度设立公司实体及非公司实体。公司实体包括合资公司、独资公司，非公司实体有联络办事处或代表处、子公司及项目办事处。同时印度效仿中国模式，以税收、土地、用电优惠等手段大力发展经济特区建设、出口定向型工业区、自由贸易仓储区，以促进本国出口，发展本国制造业。

目前，外国在印度直接投资的主要方向是煤炭及褐煤开采业，此行业与电力项目、钢铁和水泥生产等项目直接相关。

印度没有专门针对外商投资的优惠政策，外商在印度投资设立的企业视同本地企业，须与印度企业一样遵守印度政府制定的产业政策。外资只有投资于政府鼓励发展的产业领域或区域，才能和印度本土企业一样享受优惠政策。印度外商投资优惠政策主要体现在地区优惠、出口优惠和特区优惠上。

（1）关于行业鼓励政策，印度目前没有系统的行业吸收外资鼓励政策，印度吸引外国直接投资的主要部门依次为金融和非金融服务业、制药业、电信业、冶金工业和电力行业。

（2）关于地区鼓励政策，投资于印度东北部各邦、锡金、克什米尔等落后地区依各邦不同可享有 10 年免税、50% ~90% 的运费补贴、设备进口免税，投资额在 2.5 亿卢比以上的项目享有最高 600 万卢比投资补贴及 3% ~5% 的利息补贴等；投资于 Uttaranchal 及 Himachal Pradesh 两邦前 5 年 100% 免税，后 5 年减税 25%。

2006 年，中印两国政府签订了《双边投资保护协定》；1994 年，两国签署了《避免双重征税协定和两国银行合作谅解备忘录》；1984 年，两国政府签署了第一个政府间贸易协定。

三、法律环境总结

印度矿产资源相对丰富，与我国许多矿产资源有一定的互补性，同时，为促进矿产资源开发，吸引更多的外资进入印度矿业市场，印度政府于 20 世纪 90 年代就开始了对外开放政策，加大了改善矿业投资环境的力度。印度近几年对原有法律进行了修改，对国家矿产政策进行了调整，矿产开发与管理体系进一步完善。印度政府通过下放更多权力给邦政府，采取更加简捷的矿产特许权审批制度，实行可持续发展战略，近年来，政府加大了改善矿业投资环境的力度，外商投资政策也进一步放宽，对外开放程度不断扩大，包括提高外国投资持股比例，扩大外国投资自动审批范围；进一步修改矿业法，完善其矿业管理制度，实行出口退税政策，简化出口审批程序等。印度不断放宽外商投资政策，使其投资环境有所改善。

尽管印度政府积极修改和完善自身矿业法律体系以及努力营造良好的投资环境，但印度政府外资投资的步伐仍然相对缓慢，其投资主要风险来源于国家矿产政策、政府办事效率、国际矿产形势、劳工法、税法、矿产法律法规、外汇制度、市场规模和金融信誉等因素。

（1）矿业法律法规风险：印度法律体系比价完善，各种法律应有尽有。但是矿业法案的执行情况、修订情况仍不如人意。矿业法在执行方面存在问题，特别是很难按国际惯例办事是在印度进行矿业投资的一个重要的风险来源。

（2）政府办事效率风险：在印度外国直接投资项目审批程序的透明度比较低，而且各个环节的官僚主义和腐败现象严重，政府办事效率低下，使得投资者望而却步，增大了投资风险。

（3）金融信誉风险：目前在印度急需建立和完善国际融资还贷保障体系，特别是印度邦政府的金融信誉必须重树形象。一般外国直接投资项目都一定程度地同国际融资相联系，印度金融机构资信和担保能力非常有限，政府提供的担保，包括中央政府的担保可能就是一纸空文。

此外，印度私有化进程较慢，绝大部分矿山企业仍然控制在政府手中；地方政府与中央政府在对待外资的态度上有较大差异，地方保护主义思潮增强，进而影响矿业开发的进一步对外开放；有关法规的管理、解释和执行存在较大的不确定性；外国居民汇回其在印度获得的工资收入仍有一定限制等；矿产政策徘徊在吸引外资与收紧外资开发国内资源的两难境地。世界经济论坛“2011—2012 年全球竞争力报告”显示，印度在全球最具竞争力的 142 个经济体中排第 56 名，比 2010—2011 年下降了 5 位，落后于南非、巴西和印度尼西亚。在加拿大 Fraser 研究所发布的 2008—2009 年全球矿业公司调查结果中，印度矿业投资环境的总体评价较低，在调查的 71 个国家或地区中，政策潜力指数排名第 67 位，排名倒数第五位，在亚洲地区排名倒数第一位。现行法规和土地限制条件下的矿产潜力指标排名第 60 位，比 2007—2008 年的第 51 位有明显下降，在亚洲地区仅排在吉尔吉斯斯坦之前，列倒数第二位；不考虑土地使用限制和政策影响的矿产潜力指标排在第 58 位，落后于印度尼西亚、俄罗斯、中国、蒙古国和哈萨克斯坦。

在国际矿产资源市场中，中国与印度的关系一般且存在竞争，故在矿业方面建立良好的合作关系有一定困难。因此，中国企业与印度在矿产勘查和开发领域进行合作仍具有一定阻力。

第四节 税 制 研 究

一、税制总论

（一）税收体制简介

印度实行联邦（中央）、邦和地方三级征税制度，税收立法权主要集中在联邦，邦一级拥有有限的税收立法权，但联邦和邦政府都拥有征税权。联邦税收收入占全部税收收入的 65% 左右，邦及地方政府占 35% 左右。印度现行税制以间接税为主、直接税为辅，主要税种有公司所得税、个人所得税、增值税、消费税、社会保险税、遗产和赠予税、财富税等。

（1）联邦税：联邦政府负责征收的税种，包括公司所得税、资本利得税、个人所得税、增值税、消费税、社会保障税、印花税、关税、遗产和赠与税等。

（2）邦税：各邦政府负责征收税种，包括交通工具税、土地价值税、农业所得税、职业税等。

（3）地方税：地方政府负责征收税种，包括土地与建筑物税（对租金征收）、土地增值税、广告税、财产转让税等。

（二）整体税收环境

印度政府在联邦和地方层面建立了良好的税务结构和授权体系，以支持联邦、邦和地方三级征收机关共同完成税款征收和管理工作。但是近年来印度的税法环境一直为人所诟病，主要原因是其税法政策复杂、多变且不透明，税务征收机关对纳税人不信任，经常处罚和起诉纳税人。因此，印度的税收环境不具备国际竞争力，已经成为吸引国际投资者的限制因素。

印度现行主要税种及税率情况见表6－1－4。

表6－1－4　印度税率概览（税率更新至2015年12月31日）

税　种	税　　率	计税基础
企业所得税	居民企业30%，加上附加税后最高为32.445%； 非居民企业40%，加上附加税后最高为42.024%	应税所得为年度总收入减去税法允许扣除额的差额
资本利得税	20%/30%/40%	购买时的成本与处置收入的差额
消费税	通常为12%，但是会因为商品种类而从量或从价征收8%～300%的消费税	交易价值
增值税	12.5%	销售价格，不包括增值税本身，但如果适用消费税，则包含消费税
关税	根据货物不同，税率为12.5%～100%，还需要缴纳2%的教育税	进出口货物的价值
印花税	根据应税项目不同而变化	交易金额
预提税	股息税0； 利息税10%/20%（税收协定下有减免）； 特许权使用费10%（税收协定下有减免）	股息税：向投资者支付的股息； 利息税：银行存款、债券等的利息，国内公司10%，国外公司20%； 特许权使用费：使用或供给某些特定物品权限的费用

注：出售长期资产获得的资本利得基本税率为20%，出售短期资产获得资本利得时印度居民企业税率为30%，针对非居民企业税率为40%。

截至2015年底，印度已经和93个国家和地区签订了避免双重征税协定。印度与中国大陆于1994年签署了避免双重征税协定，协定规定中国大陆股息预提所得税率为0，利息预提所得税率为10%，特许权使用费预提所得税率为10%。

印度至今未与香港签订双边税收协定，因此印度企业向香港居民企业支付款项时，需征收的利息预提所得税税率为20%，特许权使用费的预提所得税税率为10%，按印度税务政策，税后股息支付不需要支付预提所得税。

二、与煤炭开采行业相关的其他税费

印度矿产资源归所在邦所有，但由中央政府行使行政管理权，采矿权利金和税收办法由中央政府制定和修改，金额直接上缴各邦政府。印度的能源、矿业资源管理体制较为复杂，中央政府负责制定、修改矿产权利金和相关税收办法，其对矿业管理是分矿种进行的。印度矿山部负责非能源矿产管理，煤炭部负责煤炭资源管理，石油和天然气部负责石油和天然气勘探、生产、炼制、输送和销售，核材料矿产由原子能局管理。印度对煤矿企业除征收公司税外，还主要征收煤炭权利金和煤矿区租用费。

（一）煤炭特许权使用费

印度煤炭开采的特许权使用费采取从量计征的方式。1957年《矿山和矿产（开发和管理）法》授权联邦政府提高或降低任何矿产的特许权使用费税率，调整时间间隔不能少于3年，但该法未规定政府每3年对煤炭特许权使用费税率进行调整。自1971年以来印度政府已多次调整煤炭的特许权使用费税率，最近一次调整为2012年5月，印度煤炭工业部部长签发部长令，对煤炭的特许权使用费税率进行了上调（表6－1－5）。

表6-1-5 印度煤炭特许权使用费税率（从2012年5月10日开始执行）

产品	税率/%	销售类型	计税依据
黑煤	14	外销	以销售发票金额减去相关税金和附加税
		自产自用	以邦政府发布的指导基准价
褐煤	6	外销	以销售发票金额减去相关税金和附加税
		自产自用	以邦政府发布的指导基准价

（二）矿区固定租赁费

公司开展煤炭开采业务，必须向邦政府申请煤炭资源勘探和煤炭开采许可证，有效期为20～30年，经申请和政府批准，采矿租地时间可延长20年。未获得采矿租地、煤炭资源勘探或开采许可证的任何人不得在任何地区进行勘探或开采活动。采矿租地的租约人，自租约实施之日起一年内，没有进行采矿活动，或虽已开始采矿活动，但在一年内终止了采矿活动的，采矿租约自实施之日起第二年即告终止。公司根据1957年《矿山与矿产（开发和管理）法》向邦政府缴纳煤矿区租用费，但该法没有对矿区租用费率（包括煤矿区租用费率）的提高或修改周期做出具体规定。印度曾于1981—2012年，5次提高煤矿区租用费率。现行的煤矿区租用费率由2009年8月13日印度煤炭部规定，第一年的矿区租赁费为零，从第二年起矿区租赁费为200卢比/hm^2，第3～4年矿区租赁费为500卢比/hm^2，第五年及以后矿区租赁费为1000卢比/(hm^2·a)。

三、税制总结

印度是一个税负偏高、税法复杂，税收整体环境较差的国家。普华永道和世界银行共同合作发布的2016年全球189个主要经济体总体税负情况排名中指出，印度税收负担排名第23位，整体税负为60.6%，属于税负非常高的国家，在此次富煤国家中按税负从轻到重排名为第12名，倒数第2名。

近年来印度的税法环境一直为人所诟病，主要是其税法政策复杂、多变且不透明，纳税人每年在纳税上花费的时间、成本较高。更糟糕的是，印度整体税收征管环境较差，政府税务征收机关对纳税人不信任，经常处罚和起诉纳税人。此外，受制于整个国家的腐败环境，税务系统腐败现象严重。总之，印度的税收环境不具备国际竞争力，已经成为吸引国际投资者的限制因素。根据普华永道和世界银行共同合作发布的2016年全球189个主要经济体总体税负情况排名，印度整体税务环境质量排名第157位，属于全球较差水平。

第五节 环评体系

印度是世界上第一个在宪法中写入有关环保的国家。印度宪法于1950年1月26日生效，1974年第42次修宪过程中将环境保护写入了印度宪法，并于1977年生效。1986年印度制定的环境保护法不仅规定了政府和企业各自的权利义务，而且规定了执法体制、公众参与和司法执行的程序，是该国的环境基本法。印度的环境保护主管部门为环境与森林部，成立于1985年。

一、矿业项目开发的环境监管机构及相关环境法律

（一）环境监管机构

印度的矿业项目在开发过程中主要涉及的环境许可证审批部门包括：矿业部、环境和森林部、国家污染控制委员会、矿产特许权监管协调机构暨授权委员会、国家环境影响评价机构、影响评估机构、科学和环境中心等。

（二）相关法律法规

矿产环境方面涉及的法律法规较多，较为重要的法律法规有：矿物条例、印度矿山与矿产（发展与管理）条例、矿产法则、矿产特许权、矿山保护和发展法规等。

二、环境许可证审批

印度1994年环境评估条例规定，公司或个体在开展包括核能工程、石油冶炼、港口开发等30种新工程或项目前，必须向印度环保部门提出环保评估申请。在印度申请矿业项目的环境许可证审批，主要包括以下步骤（图6-1-3）。

（1）项目方提交项目申请。

（2）项目筛查。筛查属于最简单的一级项目评估，有助于明确项目的类型并筛选这个特定的矿业项目所需要的法律约束。项目筛查需要获得州污染控制委员会的认可。筛查是以过去开发项目的经验，判定拟议项目是否可能造成重大环境问题的过程。判定的主要依据包括：项目规模、位置、占地面积等，拟议项目的影响与参考规定的设置阈值进行比较，确定这些影响是否在可允许的范围内等。

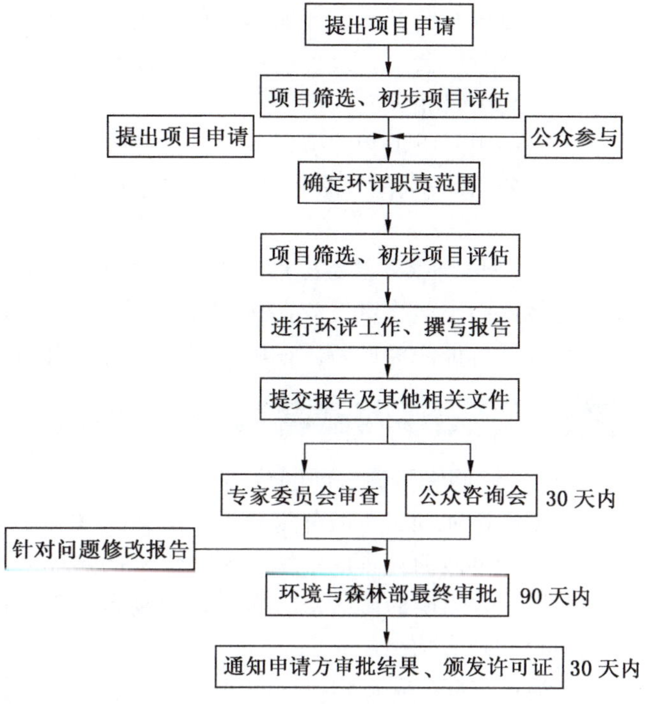

图6-1-3　环境许可证审批流程

（3）初步项目评估。如果筛查工作不足以将项目分类，则项目方需要进行项目初步评价。主要内容包括对项目足够的研究、回顾可用的数据和专家意见，以确定项目对当地环境的关键影响；预测影响的程度并简要评估这些影响对决策者的重要性。初步评估可以用来协助早期项目规划（如缩小可能的讨论范围），它可以作为该项目可能会导致的严重环境问题的一种早期预警。这一步决定是否需要对项目进行一个完整的环境影响评价。

印度的矿业项目一般分为两类：A类（包括新建项目和现有项目的扩张）需要获得环境和森林部的环境许可；B类则只需要获得由印度政府认证的环境影响评价机构的环境许可即可。

（4）项目方组建环境影响评价团队。如果在审查初步项目评估后，环境主管机构认为需要一个完整的环境影响评价，下一步项目方则需要进行环境影响评价的相关工作，并开始准备环评报告。首先项目方需委任一个独立协调代表处和专家研究团队，并选出控制整个项目的团队领导者来领导完成环境影响评价工作。

（5）确定环境影响评价职责范围。研究团队的第一个任务是确定环境影响评价职责范围。范围界定的目的是确保项目所有的环境问题得到研究解决。项目方、监管机构、科研机构、当地社区代表和所有利益相关者均可参与对此职责范围的确定。该职责范围应包括如何解决拟议项目引发的不同团体所有可能的问题和担忧。然后研究团队根据拟议项目的规模、区域范围以及对决策者的经济、社会意义等为最主要影响，同时识别该地区是否处于特殊位置，如土壤侵蚀地区、濒临灭绝的物种保护区、靠近历史遗迹、生态敏感区域。

（6）项目方组织进行环境影响评价工作、撰写环境影响评价报告，并提交给环保部门进行审批。

（7）环境与森林部对环评报告及其他所有文件进行审批。环境与森林部是环保部门审批项目的主要机构，每一个新项目的环境许可申请都需要向环境与森林部部长提交申请书，申请书需要附带项目的可行性分析和项目报告。主要包括以下内容：由环境与森林部编制的环境评估问卷；环境影响评价报告；环境管理计划和灾难管理计划；公开听证会的时间、地点、参加人员等细节；项目关闭后恢复计划；森林利用许可证；从国家污染控制委员会获得无间隙完全调查（Non Clearance Certification，NOC）证书。

（8）专家委员会进行审查、召开公众咨询会。环境影响评价报告初稿由环境与森林部委托评估机构完成。如果有必要，评估机构可以咨询其他有评估资质的授权专家委员会。评估机构有权在项目开始或者之后进入矿区检查监测。

公共听证会由州污染控制委员会组织召开。相关法律规定委员会必须在项目周围地区通过至少2个报纸发布环保问题公开听证会的通知，其中一个出版物必须用项目所在地的方言。公开听证会的日期和地点应该在新闻报纸中提到，该公开听证会通知必须至少提前30天。

公众可以在公开听证会通知之日起30日内移交州污染控制委员会书面建议、观点、意见和反对意见。在公开听证会上，公民可对州污染控制委员会进行口头或者书面建议。所有受影响的人，包括受影响的居民与项目相关的人也可以参加。

可以不用开听证会的项目包括：小型的工业项目在已认定为工业区的位置；工业发展部门管辖的区域；高速公路的扩展和加强；租地面积超过25 hm^2 的采矿项目（主要矿产）；位于出口加工区和经济特区的区域。

（9）环境与森林部做出最终审批和决定。在收到项目方的文件和数据并完成公开听证会之后，环境与森林部做出最终审批应在90天内完成，并在30天之内通知申请者决策结果。

环境许可证一经颁布，在项目开工以后有效期为5年。

三、环境影响评价

（一）环境影响评价项目分类

印度的矿业项目一般分为两类：A类和B类。A类需要获得环境和森林部的环境许可，B类则只需要获得由印度政府认证的环境影响评价机构的环境许可即可。

A类：非煤矿的矿区租借面积大于或等于50 hm^2 的项目；煤矿租借面积大于150 hm^2 的项目，包括新建项目和现有项目的扩张。

B类：非煤矿采矿租借面积大于或等于5 hm^2 小于50 hm^2 的项目；煤矿租借面积为5～150 hm^2 的项目。

一般情况下，B类项目如果具备以下条件将按照A类项目对待处理：

（1）处于保护区内（野生动物保护条例中规定，1972）。

（2）污染控制委员会中心识别出来的污染重点区域。

（3）环境保护条例中规定的生态敏感区。

（4）邦之间的交界处，国家之间的交界处。交界处的矿产不必完全按照矿区周边10 km之内进行评价，只要周边10 km的区域不属于（1）、（2）或（3）中的任何一类，双方可以达成协议来确定环评区域。

（二）环境影响评价内容

1. 前言

（1）环评的目的、决策前项目的环境、社会、经济影响。

（2）早期阶段预测环境影响。

（3）参加的人员、环境影响评价团队介绍。

（4）采矿项目的简介和重要性说明。

（5）项目研究范围。

（6）环境影响评价的方法介绍。

2. 项目介绍

（1）项目的重要性。

（2）项目的地点。

（3）采矿规模。

（4）地质情况。

（5）矿产情况。

（6）采矿工作介绍。

（7）能源和动力需求、用水需求。

（8）配套基础设施。

（9）人力需求。

3. 矿区环境的背景调查

4. 环境影响评价和控制措施

（1）土地环境。

（2）水环境。

（3）大气环境。

（4）生物影响。

（5）噪声影响，工程操作引起，影响周围村镇，经验公式计算污染程度。

（6）社会经济影响，土地占用的物理性变化、人受到的危害。

（7）矿区废物管理。

（8）矿区终止时所需的终止方案，制定标准、确保物理化学生物稳定性。

5. 环境监测计划

6. 附加研究

（1）重要的选址因素。

（2）项目方整理所有要素起草报告书，并提交法律审核，同时也需要经过公众审核。

（3）风险评价。

（4）自然资源保护建设和运营期的自然资源保护方案、水资源循环利用尤其是能源利用效率和温室气体排放减少方案都要明确指出。

（5）修复和重建研究区相关的现有社会经济状况数据和工程修复重建工程的完成计划书，特别是对修复重建工程的财政补贴和完成检测方案所需的检测仪器要重点提出。企业社会责任活动和支出补贴的具体细节描述。对周围人口的社区发展计划要通过社会经济调查获得，完成恢复重建活动计划的仪器的记录也需要一并提交。

7. 项目的效益

8. 环境管理计划

9. 结论

10. 专家信息公开

四、环评体系总结

印度作为发展中国家，近年来经济一直保持高速发展，市场前景广阔。印度国内矿产资源极为丰富，且本国人口众多，市场需求广阔。然而近年来，国内煤炭供不应求，长期以来都需通过煤炭进口满足国内钢铁和能源需求。相比发达国家，印度对环境的保护工作起步较晚，重视程度不够，因此环境法律法规相对简单，尚没有单独的环境影响评价法规和条例，环境许可证审批程序较为简单缩略。然而政府当局审批速度相对于其他发展中国家相对较慢，主要由于公众参与的时间较长，一般项目需要 6 个月的审批期。审批需要专家委员会和公众共同参与。

印度矿业环评主要约束法律是矿山保护和发展法规、环境保护条例。环境许可证审批的主要机构包括环境与森林部、州污染控制委员会和影响评估机构。

主要审批流程包括：项目申请、项目筛选、初步项目评估、确定环评职权范围、环境影响评价工作及报告撰写、提交环评报告及相关文件、专家委员会评审、公众评审、环境与森林部最终审批、颁布环境许可证。环境许可申请需要同时提交环境评估问卷、环境影响评价报告、环境管理计划、恢复计划、森林清洁证书、NOC 证书等。环境影响评价报告主要内容包括前言、项目介绍、环境影响评价和控制措施、环境监测计划、附加研究、项目效益、环境管理计划、结论等。报告没有要求替代方案和环境恢复保证金等。

总之，印度对环境保护工作重视程度较差，有进一步提高的空间，因此对开发矿业项目获取环境许可证的要求不是非常严格。

五、环境保护成本分析

矿业投资环境是指在矿业领域开发投资中面对的各种周围情况和条件的总和，一般按照影响要素分类分析。这些因素主要包括：目标国家自然资源、政治环境、经济环境、法律体系、财税体系、环境保护成本等。本书主要探讨环境保护成本对境外投资矿业尤其是煤炭业的主要影响。

本书主要通过5个方面对目标国家的环境保护成本进行定性分析，分析后给出“高、中、低”3种评估结论。以环境许可证审批一般办理时限为例，“高”表示目标国家环境许可证审批一般办理时限相对于其他国家较长，反之则判定为“低”，当目标国家环境许可证审批一般办理时限介于“高”和“低”之间，结论偏中性，无法给出“高”或“低”的单方面结论时，则评估结果为“中”。

评估目标国家环境保护成本的5个因素依次为目标国家环境法律体系完善程度、环境许可证审批程序复杂程度、环境许可证审批一般办理时限、公众参与程度及环境保护敏感度、矿区复垦及环境保护保证金收取要求。

1. 环境法律体系完善程度

印度国内矿产资源极为丰富，且本国人口众多，市场前景广阔。其对国内环境保护工作较其他发达国家起步较晚，在国家大力发展经济的同时，不可避免地对环境与自然资源过度开发和利用，该国对环境保护工作重视程度不够，环境法律法规相对简单，法律体系尚有规范完善的空间。印度目前尚没有单独的环境影响评价法规和条例，现行约束矿业开发项目所需环境影响评价的主要法律包括矿山保护和发展法规、环境保护条例、印度矿山与矿产（发展与管理）条例。这些法律颁布时间较早，多颁布于20世纪90年代中后期，且近些年没有进行调整和补充，不能满足当今社会对环境保护的基本需求，解决矿业开采和环境之间的激烈冲突，迫切需要改进和完善环境法律体系。

综上所述，对印度的环境法律体系完善程度评定为“低”。

2. 环境许可证审批程序复杂程度

由于印度的环境法律体系尚须进一步完善、修改，缺乏对环境许可证审批更为合理、具体的规范规定。因此在印度开展矿业项目所需环境许可证审批相比发达国家略显简单。印度环境许可证审批程序较为常规化，包括项目申请、筛选、提交职权范围、开展环境影响评价工作、撰写报告、提交审查等常规程序环节。但与其他发展中国家略有不同的是，印度要求专家委员会和公众共同审查环评报告，政府当局将综合双方意见，做出最后决定是否颁布环境许可证。总之，印度的环境许可证审批程序相对简单。

综上所述，对印度的环境许可证审批程序复杂程度评定为“低”。

3. 环境许可证审批一般办理时限

虽然印度的环境许可证审批程序较为简单，但相较于其他发展中国家，印度的环境许可证审批一般办理时限相对较长，一般情况下自项目提交申请之后起6个月之内完成审批工作。由于印度要求环评报告提交后由专家委员会审查，同时召开公共听证会收集公众意见后，政府环境部门需3个月时间做出最终审查，造成了时间上的延长，但相较于澳大利亚等联邦制发达国家，印度的环境许可证审批办理时限相对较短。

综上所述，对印度的环境许可证审批一般办理时限评定为“中”。

4. 公众参与程度及环境保护敏感度

印度环境法律规定，在环境许可证审批程序中提交环境影响评价职权范围后，需要将该环评职权范围通过网络、媒体等形式公示。印度政府还要求召开公共听证会，公共听证会由州污染控制委员会组织召开。相关法律规定委员会必须在项目周围地区通过至少2个报纸发布环保问题公开听证会的通知，其中一个出版物必须用项目所在地的方言。公开听证会的日期和地点应该在新闻报纸的文章中提到。该公开听证会通知必须至少提前30天。公众可以在公开听证会通知之日起30日内移交州污染控制委员会书面建议、观点、意见和反对意见。在公开听证会上，公民可对州污染控制委员会进行口头或者书面建议。所有受影响的人，包括受影响的居民，与项目相关的人均可参加。此环节的行为体现了印度环境许可证审批中涉及了公众参与的环节，而且对公众参与反馈意见较为重视。另外，与高度重视环境保护的澳大利亚公民相比，印度公众对环境保护的敏感度相对较低，在印度矿业开发历史上，未曾出现过因公众反对或环保组织抗议迫使矿业项目申请延期或项目停滞的先例。总体来说，环评审批涉及公众参与程度较高，但印度公众对环境保护的敏感度不高。

综上所述，对印度的公众参与程度及环境保护敏感度评定为“中”。

5. 矿区复垦及环境保护保证金收取要求

由于印度环境保护工作起步较晚，在国家大力发展经济的同时，对环境保护的重视程度略显不足。与此同时，印度环境法律体系尚在修改和完善的过程中，因此就目前情况而言，在印度现行的环境法律中，对矿区关闭后的环境修复计划、环境修复工作所要达到的标准、是否需要在闭坑时进行环境部门的审核通过，以及收取矿产开发环境保证金均未做较为明确的规定。

综上所述，对印度的矿区复垦及环境保护保证金收取要求评定为“低”。

上述定性分析结果显示，评估印度环境保护成本的5个因素中，国家环境法律体系完善程度、环境许可证审批程序复杂程度以及矿区复垦及环境保护保证金收取要求均评定为“低”级别；环境许可证审批一般办理时限以及公众参与程度及环境保护敏感度均评定为“中”级别。总体而言，印度被定级为环境保护“低”成本国家。

第六节 基 础 设 施

印度“十一五”期间，包括公路、铁路、港口、机场、电力、通信、油气管道和灌溉系统在内的基础设施投资从占GDP的5.7%增长到8%。

一、交通运输

（一）公路

印度拥有世界第二大公路网。据印度官方统计，2013年整个国家公路网总长超过509×10^4km（表6-1-6）。印度的道路分为4类：国道、邦道、乡道和城市道路。国道主要是碎石沥青路，有些为水泥路面。

表6-1-6 2013年印度国家公路网的构成

公路网	2012年		2013年	
国道	76818 km	1.63%	79116 km	1.55%
邦道	1022287 km	21.75%	1099943 km	21.60%
乡道	2838220 km	60.4%	3159739 km	62.02%
城市路	464294 km	9.88%	444961 km	8.73%
规划路	299415 km	6.37%	310918 km	6.10%
总计	4701034 km		5094677 km	

数据来源：Ministry of Road Transport and Highways. Government of India. 2016. Annual Report 2015—2016

印度的高速公路发展比较缓慢，2011年以前，高速公路通车里程超过600 km，2014年达到3530 km。印度政府的目标是在2022年以前建成18637 km的高速公路运输系统。

从里程和覆盖范围来看，国道是印度最基本的道路，它们连接着主要的港口、大的商业和旅游中心、邦首府等区域。近3年，印度的国道建设速度明显加快，2012/13财年，国道长度为92851 km，2013/14财年国道长度为96214 km，截至2015年12月中央政府所有并负责的国道长度为100475 km。2013年3月31日，印度1 km^2有道路1.59 km，高于日本（0.90 km）、美国（0.67 km）、中国（0.44 km）、巴西（0.19 km）和俄罗斯（0.08 km）。其中国道的密度达到30.4 km/1000 km^2，10万人拥有国道8.3 km（印度道路运输部，2015）。

印度国家公路管理局（The National Highways Authority of India，NHAI）担负国家道路发展和养护的

责任，同时负责国道的使用和分配。印度国家道路网的运营由印度国家地面运输部监管。邦的各公共建设部门负责养护国道和州际高速公路。邦政府和领地政府负责修建和管理道路通行。

（二）铁路

根据 Wikipedia 的最新资料，印度铁路是世界第四大铁路系统，国有的“印度铁路公司（IR）”是世界第九大商业运营公司。截至 2015 年 3 月底，印度的铁路网包括约 115000 km 长的轨道、67312 km 长的通车路线和 7112 个火车站。2015/16 财年，IR 全年运送了 81.01 亿旅客，相当于每天运送 2200 万旅客；运输货物 1107 Mt。公司全年共收入约 250 亿美元，其中货运运费 170 亿美元，客票收入 67 亿美元。

印度铁路的轨距有 4 种：1676 mm 宽轨、1435mm 标准轨、1000 mm 米轨和窄轨，窄轨又分为 762 mm 和 610 mm 两种。在 65808 km 通车路线中，有 58177 km 宽轨，5334 km 米轨，2297 km 窄轨。近年来燃机车和电力机车已经替代了蒸汽机车。2016 年 3 月 31 日，印度总长 67312 km 铁路中已有 27999 km（41.59%）实现了电力驱动。印度拥有自主生产铁路机车和车厢的能力。

印度铁路网分为 17 个区，又细分为 68 个分区，覆盖了国内 28 个邦、3 个中央直属地，同时有通往巴基斯坦、孟加拉国和尼泊尔的国际线路（表 6－1－7）。

表 6－1－7 不同铁路局的线路长度

序号	名 称	缩 写	线路/km	电铁路/km	车站数/个	公司所在
1	Southern Railway	SR	6844		890	Chennai
2	Central Railway	CR	3905		612	Mumbai
3	Western Railway	WR	6440		1046	Mumbai
4	Eastern Railway	ER	2680	1501	576	Kolkata
5	Northern Railway	NR	7221		1142	Delhi
6	North Eastern Railway	NER	3667		537	Gorakhpur
7	South Eastern Railway	SER	2711	2313	353	Kolkata
8	Northeast Frontier Railway	NFR	3907		690	Maligaon
9	South Central Railway	SCR	5951		883	Secunderabad
10	East Central Railway	ECR	3628		800	Hajipur
11	North Western Railway	NWR	5554		663	Jaipur
12	East Coast Railway	ECR	2677		342	Bhubaneswar
13	North Central Railway	NCR	3363	1757	435	Allahabad
14	South East Central Railway	SECR	2447		358	Bilaspur
15	South Western Railway	SWR	3322	256	456	Hubballi
16	West Central Railway	WCR	2995	1590	372	Jabalpur
17	Konkan Railway	KR	736		70	

（三）主要港口

印度半岛是世界上最大的半岛。在印度超过 7516.6 km 的海岸线上共有 12 个主要港口、200 余个中型和小型港口。根据印度船舶部的资料，海洋运输承担了体积 95%、价值 70% 的贸易运输量，因此港口的发展对国家发展至关重要。12 个主要海港在国内外货物运输、国际贸易中发挥着重要作用，它们均由印度中央政府控制。

印度 12 个主要港口是：Kandla 港、Kolkata（包括 Haldia）港、Chennai（Madras）港、Cochin 港、Ennore（Corporate）港、Mormugao 港、JNPT（Nhava Sheva）港、Mumbai（Bombay）港、New Mangalore（Mangalore）港、Paradip 港、Tuticorin 港和 Visakhapatnam 港。近两年，这 12 个主要港口的进出港吞吐

量一直稳步增长，始终保持在5.5亿t以上，而且2013/14财年增长了1.78%，2014/15财年增长了4.65%。其中，Kandla港的吞吐量最大，始终保持第一位的地位（表6-1-8）。

表6-1-8 印度主要港口近年来进出港吞吐量

港口	货运量				货船数	
	2014/15财年/Mt	同比增长/%	2013/14财年/Mt	同比增长/%	2012/13财年	同比增长/%
Kandla	92.50	6.32	87.00	-7.06	2734	0.74
Paradip	71.01	4.43	68.00	20.25	1279	-4.96
JNPT	63.80	2.30	62.37	-3.32	2588	-11.25
Mumbai	61.66	4.17	59.19	1.98	1949	-5.25
Visakhapatnam	58.00	-0.85	58.50	-0.91	2066	-16.36
Chennai	52.54	2.80	51.11	-4.30	1928	-5.63
Kolkata	46.29	11.84	41.39	3.65	3155	-0.91
Mangalore	36.57	-7.11	39.37	6.29	1096	-5.11
Tuticorin	32.41	13.16	28.64	1.35	1292	-13.40
Ennore (corporate)	30.25	10.64	27.34	-52.85	475	23.38
Cochin	21.60	3.40	20.89	5.25	1367	-1.09
Mormugao	14.71	25.30	11.74	-33.65	473	39.75
全部	581.34	4.65	555.50	1.78	20402	-6.95

资料来源：Indian Ports Association http://www.ipa.nic.in/oper.htm

由于印度煤炭出口很少，仅进口少量焦煤，因此港口没有专用的煤炭码头或口岸，多由Cochin港、Tuticorin港、Visakhapatnam港、Paradip港、Kolkata港和Mumbai港的散货码头承担着少量煤炭进出口业务。

二、电力

CIA根据印度2012年的发电量将印度排为世界第5发电大国。根据印度电力部最新资料，截至2016年7月，印度电力总装机容量为304760.75 W，位居世界第五位。2015/16财年，印度的发电量为1107 TW·h，比2014/15财年（1049 TW·h）增长了5.53%。印度是位居美国、中国和俄罗斯之后，世界第四大电力消耗国，但印度电力不足世界闻名。印度电网损失（包括非技术性损失）超过32%，远高于世界平均电网损失（<15%）。

印度的电力工业管理机构主要有中央、5个地区电力局和邦地方政府3级。地区机构基本上管理电网运行，不参与电力项目建设。中央政府的机构有电力部，下设中央电力总局，管理电力行业的技术和经济法规事宜。国家火电公司、国家水电公司、东部电力公司、印度输电公司、电力财务公司，以及相对独立的中央电力规范委员会，职能是确定和协调电价。地方政府的机构有：邦政府能源（电力）部、发电公司、输变电公司和配电公司等。

印度全国电力装机近70%由地方政府所有，30%由中央政府控制。全国现有装机的85%左右是印度重型电力公司生产的设备，进口设备只占很小份额。单机容量最大的是50万kW机组，绝大部分是21万kW或以下机组。

（一）装机容量

根据印度电力部最新统计，截至2016年7月，印度电力总装机容量为304760.75MW。以发电厂所用燃料划分，燃煤电厂的装机容量占印度总装机容量的61.13%，位居南非（92%）、中国（77%）和澳大利亚（76%）之后。除煤之外，水电约为14.07%、可再生能源为14.52%、天然气约为8.09%、核电为1.9%、柴油为0.30%。可再生能源中，小水电为1.41%、风力发电为8.91%、太阳能发电为2.56%、BM发电/Cogen为1.59%、余热发电为0.04%。印度发电站装机容量见表6-1-9。再生能源类型见表6-1-10。

表6-1-9 印度发电站装机容量

地区	权属	热力发电/MW				核电/MW	水电/MW	再生能源/MW	小计/MW
		煤	气	柴油	合计				
北区	邦	16598.00	2879.20	0.00	19477.20	0.00	7567.55	661.56	27706.31
	私人	17266.00	333.00	0.00	17599.00	0.00	2478.00	8123.48	28200.48
	中央	12000.50	2344.06	0.00	14344.56	1620.00	8266.23	0.00	24230.79
	小计	45864.50	5556.26	0.00	51420.76	1620.00	18311.78	8785.04	80137.58
西区	邦	23130.00	2993.82	0.00	26123.82	0.00	5480.50	311.19	31915.51
	私人	36425.00	4288.00	0.00	40713.00	0.00	447.00	15301.81	56461.81
	中央	12898.01	3533.59	0.00	16431.60	1840.00	1520.00	0.00	19791.60
	小计	72453.01	10815.41	0.00	83268.42	1840.00	7447.50	15613.00	108168.91
南区	邦	16882.50	791.98	287.88	17962.36	0.00	11558.03	506.45	30026.84
	私人	8270.00	5322.10	554.96	14147.06	0.00	0.00	18538.23	32685.29
	中央	11890.00	359.58	0.00	12249.58	2320.00	0.00	0.00	14569.58
	小计	37042.50	6473.66	842.84	44359.00	2320.00	11558.03	19044.68	77281.71
东区	邦	7540.00	100.00	0.00	7640.00	0.00	3168.92	225.11	11034.03
	私人	8731.38	0.00	0.00	8731.38	0.00	195.00	294.28	9220.66
	中央	14351.49	0.00	0.00	14351.49	0.00	965.20	0.00	15316.69
	小计	30622.87	100.00	0.00	30722.87	0.00	4329.12	519.39	35571.38
东南区	邦	60.00	445.70	36.00	541.70	0.00	382.00	254.25	1177.95
	私人	0.00	24.50	0.00	24.50	0.00	0.00	9.47	33.97
	中央	250.00	1228.10	0.00	1478.10	0.00	860.00	0.00	2338.10
	小计	310.00	1698.30	36.00	2044.30	0.00	1242.00	263.72	3550.02
岛区	邦	0.00	0.00	40.05	40.05	0.00	0.00	5.25	45.30
	私人	0.00	0.00	0.00	0.00	0.00	0.00	5.85	5.85
	中央	0.00	0.00	0.00	0.00	0.00	0.00	0.00	0.00
	小计	0.00	0.00	40.05	40.05	0.00	0.00	11.10	51.15
全国	邦	64210.50	7210.70	363.93	71785.13	0.00	28157.00	1963.80	101905.93
	私人	70692.38	9967.60	554.96	81214.94	0.00	3120.00	42273.12	126608.06
	中央	51390.00	7465.33	0.00	58855.33	5780.00	11611.43	0.00	76246.76
	总计	186292.88	24643.63	918.89	211855.40	5780.00	42888.43	44236.92	304760.75
	百分比/%	61.13	8.09	0.30	69.52	1.90	14.07	14.52	

注：数据截止到2016年7月31日（印度电力部，2016）。

表6-1-10 再生能源类型

种类	小水电	风力发电	BM发电/Cogen	余热	太阳能	合计
装机/MW	4304.27	27151.40	4860.83	115.08	7805.34	44236.92
比例/%	1.41	8.91	1.59	0.04	2.56	14.52

1. 热电厂

2016年7月31日，印度热电厂的装机容量为211855.40 MW，相当于全国总装机容量的69.52%。其中燃煤电厂为186292.88 MW，占全国总装机容量的61.13%；燃气电厂为24643.63 MW，占全国总装机容量的8.09%；燃油电厂仅为918.89 MW，占全国总装机容量的0.30%。2012年10月31日印度共有90个主要热电厂分布在各个邦（表6-1-11）。印度电力生产大约消耗全国80%的煤炭产量。由于

表 6-1-11 印度各个邦的主要热电厂数量

邦	热电厂	邦	热电厂	邦	热电厂	邦	热电厂
安得拉	8	马哈拉施特拉	7	贾坎德	2	北方	12
比哈尔	3	NCT 德里	3	卡纳塔克	4	西孟加拉	8
恰蒂斯加尔	6	旁遮普	3	喀拉拉	1		
古吉拉纳	9	奥里萨	3	中央	4		
哈里亚纳	4	拉贾斯坦	7	泰米尔纳德	6		

印度煤炭发热量低灰分高，因此印度煤电效率较低，每生产 1 kW · h 电需要 0.7 kg 煤。

2. 水电及其他能源电站

印度水能发电位居世界第五位。2016 年 7 月 31 日规模较大的水电站装机容量为 42888.43 MW，占印度电力生产的 14.07%，其中绝大多数是中央和邦所属部门的水电站。此外还有 1.41% 的装机容量属于小型水电站，为家庭或个人所有。印度的风力发电装机容量位居世界第五位。2016 年，风电装机容量占印度总装机容量的 8.91%，装机容量达 27151.40 MW。可再生能源发电装机总容量为 44236.92MW，约占全国总装机容量的 14.52% 。此外，印度大力开发的可再生能源还包括生物气体小电站、太阳能发电、余热发电、潮汐发电，以及地热资源潜力（表 6-1-12）。

表 6-1-12 可再生能源发电的装机容量

类 型	技 术	装机容量/MW	类 型	技 术	装机容量/MW
入网电	风	18420.40	未入网电	城市废物转化能	113.60
	小水电	3496.14		非蔗渣生物燃料	426.04
	生物燃料	1248.60		农村生物汽化	16.696
	蔗渣发电	2239.63		工业生物汽化	138.90
	废物转化能	96.08		SPV 系统（>1 kW）	106.33
	太阳能	1176.25		Aerogen/Hybrids	1.74

3. 核电

印度的核电在世界上位居第 15 位，目前共有 19 座核电站，每年发电 4560 MW，占世界核电发电量的 1.2%；另有在建的 4 个核电站生产能力为 2720 MW。2016 年，印度核电总装机容量为 5780.00 W。印度计划在今后 25 年将现在核电站总电力生产的比例由占全国电力生产的 4.2% 提高到 9% 。

（二）电力生产和输送

自 1990 年以来，印度的发电量有了明显增长，1985—2012 年，燃煤电厂的发电量从 179 TW · h 增加到 1057 TW · h。近年来，可再生能源发电增长较快，而天然气、油和水力发电在过去 4 年中有不同程度地减少。2014/15 财年，印度的总发电量达到 1271872 GW · h，比 2013/14 增长了近 8%（表 6-1-13）。

表 6-1-13 印度近 4 年的电力生产 GW · h

财 年		2011/12	2012/13	2013/14	2014/15
生物燃料	煤	612497	691341	746087	835838
	油	2649	2449	1868	1407
	气	93281	66664	44522	41075
核 能		32286	32866	34228	—
水 力		130511	113720	134847	—
小 计		871224	907040	961552	878320

表 6-1-13（续）

GW·h

财年		2011/12	2012/13	2013/14	2014/15
可再生能源	小水电	—	—	—	—
	太阳能	—	—	—	—
	风能	—	—	—	28214
	生物能	—	—	—	—
	其他	—	—	—	—
	小计	51226	57449	59615	61780
公用及自用	公用	922451	964489	1021167	1105446
	自用	134387	144009	156643	166426
	损失	—	—	—	—
总计		1056838	1108498	1177810	1271872

注：煤包括褐煤（印度电力部）。

印度电网有限公司是中央公用输电单位，负责全国和邦间输电系统；邦电力输送公司负责邦内输电系统的发展。超高压、高压输电线路的电压分别为 ±800 kV HVDC 和 765 kV、400 kV、230/220 kV、110 kV 和 66 kV。庞大的输电网遍布印度全境，覆盖面超过 99%。2016 年 6 月，印度 220 kV 以上的输电系统有 347294 ckm（回路千米，circuit kilometers）输电线和变电能力为 675584 MV·A 的变电站，邦内的输电能力为 59550 MW。截至 2017 年 3 月底，即"十二五"计划结束时，将达到 68050 MW。电网的管理和运营交由 POWERGRID 的全资子公司，电力系统和运行有限公司（POSOCO）负责。

（三）电力供应和消费

近年来印度电力生产的增长超过了用电需求的增长，2012—2013 年，电力生产 1193480 GW·h，进口电力 5598 GW·h，总供应量达到 1199078 GW·h。除去电力部门自用和损耗，印度国内电力实际消费 890055 GW·h（IEA，2016）。

从部门电力消费情况来看，工业用电为 40.25%、居民用电为 23.28%、农业用电为 18.01%、商业用电为 9.27%、运输用电为 1.74%、其他用电为 5.65%。其中工业用电有了一定提高，居民用电和农业用电有所降低。

三、基础设施总结

印度拥有世界上第二大公路网，整个国家的道路总长超过 509×10^4 km，但目前还没有建成高速公路运输系统，国道和省道承担着非常繁重的陆上运输任务。印度拥有世界上第四大铁路系统，印度铁路为国有一体化，铁道部所属的"印度铁路公司"是世界上第九大商业运营公司。在印度 7516.6 km 海岸线上的 12 个最主要港口均由印度中央政府控制，它们在国内外货物海上运输、国际贸易中发挥着重要作用。海洋运输承担了体积 95%、价值 70% 的贸易运输量。印度遍布全国的公路网和铁路网不仅连接各个港口、工商业和旅游中心、邦首府等发达地区，而且通往各个煤矿和煤田。

印度电力总装机容量位居世界第五位，2016 年 6 月底的总装机容量为 304760.75 MW。印度是世界上第四大电力消费国。印度丰富的煤炭资源能够满足国内发电。但对于拥有辽阔的国土面积和庞大的人口数量的印度来讲，特别是在高速发展的经济条件下，电力短缺问题仍需尽快解决。

本章参考文献

[1] Countrymeters. Population of India Population clock [EB/PL]. (2016-09-01)[2016-09-01] http://countrymeters.info/en/India.

[2] Ministry of Statistics and Programme Implementation. Government of India Annual Report 2015—2016 [R]. Ministry of Statistics and Programme Implementation, Government of India, 2016.

[3] 中华人民共和国商务部．对外投资合作国别（地区）指南：印度 2015［R］．北京：中华人民共和国商务部，2016.

[4] CIA. The World Factbook 2015 India［R/OL］.［2016－08－09］https：//www. cia. gov/library/publications/resources/the－world－factbook/geos/in. html.

[5] 孙士海，葛维钧．列国志：印度［M］．北京：社会科学文献出版社，2003.

[6] 中华人民共和国商务部．对外投资合作国别（地区）指南：印度（2015 年版）［R］．北京：商务部对外投资和经济合作司，2015.

[7] 中华人民共和国商务部，中华人民共和国国家审计局，国家外汇管理局．2015 年度中国对外直接投资统计公报［R］．北京：中国统计出版社，2015.

[8] 中国出口信用保险公司．国家风险投资报告：印度［R］．北京：中国出口信用保险公司，2015.

[9] 中华人民共和国外交部．印度国家概况［EB/OL］.（2016）［2016－03］http：//www. fmprc. gov. cn/web/gjhdq_676201/gj_676203/yz_676205/1206_677220/1206x0_677222/.

[10] 中华人民共和国驻印度共和国大使馆．国家概况［EB/OL］.（2016）［2016－04］http：//www. fmprc. gov. cn/ce/ce-in/chn/.

[11] Environmental Issues. Law and Technology：An Indian Perspective［M］．Ramesha Chandrappa and Ravi. D. R，Research India Publication，Delhi，2009.

[12] Environment Assessment：Country Data：India［R］．The World Bank，2016.

[13] Klaus Schwab. The Global Competitiveness Report 2016—2017［R］．World Economic Forum.

[14] The World Bank. Doing Business 2015（12th edition）［R］．International Finance Corporation.

[15] 鲁如东．印度国家矿产政策变迁［J］．中国金属通报，2010（3）.

[16] 北京市炜衡律师事务所，国际矿业能源投资法律服务中心．国际矿产能源投资手册［EB/OL］.（2010）［2012－09－20］http：//www. docin. com/p－565140126. html.

[17] Ministry of Mines，Policy and Legislation，Acts. Mines and Minerals（Development and Regulation）Amendment Act，2010［EB/OL］.（2012）［2012－09－19］http：//mines. nic. in/index. aspx? level＝1&lid＝80&lang＝1.

[18] 中铝网．印度矿业投资环境喜忧参半［EB/OL］.（2009）［2012－09－24］http：//news. cnal. com/industry/2009/07－31/1249040651135311. shtml.

[19] Ministry of Corporate Affairs，Acts，Bills & Rules. Company Act 1956［EB/OL］.（2011）［2012－09－25］http：//www. mca. gov. in/Ministry/companies_act. html.

[20] Ministry of Mines，Policy and Legislation，Acts. Mines and Minerals（Development and Regulation）Amendment Act，2010［EB/OL］.（2012）［2012－10－13］http：//mines. nic. in/index. aspx? level＝1&lid＝80&lang＝1.

[21] Ministry of Mines. Mineral Concessions［EB/OL］.（2012）［2012－10－11］http：//mines. nic. in/index. aspx?level＝1&lid＝403&lang＝1.

[22] Ministry of Mines，Policy and Legislation，Acts. The Mines and Mineral（Regulation and Development）Act［EB/OL］.（2012）［2012－10－14］http：//mines. nic. in/index. aspx? level＝1&lid＝80&lang＝1.

[23] Ministry of Mines，Policy and Legislation，Rules. Mineral Concession Rule 1960 & Mineral concession Rule Ammendment and Mineral Concessions Rules（MCR）Forms［EB/OL］.（2012）［2012－10－17］http：/mines. nic. in/index. aspx? level＝1&lid＝91&lang＝1.

[24] Ministry of Mines，Policy and Legislation，Rules. Mineral Concession Rule 1960. Mineral concession rule Ammendment and Mineral Concessions Rules（MCR）Forms［EB/OL］.（2012）［2012－10－19］http：//mines. nic. in/index. aspx?level＝1&lid＝91&lang＝1.

[25] Ministry of Mines，Policy and Legislation，Rules. Afining Leases（Modifications of Terms）Rules 1956［EB/OL］.（2012）［2012－10－23］http：//mines. nic. in/index. aspx? level＝1&lid＝91&lang＝1.

[26] Ministry of Mines，Policy and Legisiation，Rules. Mining Leases（Modifications of Terms）Rules 1956，Mineral Concessions Rules（MCR）Forms［EB/OL］.（2012）［2012－11－09］http：//mines. nic. in/index. aspx? level＝1&lid＝91&lang＝1.

[27] Ministry of Mines，Policy and Legislation，Rules. Mining Leases（Modifications of Terms）Rules 1956［EB/OL］.（2012）［2012－11－12］http：//mines. nic. in/index. aspx? level＝1&lid＝91&lang＝1.

[28] Ministry of Mines，Policy and Legislation，Rules. Mineral Concession Rule 1960，Mineral Concession Rule Ammendment［EB/OL］.（2012）［2012－11－15］http：//mines. nic. in/index. aspx? level＝1&lid＝91&lang＝1.

[29] Ministry of Mines，Policy and Legislation，Rules. Mining Leases（Modifications of Terms）Rules 1956［EB/OL］.（2012）

[2012 - 11 - 12] http: //mines. nic. in/index. aspx? level = 1&lid = 91&lang = 1.

[30] Government of India, Department of Labor, Acts & Rules. Industrial Disputes Act 1947 [EB/OL]. (2012) [2013 - 01 - 23] http: //pblabour. gov. in/html/acts_rules. htm.

[31] Government of India, Department of Labor, Acts & Rules. Maternity Benefit Act, 1961 [EB/OL]. (2012) [2013 - 01 - 23] http: //pblabour. gov. in/html/acts rules. htm.

[32] 许珂. 印度新矿业法规的修订特征及投资政策 [J]. 国土资源情报, 2012 (8).

[33] Government of India, Ministry of Commerce & Industry, Department of Industrial Policy & Promotin, et al. Press Note/FDI Circular, Erstwhile Press Notes from 1991, Press Note 2 (2009 Series) [EB/OL]. (2009) [2012 - 11 - 18] http: //dipp. nic. in/English/Default. aspx.

[34] 孙士海, 葛维钧. 列国志: 印度 [M]. 北京: 社会科学文献出版社, 2003.

[35] 赵倩莹. 论印度的法律渊源 [J]. 法制与社会, 2009 (4).

[36] 王宏军. 论印度外资法的体系及其对我国的启示 [J]. 经济问题探索, 2009 (2).

[37] 任会中. 浅析印度外资保护法律 [J]. 外国经济与管理, 1990 (10).

[38] 杨永红, 戴月. 外国在印度市场上直接投资的现状分析及对中国的启示 [J]. 东南亚纵横, 2004 (2).

[39] 杨宏斌, 杨志宁. 印度利用外国直接投资政策的特点及新发展 [J]. 南亚研究季刊, 2002 (3).

[40] 王云霞. 印度社会的法律改革 [J]. 比较法研究, 2000 (2).

[41] 任会中. 印度外资法的主要特征 [J]. 亚太经济, 1991 (2).

[42] 马蛰君, 谭伟恩. 印度外资政策演变及其对中国的启示 [J]. 中央财经大学学报, 2008 (12).

[43] 蔡晓月. 印度吸收外国直接投资的启发 [J]. 南亚研究季刊, 2002 (2).

[44] 戢梦雪. 印度吸收外国直接投资的特点及原因 [J]. 南亚研究季刊, 2005 (3).

[45] 中华人民共和国外交部. 印度国家概况 [EB/OL]. (2013) [2013 - 08 - 15] http: //www. fmprc. gov. cn/mfa_chn/gjhdq_603914/gj_603916/yz_603918/1206_604930/.

[46] 中华人民共和国驻印度共和国大使馆. 国家概况 [EB/OL]. (2013) [2013 - 04 - 06] http: //in. chineseembassy. org/chn/.

[47] 中华人民共和国外交部. 印度国家概况 [EB/OL]. (2013) [2013 - 09 - 25] http: //www. fmprc. gov. cn/mfa_chn/gjhdq_603914/gj_603916/yz_603918/1206_604930/.

[48] Government of India, Ministry of Commerce & Industry, Department of Industrial Policy & Promotion, et al. Press Note/FDI Circular. Erstwhile Press Notes from 1991. Press Note 2 (2009 Series) [EB/OL]. (2009) [2012 - 11 - 18] http: //dipp. nic. in/English/Default. aspx.

[49] 李建武. 印度煤炭管理制度研究 [J]. 中国矿业, 2009, 18 (8): 50 ~ 52.

[50] 中国国际税收研究会. 2015 世界税收发展研究报告 [R]. 北京: 中国税务出版社, 2016.

[51] 董维武. 印度煤炭工业现状与发展趋势 [J]. 世界煤炭: 中国煤炭, 2008, 34 (11): 114 - 117.

[52] 刘丽君. 印度矿产资源管理及政策 [J]. 国土资源情报, 2006 (7): 47 - 55.

[53] 王宏峰. 印度新矿业法解绎 [J]. 中国矿业报 (国际), 2010 (B04): 1 - 2.

[54] 许珂, 任文利, 王广强, 等. 印度新矿业法规的修订特征及投资政策 [J]. 国土资源情报, 2012 (8): 16 - 25.

[55] Government of India, Ministry of Environment & Forest. The Environmental Impact Assessment Notification of Developed Projects [EB/OL]. (1994) [1994 - 01 - 27] http: //mines. nic. in/writereaddata/filelinks/ e7c11e94_6. html.

[56] Impact Assessment Division, Ministry of Environment and Forests, Government of India. Environmental Impact Assessment: A Manual [EB/OL]. (2001) [2001 - 01] http: //envfor. nic. in/divisions/iass/eia/Cover. htm.

[57] India Environment Portal Knowledge for Change. Analysis of the Draft EIA/EMP Report for Durgapur Ⅱ - Taraimar Coalblock [EB/OL]. (2011) [2011 - 02 - 01] http: //www. indiaenvironmentportal. org. in/content/ 325116/analysis - of - the - draft - eiaemp - report - for - durgapur - ii - taraimar - coal - block/.

[58] India Environment Portal Knowledge for Change, Environmental Impact Assessment Environmental Management Plan for Bha. Tin Mine [EB/OL]. (2010) [2010 - 09] http: //www. indiaenvironmentportal. org. in/content/ 330281/environmental - impact - assessment - environmental - management - plan - for - bhatin - mine/.

[59] India Environment Portal Knowledge for Change. Environmental Impact Assessment Guidance Manual for Mining of Minerals [EB/OL]. (2010) [2010 - 01 - 02] http: //www. indiaenvironmentportal. org. in/content/ 305768/environmental - impact - assessment - guidance - manual - for - mining - of - minerals/.

[60] India Environment Portal Knowledge for Change. State Environment Impact Assessment Authority (SEIAA) [EB/OL].

(2013) http://www.indiaenvironmentportal.org.in/category/34628/thesaurus/state-environment-impact-assessment-authority-seiaa/.

[61] Ministry of Environment & Forests, Government of India. OM: Streamlining of Process of Environment Clearance (EC) and Forest Clearance (FC) Cases by Expert Appraisal Committee (EAC) & Forest Advisory Committee (FAC) Respectively for Hydropower and River Valley Projects (HEP & RVP) - reg. http://www.moef.nic.in/sites/default/files/om_ia_120813.pdf.

[62] Ministry of Environment & Forests, Government of India. S.O. 2559 (E)[22/08/2013] - Amendment to EIA Notification 2006. http://moef.nic.in/Circulars.

[63] Ministry of Environment & Forests, Government of India. S.O. 2204 (E)[19/07/2013] - Environment Impact Assessment Notification, 2006 http://www.moef.nic.in/sites/default/files/QCI8-13-2013%2013-01%20PM.pdf.

[64] Ministry of Mines in India. Mineral Concession System. http://indonesia.elga.net.id/govweb.html.

[65] Ministry of Mines in India. Mines and Minerals (Development and Regulation) Amendment Act, 2010.

[66] Ministry of Mines in India. Mining Policy and Legislation.

[67] Pradeep S Mehta. The India mining sector: Effects on the environment & FDI inflows. 2002, 1-10.

[68] Summary of Draft Environment Impact Assessment& Environment Impact Plan for TIKAK Opencast Project (0.20 MTY) of Northeastern Coalfields, Coal India limited 2008 [2008-01]. http://www.pcbassam.org/ ExecutiveSummary_CIL/ExecSummrary_Eng.pdf.

[69] Ministry of Road Transport and Highways. Government of India Annual Report 2015—2016 [R]. Ministry of Road Transport and Highways. Government of India, New Delhi, 2015.

[70] Ministry of Road Transport and Highways. Government of India Basic Road Statistics of India 2012—2013 [R]. Ministry of Road Transport and Highways. Government of India, New Delhi, 2015.

[71] Ministry of Road Transport and Highways. Government of India Distribution of Density of National Highways Lengths [R]. Ministry of Road Transport and Highways. Government of India, New Delhi, 2015.

[72] Wikipedia. Indian Railways [EB/OL]. (2016-08-10)[2016-08-10] https://en.wikipedia.org/wiki/Indian_Railways.

[73] Indian Ports Association. Cargo Traffic at Major Ports (2014/15 and 2013/14)[EB/OL]. (2016-08-15)[2016-08-17] http://www.ipa.nic.in/oper.htm).

[74] Indian Ports Association. Cargo Traffic at Major Ports (2013/14 and 2012/13)[EB/OL]. (2016-08-15)[2016-08-17] http://www.ipa.nic.in/oper.htm).

[75] CIA. The World Factbook 2015 India [R/OL]. [2016-08-09] https://www.cia.gov/library/publications/resources/the-world-factbook/geos/in.html.

[76] Ministry of Power Government of India, Central Electricity Authority. Power Sector Jun-2016 [R]. Ministry of Power Government of India, New Delhi, 2016.

[77] Ministry of Power Government of India. All India Installed Capacity (in MW) of Power Stations [R/OL]. (2016-08-10)[2016-08-11]. http://cea.nic.in/reports/.

[78] Ministry of Power Government of India. Executive summary of Target and Achievement of Transmission Lines during 2016-17 [R/OL]. (2016-08-10)[2016-08-12] http://cea.nic.in/reports/monthly/transmission/2016/.

[79] Ministry of Power Government of India. Executive summary of Target and Achievement of Sub-Stations during 2016—2017 [R/OL]. (2016-08-12)[2016-08-12] http://cea.nic.in/reports/monthly/transmission/2016/exe_summary_ss-04.pdf.

[80] IEA. India Energy Outlook 2015-World Energy Outlook Special Report [R/OL]. (2016-08-09)[2016-08-12] http://www.worldenergyoutlook.org/.

第二章 煤炭资源分析

第一节 资源概览

一、地质概况

（一）大地构造演化简史

印度克拉通曾是盘古（Pangaea）泛大陆的一部分，其南西海岸与马达加斯加及南面的非洲相连，东面是澳大利亚。

侏罗纪时（160 Ma），盘古古陆分裂为南部的冈瓦纳古陆和北部的劳亚古陆。印度克拉通在白垩纪早期（约125 Ma），从冈瓦纳超大陆分离。随后，印度板块以极快的速度向北，朝着欧亚板块漂移。一般认为，印度板块在90 Ma前从马达加斯加分离，但一些生物地理和地质证据显示，马达加斯加和非洲的汇合是在大约50 Ma前，即印度与欧亚板块碰撞之时。这个延续至今的造山运动与特提斯洋的闭合有关。特提斯洋的闭合造就了欧洲的阿尔卑斯和西亚的高加索山脉，造就了南亚的喜马拉雅山脉和青藏高原。现代造山运动引起亚洲大陆向造山带东西两侧剧烈变形。碰撞造山同时使印度板块与邻近的澳大利亚板块连接，形成了新的印度—澳大利亚板块。

（二）构造分区

印度位于南亚次大陆中部，印度板块中心部位其地质构造框架清晰，北部为喜马拉雅褶皱带，中南部为印度半岛克拉通，之间为山前坳陷（图6-2-1）。

喜马拉雅褶皱带分布于中印边界，约占印度陆地面积的10%（不包括印控克什米尔地区）。该区南部为NW向转为近EW向的边缘逆掩断裂带，北部为NW向的中央逆掩断裂带，将印度境内喜马拉雅褶皱带分为低喜马拉雅褶皱带和高喜马拉雅褶皱带2个构造单元。

低喜马拉雅褶皱带在上述2个大断裂之间，以元古宙中—浅变质岩系为主，其边缘及其西部凹陷有古生代地台型沉积地层出露，分布断续，常有中—新生代花岗岩侵入，并发育一系列由北向南的逆掩推覆构造。高喜马拉雅褶皱带位于中央逆掩断裂带以北，元古界基底岩层出露较少，但自奥陶纪至始新世，连续沉积了浅海相、滨海相地层，化石丰富，厚度达10 km，分布广泛；中—新生代花岗岩和基性岩发育。显然，印度北部喜马拉雅褶皱带的基底仍属于印度克拉通，但自奥陶纪开始出现了浅海相地台型连续沉积，晚三叠世开始强烈凹陷，并且印支运动后构造活动不断加强，直至始新世达到高峰，致使古特提斯洋消亡以及印度板块向欧亚板块碰撞俯冲，从而产生了一系列大型推覆构造，形成了雄伟的喜马拉雅山系。蛇绿岩带、推覆构造活动和新生代岩浆作用是该区成矿作用的重要因素。成矿作用主要包括与中新生代岩浆活动有关的铜、铅、锌成矿作用和在推覆带上与蛇绿岩有关的铬、镍成矿作用。

山前坳陷区位于印度中北部，约占印度陆地面积的20%，呈近东西向展布。该区全新世现代松散沉积物呈大面积平缓带状分布，厚度巨大，具有磨拉石建造特征，偶见零星前寒武纪变质岩系露头，显示了该山前坳陷是在印度前寒武纪克拉通的基础上，由于印度板块向北俯冲，致使喜马拉雅自始新世以来不断隆升和剥蚀而形成的。目前没有在该区发现有价值的矿产地。

印度半岛克拉通位于印度中部与南部，约占印度陆地面积的70%，是印度主要矿产地。该区广泛出露前寒武纪变质岩系，其上有不连续而呈条带状分布的晚石炭世—早白垩世的“冈瓦纳系”和德干暗色岩系，并有不同时代的岩浆侵入。前寒武纪变质岩系在印度半岛克拉通中以太古界—下元古界发育较全，并具有多种岩性组合，变质程度中—深，而中上元古界主要位于克拉通内裂谷与凹陷盆地，以及线型地堑中，分布局限，岩性变化不大，变质较浅，构成了在组成与结构上具有一定差异的次级单元，

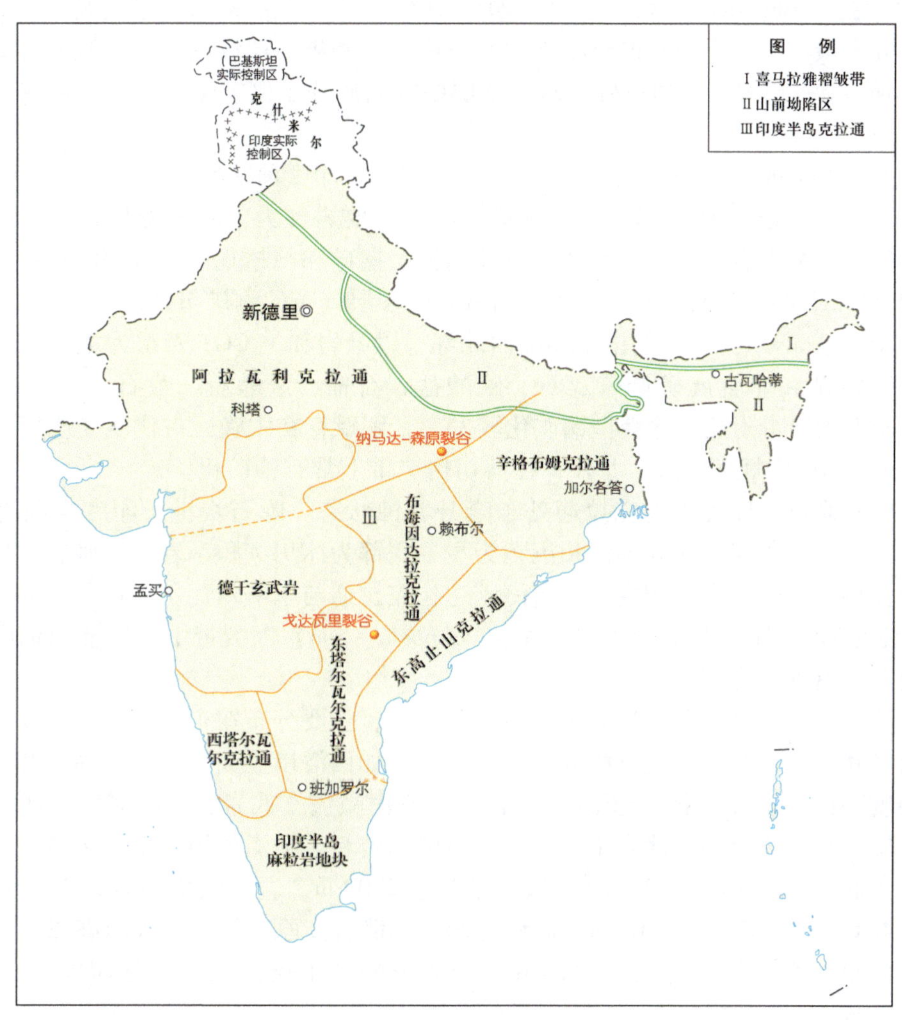

图 6-2-1　印度大地构造及构造分区示意图（张建华和吴良士，2008）

通常将其划分为以下 7 个次级克拉通。

（1）西塔尔瓦尔（Western Dharwa）克拉通位于印度西部，以绿岩带发育为特征，分高级变质带（变质核杂岩）和低级绿片岩带。成矿作用较广泛，主要是与高级变质带中超基性岩有关的铬矿化、与硅铁建造有关的铁矿以及其中富锰层的锰矿，此外，在低级变质带中，与火山岩有关的铜矿化和多金属矿化较发育，部分形成规模矿床。

（2）东塔尔瓦尔（Eastern Dharwa）克拉通位于印度中南部，以 GGT（英云闪长岩—奥长花岗岩—花岗闪长岩，tonalite trondjemite granodiorite）或类 GGT 岩系发育为特征，夹有少量绿岩带。该区有富钾质花岗岩和碳酸岩侵入，另有 4 个时代不明的金伯利岩筒。成矿作用比较集中，在晚元古代，武德达帕赫凹陷中含矿层位较多，如白云岩层中的重晶石矿（储量占全球的 25%）、底部砾岩型铀矿、Pulivendia 层中石棉矿，以及火山岩层中多金属矿化。在变质基性岩剪切带中，石英脉型金矿较发育，其中有世界知名的克勒（Kolar）金矿田。此外，在金伯利岩筒中和碳酸岩中还发现了金刚石矿和稀土元素矿。

（3）印度半岛麻粒岩地块（Granulite Terrain）分布于印度最南端，以麻粒岩相岩石发育为特征，同时分布有角闪岩相片麻岩等。造山后碱性杂岩体也较发育。成矿作用主要与麻粒岩相区的硅铁建造和片麻岩相区的超基性岩有关，部分形成具有规模的铬铁矿和铁矿床。

（4）东高止山（Eastern Ghats）克拉通位于印度东部，以麻粒岩相与孔兹岩系岩石发育并混合出现为主要特征。该区成矿作用比较分散，主要是与硅铁建造有关的铁矿和产于钾长锰榴岩中的锰矿等，分布较广。

（5）布海因达拉（Bhandara）克拉通位于印度中部，以片麻岩夹绿岩带为特征，硅铁建造发育。硅铁建造中铁矿分布最广，具有粗粒波纹状赤铁矿—燧石岩和细粒层纹状假象赤铁矿等2个亚建造，矿床规模较大。Sausar组石英岩—页岩—碳酸盐岩地层中的锰矿分布也较广。此外，在花岗岩体附近常有铜矿化。

（6）辛格布姆（Singhbhun）克拉通位于印度东北部，是印度前寒武系研究程度较高的地区，由辛格布姆陆核组成，太古代地层为OMG（3200±85）Ma，主要岩性为中粒云母片岩、石英岩、钙硅质岩和角闪岩。硅铁建造十分发育，除与硅铁建造有关的铁、锰矿和与超基性岩有关的铬铁矿外，最引人注目的是辛格布姆（Singhbhun）推覆带上绿片岩相岩石中顺层分布的铜矿与铀矿。

（7）阿拉瓦利（Aravalli）克拉通位于印度西北部，以绿岩和类GGT岩系为主，缺失硅铁建造。该区矿产丰富，有铅锌矿和非金属矿产磷灰石、磷酸盐、石棉、重晶石、萤石、石膏、蓝晶石等。在NE—SW向拉贾斯坦构造带附近，热液型铜矿化较发育，铜赋存在中晚元古代浅变质岩层中，铜矿中以克赫特利（Khetri）铜矿床规模较大。此外，在剪切构造带上常有铀矿化。

早寒武世至中石炭世，印度半岛克拉通处于隆升剥蚀状态。晚石炭世，印度半岛克拉通才接受沉积，并延续至早白垩世，以河流相和湖泊相沉积为主，底部为冰川沉积，岩性为砾岩、砂岩、粉砂岩和泥岩，通称为冈瓦纳系，仅分布在印度中部布海因达拉克拉通与东塔尔瓦尔克拉通之间的NW向戈达瓦里（Godavari）裂谷和北部近EW向纳马达-森（Narmada-Son）断裂带中。二叠纪地层是印度主要含煤地层之一，蕴藏丰富的煤炭资源。

上白垩统至第四系，印度半岛克拉通称为后冈瓦纳系，主要分布在东西海岸、主要河谷，以及广阔的大陆架，以沼泽相、湖泊相及近代沉积为主，局部地区如西海岸孟买地区盛产油气和褐煤。晚白垩世至早第三纪，印度中西部发育一套“德干暗色岩系”，它由溢流玄武岩、裂隙喷发玄武岩和水平分布的玄武岩流组成，经风化后为火山玄武岩土壤。根据目前的资料，喷溢作用发生在70 Ma左右，喷溢延续时间约lMa，溢流原始面积达60×10^4 km^2，最大厚度达2000 m，岩层倾角平缓为1°~4°，并构成高原地貌，平均海拔618 m，最高海拔1200 m，通称为德干玄武岩高原。但在该火山高原内还没有找到任何火山机构。德干暗色岩系经风化作用后可形成不同规模的红土型铝土矿，是印度铝土矿重要类型之一。

二、矿产资源

印度矿产资源比较丰富，在已探明储量的89种矿产中，多种矿产储量（表6-2-1）和产量居世界前列，如铬铁矿产量居第2位、煤炭产量居第3位、重晶石产量居第2位、铁矿石产量居第4位、铝土矿产量居第5位、锰矿石产量居第7位。印度生产了全球12%的钍矿和60%的云母。但印度的矿产资源种类较少，特别是部分重要矿产，如石油、焦煤、铜、铅、锌、镍、钨、钼、金、磷、钾、硫、石棉和金刚石等相对不足。

印度的能源比较匮乏，很难满足经济快速发展的需求。虽然煤炭储量居世界第五位，占全球总量的7%，但煤质差发热量低。特别是2010年石油剩余探明储量仅为1.2亿t，天然气为1.5亿m^3，均不足全球总量的1%。目前印度的能源以煤炭为主，占能源总量的96%，石油和天然气各占2%。

表6-2-1 印度主要矿产资源储量情况

矿种	储量	比例/%	世界排位	矿种	储量	比例/%	世界排位
煤炭/亿t	606	7	5	铝土矿/亿t	9	3.2	6
石油/亿t	12	0.7	—	铅/万t	260	3.3	7
天然气/10^{12} m^3	1.5	0.8	—	锌/万t	1100	4.4	7
铁/亿t	70	4	7	钛铁矿/万t	8500	13	3
锰/万t	5600	9	5	金红石/万t	740	18	3
铬铁矿/万t	6613	12	3				

三、煤炭资源

(一) 资源总量

根据最新的《BP 世界能源统计年鉴》(BP, 2016), 2015 年底印度煤炭资源居世界第五位, 已探明的资源量为: 无烟煤和烟煤 561 亿 t、次烟煤和褐煤 45 亿 t, 总计 606 亿 t, 占世界总资源量的 6.8%; 按照目前的生产能力, 可以开采 89 年。

印度的煤炭包括黑煤和褐煤两类, 习惯上称"黑煤"为"煤"。根据印度官方资料, 印度近年来探明的煤炭资源量逐年上升, 截止到 2015 年 4 月 1 日, 煤层厚度大于 0.9 m、地下深度在 1200 m 以上的黑煤资源总量为 306596 Mt, 褐煤资源量为 44114 Mt (表 6-2-2)。

表 6-2-2 近 3 年印度煤炭资源量变化情况 Mt

种类	统计时间	探明储量	控制储量	推断储量	总量
黑煤	2013 年 4 月 1 日	123182	142632	33101	298915
	2014 年 4 月 1 日	125909	142506	33149	301564
	2015 年 4 月 1 日*	131614	143241	31739	306594
褐煤	2013 年 4 月 1 日	6181	26283	10752	43216
	2014 年 4 月 1 日	6181	26281	10783	43245
	2015 年 4 月 1 日*	6182	26282	11650	44114

数据来源: 印度煤炭局网站

注: * 引自 Provisional Coal Statistics 2014—2015。

(二) 煤炭资源的地区分布

印度煤炭资源的分布具有以下基本特点: ①晚石炭世—二叠纪的冈瓦纳煤的资源量占统治地位, 它们主要分布在印度半岛东部和中南部时代较老的冈瓦纳地层组内的 27 个主要煤田内; ②印度东北部是第三纪煤产区; ③在印度南部泰米尔纳德邦等地, 年轻的第三纪地层含有褐煤。

1. 黑煤资源的分布

印度黑煤分为形成于晚石炭世—二叠纪的冈瓦纳煤和第三纪煤, 其中前者占煤炭总量的 99.51%, 后者仅占煤炭总量的 0.49% (表 6-2-3)。

表 6-2-3 2015 年印度煤炭以形成时代分类的地质资源量

时代	探明储量/Mt	证实储量/Mt	推断储量/Mt	总量/Mt	比例/%
冈瓦纳煤	131020	143142	30941	305103	99.51
第三纪煤	594	99	799	1493	0.49
总计	131614	143241	31740	306596	

注: 数据引自 Provisional Coal Statistics 2014—2015。

冈瓦纳煤产于下冈瓦纳沉积岩系中, 主要分布在比哈尔邦及其与西孟加拉邦分界处的 Damodar 山谷, 中央邦、奥里萨邦的 Mahanadi 裂谷, 安得拉邦北部的 Godavari 地区, 以及马哈拉斯特拉邦的 Wardha 地区 (表 6-2-4)。

表 6-2-4 2015 年印度冈瓦纳煤资源在各产煤邦的分布

邦	探明储量/Mt	证实储量/Mt	推断储量/Mt	总量/Mt	比例/%
Jhakhand	41463	33026	6559	81048	26.56
Odisha	30747	36545	8507	75799	24.84
Chhattisgarh	18237	34390	2285	54912	18.00

表 6-2-4（续）

邦	探明储量/Mt	证实储量/Mt	推断储量/Mt	总量/Mt	比例/%
West Bengal	13518	13010	4907	31435	10.30
Madhya Pradesh	10411	12784	3341	26536	8.70
Telangana	9807	9957	3029	22793	7.47
Maharashtra	5953	3190	2110	11253	3.69
Uttar Pradesh	884	178	0	1062	0.35
Assam	0	4	0	4	0.00
Bihar	0	0	160	160	0.05
Sikkim	0	58	43	101	0.03
冈瓦纳煤总计	131020	143142	30941	305103	

注：数据引自 Provisional Coal Statistics 2014—2015。

第三纪煤田多分布在印度半岛东北部的梅加拉亚、阿萨姆、那加兰等邦（表 6-2-5）。

表 6-2-5 2015 年印度第三纪煤和褐煤资源在各产煤邦的分布

种 类	邦 名	探明储量/Mt	证实储量/Mt	推断储量/Mt	总量/Mt	比例/%
第三纪煤	Meghalaya	89	17	470	576	38.58
	Assam	465	43	3	511	34.23
	Nagaland	9	0	307	316	21.17
	Arunachal Pradesh	31	40	19	90	6.03
	总计	594	100	799	1493	
褐煤	Tamilnadu	3735.23	22900.05	8573.62	35208.90	79.81
	Rajasthan	1168.53	2670.84	1887.34	5726.71	12.98
	Gujarat	1278.65	283.7	1159.7	2722.05	6.17
	Pondicherry	0	405.61	11	416.61	0.94
	J & K	0	20.25	7.3	27.55	0.06
	Karala	0	0	9.65	9.65	0.02
	West Bengal	0	1.13	1.64	2.77	0.01
	总计	6182.41	26281.58	11650.25	44114.24	

注：数据引自 Provisional Coal Statistics 2014—2015。

2. 褐煤资源的分布

由于印度褐煤资源量小而且煤质差，因此并未得到充分重视。从印度煤炭局和煤炭管理者协会“Provisional Coal Statistics 2014—2015”中得知，2015 年 4 月 1 日，印度褐煤总资源量为 44114.24 Mt，主要分布在印度半岛东海岸的泰米尔纳德（表 6-2-5）。

（三）印度煤炭的种类

在印度煤种分类标准中，非焦煤以有用的热值（UHV）为基础，焦煤以灰分为基础，半焦煤或软焦煤依据灰分和含水量进行分级。

印度的黑煤资源划分为焦煤和非焦煤 2 种，焦煤又分为主焦煤（Prime Cocking）、中焦煤（Medium Cocking）、半焦煤（可混合的半焦煤 Blendable Semi Cocking）3 类。2015 年 4 月 1 日，在黑煤已探明的总储量中，焦煤储量为 18485 Mt，占黑煤总储量的 14.04%；非焦煤储量为 113129 Mt，占黑煤总储量的 85.96%。已探明的焦煤储量中以中焦煤为主，占探明总储量的 10.17%，主焦煤只占探明总储量的 3.51%。因此认为，印度的优质煤炭特别是焦煤资源不足，而且非焦煤中还有一些硫含量高的煤（表 6-2-6）。

表 6-2-6 印度煤炭以煤种分类的地质资源量

煤种		探明储量/Mt	证实储量/Mt	推断储量/Mt	总量/Mt	比例*/%
焦煤	主焦煤	4614	699	0	5313	3.51
	中焦煤	13389	12114	1879	27382	10.17
	可配的半焦煤	482	1004	222	1708	0.37
非焦煤（含高硫煤）		113129	129425	29638	272192	85.96
总计		131614	143242	31739	306595	

注：*探明储量中各煤类的百分比。
数据来源：Provisional Coal Statistics 2014—2015

第二节 煤炭工业

一、煤炭工业的发展历程

印度煤炭的商业性开采始于1774年，至今已有240年的历史。然而，因缺乏需求印度采煤业的发展始终十分缓慢，到印度独立之前的1946年，煤炭产量仅30 Mt。1950年1月26日印度共和国宣布成立。1956年印度国家煤炭发展协会（NCDC）成立。自1971年起印度开始了煤炭产业国有化进程。通过1971年的焦煤煤矿（紧急预备）法，政府于1971年10月接管了煤矿和炼焦厂的主要管理权，实现了国有化。1972年焦煤煤矿国有化法，使得焦煤煤矿和炼焦厂以及Tata钢铁公司在1972年1月5日实现了国有化，统一由一个新的中央政府公司（BCCL）管理。1973年煤矿（管理）法将印度政府的管理权扩大到对7个邦所有焦煤煤矿和非焦煤煤矿的管理，包括1971年已经被国有化的焦煤煤矿。随后印度政府颁布了1973年煤矿（国有化）法，从而在1973年1月5日，对所有煤矿实现了国有化。

煤矿国有化有效地促进了印度煤炭工业的发展。在不到30年的时间里，印度于2009年一跃成为世界第三产煤国，其中85%的煤炭产于印度政府所属的印度煤炭公司近500个煤矿。和只占印度能源市场3%的核能相比，印度煤炭为国家提供了55%的能源。

印度煤炭生产长期处于成本高、生产率低的状况。为了提高劳动生产率，印度着力开发大型露天煤矿，目前印度约90%的煤炭产自露天煤矿。

国有化和新技术、新设备的应用使印度在短期内提高了煤炭产量，同时煤炭出口也得以快速增加，如2010—2011年出口煤炭84 Mt。与此同时，印度、美国、非洲和澳大利亚从事煤炭开采的钢铁制造公司对印度煤炭开采的直接投资也明显增长，而成立于1975年11月印度政府直属的印度煤炭公司（CIL）则转变为国际化综合公司。

二、煤炭工业的现状

（一）国有化后印度煤炭工业格局

印度政府直属的印度煤炭公司（CIL）是世界上最大的煤炭公司。CIL在印度8个邦内运作81个矿区，拥有7个全资煤炭生产子公司和1个咨询服务公司（图6-2-2）、印度煤炭非洲有限公司，以及大量附属的工厂、医院、学校、培训基地等。2015年4月1日，CIL拥有429个煤矿，包括175个露采矿、227个井工矿和28个露采井工混采矿。CIL的煤炭产量占印度年产量的81.8%。2014—2015年，共生产煤炭536.51 MT，实现生产收入32亿美元，其中露采矿生产了494.24 Mt，占总产量的92.12%，井工矿只生产了7.88%。印度所需商用一次性能源的52%依赖煤炭，而CIL一个公司就可以为全国提供所需一次能源的40%，控制着74%印度煤炭市场。印度86个燃煤电厂中有82个由CIL提供煤炭，为印度全国76%以上的燃煤电厂提供生产用煤。

印度政府和安得拉邦政府共有的煤矿公司（SCCL）主要在安得拉邦内经营。国有的Neyveli褐煤合作公司（Neyveli Lignite Corporation Ltd.（NLC））隶属于Navratna政府，主要生产褐煤。除了上述大型

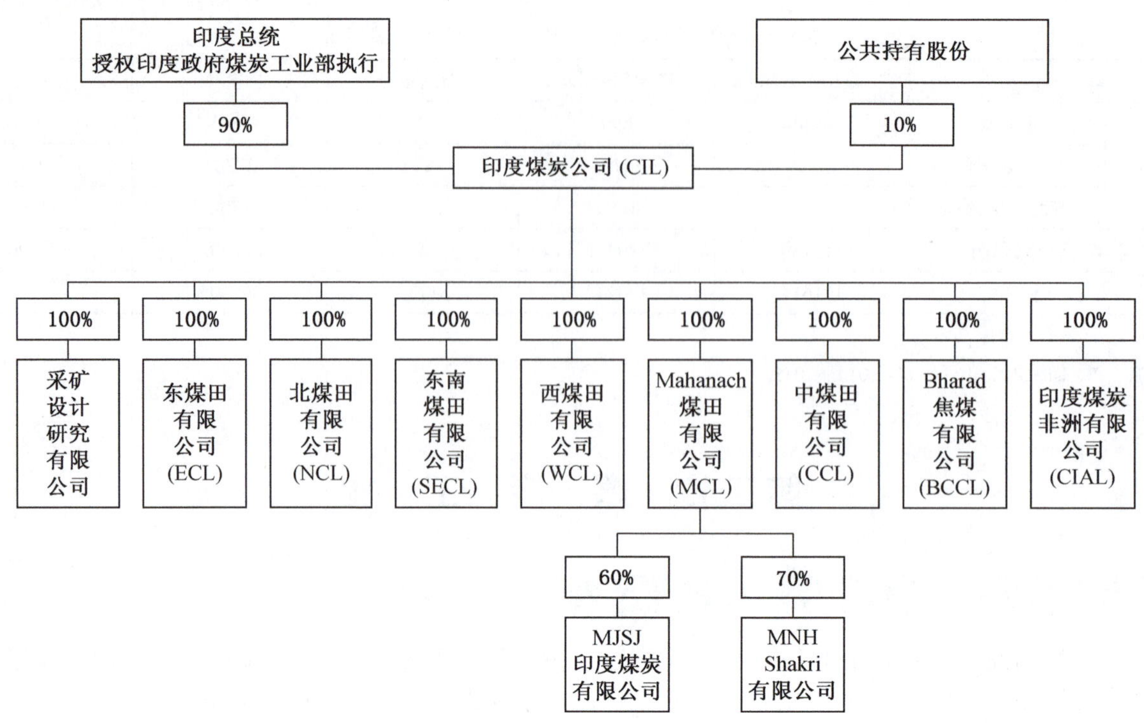

图6-2-2 印度煤炭公司(CIL)的组织结构

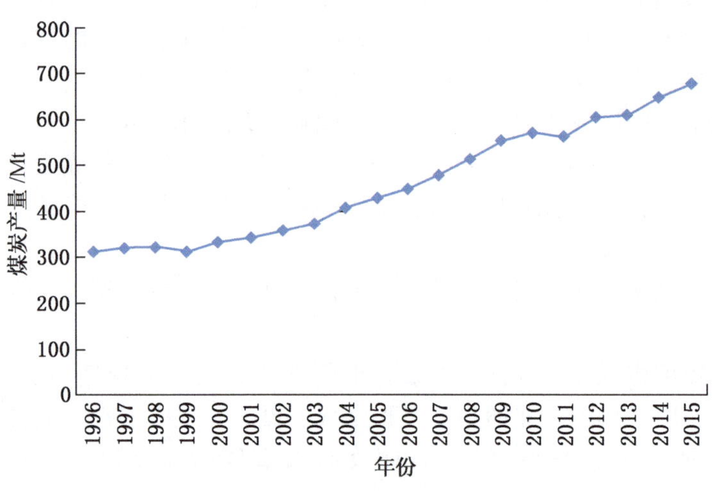

图6-2-3 印度1996—2015年煤炭产量(BP, 2016)

国有煤炭公司之外，还有一些小型的国有煤炭公司和私有煤炭公司。

(二)煤炭生产

根据BP(2016)世界能源统计，2015年印度的煤炭产量为677.5 Mt，比2014年的煤炭产量(648.1 Mt)增加了4.54%，占世界总产量(7861.1 Mt)的8.61%。该国的煤炭产量自1993年以来一直位于世界第3位，而且长期持续增长。2015年，全球经济不景气导致了世界主要产煤国的煤炭产量普遍下降，如中国减产2.0%，美国剧减10.41%，澳大利亚减少4.27%，而印度和俄罗斯的煤炭产量不降反升，印度一年增产煤炭29.4 Mt(图6-2-3)。

根据印度煤炭局“Provisional Coal Statistics 2014—2015”提供的数据，2014—2015年，印度原煤总产量660.692 Mt，比2013—2014年的610.036 Mt增长了8.30%。其中，黑煤产量612.435 Mt，包括焦煤57.451 Mt、非焦煤554.984 Mt，比2013—2014年的565.765 Mt增长了8.25%；褐煤产量从2013—2014年的44.271 Mt增加到48.257 Mt，增长了9.0%。

2014—2015年，印度煤炭的92.09%采自露天煤矿，井工矿的产量只占7.91%。所有露采矿的产量为565.765 Mt，比2013—2014年的516.116 Mt增长了9.61%；井工矿生产煤炭48.465 Mt，比2013—2014年的49.649 Mt降低了2.39%。

在印度煤炭生产中，国有煤炭公司占据了绝对优势。2014—2015年，国有煤炭公司的煤炭产量占印度当年煤炭总产量的92.59%，其中印度煤炭公司(CIL)的煤炭产量为494.234 Mt，占80.79%；SCCL生产煤炭52.536 Mt，占总产量的8.59%；其他国有煤炭公司的产量为20.263 Mt(3.31%)；而国内的私人煤炭公司共生产煤炭45.402 Mt，仅为当年印度煤炭总产量的6.87%。

（三）煤炭消费

根据BP（2016）的统计资料，印度2015年消费煤炭407.2 Mt，比2014年增长了4.8%，占全球总消费量的10.6%，首次超过美国（10.3%），成为继中国（50.0%）之后的世界第二大煤炭消费国。近20年来，印度的煤炭消费量一直持续增长，2015年的煤炭消费量（407.2 Mt）是1996年煤炭消费量（144.3 Mt）的282.2%。从历年煤炭消费变化情况来看，1996—2005年印度煤炭消费年均增长率为4.64%；而2006—2015年，煤炭消费年均增长率跃升至8.56%（表6-2-7）。

表6-2-7　1996—2015年印度煤炭消费　　Mt

年份	消费量	年份	消费量	年份	消费量	年份	消费量
1996	144.3	2001	165.8	2006	219.4	2011	300.4
1997	151.0	2002	173.1	2007	240.1	2012	330.0
1998	156.0	2003	181.3	2008	259.4	2013	355.6
1999	154.5	2004	193.0	2009	282.8	2014	388.7
2000	164.4	2005	211.3	2010	292.9	2015	407.2

数据来源：BP，2016

2014—2015年，印度煤炭供应量为608.22 Mt（表6-2-8）。从终端消费部门来看，电力部门消耗了当年所供应煤炭的77.61%，其次是炼钢和炼铁（共计6.08%），水泥生产用煤占比为1.87%，其余14.45%为其他部门所消费。

表6-2-8　2014—2015年印度煤炭消费部门

产　业	煤炭供应量/Mt	比例/%	产　业	煤炭供应量/Mt	比例/%
发电	472.01	77.61	海绵铁	14.68	2.41
炼钢	22.29	3.66	水泥生产	11.36	1.87
其他	87.88	14.45	总计	608.22	100.00

数据来源：Provisional Coal Statistics 2014—2015

（四）煤炭进出口

2014—2015年印度进口焦煤43.715 Mt，比2013—2014年的进口量36.872 Mt增长了18.56%；进口动力煤168.388 Mt，比2013—2014年的进口量129.985 Mt增长了29.54%。印度本国煤的煤质一般灰分高而热能值低，因此需要从澳大利亚进口焦煤以满足钢铁厂的需要，从南非和印度尼西亚进口非焦煤（动力煤）供应电力和水泥生产的需要。2014—2015年，印度从澳大利亚进口焦煤37.504 Mt、动力煤9.956 Mt，从印度尼西亚进口非焦煤118.215 Mt，从南非进口非焦煤30.571 Mt。此外，从加拿大、莫桑比克、美国、新西兰等各国进口焦煤均超过1 Mt，从美国、俄罗斯和智利等国进口非焦煤均超过1.5 Mt（表6-2-9、图6-2-4）。

表6-2-9　印度近10年煤炭进出口统计　　Mt

年　份	进　口					出　口				
	焦煤	非焦煤	合计	焦炭类	褐煤	焦煤	非焦煤	合计	焦炭类	褐煤
2005—2006	16.891	21.695	38.586	2.619	—	0.046	1.943	1.989	0.157	—
2006—2007	17.877	25.204	43.081	4.686	—	0.107	1.447	1.554	0.076	—
2007—2008	22.029	27.765	49.794	4.248	—	0.036	1.591	1.627	0.097	—
2008—2009	21.08	37.923	59.003	1.881	—	0.109	1.546	1.655	1.338	—
2009—2010	24.69	48.565	73.255	2.355	—	0.27	2.18	2.45	0.129	—

表 6-2-9（续）

Mt

年份	进口					出口				
	焦煤	非焦煤	合计	焦炭类	褐煤	焦煤	非焦煤	合计	焦炭类	褐煤
2010—2011	19.484	49.434	68.918	1.49	—	0.111	1.764	1.875	0.729	—
2011—2012	31.801	71.052	102.853	2.365	—	0.097	1.917	2.014	0.613	—
2012—2013	35.557	110.228	145.785	3.081	0.0006	0.056	2.387	2.443	1.201	0.0691
2013—2014	36.872	129.985	166.857	4.171	0.0013	0.008	2.18	2.188	0.154	0.0019
2014—2015	43.715	168.388	212.103	3.294	0.0006	0.042	1.196	1.238	0.102	0.0028

数据来源：Provisional Coal Statistics 2014—2015

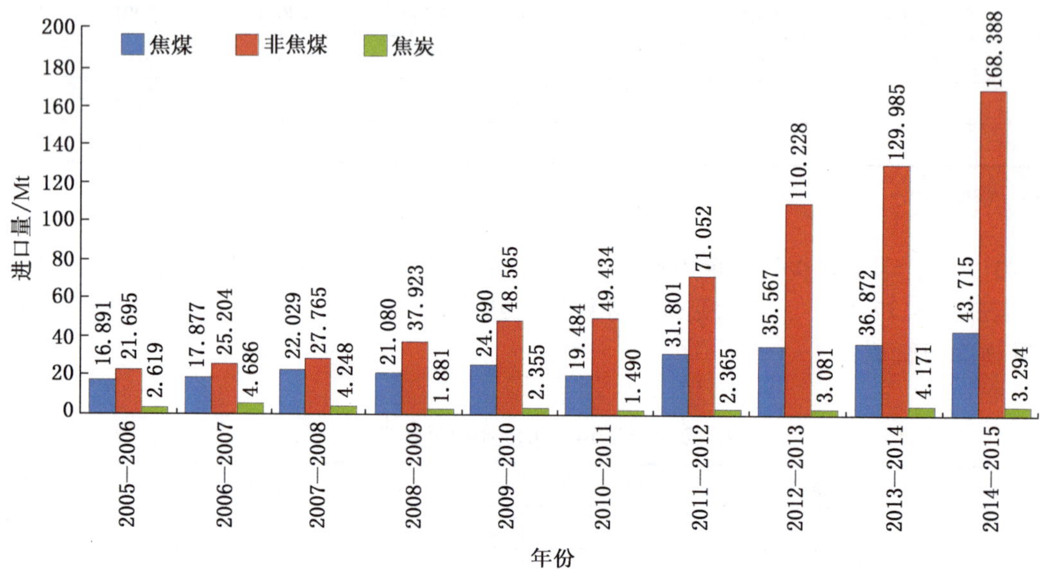

图 6-2-4 最近10年印度煤炭进口情况（Provisional Coal Statistics 2014—2015）

印度每年仅有少量煤炭出口，而且主要是非焦煤（表 6-2-9）。2014—2015 年，印度共出口煤炭 1.238 Mt，比 2013—2014 年的出口量 2.188 Mt 大幅下降。煤炭主要出口国为孟加拉国（0.54 Mt）和尼泊尔（0.48 Mt）（表 6-2-9）。

（五）在产煤矿和开发项目

印度国有化之前大小煤矿数目众多，国有化之后，经过调整，合并关闭了一些产量少、生产率低、资源匮乏和生产条件恶劣的煤矿，煤矿数目减少。根据印度政府煤炭局的资料，2014 年 3 月 31 日全印度申报的生产黑煤的在产煤矿，包括停产未关闭的和在建即将投产的煤矿共有 536 个，其中包括 227 个露采矿、282 个井工矿和 27 个露采和井工综合开采的煤矿。这些煤矿分属不同的公司，但国有煤矿 508 个，占煤矿总数的 94.78%，其中仅 CIL 公司就拥有 429 个煤矿，占国有煤矿总数的 84.45%，占印度煤矿总数的 80.04%。印度各个邦的煤矿数量由各个邦的煤炭资源条件所决定，其中贾坎德邦有 175 个煤矿，西孟加拉邦有 100 个煤矿。生产褐煤的在产煤矿有 16 个，全部是露天开采（表 6-2-10）。

表 6-2-10 2014 年印度在产煤矿统计

类别	公司	露采矿	井工矿	露采矿+井工矿	合计
黑煤煤矿	按照煤矿公司统计				
	ECL	19	80	5	104
	BCCL	14	19	20	53

表6-2-10（续）

类别	公司	露采矿	井工矿	露采矿+井工矿	合计
黑煤煤矿	按照煤矿公司统计				
	CCL	45	22	0	67
	NCL	10	0	0	10
	WCL	38	41	0	79
	SECL	21	64	1	86
	MCL	16	10	0	26
	NEC	3	1	0	4
	CIL（以上1—8）	**166**	**237**	**26**	**429**
	SCCL	16	33	0	49
	JSMDCL	1	0	0	1
	DVC	1	0	0	1
	DVC EMTA	1	0	0	1
	IISCO	1	2	1	4
	JKML	0	4	0	4
	APMDTCL	1	0	0	1
	SAIL	1	0	0	1
	RRVUNL	2	0	0	2
	WBMDTCL	1	0	0	1
	WBPDCL	6	0	0	6
	PSEB-PANEM	1	0	0	1
	KECML	6	0	0	6
	MPSMCL	1	0	0	1
	国有公司合计	**205**	**276**	**27**	**508**
	TISCO	3	5	0	8
	ICML	1	0	0	1
	JSPL	1	0	0	1
	HIL	1	0	0	1
	MIEL	0	1	0	1
	BLA	2	0	0	2
	PIL	1	0	0	1
	JNL	1	0	0	1
	JPL	2	0	0	2
	SIL	1	0	0	1
	ESCL	1	0	0	1
	UML	1	0	0	1
	SEML	1	0	0	1
	BSIL	1	0	0	1
	TUML-SVSL	2	0	0	2
	SPL	2	0	0	2
	SOVA	1	0	0	1
	私营公司合计	**22**	**6**	**0**	**28**
	黑煤煤矿总计	**227**	**282**	**27**	**536**

表 6-2-10（续）

类别	公司	露采矿	井工矿	露采矿+井工矿	合计
	按照煤矿公司统计				
褐煤煤矿	NLCL	4			4
	GMDCL	5			5
	GIPCL	1			1
	GHCL	1			1
	RSMML	3			3
	VSLPPL	1			1
	BLMCL	1			1
	褐煤煤矿总计	**16**			**16**
在各个邦的分布					
黑煤煤矿	安得拉	16	33	0	49
	（伪）阿鲁纳恰尔	1	0	0	1
	阿萨姆	3	1	0	4
	恰蒂斯加尔	23	37	1	61
	查谟－克什米尔	0	4	0	4
	贾坎德	74	56	22	152
	中央	24	47	0	71
	马哈拉施特拉	41	22	0	63
	奥里萨	17	10	0	27
	北方	4	0	0	4
	西孟加拉	24	72	4	100
	梅加拉亚	0	0	0	0
	全印度黑煤煤矿	**227**	**282**	**27**	**526**
褐煤煤矿	Gujarat	7			7
	Tamilnadu	3			3
	Rajasthan	6			6
	全印度褐煤煤矿	**16**			**16**

注：表中各个国有煤炭公司的缩写：Singareni Colliers Company Limited（SCCL）、Arunachal Pradesh Mineral Development and Trading Corporation Limited（APMDTCL）、North Eastern Coalfields Ltd.（NECL）、Northern Coalfields Ltd.（NCL）、Eastern Coalfield Limited（ECL）、South Eastern coalfields Ltd.（SECL）、Bharat Coaking Coal Limited（BCCL）、Central Coalfields Ltd（CCL）、Western Coalfields Ltd.（WCL）、Mahanadi Coalfields Ltd.（MCL）。

数据来源：Coal Controller's Organisation . 2014. Coal Directory of India 2013—2014

第三节　主要含煤盆地分析

一、印度的含煤盆地

（一）冈瓦纳盆地及冈瓦纳岩系

印度 99% 的煤炭资源赋存在冈瓦纳盆地中。这些盆地沿着主要河谷分布，或为不连续体或被二叠纪地层组合在一起。它们或以河流名称命名，如 Damodar 河盆地、Son 河盆地、Mahanadi 河盆地、Godavari 河盆地等，或以线性山峦命名，如 Satpura 盆地和 Rajmahal 盆地等。盆地中的冈瓦纳超群沉积最厚可达 5 km，从晚石炭世至早白垩世，沉积延续时间超过 200 Ma 以上。

印度半岛石炭—二叠纪和三叠纪（290～208 Ma）的沉积岩统称为冈瓦纳岩系，即冈瓦纳超群（Fox，1931；Robinson，1967；Veevers and Tewari，1995）。冈瓦纳超群分为以 Gangomopteris－Glossopteris 植物群为特征的二叠—石炭纪下冈瓦纳群和包含有 Dicroidium－Lepidopteris－Ptylophylum 植物群的中生代上冈瓦纳群。印度的冈瓦纳煤仅产在下冈瓦纳群（早二叠纪）的 Karharbari 组和 Barakar 组，以及相当于晚二叠纪年龄的 Raniganj 组。

冈瓦纳岩系产于印度半岛许多独立的盆地内，形成了可能超过 70 个含煤盆地。现代的所有冈瓦纳盆地均位于克拉通地块间的拼合带内，散布在前寒武基底之上，属于克拉通内盆地。已有的地质证据表明，印度半岛的冈瓦纳盆地多为裂谷盆地：一方面，各个盆地的共同特征是沉积作用局限于沿着前寒武地层界线发育的以断裂为界的区域内，并被盆地内断裂所影响，表明断裂控制着盆地的同沉积沉降；另一方面，冈瓦纳超群的岩石走向在区域上为 E—W 至 NW—SE，几乎平行于各冈瓦纳盆地的走向，而盆地的一侧或两侧以正断层为界，内部有许多与盆地走向一致的断裂。

（二）冈瓦纳盆地的分布

现今的冈瓦纳盆地大致呈线状分布，占据着印度半岛中东部的河谷，它们的地质地貌和构造位置各不相同，基本沿以下 4 个主要带分布（图 6－2－5）。

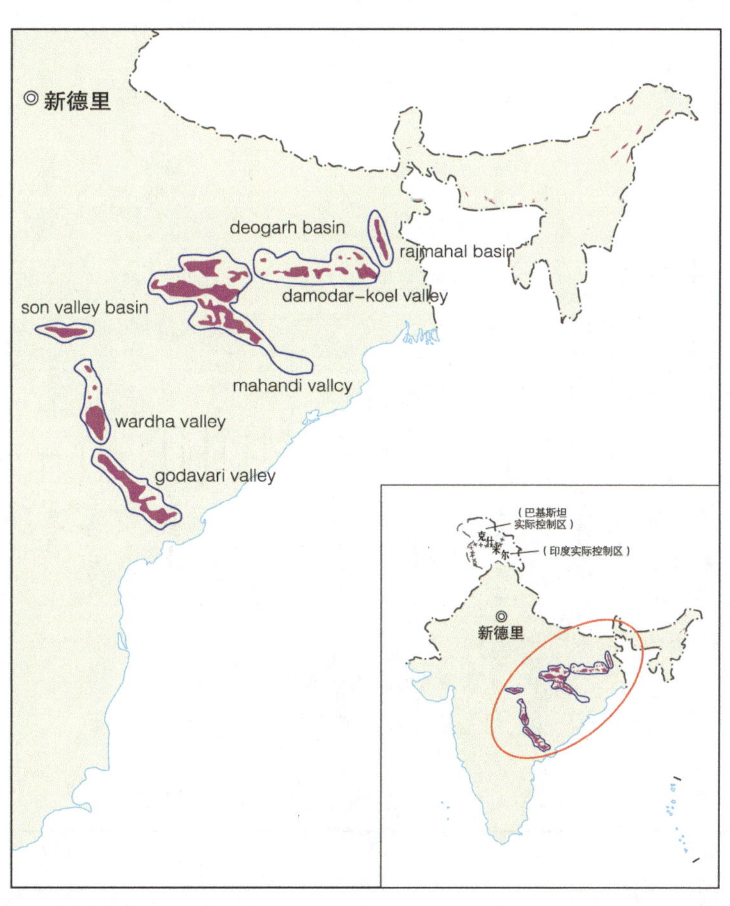

图 6－2－5　印度冈瓦纳盆地及冈瓦纳煤的分布（D. Bhattacharya. 2013）

（1）横穿印度带沿着 ENE—WSW 向的 Narmada—Son—Damodar（NSD）谷分布，自西向东盆地依次为：Satpura 盆地、Rewa 盆地、Karanpura 盆地、Bokaro 盆地、Jharia 盆地和 Ranigunj 盆地。该带上还有 Daltongunj 盆地和 Rajmahal 盆地，它们分别在 Karanpura 盆地的西北、Ranigunj 盆地的东北。

（2）NNW—SSE 向的 Pranhita—Godavari 谷（PG）盆地带。PG 谷是一个长形盆地，其北部是 NSD 带的 Satpura 盆地。

（3）NW—SE 延伸的 Mahanadi 谷（M）盆地带，它在最南部的 Talcher 煤田转为 WNW—ESE 方向。该带包括 3 个盆地：Hasdo—Arand 盆地、Mahanadi 盆地和 Talchir 盆地，与 NSD 谷的 Rewa 盆地相邻。

（4）NNW—SSE 延伸的 Purnea—Rajmahal—Galsi 盆地带。Bangladesh 的冈瓦纳盆地常被看作是第 4 带的一部分，因为在梅加拉亚的 Singrimari 也有冈瓦纳沉积出露。

除了上述主要盆地之外，印度半岛还有一些孤立的冈瓦纳沉积露头，分散在东海岸 Pranhita—Godavari 河与 Mahanadi 河的河口。

此外，在印度半岛东部之外也有一些分散出露的下冈瓦纳超群岩石，它们呈推覆体盖在晚第三纪—第四纪沉积之上，从东部的 Arunachal Pradesh 向西延伸到尼泊尔中部。根据钻探资料，冈瓦纳岩石还沉积在 Godavari 河与 Mahanadi 河口因拉张形成的孟加拉海湾的近海。

（三）含煤盆地及煤田

印度的冈瓦纳煤主要分布在印度半岛东部和中部克拉通内冈瓦纳盆地里。第三纪煤主要分布在印度半岛东北部近滨的环克拉通盆地和陆架。褐煤主要产在印度西部和南部的新生代盆地中。

冈瓦纳盆地属于克拉通内的裂谷盆地，因其本身受到所处构造位置的控制，表现为盆地数量众多、分布稀散、面积有限。印度根据煤炭资源的富集程度和煤炭开采的具体条件，划定了大量煤田（图 6-2-6、表 6-2-11）。

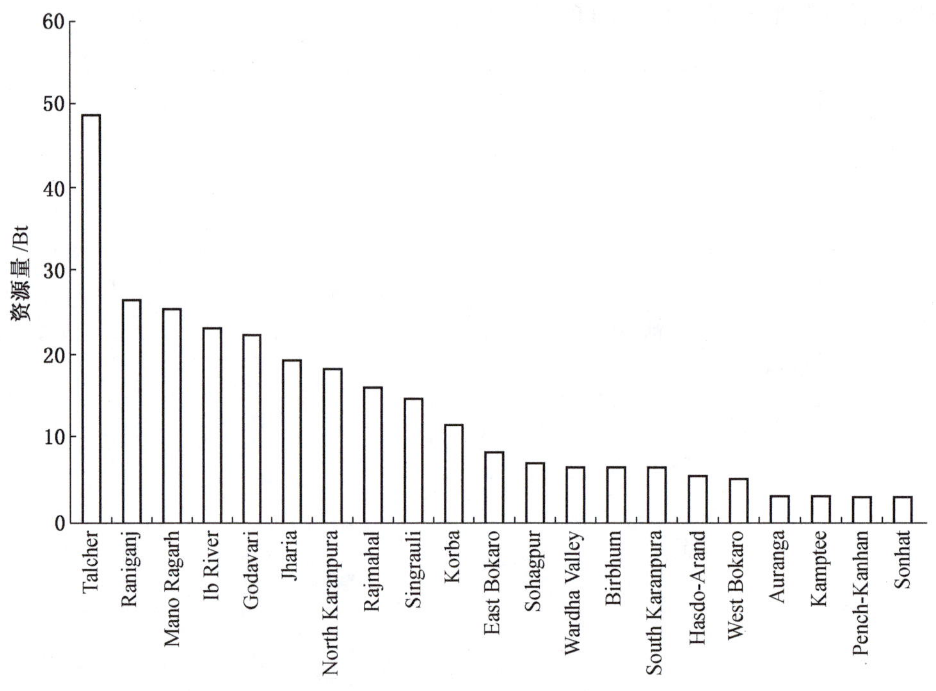

说明：资源量数据截止到 2014 年 4 月 1 日

图 6-2-6　印度主要煤盆地（煤田）的资源量分布

表 6-2-11　印度各邦的煤田及其基本资料

邦	煤田/煤盆地	地区	公司	深度/m	开采	2014 年 1 月 1 日储量/Mt			
						探明	控制	推断	总计
安得拉	Godavari 谷	Warrangal	SCCL	0～1200	U&O	9729.25	9670.43	3068.47	22468.15
	合计					9729.25	9670.43	3068.47	22468.15
阿鲁纳恰尔	Namchik *	Changlang	APMDTCL	0～300	O	31.23	40.11	12.89	84.23
	Miao Bum *			0～300		0	0	6.00	6.00
	合计					31.23	40.11	18.89	90.23
阿萨姆	Singrimari *	Dhubri	NECL	0～300		0.00	4.13	0.00	4.13
	Makum *	Dibrugarh	NECL	0～600	U&O	432.09	20.70	0.00	452.79
	Dilli—Jeypore *	Lakhimpur	NECL	0～300	U	32.00	22.02	0.00	54.02
	Mikir Hills *		NECL	0～300		0.69	0.00	3.02	3.71
	合计					464.78	46.85	3.02	514.65

表 6-2-11（续）

邦	煤田/煤盆地	地区	公司	深度/m	开采	2014 年 1 月 1 日储量/Mt			
						探明	控制	推断	总计
比哈尔	Rajmahal		ECL	0～300	O	0	0	160	160
	合计					0	0	160	160
恰蒂斯加尔	Sohagpur	Surguja	SECL	0～300	U&O	94. 30	10. 08	0. 00	104. 38
	Sonhat	Surguja	SECL	0～1200		199. 49	2463. 86	1. 89	2665. 24
	Jhilimili	Koria	SECL	0～300		228. 20	38. 90	0. 00	267. 10
	Chirimiri	Koria	SECL	0～300		320. 33	10. 83	31. 00	362. 16
	Bisrampur	Surguja	SECL	0～300		1079. 87	534. 83	0. 00	1614. 70
	Panchbahini	Surguja	SECL	0～300		0	11	0	11
	Hasdeo—Arand	Surguja	SECL	0～600		1599. 72	3665. 40	263. 70	5528. 82
	Sendurgarh	Koria—Korba	SECL	0～300		152. 89	126. 32	0	279. 21
	Korba	Bilaspur	SECL	0～600		5651. 14	5936. 50	168. 02	11755. 66
	Mand—Raigarh	Raigarh	SECL	0～1200		6219. 76	17699. 13	2553. 92	26472. 81
	Tatapani	Surguja—Koria	SECL	0～600		50. 43	2587. 68	209. 68	2847. 79
	East Bisrampur			0～300		0. 00	164. 82	0. 00	164. 82
	Lakhanpur	Surguja	SECL	0～300	O	455. 88	3. 35	0. 00	459. 23
	合计					16052. 01	33252. 70	3228. 21	52532. 92
贾坎德	Raniganj	Dhanbad	ECL	0～600		1538. 19	466. 56	31. 55	2036. 30
	Jharia	Dhanbad	BCCL	0～1200		15127. 97	4302. 09	0. 00	19430. 06
	E. Bokaro	Bokaro	CCL	0～1200		3385. 77	3903. 71	863. 32	8152. 80
	W. Bokaro	Bokaro	CCL	0～600		3720. 89	1308. 71	33. 66	5063. 26
	Ramgarh		CCL	0～600		710. 59	495. 30	58. 05	1263. 94
	N. Karanpura	Hazaribagh	CCL	0～1200		9499. 42	6914. 61	1864. 96	18278. 99
	S. Karanpura	Hazaribagh	CCL	0～1200		3230. 09	1867. 66	1480. 22	6577. 97
	Aurangabad			0～1200		352. 05	2141. 65	503. 41	2997. 11
	Hutar	Palamau	CCL	0～600		190. 79	26. 55	32. 48	249. 82
	Daltongunj	Palamau	CCL	0～300		83. 86	60. 10	0. 00	143. 96
	Deogarh	Deogarh	CCL	0～300		326. 24	73. 60	0. 00	399. 84
	Rajmahal	Godda	ECL	0～600	O	3211. 18	11219. 06	1691. 82	16122. 06
	合计					41377. 04	32779. 60	6559. 47	80716. 11
中央	Johilla	Umaria	SECL	0～300		185. 08	104. 09	32. 83	322. 00
	Umaria	Umaria		0～300		177. 7	3. 59	0	181. 29
	Pench—Kanhan	Chhindwara	WCL	0～600	U&O	1465. 78	878. 66	692. 13	3036. 57
	Pathakhera	S. Hosangabad	WCL	0～600	U&O	290. 80	88. 13	68. 00	446. 93
	Gurgunda			0～300		0	47. 39	0	47. 39
	Mohpani	Chhindwara		0～300		7. 83	0	0	7. 83
	Sohagpur	Shahdol		0～1200		1751. 56	5464. 87	193. 12	7409. 55
	Singrauli	Sidhi	NCL	0～1200	O	6532. 68	5795. 61	1893. 25	14221. 54
	合计					10411. 43	12382. 34	2879. 33	25673. 10
马哈拉施特拉	Wardha 谷	Chandrapur	WCL	0～1200	U&O	3604. 85	1497. 52	1424. 07	6526. 44
	Kamptee	Nagpur	WCL	0～1200		1276. 14	1204. 88	505. 44	2986. 46
	Umrer	Nagpur	WCL	0～300		308. 41	0. 00	160. 70	469. 11

表6-2-11（续）

邦	煤田/煤盆地	地区	公司	深度/m	开采	2014年1月1日储量/Mt			
						探明	控制	推断	总计
马哈拉施特拉	Nand—Bander			0~1200		468.08	483.95	0.00	952.03
	Bokhara	Nagpur		0~300		10.00	0.00	20.00	30.00
	合计					5667.48	3186.35	2110.21	10964.04
梅加拉亚	W. Darangiri*	Garo Hills	NECL	0~300	U	65.4	0	59.6	125.00
	Balphakram*	Garo Hills	NECL	0~300	U	0	0	107.03	107.03
	Siju*	Garo Hills	NECL	0~300	U	0	0	125	125
	Langrin*	Khasi Hills	NECL	0~300	U	10.46	16.51	106.19	133.16
	Mawlong*	Khasi Hills	NECL	0~300	U	2.17	0	3.83	6
	Khasi Hills*	Khasi Hills	NECL	0~300	U	0	0	10.10	10.10
	Bapung*	Jaintia Hills	NECL	0~300	U	11.01	0	22.65	33.66
	Jayanti Hills*	Jaintia Hills	NECL	0~300	U	0	0	2.34	2.34
	合计					89.04	16.51	470.93	576.48
那加兰	Borjan*	Mon	NECL	0~300		5.50	0	4.50	10.00
	Jhanzi—Disai*	Mokokchung	NECL	0~300		2.00	0	0.08	2.08
	Tiensang*	Konya	NECL	0~300		1.26	0	2.00	3.26
	Tiru谷*	Mon	NECL	0~300		0	0	6.6	6.6
	DGM*		NECL	0~300		0	0	293.47	293.47
	合计		NECL			8.76	0.00	306.65	315.41
奥里萨	Ib—河	Sambalpur	MCL	0~600	U&O	9134.52	9923.55	5139.92	24197.99
	Talcher	Dhenkanal	MCL	0~1200	U&O	18656.78	27949.69	4268.16	50874.63
	合计					27791.30	37873.24	9408.08	75072.62
北方	Singrauli	Sonbhadra	NCL	0~300	O	884.04	177.76	0.00	1061.80
	合计					884.04	177.76	0.00	1061.80
西孟加拉	Raniganj	Burdwan	ECL	0~1200	U&O	13288.31	7300.71	4013.41	24602.43
	Barjora	Bunkura	ECL	0~300		114.27	0.00	0.00	114.27
	Birbhum	Birbhum	ECL	0~1200		0.00	5721.44	864.57	6586.01
	Darjeeling	Darjeeling	ECL	0~300		0	0	15	15
	合计					13402.58	13022.15	4892.98	31317.71
冈瓦纳煤总计				0~1200		125315.13	142406.95	32349.73	300071.81
第三纪煤总计				0~1200		593.81	99.34	799.49	1492.64
印度煤总计				0~1200		125908.94	142506.29	33149.22	301564.45

注：（1）表中各个煤炭公司的缩写：Singareni Colliers Company Limited（SCCL）、Arunachal Pradesh Mineral Development and Trading Corporation Limited（APMDTCL）、North Eastern Coalfields Ltd.（NECL）、Northern Coalfields Ltd.（NCL）、Eastern Coalfield Limited（ECL）、South Eastern coalfields Ltd.（SECL）、Bharat Coaking Coal Limited（BCCL）、Central Coalfields Ltd（CCL）、Western Coalfields Ltd.（WCL）、Mahanadi Coalfields Ltd.（MCL）。

（2）2014年4月1日储量引自Coal Controller's Organisation（2014）：Coal Directory of India 2013—2014。

（3）带*的煤田为第三纪煤，其余均为冈瓦纳煤。

（四）主要含煤盆地（煤田）

印度丰富的黑煤资源聚集在冈瓦纳盆地和第三纪沉积盆地内。表6-2-11列出了印度各邦的煤田、煤田内的煤炭公司、资源量等信息。

在数量众多的煤盆地（煤田）中，最重要的、资源量最大的煤盆地（煤田）只有数十个。按照各煤田所蕴含的资源量进行排序，Tacher煤田、Raniganj煤田、Mand—Raigarh煤田、Ib—River煤田、Godavari 煤田、Jharia 煤田、北 Karanpura 煤田、Rajmahal 煤田、Singrauli 煤田和 Korba 煤田的资源量位居前 10 位（图 6 -2 -6）；在所有的煤田中，Jharia 煤田、东 Bokaro 煤田、西 Bokaro 煤田、北 Karanpura 煤田、Sohagpur 煤田是印度最主要的焦煤产地（图 6 -2 -7）。

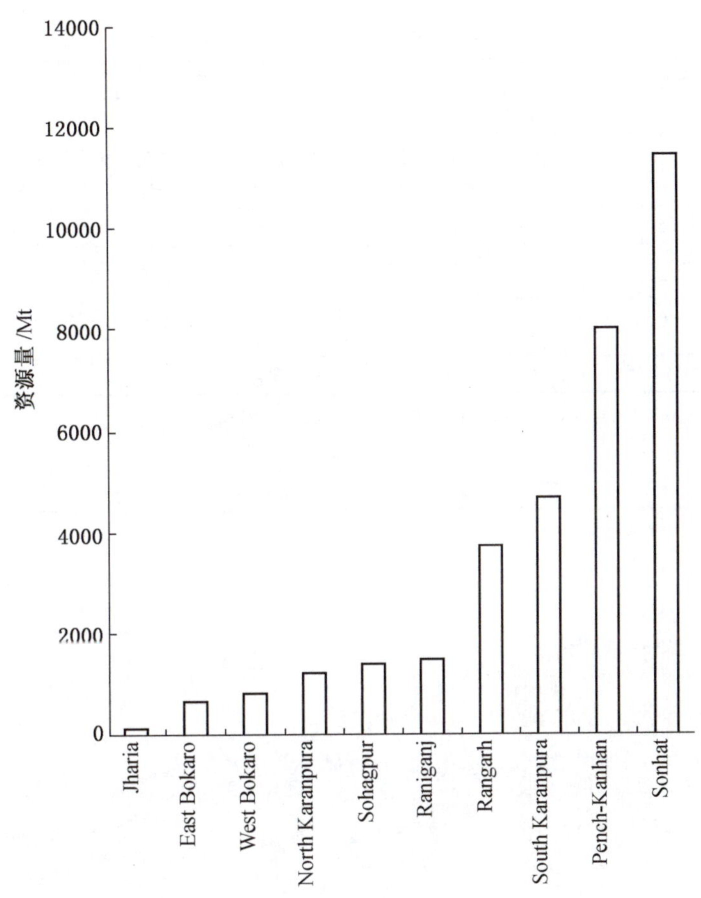

说明：资源量数据截止到 2014 年 4 月 1 日

图 6 -2 -7　印度主要蕴藏焦煤资源的煤田

二、冈瓦纳盆地（煤田）的地质特征

（一）冈瓦纳盆地（煤田）

冈瓦纳盆地（煤田）集中在印度中东部，如在 Mahanadi 谷中有 Tacher 煤田、Mand—Raigarh 煤田、IB—River 煤田和 Korba 煤田，在 Damodar—Koel 谷中有 Jharia 煤田、东 Bokaro 煤田、西 Bokaro 煤田、北 Karanpura 煤田生产焦煤的煤田和 Raniganj 煤田，Singrauli 煤田位于 Son 谷之内，含煤区最南部的 Godavari 谷中有唯一的 Godavari 煤田（图 6 -2 -6）。

（二）Talcher 盆地（煤田）

Talcher 盆地位于 Mahanadi 主盆地的最东南部，长 112 km，宽 26 km，面积 1815 km^2，地理位置北纬 20°50′~20°15′，东经 84°09′~85°33′。盆地主体在 Brahmani 河谷之中，煤田内的地势舒缓起伏，高程普遍为海拔 60 ~ 165 m。

Talcher 盆地是 MCL 公司最主要的煤炭生产基地，13 个在产煤矿（10 个露采矿、3 个井工矿）的年产能共计 77. 9 Mt，其中 12 个矿 2010 年生产商品煤 61. 054 Mt，2011 年生产商品煤 62. 1 Mt，比 2010 年略有增长。

1. 地质

盆地中约 110 km^2 出露中生代三叠纪 Kamthi 组冈瓦纳沉积，其余是古生代下冈瓦纳沉积（表 6 -

2－12、图6－2－8）。最主要的煤系地层Barakar组走向近东西，倾向北，倾角2°～10°，为一个单斜构造。Barakar组由薄层砾岩、砾石至细粒砂岩、砂岩与页岩互层、灰色页岩和煤层组成。煤层由炭质页岩—页岩煤和煤互层状组成。Barakar地层沉积后被一系列东西走向的断裂所穿过，导致煤层因断层作用而出现重叠。

表6－2－12 Talcher盆地（煤田）地层层序

时 代	地层（组）	岩 性
现代		冲洪积、红土
晚三叠纪	Kamthi上段	上部为铁质坚硬石英砂岩，含褐灰色、绿色和黄色页岩条带，以及奶白色页岩碎片 下部为中—粗粒具交错层的浅黄白色铁质砂岩与厚层红色和灰色页岩互层
二叠纪	Kamthi下段	中—粗粒含砾具交错层的铁质砂岩
早二叠纪	Barakar	中粗粒砂岩、页岩、煤，底部是单成分的角砾岩
	Karharbari/ Talchir	中粗粒砂岩、页岩、煤
不 整 合		
前寒武		花岗岩、片麻岩、角闪岩、混合岩等

注：据Manjrekar等，1998；Goswami，2007；Goswami et al.，2006，2007等资料综合。

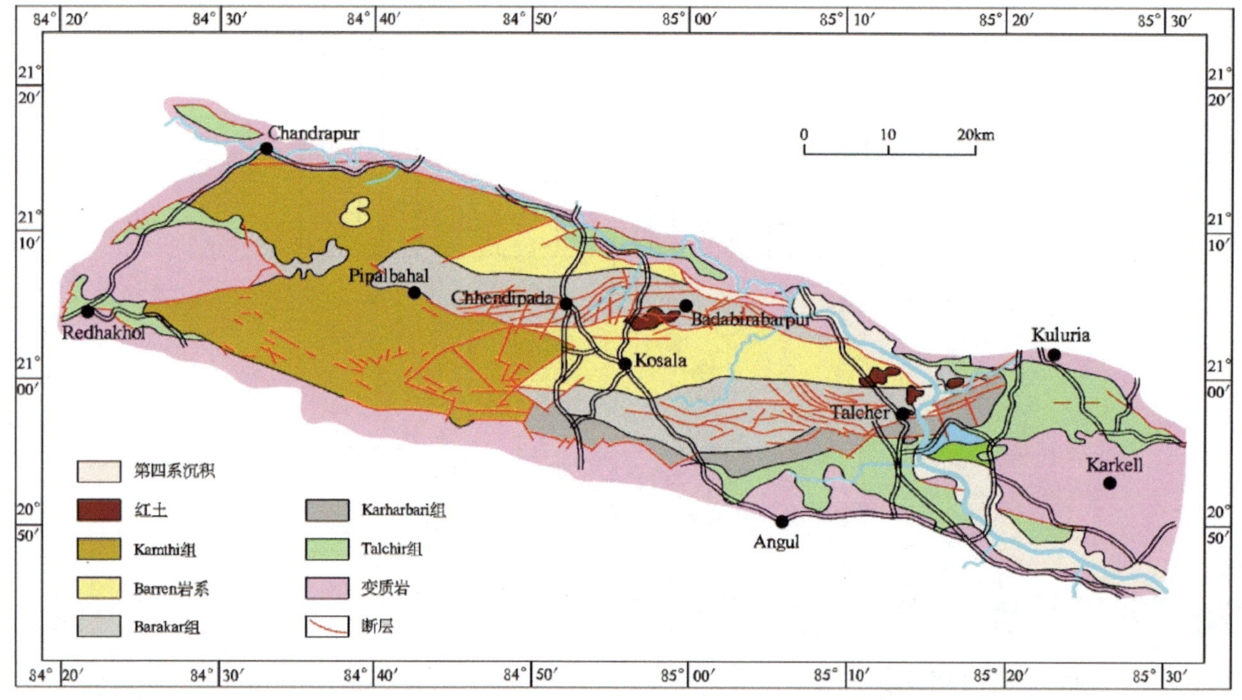

图6－2－8 Talcher煤田地质图（Mukhopadhyay等，2011）

在构造上，Talcher煤田是一个宽阔的向斜盆地，倾角为3°～7°。不同的断层穿过煤田；煤田内没有火成岩。在Talcher盆地北部，冈瓦纳和前寒武地层之间以一条WNW—ESE走向的断裂为界，南部没有任何断裂。盆地内有3组盆内断裂，走向分别为E—W、NE—SW和WNW—ESW。盆地内地层倾角一般很小，但靠近断裂处变陡。总体上冈瓦纳地层一般近EW走向，但局部地段从ENE—WSW走向变为ESE—WNW走向。

2. 煤层和煤质

Talcher煤田的主要含煤岩系Barakar组的总厚度近350 m，含有10层煤，不同煤层的厚度差距很大，最薄不足1 m，最厚达到单层86 m。Karharbari组的总厚度为650 m，含有6层煤，厚度变化在1～60 m之间。所有煤层的累积厚度为150 m。

总体来看，Talcher煤田的煤属于高灰分、高挥发分和高含水量的动力煤，仅Karharbari区煤层1的灰分低于20%，煤质稍好（表6-2-13）。

表6-2-13 煤田西部Kudanali—Luburi块段煤层煤质

煤 层	含水量/%	灰分/%	UHV/(kcal·kg^{-1})	煤 级
Ⅵ—Ⅶ—Ⅶ	5.6~1.21	24.3~44.6	1725~4525	D—G
Ⅲ顶	5.6~11.6	21.5~47.6	1321~4332	D—G
Ⅲ中	5.7~9.7	28.3~44.5	1967~3845	E—G
Ⅲ低	6.0~12.9	17.6~40.5	2437~4691	D—F
Ⅱ顶	5.5~11.0	20.3~37.0	2964~4594	D—F
Ⅱ底	6.0~9.4	28.1~38.2	2566~3780	E—F
Ⅰ	5.2~8.9	14.1~35.1	3329~5726	B—F
地方1	4.9	10.8	6733	A

根据MCL公司所公布的在产煤矿所产商品煤的资料，Talcher煤田出产的煤，灰分为14.44%、含水量为16.4%、挥发分为28.03%、固定碳为41.1%、发热量为19.66 MJ/kg、全硫含量为0.60%。根据印度煤质分级标准，这些商品煤属于发热量较低、灰分较高的烟煤，一般用作动力煤。

3. 储量

根据印度地调局GSI的资料，2012年4月1日Talcher煤田的地质储量为48.41 Gt，位居印度所有煤田之首。

根据“Coal Directory of India 2013—2014”的资料，2014年4月1日Talcher煤田均为非焦煤，总资源量为50874.63 Mt，其中探明储量为18656.78 Mt、控制储量为27949.69 Mt、推断资源量为4268.16 Mt。这些储量主要位于0~300 m的深度，为32388.08 Mt；在300~600 m的深度储量为16439.4 Mt；在600~1200 m的深度储量为2047.15 Mt。

（三）Ib-河盆地（煤田）

Ib-河盆地跨越Sundargarh、Jharsuguda和Sambalpur地区，地理坐标为北纬21°30′~22°14′，东经83°32′~84°10′，面积1460 km^2。盆地坐落在Mahanadi主盆地的东南，呈NW—SE向延伸，分为北部的Hingir子盆地和南部的Rampur子盆地。整个煤田地势起伏不平，但没有突兀的山峰。

Ib河煤田资源丰富，资源量位居印度第三位，是印度最有开发潜力的煤田之一。目前Mahanadi煤炭公司（MCL）的10个在产矿(6个露采矿、4个井工矿)的总产能为51.7 Mt。2011年共生产37 Mt商品煤，比2010年（36.184 Mt）增长了2.3%，多数煤矿没有达到设计生产能力。

1. 地质

盆地内有中生代中冈瓦纳群沉积(面积约60 km^2)和1400 km^{2}的古生代下冈瓦纳群沉积(图6-2-9、表6-2-14)。冈瓦纳岩系的Talchir组、Karharbari组、Barakar组和Kamthi组不整合在盆地的前寒武纪基底之上,最上部被近代沉积物所覆盖(表6-2-14)。主要含煤地层Barakar组底部是单成分的角砾岩,往上有中粗粒砂岩、页岩和煤层;Raniganj组由细—中粒砂岩、粉砂岩、黏土层、页岩和煤层组成。

表6-2-14 Ib-河盆地地层表

时 代	群	组	岩 性	厚度/m
现代			冲积物和红土、现代砾石层和角砾岩	
早—中三叠纪	上冈瓦纳	Kamthi	角砾岩、红色页岩和粗粒铁质砂岩，含碎屑	100
		Raniganj	细—中粒砂岩、粉砂岩、黏土层、煤层和页岩	200
二叠纪	下冈瓦纳	Barren岩系	灰色页岩、炭质页岩、砂岩、黏土岩和铁质团块	260
		Barakar	灰色砂岩、炭质页岩、粉砂岩，含厚煤层和红色黏土层	450
		Karharbari	砾岩、黑色含碳砂岩，薄煤层，其中含有新鲜的长石颗粒	
		Talchir	复成分混杂岩、浅绿色砂岩、橄榄绿和褐色页岩、带状纹泥层	130
不 整 合				
前寒武纪			花岗岩、片麻岩、角闪岩和伟晶岩	

注：据Goswami，2007；Goswami et al.，2006，2007等的资料整理。

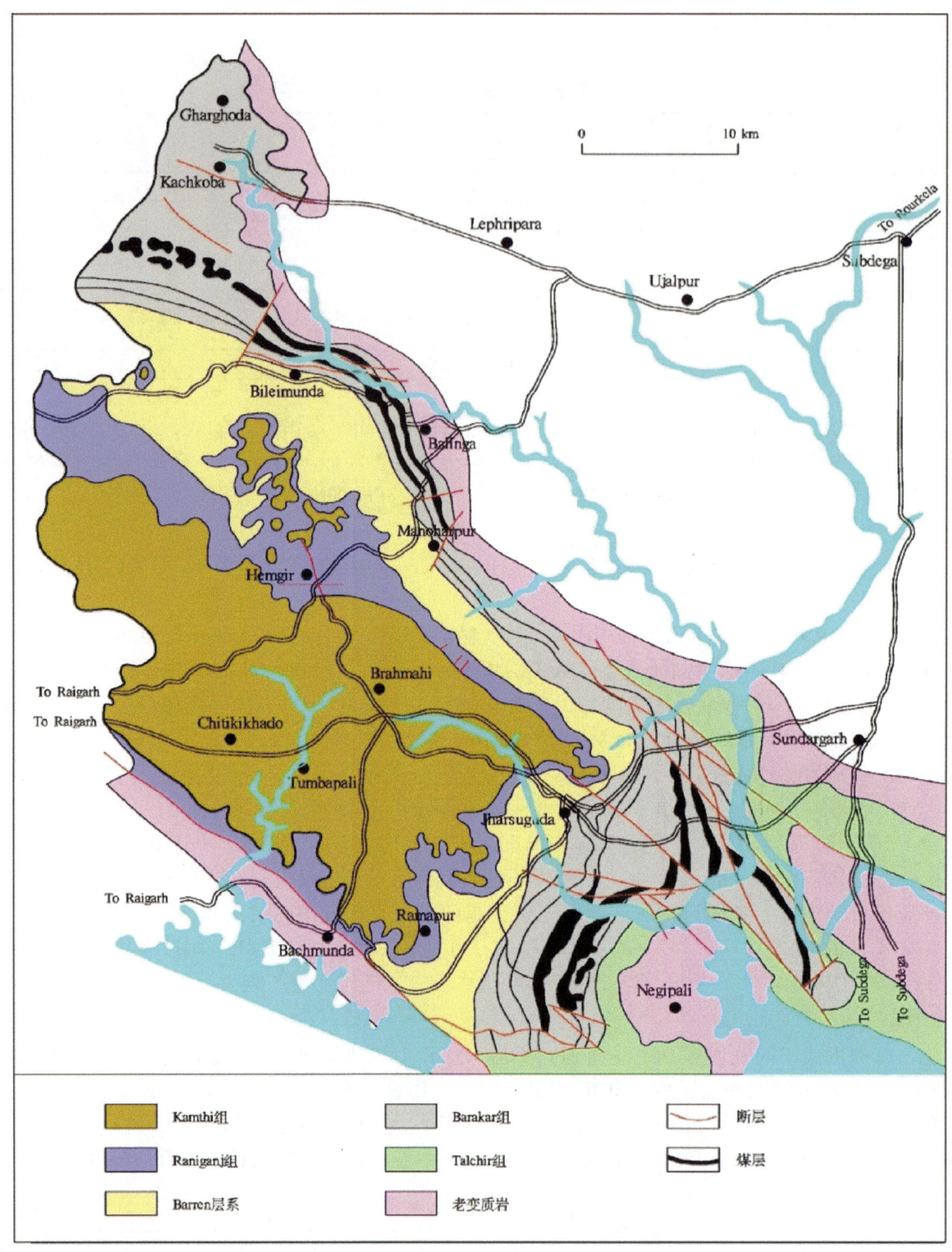

图 6-2-9 Ib 河煤田地质图（D. Bhattacharya，2013）

Ib-河盆地总体表现为一个 NW—SE 走向，并向 NW 倾没的宽阔向斜。煤田 SE 部分地层层序出露完整，特别是 Barakar 组的煤系地层出露宽度最大，大量煤层暴露地表。地层倾向 W，倾角较缓。在煤田的 WS 和 NE 存在 2 条近于平行的 NW—SE 走向的断层，圈定了盆地的边界。一系列同走向的断裂切断了煤层。

2. 煤层和煤质

Ib-河煤田主要含煤岩系 Raniganj 组有 4 个煤层，但厚度较小（<1～7.4 m）。最底部的 Karharbari

组中的 Ib 煤层，不仅连续而且煤质最好。Barakar 组内的 4 个煤层，厚度在<1 ~60 m 之间，其间为不同厚度的夹层（表 6 –2 –15）。

表 6 –2 –15　Ib 河煤田的主要煤层

地层组	岩　　性	厚度/m	地层组	岩　　性	厚度/m
Raniganj	共有 4 个煤层	<1 ~7.4	Barakar	Lajkura 煤层	15 ~89
Barakar	Belpahar 煤层	24 ~30		夹层	16 ~112
	夹层	105 ~195		Rampur 煤层	37 ~80
	Parkhani 煤层	0.5 ~1.0		夹层	3 ~55
	夹层	92 ~120	Karharbari	Ib 煤层	2 ~10

根据 MCL 公司所公布的在产煤矿所产商品煤的资料，Ib 河煤田所产煤的灰分高达 30.19%、含水量 17.2%、挥发分 14.2%、固定碳 38.5%、发热量 15.835 MJ/kg、全硫含量 0.60%。根据印度煤质分级标准，这些煤属于灰分高、发热量低的烟煤，可用作动力煤，只有 Karharbari 组中的 Ib 煤层质量较好。

3. 储量

根据 MCL 公司网上资料，2012 年 4 月 1 日该煤田的地质储量为 23.04 Gt，基本赋存在 600 m 以浅。其中 0 ~300 m 埋深的储量为 14.4 Gt，300 ~600 m 埋深的储量为 8.6 Gt。

根据"Coal Directory of India 2013—2014"的资料，2014 年 4 月 1 日 Ib 河煤田全部是非焦煤，总资源量为 24197.99 Mt，其中探明储量为 9134.52 Mt、控制储量为 9923.55 Mt、推断资源量为 5139.92 Mt；这些储量主要位于 0 ~300 m 的深度，为 14951.54 Mt；在 300 ~600 m 的深度储量为 9216.24 Mt；在 600 ~1200 m 的深度储量为 30.21 Mt。

（四）Mand—Raigarh 盆地（煤田）

Mand—Raigarh 盆地（煤田）由南北 Raigarh 煤田和 Mand 河煤田组成，位于中央邦 Raigrah 地区 Mand 河谷，位置为北纬 21°45′~22°42′，东经 83°01′~83°44′，面积近 900 km^2。该地属丘陵地貌，平均海拔 260 ~270 m，区内的山体多为剥蚀残余体，平均高度为 450 m。

印度东南煤炭公司在该煤田内进行开发和运营的面积约 520 km^2。目前有 3 个较大型露天煤矿在生产，2011 年共生产 4.80 Mt 商品煤。

1. 地质

Mand – Raigarh 盆地与 Ib – 河盆地的地层及构造情况相似。在 Mand – Raigarh 盆地 Kamthi 组中发现了煤层；Raigarh 西北部，自 Lakha 附近的 Kelo 河至 Barkhol 附近的 Bagadia 河谷近 45 km 长的 NW—SE 走向的狭长条带区域也有 Barakar 地层出露。这些含煤地层在区域上的分布情况基本一致，地层倾向多为 ES 向或 WS 向（表 6 –2 –16、图 6 –2 –10）。

表 6 –2 –16　Mand – Raigarh 煤田区域地层表

时　　代	名　　称		岩　　性
第三纪至今			冲积层、黏土、红土和砾岩
白垩纪至第三纪	Deccan 暗色岩		玄武岩流和粗玄岩脉
早二叠纪至早三叠纪	下冈瓦纳群	Kamthi 组	杂色砂岩含黏土透镜体、砂质页岩、黏土层、炭质页岩和煤层
		Barakar 组	中粗粒砂岩、粗砂岩、灰色页岩和煤层
上石炭纪（?）		Talchir 组	细—中粒砂岩、橄榄绿色页岩，带状纹泥层和浊积岩
不　整　合			
前寒武纪	Guddapah 组（?）		细粒红色砂岩、石灰岩
不　整　合			
太古代			花岗片麻岩、云母片岩、石英岩，被伟晶岩和石英脉侵入

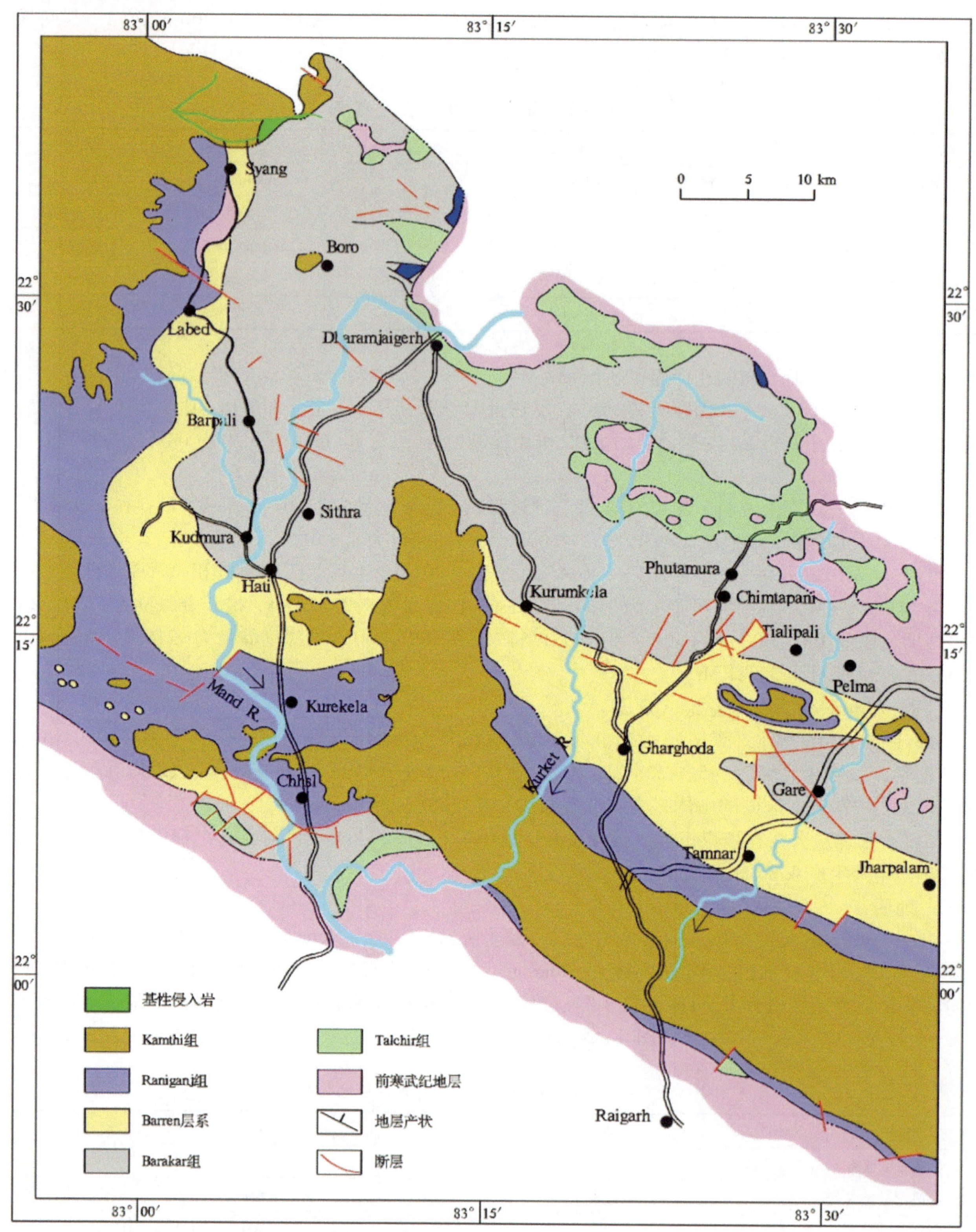

图 6-2-10 Mand-Raigarh 煤田地质图（D. Bhattacharya，2013）

煤系地层 Barakar 组整合在 Talchir 组之上，为长石砂岩、灰色页岩、炭质页岩和煤层的组合。该组可以分为上下 2 段，下段主要是厚层砂岩，上段砂岩中有更多的长石，而且较薄。在 Mand 谷，Barakar 组的厚度约 850 m，下段 500 m，上段约 350 m。

Mand-Raigarh 盆地是一个典型的“半地堑”，南部边界为一条 NW—SE 向断层带，而北部大部分地区无断层发育。盆地在宏观上构成了一个不对称向斜，轴向近 NW—SE。在主要向斜构造内可以进一步划分出一些次级构造单元。盆地内还存在一些正断层。Mand 河谷煤田北部的 Sithra 至 Dharmjay 至 garh 地区有 2 个断层带，第一个断层带走向 WNW—ESE 至 NW—SE，断面倾向北；第二个断层带走向近 SN 向，倾向东。大部分断层的断面倾角为 30°，断距为 10 ~ 150 m。

2. 煤层和煤质

煤田最重要的煤系地层为 Barakar 组，但在其上覆的 Kamthi 组中也有一些煤层。根据钻探资料，Mand 河谷地区 Barakar 组中共有 12 层煤，其中煤层Ⅴ最厚，北段厚 2 ~ 23 m，南段厚 34 ~ 63 m。

Ⅰ号煤层产在 Barakar 组基底以上 30 ~ 40 m，煤层较薄，连续性差。在 Mand 和北部的 Jmlitikra 地区出露的此煤层厚度为 0. 2 ~ 1. 75 m，且沿倾伏方向煤层的厚度继续减薄至 0. 3 ~ 0. 8 m。

Ⅱ号煤层（Shahpur 层）与Ⅰ号煤层之间为巨厚的粗粒长石砂岩，沿倾向砂岩层增厚。该煤层唯一一处野外露头位于 Durgapur 村以北 1. 3 km 的 Mand 河河床，厚度为 1. 65 m。根据该煤层的钻井资料可知，煤层厚度同样沿倾向增加。不过随着煤层的变厚，其中近 20% 的层厚为矸石填充。根据收到基的煤样测试，该层煤灰分为 12. 9% ~47. 7% 、含水量为 4. 1% ~8. 2% 。

Ⅲ号煤层与Ⅱ号煤层之间是中粒砂岩层。Mand 河河床处煤层厚 1. 65 m，其中鲜有夹矸。根据收到基的煤样测试，该层煤灰分为 23. 7% ~38. 0% 、含水量为 4. 0% ~6. 5% 。

Ⅳ号煤层与Ⅲ号煤层之间为细—中粒砂岩层。Mand 河河床处野外露头测得煤厚 1. 50 m,区内煤厚变化较大,为 0. 5 ~1. 45 m。根据收到基的煤样测试,该层煤灰分为 29. 4% ~33. 1% 、含水量为 3. 8% ~8. 5% 。

Ⅴ号煤层（Taraimar 层）是 Barakar 组中下部较稳定的煤层之一，其与Ⅳ号煤层之间为中粒砂岩层。该煤层是本煤田最厚的煤层，在南翼煤层厚 34 ~ 63 m，而在北翼煤层厚 2 ~ 33 m（D. Bhattacharya, 2013）。煤层厚度沿倾向逐渐减小，煤层中有许多层夹矸，占总层厚的 25% ~50% ，纯煤层的厚度为 0. 35 ~2. 27 m。根据收到基的煤样测试，该层煤灰分为 20. 4% ~50. 8% 、含水量为 3. 8% ~8. 7% 。

Ⅵ号煤层实际上是炭质页岩中夹着数条薄煤线，且其厚度很少超过 0. 5 m，无经济意义。

Ⅶ号煤层（Mand 层）是 Barakar 组上半部的一个较厚煤层，与Ⅵ号煤层之间为灰色粉砂岩和炭质页岩层。沿着 Saria 河谷和 Simi 河谷均可见露头，煤层与页岩夹层的厚度为 2. 5 m。该层中夹层占总层厚的 20% ~40% ，纯煤层厚度在 0. 45 ~2. 85 m 之间。根据收到基的煤样测试,该层煤灰分为 22. 6% ~44. 9% 、含水量为 3. 0% ~9. 2% 。

Ⅷ号煤层(Baisi 层)与Ⅶ号煤层之间是白色中粒砂岩和灰色粉砂岩。在 Baisi 以西 2 km 的 Mand 河右侧岸边出露厚度为 1. 35 m,沿倾伏方向厚度增至 4. 41 m。煤中夹矸层占总层厚的 15% ~20% ,纯煤层的厚度为 0. 42 ~2. 41 m。根据收到基的煤样测试,该层煤灰分为 23. 9% ~38. 4% 、含水量为 1. 8% ~5. 4% 。

Ⅸ号煤层(Duliamoda 层)与Ⅷ号煤层之间夹有粉砂岩及页岩和砂岩互层。在 Duliamoda 层西北 0. 4 km 的 Mand 河左岸出露厚度为 1. 35 m。该煤层在 Saria 河河谷再次出露，出露厚度为 1 m，沿倾伏方向厚度增至 2. 85 m。煤中夹矸层较少，且厚度较薄仅为 10cm 左右。根据收到基的煤样测试，该层煤中灰分为 20. 9% ~33. 5% 、含水量为 2. 1% ~10. 2% 。

Ⅹ号煤层（Krondha 层）下部煤层之间为中粒砂岩。在 Duliamoda 层西北 0. 5 km 的 Mand 河岸以及 Krondha 以北 1. 2 km 的 Saria nala 均有该煤层出露。前者厚度为 2. 25 m，煤层有风化；后者厚度为 2. 5 m 其间有夹矸。沿倾伏方向煤层缓慢增加至 4. 02 m 厚。煤层中有一条厚 0. 3 m 的稳定夹矸层。根据收到基的煤样测试，该层煤灰分为 23. 8% ~45. 2% 、含水量为 5. 2% ~8. 8% 。

Ⅺ号煤层（Khargaon 层）与前一煤层之间有很厚的中粒砂岩层。在 Khargaon 东南 1. 5 km 和 2. 8 km 的 Saria 河谷及 Simi 河谷该煤层出露地表。前处出露总厚 7. 5 m 的页岩质煤层与夹矸互层，后者同样为页岩质煤层与夹矸交替，厚度为 5. 2 m。位于 Saria 河谷及 Simi 河谷交汇处附近的一个钻孔内该煤层厚 5 m，为页岩质煤层和炭质页岩互层。

Ⅻ号煤层（Saria 层）是 Barakar 组最新的一层煤，唯一的露头位于 Khargaon 以南 1. 6 km 的 Saria 河谷桥附近，剖面上可以看到上部 0. 7 m 厚的页岩质煤层和下部 0. 6 m 厚的风化煤层被 1. 55 m 厚的夹矸层隔开。Saria 河谷及 Simi 河谷交汇处附近的钻孔记录了一段含有 1. 99 m 厚煤层的富炭质层段，其中含有 2 层夹矸和 3 层煤，有一个煤层厚达 1 m，且其灰分为 29. 2% 、含水量为 6. 6% 。

根据东南印度煤炭公司在 Mand – Raigarh 煤田的 3 个露天煤矿的资料，商品煤为高挥发分烟煤，其热能值较低，灰分极高，经过洗选后可作为动力煤使用。

3. 储量

根据东南印度煤炭公司公布的资料，2004 年 Mand – Raigarh 煤田拥有的总资源量为 19106.04 Mt，包括探明储量 1812.5 Mt、控制资源量 14759.21 Mt 和推断资源量 2534.33 Mt。

根据“Coal Directory of India 2013—2014”的资料，2014 年 4 月 1 日 Mand – Raigarh 煤田均为非焦煤，总资源量为 26472.81 Mt，其中探明储量为 6219.76 Mt、控制储量为 17699.13 Mt、推断资源量为 2553.92 Mt。这些储量主要位于 0 ~ 300 m 的深度，为 18845.41 Mt；在 300 ~ 600 m 的深度储量为 7016.52 Mt；在 600 ~ 1200 m 的深度储量为 610.88 Mt（表 6 – 2 – 17）。

表 6 – 2 – 17 Mand – Raigarh 煤田资源量

深度/m	探明储量/Mt	控制储量/Mt	推断储量/Mt	合计/Mt	深度/m	探明储量/Mt	控制储量/Mt	推断储量/Mt	合计/Mt
0 ~ 300	5220.86	11699.31	1925.24	18845.41	600 ~ 1200	0	610.88	0	610.88
300 ~ 600	998.9	5388.94	628.68	7016.52	总计/Mt	6219.76	17699.13	2553.92	26472.81

数据来源：Coal Controller's Organisation

（五）Korba 煤田

Korba 煤田位于中央邦的 Bilaspur 地区 Son – Mahanadi 河谷聚煤盆地带中南部，地理位置北纬 22°15′ ~ 22°30′，东经 82°15′ ~ 82°55′。煤田呈东西向狭长形，长近 64 km，宽为 4.8 ~ 16 km，煤田面积近 520 km^2。该地区总体地表连续起伏，平均海拔为 275 ~ 335 m。该地区东北部和西部的边界为高达 915 m 的山峦，区中高程为 600 m 和 900 m 的地方为 2 处准平原。

Korba 煤田由东南印度煤炭公司运营，所属 9 个在产矿中，Gevra 露采矿是印度最大、世界第二的露天煤矿。2011 年它的生产能力为 35 Mt，现在每天可以生产约 0.1 Mt 全印度质量最好的动力煤。

1. 地质背景

Korba 煤田的煤系地层为 Mand 河盆地 Barakar 组向东部的延伸，其间有 Kamthi 组岩层将 Barakar 组覆盖。可以看出 Korba 盆地、Hasdo – Arand 盆地和 Mand – Raigarh 盆地这些冈瓦纳盆地构成了一个更大规模的聚煤带，因此各个盆地的构造和地层情况近似，但 Korba 盆地的煤炭资源量较周围几个盆地大。

Korba 煤田东西向延展，与基底的前寒武纪岩层走向一致。煤系地层延展面积近 500 km^2，其中 150 km^2 位于 Hasdo 河东部，其余大部分位于西部。北部地区 Belgari 附近出露的花岗岩和变质岩构成了煤田的北部边界（图 6 – 2 – 11）。

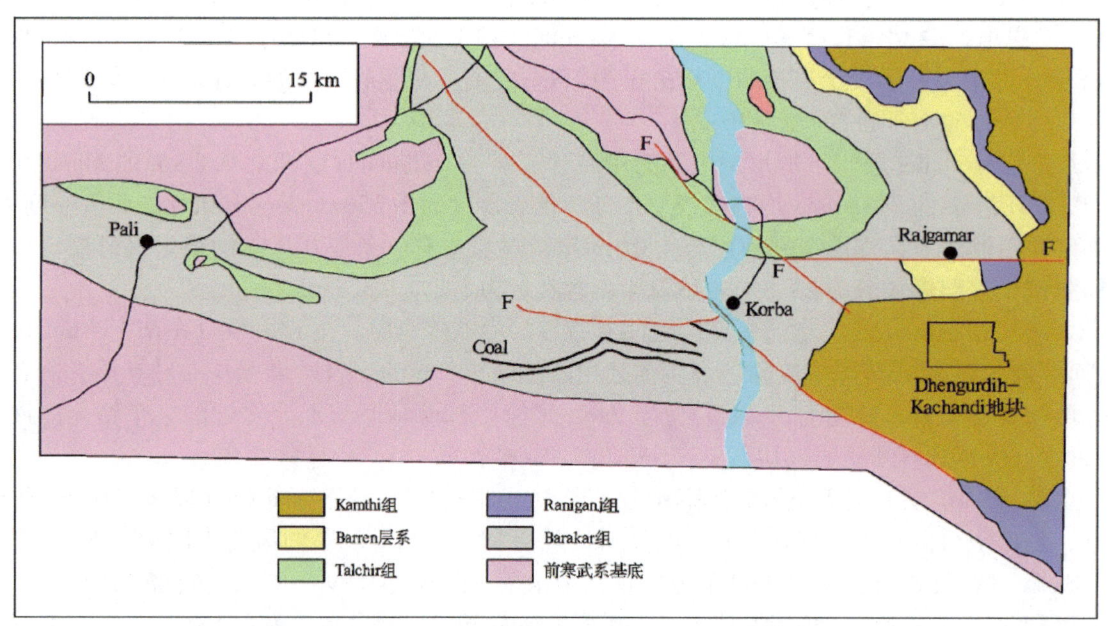

图 6 – 2 – 11 Korba 煤田地质图（D. Bhattacharya，2013）

煤田内最重要的煤系地层是 Barakar 组，构成了 Korba 冈瓦纳盆地的主体。该煤系地层与邻区 Mand - Raigarh 盆地煤系地层的岩性和厚度都十分相似，主要是中—粗粒砂岩，一些砾石层、角砾岩、页岩和煤层。根据岩性的垂向变化，将 Barakar 组划分为 3 段（表 6 - 2 - 18）。

表 6 - 2 - 18 Korba 煤田综合地层表

时代	组	岩性	厚度/m
现代沉积	Alluvium		
晚二叠纪至早三叠纪	Kamthi	砾岩、砂岩及少量页岩	
早二叠纪	Barakar	上段：砂岩、页岩、厚煤层含炭质页岩夹层	350
		中段：砂岩及砾岩	300
		下段：砂岩、页岩及 Ghordewa 群地层	160 ~ 250
晚石炭纪至早二叠纪	Talchir	杂砂岩、斑点页岩、纹泥层及黑色页岩	200
不整合			
前寒武纪		片麻岩、混合岩、花岗岩等	

Korba 盆地是一个半裂谷，南部边界是一条东西走向的断层，而北部是正常的沉积接触。基底的主要隆起决定了整个地区的构造模式。岩层构成了一个向东南方倾伏的浅部背斜，其走向变化较大，在北部走向大致 NNW—SSE，向 E 倾，而在南部则变为近 EW 向，倾向 S。这一地区主要发育 E—W 或 NW—SE 走向的断层，它们向 N 倾并引起煤层重复。

2. 煤层和煤质

煤层主要聚集在 Barakar 组的上段和下段中，二者之间的中段不含煤。Barakar 组下段煤层较薄，但煤质很好。而 Barakar 组上段煤层很厚，煤质却较差。Barakar 组下段共有 8 个煤层，煤层厚度很少超过 5 m。上段中有如 Jatraj—Kusmunda 层这样的厚煤层，在 Manickpur 地区已经确定了 21 个煤层，不过煤质不好。

根据 GSI 的资料，该煤田原煤灰分极高，发热量较低，属于中高挥发分烟煤。东南印度煤炭公司在该煤田 9 个在产矿所产的原煤，经过洗选后的商品煤含水量为 4.5% ~7.4%、挥发分为 27.9% ~39.2%、固定碳为 34.1% ~47.7%、灰分为 11.2% ~31.6%，可作为动力煤使用。

3. 储量

根据东南印度煤炭公司网站公布的数据，2004 年 Korba 煤田在 0 ~ 600 m 深度的总资源量为 10115.2 Mt，其中探明储量 4980.6 Mt、控制储量 4304.45 Mt、推断储量 830.18 Mt。

根据“Coal Directory of India 2013—2014”的资料，2014 年 4 月 1 日 Korba 煤田均为非焦煤，总资源量为 11755.66 Mt，其中探明储量 5651.14 Mt、控制储量 5936.5 Mt、推断储量 168.02 Mt；位于 0 ~ 300 m 深度的储量为 8831.4 Mt，位于 300 ~ 600 m 深度的储量为 2924.26 Mt（表 6 - 2 - 19）。

表 6 - 2 - 19 Korba 煤田资源量

深度/m	探明储量/Mt	控制储量/Mt	推断储量/Mt	合计/Mt
0 ~ 300	5087.19	3644.3	99.91	8831.4
300 ~ 600	563.95	2292.2	68.11	2924.26
总计/Mt	5651.14	5936.5	168.02	11755.66

数据来源：Coal Controller's Organisation，2014

（六）Hasdo - Arand 煤田

Hasdo - Arand 煤田地理位置为北纬 22°39′ ~ 22°57′，东经 82°21′ ~ 83°39′，横跨中央邦的 Surguja 地区和 Bilaspur 地区，总面积约 1200 km^2（图 6 - 2 - 12）。

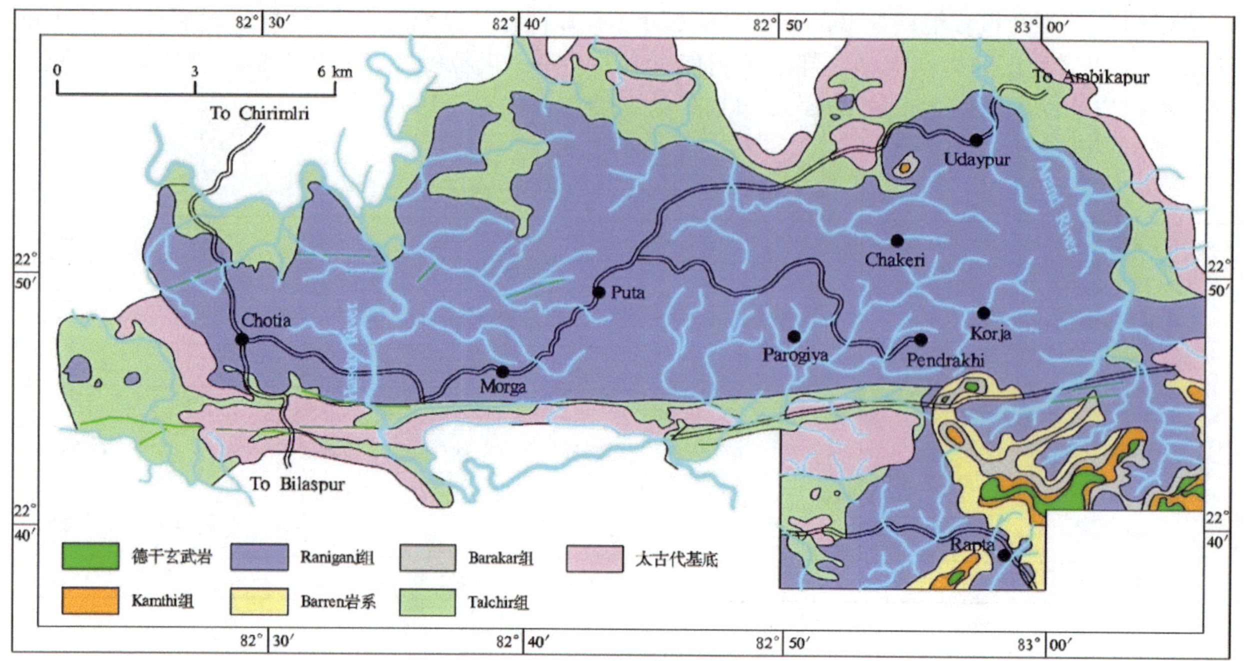

图 6-2-12 Hasdo-Arand 煤田地质图（D. Bhattacharya，2013）

Hasdo-Arand 煤田中部是 Ramgarh Pahar 山（966 m）和 Mahesh Pahar 山（938 m），周围为广阔的平原。向南地形逐渐变得崎岖，山地和峡谷错落，最南部边界有 Lam Pahar 山（658 m）、Dhajag Pahar 山（588 m）、Bilbandha Pahar 山（618 m）等。

1. 地质

煤田北部出露 Talchir 组岩层及前寒武基底片麻岩，东南方与 Mand-Raigarh 煤田和 Korba 煤田的煤系地层相同，局地被 Supra Barakar 岩层覆盖，西部则被 Talchir 组岩层环绕（图 6-2-12、表 6-2-20）。

表 6-2-20 Hasdo-Arand 煤田地层层序

时　代	组	岩　性	厚度/m
	Deccan 暗色岩	玄武岩流和岩墙	
晚二叠纪至早三叠纪	上 Barakar（Kamthi?）	砂岩、含铁页岩、浅黄色石英砂岩和少量卵石层	＞200
二叠纪	Barakar	长石砂岩、炭质页岩、煤层，基底有砾石层	300～400
	Karharbari	砂岩、页岩及煤夹层	100
晚石炭纪至早二叠纪	Talchir	冰碛岩、绿色砂岩、卡其绿色页岩	100～150
不　整　合			
前寒武纪		斑状花岗岩、片麻岩和石英岩	

Hasdo-Arand 煤田南部的一条 EW 走向的断层导致南部某些地区 Talchir 组岩层和前寒武纪岩层与 Barakar 组地层断层接触，北部地区 Barakar 组地层则正常地盖在 Talchir 地层之上。区域内地层整体向 S 倾，倾角为 5°～8°。煤田南部一些与边界断层近平行的 EW 向断层使地层构造更复杂，地表也崎岖不平。另一条主要断层位于煤田中部 Puta-Gidhmuri 地区，走向 NW—SE，该断层使东北区块的地层向 NE 方向倾斜。

2. 煤层和煤质

该煤田的主要煤系地层为早二叠纪 Barakar 组，煤层多集中于 Barakar 组中段，上段几乎无煤层。该区的 Barakar 组煤系地层厚度约 350 m，其下部 50～60 m 是粗粒砂岩和页岩夹层；中部 150～200 m 含有几乎该区所有重要的煤层；上部 150 m 不含煤，顶部多为致密块状砂岩。Hasdo - Arand 煤田内的 Barakar 组中可采煤层一般有 6 层，Morga 煤层（最厚 8 m）和 Dhajag 煤层（最厚 16 m）最重要，但不同地段的煤层并不相同。

依据煤田内不同地段所采样品的分析结果，Hasdo - Arand 煤田的煤灰分高、发热量低，属于 D 级（灰分为 28.7% ~34.0%、发热量为 4200 ~4940 kcal/kg）以下的非焦煤。

3. 储量

根据东南印度煤炭公司网站公布的数据显示，2004 年 Hasdo - Arand 煤田在 0 ~600 m 深度的总资源量为 4973 Mt，其中探明储量 1183.4 Mt、控制储量 2946.62 Mt、推断储量 842.98 Mt。

根据“Coal Directory of India 2013—2014”的资料，2014 年 4 月 1 日 Hasdo - Arand 煤田均为非焦煤，总资源量为 5528.82 Mt，其中探明储量 1599.72 Mt、控制储量 3665.4 Mt、推断储量 263.7 Mt；位于 0 ~300 m 深度的储量 5455.43 Mt，位于 300 ~600 m 深度的储量 73.39 Mt（表 6 - 2 - 21）。

表 6 - 2 - 21　Hasdo - Arand 煤田资源量

深度/m	探明储量/Mt	控制储量/Mt	推断储量/Mt	总储量/Mt
0 ~300	1599.72	3599.34	256.37	5455.43
300 ~600	0	66.06	7.33	73.39
总计/Mt	1599.72	3665.4	263.7	5528.82

数据来源：Coal Controller's Organisation，2014

（七）Singrauli 盆地（煤田）

Singrauli 煤田处于印度北部和西部的贫煤区，Singrauli 煤田横穿北方邦与中央邦的边界，地理位置为北纬 23°47′~24°12′，东经 81°48′~82°52′，煤田总面积约 2202 km²。以东经 82°30′为界，煤田分为东部 Moher 子盆地和西部主盆地。Singrauli 煤田处于高地之上，周围是被 Talchir 沉积物覆盖的平原。地貌上，煤田东部为丘陵，北部为高地，南部是起伏的平原。煤田西部也由向东和向南倾斜的平台组成。

Singrauli 煤田是印度北方煤炭公司的重要煤生产地之一，煤田内 10 个主要的在产煤矿，全部为露天开采，年总产能为 62.5 Mt，2010—2011 年共生产了 66.9 Mt 商品煤。

1. 地质

Singrauli 盆地处 SW 走向的 Damodar - Koel - Tatapani 地堑与 WN—ES 走向的 Son - Mahanadi 断裂带交汇处，其地层和构造框架兼具 Damodar 谷和 Son 谷冈瓦纳盆地的特点（图 6 - 2 - 13）。

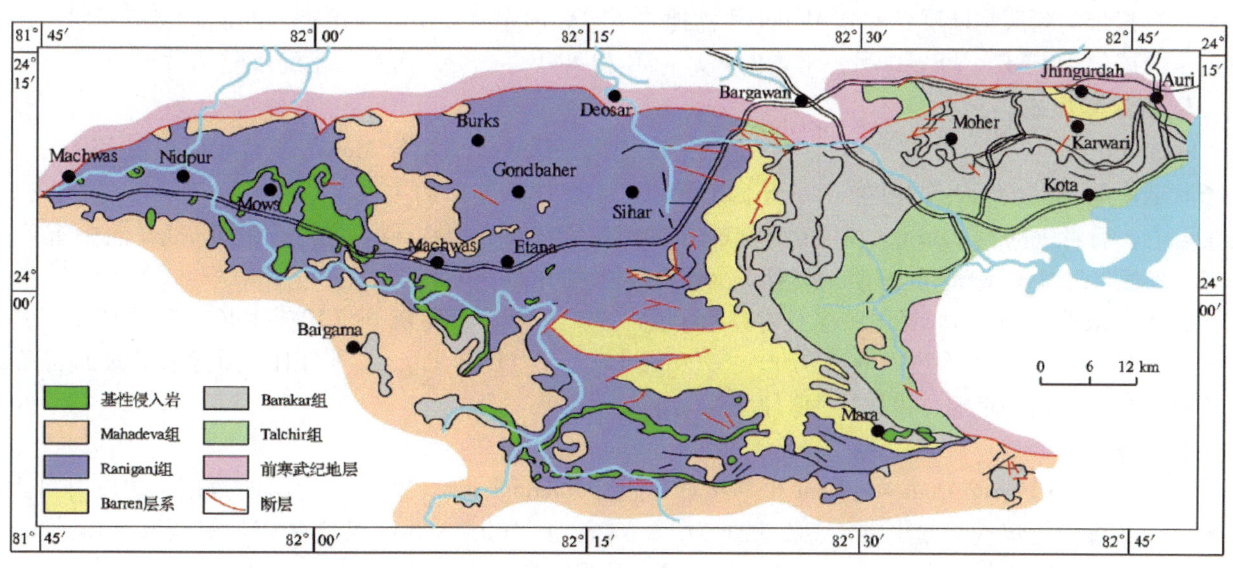

图 6 - 2 - 13　Singrauli 盆地地质简图（D. Bhattacharya，2013）

盆地的下冈瓦纳地层与 Sohagpur－Sonhat 主盆地煤系地层间被 Supra Barakar 沉积地层所分隔，Barakar 组下方的地层可能相连。随着沉降期间盆地轴线的移动，年轻的冈瓦纳地层可能直接盖在前寒武纪基底之上。

Singrauli 盆地北部边界是一条 EW 走向的边界断层，它可能是 Son－Narmada 线性构造的一个分支。盆地东部边界一带的前寒武纪岩层上覆盖着 Talchir 沉积物，两者分界明显。西部上冈瓦纳沉积与元古代的 Bijawar 群相当（表 6－2－22）。

表 6－2－22 Singrauli 盆地的基本地层层序

<table>
<tr><th>时 代</th><th>群</th><th>组</th><th>岩 性</th><th>厚度/m</th></tr>
<tr><td>白垩纪</td><td></td><td>侵入体</td><td>辉绿岩岩墙和岩床</td><td></td></tr>
<tr><td>晚三叠纪</td><td rowspan="7">上冈瓦纳</td><td>Mahadeva</td><td>粗粒含铁砂岩与页岩、黏土与砾岩夹层</td><td></td></tr>
<tr><td>早三叠纪</td><td rowspan="2">Panchet</td><td rowspan="2">白色、浅绿色和粉色中—粗粒含云母砂岩，夹红层、褐绿色粉砂质页岩与砾岩层</td><td rowspan="2"></td></tr>
<tr><td>晚二叠纪</td></tr>
<tr><td>中二叠纪</td><td>Raniganj</td><td>细粒砂岩和页岩，煤层，包括 134 m 厚的 Jhingur－dah 层</td><td>215～403</td></tr>
<tr><td>早二叠纪</td><td>Barren 岩系</td><td>粗粒含铁砂岩、绿色黏土岩、页岩</td><td>125～300</td></tr>
<tr><td rowspan="2">晚石炭纪</td><td>Barakar</td><td>中—粗粒砂岩、页岩、黏土与煤层</td><td>325～600</td></tr>
<tr><td>Talchir</td><td>冰碛岩、砂岩、粉砂岩质针状页岩等</td><td>75～130</td></tr>
<tr><td colspan="5">不 整 合</td></tr>
<tr><td>前寒武纪</td><td colspan="2"></td><td>千枚岩、石英岩、片岩与片麻岩</td><td></td></tr>
</table>

含煤岩系 Barakar 组地层覆盖在煤田东部，主要由夹杂着页岩与粉红色黏土薄带的中—粗粒的淡灰色、粉红色与白色长石砂岩构成。砂岩层之间常有薄层砂岩，厚度为 50～60 m。灰色页岩带中有煤层，一些厚煤层的存在使得砂岩比例下降。在煤田西部 Barakar 岩系中煤层/无煤层的平均比例为 1：11.6，而在煤田东部此比例大约为 1：12.5。在东部 Barakar 组地层最厚为 585～600 m，而在 Amilia 地区以西，最大厚度降为 325～400 m。

在构造上，Singrauli 盆地可以分为东部的 Moher 子盆地和西部的主盆地。2 个子盆地之间是一条 SN 走向的基底高地，其上覆盖物是 Barakar 组底部岩层。Singrauli 盆地西部被冈瓦纳地层覆盖，形成了冈瓦纳岩系平顶高原。在 Ujheni 地区 Raniganj 地层出现了一个明显的背斜构造。

Singrauli 盆地北部边界断层因伟晶岩的侵入而形成了角砾岩带。在 Ujheni 正北也有一条近于平行于此边界断裂带的断层。断层延伸到 Moher 子盆地之下。煤田中有 2 组清晰可辨的断层。一组断层总体走向正东，局部为 ENE－WSW；另一组走向 NW－SE 和 NNW－SSE，而且断距的落差超过 30 m。

2. 煤层和煤质

Singrauli 盆地的 2 个子盆地中，西部主盆地面积约 1900 km^2，东部 Moher 子盆地面积仅 350 km^2。2 个子盆地内的煤层也不完全相同，Moher 盆地面积虽小但却是煤田的主产区，煤产在 Barakar 组和 Raniganj 组中，后者中的 Jhingurdah 煤层是印度最厚的煤层（厚度 > 100 m）。主盆地的 Barakar 组中有 7～8 层煤，厚度小于 1～18 m。Raniganj 组有 4 个煤层（厚度 < 1～4 m）。

总体上来看，Singrauli 煤田的煤具有高含水量（6%～9%）、高灰分（17%～40%）的特点，其挥发分为 25%～30%，平均热能值为 4200～5900 kcal/kg。2011 年 Singrauli 煤田的 10 个在产矿商品煤属于较高灰分、低硫的烟煤，可以作为动力煤。

3. 储量

依据“A Review on Domestic Coal Resources”（D. Bhattacharya，2013）给出的数据，2012 年 4 月 1 日 Singrauli 煤田的煤均为非焦煤，总资源量为 14.6 Gt，其中 0～300 m 深度的资源量为 9.5 Gt，300～600 m 深度的资源量为 4.9 Gt，600～1200 m 深度的资源量仅为 0.2 Gt。

根据“Coal Directory of India 2013—2014”的资料，2014 年 4 月 1 日 Singrauli 煤田总资源量为

14221.54 Mt，其中探明储量为6532.68 Mt、控制储量为5795.61 Mt、推断储量为1893.25 Mt；位于0～300 m深度的储量为8541.33 Mt，位于300～600 m深度的储量为5461.79 Mt，位于600～1200 m深度的储量为218.42 Mt。

（八）Godavari谷盆地（煤田）

Godavari谷盆地（煤田）位于安得拉邦的Adilabad、Karimnagar、Khammam和Warangal地区，是南部印度唯一的煤田。Godavari谷煤田在冈瓦纳河盆地中，位置为北纬18°38′42″东经79°33′50″。盆地面积17400 km²，含煤区11000 km²，进行过资源评价勘探的面积为1700 km²，煤田开采活动涉及的面积为350 km²。

Singareni Collieries Company Limited（SCCL）将Godavari谷煤田分为12个煤带（图6－2－14），现有在产矿24个，其中井工矿9个、露采矿15个，2011年煤炭总产量为44.352 Mt，比2010年的产量（43.500 Mt）略有增加。

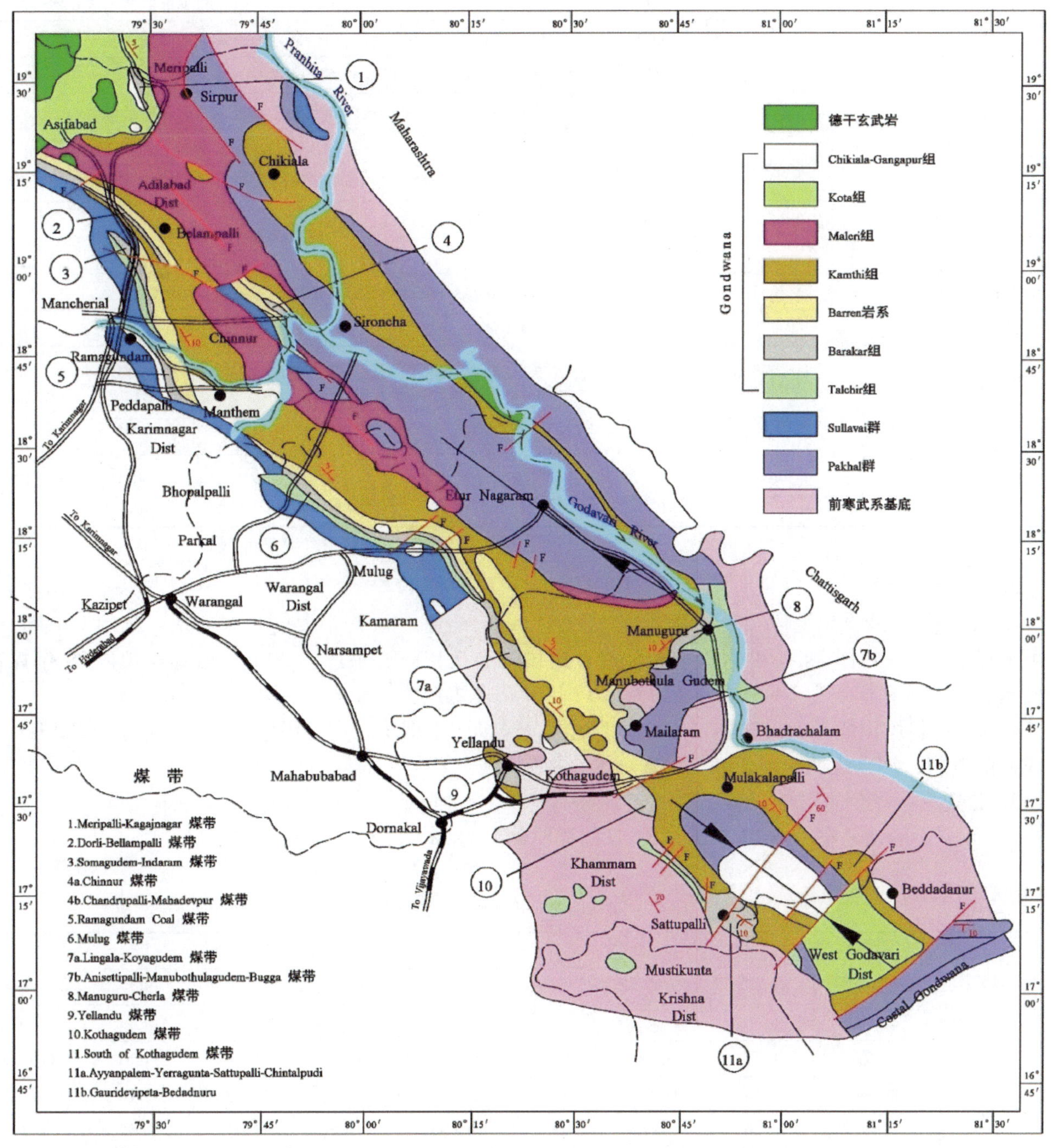

图6－2－14　Godavari谷盆地地质图（SCCL，2008）

1. 地质

从构造上看，Godavari 谷是一个裂谷盆地，盆地走向 NNW—SSE，平均宽度为 55 km。

盆地内广泛发育的下冈瓦纳岩系包括 Talchir 组、Barakar 组和 Kamthi 岩系。Talchir 组不整合在古生界和前寒武变质岩基底之上，多不连续地沉积在盆地边缘。Barakar 组沉积了中—粗粒砂岩、页岩和煤层。浅绿色砂岩标志着 Barren 岩系的开始，该组缺少可开采的煤层。上覆的 Kamthi 岩系与 Barren 岩系之间存在着交错层，并有具泥质性质的砂岩、泥岩和粉砂岩。在 Ramagundum 地区和 Kundaram - Jaipuram 地区，Kamthi 组下部有可开采的煤层（Ramanamurthy，1976）。在盆地南西部 Kamthi 组最上部位含有角砾岩夹层（表 6 -2 -23）。

表 6 -2 -23　Godavari 谷盆地综合地层

年龄	群	组	最大厚度/m	岩性
晚二叠—早三叠纪	下冈瓦纳群	Kamthi	500	上段：粗粒含铁砂岩、泥岩、碎屑、砾石和少量蓝紫色燧石粉砂岩
			600	中段：中粒白色—浅绿灰白色砂岩和浅黄—浅绿灰色泥岩
			200	下段：中粒浅绿色钙质砂岩，有煤层
晚二叠纪		Barren	500	中—粗粒浅绿灰色—浅绿白色长石砂岩，少量杂色云母砂岩
早二叠纪上部		Barakar	300	上段：粗粒白色砂岩，少量页岩和煤层 下段：粗粒砂岩有角砾岩透镜体，少量页岩/泥岩，以及很少薄煤层
早二叠纪		Talchir	350	细粒砂岩、碎片状绿色泥岩/页岩
不整合				
上古生界		Sullavi	545	中—粗粒白—砖红色砂岩，局部有石英质斑状页岩
不整合				
下古生界		Pakhal	3335	浅灰白—杂色石英岩、灰色页岩、Greyish white to buff quartzites、grey shales、千枚岩和大理岩
不整合				
前寒武纪基底				花岗岩、层状片麻岩、黑云母片麻岩、角闪石片麻岩、石英磁铁矿片岩、黑云片岩、石英和伟晶岩

2. 煤层和煤质

早二叠系 Barakar 组上段和晚二叠—早三叠系 Kamthi 岩系下段是主要的含煤岩系。其中 Barakar 组中可采煤层有 2 ~4 个，最厚可达 25 m；Kamthi 组中共有 7 层煤，最厚达 30 m。根据煤田内 29 个煤矿的资料，一般开采煤层为 1 ~3 层，平均为 2. 17 层；最厚煤层为 3. 4 m，平均厚度为 1. 3 m。

Godavari 谷煤田的煤均采自早二叠纪煤系地层，煤级属于烟煤，主要用作动力煤。根据该煤田内 28 个煤矿的资料，产品煤的热能值较低、灰分高、挥发分低。

3. 储量

SCCL 公司网站公布的 2012 年 3 月 31 日的探明储量为 9877. 68 Mt（表 6 -2 -24）。

表 6 -2 -24　Godavari 谷煤田的探明储量

地区	埋深/m	煤级							总储量/Mt
		A	B	C	D	E	F	G	
		储量/Mt							
Adilabad	0 ~ 300	1. 32	28. 78	285. 71	715. 35	446. 99	554. 43	77. 51	2110. 09
	300 ~ 600	0. 16	21. 64	259. 71	513. 81	385. 96	378. 33	12. 04	1571. 65
	>600	0. 00	0. 87	3. 62	10. 34	7. 71	6. 15	0. 05	28. 73
	小计	1. 48	51. 29	549. 04	1239. 50	840. 66	938. 91	89. 60	3710. 46

表 6-2-24（续）

地 区	埋深/m	煤级							总储量/Mt
		A	B	C	D	E	F	G	
		储量/Mt							
Karimnagar	0~300		45.43	417.09	306.71	292.88	52.03	0.66	1114.80
	300~600	0.15	67.70	133.86	390.01	299.73	34.84	0.10	926.39
	>600	0.00	0.00	0.00	0.00	0.00	0.00	0.00	0.00
	小计	0.15	113.13	550.95	696.72	592.61	86.87	0.76	2041.19
Warangal	0~300	32.27	90.19	144.96	98.47	198.27	232.25	24.28	820.69
	300~600	18.98	45.78	69.95	48.00	63.78	97.34	3.01	346.84
	>600	1.21	0.37	1.15	1.12	0.54	0.00	0.00	4.39
	小计	52.46	136.34	216.06	147.59	262.59	329.59	27.29	1171.92
Khammam	0~300	17.83	73.47	400.22	180.50	343.37	804.23	464.17	2283.79
	300~600	6.84	41.72	233.24	127.25	108.21	113.65	39.40	670.31
	小计	24.67	115.19	633.46	307.75	451.58	917.88	503.57	2954.10
合计	0~300	51.42	237.87	1247.98	1301.03	1281.51	1642.94	566.62	6329.37
	300~600	26.13	176.84	696.76	1079.07	857.68	624.16	54.55	3515.19
	>600	1.21	1.24	4.77	11.46	8.25	6.15	0.05	33.12
总 计		78.75	415.95	1949.50	2391.57	2147.43	2273.25	621.22	9877.68

注：2012 年 4 月 1 日 Godavari 谷煤田总资源量为 22.1 Gt，其中 0~300 m 深度的资源量为 9.6 Gt，300~600 m 深度的资源量为 8.7 Gt，600~1200 m 深部的资源量为 3.7 Gt（D. Bhattacharya，2013）。

根据“Coal Directory of India 2013—2014”的资料，Godavari 谷煤田的煤均为非焦煤，2014 年 4 月 1 日总资源量为 22468.15 Mt，其中探明储量为 9729.25 Mt、控制储量为 9670.43 Mt、推断资源量为 3068.47 Mt。位于 0~300 m 的深度，储量为 9866.43 Mt；位于 300~600 m 的深度，储量为 8829.74 Mt，位于 600~1200 m 的深度，储量为 3771.98 Mt。

（九）Raniganj 煤田

Raniganj 煤田是印度煤炭工业的发源地，位于 Damodar - Koel 谷冈瓦纳盆地最西部，位置为北纬 23°22′~23°52′，东经 86°36′~87°30′，面积近 1900 km^2。该地区总体地表平坦，有些舒缓起伏，平均海拔标高为 65~175 m。南部边界有 3 座小山，最高海拔为 640 m，是南部边界地标性地形。

Raniganj 煤田属于东印度煤炭公司，每年的煤产量占印度煤炭总产量的 1/4 左右。该煤田的产量和煤质都位居印度第二位。已知的 23 个较大的在产煤矿年产能达到 15.7 Mt，2010 年煤产量 15.7 Mt，2011 年煤产量达到 16.25 Mt，增长了 3.5% 。

1. 地质

Raniganj 盆地的冈瓦纳沉积与广泛分布的 Talchir 组冰川和近冰川沉积共生。Talchir 组主要在盆地北缘出露，下冈瓦纳沉积岩直接盖在前寒武基底之上。煤田东部边缘的火山岩隐藏在第三纪沉积之下，盖在 Panchet/Supra Panchet 组岩层之上（图 6-2-15）。

Raniganj 煤田地层见表 6-2-25。

Barakar 组和 Raniganj 组是该煤田最重要的含煤岩系，但在 Karharbari 组中也含有该区最下部的煤层。

Barakar 组地层在煤田北部地区广泛出露，其最大厚度出现在煤田西部，达到 750 m 左右，并自西北向东南逐渐减薄。Raniganj 组在煤田内广泛发育，最具代表性，并含有更多的煤层。该组地层在煤田内分布范围极广，从北面的 Panchet 山前一直到东部铁石页岩出露区。在煤田中部该组地层的最大出露宽度达到 22 km。Raniganj 地层覆盖了煤田近半的面积，而且也是该煤田内冈瓦纳群地层中最厚的地层单元，最厚达到 1150 m。

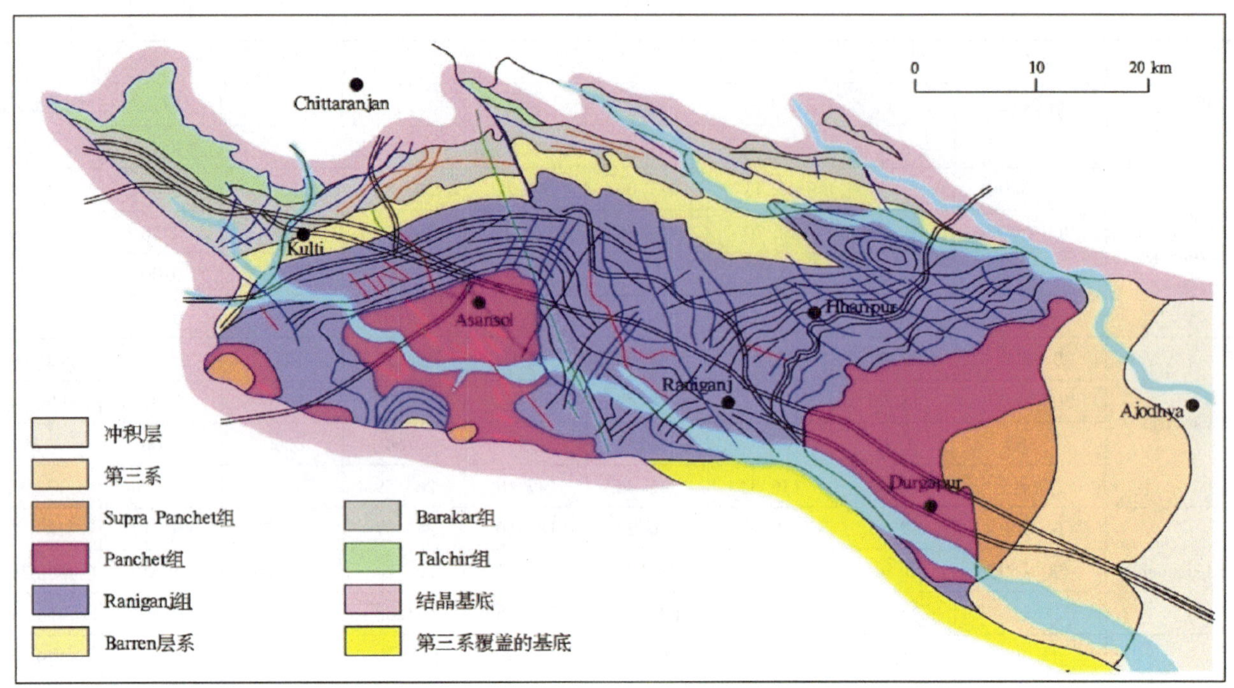

图 6-2-15 Raniganj 煤田地质简图（D. Bhattacharya，2013）

表 6-2-25 Raniganj 煤田地层表

时　代	地　层	岩　　性	最大厚度/m
第四纪至今	表层沉积物	冲积层和残余沉积、红土层	90
不　整　合			
第三纪	—	亮灰色泥岩及砂泥岩，具有硬质灰泥岩夹层；白色软质细粒黏土质砂岩，杂色黏土和具有鹅卵石的松散砂体，并有石英脉填充；底部偶见褐煤	300
不　整　合			
白垩纪	火成入侵体	基性岩（粒玄岩）岩墙；超基性岩（云母橄榄岩、云母煌斑岩）岩席和岩墙	—
白垩纪	Rajmahal 组	呈灰绿色至黑色，细—中粒含斑气孔玄武岩和火山角砾；风化的隐晶质玄武岩，夹有 1~5 层灰色页岩，细粒砂岩和炭质页岩	120
不　整　合			
晚三叠纪	Supra Panchet 组/Durgapur 层	块状粗粒石英砂岩、砾岩、暗红色砂质页岩	300
不　整　合			
早三叠纪	Panchet 组	粗粒黄绿色及灰绿色含云母具有交错层砂岩；卡其绿色砂质页岩；黄色分选性较差的粗砂岩与红棕色含钙质结核黏土岩互层；底部砾岩	600
晚二叠纪	Raniganj 组	灰色至亮灰色细—中粒云母长石砂岩上部含钙质条带，粉砂岩和页岩，常有细砂岩、炭质页岩和煤层条带	1150
	Barren 岩系/铁石页岩	深灰色至黑色含碳云母页岩，内有含铁质薄层和致密的隐晶铁质泥岩；偶见细粒砂岩夹层	600

表 6－2－25（续）

时　代	地　层	岩　　性	最大厚度/m
早二叠纪	Barakar 组及该组底部的 Karharbari 组	具有交错层理的中—粗粒含长石砂岩；灰色炭质页岩偶有细砂岩夹层；煤层和泥土质透镜体；下部有卵石和碳质物	750
	Talchir 组	冰碛岩和混杂陆源沉积岩，底部岩石的基质为砂质或泥质；中细粒卡其色或黄绿色长石砂岩；粉砂岩，粉砂质页岩、针状页岩、带状纹泥层和滴石	300
不　整　合			
寒武纪		花岗片麻岩及混合岩化片麻岩；含角闪石片岩、变基性岩，伟晶岩及石英脉	—

数据来源：Datta & Dutt，2003

Raniganj 盆地南部为边界断层，北部地层存在不整合带，盆地范围内表现出一种半地堑的构造形式。南部的边界断层使得其以北的地层都呈单斜构造形态，向南倾。而在 Barakar 河以西地区还有另一条走向东南的边界断层，将含煤岩系与北部其他冈瓦纳沉积岩分开。另外，煤田中大量的次级断层为大倾角（60°～70°）正断层。

2. 煤层和煤质

煤田中的 Raniganj 组和 Barakar 组地层中均发育有大量煤层，前者比后者发育得更多。Raniganj 组煤层在煤田西部较多，东部较少；煤层西部厚度较薄，东部较厚。Raniganj 组有 18 个煤层，厚度小于 1～17 m。Barakar 组有 15 个煤层，厚度小于 1～62 m。

Barakar 组的煤一般属于中焦煤，上部 Chanch 煤层和 Laikdih 煤层的煤质更好。Raniganj 组下部煤层为半焦煤，中上部煤层为非焦煤。根据印度煤质分级标准，东印度煤炭公司在 Raniganj 煤田的商品煤主要属于高品质的非焦煤，可用作动力煤（表 6－2－26）。

表 6－2－26　Raniganj 煤田的商品煤煤质

煤　矿	发热量/(MJ·kg^{-1})	挥发分/%	灰分/%	含水量/%	固定碳/%	S/%
Bhanora	22.82	29.97	16.27	8.5	45.3	无资料
Bon－Jemehari	20.44～24.0	28.81～30.74	8.62～9.58	8.6	39.4	无资料
Chitra	20.08～23.8	28.80～31.07	15.22～22.31	8.4	37.5	无资料
Chora	20.66～23.0	29.70～31.97	17.22～21.31	7.3	37.3	无资料
Dalurband	20.44～23.9	29.08～31.24	15.34～20.98	8.7	38.1	无资料
Girimint	22.44	28.87	17.21	9.3	44.6	无资料
Jambad	20.66～23.4	29.80～30.97	14.22～20.31	8.3	39.0	无资料
Jhanjra	22.82	30.97	15.21	8.3	45.5	无资料
Khottadih	21.0～23.22	29.80～30.97	14.22～20.31	8.3	39.0	无资料
Khottadih	22.485	30.68	18.76	9.5	41.1	无资料
Kunustoria	21.98	29.37	16.21	9.5	44.9	无资料
Mahabir	20.83～23.5	29.88～30.94	14.28～20.39	8.7	39.0	无资料
Mohanpur	21.02～23.5	28.30～30.37	15.52～20.21	8.3	40.2	无资料
Nimcha	20.58～23.8	29.45～30.24	15.18～20.29	8.5	40.1	无资料
Parasea	20.75～23.8	29.02～30.32	14.31～20.06	8.6	40.6	无资料
Perberlia	22.105	29.84	17.27	9.4	43.5	无资料
Sarpi	21.98	29.68	18.36	9.2	42.7	无资料
Shankarpur	20.83～23.5	29.88～30.94	14.28～20.39	8.7	39.0	无资料

表6-2-26（续）

煤　矿	发热量/(MJ·kg^{-1})	挥发分/%	灰分/%	含水量/%	固定碳/%	S/%
Sodepur	20.54~23.3	29.23~30.14	14.58~20.59	8.7	39.6	无资料
Sonepur Bazari	21.33~23.7	29.81~31.94	15.53~21.29	8.4	37.0	无资料
Toposi	20.66~23.4	29.80~30.97	14.22~20.31	8.3	39.0	无资料
West Kenda	21.0~23.22	29.80~30.97	14.22~20.31	8.3	39.0	无资料

3. 储量

根据“Coal Directory of India 2013—2014”的资料，2014年4月1日Raniganj煤田总资源量为27660.89 Mt，其中探明储量为14826.50 Mt、控制储量为8789.48 Mt、推断资源量为4044.91 Mt；位于0~300 m深度的储量为14692.78 Mt，位于300~600 m深度的储量为8581.69 Mt，位于600~1200 m深度的储量为4386.42 Mt。资源量以非焦煤为主(25943.95 Mt)，其探明储量和控制储量达到22067.22 Mt；焦煤包括中焦煤和半焦煤（表6-2-27）。

表6-2-27　Raniganj煤田总资源量

煤　种	深度/m	探明储量/Mt	控制储量/Mt	推断资源量/Mt	总资源量/Mt
中焦煤	0~300	422.89	8.87	0.00	431.76
	300~600	121.89	8.30	0.00	130.19
	600~1200	274.87	0.00	0.00	274.87
半焦煤	0~300	97.15	14.19	0.00	111.34
	300~600	109.51	153.23	23.48	286.22
	600~1200	32.79	305.07	144.70	482.56
焦煤合计		1059.10	489.66	168.18	1716.94
非焦煤	0~300	11048.99	2803.34	297.35	14149.68
	300~600	2412.25	3651.22	2101.81	8165.28
	600~1200	306.16	1845.26	1477.57	3628.99
非焦煤合计		13767.40	8299.82	3876.73	25943.95
总计		14826.50	8789.48	4044.91	27660.89

资料来源：Coal Controller's Organisation.2014

4. 在产煤矿

Raniganj煤田有大量煤矿，大多数煤矿规模较小。目前已知的东印度煤炭公司所属23个较大的在产煤矿情况见表6-2-28，这些矿的年产能达到15.7 Mt，2010年的产量为15.7 Mt，2011年的产量达到16.25 Mt，增长了3.5%。

表6-2-28　Raniganj煤田东印度煤炭公司23个主要在产煤矿情况

煤　矿	开采	资源量/Mt	储量/Mt	开采煤层数	总厚/m	年产能/Mt	2010年的产量/Mt	2011年的产量/Mt
Bhanora	井工	110.00	69.00	3	11.2	0.5	0.411	0.400
Bon-Jemehari	露采	51.00	26.00	2	5.9	0.4	0.330	0.300
Chitra	露采	51.00	32.00	2	—	1.2	2.220	2.500
Chora	露采	82.00	45.00	2	5.3	0.2	0.265	0.300
Dalurband	露采	70.00	37.00	1	3.4	0.4	0.341	0.300
Girimint	井工	86.00	34.00	3	9.3	0.5	0.355	0.400

表6-2-28（续）

煤 矿	开采	资源量/Mt	储量/Mt	开采煤层数	总厚/m	年产能/Mt	2010年的产量/Mt	2011年的产量/Mt
Jambad	露采	235.00	114.00	2	8.5	2.3	2.495	2.500
Jhanjra	井工	84.00	39.00	3	7.7	1.2	1.008	1.100
Khottadih	露采	61.00	36.00	1	3.1	0.6	0.637	0.600
Khottadih	井工	92.50	50.50	1	3.1	0.2	0.169	0.200
Kunustoria	井工	55.00	55.00	1	3.1	0.5	0.420	0.500
Mahabir	露采	104.00	88.00	3	9.7	0.4	0.362	0.400
Mohanpur	露采	85.00	40.00	1	3.2	0.4	0.301	0.300
Nimcha	露采	80.00	65.00	1	4.8	0.5	0.428	0.400
Parasea	露采	110.00	65.00	2	8.7	0.6	0.560	0.600
Perberlia	井工	71.00	30.00	2	6.3	0.5	0.348	0.400
Ramnagar UG	井工	74.00	74.00	—	—	0.5	0.470	0.450
Sarpi	井工	84.00	53.00	2	4.0	0.3	0.493	0.500
Shankarpur	露采	57.00	31.00	2	8.5	0.2	0.230	0.200
Sodepur	露采	52.00	28.00	1	1.7	0.3	0.298	0.300
Sonepur Bazari	露采	303.00	193.00	3	10.5	3.5	2.954	3.000
Toposi	露采	106.00	62.00	3	8.1	0.2	0.308	0.300
West Kenda	露采	72.00	40.00	2	5.2	0.3	0.297	0.300

（十）Jharia 煤田

Jharia 煤田位于贾坎德邦 Dhanbad 地区的 Calcutta 镇西北约 260 km，靠近 Dhanbad，是印度最大的主焦煤产区。煤田范围为北纬 23.372°~23.522°，东经 86.062°~86.302°，呈镰刀形东西向延伸，平均长 40 km，平均宽 12 km，总面积 456 km^2。煤田海拔 140~240 m，地形低缓起伏。

Jharia 煤田资源量巨大，在印度资源量排序中位居第六位；Jharia 煤田是印度焦煤主产区，在印度焦煤资源量排序中位居第一位。同时，Jharia 煤田还以煤田大火而闻名，地下燃烧已将近 1 个世纪。最早的地下火于 1916 年被发现，1972 年该区有 70 多个煤矿有火。

Bharat 焦煤公司（BCCL）在 Jharia 煤田有露采矿 14 个、井工矿 19 个、井工和露采矿 20 个，冶金煤主要产自井工矿（Coal Controller's Organisation，2014）。这些煤矿的总产能为 53.3 Mt。2014—2015 年共生产原煤 34.51 Mt，包括焦煤 30.77 Mt、非焦煤 3.74 Mt；2015—2016 年共生产原煤 35.66 Mt，比 2014—2015 年增长了 3.91%，其中包括焦煤 32.45 Mt、非焦煤 3.21 Mt（BCCL，2016）。

1. 地质

Jharia 煤田是 Damodar 谷东部的一个煤盆地，发育在 Damodar 河以北。Jharia 煤田内各处的冈瓦纳地层均被各种结晶片麻岩所包围（图 6-2-16）。盆地的形成是冈瓦纳时期地壳沉降的结果。

Jharia 煤田内下冈瓦纳群的 Talchir 组和 Damuda 群岩石不整合在太古代变质片麻岩之上，年轻的侵入岩贯入其中。Damuda 群包括 Barakar 组、Barren 岩系和 Raniganj 组。Barren 岩系以蚀变了的页岩、砂岩为主（表 6-2-29）。Barakar 组和 Raniganj 组分别有 46 层煤和 24 层煤。Barakar 组的煤比 Raniganj 组的煤等级要高。

Jharia 盆地在构造上为一个半裂谷，南部边界断层比北部边界断层更清晰（Peters，2000）。该盆地存在 3 个线性构造体系，走向分别为 NNE—SSW 向、NE—SW 向和 NW—SE 向。

2. 煤层和煤质

盆地内的主要煤系地层是 Barakar 组和 Raniganj 组。Barakar 组有 46 层煤，最小厚度不足 1 m，最大厚度达到 33 m。在上 Barakar 组内可采煤层有 9 层（煤层Ⅸ~煤层 XVIII），基本属于中—高挥发分烟煤；

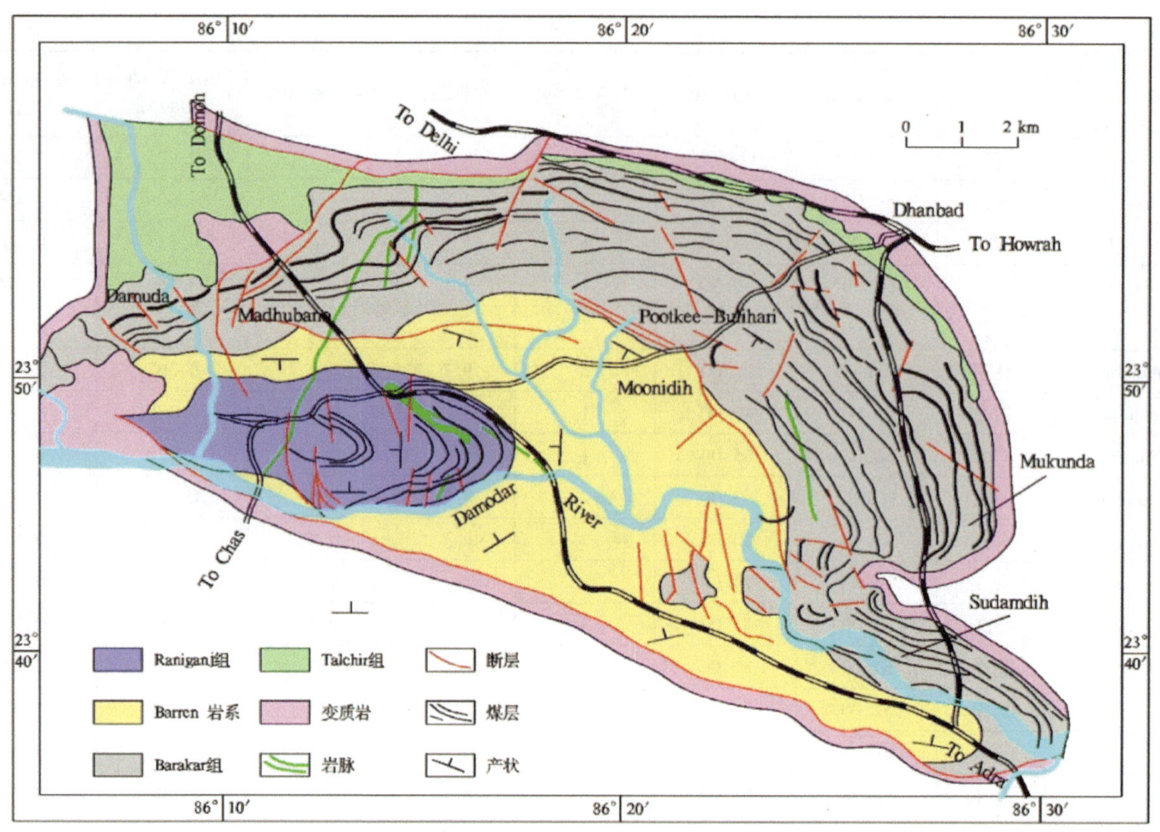

图 6-2-16 Jharia 盆地地质图（D. Bhattacharya，2013）

表 6-2-29 Jharia 盆地综合地层表

时代	群	组	厚度/m
始新世—白垩纪	侵入岩	粒玄岩、云母橄榄岩墙和岩席	—
二叠纪	下冈瓦纳	Raniganj	725
		Barren 岩系	850
		Barakar	1130
晚石炭纪		Talchir	225
		Boulder 层	—
不整合			
太古代		变质杂岩	

下 Barakar 组内可采煤层有 8 层（煤层Ⅰ～煤层Ⅷ），为中焦煤。Raniganj 组的 22 层煤，最小厚度不足 1 m，最大厚度 4.7 m，也属于中焦煤。

Jharia 煤田所有的煤均具有焦煤性质，特别是上 Barakar 组煤层（煤层Ⅸ～煤层 XVIII）的煤，属于主焦煤（D. Bhattacharya，2013），其他煤层同样生产适合炼焦的烟煤。

3. 储量

2004 年 Jharia 煤田 0～1200 m 深度拥有总资源量 19430.1 Mt，包括探明储量 15078.5 Mt、控制资源量 4352 Mt。根据“A Review on Domestic Coal Resources”的资料，2012 年 4 月 1 日 Jharia 煤田总资源量为 19.2 Gt，其中 0～600 m 深度内的非焦煤资源量为 6.1 Gt、焦煤资源量为 8.0 Gt，600～1200 m 深度内的非焦煤资源量为 1.8 Gt、焦煤资源量为 3.3 Gt。

根据“Coal Directory of India 2013—2014”的资料，2014 年 4 月 1 日 Jharia 煤田总资源量为 19430.06 Mt，其中探明储量为 15127.97 Mt、控制储量为 4302.09 Mt；煤炭资源中焦煤达到 11477.06 Mt，

其中探明储量为8974.83 Mt、控制储量达到2502.23 Mt；焦煤包括主焦煤和中焦煤（表6－2－30）。

表6－2－30　Jharia 煤田资源量

煤　种	深度/m	探明储量/Mt	控制储量/Mt	推断储量/Mt	总资源量/Mt
主焦煤	0～600	4039.41	4.01	0	4043.42
	600～1200	574.94	694.7	0	1269.64
中焦煤	0～600	4064.18	2.82	0	4067
	600～1200	296.3	1800.7	0	2097
焦煤合计		8974.83	2502.23	0	11477.06
非焦煤	0～600	5657.14	444.86	0	6102
	600～1200	496	1355	0	1851
非焦煤合计		6153.14	1799.86	0	7953
总　计		15127.97	4302.09	0	19430.06

资料来源：Coal Controller's Organisation，2014

（十一）Bokaro 盆地（煤田）

Bokaro 盆地（煤田）是 Koel—Damodar 盆地带的一部分，地理位置为北纬23°45′～23°50′，东经85°30′～86°03′。盆地东西长65 km，南北宽10～16 km，总面积近572 km^2，冈瓦纳岩系在盆地内呈狭长状产出。Lugu 山（海拔960.9 m）将其分为东西两部分，即东 Bokaro 煤田和西 Bokaro 煤田。东 Bokaro 煤田是中焦煤主产区，面积近237 km^2。西 Bokaro 煤田面积近256 km^2。

煤田内共有25个煤矿，其中10个是井工矿。目前主要开采活动在西 Bokaro，包括3个露采矿和3个小型井工矿。

1. 地质

下冈瓦纳群的 Talchirs 组、Panchet 组和 Supra Panchet 组最底部的岩石出露在 Bokaro 煤田的北东和南边缘，盖在太古代变质岩之上；东 Bokaro 煤田西部和西 Bokaro 煤田东部靠近 Lugu 山只有 Panchet 组和 Supra Panchet 组岩石；Talchirs 组在煤田东北部边缘有零星出露；Barakar 组、Barren 岩系和 Raniganj 组则在煤田内分布广泛（表6－2－31、图6－2－17、图6－2－18）。

表6－2－31　东 Bokaro 煤田地层简表

地层/组	东 Bokaro			西 Bokaro		
	厚度/m	煤层数	煤层厚度/m	厚度/m	煤层数	煤层厚度/m
Mahadeva	500			600		
Panchet	600			450		
Raniganj	600	7	<1～3.0	550	10	<1～2.0
Barren 岩系	500			300		
Barakar	1000	26	<1～63.9	670	22	<1～22
Talchir	80			160		
基底变质岩						

Bokaro 盆地东面被 Barakar 组占据，而 Barren 岩系以弯月形分布在盆地中部和西部。Raniganj 组和 Panchet 组盖在 Barren 岩系之上，同样显示弯月形分布。煤田范围内煌斑岩和云母橄榄岩的岩墙或岩席处处可见，尤其在煤田西部更发育。有些地段的煤层受到了侵入作用的影响。

Bokaro 煤田南北为地堑型断裂，东西向延展的东 Bokaro 煤田总体具向斜形态，一直到最东部边界靠近 Chandrapura 的地方，北部边界的 Barakar 组地层与下部地层不整合。煤田西部靠近 Lugu Pahar（23°46′N，85°42′E）处基本上是一个地堑，盆地的南北边缘存在明显的边界断层。这里有些地方的

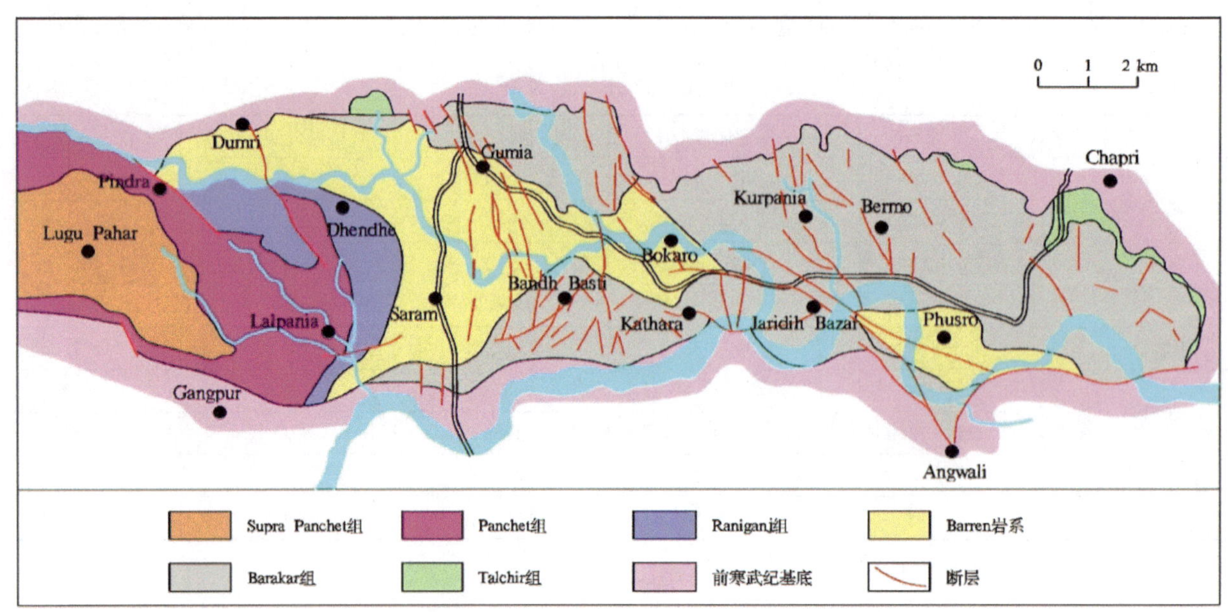

图 6-2-17 东 Bokaro 煤田地质图（D. Bhattacharya，2013）

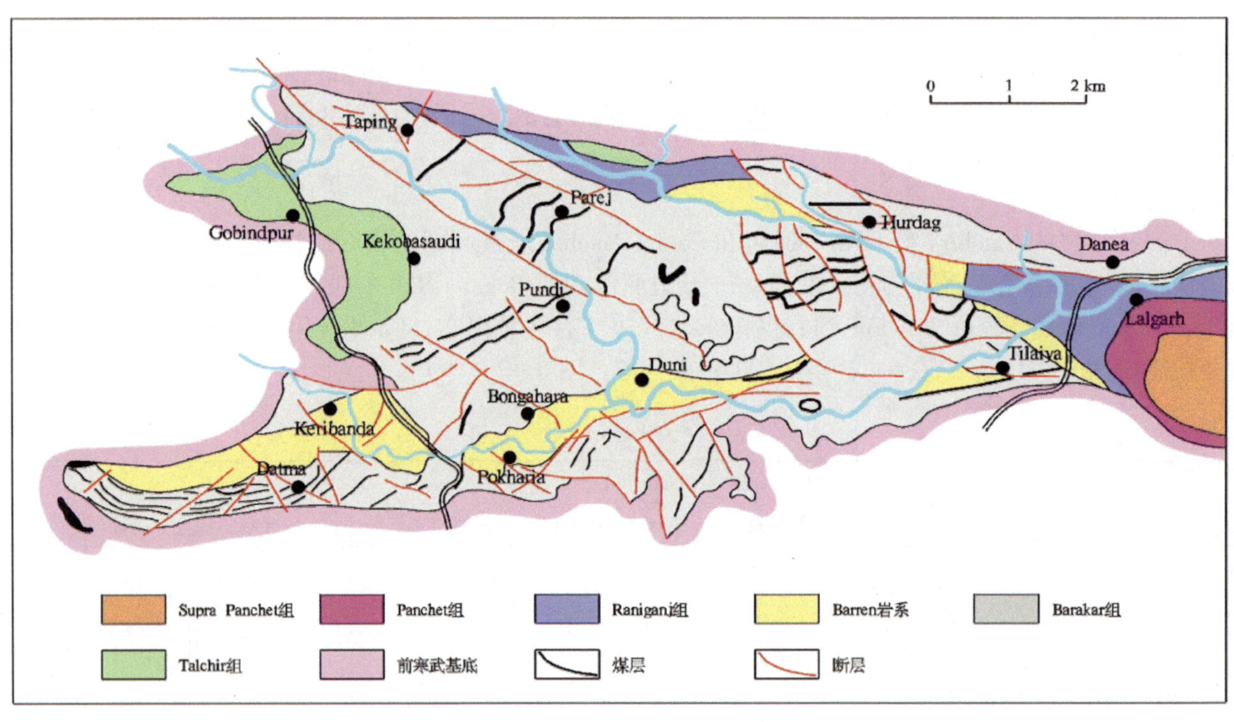

图 6-2-18 西 Bokaro 煤田地质图（D. Bhattacharya，2013）

Panchet 组盖在南部的基底之上（图 6-2-18）。

整个东 Bokaro 煤田地层的走向为 WNW—ESE 向，背斜南翼地层向北倾，而北翼地层则向南倾，倾角大致为 5°~6°。煤田西部地区受煌斑岩和橄榄岩岩基、岩墙的侵入使得煤层受到很大影响。

2. 煤层和煤质

煤田内的含煤岩系为晚二叠纪 Barakar 组和 Raniganj 组。

东 Bokaro 煤田的 Raniganj 组地层中有 7 层煤，但相对较薄，<1~3.0 m；Barakar 组地层中有 26 层煤，厚度在 <1~63.9 m 之间，其中 Kargali 煤层、Bermo 煤层和 Karo 煤层组是最重要的开采煤层。

Barakar组的所有煤层以含水量低、低—中等挥发分烟煤为特征，焦煤指数较高。其中Kargali煤层的分布范围广，厚度大，最厚可达31 m，而且煤质好，属于中焦煤。

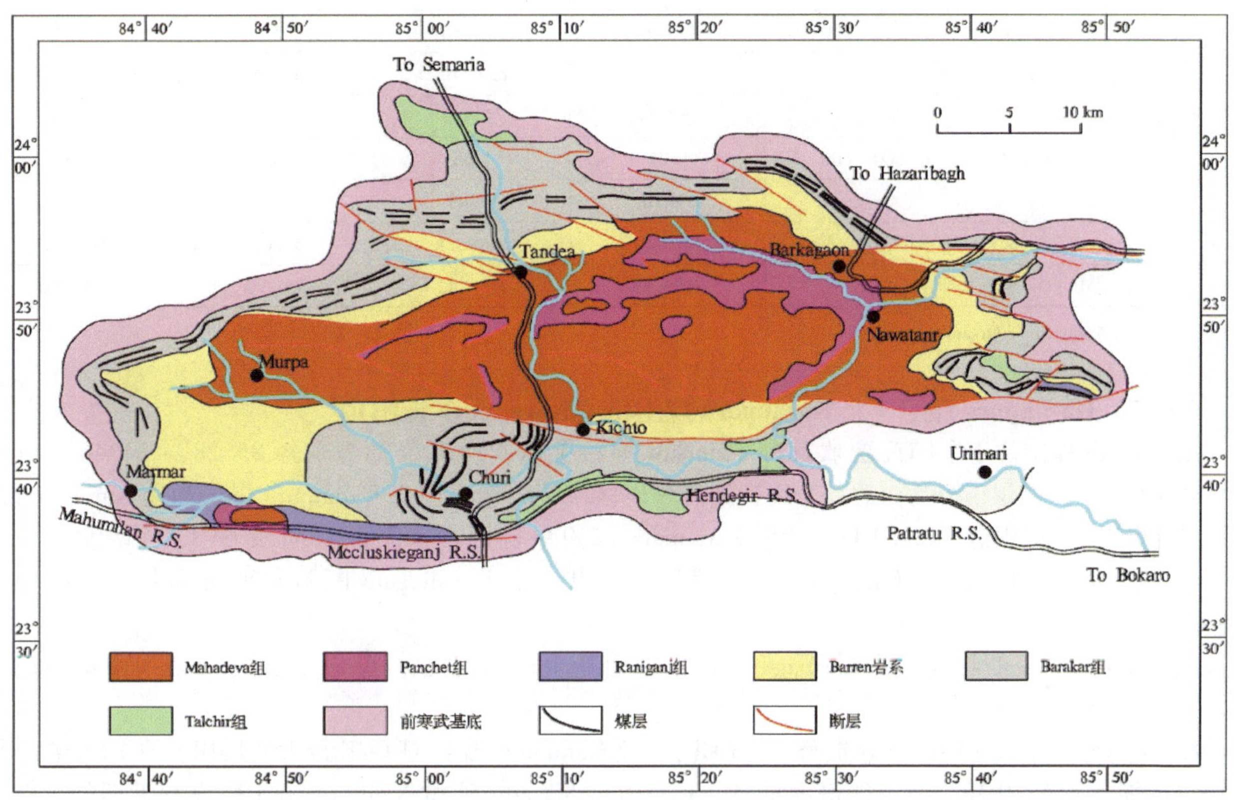

图6-2-19 北Karanpura盆地地质图（D. Bhattacharya，2013）

西Bokaro煤田的Raniganj组地层中有10层薄煤层，厚度在<1~2.0 m之间；Barakar组地层中有22层煤，厚度在<1~22 m之间，其中煤层V和煤层X是主要的开采煤层。

Bokaro煤田6个在产煤矿所生产的商品冶金煤的灰分较高，发热量较高。

3. 储量

根据“Coal Directory of India 2013—2014”的资料，2014年4月1日Bokaro煤田总资源量为13216.06 Mt，其中探明储量为7106.66 Mt、控制储量为5212.42 Mt、推断资源量为896.98 Mt；焦煤储量达到12761.08 Mt，其中探明储量为6728.21 Mt、控制储量达到5135.89 Mt；焦煤包括主焦煤和中焦煤。东Bokaro煤田8152.8 Mt资源量中有7986.23 Mt焦煤，占97.96%；西Bokaro煤田5063.26 Mt资源量中有4774.85 Mt焦煤，占94.30%。因此可以认为Bokaro煤田是焦煤产区（表6-2-32）。

表6-2-32 Bokaro煤田资源量

煤田	煤种	深度/m	探明储量/Mt	控制储量/Mt	推断储量/Mt	总资源量/Mt
东Bokaro	中焦煤	0~300	2618.33	1258.81	18.71	3895.85
		300~600	407.44	1188.33	58.53	1654.3
		600~1200	255.93	1394.07	786.08	2436.08
		合计	3281.7	3841.21	863.32	7986.23
	非焦煤	0~300	95.17	56.81	0	151.98
		300~600	8.9	5.69	0	14.59
		合计	104.07	62.5	0	166.57
	总计		3385.77	3903.71	863.32	8152.8

表 6-2-32（续）

煤 田	煤 种	深度/m	探明储量/Mt	控制储量/Mt	推断储量/Mt	总资源量/Mt
西 Bokaro	中焦煤	0～300	2987.57	1116.32	28.66	4132.55
		300～600	458.94	178.36	5	642.3
		合计	3446.51	1294.68	33.66	4774.85
	非焦煤	0～300	268.57	9.37	0	277.94
		300～600	5.81	4.66	0	10.47
		合计	274.38	14.03	0	288.41
	总 计		3720.89	1308.71	33.66	5063.26
Bokaro 煤田总计			7106.66	5212.42	896.98	13216.06

资料来源：Coal Controller's Organisation，2014

（十二）Karanpura 煤田（北 Karanpura 煤田和南 Karanpura 煤田）

Karanpura 煤田位于东印度贾坎德邦 Damodar 河谷上游，地理位置为东经 85°28′～84°46′，北纬 23°38′～23°50′。该煤田分为南北 2 个冈瓦纳沉积岩区块，分别称作北 Karanpura 煤田和南 Karanpura 煤田。整个煤田总面积近 1424.5 km^2。北 Karanpura 煤田呈椭圆形，东西方向长 64 km，南北方向长 32 km，面积约 1230 km^2。南 Karanpura 煤田呈窄长条状，沿着 Chingara 断裂东西方向延伸，面积约 195 km^2。

北 Karanpura 煤田北面是 Hazaribagh 平原，南面是 Ranchi 平原，煤田本身为一个东西走向的谷地。

Karanpura 煤田属于中印度煤炭公司（CCL）。北 Karanpura 煤田是 CCL 最大的煤田，有 12 个在产煤矿，总产能达到 62.0 Mt，但产能最大的 Amrapali 矿、Magadh 矿和 North Urimari 矿没有近期的生产数据，其余 9 个矿 2011 年生产商品煤 26.65 Mt。南 Karanpura 煤田的 2 个在产煤矿，总产能为 2.5 Mt，2011 年生产了 2.50 Mt 商品煤。这些煤矿均为露天开采。

1. 地质

北 Karanpura 盆地南部的 Ranchi 台地是古生代变质岩，北部以 Hazaribagh 地盾为界（图 6-2-19）。

区域上发育的所有冈瓦纳沉积岩系在北 Karanpura 煤田出露得非常完整。作为冈瓦纳群基底的 Talchir 组地层在煤田边部断续出露，而且非常薄。Mahadeva 组一般呈孤立山丘分布在盆地的中部、西部和西南部。煤田内的含煤岩系有 Raniganj 组、Barakar 组和 Karharbari 组，不论煤层数量还是煤层厚度，Barakar 组是该煤田最主要的含煤岩系（图 6-2-20、表 6-2-33）。

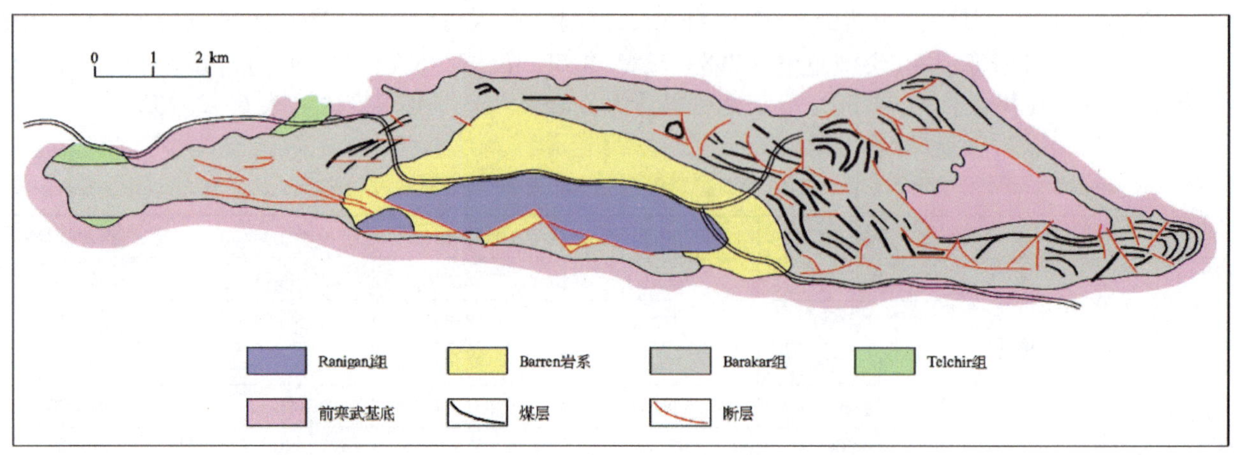

图 6-2-20 南 Karanpura 盆地地质图（D. Bhattacharya，2013）

表 6-2-33　Karanpura 煤田地层及煤层

地层组	北 Karanpura 煤田			南 Karanpura 煤田		
	厚度/m	煤层数	煤层厚/m	厚度/m	煤层数	煤层厚/m
Mahadeva	165	—	—	缺失	—	—
Panchet	225	—	—	缺失	—	—
Raniganj	400	—	仅有薄煤层	360	7	<1 ~ 3.3
Barren 岩系	385	—	—	385	—	—
Barakar	500	5	<1 ~35.2	1050	42	<1 ~54.2
Karharbari	200	1	<1 ~10.5	缺失	—	—
Talchir	180	—	—	180	—	—
基　　底						

数据来源：D. Bhattacharya，2013

南 Karanpura 煤田是一个沿着 Chainagra 断层延展的狭长地带，和北 Karanpura 煤田相比，地层出露比较简单，主要地层为 Barakar 组，也有少量 Raniganj 组和 Barren 岩系组地层出露。其与北 Karanpura 煤田在 Hosir（Patal 山西北 2.4 km）处有 Talchir 组地层出露（图 6-2-20）。

南北两个煤田均有辉绿岩和云母橄榄岩入侵，但分布范围有限。

北 Karanpura 煤田是一个向斜盆地。该盆地又被几条 EES 走向的断层划分为 Mahudi、Sathpahari 和 Tarhi Mahlan（Gerwa）次盆地。煤田南部有一条明显的 EW 向边界断层带，煤田内部的断层较 Damodar 河下游的其他煤田要少。南 Karanpura 盆地为一个轴向近 EW 的向斜盆地，南部边界是断裂带，东部发育一系列 NW 向断层，切断了煤系地层。

2. 煤层和煤质

北 Karanpura 煤田最主要的含煤岩系是 Barakar 组，它覆盖了煤田近 45% 的地区。该组有 5 个可采煤层（煤层Ⅰ~煤层Ⅴ），厚度<1 ~35.2 m，累积厚度为 20 ~70 m，其中煤层Ⅰ和煤层Ⅱ不仅厚而且连续性好。煤田东部的煤层厚度最大，并且煤质达到中焦煤。在 Karharbari 组地层中只有 1 层可采煤，厚度<1 ~10.5 m，但煤质较好。

南 Karanpura 煤田最主要的可采煤层也位于 Barakar 组内，该组共有 42 个煤层，厚度<1 ~54.2 m。目前煤田开采的 2 层煤，上层厚 15 m，下层厚 12 m，之间是砂岩、页岩和页岩煤、煤和页岩混层。在煤田中部，下部煤层往深部发育出焦煤性质。Raniganj 组的 7 个煤层较薄。

Karanpura 煤田中 75% 的煤是非焦煤，属于高灰分、较低热能值的动力煤。北 Karanpura 煤田现有在产煤矿所产商品煤均为高灰、较低热能值的动力煤。根据印度煤炭公司的资料，位于北 Karanpura 煤田的主要在产煤矿所产商品煤的灰分为 37.7% ~38.7%、含水量为 2.3%、挥发分为 27.5%、固定碳为 31.5% ~32.5%、发热量为 18.828 MJ/kg。根据印度煤质分级标准，这些商品煤属于发热量较低、灰分较高的烟煤，一般用作动力煤。

3. 储量

根据"Coal Directory of India 2013—2014"的资料，2014 年 4 月 1 日 Karanpura 煤田总资源量为 24856.96 Mt，其中探明储量为 12729.51 Mt、控制储量为 8782.27 Mt、推断资源量为 3345.18 Mt；煤炭资源中焦煤仅有 4530.87 Mt，其探明储量为 508.67 Mt、控制储量为 3312.54 Mt；焦煤为中焦煤。煤炭主要赋存在北 Karanpura 煤田，总资源量为 18278.99 Mt，南 Karanpura 煤田的资源量为 6577.97 Mt。该煤田有 4530.87 Mt 中焦煤，占总资源量的 18.23%（表 6-2-34）。

4. 在产煤矿

北 Karanpura 煤田有 12 个在产煤矿、南 Karanpura 煤田仅有 2 个在产煤矿有统计数据。这些煤矿均为露天开采。北 Karanpura 煤田的 12 个在产煤矿，总产能达到 62.0 Mt，但产能最大的 Amrapali 矿和 Magadh 矿，以及 North Urimari 矿没有最近的生产数据，其余 9 个矿 2010 年生产商品煤 25.561 Mt，2011 年生产商品煤 26.65 Mt。南 Karanpura 煤田的 2 个在产煤矿，总产能为 2.5 Mt，2010 年和 2011 年分别生产了 2.409 Mt 和 2.50 Mt 商品煤（表 6-2-35）。

表 6-2-34 Karanpura 煤田资源量

煤 田	煤 种	深度/m	探明储量/Mt	控制储量/Mt	推断储量/Mt	总资源量/Mt
北 Karanpura	中焦煤	0～300	485.08	1163.22	0	1648.3
		300～600	23.59	1635.92	413.43	2072.94
		小计	508.67	2799.14	413.43	3721.24
	非焦煤	0～300	8388.03	2463.07	722.03	11573.13
		300～600	602.72	1626.64	729.5	2958.86
		600～1200	0	25.76	0	25.76
		小计	8990.75	4115.47	1451.53	14557.75
	合 计		9499.42	6914.61	1864.96	18278.99
南 Karanpura	中焦煤	300～600	0	248.04	32.83	280.87
		600～1200	0	265.36	263.4	528.76
		小计	0	513.4	296.23	809.63
	非焦煤	0～300	2815.12	514.3	287.45	3616.87
		300～600	412.72	705.27	644.03	1762.02
		600～1200	2.25	134.69	252.51	389.45
		小计	3230.09	1354.26	1183.99	5768.34
	合 计		3230.09	1867.66	1480.22	6577.97
总 计			12729.51	8782.27	3345.18	24856.96

资料来源：Coal Controller's Organisation . 2014

表 6-2-35 北 Karanpura 煤田和南 Karanpura 煤田的在产煤矿

煤 矿	开采方式	资源量/Mt	储量/Mt	开采层数	总厚/m	年产能/Mt	2010 年产量/Mt	2011 年产量/Mt
北 Karanpura								
Amrapali	露采	273.00	115.00	3	12.2	12.0	—	—
Ashoka	露采	480.00	330.00	3	45.0	6.5	6.145	6.200
Bermo	露采	86.00	50.00	1	2.1	1.2	1.246	1.300
Bokaro	露采	94.00	54.00	1	9.2	1.3	1.304	1.300
Jharkhand	露采	75.00	45.00	2	5.0	1.0	1.041	1.050
Kargali	露采	75.00	45.00	2	28.7	1.0	1.162	1.100
Kaveri	露采	145.00	90.00	2	4.8	2.0	2.105	2.100
KD Hsalong	露采	177.00	97.00	3	0.0	4.5	5.255	5.300
Magadh	露采	856.00	405.00	3	12.2	20.0	—	—
North Urimari	露采	104.00	56.00	3	12.2	3.0	—	—
Pipparwar	露采	425.00	225.00	3	45.0	6.5	7.280	7.300
Purnadih	露采	275.00	158.00	2	12.2	3.0	1.023	1.000
合 计						62.0	26.561	26.65
南 Karanpura								
Topa	露采	80.00	50.00	2	4.8	1.2	1.231	1.300
Urimari	露采	94.00	54.00	1	4.6	1.3	1.178	1.200
合 计						2.5	2.409	2.500

（十三）Sohagpur 煤田

Sohagpur 煤田的地理位置为北纬 23°05′~23°30′，东经 81°10′~82°15′，东西长约 100 km，最大宽度约 50 km，总面积约 3000 km^2。煤田内主要是海拔 450~500 m 的低平平原，北部上升至海拔超过 1000 m 的连续陡坡。突兀山脊构成了煤田北部的高原。

Sohagpur 煤田是中印度煤田的一部分，东南印度煤炭公司在此从事开采活动。已有资料显示，Sohagpur 煤田 5 个在产矿的总产能为 6.6 Mt，2010 年生产商品煤 8.934 Mt，2011 年生产商品煤 9.1 Mt。

1. 地质

Mukhopadhyay 等（2011）经过详细的对比研究，对 Sohagpur 煤田的地层进行了分析（表 6-2-36）。

表 6-2-36 Sohagpur 盆地（煤田）地层表

年 代	群/组	岩 性	最大厚度/m
第四纪	Alluvum	松散的土、河间沉积	>30
古新世—晚白垩纪	德干暗色岩	粒玄岩质岩墙、岩席和熔岩流	>100
晚白垩纪	Lameta 层	红色和绿色砂岩及团块状灰岩	>90
不 整 合			
早侏罗纪—晚三叠纪	Parsora	暗白色中—粗粒砂岩、含铁厚层砾石层，夹有粉砂质含云母砂岩透镜体和不同厚度的泥岩	>200
沉积间断，盖在 Raniganj 组和 Barren 组之上			
晚三叠纪—晚二叠纪	Pali	中—粗粒长石砂岩、粗—巨粒砂屑岩、薄层砖红色页岩和粉砂岩	600~800
沉积间断，盖在 Raniganj 组之上			
晚二叠纪	Raniganj	具交错层理、波痕和有虫孔的细粒砂岩、页岩和薄煤层	>540
	Barren 岩系	细—粗粒河道充填相砂岩层和浅黄—灰色泥岩、浅红—褐色粉砂岩、页岩	200~360
沉 积 间 断			
早二叠纪	Barakar	上段：粗砂岩，极少页岩和粉砂岩，含 7 层（I~V，L1、L2） 下段：细粒砂岩、波痕砂岩和页岩互层，以及不连续的薄煤层	250~380
	Talchir	杂砂岩、砂岩、粉砂岩和针状页岩	>400
不 整 合			
始元古代	Surguja 结晶杂岩	斑状花岗岩、片麻岩（含细晶岩）和伟晶岩脉	

数据来源：Mukhopadhyay 等，2011

Barakar 组是 Sohagpur 煤田最主要的含煤岩系（图 6-2-21），可分为 2 段。下段主要由细粒砂岩层、一些具波痕的砂岩和页岩的互层，以及不连续的薄煤层组成。上段几乎全部是粗砂岩，极少页岩和粉砂岩，共有 7 层煤（煤层 I~煤层 V，煤层 L1、煤层 L2）。Barakar 组总厚度约 380 m。

Raniganj 组的煤通常与高位沉积的具交错层理、波痕和有虫孔的细粒砂岩、页岩和多物源的河流砂坝共生。在 Sohagpur 地区，Raniganj 组的最大厚度超过了 540 m。Raniganj 组的煤层很薄，通常小于 1 m，并且不连续。

基性侵入岩主要是晚白垩世和古新世粒玄岩质岩墙、岩席和熔岩流，成分与德干暗色岩相同，它们影响了煤田内冈瓦纳岩系的煤质。

Sohagpur 煤田是 Rewa 冈瓦纳盆地的中段，呈 EW 向延长，与盆地带的走向一致。盆地带为 WNW—ESE—EW 走向，以非常小的倾角（1°~4°）向 NNE 向或 N 向倾伏。Sohagpur 盆地由 3 个发育良好的子

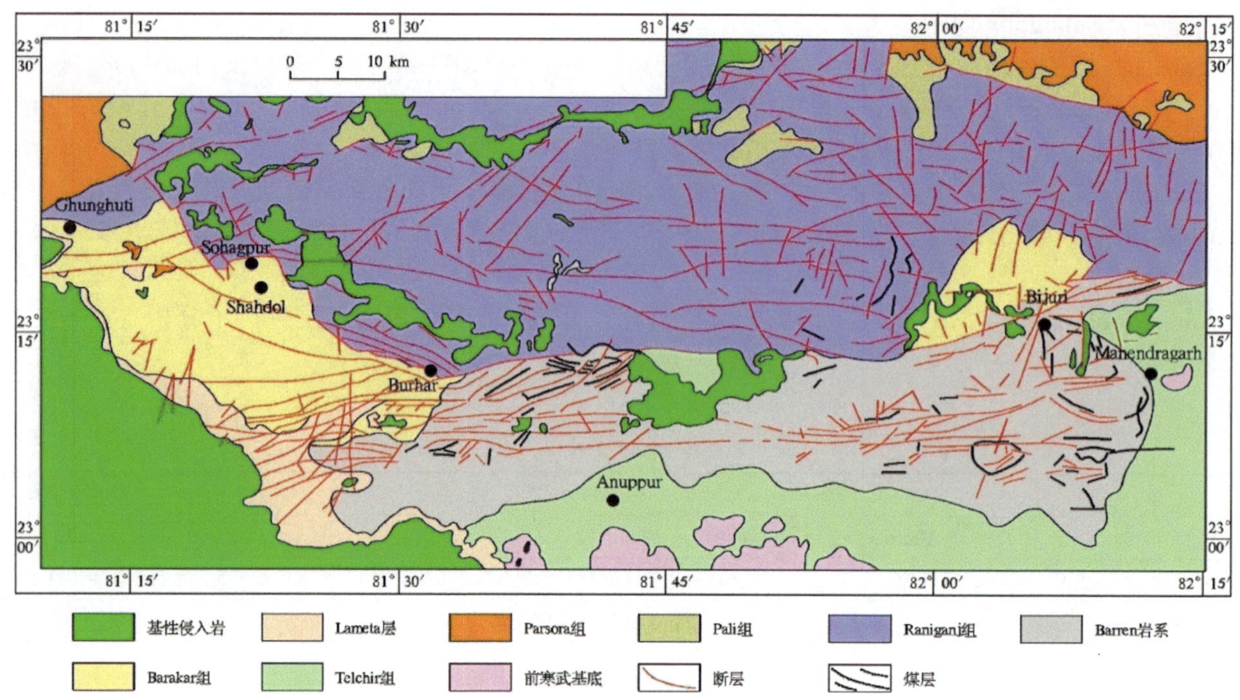

图 6-2-21 Sohagpur 煤田地质图（D. Bhattacharya，2013）

盆地组成：东部的 Jhagrakhand 子盆地、中部的 Kotma Jamuna 子盆地及西部的 Burhar - Amlai 子盆地。这 3 个子盆地的含煤沉积岩系都很发育。

2. 煤层和煤质

Sohagpur 煤田重要的可采煤层主要发育在 Barakar 组，Raniganj 组的煤层很少被开采。Barakar 组的厚度为 250 ~ 330 m，共有 8 ~ 12 层煤，并多发育在 Barakar 组上段，其中 7 层可采煤层累积厚度约15 m，一般厚度 <1 ~ 3.5 m；下段只有少数局部不连续的煤层。Raniganj 组的 Raniganj 煤层与 Barakar 组的煤层略有不同，通常是炭质页岩和薄层煤，以及煤条带互层。

2011 年，GSI 的最新资料显示（Mukhopadhyay 等，2011），该煤田不仅有焦煤，而且有高品质非焦煤（表 6-2-37）。而 Sohagpur 煤田 5 个在产矿所产的商品煤是较高灰分、较低含硫量，以及较高发热量的动力煤。

表 6-2-37 Sohagpur 煤田煤质分析结果

煤层	含水量/%	灰分/%		挥发分/%	UVM	CV/(kcal·kg^{-1})	CV_{dmf}/(kcal·kg^{-1})	CI 焦煤类型	C_{dmf}/%
		无矸	含矸						
Raniganj	1.7 ~ 5.05	20.2 ~ 46.6		22.82 ~ 30.5	33 ~ 45	3783 ~ 4900	7815 ~ 7950		86.1
Ⅴ	2.1 ~ 3.4	25.8 ~ 33.5	37.9 ~ 45.2	25.4 ~ 29.0	36 ~ 38	5965 ~ 5445	8225 ~ 8560	5 ~ 7	86.1
Ⅳ	9.1 ~ 10.7	15.5 ~ 23.0	30.1 ~ 43.8	27.2 ~ 31.0	37 ~ 41	5010 ~ 5600	7590 ~ 7660	A	78.7 ~ 80.2
IIIV	0.8 ~ 2.5	13.8 ~ 26.4	23.6 ~ 36.6	22.4 ~ 29.8	28 ~ 36	6070 ~ 7380	8435 ~ 8840	C ~ G1	87.5 ~ 89.2
	8.1 ~ 10.1	14.3 ~ 20.8	16.0 ~ 22.0	27.8 ~ 31.8	37 ~ 41	5020	7590 ~ 7660	A	77.7
IIIB	1.8 ~ 2.0	16.8 ~ 19.8	24.1 ~ 25.8	25.1 ~ 29.5	30 ~ 36	6270 ~ 6545	8316 ~ 8550	9	87.7
Ⅲ	2.0 ~ 2.3	16.2 ~ 22.4	21.0 ~ 28.4	27.9 ~ 30.2	30.2 ~ 35.9	6350 ~ 6575	8310 ~ 8575	9 ~ 15	
Ⅱ	0.7 ~ 1.6	15.0 ~ 23.8	27.1 ~ 31.2	20.3 ~ 27.1	27 ~ 32	6330 ~ 7235	8435 ~ 8846	11 ~ 19	86.8 ~ 91.8
Ⅰ	0.7 ~ 2.1	13.6 ~ 23.6	20.7 ~ 39.9	22.4 ~ 27.9	26 ~ 32	6535 ~ 7310	8715 ~ 8770	13 ~ 22	88.3 ~ 90.5

注：根据 Mukhopadhyay 等（2011）整理。

根据东南印度煤炭公司的资料，目前 Sohagpur 煤田在产矿所产的商品煤，其灰分为 20.79% ~ 29.23%、含水量为 4.0% ~4.5%、挥发分为 22.4% ~30.1%、固定碳为 34.1% ~35.9%、发热量为 19.66 ~23.01 MJ/kg，全硫量为 0.50%。根据印度煤质分级标准，这些商品煤属于灰分较高的烟煤，一般用作动力煤。

3. 储量

综合“Coal Directory of India 2013—2014”的资料，2014 年 4 月 1 日 Sohagpur 煤田总资源量为 7409.55 Mt，其中探明储量为 1751.56 Mt，控制储量为 5464.87 Mt；煤炭资源中焦煤储量达到 1521.01 Mt，包括探明储量为 246.66 Mt、控制储量 1160.1 Mt；焦煤为中焦煤（表 6 -2 -38）。

表 6 -2 -38 Sohagpur 煤田资源量

煤　质	深度/m	探明储量/Mt	控制储量/Mt	推断储量/Mt	总资源量/Mt
中焦煤	0 ~300	184.57	211.38	2.01	397.96
	300 ~600	62.09	866.78	90.54	1019.41
	600 ~1200	0	81.94	21.7	103.64
	小计	246.66	1160.1	114.25	1521.01
非焦煤	0 ~300	1503.63	2736.34	60.68	4300.65
	300 ~600	1.27	1537.16	18.19	1556.62
	600 ~1200	0	31.27	0	31.27
	小计	1504.9	4304.77	78.87	5888.54
总　计		1751.56	5464.87	193.12	7409.55

资料来源：Coal Controller's Organisation，2014

三、第三纪煤田的地质特征

印度第三纪煤田集中在印度东北地区的阿萨姆邦、梅加拉亚邦、Arunachal Pradesh 邦和那加兰邦。在该地区 20 余个煤田中，阿萨姆邦的马库姆（Makum）煤田资源量最丰富。

马库姆煤田位于阿萨姆邦 Tinsukia 地区，地理位置为北纬 27°15′ ~27°25′，东经 95°40′ ~95°55′，面积为 133.4 km^2。煤田的东部和东南部是丘陵，比 Buri Dihing 河及 Tirap 河冲积平原高 300 ~500 m。Namdong 河、Ledopani 河、Tirap 河从丘陵中流过，切穿了含煤地层 Tikak Parbat 组。该煤田交通便利，Lekhapani 是 N. F. 铁路支线的终点，Ledo 和 Baragolai 也是重要的铁路枢纽。38 号国道穿过煤田区并继续向东到达 Stillwell 路。

马库姆煤田是印度东北部最重要的煤田。煤田内有许多煤矿，产量占印度东北部煤炭总产量的 90%。目前东北印度煤炭公司在马库姆煤田的 3 个在产矿分别采用井工或露采方法生产，2011 年总产量为 0.6 Mt。

1. 地质

该地区出露有始新世至更新世的沉积地层，煤产在渐新世 Barail 群顶部的 Tikak Parbat 组内。最年轻的地层是更新世砂岩、黏土、碎屑组成的层状沉积物，盖在上新世 Dihing 群粗粒灰绿色长石砂岩与含铁砾石层互层之上，它们不整合在渐新世 Barail 群之上。Barail 群自上而下分为 3 个组。上部的 Tikak Parbat 组由层状—块状浅黄—浅灰色细粒砂岩、砂质页岩及黏土岩组成，在该组底部有多层厚煤层发育；中部的 Baragolai 组为粗粒灰色含云母含铁砂岩，与蓝灰—黄绿—粉色黏土岩、砂质黏土、炭质页岩和薄煤层互层组成。下部 Naogaon 砂岩组主要是薄层暗灰色致密块状石英砂岩，夹有薄层灰色片状页岩，其中偶含铁质或者砂质。最下部是始新世 Disang 群的灰—暗灰色片状页岩，含铁砂质页岩，有致密的石英砂岩夹层。

Tikak Parbat 组是该煤田最主要的含煤地层，由中—细粒坚硬的石英岩、层状砂质页岩、黏土岩、泥岩和炭质页岩组成。其底部有5层可采煤，最厚的1层位于Parbat组和下伏的Baragolai组之间，其他4层厚度为1.5~6 m。

马库姆煤田为一个轴朝东北倾伏的不对称向斜，Namdang向斜。该向斜西部较窄，向东逐渐变宽。在Namdang地区倾角为25°~30°，轴向NNE—SSW，但向东逐渐变为NE—SW，再向东更近于ENE—WSW。北边是Margherita冲断层，南边有Haflong-Disang冲断层。在煤田北部，较老的Barail群和Tipam群岩层逆冲到较新的Dihing群之上；而在煤田南部，沿着Haflong-Disang冲断层，Naogaon砂岩被推覆到Barail群之上。

2. 煤层和煤质

从西部的Namdang煤矿到东部的Tipong煤矿，共有5个连续煤层，自下而上分别为：60英尺煤(15~33 m)、新煤层(1.5~2.6 m)、20英尺煤(5~7 m)、5英尺煤(1.2~1.8 m)和8英尺煤(2.4 m)。这些煤层均在Tikak Parbat组底部200 m内。60英尺煤是马库姆煤田最厚的煤层，同时也是最重要的煤层。它分为上层和底层，有时候甚至更多层。该煤层在Namdang煤矿可达10.8 m厚，而在西边的Baragolai煤矿则为11.88 m。在相邻的Tikak煤矿地区，所记录的最大厚度达20.58 m。在Ledo-Tirap地区，厚度为14.8~15.8 m，在最东边的Tipong煤矿，厚度为12.26 m。

该煤田的煤质较好，灰分低，高CI，但含硫量略高（表6-2-39）。

表6-2-39 Makum煤田煤的煤质

煤层	含水量/%	灰分/%	挥发分/%	碳/%	发热量/(kcal·kg^{-1})	全硫/%
60英尺煤底层						
1. Namdang段	2.2~2.3	3.2~3.3	42.1~44.6	51.8~52.5	7740~7760	2.7~2.8
2. Baragolai段	1.9~2.4	1.9~4.8	41.9~44.5	50.4~53.6	7595~7925	2.35~2.95
3. Tipong段	2.0~2.7	2.6~3.1	42.4~44.0	50.6~52.8	7805~7830	1.53~1.82
60英尺煤顶层						
1. Baragolai	2.0	3.0	41.8	53.2	7790	2.3
2. Tikak矿	2.3	2.7	42.5	52.5	7730	2.76
3. Tipong	2.5	3.0~3.8	43.7~45.1	48.9~50.8	7705	2.52~3.42
新煤层						
1. Tikak	3.9	5.8	39.0	51.3	7070	3.69
2. Tipong	2.2~2.5	4.9	42.3	50.3	7485	2.58
20英尺煤						
1. Baragolai	2.4	5.9	42.4	49.3	7310	5.31
2. Tikak	2.1~2.5	3.2~4.9	42.5~43.6	50.4~50.8	7445~7500	5.37~5.43
3. Tipong	2.5	4.1	44.0	49.4	—	5.57
5英尺煤						
1. Baragolai-Tikak地区	2.1~2.7	1.9~3.4	43.2~45.2	50.4~52.2	7600~7770	3.50~4.55
2. Tipong	2.9	11.5	38.9	46.7	6750	5.3

3. 储量

根据"Coal Directory of India 2013—2014"的资料，2014年4月1日印度第三纪煤田的煤均是高硫煤，总资源量为1492.64 Mt，其中探明储量为593.81 Mt、控制储量为99.34 Mt、推断资源量为799.49 Mt；

这些储量基本位于0~300 m的深度。马库姆煤田0~600 m深度的总资源量为452.79 Mt，其中探明储量为432.09 Mt、控制储量为20.70 Mt（表6-2-40）。

表6-2-40 印度第三纪煤田的资源量

邦	煤 田	深度/m	探明储量/Mt	控制储量/Mt	推断储量/Mt	总资源量/Mt
Assam	Makum	0~300	246.24	4.55	0	250.79
		300~600	185.85	16.15	0	202.00
		合计	432.09	20.70	0.00	452.79
	Dilli-Jeypore	0~300	32.00	22.02	0	54.02
	Mikir Hills	0~300	0.69	0	3.02	3.71
Arunachal Pradesh	Namchik-Namphuk	0~300	31.23	40.11	12.89	84.23
	Miao Bum	0~300	0	0	6.00	6.00
Meghalaya	West Darangiri	0~300	65.4	0	59.6	125.00
	East Darangiri	0~300	0	0	34.19	34.19
	Balphakram	0~300	0	0	107.03	107.03
	Siju	0~300	0	0	125.00	125.00
	Langrin	0~300	10.46	16.51	106.19	133.16
	Mawlong Shelia	0~300	2.17	0	3.83	6.00
	Khasi Hills	0~300	0	0	10.10	10.10
	Bapung	0~300	11.01	0	22.65	33.66
	Jayanti Hill	0~300	0	0	2.34	2.34
Nagaland	Borjan	0~300	5.50	0	4.50	10.00
	Jhanzi-Disai	0~300	2.00	0	0.08	2.08
	Tiensang	0~300	1.26	0	2.00	3.26
	Tiru Valley	0~300	0	0	6.60	6.60
	DGM	0~300	0	0	293.47	293.47
总 计		0~1200	593.81	99.34	799.49	1492.64

第四节 优质煤炭资源富集区

一、印度优质煤炭资源的分布规律

已有资料显示，不同盆地群中不同煤质的煤炭资源分布不同，具有以下规律：

（1）Mahanadi谷是印度煤炭资源最丰富的地区，这里不仅有印度资源量最大的Talcher煤田，而且Talcher、Mand-Raigarh、Ib-River、Korba和Hasdo-Arand等5个煤田的面积都较大，它们的资源量达到118830 Mt，占印度总资源量（301564 Mt）的39.40%，但这里全部生产动力煤。

（2）Son谷两个面积大的煤田中，Singrauli煤田的资源量在印度位居第9位，并拥有印度最厚的、超过150 m的巨厚煤层，但Son谷的煤基本是非焦煤，仅在Sohagpur煤田有少量（1521.01 Mt）焦煤。

（3）Damodar-Koel谷的煤质最好，Raniganj、Jharia、南北Karanpura、东西Bokaro等煤田均产焦煤，并有可观的地质储量，因此该谷应是印度优质煤炭（焦煤）资源的聚集区。

二、优质煤炭资源富集区的确定

（一）优质煤炭资源富集区

根据上述印度冈瓦纳煤田的地质条件和已知的富产焦煤煤田的资源状况，确定印度中北部的Damodar—Koel 谷为印度优质煤炭资源聚集带。在该范围内，进一步划定 Jharia 优质煤炭资源富集区（以下简称富集区；图 6－2－22 中①）、Bokaro 富集区（图 6－2－22 中②）、Karanpura 富集区（图 6－2－23 中③），以上 3 个富集区均拥有可观的焦煤资源。

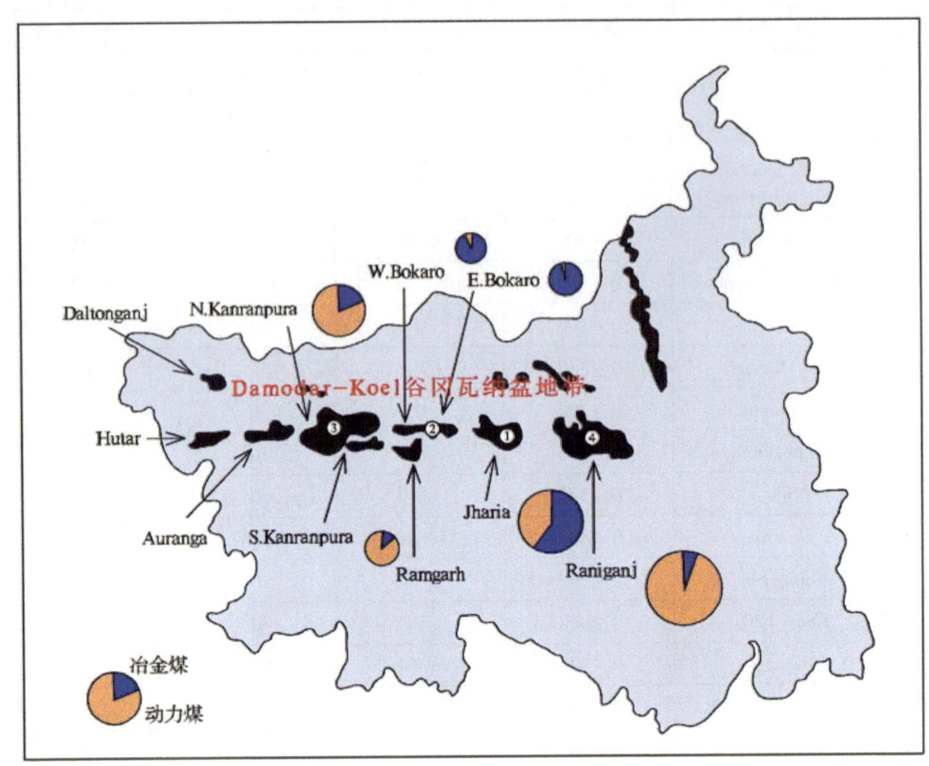

富集区编号：①Jharia 富集区；②Bokaro 富集区；③Karanpura 富集区；④Raniganj 富集区

图 6－2－22 印度优质煤炭资源富集区

选定 Raniganj 煤田作为第 4 个优质煤炭资源富集区（图 6－2－22 中④），该区已知总资源量高达 27660.89 Mt，在印度所有煤田中居第二位。虽然富集区内已确认的焦煤资源量仅约占总资源量的 6.21%（表 6－2－41），但这里的 Barakar 组煤系中的煤品质普遍较好，一般可以达到中焦煤，特别是该组下部煤层的煤质更优。煤田内的 Raniganj 组煤系地层比 Barakar 组煤系分布更广和发育更好，其下部煤层的煤质也达到中焦煤。而且，它们的灰分相对较低（<20%），经过洗选能够达到焦煤的指标。

（二）优质煤炭资源富集区的资源及开采条件分析

1. 煤质较好，焦煤资源量丰富

Damodar－Koel Valley 中主要蕴藏焦煤资源的煤田有 6 个（图 6－2－22），焦煤资源量总计 30485.95 Mt，是印度焦煤总资源量（34049 Mt）的 89.53%。其中 Jharia 煤田的焦煤资源量最大（11477.06 Mt），为该煤田总资源量的 35.80%；E Bokaro 煤田和 W Bokaro 煤田基本是焦煤，其焦煤资源量占煤炭资源量的比例分别高达 98.0% 和 94.4%（表 6－2－41）。

2. 埋藏较浅，利于开采

Damodar－Koel Valley 主要煤田的煤炭资源大部分埋藏在 300 m 以浅，其中 0～300 m 的资源量占总资源量的 63.64%，特别是蕴含焦煤的几个主要煤田，将近 47% 的焦煤蕴藏在 0～300 m 深度范围内（表 6－2－41），有利于开采。

3. 资源集中，面积适中

优质煤炭资源富集区中，Jharia、N Karanpura、S Karanpura、E Bokaro 和 W Bokaro 煤田集中在 Damodar－Koel Valley 中部，Raniganj 煤田在 Damodar－Koel Valley 东部，各个煤田之间均以公路或铁路相连，交通便利。同时，这些蕴含焦煤资源的煤田面积一般适中，如 Jharia 煤田面积为 456 km^2，东

Bokaro 煤田和西 Bokaro 煤田的面积共 496 km^2。

表 6-2-41　印度优质煤炭资源富集区的资源量及埋藏情况　Mt

富集区	①Jharia	②Bokaro	③Karanpura	④Raniganj	合　计
所在煤田	Jharia	E Bokaro、W Bokaro	N Karanpura、S Karanpura	Raniganj	
资源总量	19430.06	13216.06	24856.96	27660.89	85163.97
0~300 m	14212.42	8458.32	16838.3	14692.78	54201.82
焦煤资源	11477.06	12761.08	4530.87	1716.94	30485.95
0~300 m	8110.42*	8028.4	1648.3	543.1	14330.22
300~600 m		2296.60	2353.81	416.41	9066.82
600~1200 m	3366.64	2436.08	528.76	757.43	7088.91

注：*计算时，将 4110.42 Mt 划归 0~300 m，将 4000 Mt 划归 300~600 m。
资料来源：Coal Controller's Organisation，2014

本章参考文献

[1] 张建华，吴良士．印度共和国地质构造与区域成矿［J］．矿床地质，2008，27（3）：423-425.
[2] 杜雪明．印度矿产资源供需趋势及对中国的影响［D］．北京：中国地质大学，2012.
[3] BP. Statistical Review of World Energy 2016［R］. BP, 2016.
[4] Ministry of Coal, Government of India. Categorization of Resources［R/OL］.(2016-08-14).［2016-08-14］http://www.coal.nic.in/content/coal-reserves.
[5] Ministry of Coal, Government of India. 2016. Type and Category-Wise Coal Resources of India［R/OL］.(2016-08-14)［2016-08-14］http://www.coal.nic.in/content/coal-reserves.
[6] Ministry of Coal, Government of India. Coal Reserves［R/OL］.(2016-08-14)［2016-08-14］http://www.coal.nic.in/content/coal-reserves.
[7] Ministry of Coal, Government of India and Coal Controller's Organisation. Provisional Coal Statistics 2014-15［R］. New Delhi: Ministry of Coal, Government of India, 2016.
[8] CIL. Annual Report & Accounts 2014—2015 of CIL［R］. New Delhi: CIL, 2015.
[9] Coal Controller's Organisation. Coal Directory of India 2013—2014［R/OL］. New Delhi: Coal Controller's Organisation, 2014.
[10] FOX CS. The Gondwana system and related formations［J］. Mem. Geol. Surv. India, 1931, 58 (iv): 1-241.
[11] ROBINSON P L. The Indian Gondwana formations: A review［C］. //First Symposium on Gondwana Stratigraphy, Mar Del Plata, Argentina. UNESCO, Paris. 1967: 201-268.
[12] VEEVERS J J, TEWARI R C. Gondwana master basin of Peninsular India between Tethys and the interior of the Gondwana land Province of Pangea［J］. Memoir Geological Society of America, 1995: 187: 1-73.
[13] BHATTACHARYA D. An Overview on Domestic Coal Resource［R/OL］.(2014-03-11)［2014-03-11］http://documentslide.com/documents/an-overview-on-domestic-coal-resource-an-overview-on-domestic-coal-resource.html.
[14] MANJREKAR V D, CHOUDHARY V N, GOUTAM KVVS. Caol［G］//Society of Geoscientists and Allied Technologists. Geology and Mineral Resources of Oriss. Bhubaneswar, 1998: 179-203.
[15] GOSWAMI S. Palynological resolution of Permian sequence in Ib River Coalfield and remarks on environment［J］. Journal of Geological Society India, 2007, 70 (1): 131-143.
[16] GOSWAMI S, DASH M and GURU B C. A reappraisal of geology of Gondwana basins of Orissa: from a palaeontological perspective［J］. Vistas in Geological Research, Utkal University Spl. Publ. in Geology. 2007 (6): 74-91.
[17] GOSWAMI S, SINGH K J, CHANDRA S. Pteridophytes from Lower Gondwana formations of Ib-River coalfield, Orissa, and their diversity and distribution in the Permian of India［J］. Journal Asian Earth Science, 2006 (28): 234-250.
[18] MUKHOPADHYAY A, MUKHOPADHYAY SSK, ADHIKARI SS, et al. Geology of Sohagpur coalfield Bilaspur and Koriya

districts, Chattisgarh and Anuppur and Shahdol districts, Madhya Pradesh [J]. Geological Survey of India Bulletin 2011 (55).

[19] Mahanadi Coalfields Limited. Sustainability Report 2011—2012 [R]. Mahanadi Coalfields Limited, 2013.

[20] DATTA R K & DUTT A S. Coalfields of India [J]. Bulletin of the Geological Survey of India, 2003, V (45).

[21] Bharat Coking Coal Limited. Annual Report 2015—2016 [R/OL]. (2016 - 08 - 17) [2016 - 08 - 17] http://www.bcclweb.in/files/2010/12/report15 - 16.pdf.

[22] MUKHOPADHYAY G, MUKHOPADHYAY SK, ROYCHOWDHURY M, et al. Stratigraphic correlation between different Gondwana basins of India [J]. Journal Geological Society of India, 2010 (76): 251 - 266.

第三章　煤炭资源开发投资建议

第一节　国别投资环境分析

一、对外资的吸引力

从投资环境吸引力的角度来看，印度的竞争优势在于：政治相对比较稳定；经济增长前景良好；人口超过13亿，市场潜力巨大；地理位置优越，辐射中东、东非、南亚和东南亚市场。近年来，印度政府对外来投资总体上持鼓励态度，并致力于推行市场经济的改革以期改善投资环境。

根据印度商务和工业部最新统计资料显示，印度2015年外国直接投资流入达430亿美元，外国直接投资存量达2958亿美元。

2014年中国对印度直接投资317.18百万美元。总体而言，中国对印度投资规模仍较小，缺乏集约式投资，投资模式和领域都较为单一，与两国的经济规模和经贸合作水平不相称，特别是在矿业开发方面的投资尚无先例。

二、投资环境排名

评价一国的投资环境，首先需要关注该国的整体竞争力水平，由于矿业投资金额大、周期长、需要考虑的相关因素众多，所以国家的基本制度、基础设施条件、宏观经济状况、市场效率，以及商业成熟度都是应关注的问题。“2016—2017年全球竞争力报告”中（表6－3－1），印度的全球竞争力在138个国家和地区中名列第39位，较2015—2016年上升了16位。其中宏观经济环境、高等教育与培训、劳动力市场效率，以及基础设施条件是该国提升国际竞争力的瓶颈。另外，人口与市场规模则是印度未来发展的最大优势。

表6－3－1　印度全球竞争力在138个国家和地区中的排名

项　目	2016—2017年排名	2015—2016年排名	项　目	2016—2017年排名	2015—2016年排名
总体排名	39	55	商品市场效率	60	91
基本条件	63	80	劳动力市场效率	84	103
制度	42	60	金融市场发展	38	53
基础设施	68	81	技术装备	110	120
宏观经济环境	75	91	市场规模	3	3
健康与初等教育	85	84	政府促进创新	30	46
市场效率	46	58	商业成熟度	35	52
高等教育和培训	81	90	创新	29	42

数据来源：The Global Competitiveness Report 2016—2017/2015—2016

企业在具体商业经营活动中所遇到的困难与阻碍，并依此来评估该国微观商业经营环境。参考世界银行发布的国家和地区营商环境报告（表6－3－2），2015年印度的营商环境在189个国家和地区中位居第134位，是最高水平的52.74%。其中，获得信贷和对中小企业投资的保护力度较高，资产注册比较便利，但设立公司和合同执行较困难，获得电力、建筑许可，以及跨境贸易则是企业在当地经营时最难解决的问题。

表6-3-2 2014年印度营商环境在189个国家和地区中的排名

项　目	2015年排名	2014年排名	项　目	2015年排名	2014年排名
总体营商环境	142	134	投资者保护	7	34
开办企业	138	179	缴纳税款	156	158
申请建筑许可	184	182	跨境贸易	126	132
获得电力供应	137	111	合同执行	186	186
注册财产	121	92	办理破产	137	121
获得信贷	36	28			

数据来源：世界银行营商环境报告，2015，2014

多贝尔评价体系主要对7项影响矿业投资的主要因素进行评分，即国家政治体系、国家经济体系、社会问题影响矿业的程度、因官僚或其他拖沓因素导致的在获得许可证上的延误、腐败程度、货币稳定性和税制这7项主要因素按1（最差）到10（最好）评分，参加评议的国家能够得到的最高分是70分。2014年印度的多贝尔得分仅为28.5分，排名第17位。

三、投资环境的冷热分析

国别冷热比较法由美国经济学家伊西阿·利特法克和彼得·班廷在20世纪60年代后半期提出。该分析法对各国投资环境中的8种因素进行综合和统一尺度的比较分析，是投资环境定性分析的代表性方法之一。

通过归纳和总结近年来中国企业海外矿业投资的成功经验与失败教训，将汇率、税收、环境要求和基础设施条件一并纳入冷热分析中，形成了更加针对矿业投资特点与需求的9个评价因素，即政治稳定性、市场、经济增长与发展、汇率稳定性、法令障碍、税务环境、环境保护成本、基础设施条件、地理及文化。

判断结果以该因素是否有利于在东道国进行矿业投资为标准，给出了“热、中、冷”3种评价结论；东道国的投资环境因素越热（即越好），外国投资者在该国投资就越有利。

通过具体分析各个评价因素，得到印度的投资环境为“冷”（表6-3-3）。

表6-3-3 印度投资环境冷热分析结果

评价因素	内　容	结　果
政治稳定性	相对成熟的民主体制，国内安全形势显著改善；中印关系较为冷淡，两国政治互信仍然难以建立	中
市场	地理位置较优越，人口众多又较为贫穷落后，未来对能源需求潜力较大，前景广阔	热
经济增长与发展	有完善的金融体系、法律体系和工业体系。印度经济优势依然存在。城市化的加快将为经济发展带来持久的动力	热
汇率稳定性	印度卢比的汇率波动较大，企业债务所承担的汇率风险加大	冷
法令障碍	对外国直接投资限制较严，需要通过非常复杂的审批程序；国有化的煤炭行业管理体制严重阻碍外资进入	冷
税务环境	税负偏高、税法复杂，税收整体环境较差	冷
环境保护成本	环境保护起步较晚，环境保护成本低	热
基础设施条件	地理条件优越，有基本的交通运输设施；电力总装机容量位居世界第五位，但电力仍然短缺	中
地理及文化	国内贫富悬殊、种姓制度和信仰差异导致出现民族冲突、宗教冲突等，社会矛盾较为尖锐。中印两国在文化上有着巨大差异；历史遗留的中印领土和边界争端仍然存在	冷

通过对印度投资环境9个因素的冷热评估，印度在市场、经济增长与发展和环境保护成本3个方面的评价结果为“热”，对政治稳定性和基础设施条件的评价为“中”，其余在汇率稳定性、税务环境、法令阻碍和地理及文化等方面的评价结果为“冷”。总之，印度总体投资环境欠佳，风险较高，在该国进行投资时应充分研究并谨慎决策。

第二节　国别煤炭资源开发投资建议

一、投资环境展望

印度经济的发展对能源的需求日益增加，因此外商投资煤炭企业具有较多的市场机会，但由于目前印度国内政治经济仍存在诸多不稳定性因素，涉及矿产开发与管理的法律体系也没能与国际接轨，而且印度的国有化体制不仅涉及煤炭企业，而且控制了各类基础设施，严重阻碍了外资进入。此外，国内税负高、税收整体环境较差，增大了在印度投资需要承担的风险。上述涉及国家管理体制的根本性问题可能在短期内不会有实质性改变。

印度在矿产开发时环境评价的成本较低，该国的基础设施也能满足煤炭资源开发的一般需求，这些是投资开发煤炭资源的有利条件，但历史文化的差异、两国之间存在不信任的现状，加上中国的不断崛起使印度对中国的防范和戒备日益增加，这些加剧了在印度投资的困难和风险。因此，近期内在印度投资必须持十分谨慎的态度。

二、煤炭工业发展趋势

（一）煤炭工业发展的有利条件

1. 煤炭需求继续增加

根据最新的《2035 BP世界能源展望》（BP，2016），2015—2035年化石能源仍是为世界提供动力的主导能源，占预计增加量的60%，到2035年预计占世界能源供应量的80%。天然气是增长最快的化石能源（年均1.8%），石油以年均0.9%的速度稳定增加；而煤炭的命运将发生巨变，预计急剧放缓（年均0.5%），以至于到2035年煤炭在一次能源中的比重降到有史以来的最低点，天然气将取代它成为第二大燃料。

在能源消费上，全球煤炭需求增长预计将急剧放缓，这在很大程度上是整个煤炭消费减速所造成的。而印度在2015年煤炭消费已占全球总消费量的10.6%，首次超过美国（10.3%），成为继中国之后的世界第二大煤炭消费国。印度在今后20年内将展现最大的煤炭消费增长。印度超过2/3的新增煤炭需求将投入电力行业。

近年来，伴随印度经济的快速发展，国内能源消费不断增长，而煤炭依然是印度最主要的化石能源，但印度现有的煤炭工业不能完全满足国家对能源不断提高的需求。因此，印度在加大从国外进口煤炭，特别是冶金所需的优质煤的同时，必然加快国内煤炭资源的开发和到海外寻找开发机会。

2. 煤炭资源开发需要加速

2015年8月15日，莫迪“明确要求将电输送到每一个村庄”。他说“现在我对12.5亿农民的“印度团体”庄严承诺，在1000天之内要向18500个农村提供电、电线和电器。”要做到这一点，首先要增加煤炭产量。在“24×7人人用电（24×7 Power For All By 2019）”规划中，提出了到2020年以前，煤炭产量翻番，达到10亿t，发电量增长50%，可再生能源发电能力增长到现有能力的5倍，达到175000 MW；同时现有电力浪费要降低10%。印度的煤是最主要的发电燃料。为此，印度政府采取了以下措施：现有勘探规模扩大3倍以保证煤炭生产；新建60个新煤矿；为更好地改善煤炭运输条件，投巨资加速铁路新线建设和旧线改造、增加现代设备和机械；铁路部门、产煤省和印度煤炭公司加强合作，提高基础设施创新能力。显然，为加快煤炭资源开发和实现人人用电的目标，印度需要引进资金以扩大生产规模，需要引进先进的开采设备和技术以提高劳动生产率，同时也需要引进竞争机制以推动煤炭工业高速发展，这些无疑为我国进入印度煤炭生产市场提供了可能。

3. 煤炭工业改革有望

最近，印度总统慕克吉称，煤炭行业改革将会是今年莫迪政府工作的首要任务，旨在以透明的方式吸引私营部门投资。慕克吉说："随着以透明方式吸引私人投资的日趋紧迫，我们将推进煤炭行业改革。莫迪政府将出台一项全面的国家能源政策，并将关注与能源方面相关的基础设施、人力资源和技术方面的发展。"他表示，政府的目的是希望通过混合使用常规和非常规能源来大幅提升燃煤发电能力，以满足印度将自己转变为一家具有全球竞争力的制造业中心的需要。慕克吉的表态无疑有利于打破印度煤炭企业国家垄断的现状。

（二）存在的不利条件

1. 煤炭企业国家垄断

自印度煤炭国有化以来，加强了对煤炭资源和开发的国家管理。目前印度最大的国有企业印度煤炭公司及其下属各个分公司控制着印度国内 90% 以上的煤矿，所有涉及煤炭勘查、生产、销售的业务均由印度煤炭公司决定。

2. 煤炭资源信息比较缺乏

煤田地质资料基本掌握在印度地调局和煤炭局等政府机构手中，公开发表的资料很少，甚至在煤炭公司网站上也没有具体资料，这对详细了解各个含煤盆地和各个煤田地质及资源背景，对深入分析各个含煤盆地及煤田的资源现状和远景均造成了极大影响。

3. 现有煤矿数量多，规模小

由于历史原因,印度煤矿数量庞大,煤矿规模小,一个煤田内往往有数十个煤矿,如 Raniganj 煤田目前已知的有 23 个较大的在产煤矿,但这些矿的年产能仅为 15.7 Mt;再如 Jharia 煤田是印度主要的焦煤产地,已知的 45 个煤矿(井工矿 20 个、露采矿 25 个)的总产能仅为 53.3 Mt,34 个被统计的煤矿在 2010 年共生产商品煤 31.199 Mt。显然,这么多的煤矿很难进行统一管理，而如何整合更是值得认真考虑的问题。

4. 优质煤炭资源管理严格

印度优质煤炭特别是焦煤资源稀缺，因此对国内已有的优质煤炭资源的管理必然非常严格。

（三）结论

印度煤炭资源丰富，煤炭探明储量位居世界第五位；煤炭在印度能源消费结构中占有重要地位，印度是世界上煤炭消费第三大国。印度缺少优质焦煤资源，印度煤炭工业的发展需要资金和技术，但由于国有煤炭企业的垄断和政府的法律法规限制私人资本进入印度煤炭开发市场，导致了煤炭工业无法满足印度经济持续高速发展的需要。为了尽快打破煤炭发展的瓶颈，2014 年大选后的新政府明确提出对煤炭行业进行改革，将以透明方式吸引私人投资，增大了外资进入印度煤炭市场的可能。

三、开发投资建议

印度目前的投资环境总体欠佳，风险较高，虽然煤炭行业的改革可能因新政府上台而加速，私人投资也可能随之放开，但印度煤炭工业的现状决定了近期基本不存在去印度投资开发优质煤炭资源的条件。因此，我们建议在密切关注印度煤炭工业改革进程的同时，加强了解和掌握印度煤炭资源状况，为今后择机进入印度煤炭市场做准备，特别要对以下优质煤炭资源富集区加以特别关注。

印度中东部 Damodar—Koel Valley 是优质煤炭资源聚集带，Jharia 富集区和 Bokaro 富集区的焦煤资源潜力最大，需要特别关注。同处该谷的 Karanpura 富集区面积大、煤质较好并有一定的焦煤储量，同样需加以关注。

西孟加拉邦 Raniganj 富集区储量大，产优质动力煤，并有一定的焦煤资源，其巨大的开发潜力绝不能被忽视。

本章参考文献

[1] United Nations Conference on Trade and Development. World Investment Report 2014 [R]. United Nations Conference on Trade and Development, 2014.

[2] United Nations Conference on Trade and Development. World Investment Report 2015 [R]. United Nations Conference on Trade and Development, 2015.

[3] United Nations Conference on Trade and Development. World Investment Report 2016 [R]. United Nations Conference on Trade and Development, 2016.

[4] 中华人民共和国商务部，国家统计局，国家外汇管理局. 2014 年度中国对外直接投资统计公报 [R]. 中华人民共和国商务部, 2016.

[5] World Ecomonic Forum. Global Competitiveness Report 2013—2014 [R]. World Ecomonic Forum, 2014.

[6] World Ecomonic Forum. Global Competitiveness Report 2014—2015 [R]. World Ecomonic Forum, 2015.

[7] World Ecomonic Forum. Global Competitiveness Report 2015—2016 [R]. World Ecomonic Forum, 2016.

[8] World Bank. Doing Business 2016 [R]. World Bank, 2016.

[9] BP. Statistical Review of World Energy 2016 [R]. BP, 2016.

[10] BP. BP 2035 年世界能源展望 [R]. BP, 2016.

[11] Minnistry of Power, Government of India. 24 × 7 Power For All By 2019 [R]. New Delhi: Minnistry of Power, Government of India, 2015.